U0183812

Excel 函数与公式应用大全

for Excel 365 & Excel 2021

Excel Home◎编著

内 容 提 要

本书以Excel 2021为蓝本，全面系统地介绍了Excel 365 & Excel 2021函数与公式的技术原理、应用技巧与实战案例。内容包括函数与公式基础，文本处理、查找引用、统计求和、Web类函数、宏表函数、自定义函数、数据库函数等常用函数的应用，以及数组公式、动态数组、多维引用等。

本书采用循序渐进的方式，由易到难地介绍各个知识点，适合各个水平的Excel用户，既可作为初学者的入门指南，又可作为中、高级用户的参考手册。

图书在版编目(CIP)数据

Excel函数与公式应用大全：for Excel 365 & Excel 2021 / Excel Home编著. — 北京：北京大学出版社，2024.1

ISBN 978-7-301-34663-1

Ⅰ. ①E… Ⅱ. ①E… Ⅲ. ①表处理软件 Ⅳ. ①TP391.13

中国国家版本馆CIP数据核字（2023）第224363号

书　　名　Excel函数与公式应用大全 for Excel 365 & Excel 2021

Excel HANSHU YU GONGSHI YINGYONG DAQUAN for Excel 365 & Excel 2021

著作责任者　Excel Home　编著

责 任 编 辑　王继伟　吴秀川

标 准 书 号　ISBN 978-7-301-34663-1

出 版 发 行　北京大学出版社

地　　址　北京市海淀区成府路205号　100871

网　　址　http://www.pup.cn　　新浪微博：@北京大学出版社

电 子 邮 箱　编辑部 pup7@pup.cn　总编室 zpup@pup.cn

电　　话　邮购部 010-62752015　发行部 010-62750672　编辑部 010-62570390

印 刷 者　北京圣夫亚美印刷有限公司

经 销 者　新华书店

787毫米×1092毫米　16开本　35.75印张　1003千字

2024年1月第1版　2024年10月第2次印刷

印　　数　5001-8000册

定　　价　129.00元

前 言

非常感谢您选择《Excel函数与公式应用大全for Excel 365 & Excel 2021》。

本书全面系统地介绍了Excel函数与公式的应用方法，深入揭示其背后的原理，并配有大量典型实用的应用案例，帮助读者借助Excel函数与公式更好地完成各种数据计算与分析。

全书从函数与公式基础开始，逐步展开到文本处理、查找引用、统计求和等常用函数的应用，以及数组公式、动态数组、多维引用等。除此之外，还详细介绍了LAMBDA函数、Web类函数、宏表函数、自定义函数、数据库函数及Excel 365中有代表性的新函数，另外还包括在条件格式、数据验证、高级图表制作中的函数与公式综合应用，最后介绍了公式常见错误及处理方法，形成一套结构清晰、内容丰富的Excel函数与公式知识体系。附录中还提供了Excel的主要规范与限制、Excel 2021的常用快捷键等，方便读者随时查阅。

本书采用循序渐进的方式，由易到难地介绍各个知识点。除了原理和基础性的讲解，还配以大量的典型示例帮助读者加深理解，适合不同层次的Excel用户，既可作为初学者的入门指南，又可作为中、高级用户的参考手册。

读者对象

本书面向的读者群是所有需要使用Excel的用户。无论是初学者，中、高级用户还是IT人员，都能从本书找到值得学习的内容。当然，希望读者在阅读本书以前至少对Windows操作系统有一定的了解，并且知道如何使用键盘与鼠标。

本书约定

在正式开始阅读本书之前，建议读者花上几分钟时间来了解一下本书在编写和组织上使用的一些惯例，这会对您的阅读有很大的帮助。

软件版本

本书的写作基础是安装于Windows 10专业版操作系统上的中文版Excel 2021和Excel 365。由于高版本Excel可以兼容低版本Excel，因此本书中的许多内容也适用于Excel的早期版本，如Excel 2007、2010、2013、2016、2019，或者其他语言版本的Excel，如英文版、繁体中文版。但是为了能顺利学习本书介绍的全部功能，仍然强烈建议读者在中文版Excel 2021或Excel 365的环境下学习。

菜单命令

我们会这样来描述在Excel或Windows及其他程序中的操作，比如在讲到对某张Excel工作表进行隐藏时，通常会写成：在Excel功能区中单击【开始】选项卡中的【格式】下拉按钮，在其扩展菜单中依次选择【隐藏和取消隐藏】→【隐藏工作表】。

鼠标指令

本书中表示鼠标操作的时候都使用标准方法："指向""单击""右击""拖动""双击""选中"等，您可以很清楚地知道它们表示的意思。

键盘指令

当读者见到类似<Ctrl+F3>这样的键盘指令时，表示同时按下<Ctrl>键和<F3>键。

Win表示Windows键，就是键盘上画着窗口图标的键。本书还会出现一些特殊的键盘指令，表示方法相同，但操作方法可能会有稍许不一样，有关内容会在相应的章节中详细说明。

Excel 函数与单元格地址

本书中涉及的Excel函数与单元格地址将全部使用大写，如SUM( )、A1:B5。但在讲到函数的参数时，为了和Excel中显示一致，函数参数全部使用小写，如SUM(number1,number2, ...)。

图标

注意	表示此部分内容非常重要或者需要引起重视
提示	表示此部分内容属于经验之谈，或者是某方面的技巧
深入了解	为需要深入掌握某项技术细节的用户所准备的内容

阅读技巧

不同水平的读者可以使用不同的方式阅读本书，以求在相同的时间和精力之下能获得最大的收获。

Excel初级用户或者任何一位希望全面熟悉Excel函数与公式的读者，可以从头开始阅读，因为本书是按照函数与公式的使用频度及难易程度来组织章节顺序的。

Excel中高级用户可以挑选自己感兴趣的主题来有侧重地学习，虽然各知识点之间有千丝万缕的联系，但通过我们在本书中提供的交叉参考，可以轻松顺藤摸瓜。

如果遇到困惑的知识点不必烦躁，可以先跳过，保留个印象即可，今后遇到具体问题时再来研究。当然，更好的方式是与其他爱好者进行探讨。如果读者身边没有这样的人选，可以登录Excel Home技术论坛，这里有无数Excel爱好者正在积极交流。

另外，本书为读者准备了大量的示例，它们都相当有典型性和实用性，并能解决特定的问题。因此，读者也可以直接从目录中挑选自己需要的示例开始学习，然后快速应用到自己的工作中去，就像查字典那么简单。

写作团队及致谢

本书由周庆麟组织与策划，第 1~8 章、第 33 章由祝洪忠编写，第 9 章、第 14 章、第 17 章、第 19~20 章由郭新建编写，第 10 章由祝洪忠、邵武编写，第 25 章由邵武编写，第 29~31 章由郑晓芬编写，第 11~13 章、第 27~28 章、第 32 章由方洁影编写，第 15 章、第 18 章、第 21~24 章、第 26 章由翟振福编写，第 16 章由郭新建、邵武编写。最后由祝洪忠和周庆麟完成统稿。

感谢Excel Home全体专家和作者团队成员对本书的支持和帮助，尤其是本书较早版本的原作者——方骥、朱明、冯海、胡建学、李锐、余银、巩金玲等，他们为本系列图书的出版贡献了重要的力量。

Excel Home论坛管理团队和培训团队长期以来都是Excel Home图书的坚实后盾，他们是Excel Home中最可爱的人，在此向这些最可爱的人表示由衷的感谢。

衷心感谢Excel Home论坛的五百万会员，是他们多年来不断地支持与分享，才营造出热火朝天的学习氛围，并成就了今天的Excel Home系列图书。

衷心感谢Excel Home微博的所有粉丝和Excel Home微信公众号及视频号的所有关注者，你们的“点赞”和“转发”是我们不断前进的动力。

后续服务

在本书编写过程中，尽管我们的每一位团队成员都未敢稍有疏虞，但纰缪和不足之处仍在所难免。敬请读者提出宝贵的意见和建议，您的反馈将是我们继续努力的动力，本书的后继版本也将会更臻完善。

您可以访问https://club.excelhome.net，我们开设了专门的版块用于本书的讨论与交流。您也可以发送电子邮件到book@excelhome.net，我们将尽力为您服务。

同时，欢迎您关注我们的官方微博（@ExcelHome）和微信公众号（iexcelhome），我们每日都会更新很多优秀的学习资源和实用的Office技巧，并与大家进行交流。

此外，我们还特别准备了技术交流群，读者朋友可以扫描下方二维码入群，与作者和其他读者共同交流学习。

最后祝广大读者在阅读本书后能学有所成！

本书配套学习资源获取说明

第一步 微信扫描下面的二维码，关注 Excel Home 官方微信公众号或“博雅读书社”微信公众号。

第二步 进入公众号以后，输入关键词“001756”,点击“发送”按钮。

第三步 根据公众号返回的提示，即可获得本书配套视频、示例文件及其他赠送资源。

目 录

第一篇 函数与公式基础

第二篇 常用函数

第三篇 函数综合应用

第四篇 其他功能中的函数应用

第五篇　函数与公式常见错误指南

示例目录

绪论　如何学习函数与公式

Excel中的主要功能包括基础操作、图表与图形、函数与公式、数据透视表及宏与VBA五大类，函数与公式是其中最有魅力的一部分。函数与公式的使用可以贯穿到其他4个部分中，如果想要发挥好其他几部分的功能，首先需要掌握一定的函数与公式方面的使用技巧。

Excel函数与公式功能入门是非常容易的，一个新手通过短暂的学习，很快就可以开始构建满足自己需要的计算公式，并且能够使用一些简单的函数，但是要深入下去，还有非常多的内容需要研究。

在工作表中可能有很多数据，这些数据起初都是零散的，尽管它们可能以表格的形式存在，但是单元格与单元格之间并没有任何联系。

公式的核心部分，就是建立起数据之间的关联。如果在工作表中写入一些公式，就能够以自己的思维方式和算法，将这些零散数据重新进行组合编排，建立起联系。

这里的重新组合并不是只改变一个单元格的地址，而是从逻辑关系上建立起一定的联系。通过公式功能完成数据计算汇总的同时，创建一个能够长期有效使用的计算模型。任何时候只要根据这个模型的规则改变源数据，最终的结果都会实时更新，而不需要用户重新进行设置。

虽然学习函数与公式没有捷径，但也是讲究方法的。本篇以我们的亲身体会和无数Excel高手的学习心得总结而来，教给大家正确的学习方法和思路，从而让大家能举一反三，通过自己的实践来取得更多的进步。

1. 学习函数很难吗

"学习函数很难吗？"这是很多新人朋友在学习函数公式之初最关心的问题。在刚刚接触函数公式时，面对陌生的函数名称和密密麻麻的参数说明，的确会令人望而生畏。但任何武功都是讲究套路的，只要肯用心，一旦熟悉了基本的套路章法，函数公式这部"葵花宝典"就不再难以修炼。

"我英文不好，能学好函数吗？"这也是初学者比较关心的问题。其实这个担心完全是多余的，如果你的英文能达到初中水平，学习函数公式就足够了。有些名称特别长的函数，不需要全部记住。从Excel 2007开始，增加了屏幕提示功能，可以帮助用户快速选择适合的函数，这个功能对于有"英文恐惧症"的同学来说无疑是一个福音。

Excel中的函数有500多个，是不是每个函数都要学习呢？答案是否定的。实际工作中，常用函数有30~50个，像财务函数、工程函数等专业性比较强的函数，只有与该领域有关的用户才会用得多一些。只要将常用函数的用法弄通理顺了，再去看那些不常用的函数，理解起来也不是很困难的事情。

如果能对这几十个常用函数有比较透彻的理解，再加上熟悉了它们的组合应用，就可以应对工作中的大部分问题了。其余的函数，有时间可以大致浏览一下，有一个初步的印象，这样在处理实际问题时，更容易快速找到适合的函数。并非会使用很多个函数才算得上函数高手，真正的高手往往是将简单的函数进行巧妙组合，衍生出精妙的应用，也就是所谓的化腐朽为神奇。

万事开头难，当我们开启了函数的大门，就会进入一个全新的领域，无数个函数就像是整装待发的士兵，在等你调遣指挥。要知道，学习是一个加速度的过程，只要基础的东西理解了，后面的学习就会越来越轻松。

2. 从哪里学起

长城不是一天修建的，函数与公式也不是一天就能够学会的，不要幻想能够有一本可以一夜精通的函数秘籍，循序渐进、积少成多是每个高手的必经之路。

在开始学习阶段，除了阅读图书学习基础理论知识，建议大家多到一些Office学习论坛去看一看免费的教程。本书所依托的Excel Home论坛（https://www.excelhome.net/），就为广大Excel爱好者提供了广阔的学习平台，各个版块的精华帖都是难得的免费学习教程，如图 1 所示。

图 1　Excel Home技术论坛的精华帖

从实际工作需要出发，努力用函数与公式来解决实际问题，这是学习的动力源泉。

虽然基础理论很枯燥，但也是必需的。就像学习武功要先扎马步一样，学习Excel函数公式，要先从理解基础的单元格地址、相对引用和绝对引用开始，千万不要急于求成，在开始阶段就去尝试理解复杂的数组公式或是嵌套公式，这样只会增加挫败感。

在公式基础这一部分，大家应该重点掌握公式是如何构建的，如何编辑处理公式，分别用在什么地方，公式中应如何处理单元格的引用，也就是要重点关注单元格的引用范围和引用类型。

从简单公式入手，掌握公式的逻辑关系、功能，是初期学习阶段的最佳切入点。对复杂的公式，逐步学会分段剖析，了解各部分的功能和作用，层层化解，逐个击破。

学会了简单的公式后，还应该学会如何在工作中使用函数，了解函数的用途，了解都有哪些函数可以供我们使用，它们各有什么样的用途，如何选择适合的函数来进行计算。

随着应用的不断深入，应该开始学习如何将不同的函数嵌套在一起使用，因为单个函数的功能是有限、单一的，如果能够按照计算要求把不同的函数嵌套在一起，将一个函数的结果作为另一函数的参数进行组合使用，计算和处理的功能将得到大大加强。

3. 如何深入学习

带着问题学，是最有效的学习方法。不懂就问，多看别人写的公式，多看有关Excel函数与公式的图书、示例，这对于提高函数水平有着重要的作用。

当然仅仅通过看书还不够，还要多动手练习，观赏马术表演和自己骑马的感受是不一样的。很多时候，我们看别人的操作轻车熟路，感觉没有什么难度，但是当自己动手时才发现远没有看到的那样简单。熟能生巧，只有自己多动手、多练习，才能更快地练就驰骋千里的真本领。

有人说，兴趣是最好的老师。但是除了一些天生的学霸，对于大多数人来说，能对学习产生兴趣是件很不容易的事情。除了兴趣，深入学习Excel函数与公式的另一个诀窍就是坚持。当我们想去解决一件事，就有一千种方法；如果不想解决这件事，就有一万个理由。学习函数与公式也是如此，不懈的坚持是通晓函数与公式的催化剂。放弃是最容易的，但绝不是最轻松的，在职场如战场的今天，有谁敢轻易说放弃呢？

分享也是促进深入学习的一个重要方法，当我们对函数与公式有了一些最基本的了解，就可以用自己的知识来帮助别人了。Excel Home论坛每天数以千计的求助帖子，都是练手的好素材。不要觉得自

己的水平太低而怕被别人嘲笑，能用自己的知识帮到别人，是一件很有成就感的事情。在帮助别人的过程中，可以看看高手的公式是怎样写的，对比一下和自己的解题思路有什么不同。有些时候，即使“现学现卖”也是不错的学习方法。

如果自己在学习中遇到问题了，除了百度搜索一下类似的问题，也可以在Excel Home论坛的函数与公式版块发帖求助。求助时也是讲究技巧的，相对于“跪求”“急救”等词汇，对问题明确清晰的表述会更容易得到高手们的帮助。

提问之前，自己先要厘清思路：我的数据关系是怎样的？问题的处理规则明确吗？我希望得到什么样的结果？很多时候问题没有及时解决，不是问题本身太复杂，而是因为不会提问，翻来覆去说不到点子上。不是高手太傲慢，只是缺少等你说清楚问题的耐心。

在Excel Home技术论坛，有很多帖子的解题思路堪称精妙，一些让人眼前一亮的帖子，可以收藏起来慢慢消化吸收。但是千万不要以为下载了就是学会了，很多人往往只热衷于下载资料，而一旦下载完成就热情不再，那些资料也就“一入硬盘深似海”了。

微博、微信也是不错的学习平台，只需要登录自己的账号，然后关注那些经常分享Excel应用知识的微博和微信公众号，就可以源源不断地接收新内容推送。新浪微博@ExcelHome和微信公众号iexcelhome每天都会推送实用的Excel知识，小伙伴们在等待你的加入。

随着人工智能的兴起，人们对生成式人工智能技术的认知程度不断提升。以ChatGPT、文心一言、通义千问等为代表的自然语言处理工具，能够通过理解和学习人类的语言来进行对话，还能根据聊天的上下文进行互动，甚至能完成撰写邮件、文案、翻译、代码等任务。只要在聊天对话框中输入准确的问题描述，这些工具就能给出相应的答案，如图 2 所示。

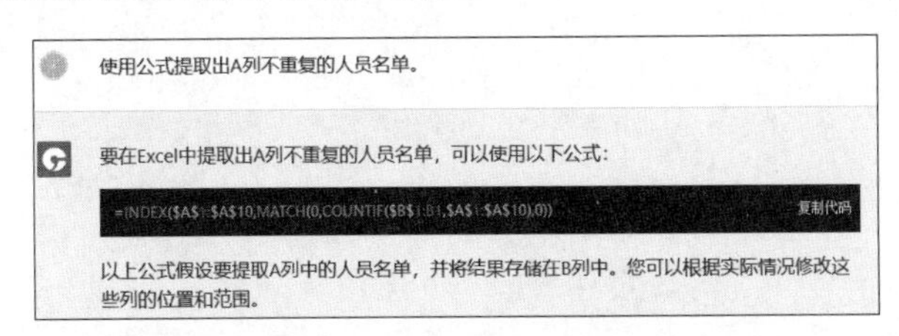

图 2　自然语言处理工具给出的参考答案

或输入一段公式，参考工具给出的解释，如图 3 所示。

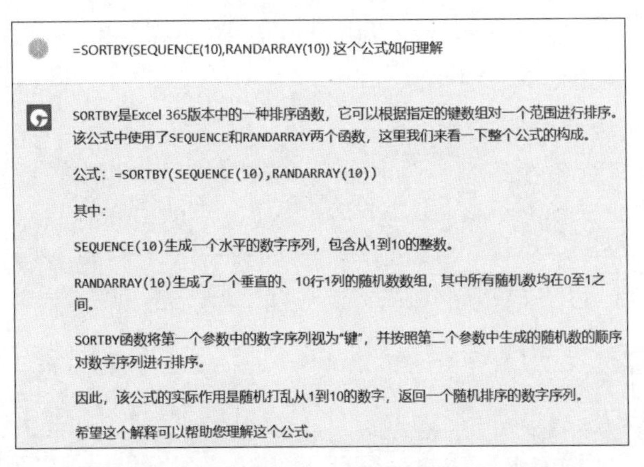

图 3　自然语言处理工具给出的公式解释

目前，这些工具给出的答案和解释还不能保证总是正确，在使用过程中需要注意鉴别。例如，当提问“COUNTIF 函数区分大小写吗”，就返回了错误的答案和示例，如图 4 所示。

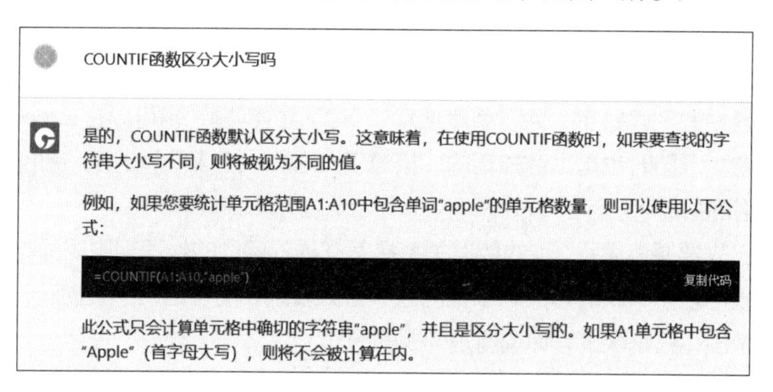

图 4　自然语言处理工具给出的不正确答案

万丈高楼平地起，当我们能将函数与公式学以致用，应用 Excel 函数与公式创造性地对实际问题提出解决方案时，就会实现在 Excel 函数领域中自由驰骋的目标。

祝您在学习阅读本书后，能学有所成！

第一篇

函数与公式基础

函数与公式是Excel的代表性功能之一，具备出色的计算能力，灵活使用函数与公式可以提高数据处理与分析的能力和效率。本篇主要讲解Excel公式的基本原理与使用方法、Excel函数的语法结构与计算方式、公式中的数据引用及数据类型、运算符、名称等基础知识，理解并掌握这些知识点，对深入学习函数与公式会有很大帮助。

第1章　认识公式

理解并掌握Excel函数与公式的基础概念，是学习和运用函数与公式的基本功。磨刀不误砍柴工，只有基础牢固，后续学习才能理解得更加深入。

本章学习要点

（1）了解Excel函数与公式的基础概念。
（2）公式的组成要素。
（3）公式的输入、编辑、删除和复制。
（4）公式保护。

1.1　公式和函数的概念

Excel中的公式是指以等号“=”开头，使用运算符或函数并按照一定的顺序组合进行数据运算的算式。例如，以下公式：

```
=PI()*A2^2
```

其中的“PI()”是用来返回π值的函数，“A2”表示引用A2单元格中的值，“2”是直接输入公式中的数字常量。“^”和“*”都是运算符，前者表示数字的乘幂，后者表示乘号。

Excel提供了大量内置函数，用户也可以使用自定义函数来实现更加复杂的计算操作。公式可以引用单元格中的值并将其用于计算，当引用的单元格数据发生变化后，Excel会自动重新计算并更新结果，从而避免了手动计算的麻烦和错误。

单击【插入】选项卡下的【公式】按钮可以插入各种数学公式，但这些数学公式只能显示，不能进行计算，如图1-1所示。

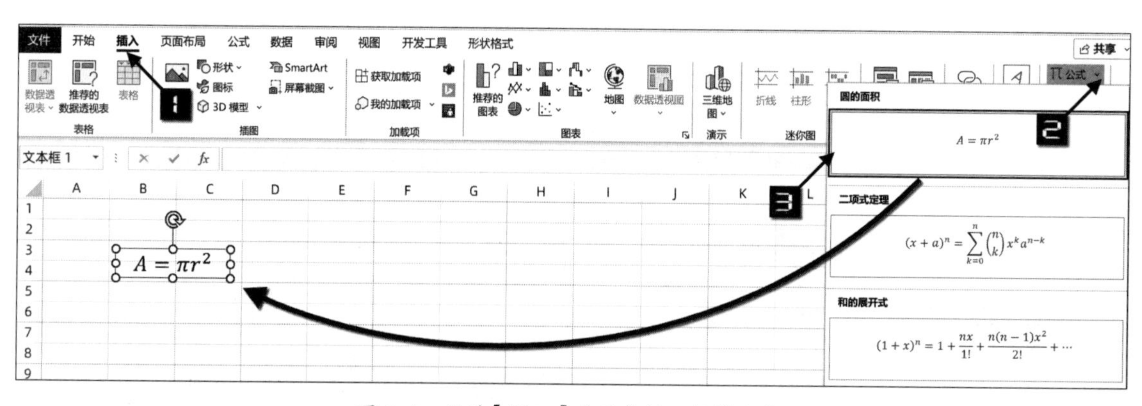

图1-1　通过【插入】选项卡插入数学公式

本书中涉及的公式均指Excel公式，与上述的数学公式无关。

公式通常包含以下5种元素。

- 运算符：指用于计算的一些符号，如加“+”、减“-”、乘“*”、除“/”等。
- 单元格引用：可以是一个单元格，或者是由多个单元格组成的区域，也可以是经过命名的单元格或范围。

❖ 数值或文本：比如数字 8 或字符“A”。

❖ 函数：如SUM函数、VLOOKUP函数。

❖ 括号：用于控制公式中各个表达式的计算顺序。

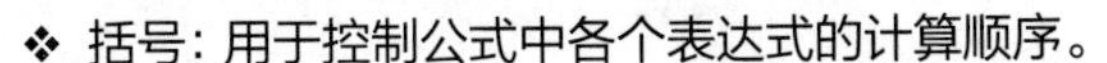

Excel函数可以看作预定义的公式，按特定的顺序或结构进行计算。例如“=SUM(A1:A100)”，就是使用SUM函数对A1至A100单元格中的数值求和，相当于A1+A2+A3+…+A100。

1.2 公式的输入、编辑与删除

1.2.1 输入

在单元格中输入以等号“=”开头的内容，将被Excel视为公式。

如果在单元格中输入以加号“+”、减号“-”开头的内容，Excel会自动在其前面加上等号，并同样将输入的内容视作公式。

提示

在已经设置为“文本”数字格式的单元格中输入任何内容，Excel都只将其视作文本数据，即使以等号“=”开头，Excel也不将其视作公式。

在输入公式时，如果需要添加某个单元格中的数据进行计算，可以使用手工输入和鼠标选取两种方式。

Ⅰ 手工输入

单击要输入公式的单元格，如A3，然后输入等号“=”，再依次输入字符“A”“1”“+”“A”和“2”，输入完成后按<Enter>键，即可得到公式“=A1+A2”。

Ⅱ 使用鼠标选取单元格

单击A3单元格，输入等号“=”，再使用鼠标单击选取A1单元格，接下来输入加号“+”，然后使用鼠标单击选取A2单元格，最后按<Enter>键，同样得到公式“=A1+A2”。

如果输入的公式有语法错误或使用的括号不匹配，Excel会自动进行检测并弹出相应的错误提示对话框，如图1-2所示。

如果公式较长，可以在运算符前后或函数参数前后使用空格或按<Alt+Enter>组合键手动换行，以增加公式的可读性，使公式的各部分关系更加明确，便于理解。

如图1-3所示，在公式中分别使用了空格和<Alt+Enter>组合键换行，但是不会影响公式的正常运算。

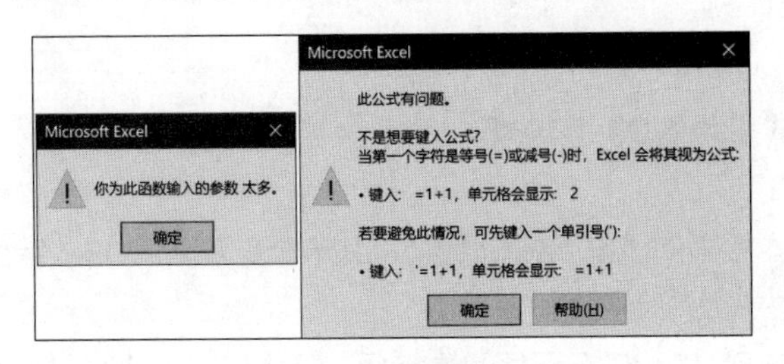

图1-2 错误提示

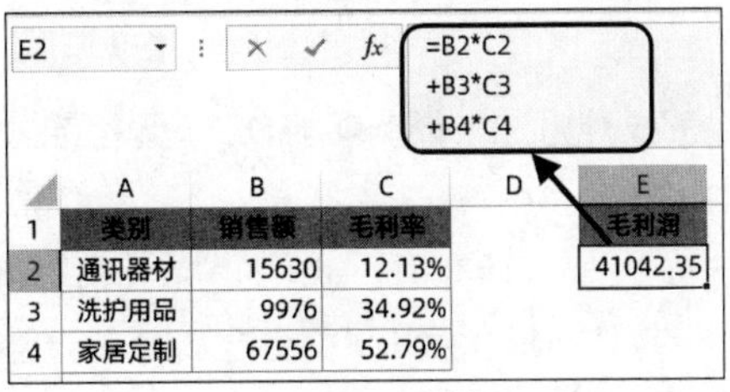

E2 =B2*C2
+B3*C3
+B4*C4

	A	B	C	D	E
1	类别	销售额	毛利率		毛利润
2	通讯器材	15630	12.13%		41042.35
3	洗护用品	9976	34.92%		
4	家居定制	67556	52.79%		

图1-3 公式中使用空格和手动换行符进行间隔

1.2.2 修改

如果需要对现有公式进行修改，可以通过以下3种方式进入编辑状态。

方法1：选中公式所在单元格，按下<F2>功能键。

方法 2：双击公式所在单元格。如果双击无效，则需要依次单击【文件】→【选项】，在弹出的【Excel选项】对话框中单击【高级】，选中【允许直接在单元格内编辑】复选框，如图 1-4 所示。

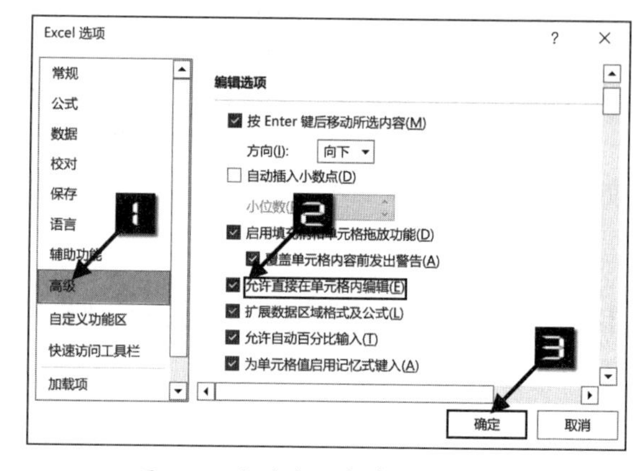

图 1-4　允许直接在单元格内编辑

方法 3：选中公式所在单元格，在编辑栏中进行修改。

修改完毕后按<Enter>键确认，如果在修改过程中希望放弃当前修改，可以按<Esc>键退出。

部分笔记本电脑或某些匹配的键盘，在使用功能键时需要先按<Fn>键切换。

1.2.3　删除

选中目标单元格，按<Delete>键可清除单元格中的全部内容，包括公式。

1.3　公式的复制与填充

如需在多个单元格中使用相同的计算规则，可以将已有公式快速复制到其他单元格，而无须逐个单元格去编辑。

示例1-1　使用公式计算商品金额

图 1-5 是某餐厅食材原料采购记录的部分内容，需要根据B列的数量和C列的单价计算出每种食材原料的金额。

首先在D2 单元格输入以下公式，按<Enter>键，计算出第一项食材原料的金额。

```
=B2*C2
```

以下 5 种方法，都能够将D2 单元格的公式应用到D3~D10 单元格中。

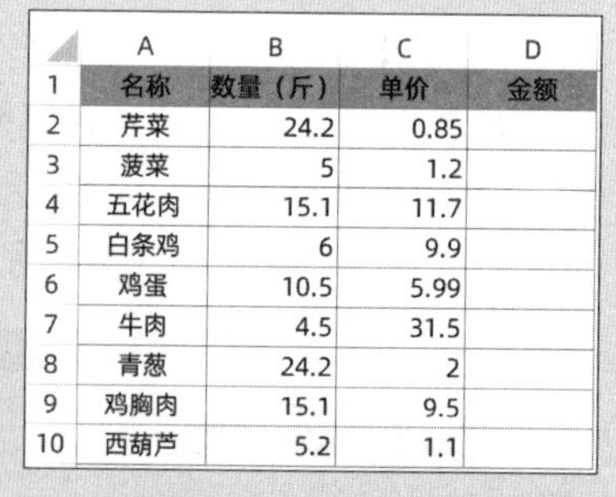

	A	B	C	D
1	名称	数量（斤）	单价	金额
2	芹菜	24.2	0.85	
3	菠菜	5	1.2	
4	五花肉	15.1	11.7	
5	白条鸡	6	9.9	
6	鸡蛋	10.5	5.99	
7	牛肉	4.5	31.5	
8	青葱	24.2	2	
9	鸡胸肉	15.1	9.5	
10	西葫芦	5.2	1.1	

图 1-5　用公式计算商品金额

方法 1：拖曳填充柄。单击D2 单元格，将光标指向该单元格右下角，当光标变为黑色“+”字型填充柄时，按住鼠标左键向下拖曳至D10 单元格，释放鼠标左键。

方法 2：双击填充柄。单击D2 单元格，双击D2 单元格右下角的填充柄，公式将向下填充到当前连续区域的最后一行，本例中为D10 单元格。

方法 3：填充公式。选中D2:D10 单元格区域，按<Ctrl+D>组合键。

选中公式及右侧相邻单元格，按<Ctrl+R>组合键，能够将公式向右复制。

方法 4：复制公式。单击 D2 单元格，在【开始】选项卡下单击【复制】按钮，或者按<Ctrl+C>组合键复制。选中 D3:D10 单元格区域，在【开始】选项卡下单击【粘贴】下拉按钮，然后在下拉菜单中单击【公式】按钮，或者按<Ctrl+V>组合键粘贴。

方法 5：多单元格同时输入。选中 D2:D10 单元格区域，单击编辑栏中的公式使其进入编辑状态，然后按<Ctrl+Enter>组合键，D2~D10 单元格将输入相同计算逻辑的公式。

以上 5 种方法的区别如下。

方法 1、方法 2、方法 3 和方法 4 中按<Ctrl+V>组合键粘贴是复制单元格操作，起始单元格的格式、条件格式、数据验证等属性将被覆盖到填充区域。方法 4 中通过【开始】选项卡进行粘贴的操作和方法 5 不会改变填充区域的单元格格式。

提示

使用方法 2 时，如果待填充的区域内包含空行，公式将无法复制到最后一行。

如果多个工作表的数据结构相同，并且计算规则一致，可以将已有公式快速应用到其他工作表。

示例1-2 将公式快速应用到其他工作表

图 1-6 是某餐厅两天的食材采购记录表，两个表格的数据结构相同。在“2 月 1 日”工作表的 D2:D10 单元格区域使用公式计算出了每种食材的金额，需要在“2 月 2 日”工作表中使用同样的规则计算出每种食材的金额。

选中“2 月 1 日”工作表中的 D2:D10 单元格区域，按<Ctrl+C>组合键复制，切换到“2 月 2 日”工作表，单击 D2 单元格，按<Ctrl+V>组合键，即可将公式快速应用到“2 月 2 日”工作表中。

D2 =B2*C2

名称	数量（斤）	单价	金额
肉馅	9.1	13.9	126.49
黄瓜	5	3.3	16.50
蒜苔			
粉条			
青椒			
菜花			
番茄酱			
木耳			
豆腐干			

2月1日 2月2日

名称	数量（斤）	单价	金额
香菜	0.62	3.5	
土豆	26	1.5	
胡萝卜	5	1.3	
青椒	4.4	1.5	
大白菜	22	0.9	
饼条	4	5.5	
大葱	6.5	2.5	
鸭脯	5.2	9.9	
豆角	6	4.5	

2月1日 2月2日

图 1-6 采购记录表

提示

单击目标区域的起始单元格，按<Ctrl+V>组合键或<Enter>键均可粘贴已复制的内容，前者可多次粘贴，后者仅可粘贴一次。

1.4 设置公式保护

为了防止工作表中的公式被意外修改、删除，或不想让其他人看到已经编辑好的公式，通过设置 Excel 单元格格式的“保护”属性，配合工作表保护功能，能够对工作表中的公式进行保护。

示例1-3 设置公式保护

在图 1-7 所示的员工信息表中，C2:C11 单元格区域使用公式从身份证号码中提取出了性别信息，F2:F3 单元格区域使用公式统计出了不同性别的人数，希望对公式所在单元格区域进行保护。

操作步骤如下。

步骤① 单击任意空白单元格，按<Ctrl+A>组合键选中全部单元格，再按<Ctrl+1>组合键打开【设置单元格格式】对话框。切换到【保护】选项卡，取消选中【锁定】和【隐藏】复选框，单击【确定】按钮，如图 1-8 所示。

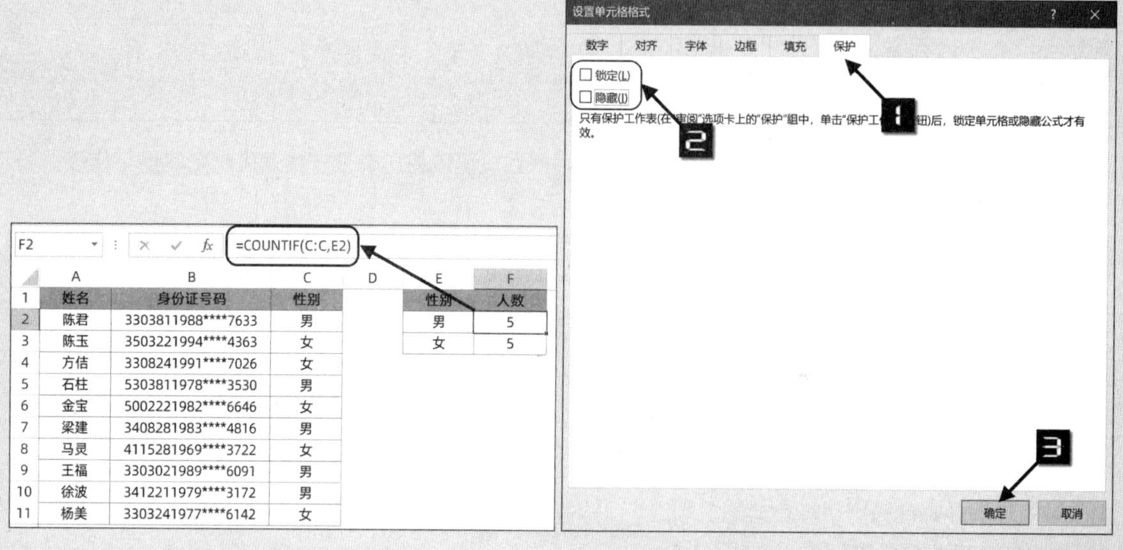

图 1-7 员工信息表　　　　图 1-8 设置单元格格式

步骤② 单击【开始】选项卡下的【查找和选择】按钮，在下拉菜单中选择【公式】命令，此时会选中全部包含公式的单元格区域。

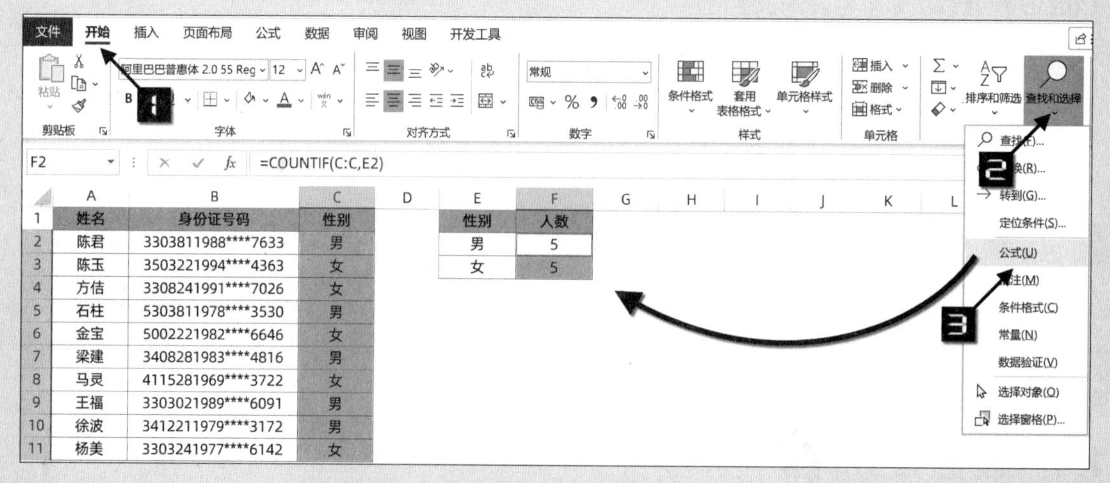

图 1-9 定位公式单元格区域

步骤③ 按<Ctrl+1>组合键打开【设置单元格格式】对话框，切换到【保护】选项卡，选中【锁定】和【隐藏】复选框，单击【确定】按钮。

步骤 4 依次单击【审阅】→【保护工作表】按钮，在弹出的【保护工作表】对话框中保留默认设置，单击【确定】按钮，如图 1-10 所示。

设置完毕后，再选中公式所在单元格时，编辑栏将不显示公式。如果试图编辑该单元格的公式内容，Excel 将弹出警告对话框并拒绝修改，如图 1-11 所示，而工作表中不包含公式的单元格则可正常编辑。

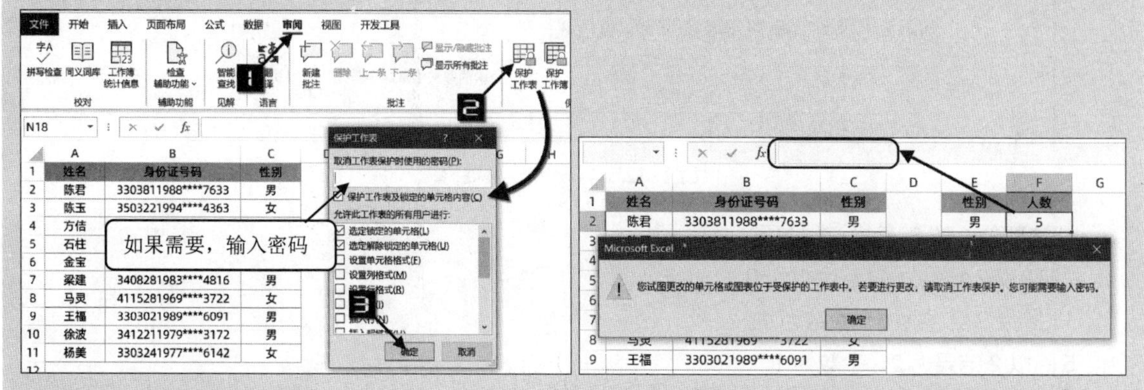

图 1-10　保护工作表　　　　图 1-11　Excel 拒绝修改公式

如需取消公式保护，可单击【审阅】选项卡中的【撤销工作表保护】按钮，如果之前设置了保护密码，则需要提供正确的密码。

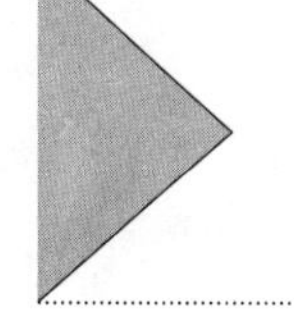

根据本书前言的提示，可观看“设置公式保护”的视频讲解。

1.5　浮点运算误差

浮点数是计算机术语，是一种用计算机中的数字表示的方法或标准。因为计算机系统是以二进制进行存储和运算的，所以只能以近似的约数表示某个实数。

浮点计算是指浮点数参与的运算，这种运算通常伴随着因为无法精确表示而进行的近似或舍入，二进制下的微小误差传递到最终计算结果中，可能会得出不准确的结果。

十进制数值转换为二进制数值的计算方法如下。

（1）整数部分：连续用该整数除以 2 取余数，然后用商再除以 2，直到商等于 0 为止，最后把各个余数按相反的顺序排列。

（2）小数部分：用 2 乘以十进制小数，将得到的整数部分取出，再用 2 乘以余下的小数部分，然后将积的整数部分取出。如此往复，直到积中的小数部分为 0 或达到所要求的精度为止，最后把取出的整数部分按顺序排列。

（3）将含有小数的十进制数转换成二进制时，先将整数、小数部分分别进行转换，然后将转换结果相加。

如果将十进制数值 22.8125 转换为二进制数值，其计算过程如图 1-12 所示。

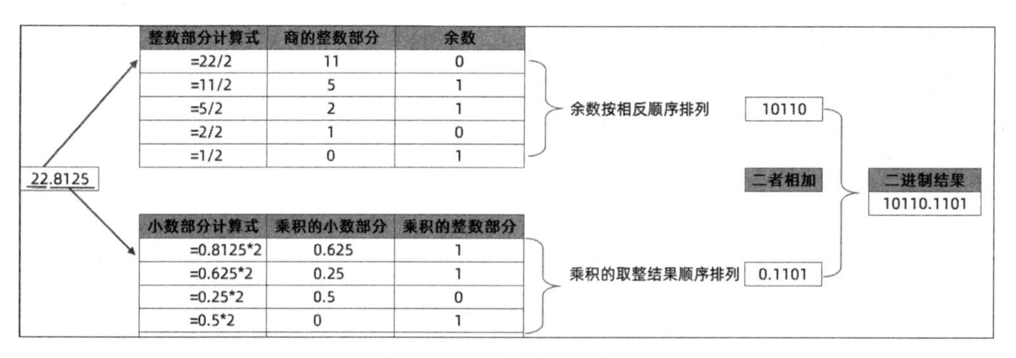

图 1-12　二进制转换过程

整数部分，22 的转换过程如下。

22 除以 2 结果为 11，余数为 0。

11 除以 2 结果为 5，余数为 1。

5 除以 2 结果为 2，余数为 1。

2 除以 2 结果为 1，余数为 0。

1 除以 2 结果为 0，余数为 1。

余数按相反的顺序排列，二进制结果为 10110。

小数部分，0.8125 的转换过程如下。

首先用 0.8125 乘以 2，结果取整。小数部分继续乘以 2，结果取整，直到小数部分为 0 为止，将整数顺序排列。

0.8125 乘以 2 等于 1.625，取整结果为 1，小数部分是 0.625。

0.625 乘以 2 等于 1.25，取整结果为 1，小数部分是 0.25。

0.25 乘以 2 等于 0.5，取整结果为 0，小数部分是 0.5。

0.5 乘以 2 等于 1.0，取整结果为 1，小数部分是 0，计算结束。

将乘积的取整结果顺序排列，结果是 0.1101。

最后将 22 的二进制结果 10110 和 0.8125 的二进制结果 0.1101 相加，计算出十进制数值 22.8125 的二进制结果为 10110.1101。

按照上述方法将小数 0.6 转换为二进制代码，计算结果为 0.10011001100110011……其中的 0011 部分会无限重复，无法用有限的空间量来表示。当结果超出 Excel 计算精度，产生了一个因太小而无法表示的数字时，在 Excel 中的处理结果是 0。

如图 1-13 所示，在 A2 单元格输入公式“=4.1-4.2+1”，然后连续单击【开始】选项卡下的【增加小数位数】按钮，计算结果将显示为 0.899999999999999。

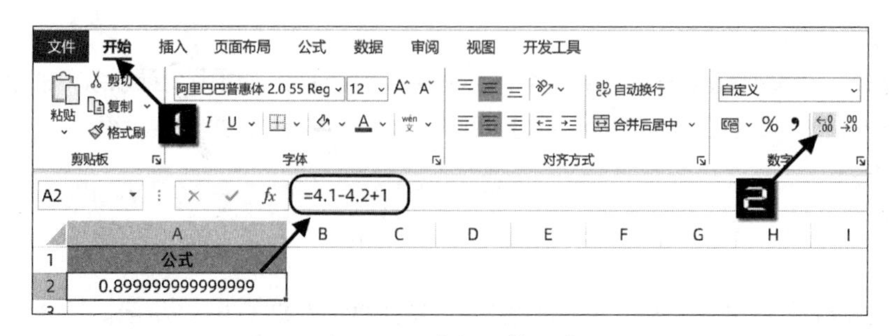

图 1-13　浮点运算误差

Excel 提供两种基本方法来弥补舍入误差，一种方法是使用函数将公式结果进行舍入处理。例如，将 A2 单元格公式修改为:

```
=ROUND(4.1-4.2+1,1)
```

公式最终返回保留一位小数的计算结果 0.9。

有关 ROUND 函数的详细介绍，请参阅 12.5.2 小节。

另一种方法是借助【将精度设为所显示的精度】选项。此选项会强制将工作表中的数字转换成为单元格中实际显示的值。依次单击【文件】→【选项】，打开【Excel 选项】对话框。然后单击【高级】，在【计算此工作簿时】区域下选中【将精度设为所显示的精度】复选框，此时 Excel 会弹出警告对话框，提示用户“数据精度将会受到影响”，依次单击【确定】按钮完成设置，如图 1-14 所示。

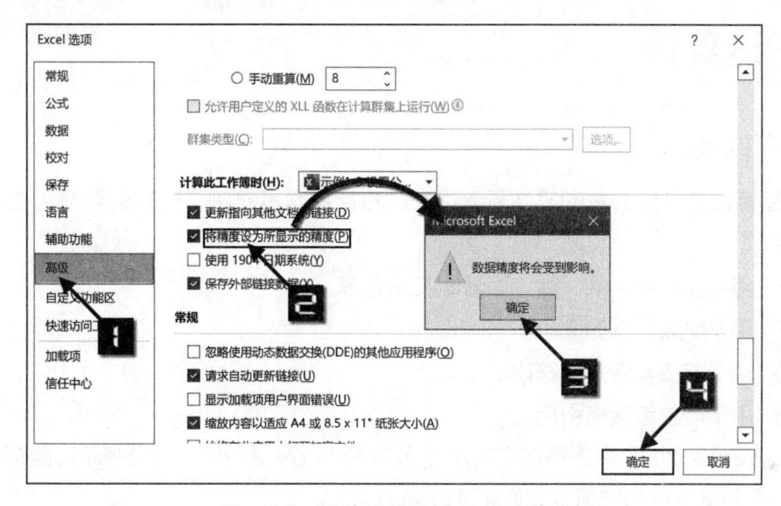

图 1-14　将精度设为所显示的精度

如果单元格设置了显示两位小数的数字格式，然后启用【将精度设为所显示的精度】选项，在保存工作簿时，所有超出两位小数部分的精度将会丢失。

提示：开启此选项会影响当前工作簿中的全部工作表，并且无法恢复由此操作所丢失的数据。

练习与巩固

1. 如果所选单元格数据类型为数值，状态栏中会显示计数、平均值及求和等结果；如果所选单元格数据类型为文本，状态栏中则只显示(_______)结果。

2. 当需要在多个单元格中使用相同的计算规则时，可以通过(_______)和(_______)的操作方法实现，而不必逐个单元格编辑公式。

3. 通过设置 Excel 单元格格式的“保护”属性，配合工作表保护功能，可以实现对工作表中的公式设置保护。你能说出保护公式的主要步骤吗?

4. 有时公式的计算结果中会出现非常细小的误差，这种误差叫作(_______)。

第 2 章　公式中的运算符和数据类型

本章讲解 Excel 公式中运算符的作用、Excel 数据类型的定义和特点，以及不同数据类型的转换方式，深入学习这些基础知识，有助于理解公式的运算顺序及含义。

本章学习要点

（1）了解公式中的运算符。
（2）掌握数据类型的概念。
（3）学习数据类型的转换。

2.1　认识运算符

2.1.1　运算符的类型

Excel 中的运算符是构成公式的基本元素之一，包括算术运算符、比较运算符、文本运算符和引用运算符 4 种类型。

- 算术运算符：包括加、减、乘、除、百分比及乘幂等。
- 比较运算符：用于比较数据的大小。
- 文本运算符：用于连接与合并字符串。
- 引用运算符：用于产生单元格引用。

除此之外，在 Excel 2021 中还新增了表示溢出范围的运算符“#”，以及表示可能存在隐式交集的引用运算符“@”，不同运算符的作用说明如表 2-1 所示。

表 2-1　公式中的运算符

符号	说明	实例
-	算术运算符：负号	=-5+6
%	算术运算符：百分号	=60*5%
^	算术运算符：乘幂	=3^2 =16^(1/2)
*和/	算术运算符：乘和除	=3*2/4
+和-	算术运算符：加和减	=3+2-5
=、<> >、< >=、<=	比较运算符：等于、不等于、大于、小于、大于等于和小于等于	=A1=5 判断 A1 是否等于 5 =B1>200 判断 B1 是否大于 200 =C1>=5 判断 C1 是否大于等于 5
&	文本运算符：连接文本	= "Excel" & "Home" 返回文本“ExcelHome” =123&456 返回文本型数字“123456”
:（冒号）	区域运算符，生成对两个引用之间的所有单元格的引用	=SUM(A1:B10) 引用冒号两侧所引用的单元格为左上角和右下角的矩形单元格区域

续表

符号	说明	实例
(空格)	交叉运算符，生成对两个引用的共同部分的单元格引用	=SUM(B2:F4 D3:F10) 引用B2:F4与D3:F10两个区域的重叠部分，详见下文解释
,(逗号)	联合运算符，将多个引用合并为一个引用	=SUM(B1:B10,E1:E10) 用于参数的间隔，在部分函数中支持使用联合运算符将多个不连续区域的引用合并为一个引用
#	溢出范围运算符，用于引用动态数组公式的溢出范围	=SUM(A2#)公式中的A2是输入动态数组的单元格地址
@	引用运算符，用于指示公式中的隐式交集	=@B2:B4

在公式中，可以使用交叉运算符(半角空格)取得两个区域的交叉区域。在图2-1所示的工作表中，使用以下公式将得到D3:F4单元格区域的数值之和。

```
=SUM(B2:F4 D3:F10)
```

B2:F4与D3:F10的交叉区域是D3:F4单元格区域，因此公式仅对该区域执行求和计算。这种计算方法的实际应用场景较少，读者对此知识点只需简单了解即可。

PERCEN... =SUM(B2:F4 D3:F10)

	A	B	C	D	E	F	G	H
1		数据1	数据2	数据3	数据4	数据5		
2		20	47	33	52	50		
3		48	35	52	52	41		
4		15	24	41	17	52		D3:F10)
5		27	15	28	17	12		
6		25	23	22	19	40		
7		17	35	28	24	19		
8		45	50	20	38	26		
9		46	17	14	50	31		
10		42	36	18	41	31		

图2-1　交叉引用求和

2.1.2　运算符的优先顺序

当公式中使用了多个运算符时，Excel将根据各个运算符的优先级顺序进行运算，对于同一级别的运算符，则按从左到右的顺序运算，如表2-2所示。

表2-2　Excel公式中的运算优先级

顺序	符号	说明
1	:(空格), @#	引用运算符：冒号、单个空格、逗号、@和#
2	–	算术运算符：负号(取得与原值正负号相反的值)
3	%	算术运算符：百分比
4	^	算术运算符：乘幂
5	*和/	算术运算符：乘和除(注意区别数学中的×、÷)
6	+和–	算术运算符：加和减
7	&	文本运算符：连接文本
8	=,<,>,<=,>=,<>	比较运算符：比较两个值(注意区别数学中的≠、≤、≥)

2.1.3　括号与嵌套括号

数学计算式中使用小括号()、中括号[ ]和大括号{ }来改变运算的优先级别，在Excel中均使用小括号代替，而且括号的优先级最高，括号中的算式优先计算。如果在公式中使用多组括号进行嵌套，其计算顺序是由最内层的括号逐级向外层进行计算。

例 1：梯形上底长为 5，下底长为 8，高为 4，其面积的数学计算公式为：

```
=(5+8)×4÷2
```

对应的Excel公式为：

```
=(5+8)*4/2
```

由于括号优先于其他运算符，先计算 5+8 得到 13，再从左向右计算 13*4 得到 52，最后计算 52/2 得到 26。

例 2：判断成绩 n 是否大于等于 60 分且小于 80 分，其数学表达式为：

```
60≤n<80 或 80>n≥60
```

在Excel中，假设成绩 n 在A2 单元格，正确的写法应为：

```
=AND(A2>=60,A2<80)
```

使用以下公式计算将无法得到正确结果：

```
=60<=A2<80
```

根据运算符的优先级，<=与<属于相同类别，按照从左到右运算，Excel会先判断 60<=A2 返回逻辑值TRUE或FALSE，再判断逻辑值<80。由于逻辑值大于数值，导致无论A2 的数值是多少，公式始终返回FALSE。

在公式中使用的括号必须成对出现。虽然Excel在结束公式编辑时会做出判断并自动补充、更正，但是更正结果并不一定是用户所期望的。例如，在单元格中输入以下内容，按<Enter>键，会弹出如图 2-2 所示的对话框。

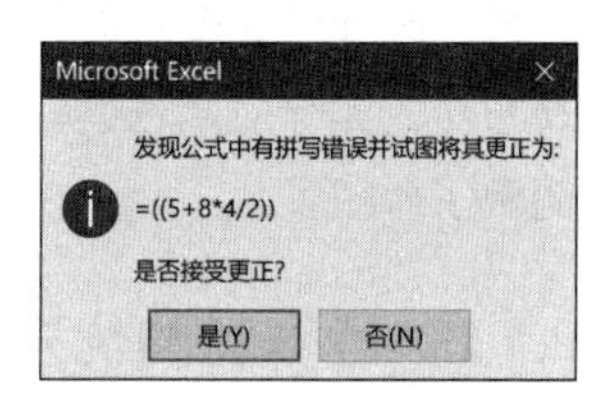

图 2-2　公式自动更正

```
=((5+8*4/2
```

当公式中有较多的嵌套括号时，选中公式所在单元格，鼠标单击编辑栏中公式的任意位置，不同的成对括号会以不同颜色显示，此项功能可以帮助用户更好地理解公式的结构和运算过程。

2.2　认识数据类型

2.2.1　常见的数据类型

Excel中的数据类型包括数值、文本、日期时间及逻辑值和错误值。

➲ Ⅰ　数值

数值是指所有代表数量的数字形式，如企业的产值和利润、学生成绩、个人的身高体重等。数值可以是正数，也可以是负数，并且都可以进行数学计算。除了普通的数字，还有一些带有特殊符号的数字也会被Excel识别为数值，例如，百分号（%）、货币符号（如￥）和千位分隔符（,）。如果字母E和e在数字中恰好处于特定的位置，还会被Excel识别为科学记数符号，例如，输入 5e3，会显示为科学记数

形式 5.00E+03，即 5.00 乘以 10 的 3 次幂。

在 Excel 中，由于软件自身的限制，对于数值的使用和存储存在一些规范和限制。

Excel 可以表示和存储的数字最大精确到 15 位有效数字。对于超过 15 位的整数数字，如 1234567890123456789，Excel 会自动将 15 位以后的数字变为 0 来存储。对于大于 15 位有效数字的小数，则会将超出的部分截去。

因此，对于超出 15 位有效数字的数值，Excel 将无法进行精确的计算和处理。例如，无法准确计算 20 位数字的加减乘除，无法用数值形式存储 18 位的身份证号码等。

➲ II　文本

文本通常是指字母、文字、符号等，如企业名称、员工姓名等。除此以外，很多不需要进行数值计算的数字也可以保存为文本形式，如手机号码、身份证号码、银行卡号等。在公式中直接输入文本内容时，需要用一对半角双引号（""）包含，例如，公式“=A1="ExcelHome"”。

➲ III　日期和时间

在 Excel 中，日期和时间以一种特殊的“序列值”形式进行存储。

Windows 操作系统下的 Excel 版本中，日期系统默认为“1900 日期系统”，即以 1900 年 1 月 1 日作为序列值的基准日期，这一天的序列值计为 1，之后的日期均以距离基准日期的天数作为其序列值。例如，1900 年 1 月 15 日的序列值为 15。Excel 中可表示的最大日期是 9999 年 12 月 31 日，其日期序列值为 2958465。

Macintosh（简称 Mac）操作系统下的 Excel 版本默认日期系统为“1904 日期系统”，即以 1904 年 1 月 1 日作为日期系统的基准日期。本书中的日期应用如无特殊说明，均使用 1900 日期系统。

如需切换日期系统，可以依次单击【文件】→【选项】，从弹出的对话框中选择【高级】选项卡，在【计算此工作簿时】之下选中或取消选中【使用 1904 日期系统】复选框，再单击【确定】按钮即可，如图 2-3 所示。

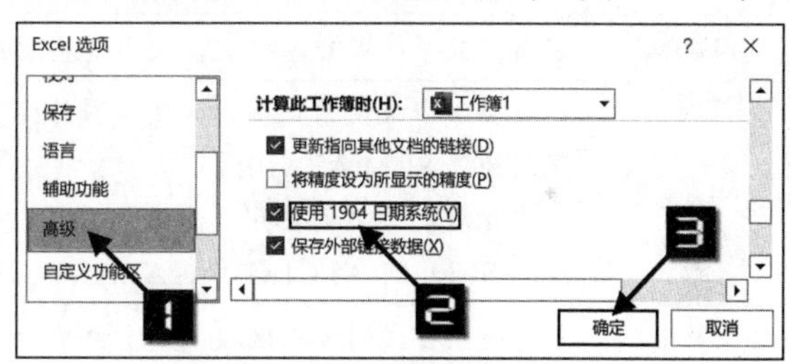

图 2-3　选择日期系统

提示　如果当前工作簿中已有日期数据，修改以上设置后会导致原有日期发生变化。

输入日期后再将单元格数字格式设置为“常规”，此时会在单元格内显示该日期的序列值。

如果将数值 0 设置成日期格式，会显示成“1900 年 1 月 0 日”；但是直接在单元格中输入的“1900 年 1 月 0 日”或“1900-1-0”会被识别为文本，无法再转换成数值 0。

作为一种特殊的数值形式，日期承载着数值的所有运算功能。例如，要计算两个日期之间相距的天数，可以直接将两个单元格中的日期相减。

日期序列值是整数，时间的序列值则是小数。一天的数值单位是 1，1 小时可以表示为 1/24 天，1 分钟可以表示为 1/(24*60) 天，一天中的每一个时刻都可以由小数形式的序列值来表示。例如，中午 12:00:00 的序列值为 0.5（一天的一半），12:30:00 的序列值近似为 0.520833。

将小数表示的时间和整数表示的日期结合起来，就能表示一个完整日期时间点的序列值。例如，2020 年 9 月 10 日中午 12:00:00 的序列值为 44084.5。

对于不包含日期的时间值，如“12:30:00”，Excel 会自动以 1900 年 1 月 0 日这样一个实际不存在的日期作为其日期值。

如需在公式中直接输入日期或时间，需要用一对半角双引号（""）包含，例如，公式“="2021-8-15"-15”或“="10:24:00"+"0:30:00"”。

➲ IV　逻辑值

逻辑值包括TRUE（真）和FALSE（假）两种。假设A3单元格为任意数值，使用公式“= A3>0”，公式结果将返回TRUE（真）或FALSE（假）。

逻辑值之间进行四则运算或是逻辑值与数值之间的运算时，TRUE等同于1，FALSE等同于0。例如，FALSE*FALSE=0，TRUE-1=0。

➲ V　错误值

用户在使用Excel的过程中可能会遇到一些错误值信息，如#N/A、#VALUE!、#DIV/0!等，出现这些错误值有多种原因，常见的错误值及产生的原因如表2-3所示。

表2-3　常见错误值及产生的原因

错误值	产生的原因
#VALUE!	在需要数字或逻辑值时输入了文本，Excel不能将其转换为正确的数据类型
#DIV/0!	使用0值作为除数
#NAME?	使用了不存在的名称或是函数名称拼写错误
#N/A	在查找函数中，无法找到匹配的内容
#REF!	删除了有其他公式引用的单元格或工作表，致使单元格引用无效
#NUM!	在需要数字参数的函数中，使用了不能接受的参数
#NULL !	1. 在公式中未使用正确的区域运算符，产生了空的引用区域，例如，将公式“=SUM(A3:A10)”误写为“=SUM(A3 A10)” 2. 在区域引用之间使用了交叉运算符（空格字符）来指定不相交的两个区域的交集，例如，公式“=SUM(A1:A5 C1:C3)”，A1:A5和C1:C3没有相交的区域
#溢出!	动态数组公式的溢出区域不是空白单元格，或者在“表格”中使用了动态数组公式
#CALC!	动态数组公式返回了空数组

此外，当单元格中所含的数字超出单元格宽度，或者在设置了日期、时间的单元格内输入了负数，将以“#”填充。

如果数据源中本身含有错误值，大多数公式的计算结果也会返回错误值。

2.2.2　数据的比较

数值大小的比较规则：负数<0<正数。

字母大小的比较规则：a<b<c……、A<B<C……。

大小写混合字母的比较规则：a<A<b<B<c<C……。

对于文本型数字或是字母、数字的混合内容，会先按照首个字符在计算机系统字符集中的数字代码顺序进行比较。首个字符相同的，则继续按第二个字符在计算机系统字符集中的数字代码顺序进行比较，以此类推。例如，a1、a2、a10、a20这4个字符串从小到大排列的顺序为a1、a10、a2、a20。

在简体中文版操作系统中，汉字的比较规则是按拼音首字母的顺序。对于中文词组，则先按第一个汉字的拼音首字母排序，如果首字母相同，则继续比较第二个汉字的拼音首字母，以此类推。

不同类型的数据进行大小比较时按照以下顺序排列：

负数<0<正数<半角符号（如!、%、-）<字母a~Z<中文字符<FALSE<TRUE

即数字小于半角符号，半角符号小于字母，字母小于中文字符，中文字符小于逻辑值FALSE，逻辑值TRUE最大，错误值不参与排序。

提示

> 文本内容的比较规则与计算机的操作系统语言有关，简体中文版操作系统的部分比较规则在其他语言版本的操作系统中可能不适用。

2.3　数据类型的转换

2.3.1　逻辑值与数值的转换

虽然逻辑值与数值是完全不同的数据类型，但是在执行四则运算、乘幂和开方运算的Excel公式中，逻辑值TRUE和FALSE分别被视作数值 1 和 0 参与计算。

示例2-1　计算员工全勤奖

图 2-4 展示的是员工考勤表的部分内容。已知出勤天数超过 23 天时全勤奖为 50 元，否则为 0，需要根据出勤天数计算全勤奖。

在C2 单元格中输入以下公式，将公式向下复制到C10 单元格。

```
=(B2>23)*50
```

公式优先计算括号内的B2>23 部分，结果返回逻辑值TRUE或FALSE，再使用逻辑值乘以 50。如果B2 大于 23，则相当于TRUE*50，结果为 50，如果B2 不大于 23，则相当于FALSE*50，结果为 0。

	A	B	C
1	姓名	出勤天数	全勤奖
2	杨勇	23	
3	张凯	24	
4	孟欣	19	
5	孙立	24	
6	周建	23	
7	曹萌	24	
8	孙琳	24	
9	张平	23	
10	苏凤	24	

图 2-4　计算全勤奖

2.3.2　文本型数字与数值的转换

存储为文本格式的数字可以直接参与四则运算，但当此类数据作为某些函数的参数时，将被视为文本来处理。如果在【开始】选项卡下更改单元格的数字格式，单元格中已有的数据将无法直接从文本格式转换成其他格式。

➲ Ⅰ　使用公式将文本型数字转换为数值

使用以下 6 个公式，均能够将A2 单元格中的文本型数字转换为数值。

```
乘法：=A2*1
除法：=A2/1
加法：=A2+0
减法：=A2-0
减负运算（计算负数的负数）：=--A2
函数转换：=VALUE(A2)
```

如果希望将A3 单元格中的数值转换为文本格式，可以用连接符将A3 连接一个空文本""：

```
=A3&""
```

➲ II 使用【转换为数字】命令将文本型数字转换为数值

默认情况下，文本型数字所在单元格的左上角会显示绿色三角形的错误检查符号。如果选中包含文本型数字的单元格，会在单元格一侧出现【错误检查选项】按钮，单击按钮右侧的下拉菜单，会显示选项菜单，单击其中的【转换为数字】命令，可以将所选内容转换为数值格式，如图 2-5 所示。

> 选中一个单元格区域时，如果该区域左上角单元格是文本型数字，使用【转换为数字】命令时，能够将该区域内的文本型数字全部转换为数值。

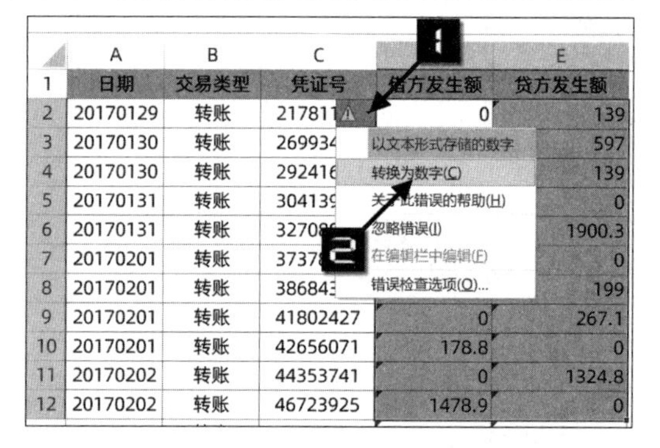

图 2-5 错误检查选项

➲ III 使用 TEXT 函数将数值转换为文本型数字

在 B2 单元格输入以下公式，能够将 A2 单元格中的数值转换为文本型数字。

```
=TEXT(A2,"G/通用格式")
```

TEXT 函数的作用是将数字转换为指定格式的文本，关于该函数的详细用法，请参阅 10.2.12 小节。

根据本书前言的提示，可观看数据类型转换的视频演示。

练习与巩固

1. 运算符是构成公式的基本元素之一，每个运算符分别代表一种运算方式。Excel 中的运算符类型包括(____________)。

2. 文本、数值与逻辑值比较时的顺序为数值小于文本，文本小于逻辑值(______)，逻辑值(______)最大，错误值不参与排序。

3. 当公式中使用多个运算符时，Excel 将根据各个运算符的优先级顺序进行运算，对于同一级次的运算符，则按(______)的顺序运算。

4. 如果要将 A2 单元格的文本型数字转换为数值，可以使用哪几种方法?

第3章　单元格引用类型

本章主要学习Excel公式中的单元格引用类型，理解不同单元格引用类型的特点和区别，才能写出便于在多个单元格中进行复制的公式，对于学习和运用函数与公式有着非常重要的意义。

本章学习要点

（1）掌握单元格引用的表示方式。
（2）了解A1引用样式和R1C1引用样式。
（3）理解相对引用、绝对引用和混合引用。
（4）学习多单元格和单元格区域引用。

3.1　A1引用样式和R1C1引用样式

工作表的基本元素是单元格。在工作表中，由默认的网格横线间隔出来的区域称为“行”，由竖线间隔出来的区域称为“列”，行列互相交叉所形成的格子称为“单元格”。一个工作表由1048576×16384个单元格组成。

在公式中可以通过行列坐标的方式表示单元格或区域，实现对存储于单元格或区域中的数据的调用，这种方法称为单元格引用。

Excel中的单元格引用方式包括A1引用样式和R1C1引用样式两种。

3.1.1　A1引用样式

在默认情况下，Excel使用A1引用样式，使用字母A~Z、AA~AZ……表示列标，用数字1~1048576表示行号。单元格地址由列标和行号组合而成，列标在前，行号在后。通过单元格所在列的列标+所在行的行号可以准确地定位一个单元格，例如，A1即指该单元格位于A列第1行，是A列和第1行交叉处的单元格。

如果要引用单元格区域，可顺序输入区域左上角单元格的地址、冒号(:)及区域右下角单元格的地址。不同A1引用样式的说明如表3-1所示。

表3-1　A1引用样式示例

表达式	引用	表达式	引用
C5	C列第5行的单元格	9:9	第9行的所有单元格
D15:D20	D列第15行到D列第20行的单元格区域	9:10	第9行到第10行的所有单元格
B2:D2	B列第2行到D列第2行的单元格区域	C:C	C列的所有单元格
C3:E5	C列第3行到E列第5行的单元格区域	C:D	C列到D列的所有单元格

公式“=C5”，表示返回C5单元格的值。

公式“=A1+C5”，表示计算A1单元格和C5单元格的合计值。

3.1.2　R1C1引用样式

如图3-1所示，依次单击【文件】→【选项】按钮，打开【Excel选项】对话框。在【公式】选项卡的【使用公式】区域中选中【R1C1引用样式】复选框，可以启用R1C1引用样式，样式如图3-2所示。

启用R1C1 引用样式后，以字母“R”加行数字和字母“C”加列数字来指示单元格的位置，行号在前，列号在后。R1C1 表示该单元格位于工作表中的第 1 行第 1 列，如果选择第 2 行和第 3 列的交叉处位置，在名称框中即显示为R2C3。其中，字母“R”“C”分别是英文“Row(行)”“Column”(列)的首字母，其后的数字则表示相应的行号列号。R2C4 也就是A1 引用样式中的D2 单元格。

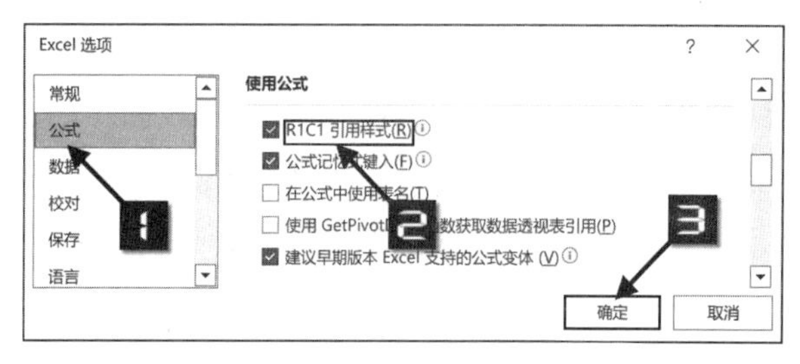

图 3-1 启用R1C1 引用样式

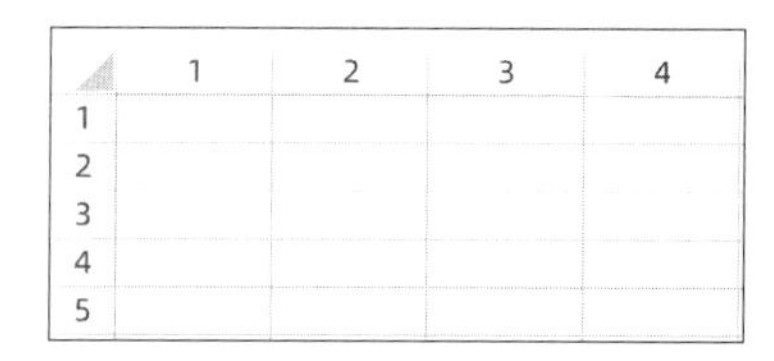

图 3-2 使用R1C1 引用样式时，列标显示为数字

不同R1C1 引用样式的说明如表 3-2 所示。

表 3-2 R1C1 引用样式示例

表达式	引用
R5C3	第 5 行第 3 列的单元格，即C5 单元格
R15C4:R20C4	第 15 行第 4 列到第 20 行第 4 列的单元格区域，即D15:D20 单元格区域
R2C2:R2C4	第 2 行第 2 列到第 2 行第 4 列的单元格区域，即B2:D2 单元格区域
R3C3:R5C5	第 3 行第 3 列到第 5 行第 5 列的单元格区域，即C3:E5 单元格区域
R9	第 9 行的所有单元格
R9:R10	第 9 行到第 10 行的所有单元格
C10	第 10 列的所有单元格
C3:C4	第 3 列到第 4 列的所有单元格

3.2 相对引用、绝对引用和混合引用

如果A1 单元格公式为“=B1”，那么A1 就是B1 的引用单元格，B1 就是A1 的从属单元格。从属单元格与引用单元格之间的位置关系分为 3 种，即相对引用、绝对引用和混合引用，表达形式以是否使用符号“$”进行区分。

3.2.1 相对引用

在公式中引用当前工作簿内的某个单元格时，默认为相对引用。相对引用是指在公式中引用单元格时，该引用会随着单元格的移动而相应地进行调整。例如，在C2 单元格中引用了A2 单元格，则实际引用的是与C2 位于同一行、左侧第 2 列的单元格。复制包含相对单元格引用的公式时，该公式中的引用将随着公式所在单元格的位置而同步进行变化，相对位置保持不变。

例如，使用A1 引用样式时，在B2 单元格输入公式“=A1”，当向右复制公式时，将依次变为“=B1”“=C1”“=D1”……当向下复制公式时，将依次变为“=A2”“=A3”“=A4”……也就是始终保持引

用公式所在单元格的左侧第 1 列、上方第 1 行位置的单元格。

在R1C1 引用样式中，则使用相对引用的标识符“[ ]”，将需要相对引用的行号或列号的数字包括起来，正数表示右侧或下方的单元格，负数表示左侧或上方的单元格，表示方式为“=R[-1]C[-1]”。

3.2.2　绝对引用

当复制公式到其他单元格时，公式保持所引用的单元格绝对位置不变，称为绝对引用。

在A1 引用样式中，如果希望复制公式时能够固定引用某个单元格地址，需要在行号和列标前使用绝对引用符号 $。例如，在B2 单元格输入公式“=$A$1”，当向右复制公式或向下复制公式时，始终为“=$A$1”，保持引用A1 单元格不变。

在R1C1 引用样式中，绝对引用的表示方式为“=R1C1”。

示例3-1　按出勤天数计算劳务费

图 3-3 展示的是某工程队人员出勤的部分记录，需要根据B5:C11 单元格区域中的出勤天数和B2 单元格的日工资，计算出两个月的劳务费。

在D5 单元格输入以下公式，复制到D5:E11 单元格区域。

```
=B5*$B$2
```

公式中的B5 是出勤天数所在单元格，使用相对引用方式，当公式向右或向下复制时，单元格引用位置也会发生改变，始终引用公式所在单元格左侧两列的内容。

日工资标准是固定的，所以对B2 进行绝对引用，写为$B$2，公式向右或向下复制时，始终引用B2 单元格中的日工资不变。

D5　=B5*$B$2

	A	B	C	D	E
1		日工资			
2		300			
3					
4	姓名	1月出勤	2月出勤	1月劳务费	2月劳务费
5	刘丁	15	20	4500	6000
6	马丽	14	21	4200	6300
7	牛云	12	8	3600	2400
8	海丽	16	12	4800	3600
9	冬青	18	10	5400	3000
10	云芳	20	6	6000	1800
11	雅云	19	9	5700	2700

图 3-3　计算提价后的商品价格

3.2.3　混合引用

混合引用指的是在公式中引用单元格时，行列之一被设置为相对引用，而其余部分则被设置为绝对引用。

假设在B1 单元格中输入公式对A1 单元格进行引用，不同引用类型的特性如表 3-3 所示。

表 3-3　单元格引用类型及特性

引用类型	A1 样式	R1C1 样式	特性
绝对引用	=$A$1	=R1C1	公式向右向下复制不改变引用关系
行绝对引用、列相对引用	=A$1	=R1C[-1]	公式向下复制不改变引用关系
行相对引用、列绝对引用	=$A1	=RC1	公式向右复制不改变引用关系，因为引用单元格与从属单元格的行相同，故R后面的 1 省去
相对引用	=A1	=RC[-1]	公式向右向下复制均会改变引用关系，因为引用单元格与从属单元格的行相同，故R后面的 1 省去

示例3-2 制作乘法口诀表

在公式中使用不同的引用方式，能够快速制作出乘法口诀表。

操作步骤如下。

步骤① 在B1 单元格内输入数字 1，按住Ctrl键不放，拖动B1 单元格右下角的填充柄到J1 单元格，在B1:J1 单元格区域内生成数字 1~9。

步骤② 在A2 单元格输入数字 1，按住Ctrl键不放，拖动A2 单元格右下角的填充柄到A10 单元格，在A2:A10 单元格区域内生成数字 1~9。

步骤③ 在B2 单元格输入以下公式，将公式复制到B2:J10 单元格区域，如图 3-4 所示。

```
=IF($A2>=B$1,B$1&"×"&$A2&"="&B$1*$A2,"")
```

B2 =IF($A2>=B$1,B$1&"×"&$A2&"="&B$1*$A2,"")

	A	B	C	D	E	F	G	H	I	J
1		1	2	3	4	5	6	7	8	9
2	1	1×1=1								
3	2	1×2=2	2×2=4							
4	3	1×3=3	2×3=6	3×3=9						
5	4	1×4=4	2×4=8	3×4=12	4×4=16					
6	5	1×5=5	2×5=10	3×5=15	4×5=20	5×5=25				
7	6	1×6=6	2×6=12	3×6=18	4×6=24	5×6=30	6×6=36			
8	7	1×7=7	2×7=14	3×7=21	4×7=28	5×7=35	6×7=42	7×7=49		
9	8	1×8=8	2×8=16	3×8=24	4×8=32	5×8=40	6×8=48	7×8=56	8×8=64	
10	9	1×9=9	2×9=18	3×9=27	4×9=36	5×9=45	6×9=54	7×9=63	8×9=72	9×9=81

图 3-4　制作乘法口诀表

“&”的作用是将多个区域和(或)字符串连接起来得到新的字符串。本例中，待连接的各个元素为B$1 单元格中的数字、符号“×”，$A2 单元格中的数字、符号“=”和B$1*$A2 的计算结果。

接下来使用IF函数进行判断，如果公式所在单元格第一列的数字大于等于第一行的数字，该单元格将返回由“&”连接的字符串，否则返回空文本""，使单元格显示为空白。

公式中的B$1，表示使用列相对引用、行绝对引用方式。当公式向右复制时，由于列方向是相对引用，所以列号随之变化。当公式向下复制时，由于行方向是绝对引用，所以始终引用第一行的序号。也就是随公式所在单元格位置的不同，能够始终引用公式所在列的第一行中的序号。

公式中的$A2，表示使用列绝对引用、行相对引用方式。当公式向右复制时，由于列方向是绝对引用，所以始终引用A列不变。当公式向下复制时，由于行方向是相对引用，所以行号随之递增。也就是随公式所在单元格位置的不同，始终引用公式所在行的A列的序号。

示例3-3 按期数计算累计应还利息

图 3-5 展示了使用等额本金法计算出的贷款各期应还本金和应还利息明细表的部分内容，需要按期数计算累计应还利息。

在E2 单元格输入以下公式，向下复制到数据区域最后一行。

```
=SUM($C$2:C2)
```

	A	B	C	D	E
1	期数	应还本金	应还利息	应还本息	累计应还利息
2	1	7503.73	54000.00	61503.73	
3	2	7908.93	53594.80	61503.73	
4	3	8336.01	53167.72	61503.73	
5	4	8786.15	52717.57	61503.73	
6	5	9260.61	52243.12	61503.73	
7	6	9760.68	51743.05	61503.73	
8	7	10287.76	51215.97	61503.73	
9	8	10843.29	50660.43	61503.73	
10	9	11428.83	50074.89	61503.73	

图 3-5　贷款各期应还本金和应还利息

本例中的“$C$2”部分使用了绝对引用方式，而“C2”部分则使用了相对引用方式，当公式向下复制时，引用区域会依次变成$C$2:C3、$C$2:C4、$C$2:C5……这样的动态扩展范围。SUM函数对这个动态扩展范围内的数值进行求和，从而实现逐期累加的效果。

3.2.4　切换引用方式

在公式编辑过程中，当输入或选中公式中的单元格地址时，按<F4>键能够在不同引用方式中循环切换，其顺序如下：

相对引用→绝对引用→行绝对引用、列相对引用→行相对引用、列绝对引用

例如，在A1 引用样式中，A1 单元格输入公式“=B2”，依次按<F4>键，引用类型切换顺序为：

```
B2 →$B$2 →B$2 →$B2
```

在R1C1 引用样式中，在A1 单元格输入公式“=R[1]C[1]”，依次按<F4>键，引用类型切换顺序为：

```
R[1]C[1] →R2C2 →R2C[1] →R[1]C2
```

根据本书前言的提示，可观看单元格引用方式的视频演示。

3.3　单元格引用中的“隐式交集”

隐式交集逻辑将公式结果中的多个值强制返回为单个值。如图 3-6 所示，如果在C2 单元格中输入公式“=A2:A10”，公式会在C2~C10 单元格中依次显示A2~A10 单元格中的内容。如果将公式修改为“=@A2:A10”，此时C2 单元格返回的结果为A2 单元格中的字符，这是因为C2 单元格和A2 单元格位于同一行。

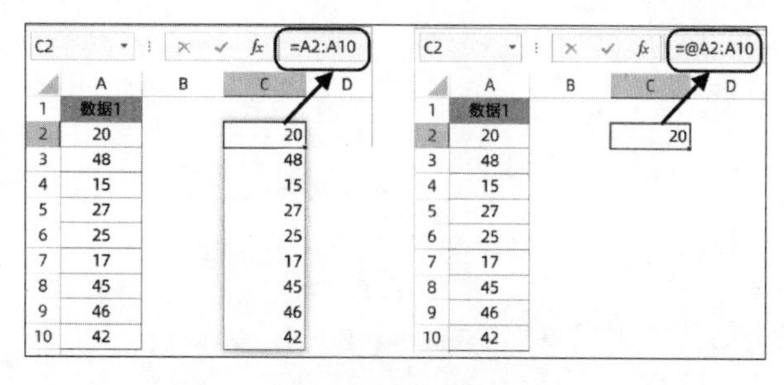

图 3-6　隐式交集

公式中的@表示隐式交集，在Excel 2021 之前的版本中默认执行隐式交集规则。Excel 2021 中新

增了数组溢出功能，当公式结果为多项元素时会自动溢出到相邻单元格，如需使用隐式交集规则，需要在单元格地址前加上@。

3.4 单元格变动对引用位置的影响

如果在工作表中插入或删除行、列，现有公式中的引用位置会自动更改，如图 3-7 所示。

如果删除了被引用的单元格区域或工作表，则会出现引用错误，如图 3-8 所示。

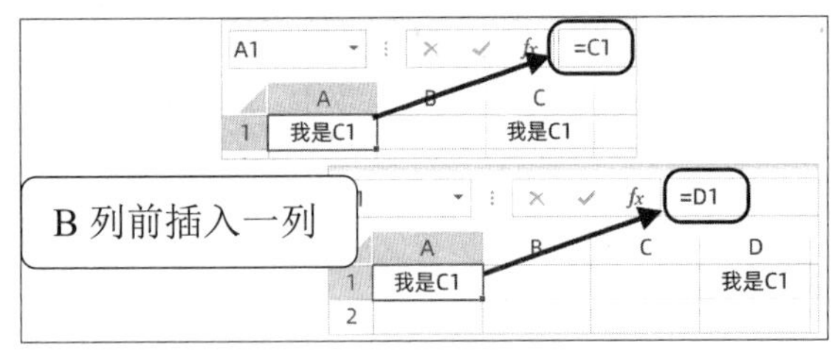

图 3-7 插入一列后公式中的单元格地址发生变化

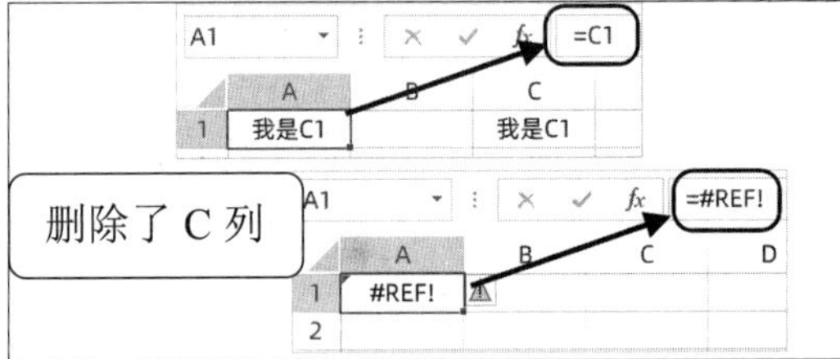

图 3-8 出现引用错误

练习与巩固

1. 单元格引用样式包括 A1 引用样式和（_______）两种。

2. 当复制公式到其他单元格时，Excel 保持从属单元格与引用单元格的相对位置不变，称为（_______）引用。

3. 当复制公式到其他单元格时，Excel 保持公式所引用的单元格绝对位置不变，称为（_______）引用。

4. 在公式中输入单元格地址时，可以按（_______）键循环切换引用类型。

第 4 章　跨工作表引用和跨工作簿引用

本章对引用不同工作表及引用不同工作簿中的单元格及单元格区域等方面的知识进行讲解。

本章学习要点

（1）引用其他工作表区域的方法。
（2）引用其他工作簿中的单元格。
（3）引用连续多工作表的相同区域。

4.1　引用其他工作表区域

在公式中引用其他工作表的单元格区域时，需要在单元格地址前加上工作表名和半角叹号“!”，例如，以下公式表示对Sheet2 工作表A1 单元格的引用。

```
=Sheet2!A1
```

在公式编辑状态下，使用鼠标选取其他工作表的区域，公式中的单元格地址前面会自动添加工作表名称和半角感叹号“!”。

示例4-1　引用其他工作表区域

在图 4-1 所示的费用明细表中，需要在“汇总表”工作表中计算“6 月”工作表的费用总额。

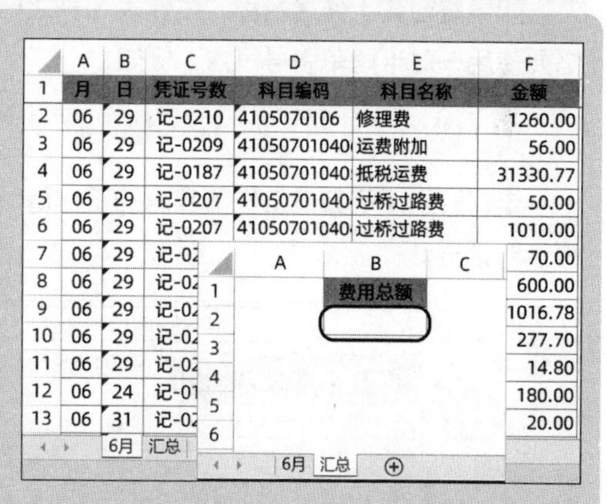

图 4-1　工资汇总表

操作方法：在“汇总表”工作表中的B2 单元格输入等号、函数名及左括号“=SUM (”，然后单击“6 月”工作表标签，拖动鼠标选择F2:F29 单元格区域，或单击F2 单元格，然后按住<Shift+Ctrl+ ↓ >组合键，最后按<Enter>键结束编辑，此时公式将在单元格地址前自动添加工作表名，并补齐右括号：

```
=SUM('6 月'!F2:F29)
```

跨表引用的表示方式为“工作表名+半角感叹号+引用区域”。当所引用的工作表名称是以数字开头，或者包含空格等特殊字符时，公式中的工作表名称前后需要各添加一个半角单引号(')。

如果更改了被引用的工作表名称，公式中的工作表名称也会自动更新。

例如，将上述示例中的“6 月”工作表的名称修改为“费用明细”时，引用公式将自动更改为：

```
=SUM(费用明细!F2:F29)
```

4.2　引用其他工作簿中的单元格

在公式中引用其他工作簿中的单元格地址时，其表示方式为：

```
[工作簿名称]工作表名!单元格地址
```

如图 4-2 所示，使用以下公式引用“员工身份证信息”工作簿中Sheet1 工作表的B2 单元格。

```
=[员工身份证信息.xlsx]Sheet1!$B$2
```

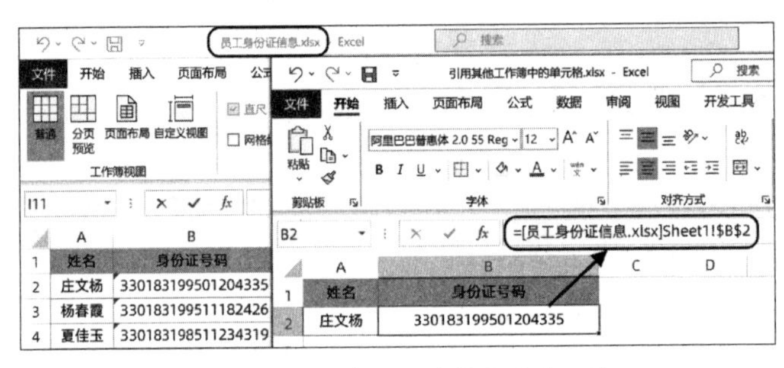

图 4-2　引用其他工作簿中的单元格

公式中的“[员工身份证信息.xlsx]”部分，中括号内是被引用的工作簿名称，“Sheet1”部分是被引用的工作表名称，最后是用“!”隔开的单元格地址“$B$2”。

如果关闭被引用的工作簿，公式会自动添加被引用工作簿的路径，如图 4-3 所示。

如果路径或工作簿名称、工作表名称之一以数字开头，或包含空格等特殊字符，感叹号之前的部分需要使用一对半角单引号包含，例如：

```
='[(20-21)上半年产耗 0717-2.xlsx]第一生产线'!$A$1
```

当打开引用了其他工作簿数据的工作簿时，如果被引用工作簿没有打开，则会出现如图 4-4 所示的提示对话框。

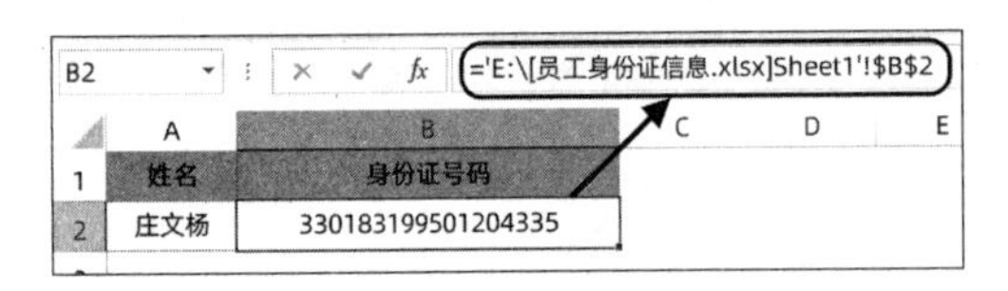

图 4-3　带有路径的单元格引用

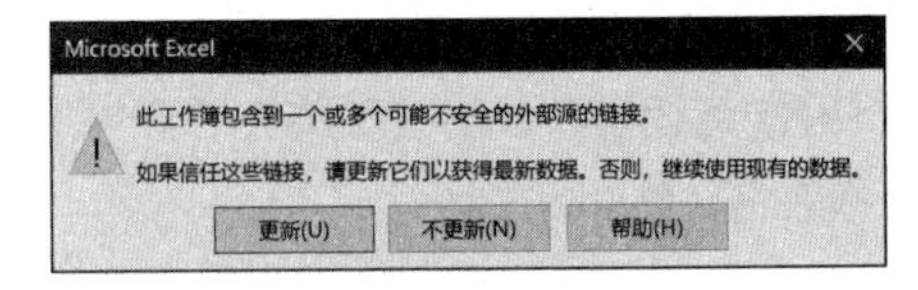

图 4-4　安全警告

单击【更新】按钮可以更新链接，但是有一部分函数在进行跨工作簿引用时，如果被引用的工作簿没有打开，公式将返回错误值，例如，SUMIF 函数、OFFSET 函数等。

为便于数据管理，应尽量在公式中减少跨工作簿的数据引用。

4.3　引用连续多工作表的相同区域

4.3.1　三维引用输入方式

三维引用是对多张工作表上相同单元格或单元格区域的引用，其要点是“跨越两个或多个连续工作表”

和“相同单元格区域”。

当引用多个相邻工作表的相同单元格区域时，可以使用三维引用的输入方式进行计算，而无须逐个对各工作表的单元格区域进行引用。其表示方式：按工作表排列顺序，使用冒号将起始工作表和终止工作表名称进行连接，然后连接“!”及单元格地址。

支持连续多表同区域引用的常用函数包括SUM、AVERAGE、AVERAGEA、COUNT、COUNTA、MAX、MIN、PRODUCT、RANK等，主要适用于多个工作表具有相同结构时的统计计算。

示例4-2 汇总连续多工作表的相同区域

如图 4-5 所示，“1 月”“2 月”“3 月”“4 月”“5 月”和“6 月”工作表是不同月份的费用明细记录，每个表的F列是费用金额。

在“汇总”工作表的B2 单元格中，输入“=SUM(”，然后鼠标单击工作表标签“1 月”，按住<Shift>键，单击工作表标签“6 月”，再单击F列列标选取整列，按<Enter>键结束公式编辑，将得到以下公式：

```
=SUM('1 月 :6 月 '!F:F)
```

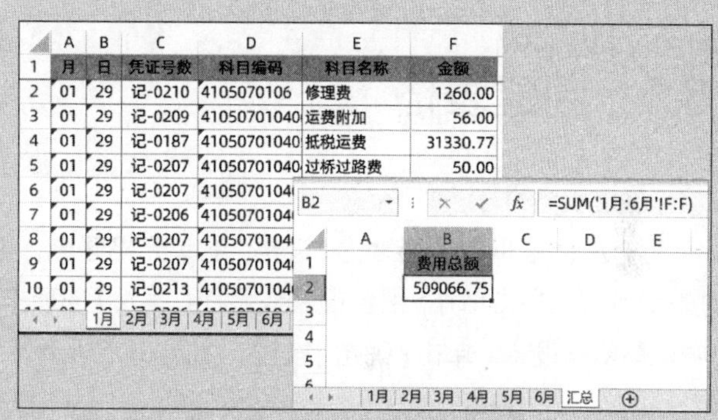

图 4-5　汇总连续多工作表区域

4.3.2　用通配符输入三维引用

在公式中使用三维引用方式引用多个工作表时，还可以使用通配符“*”代表公式所在工作表之外的所有其他工作表名称。例如，在汇总表B2 单元格输入以下公式，将自动对汇总表之外的其他工作表的E3:E10 单元格区域求和：

```
=SUM('*'!E3:E10)
```

公式输入后，Excel会自动将通配符转换为实际的工作表名称。当工作表位置或单元格引用发生改变时，需要重新编辑公式，否则会导致公式运算错误。

练习与巩固

1. 在公式中引用其他工作表的单元格区域时，需要在单元格地址前加上工作表名和（________）。

2. 除采用输入的方法进行三维引用外，还可以使用通配符（________）代表公式所在工作表之外的所有其他工作表名称。

第 5 章　表格和结构化引用

表格（table）是Excel中的一种带有特殊功能和格式的数据区域。相比于普通的数据区域，Excel表格可以自动扩展范围、套用格式、固定标题行、自动填充公式、自动汇总、排序筛选、使用切片器等。本章主要介绍表格的特点及在公式中对表格的结构化引用。

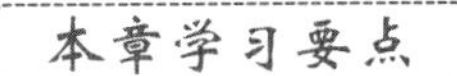

（1）了解Excel表格的特点。

（2）对表格的结构化引用。

5.1　创建表格

创建表格的方法如下。

方法 1：选取需要转换为“表格”的单元格区域，或者单击连续数据区域中的任意一个非空单元格，按<Ctrl+T>或<Ctrl+L>组合键，或是在【插入】选项卡下单击【表格】按钮，在弹出的【创建表】对话框中保留默认设置，单击【确定】按钮，如图 5-1 所示。

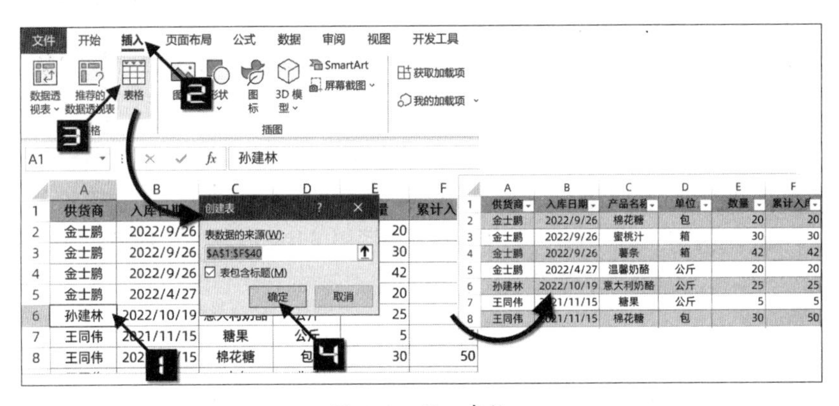

图 5-1　插入表格

方法 2：单击连续数据区域中的任意单元格，依次单击【开始】→【套用表格格式】下拉按钮，在下拉列表中选择一种表格样式，在弹出的【创建表】对话框中单击【确定】按钮，如图 5-2 所示。

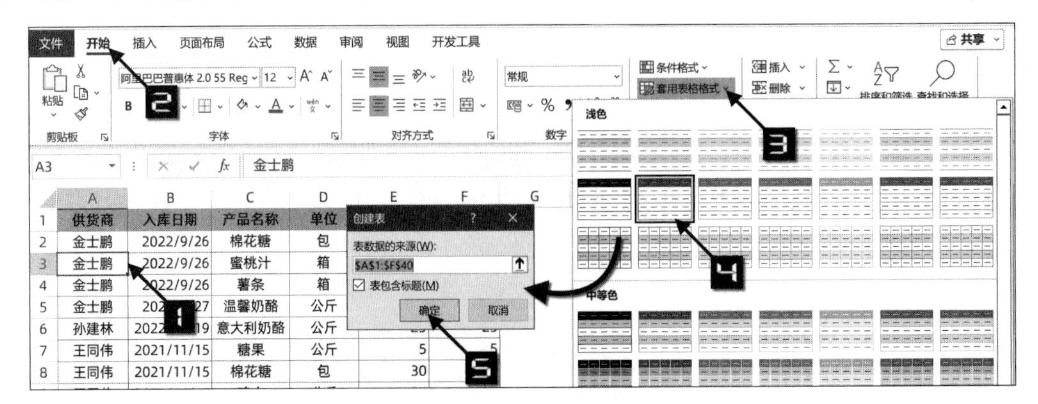

图 5-2　套用表格格式

5.2 表格的特点

表格具有以下特点。

❖ 只有一行标题行，标题行的内容为文本格式，且无重复，如果字段标题有重复，会在重复出现的标题后自动加上数字来区分。

❖ 自动应用【表格样式】。

❖ 所有合并的单元格自动取消合并，合并单元格中的内容在原合并区域左上角的第一个单元格显示。

❖ 选取表格中的任意单元格，滚动鼠标滚轮时，表格标题自动替换工作表的列标，如图 5-3 所示。

❖ 标题行自动添加【筛选】按钮。还可以在表格的基础上插入【切片器】，对数据进行快速筛选，如图 5-4 所示。

	供货商	入库日期	产品名称	单位	数量	累计入库
4	金士鹏	2022/9/26	薯条	箱	42	42
5	金士鹏	2022/4/27	温馨奶酪	公斤	20	20
6	孙建林	2022/10/19	意大利奶酪	公斤	25	25
7	王同伟	2021/11/15	糖果	公斤	5	5
8	王同伟	2021/11/15	棉花糖	包	30	50
9	王同伟	2021/11/15	鸡肉	公斤	24	24
10	金士鹏	2021/8/29	苹果汁	桶	10	10

图 5-3　滚动表格，列标题自动替换工作表列标

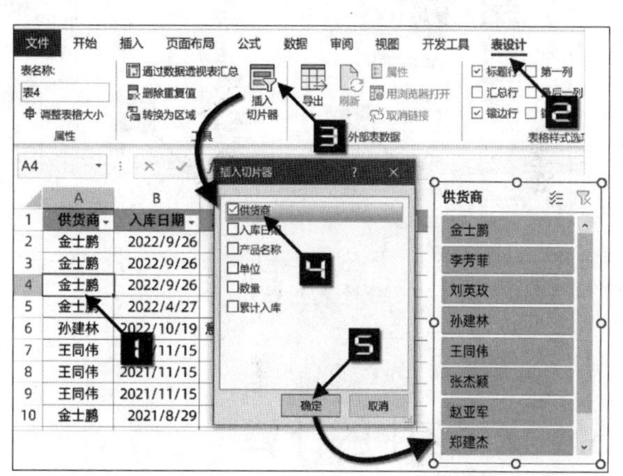

图 5-4　在"表格"中插入【切片器】

5.3 表格应用范围的变化

拖动"表格"右下角单元格的应用范围标记，如图 5-5 中箭头所指位置，可以调整表格的应用范围。

也可以在【表设计】选项卡下单击【调整表格大小】按钮，在弹出的【重设表格大小】对话框中重新指定表格范围，如图 5-6 所示。

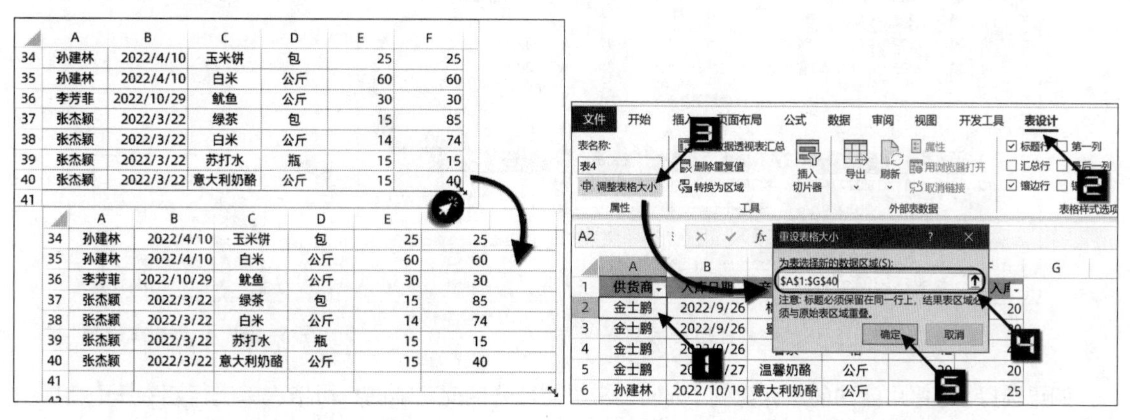

图 5-5　"表格"的应用范围标记　　图 5-6　调整"表格"大小

表格的应用范围可以自动扩展，在表格的右侧或下方与表格相邻的单元格中输入内容，表格将自动扩展到包含新输入内容的单元格，新扩展的列标题会自动以“列+数字”的形式命名。

使用清除功能清除了表格整行或整列的内容，并不会导致表格范围自动缩小。

右击表格的任意单元格，在右键快捷菜单中依次单击【删除】→【表列】或【表行】按钮，可以删除表格中的列或行，如图 5-7 所示。

单击表格中的任意单元格，在【表设计】选项卡下单击【转换为区域】命令，在弹出的提示对话框中单击【是】按钮，可将表格转换为普通数据区域，如图 5-8 所示。

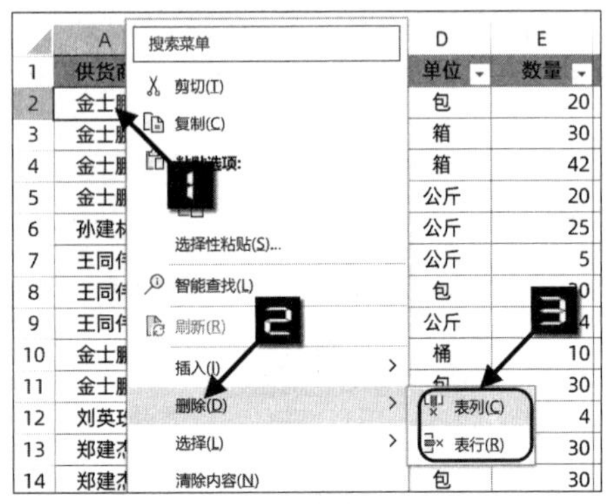

图 5-7　删除表列或表行

图 5-8　转换为普通区域

5.4　表格中的计算

5.4.1　计算列

表格默认启用计算列功能。如果在表格右侧相邻列的任意单元格输入公式，在自动扩展区域的同时，还会将公式应用到该列的所有单元格，如图 5-9 所示。

新增的计算列会出现【自动更正选项】标记，用户可以根据需要更改设置，如图 5-10 所示。

G2　=[@数量]*0.1

	A	B	C	D	E	F	G
1	供货商	入库日期	产品名称	单位	数量	累计入库	
2	金士鹏	2022/9/26	棉花糖	包	20	20	=[@数量]*0.1
3	金士鹏	2022/9/26	蜜桃汁	箱	30	30	
4	金士鹏	2022/9/26	薯条	箱	42	42	
5	金士鹏	2022/4/27	温馨奶酪	公斤	20	20	

G3　=[@数量]*0.1

	A	B	C	D	E	F	G
1	供货商	入库日期	产品名称	单位	数量	累计入库	列1
2	金士鹏	2022/9/26	棉花糖	包	20	20	2
3	金士鹏	2022/9/26	蜜桃汁	箱	30	30	3
4	金士鹏	2022/9/26	薯条	箱	42	42	4.2
5	金士鹏	2022/4/27	温馨奶酪	公斤	20	20	2
6	孙建林	2022/10/19	意大利奶酪	公斤	25	25	2.5

图 5-9　公式自动应用到一列中

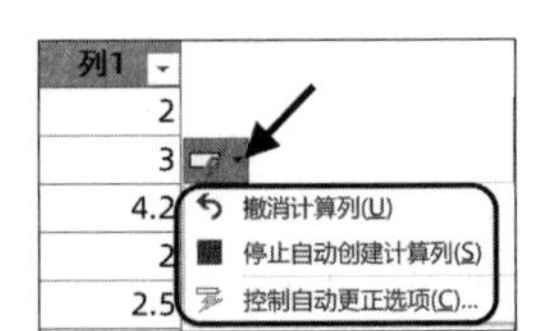

图 5-10　自动更正选项

如果选择了【停止自动创建计算列】选项，希望再次开启此功能时，可依次单击【文件】→【选项】，打开【Excel选项】对话框。再依次单击【校对】→【自动更正选项】命令，打开【自动更正】对话框。在【键

入时自动套用格式】选项卡下，选中【将公式填充到表以创建计算列】复选框，最后依次单击【确定】按钮关闭对话框即可，如图 5-11 所示。

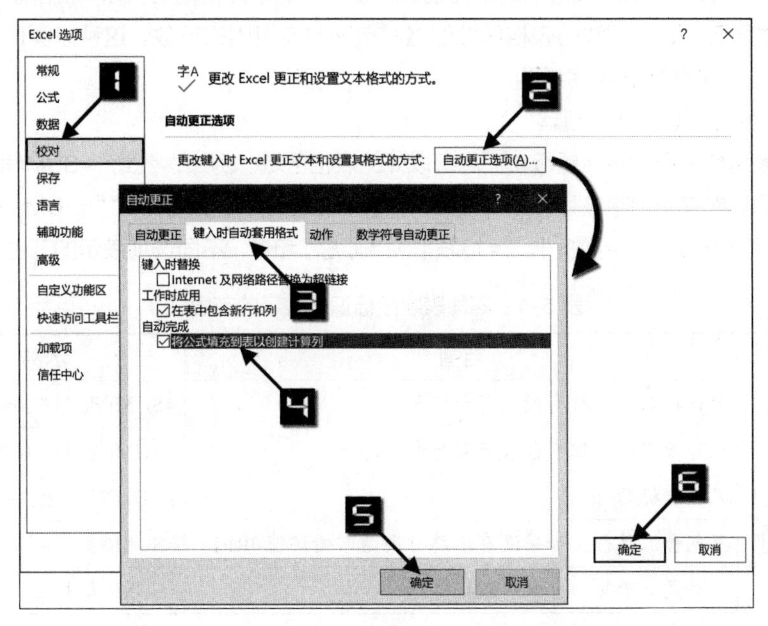

图 5-11　开启计算列功能

5.4.2　汇总行

选取表格中的任意单元格，在【表设计】选项卡下选中【汇总行】复选框，表格会自动添加一行“汇总”行。

单击汇总行中的单元格，会出现下拉按钮。单击下拉按钮，可以在下拉列表中选择不同的汇总方式，如图 5-12 所示。

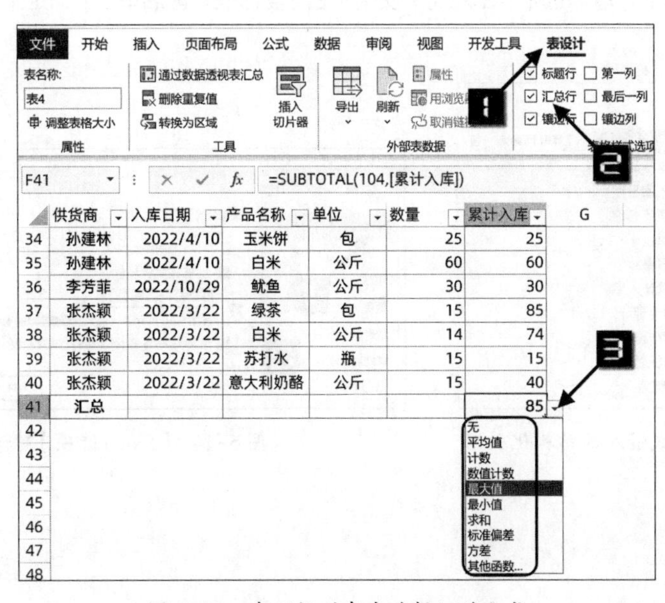

图 5-12　在下拉列表中选择汇总方式

5.4.3 表格的结构化引用

默认情况下，在公式中引用表格中的单元格时，公式中的单元格地址将以“表名称+标题”或“表名称+字段”的形式显示，并且能够随表格区域的增减自动改变引用的行数。这种以类似字段名方式表示单元格区域的方法，称为“结构化引用”。

结构化引用中包含以下几个元素。

❖ 表名称：用表名称来引用除标题行和汇总行以外的表格区域。例如，公式“=SUM(表 1)”。
❖ 列标题：用列标题来引用除该列标题和汇总以外的表格区域。例如，公式“=SUM(表 1[列 2])”。
❖ 表字段：包括[#全部]、[#数据]、[#标题]、[#汇总]和@，不同选项表示的范围如表 5-1 所示。

表 5-1 不同表字段标识符表示的范围

标识符	范围	示例
[#全部]	包含标题行、所有数据行和汇总行	=SUM(表 1[#全部])
[#数据]	包含数据行，但不包含标题行和汇总行	=SUM(表 1[#数据])
[#标题]	只包含标题行	=COUNTA(表 1[#标题])
[#汇总]	只包含汇总行，如果没有汇总行则返回错误值#REF!	=SUM(表 1[#汇总])
@	与公式处于同一行中的表格整行	=SUM(表 1[@])

在公式中输入表格名称后再输入左中括号“[”，将弹出字段标题和表字段选项，如图 5-13 所示。

在实际输入公式时，通过鼠标选取公式引用区域，Excel会自动将单元格地址进行结构化命名，以上规则无须刻意记忆，简单了解即可。

提示 在公式中使用结构化引用时，不支持相对引用与绝对引用方式的切换。

如需关闭对表格的结构化引用功能，可依次单击【文件】→【选项】命令打开【Excel选项】对话框。切换到【公式】选项卡下，取消选中【在公式中使用表名】复选框，最后单击【确定】按钮即可，如图 5-14 所示。

图 5-13 可记忆式键入的结构化引用

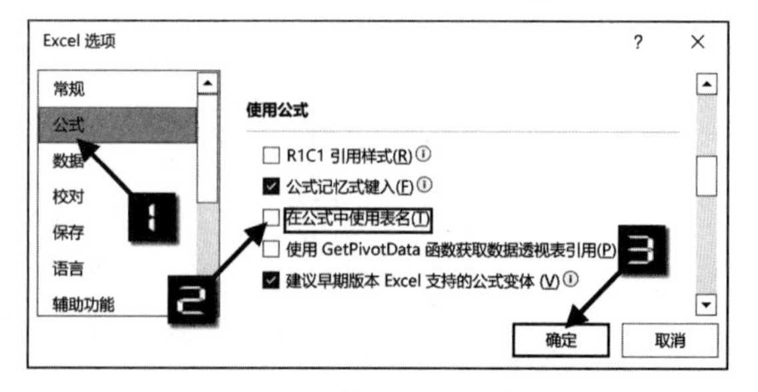

图 5-14 【Excel选项】对话框

练习与巩固

1. 创建“超级表”有 3 种方法，请说出其中的任意两种。

2. 如果为“超级表”添加“汇总”行，默认汇总方式为（ ________ ）。

3. 如果在“超级表”中添加数据，公式中引用了“超级表”的数据范围会（ ________ ）。

4. 如果某个公式为“=SUM(表 1[销售额])”，说明公式中使用了（ ________ ），请说出关闭该选项的主要步骤。

第 6 章　认识 Excel 函数

本章对Excel函数的基本用法和各种相关概念进行讲解，掌握Excel函数的基础知识，为深入学习和运用函数与公式解决问题奠定基础。

本章学习要点

（1）了解Excel函数的基础概念。
（2）掌握Excel函数的结构。
（3）了解可选参数与必需参数。
（4）常用函数的分类。

6.1　Excel函数的概念

Excel函数是由Excel内部预先定义并按照特定的算法来执行计算的功能模块。每个Excel函数都有唯一的名称，函数名称不区分大小写。

6.1.1　Excel函数的结构

Excel函数由函数名称、左括号、以半角逗号相间隔的参数和右括号构成。一个公式中可以同时使用多个函数或计算式。

有些函数只有一个参数，有些函数有多个参数，还有一些函数没有参数。例如，NOW函数、RAND函数、PI函数没有参数，仅需要函数名称和一对括号。

Excel函数的参数可以使用常量、数组、单元格引用或其他函数。当使用函数作为另一个函数的参数时，称为嵌套函数。

图 6-1 展示了一个常见公式，该公式使用IF函数判断A1的值并返回正数、负数或零，其中，第 2 个IF函数是第 1 个IF函数的嵌套函数。

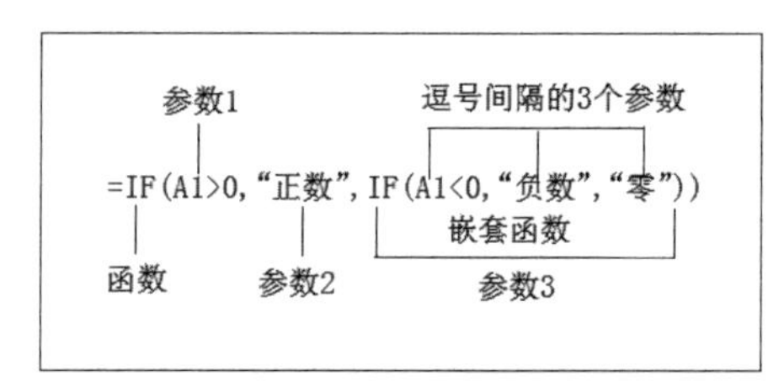

图 6-1　函数的结构

6.1.2　可选参数与必需参数

一些函数可以仅使用其部分参数，例如，SUM函数可支持 255 个参数，其中第 1 个参数为必需参数不能省略，而第 2 至 255 个参数都可以省略。在函数语法中，可选参数用一对中括号“[ ]”包含起来，当函数有多个可选参数时，可从右向左依次省略参数，如图 6-2 所示。

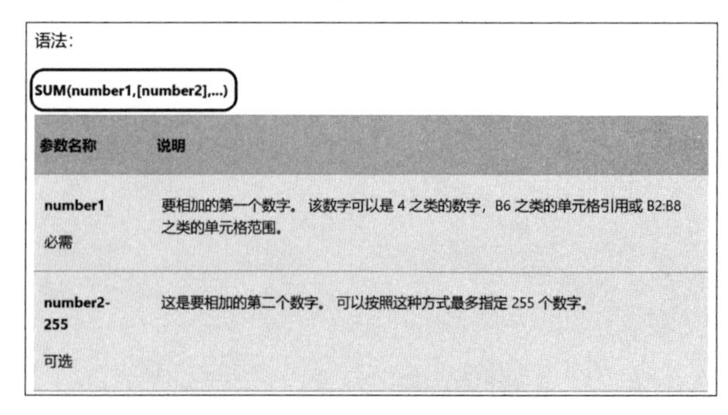

语法：

SUM(number1,[number2],...)

参数名称	说明
number1 必需	要相加的第一个数字。该数字可以是 4 之类的数字，B6 之类的单元格引用或 B2:B8 之类的单元格范围。
number2-255 可选	这是要相加的第二个数字。可以按照这种方式最多指定 255 个数字。

图 6-2　SUM 函数的语法说明

除了SUM、COUNT等函数具有多个相同类型的参数，其他常用函数省略可选参数的默认处理方式如表 6-1 所示。

表 6-1 常用函数省略可选参数情况

函数名称	参数位置及名称	省略参数后的默认处理方式
IF 函数	第 3 个参数 [value_if_false]	默认为 FALSE
LOOKUP 函数	第 3 个参数 [result_vector]	默认为数组语法
MATCH 函数	第 3 个参数 [match_type]	默认为 1
VLOOKUP 函数	第 4 个参数 [range_lookup]	默认为 TRUE
HLOOKUP 函数	第 4 个参数 [range_lookup]	默认为 TRUE
INDIRECT 函数	第 2 个参数 [a1]	默认为 A1 引用样式
FIND(B) 函数	第 3 个参数 [start_num]	默认为 1
SEARCH(B) 函数	第 3 个参数 [start_num]	默认为 1
LEFT(B) 函数	第 2 个参数 [num_chars]	默认为 1
RIGHT(B) 函数	第 2 个参数 [num_chars]	默认为 1
SUBSTITUTE 函数	第 4 个参数 [instance_num]	默认为替换所有符合第 2 个参数的字符
SUMIF 函数	第 3 个参数 [sum_range]	默认对第 1 个参数 range 进行求和
SORTBY 函数	第 3 个参数 [sort_order1]	默认为升序
XLOOKUP 函数	第 6 个参数 [search_mode]	默认从第一项开始执行搜索
UNIQUE 函数	第 3 个参数 [exactly_once]	默认返回每个不同的项

此外，在公式中有些参数可以省略参数值，在前一参数后仅使用一个逗号，用以保留参数的位置，这种方式称为“省略参数的值”或“简写”。

常见的函数参数简写方式如表 6-2 所示。

表 6-2 参数简写方式

原公式	简写后的公式
=VLOOKUP(E1,A1:B10,2,FALSE)	=VLOOKUP(E1,A1:B10,2,)
=MAX(D2,0)	=MAX(D2,)
=OFFSET(A1,0,0,10,1)	=OFFSET(A1,,,10,1)
=SUBSTITUTE(A2,"A","")	=SUBSTITUTE(A2,"A",)

省略参数指的是将参数连同前面的逗号（如果有）一同去除，仅适用于可选参数；省略参数的值（简写）指的是保留参数前面的逗号但不输入参数的值，可以是可选参数，也可以是必需参数。

为了公式更易于维护，建议尽量不要简写参数。

6.1.3 优先使用函数

某些简单的计算可以通过运算符来完成，例如，对 A1:A3 单元格求和，可以使用以下公式：

```
=A1+A2+A3
```

如果要对A1~A1000或更多单元格求和，逐个单元格相加的做法将变得无比繁杂、低效，并且容易出错。使用SUM函数则可以非常简洁地完成同样的任务，例如，使用以下公式，即可得到A1~A1000单元格中的数值之和。

```
=SUM(A1:A1000)
```

其中SUM是求和函数，A1:A1000是需要求和的区域，表示对A1:A1000单元格区域执行求和计算。如果求和区域有所变化，可以简单地修改SUM函数的参数来完成新的计算。

此外，使用函数对单元格区域进行计算，可以提高公式的稳定性。比如在B1、C1分别使用下列公式：

```
=A1+A2+A3
=SUM(A1:A3)
```

如果删除工作表的第2行，则B1的公式就会出现错误引用，而C1的公式仍然可以正常计算。

6.2 常用函数的分类

在Excel函数中，根据来源的不同可将函数分为以下4类。

Ⅰ 内置函数

Excel在默认状态下就可以使用的函数。

Ⅱ 扩展函数

必须通过加载宏才能正常使用的函数。例如，EUROCONVERT函数必需安装并加载“欧元转换工具”加载项之后才能正常使用。如需加载“欧元转换工具”加载项，可依次单击【开发工具】→【Excel加载项】命令，在弹出的【加载项】对话框中选中【Euro Currency Tools】复选框，最后单击【确定】按钮，如图6-3所示。

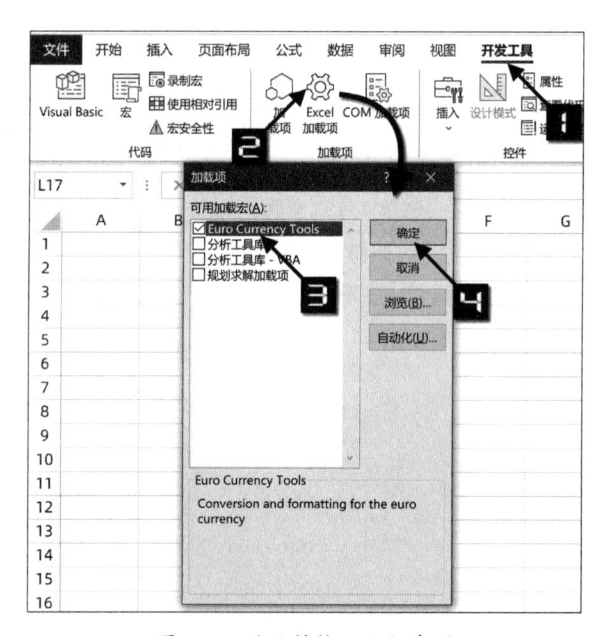

图6-3 欧元转换工具加载项

Ⅲ 自定义函数

使用VBA代码进行编制并实现特定功能的函数存放于VB编辑器的“模块”中。相关内容请参阅第24章。

Ⅳ 宏表函数

该类函数是Excel 4.0版函数，需要通过定义名称或在宏表中使用，其中多数函数已逐步被内置函数和VBA功能所替代。相关内容请参阅第23章。

包含自定义函数或宏表函数的文件需要保存为“启用宏的工作簿(.xlsm)”，并且首次打开文件后需要在【宏已被禁用】安全警告对话框中单击【启用内容】按钮，否则宏表函数将不可用。

根据函数的功能和应用领域，内置函数大致可分为以下几种类型：文本函数、信息函数、逻辑函数、查找和引用函数、日期和时间函数、统计函数、数学和三角函数、财务函数、工程函数、多维数据集函数、兼容性函数和Web函数。

其中，兼容性函数是在新版本 Excel 中，对早期版本进行精确度改进或更改名称以更好地反映其用法而保留的旧版函数。虽然这些函数仍可向后兼容，但建议用户从现在开始使用新函数，因为旧版函数在 Excel 的未来版本中可能不再被支持。

在实际应用中，函数的功能被不断开发挖掘，不同类型的函数能够解决的问题也不仅仅局限于某个类型。Excel 2021 中的内置函数有数百个，但是这些函数并不需要全部学习，掌握使用频率较高的几十个函数及这些函数的组合嵌套使用，就可以应对工作中的大部分任务。

6.3 函数的易失性

有时用户打开一个工作簿后即便未做任何更改就关闭，Excel 也会弹出“是否保存对文档的更改？”对话框，这是因为该工作簿中用到了“易失性函数”。

在工作簿中使用了易失性函数时，每激活一个单元格或在一个单元格输入数据，或者只是打开工作簿，具有易失性的函数都会自动重新计算。

常见的易失性函数有以下几种。

❖ 获取随机数的 RAND 函数、RANDARRAY 函数和 RANDBETWEEN 函数，每次编辑会自动产生新的随机数。
❖ 获取当前日期、时间的 TODAY 函数、NOW 函数，每次返回当前系统的日期、时间。
❖ 获取单元格信息的 CELL 函数和 INFO 函数，每次编辑都会刷新相关信息。

易失性函数在以下情形下不会引发自动重新计算。

（1）工作簿的重新计算模式设置为“手动”时。

（2）当手工设置列宽、行高而不是双击调整为合适列宽时，但隐藏行或设置行高值为 0 除外。

（3）当设置单元格格式或其他更改显示属性的设置时。

（4）激活单元格或编辑单元格内容但按 <Esc> 键取消时。

练习与巩固

1. 每个 Excel 函数都有唯一的名称且（ ______ ）大小写。

2. 一些函数可以仅使用其部分参数，在函数语法中，可选参数一般用（ ______ ）包含起来进行区别，当函数有多个可选参数时，可从右向左依次省略参数。

3. 在公式中有些参数可以省略参数值，在前一参数后跟一个逗号，用以保留参数的位置，这种方式称为“省略参数的值”或“简写”，常用于代替逻辑值 FALSE、数值（ ______ ）或空文本等参数值。

4. 省略参数指的是将参数连同前面的逗号（如果有）一同去除，仅适用于（ ______ ）参数；省略参数的值（简写）指的是保留参数前面的逗号，但不输入参数的值，可以是可选参数，也可以是必需参数。

第 7 章　函数的输入与查看函数帮助

本章学习Excel函数的输入、编辑及查看函数帮助文件的方法，熟悉这些基础知识，将有助于函数的学习和理解。

本章学习要点

（1）输入函数的方式。　　（2）查看函数帮助文件。

7.1　输入函数的几种方式

7.1.1　使用“自动求和”按钮插入函数

如图 7-1 所示，在【公式】选项卡和【开始】选项卡下都有【自动求和】按钮，使用该按钮能够快速插入求和、计数、平均值、最大值及最小值等公式。

默认情况下，单击【自动求和】按钮或按<Alt+=>组合键将插入用于求和的SUM函数。单击【自动求和】按钮右侧的下拉按钮，在下拉列表中包括【求和】【平均值】【计数】【最大值】【最小值】和【其他函数】6 个选项，如图 7-2 所示。

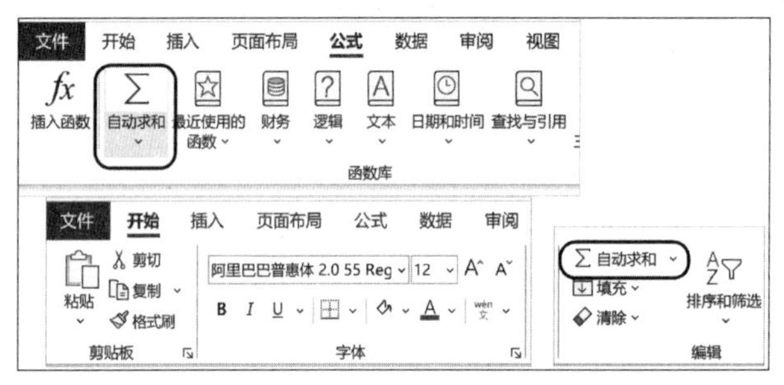

图 7-1　自动求和按钮

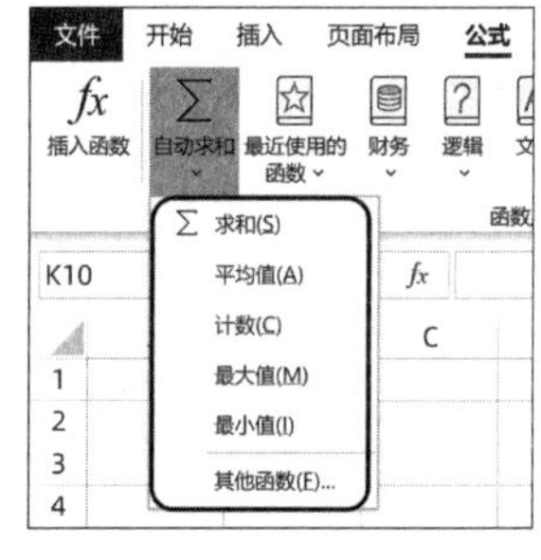

图 7-2　自动求和按钮选项

在下拉列表中单击【其他函数】按钮时，将打开【插入函数】对话框，如图 7-3 所示。

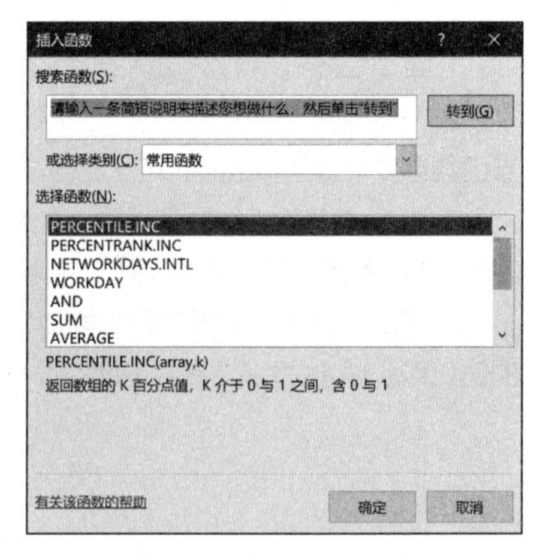

图 7-3　插入函数对话框

在下拉列表中选择【求和】【平均值】【计数】【最大值】【最小值】其中一种计算方式后，Excel将根据所选取单元格区域及周边数据的特点，自动选择公式统计的单元格范围，以实现快捷输入。如图 7-4 所示，选中B2:H8 单元格区域，单击【公式】选项卡下的【自动求和】按钮，Excel将对该区域的每一列和每一行分别进行求和。

通常情况下，Excel自动求和功能对公式所在行之上的数据或公式所在列左侧的数据求和。如果插入自动求和公式的单元格上方或左侧是空白单元格，则需要用户指定求和区域。

如果要计算的表格区域处于筛选状态，单击【自动求和】按钮将使用SUBTOTAL函数，以便在筛选状态下进行求和、平均值、计数、最大值、最小值等汇总计算。

关于SUBTOTAL函数，请参阅 15.8.1 小节。

7.1.2　使用函数库插入已知类别的函数

在【公式】选项卡下的【函数库】命令组中，包括【财务】【逻辑】【文本】【日期和时间】【查找与引用】【数学和三角函数】【其他函数】等多个下拉按钮，在【其他函数】下拉按钮中还提供了【统计】【工程】【多维数据集】【信息】【兼容性】和【Web函数】等扩展菜单。用户可以按需插入某个内置函数(数据库函数除外)，还可以从【最近使用的函数】下拉按钮中选取最近使用过的函数。

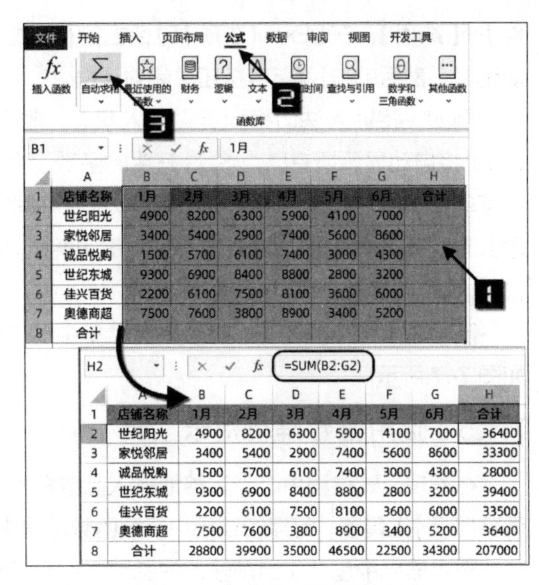

	A	B	C	D	E	F	G	H
1	店铺名称	1月	2月	3月	4月	5月	6月	合计
2	世纪阳光	4900	8200	6300	5900	4100	7000	36400
3	家悦邻居	3400	5400	2900	7400	5600	8600	33300
4	诚品悦购	1500	5700	6100	7400	3000	4300	28000
5	世纪东城	9300	6900	8400	8800	2800	3200	39400
6	佳兴百货	2200	6100	7500	8100	3600	6000	33500
7	奥德商超	7500	7600	3800	8900	3400	5200	36400
8	合计	28800	39900	35000	46500	22500	34300	207000

图 7-4　对多行多列同时求和

7.1.3　使用“插入函数”向导搜索函数

使用【插入函数】对话框向导选择或搜索所需函数，可选类别将更加丰富。以下4种方法均可打开【插入函数】对话框。

- ❖ 单击【公式】选项卡上的【插入函数】按钮。
- ❖ 在【公式】选项卡下的【函数库】命令组中，单击各个下拉菜单中的【插入函数】命令或单击【自动求和】下拉按钮，在扩展菜单中单击【其他函数】。
- ❖ 单击“编辑栏”左侧的【插入函数】按钮 fx 。
- ❖ 按<Shift+F3>组合键。

如图7-5所示，在【搜索函数】编辑框中输入关键字“平均”，单击【转到】按钮，对话框中将显示“推荐”的函数列表，选择需要的函数后，单击【确定】按钮，即可插入该函数并切换到【函数参数】对话框。

在【函数参数】对话框中，从上而下主要由函数名、参数编辑框、函数和参数的作用说明和计算结果等几部分组成，可以直接在参数编辑框输入参数或单击右侧折叠按钮以选取单元格区域，如图7-6所示。

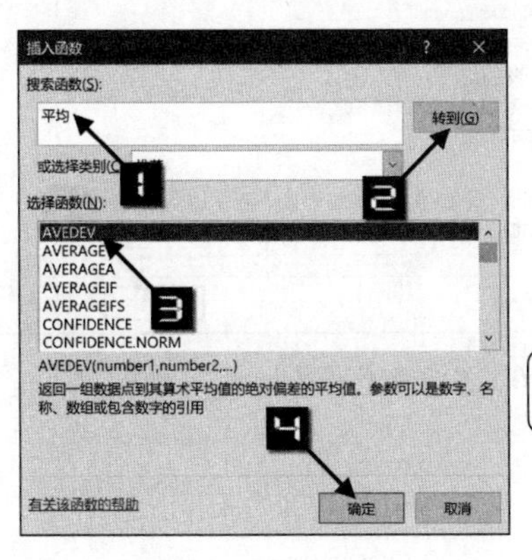

图 7-5　插入函数

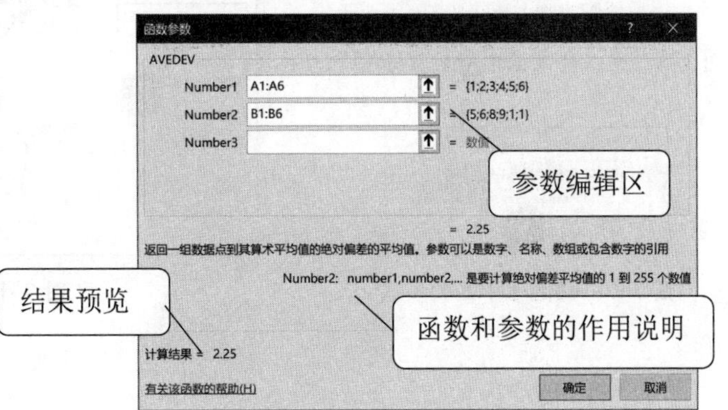

图 7-6　函数参数对话框

7.1.4　使用公式记忆式键入手工输入

Excel默认开启“公式记忆式键入”功能，在英文输入状态下，只要输入开头部分的字母，将会出现相关的所有函数名称列表供选择。

在编辑公式时，按<Alt+↓>组合键可以切换是否启用“公式记忆式键入”功能，也可以单击【文件】→【选项】，在【Excel选项】对话框的【公式】选项卡中选中【使用公式】区域的【公式记忆式键入】复选框，然后单击【确定】按钮关闭对话框。

例如，将输入法切换到英文输入状态，输入“=SU”或“=su”后，Excel将自动显示所有以“=SU”开头的函数、名称或“表格”的扩展下拉菜单。借助上、下方向键或鼠标可以选择不同的函数，右侧将显示此函数功能提示，双击鼠标或按<Tab>键可将此函数添加到当前的编辑位置。

随着输入更多的字符，扩展下拉菜单中的候选项将逐步缩小范围，如图 7-7 所示。

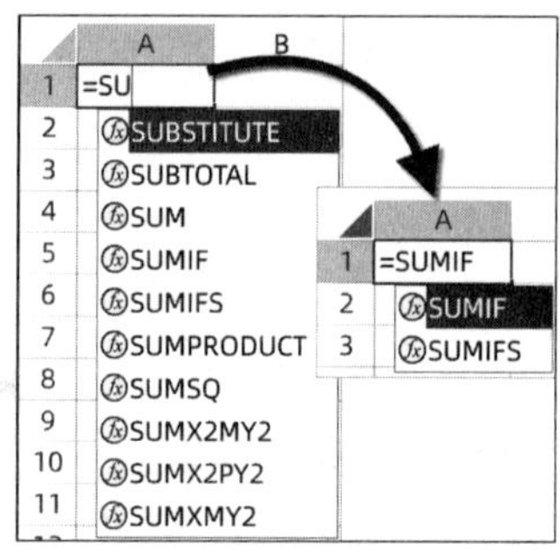

图 7-7　公式记忆式键入

7.1.5　活用函数屏幕提示工具

在编辑公式过程中，当完整地输入函数名称及左括号后，在编辑位置附近会自动出现悬浮的【函数屏幕提示】工具条，可以帮助用户了解函数语法中的参数名称、可选参数或必需参数等，如图 7-8 所示。

提示信息中包含了当前输入的函数名称及完成此函数所需要的参数。图 7-8 中，正在编辑的range参数以加粗字体显示。

如果公式中已经填入了函数参数，单击【函数屏幕提示】工具条中的某个参数名称时，编辑栏中自动选择该参数所在部分（包括使用嵌套函数作为参数的情况），并以灰色背景突出显示，如图 7-9 所示。

如果没有显示函数屏幕提示，可以依次单击【文件】→【选项】命令打开【Excel选项】对话框。在【高级】选项卡的【显示】区域中，检查【显示函数屏幕提示】复选框是否处于选中状态，如图 7-10 所示。

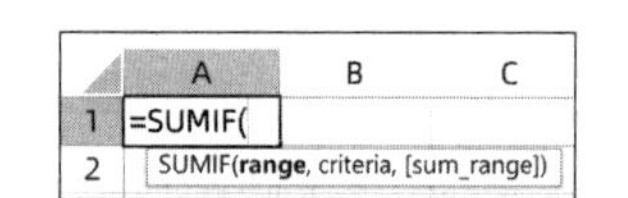

图 7-8　手工输入函数时的提示信息

图 7-9　快速选择函数参数

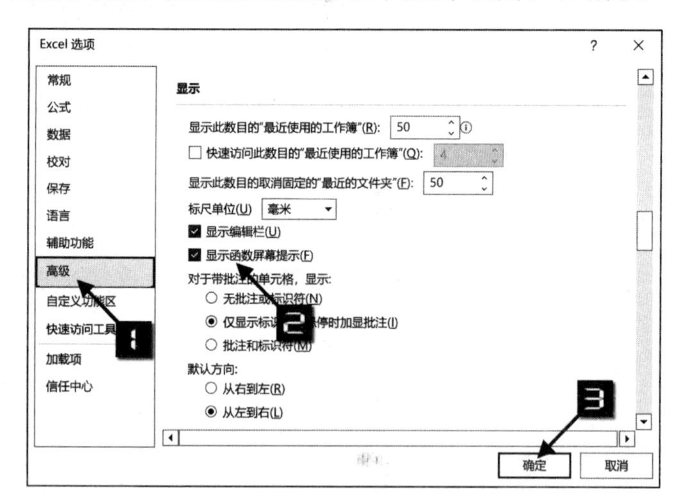

图 7-10　显示函数屏幕提示

7.2　查看函数帮助文件

在计算机正常联网的情况下，单击【函数屏幕提示】工具条上的函数名称，将在工作表右侧显示该函数的帮助信息，包括函数的说明、语法、参数，以及简单的函数示例，如图 7-11 所示。

Excel 2021 没有本地帮助文件，只能使用在线方式查看。使用以下方法也可以查看帮助信息。

步骤① 在单元格中输入等号和函数名称后按<F1>键。

步骤② 按<F1>键打开【帮助】窗格，在顶部的搜索框中输入关键字，点击搜索按钮，即可显示与之有关的函数。单击函数名称，将在【帮助】窗格中打开关于该函数的帮助文件，如图 7-12 所示。

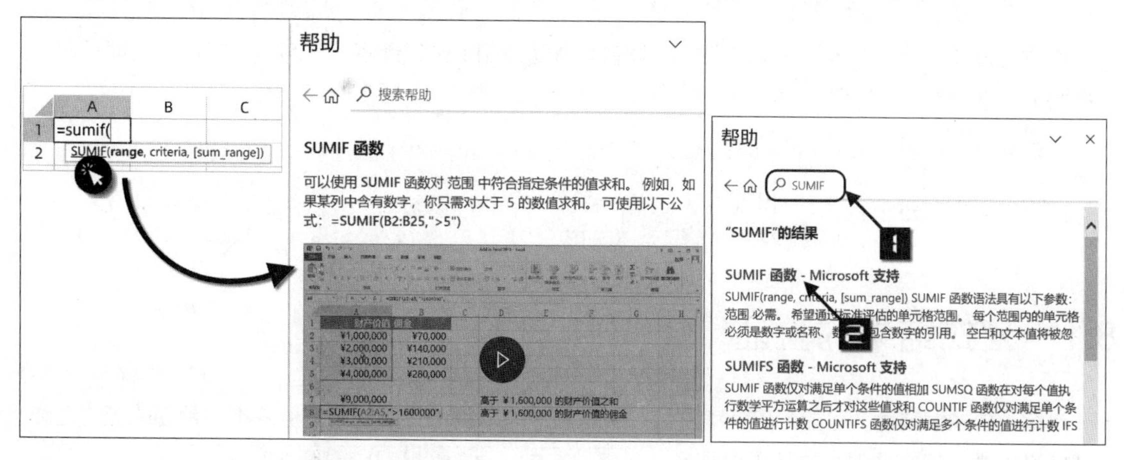

图 7-11　获取函数帮助信息　　　　图 7-12　在【帮助】窗格中搜索关键字

步骤③ 在功能区右侧的操作说明搜索框中输入关键字，在下拉菜单中单击【获取帮助】下方的选项，如图 7-13 所示。

步骤④ 单击"编辑栏"左侧的【插入函数】按钮 *fx*，打开【插入函数】对话框。在【选择函数】列表中单击选中函数名称，再单击左下角的【有关该函数的帮助】命令，将使用系统默认浏览器打开 Microsoft 支持页面，如图 7-14 所示。

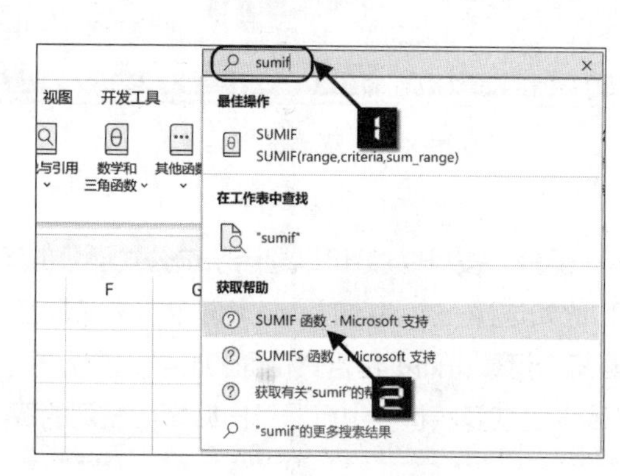

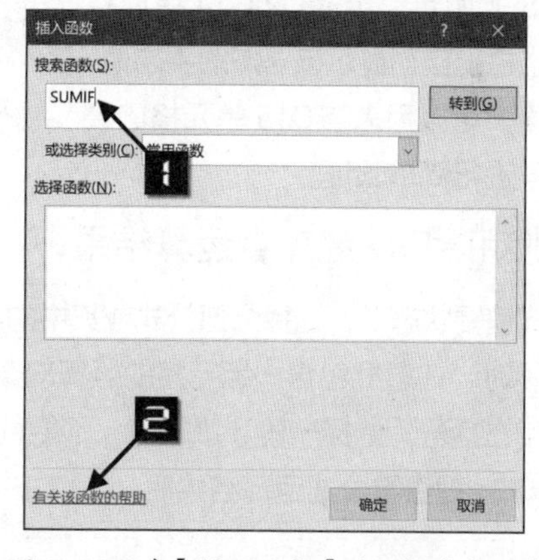

图 7-13　使用操作说明搜索框　　　　图 7-14　在【插入函数】对话框中打开帮助文件

练习与巩固

1. 默认情况下，单击【自动求和按钮】按钮或按<Alt+=>组合键将插入(________)函数。

2. 当要计算的表格区域处于筛选状态时，单击【自动求和】按钮将应用(________)函数的相关功能。

3. 使用"插入函数"向导，能够方便用户选择或搜索所需函数，请说出打开【插入函数】对话框的几种方法。

4. 请说出查看函数帮助信息的几种方法。

第 8 章　公式结果的验证和限制

本章对公式结果的验证、函数与公式的限制等方面的知识进行讲解，学习这些知识，有助于对公式的各类故障进行判断和处置。

本章学习要点

（1）公式结果的验证。　　（2）函数与公式的限制。

8.1　公式结果的验证

当结束公式编辑后，可能会出现错误值，或者虽然可以得出计算结果，但并不是预期的值。为确保公式的准确性，还需要对公式结果进行必要的验证。

8.1.1　简单统计公式结果的验证

使用公式对单元格区域进行求和、平均值、极值、计数等简单统计时，可以借助状态栏进行验证。

如图 8-1 所示，选择 C2:C14 单元格区域，状态栏上自动显示该区域的平均值、计数等结果，可以用来与 C15 单元格的公式计算结果进行简单验证。

	A	B	C	D	E	F	G
1	姓名	业务区域	数量-出库	无税折前收入	无税内核毛利	数量-冲帐	
2	牛红伟	五星	14508	6031.34	1116.40	16149	
3	廖豫华	玉林市区	3780	1133.65	146.33	4527	
4	凌广辉	容县全渠道	2872	738.59	120.96	3008	
5	雷嘉嘉	河池全渠道	2053	489.29	67.78	2049	
6	张金松	南宁代理商	8088	1772.28	171.65	7902	
7	彭海琦	崇左市区	1343	235.10	20.16	1307	
8	杨行文	O2O项目组	345	73.29	7.55	347	
9	纪传颂	梧州全渠道	2283	512.46	59.69	2296	
10	邓兴斌	柳州非城区	774	134.40	7.39	839	
11	崔立东	桂林市辖区	2759	586.27	51.02	2777	
12	唐建龙	防城港佳盛	961	179.53	5.91	961	
13	王东华	B2B业务	976	145.82	10.87	967	
14	张营军	零售项目组	2006	735.72	116.44	2033	
15		合计	42748	12767.75	1902.16	45162	

Sheet1

就绪　辅助功能: 一切就绪　平均值: 982.13　计数: 13　最小值: 73.29　最大值: 6031.34　求和: 12767.75

图 8-1　简单统计公式的验证

8.1.2　使用 <F9> 键查看运算结果

在公式编辑状态下，选择全部公式或其中的某一部分，按 <F9> 键可以显示所选公式部分的运算结果。选择公式段时，注意要包含一组完整的运算对象，比如选择一个函数时，必须选定整个函数名称、左括号、参数和右括号，选择一段计算式时，不能截至某个运算符而不包含其后面的必要组成元素。

使用 <F9> 键查看公式运算结果后，可以按 <Esc> 键恢复原状，也可以单击编辑栏左侧的取消按钮。

提示

> 按 <F9> 键计算时，对空单元格的引用将识别为数值 0。当选取的公式段运算结果字符过多时，将无法显示计算结果，并弹出“公式太长。公式的长度不得超过 8192 个字符。”的对话框。另外，对于部分复杂公式，使用 <F9> 键查看到的计算结果可能并不正确。

8.1.3　使用公式求值查看分步计算结果

如图 8-2 所示，单击包含公式的 B5 单元格，再单击【公式】选项卡下的【公式求值】按钮，将弹出【公式求值】对话框。单击【求值】按钮，可按照公式运算顺序依次查看公式的分步计算结果。

单击【步入】按钮将进入分支计算模式，在【求值】区域会显示当前单元格地址的具体内容，单击【步出】按钮可退出分支计算模式，如图 8-3 所示。

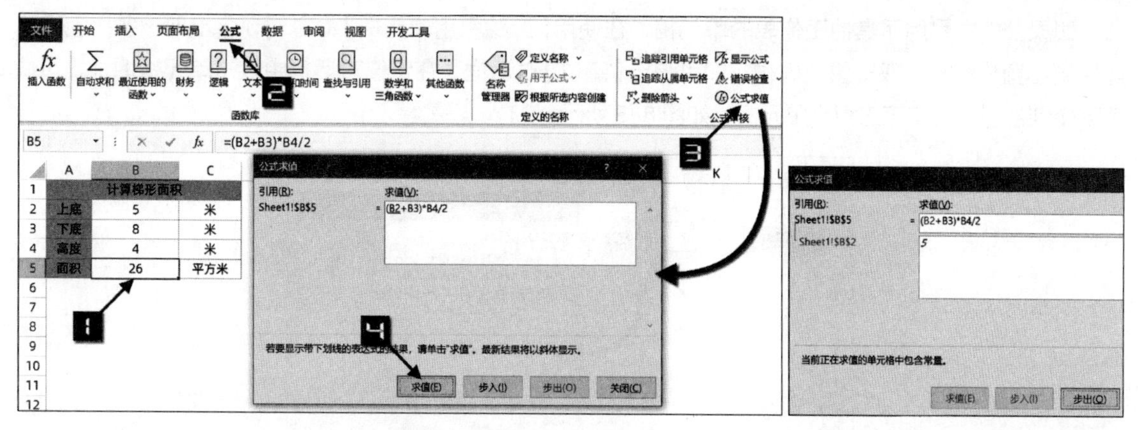

图 8-2　公式求值对话框　　　　图 8-3　显示分支部分运算结果

8.1.4　单元格追踪与监视窗口

在【公式】选项卡下的【公式审核】命令组中，还包括【追踪引用单元格】【追踪从属单元格】和【监视窗口】等命令。

依次单击【追踪引用单元格】或【追踪从属单元格】命令时，将在公式与其引用或从属的单元格之间用蓝色箭头连接，方便用户查看公式与各单元格之间的引用关系。如图 8-4 所示，上方为使用【追踪引用单元格】，下方为使用【追踪从属单元格】时的效果。

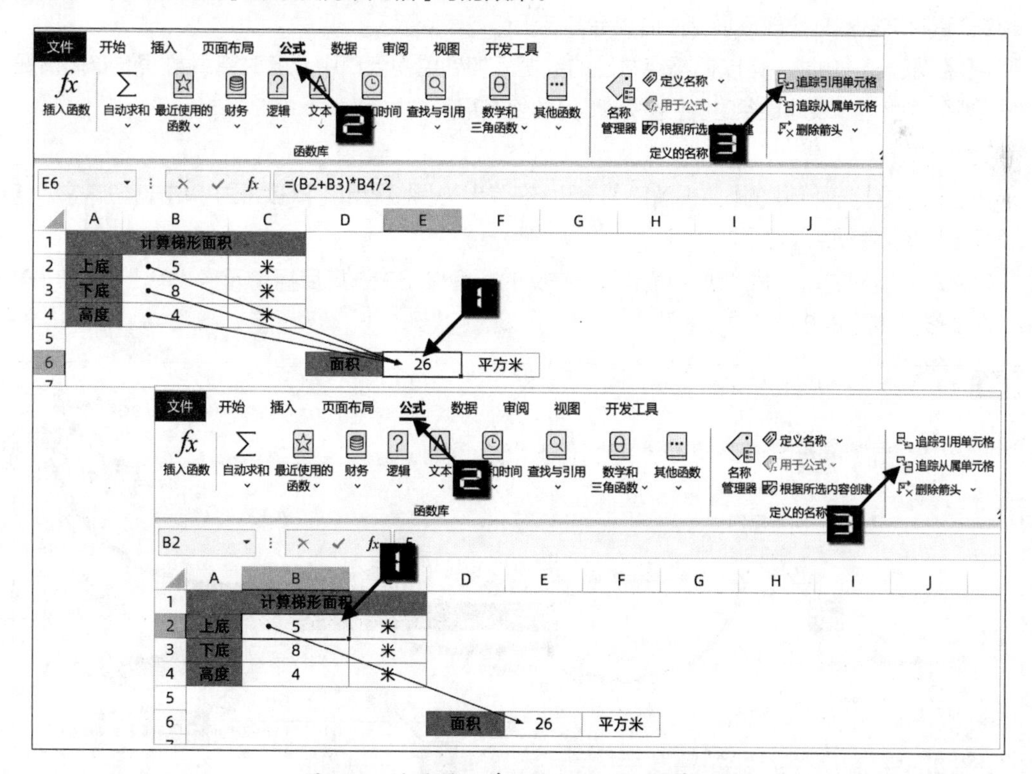

图 8-4　追踪引用单元格与追踪从属单元格

左侧的箭头表示E6 单元格引用了B2、B3 和B4 单元格的数据，右侧的箭头表示B2 单元格被E6 单元格引用。检查完毕后，单击【公式】选项卡下的【删除箭头】，可恢复正常视图显示。

如果公式中引用了其他工作表的单元格，在使用【追踪引用单元格】命令时，会出现一条黑色虚线连接到小窗格图标。双击黑色虚线，即可弹出【定位】对话框。在定位对话框中双击单元格地址，可快速跳转到被引用工作表的相应单元格，如图 8-5 所示。

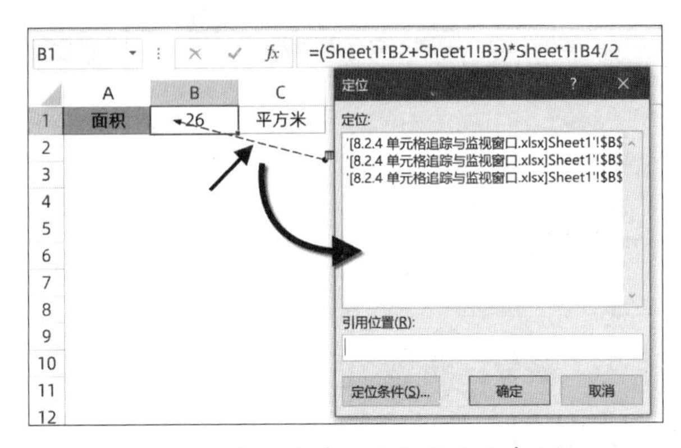

图 8-5 不同工作表之间追踪引用单元格

示例8-1 添加监视窗口

如果重点关注的数据分布在不同工作表，或是分布在大型工作表的不同位置，频繁切换工作表或是滚动定位去查看这些数据比较麻烦，同时也会影响工作效率。

利用【监视窗口】功能，可以把重点关注的数据添加到监视窗口中，随时查看数据的变化情况。切换工作表或是调整工作表滚动条时，【监视窗口】始终在最前端显示。

操作步骤如下。

步骤① 单击【公式】选项卡中的【监视窗口】按钮，在弹出的【监视窗口】对话框中单击【添加监视】按钮，弹出【添加监视点】对话框。

步骤② 输入需要监视的单元格地址，或是单击右侧的折叠按钮来选择目标单元格，单击【添加】按钮完成操作，如图 8-6 所示。

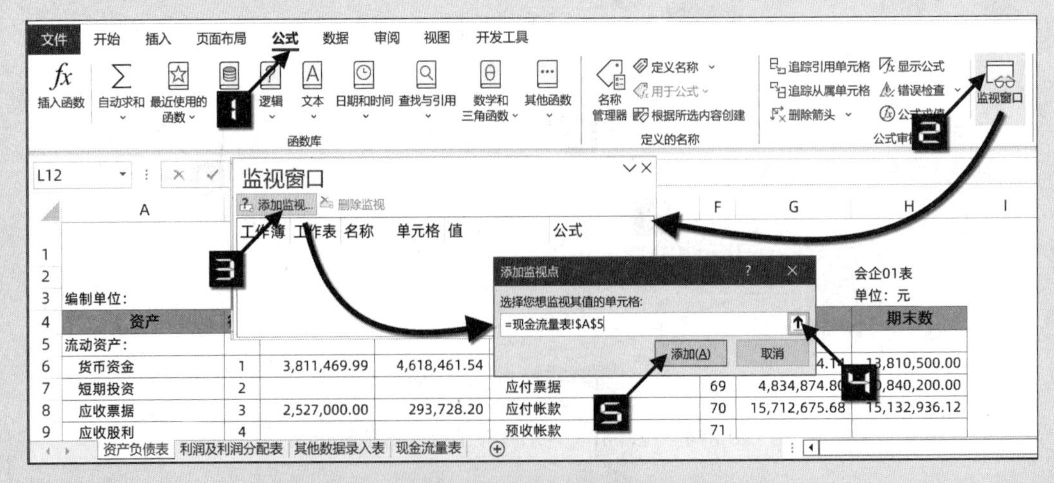

图 8-6 添加监视窗口

【监视窗口】会显示目标监视点单元格所属的工作簿、工作表、自定义名称、单元格、值及公式状况，

并且可以随着这些项目的变化实时更新显示内容。【监视窗口】中可添加多个目标监视点，也可以拖动【监视窗口】对话框到工作区边缘位置，使其成为固定的任务窗格，如图 8-7 所示。

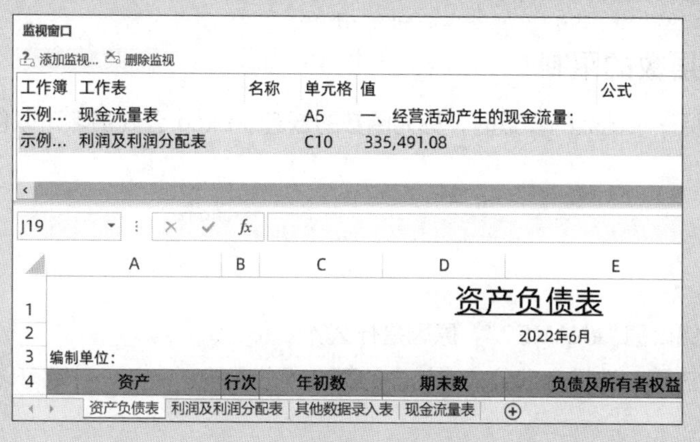

图 8-7　Excel【监视窗口】

8.2　函数与公式的限制

8.2.1　计算精度限制

Excel 计算精度为 15 位数字（含小数，即从左侧第 1 个不为 0 的数字开始算起）。例如，在单元格中输入数字 123456789012345678 和 0.00123456789012345678，超过 15 位的数字部分将自动变为 0，输入后的最终结果为 123456789012345000 和 0.00123456789012345。

注意

在输入超过 15 位的数字（如 18 位身份证号码）时，需事先设置单元格为“文本”数字格式，或先输入半角单引号“'”，强制以文本形式存储数字，否则第 15 个数字之后的数字将转为 0 且无法逆转。

8.2.2　公式字符限制

单个 Excel 公式的最大长度为 8192 个字符。在实际应用中，如果公式长度达到上百个字符，就已经相当复杂，对于后期的修改、编辑都会带来影响，可以借助排序、筛选、辅助列等手段，降低公式的复杂程度。

8.2.3　函数参数的限制

Excel 内置函数最多可以包含 255 个参数。当使用单元格引用作为函数参数且超过参数个数限制时，可使用逗号将多个引用区域间隔后用一对括号包含，形成合并区域，整体作为一个参数使用，从而解决参数个数限制问题。例如，以下两个公式，公式 1 中使用了 4 个参数，而公式 2 利用“合并区域”的引用方式，仅视为 1 个参数。

公式 1：

```
=SUM(J3:K3,L3:M3,K7:L7,N9)
```

08 章

公式 2:

```
=SUM((J3:K3,L3:M3,K7:L7,N9))
```

8.2.4 函数嵌套层数的限制

当使用函数作为另一个函数的参数时，称为函数的嵌套。Excel 公式最多可以包含 64 层嵌套。

练习与巩固

1. 如果公式返回错误值“#NAME?”，原因是什么？

2. 在公式编辑状态下，选择全部公式或其中的某一部分，按(______)键可以单独计算并显示该部分公式的运算结果。

第 9 章　使用命名公式 —— 名称

本章主要介绍使用单元格引用、常量数据、公式等方式进行命名的方法与技巧，让读者认识并了解名称的分类和用途，能够运用名称解决日常应用中的一些具体问题。

本章学习要点

（1）了解名称的概念和命名限制。
（2）理解名称的级别和应用范围。
（3）掌握常用定义、筛选、编辑名称的操作技巧。

9.1　认识名称

9.1.1　名称的概念

名称是一类较为特殊的公式，多数名称是由用户预先自行定义，但不存储在单元格中的公式。也有部分名称可以在创建表格、设置打印区域等操作时自动产生。

名称也是以等号“=”开头，可以由字符串、常量数组、单元格引用、函数与公式等元素组成，已定义的名称可以在其他名称或公式中调用。

名称可以通过模块化的调用使公式变得更加简洁，在数据验证、条件格式、高级图表等应用上具有广泛的用途。

9.1.2　为什么要使用名称

合理使用名称主要有以下优点。

（1）在部分情况下可增强公式的可读性。

例如，将存放在 B3:B12 单元格区域的考核成绩数据定义名称为“考核”，使用以下两个公式都可以计算考核总成绩，显然公式 1 比公式 2 更易于理解其意图。

```
公式 1 =SUM(考核)
公式 2 =SUM(B3:B12)
```

（2）方便输入。输入公式时，描述性的名称“考核”比单元格地址 B3:B12 更易于输入。

（3）快速进行区域定位。单击编辑栏左侧名称框的下拉箭头，在弹出的下拉菜单中选择已定义的名称，可以快速定位到工作表的特定区域，如图 9-1 所示。

在【开始】选项卡中依次单击【查找和选择】→【转到】，打开【定位】对话框（或按 <F5> 功能键），选择已定义的名称，单击【确定】按钮，也可以快速定位到工作表的某个区域，如图 9-2 所示。

（4）便于公式的统一修改。例如，在工资表中有多个公式都使用 3500 作为基本工

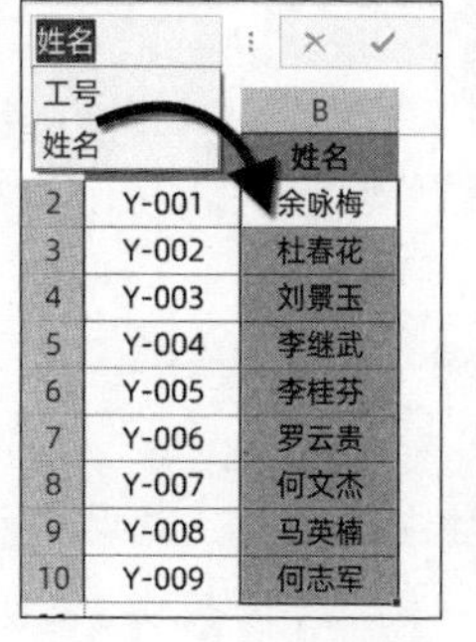

图 9-1　在名称框选择名称

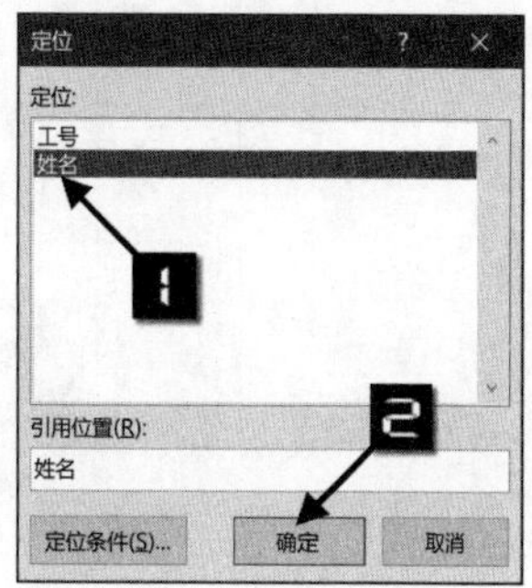

图 9-2　定位名称

资，再乘以不同系数进行奖金计算。当基本工资额发生改变时，需要逐个修改相关公式，操作较为烦琐，如果定义“基本工资”的名称并使用到公式中，则只需修改一个名称的相关参数即可。

（5）有利于简化公式。在一些较为复杂的公式中，可能需要重复使用相同的公式段进行计算，导致整个公式冗长，不利于阅读和修改。例如：

```
=IF(SUM($B2:$F2)=0,0,G2/SUM($B2:$F2))
```

将其中的SUM($B2:$F2)部分定义名称为“库存”，则公式可简化为：

```
=IF(库存=0,0,G2/库存)
```

（6）解决数据验证和条件格式中无法使用常量数组、交叉引用的问题。Excel不允许在数据验证和条件格式中直接使用含有常量数组或交叉引用的公式，但可以将常量数组或交叉引用部分定义为名称，然后在数据验证和条件格式中进行调用。

（7）解决在工作表中无法使用宏表函数的问题。宏表函数不能直接在工作表的单元格中使用，必须通过定义名称来调用。

（8）为高级图表或数据透视表设置动态的数据源。

9.2 定义名称的方法

9.2.1 认识名称管理器

在名称管理器中能够查看、创建、编辑或删除名称，在【公式】选项卡下单击【名称管理器】按钮，打开【名称管理器】对话框，在对话框中可以看到已定义名称的命名、引用位置、作用范围和批注信息，各字段的列宽可以手动调整，以便显示更多的内容，如图 9-3 所示。

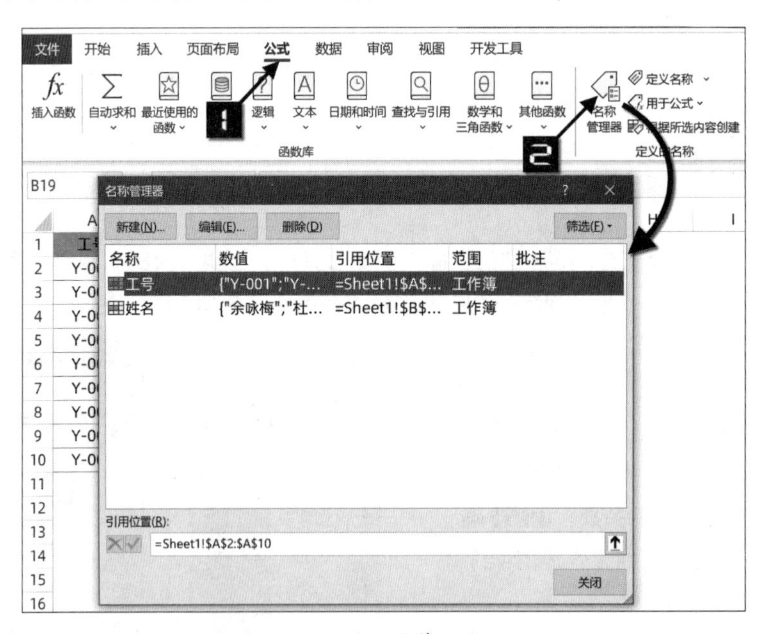

图 9-3　名称管理器

【名称管理器】具有筛选器功能，单击右上角的【筛选】按钮，在下拉菜单中按不同类型划分为 3 组供用户筛选：“工作表范围内的名称”和“工作簿范围内的名称”，“有错误的名称”和“没有错误的名称”，“定义的名称”和“表名称”，如图 9-4 所示。

单击列表框中已定义的名称，再单击【编辑】按钮，打开【编辑名称】对话框，可以修改已定义的名称或是重新设置引用位置，如图 9-5 所示。

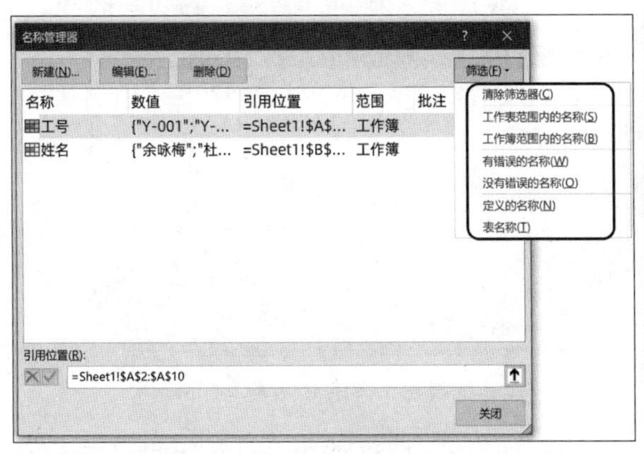

图 9-4　名称筛选器

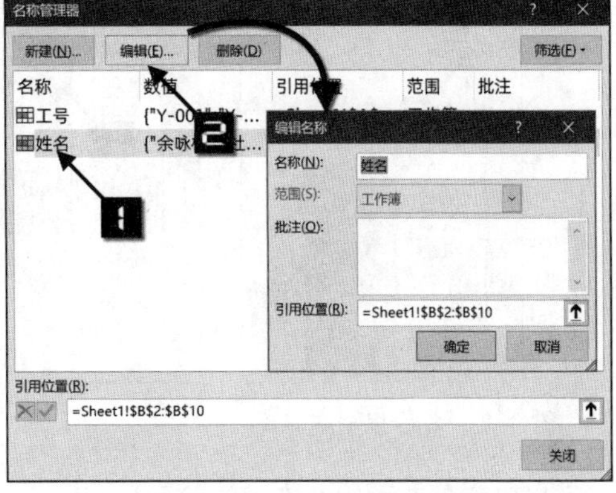

图 9-5　编辑名称

9.2.2　在【新建名称】对话框中定义名称

以下两种方式可以打开【新建名称】对话框。

➲ Ⅰ　方法 1

单击【公式】选项卡下的【定义名称】按钮，弹出【新建名称】对话框。

在【名称】对话框中可以定义名称。单击【范围】右侧的下拉按钮，能够将定义名称的作用范围指定为工作簿或是某个工作表。

在【批注】文本框内可以添加注释，以便于使用者理解名称的用途。

在【引用位置】编辑框中，可以直接输入公式，也可以单击右侧的折叠按钮选择单元格区域作为引用位置。

最后单击【确定】按钮，完成设置，如图 9-6 所示。

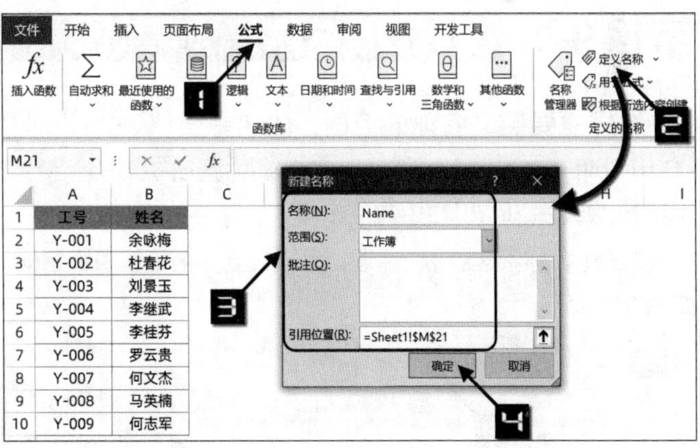

图 9-6　定义名称

➲ Ⅱ　方法 2

依次单击【公式】→【名称管理器】按钮，在弹出的【名称管理器】对话框中，单击【新建】按钮弹出【新建名称】对话框，之后的设置步骤与方法 1 相同。

9.2.3　使用【名称框】快速创建名称

使用工作表编辑区域左上方的【名称框】，可以快速将单元格区域定义为名称。在图 9-7 所示的工作表内，选择 B2:B10 单元格区域，光标定位到【名称框】内，输入“人员”后按<Enter>键完成编辑，即可将 B2:B10 单元格区域定义名称为“人员”。

使用【名称框】定义的名称默认为工作簿级，如需定义为工作表级名称，需要在名称前添加工作表名和感叹号。例如，在【名称框】中输入“Sheet1!人员”，则该名称的作用范围为“Sheet1”工作表，如图 9-8 所示。

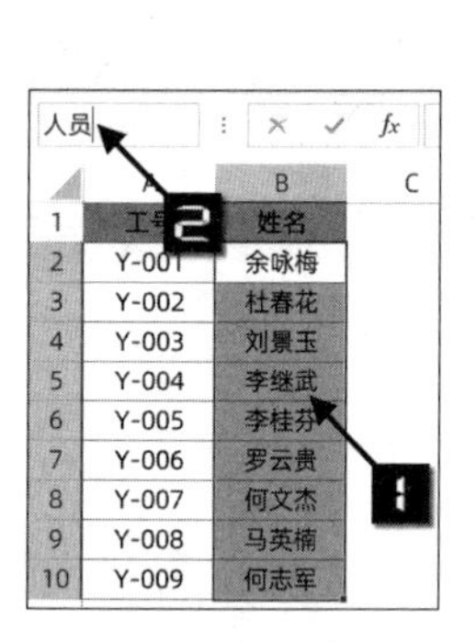

图 9-7　名称框创建名称

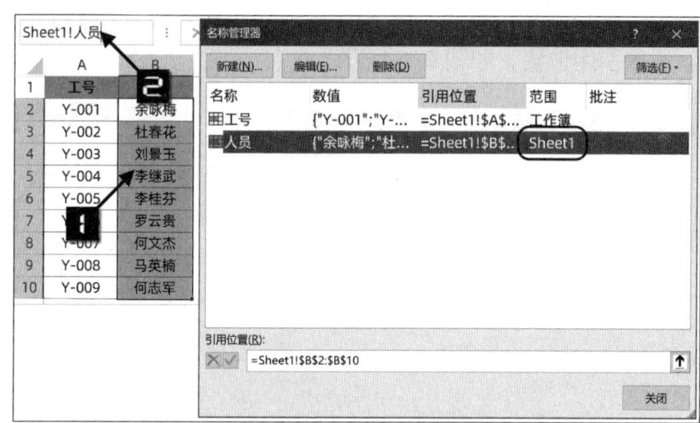

图 9-8　名称框创建工作表级名称

定义名称允许引用非连续的单元格范围。按住<Ctrl>键不放，鼠标选取多个单元格或单元格区域，在名称框输入名称后按<Enter>键即可。

9.2.4　根据所选内容批量创建名称

如果需要对表格中多行多列的单元格区域按标题行或标题列定义名称，可以使用【根据所选内容创建名称】命令快速创建多个名称。

示例9-1　批量创建名称

选择需要定义名称的范围，依次单击【公式】选项卡→【根据所选内容创建】按钮，或者按<Ctrl+Shift+F3>组合键，在弹出的【根据所选内容创建名称】对话框中，保留默认的【首行】复选框的选中状态，单击【确定】按钮完成设置，如图 9-9 所示。

打开【名称管理器】对话框，可以看到 4 个工作簿级名称，并且以选定区域首行单元格中的内容命名，如图 9-10 所示。

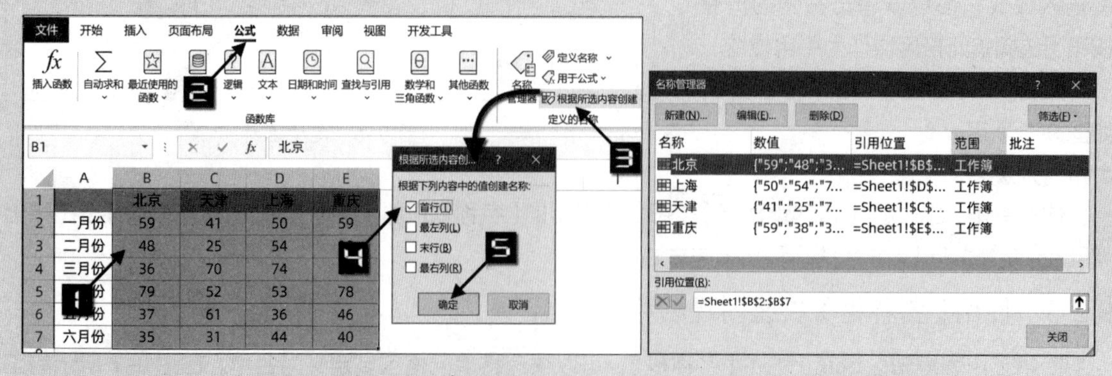

图 9-9　根据所选内容批量创建名称　　　　图 9-10　名称管理器

注意

使用此方法时，如果字段标题中包含空格，命名会自动以下划线替换空格，如标题为“姓 名”，定义后的名称将显示为“姓_名”。

【根据所选内容创建名称】对话框中的复选标记会对Excel已选中的范围进行自动分析，如果选取范围的首行是文本，Excel将建议根据首行的内容创建名称。【根据所选内容创建名称】对话框中各复选框的作用如表 9-1 所示。

表 9-1 【根据所选内容创建名称】选项说明

复选框选项	说明	复选框选项	说明
首行	将顶端行的文字作为该列的范围名称	末行	将底端行的文字作为该列的范围名称
最左列	将最左列的文字作为该行的范围名称	最右列	将最右列的文字作为该行的范围名称

使用【根据所选内容创建】功能所创建的名称仅引用包含值的单元格。Excel自动分析的结果有时并不完全符合用户的期望，应进行必要的检查。

根据本书前言的提示，可观看关于“定义名称”的视频演示。

9.3 名称的级别

部分名称可以在一个工作簿的所有工作表中直接调用，而部分名称则只能在某一张工作表中直接调用，这是由于名称的作用范围不同。根据作用范围的不同，Excel的名称可分为工作表级名称和工作簿级名称。

9.3.1 工作表级名称和工作簿级名称

名称级别分为工作表级和工作簿级，工作表级名称作用于指定的工作表，工作簿级名称的作用范围涵盖整个工作簿。默认情况下，新建的名称作用范围均为工作簿级，如果要创建作用于某个工作表的局部名称，操作步骤如下。

步骤① 单击【公式】→【定义名称】按钮，打开【新建名称】对话框。

步骤② 在名称文本框中输入自定义的命名，在【范围】下拉菜单中选择指定的工作表，如图 9-11 所示。在引用位置编辑框中输入公式或是选择单元格区域，最后单击【确定】按钮。

图 9-11 定义工作表级名称

工作表级别的名称在所属工作表中可以直接调用，当在其他工作表中引用某个工作表级名称时，则需在公式中以“工作表名+半角感叹号+名称”的形式输入。

示例9-2 统计销售一部的销售总额

如图 9-12 所示，分别定义了两个工作表级的名称“销售额”，需要在“销售二部”工作表中计算“销售一部”工作表的销售总额，可使用以下公式完成计算：

=SUM(销售一部!销售额)

当被引用工作表名称中的首个字符是数字，或工作表名称中包含空格等特殊字符时，需使用在工作表名称前后加上一对半角单引号，例如：

=SUM('销售 一部'!销售额)

E2
=SUM(销售一部!销售额)
工号
姓名
销售额
10136 张进 780
10142 方建忠 891
10144 蔡欣润 3,152
10146 陈家豪 870
10148 刘辉金 886
10150 胡胜利 900
10152 胡佳铭 861
10154 徐雨桐 1,133
10156 张钊志 2,345
销售一部销售总额
15,143
名称管理器
新建(N)...
编辑(E)...
删除(D)
筛选(F)
名称 数值 引用位置 范围
销售额 {" 7... =销售二部!$C$2:$C$10 销售二部
销售额 {" 2,... =销售一部!$C$2:$C$10 销售一部
引用位置(R):
=销售二部!$C$2:$C$10
关闭

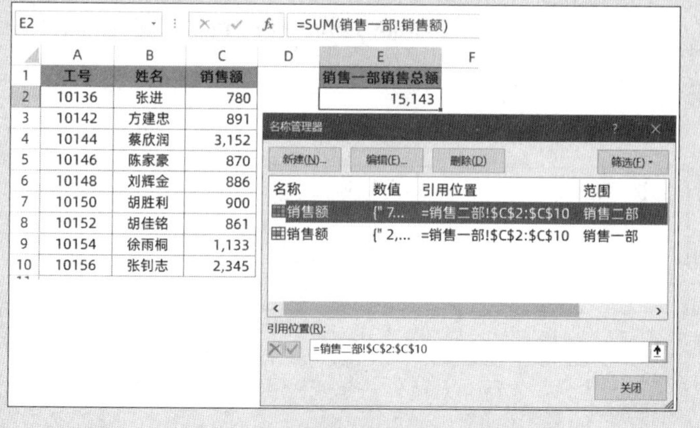

图 9-12　跨工作表引用名称

Excel允许工作表级、工作簿级名称使用相同的命名，工作表级名称优先于工作簿级名称。不过，引用同名的工作表级和工作簿级名称时很容易造成混乱，尽量不要对工作表级和工作簿级使用相同的命名。

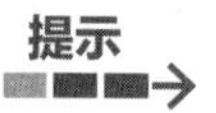

提示 本章中如未加特殊说明，所定义和使用的名称均为工作簿级名称。

9.3.2　多工作表名称

名称的引用范围可以是多个工作表的单元格区域，但创建时必须使用【新建名称】对话框进行操作。

示例9-3 统计全部考核总分

图 9-13 展示的是某企业员工的考核成绩表，不同月份的考核成绩存放在不同工作表内，各工作表的数据结构和数据行数均相同，需要统计各次考核的总分。

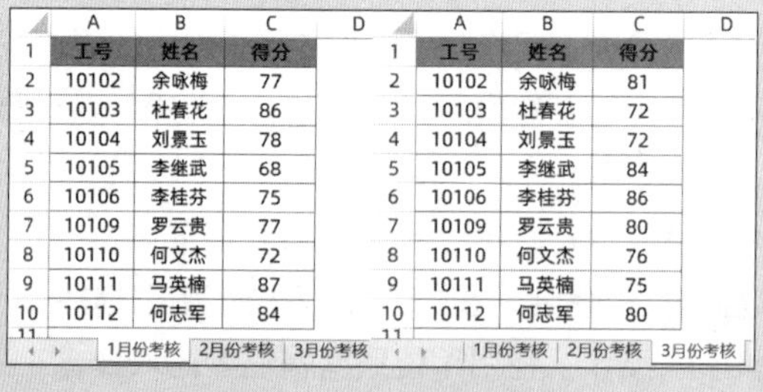

工号 姓名 得分
10102 余咏梅 77
10103 杜春花 86
10104 刘景玉 78
10105 李继武 68
10106 李桂芬 75
10109 罗云贵 77
10110 何文杰 72
10111 马英楠 87
10112 何志军 84
1月份考核 2月份考核 3月份考核
工号 姓名 得分
10102 余咏梅 81
10103 杜春花 72
10104 刘景玉 72
10105 李继武 84
10106 李桂芬 86
10109 罗云贵 80
10110 何文杰 76
10111 马英楠 75
10112 何志军 80
1月份考核 2月份考核 3月份考核

图 9-13　各月考核成绩

步骤1 激活“1 月份考核”工作表。选中C2 单元格，依次单击【公式】→【定义名称】按钮，弹出【新建名称】对话框。在【名称】文本框中输入“全部考核成绩”。

步骤2 单击【引用位置】编辑框中默认的单元格地址后，按住<Shift>键单击最右侧的“3 月份考核”工作表标签，再单击“3 月份考核”工作表的C10 单元格，此时编辑框中的内容为：

='1 月份考核:3 月份考核'!$C$2:$C$10

单击【确定】按钮完成定义名称，如图 9-14 所示。

可以在公式中使用已定义的名称，计算各次考核成绩的总分：

=SUM(全部考核成绩)

已定义的多表名称不会出现在名称框或【定位】对话框中，多表名称引用的格式为：

=开始工作表名:结束工作表名!单元格区域

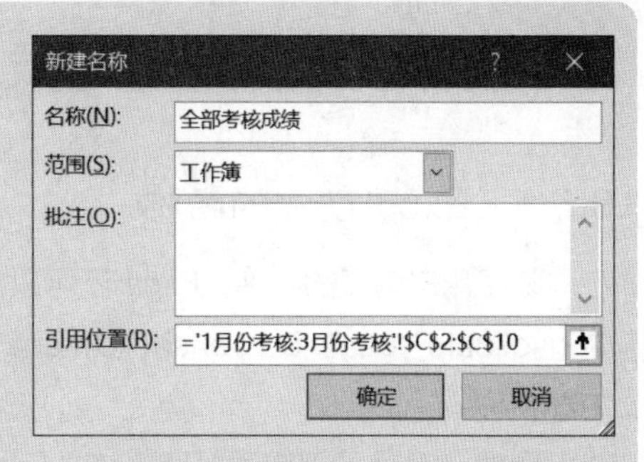

图 9-14 创建多工作表名称

在已定义多表名称的工作簿中，如果在定义名称的第一个工作表和最后一个工作表之间插入一个新工作表，多表名称将包含这个新工作表。如果插入的工作表在第一个工作表之前或最后一个工作表之后，则不包含在名称中。

如果删除了多表名称中包含的工作表，Excel 将自动调整名称范围。多表名称的作用范围可以是工作簿级，也可以是工作表级。

9.4 名称命名的限制

用户在定义名称时，可能会弹出如图 9-15 所示的错误提示，这是因为名称的命名不符合 Excel 限定的命名规则。

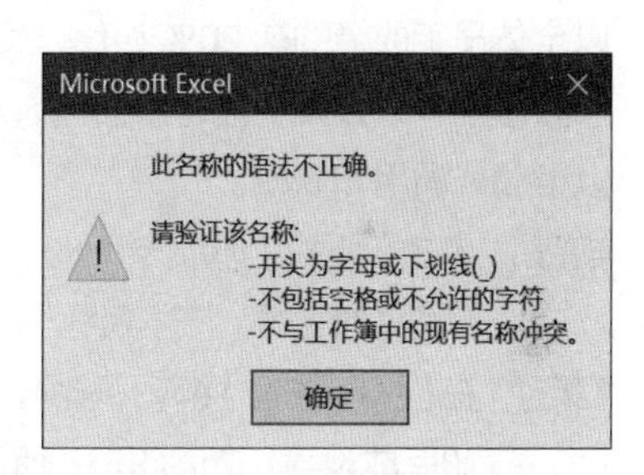

图 9-15 错误提示

（1）名称可以用任意字母与数字组合在一起，但不能以纯数字命名或以数字开头，如“1Pic”将不被允许。

（2）除了字母 R、C、r、c，其他单个字母均可作为名称。因为 R、C 在 R1C1 引用样式中表示工作表的行、列。

（3）名称也不能与单元格地址相同，如“B3”“D5”等。一般情况下，不建议用户使用单个字母作为名称，命名的原则是名称应有具体含义且便于记忆。

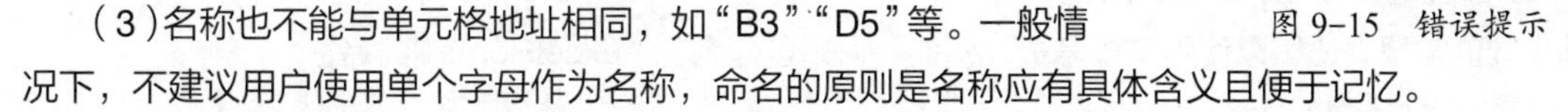

（4）不能使用除下划线、点号和反斜线、问号以外的其他半角符号，问号不能作为名称的开头，如可以用“Name?”，但不可以用“?Name”。

（5）不能包含空格，可以使用下划线或是点号代替空格，例如，“一部_二组”。

（6）不能超过 255 个字符。一般情况下，名称应该便于记忆且尽量简短，否则就违背了定义名称的初衷。

（7）名称不区分大小写，如“DATA”与“Data”是相同的，Excel 会按照定义时键入的名称进行保存，但在公式中使用时视为同一个名称。

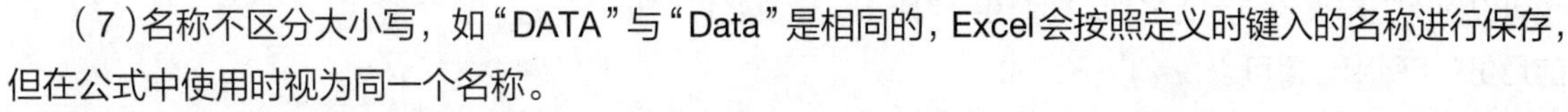

此外，名称作为公式的一种存在形式，同样受函数与公式嵌套层数、参数个数、计算精度等方面的限制。

从使用名称的目的看，名称应尽量直观地体现所引用数据或公式的含义，不宜使用可能产生歧义的名称，尤其是使用较多名称时，如果命名过于随意，则不便于名称的统一管理和对公式的解读与修改。

9.5 名称可使用的对象

9.5.1 Excel创建的名称

除了用户创建的名称，Excel还可以自动创建某些名称，常用的内部名称有Print_Area、Print_Titles、Consolidate_Area、Database、Criteria、Extract和FilterDatabase等，创建名称时应避免覆盖Excel的内部名称。

例如，设置了工作表打印区域，Excel会为这个区域自动创建名为“Print_Area”的名称。如果设置了打印标题，Excel会定义工作表级名称“Print_Titles”。另外，当工作表中插入了表格或是执行了高级筛选操作时，也会自动创建默认的名称。

部分Excel宏可以隐藏名称，这些名称在工作簿中虽然存在，但是不出现在【名称管理器】对话框或名称框中。

9.5.2 使用常量

如果需要在整个工作簿中多次重复使用相同的常量，如产品利润率、增值税率、基本工资额等，可以将其定义为一个名称并在公式中使用，使公式的修改和维护变得更加容易。

例如，员工考核分析时，需要分析各个部门的优秀员工，以全体员工成绩的前20%为优秀员工。在调整优秀员工比例时，需要修改多处公式，且容易出错，可以定义一个名称“优秀率”，以便公式调用和修改。

步骤① 单击【公式】选项卡下的【定义名称】按钮，弹出【新建名称】对话框，在【名称】框中输入名称“优秀率”。

步骤② 在【引用位置】编辑框中输入“=20%”，单击【确定】按钮完成设置，如图9-16所示。

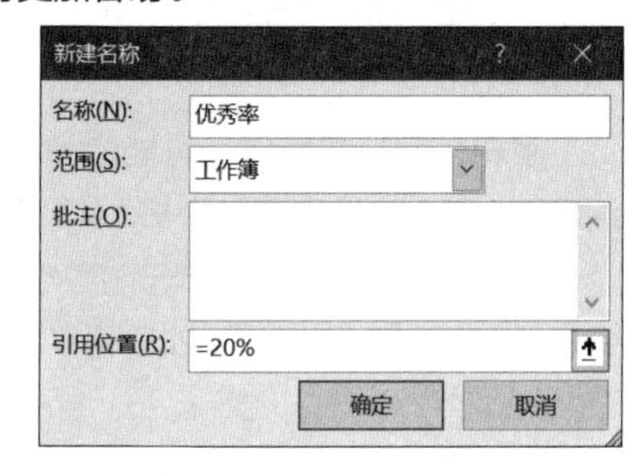

图 9-16 定义引用常量的名称

除了数值常量，还可以使用文本常量，例如，可以创建名为“ExcelHome”的名称：

```
="ExcelHome"
```

这些常量不存储在任何单元格内，相关名称不会在【名称框】中显示。

9.5.3 使用函数与公式

除了常量，像月份等经常随着表格打开时间而变化的内容，也可以使用工作表函数定义名称。如图9-17所示，定义名称“当前月份”，引用位置可以使用以下公式：

```
=MONTH(TODAY())&"月"
```

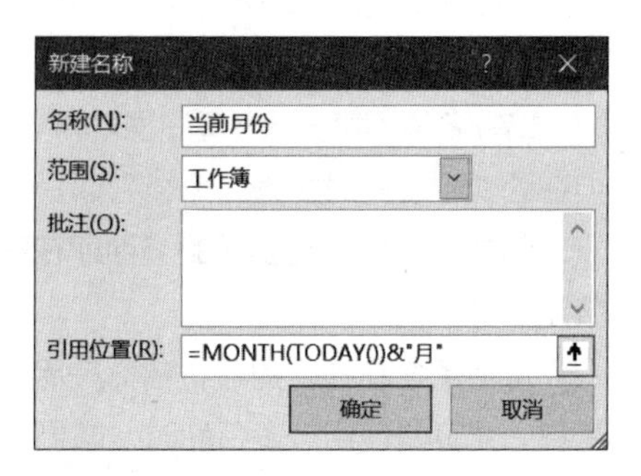

图 9-17 使用工作表函数定义名称

公式中使用了两个函数。TODAY函数返回系统当前日期，MONTH函数返回当前日期的月份，再使用文本连接符&，将月份数字和文字“月”连接。

在单元格中输入以下公式，则返回系统当前月份。

```
=当前月份
```

假设系统日期是 12 月 21 日，则返回结果为 12 月。

也可以在公式中使用已定义的名称再次定义新的名称，例如，使用以下公式定义名称“本月 1 日”。

```
=当前月份&"1 日"
```

在单元格输入以下公式，假设系统日期是 12 月 21 日，则返回文本结果“12 月 1 日”。

```
=本月 1 日
```

9.6　名称的管理

使用名称管理器功能，用户能够方便地对名称进行修改、筛选和删除。

9.6.1　名称的修改与备注信息

➲ I　修改已有名称的命名

对已有名称可进行编辑修改，修改后，公式中使用的名称会自动更新。

如图 9-18 所示，单击【公式】选项卡中的【名称管理器】按钮，或者按<Ctrl+F3>组合键，打开【名称管理器】对话框。

选择名称“姓名”后，单击【编辑】按钮，弹出【编辑名称】对话框。在【名称】编辑框中修改名称为“人员列表”，在【批注】文本框中根据需要添加备注信息。最后单击【确定】按钮关闭【编辑名称】对话框，再单击【关闭】按钮关闭【名称管理器】对话框。修改名称后公式中已使用的名称“姓名”将自动变为“人员列表”。

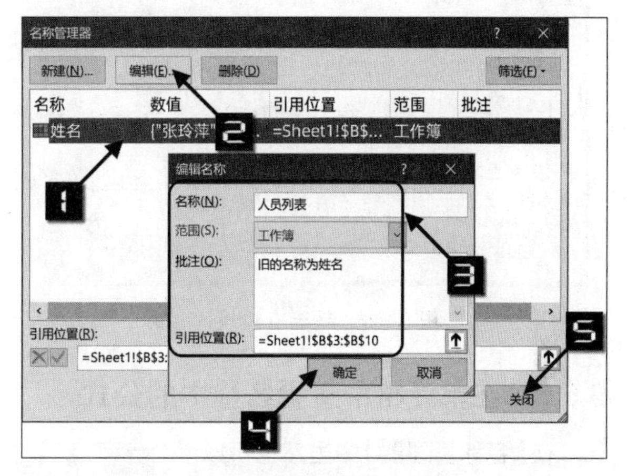

图 9-18　修改已有名称的命名

➲ II　修改名称的引用位置

在【编辑名称】对话框中的【引用位置】编辑框中，可以修改已定义名称使用的公式或单元格引用。

也可以在【名称管理器】对话框中选择名称后，直接在【引用位置】编辑框中输入新的公式或是单元格引用区域，单击左侧的输入按钮☑确认输入，最后单击【关闭】按钮完成修改，如图 9-19 所示。

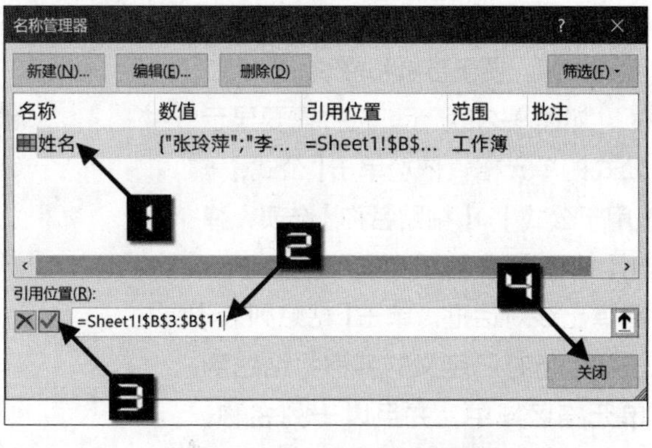

图 9-19　修改名称的引用位置

➲ III　修改名称的级别

使用编辑名称的方法，无法实现工作表级和工作簿级名称之间的互换。如需修改名称的级别，可以先复制名称【引用位置】编辑框中已有的公式，再单击【名称管理器】对话框中的【新建】按钮，新建一个同名但不同级别的名称，然后删除旧名称。

提示

在编辑【引用位置】编辑框中的公式时，按方向键或<Home>、<End>键及单击单元格区域，都会将光标激活的单元格区域以绝对引用方式添加到【引用位置】的公式中。按<F2>键切换到“编辑”模式，可以在编辑框的公式中移动光标，方便修改公式。

9.6.2 筛选和删除错误名称

当不需要使用名称或名称出现错误无法正常使用时，可以在【名称管理器】对话框中进行筛选和删除操作。

步骤① 单击【筛选】按钮，在下拉菜单中选择【有错误的名称】选项，如图 9-20 所示。

步骤② 如图 9-21 所示，在筛选后的名称管理器中，单击首个名称项目，再按住<Shift>键单击最底端的名称项目，单击【删除】按钮，有错误的名称将全部删除，最后单击【关闭】按钮关闭对话框。

图 9-20 筛选有错误的名称

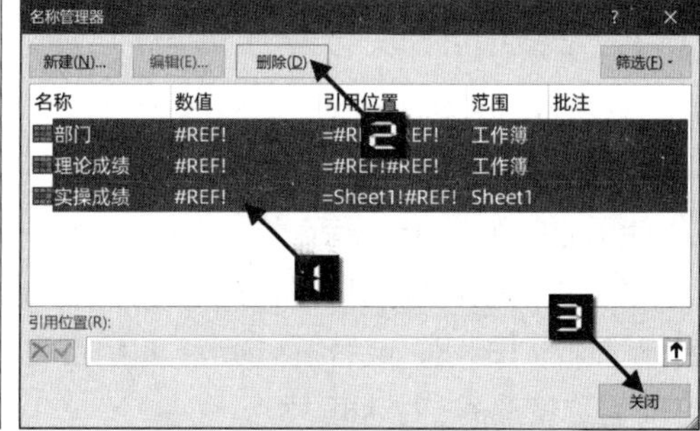

图 9-21 删除有错误的名称

9.6.3 在单元格中查看名称中的公式

在【名称管理器】中虽然也可以查看名称使用的公式，但受限于对话框大小，有时无法显示整个公式，可以将定义的名称全部在单元格中罗列出来，便于查看和修改。

如图 9-22 所示，选择需要显示公式的单元格，依次单击【公式】→【用于公式】→【粘贴名称】选项，弹出【粘贴名称】对话框，或按<F3>键弹出该对话框。单击【粘贴列表】按钮，所有已定义的名称将粘贴到单元格区域中，并且以一列名称、一列公式文本的形式显示。

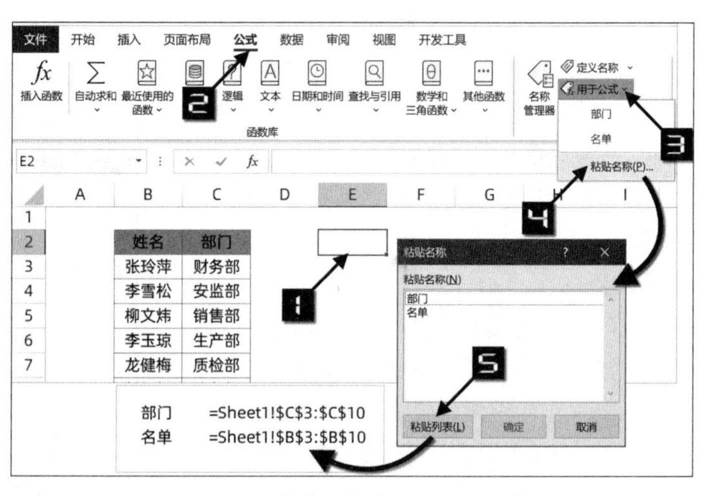

图 9-22 在单元格中粘贴名称列表

注意

粘贴到单元格的名称将逐行列出，如果名称中使用了相对引用或混合引用，则粘贴后的公式文本将根据其相对位置发生改变。

9.7　名称的使用

9.7.1　输入公式时使用名称

需要在单元格的公式中调用已定义的名称时，可以在公式编辑状态手工输入已定义的名称。也可以在【公式】选项卡中单击【用于公式】下拉按钮并选择相应的名称。

如果某个单元格或区域中设置了名称，在输入公式过程中，使用鼠标选择该区域作为需要插入的引用，Excel会自动应用该单元格或区域的名称。Excel没有提供关闭该功能的选项，如果需要在公式中使用常规的单元格或区域引用，则需要手工输入单元格或区域的地址。

9.7.2　现有公式中使用名称

如果在工作表内已经输入了公式，再去定义名称，Excel不会自动用新名称替换公式中的单元格引用，不过可以通过设置使Excel将名称应用到已有公式中。

示例9-4　现有公式中使用名称

在当前工作表中已使用以下公式定义了名称“销售额”：

```
=Sheet1!$D$2:$D$5
```

D6 单元格中已有的计算销售额公式为：

```
=SUM(D2:D5)
```

依次单击【公式】→【定义名称】下拉按钮，在下拉菜单中选择【应用名称】选项，弹出【应用名称】对话框。在【应用名称】列表中选择需要应用于公式中的名称，单击【确定】按钮，被选中的名称即可应用到公式中，如图 9-23 所示。

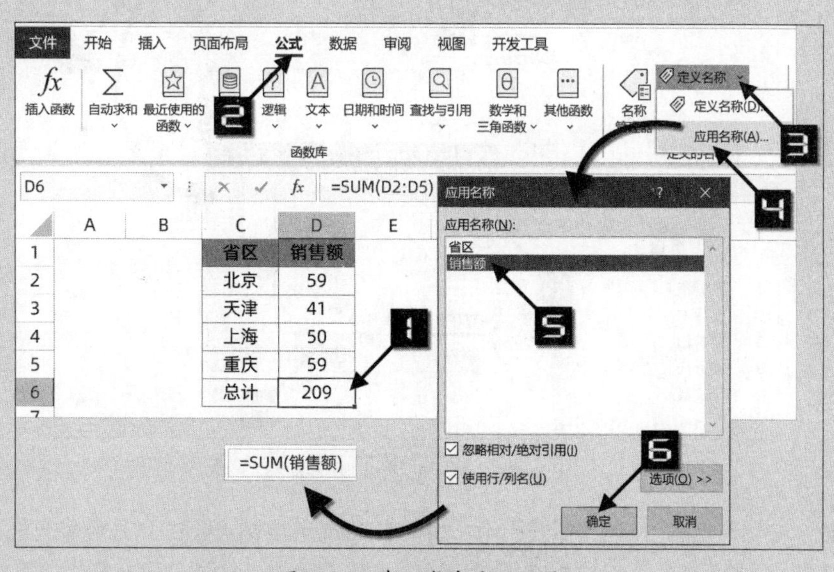

图 9-23　在公式中应用名称

在【应用名称】对话框中，包括【忽略相对/绝对引用】和【使用行/列名】两个复选框。【忽略相对/绝对引用】复选框控制着用名称替换单元格地址的操作，如果未选中该复选框，则只有与公式引用完全匹配时才会应用名称。

如果选中【使用行/列名】复选框，Excel在应用名称时使用交叉运算符。如果Excel找不到单元格的确切名称，则使用表示该单元格的行和列范围的名称，并且使用交叉运算符连接名称。

9.8 定义名称的技巧

9.8.1 在名称中使用不同引用方式

在名称中使用鼠标选取方式输入单元格引用时，默认使用带工作表名称的绝对引用方式。例如，单击【引用位置】对话框右侧的折叠按钮，然后单击选择Sheet1 工作表中的A1 单元格，相当于输入“=Sheet1!$A$1”。当需要使用相对引用或混合引用时，可以连续按<F4>键切换。

提示

在单元格中的公式内使用相对引用，是与公式所在单元格形成相对位置关系。在名称中使用相对引用，则是与定义名称时的活动单元格形成相对位置关系。通常情况下，可先单击需要应用名称的首个单元格，然后定义名称，定义名称时使用此单元格作为切换引用方式的参照。

如图 9-24 所示，单击B2 单元格，创建工作簿级名称“左侧单元格”，在【引用位置】编辑框中使用公式并相对引用A2 单元格：

```
=销售一部!A2
```

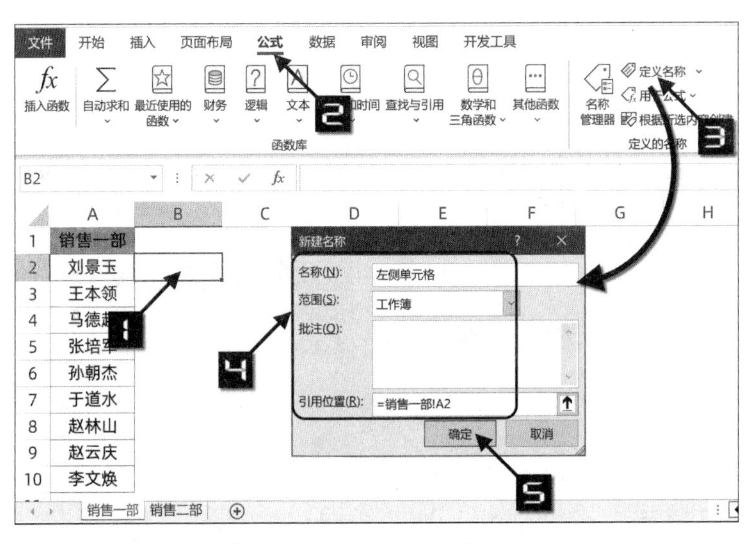

图 9-24　相对引用左侧单元格

由于名称“=左侧单元格”使用了相对引用，如果在B3 单元格输入公式“=左侧单元格”，将调用A3 单元格。如果在A列单元格输入公式“=左侧单元格”，将调用与公式处于同一行中的工作表最右侧的XFD列单元格。

混合引用定义名称的方法与相对引用类似，不再赘述。

9.8.2　引用位置始终指向当前工作表内的单元格

如图 9-25 所示，刚刚定义的名称“左侧单元格”虽然是工作簿级名称，但在“销售二部”工作表中使用时，仍然会调用“销售一部”工作表的A2 单元格。

如果需要名称在任意工作表内都能引用所在工作表的单元格，需在【名称管理器】的【引用位置】编辑框中，去掉“!”前面的工作表名称，仅保留“!”和单元格引用地址。如图 9-26 所示，引用位置编辑框中的公式为：

```
=!A2
```

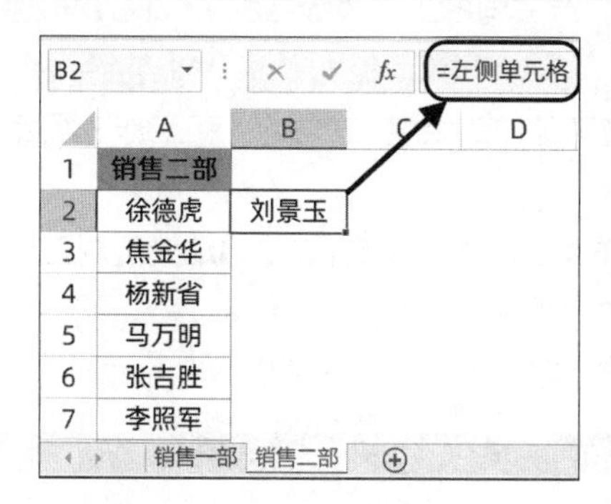

图 9-25　引用结果错误

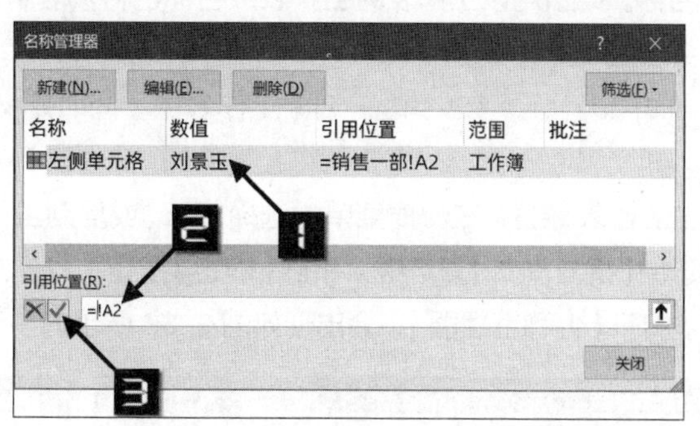

图 9-26　引用位置不使用工作表名

修改完成后，在任意工作表中的公式中使用名称“左侧单元格”时，均引用公式所在工作表的单元格。

9.8.3　公式中的名称转换为单元格引用

使用以下方法，能够将函数与公式中的名称转换为实际的单元格引用。

步骤① 依次单击【文件】→【选项】命令，在弹出的【Excel选项】对话框中单击【高级】选项，在【Lotus兼容性】设置中选中【转换Lotus 1-2-3公式】复选框，单击【确定】按钮关闭对话框，如图9-27 所示。

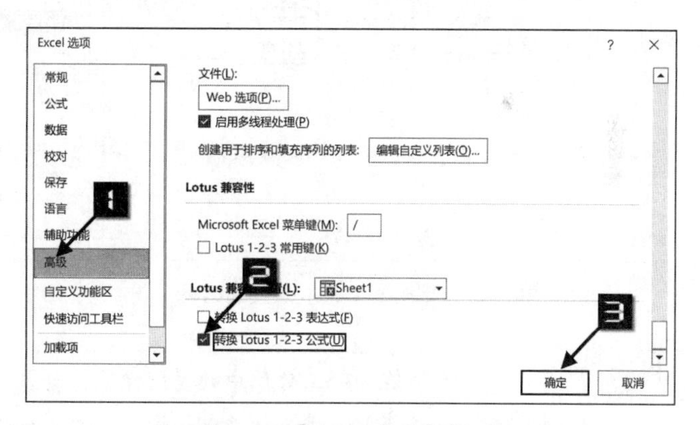

图 9-27　【Excel 选项】对话框

步骤② 重新激活公式所在单元格。再从【Excel选项】对话框中取消选中【转换Lotus 1-2-3 公式】复选框，公式中的名称即可转换为实际的单元格引用，如图 9-28 所示。

图 9-28　名称转换为单元格引用

9.9 使用名称的注意事项

9.9.1 工作表复制时的名称问题

Excel允许用户在任意工作簿之间进行工作表的复制，名称会随着工作表一同被复制。当复制包含名称的工作表或公式时，应注意因此出现的名称混乱。

在不同工作簿建立副本工作表时，涉及源工作表的所有名称（含工作簿、工作表级和使用常量定义的名称）将被原样复制。

在同一工作簿内建立副本工作表时，原引用该工作表区域的工作簿级名称将被复制，产生同名的工作表级名称。原引用该工作表的工作表级名称也将被复制，产生同名工作表级名称。仅使用常量定义的名称不会发生改变。

如图 9-29 所示，在“销售一部”工作表中，同时定义了工作簿级名称“姓名”和工作表级名称“销售额”。

右击工作表标签，在快捷菜单中选择【移动或复制工作表】命令，在弹出的【移动或复制工作表】对话框中选中【建立副本】复选框，单击【确定】按钮，则建立了“销售一部(2)”工作表。

再次打开【名称管理器】，会出现如图 9-30 所示的多个名称。

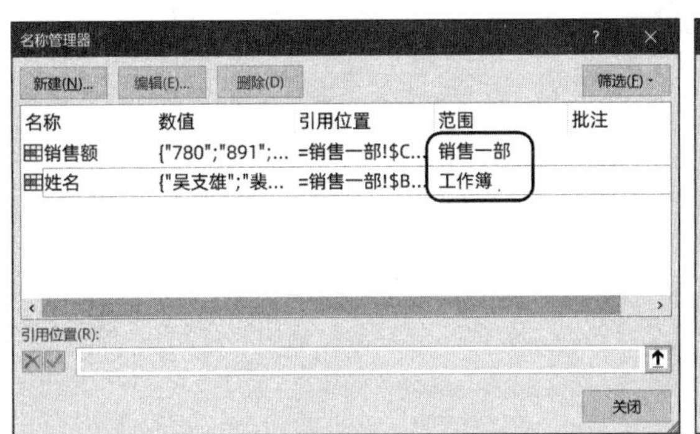

图 9-29 名称管理器中的不同级别名称

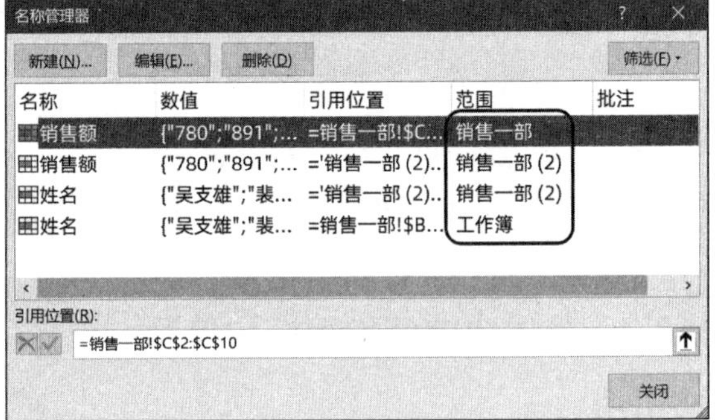

图 9-30 建立副本工作表后的名称

工作表在同一工作簿中的复制操作，会导致工作簿中存在名字相同的全局名称和局部名称，应有目的地进行调整或删除，以便于在公式中调用名称。

9.9.2 单元格或工作表删除引起的名称问题

当删除某个工作表时，属于该工作表的工作表级名称会被全部删除，而引用该工作表的工作簿级名称将被保留，但【引用位置】编辑框中的公式将产生“#REF!”错误。

例如，定义工作簿级名称Data为：

```
=Sheet2!$A$1:$A$10
```

（1）删除Sheet2 工作表时，Data的【引用位置】变为：

```
=#REF!$A$1:$A$10
```

（2）删除Sheet2 表中的A1:A10 单元格区域时，Data的【引用位置】变为：

```
=Sheet2!#REF!
```

（3）删除Sheet2 表中的A2:A5 单元格区域时，Data的【引用位置】随之缩小：

```
=Sheet2!$A$1:$A$6
```

反之，如果是在A1:A10 单元格区域中间插入行，则Data的引用区域将随之增加。

（4）在【名称管理器】中删除名称“Data”后，工作表中所有调用该名称的公式都将返回错误值“#NAME?”。

9.9.3 使用复杂公式定义名称

如果定义名称的公式较为复杂，直接在【引用位置】编辑框中输入公式时会比较麻烦。可以在要使用定义名称的首个单元格中输入公式，并以当前单元格作为参照，根据名称应用的范围设置正确的单元格引用方式。然后在编辑栏中拖动鼠标选中公式，按<Ctrl+C>组合键复制，再打开【名称管理器】对话框，在【引用位置】编辑框中按<Ctrl+V>组合键粘贴公式即可。

关于单元格引用方式的内容，请参阅 3.2 节。

9.10 使用INDIRECT函数创建不变的名称

名称中的单元格地址即便使用了绝对引用，也可能因为数据所在单元格区域的插入行(列)、删除行(列)、剪切操作等而发生改变，导致名称与实际期望引用的区域不符。

例如，名称“基本工资”的引用范围为“=工资表!$C$2:$C$8”，单元格区域使用了绝对引用。但如果将“工资表”工作表的第 4 行整行删除，则名称引用的单元格区域自动更改为“=工资表!$C$2:$C$7”。

如需始终引用“工资表”工作表的C2:C8 单元格区域，可以在【引用位置】编辑框中将原有的单元格地址更改为以下公式：

```
=INDIRECT("工资表!C2:C8")
```

如需定义的名称能够在各个工作表分别引用各自的C2:C8 单元格区域，则可使用以下公式：

```
=INDIRECT("C2:C8")
```

INDIRECT函数的作用是返回文本字符串的引用，公式中的“工资表!C2:C8”部分是文本字符，由INDIRECT函数将文本字符串变成实际的引用。

使用此方法定义名称后，删除、插入行列等操作均不会对名称的引用位置造成影响。

关于INDIRECT函数的具体用法，请参阅 14.10 节。

9.11 定义动态引用的名称

动态引用的名称是指可以随着数据表记录的增加或减少，自动扩大或是缩小引用区域的名称。

9.11.1 使用函数公式定义动态引用的名称

借助引用类函数来定义名称，可以根据数据区域变化，对引用区域进行实时的动态引用。配合数据透视表或图表，能够实现动态分析的目的。在复杂的数组公式中，结合动态引用的名称，还可以减少公式运算量，提高公式运行效率。

示例9-5 创建动态的数据透视表

通常情况下，用户创建了数据透视表后，如果数据源中增加了新的行或列，即使刷新数据透视表，新增的数据仍然不能在数据透视表中呈现。通过为数据源定义名称或使用插入“表格”功能获得动态的数据源，可以生成动态的数据透视表。

在图 9-31 所示的销售明细表中，使用以下公式定义名称“data”：

```
=OFFSET(销售明细表!$A$1,,,COUNTA(销售明细表!$A:$A),COUNTA(销售明细表!$1:$1))
```

然后使用定义的名称作为数据源，生成数据透视表，操作步骤如下。

步骤① 单击数据明细表中的任意单元格，如A5 单元格，在【插入】选项卡下单击【数据透视表】按钮，弹出【来自表格或区域的数据透视表】对话框。在【表/区域】编辑框中输入已经定义的名称“data”，单击【确定】按钮，如图 9-32 所示。

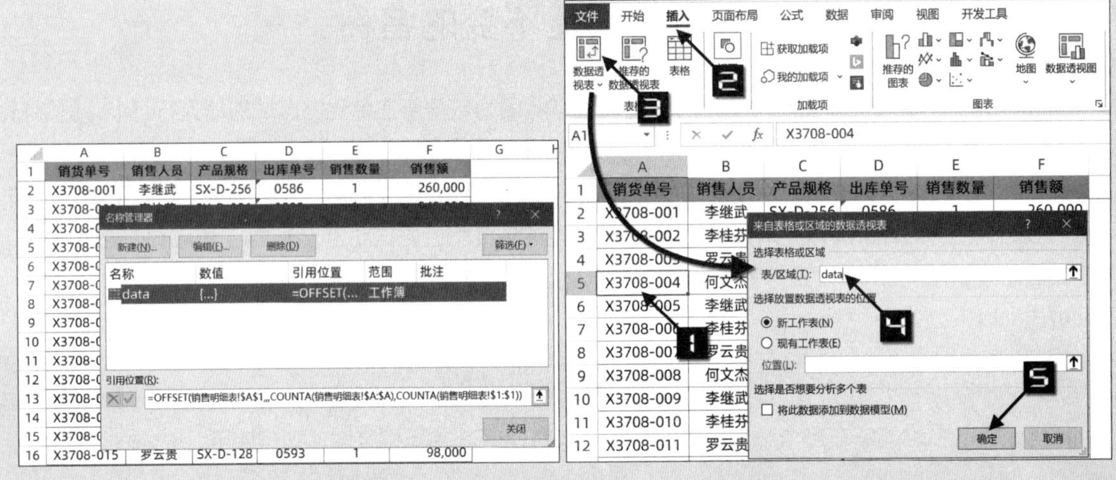

图 9-31 销售明细表　　　　图 9-32 创建数据透视表

步骤② 此时自动创建一个包含透视表的工作表“Sheet1”。在【数据透视表字段列表】中，依次将“销售人员”字段拖动到行区域，将“产品规格”字段拖动到列区域，将“销售数量”字段拖动到值区域，完成透视表布局设置。

在销售明细表中增加记录后，右击数据透视表，在扩展菜单中选择【刷新】命令，数据透视表即可自动添加新增加的数据汇总记录。

9.11.2 利用“表”区域动态引用

Excel 的“表格”功能除支持自动扩展、汇总行等功能以外，还支持结构化引用。当单元格区域创建为“表格”后，Excel会自动定义“表 1”样式的名称，并允许修改名称。

示例9-6 利用“表”区域动态引用

如图 9-33 所示，单击数据区域内的任意单元格，如A2，依次单击【插入】→【表格】按钮，弹出【创建表】对话框。保留默认设置，单击【确定】按钮，将普通数据表转换为“表格”。

插入“表格”后，Excel自动创建“表+数字”的名称。

如图 9-34 所示，按<Ctrl+F3>组合键弹出【名称管理器】对话框，单击名称“表 1”，此时【删除】按钮和引用位置都呈灰色无法选中状态，随着数据的增加，名称“表 1”的引用范围会自动变化。

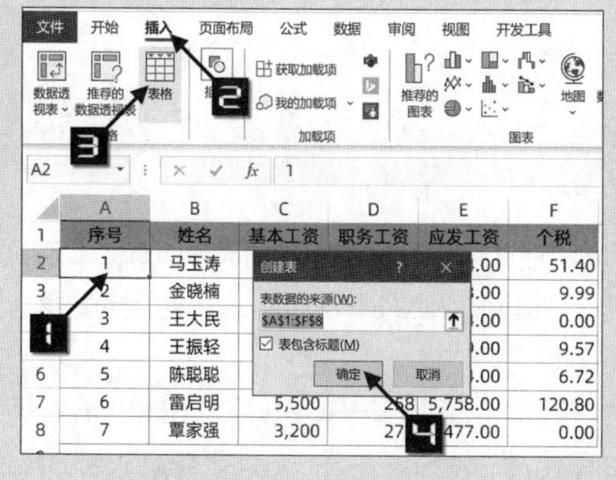

图 9-33 创建表

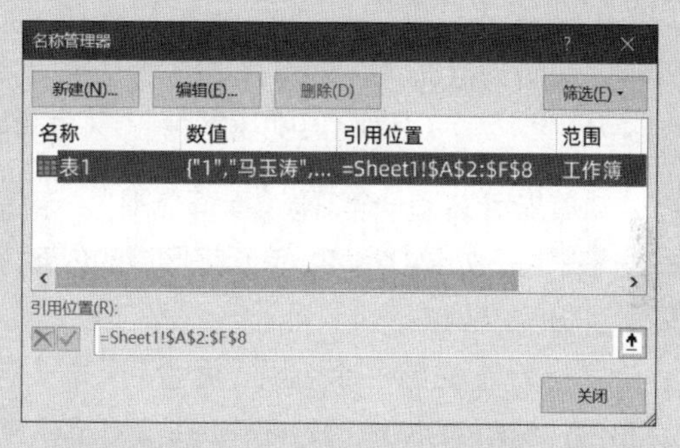

图 9-34 插入“表”产生的名称不能编辑或删除

用户可以使用此名称来创建数据透视表或是图表，实现动态引用数据的目的。如果在公式中引用了“表格”中的一行或一列数据，数据源增加后，公式的引用范围也会自动扩展。

9.12 使用LET函数在公式内部创建名称

LET函数可以在公式内部定义名称，实现类似在名称管理器中定义名称的效果。函数语法如下：

```
=LET(名称 1,名称值 1,计算或名称 2,[名称值 2],[计算或名称 3]…)
```

前 3 个参数是必需的。第一个参数指定一个名称，第二个参数是该名称的对应内容，第三个参数可以是计算表达式或是继续指定新的名称，如果该参数是计算表达式，Excel会执行计算，并返回最终结果。

例如，在以下公式中，第一参数指定一个名称“x”，第二参数指定该名称内容为B2 单元格的引用。第三参数继续指定另一个名称“y”，第四参数指定该名称内容为C2 单元格的引用。第五参数是一个计算表达式，公式最终返回x+y的结果，即B2 单元格和C2 单元格的合计值，如图 9-35 所示。

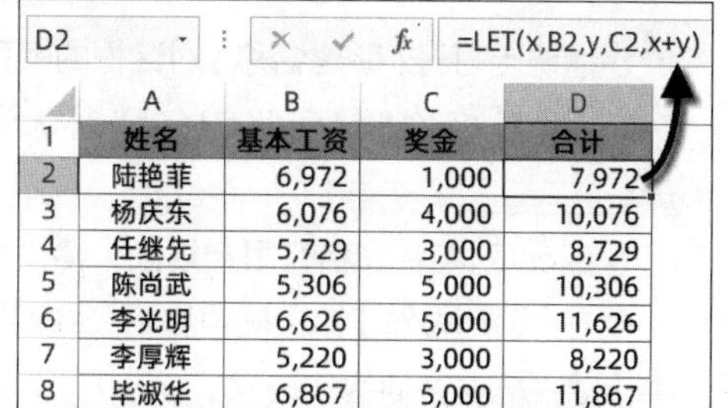

D2 =LET(x,B2,y,C2,x+y)

	A	B	C	D
1	姓名	基本工资	奖金	合计
2	陆艳菲	6,972	1,000	7,972
3	杨庆东	6,076	4,000	10,076
4	任继先	5,729	3,000	8,729
5	陈尚武	5,306	5,000	10,306
6	李光明	6,626	5,000	11,626
7	李厚辉	5,220	3,000	8,220
8	毕淑华	6,867	5,000	11,867

图 9-35 计算工资合计值

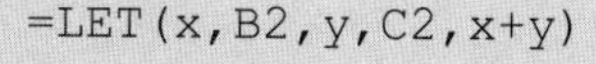

```
=LET(x,B2,y,C2,x+y)
```

示例9-7 使用LET函数统计员工奖金

如图 9-36 所示，A~D列为某公司员工奖金明细数据，需要在G列根据F列指定的姓名计算对应的奖金，如果C列的奖金额不高于 3000，同时D列为“是”，则返回奖金额，否则返回“奖金超额或查无此人”。

	A	B	C	D	E	F	G
1	工号	姓名	奖金	是否发放		姓名	奖金
2	EH0135	陆艳菲	1,000	是		陆艳菲	1,000
3	EH0434	杨庆东	4,000	否		张鹤翔	2,000
4	EH0945	任继先	3,000	否		徐翠芬	奖金超额或查无此人
5	EH0709	陈尚武	5,000	是		刘文杰	奖金超额或查无此人
6	EH0877	李光明	5,000	是			
7	EH0422	李厚辉	3,000	是			
8	EH0997	毕淑华	5,000	是			
9	EH0668	向建荣	3,000	是			
10	EH0507	赖群毅	2,000	是			

图 9-36 统计奖金发放

在G2 单元格输入以下公式，向下复制到G5 单元格：

```
=LET(查询范围,IF(D$2:D$21="是",B$2:C$21),奖金,IFERROR(VLOOKUP(F2,查询范围,2,0),""),IF(奖金<3000,奖金,"奖金超额或查无此人"))
```

公式首先定义了一个名称“查询范围”，与该名称对应的内容是“IF(D$2:D$21="是",B$2:C$21)”。公式的意思是，如果D2:D21 单元格区域的内容为“是”，则返回B2:C21 单元格区域内对应的数据，否则返回逻辑值FALSE。

公式接着定义另一个名称“奖金”，与该名称对应的内容是“IFERROR(VLOOKUP(F2,查询范围,2,0),"")”。VLOOKUP函数在查询范围的首列查找F2 单元格的姓名，并返回查询区域第 2 列的奖金。如果找不到查询结果，则使用IFERROR函数返回空文本""。

公式最后执行表达式“IF(奖金<3000,奖金,"奖金超额或查无此人")”，当奖金小于 3000 时，返回实际奖金额，当奖金额在 3000 及以上或是空文本时，则返回字符串“奖金超额或查无此人”。

注意

LET函数和定义名称的作用相似，可以将重复出现的运算式或字符串定义为名称，简化公式的输入，使公式计算层次和逻辑更清晰，同时也提高了运算效率。但和定义名称不同的是，LET函数定义的名称只在当前LET公式内部有效。

练习与巩固

1. 请说出打开【新建名称】对话框的两种方法。

2. 使用【名称框】定义的名称默认为工作簿级，如需定义为工作表级名称，需要在名称前添加(_______)。

3. Excel对名称命名有限定规则，请说出其中的 3 种。

4. 在【引用位置】编辑框中编辑公式时，按(_______)键切换到“编辑”模式，就可以在编辑框的公式中移动光标，方便修改公式。

5. 在输入函数名后按(_______)功能键，可以调出【粘贴名称】对话框。

6. 如果需要让名称在任意工作表内都能引用所在工作表的单元格，需在【名称管理器】的引用位置编辑框中去掉(_______)，仅保留(_______)和单元格引用地址即可。

第二篇

常用函数

本篇从函数自身特性的角度，重点介绍了Excel 2021中的主要函数使用方法及常用技巧。主要包括文本处理技术、信息提取与逻辑判断、数学计算、日期和时间计算、查找与引用、统计与求和、数组公式、多维引用、财务函数、工程函数、Web类函数、数据库函数、数据透视表函数、宏表函数和自定义函数等。

第 10 章　文本处理技术

日常工作中经常需要处理一些文本型的数据，例如，拆分与合并字符、提取或替换字符中的部分内容及格式化文本等，本章主要介绍利用文本函数处理数据的常用方法与技巧。

本章学习要点

（1）认识文本型数据。　　（2）常用文本函数。

10.1　认识文本型数据

文本型数据是指不能参与算术运算的字符，比如汉字、字母、符号及文本型数字等。

Excel的数据类型是按照单元格中的全部内容进行区分的。如果一个单元格中的内容既包含数字，又包含中文、字母或符号，则该单元格的数据类型为文本型数据，例如，字符串“Excel 2021”和“100米”。

10.1.1　在公式中输入文本

在公式中输入文本时，需要以一对半角双引号包含，例如公式：

```
="本年度累计"&100&"万元"
```

如果在公式中输入文本时未使用半角双引号，将被识别为未定义的名称而返回错误值“#NAME?”。

此外，在公式中要表示一个半角双引号字符本身时，需要额外使用两个半角双引号。例如要使用公式得到带半角双引号的字符串“"我"”，表示方式为“="""我"""”，其中最外层的一对双引号表示输入的是文本字符，“我”字前后分别用两个双引号（""）表示单个的双引号字符本身。

10.1.2　空单元格与空文本

空单元格是指未输入内容或按<Delete>键清除内容后的单元格。空文本是指没有任何内容的文本，在公式中以一对半角双引号（""）表示，其性质是文本，字符长度为0。空文本通常是由函数公式计算获得，结果在单元格中显示为空白。

空单元格和空文本虽然具有相同的显示效果，但是其实质并不相同。如果按<F5>功能键使用定位功能，当定位条件选择“空值”时，定位结果将不包括“空文本”。而在筛选操作中，将筛选条件设置为“(空白)”时，结果会同时包含“空单元格”和“空文本”。

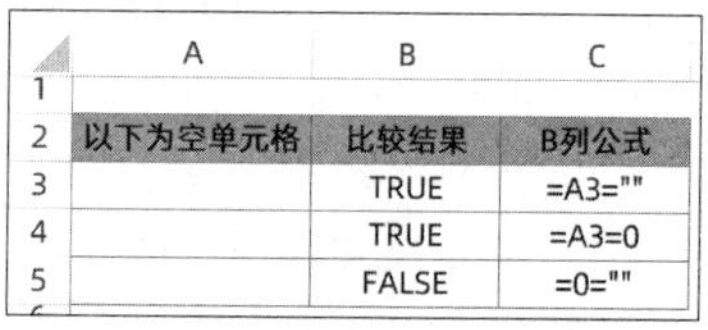

	A	B	C
1			
2	以下为空单元格	比较结果	B列公式
3		TRUE	=A3=""
4		TRUE	=A3=0
5		FALSE	=0=""

图 10-1　比较空单元格与空文本

如图 10-1 所示，A3 单元格是空单元格，在B列分别使用以下公式进行比较：

```
=A3=""
=A3=0
=0=""
```

由公式结果可以发现，空单元格可以视为空文本，也可视为数字0，但是由于空文本和数字0的数据类型不一致，所以公式“=0=""”返回了逻辑值FALSE。

用公式引用空单元格时，将返回无意义的 0，如果在公式最后连接空文本(""),可将无意义的 0 值转换为空文本，从而不显示。

示例10-1　屏蔽公式返回的无意义0值

如图 10-2 所示，在G2 单元格中使用公式“=A5”来获取A5 单元格的商品编码，但是由于A5 单元格为空值，公式返回无意义的 0。使用以下公式可以屏蔽无意义的 0 值：

```
=A5&""
```

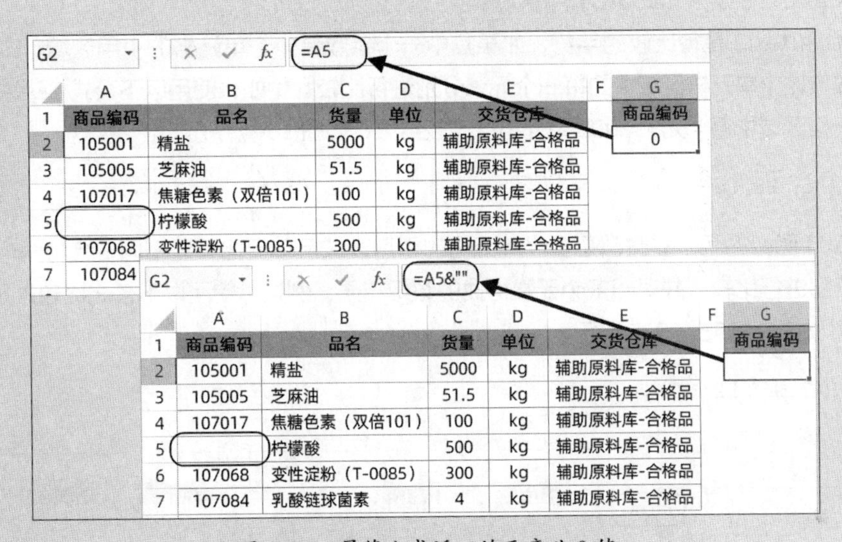

G2　=A5

	A	B	C	D	E	F	G
1	商品编码	品名	货量	单位	交货仓库		商品编码
2	105001	精盐	5000	kg	辅助原料库-合格品		0
3	105005	芝麻油	51.5	kg	辅助原料库-合格品		
4	107017	焦糖色素（双倍101）	100	kg	辅助原料库-合格品		
5		柠檬酸	500	kg	辅助原料库-合格品		
6	107068	变性淀粉（T-0085）	300	kg	辅助原料库-合格品		
7	107084						

G2　=A5&""

	A	B	C	D	E	F	G
1	商品编码	品名	货量	单位	交货仓库		商品编码
2	105001	精盐	5000	kg	辅助原料库-合格品		
3	105005	芝麻油	51.5	kg	辅助原料库-合格品		
4	107017	焦糖色素（双倍101）	100	kg	辅助原料库-合格品		
5		柠檬酸	500	kg	辅助原料库-合格品		
6	107068	变性淀粉（T-0085）	300	kg	辅助原料库-合格品		
7	107084	乳酸链球菌素	4	kg	辅助原料库-合格品		

图 10-2　屏蔽公式返回的无意义 0 值

提示　如果被引用单元格中为数值，使用连接空文本的方法，公式结果为文本型的数字。

10.1.3　文本型数字与数值的互相转换

大多数文本函数和日期函数的参数既可以使用数值又可以使用文本型数字，例如，LEFT 函数、RIGHT 函数、EDATE 函数等。还有一部分查找与引用函数的参数则严格区分文本型数字和数值格式，例如，VLOOKUP 函数的第一参数、MATCH 函数的第一参数等。

可以在公式中使用乘以 1、除以 1、加 0、减 0 及加上两个负号的方法，将文本型数字转换为数值。

如果要将数值转换为文本型数字，可以在数值后连接一个空文本，例如，公式“=25&""”将得到文本型的数字 25，公式“=A2&""”会将A2 单元格中的数值转换为文本型数字。

在四则运算中，能够直接使用文本型数字和数值进行计算，无须转换格式。

10.2　文本函数应用

文本函数得到的结果都是文本型数据。

10.2.1 用EXACT函数判断字符是否完全相同

使用等号可以判断两个数据是否相同，例如，公式“=A1=A2”，但是等号不能区分字母大小写。如图 10-3 所示，A1 和A2 分别为字符“A型”和“a型”，在B1 单元格使用公式“=A1=A2”判断两个单元格的内容是否相同时，公式返回了TRUE。

在一些需要区分大小写的比较计算中，可以使用EXACT函数比较两个文本值是否完全相同，该函数语法如下：

```
EXACT(text1,text2)
```

上例的公式如果修改为“=EXACT(A1,A2)”，将返回结果Flase。

参数text1 和text2 是待比较的字符，如果其中一个参数是多个单元格的引用区域，EXACT函数会将另一个参数与这个单元格区域中的每一个元素分别进行比较。例如，使用以下公式，EXACT函数将返回A1:A5 单元格区域中每个元素与C2 单元格的比较结果，如图 10-4 所示。

```
=EXACT(A2:A5,C2)
```

如果EXACT函数的两个参数都是多个单元格的引用区域且单元格数量相同，会将两个参数中相同位置的元素分别进行比较，并返回多个元素构成的数组结果。例如，使用以下公式比较A列与C列字符是否相同，其比较方式如图 10-5 所示。

```
=EXACT(A2:A5,C2:C5)
```

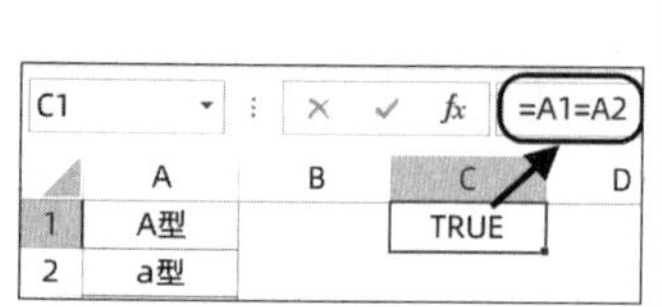

图 10-3　使用等号无法判断大小写

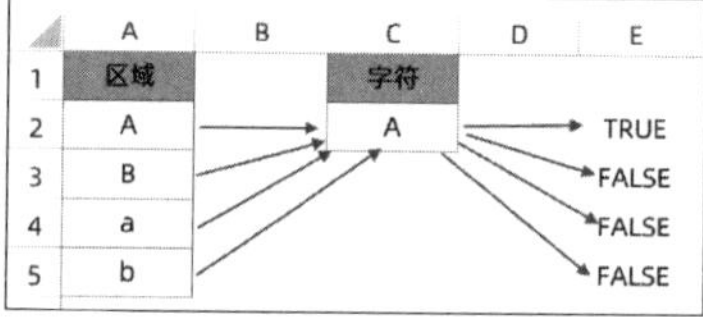

图 10-4　一对多比较

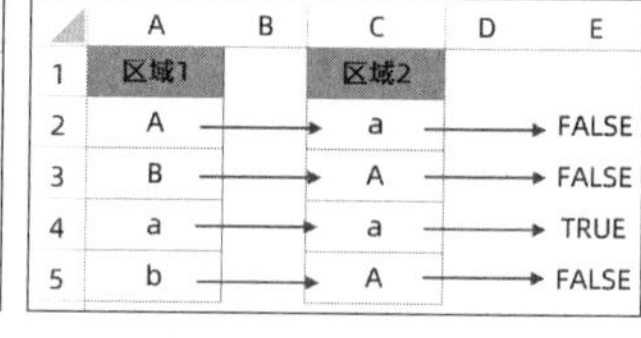

图 10-5　多对多比较

提示　EXACT 函数能够区分半角、全角及大小写，但是不能区分单元格格式的差异。

示例10-2 区分大小写的查询

如图 10-6 所示，需要在A~C列的明细表中，根据E2 单元格指定的图纸编号来查询对应的加工量。在F2 单元格输入以下公式，结果为 50。

```
=LOOKUP(1,0/EXACT(E2,B2:B10),
C2:C10)
```

公式中的EXACT(E2,B2:B10)部分使用EXACT函数，将E2 单元格中的图纸编号与B2:B10 单元格区域中的每个元素分别进行比较，得到一组由逻辑

F2　=LOOKUP(1,0/EXACT(E2,B2:B10),C2:C10)

	A	B	C	D	E	F
1	加工件名称	图纸编号	加工量		图纸编号	加工量
2	接头式压注油杯	7940-B	100		5780-A1	50
3	六角头螺栓套件	5780-A	30			
4	外六角螺栓全螺纹	5780-A1	50			
5	六角头铰制孔用螺栓	5780-a	50			
6	六角头铰制孔用螺栓	5780-b	15			
7	外部挡板	3/4-R337	200			
8	外部挡板	3/4-r337	10			
9	外管固定套管	3/4-E335	10			
10	外管固定套管	3/4-e335	12			

图 10-6　区分大小写的查询

值构成的内存数组：

```
{FALSE;FALSE;TRUE;FALSE;……;FALSE}
```

再使用 0 除以该内存数组，返回由错误值和 0 构成的新内存数组：

```
{#DIV/0!;#DIV/0!;0;#DIV/0!;……;#DIV/0!}
```

LOOKUP 函数使用 1 作为查询值，以这个内存数组中等于或小于查询值的最大值（0）进行匹配，并返回 C2:C10 中对应位置的内容。

关于 LOOKUP 函数的详细用法，请参阅 14.6 节。

10.2.2 用 UNICODE 函数和 UNICHAR 函数完成字符与编码转换

UNICODE 函数和 UNICHAR 函数用于处理字符与计算机字符集编码之间的转换。UNICODE 函数返回字符串中的首个字符在计算机字符集中对应的编码，UNICHAR 函数则根据计算机字符集编码返回所对应的字符。

示例10-3 生成字母序列

大写字母 A~Z 在计算机字符集中的编码为 65~90，小写字母的编码为 97~122，根据字母编码，使用 UNICHAR 函数可以生成大写字母或小写字母，如图 10-7 所示。

	A	B	C	D	E	F	G	H	I	J	K	L	M	N	O	P	Q	R	S	T	U	V	W	X	Y	Z	AA
1		大写字母																									
2		A	B	C	D	E	F	G	H	I	J	K	L	M	N	O	P	Q	R	S	T	U	V	W	X	Y	Z
3																											
4		小写字母																									
5		a	b	c	d	e	f	g	h	i	j	k	l	m	n	o	p	q	r	s	t	u	v	w	x	y	z

图 10-7 生成字母序列

在 B2 单元格输入以下公式，将公式向右复制到 AA2 单元格。

```
=UNICHAR(COLUMN(A1)+64)
```

公式利用 COLUMN 函数生成 65~90 的自然数序列，通过 UNICHAR 函数返回对应编码的大写字母。

同理，在 B5 单元格输入以下公式，将公式向右复制到 AA5 单元格，可以生成 26 个小写字母。

```
=UNICHAR(COLUMN(CS1))
```

此外，36 进制的 10~35 分别由大写字母 A~Z 表示，因此也可用 BASE 函数来生成大写字母。在 B3 单元格输入以下公式，将公式向右复制到 AA3 单元格。

```
=BASE(COLUMN(J1),36)
```

公式利用 COLUMN 函数生成 10~35 的自然数序列，通过 BASE 函数转换为 36 进制的值，即得到大写字母 A~Z。

深入了解

UNICODE 函数和 UNICHAR 函数是 Excel 365 和 Excel 2021 中的新增函数。

在早期版本的 Excel 中，使用 CODE 函数和 CHAR 函数来完成类似的转换工作。

在 Windows 操作系统中，UNICODE 函数和 UNICHAR 函数按照 Unicode 字符集来进行编码和字符的互相转换，而 CODE 函数和 CHAR 函数按照 ANSI 字符集进行转换。Unicode

又称万国码，是目前计算机领域主流的字符集，常见的编码方式包括utf-8、utf-16、utf-32等，其容纳的字符数量远远超过ANSI字符集。

10.2.3 用UPPER函数和LOWER函数转换大小写

UPPER函数和LOWER函数的作用是将字符串中的字母全部转换为大写和小写，PROPER函数则是将字符串中的各个英文单词的首个字母转换为大写，其他字母转换为小写。

例如，以下公式能够将字符串“excel”中的字母全部转换为大写，结果为“EXCEL”：

```
=UPPER("excel")
```

以下公式能够将字符串“EXCEL”中的字母全部转换为小写，结果为“excel”：

```
=LOWER("EXCEL")
```

以下公式能够将字符串“excel home”中的单词首字母全部转换为大写，结果为“Excel Home”：

```
=PROPER("excel home")
```

10.2.4 转换单字节字符与双字节字符

全角字符是指一个字符占用两个标准字符位置的字符，又称为双字节字符。所有汉字及在全角状态下输入的字母、数字和符号等均为双字节字符，例如，“Ｅｘｃｅｌ”“函数公式”就是双字节字符。

半角字符是指一个字符占用一个标准字符位置的字符，又称为单字节字符，在半角状态下输入的字母、数字和符号均为单字节字符。

使用WIDECHAR和ASC函数能够将部分半角字符和全角字符进行相互转换，WIDECHAR函数的作用是将半角字符转换为全角字符，ASC函数则是将全角字符转换为半角字符。

10.2.5 用LEN函数和LENB函数计算字符、字节长度

LEN函数用于返回文本字符串中的字符数，LENB函数用于返回文本字符串中所有字符的字节数。对于双字节字符，LENB函数计数为2，而LEN函数计数为1。对于单字节字符，LEN函数和LENB函数都计数为1。

例如，使用以下公式将返回11，表示字符串“Windows操作系统”共有11个字符。

```
=LEN("Windows操作系统")
```

使用以下公式将返回15，因为字符串“Windows操作系统”中的4个汉字的字节长度为8。

```
=LENB("Windows操作系统")
```

10.2.6 CLEAN函数和TRIM函数清除多余空格和不可见字符

从网页复制而来的内容，往往会有部分字符无法显示和打印。使用CLEAN函数能够删除大部分无法显示和打印的字符。

TRIM函数用于移除文本中除单词之间的单个空格之外的多余空格，字符串内部的连续多个空格仅保留一个，字符串首尾的空格不再保留。例如，以下公式返回结果为“Time and tide wait for no man”：

```
=TRIM(" Time  and  tide  wait  for  no  man    ")
```

示例10-4　使用CLEAN函数清除不可见字符

图 10-8 是某单位从系统中导出的数据，其中部分单元格中包含不可见字符，在I2 单元格使用SUM函数对G列的贷方金额直接求和时，结果返回 0。

I2　=SUM(G2:G30)

	A	B	C	D	E	F	G	H	I
1	日期	交易类型	凭证种类	凭证号	摘要	借方发生额	贷方发生额		贷方发生总额
2	2021/1/29	转账	资金汇划补充凭证	21781169	B2C EB0000000	0.00	139.00		0.00
3	2021/1/30	转账	资金汇划补充凭证	26993401	B2C EB0000000	0.00	597.00		
4	2021/1/30	转账	资金汇划补充凭证	29241611	B2C EB0000000	0.00	139.00		
5	2021/1/31	转账	资金汇划补充凭证	30413947	B2C EB0000000	0.00	1,123.80		
6	2021/1/31	转账	资金汇划补充凭证	32708047	B2C EB0000000	0.00	1,900.30		
7	2021/2/1	转账	资金汇划补充凭证	37378081	B2C EB0000000	0.00	1,233.50		
8	2021/2/1	转账	资金汇划补充凭证	38684365	B2C EB0000000	0.00	199.00		
9	2021/2/1	转账	资金汇划补充凭证	41802427	B2C EB0000000	0.00	267.10		

图 10-8　凭证记录

可使用以下公式完成计算：

```
=SUM(CLEAN(G2:G30)*1)
```

首先使用CLEAN函数清除G2:G30 单元格区域中的不可见字符，得到一组文本型的数字。然后将这些文本型数字乘以 1 转换为数值，最后使用SUM函数对乘积进行求和。

注意

CLEAN 函数只能用于删除ASCII码的前 32 个非打印字符(编码为 0 到 31)。在Unicode字符集中，有附加的非打印字符(编码为 127、129、141、143、144 和 157)，还有其他很多不可见字符。当 CLEAN 函数无法取得成效时，可以考虑使用其他函数组合来定向清除这些字符，相关的思路和案例，请参考 10.2.9 小节。

10.2.7　使用 NUMBERVALUE 函数转换不规范数字

NUMBERVALUE函数能够将日期转换为数值序列、文本型数字转换为数值型数字、全角数字转换为半角数字，还能够处理混杂空格的数值及符号混乱等特殊情况，可以实现ASC函数和TRIM函数的全部功能。

示例10-5　使用NUMBERVALUE函数转换不规范数字

如图 10-9 所示，A列数据中包含空格、全角字符等内容，需要将其转换为正常的数值。

在B2 单元格输入以下公式，向下复制到B8 单元格即可。

```
=NUMBERVALUE(A2)
```

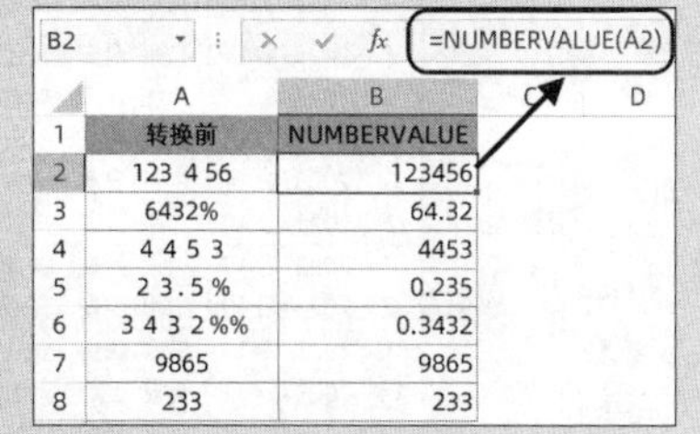

B2　=NUMBERVALUE(A2)

	A	B	C	D
1	转换前	NUMBERVALUE		
2	123 4 56	123456		
3	6432%	64.32		
4	４４５３	4453		
5	２３.５％	0.235		
6	３４３２%%	0.3432		
7	9865	9865		
8	233	233		

图 10-9　不规则数字的转换

10.2.8 字符替换

使用替换函数，能够将字符串中的部分或全部内容替换为新的字符串。用于替换的函数包括SUBSTITUTE函数、REPLACE函数及用于区分双字节字符的REPLACEB函数。

➲ Ⅰ SUBSTITUTE 函数根据内容替换

SUBSTITUTE函数的作用是将目标字符串中指定的字符串替换为新字符串，函数语法如下：

```
SUBSTITUTE(text,old_text,new_text,[instance_num])
```

第一参数text是需要处理的目标字符串或单元格引用。第二参数old_text是需要替换掉的旧字符串。第三参数new_text指定将旧字符串替换成什么样的新字符串。第四参数instance_num是可选参数，指定替换第几次出现的旧字符串，如果省略该参数，则目标字符串中的所有与old_text参数相同的部分都将被替换。

例如，以下公式返回“内置和自定义”。

```
=SUBSTITUTE("内置函数和自定义函数","函数","")
```

而以下公式仅替换第一次出现的字符“函数”，返回“内置和自定义函数”。

```
=SUBSTITUTE("内置函数和自定义函数","函数","",1)
```

SUBSTITUTE函数区分大小写和全角半角字符。如果目标字符串中不包含要替换掉的旧字符串，则不执行替换。如果第三参数是空文本（""），或者简写该参数的值而仅保留参数之前的逗号，相当于将需要替换的文本删除。例如，以下两个公式都返回字符串“Excel”。

```
=SUBSTITUTE("ExcelHome","Home","")
=SUBSTITUTE("ExcelHome","Home",)
```

如果需要计算指定字符（串）在某个字符串中出现的次数，可以使用SUBSTITUTE函数将其全部删除，然后通过LEN函数计算删除前后字符长度的变化来完成。

示例10-6 统计单元格中的人数

图 10-10 展示了某物流公司运输异常登记表的部分内容，F列的责任人由逗号“，”分隔，需要统计单元格中的人数。

G2 =LEN(F2)-LEN(SUBSTITUTE(F2,"，",))+1

	A	B	C	D	E	F	G
1	登记时间	线路	货物品类	异常数量	判责部门	责任人	人数
2	2023/2/16	广州-西安	五金	1	广州	何芳芳，田小东，唐晓斌，覃飞	4
3	2023/2/16	广州-西安	五金	1	广州	黄陶，高榆，董波，林宝文，田小东	5
4	2023/2/17	合肥-西安	水龙头	1	合肥	吕雷行，高凯，刘红红，田小东，苏社红	5
5	2023/2/17	合肥-西安	样块	1	合肥	姜林	1
6	2023/2/17	广州-安康	洗衣机	1	广州	高榆，董波	2
7	2023/2/19	广州-西安	排骨架	1	广州	高榆，董波，田小东	3
8	2023/2/19	广州-西安	软床小样	1	广州	孟强，陈大军，贾平安	3
9	2023/2/19	广州-西安	五金	1	广州	董波，田小东，唐晓斌	3
10	2023/2/19	广州-西安	板件	5	广州	何芳芳，唐晓斌，覃飞	3
11	2023/2/22	西安-宝鸡	五金	1	咸阳中心仓	吕雷行，史俊刚，王飞，刘红红，张宝国，苏社红	6
12	2023/2/22	广州-蓝田	软床小样	1	广州	何芳芳，黄陶，高榆，董波，唐晓斌，覃飞	6

图 10-10 值班人员表

在G2 单元格输入以下公式，将公式向下复制到G12 单元格。

```
=LEN(F2)-LEN(SUBSTITUTE(F2,"，",))+1
```

本例中，SUBSTITUTE函数省略第三参数的参数值，表示从F2 单元格中删除所有的分隔符号“，”。

先使用LEN函数计算出F2 单元格字符个数，再用LEN函数计算出删除掉分隔符号“，”后的字符个数，二者相减即为分隔符“，”的个数。由于责任人总数比分隔符数多 1 个，因此加 1 就是实际人数。

为了避免在F2 单元格为空时公式返回错误结果 1，可在原有公式基础上加上不等于空的判断，当F2 单元格为空时公式返回 0。

```
=IF(F2="",0,LEN(F2)-LEN(SUBSTITUTE(F2,"，",))+1)
```

SUBSTITUTE函数每次只能替换一项关键字符，如果有多个需要替换的选项，需要重复使用SUBSTITUTE函数依次进行替换。例如，要替换掉A2 单元格中的字母A~C，公式应写成：

```
=SUBSTITUTE(SUBSTITUTE(SUBSTITUTE(A2,"A",),"B",),"C",)
```

如有更多的替换选项，公式将会变得非常冗长，利用迭代计算功能可以实现多重替换。

示例10-7　利用迭代计算实现多重替换

图 10-11 是某单位新员工的专业及电脑技能登记表，C列中的电脑技能由于输入不规范，部分软件名称为小写或简称，需要根据右侧对照表中的内容，将旧字符依次替换为新字符。

	A	B	C	D	E	F	G
1			100				
2							
3	姓名	学习专业	电脑技能	替换后		对照表	
4	马东敏	经济系	Word、PPT、AE	Word、PowerPoint、After Effects		旧字符	新字符
5	陈淑芝	管理学系	PS、outlook、AU	Photoshop、Outlook、Adobe Audition		PPT	PowerPoint
6	刘红梅	经济系	BI、excel	Power BI、Excel		excel	Excel
7	杨桂兰	材料科学	Word、PPT、Excel	Word、PowerPoint、Excel		PS	Photoshop
8	李秀玲	材料科学	Word、PPT	Word、PowerPoint		BI	Power BI
9	白秀芳	环境科学	PS、Word、outlook	Photoshop、Word、Outlook		outlook	Outlook
10	段成美	文学系	BI、excel	Power BI、Excel		AE	After Effects
11	满文贵	医学系	Word、PPT、Excel	Word、PowerPoint、Excel		AU	Adobe Audition
12	李海涛	历史系	PS、outlook	Photoshop、Outlook			

图 10-11　多重替换

操作步骤如下。

步骤① 依次单击【文件】→【选项】命令，打开【Excel选项】对话框。切换到【公式】选项卡下，选中【启用迭代计算】复选框，保留【最多迭代次数】文本框中的“100”不变，单击【确定】按钮关闭对话框，如图 10-12 所示。

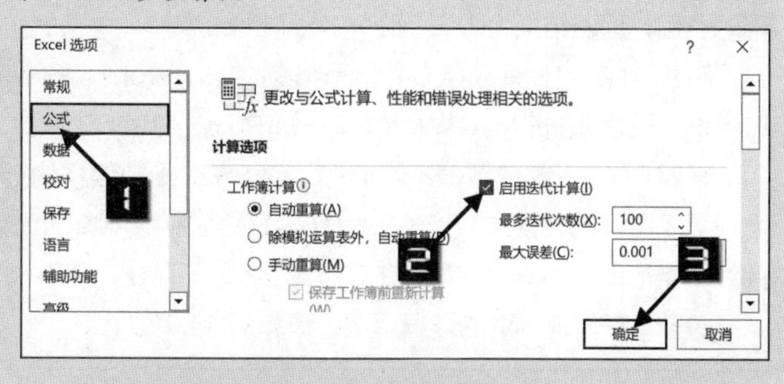

图 10-12　启用迭代计算

步骤② 在C1 单元格输入以下公式，用于生成 1~100 的循环序号，如图 10-13 所示。

```
=MOD(C1,100)+1
```

公式引用了C1单元格本身的值，使用MOD函数计算C1和100相除的余数，结果加上1。计算过程如下。

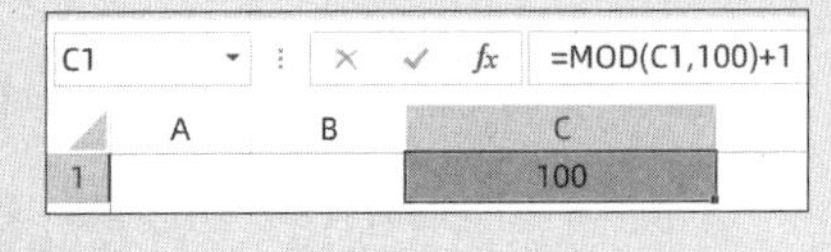

图 10-13 使用MOD函数生成循环序号

在步骤1中，【Excel选项】中设置的迭代计算次数是100次，也就是将引用了本身结果的公式重复运算100次。

第1次计算时C1单元格的初始值为0，MOD(0,100)的结果是0，加上1之后的结果为1。

第2次计算时，MOD(1,100)的结果是1，加上1之后的结果是2。

……

第100次计算时，MOD(99,100)的结果是99，加上1之后结果是100。

也就是在一个迭代周期完成后，C1单元格中的值会从1开始依次递增至100。

步骤3 在D4单元格输入以下公式，向下复制到D12单元格。

```
=SUBSTITUTE(IF(C$1=1,C4,D4),OFFSET(F$4,C$1,0),OFFSET(G$4,C$1,0))
```

SUBSTITUTE函数要替换的字符串是IF(C$1=1,C4,D4)的计算结果，当C1单元格为1时替换C4中的字符，否则替换D4单元格中已有的字符。

要替换的旧字符串是OFFSET(F$4,C$1,0)部分的引用结果，替换为的新字符串是OFFSET(G$4,C$1,0)部分的引用结果。

以要替换的旧字符串OFFSET(F$4,C$1,0)为例，OFFSET函数以F4单元格为基点向下偏移，而负责指定偏移量的是C1单元格公式“MOD(C1,100)+1”的计算结果。当C1依次变成1至100时，OFFSET函数会依次向下偏移1行、2行……100行。

同理，替换为的新字符串OFFSET(G$4,C$1,0)部分，也会根据C1单元格公式结果的变化，以G4单元格为基点依次向下偏移1行、2行……100行。

迭代计算的第1步，OFFSET(F$4,C$1,0)从F4单元格开始向下偏移1行，得到F5单元格的引用，结果为“PPT”。OFFSET(G$4,C$1,0)从G4单元格开始向下偏移1行，得到G5单元格的引用，结果为“PowerPoint”。

SUBSTITUTE函数从C4单元格的字符“Word、PPT、AE”中，将“PPT”替换为“PowerPoint”，得到“Word、PowerPoint、AE”。

从第2步开始，SUBSTITUTE函数要处理的就是公式本身所在单元格的字符。

迭代计算运行到第6步时，OFFSET(F$4,C$1,0)和OFFSET(G$4,C$1,0)分别得到F10和G10单元格的引用，返回结果为“AE”和“After Effects”。

SUBSTITUTE函数从D4单元格的字符“Word、PowerPoint、AE”中，将“AE”替换为“After Effects”，得到新的结果“Word、PowerPoint、After Effects”。

随着C1单元格的数值不断增加，OFFSET函数偏移的行数也依次递增，相当于给SUBSTITUTE函数设置了不同的替换参数。SUBSTITUTE函数执行100次替换后，将F列的所有旧字符串依次替换为G列的新字符串，如果旧字符串在C2单元格中不存在，则不执行替换。

关于OFFSET函数的详细用法，请参阅14.9节。

➲ II REPLACE函数根据位置替换

REPLACE函数用于从目标字符串的指定位置开始，将指定长度的部分字符串替换为新字符串，函数语法如下：

```
REPLACE(old_text,start_num,num_chars,new_text)
```

第一参数old_text表示目标字符串。第二参数start_num指定要替换的起始位置。第三参数num_chars表示需要替换字符长度，如果该参数为0(零)，可以实现插入字符串的功能。第四参数new_text表示用来替换的新字符串。

示例10-8　隐藏身份证号码中的部分内容

图 10-14 是某单位员工信息表的部分内容，需要将E列身份证号码中的第 7~14 位数字用星号“*”隐藏。

在F2 单元格输入以下公式，向下复制到F11单元格。

```
=REPLACE(E2,7,8,"********")
```

公式中使用REPLACE函数从E2 单元格的第 7 个字符起，将 8 个字符替换为 8 个星号构成的字符串“********”。

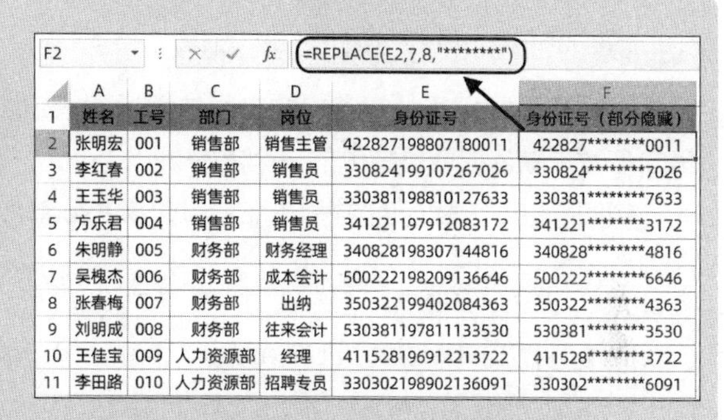

F2　=REPLACE(E2,7,8,"********")

	A	B	C	D	E	F
1	姓名	工号	部门	岗位	身份证号	身份证号（部分隐藏）
2	张明宏	001	销售部	销售主管	422827198807180011	422827********0011
3	李红春	002	销售部	销售员	330824199107267026	330824********7026
4	王玉华	003	销售部	销售员	330381198810127633	330381********7633
5	方乐君	004	销售部	销售员	341221197912083172	341221********3172
6	朱明静	005	财务部	财务经理	340828198307144816	340828********4816
7	吴槐杰	006	财务部	成本会计	500222198209136646	500222********6646
8	张春梅	007	财务部	出纳	350322199402084363	350322********4363
9	刘明成	008	财务部	往来会计	530381197811133530	530381********3530
10	王佳宝	009	人力资源部	经理	411528196912213722	411528********3722
11	李田路	010	人力资源部	招聘专员	330302198902136091	330302********6091

图 10-14　隐藏身份证号码中的部分内容

REPLACEB函数的语法与REPLACE函数类似，区别在于REPLACEB函数是将指定字节长度的字符串替换为新文本。

示例10-9　使用REPLACEB函数插入分隔符号

图 10-15 为某单位客户联系表中的部分内容，希望在B列的联系人姓名后添加冒号“:”，与手机号码进行分隔。

在C2单元格输入以下公式，向下复制到C9单元格。

```
=REPLACEB(B2,SEARCHB("?",B2),0,":")
```

SEARCHB函数使用通配符“?”，在B2 单元格中定位第一个单字节字符的位置，也就是第一个数字所在的位置。

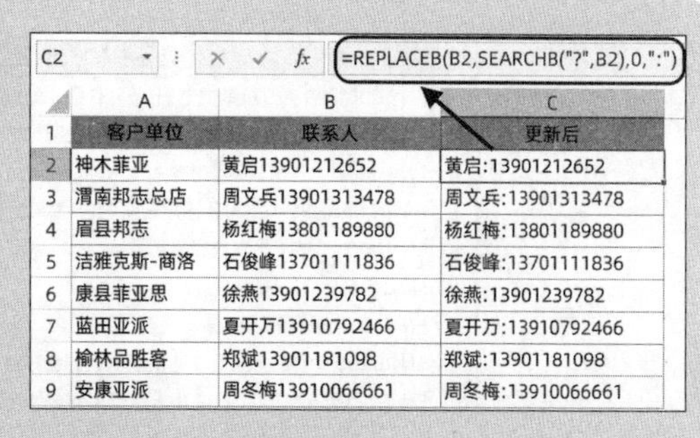

C2　=REPLACEB(B2,SEARCHB("?",B2),0,":")

	A	B	C
1	客户单位	联系人	更新后
2	神木菲亚	黄启13901212652	黄启:13901212652
3	渭南邦志总店	周文兵13901313478	周文兵:13901313478
4	眉县邦志	杨红梅13801189880	杨红梅:13801189880
5	洁雅克斯-商洛	石俊峰13701111836	石俊峰:13701111836
6	康县菲亚思	徐燕13901239782	徐燕:13901239782
7	蓝田亚派	夏开万13910792466	夏开万:13910792466
8	榆林品胜客	郑斌13901181098	郑斌:13901181098
9	安康亚派	周冬梅13910066661	周冬梅:13910066661

图 10-15　汉字后添加字符

再使用REPLACEB函数在该位置替换掉原有的 0 个字符，新替换的字符为“:”，即在此位置插入字符“:”。

10.2.9　字符串提取与拆分

常用的字符提取函数包括LEFT函数、RIGHT函数及MID函数等。

➲ Ⅰ　用 LEFT 函数和 RIGHT 函数从字符串两侧提取字符

LEFT函数用于从字符串的起始位置返回指定数目的字符，函数语法如下：

```
LEFT(text,[num_chars])
```

第一参数text是需要从中提取字符的字符串。第二参数[num_chars]是可选参数，指定要提取的字符数，如果省略该参数，则默认提取最左侧的一个字符。

例如，以下公式返回字符串“Excel之家ExcelHome”左侧的7个字符，结果为“Excel之家”：

```
=LEFT("Excel之家ExcelHome",7)
```

以下公式返回字符串“A-6633型”最左侧1个字符，结果为“A”：

```
=LEFT("A-6633型")
```

RIGHT函数用于从字符串的末尾位置返回指定数字的字符。函数语法与LEFT函数相同，如果省略第二参数，默认提取最右侧的一个字符。

例如，以下公式返回字符串“Excel之家ExcelHome”右侧9个字符，结果为“ExcelHome”：

```
=RIGHT("Excel之家ExcelHome",9)
```

以下公式返回字符串“型号6200P”右侧1个字符，结果为字母“P”：

```
=RIGHT("型号6200P")
```

示例10-10 提取混合内容中的标准名称

图10-16是标准编码与名称列表的部分内容，A列是标准编码和标准名称组成的混合内容，需要提取出最后一个空格后的标准名称。

B2 =TRIM(RIGHT(SUBSTITUTE(A2," ",REPT(" ",99)),99))

	A	B
1	标准编码与名称	标准名称
2	EN 100012-1995 基本规范:电子元件的X线透视法	基本规范:电子元件的X线透视法
3	DIN EN 14531-12015 铁路标准.制动距离与制动力的计算方法	铁路标准.制动距离与制动力的计算方法
4	EN 10002-1-2001 金属材料.拉力试验.第1部分:室温下的试验方法	金属材料.拉力试验.第1部分:室温下的试验方法
5	BS EN 868-2-2017 灭菌医疗装置的包装.灭菌套要求和测试方法	灭菌医疗装置的包装.灭菌套要求和测试方法
6	EN 10001-1991 生铁的定义和分类	生铁的定义和分类
7	N 60436-2020 洗碗机标准	洗碗机标准
8	EN 15570 家具测试标准	家具测试标准
9	EN 10209-1996 搪瓷用冷轧低碳钢板制品.交货技术条件	搪瓷用冷轧低碳钢板制品.交货技术条件
10	EN ISO 15547-2001 石油和天然气工业.板式热交换器	石油和天然气工业.板式热交换器

图10-16 提取字符串中的标准名称

在B2单元格输入以下公式，将公式向下复制到B10单元格。

```
=TRIM(RIGHT(SUBSTITUTE(A2," ",REPT(" ",99)),99))
```

REPT函数的作用是按照给定的次数重复文本。函数语法如下：

```
REPT(text, number_times)
```

第一参数是需要重复的字符，第二参数是要重复的次数。

本例公式中的“REPT(" ",99)”部分，就是将空格重复99次，返回由99个空格组成的字符串。

接下来使用SUBSTITUTE 函数，将A2 单元格中的空格分别替换为 99 个空格，目的是将各个分段的间隔做到足够大，得到结果为：

```
"EN                100012-1995                      基本规范：电子元件的X线透视法"
```

再使用RIGHT函数，从以上结果中提取最右侧的99个字符，得到包含由多个空格和文字组成的结果：

```
"                       基本规范：电子元件的X线透视法"
```

最后使用TRIM函数，清除其中多余的空格，得到右侧的编码名称。

在财务凭证中经常需要对数字进行分列显示，一位数字占用一格，同时还需要在金额前加上人民币符号（￥）。使用Excel制作凭证时，可以利用LEFT和RIGHT函数实现金额自动分列。

示例10-11 分列填写收款凭证

图 10-17 是一份模拟的收款凭证，其中F列为各商品的合计金额，需要在G~P列实现金额数值分列显示，且在第一位数字之前添加人民币符号（￥）。

	A	B	C	D	E	F	G	H	I	J	K	L	M	N	O	P
1					收款凭证											
2		客户全称：	新知书社德城店								开票日期：2021年8月18日					
3		商品名称		码洋	数量	合计	金 额									
4							千	百	十	万	千	百	十	元	角	分
5		Excel 2019应用大全		99	80	7,920.00				¥	7	9	2	0	0	0
6		WPS表格实战技巧精粹		119	100	11,900.00			¥	1	1	9	0	0	0	0
7		别怕 Excel VBA其实很简单		59	90	5,310.00				¥	5	3	1	0	0	0
8																
9																
10		合计人民币（大 写）	贰佰零叁万玖千壹佰伍拾元整			25,130.00			¥	2	5	1	3	0	0	0
11		制表人：			经办人：								单位名称（盖章）			

图 10-17　收款凭证中的数字分列填写

在G5 单元格输入以下公式，复制到G5:P9 单元格区域。

```
=IF($F5,LEFT(RIGHT(" ￥"&$F5/1%,COLUMNS(G:$P))),"")
```

以G5 单元格中的公式为例，首先使用IF函数进行判断，如果F5 单元格不为 0，则执行LEFT和RIGHT函数的嵌套计算结果，否则返回空文本（""）。

$F5/1% 部分表示将F5 单元格的数值放大 100 倍，也就是将可能存在的小数转换为整数，这部分也可以用$F5*100 来代替。再将字符串“ ￥”（注意人民币符号前有一个空格）与其连接，变成新的字符串“ ￥792000”。

COLUMNS函数用于计算参数引用的列数。COLUMNS(G:$P)部分用于计算从公式所在列至P列的列数，计算结果为 10。前半部分参数使用相对引用，后半部分使用绝对引用，当公式向右复制时，得到一个从 10 开始依次递减的自然数序列。

接下来使用RIGHT函数在这个字符串的右侧开始取值，长度为COLUMNS(G:$P)部分的计算结果。公式每向右一列，RIGHT函数的取值长度减少 1。

如果RIGHT函数指定要截取的字符数超过字符串总长度，结果仍为原字符串，RIGHT(" ￥792000",

10)部分的提取结果仍为“￥792000”。

LEFT函数在RIGHT函数的提取结果中继续提取最左侧的字符，结果为空格。

当公式复制到J5单元格时，COLUMNS(G:$P)变成COLUMNS(J:$P)，计算结果为7。RIGHT函数在字符"￥792000"的右侧提取7个字符，得到结果为"￥792000"。再使用LEFT函数从该结果的基础上提取出最左侧的字符"￥"，其他单元格中的公式计算过程以此类推。

根据本书前言的提示，可观看用LEFT函数和RIGHT函数提取字符的视频演示。

Ⅱ 用MID函数从字符串中间开始提取字符

MID函数用于从字符串的任意位置开始，提取指定长度的字符串，函数语法如下：

```
MID(text,start_num,num_chars)
```

第一参数text是要从中提取字符的字符串。第二参数start_num用于指定要提取字符的起始位置。第三参数num_chars用于指定提取字符的长度。如果第二参数加上第三参数超出了第一参数的字符总数，则提取到最后一个为止。

例如，以下公式表示从字符串“Office 2021 办公组件”的第8个字符开始，提取4个字符，结果为“2021”：

```
=MID("Office 2021 办公组件",8,4)
```

以下公式表示从字符串“Office 2021 办公组件”的第12个字符开始，提取10个字符。由于指定位置8加上要提取的字符数10超过了字符总数，因此返回结果为“办公组件”：

```
=MID("Office 2021 办公组件",12,10)
```

示例10-12 从身份证号中提取出生年月

身份证号码的第7~14位是出生年月信息，分别用四位数字表示年份，两位数字表示月份，两位数字表示日期。图10-18是某单位员工信息表的部分内容，需要根据E列的身份证号码提取出对应的出生年月。

在F2单元格输入以下公式，向下复制到F11单元格。

```
=MID(E2,7,8)
```

F2 =MID(E2,7,8)

	A	B	C	D	E	F
1	姓名	工号	部门	岗位	身份证号	出生年月
2	张明宏	001	销售部	销售主管	422827198807180011	19880718
3	李红春	002	销售部	销售员	330824199107267026	19910726
4	王玉华	003	销售部	销售员	330381198810127633	19881012
5	方乐君	004	销售部	销售员	341221197912083172	19791208
6	朱明静	005	财务部	财务经理	340828198307144816	19830714
7	吴槐杰	006	财务部	成本会计	500222198209136646	19820913
8	张春梅	007	财务部	出纳	350322199402084363	19940208
9	刘明成	008	财务部	往来会计	530381197811133530	19781113
10	王佳宝	009	人力资源部	经理	411528196912213722	19691221
11	李田路	010	人力资源部	招聘专员	330302198902136091	19890213

图10-18 员工信息表

MID函数的第二参数和第三参数分别使用7和8，表示从E2单元格的第7位开始，提取8个字符。

➲ III　用 LEFTB 函数、RIGHTB 函数和 MIDB 函数提取字符

对于需要区分处理单字节字符和双字节字符的情况，分别对应LEFTB函数、RIGHTB函数和MIDB函数，即在LEFT、RIGHT和MID函数名称后加上字母“B”，函数语法与原函数相似，功能略有差异。

LEFTB函数用于从字符串的起始位置返回指定字节数的字符。

RIGHTB函数用于从字符串的末尾位置返回指定字节数的字符。

MIDB函数用于在字符串的任意字节位置开始，返回指定字节数的字符。

当LEFTB函数和RIGHTB函数省略第二参数时，分别提取text字符串第一个和最后一个字节的字符。当第一个或最后一个字符是双字节字符时，函数返回半角空格。

如果MIDB函数的第三参数num_chars为1，且该位置字符为双字节字符，函数也会返回空格。

B2　=TRIM(LEFTB(A2,2))

	A	B	C	D	E
1	文本内容	月份			
2	1月	1			
3	12月	12			
4	6月	6			
5	10月	10			

图 10-19　提取月份

如图 10-19 所示，需要提取出A列字符中的月份。在B2单元格输入以下公式，再将公式向下复制即可。

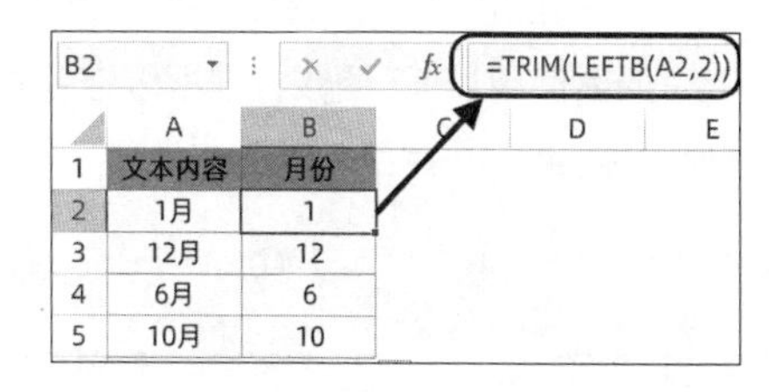

```
=TRIM(LEFTB(A2,2))
```

该公式首先使用LEFTB函数从A2 单元格左侧开始，提取两个字节的字符数，得到结果为"1 "，即数字 1 和一个空格，再使用TRIM函数清除多余空格。

示例10-13　提取混合内容中的中文和英文

图 10-20 是Office菜单中英文对照表的部分内容，A列是英文和中文构成的混合内容，需要在B列和C列分别提取出字符串中的英文和中文。

	A	B	C
1	Office菜单中英文对照	中文	英文
2	New新建	新建	New
3	Open打开	打开	Open
4	Close关闭	关闭	Close
5	Save保存	保存	Save
6	Save As另存为	另存为	Save As
7	Page Setup页面设置	页面设置	Page Setup
8	Print打印	打印	Print
9	Print Area打印区域	打印区域	Print Area
10	Print Preview打印预览	打印预览	Print Preview
11	Properties属性	属性	Properties

图 10-20　Office菜单中英文对照表

首先观察A列的字符分布规律，可以发现英文半角字符均在左侧，而中文全角字符均在右侧。已知一个全角字符等于两个字节长度，因此在提取中文字符时，可以先分别计算出A2 单元格中的字节长度和字符长度，然后使用字节长度减去字符长度，其结果就是全角字符的个数。最后使用RIGHT函数，从A2 单元格最右侧根据全角字符个数提取出对应的字符数即可。

在B2 单元格输入以下公式，将公式向下复制到数据区域最后一行，提取出A列单元格中的中文部分。

```
=RIGHT(A2,LENB(A2)-LEN(A2))
```

在C2 单元格输入以下公式，将公式向下复制到数据区域最后一行，提取出A列单元格中的英文。

```
=LEFT(A2,LEN(A2)-(LENB(A2)-LEN(A2)))
```

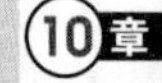

要提取A2 单元格中的半角字符，需要确定该单元格中的半角字符个数。半角字符数的计算公式为：

```
=LEN(A2)-(LENB(A2)-LEN(A2))
```

首先用LENB(A2)-LEN(A2)计算出A2单元格中的全角字符个数，然后使用LEN(A2)计算出A2单元格的字符总数，二者相减即得到半角字符数。如果去掉该部分公式中的括号，也可写成以下形式：

```
=LEN(A2)+LEN(A2)-LENB(A2)
```

继续简化还可以写成：

```
=2*LEN(A2)-LENB(A2)
```

最后使用LEFT函数，根据以上公式计算出的半角字符数，从A2单元格最左侧提取出对应长度的字符数。简化后的完整公式写法为：

```
=LEFT(A2,2*LEN(A2)-LENB(A2))
```

➲ IV　借助 SUBSTITUTE 函数拆分字符

示例10-14　用SUBSTITUTE函数拆分会计科目

如图 10-21 所示，A列是不同级别会计科目的混合内容，各级科目之间使用“/”进行间隔，需要在B~D列提取出各级科目名称。

B2　=TRIM(MID(SUBSTITUTE($A2,"/",REPT(" ",99)),COLUMN(A1)*99-98,99))

	A	B	C	D	E	F
1	会计科目	一级科目	二级科目	三级科目		
2	管理费用/税费/水利建设资金	管理费用	税费	水利建设资金		
3	管理费用/研发费用/材料支出	管理费用	研发费用	材料支出		
4	管理费用/研发费用/人工支出	管理费用	研发费用	人工支出		
5	管理费用/研发费用	管理费用	研发费用			
6	管理费用	管理费用				
7	应收分保账款/保险专用	应收分保账款	保险专用			
8	应交税金/应交增值税/进项税额	应交税金	应交增值税	进项税额		
9	应交税金/应交增值税/已交税金	应交税金	应交增值税	已交税金		
10	应交税金/应交增值税/减免税款	应交税金	应交增值税	减免税款		
11	应交税金/应交营业税	应交税金	应交营业税			

图 10-21　会计科目

在B2单元格输入以下公式，将公式复制到B2:D14单元格区域。

```
=TRIM(MID(SUBSTITUTE($A2,"/",REPT(" ",99)),COLUMN(A1)*99-98,99))
```

公式中的“REPT(" ",99)”部分，使用REPT函数将空格重复99次，返回由99个空格组成的字符串。

SUBSTITUTE函数将A2单元格中的分隔符号“/”全部替换成99个空格，目的是拉大各个字段间的距离，得到结果为：

"管理费用　　　　　　　　税费　　　　　　　　水利建设资金"

“COLUMN(A1)*99-98”部分，计算结果为1，当公式向右复制时，会得到按99递增的序号：1，100，199……

MID函数在SUBSTITUTE函数的公式结果基础上，分别从第1、第100、第199……个字符位置开始截取99个字符，得到包含科目名称及空格的字符串。

最后使用TRIM函数清除字符串首尾多余的空格，得到各级科目名称。

示例10-15 提取混合内容中的工单类目

图 10-22 展示了某互联网金融机构的工单类目表的部分内容，每个层级之间用短横线“-”进行间隔，需要提取 4 级及之前的层级。

B2　=TRIM(LEFT(SUBSTITUTE(A2,"-",REPT(" ",199)),4),99))

	A	B
1	工单类目	4级及之前的类目
2	满易贷-逾期/催收/征信问题-催收问题-与催收协商还款金额-不支持协商还款	满易贷-逾期/催收/征信问题-催收问题-与催收协商还款金额
3	满易贷-用信环节1-借款前咨询-利率问题-用户不认可系统提高利率	满易贷-用信环节1-借款前咨询-利率问题
4	医美贷款-获客环节（新）-客服电话咨询	医美贷款-获客环节（新）-客服电话咨询
5	满易贷-还款环节（新）-还款前咨询-还款方式-按期还款方式-自动扣款&用户询问	满易贷-还款环节（新）-还款前咨询-还款方式
6	满易贷-用信环节1-借款失败-咨询借款失败原因	满易贷-用信环节1-借款失败-咨询借款失败原因
7	满易贷-公共问题（新）-其他	满易贷-公共问题（新）-其他
8	满易贷-用信环节1-借款中咨询-人工审核阶段-人工审核未超时	满易贷-用信环节1-借款中咨询-人工审核阶段
9	满易贷-用信环节1-借款前咨询-利率问题-要求降低利率	满易贷-用信环节1-借款前咨询-利率问题

图 10-22　工单类目表

在B2 单元格输入以下内容，向下复制到数据区域最后一行。

```
=TRIM(LEFT(SUBSTITUTE(A2,"-",REPT(" ",199),4),99))
```

要得到 4 级及之前的层级，即提取第四个短横线前的所有字符。

公式中的SUBSTITUTE(A2,"-",REPT(" ",199),4)部分，先使用REPT(" ",199)得到 199 个空格，然后使用SUBSTITUTE函数将A2 单元格中的第 4 个短横线替换为 199 个空格。相当于以第 4 个短横线为界，以多个空格扩大字符之间的距离。

接下来使用LEFT函数，从A2 单元格最左侧开始提取 99 个字符，得到包含类目名称及空格的字符串。

最后使用TRIM函数清除字符串中多余的空格即可。

➲ Ⅰ 使用 SUBSTITUTE 函数和 LEFT、RIGHT 函数清除“顽固”的不可见字符

不可见字符有多种类型，其中有部分“顽固”的不可见字符在单元格内不显示字符宽度，使用CLEAN函数也无法清除。

对于这种情况，可以不用判断其具体是哪一种字符，直接借助SUBSTITUTE函数及LEFT函数和RIGHT函数即可将其清除。

示例10-16 清除顽固的不可见字符

图 10-23 是某公司在线商品库存表的部分内容，需要根据C列的库存数量和D列的本期出库单价计算金额。由于D列数据中包含特殊类型的不可见字符，在E2 单元格中使用公式“=C2*CLEAN(D2)”时，结果仍然返回了错

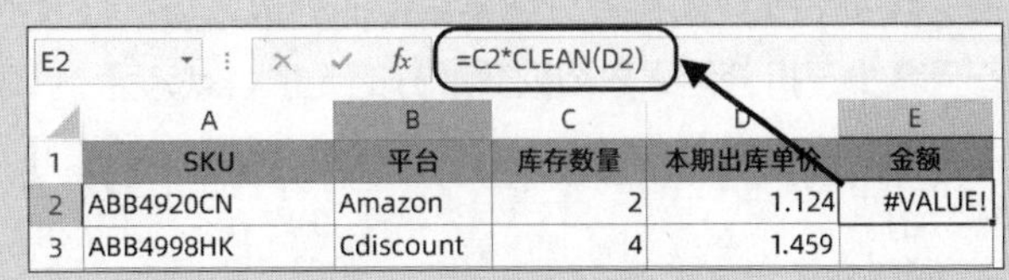
E2　=C2*CLEAN(D2)

	A	B	C	D	E
1	SKU	平台	库存数量	本期出库单价	金额
2	ABB4920CN	Amazon	2	1.124	#VALUE!
3	ABB4998HK	Cdiscount	4	1.459	

图 10-23　在线商品库存表

误值。

单元格中的不可见字符通常分布于正常字符串的左侧或（和）右侧，可以先使用LEFT函数和RIGHT函数分别提取出左右两侧的一个字符，观察其显示效果。首先在H3单元格和H4单元格分别输入以下公式，分别提取出D2单元格左右两侧各一个字符，返回结果如图10-24所示。

```
=LEFT(D2)
=RIGHT(D2)
```

	A	B	C	D	E	F	G	H	I
1	SKU	平台	库存数量	本期出库单价	金额				
2	ABB4920CN	Amazon	2	1.124				结果	公式
3	ABB4998HK	Cdiscount	4	1.459			最左侧字符	1	=LEFT(D2)
4	ABB4998HK(NS)	eBay	6	1.373			最右侧字符		=RIGHT(D2)
5	ABG4905HK	Magento	3	1.786					

图 10-24　提取最左侧和最右侧的字符

在H3单元格中，提取出了D2单元格最左侧的字符1。而在H4单元格中提取D2单元格最右侧的字符则显示为空白，说明D2单元格中的不可见字符在正常字符右侧。

在E2单元格输入以下公式，向下复制到数据区域最后一行，即可得到正确结果。

```
=C2*SUBSTITUTE(D2,RIGHT(D2),)
```

首先使用RIGHT(D2)提取出D2单元格最右侧的1个字符，以此作为SUBSTITUTE函数的第二参数。SUBSTITUTE函数省略第三参数的值，同时省略第四参数，表示从D2单元格中将所有与第二参数相同的字符删除。

最后将删除不可见字符后的文本型数字与C2单元格中的库存数量相乘，计算出金额。

➲ II　使用 TEXTSPLIT 函数拆分字符串

Excel 365中的TEXTSPLIT函数，能够根据列和行分隔符拆分字符串。函数语法如下：

```
=TEXTSPLIT(text,col_delimiter,[row_delimiter],[ignore_empty],[match_mode],[pad_with])
```

第一参数text是要拆分的字符串。第二参数col_delimiter指定在行方向拆分时的分隔符。第三参数row_delimiter指定在列方向拆分时的分隔符。第二参数和第三参数如果使用数组形式的多个分隔符，TEXTSPLIT函数将按这些字符为间隔进行拆分。

当分隔符位于文本开始和结尾，或者文本中存在多个连续分隔符，拆分完成后的字符中会存在空单元格，第四参数ignore_empty设置为TRUE，将忽略这些空单元格，设置为FALSE或省略参数值时默认保留拆分生成的空单元格。

第五参数match_mode指定为1时分隔符不区分大小写，指定为0时分隔符区分大小写。

TEXTSPLIT函数拆分结果数组的列数以每行最大的元素个数为准。第六参数pad_with用于填充各行元素少于拆分结果数组列数部分的元素，默认为“#N/A”错误值。

如图10-25所示，在B2单元格输入以下公式，用“-”分隔符将字符串“A-B-C-D-E-F”拆分成单行数组。

```
=TEXTSPLIT(A2,"-")
```

如图 10-26 所示，在B5 单元格输入以下公式，由于指定的分隔符“|”在待拆分的字符串中不存在，结果返回A5 单元格的原有字符。

```
=TEXTSPLIT(A5,"|")
```

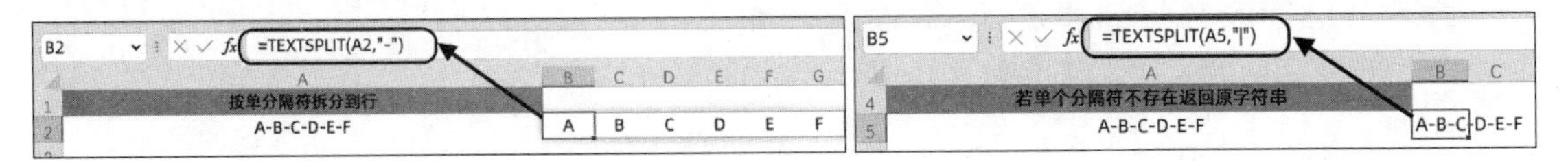

图 10-25　按单分隔符拆分到行　　　　图 10-26　分隔符不存在时返回原字符串

TEXTSPLIT函数的第二参数和第三参数分隔符可以使用数组形式，如图 10-27 所示，在B8 单元格输入以下公式，分别按“-”“;”和“|”3 种符号将A8 单元格中的字符拆分到行方向。

```
=TEXTSPLIT(A8,{"-",";","|"})
```

如图 10-28 所示，在B19 单元格输入以下公式，分别按“-”“;”和“|”3 种符号将A19 单元格中的字符拆分到列方向。

```
=TEXTSPLIT(A19,,{"-",";","|"})
```

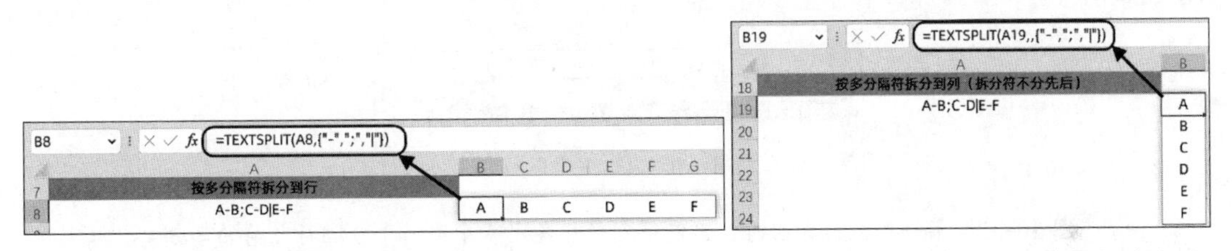

图 10-27　按多个分隔符拆分到行　　　　图 10-28　按多个分隔符拆分到列

如图 10-29 所示，A27 单元格的字符串首位均有“-”，在B27 单元格使用以下公式拆分时，结果中会包含空单元格。

```
=TEXTSPLIT(A27,"-")
```

在B29 单元格使用以下公式，设置第四参数为 1 则可忽略拆分产生的空单元格。

```
=TEXTSPLIT(A30,"-",,1)
```

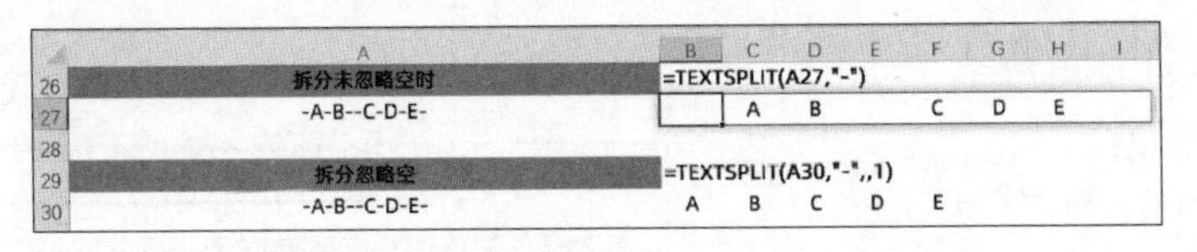

图 10-29　拆分时忽略空单元格

如图 10-30 所示，在B33 单元格输入以下公式，同时使用行和列分隔符将字符串拆分成多行多列数组。

```
=TEXTSPLIT(A33,"-",";")
```

当拆分的行元素个数小于结果数组的列数时，默认会使用“#N/A”错误值填充，在B41 单元格输入以下公式，通过设置第六参数，将“#N/A”错误值替换为指定内容。

```
=TEXTSPLIT(A41,"-",";",1,,"填充")
```

如图 10-31 所示，在B50 单元格和B53 单元格分别输入以下公式，通过设置第五参数可以控制拆分时分隔符是否区分大小写。

```
=TEXTSPLIT(A50,"a",,,0)
=TEXTSPLIT(A53,"a",,1,1)
```

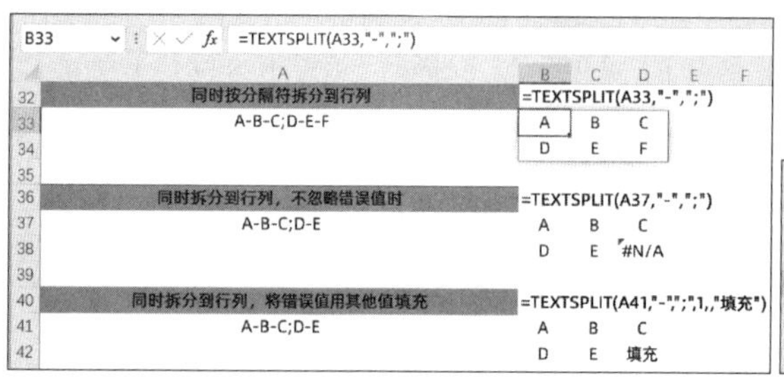

图 10-30　按分隔符同时拆分到行和列

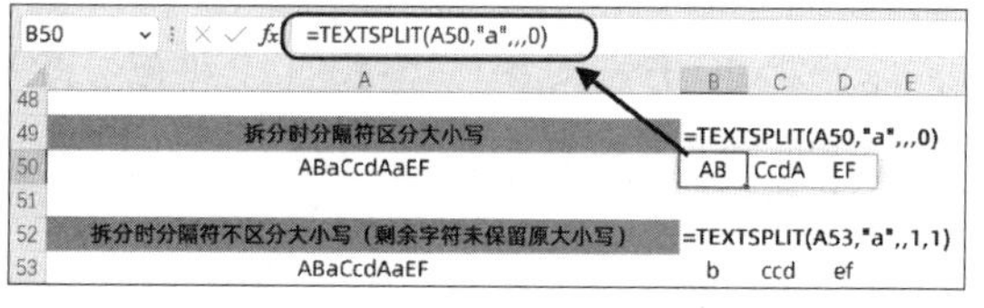

图 10-31　拆分时区分大小写

当TEXTSPLIT函数的第一参数是数组时，只能拆分出数组各元素中第一个分隔符之前的部分，如图 10-32 所示。

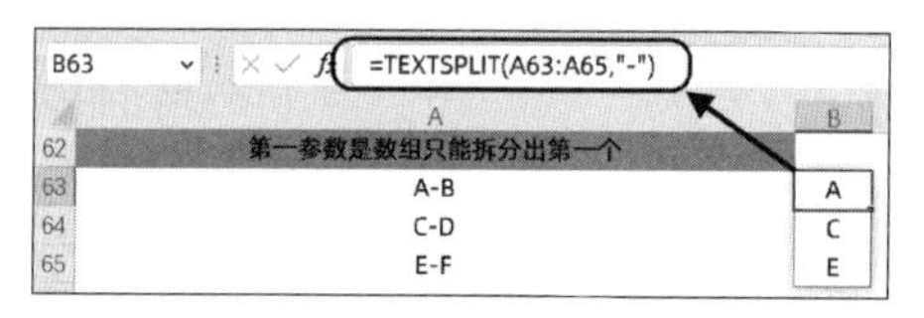

图 10-32　第一参数为数组时，只能得到数组各元素中第一个分隔符之前的部分

示例10-17　使用TEXTSPLIT函数提取字符串中的电话号码

如图 10-33 所示，A2 单元格存储着一个由姓名和电话号码组成的字符串，需要提取出字符串中的电话号码。

首先，可以考虑使用以下公式，按 0~9 数字拆分原字符串，获取所有非数字字符串。拆分结果如图 10-34 中的C2:C4 单元格所示。

```
=TEXTSPLIT(A2,,ROW(1:10)-1,1)
```

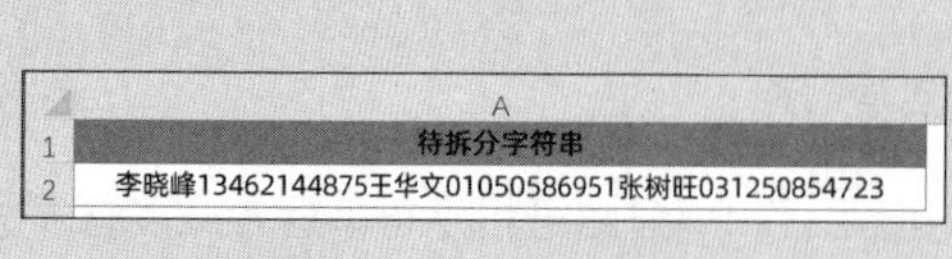

图 10-33　待拆分字符串

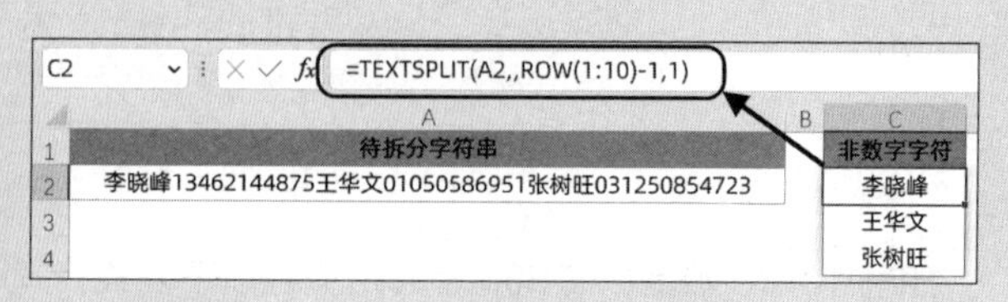

图 10-34　按 0~9 拆分获得非数字字符列表

将获取的非数字字符串数组使用LET 函数定义为“汉字”，再用这个数组作为分隔符拆分 A2 单元格的字符串即可。在E2 单元输入以下公式，提取结果如图 10-35 所示。

```
=LET(汉字,TEXTSPLIT(A2,,ROW(1:10)-1,1),TEXTSPLIT(A2,,汉字,1))
```

图 10-35　按非数字字符数组拆分原字符串

使用其他函数返回的结果，也能够作为 TEXTSPLIT 函数的拆分分隔符。

示例10-18　使用TEXTSPLIT函数统计最多连胜场次

如图 10-36 所示数据，A:C 列统计的是某选手不同日期比赛的胜负情况，C 列包括胜、负、平 3 种状态。需要统计该选手最多连胜场次。

在 E2 单元格输入以下公式，返回最多连胜场次为 4 次，如图 10-36 所示。

```
=MAX(LEN(TEXTSPLIT(CONCAT(N(C2:
C21="胜")),,0,1)))
```

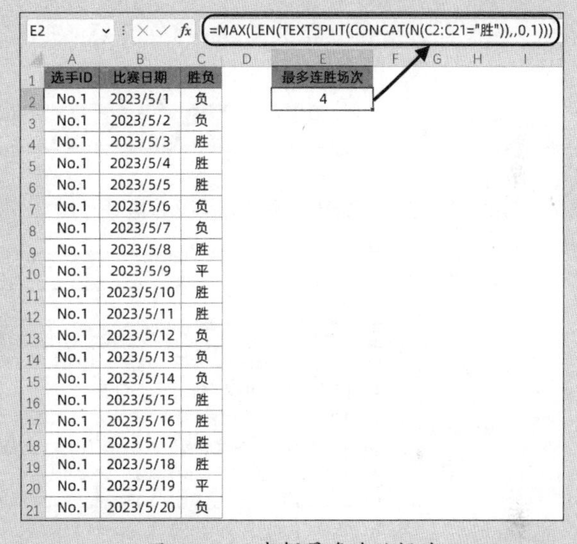

图 10-36　求解最多连胜场次

公式中的“N(C2:C21="胜")”部分将“胜”转化为 1，“负”和“平”均转化为 0。

CONCAT 函数将上述 0 和 1 的数组合并起来，生成字符串“00111001011000111100”，连续的 1 代表连胜。

TEXTSPLIT 以 0 作为分隔符拆分字符串，得到数组{"111";"1";"11";"1111"}，数组每个元素中 1 的个数就是连胜场次。

使用 LEN 函数提取每个元素的长度，再使用 MAX 函数计算最大值即可。

10.2.10　在字符串中查找关键字符

Ⅰ　FIND 函数和 SEARCH 函数查询字符位置

当需要从字符串中提取部分字符时，提取的位置和字符数量往往是不确定的，需要先根据指定条件进行定位。FIND 函数和 SEARCH 函数，以及用于双字节字符的 FINDB 函数和 SEARCHB 函数都可用于在字符串中的文本查找定位。

FIND 函数和 SEARCH 函数能够根据指定的字符串，在包含该字符串的另一个字符串中返回该字符串的起始位置。两个函数的语法相同，区别在于 FIND 函数区分大小写，而 SEARCH 函数不区分大小写。FIND 函数不支持通配符，SEARCH 函数则支持通配符。

```
FIND(find_text, within_text, [start_num])
SEARCH(find_text, within_text, [start_num])
```

第一参数 find_text 是要查找的文本。第二参数 within_text 是包含查找文本的源文本。第三参数

[start_num] 为可选参数，表示从源文本的第几个字符位置开始查找，如果省略该参数，默认值为 1。无论从第几个字符位置开始查找，最终返回的位置信息都从文本串的第一个字符算起。

如果源文本中存在多个要查找的文本，函数将返回从指定位置开始向右首次出现的位置。如果源文本中不包含要查找的文本，则返回错误值“#VALUE!”。

例如，以下两个公式都返回“Excel”在字符串“Excel之家ExcelHome”中第一次出现的位置 1。

```
=FIND("Excel","Excel之家ExcelHome")
=SEARCH("Excel","Excel之家ExcelHome")
```

以下公式从字符串“Excel之家ExcelHome”的第 5 个字符开始查找“Excel”，结果返回 8。

```
=FIND("Excel","Excel之家ExcelHome",5)
=SEARCH("Excel","Excel之家ExcelHome",5)
```

示例10-19 判断物料名称是否包含关键字

如图 10-37 是某公司物料盘点表的部分内容，需要判断 B 列的物料名称中是否包含“PVC”字样。

F2 =IF(ISNUMBER(FIND("PVC",B2)),"是","否")

	A	B	C	D	E	F
1	物料编码	物料名称	规格描述	单位	结存数量	包含 PVC
2	WL816474	白色磨砂PP胶片(AL-WE), 38号(厚度：0.950mm)	19"x41"	张	992	否
3	WL962359	PVC胶片, 20号胶片头, 窗口级	13.1"x 8.6"	张	1760	是
4	WL343586	哑白纹特幼磨砂PP胶片(S1S2), 16号(厚度：0.400mm)	31"x 14.5"	张	512	否
5	WL441545	蓝色双面特幼磨砂PP胶片, 38号(厚度：0.950mm)	18"x40"	张	99	否
6	WL332990	PVC白色胶片, 16号(厚度：0.400mm)	15.75"x21.5"	张	719	是
7	WL181625	PET胶片, 3号(厚度：0.070mm), 19.69"封, 窗口级	19.69"卷装	kg	298.4	否
8	WL605292	PVC胶片, 20号(厚度:0.500mm), 窗口级	4.3"x16.25"	张	2162	是
9	WL298717	PVC胶片, 16号(厚度:0.400mm), 26"封, 折盒级	26"卷装	kg	388	是

图 10-37 物料盘点表

在 F2 单元格输入以下公式，将公式向下复制到数据区域最后一行。

```
=IF(ISNUMBER(FIND("PVC",B2)),"是","否")
```

FIND 函数以“PVC”为查询关键字，在 B2 单元格中查找该关键字首次出现的位置。如果 B2 单元格中包含要查询的关键字，则返回表示位置的数值，否则返回错误值“#VALUE!”。

接下来使用 ISNUMBER 函数判断 FIND 函数得到的结果是否为数值，如果是数值则返回逻辑值 TRUE，否则将返回 FALSE。

最后使用 IF 函数，当 ISNUMBER 函数的判断结果为 TRUE 时，说明 B2 单元格中包含要查询的关键字，公式返回指定内容“是”，否则返回“否”。

示例10-20 提取指定符号后的内容

如图 10-38 所示，需要从 A 列学院与专业混合的内容中提取“学院”之后的专业名称信息。

在 B2 单元格输入以下公式，将公式向下复制到 B9 单元格。

```
=MID(A2,FIND("学院",A2)+3,99)
```

本例中，由于间隔字符“学院”在 A 列各个单元格中出现的位置不固定，因此先使用 FIND 函数来查找“学院”的位置。

公式中的“FIND("学院",A2)”部分，返回字符“学院”在 A2 中首次出现的位置，结果为 5。

B2　=MID(A2,FIND("学院",A2)+3,99)

	A	B
1	学院与专业	专业名称
2	土木工程学院\工程造价\2020\工造20205	工程造价\2020\工造20205
3	应用技术学院\会计(专科)\2020\会计专20205	会计(专科)\2020\会计专20205
4	经济学院\酒店管理\2020\酒店20204	酒店管理\2020\酒店20204
5	经济学院\国际经济与贸易\2021\经贸	国际经济与贸易\2021\经贸
6	人文学院\汉语言文学\2019\汉文20193	汉语言文学\2019\汉文20193
7	教育与心理科学学院\学前教育\2020\学前20208	学前教育\2020\学前20208
8	经济学院\投资学\2020\投资20204	投资学\2020\投资20204
9	经济学院\旅游管理\2020\旅游20204	旅游管理\2020\旅游20204

图 10-38　提取指定符号后的内容

然后使用 MID 函数，从 FIND 函数获取的间隔字符位置加上 3 个字符（去除“学院”和“/”所占的字符数）开始，提取右侧剩余部分的字符。

在不知道具体的剩余字符数时，指定一个较大的数值 99 作为要提取的字符数，99 加上起始位置 5 超出了 A2 单元格的总字符数，MID 函数最终提取到最后一个字符为止。

示例10-21　从混合内容中提取班级名称

如图 10-39 所示，希望从 B 列的学院与专业混合内容中提取最后一个反斜杠之后的班级名称。

本例中，首先需要判断最后一个反斜杠出现的位置，再使用 MID 函数从该位置之后提取出一定长度的字符。

在 C2 单元格输入以下公式，将公式向下复制到 C14 单元格。

C2　=MID(B2,COUNT(FIND("\",B2,ROW($1:$99)))+1,99)

	A	B	C	D
1	姓名	学院与专业	班级名称	
2	刘好	土木工程学院\工程造价\2020\工造20205	工造20205	
3	杨汝平	应用技术学院\会计(专科)\2020\会计专20205	会计专20205	
4	崔兰英	经济学院\酒店管理\2020\酒店20204	酒店20204	
5	窦海华	经济学院\国际经济与贸易\2021\经贸20213	经贸20213	
6	穆雪莲	人文学院\汉语言文学\2019\汉文20193	汉文20193	
7	程明珠	教育与心理科学学院\学前教育\2020\学前20208	学前20208	
8	董启生	经济学院\投资学\2020\投资20204	投资20204	
9	肖文瑞	经济学院\旅游管理\2020\旅游20204	旅游20204	

图 10-39　专业与学院信息

```
=MID(B2,COUNT(FIND("\",B2,ROW($1:$99)))+1,99)
```

公式中的“FIND("\",B2,ROW($1:$99))”部分，FIND 函数的第三参数使用了 ROW($1:$99)，表示分别在 B2 单元格第 1~99 个字符位置开始，查找反斜杠所处的位置，返回内存数组结果为：

```
{7;7;7;7;7;7;7;12;12;12;12;12;17;17;17;17;17;#VALUE!;……;#VALUE!}
```

FIND 函数查找不到关键字符时会返回错误值“#VALUE!”，以上内存数组中表示位置的最大数字为 17，表示从第 17 个字符往后，已没有要查询的符号“\”。因此只要使用 COUNT 函数判断 FIND 函数返回的内存数组中有多少个数值，其结果就是最后一个反斜杠所在的位置。

最后使用 MID 函数，根据 COUNT 函数返回的结果，从 B2 单元格的对应位置开始，提取 99 个字符。COUNT 函数的结果加上 1，目的是提取到最后一个反斜杠的位置再向右一个字符。

在 Excel 365 中，使用以下公式也可以实现同样的提取结果。

```
=TAKE(TEXTSPLIT(B2,"\"),,-1)
```

先使用 TEXTSPLIT 函数，将 B2 中的字符按 "\" 拆分为一行多列的数组结果，再使用 TAKE 函数返回该数组中最后一列的内容。

关于TAKE函数，请参阅16.3.5小节。

➲ II FINDB 函数和 SEARCHB 函数查询字符位置

FINDB函数和SEARCHB函数分别与FIND函数和SEARCH函数对应，区别仅在于返回的查找字符串在源文本中的位置是以字节为单位计算。利用SEARCHB函数支持通配符的特性，可以进行模糊查找。

示例10-22 提取混合内容中的英文姓名

如图10-40所示，A列是一些中英文混合的联系人信息，需要提取出英文姓名。本例中的中英文之间没有间隔符号，而且英文名称的起始字母也不相同，因此无法使用查询固定间隔符号的方法来确定要提取的字符位置。

在B2单元格输入以下公式，向下复制到B10单元格。

```
=MIDB(A2,SEARCHB("?",A2),LEN(A2)*2-LENB(A2))
```

B2 =MIDB(A2,SEARCHB("?",A2),LEN(A2)*2-LENB(A2))

	A	B	C	D
1	联系人	英文姓名		
2	陈小祥Xiaoxiang CHEN 金沙元年川菜食府	Xiaoxiang CHEN		
3	王国平Guoping WANG 鱼头火锅金沙店	Guoping WANG		
4	李琳玲Mellisa LEE 川派印象火锅金沙店	Mellisa LEE		
5	裴丽丽Lily PEI 云南大滚锅牛肉	Lily PEI		
6	董均才Juncai DONG 只源酒家	Juncai DONG		
7	朱翌Yi ZHU 德远福酒楼	Yi ZHU		
8	杨刚Gang YANG 府河人家金沙店	Gang YANG		
9	杜春兰Chunlan DU 双流老妈兔头啤酒广场	Chunlan DU		
10	杨莉莉Lili YANG 聚香缘珍味菜馆	Lili YANG		

图10-40 提取混合内容中的英文姓名

公式使用SEARCHB函数，以通配符半角问号“?”作为关键字，在A2单元格中返回首个半角字符出现的字节位置，得到结果为7。

“LEN(A2)*2-LENB(A2)”部分，用于计算A2单元格中的半角字符数，结果为15。

最后使用MIDB函数，从A2单元格中的第7个字节开始，提取出15个节数长度的字符串。

10.2.11 字符串合并

在处理文本信息时，如果需要将多个内容连在一起作为新的字符串，可以使用“&”符号、CONCATENATE函数、CONCAT函数、TEXTJOIN函数及PHONETIC函数进行处理。

➲ I “&”符号

“&”符号可以用于连接数字、文本或单元格中的内容，得到一个新的字符串。例如：

公式“="abc"&123”，返回文本“abc123”；

公式“=987&123”，返回文本“987123”；

公式“=A1&B1”，将A1和B1单元格中的字符串连接为新的字符串。

➲ II CONCAT 函数

CONCAT函数用于合并单元格区域中的内容或内存数组中的元素，但不提供分隔符。函数语法如下：

```
CONCAT(text1…)
```

各个参数是要进行连接的元素，这些元素可以是字符串、单元格区域或内存数组。

示例10-23 合并不同型号产品的辅料名称

图10-41是某食品企业辅料配比表的部分内容，需要在I列合并不同型号产品使用的全部辅料名，

并用空格进行分隔。

I2 =TRIM(CONCAT(IF(B2:H2>0,B$1:H$1&" ","")))

	A	B	C	D	E	F	G	H	I
1	产品型号	白砂糖	焦糖色素	麦芽糖浆	柠檬酸	氢氧化钾	乳化剂	食用盐	全部辅料
2	LM-5300A	15.60%		20.00%					白砂糖 麦芽糖浆
3	LM-5100R				8.07%	0.88%		3.70%	柠檬酸 氢氧化钾 食用盐
4	LM-5100				0.59%	2.24%	0.12%	1.13%	柠檬酸 氢氧化钾 乳化剂 食用盐
5	LM-6300F	4.68%	0.93%						白砂糖 焦糖色素
6	LM-6300L	7.41%	0.95%		1.20%				白砂糖 焦糖色素 柠檬酸

图 10-41　辅料记录

在J2单元格输入以下公式，将公式向下复制到J6单元格。

```
=TRIM(CONCAT(IF(B2:H2>0,B$1:H$1&" ","")))
```

公式中的“IF(B2:H2>0,B$1:H$1&" ","")”部分，使用IF函数对B2:H2单元格区域的辅料配比量进行判断，如果大于0，则返回B$1:H$1中的辅料名称并连接一个空格（" "），否则返回空文本（""）。得到内存数组结果为：

```
{"白砂糖 ","","麦芽糖浆 ","","","",""}
```

接下来使用CONCAT函数连接该内存数组中的各个元素，最后使用TRIM函数清除多余的空格。

➲ Ⅲ　TEXTJOIN 函数

TEXTJOIN函数用于合并单元格区域中的内容或内存数组中的元素，并可指定间隔符号，函数语法如下：

```
TEXTJOIN(delimiter,ignore_empty,text1,…)
```

第一参数delimiter是指定的间隔符号，该参数为空文本或省略参数值时，表示不使用分隔符号。第二参数ignore_empty用逻辑值指定是否忽略空单元格和空文本，TRUE表示忽略空单元格和空文本，FALSE表示不忽略空单元格和空文本。第三参数是需要合并的单元格区域或数组。

示例10-24　按部门合并人员姓名

图10-42是某公司员工信息表的部分内容，需要将同部门的员工姓名合并到一个单元格内，中间用逗号间隔。

在E2单元格输入以下公式，得到不重复的部门列表，结果自动溢出到相邻区域。

```
=UNIQUE(C2:C14)
```

在F2单元格输入以下公式，向下复制到F5单元格。

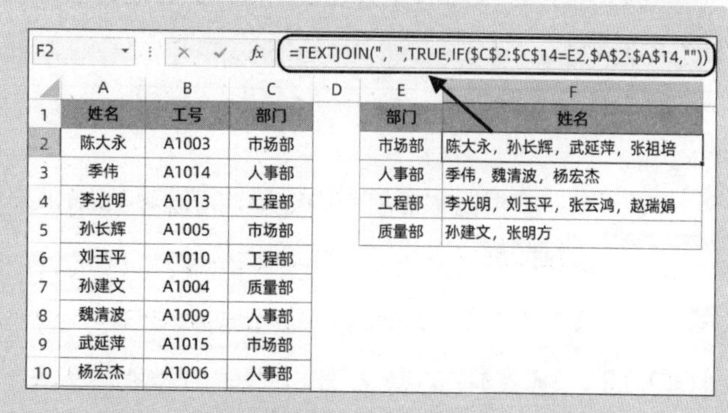

F2 =TEXTJOIN("，",TRUE,IF($C$2:$C$14=E2,$A$2:$A$14,""))

	A	B	C	D	E	F
1	姓名	工号	部门		部门	姓名
2	陈大永	A1003	市场部		市场部	陈大永，孙长辉，武延萍，张祖培
3	季伟	A1014	人事部		人事部	季伟，魏清波，杨宏杰
4	李光明	A1013	工程部		工程部	李光明，刘玉平，张云鸿，赵瑞娟
5	孙长辉	A1005	市场部		质量部	孙建文，张明方
6	刘玉平	A1010	工程部			
7	孙建文	A1004	质量部			
8	魏清波	A1009	人事部			
9	武延萍	A1015	市场部			
10	杨宏杰	A1006	人事部			

图 10-42　人员信息表

```
=TEXTJOIN("，",TRUE,IF($C$2:$C$14=E2,$A$2:$A$14,""))
```

公式中的“IF($C$2:$C$14=E2,$A$2:$A$14,"")”部分，使用IF函数进行判断，如果$C$2:$C$14单元格的部门等于E2单元格指定的部门，结果返回$A$2:$A$14单元格区域中的对应内容，否则返回空文本（""），得到内存数组结果为：

```
{"陈永昆";"";"";"李艳玲";"";"";"";"武延萍";"";"";"";"张祖培";""}
```

TEXTJOIN函数的第一参数使用“""”，表示以“""”作为分隔符号。第二参数使用TRUE，表示忽略内存数组中的空文本，将以上内存数组进行合并。

提示

TEXTJOIN函数的第二参数也可以使用非零数值来替代逻辑值TRUE，使用数值0来代替逻辑值FALSE。

示例10-25 银行卡号分段显示

图10-43是某企业的员工银行卡开户信息，需要将C列卡号每隔4位分段显示。

在E2单元格输入以下公式，将公式向下复制到数据区域最后一行。

```
=TEXTJOIN(" ",1,MID(C2,ROW($1:$5)*4-3,4))
```

E2 =TEXTJOIN(" ",1,MID(C2,ROW($1:$5)*4-3,4))

	A	B	C	D	E
1	序号	姓名	卡号	账户余额	卡号分段显示
2	1	刘国华	6227001070520310470	1.00	6227 0010 7052 0310 470
3	2	严桂芳	6227001070520311163	1.00	6227 0010 7052 0311 163
4	3	刘明兴	6227001070520310496	1.00	6227 0010 7052 0310 496
5	4	刘明福	6227001070520310504	1.00	6227 0010 7052 0310 504
6	5	刘长银	6227001070520310660	1.00	6227 0010 7052 0310 660
7	6	王跃英	6227001070520310520	1.00	6227 0010 7052 0310 520
8	7	刘建华	6227001070520310538	1.00	6227 0010 7052 0310 538
9	8	钟寿东	6227001070520310546	1.00	6227 0010 7052 0310 546

图10-43 开户信息

公式中的“MID(C2,ROW($1:$5)*4-3,4)”部分，先使用ROW($1:$5)*4-3，得到从1开始并且按4递增的序号{1;5;9;13;17}，也就是需要插入间隔符号的位置。MID函数以此作为第二参数，分别从C2单元格中的第1、第5、第9、第13及第17个字符开始提取4个字符，得到内存数组结果为：

```
{"6227";"0010";"7052";"0310";"470"}
```

最后使用TEXTJOIN函数，以空格作为分隔符号，忽略参数中的空文本，将内存数组中的各个元素进行合并。

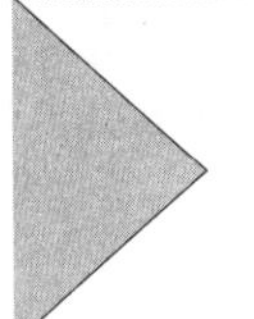

根据本书前言的提示，可观看TEXTJOIN函数连接字符串的视频演示。

10.2.12 格式化文本

➲ Ⅰ 认识TEXT函数

TEXT函数能够将数字、文本转换为特定格式的文本，函数基本语法如下。

```
TEXT(value,format_text)
```

第一参数value是要处理的内容，可以是单元格或单元格区域的引用，也可以是具体的值。

第二参数format_text用于指定格式代码，与自定义单元格数字格式中的代码基本相同。

常用的单元格数字格式代码如表 10-1 所示。

表 10-1　数字格式代码符号含义和作用

代码符号	符号含义和作用	格式代码	单元格输入	显示为:
G/通用格式	按原始输入显示，等同于“常规”格式	G/通用格式	0.55	0.55
#	数字占位符，只显示有效数字，不显示无意义的零值	0. ##	0.5 2.425	0.5 2.43
0	数字占位符，当数字比代码的位数少时，显示无意义的零值	0.00	0.5 2.425	0.50 2.43
?	数字占位符，与“0”作用类似，但以空格代替无意义的零值。可用于显示分数	# ?/?	0.5 2.425	1/2 2 3/7
.	小数点	—	—	—
%	百分数显示	0.00%(设置格式后输入)	0.5 2.425	0.50% 2.43%
,	千位分隔符	#,##0.00	0.5 1025	0.5 1,025.00
E	科学记数符号	0.00E+00	0.5 1025	5.00E-01 1.03E+03
"文本"	可显示双引号之间的文本	"奖金"0.00	0.5 1025	奖金 0.50 奖金 1025.00
!	强制显示下一个字符。可用于显示零值、分号(;)、点号(.)、问号(?)等特殊符号或在格式代码中有特殊意义的字符	0!m	0.5 1025	1m 1025m
\	作用与“!”相同，输入后会以符号“!”代替	—	—	—
*	重复下一个字符来填充列宽	**	0.5 1025	**************** ****************
_(下划线)	留出与下一个字符宽度相等的空格	0.00_)个	0.50 1025	0.50 个 1025.00 个
@	文本占位符	江南公司@部	生产	江南公司生产部
[颜色]	显示相应颜色，[黑色][白色][红色][青色][蓝色][黄色][洋红][绿色]。英文版的Excel仅支持英文颜色名称	—	—	—

10章

续表

代码符号	符号含义和作用	格式代码	单元格输入	显示为：
[颜色n]	显示以数值*n*表示的兼容Excel 2003调色板上的颜色。*n*的范围是1~56	—	—	—
[条件]	由“>”“<”“=”“>=”“<=”“<>”及数值构成的判断条件	—	—	—
[DBNum1]	显示中文小写数字	[DBNum1]G/通用格式	125	一百二十五
[DBNum2]	显示中文大写数字	[DBNum2]G/通用格式	125	壹佰贰拾伍
[DBNum3]	显示全角的阿拉伯数字与小写的中文单位	[DBNum3]G/通用格式	125	１百２十５

与日期时间相关的常用数字格式代码如表 10-2 所示。

表 10-2　与日期时间相关的常用数字格式代码

日期时间代码符号	日期时间代码符号含义及作用
aaa	使用中文简称显示星期几（“一”~“日”）
aaaa	使用中文全称显示星期几（“星期一”~“星期日”）
d	使用没有前导零的数字显示日期（1~31）
dd	使用有前导零的两位数字显示日期（01~31）
ddd	使用英文缩写显示星期几（Sun~Sat）
dddd	使用英文全拼显示星期几（Sunday~Saturday）
m	使用没有前导零的数字显示月份或分钟（1~12）或（0~59）
mm	使用有前导零的两位数字显示月份或分钟（01~12）或（00~59）
mmm	使用英文缩写显示月份（Jan~Dec）
mmmm	使用英文全拼显示月份（January~December）
mmmmm	使用英文首字母显示月份（J~D）
y或yy	使用两位数字显示公历年份（00~99）
yyyy	使用 4 位数字显示公历年份（1900—9999）
h	使用没有前导零的数字显示小时（0~23）
hh	使用有前导零的两位数字显示小时（00~23）
s	使用没有前导零的数字显示秒（0~59）
ss	使用有前导零的两位数字显示秒（00~59）
[h][m][s]	显示超出进制的小时数、分钟数、秒数
AM/PM或A/P	使用AM或PM显示十二小时制的时间
上午/下午	使用上午或下午显示十二小时制的时间

部分数字格式代码仅适用于自定义单元格数字格式，不能在TEXT函数中使用。例如，TEXT函数无法使用星号(*)来实现重复某个字符以填满单元格的效果，也无法实现以颜色显示数值等效果。除此之外，设置数字格式与TEXT函数还有以下区别：

(1)设置数字格式仅仅改变数值或文本的显示效果，不影响进一步的汇总计算。

(2)使用TEXT函数处理后是带格式的文本，不再具有数值的特性。

示例10-26 计算课程总时长

图 10-44 展示的是某在线学习班的课程及时长目录，需要计算出课程总时长。

在D3单元格输入以下公式，计算结果为 33:42:37。

```
=TEXT(SUM(B2:B11),"[h]:mm:ss")
```

首先使用SUM函数计算出B2的时长总和，TEXT函数的第二参数使用"[h]:mm:ss"，表示将第一参数转换为超过进制的"时:分:秒"形式。

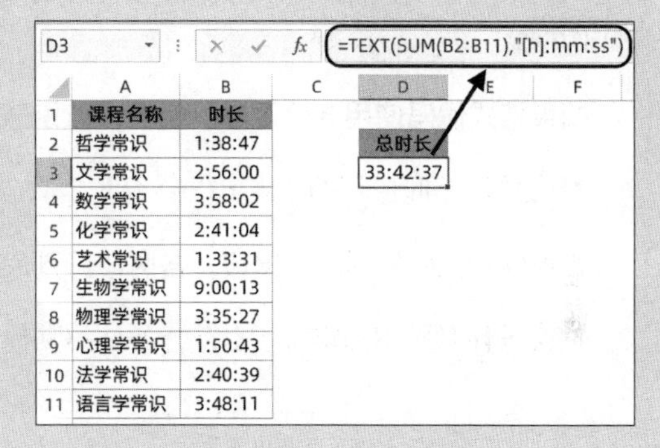

D3 =TEXT(SUM(B2:B11),"[h]:mm:ss")

	A	B	C	D
1	课程名称	时长		
2	哲学常识	1:38:47		总时长
3	文学常识	2:56:00		33:42:37
4	数学常识	3:58:02		
5	化学常识	2:41:04		
6	艺术常识	1:33:31		
7	生物学常识	9:00:13		
8	物理学常识	3:35:27		
9	心理学常识	1:50:43		
10	法学常识	2:40:39		
11	语言学常识	3:48:11		

图 10-44 计算课程总时长

与自定义数字格式类似，TEXT函数使用的完整格式代码也分为4个区段，各区段之间用半角分号间隔，默认情况下这4个区段的含义为：

```
对大于 0 的数值应用的格式；对小于 0 的数值应用的格式；对数字 0 应用的格式；对文本应用的格式
```

在实际使用中，可以根据需要省略格式代码的部分区段，其作用也会发生相应变化。

(1)如果使用3个区段，作用为：

```
对大于 0 的数值应用的格式；对小于 0 的数值应用的格式；对数字 0 应用的格式
```

(2)如果使用两个区段，作用为：

```
对大于等于 0 的数值应用的格式；对小于 0 的数值应用的格式
```

(3)如果使用一个区段，表示对所有数值应用相同的格式。

示例10-27 使用TEXT函数判断实际与预算差异

图 10-45 是某公司部分科目的预算与实际额记录，需要在D列计算出二者的差异。

在D2单元格输入以下公式，向下复制到D6单元格。

```
=TEXT(C2-B2,"比预算多0元;比预算少0元;与预算相同")
```

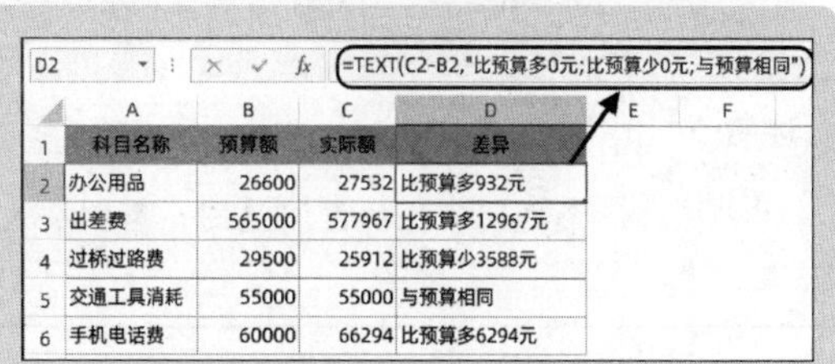

D2 =TEXT(C2-B2,"比预算多0元;比预算少0元;与预算相同")

	A	B	C	D
1	科目名称	预算额	实际额	差异
2	办公用品	26600	27532	比预算多932元
3	出差费	565000	577967	比预算多12967元
4	过桥过路费	29500	25912	比预算少3588元
5	交通工具消耗	55000	55000	与预算相同
6	手机电话费	60000	66294	比预算多6294元

图 10-45 判断实际与预算的差异

TEXT 函数格式代码中的 0，可用于表示第一参数本身的数值。

本例格式代码使用“比预算多 0 元;比预算少 0 元;与预算相同”，如果 C2−B2 的结果大于 0，就显示“比预算多 *n* 元”；如果 C2−B2 的结果小于 0，就显示“比预算少 *n* 元”；如果 C2−B2 的结果等于 0，就显示“与预算相同”。

TEXT 函数的第二参数还可以使用判断条件来完成简单的判断，判断条件外侧需要加上一对中括号，中括号后是符合该条件时返回的结果。在执行条件判断时，完整格式代码的 4 个区段分别表示：

符合条件 1 时应用的格式；符合条件 2 时应用的格式；不符合条件的其他部分应用的格式；文本应用的格式

如果格式代码使用 3 个区段，各区段分别表示：

符合条件 1 时应用的格式；符合条件 2 时应用的格式；不符合条件的其他部分应用的格式

如果格式代码使用两个区段，各区段分别表示：

符合条件时应用的格式；不符合条件的其他部分应用的格式

示例10-28 使用TEXT函数判断考核成绩是否合格

图 10-46 为某公司员工考核表的部分内容，需要对 E 列的考核总成绩进行判断，大于 90 为合格，否则为不合格。

在 F2 单元格输入以下公式，向下复制到数据区域最后一行。

```
=TEXT(E2,"[>90]合格;不合格")
```

F2　=TEXT(E2,"[>90]合格;不合格")

	A	B	C	D	E	F	G
1	工号	姓名	理论分	实操分	总成绩	是否合格	
2	A1001	梁应珍	15	78	93	合格	
3	A1002	张宁一	17	68	85	不合格	
4	A1003	袁丽梅	19	66	85	不合格	
5	A1004	马世森	19	73	92	合格	
6	A1005	刘惠琼	19	80	99	合格	
7	A1006	葛宝云	19	73	92	合格	
8	A1007	李英明	20	75	95	合格	
9	A1008	文德成	16	67	83	不合格	
10	A1009	代云峰	13	66	79	不合格	

图 10-46　使用 TEXT 判断是否合格

本例中，TEXT 函数的第二参数使用两个区段，第一个区段是要判断的条件，第二区段是不符合条件时应用的格式。当 E2 单元格中的数值>90 时返回“合格”，否则返回“不合格”。

一组自定义格式代码最多允许设置两个判断条件，在 G2 单元格输入以下公式，能够对 E2 单元格中的总成绩依次执行两次判断，大于 90 时显示为“优秀”，大于 80 时显示为“合格”，其他显示为“不合格”。

```
=TEXT(E2,"[>90]优秀;[>80]合格;不合格")
```

注意：在自定义格式代码中设置两个判断条件时，第一个判断条件的区间范围不能包含第二个判断条件的区间范围，否则公式将无法得到正确的判断结果。

示例10-29 合并带数字格式的字符串

图 10-47 为某单位回款进度表的部分内容，其中B列为日期格式，C列为会计专用格式，需要将日期和回款进度合并在一个单元格内。

对于设置了数字格式的单元格，如果直接使用文本连接符“&”连接，会全部按常规格式进行连接合并。本例中，如果使用公式“=B2&C2”，结果为“44682132374”。其中 44682 是B2 单元格的日期序列值，132374 则是C2 单元格中回款金额的常规格式。

D2 | =TEXT(B2,"e年m月d日回款")&TEXT(C2,"#,##0.00元")

	A	B	C	D	E
1	客户姓名	回款日期	回款金额	合并内容	
2	林爱霞	2022/5/1	132,374.00	2022年5月1日回款132,374.00元	
3	孙长辉	2022/5/2	812,703.00	2022年5月2日回款812,703.00元	
4	齐东强	2022/5/2	923.00	2022年5月2日回款923.00元	
5	宋长虹	2022/5/2	906,473.00	2022年5月2日回款906,473.00元	
6	徐春燕	2022/5/2	854,941.00	2022年5月2日回款854,941.00元	
7	夏开万	2022/5/6	190,493.00	2022年5月6日回款190,493.00元	
8	郑文斌	2022/5/17	156,381.00	2022年5月17日回款156,381.00元	
9	周冬梅	2022/5/17	923,717.00	2022年5月17日回款923,717.00元	
10	李文琼	2022/5/17	142,915.00	2022年5月17日回款142,915.00元	

图 10-47　合并带数字格式的字符串

在D2 单元格输入以下公式，将公式向下复制到D10 单元格。

```
=TEXT(B2,"e年m月d日回款")&TEXT(C2,"#,##0.00元")
```

公式中的“TEXT(B2,"e年m月d日回款")”部分，使用TEXT函数将B2 单元格中的日期转换为字符串" 2022 年 5 月 1 日回款"。

“TEXT(C2,"#,##0.00 元")”部分，将C2 单元格中的数字转换为具有会计专用样式的文本字符串" 132,374.00 元"。

最后使用文本连接符“&”，将TEXT函数得到的两个字符串进行连接。

TEXT函数的格式代码参数允许引用单元格地址。

示例10-30 在TEXT函数格式代码参数中引用单元格地址

仍以示例 10-28 中的数据为例，首先将判断标准输入H2单元格，再对指标执行判断，如图 10-48 所示。

在F2 单元格输入以下公式，将公式向下复制到F10 单元格。

```
=TEXT(E2,"[>"&$H$2&"]合格;不合格")
```

F2 | =TEXT(E2,"[>"&H$2&"]合格;不合格")

	A	B	C	D	E	F	G	H
1	工号	姓名	理论分	实操分	总成绩	是否合格		指定标准
2	A1001	梁应珍	15	78	93	合格		90
3	A1002	张宁一	17	68	85	不合格		
4	A1003	袁丽梅	19	66	85	不合格		
5	A1004	马世森	19	73	92	合格		
6	A1005	刘惠琼	19	80	99	合格		
7	A1006	葛宝云	19	73	92	合格		
8	A1007	李英明	20	75	95	合格		
9	A1008	文德成	16	67	83	不合格		
10	A1009	代云峰	13	66	79	不合格		

图 10-48　判断考核成绩是否合格

首先将字符串“"[>"”、H2 单元格中的数值及字符串“"]合格;不合格"”进行连接，得到新的字符串"[>90]合格;不合格"，以此作为TEXT函数的第二参数。

当更改H2单元格中的标准时，相当于调整了格式代码中的数值，TEXT函数的判断结果也会随之更新。

在TEXT函数的第二参数中添加间隔符号，能够实现一些特殊的计算要求。

示例10-31 用TEXT函数转换身份证号码中的出生日期

图10-49是某公司员工信息表的部分内容，需要从E列的身份证号码中提取出短日期格式的出生日期。

将F2单元格的数字格式设置为“短日期”，输入以下公式，向下复制到数据区域最后一行。

```
=TEXT(MID(E2,7,8),"0-00-00")*1
```

F2 =TEXT(MID(E2,7,8),"0-00-00")*1

	A	B	C	D	E	F
1	姓名	工号	部门	岗位	身份证号	出生年月
2	张明宏	001	销售部	销售主管	422827198807180011	1988/7/18
3	李红春	002	销售部	销售员	330824199107267026	1991/7/26
4	王玉华	003	销售部	销售员	330381198810127633	1988/10/12
5	方乐君	004	销售部	销售员	341221197912083172	1979/12/8
6	朱明静	005	财务部	财务经理	340828198307144816	1983/7/14
7	吴槐杰	006	财务部	成本会计	500222198209136646	1982/9/13
8	张春梅	007	财务部	出纳	350322199402084363	1994/2/8
9	刘明成	008	财务部	往来会计	530381197811133530	1978/11/13
10	王佳宝	009	人力资源部	经理	411528196912213722	1969/12/21
11	李田路	010	人力资源部	招聘专员	330302198902136091	1989/2/13

图10-49 员工信息表

首先使用MID函数，从E2单元格的第7位开始，提取出表示出生年月日的8位数字“19880718”。

TEXT函数的第二参数设置为“0-00-00”，表示在右起第2和第4个字符前分别加上日期间隔符号短横线，将“19880718”转换为具有日期样式的文本“1988-07-18”。

最后乘以1，将文本日期转换为1988年7月18日的日期序列值。

示例10-32 使用TEXT函数转换中文格式日期

如图10-50所示，需要将A列的日期转换中文日期格式。

在B2单元格输入以下公式，向下复制到B7单元格。

```
=TEXT(A2,"[DBnum1]yyyy年m月d日")
```

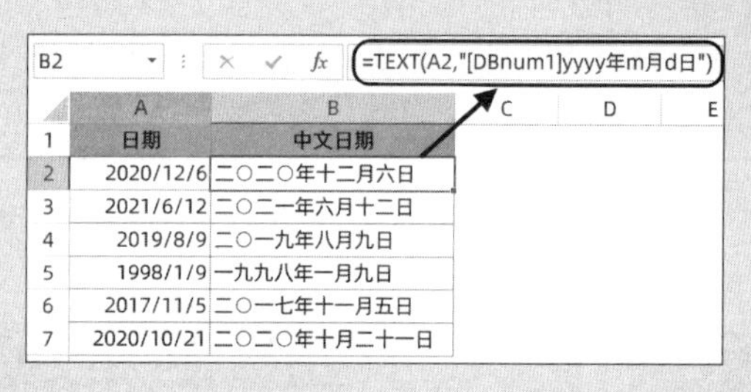

B2 =TEXT(A2,"[DBnum1]yyyy年m月d日")

	A	B
1	日期	中文日期
2	2020/12/6	二〇二〇年十二月六日
3	2021/6/12	二〇二一年六月十二日
4	2019/8/9	二〇一九年八月九日
5	1998/1/9	一九九八年一月九日
6	2017/11/5	二〇一七年十一月五日
7	2020/10/21	二〇二〇年十月二十一日

图10-50 使用TEXT函数转换中文格式的日期

格式代码“yyyy年m月d日”用于提取A2单元格中的日期，并且年份以四位数字表示。再使用格式代码“[DBnum1]”将其转换为中文小写数字格式。

使用TEXT函数与MATCH函数结合，能够将标准的中文小写数字转换为数值。

示例10-33 将中文小写数字转换为数值

如图10-51所示，需要将A列中的中文小写数字转换为数值。

在B2单元格输入以下公式，向下复制到B6单元格。

```
=MATCH(A2,TEXT(ROW($1:$9999),"[DBnum1]"),0)
```

	A	B
1	中文小写	数值
2	一千一百一十	1110
3	一百	100
4	一十	10
5	一	1
6	五十七	57

图10-51 中文小写数字转换为数值

ROW($1:$9999)用于生成1~9999的自然数序列。TEXT函数使用格式代码[DBnum1]将其全部转换为中文小写格式，再由MATCH函数从中精确查找A2单元格字符所处的位置，变相完成从中文大写到数值的转换。

此公式适用于一至九千九百九十九的整数中文小写数字转换，可根据需要调整ROW函数的参数范围。

➲ II　使用 NUMBERSTRING 函数将数字转换为中文

NUMBERSTRING是隐藏函数，其作用是将数字转换为中文形式。该函数有两个参数，第一参数是要转换的数值，第二参数使用数值 1~3 来指定返回的类型，1 表示中文小写，2 表示中文大写，3 表示不带单位的中文读数。

如果要转换的数值带有小数，该函数会四舍五入后再进行转换。如果要转换的数值是负数，结果将返回错误值。不同参数下的转换效果如图 10-52 所示。

	A	B	C
1	待转换的数值	转换结果	B列公式
2	123	一百二十三	=NUMBERSTRING(A2,1)
3	123	壹佰贰拾叁	=NUMBERSTRING(A3,2)
4	123	一二三	=NUMBERSTRING(A4,3)
5	123.123	一二三	=NUMBERSTRING(A5,3)
6	-123	#NUM!	=NUMBERSTRING(A6,1)

图 10-52　NUMBERSTRING 函数的转换效果

➲ III　转换中文大写金额

如果需要使用Excel制作一些票据和凭证，这些票据和凭证中的金额往往需要转换为中文大写样式。

根据相关法规的规定，对中文大写金额有以下要求。

（1）中文大写金额数字到“元”为止的，在“元”之后应写“整”（或“正”）字，在“角”之后，可以不写“整”（或“正”）字。大写金额数字有“分”的，“分”后面不写“整”（或“正”）字。

（2）数字金额中有“0”时，中文大写应按照汉语语言规律、金额数字构成和防止涂改的要求进行书写。数字中间有“0”时，中文大写要写“零”字。数字中间连续有几个“0”时，中文大写金额中间可以只写一个“零”字。金额数字万位和元位是“0”，或者数字中间连续有几个“0”，万位、元位也是“0”，但千位、角位不是“0”时，中文大写金额中可以只写一个“零”字，也可以不写“零”字。金额数字角位是“0”，而分位不是“0”时，中文大写金额“元”后面应写“零”字。

示例10-34　转换中文大写金额

如图 10-53 所示，B列是小写的金额数字，需要转换为中文大写金额。

在C3 单元格输入以下公式，将公式向下复制。

```
=IF(B3=0,"",SUBSTITUTE(SUBSTITUTE(SUBSTITUTE(IF(B3<0,"负","")&TEXT(INT(ABS(B3)),
"[dbnum2];; ")&INT(MOD(ABS(B3)*100,100),
"[>9][dbnum2]元0角0分;[=0]元整;[dbnum2]元零0分"),"零分","整")," 元零",)," 元",))
```

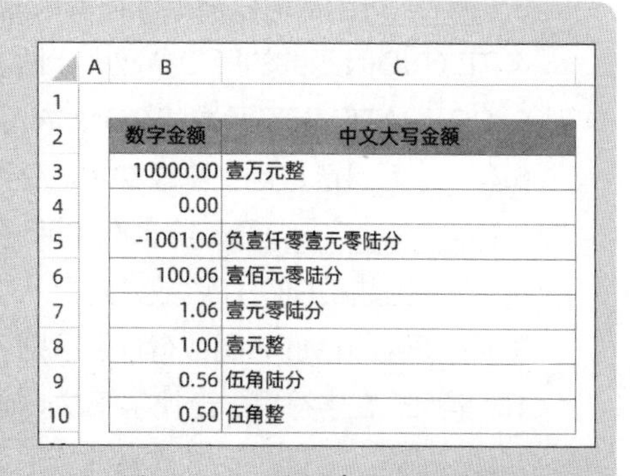

	A	B	C
1			
2		数字金额	中文大写金额
3		10000.00	壹万元整
4		0.00	
5		-1001.06	负壹仟零壹元零陆分
6		100.06	壹佰元零陆分
7		1.06	壹元零陆分
8		1.00	壹元整
9		0.56	伍角陆分
10		0.50	伍角整

图 10-53　转换中文大写金额

首先使用IF函数判断，如果B3 单元格为 0 或为空单元格，公式返回空文本，否则执行后续的计算。

公式中的“IF(B3<0,"负","")”部分，用于判断B3 单元格的金额是否为负数，如果是负数则返回“负”，否则返回空文本。

“TEXT(INT(ABS(B3)),"[dbnum2];; ")”部分，先使用ABS函数取得B3 单元格的绝对值，再使用INT函数得到金额的整数部分。TEXT函数第二参数设置为"[dbnum2];; "，表示将正数转换为中文大写数字，将零转换为空格。

“INT(MOD(ABS(B3)*100,100),"[>9][dbnum2]元0角0分;[=0]元整;[dbnum2]元零0分")”部分，

10章

先使用MOD(ABS(B3)*100,100)，提取B3单元格小数点后的两位数字，再使用INT函数对MOD函数的结果进行取整，避免浮点运算造成的误差。然后通过TEXT函数自定义条件的三区段格式代码转换为对应的中文大写金额，大于9时显示为“元n角n分”，等于0时显示为“元整”，其他则显示为"元零n分"的中文大写数字形式。

最后使用SUBSTITUTE函数执行3次替换，目的是处理一些特殊情况下出现的多余字符。

（1）最内层的SUBTITUTE函数将“零分”替换为“整”，对应当数字金额到“角”时（如1.5），在“角”之后不显示“零分”而是显示为“整”。

（2）第二层的SUBSTITUTE函数对应数字金额不足1角（如0.06）时，删除字符串中的多余字符“元零”。

（3）最外层的SUSTITUTE函数对应数字金额的整数部分为0（如0.5）时，删除字符串中的多余字符“元”。

10.2.13 认识T函数

T函数用于检测参数是否为文本，如果是文本或错误值则按原样返回，否则返回空文本“""”。如果A1单元格为数值123，公式“=T(A1)”将返回空文本。如果A1单元格为文本“Excel”，公式“=T(A1)”将返回A1单元格中的内容“Excel”。

练习与巩固

1. 在公式中输入文本内容时，需要使用（_________）包含。
2. （______）函数可以清除字符串前后的空格。
3. （______）函数可以清除字符串中的非打印字符。
4. TEXTJOIN函数的第二参数为1时，将（_______）空单元格。
5. CONCATENATE函数和CONCAT函数哪个支持单元格区域引用?
6. （_______）函数用于比较文本值是否完全相同。
7. （___________）函数将参数中单词的首字母转换成大写，其余字母转换为小写。
8. LEFT函数和RIGHT函数分别是从字符串的（__）、（__）侧提取字符。
9. MID函数与MIDB函数有什么区别?
10. 常用于在字符串中查找字符的函数为（__________）和（___________）。
11. （___________）函数支持使用通配符在字符串中查找字符。
12. TEXT函数使用四区段的第二参数时，分别表示当第一参数为（_____）、（_____）、（_____）、（_____）时设置的格式。

第 11 章 信息提取与逻辑判断

信息函数用于返回指定单元格或工作表的某些状态，如名称、路径、格式等。逻辑函数可以对数据进行相应的判断。

本章学习要点

(1)了解常用信息函数。
(2)常用的逻辑判断函数及嵌套使用。
(3)了解常用屏蔽错误值的函数。

11.1 使用CELL函数获取单元格信息

CELL函数用于获取单元格信息。该函数根据第一参数设定的值，返回指定单元格的格式、位置、内容或是文件所在路径等信息，函数语法如下：

```
CELL(info_type,[reference])
```

第一参数info_type必需，指定要返回的单元格信息的类型。

第二参数reference可选，需要得到其相关信息的单元格。如果缺省该参数，则默认为活动单元格（按<F9>键重新计算可查看公式结果变化情况）。如果参数reference是单元格区域，CELL函数将返回该区域左上角单元格的信息。

CELL函数的第二参数不支持跨工作簿的引用，当被引用的单元格与公式不在同一个工作簿时，如果关闭了被引用数据的工作簿，公式结果将返回错误值“#N/A”。

CELL函数使用不同的info_type参数，返回结果如表11-1所示。

表11-1 CELL函数使用不同第一参数返回的结果

info_type参数	函数返回与指定单元格相关的结果
"filename"	完整的路径、工作簿名和工作表名。 如果工作表唯一且与工作簿同名，则返回路径和工作簿名； 如果包含目标引用的工作簿尚未保存，则返回空文本("")
"address"	绝对引用形式的单元格地址
"col"	以数字表示的列标（如A列返回1）
"row"	行号
"contents"	内容（第二参数缺省时有可能造成公式出现循环错误）
"format"	单元格数字格式，详见表11-2
"color"	单元格数字格式负值是否以不同颜色显示。 1：不同颜色； 0：相同颜色

续表

info_type参数	函数返回与指定单元格相关的结果
"parentheses"	单元格自定义格式代码中是否包含左括号“(”。 1：包含； 0：不包含
"prefix"	水平对齐方式。 双引号（"）：右对齐； 脱字符（^）：居中或跨列居中； 反斜杠（\）：填充； 单引号（'）：不设置任何对齐方式； 单引号（'）：其他设置，如左对齐、两端对齐、分散对齐等； 空文本（""）：非文本常量，如数值、日期时间、逻辑值、公式等
"protect"	单元格是否设置锁定。 1：锁定； 0：未锁定
"type"	数据类型。 b：真空； l：文本，包括由公式生成的文本结果和空文本； v：其他
"width"	取整后的单元格列宽

11.1.1 使用CELL函数获取当前工作簿名和工作表名

CELL函数的第一参数使用“filename”时，可以获取指定单元格的工作簿名和工作表名，并且带有完整的路径。当工作簿中只有一个工作表，且与工作簿同名时，其结构为路径\工作簿名。其他情况下的结构为路径\[工作簿名]工作表名。

绝大部分文件的路径名都是使用反斜杠（\）作为文件夹的分隔符，斜杠（/）分隔符多见于直接保存于网络路径的文件，如OneDrive等。

CELL函数的第一参数使用“address”时，可以获取绝对引用的单元格地址，如果第二参数引用的是其他工作表的单元格，可以获得该单元格所在工作表的单元格地址，该地址中不包含文件路径，结构为[工作簿名]工作表名!$列标$行号。

以上工作簿名均包括文件后缀名。

与工作表信息相关的函数还包括SHEET函数和SHEETS函数，语法如下：

```
SHEET([value])
SHEETS([reference])
```

SHEET函数返回指定工作表在所有工作表中所处位置的编号，按工作表实际排列顺序从左往右编号，从1起始。参数可选，用于指定单元格的引用或指定工作表的名称，缺省时指向公式所在工作表。

SHEETS函数返回工作表的数目。参数可选，缺省时返回当前工作簿的工作表总数，不支持跨工作簿引用。

示例11-1　借助CELL函数获取工作簿名

➲ Ⅰ　包含完整路径、工作簿名和工作表名的公式

```
=CELL("filename")
```

➲ Ⅱ　获取当前工作簿名的常用公式

```
=MID(CELL("filename"),FIND("[",CELL("filename"))+1,FIND("]",CELL
("filename"))-FIND("[",CELL("filename"))-1)
```

注意 使用本示例和示例 11-2 中的公式前先确保工作簿已保存。

工作簿名的标志，是外面有一对半角的方括号，据此，可以用MID函数获取其中的内容。

MID函数用于提取从指定位置开始指定长度的字符，其用法为：

```
=MID(字符串,指定位置,指定长度)
```

字符串，本例是指“CELL("filename")”部分所返回的结果；指定位置和指定长度，需要分别嵌套FIND函数实现。

FIND函数的典型用法为：

```
=FIND(查找值,查找范围)
```

指定位置部分是“FIND("[",CELL("filename"))+1”，借此找到左方括号（[）出现的位置，而工作簿名则是出现在左方括号后面一个字符的位置，所以此处再加 1 用以修正结果。

指定长度部分是“FIND("]",CELL("filename"))-FIND("[",CELL("filename"))-1”，分别利用FIND函数找到左方括号（[）和右方括号（]）出现的位置，后者减前者后，获得包括右方括号在内的整个工作簿名，再减去 1，以获得修正后的结果。

图 11-1 是FIND函数查找位置的展示。

CELL("filename")结果	C:\……\[示例1.xlsx]Sheet1
Find("["…的位置	C:\……\[示例1.xlsx]Sheet1
Find("]"…的位置	C:\……\[示例1.xlsx]Sheet1

图 11-1　FIND 函数的查找位置

➲ Ⅲ　在Excel 365 中的简化公式

```
=INDEX(TEXTSPLIT(CELL("filename"),{"[","]"}),2)
```

TEXTSPLIT函数专门用于拆分字符串，此处的用法为：

```
=TEXTSPLIT(字符串,分隔符)
```

以上公式的结果是 1 行多列的动态数组，列数为分隔符数量+1。

第一参数字符串即CELL("filename")返回的结果。第二参数分隔符为常量数组“{"[","]"}”，指拆分符号为左方括号或右方括号中的其中任意一个。由此得出的结果是 1 行 3 列的动态数组，分别是路径、工作簿名和工作表名。

最后利用INDEX函数获取数组中第二部分的工作簿名。

TEXTSPLIT函数的详细用法，请参阅 10.2.9 小节。

➲ Ⅳ　如果工作簿内只有一个与工作簿名相同的工作表

此情况下，使用“CELL("filename")”将只能得到完整的路径和工作簿名，且不再显示方括号，而路

径中的符号(\或/)个数无法确定，因此用上述公式无法获取工作簿名。

这时，可以插入一个新的工作表，或是修改工作表名，使其与工作簿名不相同。

也可以使用Excel 365 中的公式。

```
=TEXTAFTER(CELL("filename"),{"\","/"},-1)
```

TEXTAFTER用于提取指定分隔符右侧所有字符的函数，在此处的用法为：

```
=TEXTAFTER(字符串,分隔符,搜索起始位置)
```

第一参数字符串即“CELL("filename")”返回的结果。第二参数分隔符是符号(\)或(/)中的任意一个。第三参数为搜索的起始位置，-1 表示从右往左搜索第一个出现的指定符号。

工作簿名前的符号(\)或(/)位于CELL("filename")返回结果的最右侧，因此可以直接获取工作簿名。

示例11-2 借助CELL函数获取工作表名

➲ I 在工作簿已经保存的前提下，获取当前工作表名的常用公式

```
=MID(CELL("filename",A1),FIND("]",CELL("filename",A1))+1,99)
```

工作表名是右方括号(])之后的部分，此处仍使用了MID嵌套FIND的结构。

MID的第一个参数是“CELL("filename",A1)”所返回的结果，指定位置是用FIND函数查找到右方括号出现的后一个位置，指定长度虽然不确定，但只要是一个足够大的数字即可，本示例使用的是99。

➲ II Excel 365 中的简化公式

```
=TEXTAFTER(CELL("filename",A1),"]")
```

公式直接用TEXTAFTER函数提取了“CELL("filename",A1)”中右方括号右侧的所有字符，从而获得工作表名。

➲ III 如果工作簿内只有一个与工作簿名相同的工作表

这种情况下，同样无法使用以上公式获取工作表名，但是可以使用Excel 365 中的公式。

```
=TEXTBEFORE(TEXTAFTER(CELL("filename"),{"\","/"},-1),".xls")
```

工作表名介于最右一个符号(\)或(/)和后缀名之间，此处公式先用TEXTAFTER提取最右一个符号(\)或(/)右侧的字符串，再用TEXTBEFORE提取“.xls”左侧的字符串。

➲ IV 默认工作表名

如果工作表名都是默认的Sheet1、Sheet2……且工作表的位置不发生变化，则可以使用以下函数获得工作表名。

```
="Sheet"&SHEET()
```

公式中的字符串"Sheet"是默认工作表名的固定部分，SHEET函数提取公式所在工作表的编号。

11.1.2 使用CELL函数获取单元格数字格式

如果为某个单元格应用了Excel内置的数字格式，CELL函数的第一参数使用“format”，能够返回

与该单元格数字格式相对应的文本值，如表 11-2 所示。

表 11-2　与数字格式相对应的返回值

如果 Excel 的格式为：	CELL 函数返回值
G/通用格式；分数；文本；星期；在格式代码中使用了[$-x-systime]的时间格式	G
数值格式，负数颜色不变	F0（0 表示小数点后保留 0 位，根据实际变更）
数值格式，负数颜色变化	F1-（1 表示小数点后保留 1 位，根据实际变更）
货币格式	C2 或 C2-（2 表示小数点后保留 2 位，根据实际变更）
使用千分位	,0 或 ,0-（0 表示小数点后保留 0 位，根据实际变更）
会计专用格式	C2 或 C2-（2 表示小数点后保留 2 位，根据实际变更）
百分比	P0（0 表示小数点后保留 0 位，根据实际变更）
科学记数	S0（0 表示小数点后保留 0 位，根据实际变更）
包括年、月、日的日期格式（不限制是否包括时间）	D1
包括年和月的日期格式	D2
包括月和日的日期格式	D3
包括时、分、秒和上下午的时间格式	D6
包括时、分和上下午的时间格式	D7
包括时、分、秒的时间格式	D8
包括时、分的时间格式	D9

11.2　常用 IS 类判断函数

Excel 2021 提供了 12 个 IS 开头的信息函数，主要用于判断数据类型、奇偶性、空单元格、错误值等。IS 类函数语法基本相同，都只有一个参数。返回结果为 TRUE 的参数具体如表 11-3 所示。

表 11-3　常用 IS 类函数

函数名	以下情况返回 TRUE	函数名	以下情况返回 TRUE
ISBLANK	真空单元格	ISLOGICAL	逻辑值
ISNUMBER	任意数值	ISTEXT	任意文本（包括空文本）
ISNONTEXT	任意非文本	ISFORMULA	参数所引用的单元格里包含公式（参数不能直接为常量）
ISREF	任意引用（非常量）	ISERR	除 #N/A 外的任意错误值
ISNA	#N/A	ISERROR	任意错误值
ISEVEN	数字为偶数（参数可以是数值、文本型数字和真空）	ISODD	数字为奇数（参数可以是数值和文本型数字）

11.3 其他信息类函数

11.3.1 用 ERROR.TYPE 函数判断错误值类型

ERROR.TYPE 函数针对不同的错误值返回对应的数字，该函数只有一个参数。不同值对应的返回结果如表 11-4 所示。

表 11-4 ERROR.TYPE 函数针对不同参数返回的结果

参数	函数返回的结果	参数	函数返回的结果
#NULL!	1	#DIV/0!	2
#VALUE!	3	#REF!	4
#NAME?	5	#NUM!	6
#N/A	7	#GETTING_DATA	8
#溢出！	9	#CONNECT!	10
#BLOCKED!	11	#UNKNOWN!	12
#FIELD!	13	#CALC!	14
#EXTERNAL!	19	非错误值	#N/A

11.3.2 用 TYPE 函数判断数据类型

TYPE 函数针对不同类型的数据返回对应的数字，该函数只有一个参数。不同类型的参数对应的返回结果如表 11-5 所示。

表 11-5 TYPE 函数针对不同类型参数返回的结果

参数	函数返回的结果	参数	函数返回的结果
数值(包括货币、日期时间、百分比、分数等)	1	文本（包括文本型数字）	2
逻辑值	4	错误值	16
数组	64	复合数据	128

SIGN 函数的用法与 TYPE 函数相同，只有一个参数，也能达到类似效果，当参数为正数或逻辑值为 TRUE 时返回 1；当参数为 0 或逻辑值为 FALSE 时返回 0；当参数为负数时返回 -1；参数可以是文本型数字，但是不允许使用纯文本。

11.3.3 用 N 函数将文本字符转换为数值

N 函数将错误值之外的字符串转换为数值，该函数只有一个参数，表示要转换的值。

不同类型参数转换后的结果如表 11-6 所示。

表 11-6 N 函数针对不同类型参数返回的结果

参数	函数返回的结果	参数	函数返回的结果
数值	与参数相同	错误值	与参数相同

续表

参数	函数返回的结果	参数	函数返回的结果
逻辑值TRUE	1	逻辑值FALSE	0
文本（包括空文本）	0	文本型数字	0
日期时间	返回日期时间的序列值	多维引用	每个维度的第一个值

11.3.4　用INFO函数返回操作环境信息

INFO函数是返回当前操作环境有关信息的函数，该函数只有一个参数。不同参数的返回结果如表 11-7 所示。

表 11-7　使用INFO函数返回的结果

INFO参数	返回结果	INFO参数	返回结果
DIRECTORY	当前目录或文件夹	NUMFILE	活动工作表
ORIGIN	顶部和最左侧的可见单元格	OSVERSION	操作系统版本
RECALC	重新计算模式	RELEASE	Microsoft Excel 版本
SYSTEM	操作环境		

11.4　逻辑判断函数

11.4.1　逻辑函数 TRUE 和 FALSE

逻辑值TRUE和逻辑值FALSE可以以函数的形态出现，没有参数，返回的结果仍是对应的逻辑值，如表 11-8 所示。

表 11-8　TRUE 函数与 FALSE 函数

公式	结果	公式	结果
=TRUE()	TRUE	=FALSE()	FALSE

11.4.2　逻辑函数 AND、OR、NOT、XOR 与四则运算

AND函数、OR函数、NOT函数、XOR函数分别对应 4 种逻辑关系，即“与”“或”“非”和“异或”，其参数全部是逻辑值或数值。4 个函数的语法如下。

```
AND(logical1,[logical2],…,[logical255])
OR(logical1,[logical2],…,[logical255])
NOT(logical)
XOR(logical1,[logical2],…,[logical254])
```

除了NOT函数，另外 3 个函数只有第一参数是必需的，其他参数可选。

4 个函数的运算规则如表 11-9 所示。

表 11-9　AND、OR、NOT和XOR函数的运算规则

函数名	参数	结果	函数名	参数	结果
AND	全部为TRUE	TRUE	NOT	TRUE	FALSE
	至少一个为FALSE	FALSE		FALSE	TRUE
OR	全部为FALSE	FALSE	XOR	TRUE的个数为奇数	TRUE
	至少一个为TRUE	TRUE		TRUE的个数为偶数	FALSE

示例11-3 判断是否能够参加某活动

图 11-2 是某公司部分员工的信息。公司拟举办一项活动，邀请各部门经理、任职 5 年以上的主管和任职 7 年以上的员工参加，现需要使用公式进行判断。

	A	B	C	D	E	F
1	姓名	部门	职务	在职年限	是否参加	
2	陆艳菲	行政部	经理	1	TRUE	1
3	陈尚武	财务部	经理	3	TRUE	1
4	李厚辉	生产部	经理	5	TRUE	1
5	杨庆东	行政部	主管	2	FALSE	0
6	任继先	行政部	主管	4	FALSE	0
7	李光明	财务部	主管	6	TRUE	1
8	毕淑华	生产部	员工	3	FALSE	0
9	赵会芳	生产部	员工	6	FALSE	0
10	赖群毅	生产部	员工	9	TRUE	1
11	E2公式：	=OR(C2="经理",AND(C2="主管",D2>5),AND(C2="员工",D2>7))				
12	F2公式：	=(C2="经理")+(C2="主管")*(D2>5)+(C2="员工")*(D2>7)				

图 11-2　判断是否能够参加某活动

➲ Ⅰ　返回TRUE或FALSE结果的公式

在E2 单元格输入以下公式，向下复制到E10 单元格。

```
=OR(C2="经理",AND(C2="主管",
D2>5),AND(C2="员工",D2>7))
```

在这个示例中，各部门经理、任职 5 年以上的主管、任职 7 年以上的员工是 3 个“或”条件，只要满足其中之一即可，这是OR函数可以达到的效果；主管同时要求任职 5 年以上，属于“与”条件，两个条件必需全部满足，这是AND函数可以达到的效果；员工同时要求任职 7 年以上，同样是“与”条件。

➲ Ⅱ　返回数值的公式

在F2 单元格输入以下公式，向下复制到F10 单元格。

```
=(C2="经理")+(C2="主管")*(D2>5)+(C2="员工")*(D2>7)
```

公式中使用乘法替代AND函数，使用加法替代OR函数，但是这个公式的结果却不再是逻辑值TRUE或FALSE，而是数字。

在Excel函数的运算过程中，逻辑值和数字之间有着密切的联系，当逻辑值参与到运算过程时，逻辑值TRUE被当作 1 来计算，逻辑值FALSE被当作 0 来计算；而数值运算的结果 0 被当作逻辑值FALSE，所有非 0 的值被当作逻辑值TRUE。

公式中乘法、加法的运算优先级与普通四则运算相同，可以根据需要适当添加括号以符合逻辑判断的优先级。

提示

由于AND函数和OR函数的运算无法返回数组结果，因此当逻辑运算需要返回包含多个结果的数组时，必需使用数组间的乘法、加法运算。

11.4.3 IF 函数判断条件“真”“假”

IF 函数是常用函数之一，其结构可以表达为“如果……则……否则……”。

函数语法为：

```
IF(logical_test,value_if_true,[value_if_false])
```

第一参数 logical_test 必需，为逻辑判断的条件，可以是计算结果为 TRUE、FALSE 或数值的任何表达式。

第二参数 value_if_true 必需，作为第一参数为 TRUE 或为非 0 数值时返回的结果。

第三参数 value_if_false 可选，作为第一参数为 FALSE 或等于数值 0 时返回的结果。如果第一参数为 0 或 FALSE，且第三参数缺省，将返回 FALSE。

示例11-4 使用IF函数计算提成额

图 11-3 为某公司员工销售额的部分数据，现需要计算提成额，当销售额小于 1000 时，没有提成额，否则提成额是 10%。

	A	B	C	D
1	姓名	销售额	提成额	
2	李从林	¥ 500.00	¥ -	¥ -
3	张鹤翔	¥ 999.00	¥ -	¥ -
4	王丽卿	¥ 1,000.00	¥ 100.00	¥ 100.00
5	杨红	¥ 1,500.00	¥ 150.00	¥ 150.00
6	徐翠芬	¥ 1,999.00	¥ 199.90	¥ 199.90
7	纳红	¥ 2,000.00	¥ 200.00	¥ 200.00
8	张坚	¥ 2,500.00	¥ 250.00	¥ 250.00
9	施文庆	¥ 2,999.00	¥ 299.90	¥ 299.90
10	李承谦	¥ 3,000.00	¥ 300.00	¥ 300.00
11	杨启	¥ 3,500.00	¥ 350.00	¥ 350.00
12	C2公式：	=IF(B2<1000,0,0.1)*B2		
13	D2公式：	=IF(B2>=1000,0.1,0)*B2		

图 11-3 IF 函数计算提成额

➲ Ⅰ 判断小于 1000

在 C2 单元格输入以下公式，向下复制到 C11 单元格。

```
=IF(B2<1000,0,0.1)*B2
```

使用 IF 函数判断，当满足第一参数设定的条件 B2<1000 时，得到逻辑值 TRUE，公式返回提成比例 0，否则返回 0.1，即 10%。

最后将 IF 函数返回的提成比例与 B2 单元格中的销售额相乘，得到提成额。

➲ Ⅱ 判断大于等于 1000

在 D2 单元格输入以下公式，向下复制到 D11 单元格。

```
=IF(B2>=1000,0.1,0)*B2
```

与上述公式相反，判断条件设置为 B2>=1000，符合条件时得到逻辑值 TRUE，公式返回 0.1，否则返回 0。最后再乘以销售额，得到提成额。

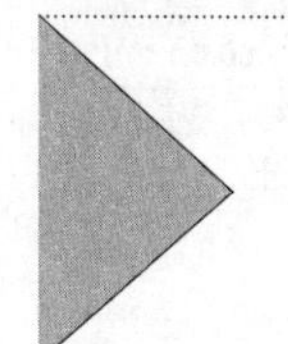

根据本书前言的提示，可观看关于“IF 函数”的视频演示。

11.4.4 使用 IFS 函数实现多条件判断

IFS 函数可以取代多层嵌套的 IF 函数，其结构可以表达为“如果符合条件 1，则结果 1；如果符合条件 2，则结果 2……”，函数语法为：

```
=IFS(logical_test1,value_if_true1,[logical_test2,value_if_true2],...,
[logical_test127,value_if_true127])
```

第一参数logical_test1必需，为逻辑判断的条件，可以是计算结果为TRUE、FALSE或数值的任何表达式。

第二参数value_if_true1必需，作为第一参数为TRUE或为非0数值时返回的结果。

从第三参数起可以按组缺省，每两个参数为一组，用法与第一、第二参数相同，最多允许127组。

11.4.5 SWITCH函数多条件判断

SWITCH函数用于将表达式与参数进行比对，如匹配则返回对应的值，没有参数匹配时返回可选的默认值。函数语法如下：

```
=SWITCH(expression,value1,result1,[default_or_value2,result2],...,
[default_or_value126,result126,default127])
```

第一参数expression必需，为后续所有条件设定的表达式，参数不限于逻辑值或数值。

第二参数value1必需；第三参数result1必需。当value1与expression结果相同时，返回result1。

其他参数可选。

第四参数default_or_value2，作为value2与result2成为一组，即当value2与expression结果相同时，返回result2。

最后一个default参数用于指定在所有条件均不符合时返回的结果，如果缺省该参数，在所有条件均不符合时将返回错误值。

示例11-5 计算多层提成额

在示例11-4的基础上再增加几个条件，具体规则如下：

当销售额小于1000时，无提成额；

当销售额大于等于1000且小于2000时，提成额是销售额的10%；

当销售额大于等于2000且小于3000时，提成额是销售额的20%；

当销售额大于等于3000时，提成额是销售额的30%。

	A	B	C	D
1	姓名	销售额	提成额	
2	李从林	¥ 500.00	¥ -	¥ -
3	张鹤翔	¥ 999.00	¥ -	¥ -
4	王丽卿	¥ 1,000.00	¥ 100.00	¥ 100.00
5	杨红	¥ 1,500.00	¥ 150.00	¥ 150.00
6	徐翠芬	¥ 1,999.00	¥ 199.90	¥ 199.90
7	纳红	¥ 2,000.00	¥ 400.00	¥ 400.00
8	张坚	¥ 2,500.00	¥ 500.00	¥ 500.00
9	施文庆	¥ 2,999.00	¥ 599.80	¥ 599.80
10	李承谦	¥ 3,000.00	¥ 900.00	¥ 900.00
11	杨启	¥ 3,500.00	¥ 1,050.00	¥ 1,050.00
12	C2公式：	=IF(B2<1000,0,IF(B2<2000,0.1,IF(B2<3000,0.2,0.3)))*B2		
13	D2公式：	=IF(B2>=3000,0.3,IF(B2>=2000,0.2,IF(B2>=1000,0.1,0)))*B2		

图11-4 IF函数多层嵌套计算销售提成

➲ Ⅰ IF函数多层嵌套

如图11-4所示，在C2单元格输入以下公式，向下复制到C11单元格。

```
=IF(B2<1000,0,IF(B2<2000,0.1,IF(B2<3000,0.2,0.3)))*B2
```

在D2单元格输入以下公式，向下复制到D11单元格。

```
=IF(B2>=3000,0.3,IF(B2>=2000,0.2,IF(B2>=1000,0.1,0)))*B2
```

C2公式中嵌套了3个层级的IF函数。

首先判断B2 是否小于 1000，如果符合条件则返回 0。否则继续用IF 函数判断B2 是否小于 2000，如果符合条件则返回 0.1。这一层IF 函数的第一参数不需要写成“AND(B2>=1000,B2<2000)”，只需对是否小于 2000 进行判断即可。因为公式在进行第一层IF 判断时，已经把小于 1000 的数剔除，在所有大于等于 1000 的数中继续判断是否小于 2000。

如果不满足第二层IF 判断条件，再继续用IF 函数判断B2 是否小于 3000，符合条件则返回 0.2；否则返回 0.3。

最后将IF 函数返回的提成比例与B2 单元格中的销售额相乘，得到提成额。

D2 单元格中公式的判断顺序与C2 单元格公式相反，先从是否大于等于 3000 开始判断，以此类推。

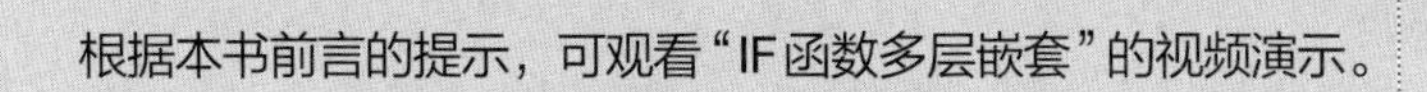
根据本书前言的提示，可观看“IF 函数多层嵌套”的视频演示。

➲ Ⅱ　用IFS 函数替代IF 的多层嵌套

如图 11-5 所示，相比于多层嵌套的IF 函数，使用IFS 函数会使公式更加简洁。

	A	B	C	D
1	姓名	销售额	提成额	
2	李从林	¥ 500.00	¥ -	¥ -
3	张鹤翔	¥ 999.00	¥ -	¥ -
4	王丽卿	¥ 1,000.00	¥ 100.00	¥ 100.00
5	杨红	¥ 1,500.00	¥ 150.00	¥ 150.00
6	徐翠芬	¥ 1,999.00	¥ 199.90	¥ 199.90
7	纳红	¥ 2,000.00	¥ 400.00	¥ 400.00
8	张坚	¥ 2,500.00	¥ 500.00	¥ 500.00
9	施文庆	¥ 2,999.00	¥ 599.80	¥ 599.80
10	李承谦	¥ 3,000.00	¥ 900.00	¥ 900.00
11	杨启	¥ 3,500.00	¥ 1,050.00	¥ 1,050.00
12	C2公式：	=IFS(B2<1000,0,B2<2000,0.1,B2<3000,0.2,1,0.3)*B2		
13	D2公式：	=IFS(B2>=3000,0.3,B2>=2000,0.2,B2>=1000,0.1,1,0)*B2		

图 11-5　IFS 函数计算销售提成

在C2 单元格输入以下公式，向下复制到C11 单元格。

```
=IFS(B2<1000,0,B2<2000,0.1,B2<3000,0.2,1,0.3)*B2
```

在D2 单元格输入以下公式，向下复制到D11 单元格。

```
=IFS(B2>=3000,0.3,B2>=2000,0.2,B2>=1000,0.1,1,0)*B2
```

因为IFS 函数不支持“否则”条件，所以当公式中所有条件都不满足时，可以在最后一个logical_test 参数中输入TRUE或不为 0 的任意数，再从最后一个value_if_true参数中输入“否则结果”。如D2 单元格公式中第 7 个参数为 1，第 8 个参数 0，则是不满足前面所有条件的结果。

➲ Ⅱ　用SWITCH 函数替代IF 的多层嵌套

同样的问题也可以使用SWITCH 函数完成，如图 11-6 所示。

	A	B	C	D
1	姓名	销售额	提成额	
2	李从林	¥ 500.00	¥ -	¥ -
3	张鹤翔	¥ 999.00	¥ -	¥ -
4	王丽卿	¥ 1,000.00	¥ 100.00	¥ 100.00
5	杨红	¥ 1,500.00	¥ 150.00	¥ 150.00
6	徐翠芬	¥ 1,999.00	¥ 199.90	¥ 199.90
7	纳红	¥ 2,000.00	¥ 400.00	¥ 400.00
8	张坚	¥ 2,500.00	¥ 500.00	¥ 500.00
9	施文庆	¥ 2,999.00	¥ 599.80	¥ 599.80
10	李承谦	¥ 3,000.00	¥ 900.00	¥ 900.00
11	杨启	¥ 3,500.00	¥ 1,050.00	¥ 1,050.00
12	C2公式：	=SWITCH(TRUE,B2<1000,0,B2<2000,0.1,B2<3000,0.2,0.3)*B2		
13	D2公式：	=SWITCH(TRUE,B2>=3000,0.3,B2>=2000,0.2,B2>=1000,0.1,0)*B2		

图 11-6　SWITCH 函数计算销售提成

在C2 单元格输入以下公式，向下复制到C11 单元格。

```
=SWITCH(TRUE,B2<1000,0,B2<2000,0.1,B2<3000,0.2,0.3)*B2
```

在D2 单元格输入以下公式，向下复制到D11 单元格。

```
=SWITCH(TRUE,B2>=3000,0.3,B2>=2000,0.2,B2>=1000,0.1,0)*B2
```

SWITCH函数中第一个参数使用了TRUE，之后所有的value参数如果满足条件，则返回其对应的result值，最后一个参数是当所有条件均不匹配时所返回的值。

➲ IV　多层判断的错误写法

进行多层判断时，后面的判断条件不能被前面的判断条件所包含，以IF嵌套为例，以下两个公式的写法均为错误，如图 11-7 所示。

```
=IF(B2<3000,0.2,IF(B2<2000,0.1,IF(B2<1000,0,0.3)))*B2
=IF(B2>=1000,0.1,IF(B2>=2000,0.2,IF(B2>=3000,0.3,0)))*B2
```

遇到这类多层判断的问题，无法确定其逻辑顺序时，可以画一张图，如图 11-8 所示，先将所有数据的判断区间从小到大或从大到小排列，再对每个区间进行判断。这样做既可以避免上述公式的错误，又可以避免数据区间被遗漏。

	A	B	C	D
1	姓名	销售额	IF的错误写法	
2	李从林	¥ 500.00	¥ 100.00	¥ -
3	张鹤翔	¥ 999.00	¥ 199.80	¥ -
4	王丽卿	¥ 1,000.00	¥ 200.00	¥ 100.00
5	杨红	¥ 1,500.00	¥ 300.00	¥ 150.00
6	徐翠芬	¥ 1,999.00	¥ 399.80	¥ 199.90
7	纳红	¥ 2,000.00	¥ 400.00	¥ 200.00
8	张坚	¥ 2,500.00	¥ 500.00	¥ 250.00
9	施文庆	¥ 2,999.00	¥ 599.80	¥ 299.90
10	李承谦	¥ 3,000.00	¥ 900.00	¥ 300.00
11	杨启	¥ 3,500.00	¥ 1,050.00	¥ 350.00
12	C2公式：	=IF(B2<3000,0.2,IF(B2<2000,0.1,IF(B2<1000,0,0.3)))*B2		
13	D2公式：	=IF(B2>=1000,0.1,IF(B2>=2000,0.2,IF(B2>=3000,0.3,0)))*B2		

图 11-7　IF 函数多层判断的错误写法

起始值	终值		公式中引用部分	第1次判断	第2次判断	第3次判断	……
-∞	1000)		<1000	结果1			
[1000	2000)	>=1000	<2000		结果2		
[2000	3000)	>=2000	<3000	否则结果	否则结果	结果3	
[3000	∞	>=3000				否则结果	

起始值	终值	公式中引用部分		第1次判断	第2次判断	第3次判断	……
[3000	∞	>=3000		结果1			
[2000	3000)	>=2000	<3000		结果2		
[1000	2000)	>=1000	<2000	否则结果	否则结果	结果3	
-∞	1000)		<1000			否则结果	

图 11-8　多层判断

还有一个更加简单的方法，就是根据使用的符号来确定，如果使用小于符号，则被判断的条件从小到大排列；反之从大到小排列。但是使用此法需要注意不能遗漏数据区间的判断。

11.4.6　IFERROR和IFNA函数

IFERROR函数和IFNA函数都专门用于屏蔽错误值，其函数语法为：

```
IFERROR(value,value_if_error)
IFNA(value,value_if_na)
```

IFERROR函数的第一参数是需要屏蔽错误值的公式，第二参数是公式计算结果为错误值时要返回的值。IFERROR函数可以屏蔽所有错误值。

IFNA函数的作用和语法与IFERROR函数类似，但是仅对错误值“#N/A”有效。

11.5　屏蔽错误值

11.5.1　忽略原公式本身结果

示例11-6　判断所辖地

图 11-9 中，需要根据A列的关键字判断其所属省级，在对应省级的位置返回“是”，其他位置返

回空文本("")。但是，使用FIND函数查找的结果，在不出现错误值时与最终目标的“是”并不相符。

以A2单元格里的“长宁”为例，长宁区属于上海市，而使用FIND函数的结果是，C2单元格返回“长宁”两个字符在G2单元格里出现的位置“13”。

C2 =FIND($A2,G$2)

	A	B	C	D	E	F	G	H
1	关键字	江苏省	上海市	浙江省		江苏省	上海市	浙江省
2	长宁	#VALUE!	13	#VALUE!		南京市	黄浦区	杭州市
3	常	5	#VALUE!	#VALUE!		常州市	静安区	宁波市
4	南京	1	#VALUE!	#VALUE!		无锡市	徐汇区	绍兴市
5	绍	#VALUE!	#VALUE!	9		徐州市	长宁区	温州市
6	温州	#VALUE!	#VALUE!	13		……	……	……
7	宁波	#VALUE!	#VALUE!	5				
8	徐汇区	#VALUE!	9	#VALUE!				
9	徐州市	13	#VALUE!	#VALUE!				
10	杭	#VALUE!	#VALUE!	1				

图 11-9 FIND函数查找结果

注意 为方便查看，F~H列中的城市名所在单元格使用了合并单元格。

遇到这种情况，可以借助以下函数来屏蔽错误值。

Ⅰ 借助TYPE函数

如图11-10所示，在B2单元格中输入以下公式，并向下向右复制到B2:D10单元格区域。

```
=IF(TYPE(FIND($A2,F$2))=16,"","是")
```

B2 =IF(TYPE(FIND($A2,F$2))=16,"","是")

	A	B	C	D	E	F	G	H
1	关键字	江苏省	上海市	浙江省		江苏省	上海市	浙江省
2	长宁		是			南京市	黄浦区	杭州市
3	常	是				常州市	静安区	宁波市
4	南京	是				无锡市	徐汇区	绍兴市
5	绍			是		徐州市	长宁区	温州市
6	温州			是		……	……	……
7	宁波			是				
8	徐汇区		是					
9	徐州市	是						
10	杭			是				

图 11-10 借助TYPE函数屏蔽错误值

当关键字中不存在FIND函数所查找的字符时，返回的结果是错误值“#VALUE!”。这一结果经过TYPE函数判断后，返回16。

最后用IF函数进行判断，如果TYPE函数的结果等于16，则返回空文本("")，否则返回“是”。

公式中的A2和F2分别使用了列绝对引用和行绝对引用，以保证公式在向下和向右复制的过程中，引用的单元格始终在A列和第2行。

Ⅱ 借助ISERROR系列函数

图11-11所示是分别使用ISERR和ISERROR函数最终达到判断是否属于所辖地的目的，公式如下。

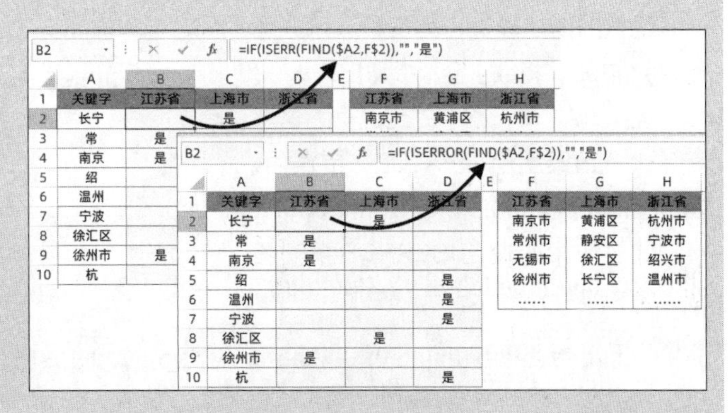

B2 =IF(ISERR(FIND($A2,F$2)),"","是")

B2 =IF(ISERROR(FIND($A2,F$2)),"","是")

	A	B	C	D	E	F	G	H
1	关键字	江苏省	上海市	浙江省		江苏省	上海市	浙江省
2	长宁		是			南京市	黄浦区	杭州市
3	常	是				常州市	静安区	宁波市
4	南京	是				无锡市	徐汇区	绍兴市
5	绍			是		徐州市	长宁区	温州市
6	温州			是		……	……	……
7	宁波			是				
8	徐汇区		是					
9	徐州市	是						
10	杭			是				

图 11-11 借助ISERR和ISERROR函数屏蔽错误值

```
=IF(ISERR(FIND($A2,F$2)),"","是")
=IF(ISERROR(FIND($A2,F$2)),"","是")
```

公式中仍然使用了FIND函数进行查找，如果不存在则会返回错误值“#VALUE!”。这种错误类型ISERR和ISERROR都可以进行判断，是错误时返回逻辑值TRUE，反之返回逻辑值FALSE。

最后用IF函数进行判断，返回“是”或空文本("")。

除此之外，使用ISNA函数可以对结果为“#N/A”的错误值进行判断。

➲ III　借助其他IS类函数

除了ISODD和ISEVEN，其他IS类函数的参数如果是错误值，其返回的结果也是TRUE或FALSE，因此也可以使用这些函数来屏蔽错误值。

如图 11-12 所示，FIND函数生成的结果是数值和错误值两种，这时也可以用ISNUNBER函数来判断，数值返回逻辑值TRUE，错误值返回逻辑值FALSE。

最后用IF函数进行判断，返回“是”或空文本（""），公式如下。

B2　=IF(ISNUMBER(FIND($A2,F$2)),"是","")

	A	B	C	D	E	F	G	H
1	关键字	江苏省	上海市	浙江省		江苏省	上海市	浙江省
2	长宁		是			南京市	黄浦区	杭州市
3	常	是				常州市	静安区	宁波市
4	南京	是				无锡市	徐汇区	绍兴市
5	绍			是		徐州市	长宁区	温州市
6	温州			是		……	……	……
7	宁波			是				
8	徐汇区		是					
9	徐州市	是						
10	杭			是				

图 11-12　借助ISNUMBER函数屏蔽错误值

```
=IF(ISNUMBER(FIND($A2,F$2)),"是","")
```

11.5.2　保留原公式本身结果

示例11-7　提取逗号后的数字

如图 11-13 所示，需要将A列中逗号后面的数字提取出来，可以使用FIND函数找到逗号（，）的位置，以此作为MID函数的第二参数，第三参数用一个比较大的 99，将数字全部提取出来。

但是，A9 单元格中并无逗号，这就导致公式结果出现“#VALUE!”错误值，需要借助于一些函数来屏蔽。

此时如果仍使用ISERROR系列函数，公式如下。

	A	B	C	D	E
1	内容	FIND	ISERR	ISERROR	IFERROR
2	省进修中学，12.5	12.5	12.5	12.5	12.5
3	大河附属中学，76	76	76	76	76
4	燕京一中，89.57	89.57	89.57	89.57	89.57
5	金源五中，39.1	39.1	39.1	39.1	39.1
6	实验中学附属小学，106.43	106.43	106.43	106.43	106.43
7	省进修中学，246.52	246.52	246.52	246.52	246.52
8	大河附属中学，181	181	181	181	181
9	燕京一中	#VALUE!			
10	B2公式：	=MID(A2,FIND("，",A2)+1,99)			
11	C2公式：	=IF(ISERR(FIND("，",A2)),"",MID(A2,FIND("，",A2)+1,99))			
12	D2公式：	=IF(ISERROR(FIND("，",A2)),"",MID(A2,FIND("，",A2)+1,99))			
13	E2公式：	=IFERROR(MID(A2,FIND("，",A2)+1,99),"")			

图 11-13　借助各种函数屏蔽错误值

```
=IF(ISERR(FIND("，",A2)),"",MID(A2,FIND("，",A2)+1,99))
=IF(ISERROR(FIND("，",A2)),"",MID(A2,FIND("，",A2)+1,99))
```

公式中FIND部分出现了两次，先用ISERR或ISERROR判断其是否为错误值，再用IF对其结果进行判断，是则返回空文本（""），否则用MID嵌套重复一次FIND部分。这样的公式不仅冗长，嵌套层级还相对较多。

借助IFERROR函数可以直接进行判断。如果MID嵌套FIND部分可以得出错误值之外的结果，则返回对应的数字，否则返回空文本（""），公式如下。

```
=IFERROR(MID(A2,FIND("，",A2)+1,99),"")
```

11.5.3　利用计算规则屏蔽错误值

示例11-8　屏蔽除数为0的错误值

如图 11-14 所示，根据不同交通工具运行同等距离所耗时间计算时速。当耗时为 0 时，会返回错误值“#DIV/0!”。遇到这种情况，利用IS类函数或IFERR函数、IFERROR函数都可以屏蔽错误值。

但因为错误本身是由除数为 0 所引起的，还可以借助计算规则来屏蔽错误值。在F3 单元格输入以下公式，并向下复制到F11 单元格。

```
=IF(B3>0,C$1/B3,"无法计算")
```

或将公式简化为：

```
=IF(B3,C$1/B3,"无法计算")
```

	A	B	C	D	E	F
1	距离（km）：		1000			
2	交通工具	时间（H）	时速	ISERR	IFERROR	计算规则
3	光速飞船	0.00	#DIV/0!	无法计算	无法计算	无法计算
4	火箭	0.06	16200	16200	16200	16200
5	飞机	1.25	800	800	800	800
6	高铁	2.86	350	350	350	350
7	火车	10.00	100	100	100	100
8	地铁	12.50	80	80	80	80
9	汽车	16.67	60	60	60	60
10	自行车	55.56	18	18	18	18
11	步行	200.00	5	5	5	5
12	C3公式：	=C$1/B3				
13	D3公式：	=IF(ISERR(C$1/B3),"无法计算",C$1/B3)				
14	E3公式：	=IFERROR(C$1/B3,"无法计算")				
15	F3公式：	=IF(B3,C$1/B3,"无法计算")				

图 11-14　屏蔽除以 0 的错误值

利用IF判断，当B3 不为 0 时，正常计算时速，否则返回“无法计算”。

公式中的C1 单元格使用了行绝对引用，以保证公式在向下复制的过程中，引用的单元格始终在第 1 行。

11.5.4　利用函数规则屏蔽错误值

示例11-9　借助N函数屏蔽错误值

如图 11-15 所示，需要计算各人的工资，即时工资乘以工时数，但是表中有文本“待定”，这就造成直接相乘的公式结果出现错误值。

根据Excel本身的公式规则，文本不能参与四则运算。可以利用N函数将文本转成 0，数值不变。在E2 单元格输入如下公式，并向下复制到E10 单元格，即可屏蔽错误值。

```
=N(B2)*C2
```

	A	B	C	D	E
1	姓名	时工资	工时数	本月工资	N函数
2	王玮	待定	11.5	#VALUE!	¥ -
3	王旭辉	¥1,100.00	12	¥13,200.00	¥13,200.00
4	段文林	¥1,200.00	21	¥25,200.00	¥25,200.00
5	李炬	¥1,300.00	18.5	¥24,050.00	¥24,050.00
6	梁应珍	¥1,400.00	18	¥25,200.00	¥25,200.00
7	张宁一	¥1,500.00	12.5	¥18,750.00	¥18,750.00
8	袁丽梅	¥1,600.00	20.5	¥32,800.00	¥32,800.00
9	保世森	¥1,700.00	10.5	¥17,850.00	¥17,850.00
10	刘惠琼	¥1,800.00	19	¥34,200.00	¥34,200.00
11		D2公式：	=B2*C2		
12		E2公式：	=N(B2)*C2		

图 11-15　借助N函数屏蔽错误值

11.5.5　其他

有时可以根据函数参数本身的规则来屏蔽错误值，如示例 11-7 提取逗号后的数字，也可以使用以下公式，如图 11-16 所示。

```
=MID(A2,FIND("，",A2&"，")+1,99)
```

	A	B	C
1	内容	FIND	其他
2	省进修中学，12.5	12.5	12.5
3	大河附属中学，76	76	76
4	燕京一中，89.57	89.57	89.57
5	金源五中，39.1	39.1	39.1
6	实验中学附属小学，106.43	106.43	106.43
7	省进修中学，246.52	246.52	246.52
8	大河附属中学，181	181	181
9	燕京一中	#VALUE!	
10	B2公式：	=MID(A2,FIND("，",A2)+1,99)	
11	C2公式：	=MID(A2,FIND("，",A2&"，")+1,99)	

图 11-16　根据函数参数规则屏蔽错误值

公式中的FIND部分，当第二参数中不存在查找值逗号时，会返回错误值，如B9单元格中的结果。此时将第二参数A9与逗号连接，用FIND查找后再加1，结果是6，大于A9单元格中的字符数4，以此作为MID的第二参数，会返回一个空文本，而不再是错误值，并且这种除错方式对其他已经存在逗号的单元格并无影响。

练习与巩固

1. CELL函数的第一参数为“filename”时，将返回(____________)；为“address”时，将返回(____________)。

2. 尝试利用CELL函数提取本工作簿的名称。

3. (____________)函数用于判断参数是否为数值，返回TRUE或FALSE。

4. 当所有参数都是TRUE时，AND函数将返回(________)，当其中一个参数为FALSE时，AND函数将返回(________)。当其中一个参数为FALSE时，OR函数将返回(________)。当所有参数都为FALSE时，OR函数将返回(________)。

5. IF函数当第一参数为TRUE时，将返回(________)；为FALSE时，将返回(________)。

6. (________)函数或(________)函数可以取代多层嵌套的IF函数。

7. 列举出至少两个屏蔽函数公式返回错误值的常用方法。

第 12 章　数学计算

利用Excel数学计算类函数，可以在工作表中快速完成求和、取余、随机和修约等计算。同时，掌握常用数学函数的应用技巧，在构造数组序列、单元格引用位置变换、日期函数综合应用及文本函数的提取中都起着重要的作用。

本章学习要点

（1）数学运算。
（2）取余函数。
（3）取舍函数。
（4）数学转换。
（5）随机数函数。

12.1　序列函数

ROW函数用于向下复制公式时生成序列，COLUMN函数用于向右复制公式时生成序列，具体请参阅 14.1 节。还可以使用SEQUENCE函数生成一组序列数，函数语法为：

```
SEQUENCE(行,[列],[开始数],[增量])
```

第一参数“行”必需，指返回结果的行数。

第二参数“列”可选，指返回结果的列数，默认为 1。

第三参数“开始数”可选，指返回结果的起始值，默认为 1。

第四参数“增量”可选，指返回结果的步长，默认为 1。

函数结果如果是多行多列，则按先行后列的排列顺序自动溢出到相邻单元格区域，如图 12-1 所示。

	A	B	C	D	E	F	G	H	I	J
1	1		1	2		3	4		3	5
2	2		3	4		5	6		7	9
3	3		5	6		7	8		11	13
4			7	8		9	10		15	17
5										
6	A1公式： =SEQUENCE(3)									
7	C1公式： =SEQUENCE(4,2)									
8	F1公式： =SEQUENCE(4,2,3)									
9	I1公式： =SEQUENCE(4,2,3,2)									

图 12-1　SEQUENCE 函数结果

12.2　四则运算

在Excel里，可以用加号（+）、减号（-）、星号（*）、斜杠（/）直接进行加、减、乘、除的四则运算，如图 12-2 所示。

四则运算	运算式	Excel公式	结果
加法	3+2=	=3+2	5
减法	5-4=	=5-4	1
乘法	3×6=	=3*6	18
除法	8÷4=	=8/4	2

图 12-2　四则运算

12.2.1　加、减法运算

用于将各个参数中的数值求和的是SUM函数。

在四则运算中，并没有专门的“相减函数”，当需要将多个数据相减时，可以使用减号（-），引用逐个单元格相减，但这样做不仅编辑公式的效率低下，而且公式冗长。这时可以利用减法的性质，用第一个数减去剩余所有数的和，如图 12-3 所示。

	A	B	C	D	E	F	G	H
1	收入	支出					余额	
2	1000	100	100	100	100	100	500	500
3	5566	814	494	769	686	977	1826	1826
4	8791	148	655	521	189	249	7029	7029
5	1120	777	818	148	146	565	-1334	-1334
6	1487	145	690	915	381	617	-1261	-1261
7	1092	275	228	633	431	818	-1293	-1293
8	6545	868	675	344	830	597	3231	3231
9	9946	437	462	958	910	608	6571	6571
10	G2公式： =A2-B2-C2-D2-E2-F2							
11	H2公式： =A2-SUM(B2:F2)							

图 12-3　多数相减

12.2.2 乘法运算

计算乘积所用的是PRODUCT函数，函数语法为：

```
PRODUCT(number1,[number2,...,number255])
```

参数中的每一个number是需要相乘的值，除第一个参数，其他都是可选参数。

参数可以是一个数值（常量）、单元格引用、单元格区域，也可以是多个单元格（或区域）。参数为多个单元格（或区域）时，需要添加一对半角小括号。对比以下两个公式：

```
=PRODUCT(A1,A3,A5)
```

此公式参数有3个，分别为A1、A3和A5。

```
=PRODUCT((A1,A3),A5)
```

此公式参数只有两个，第一参数是一个不连续的单元格区域A1和A3，第二参数是A5。此种写法可以从某种意义上突破最多参数的限制。

参数为引用时，空单元格（包括真空和空文本）、逻辑值和文本将被忽略，而作为常量的逻辑值按TRUE为1、FALSE为0的规则参与运算；文本型数字作为参数时，单元格引用和数组常量都会被忽略。

FACT函数用于计算阶乘，该函数只有一个参数，用于计算从1开始到指定参数连续数字的乘积。

12.2.3 除法运算

需要计算相除时，可以用符号斜杠（/）；当需要让多个数据相除时，则可以用第一个数除以剩余所有数的乘积。

QUOTIENT函数返回两数相除后的整数部分，MOD函数返回两数相除后的余数。

函数语法分别为：

```
QUOTIENT(numerator,denominator)
MOD(number,divisor)
```

虽然两者参数的描述有所不同，但是含义相同，即被除数与除数，如图12-4所示。

这两个函数的参数可以是数值、货币、日期等，也可以是文本型数字，但是参数为文本（包括空文本）时，返回错误值“#VALUE!”。另外，根据除法规则，当除数为0或引用了真空单元格时，也会返回错误值“#DIV/0!”。

	A	B	C	D	E	F
1	被除数	除数	相除	QUOTIENT	MOD	INT
2	50	2	25	25	0	0
3	50	3	16.66667	16	2	2
4	50	0	#DIV/0!	#DIV/0!	#DIV/0!	#DIV/0!
5	0	50	0	0	0	0
6	50	3.3	15.15152	15	0.5	0.5
7	-50	3	-16.6667	-16	1	1
8	50	-3	-16.6667	-16	-1	-1
9	-50	-3	16.66667	16	-2	-2
10	C2公式：	=A2/B2		E2公式：	=MOD(A2,B2)	
11	D2公式：	=QUOTIENT(A2,B2)		F2公式：	=A2-B2*INT(A2/B2)	

图12-4　直接相除、QUOTIENT函数与MOD函数

两个函数的两个参数都允许使用小数，QUOTIENT的结果只有整数部分，MOD则有可能返回小数结果，如E6单元格的结果0.5，是50除以3.3的余数。

MOD函数的被除数和除数允许使用负数，结果的正负号与除数相同。

如果用INT函数来表示MOD函数的计算过程，公式为：

```
=MOD(n,d)=n-d*INT(n/d)
```

示例12-1　根据身份证号判断性别

我国现行居民身份证号码由 18 位数字组成，第 17 位是性别标识码，奇数为男，偶数为女。如图 12-5 所示，需要根据B列中的身份证号，判断对应的性别。

任意正整数除以 2 以后的余数只有两种，奇数为 1，偶数为 0，将MOD函数的第二参数设置为 2，可判断数值奇偶。

在C2 单元格输入以下公式，向下复制到C9 单元格。

C2　=IF(MOD(MID(B2,17,1),2),"男","女")

	A	B	C
1	姓名	身份证号	性别
2	葛宝云	410923198710130106	女
3	李英明	41020420090116001X	男
4	郭倩	410203198203151523	女
5	代云峰	41020219910307053X	男
6	郎俊	410204200804040040	女
7	文德成	410204200708080050	男
8	王爱华	410205198812190563	女
9	杨文兴	410204200804280079	男

图 12-5　从身份证号中提取性别

```
=IF(MOD(MID(B2,17,1),2),"男","女")
```

先使用MID函数从B2 单元格提取出第 17 位数字，再使用MOD函数计算该数字与 2 相除后的余数。如果余数为 1，IF函数返回指定内容“男”，否则返回指定内容“女”。

示例12-2　利用MOD函数生成循环序列

在学校考试座位排位、表格结构重组等应用中，经常用到循环序列。

循环序列是基于自然数序列，按固定的周期重复出现的数字序列，其典型形式是 1、2、3、4、1、2、3、4……，利用MOD函数可生成这样的数字序列。

Ⅰ　顺序循环公式

如图 12-6 所示，从A列到E列，依次是周期 2、3、4、5、6 的顺序循环公式。

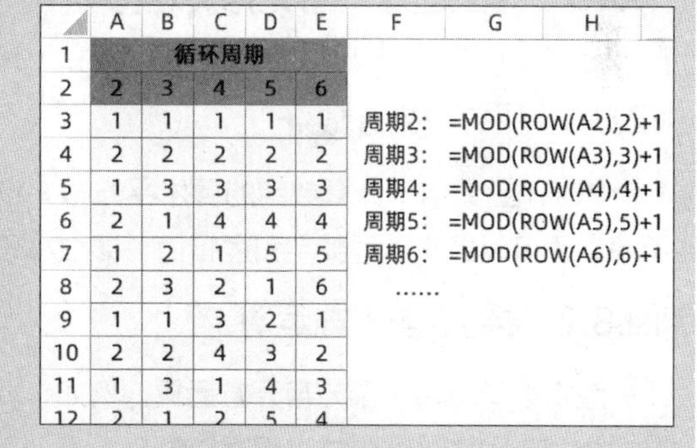

	A	B	C	D	E	F	G	H
1	循环周期							
2	2	3	4	5	6			
3	1	1	1	1	1	周期2:	=MOD(ROW(A2),2)+1	
4	2	2	2	2	2	周期3:	=MOD(ROW(A3),3)+1	
5	1	3	3	3	3	周期4:	=MOD(ROW(A4),4)+1	
6	2	1	4	4	4	周期5:	=MOD(ROW(A5),5)+1	
7	1	2	1	5	5	周期6:	=MOD(ROW(A6),6)+1	
8	2	3	2	1	6	……		
9	1	1	3	2	1			
10	2	2	4	3	2			
11	1	3	1	4	3			
12	2	1	2	5	4			

图 12-6　生成顺序循环序列

周期 2 的顺序循环序列公式：

```
=MOD(ROW(A2),2)+1
```

周期 3 的顺序循环序列公式：

```
=MOD(ROW(A3),3)+1
```

周期 4 的顺序循环序列公式：

```
=MOD(ROW(A4),4)+1
```

……

每个公式后面所加的数是起始值，以上示例起始值均为 1。如果起始值为 5，则加 5，以此类推。

生成顺序循环序列的通用公式为：

```
=MOD(返回周期的行,循环周期)+起始值
```

Ⅱ　逆序循环公式

如图 12-7 所示，从A列到E列，依次是周期 2、3、4、5、6 的逆序循环公式。

周期 2 的逆序循环序列公式：

```
=MOD(-ROW(A3),2)+1
```

周期 3 的逆序循环序列公式：

```
=MOD(-ROW(A4),3)+1
```

周期 4 的逆序循环序列公式：

```
=MOD(-ROW(A5),4)+1
```

……

	A	B	C	D	E	F	G	H
1	循环周期							
2	2	3	4	5	6			
3	2	3	4	5	6	周期2：	=MOD(-ROW(A3),2)+1	
4	1	2	3	4	5	周期3：	=MOD(-ROW(A4),3)+1	
5	2	1	2	3	4	周期4：	=MOD(-ROW(A5),4)+1	
6	1	3	1	2	3	周期5：	=MOD(-ROW(A6),5)+1	
7	2	2	4	1	2	周期6：	=MOD(-ROW(A7),6)+1	
8	1	1	3	5	1	……		
9	2	3	2	4	6			
10	1	2	1	3	5			
11	2	1	4	2	4			
12	1	3	3	1	3			

图 12-7　生成逆序循环序列

每个公式后面所加的数表示起始值。生成逆序循环序列的通用公式为：

```
=MOD(-返回周期+1 的行,循环周期)+起始值
```

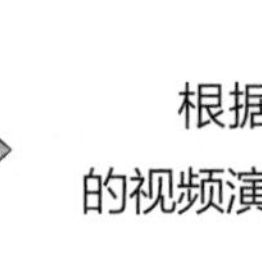

根据本书前言的提示，可观看“用MOD函数生成循环序列”的视频演示。

12.3　幂运算与对数运算

12.3.1　平方根函数

SQRT函数用于计算数字的算术平方根，该函数只有一个参数，可以是任意大于等于 0 的数值、货币等，也可以是文本型数字和逻辑值。参数小于 0 时，返回错误值“#NUM!”。

12.3.2　乘方与开方运算

脱字号(^)用于乘方与开方运算。例如，要计算 3 的 3 次方，公式为“=3^3”，要计算 8 的立方根，公式为“=8^(1/3)”。公式通用写法为：

```
=底数^指数
```

POWER函数也可以进行乘方与开方的运算，函数语法为：

```
POWER(number,power)
```

参数number是底数，power是指数。

无论是用脱字号还是用POWER函数计算乘方和开方，两个参数的用法相同，可以是数值、货币等，也可以是文本型数字和逻辑值。其中任何一个参数为纯文本时(包括空文本)，返回错误值“#VALUE!”；两个参数都为 0 或空时，返回错误值“#NUM!”。

如果设定指数为d，且d>=1，计算规则如表 12-1 所示。

表 12-1　幂运算中指数的计算规则

POWER 函数	脱字号	计算规则
POWER(number,d)	number^d	计算 number 的 d 次方
POWER(number,1/d)	number^(1/d)	计算 number 的 d 次方根
POWER(number,-d)	number^-d	计算 number 的 d 次方的倒数
POWER(number,-1/d)	number^(-1/d)	计算 number 的 d 次方根的倒数

EXP 函数用于计算 e 的指定参数次方；SQRTPI 函数返回指定参数乘以π的平方根。两个函数都只有一个参数。

示例12-3　几何计算

如图 12-8 所示，需要根据已知参数，计算几何体的目标值。

正方形面积(S)为 25 时，其边长公式为$\sqrt{S}$，可以用以下任意一个公式计算出结果。

```
=25^0.5
=SQRT(25)
=POWER(25,0.5)
```

几何体	已知		计算目标	结果	公式
正方形	面积	25	边长	5	=25^0.5
				5	=SQRT(25)
				5	=POWER(25,0.5)
圆柱体	半径	10	体积	3770	=PI()*10^2*12
	高	12		3770	=PI()*POWER(10,2)*12
球体	体积	24429	半径	18	=(24429*3/4/PI())^(1/3)
				18	=POWER(24429*3/4/PI(),1/3)

图 12-8　几何计算

圆柱体半径(r)和高(h)分别为 10 和 12，其体积计算公式是$\pi r^2 h$，可以用以下任意一个公式计算出结果。

```
=PI()*10^2*12
=PI()*POWER(10,2)*12
```

PI 函数是直接生成圆周率的函数，无参数。

球体体积(V)为 24429 时，其半径计算公式是$\sqrt[3]{\left(V\div\frac{4}{3}\div\pi\right)}$，可以用以下任意一个公式计算出结果。

```
=(24429*3/4/PI())^(1/3)
=POWER(24429*3/4/PI(),1/3)
```

12.3.3　对数运算

对数是对求幂的逆运算，Excel 中与此相关的函数分别是返回给定数值以指定底为底的 LOG 函数、返回给定数值以 10 为底的 LOG10 函数和返回给定数值以自然常数 e 为底的 LN 函数，其语法分别为：

```
LOG(number,[base])
LOG10(number)
LN(number)
```

参数 number 可以是任意大于等于 0 且不等于 1 的数值、货币等，也可以是文本型数字。

示例12-4 用二分法计算查找次数

利用二分法在Excel的一整列数据中查找某值，计算最多需要查找多少次。

Excel的一列是1048576行，如果用遍历法进行逐一查找，最多需要1048576次。而用二分法查找，即每次从所有数据的二分位（中间位置）开始查找，其最多查找次数的公式为：

```
=LOG(1048576,2)
```

结果为20次。

12.3.4 其他平方运算

用于计算平方和与平方差的函数及计算规则如表12-2所示。

表12-2 平方和与平方差函数

公式示例	计算规则	替代公式
=SUMSQ(A1:A4)	计算平方和	=SUM(A1:A4^2)
=SUMX2MY2(A1:A4,B1:B4)	两组数中对应值平方和之差	=SUM(A1:A4^2)-SUM(B1:B4^2)
=SUMX2PY2(A1:A4,B1:B4)	两组数中对应值平方和之和	=SUM(A1:A4^2)+SUM(B1:B4^2)
=SUMXMY2(A1:A4,B1:B4)	两组数中对应值差的平方和	=SUM((A1:A4-B1:B4)^2)

12.4 其他数学计算

12.4.1 绝对值

ABS函数用于返回数字的绝对值，该函数只有一个参数，可以是数值、货币、日期、逻辑值等，也可以是文本型数字。

示例12-5 根据坐标值计算面积

图12-9是一些表示位置点的坐标值，现在需要根据这些坐标计算相应的矩形面积。

在E3单元格输入以下公式，向下复制到E12单元格。

```
=ABS((A3-C3)*(B3-D3))
```

用坐标1中x轴的数据减去坐标2中x轴的数据，获得其中一条边长；再将两个坐标y轴的数据相减，获得另一条边长，根据矩形面积计算规则，两条边长相乘得出面积。

E3 =ABS((A3-C3)*(B3-D3))

	A	B	C	D	E
1	坐标1		坐标2		面积
2	x	y	x	y	
3	3	7	3	8	0
4	3	7	4	7	0
5	3	7	4	8	1
6	3	8	9	1	42
7	7	-3	5	10	26
8	-3	-1	-1	-5	8
9	-3	-9	-1	-1	16
10	-7	-2	1	-7	40
11	3	8	-7	3	50
12	0	-4	-6	0	24

图12-9 根据坐标值计算面积

但是在实际计算过程中，边长相减会得出一些负数，

导致面积结果也是负数，所以最后使用ABS函数取其绝对值，以保证所有面积结果都是正数。

12.4.2 最大公约数和最小公倍数

最大公约数指两个或多个整数共有约数中最大的一个，最小公倍数指两个或多个整数共有倍数中最小的一个。

GCD函数返回两个或多个整数的最大公约数，LCM函数返回两个或多个整数的最小公倍数，语法分别为：

```
GCD(number1,[number2],…,[number255])
LCM(number1,[number2],…,[number255])
```

number1是必需参数，后续参数均为可选。如果参数值不是整数，将被截尾取整。

参数可以是大于等于0的数值或文本型数字，当任意一个参数为文本（包括空文本）或逻辑值时，返回错误值“#VALUE!”；任意一个参数小于0时，返回错误值“#NUM!”。

12.4.3 排列组合运算

COMBIN函数和COMBINA函数都是用于计算给定数目集合中提取若干元素的组合数，两者的区别是，COMBIN函数不包含重复项，而COMBINA函数包含重复项，函数语法为：

```
COMBIN((number,number_chosen)
COMBINA(number,number_chosen)
```

两个函数的参数要求和GCD函数相同。

例如，需要计算从4个元素中任选3个元素，有多少种排列组合，不包含重复项的前提下可以使用以下公式：

```
=COMBIN(4,3)
```

公式运算结果为4。

包含重复项时可以使用以下公式：

```
=COMBINA(4,3)
```

公式运算结果为20。

12.5 取舍函数

在对数值的处理中，经常会遇到进位或舍去的情况。例如，去掉某数值的小数部分、按1位小数四舍五入或保留4位有效数字等。

常用的取舍函数有INT、TRUNC、ROUND、ROUNDUP和ROUNDDOWN函数等。

12.5.1 取整函数

INT函数和TRUNC函数通常用于舍去数值的小数部分，仅保留整数部分，因此常被称为取整函数。虽然这两个函数功能相似，但在实际使用上存在一定的区别。

INT 函数用于返回不大于目标数值的最大整数，函数语法为：

```
INT(number)
```

参数number是待取整的目标数值。

TRUNC 函数用于对目标数值进行直接截位，函数语法为：

```
TRUNC(number,[num_digits])
```

第一参数number必需，是需要截尾取整的实数；第二参数num_digits可选，用于指定取整精度的数字，缺省时默认值为零。

如图 12-10 所示，INT和TRUNC函数，除了在小数点位数上有差异，在对负数的处理上也有所不同。TRUNC函数是单纯地去掉指定小数点后的数字，而INT函数始终是向较小的方向取整。

另外，TRUNC函数的第二参数可以是负数，参数为-1 时，结果的个位数为 0；参数为-2 时，结果中的个位数和百位数为 0；以此类推。第二参数使用小数时，将被截尾取整。

	A	B	C	D	E
1	数值	INT	TRUNC		
2	111.999	111	111	111.99	110
3	111.111				110
4	0.999	0	0	0.99	0
5	0.444	0	0	0.44	0
6	0	0	0	0	0
7	-0.444	-1	0	-0.44	0
8	-0.999	-1	0	-0.99	0
9	-111.111	-112	-111	-111.11	-110
10	-111.999	-112	-111	-111.99	-110
11	B2公式：	=INT(A2)			
12	C2公式：	=TRUNC(A2)			
13	D2公式：	=TRUNC(A2,2)			
14	E2公式：	=TRUNC(A2,-1)			

图 12-10　INT 函数与 TRUNC 函数

示例12-6 利用INT函数生成重复序列

当需要对表格结构进行重组时，经常会使用到重复序列。

重复序列是基于自然数序列，按固定的周期重复，其典型形式是 1、1、1、2、2、2、3、3、3、4、4、4……，利用INT函数可生成这样的数字序列。

如图 12-11 所示，从A列到E列，依次是周期 2、3、4、5、6 的重复序列公式。

周期 2 的重复序列公式：

```
=INT(ROW(A2)/2)
```

周期 3 的重复序列公式：

```
=INT(ROW(A3)/3)
```

周期 4 的重复序列公式：

```
=INT(ROW(A4)/4)
```

……

	A	B	C	D	E	F	G	H
1	循环周期							
2	2	3	4	5	6			
3	1	1	1	1	1	周期2：	=INT(ROW(A2)/2)	
4	1	1	1	1	1	周期3：	=INT(ROW(A3)/3)	
5	2	1	1	1	1	周期4：	=INT(ROW(A4)/4)	
6	2	2	1	1	1	周期5：	=INT(ROW(A5)/5)	
7	3	2	2	1	1	周期6：	=INT(ROW(A6)/6)	
8	3	2	2	2	1	……		
9	4	3	2	2	2			
10	4	3	2	2	2			
11	5	3	3	2	2			
12	5	3	3	2	2			

图 12-11　生成重复序列

每个公式都是以 1 为起始值，如果起始值不为 1，则需要加上起始值减 1 的一个数字，如起始值为 5 则加 4，其他类推。

生成重复序列的通用公式为：

```
=INT(返回周期的行/重复周期)+起始值-1
```

根据本书前言的提示，可观看“用INT函数生成重复序列”的视频演示。

12.5.2　舍入函数

ROUND、ROUNDUP和ROUNDDOWN是常用的舍入函数，3 个函数的语法如下。

```
ROUND(number,num_digits)
ROUNDUP(number,num_digits)
ROUNDDOWN(number,num_digits)
```

第一参数number必需，是指待舍入的数字；第二参数num_digits必需，是指舍入的位数，该参数为正数时表示对小数部分进行舍入，该参数为负数时表示舍入到整数部分，使用小数时将被截尾取整。

三者的差异在于，ROUND是四舍五入，ROUNDDOWN是舍掉指定位数后的数字，和TRUNC的结果一致，ROUNDUP则是进位后再舍掉指定位数后的数字，如图 12-12 所示。

	A	B	C	D	E
1	数值	ROUND		ROUNDUP	ROUNDDOWN
2	111.999	110	112	112	111.99
3	111.111	110	111.11	111.12	111.11
4	0.999	0	1	1	0.99
5	0.444	0	0.44	0.45	0.44
6	0	0	0	0	0
7	-0.444	0	-0.44	-0.45	-0.44
8	-0.999	0	-1	-1	-0.99
9	-111.111	-110	-111.11	-111.12	-111.11
10	-111.999	-110	-112	-112	-111.99
11	B2公式：	=ROUND(A2,-1)			
12	C2公式：	=ROUND(A2,2)			
13	D2公式：	=ROUNDUP(A2,2)			
14	E2公式：	=ROUNDDOWN(A2,2)			

图 12-12　ROUND、ROUNDUP和ROUNDDOWN函数

示例12-7　解决运算“出错”问题

有时因为小数点位数的原因，会造成运算结果“出错”，如图 12-13 所示。

	A	B	C	D
1	数据	公式	公式结果	目测结果
2	1.23	=SUM(A2:A5)	4.93	4.92
3	1.23	=A3+A4-A5	1.24	1.23
4	1.23	=PRODUCT(A4:A5)	1.52	1.51
5	1.23	=A4/A5	1.003984	1.00

图 12-13　“出错”的公式结果

A列数据表面上看全部是“1.23”，事实上这些单元格设置了保留小数点后 2 位的数字格式，实际只有A5 单元格的内容才是真正的“1.23”，A2:A4 单元格的数据全部是“1.2349”。而Excel在使用公式引用这些单元格进行计算的时候，忠实地按照实际数据进行运算，导致公式结果与目测结果不一致。

遇到这种情况，将单元格数字格式改成常规固然可以看到更加精确的结果，但是现实中有些数据最多只能保留两位，比如货币。所以还是需要用ROUND函数对小数点位数进行限制，最后再对四舍五入后的数据进行运算，以达到“所见即所得”的效果。

B2　=ROUND(A2,2)

	A	B	C	D
1	数据	辅助列	公式	公式结果
2	1.2349	1.23	=SUM(B2:B5)	4.92
3	1.2349	1.23	=B3+B4-B5	1.23
4	1.2349	1.23	=PRODUCT(B4:B5)	1.51
5	1.23	1.23	=B4/B5	1.00

图 12-14　用ROUND解决运算“出错”问题

增加B列为辅助列，在B2 单元格输入以下公式，向下复制到B5 单元格。

```
=ROUND(A2,2)
```

最后，以B2:B5 单元格区域的数据为数据源进行各种运算。

示例12-8 四舍六入五成双法则

常规的四舍五入直接进位，从统计学的角度来看会偏向大数，误差积累而产生系统误差。而四舍六入五成双的误差均值趋向于零，因此是一种比较科学的记数保留法，也是较为常用的数字修约规则。

当被修约的数字小于 5 时，该数字舍去。当被修约的数字大于 5 时，则进位。当被修约的数字等于 5 时，需要根据 5 前面的数字来决定是否进位。

若 5 后面还有其他非零数字，则无论 5 前面的数字是奇数还是偶数，均进位。若 5 后面没有数字（即 5 为最后一位有效数字），需要分两种情况：若 5 前面的数字为奇数，则进位。若 5 前面的数字为偶数，则舍去 5。

如图 12-15 所示，对A列的数值按四舍六入五成双规则进行修约计算，保留两位小数。

在C2 单元格输入以下公式，向下复制到C17 单元格。

C2 =IF(MOD(TRUNC(A2*10000),50)+MOD(TRUNC(A2*100),2),
ROUND(A2,2),
TRUNC(A2,2))

	A	B	C	D
1	数字	四舍五入	四舍六入五成双	差异
2	1.2451	1.25	1.25	
3	1.245	1.25	1.24	5后无数，5前为偶数
4	1.2381	1.24	1.24	
5	1.238	1.24	1.24	
6	1.2351	1.24	1.24	
7	1.235	1.24	1.24	
8	1.2281	1.23	1.23	
9	1.228	1.23	1.23	
10	1.2251	1.23	1.23	
11	1.225	1.23	1.22	5后无数，5前为偶数
12	-1.225	-1.23	-1.22	5后无数，5前为偶数
13	-1.2251	-1.23	-1.23	

图 12-15 四舍六入五成双的修约计算

```
=IF(MOD(TRUNC(A2*10000),50)+MOD(TRUNC(A2*100),2),ROUND(A2,2),TRUNC
(A2,2))
```

公式中的“MOD(TRUNC(A2*10000),50)”部分，利用A2 乘以 10000 后取整再除以 50 的余数，来判断小数点后是否仅有 3 位且第 3 位是数字 5，如果满足条件则结果为 0，否则为 1。虽然小数点后 3 位为 0 时，这一部分的结果也是 0，但这种情况下TRUNC和ROUND的结果一致，所以无须关注。

公式中的“MOD(TRUNC(A2*100),2)”部分，用来判断指定位数的数值的前一位是否为偶数，如果满足条件则结果为 0，否则为 1。

两个条件相加是“或”运算，两个条件符合其一时，IF函数返回“ROUND(A2,2)”的计算结果，如果都不满足，则返回“TRUNC(A2,2)”的计算结果。

若在C1 单元格指定要保留小数的位数，通用公式如下。

```
=IF(MOD(TRUNC(A2*10^(C$1+2)),50)+MOD(TRUNC(A2*10^C$1),2),ROUND(A2,C$1),
TRUNC(A2,C$1))
```

12.5.3 倍数舍入函数

在实际工作中，还有一些按倍数舍入的函数，分别是按指定倍数四舍五入的MROUND函数，按指定倍数向上舍入的CEILING.MATH函数，按指定倍数向下舍入的FLOOR.MATH函数，以及按奇数、偶数进行舍入的EVEN和ODD函数。

除此之外，还包括CEILING和FLOOR函数，这两个函数属于兼容性函数，在实际工作中已不建议再使用。

MROUND函数的语法为：

```
MROUND(number,multiple)
```

其中，number是需要舍入的实数，multiple是指定的倍数。

如果数值number除以基数multiple的余数大于或等于基数的一半，则MROUND函数向远离 0 的方向舍入。当MROUND函数的两个参数符号相反时，函数返回错误值“#NUM!”，如图 12-16 所示。

CEILING.MATH和FLOOR.MATH函数的语法为：

```
CEILING.MATH(number,[significance],[mode])
FLOOR.MATH(number,[significance],[mode])
```

第一参数number必需，是需要舍入的实数；第二参数significance可选，是指定的倍数，如缺省则默认值为 1；第三参数mode可选，当number参数为负数时，mode参数设置为 0 表示靠近 0 舍入，否则远离 0 舍入，如缺省则默认值为 0。

两者的差异在于CEILING.MATH是向上舍入，而FLOOR.MATH是向下舍入，如图 12-17 所示。

	A	B	C
1	数值	MROUND	
2	3	4	#NUM!
3	2	2	#NUM!
4	1	2	#NUM!
5	0	0	0
6	-1	#NUM!	-2
7	-2	#NUM!	-2
8	-3	#NUM!	-4
9	B2公式：	=MROUND(A2,2)	
10	C2公式：	=MROUND(A2,-2)	

图 12-16　MROUND示例

	A	B	C	D	E
1	数值	CEILING.MATH		FLOOR.MATH	
2	3	4	4	2	2
3	2	2	2	2	2
4	1	2	2	0	0
5	0	0	0	0	0
6	-1	0	-2	-2	0
7	-2	-2	-2	-2	-2
8	-3	-2	-4	-4	-2
9	B2公式：	=CEILING.MATH(A2,2)			
10	C2公式：	=CEILING.MATH(A2,2,1)			
11	D2公式：	=FLOOR.MATH(A2,2)			
12	E2公式：	=FLOOR.MATH(A2,2,1)			

图 12-17　CEILING.MATH函数与FLOOR.MATH函数

EVEN和ODD两个函数用法一样，都只有一个参数。这两个函数都是将参数向远离 0 的方向进行舍入，EVEN舍入到最近的偶数，ODD舍入到最近的奇数。

12.6　数学转换函数

12.6.1　弧度与角度的转换

在数学和物理学中，弧度是角的度量单位。Excel中的三角函数也采用弧度作为角的度量单位，通常不写弧度单位，记为rad或R。在日常生活中，人们常以角度作为角的度量单位，因此存在角度与弧度的相互转换问题。

360°角=2π弧度，利用这个关系式，可借助PI函数进行角度与弧度间的转换，也可直接使用DEGREES函数和RADIANS函数实现转换。

DEGREES函数将弧度转化为角度，RADIANS函数将角度转化为弧度。两个函数都只有一个参数，分别是以弧度表示的角和以角度表示的角。

12.6.2　度分秒数据的输入和度数的转换

在工程计算和测量等领域，经常使用度分秒的形式表示度数。分别使用符号度(°)、单引号(')和双引号(")表示度、分和秒。度与分、分与秒之间采用六十进制。

事实上，在Excel中有一个专门的六十进制体系，也就是时间。所以在输入度分秒数据时，可以使用时间输入方式，以半角冒号作为度和分之间的间隔。输入过程：至少 1 位数的度+半角冒号+至少 1 位数的分+半角冒号+至少 1 位数的秒。

在此基础上对单元格数据格式进行修改，设置自定义数字格式为“[h]°mm'ss''”。这样输入的度分秒数据，在需要转换成度数时，遵循时间计算规则，只要乘以 24 即可；反之度数转成度分秒，则是除以 24，如图 12-18 所示。

公式输入完成后，单元格的格式会随着被引用单元格的格式而变化，需要注意调整。

	A	B	C	D
1	时间	度分秒	转成度数	转成度分秒
2	12:00:00	12°00'00''	12.00	12°00'00''
3	18:00:00	18°00'00''	18.00	18°00'00''
4	9:00:00	9°00'00''	9.00	9°00'00''
5	9:30:00	9°30'00''	9.50	9°30'00''
6	9:40:00	9°40'00''	9.67	9°40'00''
7	9:35:00	9°35'00''	9.58	9°35'00''
8	10:05:00	10°05'00''	10.08	10°05'00''
9	10:07:21	10°07'21''	10.12	10°07'21''
10	B2公式：	=A2	B2格式：	[h]°mm'ss''
11	C2公式：	=B2*24	C2格式：	0.00
12	D2公式：	=C2/24	D2格式：	[h]°mm'ss''

图 12-18　度分秒和度数互转

12.6.3　罗马数字和阿拉伯数字的转换

罗马数字是最早的数字表示方式，组数规则复杂，记录较大的数值时比较麻烦，目前主要用于产品型号或是序列编号等。

标准键盘中没有罗马数字，可以使用ROMAN函数将阿拉伯数字转换为罗马数字。函数语法为：

```
ROMAN(number,[form])
```

number参数必需，是需要转换的阿拉伯数字，如果数字小于 0 或大于 3999，则返回错误值“#VALUE!”。form参数可选，是指定所需罗马数字类型从古典到简化的数字，取值的范围为 0~4。

ARABIC函数将罗马数字转换为阿拉伯数字。该函数只有一个参数，可以是双引号包含的罗马数字，或是对单元格的引用。

12.7　随机数函数

随机数是一个事先不确定的数，在随机抽取试题、随机安排考生座位、随机抽奖等应用中，都需要使用随机数进行处理。

Excel 2021 一共有 3 个和随机数相关的函数，分别是RAND函数、RANDBETWEEN函数和RANDARRAY函数。

RAND函数不需要参数，可以随机生成一个大于等于 0 且小于 1 的小数，且产生的随机小数几乎不会重复。

RANDBETWEEN函数的语法为：

```
RANDBETWEEN(bottom,top)
```

两个参数分别为下限和上限，用于指定产生随机数的范围。RANDBETWEEN函数随机生成一个大于等于下限值且小于等于上限值的整数。

参数为小数时，自动四舍五入。当第二参数小于第一参数时，返回错误值“#NUM!”。

RANDARRAY是一个动态数组函数，函数语法为：

```
=RANDARRAY([rows],[columns],[min],[max],[integer])
```

第一参数rows可选，确定返回动态数组的行数，默认为 1。

第二参数columns可选，确定返回动态数组的列数，默认为 1。

第三参数 min 可选，指随机数的下限，默认为 0。

第四参数 max 可选，指随机数的上限，默认为 1。该参数必须大于等于第三参数，否则返回错误值“#VALUE!”。

第五参数 integer 可选，用来确定生成的随机数的类别，该参数使用默认值、0 或 FALSE 时，函数返回结果为小数，该参数使用不为 0 的数值或 TRUE 时，函数返回结果为整数。

这 3 个函数都是易失性函数，当用户在工作表中按 <F9> 键或是进行编辑单元格等操作时，都会引发重新计算，函数也会返回新的随机数。

示例12-9　生成0~100的随机加减练习题

图 12-19 是模拟的小学生加减练习题，要求参与计算的数值范围为 0~100，包括答案。

	A	B	C
1	被加/减数	符号	加/减数
2	38	-	33
3	98	-	51
4	94	-	9
5	66	-	4
6	53	-	11
7	83	-	68
8	26	+	67
9	A2公式：	=RANDBETWEEN(0,100)	
10	B2公式：	=IF(RANDBETWEEN(0,1),"+","-")	
11	C2公式：	=IF(B2="-",	
12		RANDBETWEEN(0,A2),	
13		RANDBETWEEN(0,100-A2))	

图 12-19　生成随机算术练习题

Ⅰ　随机被加、减数公式

在 A2 单元格输入以下公式，向下复制到 A8 单元格，获得被加、减数。

```
=RANDBETWEEN(0,100)
```

公式直接用 RANDBETWEEN 函数获得 0~100 的随机整数。也可以使用以下公式：

```
=INT(RAND()*100)
=RANDARRAY(,,,100,1)
```

使用 RAND 函数生成指定区间数值的模式化用法为：

```
=RAND()*(上限-下限)+下限
```

Ⅱ　随机加/减符号公式

在 B2 单元格输入以下公式，向下复制到 B8 单元格，获得加、减符号。

```
=IF(RANDBETWEEN(0,1),"+","-")
```

先用 RANDBETWEEN 返回 0 或 1 的随机数，以此作为 IF 函数的条件参数，随机得到加号(+)和减号(-)。

Ⅲ　随机加、减数公式

在 C2 单元格输入以下公式，向下复制到 C8 单元格，获得加、减数。

```
=IF(B2="-",RANDBETWEEN(0,A2),RANDBETWEEN(0,100-A2))
```

使用 IF 函数进行判断，当使用的符号是减号(-)时，随机数的下限和上限分别是 0 和被减数，以保证公式结果不会大于被减数。否则随机数的下限是 0，上限是 100 与被加数的差，以保证公式结果加上被加数后不会超过 100。

以上公式每按一次 <F9> 功能键，都可以得到新的结果。

12.8 数学函数的综合应用

12.8.1 个人所得税计算

企业有每月为职工代扣代缴工资薪金所得部分个人所得税的义务。根据有关法规：工资薪金所得以每月收入额减除 5000 元基数和应扣除项目后的余额为应纳税所得额，即

应纳税所得额 = 税前收入金额 -5000（基数）- 专项扣除 - 专项附加扣除 - 其他扣除项

“应纳税额”即每月单位需要为职工代扣代缴的个人收入所得税。计算方式为：

应纳税额 = 月应纳税所得额 × 适用税率 - 速算扣除数

“速算扣除数”是指采用超额累进税率计税时，简化计算应纳税额的常数。在超额累进税率条件下，用全额累进的计税方法，只要减掉这个常数，就等于用超额累进方法计算的应纳税额，故称速算扣除数，个人所得税速算扣除数如表 12-3 所示。

表 12-3　工资、薪金所得部分的个人所得税额速算扣除数

级数	含税级距	税率（%）	计算公式	速算扣除数
1	超过 0 元到 5000 元的部分	3	T=(A-5000)*3%-0	0
2	超过 5000 元至 12000 元的部分	10	T=(A-5000)*10%-210	210
3	超过 12000 元至 25000 元的部分	20	T=(A-5000)*20%-1410	1410
4	超过 25000 元至 35000 元的部分	25	T=(A-5000)*25%-2660	2660
5	超过 35000 元至 55000 元的部分	30	T=(A-5000)*30%-4410	4410
6	超过 55000 元至 80000 元的部分	35	T=(A-5000)*35%-7160	7160
7	超过 80000 元的部分	45	T=(A-5000)*45%-15160	15160

注：本表含税级距指减除附加减除费用后的余额。

相关法规也规定了个人所得税的其他减除部分，在实际工作中计算应纳税额时应注意减除。

示例12-10 速算个人所得税

图 12-20 是简化后的员工工资表的部分数据，需要根据 B 列的应纳税所得额计算个人所得税和实发工资。

在 C2 单元格输入以下公式，向下复制到 C9 单元格，计算个人所得税（B2 单元格的应纳税所得额已减除应扣除项目）。

```
=ROUND(MAX((B2-5000)*{3;10;20;25;
30;35;45}%-{0;210;1410;2660;4410;7160;15160},0),2)
```

	A	B	C	D
1	员工姓名	税前收入	代缴个税	实发工资
2	方佶蕊	¥ 5,000.00	¥ -	¥ 5,000.00
3	陈丽娟	¥ 7,500.00	¥ 75.00	¥ 7,425.00
4	徐美明	¥ 14,000.00	¥ 690.00	¥ 13,310.00
5	梁建邦	¥ 30,000.00	¥ 3,590.00	¥ 26,410.00
6	金宝增	¥ 35,000.00	¥ 4,840.00	¥ 30,160.00
7	陈玉员	¥ 55,000.00	¥ 10,590.00	¥ 44,410.00
8	冯石柱	¥ 65,738.00	¥ 14,098.30	¥ 51,639.70
9	马克军	¥ 95,721.24	¥ 25,664.56	¥ 70,056.68

图 12-20　员工工资表

“{3;10;20;25;30;35;45}%”部分是不同区间的税率，即 3%、10%、20%、25%、30%、35% 和 45%。

“{0;210;1410;2660;4410;7160;15160}”是各区间的速算扣除数。

用应纳税所得额乘以各个税率，再依次减去不同的速算扣除数，相当于依次运行了以下计算。

```
(B2-5000)*3%-0
(B2-5000)*10%-210
(B2-5000)*20%-1410
……
(B2-5000)*45%-15160
```

也就是将“应纳税所得额”与各个“税率”“速算扣除数”分别进行运算，得到一系列备选的“应纳个人所得税”，再使用MAX函数计算出其中的最大值，即为个人所得税。

使用此公式，如果工资不足 5000 时结果会出现负数。所以用MAX函数并加了一个参数 0，在应缴个税结果为负数时，公式计算结果为 0。

最后使用ROUND函数将公式计算结果保留两位小数。

12.8.2 替代 IF 多层嵌套

第 11 章示例 11-5，计算多层提成额，分别使用了IF嵌套、IFS和SWITCH 3 种解法，这 3 种解法都是从逻辑判断的角度出发解决问题。

事实上，当数据有一定规律的时候，还可以使用数学计算法解决此类问题，如图 12-21 所示。

	A	B	C	D
1	姓名	销售额	提成额	
2	李从林	¥ 500.00	¥ -	¥ -
3	张鹤翔	¥ 999.00	¥ -	¥ -
4	王丽卿	¥ 1,000.00	¥ 100.00	¥ 100.00
5	杨红	¥ 1,500.00	¥ 150.00	¥ 150.00
6	徐翠芬	¥ 1,999.00	¥ 199.90	¥ 199.90
7	纳红	¥ 2,000.00	¥ 400.00	¥ 400.00
8	张坚	¥ 2,500.00	¥ 500.00	¥ 500.00
9	施文庆	¥ 2,999.00	¥ 599.80	¥ 599.80
10	李承谦	¥ 3,000.00	¥ 900.00	¥ 900.00
11	杨启	¥ 35,000.00	¥ 10,500.00	¥ 10,500.00
12	C2公式： =MIN(INT(B2/1000)/10,0.3)*B2			
13	D2公式： =MIN(TRUNC(B2*1%%,1),0.3)*B2			

图 12-21 利用数学计算销售提成

在C2 单元格输入以下公式，向下复制到C11 单元格。

```
=MIN(INT(B2/1000)/10,0.3)*B2
```

根据提成规定，销售额在 4000 元以内的，其提成额是销售额的千位数除以 10，公式先用INT函数提取销售额除以 1000 后的整数，再除以 10，获取提成比例。再使用MIN函数，当销售额大于等于 4000 元时，返回其结果与 0.3 之间的最小值，以保证提成比例不超过 0.3。最后将计算所得的提成比例乘以销售额，获得最终的提成额。

在D2 单元格输入以下公式，向下复制到D11 单元格。

```
=MIN(TRUNC(B2*1%%,1),0.3)*B2
```

公式用TRUNC部分提取销售额乘以万分之一（1%%），也就是除以 10000 后保留一位小数的截取，再用MIN函数控制提成比例不超过 0.3，最后乘以销售额。

练习与巩固

1. 多个数相加可以用SUM函数，多个数相减可以（____________________）。
2. 求商的函数是（_______）；计算余数的函数是（_______）。

3. 乘方和开方的运算可以不使用函数，而使用（______）。

4. GCD函数返回两个或多个整数的（______），LCM函数返回两个或多个整数的（______）。

5. INT函数和TRUNC函数的区别是（______________________________）。

6. ROUND函数是最常用的（______）函数之一，用于将数字（______）到指定的位数。

7. ROUNDUP函数与ROUNDDOWN函数对数值的取舍方向相反。前者向绝对值（______）的方向舍入，后者向绝对值（______）的方向舍去。

8. CEILING.MATH函数与FLOOR.MATH函数也是常用的取舍函数，两个函数不是按小数位数进行取舍，而是按（____________）进行取舍。

9. 使用（______）输入度分秒，此方法可以简化度分秒与度数之间转换的公式。

10. 要生成一组随机数值，通常可以使用（______）函数、（______）函数和（______）函数。

第 13 章　日期和时间计算

日期和时间是Excel中一种特殊类型的数据，有关日期和时间的计算在各个领域中都有非常广泛的应用。本章重点讲解日期和时间类数据的特点及计算方法，以及日期与时间函数的相关应用。

本章学习要点

（1）日期和时间函数的应用。

（2）星期相关函数的运用。

（3）计算日期间隔。

13.1　输入日期和时间数据

13.1.1　输入日期数据

按<Ctrl+;>组合键，可以在单元格中输入操作系统的当天日期。

在单元格中输入操作系统当年的任意日期，需要依次输入至少 1 位数的月、横杠（-）或斜杠（/）、至少 1 位数的日，显示为×月×日。例如，输入“2-28”或“2/28”，单元格内显示为“2 月 28 日”，假设操作系统当前为 2023 年，编辑栏内将显示“2023-2-28”或“2023/2/28”；在简体中文操作系统中，中文的“月”和“日”及英文日期也可以正常识别为日期，如“2 月 28 日”或“Feb-28”等。

提示

在输入过程中，日期分隔符横杠（-）或斜杠（/）可以混用，具体显示由Windows系统设置中的日期时间格式决定。本章中的日期显示均以横杠（-）为示例。

在单元格中输入 1900 年到 2049 年间的任意日期，可以依次输入至少 1 位数的年、横杠（-）或斜杠（/）、至少 1 位数的月、横杠（-）或斜杠（/）、至少 1 位数的日，如输入“24-2-28”或“24/2/28”，单元格和编辑栏均会显示成“2024-2-28”。

2050 年以后的日期，年份必需要输入四位，如输入“50-1-1”，将显示“1950-1-1”。此默认设置会随着系统自行更新，也可以到Windows系统的控制面板中修改。

在单元格中仅输入年月部分，Excel会以此月的 1 日作为其日期。如输入“2024-5”，单元格内显示“May-24”，编辑栏内显示“2024-5-1”；如输入“2025 年 7 月”，单元格内仍显示“2025 年 7 月”，编辑栏内显示“2025-7-1”。

在实际操作过程中，可以简化输入，再根据需要统一设置单元格数字格式。

默认的单元格数字格式选项中包括“长日期”和“短日期”，即“2012 年 3 月 14 日”格式和“2012-3-14”格式，还可以根据实际需要选择其他日期格式或自定义。

无论单元格内以何种日期格式显示，编辑栏里均显示为系统默认的短日期格式。

如果通过设置单元格数字格式能够实现数值与日期的相互转换，这样的日期被称为“真日期”，可以参与到与日期相关的各种运算中；反之，以下几类则为“伪日期”。

- 以点（.）分隔，如“2022.2.28”“2023.2”“2.28”等。
- 以反斜杠（\）分隔，如“2023\2\28”“2023\2”“2\28”等。
- 八位数字，如“20230228”。

- 不被自动识别的汉字，如“2023 年 2 月 28 号”。
- 简体中文操作系统下无法识别的年月日顺序，如“28-2-2023”。
- 其他一些从系统中导出的文本型日期，这些文本型日期在单元格中的默认对齐方式为左对齐。

13.1.2 输入时间数据

按<Ctrl+Shift+;>组合键，可以在单元格中输入操作系统的当前时间。

在单元格中输入任意仅包含“时”的时间，可以依次输入至少 1 位数的时和冒号，分和秒默认为 0。如输入“7:”，单元格内显示“7:00”，编辑栏内显示“7:00:00”。

在单元格中输入任意包含“时”和“分”的时间，可以依次输入至少 1 位数的时、冒号和至少 1 位数的分，秒默认为 0。如输入“7:8”，单元格内显示“7:08”，编辑栏内显示“7:08:00”。

在单元格中输入任意包含“时”“分”和“秒”的时间，可以依次输入至少 1 位数的时、冒号、至少 1 位数的分、冒号和至少 1 位数的秒。例如，输入“7:8:9”，单元格内显示“7:08:09”，编辑栏内同样显示为“7:08:09”。

提示

> 时间分隔符是半角冒号，输入全角冒号会自动转成半角冒号。

在简体中文操作系统中，“时”“分”和“秒”作为时间分隔符同样可以被正常识别。如输入“7 时 8 分 9 秒”，单元格内显示“7 时 08 分 09 秒”，编辑栏内显示“7:08:09”；输入“7 时 8 分”，单元格内显示“7 时 08 分”，编辑栏内显示“7:08:00”；但是输入不带小时的中文时间，如“8 分 9 秒”，或只输入时分秒中的其中之一，如“7 时”“8 分”或“9 秒”，将不会被自动识别成时间。

如需输入带有日期的时间，顺序依次是日期、空格、时间。

秒是时间的最小单位，可以最多显示为 3 位小数。设置单元格数字格式为“mm:ss.000”，可输入并显示成“00:01.123”。时和分都不允许出现小数。

通过设置单元格数字格式，可以修改或自定义时间格式。

如果输入时间数据的小时数大于等于 24，或是分钟和秒数大于等于 60，Excel 会自动按时间进制转换，但一组时间数据中只能有一个超出进制的数。例如，输入“0:90:00”，Excel 自动转换为 1:30:00 的时间序列值“0.0625”，而输入“0:90:60”则会被识别为文本字符串。如果使用中文字符作为时间单位，则小时、分钟、秒的数据均不允许超过进制限制，否则无法正确识别。

如果通过设置单元格数字格式能够实现数值与时间的相互转换，这样的时间被称为“真时间”，可以参与到与时间相关的各种运算中；反之，以下几类则为“伪时间”。

- 以点(.)分隔，如“7.08.09”“7.08”“08.09”等。
- 六位数字，如“070809”等。
- 不被自动识别的文字或符号，如“7 小时 8 分钟 9 秒”“7°8'9''”等。
- 其他一些从系统中导出的文本型时间。

示例13-1 生成指定范围内的随机日期和随机时间

如图 13-1 所示，根据 A 列要求，在 B 列生成指定的随机日期/时间。

	A	B	C	D
1	随机条件	随机日期/时间	公式	单元格格式
2	今年内日期	2023-11-16	=RANDBETWEEN("1-1","12-31")	短日期
3	2030年内日期	2030-12-25	=RANDBETWEEN(47484,47848)	短日期
4	任意时间	16:40:37	=RAND()	时间
5	0~12点间任意时间	0:11:58	=RAND()/2	时间
6	12~24点间任意时间	18:51:51	=RAND()*0.5+0.5	时间
7	8~12点间任意分钟	10:09:00	=RANDBETWEEN(480,720)/1440	时间
8	8~12点间任意秒	11:17:54	=1/3+RANDBETWEEN(0,14400)/86400	时间

图 13-1 指定范围内的随机日期和随机时间

❖ 生成今年内的随机日期。

```
=RANDBETWEEN("1-1","12-31")
```

在单元格中直接输入“1-1”，会显示为当前年份的 1 月 1 日，但如果直接在公式中使用“1-1”，会被误判为“1 减 1”，所以需要在外面加一对半角引号，将其转换成文本型日期。

作为 RANDBETWEEN 的参数，这样的文本型日期会被自动识别。如果函数参数无法识别文本型日期，可以在文本日期前加上双负号，写成“--"1-1"”的形式，此种写法是通过计算负数的负数（也叫减负运算），将文本型的日期转换为对应的序列值。

RANDBETWEEN 函数用于生成指定区间随机数，公式使用“"1-1"”和“"12-31"”作为随机数结果的下限和上限，无论系统日期是哪一年，得到的都是当前年份 1 月 1 日至 12 月 31 日之间的日期。

❖ 生成 2030 年内的随机日期。

```
=RANDBETWEEN(47484,47848)
```

47484 和 47848 分别是 2030 年 1 月 1 日和 2030 年 12 月 31 日所对应的序列值，以这两个数字作为 RANDBETEWEEN 函数的下限和上限，返回 2030 年内的任意日期。

❖ 生成任意随机时间。

```
=RAND()
```

时间序列值是大于等于 0 且小于 1 的小数，RAND 函数生成的随机数恰好在此范围内。

❖ 生成 0 点至 12 点的随机时间。

```
=RAND()/2
```

❖ 生成 12 点至 24 点的随机时间。

```
=RAND()*0.5+0.5
```

这是用 RAND 函数生成指定区间随机数据的模式化用法，指定的随机数范围是 0.5~1。

❖ 生成 8:00~12:00 的随机时间，以分钟为单位。

```
=RANDBETWEEN(480,720)/1440
```

先使用 RANDBETWEEN 函数生成 8:00~12:00 的随机分钟数，公式中的 480 和 720 分别是 8:00 和 12:00 在一天中的分钟数。最后除以一天的分钟数 1440，得到指定范围内的随机分钟数。

❖ 生成 8:00~12:00 的随机时间，以秒为单位。

```
=1/3+RANDBETWEEN(0,14400)/86400
```

8:00~12:00 的间隔为 14400 秒，因此先使用RANDBETWEEN函数生成 0~14400 的随机整数，再除以一天的秒数 86400，得到随机秒数的序列值。

随机秒数序列值加上 8:00 的时间序列值 1/3，得到 8:00~12:00 以秒为单位的随机时间。

13.2 日期时间格式的转换

13.2.1 文本型日期时间转“真日期”和“真时间”

在一些系统里导出的日期时间，虽然外观符合“真日期”和“真时间”样式，但其实质却为文本数字格式，无法通过修改单元格数字格式的方式转成数值，被称为文本型日期时间。

文本型日期时间并不影响日期时间类函数的使用，但在一些特殊情况下，仍然需要进行转换。

将两个日期或时间进行比较，例如，5 点(5:00:00)小于 15 点(15:00:00)，但是这两者若是作为文本字符进行比较，就会得出“"5:00:00"”大于“"15:00:00"”的结果。这种情况下，就需要统一成“真日期”或“真时间”。

常用转换方法如图 13-2 所示。

转换方法	示例	结果	说明
计算负数的负数（--）	=--"2023-3-1"	44986	即2023-3-1
加、减运算	="2023-3-1"+0	44986	即2023-3-1
	="12:00"-0	0.5	即12:00:00
乘、除运算	="2023-3-1"*1	44986	即2023-3-1
	="12:00"/1	0.5	即12:00:00
DATEVALUE函数	=DATEVALUE("2023-3-1")	44986	即2023-3-1
TIMEVALUE函数	=TIMEVALUE("12:00")	0.5	即12:00:00
VALUE函数	=VALUE("2023-3-1")	44986	即2023-3-1
	=VALUE("12:00")	0.5	即12:00:00

图 13-2　文本型日期时间转真日期时间

13.2.2 “真日期”“真时间”转文本型日期和文本型时间

将“真日期”“真时间”强制转换为文本型日期和时间或文本型数字的方法如图 13-3 所示。

关于TEXT函数在日期时间中的应用，请参阅 13.2.3 小节。

	A	B	C	D
1	转换方法	真日期时间	示例	结果
2	连接空文本	2023-3-1	=B2&""	44986
3		12:00	=B3&""	0.5
4	TEXT函数	2023-3-1	=TEXT(B4,"e-m-d")	2023-3-1
5		12:00	=TEXT(B5,"h:mm")	12:00
6	DATESTRING函数	2023-3-1	=DATESTRING(B6)	23年03月01日

图 13-3　真日期时间转文本型日期和时间或文本型数字

隐藏函数DATESTRING也可以转换中文短日期，例如，输入以下公式将得到中文短日期“23 年 03 月 01 日”。

```
=DATESTRING("2023-3-1")
```

另外，数据分列功能也可以进行此种转换。

13.2.3 日期时间的“万能”转换函数

TEXT函数也可以用于日期和时间的计算。

将单元格数字格式设置为日期时间，或者使用自定义数字格式，能够使日期时间数据显示不同的效果，而这些自定义的格式代码均可以被TEXT函数的第二参数所用，实现近乎“万能”的转换效果。

以 2023 年 3 月 1 日的序列值 44986 和 1900 年 1 月 1 日 5:36:58 的序列值 1.234 为例，在简体中文操作系统中的常用日期时间格式代码及其含义如图 13-4 所示。

TEXT函数的计算结果均为文本型，如需要转换成“真日期”或“真时间”，还需要在TEXT前加上两个负号。

代码	含义	公式示例	结果
y或yy	两位数的年	=TEXT(44986,"y")	23
		=TEXT(44986,"yy")	23
yyy或yyyy	四位数的年	=TEXT(44986,"yyy")	2023
		=TEXT(44986,"yyyy")	2023
e	四位数的年	=TEXT(44986,"e")	2023
m或mm	月	=TEXT(44986,"m")	3
		=TEXT(44986,"mm")	03
mmm	英文月份缩写	=TEXT(44986,"mmm")	Mar
mmmm	英文月份全称	=TEXT(44986,"mmmm")	March
d或dd	日	=TEXT(44986,"d")	1
		=TEXT(44986,"dd")	01
h或hh	时	=TEXT(1.234,"h")	5
		=TEXT(1.234,"hh")	05
m或mm（与h或s同时使用）	分	=TEXT(1.234,"h:m")	5:36
		=TEXT(1.234,"h:mm")	5:36
s或ss	秒	=TEXT(1.234,"s")	58
		=TEXT(1.234,"ss")	58
[h]、[m]或[s]	显示超过进制	=TEXT(1.234,"[h]")	29
		=TEXT(1.234,"[m]")	1776
		=TEXT(1.234,"[s]")	106618
AM/PM	AM或PM	=TEXT(1.234,"AM/PM")	AM
上午/下午	上午或下午	=TEXT(1.234,"上午/下午h时")	上午5时
aaa	中文星期缩写	=TEXT(44986,"aaa")	三
aaaa	中文星期全称	=TEXT(44986,"aaaa")	星期三
ddd	英文星期缩写	=TEXT(44986,"ddd")	Wed
dddd	英文星期全称	=TEXT(44986,"dddd")	Wednesday
0	数字占位	=TEXT(723,"00-00")	07-23
!	强制显示	=TEXT(723,"00!:00")	07:23
\		=TEXT(723,"00\/00")	07/23

图 13-4　TEXT 第二参数用于日期时间的代码

关于 TEXT 函数的其他用法，请参阅 10.2.12 小节。

13.2.4　其他转换

示例13-2　批量转换“伪日期”“伪时间”

如图 13-5 所示，需要将不同的“伪日期”“伪时间”转换为“真日期”和“真时间”。

	A	B	C	D
1	类别	伪日期	真日期	公式
2	文本型日期	2023-2-28	2023-2-28	=--B2
3	以点分隔	2023.2.28	2023-2-28	=--SUBSTITUTE(B3,".","-")
4	以反斜杠分隔	2023\2\28	2023-2-28	=--SUBSTITUTE(B4,"\","-")
5	不被识别的汉字	2023年2月28号	2023-2-28	=--SUBSTITUTE(B5,"号","日")
6	八位数	20230228	2023-2-28	=--TEXT(B6,"0-00-00")
7	不被识别的顺序	28-2-2023	2023-2-28	=TEXT(LEFT(B7,LEN(B7)-5)&-RIGHT(B7,2),"d-m-y")*1
8	类别	伪时间	真时间	公式
9	六位数	070809	7:08:09	=--TEXT(B9,"0!:00!:00")

图 13-5　各种“伪”转“真”

批量转换的方法有多种，主要包括替换法、数据分列法和函数法。替换法无法对“八位数伪日期”和“六位数伪时间”进行批量转换，而数据分列法则无法对“不被识别的中文日期汉字”进行批量转换。

函数法则可以对以上所有“伪日期”“伪时间”进行批量转换。

➲ Ⅰ　文本型日期

处理“文本型日期”不需要任何函数，直接使用减负运算（--），最后将单元格数字格式设置成日期即可，公式如下：

```
=--B2
```

➲ II　以不被识别的分隔符分隔的“日期”

符号点(.)和反斜杠(\)都不用作可被识别的日期的间隔符号，遇到这类“伪日期”，只需要使用SUBSTITUTE函数将这些符号替换成可以被自动识别的横杠(-)或斜杠(/)即可，公式如下：

```
=--SUBSTITUTE(B3,".","-")
=--SUBSTITUTE(B4,"\","-")
```

SUBSTITUTE的典型用法为：

```
SUBSTITUTE(原字符串,查找字符串,替换字符串)
```

由于该函数返回的结果是文本字符串，实质也是“伪日期”，因此需要使用减负运算(--)，并将单元格数字格式设置成日期。

另外，不被识别的中文日期汉字也可以使用此函数进行转换，公式如下：

```
=--SUBSTITUTE(B5,"号","日")
```

➲ III　八位数的“日期”

“八位数”中没有任何分隔符号，其转换公式相对特殊，需要使用TEXT函数在不同位置加上分隔符号，转换为具有日期样式的文本，最后使用减负运算(--)，公式如下：

```
=--TEXT(B6,"0-00-00")
```

➲ IV　不被识别的年月日顺序

较为复杂的是不被识别的年月日顺序，如“日-月-年”，公式如下：

```
=TEXT(LEFT(B7,LEN(B7)-5)&-RIGHT(B7,2),"d-m-y")*1
```

首先使用LEN函数计算出B7单元格的字符数，然后使用LEFT函数从B7单元格的左侧提取出比总字符数少5个的字符串，也就是除年份外的部分。再与B7右侧的两位年数连接，使结果变成Excel能识别的日期形式“28-2-23”，但是这种形式的日期会被默认识别为2028年2月23日。

使用TEXT函数，将第二参数设置为“d-m-y”，也就是按“日-月-年”的形式来解释以上字符串，得到具有日期样式的字符串"23-2-28"，最后乘以1(或用减负运算)转换为日期序列值。

在Excel 365中，可以使用以下公式：

```
=--TEXTJOIN("-",,CHOOSECOLS(TEXTSPLIT(B7,"-"),3,2,1))
```

公式先用TEXTSPLIT函数，将“日”“月”“年”三部分分成三列，然后使用CHOOSECOLS函数按3、2、1的顺序重组，再用TEXTJOIN函数按分隔符“-”进行重新合并，最后使用减负运算(--)。

利用这一思路，可以转换所有年月日顺序的“伪日期”，如图13-6所示。

	A	B	C	D
1	类别	伪日期	真日期	公式
2	月日年	2-28-2023	2023-2-28	=--TEXTJOIN("-",,CHOOSECOLS(TEXTSPLIT(B2,"-"),3,1,2))
3	日月年	28-2-2023	2023-2-28	=--TEXTJOIN("-",,CHOOSECOLS(TEXTSPLIT(B3,"-"),3,2,1))
4	月年日	2-2023-28	2023-2-28	=--TEXTJOIN("-",,CHOOSECOLS(TEXTSPLIT(B4,"-"),2,1,3))
5	日年月	28-2023-2	2023-2-28	=--TEXTJOIN("-",,CHOOSECOLS(TEXTSPLIT(B5,"-"),2,3,1))
6	年日月	2023-28-2	2023-2-28	=--TEXTJOIN("-",,CHOOSECOLS(TEXTSPLIT(B6,"-"),1,3,2))

图13-6　转换伪日期

➲ V　六位数“伪时间”

如需将 6 位数表示的时间转成“真时间”，可以使用以下公式：

```
=--TEXT("070809","0!:00!:00")
```

TEXT 函数的第二参数使用 "0!:00!:00"，表示在原有数字右侧开始的第 2 位和第 4 位前强制加上间隔符号“:”，得到具有时间样式的文本字符串，最后使用减负运算（--）转换为时间序列值。

13.3　处理日期和时间的函数

13.3.1　用 TODAY 函数和 NOW 函数显示当前日期与时间

TODAY 函数和 NOW 函数分别用于显示操作系统当前日期及当前日期和时间，两个函数都不需要参数。在单元格中输入以下公式，会显示操作系统当前的日期。

```
=TODAY()
```

在单元格中输入以下公式，会显示操作系统当前的日期和时间。

```
=NOW()
```

这两个函数都是“易失性函数”，当用户在工作表中按 <F9> 键或进行编辑单元格等操作时，会引发重新计算。

13.3.2　用 YEAR、MONTH、HOUR 函数等“拆分”日期与时间

YEAR、MONTH、DAY、HOUR、MINUTE 和 SECOND 函数可以从日期与时间数据中分别提取出年、月、日、时、分、秒等元素，各个函数的功能如表 13-1 所示。

表 13-1　日期与时间的“拆分”函数

函数名	功能
YEAR	返回指定日期的年份
MONTH	返回指定日期的月份，月份是 1~12 的整数
DAY	返回以序列数表示的某日期的天数，天数是 1~31 的整数
HOUR	返回指定时间的小时数，小时数是 0~23 的整数
MINUTE	返回指定时间的分钟数，分钟数是 0~59 的整数
SECOND	返回指定时间的秒数，秒数是 0~59 的整数

YEAR、MONTH 和 DAY 函数的参数为空单元格时，会将其识别为 1900 年 1 月 0 日这样一个不存在的日期，分别得到 1900、1 和 0。

示例13-3 从混合数据中分别提取日期和时间

从考勤机中导出的打卡记录往往是同时包含日期和时间的数据，如图 13-7 所示，需要分别提取出如B1 单元格所示的打卡记录中的日期和时间。

输入公式之前，先将A列设置为短日期格式，将C列设置为时间格式，以免影响公式结果。

	A	B	C	D
1	打卡记录	2023-3-1 8:25:12		
2	日期	公式	时间	公式
3	2023-3-1	=INT(B1)	8:25:12	=MOD(B1,1)
4	2023-3-1	=TRUNC(B1)	8:25:12	=B1-INT(B1)
5	2023-3-1	=--TEXT(B1,"e-m-d")	8:25:12	=--TEXT(B1,"h:m:s")

图 13-7 分别提取日期和时间

由于日期和时间的实质都是数值，因此既包含日期又包含时间的数据可以看成是带小数的数值。其中整数部分表示日期的序列值，小数部分表示时间的序列值。

提取日期可以用以下公式中的任意一种：

```
=INT(B1)
=TRUNC(B1)
=--TEXT(B1,"e-m-d")
```

使用INT函数或TRUNC函数提取B1 中数值的整数部分，结果即为日期的序列值。

使用TEXT函数则是直接将B1 中的数值转换成“年-月-日”格式，再在前面加上减负运算，返回对应的日期序列值。

提取时间可以用以下公式中的任意一种：

```
=MOD(B1,1)
=B1-INT(B1)
=--TEXT(B1,"h:m:s")
```

使用MOD函数计算B1 与 1 相除的余数，得到B1 数值的小数部分，结果即为时间的序列值。

减去日期时间中的日期部分，可以得到时间数据。

使用TEXT函数则是直接将B1 中的数值转换成“时:分:秒”格式，再在前面加上减负运算，返回对应的时间序列值。

示例13-4 计算世界时间

图 13-8 是一些世界城市和时区，现需要根据各自的时区系数计算出当地时间（系统为东八区时间）。

在D2 单元格输入以下公式，向下复制到D6 单元格。

	A	B	C	D	E
1	地点	时区	时区系数	当地时间	
2	伦敦	GMT	0	2023-3-26 8:23:46	2023-3-26 8:23:46
3	莫斯科	东三区	3	2023-3-26 11:23:46	2023-3-26 11:23:46
4	北京	东八区	8	2023-3-26 16:23:46	2023-3-26 16:23:46
5	巴西利亚	西三区	-3	2023-3-26 5:23:46	2023-3-26 5:23:46
6	夏威夷	西十区	-10	2023-3-25 22:23:46	2023-3-25 22:23:46
7		D2公式：=NOW()-8/24+C2/24			
8		E2公式：=(C2-8)/24+NOW()			

图 13-8 世界时间

```
=NOW()-8/24+C2/24
```

由于系统使用的是东八区时间，NOW函数所得出的系统当前日期时间减去 8 小时，即 8 除以 24 的结果，以获得GMT时间，再加上相应的时区系数除以 24。

公式也可以简化为：

```
=(C2-8)/24+NOW()
```

13.3.3　用 DATE 函数和 TIME 函数"合并"日期与时间

生成日期与时间的函数有两个，分别是合并日期的 DATE 函数和合并时间的 TIME 函数，函数语法如下：

```
DATE(year,month,day)
TIME(hour,minute,second)
```

DATE 函数的 3 个参数分别表示年份、月份和天数；TIME 函数的 3 个参数分别表示小时、分钟和秒数。

如果由参数指定年、月、日的日期不存在，DATE 函数会自动调整无效参数的结果，顺延得到新的日期，而不会返回错误值，例如，以下公式返回值为"2024-3-1"。

```
=DATE(2023,15,1)
```

如果由参数指定时、分、秒的时间不存在，TIME 函数同样会自动调整无效参数的结果，顺延得到新的时间，而不会返回错误值。

使用连接符（&）可以"合并"日期与时间，但是对无效参数不会自动调整。例如，以下公式返回"45352"（2024 年 3 月 1 日的序列值）。

```
=--(2024&-3&-1)
```

而以下公式则返回错误值"#VALUE!"。

```
=--(2023&-15&-1)
```

示例13-5　计算每个月的例会日

某公司规定，每月第二个星期二举行月例会，现需要将今年每个月例会的具体日期列出，如图 13-9 所示。

在 B2 单元格输入以下公式，向下复制到 B13 单元格。

```
=CEILING.MATH(DATE(2023,A2,5),7)+3
```

	A	B
1	月份	例会日
2	1	2023-1-10
3	2	2023-2-14
4	3	2023-3-14
5	4	2023-4-11
6	5	2023-5-9
7	6	2023-6-13
8	7	2023-7-11
9	8	2023-8-8
10	9	2023-9-12
11	10	2023-10-10
12	11	2023-11-14
13	12	2023-12-12
14	B2公式：=CEILING.MATH(DATE(2023,A2,5),7)+3	
15	当前年份公式：	
16	=CEILING.MATH(DATE(YEAR(NOW()),A2,5),7)+3	

图 13-9　每月例会的日期

如果日期序列值是 7 的倍数，则这一天恰好是星期六。每月第二个星期二的日期为 8~14 日，倒推 3 天到星期六，则是 5~11 的数字。利用这一特性，将"DATE(2023,A2,5)"向上舍入到 7 的倍数，再加上 3 天，得到本月的第二个星期二。

以上公式假设年份是 2023 年，也可以用"YEAR(NOW())"获取当前年份，公式如下：

```
=CEILING.MATH(DATE(YEAR(NOW()),A2,5),7)+3
```

按照以上规则，每月指定第 n 个星期值 k（0~6，代表从星期日到星期六）的通用公式如下：

```
=CEILING.MATH(DATE(指定年份,指定月份,7*(n-1)),7)+k+1
```

13.4　星期函数

用于处理星期的函数包括WEEKDAY函数、WEEKNUM函数及ISOWEEKNUM函数。除此之外，也经常用MOD函数和TEXT函数完成星期值的处理。

13.4.1　提取星期值

WEEKDAY函数是用于提取星期值的函数，返回对应于某个日期是一周中的第几天，函数语法如下：

```
WEEKDAY(serial_number,[return_type])
```

第一参数serial_number是指需要提取星期值的日期。

第二参数return_type是可选参数，缺省时默认为1。使用2时，公式结果用数字1~7分别表示星期一至星期日。不同参数对应返回值的类型如表13-2所示。

表 13-2　WEEKDAY函数返回值类型

return_type	返回的数字	return_type	返回的数字
1 或缺省	数字 1（星期日）~7（星期六）	2	数字 1（星期一）~7（星期日）
3	数字 0（星期一）~6（星期日）	11	数字 1（星期一）~7（星期日）
12	数字 1（星期二）~7（星期一）	13	数字 1（星期三）~7（星期二）
14	数字 1（星期四）~7（星期三）	15	数字 1（星期五）~7（星期四）
16	数字 1（星期六）~7（星期五）	17	数字 1（星期日）~7（星期六）

用MOD函数提取星期是利用日期除以7得到的余数规律，公式结果为数字0~6，分别表示星期六至星期日。

TEXT函数的第二参数使用“aaa”时返回一个中文汉字表示的星期；使用“aaaa”时返回3个中文汉字表示的星期。使用“ddd”或“dddd”时，可用于返回英文星期。

3个函数的主要用法如图13-10所示。

	A	B	C	D	E	F	G	H	I	J	K	L	M	N	O	P
1	日期	WEEKDAY第二参数										MOD	TEXT第二参数			
2		1	2	3	11	12	13	14	15	16	17		aaa	aaaa	ddd	dddd
3	2023-3-5	1	7	6	7	6	5	4	3	2	1	1	日	星期日	Sun	Sunday
4	2023-3-6	2	1	0	1	7	6	5	4	3	2	2	一	星期一	Mon	Monday
5	2023-3-7	3	2	1	2	1	7	6	5	4	3	3	二	星期二	Tue	Tuesday
6	2023-3-8	4	3	2	3	2	1	7	6	5	4	4	三	星期三	Wed	Wednesday
7	2023-3-9	5	4	3	4	3	2	1	7	6	5	5	四	星期四	Thu	Thursday
8	2023-3-10	6	5	4	5	4	3	2	1	7	6	6	五	星期五	Fri	Friday
9	2023-3-11	7	6	5	6	5	4	3	2	1	7	0	六	星期六	Sat	Saturday
10	B3公式：	=WEEKDAY($A3,B$2)						L3公式：			=MOD($A3,7)			M3公式：		=TEXT($A3,M$2)

图 13-10　WEEKDAY、MOD和TEXT函数提取星期比较

示例13-6 计算最近周促销日的日期

如图 13-11 所示，某部门规定每个星期日为周促销日，需要返回离指定日期最近的周促销日。

➲ Ⅰ 返回上一个促销日

在B2 单元格输入以下公式，向下复制到B9 单元格。

```
=A2-WEEKDAY(A2,2)
```

"WEEKDAY(A2,2)" 部分返回指定日期的星期值，用当前日期减去星期值，得到上一个星期日的日期。

WEEKDAY的第二参数 2 也可以使用 11。

	A	B	C
1	指定日期	上一个促销日	下一个促销日
2	2023-3-5	2023-2-26	2023-3-12
3	2023-3-6	2023-3-5	2023-3-12
4	2023-3-12	2023-3-5	2023-3-19
5	2023-3-13	2023-3-12	2023-3-19
6	2023-3-19	2023-3-12	2023-3-26
7	2023-3-20	2023-3-19	2023-3-26
8	2023-3-26	2023-3-19	2023-4-2
9	2023-3-27	2023-3-26	2023-4-2
10	B2公式： =A2-WEEKDAY(A2,2)		
11	C2公式： =A2-MOD(A2-1,7)+7		

图 13-11 返回最近促销日的日期

按以上思路，返回上一个星期值*k*（0~6 代表从星期日到星期六）的通用公式为：

```
=指定日期-WEEKDAY(指定日期,k+11)
```

➲ Ⅱ 返回下一个促销日

在C2 单元格输入以下公式，向下复制到C9 单元格。

```
=A2-MOD(A2-1,7)+7
```

"MOD(A2-1,7)" 部分返回指定日期前一天的星期值，与WEEKDAY函数所返回的结果基本一致，除了星期日，MOD函数返回的结果是 0。用当前日期减去星期值，再加上 7，得到下一个星期日的日期。

按以上思路，返回下一个星期值*k*（0~6 代表从星期日到星期六）的通用公式为：

```
=指定日期-MOD(指定日期-k-1,7)+7
```

根据本书前言的提示，可观看"计算最近周促销日"的视频演示。

示例13-7 计算格式为yyww的日期期间

如图 13-12 所示，A列的日期格式为"yyww"，即前两位表示年份，后两位表示年内的第几周，需要计算其期间（按每周从星期一起）。

在B2 单元格输入以下公式，向下复制到B10 单元格，计算开始日期。

```
=DATE(20&LEFT(A2,2),1,2)-WEEKDAY(DATE(20&
LEFT(A2,2),1,2),12)+RIGHT(A2,2)*7-7
```

	A	B	C
1	yyww	开始日期	结束日期
2	2301	2022-12-26	2023-1-1
3	2302	2023-1-2	2023-1-8
4	2303	2023-1-9	2023-1-15
5	2401	2024-1-1	2024-1-7
6	2402	2024-1-8	2024-1-14
7	2403	2024-1-15	2024-1-21
8	2501	2024-12-30	2025-1-5
9	2502	2025-1-6	2025-1-12
10	2503	2025-1-13	2025-1-19

图 13-12 计算格式为yyww的日期期间

要想计算指定日期的前一个星期一，可以使用以下通用公式。

```
=指定日期-WEEKDAY(指定日期,12)
```

公式中的指定日期是当年的 1 月 2 日，即“DATE(20&LEFT(A2,2),1,2)”，因为任意一年的第二周最早是从这一天开始。

计算出的结果是第一周的开始日期，还需要再加上与周数对应的天数，即“RIGHT(A2,2)*7-7”。

在C2 单元格输入以下公式，向下复制到C10 单元格，计算结束日期。

```
=B2+6
```

示例13-8 计算加班费

图 13-13 是某公司出勤数据的部分内容，需要根据“加班时数”和“时基本工资”计算加班费。

根据有关规定，加班费平时是“时基本工资”的 1.5 倍，周末为 2 倍，在F2 单元格输入以下公式，向下复制到F11 单元格。

```
=IF(WEEKDAY(A2,2)>5,2,1.5)*D2*E2
```

	A	B	C	D	E	F	G
1	日期	星期	姓名	加班时数	时基本工资	加班费	
2	2023-3-6	星期一	戴靖	0.5	100	75	75
3	2023-3-7	星期二	戴靖	0.5	100	75	75
4	2023-3-8	星期三	戴靖	0.5	100	75	75
5	2023-3-9	星期四	戴靖	0.5	100	75	75
6	2023-3-10	星期五	戴靖	0.5	100	75	75
7	2023-3-11	星期六	戴靖	0.5	100	100	100
8	2023-3-12	星期日	戴靖	0.5	100	100	100
9	2023-3-13	星期一	戴靖	0.5	100	75	75
10	2023-3-14	星期二	戴靖	0.5	100	75	75
11	2023-3-15	星期三	戴靖	0.5	100	75	75

图 13-13 计算加班费

公式中的“WEEKDAY(A2,2)>5”部分，利用WEEKDAY函数判断星期值是否大于 5。再用IF判断，如果满足条件则为周末，返回 2；否则返回 1.5。

最后用IF计算的结果乘以“时基本工资”和“加班时数”，得到最终的加班费。

在G2 单元格输入以下公式，向下复制到G12 单元格。

```
=IF(MOD(A2,7)<2,2,1.5)*D2*E2
```

以上公式中的“WEEKDAY(A2,2)>5”部分用“MOD(A2,7)<2”替代，MOD函数的结果小于 2 时，表示日期为星期六或是星期日。

13.4.2 用WEEKNUM函数判断周数

WEEKNUM函数返回指定日期属于全年的第几周，函数语法如下：

```
WEEKNUM(serial_number,[return_type])
```

第一参数serial_number指需要返回属于第几周的日期。

第二参数return_type是可选参数，缺省时默认为 1。第二参数使用 2 时，以星期一作为每周起始。不同的参数对应返回值的类型如表 13-3 所示。

表 13-3 WEEKNUM函数返回值类型

return_type	每周开始于
1 或缺省	星期日（机制 1，1 月 1 日所在的星期为该年的第 1 周，下同）

续表

return_type	每周开始于
2	星期一（机制 1）
11	星期一（机制 1）
12	星期二（机制 1）
13	星期三（机制 1）
14	星期四（机制 1）
15	星期五（机制 1）
16	星期六（机制 1）
17	星期日（机制 1）
21	星期一（机制 2，包含该年的第一个星期四的周为该年的第 1 周）

ISOWEEKNUM 函数用于返回给定日期在全年中的 ISO 周数，只有一个参数，其结果相当于 WEEKNUM 函数的第二参数为 21 时的结果。

不同的函数和参数对应返回值的类型如图 13-14 所示。

日期	WEEKNUM第二参数										ISO	星期
	1	2	11	12	13	14	15	16	17	21	WEEKNUM	参考
2024-12-29	53	52	52	53	53	53	53	53	53	52	52	星期日
2024-12-30	53	53	53	53	53	53	53	53	53	1	1	星期一
2024-12-31	53	53	53	54	53	53	53	53	53	1	1	星期二
2025-1-1	1	1	1	1	1	1	1	1	1	1	1	星期三
2025-1-2	1	1	1	1	1	2	1	1	1	1	1	星期四
2025-1-3	1	1	1	1	1	2	2	1	1	1	1	星期五
2025-1-4	1	1	1	1	1	2	2	2	1	1	1	星期六
2025-1-5	2	1	1	1	1	2	2	2	2	1	1	星期日
2025-1-6	2	2	2	1	1	2	2	2	2	2	2	星期一
2025-1-7	2	2	2	2	1	2	2	2	2	2	2	星期二
2025-1-8	2	2	2	2	2	2	2	2	2	2	2	星期三

B3公式：=WEEKNUM($A3,B$2)　　L3公式：=ISOWEEKNUM(A3)

图 13-14　判断周数函数的返回值类型

示例13-9　根据指定期间计算周数

如图 13-15 所示，A 列是日期期间，需要计算出这一期间属于一年中的第几周。

在 B2 单元格输入以下公式，向下复制到 B10 单元格。

```
=WEEKNUM(MID(A2,FIND("至",A2)+1,99),2)
```

先用 MID 函数和 FIND 函数的嵌套，将 A2 单元格中“至”字右侧的日期提取出来，再用 WEEKNUM 函数计算其属于全年的第几周，第二参数为 2，表示每周开始于星期一。

B2 公式：=WEEKNUM(MID(A2,FIND("至",A2)+1,99),2)

日期期间	周数
2022年12月26日至2023年1月1日	1
2023年1月2日至2023年1月8日	2
2023年1月9日至2023年1月15日	3
2024年1月1日至2024年1月7日	1
2024年1月8日至2024年1月14日	2
2024年1月15日至2024年1月21日	3
2024年12月30日至2025年1月5日	1
2025年1月6日至2025年1月12日	2
2025年1月13日至2025年1月19日	3

图 13-15　根据指定期间计算周数

13.5 季度运算

工作表函数中并没有专门处理季度的函数，但是根据季度的规律，可以利用一些日期函数、数学运算或者财务函数对季度进行计算。

13.5.1 利用日期函数和数学运算计算季度

示例13-10 判断指定日期所在的季度

如图 13-16 所示，需要根据指定日期返回所在季度。

	A	B	C	D
1	指定日期	所在季度		
2	2023-1-15	1	1	1
3	2023-2-15	1	1	1
4	2023-3-15	1	1	1
5	2023-4-15	2	2	2
6	2023-5-15	2	2	2
7	2023-6-15	2	2	2
8	2023-7-15	3	3	3
9	2023-8-15	3	3	3
10	2023-9-15	3	3	3
11	2023-10-15	4	4	4
12	2023-11-15	4	4	4
13	2023-12-15	4	4	4
14	B2公式：	=LEN(2^MONTH(A2))		
15	C2公式：	=INT((MONTH(A2)+2)/3)		
16	D2公式：	=CEILING.MATH(MONTH(A2)/3)		

图 13-16 判断日期所在季度

➲ Ⅰ 利用 2 的指数

在B2 单元格输入以下公式，向下复制到B13 单元格。

```
=LEN(2^MONTH(A2))
```

公式首先用MONTH函数计算出A2 单元格的月份，计算结果用作以 2 为底数的指数计算乘方。如图 13-17 所示，2 的 1 至 3 次方结果是 1 位数，2 的 4 至 6 次方结果是 2 位数，2 的 7 至 9 次方结果是 3 位数，2 的 10 至 12 次方结果是 4 位数。根据此特点，用LEN函数计算乘方结果的字符长度，即为日期所在的季度。

	A	B	C	D	E
1	月份	公式	结果	字符长度	季度
2	1	=2^A2	2	1	1
3	2	=2^A3	4	1	1
4	3	=2^A4	8	1	1
5	4	=2^A5	16	2	2
6	5	=2^A6	32	2	2
7	6	=2^A7	64	2	2
8	7	=2^A8	128	3	3
9	8	=2^A9	256	3	3
10	9	=2^A10	512	3	3
11	10	=2^A11	1024	4	4
12	11	=2^A12	2048	4	4
13	12	=2^A13	4096	4	4

图 13-17 2 的乘方运算与季度的关系

➲ Ⅱ 利用舍入函数

在C2 单元格输入以下公式，向下复制到C13 单元格。

```
=INT((MONTH(A2)+2)/3)
```

在D2 单元格输入以下公式，向下复制到D13 单元格。

```
=CEILING.MATH(MONTH(A2)/3)
```

两个公式都是利用数学规律，第一个公式用月份加上 2 后，再除以 3，整数部分就是日期所在季度。

第二个公式先用月份除以 3，再用CEILING.MATH函数向上舍入为整数，得出日期所在季度。

13.5.2 利用财务函数计算季度

COUPDAYBS函数、COUPDAYS函数和COUPNCD函数都可以完成与季度有关的计算。COUPDAYBS函数用于返回从付息期开始到结算日的天数，COUPDAYS函数用于返回指定结算日所在付息期的天数，COUPNCD函数用于返回结算日之后的下一个付息日。

3 个函数的语法相同。

```
函数名称(settlement,maturity,frequency,[basis])
```

第一参数settlement是有价证券的结算日。第二参数maturity是有价证券的到期日，可以写成一个

任意较大的日期序列值。第三参数 frequency 如果使用 4，表示年付息次数按季支付。第四参数 basis 如果使用 1，表示按实际天数计算日期。

示例13-11　指定日期所在季度的计算

如图 13-18 所示，需要根据 A 列日期，分别计算出该日期是所在季度的第几天、该日期所在季度总天数和该日期所在季度最后一天的日期。

在 B2 单元格输入以下公式，向下复制到 B13 单元格。

```
=COUPDAYBS(A2,"9999-1",4,1)+1
```

本例中年付息次数选择按季支付，所以 A2 单元格日期所在季度的付息期，即为该季度的第一天。以 A2 单元格的日期作为结算日，通过计算所在季度第一天到当前日期的间隔天数，结果加 1，变通得到指定日期是所在季度的第几天。

在 C2 单元格输入以下公式，向下复制到 C13 单元格。

```
=COUPDAYS(A2,"9999-1",4,1)
```

	A	B	C	D
1	指定日期	在季度第几天	季度总天数	季度末日期
2	2023-1-15	15	90	2023-3-31
3	2023-2-15	46	90	2023-3-31
4	2023-3-15	74	90	2023-3-31
5	2023-4-15	15	91	2023-6-30
6	2023-5-15	45	91	2023-6-30
7	2023-6-15	76	91	2023-6-30
8	2023-7-15	15	92	2023-9-30
9	2023-8-15	46	92	2023-9-30
10	2023-9-15	77	92	2023-9-30
11	2023-10-15	15	92	2023-12-31
12	2023-11-15	46	92	2023-12-31
13	2023-12-15	76	92	2023-12-31
14	B2公式：	=COUPDAYBS(A2,"9999-1",4,1)+1		
15	C2公式：	=COUPDAYS(A2,"9999-1",4,1)		
16	D2公式：	=COUPNCD(A2,"9999-1",4,1)-1		

图 13-18　指定日期所在季度的计算

公式以 A2 单元格作为结算日，在按季付息的前提下返回日期所在付息期的天数，也就是该日期所在的季度的总天数。

在 D2 单元格输入以下公式，向下复制到 D13 单元格。

```
=COUPNCD(A2,"9999-1",4,1)-1
```

公式以 A2 单元格日期作为结算日，计算该日期之后的下一个付息日，也就是下一个季度的第一天。用下个季度的第一天减 1，变通得到指定日期所在季度末的日期。

13.6　日期时间间隔

13.6.1　日期时间的加、减等运算

日期时间的本质是数值，也具备四则运算中的加减及比较运算等运算功能。

日期时间的常用加减运算示例及说明如图 13-19 所示。

类别	示例公式	结果	说明
结束日期-起始日期	="2023-3-31"-"2023-3-1"	30	
结束时间-起始时间	="18:00"-"12:00"	0.25	即6:00
结束日期时间-起始日期时间	="2023-3-31 18:00"-"2023-3-1 12:00"	30.25	
日期-指定天数	="2023-3-31"-30	44986	即2023-3-1
时间-指定时数	="18:00"-0.25	0.5	即12:00
日期+指定天数	="2023-3-1"+30	45016	即2023-3-31
时间+指定时数	="12:00"+0.25	0.75	即18:00

图 13-19　日期时间的常用加减运算

日期时间的常用比较运算示例如图 13-20 所示。

日期加减运算的结果一般情况下显示成“常规”数字格式，如需要显示成日期时间，则需要修改相应的数字格式，或者通过运算返回指定的格式，如图 13-21 所示。

类别	示例公式	结果
比较日期大小	=--"2023-3-31">--"2023-3-1"	TRUE
比较时间大小	=--"12:00">--"18:00"	FALSE
比较日期时间大小	="2023-3-31 12:00">"2023-3-1 18:00"	TRUE
日期时间与日期比较大小	="2023-3-31 12:00">"2023-3-1"	TRUE
日期时间与时间比较大小	="2023-3-31 12:00">"18:00"	TRUE

图 13-20　日期时间的常用比较运算

	A	B	C	D	E	F
1	起始日期时间	结束日期时间	直接相减	不同显示		公式
2	2023-3-1	2023-3-1 12:00	0.5	日	0.5	=B2-A2
3	2023-3-1	2023-3-2 12:00	1.5	时	36	=(B3-A3)*24
4	2023-3-1	2023-3-2 12:00	1.5		36	=TEXT(B4-A4,"[h]")
5	2023-3-1	2023-3-3 12:00	2.5	分	3600	=(B5-A5)*1440
6	2023-3-1	2023-3-3 12:00	2.5		3600	=TEXT(B6-A6,"[m]")
7	2023-3-1	2023-3-4 12:00	3.5	秒	302400	=(B7-A7)*86400
8	2023-3-1	2023-3-4 12:00	3.5		302400	=TEXT(B8-A8,"[s]")

图 13-21　修改运算结果显示方式

示例13-12 判断是否超时

图 13-22 是某平台接单日期、时间与送达日期、时间的部分记录，需要判断是否超时。

	A	B	C	D	E	F	G	H	I	J
1	单号	接单日期	接单时间	送达日期	送达时间	定单限日	定单限时	是否超时		
2	A001	2023-3-1	12:00:00	2023-3-1	13:59:59	0	2	未超时	未超时	未超时
3	A002	2023-3-1	12:00:00	2023-3-1	14:00:00	0	2	超时	未超时	未超时
4	A003	2023-3-1	12:00:00	2023-3-1	14:00:01	0	2	超时	超时	超时
5	A004	2023-3-1	12:00:00	2023-3-1	14:00:02	0	2	超时	超时	超时
6	A005	2023-3-1	12:00:00	2023-3-2	11:30:00	1	0	未超时	未超时	未超时
7	A006	2023-3-1	12:00:00	2023-3-6	12:30:00	5	0	超时	超时	超时
8		H2公式：	=IF(D2+E2-B2-C2>F2+G2/24,"超时","未超时")							
9		I2公式：	=IF(ROUND(D2+E2-B2-C2,9)>ROUND(F2+G2/24,9),"超时","未超时")							
10		J2公式：	=IF(--TEXT(D2+E2-B2-C2,"[s]")>--TEXT(F2+G2/24,"[s]"),"超时","未超时")							

图 13-22　判断是否超时

在H2 单元格输入以下公式，向下复制到H7 单元格。

```
=IF(D2+E2-B2-C2>=F2+G2/24,"超时","未超时")
```

公式用“D2+E2”和“B2+C2”，实现了日期与时间的合并。合并后的日期时间再进行减法计算，就是从接单到送达之间的耗时。

公式中的“F2+G2/24”，同样是将日期与时间合并，但是时间是以时数进行记录，所以在此需要除以 24，转换成Excel中的时间序列值，从而获得定单限时。

将两者进行比较，再用IF函数进行判断，耗时大于限时的，返回“超时”，否则返回“未超时”。

由于Excel的浮点运算可能出现细微的误差，在一定程度上会影响到两个时间的比较。可以用ROUND或INT等函数对小数位数进行限制，或者使用TEXT函数对数据格式进行限制，以上公式可以写成：

```
=IF(ROUND(D2+E2-B2-C2,9)>ROUND(F2+G2/24,9),"超时","未超时")
=IF(--TEXT(D2+E2-B2-C2,"[s]")>--TEXT(F2+G2/24,"[s]"),"超时","未超时")
```

示例13-13 计算员工在岗时长

图 13-23 是某企业员工考勤的部分记录，需要根据C列的上班打卡时间和D列的下班打卡时间，计

算员工的工作时长。

如果在E2 单元格直接使用公式“D2-C2”计算时间差，由于部分员工的离岗时间为次日凌晨，仅从时间来判断，离岗时间小于到岗时间，两者相减得出负数，计算结果会出现错误。

通常情况下，员工在岗的时长不会超过 24 小时。如果下班打卡时间大于上班打卡时间，说明两个时间是在同一天，否则说明下班为次日。

	A	B	C	D	E	F
1	姓名	考勤日期	上班打卡	下班打卡	在岗时长	
2	牟玉红	2023-3-1	8:30:00	17:30:00	9:00:00	9:00:00
3	周梅	2023-3-1	8:30:00	18:00:00	9:30:00	9:30:00
4	张映菊	2023-3-1	8:30:00	19:30:00	11:00:00	11:00:00
5	陈包蓉	2023-3-1	8:30:00	21:00:00	12:30:00	12:30:00
6	谭艺	2023-3-1	8:30:00	22:30:00	14:00:00	14:00:00
7	杨柳	2023-3-1	8:30:00	0:00:00	15:30:00	15:30:00
8	陆伟	2023-3-1	8:30:00	1:30:00	17:00:00	17:00:00
9	E2公式：	=IF(D2>C2,0,1)+D2-C2				
10	F2公式：	=MOD(D2-C2,1)				

图 13-23　员工考勤记录

在E2 单元格输入以下公式，向下复制到E10 单元格。

```
=IF(D2>C2,0,1)+D2-C2
```

IF 函数判断D2 单元格的下班打卡时间是否大于C2 单元格的上班打卡时间，如果条件成立，使用下班时间减去上班时间；否则用下班时间加 1 后得到次日的时间，再减去上班时间。

还可以借助MOD 函数进行求余计算。

```
=MOD(D2-C2,1)
```

用D2 单元格的下班时间减去C2 单元格的上班时间后，再用MOD 函数计算该结果除以 1 的余数，返回的结果就是忽略天数的时间差。

13.6.2　计算日期间隔的函数

除了用两个日期相减的方法，还可以用DAYS、DAYS360 和DATEDIF 函数计算两个日期之间的间隔。

➲ Ⅰ DAYS 函数与 DAYS360 函数

DAYS 函数可以返回两个日期之间的天数，该函数语法如下：

```
DAYS(end_date,start_date)
```

第一参数end_date是结束日期，第二参数start_date是开始日期。第二参数如果大于第一参数，则返回负值结果。

DAYS360 函数也用于计算两个日期之间间隔的天数，该函数语法如下：

```
DAYS360(start_date,end_date,[method])
```

第一参数start_date是开始日期，第二参数end_date是结束日期，第三参数method用于指示计算时使用美国或是欧洲方法。

前两个参数的用法与DAYS 函数的参数用法一致。第三参数为 0 或FALSE或缺省时，为美国方法；不为 0 或为TRUE时，为欧洲方法。

两者的区别是，美国方法，如果起始日期是一个月的最后一天，则等于同月的 30 号。如果终止日期是一个月的最后一天，并且起始日期早于 30 号，则终止日期等于下一个月的 1 号；否则，终止日期等于本月的 30 号。

欧洲方法，如果起始日期和终止日期为某月的 31 号，则等于当月的 30 号。

其计算规则是按照一年 360 天，每个月以 30 天计，在一些会计计算中会用到。如果会计系统是基于一年 12 个月，每月 30 天，则可用此函数帮助计算支付款项。

Ⅱ DATEDIF 函数

DATEDIF 函数是一个隐藏的日期函数，用于计算两个日期之间的天数、月数或年数。函数语法如下：

```
DATEDIF(start_date,end_date,unit)
```

第一参数 start_date 是开始日期，第二参数 end_date 是结束日期。第三参数 unit 为所需信息的返回类型，该参数不区分大小写，不同 unit 参数返回的结果如图 13-24 所示。

	A	B	C	D	E	F
1	开始日期	结束日期	unit参数	公式	结果	说明
2	2023-3-1	2025-8-31	Y	=DATEDIF(A2,B2,C2)	2	整年数
3	2023-3-1	2025-8-31	M	=DATEDIF(A3,B3,C3)	29	整月数
4	2023-3-1	2025-8-31	D	=DATEDIF(A4,B4,C4)	914	天数
5	2023-3-1	2025-8-31	MD	=DATEDIF(A5,B5,C5)	30	天数，忽略月和年
6	2023-3-1	2025-8-31	YM	=DATEDIF(A6,B6,C6)	5	整月数，忽略日和年
7	2023-3-1	2025-8-31	YD	=DATEDIF(A7,B7,C7)	183	天数，忽略年
8	开始日期	结束日期	unit参数	公式	结果	说明
9	2023-8-31	2025-3-1	Y	=DATEDIF(A9,B9,C9)	1	整年数
10	2023-8-31	2025-3-1	M	=DATEDIF(A10,B10,C10)	18	整月数
11	2023-8-31	2025-3-1	D	=DATEDIF(A11,B11,C11)	548	天数
12	2023-8-31	2025-3-1	MD	=DATEDIF(A12,B12,C12)	-2	天数，忽略月和年
13	2023-8-31	2025-3-1	YM	=DATEDIF(A13,B13,C13)	6	整月数，忽略日和年
14	2023-8-31	2025-3-1	YD	=DATEDIF(A14,B14,C14)	182	天数，忽略年

图 13-24 DATEDIF 函数使用不同第三参数的效果

当结束日期的日大于开始日期的日，如 A2:B7 的日期。

第三参数使用“Y”，计算两个日期之间相差的整年数。2023-3-1 至 2025-8-31 超过两年不足 3 年，所以结果是 2。

第三参数使用“M”，计算两日期之间相差的整月数，两日期间隔超过 29 个月不足 30 个月，所以结果是 29。

第三参数使用“D”，计算两日期之间相差的天数，相当于两日期相减。

第三参数使用“MD”，计算两日期一月内天数的差额，相当于计算 3-1 和 3-31 之间的天数差。

第三参数使用“YM”，计算两日期一年内月数的差额，相当于计算 2023-3-1 和 2023-8-31 之间的月数差。

第三参数使用“YD”，计算两日期一年内天数的差额，相当于计算 2023-3-1 和 2023-8-31 之间的天数差。

当结束日期的日小于开始日期的日，如 A9:B14 单元格中的日期，部分类型第三参数的计算规则有所不同。

第三参数使用“MD”，计算自结束日期起往前推一个月内两日期天数的差额，相当于计算 3-1 和前一个月 31 日之间的天数差，2 月实际并没有 31 日，其天数比 31 天少 3 天，所以这一结果是 -2。造成这一结果的原因是每个月的天数不一致，现实中使用此公式的时候需要注意。

第三参数使用“YM”，计算自结束日期起往前推一年内两日期月数的差额，相当于计算 2024-8-31 和 2025-3-1 之间的月数差。

第三参数使用“YD”，计算自结束日期起往前推一年内两日期天数的差额，相当于计算 2024-8-31 和 2025-3-1 之间的天数差。

使用日期时间类函数有时会导致公式所在单元格的数字格式自动转为日期，需要注意调整。

示例13-14 制作甘特图

图 13-25 展示的是某项目的计划表，使用函数公式能够制作出甘特图的效果。

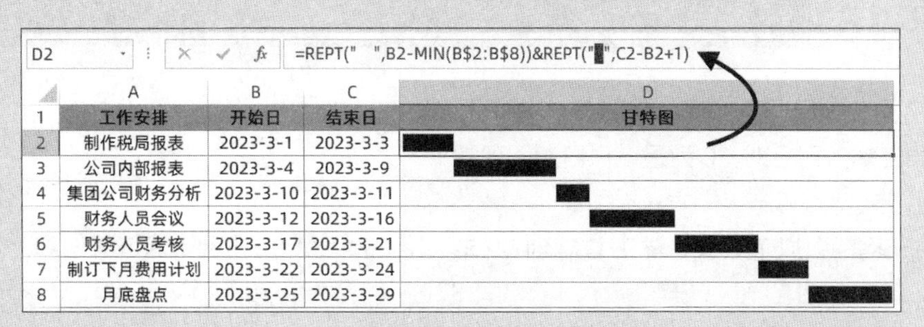

D2　=REPT("　　",B2-MIN(B$2:B$8))&REPT("■",C2-B2+1)

	A	B	C	D
1	工作安排	开始日	结束日	甘特图
2	制作税局报表	2023-3-1	2023-3-3	
3	公司内部报表	2023-3-4	2023-3-9	
4	集团公司财务分析	2023-3-10	2023-3-11	
5	财务人员会议	2023-3-12	2023-3-16	
6	财务人员考核	2023-3-17	2023-3-21	
7	制订下月费用计划	2023-3-22	2023-3-24	
8	月底盘点	2023-3-25	2023-3-29	

图 13-25　项目计划表

在D2 单元格输入以下公式，向下复制到D8 单元格。

```
=REPT("    ",B2-MIN(B$2:B$8))&REPT("■",C2-B2+1)
```

公式分成两个部分，前半部分用REPT 函数重复显示空格，即甘特图中的空白部分。

REPT 函数的用法如下：

```
=REPT(字符串,重复的次数)
```

“MIN(B$2:B$8)”用来计算所有开始日期中的最小值，即整个项目的开始日期。用B2 减去项目开始日期，计算的结果作为REPT 函数重复显示空格的次数。

后半部分用REPT 函数重复显示方框“■”，得到甘特图中的日程部分。

重复次数为“C2−B2+1”，也就是开始日期到结束日期之间的天数差。

后半部分计算日期差有一个“+1”，这是对日期计算的一种修正。正常情况下，一个任务的期限（假设期限是一个月），被普遍认可的写法是“2023 年 3 月 1 日至 2023 年 3 月 31 日”，但是这样的数据在Excel 中相减后的结果比实际间隔天数少 1 天，所以在公式后+1 用以修正。

公式中的“B$2:B$8”使用了行绝对引用，以保证公式在向下复制的过程中始终引用第 2 行至第 8 行。

示例13-15 分析进度进程

图 13-26 是某些项目完成进度的一部分，需要根据计划完成日期和实际完成日期判断进程，显示为“提前*n*天”或“延迟*n*天”。

在D2 单元格输入以下公式，向下复制到D6 单元格。

```
=IF(B2<C2,"延迟","提前")&ABS(C2-B2)&"天"
```

D2　=IF(B2<C2,"延迟","提前")&ABS(C2-B2)&"天"

	A	B	C	D
1	项目	计划完成日期	实际完成日期	进程
2	项目A	2023-3-15	2023-3-13	提前2天
3	项目B	2023-3-15	2023-3-14	提前1天
4	项目C	2023-3-15	2023-3-15	提前0天
5	项目D	2023-3-15	2023-3-16	延迟1天
6	项目E	2023-3-15	2023-3-17	延迟2天

图 13-26　分析进度进程

先用IF 函数进行判断，当B2 的计划完成日期小于C2 的实际完成日期时，返回“延迟”；否则返回“提前”。再将结果与两日期之间间隔的天数连接。但是，无论使用“C2−B2”还是“B2−C2”，都有可能出现负数，所以这里使用ABS函数返回其绝对值，最后再连接字符“天”。

示例13-16 计算员工工龄

图 13-27 是某公司员工信息表的部分内容，B列显示了每位员工的入司日期，C列是结算日期，现需要据此计算出工龄。

在D2 单元格输入以下公式，向下复制到D9 单元格。

```
=DATEDIF(B2,C2+1,"y")&"年"&DATEDIF(B2,C2+1,"ym")&"个月"&DATEDIF(B2,C2+1,"md")&"天"
```

D2 =DATEDIF(B2,C2+1,"y")&"年"&DATEDIF(B2,C2+1,"ym")&"个月"&DATEDIF(B2,C2+1,"md")&"天"

	A	B	C	D
1	姓名	入司日期	结算日期	工龄
2	董迎辉	2020-4-1	2023-3-31	3年0个月0天
3	龙玉英	2020-7-1	2023-3-31	2年9个月0天
4	徐韦	2020-7-10	2023-3-31	2年8个月22天
5	孙阳	2020-7-15	2023-3-31	2年8个月17天
6	张剑	2020-7-20	2023-3-31	2年8个月12天
7	王福东	2020-7-25	2023-3-31	2年8个月7天
8	杨利波	2020-7-30	2023-3-31	2年8个月2天
9	李琼华	2020-7-31	2023-3-31	2年8个月1天

图 13-27 员工信息表

公式中使用了 3 个DATEDIF函数，第三参数分别使用了“y”“ym”和“md”，分别计算出两个日期间隔的年、忽略年和日的间隔月数及忽略月和年的天数之差。

示例13-17 处理DATEDIF函数的异常结果

当开始日期是任意月的 30 日或 31 日，结束日期是 3 月 1 日或 2 日时，DATEDIF函数可能会返回异常结果。例如，以下公式返回结果为-2。

```
=DATEDIF("1-31","3-1","md")
```

对开始日期或结束日期做适当调整，尽可能以月初作为开始日期。或对月末日期使用以下公式单独进行处理，可以规避这类异常情况，如图 13-28 所示。

```
间隔年：=YEAR(EDATE(B3+1,-MONTH(A3)))-YEAR(A3)
剩余月：=MOD(MONTH(B3+1)+11-MONTH(A3),12)
剩余日：=DAY(B3+1)-1
```

	A	B	C	D	E	F	G	H
1	起始日期	结束日期	DATEDIF函数结果			修正结果		
2			间隔年	剩余月	剩余日	间隔年	剩余月	剩余日
3	2023-2-28	2028-2-27	4	11	30	4	11	27
4	2022-2-28	2028-2-28	6	0	0	5	11	28
5	2022-2-28	2028-2-29	6	0	1	6	0	0
6	2022-3-31	2027-2-28	4	10	28	4	11	0
7	2022-3-31	2027-3-1	4	11	-2	4	11	1
8	2022-3-31	2027-3-2	4	11	-1	4	11	2
9	2022-3-31	2027-3-3	4	11	0	4	11	3
10	2022-3-31	2027-3-4	4	11	1	4	11	4
11	C3公式：	=DATEDIF(A3,B3,"y")			F3公式：	=YEAR(EDATE(B3+1,-MONTH(A3)))-YEAR(A3)		
12	D3公式：	=DATEDIF(A3,B3,"ym")			G3公式：	=MOD(MONTH(B3+1)+11-MONTH(A3),12)		
13	E3公式：	=DATEDIF(A3,B3,"md")			H3公式：	=DAY(B3+1)-1		

图 13-28 对于月末日期的处理结果

如需要计算间隔月，可使用间隔年*12+剩余月。

```
=(YEAR(EDATE(B3+1,-MONTH(A3)))-YEAR(A3))*12+MOD(MONTH(B3+1)+11-
MONTH(A3),12)
```

间隔年的通用公式为：

```
=YEAR(EDATE(结束日期+1,-开始日期的月份))-YEAR(开始日期)
```

剩余月的通用公式为：

```
=MOD(MONTH(结束日期+1)+11-开始日期月份,12)
```

剩余天的通用公式为：

```
=DAY(结束日期+1)-1
```


根据本书前言的提示，可观看“用DATEDIF函数计算日期间隔”的视频演示。

13.6.3　计算指定月份后的指定日期

➲ Ⅰ　EDATE 函数

EDATE函数用于返回某个日期相隔指定月份之前或之后的日期，函数语法如下：

```
EDATE(start_date,months)
```

第一参数是开始日期，第二参数是开始日期之前或之后的月份数。

示例13-18　计算员工退休日期

根据现行规定，男性退休年龄为 60 周岁，女性干部退休年龄为 55 周岁，女性职工退休年龄为 50 周岁。在图 13-29 所示的员工信息表中，需要根据B列的性别、C列的出生日期和D列的职务，综合判断员工的退休日期。

首先在G2~I5 单元格区域中罗列出不同职务、不同性别的退休年龄，然后在E2 单元格输入以下公式，向下复制到E9 单元格。

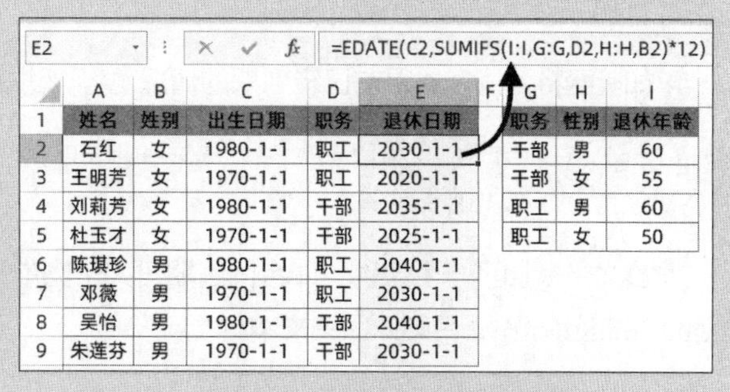

E2　=EDATE(C2,SUMIFS(I:I,G:G,D2,H:H,B2)*12)

	A	B	C	D	E	F	G	H	I
1	姓名	性别	出生日期	职务	退休日期		职务	性别	退休年龄
2	石红	女	1980-1-1	职工	2030-1-1		干部	男	60
3	王明芳	女	1970-1-1	职工	2020-1-1		干部	女	55
4	刘莉芳	女	1980-1-1	干部	2035-1-1		职工	男	60
5	杜玉才	女	1970-1-1	干部	2025-1-1		职工	女	50
6	陈琪珍	男	1980-1-1	职工	2040-1-1				
7	邓薇	男	1970-1-1	职工	2030-1-1				
8	吴怡	男	1980-1-1	干部	2040-1-1				
9	朱莲芬	男	1970-1-1	干部	2030-1-1				

图 13-29　计算员工退休日期

```
=EDATE(C2,SUMIFS(I:I,G:G,D2,H:H,B2)*12)
```

先使用SUMIFS函数，根据“职务”和“性别”两个条件，在右侧对照表中返回对应的退休年龄。

EDATE函数以B2 单元格的出生日期作为开始日期，以SUMIFS函数的结果乘以 12 作为指定的月份，返回该月份之后的日期，也就是退休日期。

II EOMONTH 函数

EOMONTH 函数用于返回某个日期相隔指定月份之前或之后的最后一天，函数语法如下：

```
EOMONTH(start_date,months)
```

第一参数表示开始日期，第二参数是开始日期之前或之后的月份数。

两个参数的使用规则和 EDATE 函数的参数相同。

示例13-19 判断合同是否需要准备续签

图 13-30 是某单位员工合同签订明细的部分记录，根据合同签订日和合同期限判断，为本月内（假设当前是 2023 年 3 月）到期的合同标注“准备续签”。

在 D2 单元格输入以下公式，向下复制到 D9 单元格。

```
=IF(EDATE(B2,C2*12)-1<=EOMONTH(NOW(),0),"准备续签","")
```

	A	B	C	D	E	F
1	姓名	合并签订日	合同期限（年）	是否准备续签		
2	石红	2020-4-1	3	准备续签	准备续签	
3	王明芳	2020-5-1	3			
4	刘莉芳	2020-7-1	3			
5	杜玉才	2019-9-15	3.5	准备续签	准备续签	
6	陈琪珍	2019-9-30	3.5	准备续签	准备续签	
7	邓薇	2019-10-1	3.5	准备续签	准备续签	
8	吴怡	2019-10-1	4			
9	朱莲芬	2019-10-1	4			
10	D2公式：	=IF(EDATE(B2,C2*12)-1<=EOMONTH(NOW(),0),"准备续签","")				
11	E2公式：	=IF((EDATE(B2,C2*12)-1<=EOMONTH(NOW(),0))*				
12		(EDATE(B2,C2*12)-1>EOMONTH(NOW(),-1)),				
13		"准备续签","")				
14	假设当前为2023年3月					

图 13-30 判断合同是否准备续签

EDATE 函数使用 B2 单元格中的日期作为指定的开始日期，将 C2 单元格中的年数乘以 12 后转成月数，作为 EDATE 函数的第二参数。结果减去一天进行修正，计算出合同到期日。

EOMONTH 函数的第一参数使用“NOW()”，也就是系统当前日期时间作为指定的开始日期，第二参数用 0，获得当前月的最后一天。

获得当前月最后一天还可以使用以下公式：

```
=DATE(YEAR(NOW()),MONTH(NOW())+1,0)
```

再用 IF 函数判断，如果合同到期日小于等于当前月的最后一天，则返回“准备续签”，否则返回空文本（""）。

如需要将合同在本月前已经到期的情况也考虑进去，则可以使用以下公式：

```
=IF((EDATE(B2,C2*12)-1<=EOMONTH(NOW(),0))*(EDATE(B2,C2*12)-1>EOMONTH
(NOW(),-1)),"准备续签","")
```

公式中多加了一个条件，即合同到期日大于当前日期时间前一个月的最后一天，两个条件均满足时返回“准备续签”，否则返回空文本（""）。

根据本书前言的提示，可观看“判断合同是否需要准备续签”的视频演示。

13.6.4　用 YEARFRAC 函数计算间隔天数占全年的比例

YEARFRAC 函数用于计算开始日期和结束日期之间的天数占全年天数的百分比，函数语法如下：

```
YEARFRAC(start_date,end_date,[basis])
```


第一参数 start_date 表示开始日期，第二参数 end_date 表示结束日期。两个参数的位置可以互换，不会影响计算结果。第三参数 basis 可选，用于要使用的日计数基准类型，用 0 到 4 的数值表示 5 种不同的类型，缺省时默认为 0，如图 13-31 所示。该参数超出此范围返回错误值“#NUM!”。

	A	B	C	D	E	F	G	H
1	开始日期	结束日期	YEARFRAC第三参数					
2			缺省	0	1	2	3	4
3			US (NASD) 30/360		实际/实际	实际/360	实际/365	欧洲30/360
4	2023-1-1	2023-12-31	1	1	0.99726027	1.01111111	0.99726027	0.99722222
5	2023-1-1	2024-12-31	2	2	1.99726402	2.02777778	2	1.99722222
6	2023-1-1	2025-1-1	2	2	2.00091241	2.03055556	2.00273973	2
7	2023-1-1	2025-7-1	2.5	2.5	2.49635036	2.53333333	2.49863014	2.5
8	2023-1-1	2026-3-24	3.23055556	3.23055556	3.22518823	3.27222222	3.22739726	3.23055556
9		C4公式：	=YEARFRAC($A4,$B4)					
10		D4公式：	=YEARFRAC($A4,$B4,D$2)					

图 13-31　YEARFRAC 函数第三参数指定的日计数基准类型

US（NASD）30/360 和欧洲 30/360 的日计数基准均遵循以下计算规则，区别在于对月末日期的处理。

$$\text{Factor}=\frac{360\times(Y_2-Y_1)+30\times(M_2-M_1)+(D_2-D_1)}{360}$$

公式中的 Y、M、D 分别表示年、月、日。

US（NASD）30/360 的日期调整规则如下（按顺序遵循所有规则）。

（1）如果日期 1 和日期 2 均为 2 月份的最后一天，则将 D_2 更改为 30。

（2）如果日期 1 是 2 月份的最后一天，则将 D_1 更改为 30。

（3）如果 D_2 是 31，D_1 是 30 或 31，则将 D_2 更改为 30。

（4）如果 D_1 是 31，则将 D_1 更改为 30。

日计数基准类型使用欧洲 30/360 时，如果 D_1 或（和）D_2 是 31，则更改 D_1 或（和）D_2 到 30。

日计数基准类型使用“实际/实际”时，两个“实际”的含义不同。前面的“实际”为开始日期减去结束日期的天数差，后面的“实际”为开始年份到结束年份每一年的实际天数相加后，再除以两个日期之间年份数的平均值。

公式计算过程如下。

```
=（结束日期 - 开始日期）/AVERAGE（开始日期 ~ 结束日期各年份的全年天数）
```

图 13-32 为两种计算结果的比较，在 C3 单元格输入以下公式，向下复制到 C7 单元格。

```
=YEARFRAC(A3,B3,1)
```

在 D3 单元格输入以下验证公式，向下复制到 D7 单元格。

```
=(B3-A3)/AVERAGE(F3:I3)
```

	A	B	C	D	E	F	G	H	I
1	开始日期	结束日期	YEARFRAC函数结果	验证		起止日期中各年份的天数			
2						2023	2024	2025	2026
3	2023-1-1	2023-12-31	0.9972603	0.9972603		365			
4	2023-1-1	2024-12-31	1.997264	1.997264		365	366		
5	2023-1-1	2025-1-1	2.0009124	2.0009124		365	366	365	
6	2023-1-1	2025-7-1	2.4963504	2.4963504		365	366	365	
7	2023-1-1	2026-3-24	3.2251882	3.2251882		365	366	365	365
8	C3公式：	=YEARFRAC(A3,B3,1)							
9	D3公式：	=(B3-A3)/AVERAGE(F3:I3)							

图 13-32　YEARFRAC 函数第三参数使用 1

示例13-20 使用YEARFRAC函数计算应付利息

如图 13-33 所示，需要根据A~D列中的计息日期、还款日期、计息金额、年利率计算利息。

在E2 单元格输入以下公式，向下复制到E6 单元格。

```
=ROUND(YEARFRAC(A2,B2,0)*C2*D2,2)
```

E2 =ROUND(YEARFRAC(A2,B2,0)*C2*D2,2)

	A	B	C	D	E
1	计息日期	还款日期	计息金额	年利率	利息
2	2023-1-1	2023-12-31	10000	2.25%	225
3	2023-1-1	2024-12-31	10000	3.25%	650
4	2023-1-1	2025-1-1	10000	3.75%	750
5	2023-1-1	2025-7-1	10000	3.75%	937.5
6	2023-1-1	2026-3-24	10000	4.00%	1292.22

图 13-33 计算应付利息

YEARFRAC函数的第一参数为开始日期，第二参数为结束日期，第三参数使用0，表示使用US(NASD)30/360 的日计数基准。

计算出日期间隔年份后，再分别乘以计息金额和年利率计算出应付利息，最后使用ROUND函数将结果保留两位小数。

13.7 工作日间隔

13.7.1 计算指定工作日后的日期

Ⅰ WORKDAY 函数

WORKDAY函数用于返回在开始日期之前或之后，与该日期相隔指定工作日的日期。函数语法如下：

```
WORKDAY(start_date,days,[holidays])
```

第一参数start_date为开始日期，第二参数days为开始日期之前或之后不含周末及节假日的天数，第三参数holidays可选，为包含需要从工作日历中排除的一个或多个节假日日期。

Ⅱ WORKDAY.INTL 函数

WORKDAY.INTL函数的作用是使用自定义周末参数，返回开始日期之前或之后，与该日期相隔指定工作日的日期。函数语法如下：

```
WORKDAY.INTL(start_date,days,[weekend],[holidays])
```

除第三参数weekend，其他3个参数与WORKDAY函数的参数含义和使用规则相同。

第三参数weekend参数可选，用于指定一周中属于周末或不属于工作日的日期。不同weekend参数对应的自定义周末日如表 13-4 所示。

表 13-4 weekend参数对应的周末日

weekend参数	周末日	weekend参数	周末日
1或缺省	星期六、星期日	2	星期日、星期一
3	星期一、星期二	4	星期二、星期三
5	星期三、星期四	6	星期四、星期五
7	星期五、星期六	11	仅星期日

续表

weekend参数	周末日	weekend参数	周末日
12	仅星期一	13	仅星期二
14	仅星期三	15	仅星期四
16	仅星期五	17	仅星期六
1 或 0 的 7 个数字，例如："0000011"	从左到右表示从星期一至星期天，0 代表工作日，1 代表休息日至少要有一个 0		

WEEKDAY.INTL函数的weekend参数有一种非常特殊的用法，即使用 1 或 0 的 7 个数字，0 代表工作日，1 代表休息日。可以利用这 7 个数字的组合进行计算，如图 13-34 所示，在B2 单元格中输入以下公式，向下复制到B9 单元格，能够返回距指定日期最近的上一个星期日。

```
=WORKDAY.INTL(A2,-1,"1111110")
```

在C2 单元格中输入以下公式，向下复制到C9 单元格，返回距指定日期最近的下一个星期日。

```
=WORKDAY.INTL(A2,1,"1111110")
```

	A	B	C
1	指定日期	上一个星期日	下一个星期日
2	2023-3-5	2023-2-26	2023-3-12
3	2023-3-6	2023-3-5	2023-3-12
4	2023-3-12	2023-3-5	2023-3-19
5	2023-3-13	2023-3-12	2023-3-19
6	2023-3-19	2023-3-12	2023-3-26
7	2023-3-20	2023-3-19	2023-3-26
8	2023-3-26	2023-3-19	2023-4-2
9	2023-3-27	2023-3-26	2023-4-2
10	B2公式：	=WORKDAY.INTL(A2,-1,"1111110")	
11	C2公式：	=WORKDAY.INTL(A2,1,"1111110")	

图 13-34　用 WORKDAY.INTL 返回最近星期日的日期

公式中使用WORKDAY.INTL函数，将一周内除星期日的其他日期全部定义为“休息日”，计算从指定日期起前一个和后一个“工作日”的结果。

如果需要计算一周内的其他日期，只需要修改WORKDAY.INTL函数第三参数中 1 和 0 的排列顺序即可。

示例13-21　计算员工每月发薪日期

某公司规定每月 10 日为发薪日，如果遇到星期六或星期日，则顺延至下个星期一。如图 13-35 所示，需要根据A列中的月份，计算出当年（假设系统当前是 2023 年）的每月发薪日。

在B2 单元格输入以下公式，向下复制到B13 单元格。

```
=WORKDAY(DATE(YEAR(NOW()),A2,9),1)
```

在C2 单元格输入以下公式，向下复制到C13 单元格。

```
=WORKDAY.INTL(DATE(YEAR(NOW()),A2,9),1)
```

	A	B	C
1	月份	发薪日	
2	1	2023-1-10	2023-1-10
3	2	2023-2-10	2023-2-10
4	3	2023-3-10	2023-3-10
5	4	2023-4-10	2023-4-10
6	5	2023-5-10	2023-5-10
7	6	2023-6-12	2023-6-12
8	7	2023-7-10	2023-7-10
9	8	2023-8-10	2023-8-10
10	9	2023-9-11	2023-9-11
11	10	2023-10-10	2023-10-10
12	11	2023-11-10	2023-11-10
13	12	2023-12-11	2023-12-11
14	B2公式：	=WORKDAY(DATE(YEAR(NOW()),A2,9),1)	
15	C2公式：	=WORKDAY.INTL(DATE(YEAR(NOW()),A2,9),1)	

图 13-35　每月发薪日

DATE部分得出每月 9 日的日期值，再利用WORKDAY函数或WORKDAY.INTL函数，第二参数设置为 1，计算出下一个工作日的日期。

示例13-22 计算向客户承诺的最后期限

某公司承诺在接到客户申请后 10 个工作日内安排工作人员上门服务，现需要计算最后期限。

➲ Ⅰ 不考虑调休因素

如图 13-36 所示，B列为项目接单日期，C列为向客户承诺的完成期限，F列为法定节假日。

在C2 单元格输入以下公式，向下复制到C9 单元格。

```
=WORKDAY(B2,10,F$2:F$10)
```

C2　=WORKDAY(B2,10,F$2:F$10)

	A	B	C	D	E	F
1	申请单号	接单日期	最后期限		假期	日期
2	NO001	2023-1-14	2023-2-1		元旦	2023-1-1
3	NO002	2023-1-15	2023-2-1		除夕	2023-1-21
4	NO003	2023-1-16	2023-2-2		春节	2023-1-22
5	NO004	2023-1-17	2023-2-3		春节	2023-1-23
6	NO005	2023-1-18	2023-2-6		春节	2023-1-24
7	NO006	2023-1-19	2023-2-7		春节	2023-1-25
8	NO007	2023-1-20	2023-2-8		清明节	2023-4-5
9	NO008	2023-1-28	2023-2-10		劳动节	2023-5-1
10					……	

图 13-36　不考虑调休因素的最后期限

公式中，B2 为开始日期，指定的工作日天数为 10，F$2:F$10 单元格区域为需要排除的节假日日期，Excel计算时自动忽略这些日期来计算工作日。

➲ Ⅱ 考虑调休因素

实际工作中，还需要考虑到调休因素。将所有休息日，包括放假的法定假日、调休的工作日和正常休息的周末全部在F列列出，因调休而需要上班的周末不在此列。在C2 单元格输入以下公式，向下复制到C9 单元格，如图 13-37 所示。

```
=WORKDAY.INTL(B2,10,"0000000",F$2:F$13)
```

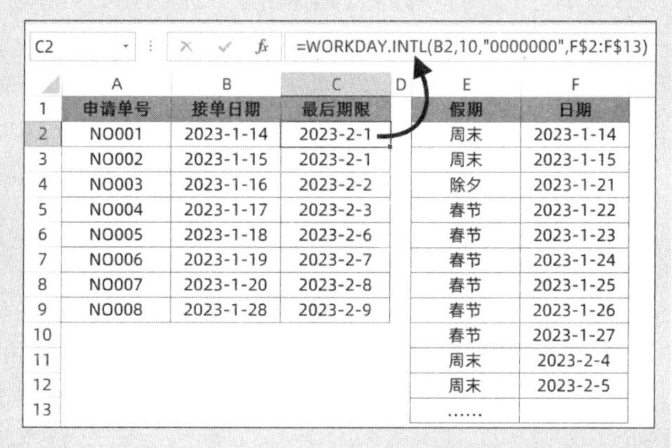

C2　=WORKDAY.INTL(B2,10,"0000000",F$2:F$13)

	A	B	C	D	E	F
1	申请单号	接单日期	最后期限		假期	日期
2	NO001	2023-1-14	2023-2-1		周末	2023-1-14
3	NO002	2023-1-15	2023-2-1		周末	2023-1-15
4	NO003	2023-1-16	2023-2-2		除夕	2023-1-21
5	NO004	2023-1-17	2023-2-3		春节	2023-1-22
6	NO005	2023-1-18	2023-2-6		春节	2023-1-23
7	NO006	2023-1-19	2023-2-7		春节	2023-1-24
8	NO007	2023-1-20	2023-2-8		春节	2023-1-25
9	NO008	2023-1-28	2023-2-9		春节	2023-1-26
10					春节	2023-1-27
11					周末	2023-2-4
12					周末	2023-2-5
13					……	

图 13-37　考虑到调休因素的最后期限

公式使用了WORKDAY.INTL函数，将第三参数设置成“0000000”，即“全年无休型”，将F列的日期作为第四参数，计算出实际指定工作日后的日期。

13.7.2 计算两个日期之间的工作日天数

➲ Ⅰ NETWORKDAYS 函数

NETWORKDAYS函数用于返回两个日期之间完整的工作日天数，该函数的语法如下。

```
NETWORKDAYS(start_date,end_date,[holidays])
```

第一参数start_date为开始日期，第二参数end_date为结束日期，第三参数holidays可选，是需要排除的节假日日期。

➲ Ⅱ NETWORKDAYS.INTL 函数

NETWORKDAYS.INTL函数的作用是使用自定义周末参数，返回两个日期之间的工作日天数。该函数的语法如下。

```
NETWORKDAYS.INTL(start_date,end_date,[weekend],[holidays])
```

除第三参数weekend，其他 3 个参数与NETWORKDAYS函数的参数含义和使用规则相同。

第三参数weekend可选，为指定的自定义周末类型，与表 13-4 所示的WORKDAY.INTL函数的第三参数使用规则相同。

示例13-23　计算员工出勤天数

某公司 1 月份新招入一些员工，现需要计算这批员工的实际出勤天数。

➲ Ⅰ　不考虑调休因素

假设该公司不实行统一的调休，则实际出勤天数如图 13-38 所示。

在C2 单元格输入以下公式，向下复制到C9 单元格。

```
=NETWORKDAYS(B2,EOMONTH(B2,0),F$2:F$10)
```

公式中的“EOMONTH(B2,0)”部分，计算出员工入职所在月份的最后一天。

NETWORKDAYS函数以入职日期作为开始日期，以入职所在月份的最后一天作为结束日期，计算出两个日期间的工作日天数。第三参数用F$2:F$10 单元格区域为需要排除的节假日日期，Excel计算时自动忽略这些日期来计算工作日。

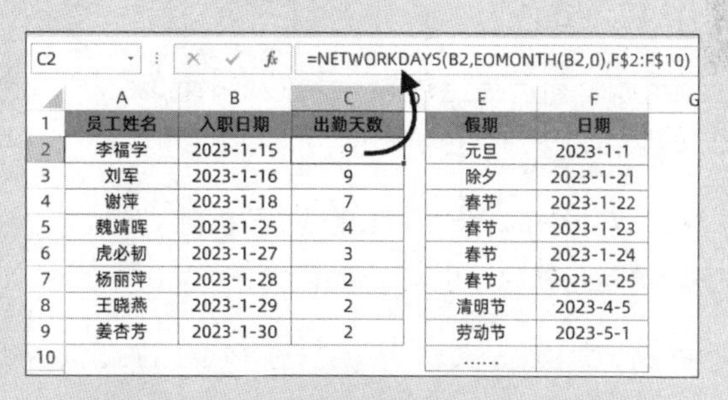

C2　=NETWORKDAYS(B2,EOMONTH(B2,0),F$2:F$10)

	A	B	C	D	E	F
1	员工姓名	入职日期	出勤天数		假期	日期
2	李福学	2023-1-15	9		元旦	2023-1-1
3	刘军	2023-1-16	9		除夕	2023-1-21
4	谢萍	2023-1-18	7		春节	2023-1-22
5	魏靖晖	2023-1-25	4		春节	2023-1-23
6	虎必韧	2023-1-27	3		春节	2023-1-24
7	杨丽萍	2023-1-28	2		春节	2023-1-25
8	王晓燕	2023-1-29	2		清明节	2023-4-5
9	姜杏芳	2023-1-30	2		劳动节	2023-5-1
10					……	

图 13-38　不考虑调休因素的出勤天数

➲ Ⅱ　考虑调休因素

如果该公司实行的是统一调休，同样需要对假期的设定进行调整，把所有放假的法定假日、调休的工作日和正常休息的周末全部在F列列出。然后在C2 单元格输入以下公式，向下复制到C9 单元格，如图 13-39 所示。

```
=NETWORKDAYS.INTL(B2,EOMONTH(B2,0),"0000000",F$2:F$13)
```

C2　=NETWORKDAYS.INTL(B2,EOMONTH(B2,0),"0000000",F$2:F$13)

	A	B	C	D	E	F
1	员工姓名	入职日期	出勤天数		假期	日期
2	李福学	2023-1-15	9		周末	2023-1-14
3	刘军	2023-1-16	9		周末	2023-1-15
4	谢萍	2023-1-18	7		除夕	2023-1-21
5	魏靖晖	2023-1-25	4		春节	2023-1-22
6	虎必韧	2023-1-27	4		春节	2023-1-23
7	杨丽萍	2023-1-28	4		春节	2023-1-24
8	王晓燕	2023-1-29	3		春节	2023-1-25
9	姜杏芳	2023-1-30	2		春节	2023-1-26
10					春节	2023-1-27
11					周末	2023-2-4
12					周末	2023-2-5
13					……	

图 13-39　考虑调休因素的工作日计算-1

使用NETWORKDAYS.INTL函数将第三参数设置成“全年无休型”的“0000000”，再将F列的日期作为第四参数，计算出实际的出勤天数。

这一思路的缺点是事先需要将所有放假的法定假日、调休的工作日和正常休息的周末全部列出，操作较为烦琐。使用另外一种思路只需要列出法定假日中不包括周末的实际休息日和需要上班的周末日期即可，如图 13-40 所示，在C2 单元格输

C2　=NETWORKDAYS(B2,EOMONTH(B2,0),F$2:F$10)+COUNTIFS(G$2:G$10,">="&B2,G$2:G$10,"<="&EOMONTH(B2,0))

	A	B	C	D	E	F	G
1	员工姓名	入职日期	出勤天数		假期	实际休息日	上班日
2	李福学	2023-1-15	9		元旦	2023-1-2	
3	刘军	2023-1-16	9		春节	2023-1-23	
4	谢萍	2023-1-18	7		春节	2023-1-24	
5	魏靖晖	2023-1-25	4		春节	2023-1-25	
6	虎必韧	2023-1-27	4		春节	2023-1-26	2023-1-28
7	杨丽萍	2023-1-28	4		春节	2023-1-27	2023-1-29
8	王晓燕	2023-1-29	3		清明节	2023-4-5	
9	姜杏芳	2023-1-30	2		劳动节	2023-5-1	2023-5-6
10					……		

图 13-40　考虑调休因素的工作日计算-2

入以下公式，向下复制到C9单元格。

```
=NETWORKDAYS(B2,EOMONTH(B2,0),F$2:F$10)+COUNTIFS(G$2:G$10,">="&B2,G$2:G$10,"<="&EOMONTH(B2,0))
```

公式先用NETWORKDAYS函数计算出两个日期间不包含法定节假日和周末的工作日天数。

再使用COUNTIFS函数，分别统计G$2:G$10单元格区域中的上班日期大于等于B2开始日期，并且小于等于结束日期“EOMONTH(B2,0)”的个数，也就是统计在当前日期范围中的上班天数。

最后用不包含法定节假日和周末的工作日天数加上当前日期范围中的上班天数，得到当月应出勤天数。

Ⅲ 特殊工时制的计算

假设该公司实行特殊工时制，每周星期四休息，且不实行统一的调休，则实际出勤天数如图13-41所示。

	A	B	C	D	E	F	G
1	员工姓名	入职日期	出勤天数			假期	日期
2	李福学	2023-1-15	10	10		元旦	2023-1-1
3	刘军	2023-1-16	9	9		除夕	2023-1-21
4	谢萍	2023-1-18	7	7		春节	2023-1-22
5	魏靖晖	2023-1-25	5	5		春节	2023-1-23
6	虎必韧	2023-1-27	5	5		春节	2023-1-24
7	杨丽萍	2023-1-28	4	4		春节	2023-1-25
8	王晓燕	2023-1-29	3	3		清明节	2023-4-5
9	姜杏芳	2023-1-30	2	2		……	
10	C2公式：	=NETWORKDAYS.INTL(B2,EOMONTH(B2,0),15,G$2:G$9)					
11	D2公式：	=NETWORKDAYS.INTL(B2,EOMONTH(B2,0),"0001000",G$2:G$9)					

图13-41 特殊工时制的计算

在C2单元格输入以下公式，向下复制到C9单元格。

```
=NETWORKDAYS.INTL(B2,EOMONTH(B2,0),15,F$2:F$9)
```

NETWORKDAYS.INTL的第三参数15表示星期四休息，也可以使用“0001000”，公式如下：

```
=NETWORKDAYS.INTL(B2,EOMONTH(B2,0),"0001000",G$2:G$9)
```

示例13-24 计算每月有几个星期日

如图13-42所示，需要计算每月中有几个星期日。

在B2单元格输入以下公式，向下复制到B13单元格。

```
=NETWORKDAYS.INTL(DATE(YEAR(NOW()),A2,1),DATE(YEAR(NOW()),A2+1,0),"1111110")
```

	A	B
1	月份	星期日天数
2	1	5
3	2	4
4	3	4
5	4	5
6	5	4
7	6	4
8	7	5
9	8	4
10	9	4
11	10	5
12	11	4
13	12	5

图13-42 计算每月有几个星期日

公式中的两个DATE函数部分，分别返回指定月份的第一天和最后一天。

NETWORKDAYS.INTL函数分别以指定月份的第一天和指定月份的最后一天作为起止日期，第三参数使用“1111110”，表示仅以星期日作为“工作日”，计算两个日期之间有多少个“工作日”，结果就是日期所在月份中包含的星期日天数。

如果需要计算两个日期间其他星期的天数，只需要修改WORKDAY.INTL函数第三参数中1和0的排列顺序即可。

13.8 日期函数的综合运用

示例13-25 闰年判断

闰年在Excel中能被自动识别，其计算规则是年份能被 4 整除且不能被 100 整除，或者年份能被 400 整除。

如图 13-43 所示，需要根据A列的年份，判断当年是否为闰年。

	A	B	C	D	E
1	年份	是否闰年			
2	1900				平年
3	2000	闰年	闰年	闰年	闰年
4	2023	平年	平年	平年	平年
5	2024	闰年	闰年	闰年	闰年
6	2025	平年	平年	平年	平年
7	2100	平年	平年	平年	平年
8	B3公式：	=IF(COUNT(A3&"-2-29"),"闰年","平年")			
9	C3公式：	=IF(MONTH(DATE(A3,2,29))=2,"闰年","平年")			
10	D3公式：	=IF(DAY(DATE(A3,3,0))=29,"闰年","平年")			
11	E2公式：	=IF(MOD(SUM(-(MOD(A2,{4;100;400})=0)),2),"闰年","平年")			

图 13-43 闰年判断

➲ I 利用“2-29”是否存在来判断

在B3 单元格输入以下公式，向下复制到B7 单元格。

```
=IF(COUNT(A3&"-2-29"),"闰年","平年")
```

公式中的“COUNT(A3&"-2-29")”部分，首先使用A3 与字符串“"-2-29"”连接，生成“2000-2-29”样式的字符串。如果该年份中的 2 月 29 日不存在，连接后的字符串“年份-2-29”将会被COUNT函数识别为文本，否则可识别为数值，得到结果为 1 或 0。

最后用IF判断，得出“闰年”或“平年”。

以下公式的COUNT部分只用参数("2-29")计算系统日期当年是否为闰年。

```
=IF(COUNT("2-29"),"闰年","平年")
```

➲ II 利用“2 月 29 日”是否是 2 月来判断

在C3 单元格输入以下公式，向下复制到C7 单元格。

```
=IF(MONTH(DATE(A3,2,29))=2,"闰年","平年")
```

“DATE(A3,2,29)”部分，使用DATE函数构造出该年度的 2 月 29 日，如果该年度的 2 月没有 29 日，将返回该年度 3 月 1 日的日期序列值。

再用MONTH函数判断该日期是否为 2 月，如果是，则表示该年份是闰年。

➲ III 利用“3 月 0 日”中的“天”是否为 29 来判断

在D3 单元格输入以下公式，向下复制到D7 单元格。

```
=IF(DAY(DATE(A3,3,0))=29,"闰年","平年")
```

“DATE(A3,3,0)”部分，使用DATE函数构造出该年度的 3 月 0 日，也就是 2 月份的最后一天。

再用DAY函数提取出“天”，然后判断是否为 29 日，如果是，则表示该年份是闰年。

➲ IV 利用闰年规则来判断

为了保持与Lotus 1-2-3 相兼容，Excel的 1900 日期系统中保留了并不存在的 1900 年 2 月 29 日的日期序列值（1900 年不是闰年）。上述 3 个公式在计算 1900 年时都会出错。可以保证所有年份都正确的公式如下：

```
=IF(MOD(SUM(-(MOD(A2,{4;100;400})=0)),2),"闰年","平年")
```

公式中使用了一个常量数组{4;100;400}作为MOD函数的第二参数，计算指定年份分别除以这3个数后的余数，再判断结果是否等于0。

按照闰年计算规则，年份分别除以4、100和400，年份是闰年的有两种结果：一种是仅除以4无余数，一种是分别除以这3个数都无余数，即余数为0的个数为1或3。

再用MOD函数计算这一结果除以2的余数，当余数为0的个数是1或3时，MOD函数结果返回1，否则返回0。

最后用IF判断，得出“闰年”或“平年”。

示例13-26 按指定日期期间进行统计

图13-44展示的是某单位销售记录表的部分内容，A列是业务发生日期，B列是对应日期的销量，需要计算指定期间内的销量小计。

	A	B	C	D	E	F
1	日期	销量		开始日期	结束日期	
2	2023-3-1	1		2023-3-5	2023-3-10	
3	2023-3-2	2				
4	2023-3-3	3		销量小计		
5	2023-3-4	4		45	45	45
6	2023-3-5	5				
7	2023-3-6	6	D5公式：			
8	2023-3-7	7	=SUMIFS(B:B,A:A,">="&D2,			
9	2023-3-8	8	A:A,"<="&E2)			
10	2023-3-9	9	E5公式：			
11	2023-3-10	10	=SUMIF(A:A,"<="&E2,B:B)-			
12	2023-3-11	11	SUMIF(A:A,"<"&D2,B:B)			
13	2023-3-12	12	F5公式：			
14	2023-3-13	13	=SUMPRODUCT(			
15	2023-3-14	14	(A2:A16>=D2)*(A2:A16<=E2)*			
16	2023-3-15	15	B2:B16)			

图13-44　日销量明细表

Ⅰ　SUMIFS解法

在D5单元格输入以下公式。

```
=SUMIFS(B:B,A:A,">="&D2,A:A,"<="&E2)
```

公式使用SUMIFS函数对B列进行求和，条件分别设定为A列的日期大于等于D2单元格里的日期、A列的日期小于等于E2单元格里的日期，即两个日期之间的对应销量。

Ⅱ　SUMIF解法

在E5单元格输入以下公式。

```
=SUMIF(A:A,"<="&E2,B:B)-SUMIF(A:A,"<"&D2,B:B)
```

公式中用了两个SUMIF进行相减，两个SUMIF的差异仅在第二参数上：第一个SUMIF使用的条件是小于等于E2单元格中的日期，即从3月1日至3月10日之间的销量；第二个SUMIF使用的条件是小于D2单元格中的日期，即从3月1日至3月4日之间的销量。两者相减，剩余部分就是指定期间的销量。

Ⅲ　SUMPRODUCT解法

在F5单元格输入以下公式。

```
=SUMPRODUCT((A2:A16>=D2)*(A2:A16<=E2)*B2:B16)
```

公式使用SUMPRODUCT多条件求和的模式化公式，设定的条件是日期所在的A2:A16单元格区域，将满足大于等于D2单元格日期和小于E2单元格日期的结果乘以销量所在的B2:B16单元格区域，获得指定期间的销量。最后用SUMPRODUCT函数返回其乘积之和。

示例13-27 计算项目在每月的天数

图 13-45 展示的是某同学参加某项考试前准备工作的具体时间安排，需要根据开始日期和结束日期，计算各阶段项目在每月的天数。

	A	B	C	D	E	F	G	H	I	J
1	项目	开始日期	结束日期	22年12月	23年1月	23年2月	23年3月	23年4月	23年5月	23年6月
2	购买图书	2022-12-1	2022-12-5	5						
3	逐字研读	2022-12-6	2023-1-5	26	5					
4	大量做题	2023-1-6	2023-6-6		26	28	31	30	31	6
5	参加考试	2023-6-7	2023-6-7							1
6	D1公式：	=EDATE(EOMONTH($B2,-1)+1,COLUMN(A1)-1)								
7	D2公式：	=TEXT(MIN($C2+1,E$1)-MAX(D$1,$B2),"0;;")								

图 13-45　安排表

在 D1 单元格输入以下公式，向右复制到 J1 单元格。

```
=EDATE(EOMONTH($B2,-1)+1,COLUMN(A1)-1)
```

公式中的“EOMONTH($B2,-1)+1”部分，先计算出上月最后一天，加上 1 之后，得到项目开始月份的第一天。

COLUMN 函数用于返回单元格列数，参数为 A1，则返回 1。向右复制到 B1 时，返回 2，以此类推，该函数经常被用来生成横向的序列数。

最后使用 EDATE 函数，形成一个向右复制后可以按月递增的日期序列。

在 D2 单元格输入以下公式，向右向下复制到 D2:J5 单元格区域。

```
=TEXT(MIN($C2+1,E$1)-MAX(D$1,$B2),"0;;")
```

“MAX(D$1,$B2)”部分，用于计算 D1 单元格的当月 1 日与 B2 单元格项目开始日期的最大值。如果项目开始日期大于或等于本月 1 日，则以项目开始日期作为当月的开始日期，否则使用当月 1 日作为当月的开始日期。

“MIN($C2+1,E$1)”部分，用于计算 C2 单元格的项目结束日期与 E1 单元格，即下个月 1 日的最小值。如果项目结束日期大于或等于下个月 1 日，则用下个月 1 日作为当月的截止日期，否则使用项目的结束日期作为当月的截止日期。如果 E1 单元格为空，MIN 函数计算时忽略空单元格，则返回 $C2+1 的计算结果，同样以项目结束日期作为当月的截止日期。

以上两数相减计算日差，结果为正数的即各阶段项目在每月的天数。

如果在当月项目未开始或已结束，此时两数相减的结果返回负数。TEXT 函数的格式代码使用 "0;;"，将 0 值和负数显示为空白。

示例13-28 计算加班时数

根据某公司的规定，加班时数的最小单位是半小时，现需要根据图 13-46 所示的打卡时间，计算扣除 8:00—18:00 正常上班时间外的加班时数。

在 C2 单元格输入以下公式，向下复制到 C8 单元格。

```
=MAX(,1/3-CEILING.MATH(A2,1/48))+MAX(,FLOOR.MATH(B2,1/48)-0.75+(A2>B2))
```

公式前半部分计算的是打卡时间1到8:00之间的小时差，先用CEILING.MATH函数提取向上最接近1/48，也就是半小时的时间，再用1/3也就是8:00与之相减。如果打卡时间早于8:00，则计算出上班时间前的加班时数，反之就是负数。使用MAX函数，让结果最小不会小于0。

公式后半部分思路与前半部分相似，计算打卡时间2和18:00，也就是0.75之间的小时差，使用FLOOR.MATH函数提取向下最接近半小时的时间。另外，打卡时间2有可能出现第二天凌晨的时间，所以最后加一个A2>B2的判断，如果结果为TRUE，则被当作数值1计算，否则就是加0。

最后将两个部分相加，获得实际加班时数。

C2 =MAX(,1/3-CEILING.MATH(A2,1/48))+MAX(,FLOOR.MATH(B2,1/48)-0.75+(A2>B2))

	A	B	C
1	打卡时间1	打卡时间2	加班时数
2	8:00	18:00	0:00:00
3	7:00	19:00	2:00:00
4	6:55	19:32	2:30:00
5	11:48	20:22	2:00:00
6	3:05	12:12	4:30:00
7	7:59	1:05	7:00:00
8	16:00	3:00	9:00:00

图 13-46　计算加班时数

示例13-29 制作万年历

制作一个如图13-47的万年历，当B1单元格中的年和D1单元格中的月修改后，日历自动显示当月数据。

在A3单元格输入以下公式。

```
=DATE(B1,D1,2)-WEEKDAY(DATE(B1,D1,2),2)
```

在B3单元格输入以下公式，向右复制到G3单元格。

```
=A3+1
```

	A	B	C	D	E	F	G
1		2023	年	4	月		
2	星期日	星期一	星期二	星期三	星期四	星期五	星期六
3							1
4	2	3	4	5	6	7	8
5	9	10	11	12	13	14	15
6	16	17	18	19	20	21	22
7	23	24	25	26	27	28	29
8	30						
9	A3公式： =DATE(B1,D1,2)-WEEKDAY(DATE(B1,D1,2),2)						
10	B3公式： =A3+1			A4公式： =A3+7			

图 13-47　万年历

在A4单元格输入以下公式，向右向下复制到A4:G8单元格区域。

```
=A3+7
```

以上公式得出的结果是日期的序列值，需要将单元格数字格式设置为“d”，让单元格只显示“日”的部分。

为让非当月的数据不显示，需要设置条件格式。如图13-48所示，选取A3:G8单元格区域，依次单击【开始】→【条件格式】→【新建规则】→【使用公式确定要设置格式的单元格】，输入以下公式，单击【格式】按钮。

```
=MONTH(A3)<>$D$1
```

在弹出的【设置单元格格式】对话框中设置字体颜色为白色，依次单击【确定】按钮关闭对话框。

图 13-48　设置条件格式

练习与巩固

1. Excel包括两种日期系统，其中1900日期系统使用1900年1月1日作为日期序列值(＿＿＿＿＿)。

2. 默认情况下，年、月、日之间的间隔符号包括(＿＿＿＿＿)和(＿＿＿＿＿)两种，在中文操作系统下，中文“年”“月”“(＿＿＿＿＿)”可以作为日期数据的单位被正确识别。

3. 在Excel中输入“月-日”形式的日期，系统会默认按(＿＿＿＿＿)年处理。

4. 在Excel中，“年.月.日”形式的日期实质上是(＿＿＿＿＿)。

5. 在四则运算中，使用半角双引号包含的日期时间数据可以直接参与计算。如果要在日期时间数据前后使用比较运算符，则需要(＿＿＿＿＿)。

6. 使用TEXT函数提取日期中的中文星期，第二参数可以使用(＿＿＿＿＿)或(＿＿＿＿＿)。

7. TODAY函数和NOW函数一样，有(＿＿＿＿＿)个参数。

8. 使用YEAR函数、MONTH函数和DAY函数时，如果目标单元格为空单元格，EXCEL会默认按照不存在的日期(＿＿＿＿＿)进行处理，实际应用时可加上一个空单元格的判断条件。

9. DATE函数可以根据指定的年份数、月份数和天数返回(＿＿＿＿＿)。

10. WEEKDAY函数第二参数使用(＿＿＿＿＿)时，返回数字1~7分别表示星期一至星期日。

11. 假如A1单元格是开始时间，B1单元格是结束时间，要返回间隔时间，可以不使用函数，而是直接使用(＿＿＿＿＿)。

12. DATEDIF函数是一个隐藏的日期函数，要计算两个日期之间的整月数和整年数时，第三参数分别为(＿＿＿＿＿)和(＿＿＿＿＿)。

13. (＿＿＿＿＿)函数用于返回某个日期相隔指定月份之前或之后的日期。

14. 要返回指定月数之前或之后月份的最后一天的日期，可以使用(＿＿＿＿＿)函数。

15. (＿＿＿＿＿)函数用于返回在开始日期之前或之后，与该日期相隔指定工作日的日期。

16.（ ________ ）函数的作用是使用自定义周末参数，返回在开始日期之前或之后，与该日期相隔指定工作日的日期。

17. NETWORKDAYS 函数用于返回两个日期之间完整的（ ________ ）天数。

18. NETWORKDAYS.INTL 函数的作用是使用自定义周末参数，返回两个日期之间的（ ________ ）。

第 14 章　查找与引用函数

查找与引用函数可以根据一个到多个条件，在指定范围内查询并返回相关数据，是应用频率较高的函数类别之一。本章重点介绍这类函数的基础知识、注意事项及典型应用。

本章学习要点

（1）了解查找与引用函数的应用场景。
（2）理解查找与引用函数的参数要求。
（3）掌握查找与引用函数的实际应用。

14.1　基础查找与引用函数

基础查找与引用函数一般嵌套在其他函数中使用，用于返回指定对象的信息，主要包括ROW函数和ROWS函数、COLUMN函数和COLUMNS函数、ADDRESS函数等。

14.1.1　用ROW函数和ROWS函数返回行号和行数

ROW函数用于返回引用的行号，函数语法如下：

```
ROW([reference])
```

参数reference是可选的，指定需要计算行号的单元格或连续的单元格区域。如果省略该参数，默认返回公式所在单元格的行号。

ROW函数的返回值示例如表 14-1 所示。

表 14-1　ROW函数示例

D4 单元格公式	返回值	说明
=ROW(A8)	8	返回A8单元格的行号
=ROW()	4	返回公式所在单元格的行号
=ROW(1:3)	{1;2;3}	返回第 1~3 行的行号数组

ROWS函数用于返回引用或数组的行数，函数语法如下：

```
ROWS(array)
```

参数array是必需的，指定需要得到其行数的数组或单元格区域的引用。

ROWS函数的返回值示例如表 14-2 所示。

表 14-2　ROWS函数示例

公式	返回值	说明
=ROWS(A1:A7)	7	返回A1:A7单元格区域的行数
=ROWS({1;2;3;4;5})	5	返回常量数组的行数
=ROWS(B1:B5<>"")	5	返回内存数组的行数

示例14-1 生成连续序号

图 14-1 展示了某产品销售记录表的部分内容，如果手工填充A列的序号，可能会由于表格重新排序或删除行等操作导致序号混乱，使用ROW函数或ROWS函数可以使序号始终保持连续。

	A	B	C	D	E
1	序号	客户	单价	数量	金额
2	1	广州纸制品加工	670	2	1,340.00
3	2	阳光诚信保险	420	2	840.00
4	3	何强家电维修	980	1	980.00
5	4	长江电子厂	680	3	2,040.00
6	5	长江电子厂	510	4	2,040.00
7	6	黄埔建强制衣厂	820	1	820.00
8	7	何强家电维修	490	1	490.00
9	8	信德连锁超市	360	1	360.00
10	9	志辉文具	150	5	750.00

图 14-1 生成连续序号

在A2单元格输入以下公式，向下复制到A10单元格。

```
=ROW()-1
```

ROW函数省略参数，默认返回公式所在单元格的行号。公式位于第2行，因此需要减去1才能返回正确的结果。如果序列起始单元格位于其他行，则需要根据公式所在的位置，减去上一个单元格的行号。

在A2单元格也可以输入以下公式，向下复制到A10单元格。

```
=ROWS(A$1:A1)
```

在A2单元格，ROWS(A$1:A1)返回A$1:A1单元格区域的行数1。当公式向下复制到A3单元格时，公式变为ROWS(A$1:A2)，返回A$1:A2单元格区域的行数2，从而达到生成连续序号的目的。

14.1.2 用COLUMN函数和COLUMNS函数返回列号和列数

COLUMN函数用于返回引用的列号，函数语法如下：

```
COLUMN([reference])
```

参数reference是可选的，指定需要获取列号的单元格或单元格区域。如果省略该参数，COLUMN函数默认返回公式所在单元格的列号。COLUMN函数的返回值示例如表14-3所示。

表 14-3 COLUMN函数示例

D4 单元格公式	返回值	说明
=COLUMN(B6)	2	返回B6单元格的列号
=COLUMN()	4	返回公式所在单元格的列号
=COLUMN(A:D)	{1,2,3,4}	返回A~D列的列号数组

COLUMNS函数用于返回引用或数组的列数，函数语法如下：

```
COLUMNS(array)
```

参数array是必需的，指定获取列数的单元格区域或数组。

COLUMNS函数的返回值示例如表14-4所示。

表 14-4 COLUMNS函数示例

公式	返回值	说明
=COLUMNS(A1:H7)	8	返回A1:H7单元格区域的列数

续表

公式	返回值	说明
=COLUMNS({1,2,3,4,5})	5	返回常量数组的列数
=COLUMNS(B1:C5<>"")	2	返回内存数组的列数

14.1.3　使用 ROW 函数和 COLUMN 函数的注意事项

ROW 函数和 COLUMN 函数仅返回引用的行号和列号信息，与单元格区域中实际存储的内容无关，因此在 A1 单元格中使用以下公式时，不会产生循环引用。

```
=ROW(A1)
=COLUMN(A1)
```

如果参数是多行或多列的单元格区域，ROW 函数和 COLUMN 函数将返回连续的自然数序列，以下公式用于生成垂直序列{1;2;3;4;5;6;7;8;9;10}。

```
=ROW(A1:A10)
```

以下公式用于生成水平序列{1,2,3,4,5,6,7,8,9,10}。

```
=COLUMN(A1
```

M　　　　　　　　数为 1048576 行，最大列数为 16384 列。因此 ROW　　　　　　　　，COLUMN 函数产生的列序号最大值为 16384。

14.1.4　ROW　　　　　　　　应用

在数组公式中　　　　　　　　规律的自然数序列　　　　　　　　循环序列的通用公　　　　　　　　改为需要的数字即

如图 14-2 所　　　　　　　　1、1、2、2、2……　　　　　　　　通用公式为：

```
=INT(ROW
```

	A	B
1	=INT(ROW(A2)/2)	=INT(ROW(A3)/3)
2	1	1
3	1	1
4	2	1
5	2	2
6	3	2
7	3	2
8	4	3
9	4	3
10	5	3
11	5	4
12	6	4
13	6	4

图 14-2　生成 1、1、2、2……递增序列

用 ROW 函数　　　　　　　　初始值行号等于循　　　　　　　　渐递增，最后使用 INT 函数对两者相除的结果取整。

若生成递减　　　　　　　　（ROW 函数生成的递增自然数序列/n）生成的递增序列。

如图 14-3 所　　　　　　　　3、1、2、3……，即 1 至 n 的循环序列，通用公式为：

```
=MOD(ROW　　　　　　　　1
```

以 1 作为起　　　　　　　　环序列中的最大值相除的余数，结果为 0、1、0、1……

或 0、1、2、0、1、2……的序列。最后对计算结果加 1，使其成为从 1 开始的循环序列。

如图 14-4 所示，生成 2、1、2、1……或 3、2、1、3、2、1……，即 n 至 1 的逆序循环序列，通用公式为：

```
=n-MOD(ROW函数生成的递增自然数序列-1,n)
```

	A	B
1	=MOD(ROW(A1)-1,2)+1	=MOD(ROW(A1)-1,3)+1
2	1	1
3	2	2
4	1	3
5	2	1
6	1	2
7	2	3
8	1	1
9	2	2
10	1	3
11	2	1
12	1	2
13	2	3

图 14-3　生成循环序列

	A	B
1	=2-MOD(ROW(A1)-1,2)	=3-MOD(ROW(A1)-1,3)
2	2	3
3	1	2
4	2	1
5	1	3
6	2	2
7	1	1
8	2	3
9	1	2
10	2	1
11	1	3
12	2	2
13	1	1

图 14-4　生成逆序循环序列

先计算行号减去 1 的差，再用 MOD 函数计算这个差与循环序列中的最大值相除的余数，得到 0、1、0、1……或 0、1、2、0、1、2……的递增序列，最后用 n 减去该递增序列，使其成为自 n 至 1 的逆序循环序列。

14.1.5　用 ADDRESS 函数获取单元格地址

ADDRESS 函数用于根据指定行号和列号获得工作表中某个单元格的地址，函数语法如下：

```
ADDRESS(row_num,column_num,[abs_num],[a1],[sheet_text])
```

第一参数 row_num 是必需参数，指定单元格引用的行号。

第二参数 column_num 是必需参数，指定单元格引用的列号。

第三参数 abs_num 是可选参数，用数值 1~4 来指定要返回的引用类型，参数数值与引用类型的关系如表 14-5 所示。

表 14-5　abs_num 参数数值与引用类型之间的关系

参数数值	返回的引用类型	示例	参数数值	返回的引用类型	示例
1 或省略	绝对引用	$A$1	3	行相对引用，列绝对引用	$A1
2	行绝对引用，列相对引用	A$1	4	相对引用	A1

第四参数 a1 是可选参数，是一个逻辑值，指定为 A1 或 R1C1 引用的样式。如果省略或为 TRUE，则 ADDRESS 函数返回 A1 引用样式；如果为 FALSE，则返回 R1C1 引用样式。

第五参数 sheet_text 是可选参数，指定外部引用的工作表的名称，如果忽略该参数，则返回的结果中不使用任何工作表名称。

ADDRESS 函数使用不同参数返回的示例结果如表 14-6 所示。

表 14-6　ADDRESS 函数返回的示例结果

公式	说明	示例结果
=ADDRESS(2,3)	绝对引用	$C$2

续表

公式	说明	示例结果
=ADDRESS(2,3,2)	行绝对引用，列相对引用	C$2
=ADDRESS(2,3,2,FALSE)	R1C1 引用样式的行绝对引用、列相对引用	R2C[3]
=ADDRESS(2,3,1,FALSE,"Sheet1")	R1C1 引用样式对另一个工作表的绝对引用	Sheet1!R2C3

示例14-2 利用ADDRESS函数生成列标字母

利用ADDRESS函数，能够生成Excel工作表的列标字母，如图 14-5 所示，在A2 单元格输入以下公式，向右复制到P2 单元格。

```
=SUBSTITUTE(ADDRESS(1,COLUMN(A2),4),1,"")
```

	A	B	C	D	E	F	G	H	I	J	K	L	M	N	O	P
1																
2	A	B	C	D	E	F	G	H	I	J	K	L	M	N	O	P

图 14-5　生成列标字母

ADDRESS函数的参数row_num为 1，表示使用 1 作为单元格的行号。参数column_num为COLUMN(A2)，作为单元格的列号，当公式向右复制时，COLUMN(A2)的计算结果依次递增。参数abs_num使用 4，表示使用行相对引用和列相对引用的引用类型。公式最终得到A1、B1、C1……AB1等单元格地址字符串。

最后使用SUBSTITUTE函数将ADDRESS函数生成的单元格地址中的 1 替换为空文本，得到列标字母。

14.2　用VLOOKUP函数查询数据

VLOOKUP函数是使用频率较高的查询与引用函数之一，函数名称中的“V”表示vertical，意思是“垂直的”。VLOOKUP函数可以根据查找值，返回在单元格区域或数组中与之对应的其他字段的数据，例如，在员工信息表中通过员工号查询员工所属部门等。函数语法如下：

```
VLOOKUP(lookup_value,table_array,col_index_num,[range_lookup])
```

第一参数lookup_value是必需的，指定需要查找的值。如果查询区域中包含多个符合条件的查找值，VLOOKUP函数只返回第一个查找值对应的结果。如果没有符合条件的查找值，VLOOKUP函数将返回错误值“#N/A”。

第二参数table_array是必需的，指定查询的数据源，可以是单元格区域或数组。查找值应位于数据源的首列，否则公式可能返回错误值“#N/A”。

第三参数col_index_num是必需的，指定返回结果在查询区域中第几列。如果该参数超出查询区域的总列数，公式将返回错误值“#REF!”，如果小于 1，则返回错误值“#VALUE!”。

第四参数range_lookup是可选的，指定函数的查询方式，如果为0或FASLE，表示精确匹配；如果省略或为TRUE，表示近似匹配方式，此时当查找不到第一参数时，将返回小于查找值的最大值，同时要求查询区域的首列按升序排序，否则会返回无效值。

14.2.1　VLOOKUP函数基础应用

如图14-6所示，A~D列为员工信息表，要求根据F列的员工编号查询并返回员工的学历。

G2　=VLOOKUP(F2,A:D,4,0)

	A	B	C	D	E	F	G
1	员工号	姓名	籍贯	学历		员工号	学历
2	EHS-01	刘一山	山西省	本科		EHS-03	硕士
3	EHS-02	李建国	山东省	专科		EHS-07	硕士
4	EHS-03	吕国庆	上海市	硕士		EHS-09	本科
5	EHS-04	孙玉详	辽宁省	中专			
6	EHS-05	王建	北京市	本科			
7	EHS-06	孙玉详	黑龙江省	专科			
8	EHS-07	刘情	江苏省	硕士			
9	EHS-08	朱萍	浙江省	中专			
10	EHS-09	汤九灿	陕西省	本科			
11	EHS-10	刘烨	四川省	专科			

图14-6　根据员工号查询学历

在G2单元格输入以下公式，向下复制到G4单元格。

```
=VLOOKUP(F2,A:D,4,0)
```

VLOOKUP函数在A~D列的首列，也就是A列，查询F2单元格指定的员工号，并返回A~D列中的第4列，也就是D列对应位置的学历。第四参数使用0，表示使用精确匹配方式。

14.2.2　VLOOKUP函数返回多列结果

正确利用相对引用和绝对引用，能够使VLOOKUP函数一次性返回多列结果，而不用针对每列分别单独编写公式。

示例14-3　VLOOKUP函数查询并返回多列结果

如图14-7所示，A~D列为员工信息表，要求根据F列的员工号查询并返回员工的姓名、籍贯和学历信息。

G2　=VLOOKUP($F2,$A:$D,COLUMN(B1),)

	A	B	C	D	E	F	G	H	I
1	员工号	姓名	籍贯	学历		员工号	姓名	籍贯	学历
2	EHS-01	刘一山	山西省	本科		EHS-03	吕国庆	上海市	硕士
3	EHS-02	李建国	山东省	专科		EHS-07	刘情	江苏省	硕士
4	EHS-03	吕国庆	上海市	硕士		EHS-09	朱小倩	陕西省	本科
5	EHS-04	孙玉详	辽宁省	中专					
6	EHS-05	王建	北京市	本科					
7	EHS-06	孙玉详	黑龙江省	专科					
8	EHS-07	刘情	江苏省	硕士					
9	EHS-08	朱萍	浙江省	中专					
10	EHS-09	朱小倩	陕西省	本科					
11	EHS-10	刘烨	四川省	专科					

图14-7　查询并返回多列结果

在G2单元格输入以下公式，复制到G2:I4单元格区域。

```
=VLOOKUP($F2,$A:$D,COLUMN(B1),)
```

VLOOKUP函数的查找值为$F2，使用列绝对引用、行相对引用，当公式向右复制时，保持引用F列当前行的员工号不变。用COLUMN(B1)指定返回查询区域中第2列的“姓名”字段信息，当公式向右复制时，该部分依次变成COLUMN(C1)和COLUMN(D1)，分别返回值3和4，VLOOKUP函数依次返回第3列的“籍贯”和第4列的“学历”字段的信息。

本例中简写第四参数，仅以逗号占位，表示该参数为0，即表示使用精确匹配方式。

注意

VLOOKUP函数第三参数中的列号不能理解为工作表实际的列号，而是所需结果在查询范围中的第几列。另外，VLOOKUP函数在精确匹配模式下支持使用通配符查找，但不区分字母大小写。

14.2.3 VLOOKUP函数使用通配符查找

当VLOOKUP函数的查询值是文本内容时，在精确匹配模式下支持使用通配符查找。

示例14-4 VLOOKUP函数使用通配符查找

如图14-8所示，A~B列为图书及对应价格信息，要求查找D列包含通配符的关键字并返回对应图书价格信息。

在E2单元格输入以下公式，向下复制到E3单元格。

```
=VLOOKUP(D2,A:B,2,)
```

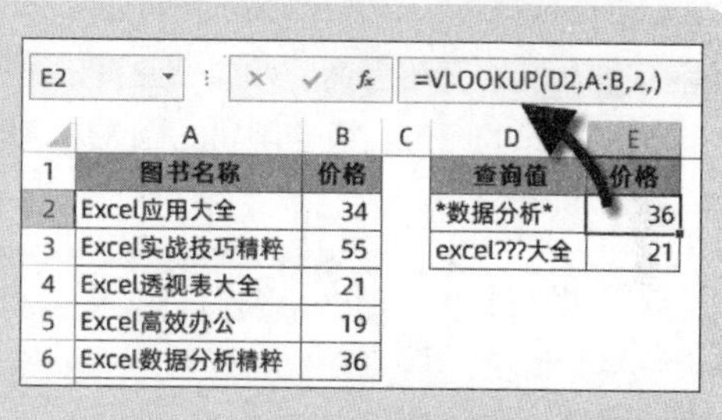

E2 =VLOOKUP(D2,A:B,2,)

	A	B	C	D	E
1	图书名称	价格		查询值	价格
2	Excel应用大全	34		*数据分析*	36
3	Excel实战技巧精粹	55		excel???大全	21
4	Excel透视表大全	21			
5	Excel高效办公	19			
6	Excel数据分析精粹	36			

图14-8 通配符查找

D2单元格的查询值为“*数据分析*”。其中“*”为通配符，可以代替零到多个任意字符。该查询值表示包含关键字“数据分析”，前后有任意长度字符的字符串。A列符合条件的首个值为“Excel数据分析精粹”，公式返回其对应的价格。

D3单元格公式的查询值为“excel???大全”。其中“?”为通配符，一个“?”代表任意一个字符。该查找值表示以“excel”开头，“大全”结尾，中间有3个字符的字符串，A列符合条件的首个值为“Excel透视表大全”，公式返回其对应的价格21。

提示

若VLOOKUP函数查找值中包含通配符“*”或“?”，如果不希望执行通配符查询，需要在“*”或“?”前添加转义符“~”，将这些符号解释为字符本身。

14.2.4 VLOOKUP函数近似查找

VLOOKUP函数第四参数为TRUE或被省略，表示使用近似匹配方式，当查找不到第一参数时，将返回小于查找值的最大值。这要求查询区域的首列必须按升序排序，否则会返回无效值。

示例14-5 VLOOKUP函数近似查找

图 14-9 是某公司员工考核成绩表的部分内容，F3:G6 单元格区域是考核等级对照表，首列已升序排序，要求在D列查询考核成绩对应的等级。

在D2单元格输入以下公式，向下复制到D11单元格。

```
=VLOOKUP(C2,F$3:G$6,2)
```

	A	B	C	D	E	F	G
1	序号	姓名	考核成绩	等级		等级对照表	
2	1	王刚	62	合格		分数	等级
3	2	李建国	96	优秀		0	不合格
4	3	吕国庆	98	优秀		60	合格
5	4	王刚	41	不合格		80	良好
6	5	王建	76	合格		90	优秀
7	6	孙玉详	80	良好			
8	7	刘情	63	合格			
9	8	朱萍	95	优秀			
10	9	汤九灿	59	不合格			
11	10	刘烨	70	合格			

图 14-9 判断考核等级

VLOOKUP函数第四参数被省略，表示匹配方式为近似匹配，如果找不到精确的匹配值，则返回小于查询值的最大值。

C2单元格的成绩62在对照表中查无匹配值，因此返回小于62的最大值60，再返回与该分数对应的等级“合格”。

提示 使用近似匹配时，查询区域的首列必须按升序排序，否则可能会无法得到正确的结果。

14.2.5 VLOOKUP 函数逆向查找

由于VLOOKUP函数要求查询值必须位于查询区域的首列，因此在默认情况下，VLOOKUP函数只能实现从左到右的查询。如果被查询值不在查询区域的首列，可以通过手动或数组运算的方式，调换查询区域字段的顺序，再使用VLOOKUP函数实现数据查询。

示例14-6 VLOOKUP函数逆向查找

如图 14-10 所示，A~D列为员工信息表，员工号在第二列。要求根据F列的员工号，在G列返回对应员工的姓名。

在G2单元格输入以下公式，向下复制到G4单元格。

```
=VLOOKUP(F2,CHOOSE({1,2},B:B,
A:A),2,)
```

G2 =VLOOKUP(F2,CHOOSE({1,2},B:B,A:A),2,)

	A	B	C	D	E	F	G
1	姓名	员工号	籍贯	学历		员工号	姓名
2	刘一山	EHS-01	山西省	本科		EHS-03	吕国庆
3	李建国	EHS-02	山东省	专科		EHS-07	刘情
4	吕国庆	EHS-03	上海市	硕士		EHS-09	汤九灿
5	孙玉详	EHS-04	辽宁省	中专			
6	王建	EHS-05	北京市	本科			
7	孙玉详	EHS-06	黑龙江省	专科			
8	刘情	EHS-07	江苏省	硕士			
9	朱萍	EHS-08	浙江省	中专			
10	汤九灿	EHS-09	陕西省	本科			
11	刘烨	EHS-10	四川省	专科			

图 14-10 逆向查询

CHOOSE函数的第一参数为常量数组{1,2}，构造出B列员工号在前，A列姓名在后的两列多行的内存数组：

{"员工号","姓名";"EHS-01","刘一山";"EHS-02","李建国";"EHS-03","吕国庆";"EHS-04","孙玉详";……}

该内存数组符合VLOOKUP函数要求查询值必须处于查询区域首列的特性。VLOOKUP函数以员工号作为查询值，在内存数组中查询并返回员工号对应的姓名信息，从而实现了逆向查询的目的。

本示例只是演示VLOOKUP如何实现逆向查询，由于该方式公式编写复杂且运算效率较低，在实际工作中并不推荐使用。

14.2.6 VLOOKUP函数常见问题及注意事项

VLOOKUP函数返回值不符合预期或返回错误值的常见原因如表 14-7 所示。

表 14-7 VLOOKUP函数异常返回值的常见原因

问题描述	原因分析
返回错误值“#N/A”，且第四参数为TRUE	查找值小于查询区域首列的最小值
返回错误值“#N/A”，且第四参数为FALSE	查找值在查询区域首列中未找到精确匹配项
返回错误值“#REF!”	查找值在查询区域首列中有匹配值的情况下，希望返回数据的列数大于查询区域的总列数
返回错误值“#VALUE!”	查找值在数据区域首列中有匹配值的情况下，希望返回数据的列数小于1
返回不符合预期的值	第四参数省略或为TRUE时，查询区域首列未按升序排列

示例14-7 VLOOKUP函数常见问题及注意事项

图 14-11 展示了VLOOKUP函数返回错误值的几种常见情况。

	A	B	C	D	E	F	G
1	编号	姓名		编号	姓名	公式	原因分析
2	A	刘一山		Z	#N/A	=VLOOKUP(D2,A:B,2,)	编号Z不存在
3	B	李建国		B	#REF!	=VLOOKUP(D3,A:B,3,)	第三参数超过查询区域实际列数
4	C	吕国庆		C	#VALUE!	=VLOOKUP(D4,A:B,0,)	第三参数小于1
5	D	孙玉详		9	#N/A	=VLOOKUP(D5,A:B,2,)	D5为数字A6为文本
6	9	王建		8	#N/A	=VLOOKUP(D6,A:B,2,)	D6为文本A8为数字
7	F	孙玉详		F	#N/A	=VLOOKUP(D7,A:B,2,)	A7单元格有不可见字符
8	8	刘情		A	#N/A	=VLOOKUP(D8,A:B,2,)	D7单元格有不可见字符
9	H	朱萍					
10	I	汤灿					
11	J	刘烨					

图 14-11 VLOOKUP函数返回错误值示例

当查找值在查询区域的首列无精确匹配值时，如果VLOOKUP函数各参数均使用正确，可以使用IFERROR函数或条件格式屏蔽错误值。

当希望返回数据的列数大于查询区域的总列数或小于 1 时，应根据实际情况修改第三参数。

当查找值为数值类型，而查询区域首列为文本型数值时，可以将查找值从数值强制转换成文本类型，如VLOOKUP(D5&"",A:B,2,0)。

当查找值为文本型数值（包括文本型存储的日期），而查询区域的首列为数值类型时，可以通过数学运算将第一参数的文本型数值强制转换成数值类型，如VLOOKUP(0+D6,A:B,2,)。

当查找值或查找区域的首列包含不可见字符时（通常为系统导出或网页上复制的数据），可以使用TRIM函数、CLEAN函数、分列和查找替换等功能将不可见字符清除。

根据本书前言的提示，可观看“用VLOOKUP函数查询数据”的视频演示。

14.3 用HLOOKUP函数查询数据

HLOOKUP函数名称中的H表示horizontal，意思为“水平的”。该函数与VLOOKUP函数的语法相似，用法也基本相同，区别在于VLOOKUP函数在纵向区域或数组中查询，而HLOOKUP函数则在横向区域或数组中查询。

示例14-8 使用HLOOKUP查询班级人员信息

图14-12展示了某年级不同班级的人员信息，要求根据A8单元格的班号和B8单元格的职务查询对应人员的姓名。

C8 =HLOOKUP(A8,1:4,MATCH(B8,A:A,),)

	A	B	C	D	E	F	G
1	班号 职务	一班	二班	三班	四班	五班	六班
2	班主任	廖尔碧	马群苹	李海英	张明先	王裴义	刘金英
3	班长	刘一山	李建国	吕国庆	孙玉详	王建	孙玉详
4	学习委员	刘情	朱萍	汤九灿	刘烨	王光	李亮
5							
6							
7	班号	职务	姓名				
8	三班	学习委员	汤九灿				

图14-12 查询班级人员信息

在C8单元格输入以下公式。

```
=HLOOKUP(A8,1:4,MATCH(B8,A:A,),)
```

MATCH函数用于返回查找值在单行或单列中的相对位置，“MATCH(B8,A:A,)”返回B8单元格“学习委员”在A列中首次出现的位置，结果为4，说明“学习委员”处于A列第4行，以此指定HLOOKUP函数要返回数据的行数。

HLOOKUP函数的查询值为A8，查询范围为1:4，表示在1~4行整行的区域内，采用精确匹配的方式查找“三班”，并返回该班级在查询范围内第4行的值，结果为“汤九灿”。

14.4 用MATCH函数返回查询值的相对位置

MATCH函数用于返回查询值在查询范围中的相对位置，函数语法如下：

```
MATCH(lookup_value,lookup_array,[match_type])
```

第一参数lookup_value为指定的查找对象。

第二参数lookup_array为可能包含查找对象的单元格区域或数组，只能是一行或一列，如果是多行多列，则会返回错误值“#N/A”。

第三参数match_type为查找的匹配方式。当该参数为0时，表示精确匹配，此时对查询区域无排序要求。以下公式返回值为2，表示字母“A”在数组{"C","A","B","A","D"}中第一次出现的位置为2。

```
=MATCH("A",{"C","A","B","A","D"},0)
```

如果查询区域中不包含字母“A”，公式将返回错误值“#N/A”。

当第三参数省略或为 1 时，表示升序条件下的近似匹配方式，此时要求第二参数按升序排列，函数将返回等于或小于查询值的最大值所在位置。

以下公式返回值为 3，因为第二参数中小于或等于 6 的最大值为 5，5 在第二参数数组中序列位置为 3。

```
=MATCH(6,{1,3,5,7},1)
```

当第三参数为 -1 时，表示降序条件下的近似匹配方式，此时要求第二参数按降序排列，函数将返回等于或大于第一参数的最小值所在位置。

以下公式返回值为 2，因为在第二参数中大于或等于 8 的最小值为 9，9 在第二参数数组中序列位置为 2。

```
=MATCH(8,{11,9,6,5,3,1},-1)
```

14.4.1　MATCH 常用查找示例

示例14-9　MATCH函数常用查找示例

如图 14-13 所示，A列数据为文本内容，C列为 MATCH 函数常用的查找示例返回结果。

在 C2 单元格输入以下公式，返回值为 2，表示“excelhome”在A列中的位置为 2。MATCH 函数匹配文本值时不区分字母大小写。

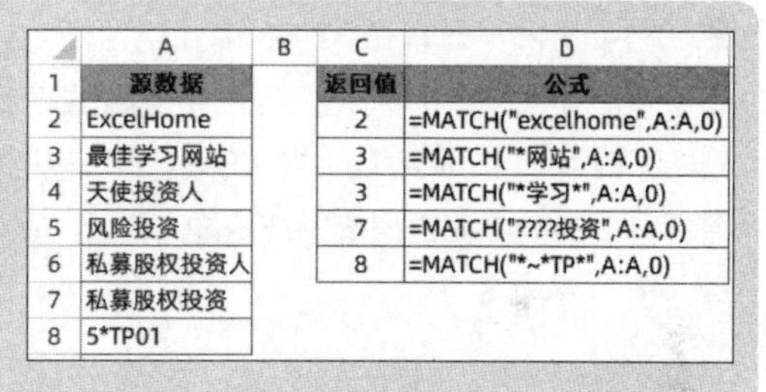

	A	B	C	D
1	源数据		返回值	公式
2	ExcelHome		2	=MATCH("excelhome",A:A,0)
3	最佳学习网站		3	=MATCH("*网站",A:A,0)
4	天使投资人		3	=MATCH("*学习*",A:A,0)
5	风险投资		7	=MATCH("????投资",A:A,0)
6	私募股权投资人		8	=MATCH("*~*TP*",A:A,0)
7	私募股权投资			
8	5*TP01			

图 14-13　MATCH 函数常用查找示例

```
=MATCH("excelhome",A:A,0)
```

在精确匹配方式下，MATCH 函数查找文本值时支持使用通配符。在 C3 单元格输入以下公式，返回值为 3，表示查找以“网站”结尾、前面有任意长度字符的文本，在A列中出现的位置为 3。

```
=MATCH("*网站",A:A,0)
```

在 C4 单元格输入以下公式，返回值为 3，表示包含关键字“学习”的文本在A列中出现的位置是 3。

```
=MATCH("*学习*",A:A,0)
```

在 C5 单元格输入以下公式，返回值为 7，表示以“投资”结尾，前面有 4 个字符的文本在A列中出现的位置是 7。

```
=MATCH("????投资",A:A,0)
```

在 C6 单元格输入以下公式，返回值为 8，表示包含关键字“*TP”的文本（5*TP01）在A列中出现的位置是 8。如果查找区域中包括“*”或“?”，在使用 MATCH 函数查找时需在“*”或“?”前面添加转义符“~”，以强制取消通配符的作用。

```
=MATCH("*~*TP*",A:A,0)
```

注意

如果MATCH函数简写第三参数，仅以逗号占位，表示该参数为0，即匹配方式为精确匹配。例如，MATCH("excelhome",A:A,)等同于MATCH("excelhome",A:A,0)。

14.4.2 MATCH函数统计两列相同数据个数

如果查询区域中包含多个查询值，MATCH函数只返回查询值首次出现的位置。利用这一特点，可以解决不重复项统计、多组数据交叉统计等问题。

示例14-10 MATCH函数统计两列相同数据个数

如图14-14所示，数据1和数据2各自无重复值，要求统计数据1和数据2中相同数据的个数。

在D2单元格输入以下公式：

```
=COUNT(MATCH(A2:A8,B2:B8,))
```

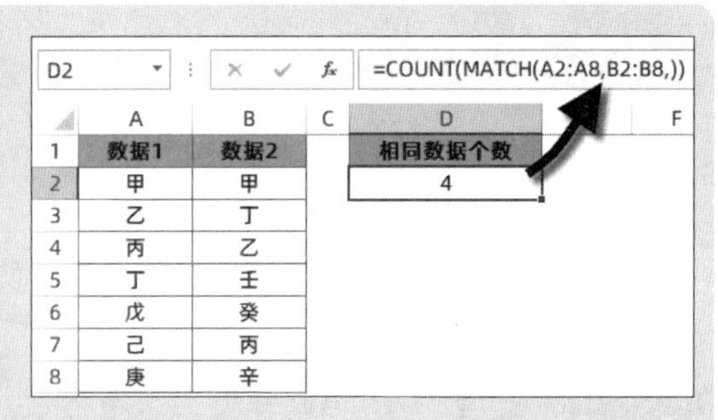
D2 =COUNT(MATCH(A2:A8,B2:B8,))

	A	B	C	D
1	数据1	数据2		相同数据个数
2	甲	甲		4
3	乙	丁		
4	丙	乙		
5	丁	壬		
6	戊	癸		
7	己	丙		
8	庚	辛		

图 14-14 统计两列相同数据个数

MATCH函数的查询值为A2:A8，表示查找A2:A8单元格中的每个元素在B2:B8单元格区域内首次出现的位置。如果A2:A8单元格区域中的数据在B2:B8单元格区域中存在，MATCH(A2:A8,B2:B8,)返回首次出现的位置数字；如果不存在，则返回错误值“#N/A”。得到一个由数字和错误值构成的内存数组：

```
{1;3;6;2;#N/A;#N/A;#N/A}
```

最后使用COUNT函数统计数组中数字的个数，即为两列相同数据的个数。

14.4.3 MATCH函数在带有合并单元格的表格中定位

在包含合并单元格的数据表中查询数据时，难点是统计最后一组合并单元格包含的单元格的个数，利用MATCH函数的计算机制可以解决这类问题。

示例14-11 MATCH函数按部门分配奖金

图14-15展示了某单位奖金分配表的部分内容。其中A列是车间名称，B列是员工姓名，C列是每个车间的奖金金额，需要在D列计算每个车间内各个员工的人均分配奖金。

在D2单元格输入以下公式，向下复制到D10单元格：

```
=IF(C2>0,C2/MATCH(FALSE,IF({1},A3:A$11=
0),-1),D1)
```

	A	B	C	D
1	车间	员工	奖金	分配奖金
2	前清理	刘文静	1200	300
3		何彩萍		300
4		何恩杰		300
5		段启志		300
6	风选车间	窦晓玲	500	500
7	中试车间	刘翠玲	1200	400
8		陈晓丽		400
9		马思佳		400
10	包装间	李家俊	500	500

图 14-15 按部门分配奖金

公式中的“IF({1},A3:A$11=0)”部分，先使用“A3:A$11=0”来判断A列自公式所在行为起点到数据表最后一行为终点，这个区域是否等于0，也就是判断

是否为空单元格，得到一组由逻辑值TRUE和FALSE组成的内存数组。

然后使用FALSE作为MATCH函数的查询值，在该数组中查询FALSE首次出现的位置，如果找不到FALSE，则与比FALSE大的TRUE进行匹配。

当公式复制到D10单元格，对最后一组非空单元格计算人数时，"A11:A$11=0"部分返回的结果为单个逻辑值TRUE，导致MATCH函数返回错误值。IF函数的第一参数使用常量数组{1}，目的是结果为单个逻辑值时，将其转换为单个元素的内存数组，使MATCH函数能够返回正确的结果。

这部分公式返回的结果为当前车间的人数。

接下来使用IF函数对C2单元格的金额进行判断，如果金额大于0，则使用C2除以当前车间的人数，返回人均分配金额；否则返回公式所在单元格的上一个单元格的值。

14.5　认识INDEX函数

INDEX函数可以在引用或数组范围中根据指定的行号或（和）列号来返回引用或值。该函数有引用形式和数组形式两种类型的语法，分别为：

```
引用形式 INDEX(reference,row_num,[column_num],[area_num])
数组形式 INDEX(array,row_num,[column_num])
```

在引用形式中，第一参数reference是必需参数，指定一个或多个单元格区域的引用，如果引用是多个不连续的区域，必须将其用小括号括起来。

第二参数row_num是必需参数，指定需要返回引用的行号。

第三参数column_num是可选参数，指定需要返回引用的列号。

第四参数area_num是可选参数，指定返回引用的区域。

以下公式返回A1:D4单元格区域第3行和第4列交叉处的单元格，即D3单元格。

```
=INDEX(A1:D4,3,4)
```

以下公式返回A1:D4单元格区域中第3行，即A3:D3单元格区域的和。

```
=SUM(INDEX(A1:D4,3,0))
```

以下公式返回A1:D4单元格区域中第4列，即D1:D4单元格区域的和。

```
=SUM(INDEX(A1:D4,0,4))
```

以下公式返回(A1:B4,C1:D4)两个单元格区域中，第二个区域C1:D4第3行第1列的单元格，即C3单元格。

```
=INDEX((A1:B4,C1:D4),3,1,2)
```

根据公式的需要，INDEX函数的返回值可以为引用或值。例如，以下第一个公式等价于第二个公式，CELL函数将INDEX函数的返回值作为B1单元格的引用。

```
=CELL("width",INDEX(A1:B2,1,2))
```

```
=CELL("width",B1)
```

而在以下公式中，则将INDEX函数的返回值解释为B1单元格中的值。

```
=2*INDEX(A1:B2,1,2)
```

在数组形式中，参数array是必需参数，可以是单元格区域或数组。参数row_num和参数column_num要求与引用形式中类似，如果数组仅包含一行或一列，则相应的row_num或column_num参数是可选的。

第二参数和第三参数不得超过第一参数的行数和列数，否则将返回错误值“#REF!”。例如，以下公式由于A1:D10单元格区域只有4列，而公式要求返回该区域第20列的单元格，因此返回错误值“#REF”。

```
=INDEX(A1:D10,4,20)
```

INDEX函数和MATCH函数结合运用，能够完成类似VLOOKUP函数和HLOOKUP函数的查找功能，虽然公式看似相对复杂，但在实际应用中更加灵活多变。

示例14-12 INDEX函数和MATCH函数实现逆向查找

如图14-16所示，A~C列展示的是某单位员工信息表的部分内容，要求根据E列的员工工号查询对应的员工姓名。

在F2单元格输入以下公式，向下复制到F4单元格。

```
=INDEX(A:A,MATCH(E2,B:B,))
```

MATCH函数以精确匹配的方式查询E2单元格员工号在B列中出现的位置，结果为6。再用INDEX函数根据此索引值，返回A列中第6行对应的姓名。

F2 =INDEX(A:A,MATCH(E2,B:B,))

	A	B	C	D	E	F
1	姓名	员工号	部门		员工号	姓名
2	张丹丹	ZR-001	办公室		ZR-005	刘萌
3	蔡如江	ZR-002	办公室		ZR-002	蔡如江
4	李婉儿	ZR-003	财富中心		ZR-007	顾长宇
5	孙天亮	ZR-004	财富中心			
6	刘萌	ZR-005	后勤部			
7	李珊珊	ZR-006	人力行政部			
8	顾长宇	ZR-007	人力行政部			
9	张丹燕	ZR-008	人力行政部			

图14-16 根据员工号查询姓名和部门

14.6 认识LOOKUP函数

LOOKUP函数主要用于在查找范围中查询指定值，并在另一个结果范围中返回对应值。该函数支持忽略查询范围中的空值、逻辑值和错误值。

LOOKUP函数具有向量和数组两种语法形式，其语法分别为：

```
LOOKUP(lookup_value,lookup_vector,[result_vector])
LOOKUP(lookup_value,array)
```

向量语法中，第一参数lookup_value为查找值，可以使用单元格引用或数组。第二参数lookup_vector为查找范围。第三参数result_vector是可选参数，为结果范围。

向量语法是在由单行或单列构成的查找范围中查找lookup_value，并返回查找范围中的对应值（如果第三参数省略，则默认以第二参数为结果范围）。

如果需要在查找范围中查找一个明确的值，查找范围必需升序排列，如果LOOKUP函数找不到查询值，会与查询区域中小于查询值的最大值进行匹配。如果查询值小于查询区域中的最小值，则LOOKUP函数会返回错误值“#N/A”。

如果查询区域中有多个符合条件的记录，LOOKUP函数仅返回最后一个记录。

在数组语法中，LOOKUP函数在数组的第一行或第一列中查找指定的值，并返回数组最后一行或最后一列中同一位置的值。

当LOOKUP函数的查找值大于查找范围内所有同类型的值时，会直接返回查找区域最后一个同类型的值。

14.6.1　LOOKUP函数常用查找示例

示例14-13　LOOKUP函数常见的模式化用法

例 1：返回A列最后一个文本值。

```
=LOOKUP(" 々 ",A:A)
```

“々”通常被看作是一个编码较大的字符，输入方法为按住Alt键不放，依次按数字小键盘的 4、1、3、8、5。一般情况下，该参数也可以写成“座”或“做”。

例 2：返回A列最后一个数值。

```
=LOOKUP(9E+307,A:A)
```

9E+307 是用科学记数法表示的数值，即 9*10^307，被认为接近Excel允许键入的最大数值。用它做查询值，可以返回一列或一行中的最后一个数值。

例 3：返回A列最后一个非空单元格内容。

```
=LOOKUP(1,0/(A:A<>""),A:A)
```

公式以 0/(条件)，构建一个由 0 和错误值#DIV/0!组成的数组，再用比 0 大的数值 1 作为查找值，即可匹配查询区域中最后一个满足条件的记录，并返回第三参数中对应位置的内容。

LOOKUP函数的典型用法可以归纳为：

```
=LOOKUP(1,0/(条件),目标区域或数组)
```

14.6.2　LOOKUP函数基础应用

示例14-14　LOOKUP函数判断考核等级

图 14-17 展示的是某公司员工考核成绩表的部分内容，F3:G6 单元格区域是考核等级对照表，首列已按成绩升序排序，要求根据C列的考核成绩查询出对应的等级。

在D2单元格输入以下公式，向下复制到D11单元格。

```
=LOOKUP(C2,F$3:F$6,G$3:G$6)
```

LOOKUP函数使用向量语法形式，在F$3:F$6单元格区域中查找考核成绩，以该区域中小于或等于考核成绩的最大值进行匹配，并返回与之对应的G$3:G$6单元格区域中的等级。

C2单元格的考核成绩是62，F$3:F$6单元格区域中小于或等于62的最大值为60，因此返回60对应的等级“合格”。

D2 =LOOKUP(C2,F$3:F$6,G$3:G$6)

	A	B	C	D	E	F	G
1	序号	姓名	考核成绩	等级		等级对照表	
2	1	王刚	62	合格		分数	等级
3	2	李建国	96	优秀		0	不合格
4	3	吕国庆	98	优秀		60	合格
5	4	王刚	41	不合格		80	良好
6	5	王建	76	合格		90	优秀
7	6	孙玉详	80	良好			
8	7	刘情	63	合格			
9	8	朱萍	95	优秀			
10	9	汤九灿	59	不合格			
11	10	刘烨	70	合格			

图 14-17　判断考核等级

如果不使用对照表，也可以使用以下公式实现同样的要求。

```
=LOOKUP(C2,{0,60,80,90},{"不合格","合格","良好","优秀"})
```

LOOKUP函数第二参数使用升序排列的常量数组，这种方法可以取代IF函数完成多个区间的判断查询。

也可以使用LOOKUP函数数组语法形式完成同样的查询结果：

```
=LOOKUP(C2,F$3:G$6)
```

LOOKUP函数在F$3:G$6区域的第一列中查找C2单元格指定的值，匹配小于等于C2单元格指定值的最大值，并返回F$3:G$6区域最后一列中对应位置的结果。

14.6.3 LOOKUP函数多条件查找

LOOKUP函数的查询范围可以是多组判断条件相乘组成的内存数组，常用写法为：

```
=LOOKUP(1,0/((条件1)*(条件2)*……*(条件N)),目标区域或数组)
```

使用这种方法能够完成多条件的数据查询任务。

示例14-15 LOOKUP函数多条件查询

图14-18展示的是某单位员工信息表的部分内容，不同部门有重名的员工，需要根据部门和姓名两个条件，查询员工的职务信息。

在G2单元格输入以下公式。

```
=LOOKUP(1,0/((A2:A11=E2)*(B2:B11=F2)),C2:C11)
```

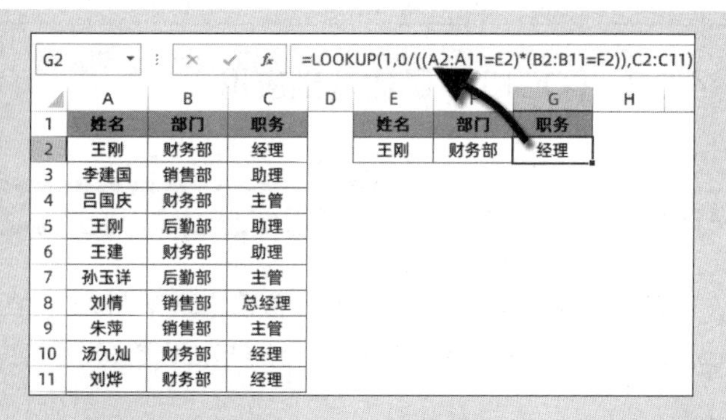

G2 =LOOKUP(1,0/((A2:A11=E2)*(B2:B11=F2)),C2:C11)

	A	B	C	D	E	F	G
1	姓名	部门	职务		姓名	部门	职务
2	王刚	财务部	经理		王刚	财务部	经理
3	李建国	销售部	助理				
4	吕国庆	财务部	主管				
5	王刚	后勤部	助理				
6	王建	财务部	助理				
7	孙玉详	后勤部	主管				
8	刘情	销售部	总经理				
9	朱萍	销售部	主管				
10	汤九灿	财务部	经理				
11	刘烨	财务部	经理				

图 14-18　多条件查询

LOOKUP函数的第二参数使用两个等

式相乘，分别比较E2 单元格的部门与A列中的部门是否相同，以及F2 单元格的姓名与B列中的姓名是否相同。当两个条件同时满足时，两个逻辑值TRUE相乘返回数值 1，否则返回 0:

```
{1;0;0;0;0;0;0;0;0;0}
```

再用 0 除以该数组，返回由 0 和错误值#DIV/0!组成的新数组:

```
{0;#DIV/0!;#DIV/0!;……;#DIV/0!;#DIV/0!;#DIV/0!;#DIV/0!}
```

LOOKUP函数查找值为 1，由于数组中的数字都小于 1，因此以该数组中最后一个 0 进行匹配，并返回第三参数C2:C11 单元格区域对应位置的值。

14.6.4 LOOKUP函数模糊查找

LOOKUP函数不支持使用通配符，如需按指定关键字进行查询，可以借助FIND函数、SEARCH函数和ISNUMBER函数等搭配完成。

示例14-16 LOOKUP函数模糊匹配查询

如图 14-19 所示，A列为某公司明细账摘要，需要在B列根据D2:D5 单元格区域的关键字返回对应的类别。

在B2 单元格输入以下公式，向下复制到B10 单元格。

```
=LOOKUP(1,0/FIND(D$2:D$5,A2),D$2:D$5)
```

FIND函数返回查找字符串在另一个字符串中的起始位置，如果字符串中不包含查询值，返回错误值#VALUE!。

“0/FIND(D$2:D$5,A2)”部分，先用FIND函数依次查找D$2:D$5 单元格区域中关键字在A2 单元格中的起始位置，得到由数值和错误值#VALUE!构成的内存数组:

B2 =LOOKUP(1,0/FIND(D$2:D$5,A2),D$2:D$5)

	A	B	C	D
1	摘要	分类		类别
2	阀门20套_业务二部_SUGS0782354	阀门		阀门
3	金属蜡烛台3320个_业务七部_SUGS0782293	金属蜡烛台		金属蜡烛台
4	阀门_业务二部_SUGS0782354	阀门		服装
5	阀门1套_业务二部_SUGS0782292	阀门		金属制品
6	服装 3630件_业务五部_SUGS0782370	服装		
7	服装 3630件_业务五部_SUGS0782370	服装		
8	阀门5512套_业务二部_SUGS0782230	阀门		
9	阀门5512套金_业务二部_SUGS0782230	阀门		
10	金属制品 130个_周伟_SUGS0782322	金属制品		

图 14-19 根据关键字分组

```
{1;#VALUE!;#VALUE!;#VALUE!}
```

再用 0 除以该数组，返回由 0 和错误值#VALUE!构成的新数组:

```
{0;#VALUE!;#VALUE!;#VALUE!}
```

LOOKUP函数用 1 作为查找值，与数组中最后一个 0 进行匹配，进而返回第三参数D$2:D$5 单元格区域中对应位置的值。

14.6.5 LOOKUP函数提取字符串开头连续的数字

当LOOKUP函数的查找值比查找范围内同类型的值都大时，会返回最后一个同类型的值。借助该特点，使用LOOKUP函数能够提取出单元格中特定位置连续的数值。

示例14-17 LOOKUP函数提取字符串开头连续的数值

如图 14-20 所示，A列为数量和单位混合的文本内容，数量在前，单位在后，要求提取混合文本中的数量，即开头连续的数值部分。

在B2 单元格输入以下公式，向下复制到B6 单元格。

	A	B
1	数量/单位	数量
2	52.7公斤	52.7
3	3KG	3
4	44KM	44
5	55个	55
6	62.5吨	62.5

图 14-20 提取单元格开头连续的数字

```
=-LOOKUP(,-LEFT(A2,ROW($1:$15)))
```

LEFT函数从A2 单元格左起第一个字符开始，依次返回长度为 1 至 15 的字符串。

```
{"5";"52";"52.";"52.7";"52.7公";……;"52.7公斤"}
```

加上负号后，将数值转换为负数，含有文本的字符串则转换为错误值#VALUE!:

```
{-5;-52;-52;-52.7;#VALUE!;……;#VALUE!}
```

LOOKUP函数简写第一参数的值，表示使用0作为查找值，在以上内存数组中忽略错误值进行查询。

LOOKUP函数要求第二参数为升序排序，实际操作时，即便没有对第二参数做升序处理，LOOKUP函数也会将第二参数中的最后一个值视为该区域的最大值。

本例中，在查询区域中找不到查找值 0，LOOKUP函数将查询区域中的最后一个数值识别为该区域中最大的一个，因此将该值作为小于查找值 0 并且最接近的一个值进行匹配。最后加上负号，将提取出的负数转为正数。

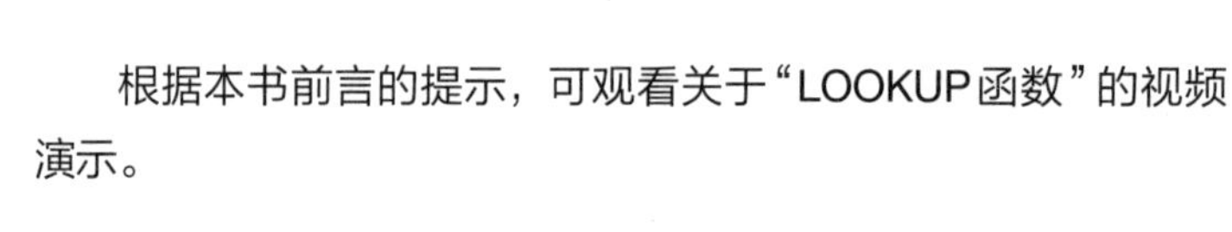

根据本书前言的提示，可观看关于“LOOKUP函数”的视频演示。

14.7 使用XLOOKUP函数查询数据

XLOOKUP是Excel 2021 中新增的函数，主要用于在查询范围中根据指定条件返回查询结果。相比于传统的VLOOKUP、INDEX等函数，该函数具有编写更简洁、形式更灵活等特点。函数语法如下：

```
XLOOKUP(lookup_value,lookup_array,return_array,[if_not_found],match_mode],[search_mode])
```

第一参数lookup_value是必需参数，指定需要查询的值。

第二参数lookup_array是必需参数，指定查询的单元格区域或数组。

第三参数return_array是必需参数，指定返回结果的单元格区域或数组。

第四参数if_not_found是可选参数，指定找不到有效的匹配项时返回的值。如果找不到有效的匹配项，同时该参数缺失，XLOOKUP函数返回错误值“#N/A”。

第五参数match_mode是可选参数，表示匹配模式，共有四个选项，各选项含义如表 14-8 所示。

表 14-8　不同 match_mode 参数的作用说明

值	含义	值	含义
0	默认值，表示精确匹配	1	当找不到精确匹配项时，返回下一个较大项
-1	当找不到精确匹配项时，返回下一个较小项	2	表示使用通配符查询(默认不支持)

第六参数 search_mode 是可选参数，表示搜索模式，共有四个选项，各选项含义如表 14-9 所示。

表 14-9　不同 search_mode 参数的作用说明

值	含义
1	默认值，表示从第一项开始向下搜索
-1	表示从最后一项开始向上搜索
2	要求 lookup_array 按升序排序，执行二进制搜索。如果 lookup_array 未排序，将返回无效结果
-2	要求 lookup_array 按降序排序，执行二进制搜索。如果 lookup_array 未排序，将返回无效结果

14.7.1　XLOOKUP 函数单条件查找

示例14-18　XLOOKUP函数单条件查询

如图 14-21 所示，A~D列为员工信息表，要求根据F列的员工号查询并返回员工的姓名，如果查无匹配结果，则返回字符串“查无此人”。

在G2 单元格使用以下公式，向下复制到G4 单元格。

```
=XLOOKUP(F2,B:B,A:A,"查无此人")
```

XLOOKUP函数的第一参数F2 表示查询值，第二参数B:B表示查询的数据源，第三参数A:A表示查询结果区域，第四参数“查无此人”表示当查无匹配结果时的返回值。

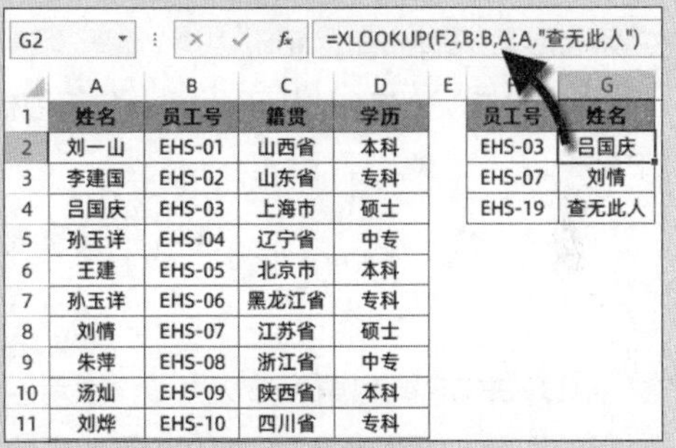

G2　=XLOOKUP(F2,B:B,A:A,"查无此人")

	A	B	C	D
1	姓名	员工号	籍贯	学历
2	刘一山	EHS-01	山西省	本科
3	李建国	EHS-02	山东省	专科
4	吕国庆	EHS-03	上海市	硕士
5	孙玉详	EHS-04	辽宁省	中专
6	王建	EHS-05	北京市	本科
7	孙玉详	EHS-06	黑龙江省	专科
8	刘情	EHS-07	江苏省	硕士
9	朱萍	EHS-08	浙江省	中专
10	汤灿	EHS-09	陕西省	本科
11	刘烨	EHS-10	四川省	专科

	F	G
1	员工号	姓名
2	EHS-03	吕国庆
3	EHS-07	刘情
4	EHS-19	查无此人

图 14-21　单条件查询

XLOOKUP函数在B列中查找F2 单元格指定的内容，并返回A列对应位置的姓名。如果B列找不到匹配项，则返回字符串“查无此人”。

14.7.2　XLOOKUP 函数近似查找

XLOOKUP第五参数用于指定匹配模式，当找不到精确匹配结果时，支持返回下一个较大或较小的项。和LOOKUP函数、MATCH函数所不同的是，在该匹配模式下，XLOOKUP函数并不要求预先对数据排序。

示例14-19　XLOOKUP函数判断考核等级

图 14-22 展示的是某公司员工考核成绩表的部分内容，F3:G6 单元格区域是考核等级对照表，首列为乱序状态，要求在D列根据考核成绩查询出对应的等级。

在D2单元格输入以下公式，向下复制到D11单元格。

```
=XLOOKUP(C2,F$3:F$6,G$3:G$6,"",-1)
```

XLOOKUP函数的第五参数为-1，表示当没有完全匹配项时，以下一个较小项进行匹配。

XLOOKUP在F$3:F$6区域中查找考核成绩，例如查找值为62，在F$3:F$6区域找不到完全匹配项，则以下一个较小项60进行匹配，最终返回G$3:G$6区域中与该值位置对应的内容“合格”。

D2 =XLOOKUP(C2,F$3:F$6,G$3:G$6,"",-1)

	A	B	C	D	E	F	G	H
1	序号	姓名	考核成绩	等级		等级对照表		
2	1	王刚	62	合格		分数	等级	
3	2	李建国	96	优秀		80	良好	
4	3	吕国庆	98	优秀		0	不合格	
5	4	王刚	41	不合格		90	优秀	
6	5	王建	76	合格		60	合格	
7	6	孙玉祥	80	良好				
8	7	刘倩	63	合格				
9	8	朱萍	95	优秀				
10	9	汤九灿	59	不合格				
11	10	刘烨	70	合格				

图 14-22　判断考核等级

14.7.3　XLOOKUP函数从后往前查找

XLOOKUP第六参数为搜索模式，除了默认的从第一项开始向下搜索外，也支持从最后一项开始向上搜索。

示例14-20　XLOOKUP函数查询商品最新销售金额

如图14-23所示，A~E列是某公司商品销售记录，其中日期列已升序排序，需要在H列查询G列商品最新的销售金额。

在H2单元格输入以下公式，向下复制到H4单元格。

```
=XLOOKUP(G2,B:B,E:E,"查无此项",0,-1)
```

XLOOKUP函数第五参数为0，表示匹配模式为精确匹配。第六参数为-1，表示从最后一项开始向上搜索。当找到首个精确匹配的值时，返回对应结果。由于日期列已升序排序，返回的结果即为商品的最新销售金额。

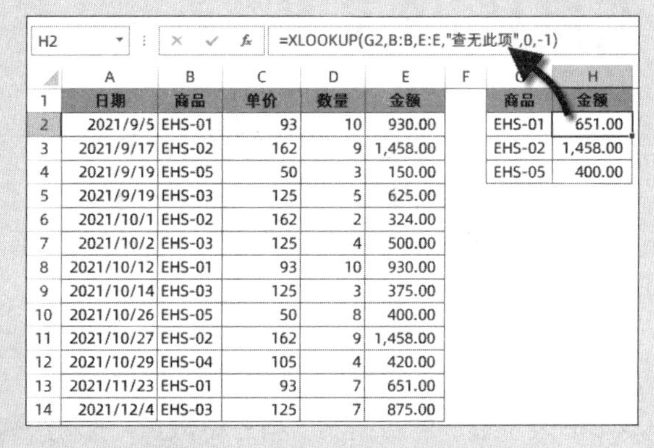

H2 =XLOOKUP(G2,B:B,E:E,"查无此项",0,-1)

	A	B	C	D	E	F	G	H
1	日期	商品	单价	数量	金额		商品	金额
2	2021/9/5	EHS-01	93	10	930.00		EHS-01	651.00
3	2021/9/17	EHS-02	162	9	1,458.00		EHS-02	1,458.00
4	2021/9/19	EHS-05	50	3	150.00		EHS-05	400.00
5	2021/9/19	EHS-03	125	5	625.00			
6	2021/10/1	EHS-02	162	2	324.00			
7	2021/10/2	EHS-03	125	4	500.00			
8	2021/10/12	EHS-01	93	10	930.00			
9	2021/10/14	EHS-03	125	3	375.00			
10	2021/10/26	EHS-05	50	8	400.00			
11	2021/10/27	EHS-02	162	9	1,458.00			
12	2021/10/29	EHS-04	105	4	420.00			
13	2021/11/23	EHS-01	93	7	651.00			
14	2021/12/4	EHS-03	125	7	875.00			

图 14-23　查询商品最新销售金额

14.7.4　XLOOKUP函数二分法查找

当数据量较大时，可以将XLOOKUP的搜索模式设置为二进制，实现更加高效的数据查询。

示例14-21　XLOOKUP函数实现二分法查询

如图14-24所示，A~D列为员工信息表的部分内容，其中员工号已升序排列，要求根据F列的员工号查询并返回员工的姓名，如果找不到匹配结果，则返回字符串“查无此人”。

在G2单元格输入以下公式，向下复制到G4单元格。

```
=XLOOKUP(F2,B:B,A:A,"查无此人",0,2)
```

XLOOKUP 函数第五参数为 0，表示匹配模式为精确匹配，第六参数为 2，表示以二分法方式执行二进制搜索。

二分法是一种经典的数据查询算法，又被称为折半查找。它的基本思想是：假设数据升序排序，对于给定值*x*，从序列的中间位置开始比较，如果当前位置值等于*x*，则查找成功；若*x*小于当前位置值，则在数据的前半段查找；若*x*大于当前位置值则在数据的后半段继续查找，直到找到为止。

G2 =XLOOKUP(F2,B:B,A:A,"查无此人",0,2)

	A	B	C	D	E	F	G
1	姓名	员工号	籍贯	学历		员工号	姓名
2	冯红恋	EHS-01	山西省	本科		EHS-03	严启芬
3	郑心敏	EHS-02	山东省	专科		EHS-17	许虹
4	严启芬	EHS-03	上海市	硕士		EHS-09	王青
5	赵雪	EHS-04	辽宁省	中专			
6	魏欣淼	EHS-05	北京市	本科			
7	孙山柳	EHS-06	黑龙江省	专科			
8	姜梅香	EHS-07	江苏省	硕士			
9	郑娣	EHS-08	浙江省	中专			
10	王青	EHS-09	陕西省	本科			
11	陈欢	EHS-10	四川省	专科			

图 14-24　二进制查询

注意

当搜索模式为二进制时，XLOOKUP 的第二参数必须按要求升序或降序排序，否则会返回错误结果。

14.8　用 FILTER 函数筛选符合条件的数据

FILTER 函数是 Excel 2021 中新增的函数，主要用于解决符合条件的结果有多项时的数据查询问题。函数语法如下：

```
filter(sourcearray,include,[if_empty])
```

参数 sourcearray 是必需参数，表示需要筛选的数组或区域。

参数 include 是必需参数，表示筛选的条件。

参数 if_empty 是可选参数，表示当筛选结果为空时返回的指定值，如果省略该参数，当筛选结果为空时，公式返回错误值 #CALC!。

14.8.1　FILTER 函数单条件查找

示例14-22　FILTER函数返回多个符合条件的记录

如图 14-25 所示，A~D 列为员工信息表，需要根据 F2 单元格指定的学历，在 G 列查询并返回符合该学历的所有员工的姓名。

在 G2 单元格输入以下公式：

```
=FILTER(C2:C11,B2:B11=F2,"查无此人")
```

G2 =FILTER(C2:C11,B2:B11=F2,"查无此人")

	A	B	C	D	E	F	G
1	员工号	学历	姓名	籍贯		学历	姓名
2	EHS-01	本科	刘一山	山西省		本科	刘一山
3	EHS-02	专科	李建国	山东省			王建
4	EHS-03	硕士	吕国庆	上海市			汤九灿
5	EHS-04	中专	孙玉详	辽宁省			
6	EHS-05	本科	王建	北京市			
7	EHS-06	专科	孙玉详	黑龙江省			
8	EHS-07	硕士	刘情	江苏省			
9	EHS-08	中专	朱萍	浙江省			
10	EHS-09	本科	汤九灿	陕西省			
11	EHS-10	专科	刘烨	四川省			

图 14-25　返回多个符合条件的记录

FILTER 函数的筛选区域是 C2:C11，筛选条件是 B2:B11=F2，如果筛选结果为空，则返回指定字符串“查无此人”，否则将查询到的多个结果自动溢出到以

G2 单元格为起点的单元格区域。

当 FILTER 函数的第一参数是多列单元格区域或数组时，可以返回多列结果。

如图 14-26 所示，需要根据 F2 单元格指定的学历，返回 A~D 列多字段的员工信息。可以在 F5 单元格输入以下公式，公式结果自动溢出到相邻的单元格区域。

```
=FILTER(A2:D11,B2:B11=F2)
```

G2 =FILTER(A2:D11,B2:B11=F2)

	A	B	C	D	E	F	G	H	I	J
1	员工号	学历	姓名	籍贯		学历	员工号	学历	姓名	籍贯
2	EHS-01	本科	刘一山	山西省		本科	EHS-01	本科	刘一山	山西省
3	EHS-02	专科	李建国	山东省			EHS-05	本科	王建	北京市
4	EHS-03	硕士	吕国庆	上海市			EHS-09	本科	汤九灿	陕西省
5	EHS-04	中专	孙玉详	辽宁省						
6	EHS-05	本科	王建	北京市						
7	EHS-06	专科	孙玉详	黑龙江省						
8	EHS-07	硕士	刘情	江苏省						
9	EHS-08	中专	朱萍	浙江省						
10	EHS-09	本科	汤九灿	陕西省						
11	EHS-10	专科	刘烨	四川省						

图 14-26　返回多个符合条件的区域

14.8.2　FILTER 函数多条件查找

将 FILTER 函数的第二参数设置为多组条件判断相乘或相加而成的数组，可以使 FILTER 函数实现多条件查询，其中多组条件相乘表示“与”关系的筛选，多组条件相加表示“或”关系的筛选。

示例14-23　FILTER函数实现多条件查找

如图 14-27 所示，A~D 列为员工信息表，需要根据 F2 单元格指定的部门和 G2 单元格指定的职务，返回符合条件的员工信息。

在 F5 单元格输入以下公式，结果自动溢出到相邻单元格区域：

```
=FILTER(A2:D11,(C2:C11=F2)*(D2:D11=G2),"查无信息")
```

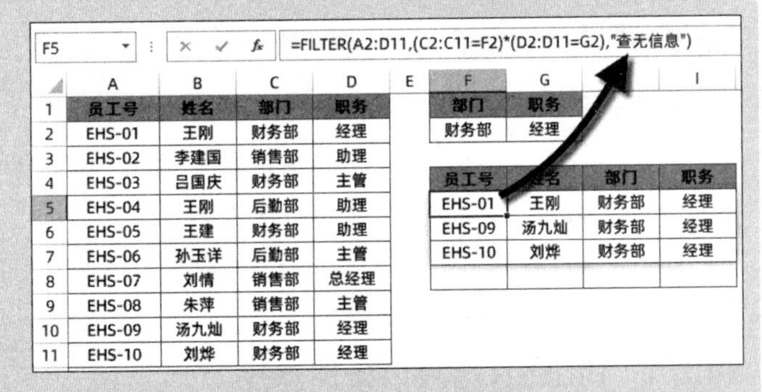

F5 =FILTER(A2:D11,(C2:C11=F2)*(D2:D11=G2),"查无信息")

	A	B	C	D	E	F	G	H	I
1	员工号	姓名	部门	职务		部门	职务		
2	EHS-01	王刚	财务部	经理		财务部	经理		
3	EHS-02	李建国	销售部	助理					
4	EHS-03	吕国庆	财务部	主管		员工号	姓名	部门	职务
5	EHS-04	王刚	后勤部	助理		EHS-01	王刚	财务部	经理
6	EHS-05	王建	财务部	助理		EHS-09	汤九灿	财务部	经理
7	EHS-06	孙玉详	后勤部	主管		EHS-10	刘烨	财务部	经理
8	EHS-07	刘情	销售部	总经理					
9	EHS-08	朱萍	销售部	主管					
10	EHS-09	汤九灿	财务部	经理					
11	EHS-10	刘烨	财务部	经理					

图 14-27　多条件查询

FILTER 函数的筛选条件使用两个等式相乘，分别比较 F2 单元格的部门与 C2:C11 区域中的部门是否相同，以及 G2 单元格的职务与 D2:D11 区域中的职务是否相同。当两个条件同时满足时，两个逻辑值 TRUE 相乘返回数值 1，否则返回 0：

```
{1;0;0;0;0;0;0;0;1;1}
```

在逻辑判断中，数值 1 被视为 TRUE，数值 0 被视为 FALSE，FILTER 函数据此对 A2:D11 单元格区域进行筛选并返回全部结果。

14.8.3　FILTER 函数模糊查找

FILTER 函数不支持使用通配符，如需按指定关键字进行汇总，可以借助 FIND 函数、SEARCH 函数和 ISNUMBER 函数等配合完成。

示例14-24　FILTER函数模糊查找

图 14-28 所示，A列为某公司明细账摘要，需要在C列查询包含关键字“五部”的所有记录。

在C2 单元格输入以下公式，结果自动溢出到相邻单元格区域：

```
=FILTER(A2:A10,ISNUMBER(FIND("五部",A2:A10)))
```

C2　=FILTER(A2:A10,ISNUMBER(FIND("五部",A2:A10)))

	A	B	C
1	摘要		摘要
2	阀门20套_业务二部_SUGS0782354		服装 3630件_业务五部_SUGS0782370
3	金属蜡烛台3320个_业务七部_SUGS0782293		服装 3630件_业务五部_SUGS0782370
4	阀门_业务二部_SUGS0782354		
5	阀门1套_业务二部_SUGS0782292		
6	服装 3630件_业务五部_SUGS0782370		
7	服装 3630件_业务五部_SUGS0782370		
8	阀门5512套_业务二部_SUGS0782230		
9	阀门5512套金_业务二部_SUGS0782230		
10	金属制品 130个_周伟_SUGS0782322		

图 14-28　FILTER 函数模糊查找

公式先用FIND函数查找“五部”在A2:A10 每个单元格中首次出现的位置，如果包含查找值，则返回“五部”出现的位置序号，否则返回错误值，得到一个由数字和错误值构成的内存数组。

然后使用ISNUMBER函数将数组中的数字和错误值分别转换为逻辑值TRUE和FALSE，作为FILTER函数的筛选条件。

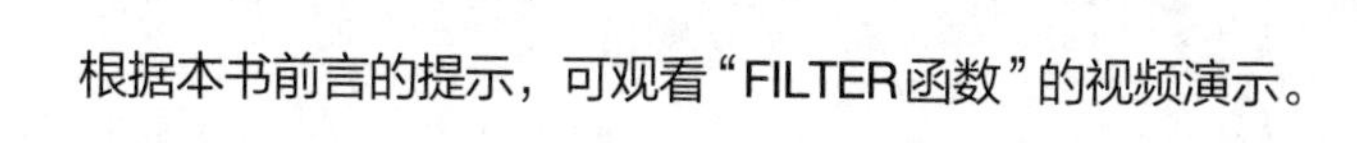

根据本书前言的提示，可观看“FILTER函数”的视频演示。

14.9　认识OFFSET函数

OFFSET函数可以构建动态的引用区域，用于嵌套函数、制作数据验证中的动态下拉菜单及在图表中构建动态的数据源等。

该函数以指定的引用为参照，通过给定偏移量得到新的引用，返回的引用可以是一个单元格或单元格区域。函数语法如下：

```
OFFSET(reference,rows,cols,[height],[width])
```

第一参数reference是必需参数。作为偏移量参照的起始引用区域，该参数必需是对单元格或相连单元格区域的引用，否则公式会返回错误值#VALUE!或无法完成输入。

第二参数rows是必需参数，指定相对于偏移量参照系的左上角单元格，向上或向下偏移的行数。行数为正数时，代表向起始引用的下方偏移。行数为负数时，代表向起始引用的上方偏移。

第三参数cols是必需参数。指定相对于偏移量参照系的左上角单元格，向左或向右偏移的列数。列数为正数时，代表向起始引用的右边偏移。列数为负数时，代表向起始引用的左边偏移。

第四参数height是可选参数，表示需要返回引用区域的行数。

第五参数width是可选参数，表示需要返回引用区域的列数。

如果OFFSET函数行数或列数的偏移量超出工作表边缘，将返回错误值#REF!。

14.9.1　图解OFFSET函数偏移方式

例1：图14-29中，以下公式将返回对D5单元格的引用。

```
=OFFSET(A1,4,3)
```

其含义如下。

A1单元格为OFFSET函数的引用基点。

rows参数为4，表示以A1为基点向下偏移4行，至A5单元格。

cols参数为3，表示从A5单元格向右偏移3列，至D5单元格。

例2：图14-30中，以下公式将返回对D5:G8单元格区域的引用。

```
=OFFSET(A1,4,3,4,4)
```

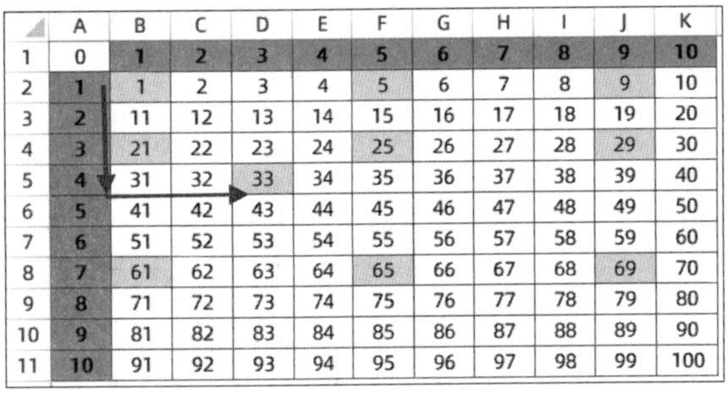

	A	B	C	D	E	F	G	H	I	J	K
1	0	1	2	3	4	5	6	7	8	9	10
2	1	1	2	3	4	5	6	7	8	9	10
3	2	11	12	13	14	15	16	17	18	19	20
4	3	21	22	23	24	25	26	27	28	29	30
5	4	31	32	33	34	35	36	37	38	39	40
6	5	41	42	43	44	45	46	47	48	49	50
7	6	51	52	53	54	55	56	57	58	59	60
8	7	61	62	63	64	65	66	67	68	69	70
9	8	71	72	73	74	75	76	77	78	79	80
10	9	81	82	83	84	85	86	87	88	89	90
11	10	91	92	93	94	95	96	97	98	99	100

图14-29　OFFSET函数偏移示例1

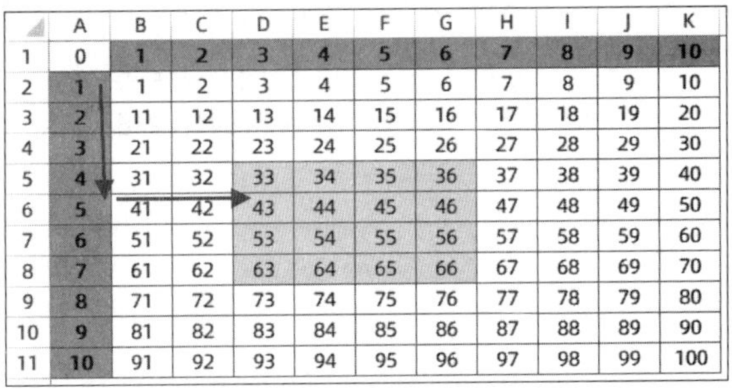

	A	B	C	D	E	F	G	H	I	J	K
1	0	1	2	3	4	5	6	7	8	9	10
2	1	1	2	3	4	5	6	7	8	9	10
3	2	11	12	13	14	15	16	17	18	19	20
4	3	21	22	23	24	25	26	27	28	29	30
5	4	31	32	33	34	35	36	37	38	39	40
6	5	41	42	43	44	45	46	47	48	49	50
7	6	51	52	53	54	55	56	57	58	59	60
8	7	61	62	63	64	65	66	67	68	69	70
9	8	71	72	73	74	75	76	77	78	79	80
10	9	81	82	83	84	85	86	87	88	89	90
11	10	91	92	93	94	95	96	97	98	99	100

图14-30　OFFSET函数偏移示例2

其含义如下。

A1单元格为OFFSET函数的引用基点。

rows参数为4，表示以A1为基点向下偏移4行，至A5单元格。

cols参数为3，表示自A5单元格向右偏移3列，至D5单元格。

height参数为4，width参数为4，表示以D5单元格为起点向下取4行，向右取4列，最终返回对D5:D8单元格区域的引用。

例3：图14-31中，以下公式将返回对B2:K3单元格区域的引用。

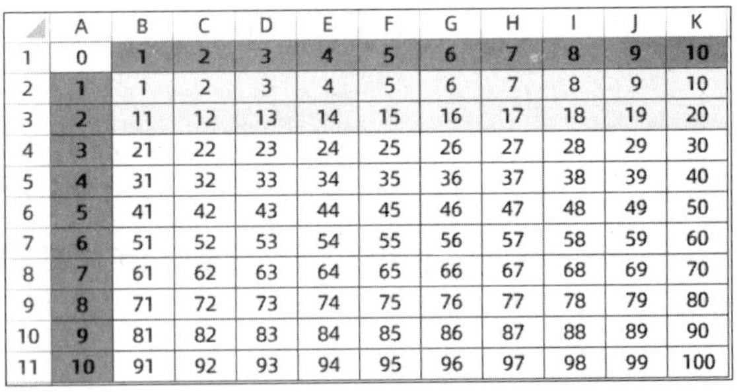

	A	B	C	D	E	F	G	H	I	J	K
1	0	1	2	3	4	5	6	7	8	9	10
2	1	1	2	3	4	5	6	7	8	9	10
3	2	11	12	13	14	15	16	17	18	19	20
4	3	21	22	23	24	25	26	27	28	29	30
5	4	31	32	33	34	35	36	37	38	39	40
6	5	41	42	43	44	45	46	47	48	49	50
7	6	51	52	53	54	55	56	57	58	59	60
8	7	61	62	63	64	65	66	67	68	69	70
9	8	71	72	73	74	75	76	77	78	79	80
10	9	81	82	83	84	85	86	87	88	89	90
11	10	91	92	93	94	95	96	97	98	99	100

图14-31　OFFSET函数偏移示例3

```
=OFFSET(B1:K1,1,0,2,)
```

其含义如下。

以B1:K1单元格区域为引用基点，向下偏移1行0列至B2:K2单元格区域。再以B2:K2单元格区域为参照点，引用两行。参数width用逗号占位简写或省略该参数，表明引用的列数与第一参数引用基点的列数相同。

14.9.2　OFFSET函数参数规则

在使用OFFSET函数时，如果参数height或参数width省略，则视为其高度或宽度与引用基点的高度或宽度相同。

如果引用基点是一个多行多列的单元格区域，当指定了参数height或参数width，则以引用区域的左上角单元格为基点进行偏移，返回的结果区域的宽度和高度仍以width参数和height参数的值为准。

如图 14-32 所示，以下公式返回对C3:D4 单元格区域的引用。

```
=OFFSET(A1:C9,2,2,2,2)
```

其含义为：以A1:C9 单元格区域为引用基点，整体向下偏移两行到第 3 行，向右偏移两列到C列，新引用的行数为两行，新引用的列数为两列。

OFFSET函数的height参数和width参数不仅支持正数，还支持负数，负行数表示向上偏移，负列数表示向左偏移。

如图 14-32 所示，以下公式也会返回C3:D4 单元格区域的引用。

```
=OFFSET(E6,-2,-1,-2,-2)
```

	A	B	C	D	E	F	G
1			姓名	工号			
2			张丹丹	ZR-001		=OFFSET(A1:C9,2,2,2,2)	
3			蔡如江	ZR-002		蔡如江	ZR-002
4			李婉儿	ZR-003		李婉儿	ZR-003
5			孙天亮	ZR-004			
6			刘萌	ZR-005		=OFFSET(E6,-2,-1,-2,-2)	
7			李珊珊	ZR-006		蔡如江	ZR-002
8			顾长宇	ZR-007		李婉儿	ZR-003
9			张丹燕	ZR-008			
10			王青山	ZR-009			
11			李良玉	ZR-010			
12			单冠中	ZR-011			

图 14-32　OFFSET函数参数规则

公式中的rows参数、cols参数、height参数和width参数均为负数，表示以E6 单元格为引用基点，向上偏移两行到第 4 行，向左偏移 1 列到D列，此时偏移后的基点为D4 单元格。在此基础上向上取两行，向左取两列，返回C3:D4 的单元格区域的引用。

14.9.3　OFFSET函数参数自动取整

如果OFFSET函数的rows参数、cols参数、height参数和width参数不是整数，OFFSET函数会自动舍去小数部分，保留整数。

如图 14-33 所示，以下两个公式的参数分别使用小数和整数，结果都将返回B4:D5 单元格区域的引用。

	A	B	C	D	E	F	G
1	工号	姓名	工资	奖金		=OFFSET(A1,3.2,1.8,2.7,2.2)	
2	ZR-001	张丹丹	5500	122		李婉儿	3200
3	ZR-002	蔡如江	4600	934		孙天亮	8200
4	ZR-003	李婉儿	3200	317			
5	ZR-004	孙天亮	8200	148		=OFFSET(A1,3,1,2,2)	
6	ZR-005	刘萌	5100	282		李婉儿	3200
7	ZR-006	李珊珊	2700	709		孙天亮	8200
8	ZR-007	顾长宇	8900	672			
9	ZR-008	张丹燕	5240	971			
10	ZR-009	王青山	3400	287			
11	ZR-010	李良玉	4800	227			
12	ZR-011	单冠中	5800	443			

图 14-33　OFFSET函数参数自动取整

```
=OFFSET(A1,3.2,1.8,2.7,2.2)
=OFFSET(A1,3,1,2,2)
```

公式以A1 单元格为引用基点，向下偏移 3 行，向右偏移 1 列，新引用的区域为两行两列。

14.9.4　使用OFFSET函数制作动态下拉菜单

示例14-25　使用OFFSET函数制作动态下拉菜单

如图 14-34 所示，A~B列为部分市和下辖县的信息，要求根据D2 单元格"市"的信息，在E2 单元格生成该市对应下辖县的下拉菜单，方便快捷输入。

选中E2 单元格，依次单击【数据】→【数据验证】按钮，弹出【数据验证】对话框。切换到【设置】选项卡下，单击【验证条件】区域的【允许】下拉按钮，在下拉列表中选择【序列】选项，在【来源】编辑框输入以下公式：

```
=OFFSET(B1,MATCH(D2,A:A,)-1,,COUNTIF(A:A,D2),)
```

保留【忽略空值】和【提供下拉箭头】复选框的选中状态，单击【确定】按钮关闭对话框，如图 14-35 所示。

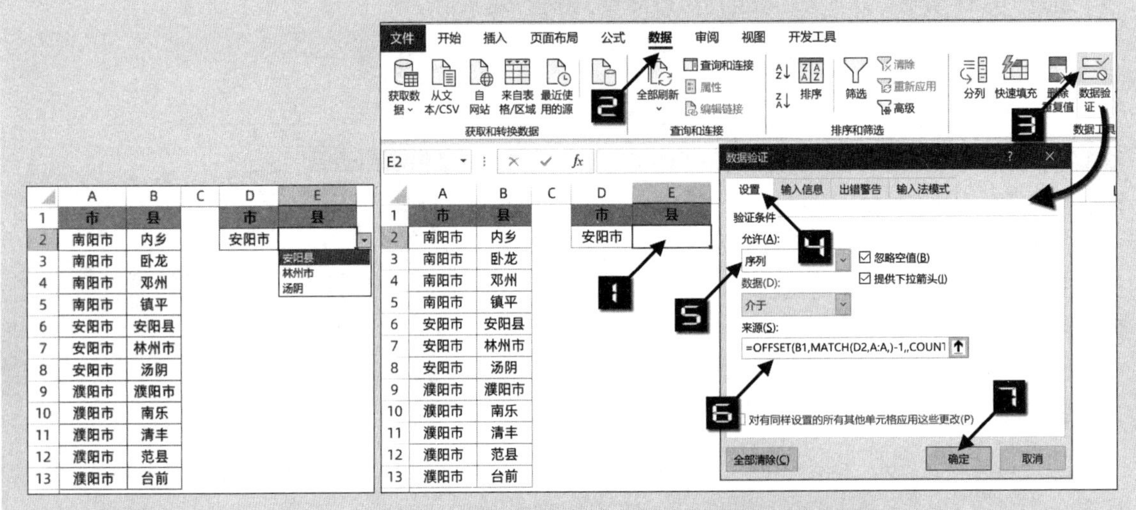

图 14-34　动态下拉菜单　　　　图 14-35　设置数据验证

MATCH(D2,A:A,)部分返回D2 单元格的内容在A列第一次出现的位置，结果为 6，然后减去 1 作为 OFFSET 函数向下偏移的行数。COUNTIF(A:A,D2)部分返回D2 单元格内容在A列出现的次数 3，即该市对应下辖县的行数，结果作为OFFSET 函数新引用的行数。

OFFSET 函数以B1 单元格为引用基准，向下偏移 5 行到B6 单元格，再取 3 行 1 列得到B6:B8 单元格区域的引用。最后利用【数据验证】的相关功能生成“安阳市”下辖县的下拉菜单。

D2 单元格的内容变化时，E2 单元格的下拉菜单也会随之变化。

提示：使用此方法时，要求A列必须经过排序处理。

14.9.5 OFFSET 函数定位统计区域

示例14-26 OFFSET函数计算新入职员工前三个月培训时间

图 14-36 展示的是某单位 1~6 月份新入职员工的培训记录，新员工从入职第一个月开始，每月需进行培训，要求计算每名员工前三个月的培训总时间。

在H2 单元格输入以下公式，向下复制到H8 单元格。

```
=SUM(OFFSET(A2,,MATCH(,0/B2:G2,),,3) B2:G2)
```

H2 =SUM(OFFSET(A2,,MATCH(,0/B2:G2,),,3) B2:G2)

	A	B	C	D	E	F	G	H
1	姓名	1月份	2月份	3月份	4月份	5月份	6月份	合计
2	祝忠					2	4	6
3	郑小芬		5	2	2	3	1	9
4	周如庆						2	2
5	郭建		1	3	2	3	2	6
6	马宜金			2	2	3	1	7
7	蔡大杰		4	1	2	4	3	7
8	林商杰	1	3	2	3	1	2	6

图 14-36　统计新入职员工前三个月培训时间

公式中MATCH函数的第一参数和第三参数及OFFSET函数的第二参数和第四参数均仅以逗号占位，公式相当于：

```
=SUM(OFFSET(A2,0,MATCH(0,0/B2:G2,0),1,3) B2:G2)
```

MATCH(,0/B2:G2,)部分，用 0 除以B2:G2 单元格中的数值，得到由 0 和错误值#DIV/0!组成的内存数组：

```
{#DIV/0!,#DIV/0!,#DIV/0!,#DIV/0!,0,0}
```

MATCH函数的查找值为 0，返回 0 在数组中首次出现的位置，结果为 5。

OFFSET函数以A2 单元格为引用基点，第二参数省略，表示向下偏移行数为 0，向右偏移的列数为MATCH函数的计算结果。第四参数省略，表示新引用区域的行数与引用基点A2 的行数相同。

再以此为基点向右取 3 列作为新引用区域的列数，最终返回F2:H2 单元格区域的引用。

由于B2:G2 单元格中的数值不足 3 个，也就是新员工入职时间不足三个月，此时OFFSET函数引用的区域已经超出B2:G2 单元格的范围，如果直接使用SUM函数求和，会与公式所在的H2 单元格产生循环引用而无法正常运算。

以OFFSET函数返回的引用区域和B2:G2 单元格区域做交叉引用运算，得到两个区域的重叠部分，即F2:G2 单元格区域，避免了循环引用，最后再使用SUM函数统计求和。

14.9.6　OFFSET函数在多维引用中的应用

OFFSET函数的参数使用数组时会生成多维引用，配合SUBTOTAL函数可以实现对多行或多列求最大值、平均值等统计要求。

示例14-27　OFFSET函数求总成绩的最大值

如图 14-37 所以，A~D列为某班级学生成绩表，要求在F2 单元格返回全部学生数学、语文和英语总成绩的最大值。

在F2 单元格输入以下公式：

```
=MAX(SUBTOTAL(9,OFFSET(B1:D1,ROW(1:7),)))
```

F2　=MAX(SUBTOTAL(9,OFFSET(B1:D1,ROW(1:7),)))

	A	B	C	D	E	F
1	姓名	数学	语文	英语		总分最大值
2	祝忠	90	70	88		274
3	郑小芬	85	75	65		
4	周如庆	75	76	67		
5	郭建	85	82	78		
6	马宜金	88	88	98		
7	蔡大杰	89	89	85		
8	林商杰	56	74	88		

图 14-37　求总成绩的最大值

“OFFSET(B1:D1,ROW(1:7),)” 部分以B1:D1 单元格区域为引用基点，向下分别偏移 1~7 行，生成B2:D2、B3:D3、B4:D4……B8:D8 等 7 个区域的多维引用。

SUBTOTAL函数使用 9 作为第一参数，表示使用SUM函数的计算规则，分别对OFFSET函数生成的 7 个区域求和，得到每个学生三门学科的总成绩之和。

```
{248;225;218;245;274;263;218}
```

最后，使用MAX函数提取出最大值。

14.10 认识INDIRECT函数

INDIRECT函数主要用于创建对静态命名区域的引用、从工作表的行列信息创建引用等，利用文本连接符“&”，还可以构造“常量+变量”“静态+动态”相结合的单元格引用方式。函数语法如下：

```
INDIRECT(ref_text,[a1])
```

第一参数ref_text是一个表示单元格地址的文本，可以是A1 或是R1C1 引用样式的字符串，也可以是已定义的名称或“表”的结构化引用。但如果自定义名称是使用函数公式产生的动态引用，则无法用“=INDIRECT(名称)”的方式再次引用。

第二参数是一个逻辑值，用于指定使用A1 引用样式还是R1C1 引用样式。如果该参数为TRUE或省略，第一参数中的文本被解释为A1 样式的引用。如果为FALSE或0，则将第一参数中的文本解释为R1C1 样式的引用。

采用R1C1 引用样式时，参数中的“R”与“C”分别表示行（ROW）与列（COLUMN），与各自后面的数值组合起来表示具体的区域。如R8C1 表示工作表中的第 8 行第 1 列，即A8 单元格。如果在数值前后加上“[ ]”，则表示公式所在单元格相对位置的行列。表示行列时，字母R和C不区分大小写。

14.10.1 INDIRECT函数常用基础示例

例 1：在工作表第 1 行任意单元格使用以下公式，将返回A列最后一个单元格的引用，即A1048576 单元格。

```
=INDIRECT("R[-1]C1",)
```

例 2：在A1 单元格使用以下公式，将返回从A1 向下两行，向右 3 列，即D3 单元格的引用。

```
=INDIRECT("R[2]C[3]",)
```

例 3：如图 14-38 所示，A1 单元格为字符串“C1”，C1 单元格中为字符串“测试”。在A3 单元格输入以下公式，将返回C1 单元格内的字符串“测试”。

```
=INDIRECT(A1)
```

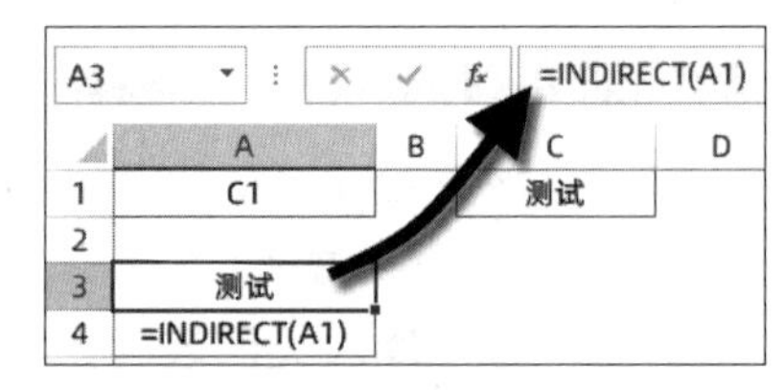

图 14-38 INDIRECT函数间接引用

第一参数引用A1 单元格，INDIRECT函数将A1 单元格中的字符串“C1”变成实际的引用，因此函数返回的是C1 单元格的引用。

例 4：如图 14-39 所示，A1 单元格为文本“C1”，C1 单元格为文本“测试”。在A3 单元格输入以下公式：

```
=INDIRECT("A1")
```

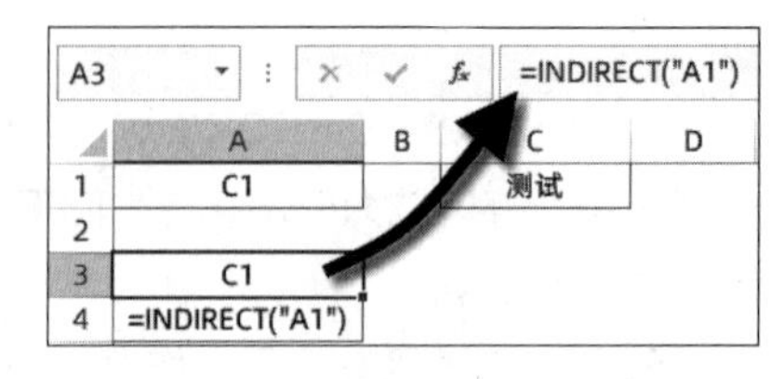

图 14-39 INDIRECT函数直接引用

INDIRECT函数的参数为文本“A1”，因此函数返回的是对A1 单元格的引用，即返回A1 单元格中的文本“C1”。

例 5：如图 14-40 所示，在D4 单元格输入文本“a1:b5”，在D2 单元格使用以下公式将计算A1:B5 单元格区域之和。

```
=SUM(INDIRECT(D4))
```

“a1:b5”只是D4单元格中的文本内容，INDIRECT函数将表示引用的字符串转换为真正的A1:B5单元格区域的引用，最后使用SUM函数计算引用区域的和。

这种求和方式会固定计算A1:B5单元格区域之和，不受删除或插入行列的影响。

例6：如图14-41所示，在C2单元格输入以下公式，向下复制到C6单元格。C2:C6单元格区域将根据A列和B列指定的数值，以R1C1引用样式返回对应单元格的引用。

```
=INDIRECT("R"&A2&"C"&B2,)
```


	A	B	C	D	E
1	9	4			
2	3	1		46	=SUM(INDIRECT(D4))
3	1	5			
4	9	3		a1:b5	文本表示求和范围
5	8	3			

图 14-40　固定区域求和

C2　=INDIRECT("R"&A2&"C"&B2,)

	A	B	C	D	E	F	G	H
1	R值	C值	R1C1方式引用值结果					
2	3	5	3行5列					
3	5	5	5行5列		3行5列			
4	4	7	4行7列				4行7列	
5	6	6	6行6列		5行5列			
6	6	8	6行8列			6行6列		6行8列

图 14-41　R1C1 样式引用

公式中的"R"&A2&"C"&B2部分，将文本"R"与A2单元格内容、文本“C”和B2单元格的内容连接成为字符串“R3C5”。INDIRECT函数第二参数使用0，表示将第一参数解释为R1C1引用样式，最终返回工作表第3行第5列，即E3单元格的引用。

14.10.2　INDIRECT函数定位查询区域

示例14-28　INDIRECT函数带合并单元格的数据查询

图14-42展示的是某公司员工信息表，其中A列的部门使用了合并单元格，需要根据E2单元格中的姓名查询所在部门。

在F2单元格输入以下公式：

```
=LOOKUP("座",INDIRECT("A1:A"&MATCH(E2,B:B,0)))
```

F2　=LOOKUP("座",INDIRECT("A1:A"&MATCH(E2,B:B,0)))

	A	B	C	D	E	F
1	部门	姓名	籍贯		姓名	所在部门
2	安监部	谭静达	山东		蒋秀芳	财务部
3		保文凤	北京			
4		邬秉珍	河北			
5		李王雁	江苏			
6		张胜利	上海			
7	财务部	杨鸿秀	浙江			
8		王学明	江西			
9		周昆林	山西			
10		蒋秀芳	甘肃			
11		胡耀奇	吉林			
12	销售部	范绍雄	黑龙江			
13		郭云丽	浙江			
14		陈正明	江西			
15		张华昌	山东			

图 14-42　带合并单元格的数据查询

公式中的“MATCH(E2,B:B,0)”部分，用MATCH函数计算E2单元格中的姓名在B列所处的位置，结果为10。

然后用字符串“A1:A”与MATCH函数的结果相连，返回单元格地址样式的字符串“A1:A10”，再使用INDIRECT将字符串转换为真正的单元格区域引用。

LOOKUP函数的查询值为“座”，在A1:A10单元格区域中返回最后一个文本值，也就是E2单元格内的员工所在的部门信息。

14.10.3 INDIRECT 函数动态工作表查找

当INDIRECT函数的参数为其他工作表的地址时，可以实现对指定工作表区域的动态引用。

示例14-29 INDIRECT函数动态表数据查询

图 14-43 展示的是某公司销售人员 1~3 月份的销售记录，每个月份的销售记录为独立的工作表。需要在查询表中查询A列姓名在B1 单元格指定月份工作表内的销售额。

在“查询表”B4 单元格输入以下公式，向下复制到B10 单元格。

```
=VLOOKUP(A4,INDIRECT("'"&B$1&"'!A:B"),2,0)
```

公式中的“"'"&B$1&"'!A:B"”部分，得到字符串“'2 月'!A:B”，也就是名为“2 月”的工作表A:B列的引用地址，INDIRECT函数将其转换成真正的引用后，作为VLOOKUP函数的查询范围。

月份	2月
姓名	销售额汇总
王刚	7007.64
李建国	4754.25
吕国庆	5714.33
王建	7520.91
孙玉详	4818.46
刘情	7695.68
朱萍	6195.63

姓名	销售额
王刚	3,307.09
李建国	4,559.31
吕国庆	5,055.90
李珊	3,923.14
王建	3,778.23
孙玉详	3,346.69
刘情	2,773.06
朱萍	3,139.14
汤九灿	2,250.45
刘烨	4,313.01

姓名	销售额
王刚	1,040.58
李建国	7,791.69
吕国庆	7,485.64
李珊	5,958.05
王建	7,471.00
孙玉详	4,940.39
刘情	3,893.99
朱萍	7,427.07
汤九灿	2,148.78
刘烨	4,591.76

图 14-43 跨工作表引用数据

注意

如果引用工作表标签名中包含空格等特殊符号或以数字开头时，工作表的标签名前后必须加上一对半角单引号，否则公式会返回错误值#REF!。例如引用工作表名称为“Excel Home”的B2单元格，公式应为=INDIRECT("'Excel Home'!B2")。

实际应用中可以在空白单元格内先输入等号“=”，再用鼠标单击对应的工作表标签，激活该工作表之后，再单击任意单元格，按<Enter>键结束公式输入，观察等式中的半角单引号位置。

14.10.4 INDIRECT 函数多表数据统计汇总

示例14-30 INDIRECT函数多表数据汇总

图 14-44 展示的是某公司销售人员 1~3 月份的销售记录，要求在“查询表”查询A列人名的销售总额。

在“查询表”B2 单元格输入以下公式，向下复制到B11 单元格。

```
=LET(_shtname,"'"&{"1月","2月","3月"}&"'",SUM(SUMIF(INDIRECT(_
shtname&"!a:a"),A2,INDIRECT(_shtname&"!b:b"))))
```

“"'"&{"1 月","2 月","3 月"}&"'"” 部分，创建包含 3 个月份工作表名称的常量数组，并命名为“_shtname”。

“INDIRECT(_shtname&"!a:a")” 部分，生成对每张工作表A列的引用，作为SUMIF函数的条件区域。

“INDIRECT(_shtname&"!b:b")” 部分，生成对每张工作表B列的引用，作为SUMIF函数的求和区域。

SUMIF函数返回A2 单元格指定姓名在每张工作表的销售额，得到一个内存数组：

```
{24,59,35}
```

最后使用SUM函数汇总求和。

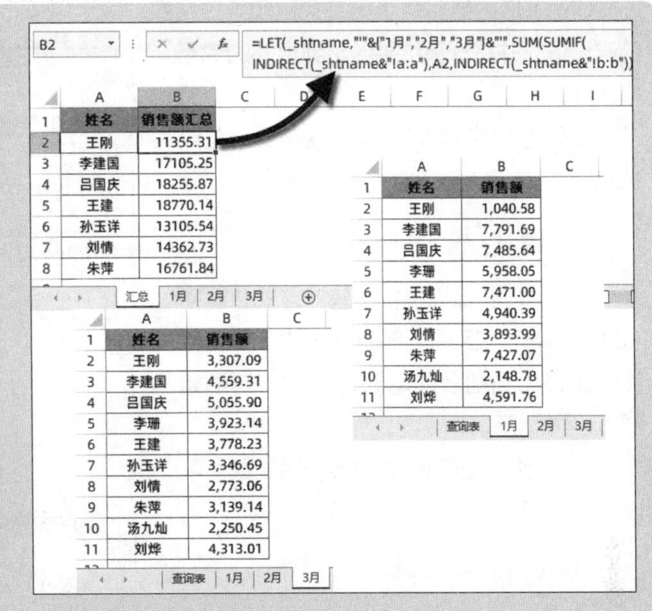

B2　=LET(_shtname,"'"&{"1月","2月","3月"}&"'",SUM(SUMIF(INDIRECT(_shtname&"!a:a"),A2,INDIRECT(_shtname&"!b:b"))))

汇总：

	A	B
1	姓名	销售额汇总
2	王刚	11355.31
3	李建国	17105.25
4	吕国庆	18255.87
5	王建	18770.14
6	孙玉详	13105.54
7	刘情	14362.73
8	朱萍	16761.84

1月：

	A	B
1	姓名	销售额
2	王刚	1,040.58
3	李建国	7,791.69
4	吕国庆	7,485.64
5	李珊	5,958.05
6	王建	7,471.00
7	孙玉详	4,940.39
8	刘情	3,893.99
9	朱萍	7,427.07
10	汤九灿	2,148.78
11	刘烨	4,591.76

3月：

	A	B
1	姓名	销售额
2	王刚	3,307.09
3	李建国	4,559.31
4	吕国庆	5,055.90
5	李珊	3,923.14
6	王建	3,778.23
7	孙玉详	3,346.69
8	刘情	2,773.06
9	朱萍	3,139.14
10	汤九灿	2,250.45
11	刘烨	4,313.01

图 14-44　各分表数据

提示

使用INDIRECT函数也可以创建对其他工作簿的引用，但是被引用工作簿必须打开，否则公式将返回错误值#REF!。

14.11　使用UNIQUE函数去重

UNIQUE函数是Excel 2021 中新增的函数，主要用于数据去重查询。函数语法为：

```
=UNIQUE(array,[by_col],[exactly_once])
```

参数array是必需的，指定返回唯一值的数据源，可以是数组或单元格引用。

参数by_col是可选的，用一个逻辑值指定唯一值的比较方式。当为TRUE时，将比较各列后返回唯一值。当为FALSE或省略时，将比较各行后返回唯一值。

参数exactly_once是可选的，用逻辑值指定唯一值判断的方式，为TRUE时返回只出现一次的唯一值，为FALSE或省略时返回不重复的列表。

14.11.1　UNIQUE函数基础应用示例

图 14-45 展示了某公司员工信息表的部分内容，存在一些重复的记录，需要在F列查询不重复的部门列表。

在F2 单元格输入以下公式，结果自动溢出到相邻单元格区域：

```
=UNIQUE(C2:C11)
```

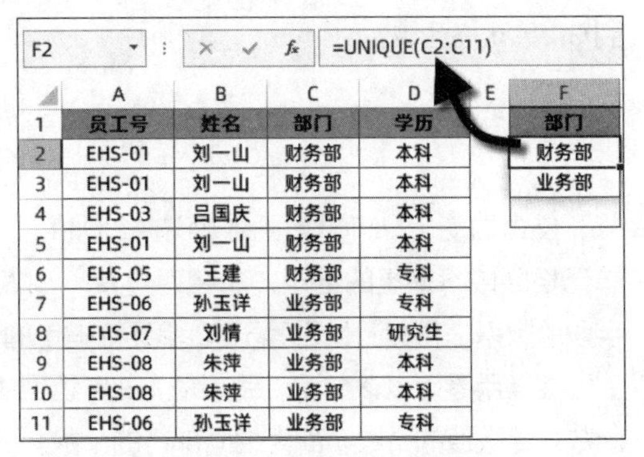

F2　=UNIQUE(C2:C11)

	A	B	C	D	E	F
1	员工号	姓名	部门	学历		部门
2	EHS-01	刘一山	财务部	本科		财务部
3	EHS-01	刘一山	财务部	本科		业务部
4	EHS-03	吕国庆	财务部	本科		
5	EHS-01	刘一山	财务部	本科		
6	EHS-05	王建	财务部	专科		
7	EHS-06	孙玉详	业务部	专科		
8	EHS-07	刘情	业务部	研究生		
9	EHS-08	朱萍	业务部	本科		
10	EHS-08	朱萍	业务部	本科		
11	EHS-06	孙玉详	业务部	专科		

图 14-45　不重复的部门列表

UNIQUE函数省略了第二参数和第三参数，表示以按行比较的方式，返回C2:C11单元格区域全部的唯一值，并将计算结果溢出到相邻的单元格区域。

如需查找不重复的人员记录信息，可以在F2单元格输入以下公式：

```
=UNIQUE(A2:D11)
```

UNIQUE函数以按行比较的方式，返回A2:D11单元格区域全部的唯一值，并将计算结果溢出到相邻的单元格区域，结果如图14-46所示。

F2 =UNIQUE(A2:D11)

	A	B	C	D	E	F	G	H	I
1	员工号	姓名	部门	学历		员工号	姓名	部门	学历
2	EHS-01	刘一山	财务部	本科		EHS-01	刘一山	财务部	本科
3	EHS-01	刘一山	财务部	本科		EHS-03	吕国庆	财务部	本科
4	EHS-03	吕国庆	财务部	本科		EHS-05	王建	财务部	专科
5	EHS-01	刘一山	财务部	本科		EHS-06	孙玉洋	业务部	专科
6	EHS-05	王建	财务部	专科		EHS-07	刘情	业务部	研究生
7	EHS-06	孙玉洋	业务部	专科		EHS-08	朱萍	业务部	本科
8	EHS-07	刘情	业务部	研究生					
9	EHS-08	朱萍	业务部	本科					
10	EHS-08	朱萍	业务部	本科					
11	EHS-06	孙玉洋	业务部	专科					

图 14-46　不重复的人员记录信息

如需查找只出现一次的唯一值记录，可以在F2单元格输入以下公式。

```
=UNIQUE(A2:D11,0,1)
```

UNIQUE函数第二参数为0，视为逻辑值FALSE，第三参数为1，视为逻辑值TRUE。公式以按行比较的方式，返回A2:D11单元格区域内只出现一次的记录，结果如图14-47所示。

F2 =UNIQUE(A2:D11,0,1)

	A	B	C	D	E	F	G	H	I
1	员工号	姓名	部门	学历		员工号	姓名	部门	学历
2	EHS-01	刘一山	财务部	本科		EHS-03	吕国庆	财务部	本科
3	EHS-01	刘一山	财务部	本科		EHS-05	王建	财务部	专科
4	EHS-03	吕国庆	财务部	本科		EHS-07	刘情	业务部	研究生
5	EHS-01	刘一山	财务部	本科					
6	EHS-05	王建	财务部	专科					
7	EHS-06	孙玉洋	业务部	专科					
8	EHS-07	刘情	业务部	研究生					
9	EHS-08	朱萍	业务部	本科					
10	EHS-08	朱萍	业务部	本科					
11	EHS-06	孙玉洋	业务部	专科					

图 14-47　只出现一次的人员记录

14.11.2　UNIQUE函数按条件统计不重复项个数

结合其他查询或统计类函数，UNIQUE函数可以处理与数据去重相关的问题，例如统计各个部门不重复的人数等。

示例14-31　UNIQUE函数统计部门不重复的人数

图14-48展示了某公司员工信息表的部分内容，存在一些重复的记录，需要在G列查询F列指定部门的不重复的人数。

在G2单元格输入以下公式，向下复制到G4单元格区域。

```
=LET(_lst,UNIQUE(A$2:D$11),
COUNT(0/(INDEX(_lst,0,3)=F2)))
```

G2 =LET(_lst,UNIQUE(A$2:D$11),COUNT(0/(INDEX(_lst,0,3)=F2)))

	A	B	C	D	E	F	G
1	员工号	姓名	部门	学历		部门	人数
2	EHS-01	刘一山	财务部	本科		财务部	3
3	EHS-01	刘一山	财务部	本科		业务部	3
4	EHS-03	吕国庆	财务部	本科		行政部	0
5	EHS-01	刘一山	财务部	本科			
6	EHS-05	王建	财务部	专科			
7	EHS-06	孙玉洋	业务部	专科			
8	EHS-07	刘情	业务部	研究生			
9	EHS-08	朱萍	业务部	本科			
10	EHS-08	朱萍	业务部	本科			
11	EHS-06	孙玉洋	业务部	专科			

图 14-48　统计部门不重复的人数

公式先使用UNIQUE函数筛选A2:D11单元格区域不重复的记录，命名为“_lst”。然后使用INDEX函数获取变量_lst第3列，也就是“部门”字段的数据，再判断是否等于F2单元格指定的部门，返回一个由逻辑值构成的内存数组。

接着用零除以该数组，逻辑值TRUE返回1，逻辑值FALSE返回错误值#DIV/0!，最后使用COUNT函数统计数值的个数，即为相同部门的个数。

14.12　使用SORT和SORTBY函数排序

SORT函数和SORTBY函数是Excel 2021 中新增的函数，主要用于处理数据排序问题。

14.12.1　SORT 函数

SORT函数主要用于根据数据列表内原有数据的大小进行排序，函数语法如下：

```
=SORT(array,[sort_index],[sort_order],[by_col])
```

第一参数array是必需的，指定需要排序的数据列表，可以是数组或单元格引用。

第二参数sort_index是可选的，指定排序依据列或行在第一参数中的位置，可以是数字或由数字构成的数组。如果省略，则默认排序依据为首行或首列。

第三参数sort_order是可选的，指定排序的方式。其中-1 表示降序，1 表示升序。如果省略，则默认为升序。

第四参数by_col是可选的，用一个逻辑值指定排序的方向。当为TRUE时表示按列方向排序，当为FALSE或省略时，表示按行方向排序。

示例14-32　使用SORT函数进行数据排序

图 14-49 展示了某公司员工考核得分表的部分内容，需要按照D列的考核得分进行降序排序。

在F2 单元格输入以下公式，结果自动溢出到相邻单元格区域，如图 14-50 所示。

```
=SORT(A2:D11,4,-1)
```

SORT函数的第一参数指定排序的数据源为A2:D11 单元格区域。第二参数为 4，表示排序依据列为A2:D11 单元格区域中的第 4 列，也就是D列。第三参数为-1，表示排序方式为降序。

	A	B	C	D
1	员工号	姓名	部门	考核得分
2	EHS-01	刘一山	财务部	8
3	EHS-02	李建国	财务部	7
4	EHS-03	吕国庆	财务部	1
5	EHS-04	孙玉详	财务部	4
6	EHS-05	王建	财务部	5
7	EHS-06	孙玉详	业务部	7
8	EHS-07	刘情	业务部	10
9	EHS-08	朱萍	业务部	9
10	EHS-09	郑小芬	业务部	10
11	EHS-10	刘烨	业务部	7

图 14-49　员工考核得分表

F2　=SORT(A2:D11,4,-1)

	F	G	H	I
1	员工号	姓名	部门	考核得分
2	EHS-07	刘情	业务部	10
3	EHS-09	郑小芬	业务部	10
4	EHS-08	朱萍	业务部	9
5	EHS-01	刘一山	财务部	8
6	EHS-02	李建国	财务部	7
7	EHS-06	孙玉详	业务部	7
8	EHS-10	刘烨	业务部	7
9	EHS-05	王建	财务部	5
10	EHS-04	孙玉详	财务部	4
11	EHS-03	吕国庆	财务部	1

图 14-50　按考核得分降序排序

如需对数据列表进行多条件排序，例如，对部门升序排序的同时，再对考核得分降序排序，可以使用以下公式：

```
=SORT(A2:D11,{3,4},{1,-1})
```

本例公式中，SORT函数第二参数为常量数组{3,4}，第三参数为常量数组{1,-1}，表示先对A2:D11 单元格区域的第 3 列执行升序排序，再对第 4 列执行降序排序。排序结果如图 14-51 所示。

K2 =SORT(A2:D11,{3,4},{1,-1})

	K	L	M	N
1	员工号	姓名	部门	考核得分
2	EHS-01	刘一山	财务部	8
3	EHS-02	李建国	财务部	7
4	EHS-05	王建	财务部	5
5	EHS-04	孙玉详	财务部	4
6	EHS-03	吕国庆	财务部	1
7	EHS-07	刘情	业务部	10
8	EHS-09	郑小芬	业务部	10
9	EHS-08	朱萍	业务部	9
10	EHS-06	孙玉详	业务部	7
11	EHS-10	刘烨	业务部	7

图 14-51 对部门升序排序并对得分降序排序

14.12.2 SORTBY 函数

SORTBY 函数支持使用计算表达式的方式对数据范围进行自定义规则排序。函数语法如下：

```
SORTBY(array,by_array1,[sort_order1],[by_array2,sort_order2],…)
```

第一参数 array 是必需的，指定需要排序的数据列表，可以是数组或单元格引用。

第二参数 by_array1 是必需的，指定排序依据的区域或数组。该参数的行列数必须和第一参数的行列数保持一致。

第三参数 sort_order1 是可选的，指定排序的方式。其中 -1 表示降序，1 表示升序。如果省略，则默认为升序。

其他参数均可选，每两个为一组，表示其他次要的排序依据区域或数组，以及对应的排序方式。

示例14-33 使用SORTBY函数进行自定义规则排序

图 14-52 展示了某公司员工信息表的部分内容，D 列是员工的职务，需要对其按照自定义规则“经理、主管、专员”的先后顺序进行排序。

在 F2 单元格输入以下公式，结果自动溢出到相邻单元格区域：

```
=SORTBY(A2:D11,MATCH(D2:D11,{"经理","主管","专员"},0),1)
```

公式中的“MATCH(D2:D11,{"经理","主管","专员"},0)”部分，返回 D2:D11 区域每个单元格中的职务在常量数组{"经理","主管","专员"}中首次出现的位置序号，得到一个内存数组：

```
{3;3;3;2;1;1;2;3;3;2}
```

	A	B	C	D
1	员工号	姓名	部门	职务
2	EHS-01	刘一山	财务部	专员
3	EHS-02	李建国	财务部	专员
4	EHS-03	吕国庆	财务部	专员
5	EHS-04	孙玉详	财务部	主管
6	EHS-05	王建	财务部	经理
7	EHS-06	孙玉详	业务部	经理
8	EHS-07	刘情	业务部	主管
9	EHS-08	朱萍	业务部	专员
10	EHS-09	郑小芬	业务部	专员
11	EHS-10	刘烨	业务部	主管

图 14-52 员工信息表

SORTBY 函数以该数组为排序依据，对 A2:D11 单元格区域执行升序排序，返回结果如图 14-53 所示。

如果需要在对职务进行自定义规则排序之前，优先对部门执行升序排序，可以在 K2 单元格输入以下公式：

```
=SORTBY(A2:D11,C2:C11,1,MATCH(D2:D11,{"经理","主管","专员"},0),1)
```

本例中SORTBY函数有两组排序条件，优先对C2:C11单元格区域的部门执行升序排序，再对D2:D11的职务执行自定义规则排序。返回结果如图14-54所示。

F2　=SORTBY(A2:D11,MATCH(D2:D11,{"经理","主管","专员"},0),1)

	F	G	H	I
1	员工号	姓名	部门	职务
2	EHS-05	王建	财务部	经理
3	EHS-06	孙玉祥	业务部	经理
4	EHS-04	孙玉祥	财务部	主管
5	EHS-07	刘情	业务部	主管
6	EHS-10	刘烨	业务部	主管
7	EHS-01	刘一山	财务部	专员
8	EHS-02	李建国	财务部	专员
9	EHS-03	吕国庆	财务部	专员
10	EHS-08	朱萍	业务部	专员
11	EHS-09	郑小芬	业务部	专员

图 14-53　对职务进行自定义规则排序

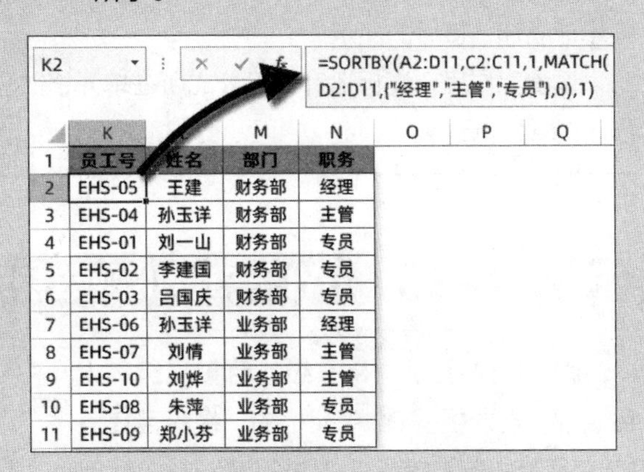

K2　=SORTBY(A2:D11,C2:C11,1,MATCH(D2:D11,{"经理","主管","专员"},0),1)

	K	L	M	N
1	员工号	姓名	部门	职务
2	EHS-05	王建	财务部	经理
3	EHS-04	孙玉祥	财务部	主管
4	EHS-01	刘一山	财务部	专员
5	EHS-02	李建国	财务部	专员
6	EHS-03	吕国庆	财务部	专员
7	EHS-06	孙玉祥	业务部	经理
8	EHS-07	刘情	业务部	主管
9	EHS-10	刘烨	业务部	主管
10	EHS-08	朱萍	业务部	专员
11	EHS-09	郑小芬	业务部	专员

图 14-54　对部门和职务进行排序

14.13　用HYPERLINK函数生成超链接

HYPERLINK函数是Excel中唯一一个除了可以返回数据值以外，还能生成超链接的特殊函数。常用于创建跳转到当前工作簿中的其他位置、指定路径的文档或Internet地址的快捷方式。函数语法如下：

```
HYPERLINK(link_location,friendly_name)
```

参数link_location指定需要打开文档的路径和文件名，可以是Excel工作表或工作簿中特定的单元格或命名区域、Microsoft Word文档中的书签，也可以是表示存储在硬盘驱动器上的文件，或者是UNC路径和URL路径。除了使用直接的文本链接以外，还支持使用在Excel中定义的名称，但相应的名称前必须加上前缀“#”，如：#DATA、#Name。对于当前工作簿中的链接地址，也可以使用前缀“#”来代替当前工作簿名称。

参数friendly_name是可选的，表示在单元格中的显示值。如果省略，HYPERLINK函数建立超链接后将显示第一参数的内容。

如果需要选择一个包含超链接的单元格但不跳转到超链接目标，可以单击单元格并按住鼠标左键不放，直到指针变成空心十字“✣”，然后释放鼠标即可。

示例14-34　HYPERLINK函数创建有超链接的工作表目录

图14-55展示的是不同销售人员的明细表，每个销售人员数据存储在不同的工作表中。为了方便查看数据，要求在“目录”工作表的B列创建指向各工作表的超链接。

在B2单元格使用以下公式，向下复制到B5单元格。

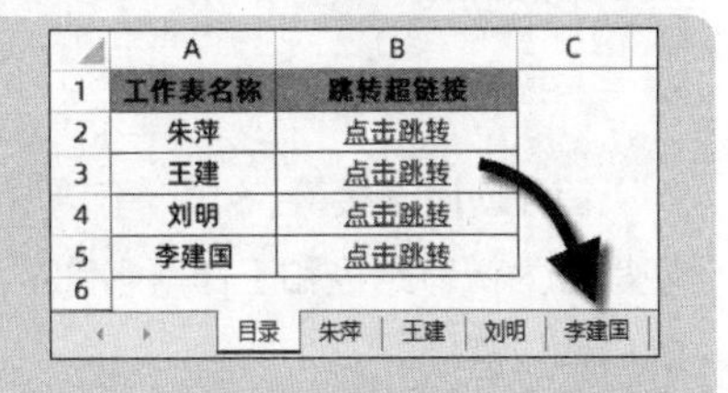

	A	B	C
1	工作表名称	跳转超链接	
2	朱萍	点击跳转	
3	王建	点击跳转	
4	刘明	点击跳转	
5	李建国	点击跳转	
6			

图 14-55　为工作表名称添加超链接

```
=HYPERLINK("#'"&A2&"'!A1","点击跳转")
```

公式中“"#'"&A2&"'!A1"”部分指定了当前工作簿内链接跳转的单元格地址，其中“#”表示当前工作簿，以A2单元格中的内容作为跳转的工作表名称，“A1”为跳转的单元格地址。第二参数为“点击跳转”，表示建立超链接后的显示值。

设置完成后，光标指针靠近公式所在单元格时，会自动变成手形，单击超链接，即可跳转到相应工作表的A1单元格。

示例14-35 HYPERLINK函数快速跳转到指定单元格

图14-56展示的是一级科目和二级科目明细，要求根据D2单元格的一级科目在E2单元格生成跳转链接以快速跳转。

在E2单元格输入以下公式。

```
=HYPERLINK("#A"&MATCH(D2,
A:A,),"点击跳转")
```

“MATCH(D2,A:A,)”部分返回D2单元格的“管理费用”科目在A列中的位置，结果为7。“"#A"&MATCH(D2,A:A,)”部分返回文本“#A7”，HYPERLINK函数以“#A7”作为第一参数返回跳转到当前工作表A7单元格的超链接。

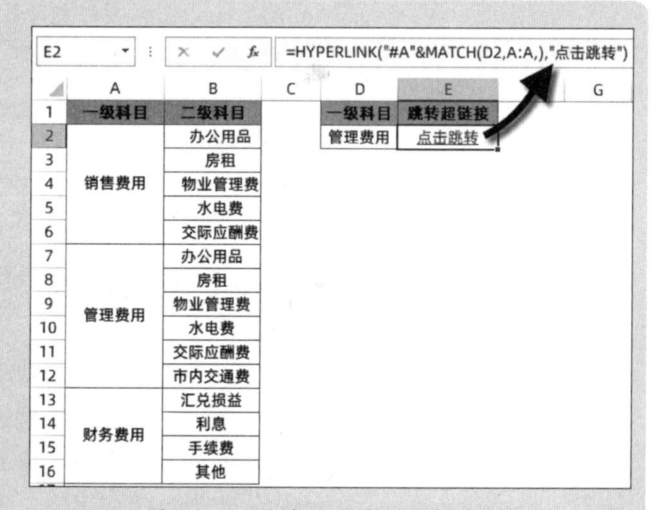
E2 =HYPERLINK("#A"&MATCH(D2,A:A,),"点击跳转")

	A	B	C	D	E
1	一级科目	二级科目		一级科目	跳转超链接
2		办公用品		管理费用	点击跳转
3		房租			
4	销售费用	物业管理费			
5		水电费			
6		交际应酬费			
7		办公用品			
8		房租			
9	管理费用	物业管理费			
10		水电费			
11		交际应酬费			
12		市内交通费			
13		汇兑损益			
14	财务费用	利息			
15		手续费			
16		其他			

图14-56 快速跳转到一级科目位置

使用HYPERLINK函数，除了可以链接到当前工作簿内的单元格位置，还可以在不同工作簿之间建立超链接或链接到其他应用程序。

示例14-36 HYPERLINK函数在不同工作簿之间建立超链接

如图14-57所示，需要根据指定的目标工作簿的存储路径、名称、工作表名称和单元格地址，建立带有超链接的文件目录。

	A	B	C	D	E
1	文件路径	工作簿名称	工作表名称	单元格地址	链接到
2	D:\项目管理\	财务预算	2018年固定资产投资预算	A1	财务预算
3	D:\项目管理\	工程进度	一级节点计划	A2	工程进度

图14-57 在不同工作簿之间建立超链接

在E2单元格输入以下公式，向下复制到E3单元格。

```
=HYPERLINK("["&A2&B2&".xlsx]"&C2&"!"&D2,B2)
```

首先使用连接符“&”，将字符串“[”“.xlsx]”“!”分别与A2、B2、C2和D2单元格的内容进行连接，使其成为带有路径和工作簿名称、工作表名称及单元格地址的文本字符串，作为HYPERLINK函数跳转的具体位置：

“[D:\项目管理\财务预算.xlsx]2018 年固定资产投资预算!A1”

第二参数引用B2 单元格，指定在建立超链接后显示的内容为B2 单元格的值。

在工作簿名称和工作表名称之间使用井号“#”，能够代替公式中的一对中括号“[ ]”，因此E2 单元格也可使用以下公式：

```
=HYPERLINK(A2&B2&".xlsx#"&C2&"!"&D2,B2)
```

设置完成后，单击公式所在单元格的超链接，即打开相应的工作簿，并跳转到指定工作表中的单元格位置

14.14 用FORMULATEXT函数提取公式字符串

如需提取单元格中的公式字符串，可以使用FORMULATEXT函数完成。函数语法如下：

```
FORMULATEXT(reference)
```

如果reference参数的单元格不包含公式，FORMULATEXT函数返回错误值#N/A。

示例14-37 FORMULATEXT函数提取公式字符串

如图 14-58 所示，B列使用了不同的公式统计A2:A10 单元格区域不重复值个数，要求在C列显示公式内容。

在C2 单元格输入以下公式，向下复制到C4 单元格。

```
=FORMULATEXT(B2)
```

C2 =FORMULATEXT(B2:B4)

	A	B	C
1	数据	不重复值个数	公式
2	财务部	4	=SUM(1/COUNTIF(A1:A10,A1:A10))
3	财务部	4	=COUNT(0/(MATCH(A1:A10,A1:A10,)=ROW(1:10)))
4	财务部	4	=SUMPRODUCT(1/COUNTIF(A1:A10,A1:A10))
5	财务部		
6	行政部		
7	行政部		
8	行政部		
9	销售部		
10	销售部		

图 14-58 提取公式字符串

14.15 用TRANSPOSE函数转置数组或单元格区域

TRANSPOSE函数用于转置数组或单元格区域。转置单元格区域包括将行区域转置成列区域，或将列区域转置成行区域，类似于基础操作中的复制→选择性粘贴→转置功能。函数语法如下：

```
TRANSPOSE(array)
```

array是必需参数，指定需要进行转置的数组或单元格区域。转置的效果是将数组的第一行作为新数组的第一列，数组的第二行作为新数组的第二列，以此类推。

示例14-38 TRANSPOSE函数制作九九乘法表

利用ROW函数和TRANSPOSE函数，可以生成如图 14-59 所示的九九乘法表。

选中A1 单元格，输入以下公式。

```
=LET(x,ROW(1:9),y,TRANSPOSE(ROW(1:9)),IF(x<y,"",x&"×"&y&"="&x*y))
```

“ROW(1:9)”部分生成 1 列 9 行的序列数组{1;2;3;4;5;6;7;8;9}，定义名称为x。

“TRANSPOSE(ROW(1:9))”部分将该数组转置成 1 行 9 列{1,2,3,4,5,6,7,8,9}，定义名称为y。

根据函数数组运算规则，两个不同向的一维数组运算后返回*N*行*M*列的二维数组。“x<y”部分返回由逻辑值TRUE和FALSE组成的 9 列 9 行的内存数组：

```
{TRUE,FALSE,FALSE,FALSE,FALSE,FALSE,FALSE,FALSE,FALSE;…TRUE,TRUE}
```

x&"×"&y&"="&x*y部分返回结果如图 14-60 所示。

	A	B	C	D	E	F	G	H	I
1	1×1=1								
2	2×1=2	2×2=4							
3	3×1=3	3×2=6	3×3=9						
4	4×1=4	4×2=8	4×3=12	4×4=16					
5	5×1=5	5×2=10	5×3=15	5×4=20	5×5=25				
6	6×1=6	6×2=12	6×3=18	6×4=24	6×5=30	6×6=36			
7	7×1=7	7×2=14	7×3=21	7×4=28	7×5=35	7×6=42	7×7=49		
8	8×1=8	8×2=16	8×3=24	8×4=32	8×5=40	8×6=48	8×7=56	8×8=64	
9	9×1=9	9×2=18	9×3=27	9×4=36	9×5=45	9×6=54	9×7=63	9×8=72	9×9=81

图 14-59 九九乘法表

	A	B	C	D	E	F	G	H	I
1	1×1=1	1×2=2	1×3=3	1×4=4	1×5=5	1×6=6	1×7=7	1×8=8	1×9=9
2	2×1=2	2×2=4	2×3=6	2×4=8	2×5=10	2×6=12	2×7=14	2×8=16	2×9=18
3	3×1=3	3×2=6	3×3=9	3×4=12	3×5=15	3×6=18	3×7=21	3×8=24	3×9=27
4	4×1=4	4×2=8	4×3=12	4×4=16	4×5=20	4×6=24	4×7=28	4×8=32	4×9=36
5	5×1=5	5×2=10	5×3=15	5×4=20	5×5=25	5×6=30	5×7=35	5×8=40	5×9=45
6	6×1=6	6×2=12	6×3=18	6×4=24	6×5=30	6×6=36	6×7=42	6×8=48	6×9=54
7	7×1=7	7×2=14	7×3=21	7×4=28	7×5=35	7×6=42	7×7=49	7×8=56	7×9=63
8	8×1=8	8×2=16	8×3=24	8×4=32	8×5=40	8×6=48	8×7=56	8×8=64	8×9=72
9	9×1=9	9×2=18	9×3=27	9×4=36	9×5=45	9×6=54	9×7=63	9×8=72	9×9=81

图 14-60 添加n*m信息

最后添加IF函数，实现当x<y时返回空文本，否则返回由公式组合而成的字符串。

14.16 查找引用函数的综合应用

14.16.1 与文本函数嵌套使用

示例14-39 提取单元格中最后一个分隔符前的内容

如图 14-61 所示，A列单元格数据包括一个或多个以间隔符“/”分隔的内容，要求提取最后一个“/”前面的内容。

	A	B
1	数据	结果
2	管理费用/税费/水利建设资金	管理费用/税费
3	管理费用/研发费用/材料支出	管理费用/研发费用
4	管理费用/研发费用/人工支出	管理费用/研发费用
5	管理费用/研发费用	管理费用

图 14-61 提取单元格中最后一个“/”前的内容

❖ 方法一：在B2 单元格输入以下公式，向下复制到B5 单元格。

```
=LEFT(A2,LOOKUP(99,FIND("/",A2,ROW($1:$99)))-1)
```

“FIND("/",A2,ROW($1:$99))”部分，分别从A2 单元格文本中第 1~99 个字符开始查找“/”出现的位置，返回一个由数字和错误值构成的内存数组。

```
{5;5;5;5;5;8;8;8;#VALUE!;#VALUE!;……#VALUE!}
```

LOOKUP(99,FIND("/",A2,ROW($1:$99))) 在第二参数中返回最后一个数字，结果为 8，即最后一个“/”在 A2 单元格文本中出现的位置。LOOKUP 第一参数为 99，是一个较大的数字，也可以用其他数值代替，但必须大于 A 列字符串的最大长度。

LEFT 函数从 A2 单元格左边截取 7 个字符，即返回最后一个“/”前的内容。

❖ 方法二：在 C2 单元格输入以下公式，向下复制到 C5 单元格。

```
=LEFT(A2,LEN(A2)-MATCH("/*",RIGHT(A2,ROW($1:$99)),))
```

RIGHT(A2,ROW($1:$99) 部分，分别从 A2 单元格最后一个字符开始取 1~99 个字符，返回一个内存数组。

```
{"金";"资金";"设资金";"建设资金";"利建设资金";……"管理费用/税费/水利建设资金"}
```

“MATCH("/*",RIGHT(A2,ROW($1:$99)),)”部分，利用通配符“*”，以精确匹配方式返回第一个以“/”开头的文本位置，即“/”从最右边开始是第几个字符，结果为 7。

LEN(A2) 返回 A2 单元格文本的字符数，结果为 14。

两者相减，即为需要截取的目标字符串的长度，最后使用 LEFT 函数按该长度截取字符。

14.16.2 查找与引用函数嵌套使用

示例14-40 统计指定月份销售量合计

如图 14-62 所示，D~P 列区域为不同产品 1~12 月销售量明细，要求根据 B2 单元格选取的产品名称、B3 单元格和 B4 单元格分别选取的起始和终止月份，在 B7 单元格统计销售量合计。

	A	B	C	D	E	F	G	H	I	J	K	L	M	N	O	P
1				品名	1月	2月	3月	4月	5月	6月	7月	8月	9月	10月	11月	12月
2	产品	产品D		产品A	147	133	149	106	97	53		72	56	118	83	138
3	起始月份	2		产品B	74		110	82		145	51	53	83	111	81	98
4	终止月份	7		产品C	87		80	70	136	102	91		87		95	78
5				产品D	59	116	82	138	88	84		105	120	114	87	91
6				产品E	124	80		136	72	107	64	132	96	58		82
7	销量汇总	508		产品F	91	85	135	77		92	103	92	85	105	75	125

图 14-62 统计指定月份销售量合计

在 B7 单元格输入以下公式。

```
=SUM(VLOOKUP(B2,D1:P7,ROW(INDIRECT(B3&":"&B4))+1,0))
```

公式中的“B3&":"&B4”部分返回文本“2:7”，INDIRECT 函数将其转换为对工作表第 2~7 行的引用。

“ROW(INDIRECT(B3&":"&B4))+1”部分返回由行号组成的内存数组，用作 VLOOKUP 的第三参数。

```
{3;4;5;6;7;8}
```

VLOOKUP 函数查找值为 B2 单元格的内容“产品D”，查询范围是 D1:P7 单元格区域，返回第 {3;4;5;6;7;8} 列的内容，即“产品D”在 2~7 月的销售量。

```
{116;82;138;88;84;0}
```

最后用SUM函数求和。

14.16.3 利用错误值简化公式

示例14-41 提取一、二、三级科目名称

在图 14-63 所示的科目代码表中，A列为科目代码，B列为对应科目名称。A列科目代码中长度为 4 的为一级代码，长度为 6 的为二级代码，长度为 8 的为三级代码。要求根据A列代码分别提取一级、二级和三级科目名称到D~F列。

选中D2 单元格，输入以下公式，向下复制公式到D2:D245 单元格区域。

```
=IFNA(VLOOKUP(LEFT(A2&"a",{4,6,8}),$A:$B,2,),"")
```

D2　=IFNA(VLOOKUP(LEFT(A2&"a",{4,6,8}),$A:$B,2,),"")

	A	B	C	D	E	F
1	科目代码	科目名称		一级科目	二级科目	三级科目
2	1001	库存现金		库存现金		
3	1002	银行存款		银行存款		
4	1012	其他货币资金		其他货币资金		
5	101201	外埠存款		其他货币资金	外埠存款	
6	101202	银行本票存款		其他货币资金	银行本票存款	
7	101203	银行汇票存款		其他货币资金	银行汇票存款	
8	101204	信用卡存款		其他货币资金	信用卡存款	
9	101205	信用保证金存款		其他货币资金	信用保证金存款	
10	101206	存出投资款		其他货币资金	存出投资款	
11	1101	交易性金融资产		交易性金融资产		
12	110101	本金		交易性金融资产	本金	
13	11010101	股票		交易性金融资产	本金	股票
14	11010102	债券		交易性金融资产	本金	债券
15	11010103	基金		交易性金融资产	本金	基金

图 14-63　提取一二三级科目

观察科目代码的规律可知，前 4 位是一级科目代码，前 6 位是二级科目代码，前 8 位是三级科目代码。

公式先在A2 单元格科目代码之后添加了字母“a”。“LEFT(A2&"a",{4,6,8})”部分从左面第一个字符开始取 4、6、8 个字符作为VLOOKUP函数的第一参数，返回由 3 个元素构成的内存数组。当科目代码达不到相关级别的长度时，LEFT函数返回的结果会包含字母“a”。例如，A2 单元格为一级科目代码，“LEFT(A2&"a",{4,6,8})”部分返回的结果如下。

```
{"1001","1001a","1001a"}
```

VLOOKUP函数在A列查找以上科目代码，并返回B列对应的科目名称，将查询结果溢出到D2:F2 单元格区域。

公式最后使用IFNA函数将VLOOKUP函数查无结果返回的错误值转换为空文本。

示例14-42 计算快递费

图 14-64 是某快递公司价格表的部分内容，其中A列是快递目的地，B~D列分别是 1~3kg对应的价格，E~F列是超出 3kg的首重（1kg）价格和续重每kg的单价。

如图 14-65 所示，需要在“运费计算”工作表中根据B列的快递目的地及C列的重量信息来计算对应的价格。同时要求不足 1kg的部分按 1kg计算，例如 0.2kg按 1kg，1.7kg按 2kg，以此类推。

目的地	1kg	2kg	3kg	超出3公斤部分	
				首重1kg	续重每kg
北京市	1.5	3	5	3	2.5
天津市	1.5	3	5	3	2.5
河北省	1.5	3	5	3	2.5
山西省	1.5	3	5	3	2.5
内蒙古自治区	1.5	3	5	3.5	2.5
辽宁省	1.5	3	5	3.5	3.5
吉林省	1.5	3	5	3.5	4
黑龙江省	1.5	3	5	3.5	3
上海市	1.5	3	5	4	3
江苏省	1.5	3	5	4	3.5

图 14-64 快递价格表

运单号	目的地	重量	价格
DPK21****353166	宁夏回族自治区	1.7	2.8
DPK21****353167	吉林省	3.1	15.5
DPK21****353168	浙江省	4.1	20.5
DPK21****353169	江西省	1.52	3
DPK21****353170	吉林省	16	63.5
DPK21****353171	江苏省	0.74	1.5
DPK21****353172	上海市	0.04	1.5
DPK21****353173	海南省	12.84	91
DPK21****353174	湖南省	4.7	27
DPK21****353175	吉林省	3.8	15.5
DPK21****353176	重庆市	2.72	5
DPK21****353177	山东省	4	20.5

价格表 运费计算

图 14-65 运费计算

在“运费计算”工作表的D2 单元格输入以下公式，向下复制到数据区域最后一行。

```
=IF(C2<=3,VLOOKUP(B2,价格表!A:F,CEILING(C2,1)+1,0),VLOOKUP(B2,价格表!A:F,5,0)+VLOOKUP(B2,价格表!A:F,6,0)*(CEILING(C2,1)-1))
```

公式中心IF函数分为两部分，其中的“VLOOKUP(B2,价格表!A:F,CEILING(C2,1)+1,0)”部分，用于计算重量在3kg及以下时的运费价格。

先使用CEILING函数将C2 单元格中的重量向上舍入到 1 的倍数，使其符合“不足 1kg的部分按1kg”的计算规则，然后将CEILING函数的结果作为VLOOKUP函数的第三参数，用于指定在价格表A:F列区域中返回哪一列。由于 1~3kg部分的价格依次分布在查询区域的第 2~4 列，因此在CEILING函数结果基础上加上 1 来修正。

假设重量为 0.8kg，CEILING函数结果返回 1，再加上 1 之后得到 2。VLOOKUP函数以B2 单元格中的目的地作为查询值，以“价格表!A:F”作为查询区域，并返回这个区域中第 2 列对应的内容。

对于 3kg以上部分的运费价格，计算规则为：

```
首重1kg价格+续重每kg单价*续重kg
```

这部分计算使用公式中的“VLOOKUP(B2,价格表!A:F,5,0)+VLOOKUP(B2,价格表!A:F,6,0)*(CEILING(C2,1)-1)”来完成。

其中的“VLOOKUP(B2,价格表!A:F,5,0)”和“VLOOKUP(B2,价格表!A:F,6,0)”部分，分别用于在价格表A:F列区域中查询出指定目的地的首重价格和续重每kg单价。然后使用“(CEILING(C2,1)-1)”，将C2 单元格中的重量向上舍入到 1 的倍数之后再减去首重 1kg，得到续重部分的重量。

练习与巩固

1. VLOOKUP函数第四参数为(　　)时表示使用精确匹配方式。
2. VLOOKUP函数第一参数的查询值必须位于第二参数的第(　　)列。
3. 在A1 单元格输入公式“=MATCH("A",{"C","B","D"},0)”，显示值为(　　)。

4. 查找与引用类函数中，(　　　)等函数可以使用通配符查找。

5. OFFSET(A1:D4,4,5,3,2)将返回对(　　　)单元格区域的引用。

6. 在B2 单元格输入公式“=INDIRECT("R[-1]C[-1]",)”，将返回对(　　　)单元格的引用。

7. 图 14-66 展示的是不同班级班主任、班长和学习委员的信息。以“练习 14-1.xlsx”中的数据为例，请在D8 单元格内，使用INDEX函数和MATCH函数根据B8 和C8 单元格指定的班号和职务返回对应的人员姓名，并在E8 单元格使用HYPERLINK函数生成跳转到对应单元格的跳转链接。

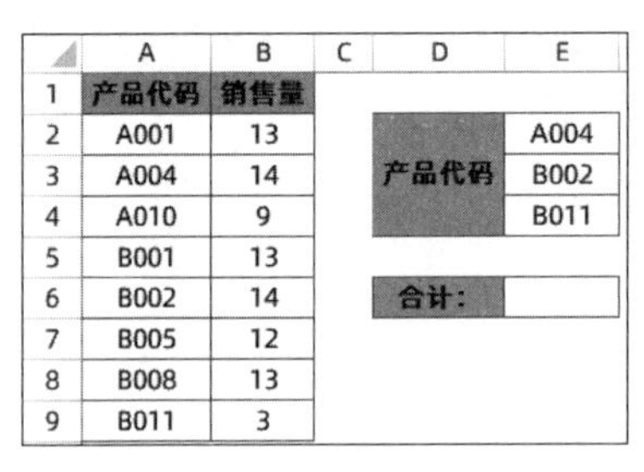

	A	B	C	D	E	F	G
1	班号 职务	一班	二班	三班	四班	五班	六班
2	班主任	廖尔碧	马群苹	李海英	张明先	王裴义	刘金英
3	班长	刘一山	李建国	吕国庆	孙玉详	王建	孙玉详
4	学习委员	刘倩	朱萍	刘明	刘烨	王光	李亮
5							
6							
7		班号	职务	姓名	跳转		
8		五班	班长	王建	点击		

图 14-66　班级信息

8. 图 14-67 中的A~B列为不同产品的销售量。以“练习 14-2.xlsx”中的数据为例，请根据E2:E4 单元格指定的产品代码计算对应销售量合计。

	A	B	C	D	E
1	产品代码	销售量			
2	A001	13		产品代码	A004
3	A004	14			B002
4	A010	9			B011
5	B001	13			
6	B002	14		合计：	
7	B005	12			
8	B008	13			
9	B011	3			

图 14-67　计算产品销量

第 15 章　统计与求和

Excel提供了丰富的统计与求和函数，这些函数在工作中有着广泛应用。本章将介绍常用的统计与求和函数的基本用法，并结合实例介绍其在多种场景下的实际应用方法。

本章学习要点

（1）认识基础统计函数。
（2）条件统计与求和。
（3）筛选状态下的统计与求和。
（4）排列、组合和概率。

15.1　基础统计函数

Excel中提供了多种基础统计函数，表 15-1 列出了常用的 6 个统计函数及其功能和语法。

表 15-1　基础统计函数

函数	说明	语法
SUM	将指定为参数的所有数字相加	SUM(number1,[number2],...])
COUNT	计算参数列表中数字的个数	COUNT(value1,[value2],...)
COUNTA	计算区域中不为空的单元格的个数	COUNTA(value1,[value2],...)
AVERAGE	返回参数的算术平均值	AVERAGE(number1,[number2],...)
MAX	返回一组值中的最大值	MAX(number1,[number2],...)
MIN	返回一组值中的最小值	MIN(number1,[number2],...)

参数 number1、value1 为必需，表示进行相应统计的第一个数字、单元格引用或区域。
参数 number2、value2 为可选，表示进行相应统计的其他数字、单元格引用或区域。

示例15-1　基础统计函数应用

图 15-1 是某班级考试成绩的部分内容，需要对此班级的考试成绩进行相应的统计。

	A	B	C	D	E	F	G	H
1	学号	姓名	性别	考试成绩			结果	公式
2	211	张辽	男	85		总成绩	677	=SUM(D2:D11)
3	212	赵云	女	99		考试人数	8	=COUNT(D2:D11)
4	213	貂蝉	男	81		总人数	10	=COUNTA(D2:D11)
5	214	孙尚香	男	缺考		平均分	84.63	=AVERAGE(D2:D11)
6	215	甘宁	男	79		最高分	99	=MAX(D2:D11)
7	216	夏侯惇	男	82		最低分	77	=MIN(D2:D11)
8	217	华雄	男	80				
9	218	郭嘉	男	缺考				
10	219	刘备	女	77				
11	220	甄姬	女	94				

图 15-1　基础统计函数应用

在G2 单元格输入以下公式，计算出全班考试的总成绩，结果为 677。

```
=SUM(D2:D11)
```

在G3单元格输入以下公式，计算出本次参加考试的人数，结果为8。COUNT函数只统计数字的个数，所以D5和D9单元格的“缺考”不统计在内。

```
=COUNT(D2:D11)
```

在G4单元格输入以下公式，计算出该班级的总人数，结果为10。COUNTA函数统计不为空的单元格的个数，所有数字和文本全都统计在内。

```
=COUNTA(D2:D11)
```

在G5单元格输入以下公式，计算出全班的平均分，结果为84.63。AVERAGE函数计算引用区域中所有数字的算术平均值。D5和D9单元格的“缺考”不是数字，因此不在统计范围内。

```
=AVERAGE(D2:D11)
```

在G6单元格输入以下公式，计算出该班级的最高分，结果为99。

```
=MAX(D2:D11)
```

在G7单元格输入以下公式，计算出该班级的最低分，结果为77。

```
=MIN(D2:D11)
```

15.2 不同状态下的求和计算

在不同结构的表格中，可以使用SUM函数结合其他技巧进行求和计算。

15.2.1 累计求和

使用SUM函数结合相对和绝对引用，可以完成累计求和运算。

示例15-2 累计求和

如图15-2所示，B3:M6单元格区域是各分公司每一个月的销量计划。需要在B10:M13单元格区域计算出各分公司在各月份累计的销量计划。

在B10单元格输入以下公式，复制到B10:M13单元格区域。

```
=SUM($B3:B3)
```

	A	B	C	D	E	F	G	H	I	J	K	L	M
1	分月计划												
2	分公司	1月	2月	3月	4月	5月	6月	7月	8月	9月	10月	11月	12月
3	魏国	25	92	98	30	36	29	38	26	25	65	44	73
4	蜀国	73	91	32	54	68	81	92	32	67	69	41	55
5	吴国	35	40	32	69	47	49	52	20	86	66	66	39
6	群雄	47	65	81	27	36	59	79	60	99	63	84	43
7													
8	累计计划												
9	分公司	1月	2月	3月	4月	5月	6月	7月	8月	9月	10月	11月	12月
10	魏国	25	117	215	245	281	310	348	374	399	464	508	581
11	蜀国	73	164	196	250	318	399	491	523	590	659	700	755
12	吴国	35	75	107	176	223	272	324	344	430	496	562	601
13	群雄	47	112	193	220	256	315	394	454	553	616	700	743

图15-2 累计求和

SUM函数的参数使用混合引用和相对引用相结合的方式，当公式向右复制时，求和范围的起始列始终是B列，结束列不断向右扩展，形成递增的统计范围，最终实现对每一个月份的累计求和。

15.2.2 连续区域快速求和

示例15-3 连续区域快速求和

如图 15-3 所示，C2:E11 单元格区域为部门员工的基本工资信息，需要计算每个人的工资合计。

选中 C2:F12 单元格区域，按<Alt+=>组合键，F2:F12 及 C12:E12 单元格区域会自动填充由 SUM 函数组成的公式，完成对行、列的求和。

	A	B	C	D	E	F
1	员工号	姓名	工资	奖金	加班费	工资合计
2	211	张辽	7,500	1,100	150	
3	212	赵云	7,800	800	540	
4	213	貂蝉	8,000	1,700	210	
5	214	孙尚香	6,700	1,900	510	
6	215	甘宁	7,100	1,400	300	
7	216	夏侯惇	5,100	2,000	240	
8	217	华雄	7,000	700	540	
9	218	郭嘉	8,000	1,800	540	
10	219	刘备	6,400	1,200	420	
11	220	甄姬	5,100	900	270	
12	合计					

F2 =SUM(C2:E2)

	A	B	C	D	E	F
1	员工号	姓名	工资	奖金	加班费	工资合计
2	211	张辽	7,500	1,100	150	8,750
3	212	赵云	7,800	800	540	9,140
4	213	貂蝉	8,000	1,700	210	9,910
5	214	孙尚香	6,700	1,900	510	9,110
6	215	甘宁	7,100	1,400	300	8,800
7	216	夏侯惇	5,100	2,000	240	7,340
8	217	华雄	7,000	700	540	8,240
9	218	郭嘉	8,000	1,800	540	10,340
10	219	刘备	6,400	1,200	420	8,020
11	220	甄姬	5,100	900	270	6,270
12	合计		68,700	13,500	3,720	85,920

图 15-3 连续区域快速求和

15.3 其他常用统计函数

15.3.1 用 COUNTBLANK 函数统计空白单元格个数

COUNTBLANK 函数用于计算指定单元格区域中空白单元格的个数，函数语法如下：

```
COUNTBLANK(range)
```

range 是需要计算空白单元格个数的区域。如果单元格中包含空文本 ""，函数会将其计算在内，但包含零值的单元格不计算在内。

示例15-4 COUNTBLANK函数应用及对比

如图 15-4 所示，A 列为基础数据，其中 A5 单元格是没有任何数据的空单元格，A6 单元格是通过函数公式“=IF(TRUE,"")”计算得到的空文本，A10 单元格是文本型的数字。

C2 单元格的公式为：

```
=COUNTBLANK(A2:A10)
```

计算结果为 2，统计 A5 和 A6 共有两个空白单元格，无论是真正的空单元格还是由公式计算得到的空文本，都统计在内。

C3 单元格的公式为：

```
=COUNTA(A2:A10)
```

	A	B	C	D
1	数据		计数	公式
2	123		2	=COUNTBLANK(A2:A10)
3	你好		8	=COUNTA(A2:A10)
4	hello		3	=COUNT(A2:A10)
5				
6				
7	0			
8	TRUE			
9	9E+307			
10	123			

图 15-4　COUNTBLANK 函数应用及对比

A2:A10 单元格区域共有 9 个单元格，其中只有 A5 单元格是没有任何数据的空单元格，不在 COUNTA 统计范围内，所以结果返回为 8。

C4 单元格的公式为：

```
=COUNT(A2:A10)
```

COUNT 函数仅统计参数中的数字个数，空白单元格、逻辑值、文本或错误值将不计算在内。此处 COUNT 统计的是 A2 单元格中的数字 123、A7 单元格的数字 0 和 A9 单元格的 9E+307 共 3 个数字，所以结果返回为 3。A10 单元格为文本型数字 123，不在 COUNT 函数的统计范围内。

15.3.2　用 MODE.SNGL 函数和 MODE.MULT 函数计算众数

众数是指一组数据中出现次数最多的数字，用来代表数据的一般水平。一组数据中可能会有多个众数，也可能没有众数。

计算众数的函数有 MODE.SNGL 函数与 MODE.MULT 函数。其中 MODE.SNGL 函数可以返回在某一数组或数据区域中出现频率最高的数值。函数语法如下：

```
MODE.SNGL(number1,[number2],...)
```

MODE.MULT 函数会以垂直数组形式返回一组数据或数据区域中出现频率最高的一个或多个数值。函数语法如下：

```
MODE.MULT(number1,[number2],...)
```

参数 number1 必需，要计算其众数的第一个数字参数。

参数 number2 等可选，要计算其众数的第 2 到 254 个数字参数。参数可以是数字或是包含数字的名称、数组或引用。

如果数组或引用参数包含文本、逻辑值或空白单元格，则这些值将被忽略；但包含零值的单元格将计算在内。如果参数为错误值或不能转换为数字的文本，将会导致错误。如果数据集不包含重复的数据点，则 MODE.SNGL 和 MODE.MULT 返回错误值 #N/A。

示例15-5　众数函数基础应用

如图 15-5 所示，在 C2 单元格输入以下公式，得到 A2:A10 单元格区域中出现次数最多的数字 6。

```
=MODE.SNGL(A2:A10)
```

当多个数字出现次数相同且均为最多次时，MODE.SNGL 函数仅可以得到第一个出现的众数。

在 C4 单元格输入以下公式。

```
=MODE.MULT(A2:A10)
```

A2:A9 单元格区域中数字 6 和 7 均为出现最多的数字，所以 MODE.MULT 函数的计算结果为一个纵向数组{6;7}。

	A	B	C	D
1	数据		众数	公式
2	6		6	=MODE.SNGL(A2:A10)
3	7			
4	6		6	=MODE.MULT(A2:A10)
5	4		7	
6	7			
7	2			
8	7			
9	5			
10	6			

图 15-5 众数函数基础应用

示例15-6 统计最受欢迎歌手号码

如图 15-6 所示，某学校组织校园歌手大赛，共有 1~8 号 8 名选手参加，现场有 80 位同学投票，每人最多可以投 3 票。在 F2 单元格输入以下公式，统计出最受欢迎歌手的号码：

```
=MODE.MULT(B2:D81)
```

使用 MODE.MULT 函数计算得到 B2:D81 单元格区域中出现最多的数字，返回数组结果为{7;8}，即此次歌手大赛 7、8 号两位选手最受欢迎。

F2 =MODE.MULT(B2:D81)

	A	B	C	D	E	F
1	听众	投票1	投票2	投票3		最受欢迎歌手
2	曹操	2	7	2		7
3	司马懿	8	8	3		8
4	夏侯惇	8	6	弃权		
5	张辽	3	5	弃权		
6	许褚	8	1	1		
7	郭嘉	1	8	8		
8	甄姬	7	6	5		
9	夏侯渊	6	7	弃权		
10	张郃	2	6	1		
11	徐晃	6	弃权	弃权		
12	曹仁	4	2	1		
13	典韦	7	8	3		
14	荀彧	5	2	1		

图 15-6 校园最受欢迎歌手大赛

15.3.3 用 MEDIAN 函数统计中位数

中值（又称中位数）是指将统计总体当中的各个变量值按大小顺序排列起来，形成一个数列，处于变量数列中间位置的变量值就称为中值。使用 MEDIAN 函数能够返回一组已知数字的中值，函数语法如下：

```
MEDIAN(number1,[number2],...)
```

number1,number2,...：其中 number1 是必需的，后续参数可选，是要计算中值的 1 到 255 个数字。

如果参数集合中包含奇数个数字，MEDIAN 将返回位于中间的那一个数字。

如果参数集合中包含偶数个数字，MEDIAN 将返回位于中间的两个数字的平均值。

参数可以是数字或是包含数字的名称、数组或引用。逻辑值和直接键入到参数列表中代表数字的文本也被计算在内。

如果数组或引用参数包含文本、逻辑值或空白单元格，则这些值将被忽略，但包含零值的单元格将计算在内。如果参数为错误值或不能转换为数字的文本，将会导致错误。

示例15-7 中位数函数基础应用

如图 15-7 所示，在 H2 单元格输入以下公式，计算 A2:E2 单元格区域的中位数。

```
=MEDIAN(A2:E2)
```

A2:E2 单元格区域中共有 5 个数字，数字个数为奇数，所以返回结果为中间值，即数字 5。

在 H3 单元格输入以下公式，计算 A3:F3 单元格区域的中位数。

```
=MEDIAN(A3:F3)
```

A3:F3 单元格区域中共有 6 个数字，数字个数为偶数，所以返回结果为中间两个数字的平均值，即 3 和 5 的平均值，结果为数字 4。

在 H4 单元格输入以下公式，计算 A4:F4 单元格区域的中位数。

```
=MEDIAN(A4:F4)
```

A4:F4 单元格区域共有 6 个值，但 C4 单元格的值为文本“空缺”，数据区域内只有 5 个数字，所以最终结果为这 5 个数字的中间值，即数字 3。

	A	B	C	D	E	F	G	H	I
1	示例数字							结果	公式
2	1	5	7	9	2			5	=MEDIAN(A2:E2)
3	1	5	7	9	2	3		4	=MEDIAN(A3:F3)
4	1	5	空缺	9	2	3		3	=MEDIAN(A4:F4)

图 15-7　中位数函数基础应用

示例15-8 计算员工工资的平均水平

如图 15-8 所示，A2:B21 单元格区域为某公司员工的工资，现在计算该公司员工的平均工资水平。

在 D2 单元格输入以下公式，计算员工工资的中位数，返回结果为 8450。

```
=MEDIAN(B2:B21)
```

在 D3 单元格输入以下公式，计算员工工资的平均值，返回结果为 27640。

```
=AVERAGE(B2:B21)
```

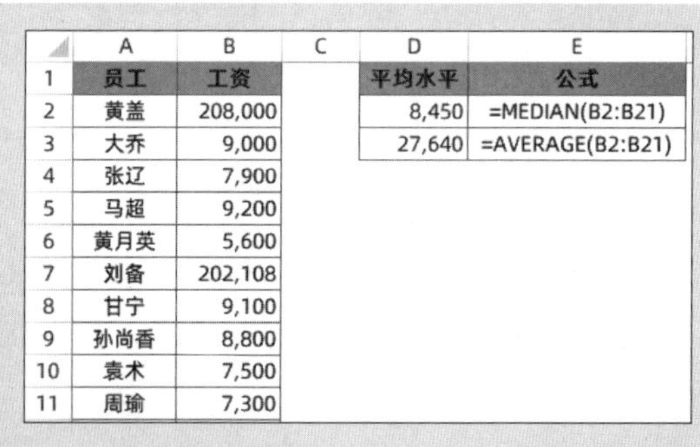

	A	B	C	D	E
1	员工	工资		平均水平	公式
2	黄盖	208,000		8,450	=MEDIAN(B2:B21)
3	大乔	9,000		27,640	=AVERAGE(B2:B21)
4	张辽	7,900			
5	马超	9,200			
6	黄月英	5,600			
7	刘备	202,108			
8	甘宁	9,100			
9	孙尚香	8,800			
10	袁术	7,500			
11	周瑜	7,300			

图 15-8　计算员工工资的平均水平

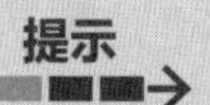

通过中位数和平均值的对比可以看出，任何一个数据的变动都会引起平均数的变动，而中位数的大小仅与数据的排列位置有关。因此中位数不受偏大和偏小数的影响，当一组数据中的个别数据变动较大时，常用它来描述这组数据的集中趋势。

示例15-9 设置上下限

某公司计算销售提成，其中提成系数与当月销售计划完成率相关。如果完成率超过 200%，最高按照 200% 统计。如果完成率低于 50%，则最低按照 50% 统计。其他部分按实际完成率统计。

如图 15-9 所示，B 列是各员工的销售完成率，需要根据以上规则在 C 列计算出提成系数。

	A	B	C
1	员工	销售完成率	提成系数
2	黄盖	28%	50%
3	大乔	102%	102%
4	张辽	201%	200%
5	马超	84%	84%
6	黄月英	50%	50%
7	刘备	237%	200%
8	甘宁	143%	143%
9	孙尚香	46%	50%
10	袁术	226%	200%
11	周瑜	154%	154%

图 15-9 设置上下限

在 C2 单元格输入以下公式，向下复制到 C11 单元格。

```
=MEDIAN(B2,50%,200%)
```

将 B2 单元格的数字与 50%、200% 组成 3 个数的序列，从中提取中位数，即完成上下限的设置。

本例也可以使用 MAX 结合 MIN 函数完成：

```
=MAX(MIN(B2,200%),50%)
```

MIN(B2,200%) 部分，取 B2 单元格的值与 200% 比较，二者取最小值，即达到设定上限的目的。

MAX(MIN(B2,200%),50%) 部分，用 MIN 函数取出的最小值与 50% 比较，二者取最大值，即达到设定下限的目的。

MAX 和 MIN 函数的顺序可以交换，并修改相应的参数，得到完全一致的结果：

```
=MIN(MAX(B2,50%),200%)
```

15.3.4 用 QUARTILE 函数计算四分位

四分位数也称四分位点，是指在统计学中把所有数值由小到大排列并分成四等份，处于三个分割点位置的数值，通常用于销售和调查数据，以对总体进行分组。QUARTILE 函数能够返回一组数据的四分位点，函数语法如下：

```
QUARTILE(array,quart)
```

参数 array 必需，要求计算四分位数值的数组或数字型单元格区域。

参数 quart 必需，指定返回哪一个值，具体说明如表 15-2 所示。

表 15-2 quart 参数说明

如果 quart 等于	函数 QUARTILE 返回	对应位置计算公式（n 为数据个数）
0	最小值	$1+(n-1)*0$
1	第一个四分位数（第 25 个百分点值）	$1+(n-1)*0.25$
2	中分位数（第 50 个百分点值）	$1+(n-1)*0.5$
3	第三个四分位数（第 75 个百分点值）	$1+(n-1)*0.75$
4	最大值	$1+(n-1)*1$

如果 array 为空，则 QUARTILE 函数返回错误值 #NUM!。如果 quart 不为整数，将被截尾取整。如果 quart 小于 0 或 quart 大于 4，则 QUARTILE 函数返回错误值 #NUM!。

当 quart 分别等于 0、2 和 4 时，QUARTILE 函数返回的值与 MIN、MEDIAN 和 MAX 函数返回的值相同。

示例15-10 四分位数函数基础应用

如图 15-10 所示，A2:A13 单元格区域为 12 个任意数字，在C2:C6 单元格区域依次写下四分位数公式。

C3 单元格公式如下，返回结果为 17。

```
=QUARTILE($A$2:$A$13,1)
```

quart 参数为 1，返回第 1 个四分位数，此数字的位置为：

```
1+(12-1)*0.25=3.75
```

公式结果由第 3 小的数字 14 与第 4 小的数字 18 组成：

```
(18-14)*(3.75-3)+14=17
```

C5 单元格公式如下，返回结果为 36。

```
=QUARTILE($A$2:$A$13,3)
```

quart 参数为 3，返回第 3 个四分位数，此数字的位置为：

```
1+(12-1)*0.75=9.25
```

公式结果由第 9 小的数字 35 与第 10 小的数字 39 组成：

```
(39-35)*(9.25-9)+35=36
```

其余位置的计算方式与上述示例类似。

	A	B	C	D
1	示例数字		结果	公式
2	5		5	=QUARTILE($A$2:$A$13,0)
3	7		17	=QUARTILE($A$2:$A$13,1)
4	14		26.5	=QUARTILE($A$2:$A$13,2)
5	18		36	=QUARTILE($A$2:$A$13,3)
6	20		55	=QUARTILE($A$2:$A$13,4)
7	25			
8	28			
9	31			
10	35			
11	39			
12	50			
13	55			

图 15-10 四分位数函数基础应用

示例15-11 员工工资的四分位分布

如图 15-11 所示，A2:B21 单元格区域为某公司员工的工资，现在计算该公司员工工资的四分位分布。

在 D2 单元格输入以下公式，返回结果为 7450。

```
=QUARTILE(B2:B21,1)
```

在 D3 单元格输入以下公式，返回结果为 9125。

```
=QUARTILE(B2:B21,3)
```

	A	B	C	D	E
1	员工	工资		平均水平	公式
2	黄盖	208,000		7,450	=QUARTILE(B2:B21,1)
3	大乔	9,000		9,125	=QUARTILE(B2:B21,3)
4	张辽	7,900			
5	马超	9,200			
6	黄月英	5,600			
7	刘备	202,108			
8	甘宁	9,100			
9	孙尚香	8,800			
10	袁术	7,500			
11	周瑜	7,300			

图 15-11 员工工资的四分位分布

说明此公司有 1/4 的员工工资在 7450 及以下，有 1/4 的员工工资在 9125 及以上，一半的员工工资在 7450 到 9125 之间。

15.3.5 用LARGE函数和SMALL函数计算第K个最大（最小）值

LARGE函数和SMALL函数分别返回数据集中第k个最大值和第k个最小值，函数语法如下：

```
LARGE(array,k)
SMALL(array,k)
```

参数array，表示需要找到第k个最大/小值的数组或数字型数据区域。

参数k，表示要返回的数据在数组或数据区域里的位置。

示例15-12 列出前三笔销量

图 15-12 是某公司销售记录的部分内容，A列是销售日期，B列是每天的销量统计。需要统计最高的三笔销量和最低的三笔销量各是多少，并且按照降序排列。

在D2单元格输入以下公式，向下复制到D4单元格。

```
=LARGE($B$2:$B$16,ROW(1:1))
```

通过ROW函数生成连续的序列1、2、3，LARGE函数依次提取出数据区域中对应的第1、2、3个最大值。

	A	B	C	D	E
1	日期	销量		最大三笔	公式
2	2023/9/1	7,900		7,900	=LARGE($B$2:$B$16,ROW(1:1))
3	2023/9/2	4,600		7,600	=LARGE($B$2:$B$16,ROW(2:2))
4	2023/9/3	7,400		7,500	=LARGE($B$2:$B$16,ROW(3:3))
5	2023/9/4	7,600			
6	2023/9/5	4,700			
7	2023/9/6	5,600		最小三笔	公式
8	2023/9/7	3,000		4,600	=SMALL($B$2:$B$16,4-ROW(1:1))
9	2023/9/8	7,400		4,200	=SMALL($B$2:$B$16,4-ROW(2:2))
10	2023/9/9	5,300		3,000	=SMALL($B$2:$B$16,4-ROW(3:3))
11	2023/9/10	4,200			
12	2023/9/11	7,500			
13	2023/9/12	6,100			
14	2023/9/13	5,700			
15	2023/9/14	6,000			
16	2023/9/15	6,400			

图 15-12 列出前三笔销量

也可以在D2单元格输入以下公式，结果自动溢出到相邻单元格区域。

```
=LARGE(B2:B16,ROW(1:3))
```

在D8单元格输入以下公式，向下复制到D10单元格。

```
=SMALL($B$2:$B$16,4-ROW(1:1))
```

由于需要降序排列，所以使用4-ROW(1:1)，得到结果依次为3、2、1。SMALL函数依次提取出数据区域中对应的第3、2、1个最小值。

也可以在D8单元格输入以下公式，结果自动溢出到相邻单元格区域。

```
=SMALL(B2:B16,4-ROW(1:3))
```

示例15-13 列出前三笔销量对应的日期

如图 15-13 所示，需要在销售记录表中提取出最高的三笔销量和最低的三笔销量所对应的日期，并且按销量降序排列。

在D2 单元格输入以下公式，并向下复制到D4 单元格，依次返回最大三笔销量对应的日期：

```
=INDEX(A:A,MOD(LARGE($B$2:$B$16+ROW($B$2:$
B$16)%,ROW(1:1)),1)/1%)
```

由于销量全部为整数，$B$2:$B$16+ROW($B$2:$B$16)% 部分得到含有销量和相应行号的数组，其中整数部分为B列的销量，小数部分为相应的行号：

```
{7900.02;4600.03;7400.04;7600.05;4700.06;
……;6000.15;6400.16}
```

	A	B	C	D
1	日期	销量		最大三笔
2	2023/9/1	7,900		2023/9/1
3	2023/9/2	4,600		2023/9/4
4	2023/9/3	7,400		2023/9/11
5	2023/9/4	7,600		
6	2023/9/5	4,700		
7	2023/9/6	5,600		最小三笔
8	2023/9/7	3,000		2023/9/2
9	2023/9/8	7,400		2023/9/10
10	2023/9/9	5,300		2023/9/7
11	2023/9/10	4,200		
12	2023/9/11	7,500		
13	2023/9/12	6,100		
14	2023/9/13	5,700		
15	2023/9/14	6,000		
16	2023/9/15	6,400		

图 15-13　列出前三笔销量对应的日期

使用LARGE函数提取出此数组中的最大值，返回结果为7900.02。

MOD(7900.02,1)/1% 部分先使用MOD函数计算 7900.02 除以 1 的余数，得到此数字的小数部分0.02。再将它除以 1%，即扩大 100 倍，返回结果 2，即最大销量对应的行号为 2。

最后使用INDEX(A:A,2)从A列中提取第 2 个元素，得到对应的日期 2023/9/1。

将公式复制到D3、D4 单元格，依次提取出第二大销量、第三大销量对应的日期。

在D8 单元格输入以下公式，并向下复制到D10 单元格，依次返回最低三笔销量对应的日期：

```
=INDEX(A:A,MOD(SMALL($B$2:$B$16+ROW($B$2:$B$16)%,4-ROW(1:1)),1)/1%)
```

计算原理与提取前三大销量对应的日期基本一致。

15.4　条件统计函数

条件统计函数包括单条件统计函数COUNTIF、SUMIF和AVERAGEIF，以及多条件统计函数COUNTIFS、SUMIFS、AVERAGEIFS、MAXIFS和MINIFS。

15.4.1　单条件计数COUNTIF 函数

COUNTIF 函数对区域中满足单个指定条件的单元格进行计数，函数语法如下：

```
COUNTIF(range,criteria)
```

参数range必需，表示要统计数量的单元格的范围。

参数criteria必需，用于决定要统计哪些单元格的数量，可以是数字、表达式、单元格引用或文本字符串。

示例15-14　COUNTIF函数基础应用

图 15-14 是某公司销售记录的部分内容。其中A列为部门名称，B列为员工姓名，C列为销售日期，

D列为对应销售日期的销售金额记录，F~L列为不同方式的统计结果。

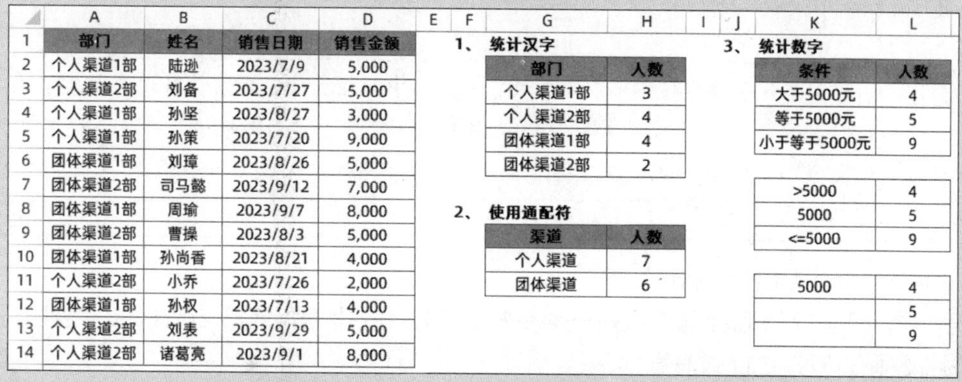

	A	B	C	D	E	F	G	H	I	J	K	L
1	部门	姓名	销售日期	销售金额		1、	统计汉字			3、	统计数字	
2	个人渠道1部	陆逊	2023/7/9	5,000			部门	人数			条件	人数
3	个人渠道2部	刘备	2023/7/27	5,000			个人渠道1部	3			大于5000元	4
4	个人渠道1部	孙坚	2023/8/27	3,000			个人渠道2部	4			等于5000元	5
5	个人渠道1部	孙策	2023/7/20	9,000			团体渠道1部	4			小于等于5000元	9
6	团体渠道1部	刘璋	2023/8/26	5,000			团体渠道2部	2				
7	团体渠道2部	司马懿	2023/9/12	7,000							>5000	4
8	团体渠道1部	周瑜	2023/9/7	8,000		2、	使用通配符				5000	5
9	团体渠道2部	曹操	2023/8/3	5,000			渠道	人数			<=5000	9
10	团体渠道1部	孙尚香	2023/8/21	4,000			个人渠道	7				
11	个人渠道2部	小乔	2023/7/26	2,000			团体渠道	6			5000	4
12	团体渠道1部	孙权	2023/7/13	4,000								5
13	个人渠道2部	刘表	2023/9/29	5,000								9
14	个人渠道2部	诸葛亮	2023/9/1	8,000								

图 15-14 COUNTIF 函数基础应用

Ⅰ 统计汉字

在H3 单元格输入以下公式，向下复制到H6 单元格，计算各个部门的人数。

```
=COUNTIFS(A:A,G3)
```

G3 单元格为“个人渠道 1 部”，COUNTIF 函数以此为统计条件，计算A列为“个人渠道 1 部”的个数。

Ⅱ 使用通配符

在H10 单元格输入以下公式，向下复制到H11 单元格，计算各个渠道的人数：

```
=COUNTIF(A:A,G10&"*")
```

通配符“*”代表任意多个字符，“?”代表任意一个字符。G10&"*"表示以G10 单元格的“个人渠道”开头，后面有任意多个字符的单元格个数。

Ⅲ 统计数字

在L3~L5 单元格分别输入以下公式，分别统计销售金额大于 5000、等于 5000、小于等于 5000 的人数：

```
=COUNTIF(D:D,">5000")
=COUNTIF(D:D,"=5000")
=COUNTIF(D:D,"<=5000")
```

条件统计类函数的统计条件支持使用比较运算符，">5000"是按照数字大小进行比较，统计有多少个大于 5000 的数字。

比较运算的条件不仅可以手动输入，还可以直接写在单元格中，如图 15-14 中的K7~K9 单元格所示。在L7 单元格输入以下公式，并向下复制到L9 单元格，计算出各个销售金额段的人数：

```
=COUNTIF(D:D,K7)
```

除了在公式中直接输入比较运算符，还可以使用函数公式引用单元格中的运算符。假如在G17 单元格内输入 5000，在L11~L13 单元格分别输入以下 3 个公式，分别统计销售金额大于 5000、等于 5000、小于等于 5000 的人数：

```
=COUNTIF(D:D,">"&K11)
```

```
=COUNTIF(D:D,"="&K11)
=COUNTIF(D:D,"<="&K11)
```

作为统计条件的数字可以单独放在单元格中，在统计的时候引用此单元格即可。注意引用时必须写成“"比较运算符"&单元格地址”的形式，如果把单元格地址放在双引号中写成类似">G17"的样式，G17将不再表示单元格地址，而是字符串“G17”。

➲ IV 数据区域中含通配符的统计

星号“*”、问号“?”和波浪号“~”是一类特殊的符号，在查找替换或是统计类公式中要匹配这些符号本身时，必须在符号前加上波浪号“~”。

示例15-15 数据区域中含通配符的统计

如图15-15所示，A1:C11单元格区域为销售规格记录，在F列输入公式统计各个规格的产品各有多少。

如果在F2单元格输入以下公式，向下复制到F4单元格后，将无法得到正确的结果。

```
=COUNTIF(B:B,E2)
```

	A	B	C	D	E	F
1	产品	规格	日期		规格	错误方式
2	衣柜	2000*400*1800	2023/9/12		1500*500*2000	5
3	衣柜	1500*1500*2000	2023/9/30		1500*1500*2000	4
4	衣柜	2000*400*1800	2023/9/19		2000*400*1800	5
5	衣柜	1500*1500*2000	2023/9/2			
6	衣柜	1500*1500*2000	2023/9/25			
7	衣柜	1500*500*2000	2023/9/18		规格	正确方式
8	衣柜	2000*400*1800	2023/9/13		1500*500*2000	1
9	衣柜	2000*400*1800	2023/9/4		1500*1500*2000	4
10	衣柜	1500*1500*2000	2023/9/23		2000*400*1800	5
11	衣柜	2000*400*1800	2023/9/23			

图 15-15　数据区域中含通配符的统计

COUNTIF函数支持使用通配符，统计条件使用E2单元格时，单元格中的“*”被识别为通配符，所以F2单元格的统计结果为以“1500”开头，以“2000”结尾，且字符中间含有“500”的单元格个数，其结果为5，包括B3、B5、B6、B7、B10这5个单元格。

正确的方法是，在F8单元格输入以下公式，向下复制到F10单元格：

```
=COUNTIF(B:B,SUBSTITUTE(E8,"*","~*"))
```

SUBSTITUTE(E8,"*","~*")部分，使用SUBSTITUTE函数将星号替换为“~*”，结果为"1500~*500~*2000"，其中“~”是通配符，作用是使“*”失去通配符的性质而被公式识别为普通字符。

最后使用COUNTIF函数统计数据区域中等于“1500*500*2000”的单元格个数，只有B7单元格，所以结果返回为1。

还可以在F8单元格输入以下公式，并向下复制到F10单元格：

```
=SUM(N($B$2:$B$11=E8))
```

在等式判断中不允许使用通配符，利用这一特性，公式直接使用等号判断B列的规格是否与E8单元格中的内容完全相同，得到由逻辑值TRUE或是FALSE构成的内存数组。再使用N函数将逻辑值TRUE转换为1，将FALSE转换为0，最后使用SUM函数求和，结果就是符合条件的个数。

➲ V　单字段同时满足多条件的计数

示例15-16　单字段同时满足多条件的计数

在图 15-16 所示的销售记录表中，需要根据组别字段中的信息，计算 1 组和 3 组的总人数。

在F2 单元格输入以下公式，统计 1 组和 3 组的人数。

```
=SUM(COUNTIF(A:A,{"1 组","3 组"}))
```

COUNTIF(A:A,{"1 组","3 组"})部分，统计条件使用常量数组的形式，表示分别对“1 组”和“3 组”两个条件进行统计，返回结果为数组{4,3}，即有 4 个“1 组”和 3 个“3 组”。

然后使用SUM 函数对数组{4,3}求和，得到最终的人数合计。

F2　=SUM(COUNTIF(A:A,{"1组","3组"}))

	A	B	C	D	E	F
1	组别	姓名	销售日期	销售金额		人数
2	1组	黄盖	2023/9/15	5,000		7
3	1组	大乔	2023/9/15	5,000		
4	1组	张辽	2023/10/4	3,000		
5	1组	马超	2023/11/1	9,000		
6	2组	黄月英	2023/9/15	5,000		
7	2组	刘备	2023/10/6	7,000		
8	2组	甘宁	2023/10/18	8,000		
9	2组	孙尚香	2023/10/19	5,000		
10	2组	袁术	2023/10/20	4,000		
11	2组	周瑜	2023/11/10	2,000		
12	3组	华佗	2023/8/15	4,000		
13	3组	貂蝉	2023/9/16	5,000		
14	3组	张飞	2023/9/17	8,000		

图 15-16　某单字段同时满足多条件的统计

➲ VI　验证身份证号是否重复

示例15-17　验证身份证号是否重复

如图 15-17 所示，B列是员工的身份证号码。可以使用COUNTIF 函数来验证身份号是否重复。

本例中的解题思路是统计与B列中相同单元格的个数，统计结果为 1 的即为不重复，大于 1 的即为重复。

如果在C2 单元格输入以下公式，向下复制到C11 单元格，将无法得到准确结果。

```
=COUNTIF(B:B,B2)
```

	A	B	C	D
1	姓名	身份证号	重复1	重复2
2	黄盖	530827198003035959	1	1
3	大乔	330326198508167286	3	1
4	张辽	330326198508167331	3	1
5	马超	330326198508167738	3	1
6	诸葛亮	330326198508162856	1	1
7	刘备	130927198108260950	1	1
8	甘宁	42050119790412529X	1	1
9	太史慈	420501197904125070	1	1
10	袁术	510132197912179874	1	1
11	周瑜	211281198511163334	1	1

图 15-17　验证身份证号是否重复

C3:C5 单元格的结果都为 3，而三名员工的身份证号只有前 15 位是一致的。这是因为COUNTIF 函数在统计文本型数字时，会默认按数值型数字进行处理，而Excel最大数字精度只有 15 位，15 位之后的数字全部按照 0 处理，因此COUNTIF 函数只能准确识别前 15 位数字。

正确的统计方法是在D2 单元格输入以下公式，向下复制到D11 单元格。

```
=COUNTIF(B:B,B2&"*")
```

在B2 单元格后连接一个星号，利用数值中不支持通配符的特性，将待统计的身份证号识别为文本字符串，然后使用COUNTIF 函数进行统计，表示查找以B2 单元格内容开始的文本，最终返回单元格区域B列中与该身份证号码相同的单元格个数。

➲ VII　包含错误值的数据统计

示例15-18　包含错误值的数据统计

如图 15-18 所示，B列是学员考试分数，未参加考试的学员考试分数显示为错误值 #N/A。在 D2 单元格输入以下公式统计参加考试的人数，返回结果为 11。

```
=COUNTIF(B2:B14,"<9e307")
```

9e307 是科学记数法，表示 9*10^307，接近 Excel 允许输入的最大数值。COUNTIF 函数在统计时先确定数据类型，“<9e307”是数值，因此只统计数据区域中小于 9e307 的数值，相当于对所有的数值进行计数统计。

	A	B	C	D
1	姓名	考试分数		考试人数
2	陆逊	81		11
3	刘备	95		
4	孙坚	#N/A		
5	孙策	65		
6	刘璋	95		
7	司马懿	75		
8	周瑜	79		
9	曹操	69		
10	孙尚香	#N/A		
11	小乔	79		
12	孙权	65		
13	刘表	93		
14	诸葛亮	92		

图 15-18　含错误值的数据统计

➲ VIII　统计非空文本数量

示例15-19　统计非空文本数量

如图 15-19 所示，A2:A9 单元格区域为待统计数据，其中 A3 单元格为没有输入任何内容的真空单元格，A4 单元格为通过公式返回的空文本。在 C2 单元格输入以下公式，得到数据区域中非空文本的数量，结果为 4，即 A2、A5、A9、A10 这 4 个单元格。

```
=COUNTIF(A2:A10,"><")
```

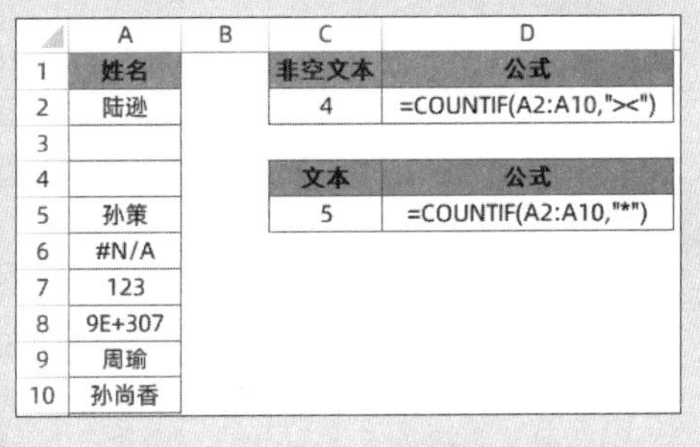

	A	B	C	D
1	姓名		非空文本	公式
2	陆逊		4	=COUNTIF(A2:A10,"><")
3				
4			文本	公式
5	孙策		5	=COUNTIF(A2:A10,"*")
6	#N/A			
7	123			
8	9E+307			
9	周瑜			
10	孙尚香			

图 15-19　统计非空文本数量

“><”表示的是大于“<”这个符号，由于真空单元格和空文本""都要小于“<”，而其他常见文本字符都要大于“<”，从而达到统计出非空文本的目的。

还可以使用以下公式统计非空文本的数量。

```
=COUNTIF(A2:A10,"?*")
```

“?*”代表以任意一个字符开始，后面有任意长的字符，即单元格中至少有一个字符长度的文本个数。

在 C5 单元格输入以下公式，统计出数据区域中文本的数量。

```
=COUNTIF(A2:A10,"*")
```

通配符“*”代表任意多个文本字符，结果返回 5，即 A2、A4、A5、A9、A10 这 5 个单元格。

➲ IX　统计非重复值数量

示例15-20　统计非重复值数量

如图 15-20 所示，A列为员工姓名，B列为员工对应的部门，需要统计一共有多少个部门。

在D2单元格输入以下公式:

```
=SUM(1/
COUNTIF(B2:B9,B2:B9))
```

COUNTIF(B2:B9,B2:B9)部分，统计出B2:B9单元格的每个元素在这个区域中出现的次数，返回结果为:

```
{4;2;1;4;2;1;4;4}
```

	A	B	C	D	E
1	员工	部门		部门数量	公式
2	陆逊	吴国		4	=SUM(1/COUNTIF(B2:B9,B2:B9))
3	黄月英	蜀国		4	=COUNTA(UNIQUE(B2:B9))
4	邓艾	魏国			
5	周瑜	吴国			
6	黄忠	蜀国			
7	吕布	群雄			
8	孙尚香	吴国			
9	小乔	吴国			

图 15-20　统计非重复值数量

然后使用数字1除以此数组得到其倒数:

```
{1/4;1/2;1;1/4;1/2;1;1/4;1/4}
```

如果单元格的值在区域中是唯一值，这一步的结果是1。如果重复出现两次，这一步的结果就有两个1/2。如果单元格的值在区域中重复出现3次，结果就有3个1/3……即每个元素对应的倒数合计起来结果仍是1。最后用SUM函数求和，结果就是不重复部门个数。

还可以使用如下公式统计非重复值的数量:

```
=COUNTA(UNIQUE(B2:B9))
```

使用UNIQUE函数统计提取B2:B9单元格区域中的非重复值，返回数组结果为:{"吴国";"蜀国";"魏国";"群雄"}，然后用COUNTA函数统计该数组中的元素数量。

示例15-21　按不重复订单号计算订单金额

如图15-21所示，A列是订单号，B列是对应订单的总金额，C列是分次开票的金额。需要根据不重复的订单号，统计各订单号的总金额。

	A	B	C	D	E	F
1	订单号	订单金额	本次开票金额		订单总金额	公式
2	A002	2,000	200		4,600	=SUM(B2:B12/COUNTIF(A2:A12,A2:A12))
3	A004	100	20		4,600	=SUM(UNIQUE(A2:B12))
4	A004	100	40			
5	A003	500	400			
6	A002	2,000	300			
7	A002	2,000	200			
8	A002	2,000	100			
9	A001	2,000	1,200			
10	A002	2,000	50			
11	A002	2,000	160			
12	A001	2,000	400			

图 15-21　非重复值金额求和

在E2单元格输入以下公式:

```
=SUM(B2:B12/COUNTIF(A2:A12,A2:A12))
```

COUNTIF(A2:A12,A2:A12)部分，统计出A2:A12单元格区域中的每个元素的个数，返回结果为:

```
{6;2;2;1;6;6;6;2;6;6;2}
```

然后使用B2:B12 单元格区域的订单金额除以此数组，得到每一个订单金额的n分之1。最后用SUM函数求和，结果就是不重复订单号的总订单金额。

还可以使用如下公式进行统计：

```
=SUM(UNIQUE(A2:B12))
```

使用UNIQUE函数统计提取A2:B12 单元格区域中的非重复值，返回结果为多行两列的数组：

```
{"A002",2000;"A004",100;"A003",500;"A001",2000}
```

最后用SUM函数对该数组中的数字进行求和。

根据本书前言的提示，可观看关于“COUNTIF函数”的视频演示。

15.4.2 多条件计数COUNTIFS函数

COUNTIFS函数的作用是对区域中符合多个条件的单元格计数。函数语法如下：

```
COUNTIFS(criteria_range1,criteria1,[criteria_range2,criteria2]…)
```

第一参数criteria_range1 和第二参数criteria1 是必需的，组成一个条件对。其中criteria_range1 表示条件区域，只能是单元格引用；参数criteria1 为条件值，可以是数字、文本、表达式或单元格引用，用来定义将对哪些单元格进行计数。

其余参数criteria_range2、criteria2 等可选，表示附加的区域及其关联条件，最多允许 127 个区域及条件对。每一个附加的区域都必须与参数criteria_range1 具有相同的行数和列数，这些区域无须彼此相邻。

示例15-22 COUNTIFS函数基础应用

图 15-22 是某公司销售记录的部分内容，F~H列为不同方式的统计结果。

	A	B	C	D	E	F	G	H
1	组别	姓名	销售日期	销售金额		1、	统计日期	
2	1组	黄盖	2023/9/15	5,000			月份	业务笔数
3	1组	大乔	2023/9/15	5,000			8	2
4	1组	张辽	2023/10/4	3,000			9	6
5	1组	马超	2023/9/1	9,000			10	5
6	2组	黄月英	2023/9/15	5,000				
7	2组	刘备	2023/10/6	7,000		2、	多条件统计	
8	2组	甘宁	2023/10/18	8,000			条件	业务笔数
9	2组	孙尚香	2023/10/19	5,000			1组销售额高于4000	3
10	2组	袁术	2023/10/20	4,000			2组10月销售数据	4
11	2组	周瑜	2023/8/10	2,000				
12	3组	华佗	2023/8/15	4,000				
13	3组	貂蝉	2023/9/16	5,000				
14	3组	张飞	2023/9/17	8,000				

图 15-22 COUNTIFS 函数基础应用

（1）统计日期。在多条件统计时，同一个条件范围可以被多次使用。

在 H3 单元格分别输入以下公式，向下复制到 H5 单元格，计算出 8~10 月的业务笔数：

```
=COUNTIFS(C:C,">="&DATE(2023,G3,1),C:C,"<"&DATE(2023,G3+1,1))
```

由于日期的本质是数字，所以计算日期范围相当于对某一个数字范围进行统计。H3 单元格计算 8 月份的人数，也就是范围设定在大于等于 2023-8-1，并且小于 2023-9-1 这个日期范围之内。

按月份统计日期时，公式不可以写成类似以下形式：

```
=COUNTIFS(MONTH($C$2:$C$14),G3)
```

因为 MONTH($C$2:$C$14) 部分计算的结果是一个内存数组，而 COUNTIFS 函数的条件区域要求必须是单元格引用。

（2）多条件统计。在 H9 单元格输入以下公式，统计 1 组且销售额高于 4000 的业务笔数：

```
=COUNTIFS(A:A,"1 组",D:D,">4000")
```

在 H10 单元格输入以下公式，统计 2 组 10 月份的销售业务笔数：

```
=COUNTIFS(A:A,"2 组",C:C,">="&DATE(2023,10,1),C:C,"<"&DATE(2023,11,1))
```

提示　在多条件统计时，每一个区域都需要有相同的行数和列数。

示例15-23　按指定条件统计非重复值数量

如图 15-23 所示，A 到 D 列是某部门的销售数量统计，需要根据此清单统计各个部门的人数。

在 G2 单元格输入以下公式，向下复制到 G4 单元格。

```
=SUM(IFERROR(1/COUNTIFS($A$2:$A$15,F2,$B$2:$B$15,$B$2:$B$15),0))
```

	A	B	C	D	E	F	G
1	部门	员工	销售日期	销售数量		部门	人数
2	蜀国	张飞	2023/9/1	2,080		魏国	1
3	吴国	甘宁	2023/9/3	9,000		蜀国	2
4	魏国	曹操	2023/9/4	7,900		吴国	3
5	魏国	曹操	2023/9/5	9,200			
6	吴国	周瑜	2023/9/6	5,600			
7	吴国	孙尚香	2023/9/7	2,020			
8	吴国	周瑜	2023/9/8	9,100			
9	吴国	甘宁	2023/9/8	8,800			
10	蜀国	刘备	2023/9/8	7,500			
11	蜀国	张飞	2023/9/9	7,300			
12	蜀国	刘备	2023/9/11	8,700			
13	蜀国	张飞	2023/9/11	8,600			
14	吴国	甘宁	2023/9/14	8,300			
15	魏国	曹操	2023/9/15	8,300			

图 15-23　按指定条件统计非重复值数量

COUNTIFS($A$2:$A$15,F2,$B$2:$B$15,$B$2:$B$15) 部分，对于 A2:A15 单元格区域中满足条件为“魏国”，统计 B2:B15 单元格的每个元素在这个区域中各有多少个，返回结果为：

```
{0;0;3;3;0;……;0;3}
```

然后使用数字 1 除以此数组得到其倒数：

```
{#DIV/0!;#DIV/0!;0.3333;0.3333;#DIV/0!;……;#DIV/0!;0.3333}
```

然后使用 IFERROR 函数将错误值变成不影响求和计算的数字 0，最后用 SUM 函数求和，结果就是该部门不重复人员的数量。

还可以使用如下公式进行统计：

```
=SUM(N(UNIQUE($A$2:$B$15)=F2))
```

先使用UNIQUE函数统计提取A2:B15单元格区域中的非重复值，返回结果为多行两列的数组：

{"蜀国","张飞";"吴国","甘宁";"魏国","曹操";"吴国","周瑜";"吴国","孙尚香";"蜀国","刘备"}，

然后将此数组与F2单元格中的“魏国”进行对比，验证是否相等，得到由TRUE或FALSE组成的逻辑值数组，并用N函数将此变为数字0和1的数组：

```
{0,0;0,0;1,0;0,0;0,0;0,0}
```

最后用SUM函数对该数组进行求和。

15.4.3 单条件求和SUMIF函数

SUMIF函数的作用是对区域中符合单个条件的单元格求和，函数语法如下：

```
SUMIF(range,criteria,[sum_range])
```

range：必需。表示要根据条件进行计算的单元格区域。

criteria：必需。用于确定对哪些单元格求和的条件，其形式可以为数字、表达式、单元格引用或文本字符串。

sum_range：可选。要求和的实际单元格。如果省略sum_range参数，Excel 会对将应用条件的单元格区域同时作为求和区域。

sum_range参数与range参数的大小和形状如果不同，求和的实际单元格通过以下方式确定：使用sum_range参数中左上角的单元格作为起始单元格，范围与range参数的行列数相同。

示例15-24 SUMIF函数基础应用

图15-24是某公司销售记录的部分内容，F~L列为不同方式的统计结果。

	A	B	C	D	E	F	G	H	I	J	K	L
1	部门	姓名	销售日期	销售金额		1、	统计汉字			3、	统计数字	
2	个人渠道1部	陆逊	2023/7/9	5,000			部门	销售金额			条件	销售金额
3	个人渠道2部	刘备	2023/7/27	5,000			个人渠道1部	17,000			大于5000元	32,000
4	个人渠道1部	孙坚	2023/8/27	3,000			个人渠道2部	20,000			等于5000元	25,000
5	个人渠道1部	孙策	2023/7/20	9,000			团体渠道1部	21,000			小于等于5000元	38,000
6	团体渠道1部	刘璋	2023/8/26	5,000			团体渠道2部	12,000				
7	团体渠道2部	司马懿	2023/9/12	7,000							>5000	32,000
8	团体渠道1部	周瑜	2023/9/7	8,000		2、	使用通配符				5000	25,000
9	团体渠道2部	曹操	2023/8/3	5,000			渠道	销售金额			<=5000	38,000
10	团体渠道1部	孙尚香	2023/8/21	4,000			个人渠道	37,000				
11	个人渠道2部	小乔	2023/7/26	2,000			团体渠道	33,000			5000	32,000
12	团体渠道1部	孙权	2023/7/13	4,000								25,000
13	个人渠道2部	刘表	2023/9/29	5,000								38,000
14	个人渠道2部	诸葛亮	2023/9/1	8,000								

图15-24 SUMIF函数基础应用

Ⅰ 统计汉字

在H3 单元格输入以下公式，向下复制到H6 单元格，计算各个组别的销售金额。

```
=SUMIF(A:A,G3,D:D)
```

公式中的A:A 是条件区域，G3 单元格是求和条件“个人渠道 1 部”，D:D是求和区域。SUMIF函数以“个人渠道 1 部”为统计条件，如果A列为“个人渠道 1 部”，则对D列对应位置的数值求和。

Ⅱ 使用通配符

在H10 单元格输入以下公式，向下复制到H11 单元格，计算各个渠道的销售金额：

```
=SUMIF(A:A,G10&"*",D:D)
```

G10&"*"表示以G10 单元格的“个人渠道”开头，后面有任意多个字符的单元格个数。

使用以下公式，可以统计出A列中所有以“个人”开头的销售金额：

```
=SUMIF(A:A,"个人*",D1)
```

SUMIF函数的求和区域与条件区域的单元格个数不同，求和区域将以D1 单元格为起点，并将区域延伸至行列数与条件区域相同的单元格范围，即按照D:D计算。

Ⅲ 统计数字

SUMIF函数的第三参数省略时，会将第一参数同时作为求和区域。在L3~L5 单元格分别输入以下公式，分别统计销售金额大于 5000、等于 5000 和小于等于 5000 部分的销售总额：

```
=SUMIF(D:D,">5000")
=SUMIF(D:D,"=5000")
=SUMIF(D:D,"<=5000")
```

条件统计类函数的统计条件支持使用比较运算符，因此">5000"是按照数字大小比较，统计大于 5000 的数字之和。

比较运算的条件不仅可以手动输入，还可以直接写在单元格中，如图 15-24 中的K7~K9 单元格所示。在L7 单元格输入以下公式，向下复制到L9 单元格，计算出各个区段的销售金额。

```
=SUMIF(D:D,K7)
```

在L11~L13 单元格分别输入以下 3 个公式，分别统计销售金额大于 5000、等于 5000 和小于等于 5000 部分的销售总额：

```
=SUMIF(D:D,">"&G17)
=SUMIF(D:D,"="&G17)
=SUMIF(D:D,"<="&G17)
```

SUMIF函数第二参数的使用规则与COUNTIF函数的第二参数类似，引用时必须用连接符“&”连接比较运算符和单元格地址。

本例中的条件区域与求和区域相同，SUMIF函数省略第三参数，对条件区域进行求和。

➲ IV　单字段同时满足多条件的求和

示例15-25　单字段同时满足多条件的求和

在图 15-25 所示的销售记录表中，需要统计 1 组和 3 组的销售金额之和。

在F2 单元格输入以下公式。

```
=SUM(SUMIF(A:A,{"1 组","3 组"},D:D))
```

公式中的SUMIF(A:A,{"1 组","3 组"},D:D)部分，统计条件使用常量数组的形式，表示分别对 1 组和 3 组两个条件进行统计，返回结果为{22000,17000}，即 1 组销售金额为 22000，3 组销售金额为 17000。

然后使用SUM函数求和，得到最终的销售金额合计 39000。

	A	B	C	D	E	F
1	组别	姓名	销售日期	销售金额		销售金额
2	1组	黄盖	2023/9/15	5,000		39,000
3	1组	大乔	2023/9/15	5,000		
4	1组	张辽	2023/10/4	3,000		
5	1组	马超	2023/11/1	9,000		
6	2组	黄月英	2023/9/15	5,000		
7	2组	刘备	2023/10/6	7,000		
8	2组	甘宁	2023/10/18	8,000		
9	2组	孙尚香	2023/10/19	5,000		
10	2组	袁术	2023/10/20	4,000		
11	2组	周瑜	2023/11/10	2,000		
12	3组	华佗	2023/8/15	4,000		
13	3组	貂蝉	2023/9/16	5,000		
14	3组	张飞	2023/9/17	8,000		

图 15-25　某单字段同时满足多条件的求和

➲ V　二维区域条件求和

SUMIF函数的参数不仅可以是单行单列，还可以是二维区域。

示例15-26　二维区域条件求和

如图 15-26 所示，A~H列是一些销售记录，其中第A、C、E、G列是产品名称，B、D、F、H列是每个月的产品销量。

在K2 单元格输入以下公式，计算出各产品的总销量。

```
=SUMIF($A$2:$G$10,J2,$B$2:$H$10)
```

K2　=SUMIF($A$2:$G$10,J2,$B$2:$H$10)

	A	B	C	D	E	F	G	H	I	J	K
1	产品	1月	产品	2月	产品	3月	产品	4月		产品	销量
2	长裤	21	短裤	27	长裤	49	长裤	95		长裤	165
3	短裤	83	长裙	28	短裤	43	短裤	94		短裤	247
4	长裙	82	短裙	20	长裙	38	长裙	36		长裙	184
5	短裙	32	大衣	42	短裙	35	短裙	76		短裙	163
6	衬衫	25	夹克	86	衬衫	35	衬衫	76		衬衫	136
7	大衣	31	连衣裙	54	夹克	59	大衣	16		大衣	89
8	连衣裙	42			T恤	81	夹克	60		夹克	205
9					连衣裙	15	T恤	30		T恤	111
10							连衣裙	16		连衣裙	127

图 15-26　二维区域条件求和

本例中，$A$2:$G$10 是条件区域，$B$2:$H$10 是求和区域。SUMIF函数在$A$2:$G$10 区域依次判断每一个单元格是否符合条件，然后根据符合条件单元格的行列位置，来计算$B$2:$H$10 中处于相同行列位置的数值之和。

以大衣为例，在条件区域$A$2:$G$10 中，符合条件的单元格分别处于该区域中的第 1 列第 6 行、

第 3 列第 4 行及第 7 列第 6 行，SUMIF 函数根据这些位置信息，对 $B$2:$H$10 区域中对应位置的数值进行求和，如图 15-27 所示。

产品	1月	产品	2月	产品	3月	产品
长裤	21	短裤	27	长裤	49	长裤
短裤	83	长裙	28	短裤	43	短裤
长裙	82	短裙	20	长裙	38	长裙
短裙	32	大衣	42	短裙	35	短裙
衬衫	25	夹克	86	衬衫	35	衬衫
大衣	31	连衣裙	54	夹克	59	大衣
连衣裙	42			T恤	81	夹克
				连衣裙	15	T恤
						连衣裙

1月	产品	2月	产品	3月	产品	4月
21	短裤	27	长裤	49	长裤	95
83	长裙	28	短裤	43	短裤	94
82	短裙	20	长裙	38	长裙	36
32	大衣	42	短裙	35	短裙	76
25	夹克	86	衬衫	35	衬衫	76
31	连衣裙	54	夹克	59	大衣	16
42			T恤	81	夹克	60
			连衣裙	15	T恤	30
					连衣裙	16

图 15-27 二维区域相对位置示意

➲ VI 对连续数据的最后一个非空单元格求和

示例15-27 对连续数据的最后一个非空单元格求和

利用区域错位的特点，可以实现对最后一个单元格求和。

如图 15-28 所示，A2:D11 单元格区域中每列的数据个数不同，在 F2 单元格输入以下公式，能够对每列最后一个单元格的数字求和。

```
=SUMIF(A3:D11,"",A2:D10)
```

本例中的条件参数为“""”，表示统计条件为空白单元格。条件区域和求和区域错开一行，A3:D11 单元格区域中的每一个空白单元格，对应 A2:D10 单元格区域中与之相邻的数值。其中 A9 对应 A8 单元格 2，B8 对应 B7 单元格 21，C10 对应 C9 单元格 18，D11 对应 D10 单元格 27，其余空白单元格对应的也是空白单元格，不影响求和结果。

同样的思路，当数据为横向时，输入以下公式，能够实现对每行最后一个单元格求和，如图 15-29 所示。

```
=SUMIF(C1:K4,"",B1:J4)
```

F2 =SUMIF(A3:D11,"",A2:D10)

	A	B	C	D	E	F
1	1月	2月	3月	4月		求和
2	23	22	8	5		68
3	18	26	5	29		
4	9	5	22	29		
5	28	3	22	23		
6	3	26	13	20		
7	18	21	28	19		
8	2		29	4		
9			18	6		
10				27		
11						

图 15-28 对纵向最后一个非空单元格求和

M2 =SUMIF(C1:K4,"",B1:J4)

	A	B	C	D	E	F	G	H	I	J	K	L	M
1	1月	23	18	9	28	3	18	2					求和
2	2月	22	26	5	3	26	21						68
3	3月	8	5	22	22	13	28	29	18				
4	4月	5	29	29	23	20	19	4	6	27			

图 15-29 对横向最后一个非空单元格求和

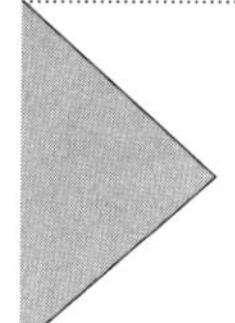

根据本书前言的提示，可观看关于“SUMIF函数”的视频演示。

15.4.4 多条件求和SUMIFS函数

SUMIFS函数的作用是对区域中满足多个条件的单元格求和，函数语法如下：

```
SUMIFS(sum_range,criteria_range1,criteria1,[criteria_range2,
criteria2]…)
```

sum_range：必需。对一个或多个单元格求和，包括数字或包含数字的名称、区域或单元格引用，忽略空白和文本值。

criteria_range1：必需。在其中计算关联条件的第一个区域。

criteria1：必需。条件的形式为数字、表达式、单元格引用或文本，可用来定义将对哪些单元格进行求和。

criteria_range2, criteria2,...：可选。附加的区域及其关联条件，最多允许127个区域及条件对。每一个附加的区域都必需与参数criteria_range1具有相同的行数和列数，这些区域无须彼此相邻。

示例15-28 SUMIFS函数基础应用

图15-30是某公司销售记录的部分内容，F~H列为不同方式的统计结果。

	A	B	C	D	E	F	G	H
1	组别	姓名	销售日期	销售金额		1、	统计日期	
2	1组	黄盖	2023/9/15	5,000			月份	销售金额
3	1组	大乔	2023/9/15	5,000			8	6,000
4	1组	张辽	2023/10/4	3,000			9	37,000
5	1组	马超	2023/9/1	9,000			10	27,000
6	2组	黄月英	2023/9/15	5,000				
7	2组	刘备	2023/10/6	7,000		2、	多条件统计	
8	2组	甘宁	2023/10/18	8,000			条件	销售金额
9	2组	孙尚香	2023/10/19	5,000			1组销售额高于4000	19,000
10	2组	袁术	2023/10/20	4,000			2组10月销售数据	24,000
11	2组	周瑜	2023/8/10	2,000				
12	3组	华佗	2023/8/15	4,000				
13	3组	貂蝉	2023/9/16	5,000				
14	3组	张飞	2023/9/17	8,000				

图15-30 SUMIFS函数基础应用

Ⅰ 统计日期

在H3单元格输入以下公式，向下复制到H5单元格，分别计算8~10月各月的销售金额。

```
=SUMIFS(D:D,C:C,">="&DATE(2023,G3,1),C:C,"<"&DATE(2023,G3+1,1))
```

如果C列的日期大于等于2023-8-1并且小于2023-9-1，则对D列对应的金额求和。

Ⅱ 多条件统计

在H9单元格输入以下公式，统计1组销售额高于4000的人员的销售金额：

```
=SUMIFS(D:D,A:A,"1组",D:D,">4000")
```

在H10单元格输入以下公式，统计2组10月份的销售金额：

```
=SUMIFS(D:D,A:A,"2组",C:C,">="&DATE(2023,10,1),C:C,"<"&DATE(2023,11,1))
```

在多条件统计时，每一个区域都需要有相同的行数和列数。

提示

SUMIFS函数的求和区域是第一参数，并且不可省略，而SUMIF函数的求和区域是第三参数，需要注意区分。

15.4.5 用MAXIFS函数和MINIFS函数计算指定条件的最大（最小）值

MAXIFS函数返回一组给定条件或标准指定的单元格中的最大值。函数语法如下：

```
MAXIFS(max_range,criteria_range1,criteria1,[criteria_
range2,criteria2],...)
```


MINIFS函数返回一组给定条件或标准指定的单元格之间的最小值。函数语法如下：

```
MINIFS(min_range,criteria_range1,criteria1,[criteria_
range2,criteria2],...)
```

max_range和min_range：确定最大或最小值的实际单元格区域。

criteria_range1：一组用于条件计算的单元格。

criteria1：用于确定哪些单元格是最小值，可以是数字、表达式或文本。

criteria_range2,criteria2,...：可选。附加的区域及其关联条件，最多可以输入126个区域/条件对。

示例15-29 各班级的最高最低分

如图15-31所示，A~C列是各班级的分数，在F2单元格输入以下公式，向下复制到F4单元格，得到各班级的最高分。

```
=MAXIFS(C:C,A:A,E2)
```

在G2单元格输入以下公式，向下复制到G4单元格，得到各班级的最低分：

```
=MINIFS(C:C,A:A,E2)
```

	A	B	C	D	E	F	G
1	班级	姓名	分数		班级	最高分	最低分
2	1班	曹操	52		1班	97	42
3	1班	司马懿	55		2班	91	52
4	1班	夏侯惇	79		3班	97	41
5	1班	张辽	74				
6	1班	许褚	44				
7	1班	郭嘉	53				
8	1班	甄姬	97				
9	1班	夏侯渊	44				
10	1班	张郃	42				
11	1班	徐晃	67				
12	1班	曹仁	88				

图15-31 各班级的最高最低分

15.5 平均值统计

计算算术平均值的函数主要有AVERAGE函数、AVERAGEIF函数和AVERAGEIFS函数。还有一些函数能够完成特殊规则下的平均值计算，例如计算内部平均值的TRIMMEAN函数、计算几何平均值的GEOMEAN函数及计算调和平均值的HARMEAN函数。

15.5.1 用 AVERAGEIF 函数和 AVERAGEIFS 函数计算指定条件的平均值

AVERAGEIF 函数返回满足单个条件的所有单元格的算术平均值，AVERAGEIFS 函数返回满足多个条件的所有单元格的算术平均值，两个函数的语法如下。

```
AVERAGEIF(range,criteria,[average_range])
AVERAGEIFS(average_range,criteria_range1,criteria1,[criteria_range2,criteria2],…)
```

AVERAGEIF 函数与 SUMIF 函数的语法及参数完全一致，AVERAGEIFS 函数与 SUMIFS 函数的语法及参数完全一致。

示例15-30 条件平均函数基础应用

如图 15-32 所示，需要根据左侧数据源，按不同条件统计平均值。

以下公式可以计算 1 组的平均销售金额：

```
=AVERAGEIF(A:A,"1组",D:D)
```

公式中的“A:A”是条件区域，"1 组"是指定的条件，“D:D”是要计算平均值的区域。如果 A 列等于指定的条件"1 组"，就对 D 列对应单元格中的数值计算平均值。

	A	B	C	D	E	F	G
1	组别	姓名	销售日期	销售金额		统计	销售金额
2	1组	黄盖	2023/9/15	5,000		1组平均销售金额	5,500
3	1组	大乔	2023/9/15	5,000		10月份平均销售金额	5,400
4	1组	张辽	2023/10/4	3,000			
5	1组	马超	2023/9/1	9,000			
6	2组	黄月英	2023/9/15	5,000			
7	2组	刘备	2023/10/6	7,000			
8	2组	甘宁	2023/10/18	8,000			
9	2组	孙尚香	2023/10/19	5,000			
10	2组	袁术	2023/10/20	4,000			
11	2组	周瑜	2023/8/10	2,000			
12	3组	华佗	2023/8/15	4,000			
13	3组	貂蝉	2023/9/16	5,000			
14	3组	张飞	2023/9/17	8,000			

图 15-32 条件平均函数基础应用

要计算 10 月份的平均销售金额，可以输入以下公式：

```
=AVERAGEIFS(D:D,C:C,">="&DATE(2023,10,1),C:C,"<"&DATE(2023,11,1))
```

计算 10 月份的平均销售金额，也就是范围设定在大于等于 2023-10-1，小于 2023-11-1 这个日期范围之内。

示例15-31 达到各班平均分的人数

如图 15-33 所示，A~C 列是各班级学员的分数，在 F2 单元格输入以下公式，向下复制到 F4 单元格，统计各班级达到平均分的人数。

```
=COUNTIFS(A:A,E2,C:C,">="&AVERAGEIF(A:A,E2,C:C))
```

AVERAGEIF(A:A,E2,C:C) 部分，计算出各个班级的平均分，以此作为 COUNTIFS 函数的条件参数。

最后使用 COUNTIFS 函数，统计 A 列等于指定班

	A	B	C	D	E	F
1	班级	姓名	分数		班级	人数
2	1班	曹操	52		1班	5
3	1班	司马懿	55		2班	9
4	1班	夏侯惇	79		3班	8
5	1班	张辽	74			
6	1班	许褚	44			
7	1班	郭嘉	53			
8	1班	甄姬	97			
9	1班	夏侯渊	44			
10	1班	张郃	42			
11	1班	徐晃	67			
12	1班	曹仁	88			

图 15-33 达到各班平均分的人数

级，并且C列大于等于平均分的人数。

15.5.2 使用TRIMMEAN函数计算内部平均值

内部平均值在计算时剔除了头部和尾部一定比例的数据，避免了因某些极大或极小值对整体数据造成明显的影响，可以更客观地反映出数据的整体情况。

TRIMMEAN函数用于返回数据集的内部平均值。先从数据集的头部和尾部除去一定百分比的数据点，然后再计算平均值，函数语法如下：

```
TRIMMEAN(array,percent)
```

array：必需。需要进行整理并求平均值的数组或数值区域。

percent：必需。计算时所要除去的数据点的比例，例如，如果percent=0.2，表示在 20 个数据点的集合中要除去 4 个数据点(20x0.2)，即头部和尾部各除去两个。

TRIMMEAN函数将除去的数据点数目向下舍入为最接近的 2 的整数倍。如果percent=30%，30 个数据点的 30% 等于 9 个数据点，向下舍入最接近的 2 的倍数为数字 8。TRIMMEAN函数将对称地在数据集的头部和尾部各除去 4 个数据。

示例15-32 计算工资的内部平均值

如图 15-34 所示，A列为员工姓名，B列为员工的基本工资。需要除去基本工资头尾 20% 的比例后，计算内部平均值。

在D2 单元格输入以下公式，返回结果为 5545。

```
=TRIMMEAN(B2:B14,20%)
```

区域中共有 13 个数据，13*20%=2.6，向下舍入到最接近的 2 的整数倍，即结果为 2，也就是在数据集的头部和尾部各除去 1 个数据。所以最终的结果是剔除了B7 单元格的最大值 45000 和B11 单元格的最小值 2000 之后计算算术平均值。

	A	B	C	D	E
1	姓名	基本工资		内部平均值	公式
2	黄盖	5,000		5,545	=TRIMMEAN(B2:B14,20%)
3	大乔	5,000			
4	张辽	3,000			
5	马超	9,000		算术平均值	公式
6	黄月英	5,000		8,308	=AVERAGE(B2:B14)
7	刘备	45,000			
8	甘宁	8,000			
9	孙尚香	5,000			
10	袁术	4,000			
11	周瑜	2,000			
12	华佗	4,000			
13	貂蝉	5,000			
14	张飞	8,000			

图 15-34 工资的内部平均值

D6 单元格是直接使用AVERAGE函数计算得到的算术平均值，返回结果为 8308。在本例中可以看出算术平均值明显比内部平均值更高。

示例15-33 去掉最高最低分后计算平均分数

如图 15-35 所示，A列为参赛选手姓名，B~J列为 9 位评委的打分情况。现在去掉 1 个最高分，去掉 1 个最低分，其余分数取平均值为该选手的综合得分。

	A	B	C	D	E	F	G	H	I	J	K
1	姓名	评委1	评委2	评委3	评委4	评委5	评委6	评委7	评委8	评委9	综合得分
2	黄盖	65	45	80	60	75	45	65	95	50	62.86
3	大乔	75	70	45	65	50	85	40	弃权	75	63.33
4	张辽	95	30	70	70	90	70	30	85	85	71.43
5	马超	55	80	65	65	55	60	95	65	35	63.57
6	黄月英	90	80	30	70	35	85	65	75	60	67.14
7	刘备	95	85	弃权	70	60	50	弃权	100	70	76.00
8	甘宁	100	70	75	45	65	35	100	45	90	70.00
9	孙尚香	100	30	100	70	40	75	45	60	40	61.43
10	袁术	55	100	70	55	65	100	30	55	70	67.14
11	周瑜	弃权	70	100	40	40	65	40	55	90	60.00
12	华佗	40	35	55	45	60	30	50	45	55	46.43
13	貂蝉	85	45	70	30	50	60	90	70	50	61.43
14	张飞	95	80	55	30	70	80	90	85	40	71.43

图 15-35 比赛打分

在K2 单元格输入以下公式，向下复制到K14 单元格。

```
=TRIMMEAN(B2:J2,2/COUNT(B2:J2))
```

COUNT(B2:J2)部分，计算打分的评委总数为 9。

在第 3 行和第 11 行中，都有一个评委未打分，所以COUNT函数部分计算结果为 8。同理，第 7 行中有两个评委未打分，COUNT函数部分计算结果为 7。

因为要去掉 1 个最高分和 1 个最低分，所以使用 2/COUNT(B2:J2)作为TRIMMEAN函数的第二参数，表示在数据集的头部和尾部各去除 1 个数据后计算平均值。

15.5.3 使用 GEOMEAN 函数计算几何平均值

GEOMEAN函数返回正数数组或区域的几何平均值，函数语法如下：

```
GEOMEAN(number1,[number2],...)
```

number1：必需，后续数值是可选的。这是用于计算平均值的一组参数，参数的个数可以为 1 到 255 个。

几何平均值的计算公式如下。

$$\text{GEOMEAN}=\sqrt[n]{y_1 y_2 y_3 \cdots y_n}$$

示例15-34 计算平均增长率

图 15-36 是某项投资各年份的收益记录，A列为年份，B列为每年对应的收益率。

在D2 单元格输入以下公式，返回结果为 9.62%。

```
=GEOMEAN(1+B2:B7)-1
```

	A	B	C	D
1	年份	收益率		平均增长率
2	2017	11%		9.62%
3	2018	10%		
4	2019	6%		
5	2020	11%		
6	2021	15%		
7	2022	5%		

图 15-36 计算平均增长率

1+B2:B7 部分计算出每年的本利比例，使用GEOMEAN函数计算出几何平均值，再减去 1 即得到这 6 年的平均增长率。

15.5.4 使用HARMEAN函数计算调和平均值

HARMEAN函数返回数据集合的调和平均值，调和平均值与倒数的算术平均值互为倒数。函数语法如下：

```
HARMEAN(number1,[number2],...)
```

number1：必需，后续数值是可选的，参数的个数可以为 1 到 255 个。如果参数为错误值或不能转换为数字的文本，将会导致错误。如果参数≤ 0，则HARMEAN返回 #NUM! 错误值。

调和平均值的计算公式如下。

$$\frac{1}{\text{HARMEAN}}=\frac{1}{n}\sum_{i=1}^{n}\frac{1}{y_i}$$

示例15-35 计算水池灌满水的时间

如图 15-37 所示，有 4 个灌水口，如果要灌满水池，单独开 1 号灌水口需要 3 分钟，单独开 2 号需要 5 分钟，单独开 3 号需要 8 分钟，单独开 4 号需要 11 分钟。现在将 4 个灌水口同时打开，计算需要多长时间可以灌满水池。

	A	B	C	D
1	灌水口	时间(分钟)		时间(分钟)
2	1号	3		1.33
3	2号	5		
4	3号	8		
5	4号	11		

图 15-37　计算水池灌满水的时间

在D2 单元格输入以下公式，计算结果为 1.33 分钟。

```
=ROUND(HARMEAN(B2:B5)/COUNT(B2:B5),2)
```

首先用HARMEAN(B2:B5)计算出灌水时间的调和平均值，然后除以灌水口的数量，即COUNT(B2:B5)部分的计算结果，得到同时打开灌水口灌满水池的用时，最后使用ROUND函数将计算结果保留两位小数。

15.6 能计数、能求和的SUMPRODUCT函数

15.6.1 认识SUMPRODUCT函数

SUMPRODUCT函数对于给定的几组数组，将数组间对应的元素相乘，并返回乘积之和，函数语法如下：

```
SUMPRODUCT(array1,[array2],[array3],...)
```

array1：必需。其相应元素需要进行相乘并求和的第一个数组参数。

array2, array3,...：可选。第 2 到 255 个数组参数，其相应元素需要进行相乘并求和。

➲ Ⅰ　对纵向数组计算

如图 15-38 所示，A2:A5 与B2:B5 是两个纵向数组。

D2　=SUMPRODUCT(A2:A5,B2:B5)

	A	B	C	D	E
1	array1	array2		纵向数组计算	
2	1	2		100	
3	3	4			
4	5	6			
5	7	8			

图 15-38　对纵向数组进行计算

在D2单元格输入以下公式，可以计算两个纵向数组乘积之和。

```
=SUMPRODUCT(A2:A5,B2:B5)
```

A2:A5与B2:B5两部分对应单元格相乘之后再对乘积求和，即1*2=2，3*4=12，5*6=30，7*8=56。然后计算2+12+30+56，最终结果返回100。

➲ II　对横向数组计算

如图15-39所示，B1:E1与B2:E2是两个横向数组。

在G2单元格输入以下公式，可以计算两个横向数组乘积之和。

G2　=SUMPRODUCT(B1:E1,B2:E2)

	A	B	C	D	E	F	G
1	array1	1	3	5	7		横向数组计算
2	array2	2	4	6	8		100

图15-39　对横向数组进行计算

```
=SUMPRODUCT(B1:E1,B2:E2)
```

B1:E1与B2:E2两部分对应单元格相乘之后再对乘积求和，即1*2=2，3*4=12，5*6=30，7*8=56。然后计算2+12+30+56，最终结果返回100。

➲ III　对二维数组计算

如图15-40所示，A2:B5与A7:B10是两个大小相同的二维区域。

在D2单元格输入以下公式，可以计算两个二维数组乘积之和。

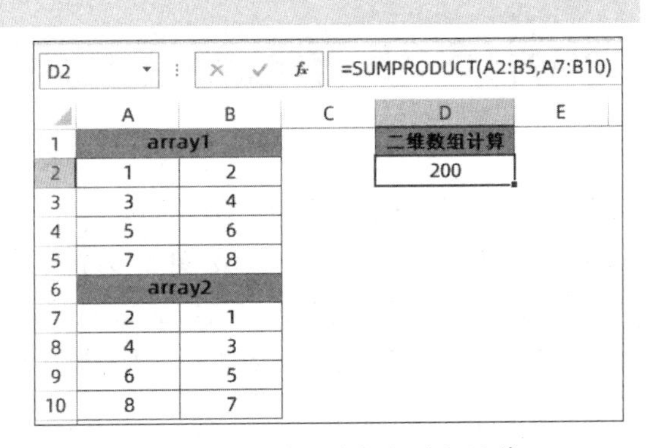

D2　=SUMPRODUCT(A2:B5,A7:B10)

	A	B	C	D	E
1	array1			二维数组计算	
2	1	2		200	
3	3	4			
4	5	6			
5	7	8			
6	array2				
7	2	1			
8	4	3			
9	6	5			
10	8	7			

图15-40　对二维数组进行计算

```
=SUMPRODUCT(A2:B5,A7:B10)
```

A2:B5与A7:B10两部分对应单元格相乘之后再对乘积求和，最终结果返回200。

示例15-36　演讲比赛评分

图15-41是某公司组织的一次演讲比赛，评委根据每位选手演讲的创意性、完整性等5个方面进行打分，每一个方面的比重不同，需要计算出每位选手的加权总分。

	A	B	C	D	E	F	G
1	打分项	创意性	完整性	实用性	可拓展性	现场表达	总分
2	比重	20%	15%	25%	30%	10%	100%
3	罗贯中	80	95	75	90	100	86
4	刘备	80	80	100	75	80	83.5
5	曹操	100	90	100	100	90	97.5
6	孙权	90	85	90	95	95	91.25

图15-41　演讲比赛评分

在G3单元格输入以下公式，向下复制到G6单元格。

```
=SUMPRODUCT($B$2:$F$2,B3:F3)
```

使用第2行的权重与第3行的评分对应相乘，并对乘积求和，计算出每名选手的总分。

示例15-37 综合销售提成

图 15-42 是一份销售数量统计表。A列为产品名称，B列为每种产品的单价，C列为每种产品的销售员提成比例，D列为此销售员本月的销售数量。需要计算出本月的全部销售提成。

在F2 单元格输入以下公式，计算结果为 32188。

```
=SUMPRODUCT(B2:B6,C2:C6,D2:D6)
```

F2 =SUMPRODUCT(B2:B6,C2:C6,D2:D6)

	A	B	C	D	E	F
1	产品	单价	提成比例	销售数量		销售提成
2	电冰箱	4,800	20%	3		32,188
3	空调	6,800	28%	5		
4	电视	9,600	25%	4		
5	电脑	4,800	18%	7		
6	洗衣机	2,300	15%	12		

图 15-42 综合销售提成

公式将 3 个数组对应位置的元素一一相乘，然后计算乘积之和。

15.6.2 SUMPRODUCT 条件统计计算

示例15-38 SUMPRODUCT条件统计计算

如图 15-43 所示，A~D 列是某公司销售记录的部分内容，F~I 列为不同方式的统计结果。

	A	B	C	D
1	部门	姓名	销售日期	销售金额
2	个人渠道1部	陆逊	2023/7/9	5,000
3	个人渠道2部	刘备	2023/7/27	5,000
4	个人渠道1部	孙坚	2023/8/27	3,000
5	个人渠道1部	孙策	2023/7/20	9,000
6	团体渠道1部	刘璋	2023/8/26	5,000
7	团体渠道2部	司马懿	2023/9/12	7,000
8	团体渠道1部	周瑜	2023/9/7	8,000
9	团体渠道2部	曹操	2023/8/3	5,000
10	团体渠道1部	孙尚香	2023/8/21	4,000
11	个人渠道2部	小乔	2023/7/26	2,000
12	团体渠道1部	孙权	2023/7/13	4,000
13	个人渠道2部	刘表	2023/9/29	5,000
14	个人渠道2部	诸葛亮	2023/9/1	8,000
15				

1、 统计汉字

部门	人数	销售金额
个人渠道1部	3	17,000
个人渠道2部	4	20,000
团体渠道1部	4	21,000
团体渠道2部	2	12,000

2、 大于5000元的销售金额合计

32,000

3、 个人渠道的销售金额

37,000

4、 团体渠道1部人员3月份销售金额

9,000

图 15-43 SUMPRODUCT 条件统计计算

Ⅰ 统计汉字

在H3 单元格输入以下公式，向下复制到H6 单元格，计算出各个部门的人数。

```
=SUMPRODUCT(--($A$2:$A$14=G3))
```

$A$2:$A$14=G3 部分，G3 单元格为“个人渠道 1 部”，即统计 A2:A14 单元格区域哪些等于“个人渠道 1 部”，返回一个内存数组：

```
{TRUE;FALSE;TRUE;TRUE;FALSE;……;FALSE}
```

SUMPRODUCT 函数默认将数组中的非数值型元素作为 0 处理，因此使用两个负号“--”（减去负值运算），将逻辑值转化成 1 和 0 的数字数组：

```
{1;0;1;1;0;0;0;0;0;0;0;0;0}
```

最后通过SUMPRODUCT函数进行求和，即返回个人渠道1部的人数，结果为3。

在I3单元格输入以下公式，向下复制到I6单元格，计算出各个组别的销售金额。

```
=SUMPRODUCT(($A$2:$A$14=G3)*1,$D$2:$D$14)
```

先使用($A$2:$A$14=G3)得到一个由逻辑值构成的内存数组，然后乘以1，得到一个由0和1构成的新数组：

```
{1;0;1;1;0;0;0;0;0;0;0;0;0}
```

最后使用SUMPRDUCT函数将新数组和$D$2:$D$14相乘的结果求和，即返回个人渠道1部的销售金额，结果为17000。

➲ II　按指定条件汇总

在H9单元格输入以下公式，计算大于5000元的销售金额合计。

```
=SUMPRODUCT((D2:D14>5000)*1,D2:D14)
```

该公式计算原理与统计汉字的公式原理相同。

➲ III　按关键字汇总

在H12单元格输入以下公式，计算个人渠道的销售金额。

```
=SUMPRODUCT((LEFT(A2:A14,4)="个人渠道")*1,D2:D14)
```

由于等式中不支持通配符，因此无法使用“A2:A14="个人渠道*"”这种方式来完成判断。先使用LEFT函数将A2:A14单元格区域的左侧4个字符提取出来，并判断是否等于“个人渠道”，来完成对个人渠道的统计。

➲ IV　按多个条件汇总

在H15单元格输入以下公式，计算团体渠道1部人员8月份的销售金额。

```
=SUMPRODUCT((A2:A14="团体渠道1部")*(MONTH(C2:C14)=8),D2:D14)
```

“(A2:A14="团体渠道1部")”部分，判断部门是否为“团体渠道1部”。再使用MONTH函数提取C2:C14单元格区域的月份，并判断是否等于8。两组比较后的逻辑值相乘，得到内存数组结果为：

```
{0;0;0;0;1;0;0;0;1;0;0;0;0}
```

使用以上内存数组与D2:D14的销售金额对应相乘后，再计算出乘积之和。

还可以使用以下公式完成同样的计算。

```
=SUMPRODUCT((A2:A14="团体渠道1部")*(MONTH(C2:C14)=8)*D2:D14)
```

SUMPRODUCT函数进行多条件求和，可以使用如下两种形式的公式：

```
=SUMPRODUCT(条件区域1*条件区域2*……*条件区域n,求和区域)
=SUMPRODUCT(条件区域1*条件区域2*……*条件区域n*求和区域)
```

两个公式的区别在于最后连接求和区域时使用的是逗号“,”还是乘号“*”。

当求和区域中含有文本字符时，使用乘号“*”的公式会返回错误值#VALUE!，而使用逗号间隔的公式能够自动忽略求和区域中的文本，返回正确结果。

➲ V 按行、列方向执行多条件汇总

示例15-39 二维区域统计

如图 15-44 所示，A~D列是各部门 7~9 月的销量记录，在G2 单元格输入以下公式，向下复制到G4 单元格，统计各部门在 8 月份的销量总和。

```
=SUMPRODUCT(($B$1:$D$1=F2)*(
MONTH($A$2:$A$14)=8),$B$2:$D$14)
```

	A	B	C	D	E	F	G
1	销售日期	魏国	蜀国	吴国		部门	8月销量
2	2023/7/9	9	6	11		魏国	28
3	2023/7/13	15	3	17		蜀国	61
4	2023/7/20	18	9	9		吴国	49
5	2023/7/26	8	5	18			
6	2023/7/27	18	5	12			
7	2023/8/3	3	12	4			
8	2023/8/21	5	12	11			
9	2023/8/26	5	19	20			
10	2023/8/27	15	18	14			
11	2023/9/1	6	13	7			
12	2023/9/7	11	19	12			
13	2023/9/12	10	4	3			
14	2023/9/29	6	5	3			

图 15-44 二维条件区域统计

“($B$1:$D$1=F2)”部分，判断第一行的标题是否等于魏国，如图 15-45 中I1:K1 单元格区域所示，返回结果为一个横向数组：

```
{TRUE,FALSE,FALSE}
```

(MONTH($A$2:$A$14)=8)部分，判断A列的销售月份是否是 8 月，如图 15-45 中H2:H14 单元格区域所示，返回结果为一个纵向数组：

```
{FALSE;……;FALSE;TRUE;……;TRUE;FALSE;……;FALSE;FALSE}
```

将两个数组中的对应元素依次相乘，结果如图 15-45 中I2:K14 单元格区域所示，形成一个 13 行 3 列的二维数组：

```
{0,0,0;……;0,0,0;1,0,0;1,0,0;1,0,0;1,0,0;0,0,0;……;0,0,0}
```

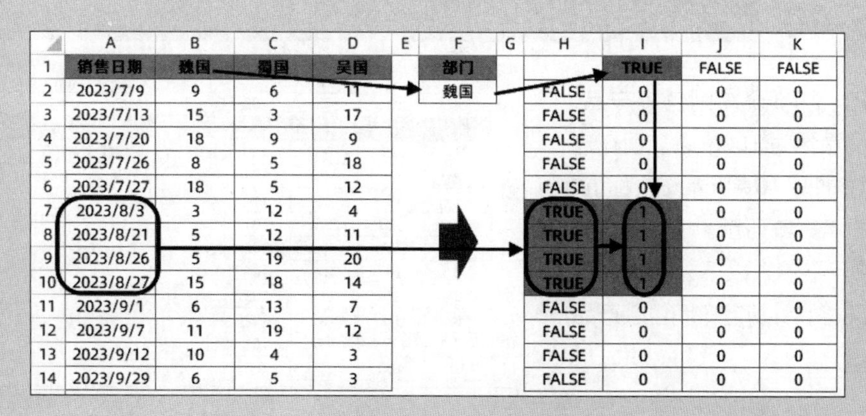

	A	B	C	D	E	F	G	H	I	J	K
1	销售日期	魏国	蜀国	吴国		部门			TRUE	FALSE	FALSE
2	2023/7/9	9	6	11		魏国		FALSE	0	0	0
3	2023/7/13	15	3	17				FALSE	0	0	0
4	2023/7/20	18	9	9				FALSE	0	0	0
5	2023/7/26	8	5	18				FALSE	0	0	0
6	2023/7/27	18	5	12				FALSE	0	0	0
7	2023/8/3	3	12	4				TRUE	1	0	0
8	2023/8/21	5	12	11				TRUE	1	0	0
9	2023/8/26	5	19	20				TRUE	1	0	0
10	2023/8/27	15	18	14				TRUE	1	0	0
11	2023/9/1	6	13	7				FALSE	0	0	0
12	2023/9/7	11	19	12				FALSE	0	0	0
13	2023/9/12	10	4	3				FALSE	0	0	0
14	2023/9/29	6	5	3				FALSE	0	0	0

图 15-45 运算过程

最后将此数组与$B$2:$D$14 单元格区域中的每个元素对应相乘，再计算出乘积之和，返回最终结果为 28。

15.7 方差与标准差

15.7.1 VAR.P 函数和 VAR.S 函数计算方差

方差是在概率论和统计方差衡量随机变量或一组数据的离散程度时，用来度量随机变量和其数学期望（均值）之间的偏离程度。有两个计算方差的函数，分别是VAR.P函数和VAR.S函数。

VAR.P函数计算基于整个样本总体的方差，函数语法如下：

```
VAR.P(number1,[number2],...)
```

VAR.P函数的计算公式如下。

$$\frac{\sum\left(x-\bar{x}\right)^2}{n}$$

VAR.S函数估算基于样本的方差，函数语法如下：

```
VAR.S(number1,[number2],...)
```

VAR.S函数的计算公式如下。

$$\frac{\sum\left(x-\bar{x}\right)^2}{n-1}$$

其中$\bar{x}$为样本平均值，n为样本大小。

VAR.S 函数假设其参数是样本总体中的一个样本。如果数据为整个样本总体，则应使用 VAR.P 函数来计算方差。

示例15-40 产品包装质量比较

有甲、乙、丙 3 个车间包装产品，要求每个产品重量为 100g/袋。现在对 3 个车间随机各抽取 10 袋产品进行称重，称重数据如图 15-46 所示。

在 G2 单元格输入以下公式，向右复制到 I2 单元格，计算各车间包装产品的平均重量。

```
=AVERAGE(B2:B11)
```

	A	B	C	D	E	F	G	H	I
1	批次	甲车间	乙车间	丙车间			甲车间	乙车间	丙车间
2	1	95	98	100		平均值	100	100	102
3	2	102	102	102		方差	10.6	68.2	3.2
4	3	106	85	104					
5	4	103	96	101					
6	5	97	103	102					
7	6	103	109	104					
8	7	99	111	105					
9	8	98	102	102					
10	9	97	107	101					
11	10	100	87	99					

图 15-46 产品包装质量比较

在G3 单元格输入以下公式，向右复制到I3 单元格，计算各车间包装产品的偏离程度。

```
=VAR.P(B2:B11)
```

通过对比可以看出，甲、乙车间平均质量均为 100g，丙车间超出 100g，所以丙车间包装质量与标准相差较大。

甲车间方差为 10.6，乙车间方差为 68.2，二者相比，甲车间的方差较小，说明包装质量更加稳定。

15.7.2　STDEV.P 函数和 STDEV.S 函数计算标准差

标准差在概率统计中常做统计分布程度上的测量，反映组内个体间的离散程度，平均数相同的两组数据，标准差未必相同。标准差是方差的算术平方根，二者关系如下。

$$STDEV.P=\sqrt{VAR.P}$$
$$STDEV.S=\sqrt{VAR.S}$$

STDEV.P 函数计算基于以参数形式给出的整个样本总体的标准偏差，函数语法如下：

```
STDEV.P(number1,[number2],...)
```

STDEV.P 函数的计算公式如下。

$$\sqrt{\frac{\sum\left(x-\bar{x}\right)^2}{n}}$$

STDEV.S 函数基于样本估算标准偏差，函数语法如下：

```
STDEV.S(number1,[number2],...)
```

STDEV.S 函数的计算公式如下。

$$\sqrt{\frac{\sum\left(x-\bar{x}\right)^2}{n-1}}$$

其中 $\bar{x}$ 为样本平均值，n 为样本大小。

STDEV.S 函数假设其参数是总体样本。如果数据代表整个总体，则应使用 STDEV.P 函数计算标准偏差。

示例15-41　某班学生身高分布

图 15-47 中，A~B 列是某班 40 名学生的身高记录表，在 E1 单元格输入以下公式计算得到学生的平均身高，结果为 177.33 (cm)。

```
=AVERAGE(B2:B41)
```

在 E2 单元格输入以下公式，计算学生身高的标准差，返回结果为 7.30。

```
=STDEV.P(B2:B41)
```

	A	B	C	D	E
1	学生	身高(cm)		平均值	177.33
2	曹操	185		标准差	7.30
3	司马懿	163			
4	夏侯惇	175			
5	张辽	189			
6	许褚	190			
7	郭嘉	173			
8	甄姬	158			
9	夏侯渊	174			
10	张郃	182			
11	徐晃	179			
12	曹仁	184			

图 15-47　某班学生身高分布

由此可以说明，此班学员的身高主要分布在 177.33 ± 7.30cm 之间。

15 章

15.8 筛选和隐藏状态下的统计与求和

15.8.1 认识SUBTOTAL函数

SUBTOTAL函数返回列表或数据库中的分类汇总，应用不同的第一参数，可以实现求和、计数、平均值、最大值、最小值、标准差、方差等多种统计方式。函数语法如下：

```
SUBTOTAL(function_num,ref1,[ref2],...)
```

function_num：必需。数字1~11或101~111，用于指定要为分类汇总使用的函数。如果使用1~11，结果中将包括手动隐藏的行。如果使用101~111，结果中则排除手动隐藏的行。无论使用哪种参数，始终排除经过筛选后不再显示的单元格。

SUBTOTAL函数的第一参数说明如表15-3所示。

表15-3 SUBTOTAL函数不同的第一参数及作用

Function_num（统计结果包含执行手动隐藏行操作后的值）	Function_num（统计结果排除执行手动隐藏行操作后的值）	函数	说明
1	101	AVERAGE	计算平均值
2	102	COUNT	计算数值的个数
3	103	COUNTA	计算非空单元格的个数
4	104	MAX	计算最大值
5	105	MIN	计算最小值
6	106	PRODUCT	计算数值的乘积
7	107	STDEV.S	计算样本标准偏差
8	108	STDEV.P	计算总体标准偏差
9	109	SUM	求和
10	110	VAR.S	计算样本的方差
11	111	VAR.P	计算总体的方差

ref1：必需。要对其进行分类汇总计算的第一个命名区域或引用。

ref2,...：可选。要对其进行分类汇总计算的第2个至第254个命名区域或引用。

参数说明如下。

（1）如果在ref1,ref2...中有其他的分类汇总（嵌套分类汇总），将忽略这些嵌套分类汇总，以避免重复计算。

（2）当function_num为从1到11的常数时，SUBTOTAL函数将包括通过“隐藏行”命令所隐藏的行中的值。当function_num为从101到111的常数时，SUBTOTAL函数将忽略通过“隐藏行”命令所隐藏的行中的值。

（3）SUBTOTAL函数适用于数据列或垂直区域，不适用于数据行或水平区域。

示例15-42 SUBTOTAL函数在筛选状态下的统计

图 15-48 是某公司销售统计表的部分内容，需要对筛选后的销售金额进行统计汇总。

对A列进行筛选，保留“1 组”和“3 组”两个组别，如图 15-49 所示。

	A	B	C	D
1	组别	姓名	销售日期	销售金额
2	1组	黄盖	2023/9/15	5,000
3	1组	大乔	2023/9/15	5,000
4	1组	张辽	2023/10/4	3,000
5	1组	马超	2023/9/1	9,000
6	1组	黄月英	2023/9/15	5,000
7	2组	刘备	2023/10/6	7,000
8	2组	甘宁	2023/10/18	8,000
9	2组	孙尚香	2023/10/19	5,000
10	2组	袁术	2023/10/20	4,000
11	2组	周瑜	2023/8/10	2,000
12	3组	华佗	2023/8/15	4,000
13	3组	貂蝉	2023/9/16	5,000
14	3组	张飞	2023/9/17	8,000

图 15-48 基础数据

	A	B	C	D	E	F	G
1	组别	姓名	销售日期	销售金额		求和	公式
2	1组	黄盖	2023/9/15	5,000		44,000	=SUBTOTAL(9,D2:D14)
3	1组	大乔	2023/9/15	5,000		44,000	=SUBTOTAL(109,D2:D14)
4	1组	张辽	2023/10/4	3,000		计数	公式
5	1组	马超	2023/9/1	9,000		8	=SUBTOTAL(2,D2:D14)
6	1组	黄月英	2023/9/15	5,000		8	=SUBTOTAL(102,D2:D14)
12	3组	华佗	2023/8/15	4,000		平均值	公式
13	3组	貂蝉	2023/9/16	5,000		5,500	=SUBTOTAL(1,D2:D14)
14	3组	张飞	2023/9/17	8,000		5,500	=SUBTOTAL(101,D2:D14)

图 15-49 SUBTOTAL 函数在筛选状态下的统计

在F2 和F3 单元格分别输入以下两个公式，对筛选后的单元格区域进行求和。

```
=SUBTOTAL(9,D2:D14)
=SUBTOTAL(109,D2:D14)
```

在F5 和F6 单元格分别输入以下两个公式，对筛选后的单元格区域进行计数。

```
=SUBTOTAL(2,D2:D14)
=SUBTOTAL(102,D2:D14)
```

在F13 和F14 单元格分别输入以下两个公式，对筛选后的单元格区域计算平均值。

```
=SUBTOTAL(1,D2:D14)
=SUBTOTAL(101,D2:D14)
```

SUBTOTAL函数的计算只包含筛选后的行，所以其第一参数不论使用从 1 到 11 还是从 101 到 111，都可以得到正确结果。

示例15-43 隐藏行数据统计

仍然以图 15-48 中的基础数据为例，将其中的第 7~11 行手动隐藏，然后对相应数据做统计。如图 15-50 所示，参数 1~11 与 101~111 的统计结果有所不同。

	A	B	C	D	E	F	G
1	组别	姓名	销售日期	销售金额		求和	公式
2	1组	黄盖	2023/9/15	5,000		70,000	=SUBTOTAL(9,D2:D14)
3	1组	大乔	2023/9/15	5,000		44,000	=SUBTOTAL(109,D2:D14)
4	1组	张辽	2023/10/4	3,000		计数	公式
5	1组	马超	2023/9/1	9,000		13	=SUBTOTAL(2,D2:D14)
6	1组	黄月英	2023/9/15	5,000		8	=SUBTOTAL(102,D2:D14)
12	3组	华佗	2023/8/15	4,000		平均值	公式
13	3组	貂蝉	2023/9/16	5,000		5,385	=SUBTOTAL(1,D2:D14)
14	3组	张飞	2023/9/17	8,000		5,500	=SUBTOTAL(101,D2:D14)

图 15-50 隐藏行数据统计

示例15-44 筛选状态下生成连续序号

如图 15-51 所示，在A2 单元格输入以下公式，向下复制到A15 单元格，可以生成一组连续的序号。

```
=SUBTOTAL(103,$B$1:B1)*1
```

第一参数使用 103，表示使用COUNTA函数的计算规则，统计B列非空单元格数量。

直接使用SUBTOTAL函数时，在筛选状态下Excel会将最末行当作汇总行而始终显示，通过乘1计算，使Excel不再将最末行识别为汇总行，避免筛选时导致最末行序号出错。

应用公式后，分别筛选不同的组别或隐藏部分行，A列的序号将始终保持连续，如图 15-52 所示。

	A	B	C
1	序号	组别	员工
2	1	1组	曹操
3	2	3组	司马懿
4	3	1组	夏侯惇
5	4	3组	张辽
6	5	1组	许褚
7	6	3组	郭嘉
8	7	1组	甄姬
9	8	2组	夏侯渊
10	9	3组	张郃
11	10	3组	徐晃
12	11	3组	曹仁
13	12	2组	典韦
14	13	2组	荀彧
15	14	1组	关羽

图 15-51 生成连续序号公式

	A	B	C
1	序号	组别	员工
2	1	1组	曹操
4	2	1组	夏侯惇
6	3	1组	许褚
8	4	1组	甄姬
15	5	1组	关羽

	A	B	C
1	序号	组别	员工
3	1	3组	司马懿
5	2	3组	张辽
7	3	3组	郭嘉
10	4	3组	张郃
11	5	3组	徐晃
12	6	3组	曹仁

	A	B	C
1	序号	组别	员工
2	1	1组	曹操
3	2	3组	司马懿
4	3	1组	夏侯惇
8	4	1组	甄姬
9	5	2组	夏侯渊
14	6	2组	荀彧
15	7	1组	关羽

图 15-52 筛选状态下生成连续序号

通过分类汇总，可以直接添加SUBTOTAL函数，而无须手工输入。

示例15-45 通过分类汇总实现SUBTOTAL求和

如图 15-53 所示，A1:E14 单元格区域是模拟的员工工资表，其中A列的部门已经经过排序处理。

单击数据区域任意单元格，再依次单击【数据】→【分类汇总】，弹出【分类汇总】对话框。在对话框中，【分类字段】和【汇总方式】保持默认选项，在【选定汇总项】区域中依次选中“工资”“奖金”“加班费”复选框，然后单击【确定】按钮。

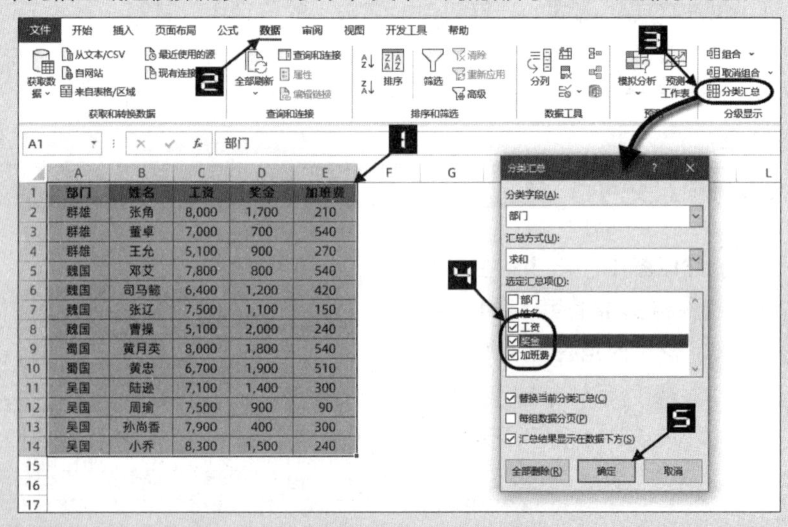

图 15-53 添加分类汇总

形成的分类汇总效果如图 15-54 所示，其中C5、C10、C13、C18 单元格分别是对不同区域的求和公式。

```
=SUBTOTAL(9,C2:C4)
=SUBTOTAL(9,C6:C9)
=SUBTOTAL(9,C11:C12)
=SUBTOTAL(9,C14:C17)
```

C19 单元格的总计公式为：

```
=SUBTOTAL(9,C2:C17)
```

有其他的分类汇总时，SUBTOTAL 函数将忽略这些嵌套分类汇总，以避免重复计算。所以 C19 单元格中公式的结果不会包含 C5、C10、C13、C18 单元格的结果。

D. E列的公式与C列公式用法一致。

C19 =SUBTOTAL(9,C2:C17)

	A	B	C	D	E
1	部门	姓名	工资	奖金	加班费
2	群雄	张角	8,000	1,700	210
3	群雄	董卓	7,000	700	540
4	群雄	王允	5,100	900	270
5	群雄 汇总		20,100	3,300	1,020
6	魏国	邓艾	7,800	800	540
7	魏国	司马懿	6,400	1,200	420
8	魏国	张辽	7,500	1,100	150
9	魏国	曹操	5,100	2,000	240
10	魏国 汇总		26,800	5,100	1,350
11	蜀国	黄月英	8,000	1,800	540
12	蜀国	黄忠	6,700	1,900	510
13	蜀国 汇总		14,700	3,700	1,050
14	吴国	陆逊	7,100	1,400	300
15	吴国	周瑜	7,500	900	90
16	吴国	孙尚香	7,900	400	300
17	吴国	小乔	8,300	1,500	240
18	吴国 汇总		30,800	4,200	930
19	总计		92,400	16,300	4,350

图 15-54 分类汇总求和

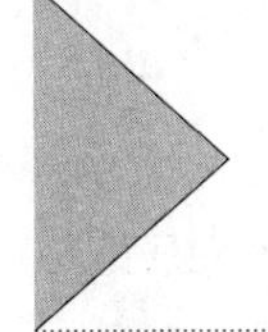

根据本书前言的提示，可观看关于“SUBTOTAL 函数”的视频演示。

15.8.2 认识 AGGREGATE 函数

AGGREGATE 函数返回列表或数据库中的合计，用法与 SUBTOTAL 近似，但在某些方面比 SUBTOTAL 更强大。AGGREGATE 函数支持忽略隐藏行和错误值的选项，函数语法如下：

引用形式：

```
AGGREGATE(function_num,options,ref1,[ref2],…)
```

数组形式：

```
AGGREGATE(function_num,options,array,[k])
```

第一参数 function_num 为一个 1~19 的数字，为 AGGREGATE 函数指定要使用的汇总方式。不同第一参数的功能如表 15-4 所示。

表 15-4 function_num 参数含义

数字	对应函数	功能
1	AVERAGE	计算平均值
2	COUNT	计算参数中数字的个数
3	COUNTA	计算区域中非空单元格的个数
4	MAX	返回参数中的最大值
5	MIN	返回参数中的最小值

续表

数字	对应函数	功能
6	PRODUCT	返回所有参数的乘积
7	STDEV.S	基于样本估算标准偏差
8	STDEV.P	基于整个样本总体计算标准偏差
9	SUM	求和
10	VAR.S	基于样本估算方差
11	VAR.P	计算基于样本总体的方差
12	MEDIAN	返回给定数值的中值
13	MODE.SNGL	返回数组或区域中出现频率最高的数值
14	LARGE	返回数据集中第 k 个最大值
15	SMALL	返回数据集中的第 k 个最小值
16	PERCENTILE.INC	返回区域中数值的第 $k(0 \leqslant k \leqslant 1)$ 个百分点的值
17	QUARTILE.INC	返回数据集的四分位数（包括 0 和 1）
18	PERCENTILE.EXC	返回区域中数值的第 k（$0<k<1$）个百分点的值
19	QUARTILE.EXC	返回数据集的四分位数（不包括 0 和 1）

第二参数 options 为一个 0~7 的数字，决定在计算区域内要忽略哪些值，不同 options 参数对应的功能如表 15-5 所示。

表 15-5　不同 options 参数代表忽略的值

数字	作用
0 或省略	忽略嵌套 SUBTOTAL 函数和 AGGREGATE 函数
1	忽略隐藏行、嵌套 SUBTOTAL 和 AGGREGATE 函数
2	忽略错误值、嵌套 SUBTOTAL 和 AGGREGATE 函数
3	忽略隐藏行、错误值、嵌套 SUBTOTAL 和 AGGREGATE 函数
4	忽略空值
5	忽略隐藏行
6	忽略错误值
7	忽略隐藏行和错误值

第三参数 ref1 为区域引用。第四参数 ref2 可选，为其计算聚合值的 2 至 253 个数值参数。

ref1 可以是一个数组或数组公式，也可以是对要为其计算聚合值的单元格区域的引用。ref2 是部分函数必需的第二个参数。

示例15-46 包含错误值的统计

图 15-55 是某班同学的考试成绩，其中部分单元格显示为错误值 #N/A。

E2、E3 单元格分别输入以下公式，分别计算总成绩和平均分。

```
=AGGREGATE(9,6,B2:B11)
=AGGREGATE(1,6,B2:B11)
```

	A	B	C	D	E	F
1	姓名	考试成绩			结果	公式
2	陆逊	85		总成绩	810	=AGGREGATE(9,6,B2:B11)
3	黄月英	92		平均分	90	=AGGREGATE(1,6,B2:B11)
4	邓艾	100		最高的三个分数	100	=AGGREGATE(14,6,$B$2:$B$11,ROW(1:1))
5	周瑜	#N/A			98	=AGGREGATE(14,6,$B$2:$B$11,ROW(2:2))
6	黄忠	87			95	=AGGREGATE(14,6,$B$2:$B$11,ROW(3:3))
7	司马懿	95				
8	张辽	77				
9	曹操	81				
10	孙尚香	98				
11	小乔	95				

图 15-55　包含错误值的统计

第一参数使用数字 9 和数字 1，分别表示使用SUM函数和AVERAGE函数的计算规则进行求和及统计平均值。第二参数使用数字 6，表示忽略错误值。

在E4 单元格输入以下公式，向下复制到E6 单元格，依次得到最高的三个分数为 100、98、95。

```
=AGGREGATE(14,6,$B$2:$B$11,ROW(1:1))
```

第一参数 14，表示使用LARGE函数的计算规则，即计算第k个最大值。第二参数使用数字 6，表示忽略错误值。第 4 个参数来指定返回第几大的值。

当AGGREGATE函数的第一参数为 1~13 的数字时，第三参数ref1 仅支持单元格引用，否则公式返回错误值。当第一参数为 14~19 时，分别表示使用LARGE、SMALL、PERCENTILE.INC、QUARTILE.INC、PERCENTILE.EXC和QUARTILE.EXC函数的规则进行汇总，第三参数array可以是其他公式返回的数组或手工输入的常量数组，并且需要指定第四参数k。

示例15-47　按指定条件汇总最大值和最小值

图 15-56 展示的是某公司销售汇总表的部分内容，需要根据K4 单元格指定的销售类型，计算对应的最高和最低的三笔金额。

	A	B	C	D	E	F	G	H	I
1	发货日期	销售类型	客户名称	摘要	货号	颜色	数量	单价	金额
2	2023/8/12	正常销售	莱州卡莱				1	10,000	10,000
3	2023/8/12	其它销售	聊城健步				1	5,000	5,000
4	2023/8/12	正常销售	济南经典保罗				1	3,000	3,000
5	2023/8/12	正常销售	东辰卡莱威盾				1	100,000	100,000
6	2023/8/13	其它销售	聊城健步	收货款					-380
7	2023/8/13	正常销售	莱州卡莱		R906327	白色	40	220	8,800
8	2023/8/13	其它销售	株洲圣百	收货款					-760
9	2023/8/13	其它销售	聊城健步	托运费			5	30	150
10	2023/8/13	正常销售	奥伦		R906	黑色	40	100	4,000
11	2023/8/14	正常销售	奥伦		R906	黑色	50	200	10,000
12	2023/8/14	其它销售	奥伦	样品	R906	黑色	1	150	150
13	2023/8/14	其它销售	奥伦	损益			1	-100	-100
14	2023/8/14	其它销售	奥伦	退鞋	R906	黑色	-5	130	-650
15	2023/8/14	其它销售	奥伦	包装			200	5	1,000
16	2023/8/14	其它销售	奥伦	托运费			5	30	150
17	2023/8/17	其它销售	奥伦	收货款					-760
18	2023/8/17	正常销售	株洲圣百		R906	黑色	40	270	10,800

销售类型	最高三笔金额	最低三笔金额
正常销售	100,000	3,000
	10,800	4,000
	10,000	8,800

图 15-56　按条件统计最高和最低金额

在L4 单元格输入以下公式，结果自动溢出到相邻单元格区域。

```
=AGGREGATE({14,15},6,I2:I18/(B2:B18=K4),ROW(1:3))
```

公式中的“{14,15}”部分是AGGREGATE函数的第一参数，表示分别使用LARGE 函数和SMALL函数的计算规则。

“I2:I18/(B2:B18=K4)”部分是AGGREGATE函数的统计区域。用I2:I18 单元格区域中的金额除以指定的统计条件“(B2:B18=K4)”，当B2:B18 单元格区域中的销售类型等于K4 单元格指定的销售类型时，返回I列对应的金额，否则返回错误值#DIV/0!，得到内存数组结果为：

```
{10000;#DIV/0!;3000;100000;#DIV/0!;8800;#DIV/0!;#DIV/0!;4000;10000;#D
IV/0!;……;10800}
```

AGGREGATE函数的第二参数使用6，第四参数使用ROW(1:3)，表示在以上内存数组中忽略错误值，依次返回第 1 至第 3 个最大值和最小值。

15.9 使用FREQUENCY函数计算频数（频率）

FREQUENCY函数用于计算数值在某个区域内的出现频数，然后返回一个垂直数组。函数语法如下：

```
FREQUENCY(data_array,bins_array)
```

data_array：必需。要统计频数（频率）的一组数值或对这组数值的引用。

bins_array：必需。指定不同区间的间隔数组或对间隔的引用。如果bins_array中不包含任何数值，则FREQUENCY返回data_array中的元素个数。

FREQUENCY函数将data_array中的数值以bins_array为间隔进行分组，计算数值在各个区域出现的频率。FREQUENCY函数的data_array可以是升序排列，也可以是乱序排列。无论bins_array中的数值是升序还是乱序排列，统计时都会按照间隔点的数值升序排列，对各区间的数值个数进行统计，并且按照原本bins_array中间隔点的顺序返回对应的统计结果，即按n个间隔点划分为n+1 个区间。

对于每一个间隔点，统计小于等于此间隔点且大于上一个间隔点的数值个数。结果生成了n+1 个统计值，多出的元素表示大于最高间隔点的数值个数。

当data_array和bins_array相同时，FREQUENCY函数只对data_array中首次出现的数字返回其统计频率，其后重复出现的数字返回的统计频率都为 0。

函数说明如下。

（1）FREQUENCY函数忽略空白单元格和文本。

（2）在Excel 2021 之前的版本中，必须以数组公式的形式输入。

示例15-48 统计不同分数段的人数

图 15-57 是某学校的学生考试成绩，需要统计不同分数段的人数。

在E2 单元格输入以下公式，结果自动溢出到相邻区域：

```
=FREQUENCY(B2:B11,D2:D5)
```

FREQUENCY函数统计全都是“左开右闭”的区间。本例中，指定的区间元素为四个，实际生成的结果比指定区间的元素多一个，公式计算的各部分结果含义如下。

（1）小于等于 60 共有 2 人。

（2）大于 60 且小于等于 70 共有 0 人。

（3）大于 70 且小于等于 80 共有 3 人。

（4）大于 80 且小于等于 90 共有 1 人。

（5）大于 90 共有 4 人。

这里将每一个临界点的数字都统计在靠下的一个区域中，如 60 分归属于 0~60 分的区间。如果需要将临界点的值归入到靠上的一个区域，例如要将 60 分归属于 60~70 分的区间，可以将参数 bins_array 减去一个很小的值。

E2 =FREQUENCY(B2:B11,D2:D5)

	A	B	C	D	E	F
1	姓名	考试成绩		分数段	人数	解释
2	孙权	48		60	2	x≤60
3	黄月英	60		70	0	60<x≤70
4	邓艾	98		80	3	70<x≤80
5	周瑜	80		90	1	80<x≤90
6	刘备	85			4	90<x
7	司马懿	93				
8	张辽	75				
9	曹操	79				
10	孙尚香	96				
11	小乔	93				

图 15-57　分数段统计

在 E2 单元格输入以下公式：

```
=FREQUENCY(B2:B11,H2:H5-0.001)
```

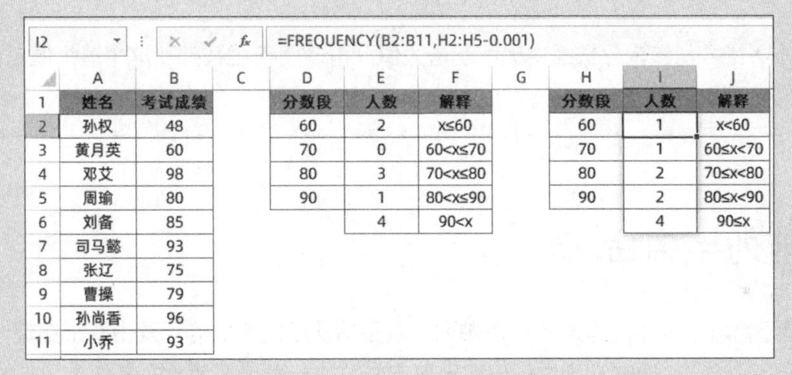

I2 =FREQUENCY(B2:B11,H2:H5-0.001)

	A	B	C	D	E	F	G	H	I	J
1	姓名	考试成绩		分数段	人数	解释		分数段	人数	解释
2	孙权	48		60	2	x≤60		60	1	x<60
3	黄月英	60		70	0	60<x≤70		70	1	60≤x<70
4	邓艾	98		80	3	70<x≤80		80	2	70≤x<80
5	周瑜	80		90	1	80<x≤90		90	2	80≤x<90
6	刘备	85			4	90<x			4	90≤x
7	司马懿	93								
8	张辽	75								
9	曹操	79								
10	孙尚香	96								
11	小乔	93								

图 15-58　调整临界点归属区间

示例15-49　判断是否为断码

图 15-59 展示的是某鞋店存货统计表的部分内容，B2:G2 单元格区域是鞋码规格，A列为款色名称。如果同一款色连续 3 个码数有存货，则该款色为齐码，否则为断码。现在需要在 H 列使用公式判断各个款色是齐码还是断码。

	A	B	C	D	E	F	G	H
1	款色	码数						齐码断码
2		B70(32)	B75(34)	B80(36)	B85(38)	B90(40)	B95(42)	
3	0012764浅灰		2	4	3			齐码
4	0012764浅肤		1		1			断码
5	0012769大红		4	3	2			齐码
6	0012769蓝色	2	1		2			断码
7	0012769深灰		2					断码
8	0012789大红		2					断码
9	0012789豆绿	2	4	7	1			齐码
10	0012789黑色	3	6	6	2			齐码
11	0012789奶咖	2	6		1			断码
12	0012804黑色	1	3	2	3			齐码
13	0012804浅虾红	3	4	5	2			齐码
14	0112352浅灰		7	9	1	3		齐码

图 15-59　判断是否为断码

在 H3 单元格输入以下公式，并向下复制到数据表的最后一行。

```
=IF(MAX(FREQUENCY(IF(B3:G3>0,COLUMN(B:G)),IF(B3:G3=0,COLUMN(B:G))))>2,"
```

齐码","断码")

"IF(B3:G3>0,COLUMN(B:G))"部分，使用IF函数判断B3:G3单元格区域中各个码数的存货量是否大于0，如果大于0说明该码数有货，公式返回相应单元格的列号，否则返回逻辑值FALSE，得到内存数组结果为：

```
{FALSE,3,4,5,FALSE,FALSE}
```

"IF(B3:G3=0,COLUMN(B:G))"部分的计算规则与上一个IF函数相反，在B3:G3单元格中的码数等于0（缺货）时返回对应的列号，不等于0（有货）时返回逻辑值FALSE，得到内存数组结果为：

```
{2,FALSE,FALSE,FALSE,6,7}
```

借助FREQUENCY函数忽略数组中的逻辑值的特点，以缺货对应的列号{2,6,7}为指定间隔值，统计有货对应的列号{3,4,5}在各个分段中的数量，相当于分别统计在两个缺货列号之间有多少个有货的列号，返回内存数组结果为：

```
{0;3;0;0}
```

最后使用MAX函数从该内存数组中提取出最大值，再使用IF函数判断这个最大值是否大于2，如果大于2则返回"齐码"，否则返回"断码"。

15.10 排列与组合

排列组合是组合学最基本的概念。所谓排列，就是指从给定个数的元素中取出指定个数的元素进行排序。组合则是指从给定个数的元素中仅仅取出指定个数的元素，不考虑排序。

15.10.1 用FACT函数计算阶乘

FACT函数返回数的阶乘，一个数的阶乘等于1*2*3*...*该数。函数语法如下：

```
FACT(number)
```

number：必需。要计算其阶乘的非负数，如果number小于0或是大于170，将返回错误值#NUM!。如果number不是整数，将被截尾取整。

示例15-50 排列队伍顺序的种数

一个小组共有6人，将这6个人按从左到右的顺序排列，共有排列队伍的种数为：

```
=FACT(6)
```

	A	B
1	排队	公式
2	720	=FACT(6)

图 15-60 排列队伍顺序的种数

如图15-60所示，返回结果为720，即1*2*3*4*5*6=720。

> 在数学中，0 的阶乘不具有实际意义，故对 0 的阶乘定义为 1，即 "=FACT(0)" 返回结果为 1。

15.10.2　用 PERMUT 函数与 PERMUTATIONA 函数计算排列数

Excel 中提供了两个用于排列计算的函数，分别是 PERMUT 函数与 PERMUTATIONA 函数。

PERMUT 函数返回可从数字对象中选择的给定数目对象的排列数。排列为对象或事件的任意集合或子集，内部顺序很重要。排列与组合不同，组合的内部顺序并不重要。函数语法如下：

```
PERMUT(number, number_chosen)
```

number：必需。表示对象个数的整数。

number_chosen：必需。表示每个排列中对象个数的整数。

以上两个参数将被截尾取整。

如果 number 或 number_chosen 是非数值的，则 PERMUT 函数返回错误值 #VALUE!。

如果 number<0 或 number_chosen<0，则 PERMUT 函数返回错误值 #NUM!。

如果 number<number_chosen，则 PERMUT 函数返回错误值 #NUM!。

PERMUT(n,k) 的计算公式如下。

$$\mathrm{PERMUT}(n,k)=\frac{\mathrm{FACT}(n)}{\mathrm{FACT}(n-k)}$$

PERMUTATION 函数返回可从对象总数中选择的给定数目对象（含重复）的排列数。函数语法如下：

```
PERMUTATIONA(number, number_chosen)
```

number：必需。表示对象总数的整数。

number_chosen：必需。表示每个排列中对象数目的整数。

以上两个参数将被截尾取整。

如果数字参数值无效，例如，当总数为 0 但所选数目大于 0，则 PERMUTATIONA 函数返回错误值 #NUM!。

如果数字参数使用的是非数值数据类型，则 PERMUTATIONA 函数返回错误值 #VALUE!。

PERMUTATION(n,k) 的计算公式如下。

$$\mathrm{PERMUTATION}(n,k)=n^k$$

示例15-51　按顺序组合三位数

有 8 个小球，分别标注数字 1~8，按顺序抽取 3 个小球，并且每次抽取后不再放回，组成一个 3 位数，需要计算总共可以组成的数字种类有多少种。

使用以下公式，计算结果为 336，如图 15-61 所示。

```
=PERMUT(8,3)
```

公式的计算过程为：8*7*6=336

	A	B	C
1	方式	组合种类	公式
2	无重复抽取	336	=PERMUT(8,3)
3	可重复抽取	512	=PERMUTATIONA(8,3)

图 15-61　按顺序组合三位数

同样对此 8 个小球按顺序抽取 3 个，每次抽取后均放回，组成一个 3 位数，需要计算总共可以组成的数字种类有多少种。

使用以下公式，计算结果为 512，如图 15-61 所示。

```
=PERMUTATIONA(8,3)
```

公式的计算过程为：8^3=512

15.10.3 用 COMBIN 函数与 COMBINA 函数计算项目组合数

Excel 中提供了两个用于组合计算的函数，分别是 COMBIN 函数与 COMBINA 函数。

COMBIN 函数返回给定数目项目的组合数。函数语法如下：

```
COMBIN(number, number_chosen)
```

number：必需。表示项目的数量。

number_chosen：必需。表示每一组合中项目的数量。

数字参数截尾取整。如果参数为非数值型，则 COMBIN 函数返回错误值 #VALUE!。

如果 number<0 或 number_chosen<0，则 COMBIN 函数返回错误值 #NUM!。

如果 number<number_chosen，则 COMBIN 函数返回错误值 #NUM!。

COMBIN(n,k) 的计算公式如下。

$$\text{COMBIN}(n,k)=\frac{\text{PERMUT}(n,k)}{\text{FACT}(k)}$$

COMBINA 函数返回给定数目的项目组合数（包含重复）。函数语法如下：

```
COMBINA(number, number_chosen)
```

number：必需。表示项目的数量。

number_chosen：必需。表示每一组合中的项目数量。

以上两个参数将被截尾取整。如果数字参数值无效（例如总数为 0 但所选数目大于 0），则 COMBINA 函数返回错误值 #NUM!。

如果数字参数使用的是非数值数据类型，则 COMBINA 函数返回错误值 #VALUE!。

COMBINA(n,k) 的计算公式如下。

$$\text{COMBINA}(n,k)=\text{COMBIN}(n+k-1,k)=\frac{\text{PERMUT}(n+k-1,k)}{\text{FACT}(k)}$$

示例15-52 组合种类计算

在彩票的组合种类等计算中，经常用到组合函数，如图 15-62 所示。

某彩票采用 35 选 7 的投注方式，则总共组合种类有 6724520 种，公式为：

	A	B	C
1	彩票	组合种类	公式
2	35选7彩票	6,724,520	=COMBIN(35,7)
3	福彩双色球	17,721,088	=COMBIN(33,6)*COMBIN(16,1)
4	体彩大乐透	21,425,712	=COMBIN(35,5)*COMBIN(12,2)
5	骰子投掷	1,287	=COMBINA(6,8)

图 15-62 组合种类计算

```
=COMBIN(35,7)
```

福彩双色球为 33 选 6 加上 16 选 1 的投注方式，则总共组合种类有 17721088 种，公式为：

```
=COMBIN(33,6)*COMBIN(16,1)
```

体彩大乐透为 35 选 5 加上 12 选 2 的投注方式，则总共组合种类有 21425712 种，公式为：

```
=COMBIN(35,5)*COMBIN(12,2)
```

某游戏的投注方式为 8 个骰子，则这 8 个骰子的组合方式共有 1287 种，公式为：

```
=COMBINA(6,8)
```

相当于公式：

```
=COMBIN(6+8-1,8)
```


示例15-53 人员选择概率

某班级共有 25 名男生，20 名女生，需要任意选择 5 名同学作为班级代表，计算恰好选择的全为男生或全为女生的概率，如图 15-63 所示。

全为男生的概率为 4.35%，公式为：

```
=COMBIN(25,5)/COMBIN(45,5)
```

全为女生的概率为 1.27%，公式为：

```
=COMBIN(20,5)/COMBIN(45,5)
```

	A	B	C
1	选择方式	概率	公式
2	全为男生	4.35%	=COMBIN(25,5)/COMBIN(45,5)
3	全为女生	1.27%	=COMBIN(20,5)/COMBIN(45,5)
4	概率合计	5.62%	=B2+B3

图 15-63 人员选择概率

示例15-54 随机选择多选题时全部正确的概率

某次考试共有 5 道多选题，每道题都有 A、B、C、D 四个选项，其中至少有两个选项为正确答案，必需将答案全部选出才为正确。如图 15-64 所示，计算某同学随机选择 5 道题答案时，全部正确的概率。

每道题可能出现的答案组合数为 11 种，计算公式为：

```
=COMBIN(4,2)+COMBIN(4,3)+COMBIN(4,4)
```

则随机选择时全部正确的概率为：

=(1/11)^5=0.00062%。

	A	B	C
1	统计类型	组合数和概率	公式
2	每道题答案组合数	11	=COMBIN(4,2)+COMBIN(4,3)+COMBIN(4,4)
3	全部正确概率	0.00062%	=(1/11)^5

图 15-64 多选题全部正确的概率

15.11 线性趋势预测

线性趋势预测是运用最小平方法进行预测，用直线斜率来表示增长趋势的一种外推预测方法。Excel中的线性趋势预测函数包括SLOPE函数、INTERCEPT函数、RSQ函数、FORECAST函数、TREND函数等。

15.11.1 线性回归分析函数

线性回归分析函数包括SLPOE函数、INTERCEPT函数、RSQ函数。

SLOPE函数通过known_y's和known_x's中的数据点返回线性回归线$y=a+bx$的斜率。斜率为垂直距离除以线上任意两个点之间的水平距离，即回归线的变化率b。函数语法如下：

```
SLOPE(known_y's,known_x's)
```

参数known_y's为数字型因变量数据点数组或单元格区域。

参数known_x's为自变量数据点集合。

计算公式为：

$$b=\frac{\Sigma(x-\bar{x})(y-\bar{y})}{\Sigma(x-\bar{x})^2}$$

其中$\bar{x}$和$\bar{y}$是样本平均值AVERAGE(known_x's)和AVERAGE(known_y's)。

INTERCEPT函数利用已知的x值与y值计算直线$y=a+bx$与y轴交叉点a，即直线的截距。交叉点是以通过已知x值和已知y值绘制的最佳拟合回归线为基础的。函数语法如下：

```
INTERCEPT(known_y's,known_x's)
```

参数known_y's为因变的观察值或数据的集合。

参数known_x's为自变的观察值或数据的集合。

计算公式为：

$$a=\bar{y}-b\bar{x}$$

其中$\bar{x}$和$\bar{y}$是样本平均值AVERAGE(known_x's)和AVERAGE(known_y's)，斜率b为SLOPE(known_y's,known_x's)。

RSQ函数通过 known_y's 和 known_x's 中的数据点返回PEARSON乘积矩相关系数的平方，R平方值可以解释为y方差可归于x方差的比例。R平方值介于 0~1 之间，越接近 1，表示回归拟合效果越好。函数语法如下：

```
RSQ(known_y's,known_x's)
```

参数known_y's为数组或数据点区域。

参数known_x's为数组或数据点区域。

计算公式为：

$$\text{RSQ}=\frac{\left(\Sigma(x-\bar{x})(y-\bar{y})\right)^2}{\Sigma(x-\bar{x})^2\,\Sigma(y-\bar{y})^2}$$

其中$\overline{x}$和$\overline{y}$是样本平均值AVERAGE(known_x's)和AVERAGE(known_y's)。

示例15-55 计算一组数据的线性回归数据

如图 15-65 所示，A列为数据的x轴，B列为数据的y轴，在E2 输入以下公式，计算该趋势的斜率为 1.1991。

```
=SLOPE(B2:B7,A2:A7)
```

在E3 输入以下公式，计算该趋势的截距为 18.046。

```
=INTERCEPT(B2:B7,A2:A7)
```

在E4 输入以下公式，计算该趋势的R平方值为 0.891。

```
=RSQ(B2:B7,A2:A7)
```

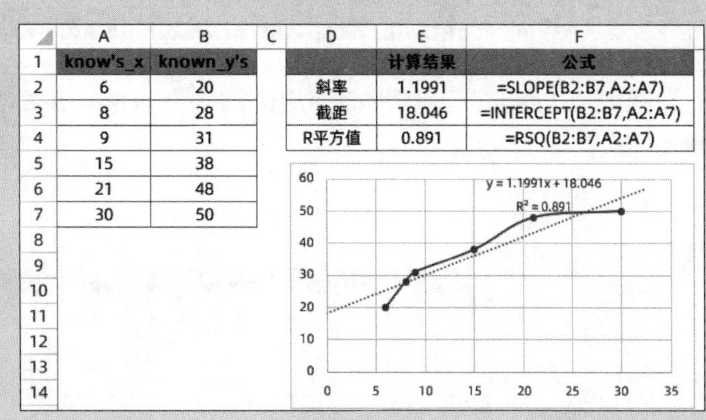

	A	B	C	D	E	F
1	know's_x	known_y's			计算结果	公式
2	6	20		斜率	1.1991	=SLOPE(B2:B7,A2:A7)
3	8	28		截距	18.046	=INTERCEPT(B2:B7,A2:A7)
4	9	31		R平方值	0.891	=RSQ(B2:B7,A2:A7)
5	15	38				
6	21	48				
7	30	50				
8						
9						
10						
11						
12						
13						
14						

图 15-65 计算一组数据的线性回归数据

图 15-65 中利用A2:B7 单元格的数据制作散点图，添加线性趋势线后，设置该趋势线“显示公式”和“显示R平方值”，其公式即为：$y = 1.1991x + 18.046$，R^2=0.891。

15.11.2 用TREND函数和FORECAST函数计算内插值

➲ Ⅰ 插值计算

插值法又称“内插法”，主要包括线性插值、抛物线插值和拉格朗日插值等。其中的线性插值法在日常工作中较为常用，是指使用连接两个已知量的直线，来确定在这两个已知量之间的一个未知量的值。相当于已知坐标（$x0$,$y0$）与（$x1$,$y1$），要得到$x0$至$x1$区间内某一位置x在直线上的值y，如图 15-66 所示。

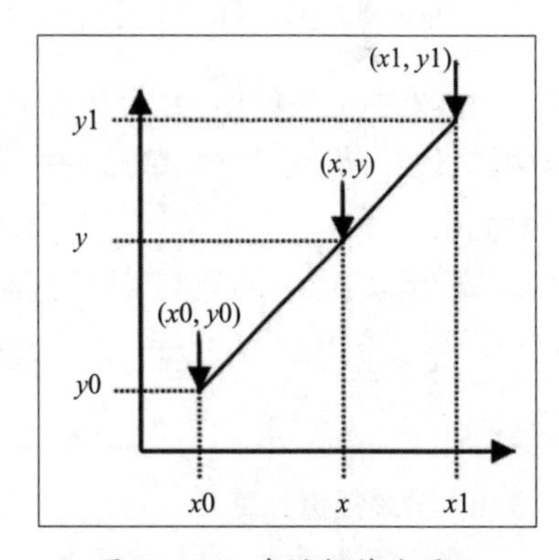

图 15-66 线性插值法图示

TREND函数和FORECAST函数都可以完成简单的线性插值计算。

TREND函数的作用是根据已知x序列的值和y序列的值，构造线性回归直线方程，然后根据构造好的直线方程，计算x值序列对应的y值序列。函数语法为：

```
TREND(known_y's,[known_x's],[new_x's],[const])
```

第一参数known_y's是已知关系$y=mx+b$中的y值集合。

第二参数[known_x's]是已知关系$y=mx+b$中的x值集合。

第三参数[new_x's]用于指定新x值。

第四参数如果为 TRUE 或省略，b将按正常计算。如果为FALSE，b将被设为 0（零）。

FORECAST函数的作用是根据现有的x值和y值，根据给定的x值通过线性回归来预测新的y值。函数语法为：

```
FORECAST(x,known_y's,known_x's)
```

第一参数x是需要进行预测的数据点。第二参数和第三参数分别对应已知的y值和x值。

示例15-56 根据水位计算水面面积

图 15-67 展示的是某水库库容测量表的部分内容，需要根据H2 单元格中已知的水位，测算对应的水面面积。

I2 =TREND(B2:B15,A2:A15,H2)

	A	B	C	D	E	F	G	H	I
1	水位	水面面积	平均面积	高差	分层库容	累计库容		水位	水面面积
2	50.0	1,045	1,045	4.0	4,180	4,180		54.37	7,288
3	51.0	2,131	1,588	1.0	1,588	5,768			
4	52.0	3,410	2,770	1.0	2,770	8,538			
5	53.0	4,452	3,931	1.0	3,931	12,469			
6	54.0	6,452	5,452	1.0	5,452	17,921			
7	55.0	8,148	7,300	1.0	7,300	25,221			
8	56.0	9,494	8,821	1.0	8,821	34,042			
9	57.0	11,009	10,251	1.0	10,251	44,293			
10	58.0	12,938	11,973	1.0	11,973	56,267			
11	58.5	13,796	13,367	0.5	6,684	62,950			
12	59.0	14,801	14,298	0.5	7,149	70,099			
13	60.0	16,733	15,767	1.0	15,767	85,866			
14	61.0	18,789	17,761	1.0	17,761	103,628			
15	62.0	20,481	19,635	1.0	19,635	123,263			

图 15-67 根据水位计算水面面积

在I2 单元格输入以下公式，计算结果为 7288。

```
=TREND(B2:B15,A2:A15,H2)
```

本例中，TREND函数的y值集合为B2:B15 单元格区域的水面面积，x值集合为A2:A15 单元格区域中的水位，新x值为H2 单元格中指定的水位。TREND函数省略第四参数，计算出水位为 54.37 时的水面面积。

使用以下公式也可实现相同的计算。

```
=FORECAST(H2,B2:B15,A2:A15)
```

Ⅱ 分段插值计算

在插值计算中，取样点越多，插值结果的误差越小。分段线性插值相当于将与插值点靠近的两个数据点使用直线连接，然后在直线上选取对应插值点的数。

示例15-57 用分段线性插值法计算船舶排水量

图 15-68 展示的是某船舶公司静水力参数表的部分内容，需要根据J2 单元格中指定的“型吃水d”参数，以分段线性插值法计算对应的排水量。

K2 =TREND(OFFSET(B2,MATCH(J2,A3:A13),0,2),OFFSET(A2,MATCH(J2,A3:A13),0,2),J2)

	A	B	C	D	E	F	G	H	I	J	K
1	型吃水 d	排水量 A	总载重量 DW	厘米吃水吨数TPC	厘米纵倾力矩MTC	横稳心距基线高度KM	浮心距船中距离Xb	漂心距船中距离Xf		型吃水 d	排水量 A
2	(m)	(t)	(t)	(t/cm)	(9.81kN.m/cm)	(m)	(m)	(m)		8.2	17,180
3	6.0	11,860	6,295	23.02	177.25	8.840	0.164	-0.880			
4	6.2	12,340	6,776	23.17	179.60	8.800	0.120	-1.130			
5	6.4	12,820	7,255	23.32	182.00	8.760	0.068	-1.400			
6	6.6	13,280	7,715	23.46	184.50	8.738	0.015	-1.710			
7	6.8	13,760	8,195	23.63	187.00	8.720	-0.048	-2.040			
8	7.0	14,240	8,675	23.78	189.75	8.710	-0.114	-2.400			
9	7.2	14,710	9,145	23.95	192.50	8.710	-0.192	-2.750			
10	7.4	15,200	9,635	24.11	196.00	8.714	-0.280	-3.135			
11	7.6	15,680	10,115	24.29	198.50	8.720	-0.370	-3.510			
12	7.8	16,180	10,615	24.46	202.00	8.740	-0.483	-3.895			
13	8.8	18,680	13,115	25.39	222.50	8.894	-1.050	-5.450			

图 15-68　静水力参数表

在K2 单元格输入以下公式，结果为 17180。

```
=TREND(OFFSET(B2,MATCH(J2,A3:A13),0,2),OFFSET(A2,MATCH(J2,A3:A13),0,2),J2)
```

公式中的“MATCH(J2,A3:A13)”部分，MATCH函数省略第三参数的参数值，在升序排列的A3:A13单元格区域中，以近似匹配方式查找J2 单元格“型吃水d”参数所在的位置。在查询不到与J2 单元格相同的值时，以小于该查询值的最接近值进行匹配，并返回其相对位置，结果为 10。

公式中的“OFFSET(B2,MATCH(J2,A3:A13),0,2)”部分，OFFSET函数以B2 单元格为基点，以MATCH函数的查询结果 10 作为向下偏移的行数，向右偏移的列数为 0，新引用的行数为 2，最终得到的引用为B12 和B13 单元格中的排水量对照数据{16180;18680}。

同理，使用“OFFSET(A2,MATCH(J2,A3:A13),0,2)”部分得到的引用为A12 和A13 单元格中的“型吃水d”对照数据{7.8;8.8}。

最后使用TREND函数，分别以两个OFFSET函数返回的引用作为已知的y值集合和已知的x值集合，以J2 单元格中的“型吃水d”数据为新x值，计算出与之对应的排水量数据。

15.12　概率分布函数

事件的概率表示一次试验中某一个结果发生的可能性大小，概率分布用于表述随机变量取值的概率规律。本节将介绍几个常用的概率分布函数，包括标准正态分布NORM.S.DIST函数，卡方分布CHISQ.INV.RT和CHISQ.INV函数、F分布F.INV.RT和F.INV函数、t分布T.INV.2T和T.INV函数。

15.12.1　标准正态分布函数

若随机变量x的概率密度函数为：

$$f(z)=\frac{1}{\sigma\sqrt{2\pi}}e^{-\frac{1}{2\sigma^2}(x-\mu)^2},-\infty<x<\infty$$

则称x服从参数为μ、σ^2 的正态分布，记为$x\sim N(\mu,\sigma^2)$。

当$\mu=0$、$\sigma=1$时，正态分布就成为标准正态分布，记为$x\sim N(0,1)$，标准正态分布密度函数的公式为：

$$f\left(z\right)=\frac{1}{\sqrt{2\pi}}e^{-\frac{z^2}{2}},-\infty<x<\infty$$

NORM.S.DIST 函数返回标准正态分布函数（该分布的平均值为 0，标准偏差为 1）。函数语法为：

```
NORM.S.DIST(z,cumulative)
```

第一参数 z 表示需要计算其分布的数值。如果 z 是非数字，则 NORM.S.DIST 返回 #VALUE! 错误值。

第二参数 cumulative 是决定函数形式的逻辑值。如果 cumulative 为 TRUE，则 NORMS.DIST 返回累积分布函数；如果为 FALSE，则返回概率密度函数。

示例15-58 制作标准正态分布表

在 B1:K1 单元格区域依次录入 0,0.01,...,0.09 这 10 个数字，在 A2:A22 单元格区域依次录入 0.0,0.1, 0.2,...,2.0 共 21 个数据，在 B2 单元格输入以下公式，并复制到 B2:K22 单元格区域，即可完成标准正态分布表的制作。

```
=NORM.S.DIST($A2+B$1,TRUE)
```

B2 =NORM.S.DIST($A2+B$1,TRUE)

	A	B	C	D	E	F	G	H	I	J	K
1	**z**	**0**	**0.01**	**0.02**	**0.03**	**0.04**	**0.05**	**0.06**	**0.07**	**0.08**	**0.09**
2	**0.0**	0.5000	0.5040	0.5080	0.5120	0.5160	0.5199	0.5239	0.5279	0.5319	0.5359
3	**0.1**	0.5398	0.5438	0.5478	0.5517	0.5557	0.5596	0.5636	0.5675	0.5714	0.5753
4	**0.2**	0.5793	0.5832	0.5871	0.5910	0.5948	0.5987	0.6026	0.6064	0.6103	0.6141
5	**0.3**	0.6179	0.6217	0.6255	0.6293	0.6331	0.6368	0.6406	0.6443	0.6480	0.6517
6	**0.4**	0.6554	0.6591	0.6628	0.6664	0.6700	0.6736	0.6772	0.6808	0.6844	0.6879
7	**0.5**	0.6915	0.6950	0.6985	0.7019	0.7054	0.7088	0.7123	0.7157	0.7190	0.7224
8	**0.6**	0.7257	0.7291	0.7324	0.7357	0.7389	0.7422	0.7454	0.7486	0.7517	0.7549
9	**0.7**	0.7580	0.7611	0.7642	0.7673	0.7704	0.7734	0.7764	0.7794	0.7823	0.7852
10	**0.8**	0.7881	0.7910	0.7939	0.7967	0.7995	0.8023	0.8051	0.8078	0.8106	0.8133
11	**0.9**	0.8159	0.8186	0.8212	0.8238	0.8264	0.8289	0.8315	0.8340	0.8365	0.8389
12	**1.0**	0.8413	0.8438	0.8461	0.8485	0.8508	0.8531	0.8554	0.8577	0.8599	0.8621
13	**1.1**	0.8643	0.8665	0.8686	0.8708	0.8729	0.8749	0.8770	0.8790	0.8810	0.8830
14	**1.2**	0.8849	0.8869	0.8888	0.8907	0.8925	0.8944	0.8962	0.8980	0.8997	0.9015
15	**1.3**	0.9032	0.9049	0.9066	0.9082	0.9099	0.9115	0.9131	0.9147	0.9162	0.9177
16	**1.4**	0.9192	0.9207	0.9222	0.9236	0.9251	0.9265	0.9279	0.9292	0.9306	0.9319
17	**1.5**	0.9332	0.9345	0.9357	0.9370	0.9382	0.9394	0.9406	0.9418	0.9429	0.9441

图 15-69 制作标准正态分布表

15.12.2 卡方分布函数

$x_1,x_2,\ldots,x_n$ 相互独立且均为服从 $N(0,1)$ 分布的随机变量，则称随机变量 $\chi^2=\sum_{i=1}^{n}x_i^2$ 服从自由度为 n 的 χ^2 分布，记为 $\chi^2\sim\chi^2\left(n\right)$。概率密度函数为：

$$f\left(x,n\right)=\frac{1}{2^{\frac{n}{2}}\tilde{A}\left(\frac{n}{2}\right)}e^{-\frac{x}{2}}x^{\frac{n}{2}-1},\quad x>0$$

在Excel中，CHISQ.INV函数返回χ^2分布的左尾概率的反函数，CHISQ.INV.RT返回χ^2分布的右尾概率的反函数。语法分别为：

```
CHISQ.INV(probability,deg_freedom)
CHISQ.INV.RT(probability,deg_freedom)
```

参数probability为与χ^2分布相关联的概率。deg_freedom为自由度数。

如果任一参数是非数值型，则函数返回#VALUE!错误值。如果probability<0或probability>1，则函数返回#NUM!错误值。

如果deg_freedom不是整数，则将被截尾取整。如果deg_freedom<1，则函数返回#NUM!错误值。

示例15-59 制作卡方分布临界值表

使用CHISQ.INV.RT函数可以制作卡方分布临界值表，在A2:A16单元格区域输入自由度，依次为1，2,...,14,15，在B1:L1单元格区域输入概率，依次为0.995、0.99、0.975等。

在B2单元格输入以下公式，并复制到B2:L16单元格区域，即可完成卡方分布临界值表的制作。

```
=CHISQ.INV.RT(B$1,$A2)
```

B2　=CHISQ.INV.RT(B$1,$A2)

	A	B	C	D	E	F	G	H	I	J	K	L
1	α 自由度	0.995	0.990	0.975	0.970	0.950	0.900	0.100	0.050	0.025	0.010	0.005
2	1	0.0000	0.0002	0.0010	0.0014	0.0039	0.0158	2.7055	3.8415	5.0239	6.6349	7.8794
3	2	0.0100	0.0201	0.0506	0.0609	0.1026	0.2107	4.6052	5.9915	7.3778	9.2103	10.5966
4	3	0.0717	0.1148	0.2158	0.2451	0.3518	0.5844	6.2514	7.8147	9.3484	11.3449	12.8382
5	4	0.2070	0.2971	0.4844	0.5351	0.7107	1.0636	7.7794	9.4877	11.1433	13.2767	14.8603
6	5	0.4117	0.5543	0.8312	0.9031	1.1455	1.6103	9.2364	11.0705	12.8325	15.0863	16.7496
7	6	0.6757	0.8721	1.2373	1.3296	1.6354	2.2041	10.6446	12.5916	14.4494	16.8119	18.5476
8	7	0.9893	1.2390	1.6899	1.8016	2.1673	2.8331	12.0170	14.0671	16.0128	18.4753	20.2777
9	8	1.3444	1.6465	2.1797	2.3101	2.7326	3.4895	13.3616	15.5073	17.5345	20.0902	21.9550
10	9	1.7349	2.0879	2.7004	2.8485	3.3251	4.1682	14.6837	16.9190	19.0228	21.6660	23.5894
11	10	2.1559	2.5582	3.2470	3.4121	3.9403	4.8652	15.9872	18.3070	20.4832	23.2093	25.1882
12	11	2.6032	3.0535	3.8157	3.9972	4.5748	5.5778	17.2750	19.6751	21.9200	24.7250	26.7568
13	12	3.0738	3.5706	4.4038	4.6009	5.2260	6.3038	18.5493	21.0261	23.3367	26.2170	28.2995
14	13	3.5650	4.1069	5.0088	5.2210	5.8919	7.0415	19.8119	22.3620	24.7356	27.6882	29.8195
15	14	4.0747	4.6604	5.6287	5.8556	6.5706	7.7895	21.0641	23.6848	26.1189	29.1412	31.3193
16	15	4.6009	5.2293	6.2621	6.5032	7.2609	8.5468	22.3071	24.9958	27.4884	30.5779	32.8013

图 15-70　卡方分布临界值表

15.12.3　F分布函数

设相互独立的随机变量V和W分别服从自由度为n_1、n_2的χ^2分布，即$V \sim \chi^2(n_1)$，$W \sim \chi^2(n_2)$，则随机变量$F=\dfrac{V/n_1}{W/n_2}$服从F分布，n_1，n_2分别是它的第一自由度和第二自由度，且通常记为$F \sim F(n_1,n_2)$。

在F检验中，可以使用F分布比较两组数据中的变化程度。Excel中，F.INV函数返回F概率分布函数的反函数值，F.INV.RT返回(右尾)F概率分布函数的反函数值。语法分别为：

```
F.INV(probability,deg_freedom1,deg_freedom2)
F.INV.RT(probability,deg_freedom1,deg_freedom2)
```

参数probability为F累积分布的概率值。deg_freedom1为分子自由度，也即第一自由度。deg_freedom2为分母自由度，也即第二自由度。

如果任一参数是非数值型，则函数返回#VALUE!错误值。如果probability<0或probability>1，则函数返回#NUM!错误值。

如果deg_freedom1或deg_freedom2不是整数，则将被截尾取整。如果deg_freedom1<1或deg_freedom2<1，则函数返回#NUM!错误值。

示例15-60 制作F分布临界值表

使用F.INV.RT函数可以制作F分布临界值表，在B1单元格输入概率，这里为0.01。在B2:K2单元格区域和A3:A12单元格区域分别输入第一和第二自由度，依次为1,2,...,9,10。

在B3单元格输入以下公式，并复制到B3:K12单元格区域，即可完成F分布临界值表的制作。

```
=F.INV.RT($B$1,B$2,$A3)
```

B3 | =F.INV.RT($B$1,B$2,$A3)

	A	B	C	D	E	F	G	H	I	J	K
1	α=	0.01									
2	V1 / V2	1	2	3	4	5	6	7	8	9	10
3	1	4052.1807	4999.5000	5403.3520	5624.5833	5763.6496	5858.9861	5928.3557	5981.0703	6022.4732	6055.8467
4	2	98.5025	99.0000	99.1662	99.2494	99.2993	99.3326	99.3564	99.3742	99.3881	99.3992
5	3	34.1162	30.8165	29.4567	28.7099	28.2371	27.9107	27.6717	27.4892	27.3452	27.2287
6	4	21.1977	18.0000	16.6944	15.9770	15.5219	15.2069	14.9758	14.7989	14.6591	14.5459
7	5	16.2582	13.2739	12.0600	11.3919	10.9670	10.6723	10.4555	10.2893	10.1578	10.0510
8	6	13.7450	10.9248	9.7795	9.1483	8.7459	8.4661	8.2600	8.1017	7.9761	7.8741
9	7	12.2464	9.5466	8.4513	7.8466	7.4604	7.1914	6.9928	6.8400	6.7188	6.6201
10	8	11.2586	8.6491	7.5910	7.0061	6.6318	6.3707	6.1776	6.0289	5.9106	5.8143
11	9	10.5614	8.0215	6.9919	6.4221	6.0569	5.8018	5.6129	5.4671	5.3511	5.2565
12	10	10.0443	7.5594	6.5523	5.9943	5.6363	5.3858	5.2001	5.0567	4.9424	4.8491

图 15-71　F分布临界值表

15.12.4　t分布函数

设随机变量U服从标准正态分布，随机变量W服从自由度为n的χ^2分布，且U与W相互独立，则称随机变量$T=\frac{U}{\sqrt{W/n}}$服从自由度为n的t分布，记为$T\sim t(n)$。

t分布用于根据小样本来估计呈正态分布且方差未知的总体的均值。Excel中，T.INV函数返回t分布的左尾反函数，T.INV.2T返回t分布的双尾反函数。语法分别为：

```
T.INV(probability,deg_freedom)
T.INV.2T(probability,deg_freedom)
```

参数probability为t分布相关的概率。deg_freedom为分布的自由度数。

如果任一参数是非数值型，则函数返回#VALUE!错误值。如果probability<0或probability>1，则函

数返回 #NUM! 错误值。

如果 deg_freedom 不是整数，则将被截尾取整。如果 deg_freedom<1，则函数返回 #NUM! 错误值。

通过将 probability 替换为 2*probability，可以返回单尾 t 值。对于概率为 0.05 及自由度为 10 的情况，使用 T.INV.2T(0.05,10) 计算双尾值。对于相同概率和自由度的情况，可以使用 T.INV.2T(2*0.05,10) 计算单尾值。

示例15-61 制作t分布临界值表

使用 T.INV.2T 函数可以制作 t 分布临界值表，在 B1:F1 单元格区域输入单侧概率值，依次为 0.1、0.05、0.025、0.01、0.005，在 B2:F2 单元格区域输入双侧概率值，为 B1:E1 单元格区域数值的 2 倍。在 A3:A17 单元格区域输入自由度，依次为 1,2,...,14,15。

在 B3 单元格输入以下公式，并复制到 B3:F17 单元格区域，即可完成 t 分布临界值表的制作。

```
=T.INV.2T(B$2,$A3)
```

这里还可以使用 T.INV 函数完成相同数值的计算，在 B3 单元格输入以下公式，并复制到 B3:K17 单元格区域。

```
=-T.INV(B$1,$A3)
```

B3 =T.INV.2T(B$2,$A3)

	A	B	C	D	E	F
1	单侧α	0.100	0.050	0.025	0.010	0.005
2	双侧α	0.200	0.100	0.050	0.020	0.010
3	1	3.0777	6.3138	12.7062	31.8205	63.6567
4	2	1.8856	2.9200	4.3027	6.9646	9.9248
5	3	1.6377	2.3534	3.1824	4.5407	5.8409
6	4	1.5332	2.1318	2.7764	3.7469	4.6041
7	5	1.4759	2.0150	2.5706	3.3649	4.0321
8	6	1.4398	1.9432	2.4469	3.1427	3.7074
9	7	1.4149	1.8946	2.3646	2.9980	3.4995
10	8	1.3968	1.8595	2.3060	2.8965	3.3554
11	9	1.3830	1.8331	2.2622	2.8214	3.2498
12	10	1.3722	1.8125	2.2281	2.7638	3.1693
13	11	1.3634	1.7959	2.2010	2.7181	3.1058
14	12	1.3562	1.7823	2.1788	2.6810	3.0545
15	13	1.3502	1.7709	2.1604	2.6503	3.0123
16	14	1.3450	1.7613	2.1448	2.6245	2.9768
17	15	1.3406	1.7531	2.1314	2.6025	2.9467

图 15-72 t分布临界值表

练习与巩固

1. 列出以下各个功能对应的函数名称。

统计列表中数字的个数:(　　)

统计列表中非空单元格的个数:(　　)

统计列表中空白单元格的个数:(　　)

统计一组数的中位数:(　　)

统计最大和最小值:(　　)和(　　)

2. 假设 B2:B20 单元格区域是员工的身份证号，判断每个身份证号是否唯一，以下公式是否正确："=COUNTIF(B:B,B2)"。

3. 参考图 15-73，基础数据在 A1:D14 单元格区域，请书写公式统计 2 组销售金额小于 5000 的人员的销售金额合计。

	A	B	C	D
1	组别	姓名	销售日期	销售金额
2	1组	陆逊	2023/2/3	5,000
3	1组	刘备	2023/2/3	5,000
4	1组	孙坚	2023/2/22	3,000
5	1组	孙策	2023/3/22	9,000
6	2组	刘璋	2023/2/3	5,000
7	2组	司马懿	2023/2/24	7,000
8	2组	周瑜	2023/3/8	8,000
9	2组	曹操	2023/3/9	5,000
10	2组	孙尚香	2023/3/10	4,000
11	2组	小乔	2023/3/31	2,000
12	3组	孙权	2023/1/3	4,000
13	3组	刘表	2023/2/4	5,000
14	3组	诸葛亮	2023/2/5	8,000

图 15-73　销售数据统计

4. 沿用上题示例，计算 2 月份销售金额合计，请指出以下公式错误的原因并修正："=SUMIF(MONTH(C2:C14),2,D2:D14)"。

5. 有甲、乙两名射击运动员，在一次测试选拔赛中，每人射击 10 枪，两名运动员射击环数如图 15-74 所示，请问派哪位运动员参加正式比赛的稳定性更高?

	A	B	C
1	轮次	甲	乙
2	1	8	8
3	2	8	9
4	3	9	10
5	4	10	7
6	5	8	9
7	6	10	9
8	7	8	9
9	8	10	10
10	9	8	10
11	10	8	6
12	总环数	87	87

图 15-74　射击运动员成绩

6. 请简述函数公式"=SUBTOTAL(9,D2:D14)"与"=SUBTOTAL(109,D2:D14)"的异同点。

第 16 章　数组运算与数组公式

使用数组运算能够完成一些普通函数无法完成的计算需求。本章重点介绍数组、数组运算与数组公式的概念，内存数组的构建及数组公式的一些高级应用。

本章学习要点

（1）理解数组、数组公式与数组运算的概念。
（2）掌握数组的重构技术。
（3）了解数组公式的一些高级应用。

16.1　理解数组

16.1.1　数组的相关定义

在Excel函数与公式中，数组是指按单行单列或多行多列排列的数据元素的有序集合。数据元素可以是数值、文本、逻辑值和错误值等。

数组的维度是指数组的行列方向，一行多列的数组被称为一维横向数组或水平数组。一列多行的数组被称为一维纵向数组或垂直数组。多行多列的数组同时拥有纵向和横向两个维度，被称为二维数组。

数组的维数是指数组中不同维度的个数。只有一行或一列的数组称为一维数组；多行多列拥有两个维度的数组称为二维数组。

数组的尺寸是以数组各行各列上的元素个数来表示的。一行N列的一维横向数组的尺寸为$1\times N$；一列N行的一维纵向数组的尺寸为$N\times 1$；M行N列的二维数组的尺寸为$M\times N$。

16.1.2　数组的存在形式

➲ Ⅰ　常量数组

常量数组是指直接在公式中写入数组元素，并用大括号“{ }”在首尾进行标识的字符串表达式。常量数组不依赖单元格区域，可直接参与公式的计算。

常量数组的组成元素只能是常量，不允许使用函数公式或单元格引用。数值型常量元素中不可以包含美元符号、逗号（千分位符）、括号和百分号。

一维纵向数组的各元素之间用半角分号“;”间隔，以下公式表示尺寸为 6×1 的数值型常量数组：

```
={1;2;3;4;5;6}
```

一维横向数组的各元素之间用半角逗号“,”间隔，以下公式表示尺寸为 1×4 的文本型常量数组：

```
={"二","三","四","五"}
```

每个文本型常量元素必须用一对半角双引号“" "”将首尾标识出来。

二维数组的每一行上的元素用半角逗号“,”间隔，每一列上的元素用半角分号“;”间隔。以下公式表示尺寸为 4×3 的二维混合数据类型的数组，包含数值、文本、日期、逻辑值和错误值。

```
={1,2,3;"姓名","刘丽","2014/10/13";TRUE,FALSE,#N/A;#DIV/0!,#NUM!,#REF!}
```

如果将这个数组填入单元格区域中，结果如图 16-1 所示。

	A	B	C
1	1	2	3
2	姓名	刘丽	2014/10/13
3	TRUE	FALSE	#N/A
4	#DIV/0!	#NUM!	#REF!

图 16-1　4 行 3 列的数组

提示

手工输入常量数组的过程比较烦琐，可以借助单元格引用来简化常量数组的录入。例如，在单元格 A1:A7 中分别输入“A~G”的字母后，在 B1 单元格中输入公式“=A1:A7”，然后在编辑栏中选中公式，按<F9>键即可将单元格引用转换为常量数组。

➲ Ⅱ　区域数组

区域数组是公式中对单元格区域的直接引用，例如，以下公式中的 A1:A9 和 B1:B9 都是区域数组：

```
=SUMPRODUCT(A1:A9*B1:B9)
```

示例16-1　计算商品总销售额

图 16-2 展示的是不同商品销售情况的部分内容，需要根据 B 列的单价和 C 列的数量计算商品的总销售额。

在 E2 单元格输入以下公式：

```
=SUM(B2:B10*C2:C10)
```

公式中的 B2:B10 和 C2:C10 属于区域数组，两个数组之间执行多项乘积计算，返回 9 行 1 列的内存数组：

```
{15;18.4;50;32;44;30.4;18;25.5;19.2}
```

最后使用 SUM 函数汇总求和。

公式计算过程如图 16-3 所示。

E2 =SUM(B2:B10*C2:C10)

	A	B	C	D	E
1	商品	单价	数量		总销售额
2	苹果	7.5	2		252.5
3	香蕉	4.6	4		
4	梨	10	5		
5	桂圆	8	4		
6	草莓	22	2		
7	山楂	7.6	4		
8	蜜柚	9	2		
9	香橙	8.5	3		
10	沙糖桔	4.8	4		

图 16-2　计算商品总销售额

7.5	X	2	=	15
4.6	X	4	=	18.4
10	X	5	=	50
8	X	4	=	32
22	X	2	=	44
7.6	X	4	=	30.4
9	X	2	=	18
8.5	X	3	=	25.5
4.8	X	4	=	19.2

图 16-3　多项运算的过程

提示

在 Excel 2021 以下版本中，输入数组公式时需要按<Ctrl+Shift+Enter>组合键完成公式编辑。

➲ Ⅲ　内存数组

内存数组是指通过公式计算，在内存中临时构成的数组。内存数组不需要存储到单元格区域中，可作为一个整体直接嵌套到其他公式中继续参与计算。例如：

```
=SMALL(A1:A9,{1,2,3})
```

公式中的{1,2,3}是常量数组，而整个公式的计算结果为A1:A9 单元格区域中最小的 3 个数值构成的内存数组。

内存数组与区域数组的主要区别如下。

（1）区域数组通过单元格区域引用获得，内存数组通过公式计算获得。

（2）区域数组依赖于引用的单元格区域，内存数组独立存在于内存中。

示例16-2　计算前三名的销售额占比

图 16-4 展示的是某单位员工销售业绩表的部分内容，需要计算前三名的销售额在销售总额中所占的百分比。

在D2 单元格输入以下公式：

```
=SUM(LARGE(B2:B10,ROW(1:3)))/
SUM(B2:B10)
```

公式中，ROW(1:3)部分返回1~3 的序列值。LARGE(B2:B10,ROW(1:3))部分用于计算B2:B10 单元格区域中第 1~3 个最大值，返回 1 列 3 行的内存数组，结果为{280;221;201}。

	A	B	C	D
1	姓名	销售额		前三名占总额的百分比
2	杨建民	221		46.8%
3	王强	280		
4	田园	97		
5	何婵娟	106		
6	何桂琼	171		
7	浦绍泽	201		
8	樊兴苹	139		
9	李福元	149		
10	王秀珍	136		

图 16-4　前三名的销售额占比

使用SUM函数汇总出前 3 名的销售总额，再除以SUM(B2:B10)得到的销售总额，返回前三名的销售额在销售总额中的占比。

➲ Ⅳ　命名数组

命名数组是使用命名公式（名称）定义的常量数组、区域数组或内存数组，可在公式中调用。在数据验证和条件格式的自定义公式中不能使用常量数组，但可使用命名数组。

示例16-3　突出显示销量最后三名的数据

图 16-5 展示的是某单位员工销售数据表的部分内容，为了便于查看数据，需要通过设置条件格式的方法，突出显示销量最后三名的数据所在行。

	A	B	C
1	序号	姓名	销售额
2	1	任继先	212.5
3	2	陈尚武	87.5
4	3	李光明	120
5	4	李厚辉	157.5
6	5	毕淑华	120
7	6	赵会芳	160
8	7	赖群毅	125
9	8	李从林	105
10	9	路燕飞	133

图 16-5　销售数据表

步骤 1 定义名称。

单击【公式】选项卡下的【定义名称】按钮，弹出【新建名称】对话框。在【名称】编辑框中输入命名Name。在【引用位置】编辑框中输入以下公式，最后单击【确定】按钮完成设置。

```
=SMALL($C$2:$C$10,{1,2,3})
```

步骤② 设置条件格式。

选中A2:C10单元格区域，在【开始】选项卡中依次单击【条件格式】→【新建规则】命令，弹出【新建格式规则】对话框。

在【新建格式规则】对话框的【选中规则类型】列表框中，选中【使用公式确定要设置格式的单元格】。在【为符合此公式的值设置格式】的编辑框中输入以下公式。

```
=OR($C2=Name)
```

单击【格式】按钮，打开【设置单元格格式】对话框。在【填充】选项卡中，选取合适的颜色，如浅绿色。

最后依次单击【确定】按钮关闭对话框完成设置，设置后的显示效果如图16-6所示。由于C4单元格和C6单元格数值相同，并且都在最后三名的范围内，因此条件格式突出显示4行内容。

	A	B	C
1	序号	姓名	销售额
2	1	任继先	212.5
3	2	陈尚武	87.5
4	3	李光明	120
5	4	李厚辉	157.5
6	5	毕淑华	120
7	6	赵会芳	160
8	7	赖群毅	125
9	8	李从林	105
10	9	路燕飞	133

图 16-6　条件格式显示效果

在自定义名称的公式中，SMALL函数的第二参数使用了常量数组"{1,2,3}"，用于计算$C$2:$C$10单元格区域中的第1~3个最小值。该公式可以在单元格区域中正常使用，但在数据验证和条件格式的公式中不能使用常量数组，因此需要先将SMALL($C$2:$C$10,{1,2,3})部分定义为名称，通过迂回的方式进行引用。

在条件格式公式中，OR函数用于判断C列单元格的数值是否包含在定义名称的结果中。如果包含，则公式返回逻辑值TRUE，条件格式成立，单元格以绿色填充色突出显示。

如果事先未定义名称，而尝试在设置条件格式时使用以下公式，将弹出如图16-7所示的警告对话框，拒绝公式录入。

```
=OR($C2=SMALL($C$2:$C$10,{1,2,3}))
```

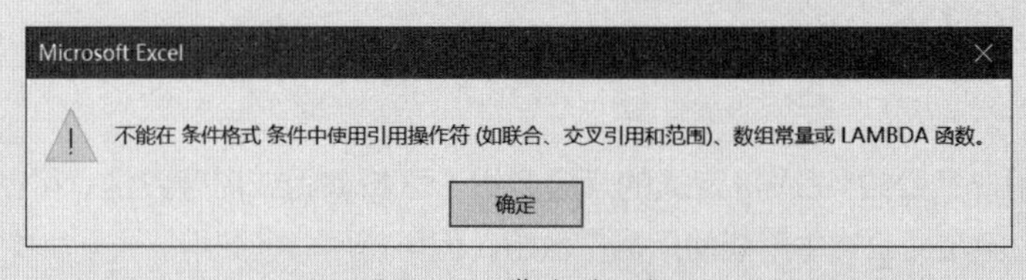

图 16-7　警告对话框

16.1　数组的直接运算

所谓数组的直接运算，是指不使用函数，直接使用运算符对数组进行运算。由于数组的构成元素包含数值、文本、逻辑值、日期值等，因此数组继承着各类数据的运算特性。数值型和逻辑型数组可以进行加、减、乘、除、乘方、开方等常规的算术运算，文本型数组可以进行连接符运算。

16.1.1　数组与单值直接运算

数组与单值(或单个元素的数组)可以直接运算，结果返回一个与原数组尺寸相同的新数组。

例如公式：

```
=5+{1,2,3,4}
```

返回与{1,2,3,4}相同尺寸的新数组：

```
{6,7,8,9}
```

16.1.2　同方向一维数组之间的直接运算

两个同方向的一维数组直接进行运算，会根据元素的位置进行一一对应运算，生成一个新的数组。例如公式：

```
={1;2;3;4}*{2;3;4;5}
```

返回结果为：

```
{2;6;12;20}
```

公式的运算过程如图 16-8 所示。

1	*	2	=	2
2	*	3	=	6
3	*	4	=	12
4	*	5	=	20

图 16-8　同方向一维数组的运算

参与运算的两个一维数组需要具有相同的尺寸，否则超出较小数组尺寸的运算结果部分会返回错误值#N/A。例如以下公式：

```
={1;2;3;4}+{1;2;3}
```

返回结果为：

```
{2;4;6;#N/A}
```

16.1.3　不同方向一维数组之间的直接运算

$M\times1$ 的垂直数组与 $1\times N$的水平数组直接运算的方式是：数组中每个元素分别与另一数组中的每个元素进行运算，返回$M\times N$的二维数组。

例如以下公式：

```
={1,2,3}^{1;2;3;4}
```

返回结果为：

```
{1,2,3;1,4,9;1,8,27;1,16,81}
```

公式运算过程如图 16-9 所示。

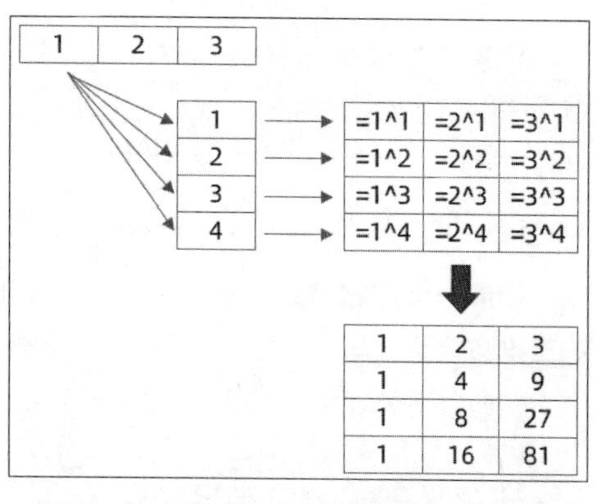

图 16-9　不同方向一维数组的运算过程

示例16-4　制作九九乘法表

如图 16-10 所示，需要使用公式制作九九乘法表。

B2 =IF(B1:J1<=A2:A10,B1:J1&"×"&A2:A10&"="&B1:J1*A2:A10,"")

	A	B	C	D	E	F	G	H	I	J	K
1		1	2	3	4	5	6	7	8	9	
2	1	1×1=1									
3	2	1×2=2	2×2=4								
4	3	1×3=3	2×3=6	3×3=9							
5	4	1×4=4	2×4=8	3×4=12	4×4=16						
6	5	1×5=5	2×5=10	3×5=15	4×5=20	5×5=25					
7	6	1×6=6	2×6=12	3×6=18	4×6=24	5×6=30	6×6=36				
8	7	1×7=7	2×7=14	3×7=21	4×7=28	5×7=35	6×7=42	7×7=49			
9	8	1×8=8	2×8=16	3×8=24	4×8=32	5×8=40	6×8=48	7×8=56	8×8=64		
10	9	1×9=9	2×9=18	3×9=27	4×9=36	5×9=45	6×9=54	7×9=63	8×9=72	9×9=81	

图 16-10 九九乘法表

在B2单元格输入以下公式，结果将自动溢出到相邻单元格区域：

```
=IF(B1:J1<=A2:A10,B1:J1&"×"&A2:A10&"="&B1:J1*A2:A10,"")
```

“B1:J1<=A2:A10”部分，分别判断B1:J1单元格区域内的数值是否小于等于A2:A10单元格区域内的数值，返回由逻辑值TRUE和FALSE组成的9列9行的内存数组：

```
{TRUE,FALSE,FALSE,FALSE,FALSE,FALSE,FALSE,FALSE,FALSE;…TRUE,TRUE}
```

“B1:J1&"×"&A2:A10&"="&B1:J1*A2:A10”部分，使用连接符“&”将单元格内容和运算符及算式进行连接，同样返回9列9行的内存数组：

```
{"1×1=1","2×1=2","3×1=3","4×1=4","5×1=5","6×1=6",…,"9×9=81"}
```

再使用IF函数进行判断，如果第一个内存数组中为逻辑值TRUE，则返回第二个内存数组中对应位置的文本算式，否则返回空文本。

计算得到的结果数组以B2单元格为起点，溢出到9列9行的单元格区域内，每个单元格显示结果数组中的一个元素。

16.1.4 一维数组与二维数组之间的直接运算

如果一维数组与二维数组在同维度上的尺寸一致，可以在这个方向上进行一一对应运算。即$M \times N$的二维数组可以与$M \times 1$或$1 \times N$的一维数组直接运算，返回一个$M \times N$的二维数组。

例如以下公式：

```
={1;2;3}*{1,2;3,4;5,6}
```

返回结果为：

```
{1,2;6,8;15,18}
```

公式运算过程如图16-11所示。

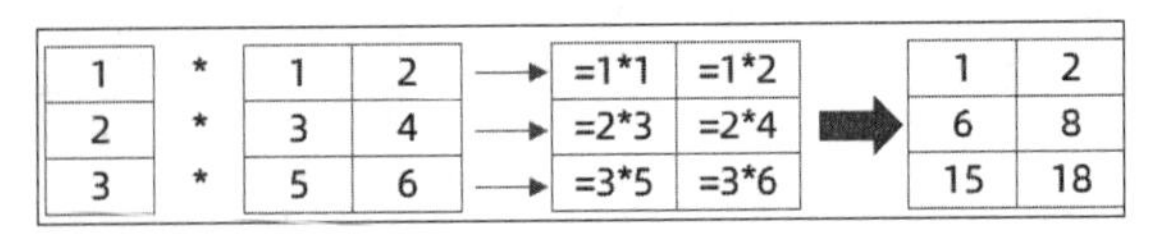

图 16-11 一维数组与二维数组的运算过程

如果一维数组与二维数组在同维度上的尺寸不一致，则结果将包含错误值#N/A。例如以下公式：

```
={1;2;3}*{1,2;3,4}
```

返回结果为：

```
{1,2;6,8;#N/A,#N/A}
```

16.1.5　二维数组之间的直接运算

两个具有相同尺寸的二维数组可以直接运算，运算过程是将相同位置的元素两两对应进行运算，返回一个与原数组尺寸一致的二维数组。例如以下公式：

```
={1,2;2,4;3,6;4,8}+{7,9;5,3;3,1;1,5}
```

返回结果为：

```
{8,11;7,7;6,7;5,13}
```

公式运算过程如图 16-12 所示。

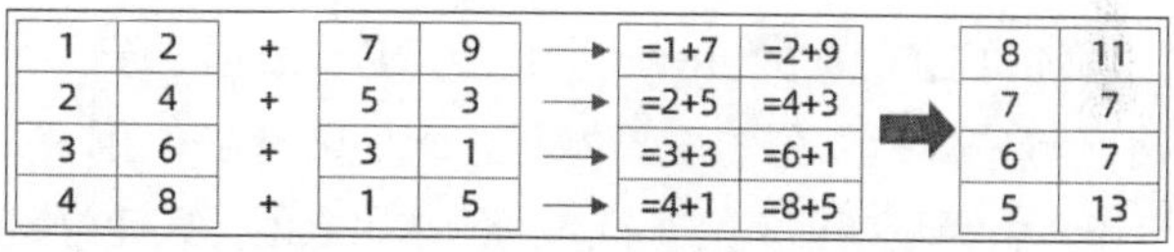

1 2 + 7 9 =1+7 =2+9 8 11
2 4 + 5 3 =2+5 =4+3 7 7
3 6 + 3 1 =3+3 =6+1 6 7
4 8 + 1 5 =4+1 =8+5 5 13

图 16-12　二维数组之间的运算过程

如果参与运算的两个二维数组尺寸不一致，生成的结果以两个数组中的最大行列尺寸为新的数组尺寸，但超出较小尺寸数组的部分会产生错误值#N/A。例如以下公式：


```
={1,2;2,4;3,6;4,8}+{7,9;5,3;3,1}
```

返回结果为：

```
{8,11;7,7;6,7;#N/A,#N/A}
```

16.1.6　数组的矩阵运算

MMULT 函数用于计算两个数组的矩阵乘积，函数语法如下：

```
MMULT(array1,array2)
```

其中，参数 array1、array2 是要进行矩阵乘法运算的两个数组。array1 的列数必须与 array2 的行数相同，而且两个数组都只能包含数值元素。参数可以是单元格区域、数组常量或引用。

示例16-5　了解MMULT函数运算过程

MMULT 函数进行矩阵乘积运算时，将参数 array1 各行中的每一个元素与参数 array2 各列中的每一个元素对应相乘，返回乘积之和。计算结果的行数等于 array1 的行数，列数等于 array2 的列数。

A B C D E F G
1
2 4 =1*4
3 32 5 =2*5
4 6 =3*6
5
6 1 2 3

图 16-13　计算矩阵乘积

如图 16-13 所示，B6:D6 单元格区域分别输入数字 1、2、3，F2:F4 单元格区域分别输入数字 4、5、6。在 C3 单元格输入以下公式，得到 B6:D6 与 F2:F4 单元格区域的矩阵乘积，结果为单个元素的数组 {32}。

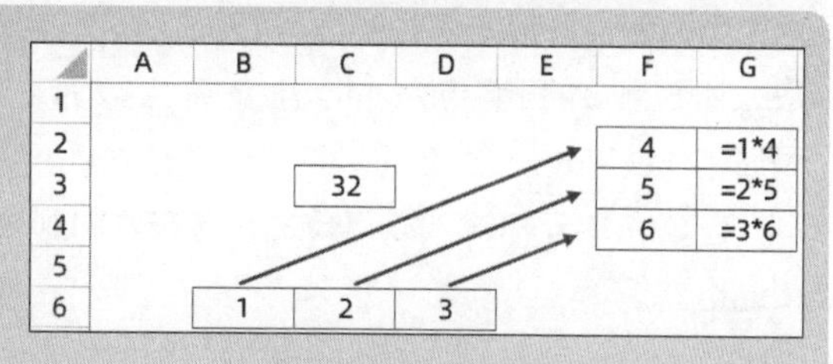

```
=MMULT(B6:D6,F2:F4)
```

其计算过程为：

```
=1*4+2*5+3*6
```

当array1 的列数与array2 的行数不相等，或是任意单元格为空或包含文字时，MMULT函数将返回错误值#VALUE!。

在图 16-13 中，array1 参数是B6:D6 单元格区域，其行数为 1；array2 参数是F2:F4 单元格区域，其列数也为 1，因此MMULT函数的计算结果为 1 行 1 列的单值数组。

如图 16-14 所示，在B12:B14 单元格区域分别输入数字 4、5、6，C15:E15 单元格区域分别输入数字1、2、3。在C12 单元格输入以下动态数组公式：

```
=MMULT(B12:B14,C15:E15)
```

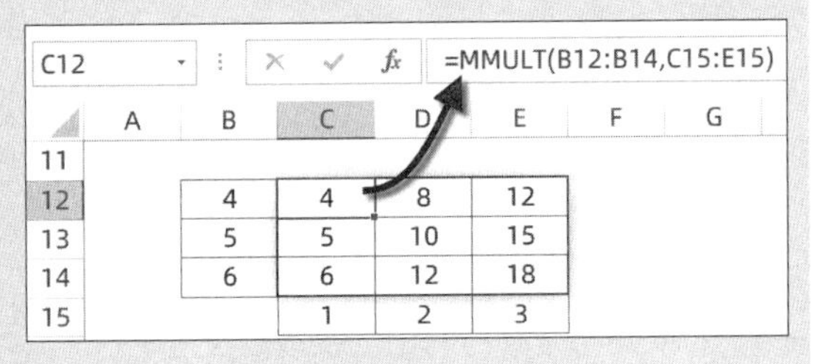

图 16-14 计算矩阵乘积

MMULT函数的array1 参数使用B12:B14 单元格区域的 3 行 1 列的垂直数组，array2 参数使用C15:E15 单元格区域的 1 行 3 列的水平数组，其计算结果为 3 行 3 列的内存数组：

```
{4,8,12;5,10,15;6,12,18}
```

计算得到的结果数组溢出存放在 3 行 3 列的单元格区域内，每个单元格显示结果数组中对应的元素。

在数组运算中，MMULT函数常用于生成内存数组，其结果用作其他函数的参数。通常情况下array1 参数使用水平数组，array2 参数使用垂直数组。

示例16-6 计算餐费分摊金额

图 16-15 展示的是某单位餐厅的员工进餐记录，B列是不同日期的餐费金额，C2:G10 单元格区域是员工的进餐情况，1 表示当日进餐，空白表示当日没有进餐。需要在C11:G11 单元格区域中，根据每日的进餐人数和餐费，计算每个人应分摊的餐费金额。

个人餐费计算方法为当日餐费除以当日进餐人数，如 5 月 21 日餐费为 44 元，进餐人数为 2 人，周通和杨铁每人分摊 22 元，其他人不分摊。

	A	B	C	D	E	F	G
1	日期	餐费	周通	黄师	杨铁	郭天	梅小风
2	5月21日	44	1		1		
3	5月22日	29		1		1	
4	5月23日	32			1	1	
5	5月24日	15	1		1		1
6	5月25日	89		1			
7	5月26日	16				1	
8	5月27日	22	1		1		1
9	5月28日	18	1			1	
10	5月29日	45	1	1			1
11	分摊金额		58.33	118.50	50.33	55.50	27.33

图 16-15 计算餐费分摊金额

在C11 单元格输入以下公式，向右复制到G11 单元格。

```
=SUM($B2:$B10/MMULT(--$C2:$G10,ROW(1:5)^0)*C2:C10)
```

C2:G10 单元格区域中存在空白单元格，直接使用MMULT函数时将返回错误值，因此先使用减负

运算，目的是将区域中的空白单元格转换为 0。

ROW(1:5)^0 部分，返回 1 列 5 行的内存数组{1;1;1;1;1}，用作MMULT函数的array2 参数。任意非 0 数值的 0 次幂结果均为 1，根据此特点，可以快速生成结果为 1 的水平或垂直内存数组。

“MMULT(--$C2:$G10,ROW(1:5)^0)”部分，计算减负运算后的C2:G10 与{1;1;1;1;1}的矩阵乘积。以C2:G2 为例，计算过程为：

```
=1*1+0*1+1*1+0*1+0*1
```

其他行以此类推。

MMULT函数依次计算每一行的矩阵相乘之和，返回如下内存数组：

```
{2;2;2;3;1;1;3;2;3}
```

结果相当于C2:G10 单元格区域中每一行的总和，即每日进餐的人数。

使用$B2:$B10 单元格区域的每日餐费，除以MMULT函数得到的每日进餐人数，结果即为每一天的进餐人员应分摊金额。再乘以C2:C10 单元格区域的个人进餐记录，得到“周通”每天的应分摊金额：

```
{22;0;0;5;0;0;7.33333333333333;9;15}
```

最后使用SUM函数汇总求和，再将单元格设置保留两位小数，结果为 58.33。

根据本书前言的提示，可观看关于“数组运算”的视频演示。

16.2　数组公式的概念

16.2.1　认识数组公式

➲ Ⅰ　Excel 2021 以下版本中的数组公式

在Excel 2021 以下的版本中，数组公式是以按<Ctrl+Shift+Enter>组合键来完成编辑的特殊公式。作为数组公式的标识，Excel会自动在数组公式的首尾添加大括号“{ }”。数组公式的实质是单元格公式的一种书写形式，用来显式地通知Excel计算引擎对其执行多项计算。

当编辑已有的数组公式时，大括号会自动消失，需要重新按<Ctrl+Shift+Enter>组合键完成编辑，否则公式将无法返回正确的结果。

在数据验证和条件格式的公式中，使用数组公式的规则和在单元格中有所不同，仅需输入公式，无须按<Ctrl+Shift+Enter>组合键完成编辑。

多项计算是对公式中有对应关系的数组元素同时分别执行相关计算的过程。按<Ctrl+Shift+Enter>组合键，即表示通知Excel执行多项计算。

以下两种情况下，必须使用数组公式才能得到正确结果。

（1）当公式的计算过程中存在多项计算，而使用的函数不支持非常量数组的多项计算时。

（2）当公式计算结果为数组，需要在多个单元格存放公式计算结果时。

Ⅱ Excel 2021 中的数组公式

Excel 2021 中的公式语言有了重大升级，它不再需要按<Ctrl+Shift+Enter>组合键来显式地通知 Excel 计算引擎对数组公式执行多项计算，而是默认直接执行多项运算。数组公式的首尾也不再显示大括号“{ }”。换言之，Excel 2021 中的数组公式，除了多单元格数组公式外，和普通公式的不同之处，只是执行了多项运算，在编辑方式和显示格式上不再有明显的不同之处。

16.2.2 多单元格数组公式

在多个单元格使用同一公式，按<Ctrl+Shift+Enter>组合键完成编辑形成的公式，称为多单元格数组公式或区域数组公式。

Excel 2021 以下版本中，在单个单元格中使用数组公式进行多项计算，有时会返回多个元素的运算结果，但一个单元格中只能显示单个值（通常是结果数组中的首个元素），而无法完整显示整组运算结果。使用多单元格数组公式，可以在选定的范围内完全展现出数组公式运算所产生的数组结果，每个单元格分别显示数组中的一个元素。

使用多单元格数组公式时，所选择的单元格个数必须与公式最终返回的数组元素个数相同。如果输入数组公式时，选择区域大于公式最终返回的数组元素个数，多出部分将显示为错误值 #N/A!。如果所选择的区域小于公式最终返回的数组元素个数，则公式结果显示不完整。

示例16-7 使用多单元格数组公式计算销售额

图 16-16 展示的是某超市销售记录表的部分内容，需要在F列计算不同业务员的销售额。

同时选中 F2:F9 单元格区域，在编辑栏输入以下公式（不包括两侧大括号），按<Ctrl+Shift+Enter>组合键完成编辑。

```
{=D2:D9*E2:E9}
```

公式将 D2:D9 单元格区域的单价分别乘以 E2:E9 单元格区域内各自的销售数量，获得一个内存数组：

```
{212.5;87.5;120;157.5;120;160;125;105}
```

F2 {=D2:D9*E2:E9}

	A	B	C	D	E	F
1	序号	销售员	饮品	单价	数量	销售额
2	1	任继先	可乐	2.5	85	212.5
3	2	陈尚武	雪碧	2.5	35	87.5
4	3	李光明	冰红茶	2.0	60	120.0
5	4	李厚辉	鲜橙多	3.5	45	157.5
6	5	毕淑华	美年达	3.0	40	120.0
7	6	赵会芳	农夫山泉	2.0	80	160.0
8	7	赖群毅	营养快线	5.0	25	125.0
9	8	李从林	原味绿茶	3.0	35	105.0

图 16-16 多单元格数组公式计算销售额

公式编辑完成后，Excel 会在 F2:F9 单元格区域中将内存数组中的每个元素依次显示出来。

针对多单元格数组公式的编辑有如下限制。

（1）不能单独改变公式区域中某一部分单元格的内容。

（2）不能单独移动或删除公式区域中的某一部分单元格。

（3）不能在公式区域插入新的单元格。

当用户进行以上操作时，Excel 会弹出“无法更改部分数组”的提示对话框，如图 16-17 所示。

图 16-17 无法更改部分数组

如需修改多单元格数组公式，操作步骤如下。

步骤① 选择公式所在单元格或单元格区域，按<F2>键进入编辑模式。

步骤② 修改公式内容后，按<Ctrl+Shift+Enter>组合键完成编辑。

如需删除多单元格数组公式，操作步骤如下。

步骤① 选择数组公式所在的任意一个单元格，按<F2>键进入编辑状态。

步骤② 删除该单元格公式内容后，按<Ctrl+Shift+Enter>组合键完成编辑。

另外，也可以先选择数组公式所在的任意一个单元格，按<Ctrl+/>组合键选择多单元格数组公式区域后，再进行编辑或删除操作。

16.2.3　动态数组公式

Ⅰ　动态数组公式的特点

Excel 2021 中引入了全新的动态数组概念，数组公式不再需要按<Ctrl+Shift+Enter>组合键来显式地通知Excel计算引擎对数组公式执行多项计算，当数组公式返回的结果包含多项元素时，会触发“溢出”行为，将多个值按照行列顺序溢出到相邻单元格。这种可以返回可变大小的结果数组的公式被称为动态数组公式。

示例16-8　使用动态数组公式计算销售额

依然以图 16-16 展示的某超市销售记录表为例，需要在F列计算不同业务员的销售额。在F2单元格输入以下公式，结果自动溢出到相邻单元格区域，如图 16-18 所示。

```
=D2:D9*E2:E9
```

F2　=D2:D9*E2:E9

	A	B	C	D	E	F
1	序号	销售员	饮品	单价	数量	销售额
2	1	任继先	可乐	2.5	85.0	212.5
3	2	陈尚武	雪碧	2.5	35.0	87.5
4	3	李光明	冰红茶	2.0	60.0	120.0
5	4	李厚辉	鲜橙多	3.5	45.0	157.5
6	5	毕淑华	美年达	3.0	40.0	120.0
7	6	赵会芳	农夫山泉	2.0	80.0	160.0
8	7	赖群毅	营养快线	5.0	25.0	125.0
9	8	李从林	原味绿茶	3.0	35.0	105.0

图 16-18　使用动态数组公式计算销售额

公式将D2:D9 单元格区域的单价分别乘以E2:E9 单元格区域内各自的销售数量，获得一个纵向的内存数组：

```
{212.5;87.5;120;157.5;120; 160;125;105}
```

Excel以公式所在单元格F2 为起点，按照结果数组的维度和尺寸，向下扩展 8 行，将结果数组中的每个元素溢出到F2:F9 单元格区域。

动态数组公式具有以下特点。

（1）根据动态数组公式返回结果数组的维度和尺寸，以公式所在单元格为起点，向行列方向自动扩展相应的区域，并将数组中的元素依次显示到区域中的每个单元格，这个区域被称为“溢出区域”。

（2）输入动态数组公式后，在溢出区域选择任意单元格时，Excel将在该区域周围的单元格突出显示边框，如图 16-19 所示。当选择溢出区域

B2　=Sheet1!B2:F9

	A	B	C	D	E	F
1						
2		任继先	可乐	2.5	85	212.5
3		陈尚武	雪碧	2.5	35	87.5
4		李光明	冰红茶	2	60	120
5		李厚辉	鲜橙多	3.5	45	157.5
6		毕淑华	美年达	3	40	120
7		赵会芳	农夫山泉	2	80	160
8		赖群毅	营养快线	5	25	125
9		李从林	原味绿茶	3	35	105

图 16-19　溢出区域周围突出显示边框

外的单元格时，突出显示的边框会自动消失。

（3）只有溢出区域左上角的第一个单元格是可编辑的。如果选择溢出区域的其他单元格，例如B4单元格，编辑栏中的公式会显示为暗灰色，且无法被选中和编辑，如图 16-19 所示。如需修改动态数组公式，应选择溢出区域左上角的第一个单元格进行操作，例如B2 单元格。

（4）当溢出区域内存在任何非空单元格时，会影响动态数组公式的自动溢出，公式将返回错误值#溢出!，表示溢出区域不是空白区域，如图16-20所示。清除相关单元格的数据，可以恢复动态数组公式的自动溢出功能。

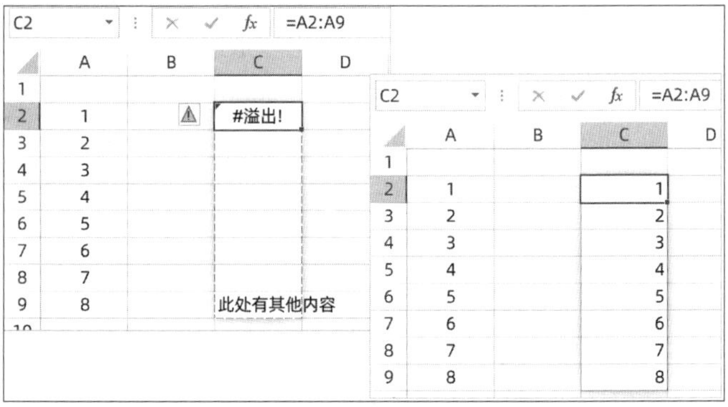

	A	B	C	D
1				
2	1		#溢出!	
3	2			
4	3			
5	4			
6	5			
7	6			
8	7			
9	8		此处有其他内容	

C2 =A2:A9

	A	B	C	D
1				
2	1		1	
3	2		2	
4	3		3	
5	4		4	
6	5		5	
7	6		6	
8	7		7	
9	8		8	

图 16-20　溢出区域不是空白区域

提示　在【插入】选项卡下插入的“表格”中使用动态数组时，结果将无法溢出。

（5）如果需要在一个公式中引用另一个动态数组公式返回的溢出区域，其表示方式为使用溢出区域的首个单元格地址加上“#”。当溢出区域发生变化时，这种表示方式可以自动调整引用范围。例如，对图 16-18 所示的F2 单元格动态数组公式的溢出区域进行求和，可以在H2 单元格输入以下公式，如图 16-21 所示。

```
=SUM(F2#)
```

（6）当动态数组公式返回多个元素，而实际只需要首个元素时，可以在等号后面添加运算符“@”。如图 16-22 所示，在F2 单元格输入以下公式，将只返回“D2:D9*E2:E9”产生的内存数组中的首个元素。

```
=(@D2:D9*@E2:E9)
```

H2 =SUM(F2#)

	A	B	C	D	E	F	G	H
1	序号	销售员	饮品	单价	数量	销售额		销售总额
2	1	任继先	可乐	2.5	85.0	212.5		1087.5
3	2	陈尚武	雪碧	2.5	35.0	87.5		
4	3	李光明	冰红茶	2.0	60.0	120.0		
5	4	李厚辉	鲜橙多	3.5	45.0	157.5		
6	5	毕淑华	美年达	3.0	40.0	120.0		
7	6	赵会芳	农夫山泉	2.0	80.0	160.0		
8	7	赖群毅	营养快线	5.0	25.0	125.0		
9	8	李从林	原味绿茶	3.0	35.0	105.0		

图 16-21　动态引用溢出区域

F2 =(@D2:D9*@E2:E9)

	A	B	C	D	E	F
1	序号	销售员	饮品	单价	数量	销售额
2	1	任继先	可乐	2.5	85.0	212.5
3	2	陈尚武	雪碧	2.5	35.0	
4	3	李光明	冰红茶	2.0	60.0	
5	4	李厚辉	鲜橙多	3.5	45.0	
6	5	毕淑华	美年达	3.0	40.0	
7	6	赵会芳	农夫山泉	2.0	80.0	
8	7	赖群毅	营养快线	5.0	25.0	
9	8	李从林	原味绿茶	3.0	35.0	

图 16-22　返回动态数组的首个元素

（7）如果在Excel 2021 版本中创建了动态数组公式，保存后再用早期版本的Excel打开时，动态数组公式会自动加上一对大括号变成传统的数组公式。当这个文件再次用Excel 2021 版本打开，这些公式会重新变成动态数组公式。

如果在早期版本的Excel中用<Ctrl+Shift+Enter>组合键输入了数组公式，用Excel 2021 版本打开时，仍然显示传统的数组公式形式。

➲ Ⅱ　隐式交集运算符

在早期版本的数组公式中，默认执行隐式交集逻辑，当公式结果中存在多个值时，会减少为单个值。如果公式结果为一个区域，则返回与公式位于同一行或同一列中的单元格的值。如果公式结果为一个数组，则仅显示左上角的值。如果公式结果为单个值，则没有隐式交集。

随着动态数组的出现，公式不再局限于返回单个值，因此不再需要无提示的隐式交集。Excel 2021 中引入了隐式交集运算符“@”，用来指示可能发生隐式交集的地方。

在 Excel 2021 中打开较早版本 Excel 编辑的文档时，公式中可能会自动添加“@”。当“@”右侧的公式返回单个值时，删除“@”不会更改公式结果。如果返回的是区域或数组，删除“@”时公式结果将会溢出到相邻单元格。

一般而言，公式的计算方式没有变化，现在只是能看到以前不可见的隐式交集。

16.3　数组的重构

在实际数据处理过程中，经常需要根据不同要求变换数据结构，通常情况下可以通过创建辅助列解决这类问题。但创建辅助列也有很多弊端，比如源数据结构不允许增删行列、源数据经常更新导致创建辅助列的重复操作等。在这些情况下，就需要对原始数据在函数公式中进行重新编辑、整理和提取，生成内存数组以便参与进一步运算。掌握常用的数据重构技巧和方法，能解决普通函数无法实现的计算要求。

16.3.1　生成自然数序列数组

数组公式中经常需要使用“自然数序列”作为函数的参数，如 LARGE 函数的第 2 个参数、OFFSET 函数除第 1 个参数以外的其他参数等。手工输入常量数组比较麻烦，且容易出错，而利用 ROW、COLUMN 函数和 SEQUENCE 函数生成序列数组则非常方便快捷。

以下公式产生 1~10 的自然数垂直数组。

```
=ROW(1:10)
=SEQUENCE(10)
```

以下公式产生 1~10 的自然数水平数组。

```
=COLUMN(A:J)
=SEQUENCE(1,10)
```

以下公式产生 6 行 5 列，以 1 为起始值，按先行后列的方向，步长为 1，依次递增的自然数二维数组，如图 16-23 所示。

A1　=SEQUENCE(6,5)

	A	B	C	D	E
1	1	2	3	4	5
2	6	7	8	9	10
3	11	12	13	14	15
4	16	17	18	19	20
5	21	22	23	24	25
6	26	27	28	29	30

图 16-23　SEQUENCE 函数生成自然数二维数组

```
=SEQUENCE(6,5)
```

16.3.2　数组筛选

在日常应用中，经常需要从一列或多列数据中取出部分数据进行再处理。例如，在员工信息表中提取指定要求的员工明细、在成绩表中提取总成绩大于平均成绩的人员列表等，也就是从一维或二维数组中提取部分元素形成子数组。

➲ Ⅰ　从一维数组中提取子数组

示例16-9　从一维数组中提取子数组

图 16-24 展示的是某学校语文成绩表的部分内容，在E2 单元格输入以下动态数组公式，可以提取成绩大于 100 分的人员姓名，并返回一个内存数组结果。

```
=FILTER(B2:B9,C2:C9>100)
```

“C2:C9>100”部分，判断C2:C9 单元格区域的成绩是否大于 100，返回一个由逻辑值构成的内存数组。

FILTER函数以此作为筛选条件，提取出B2:B9 单元格区域成绩大于 100 分的人名，返回一个内存数组，并溢出到相邻的单元格区域。

E2　=FILTER(B2:B9,C2:C9>100)

	A	B	C	D	E
1	序号	姓名	成绩		成绩大于100分的学生名单
2	1	任继先	104		任继先
3	2	陈尚武	120		陈尚武
4	3	李光明	86		李厚辉
5	4	李厚辉	114		毕淑华
6	5	毕淑华	111		李从林
7	6	赵会芳	80		
8	7	赖群毅	94		
9	8	李从林	139		

图 16-24　提取成绩大于 100 分的人员名单

➲ Ⅱ　从二维数组中提取子数组

示例16-10　从二维数组中提取子数组

图 16-25 是某公司员工信息表的部分内容。

使用以下公式可以截取区域中第 2 行的数据，返回一个一维横向的内存数组：

```
=INDEX(A1:D11,2,0)
```

使用以下公式可以截取区域第 3 列的数据，返回一个一维纵向的内存数组：

```
=INDEX(A1:D11,0,3)
```

在F2 单元格输入以下公式可以筛选出区域内学历为“本科”的员工数据，返回一个二维内存数组，并溢出到相邻单元格区域，如图 16-26 所示。

```
=FILTER(A1:D11,B1:B11="本科")
```

	A	B	C	D
1	员工号	学历	姓名	籍贯
2	EHS-01	本科	刘一山	山西省
3	EHS-02	专科	李建国	山东省
4	EHS-03	硕士	吕国庆	上海市
5	EHS-04	中专	孙玉详	辽宁省
6	EHS-05	本科	王建	北京市
7	EHS-06	专科	孙玉详	黑龙江省
8	EHS-07	硕士	刘情	江苏省
9	EHS-08	中专	朱萍	浙江省
10	EHS-09	本科	汤九灿	陕西省
11	EHS-10	专科	刘烨	四川省

图 16-25　员工信息表

F2　=FILTER(A1:D11,B1:B11="本科")

	A	B	C	D	E	F	G	H	I
1	员工号	学历	姓名	籍贯		员工号	学历	姓名	籍贯
2	EHS-01	本科	刘一山	山西省		EHS-01	本科	刘一山	山西省
3	EHS-02	专科	李建国	山东省		EHS-05	本科	王建	北京市
4	EHS-03	硕士	吕国庆	上海市		EHS-09	本科	汤九灿	陕西省
5	EHS-04	中专	孙玉详	辽宁省					
6	EHS-05	本科	王建	北京市					
7	EHS-06	专科	孙玉详	黑龙江省					
8	EHS-07	硕士	刘情	江苏省					
9	EHS-08	中专	朱萍	浙江省					
10	EHS-09	本科	汤九灿	陕西省					
11	EHS-10	专科	刘烨	四川省					

图 16-26　按“学历”筛选员工信息明细

示例16-11 提取二维数组中的文本值

如图 16-27 所示，A2:D5 单元格区域包含文本和数值两种类型的数据。

在F2 单元格输入以下公式，可以提取单元格区域内的文本值，形成一维的纵向内存数组：

```
=FILTERXML("<a><b>"&TEXTJOIN("</b><b>",1,
IF(ISTEXT(A2:D5),A2:D5,""))&"</b></a>","a/b")
```

	A	B	C	D	E	F
1		二维单元格区域				人员名单
2	0.7	20	张丽莹	3.72		张丽莹
3	李萍	-0.05	-7.1	张桂英		李萍
4	2014	肖成彬	-10	许聪		张桂英
5	段远香	-507	杨艳	0		肖成彬
6						许聪
7						段远香
8						杨艳

图 16-27　提取二维区域内的文本值

“IF(ISTEXT(A2:D5),A2:D5,"")”部分，判断A2:D5 单元格区域内的数据是否为文本值，如果条件成立，则返回自身，否则返回假空。TEXTJOIN函数以“</b><b>”为分隔符，将A2:D5 单元格区域内的文本合并，再从首尾分别连接上字符串"<a><b>"和"</b></a>"，得到一段XML格式的字符串。

最后使用FILTERXML函数获取XML格式数据中“<b>”路径下的内容，返回一个内存数组，并溢出到F2:F8 单元格区域。

使用Excel 365 中的TOCOL函数可以更方便地解决该问题。

```
=LET(_a,TOCOL(A2:D5,3),FILTER(_a,ISTEXT(_a)))
```

公式首先使用TOCOL函数将A2:D5 单元格区域转换为N行 1 列的内存数组，并定义名称为“_lst”，然后使用FILTER函数筛选该内存数组中的文本值。

16.3.3　数组填充

在合并单元格中，通常只有第一个单元格有值，其余是空单元格。数据后续处理过程中，经常需要为合并单元格中的空单元格填充相应的值以满足计算需要。

示例16-12 填充合并单元格

图 16-28 展示了某单位销售明细表的部分内容，由于数据处理的需要，需将A列的空单元格填充对应的地区名称。

在E2 单元格输入以下公式，结果自动溢出到相邻单元格区域：

```
=LOOKUP(ROW(A2:A12),
ROW(A2:A12)/(A2:A12<>""),
A2:A12)
```

E2　=LOOKUP(ROW(2:12),ROW(2:12)/(A2:A12<>""),A2:A12)

	A	B	C	D	E	F	G	H
1	地区	客户名称	9月销量		地区			
2		国美	454		北京			
3	北京	苏宁	204		北京			
4		永乐	432		北京			
5		五星	376		北京			
6		国美	404		上海			
7	上海	苏宁	380		上海			
8		永乐	473		上海			
9		国美	403		重庆			
10	重庆	苏宁	93		重庆			
11		永乐	179		重庆			
12		五星	492		重庆			

图 16-28　填充空单元格生成数组

公式中“ROW(A2:A12)/(A2:A12<>"")”部分，先判断A2:A12 单元格区域的内容是否为空，返回一个由逻辑值TRUE和FALSE构成的内存数组。

然后用A2:A12单元格区域的行号除以该内存数组，将非空单元格赋值行号，空单元格则转换为错误值#DIV/0!，返回一个内存数组：

```
{2;#DIV/0!;#DIV/0!;#DIV/0!;6;#DIV/0!;#DIV/0!;9;#DIV/0!;#DIV/0!;#DIV/0!}
```

接下来使用LOOKUP函数在内存数组中查询由“ROW(A2:A12)”部分生成的序号，即{2;3;4;5;6;7;8;9;10;11;12}，并以小于等于序号的最大值进行匹配，返回A2:A12单元格区域中对应位置的地区名称。

在该内存数组的基础上，使用以下公式可以返回地区名称为“北京”的客户名称个数，如图16-29所示。

	A	B	C	D	E
1	地区	客户名称	9月销量		北京地区客户个数
2	北京	国美	454		4
3		苏宁	204		
4		永乐	432		
5		五星	376		
6	上海	国美	404		
7		苏宁	380		
8		永乐	473		
9	重庆	国美	403		
10		苏宁	93		
11		永乐	179		
12		五星	492		

图16-29　统计北京地区客户个数

```
=SUM(1*("北京"=LOOKUP(ROW(A2:A12),ROW(A2:A12)/(A2:A12<>""),A2:A12)))
```

16.3.4　数组合并

Ⅰ　数组的横向和纵向合并

示例16-13　数组横向合并

如图16-30所示，要求将A列和C列的两个数组横向合并为新的内存数组。

在E2单元格输入以下公式。

```
=CHOOSE({1,2},A2:A7,C2:C7)
```

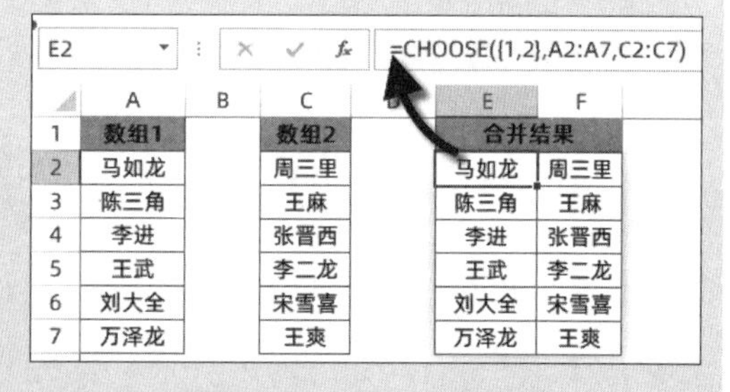

	A	B	C	D	E	F
1	数组1		数组2		合并结果	
2	马如龙		周三里		马如龙	周三里
3	陈三角		王麻		陈三角	王麻
4	李进		张晋西		李进	张晋西
5	王武		李二龙		王武	李二龙
6	刘大全		宋雪喜		刘大全	宋雪喜
7	万泽龙		王爽		万泽龙	王爽

图16-30　数组横向合并

CHOOSE函数的第一参数为常量数组{1,2}，返回一个两列的内存数组。第1列为第二参数的A2:A7单元格区域，第2列为第三参数的C2:C7单元格区域。

在Excel 365中，使用以下公式可以更方便地完成数组横向合并的目标。

```
=HSTACK(A2:A4,C2:C7)
```

示例16-14　数组纵向合并

如图16-31所示，要求将A列和C列的两个数组纵向合并为新的内存数组。

在E2单元格输入以下公式。

```
=IF(ROW(1:9)<4,A2:A4,LOOKUP(ROW(1:9),ROW(4
:9),C2:C7))
```

“LOOKUP(ROW(1:9),ROW(4:9),C2:C7)”部分返回如下内存数组：

```
{#N/A;#N/A;#N/A;"Excel";"Home";"最好的";
"Excel";"学习";"网站"}
```

数组总长度为 9，前 3 个元素为错误值#N/A，后 6 个元素为数组 2 中的元素。

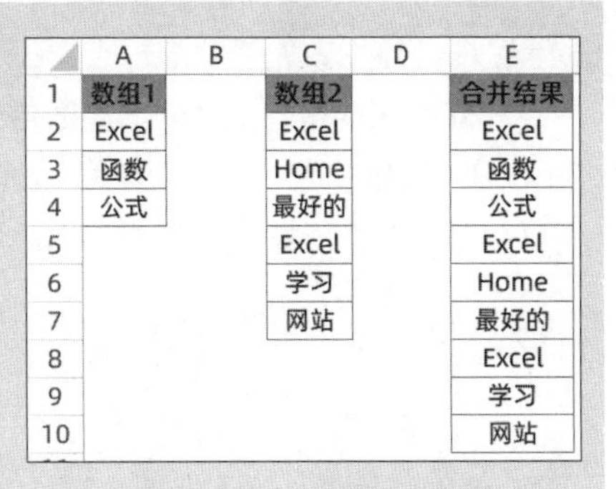

	A	B	C	D	E
1	数组1		数组2		合并结果
2	Excel		Excel		Excel
3	函数		Home		函数
4	公式		最好的		公式
5			Excel		Excel
6			学习		Home
7			网站		最好的
8					Excel
9					学习
10					网站

图 16-31　数组合并

再使用 IF 函数判断，当 ROW(1:9)的返回值小于 4 时，返回数组 1 中的元素，当 ROW(1:9)返回值大于等于 4 时，返回 LOOKUP 函数数组中第 4 个及之后的元素。

在 Excel 365 中，使用以下公式可以更方便地完成数组纵向合并的目标。

```
=VSTACK(A2:A4,C2:C7)
```

➲ II　VSTACK 函数和 HSTACK 函数

VSTACK 函数和 HSTACK 函数是 Excel 365 中的新函数。其中 VSTACK 函数按照参数输入的顺序将多个数组垂直堆叠为一个数组，HSTACK 函数按照参数输入的顺序将多个数组水平堆叠为一个数组。VSTACK 函数和 HSTACK 函数的参数和用法基本一致，本节以 VSTACK 函数为例介绍这两个函数的基础用法。

VSTACK 函数语法如下：

```
=VSTACK(array1,[array2],...)
```

第一参数和后续参数均为需要垂直堆叠的数组，这些数组行数和列数都可以不同，堆叠结果的行数为各数组行数之和，列数为各数组列数的最大值。当需要垂直堆叠的数组列数不同时，少于结果列数的数组右侧会以#N/A 错误值填充。

G1　=VSTACK(A1:E1,A2:E6,A9:E13)

	A	B	C	D	E	F	G	H	I	J	K
1	姓名	一季度	二季度	三季度	四季度		姓名	一季度	二季度	三季度	四季度
2	姚含	1025	1030	1065	1099		姚含	1025	1030	1065	1099
3	李爱珍	1150	1055	1385	1780		李爱珍	1150	1055	1385	1780
4	刘在银	1225	1455	1355	1890		刘在银	1225	1455	1355	1890
5	郑淑琴	1380	1410	1335	1400		郑淑琴	1380	1410	1335	1400
6	朱文建	1245	1480	1295	2100		朱文建	1245	1480	1295	2100
7							岑廷	1295	1300	1315	1100
8	姓名	一季度	二季度	三季度	四季度		方保田	1195	1455	1070	1450
9	岑廷	1295	1300	1315	1100		李义明	1275	970	1145	2020
10	方保田	1195	1455	1070	1450		罗海朝	1380	1410	1100	2010
11	李义明	1275	970	1145	2020		杨艳丽	1475	1060	1475	2030
12	罗海朝	1380	1410	1100	2010						
13	杨艳丽	1475	1060	1475	2030						

图 16-32　使用 VSTACK 函数垂直堆叠数组

如图 16-32 所示，A1:E6 单元格区域和 A8:E13 单元格区域为两个销售数据统计表，在 G1 单元格输入以下公式可将两个数组数据垂直堆叠形成一个新数组。

```
=VSTACK(A1:E1,A2:E6,A9:E13)
```

如图 16-33 所示，可以使用 IFNA 函数将由于垂直堆叠数组列数不一样导致的#N/A 错误值替换为字符串“无数据”。

G1　=IFNA(VSTACK(A1:E1,A2:E6,A9:D13),"无数据")

	A	B	C	D	E	F	G	H	I	J	K
1	姓名	一季度	二季度	三季度	四季度		姓名	一季度	二季度	三季度	四季度
2	姚含	1025	1030	1065	1099		姚含	1025	1030	1065	1099
3	李爱珍	1150	1055	1385	1780		李爱珍	1150	1055	1385	1780
4	刘在银	1225	1455	1355	1890		刘在银	1225	1455	1355	1890
5	郑淑琴	1380	1410	1335	1400		郑淑琴	1380	1410	1335	1400
6	朱文建	1245	1480	1295	2100		朱文建	1245	1480	1295	2100
7							岑廷	1295	1300	1315	无数据
8	姓名	一季度	二季度	三季度			方保田	1195	1455	1070	无数据
9	岑廷	1295	1300	1315			李义明	1275	970	1145	无数据
10	方保田	1195	1455	1070			罗海朝	1380	1410	1100	无数据
11	李义明	1275	970	1145			杨艳丽	1475	1060	1475	无数据
12	罗海朝	1380	1410	1100							
13	杨艳丽	1475	1060	1475							

图 16-33　使用 IFNA 函数屏蔽#N/A 错误值

```
=IFNA(VSTACK(A1:E1,A2:E6,A9
```

```
:D13),"无数据")
```

HSTACK 函数与 VSTACK 函数用法基本一致，可以将多个数组在水平方向堆叠为一个新数组。如图 16-34 所示，在 G1 单元格输入以下公式可以将 A1:E6 单元格区域和 A8:E12 单元格区域水平方向合并在一起，由于行数差异产生的 #N/A 错误值可以使用 IFNA 函数替换为空文本。

```
=IFNA(HSTACK(A1:E6,A8:E12),"")
```

G1　=IFNA(HSTACK(A1:E6,A8:E12),"")

	A	B	C	D	E	F	G	H	I	J	K	L	M	N	O	P
1	姓名	一季度	二季度	三季度	四季度		姓名	一季度	二季度	三季度	四季度	姓名	一季度	二季度	三季度	四季度
2	姚含	1025	1030	1065	1099		姚含	1025	1030	1065	1099	岑廷	1295	1300	1315	1100
3	李爱珍	1150	1055	1385	1780		李爱珍	1150	1055	1385	1780	方保田	1195	1455	1070	1450
4	刘在银	1225	1455	1355	1890		刘在银	1225	1455	1355	1890	李义明	1275	970	1145	2020
5	郑淑琴	1380	1410	1335	1400		郑淑琴	1380	1410	1335	1400	罗海朝	1380	1410	1100	2010
6	朱文建	1245	1480	1295	2100		朱文建	1245	1480	1295	2100					
7																
8	姓名	一季度	二季度	三季度	四季度											
9	岑廷	1295	1300	1315	1100											
10	方保田	1195	1455	1070	1450											
11	李义明	1275	970	1145	2020											
12	罗海朝	1380	1410	1100	2010											

图 16-34　使用 HSTACK 函数水平堆叠数组

示例16-15　使用VSTACK函数合并同工作簿中多工作表的销售数据

如图 16-35 所示，一个工作簿中包含多个工作表，每个工作表对应一个客户全年 12 个月的销售额数据，需要将每个客户的销售额数据合并在一个工作表中。

	A	B	C
1	客户	月份	销售额
2	诚信地产	1月	13340
3	诚信地产	2月	4280
4	诚信地产	3月	18270
5	诚信地产	4月	18230
6	诚信地产	5月	20680
7	诚信地产	6月	19800
8	诚信地产	7月	19560
9	诚信地产	8月	9580
10	诚信地产	9月	7150
11	诚信地产	10月	20700
12	诚信地产	11月	13720
13	诚信地产	12月	10180

诚信地产　翠苑物业管

	A	B	C
1	客户	月份	销售额
2	翠苑物业管理办公室	1月	11920
3	翠苑物业管理办公室	2月	9850
4	翠苑物业管理办公室	3月	18530
5	翠苑物业管理办公室	4月	17480
6	翠苑物业管理办公室	5月	12670
7	翠苑物业管理办公室	6月	18690
8	翠苑物业管理办公室	7月	7680
9	翠苑物业管理办公室	8月	13220
10	翠苑物业管理办公室	9月	10620
11	翠苑物业管理办公室	10月	13320
12	翠苑物业管理办公室	11月	14540
13	翠苑物业管理办公室	12月	8320

诚信地产　翠苑物业管理办公室

	A	B	C
1	客户	月份	销售额
2	广州纸制品加工	1月	15350
3	广州纸制品加工	2月	14390
4	广州纸制品加工	3月	16150
5	广州纸制品加工	4月	18090
6	广州纸制品加工	5月	20280
7	广州纸制品加工	6月	16690
8	广州纸制品加工	7月	11920
9	广州纸制品加工	8月	6980
10	广州纸制品加工	9月	11440
11	广州纸制品加工	10月	7420
12	广州纸制品加工	11月	12870
13	广州纸制品加工	12月	17870

诚信地产　翠苑物业管理办公室　广州纸制品加工

图 16-35　每个工作表中有 12 个月的销售额数据

在工作簿最后新建一个工作表，在 A1 单元格输入以下公式后即可将各工作表的销售数据合并在一起，如图 16-36 所示。其中 VSTACK 第二参数可以通过单击第一个工作表标签，按住 <Shift> 键单击最后一个工作表标签实现快速录入。当在第一个和最后一个工作表之间插入新工作表后，相应数据也会自动被汇总。

```
=VSTACK({"客户","月份","销售额"},诚信地产:何强家电维修!A2:C13)
```

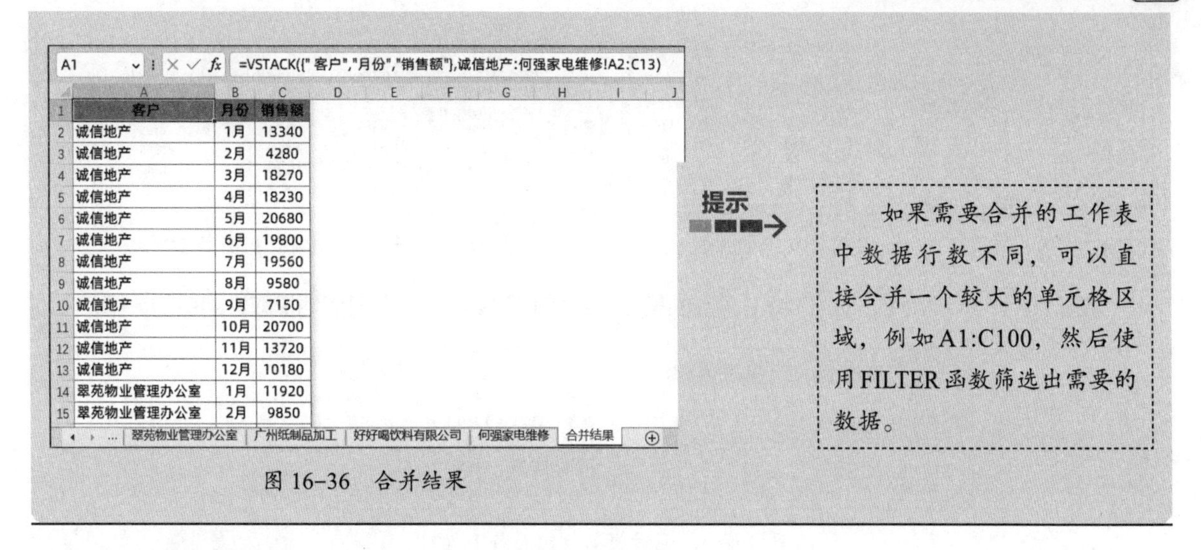

客户	月份	销售额
诚信地产	1月	13340
诚信地产	2月	4280
诚信地产	3月	18270
诚信地产	4月	18230
诚信地产	5月	20680
诚信地产	6月	19800
诚信地产	7月	19560
诚信地产	8月	9580
诚信地产	9月	7150
诚信地产	10月	20700
诚信地产	11月	13720
诚信地产	12月	10180
翠苑物业管理办公室	1月	11920
翠苑物业管理办公室	2月	9850

图 16-36　合并结果

提示

如果需要合并的工作表中数据行数不同，可以直接合并一个较大的单元格区域，例如 A1:C100，然后使用 FILTER 函数筛选出需要的数据。

16.3.5　数组截取

TAKE 函数和 DROP 函数是 Excel 365 中的函数。其中 TAKE 函数用于从数组的开头或末尾中提取指定数量的连续行或列，DROP 函数用于从数组的开头或末尾中排除指定数量的连续行或列。

TAKE 函数和 DROP 函数的参数和用法基本一致，本章以 TAKE 函数为例介绍这两个函数的基础用法。

TAKE 函数语法如下：

```
=TAKE(array,rows,[columns])
```

第一参数 array 为需要提取行或列的数组。第二参数 rows 为要提取的行数，正数代表从数组开始提取的行数，负数代表从数组末尾提取的行数。第三参数 columns 为要提取的列数，是可选参数，正数代表从数组开始提取的列数，负数代表从数组末尾提取的列数。

如图 16-37 所示，以下公式提取 A1:E6 单元格区域的前 3 行。

```
=TAKE(A1:E6,3)
```

如图 16-38 所示，以下公式提取 A1:E6 单元格区域的后 2 行。

```
=TAKE(A1:E6,-2)
```

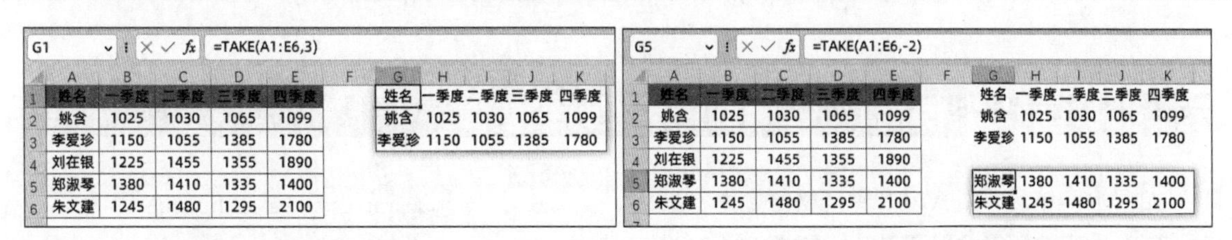

姓名	一季度	二季度	三季度	四季度
姚含	1025	1030	1065	1099
李爱珍	1150	1055	1385	1780
刘在银	1225	1455	1355	1890
郑淑琴	1380	1410	1335	1400
朱文建	1245	1480	1295	2100

图 16-37　提取数组前 3 行　　图 16-38　提取数组后 2 行

如图 16-39 所示，要从 A1:E6 单元格区域中提取前 7 行数据，因为要提取的行数超过原数组的行数，因此公式返回原数组。

如图 16-40 所示，省略 TAKE 函数的第二参数，第三参数分别输入 2 和 -2，分别可提取数组的前 2 列和后 2 列数据。

G1 =TAKE(A1:E6,7)

姓名	一季度	二季度	三季度	四季度
姚含	1025	1030	1065	1099
李爱珍	1150	1055	1385	1780
刘在银	1225	1455	1355	1890
郑淑琴	1380	1410	1335	1400
朱文建	1245	1480	1295	2100

姓名	一季度	二季度	三季度	四季度
姚含	1025	1030	1065	1099
李爱珍	1150	1055	1385	1780
刘在银	1225	1455	1355	1890
郑淑琴	1380	1410	1335	1400
朱文建	1245	1480	1295	2100

图 16-39 第二参数超过数组行数返回原数组

姓名	一季度	二季度	三季度	四季度
姚含	1025	1030	1065	1099
李爱珍	1150	1055	1385	1780
刘在银	1225	1455	1355	1890
郑淑琴	1380	1410	1335	1400
朱文建	1245	1480	1295	2100

=TAKE(A1:E6,,2)

姓名	一季度
姚含	1025
李爱珍	1150
刘在银	1225
郑淑琴	1380
朱文建	1245

=TAKE(A1:E6,,-2)

三季度	四季度
1065	1099
1385	1780
1355	1890
1335	1400
1295	2100

图 16-40 提取数组前 2 列和后 2 列

如图 16-41 所示，同时使用TAKE函数的第二参数和第三参数，可以灵活地提取数组中的数据。

姓名	一季度	二季度	三季度	四季度
姚含	1025	1030	1065	1099
李爱珍	1150	1055	1385	1780
刘在银	1225	1455	1355	1890
郑淑琴	1380	1410	1335	1400
朱文建	1245	1480	1295	2100

=TAKE(A1:E6,4,3)

姓名	一季度	二季度
姚含	1025	1030
李爱珍	1150	1055
刘在银	1225	1455

=TAKE(A1:E6,-2,3)

郑淑琴	1380	1410
朱文建	1245	1480

图 16-41 同时提取数组的若干行列

DROP函数和TAKE函数用法基本一致，如图 16-42 所示，DROP函数可以去除数组开始的若干行或列。

姓名	一季度	二季度	三季度	四季度
姚含	1025	1030	1065	1099
李爱珍	1150	1055	1385	1780
刘在银	1225	1455	1355	1890
郑淑琴	1380	1410	1335	1400
朱文建	1245	1480	1295	2100

=DROP(A1:E6,1)

姚含	1025	1030	1065	1099
李爱珍	1150	1055	1385	1780
刘在银	1225	1455	1355	1890
郑淑琴	1380	1410	1335	1400
朱文建	1245	1480	1295	2100

=DROP(A1:E6,,1)

一季度	二季度	三季度	四季度
1025	1030	1065	1099
1150	1055	1385	1780
1225	1455	1355	1890
1380	1410	1335	1400
1245	1480	1295	2100

图 16-42 使用 DROP 函数去除数组开始的行或列

如图16-43所示，DROP函数的第二参数和第三参数也可以使用负数，表示去除数组结束的若干行/列。

G2 =DROP(A1:E6,-2,-1)

姓名	一季度	二季度	三季度	四季度
姚含	1025	1030	1065	1099
李爱珍	1150	1055	1385	1780
刘在银	1225	1455	1355	1890
郑淑琴	1380	1410	1335	1400
朱文建	1245	1480	1295	2100

姓名	一季度	二季度	三季度
姚含	1025	1030	1065
李爱珍	1150	1055	1385
刘在银	1225	1455	1355

图 16-43 使用 DROP 函数去除数组末尾的行或列

示例16-16 使用TAKE函数计算累计销售额

如图 16-44 所示，A1:E6 单元格区域为员工四个季度的销售金额统计表，需要计算每个员工截至每个季度末的累计销售额。

在G2 单元格输入以下公式，向下复制到G6 单元格。

```
=SUBTOTAL(9,TAKE(B2:E2,,
{1,2,3,4}))
```

G2 =SUBTOTAL(9,TAKE(B2:E2,,{1,2,3,4}))

姓名	一季度	二季度	三季度	四季度
姚含	1025	1030	1065	1099
李爱珍	1150	1055	1385	1780
刘在银	1225	1455	1355	1890
郑淑琴	1380	1410	1335	1400
朱文建	1245	1480	1295	2100

1025	2055	3120	4219
1150	2205	3590	5370
1225	2680	4035	5925
1380	2790	4125	5525
1245	2725	4020	6120

图 16-44 使用 TAKE 函数计算累计销售额

以 G2 单元格公式为例，TAKE(B2:E2,,{1,2,3,4}) 部分从 B2:E2 单元格区域分别提取前 1 列、前 2 列、前 3 列和前 4 列形成四个单元格区域，然后用 SUBTOTAL 函数分别求和。

16.3.6　数组扩展

EXPAND 函数是 Excel 365 中的函数，可以将数组展开或填充至指定的行列维度。函数语法如下：

```
=Expand(array,rows,[columns],[pad_with])
```

第一参数为要展开的数组，可以是单值。

第二参数为要将数组展开至的行数，如果省略该参数，结果数组行数与原数组行数保持不变。

第三参数为要将数组展开至的列数，是可选参数，如果省略该参数，结果数组列数与原数组列数保持不变。

第四参数是当待展开的行数或列数超过原数组行数和列数时需要填充的值，默认为 #N/A 错误值。

如图 16-45 所示，当展开的行数或列数小于原数组的行数或列数时，函数返回错误值。

姓名	一季度	二季度	三季度	四季度		G	H
姚含	1025	1030	1065	1099		#VALUE!	=EXPAND(A1:E6,3)
李爱珍	1150	1055	1385	1780		#VALUE!	=EXPAND(A1:E6,,4)
刘在银	1225	1455	1355	1890			
郑淑琴	1380	1410	1335	1400			
朱文建	1245	1480	1295	2100			

图 16-45　待展开的行列数比原数组行列数小则返回错误值

如图 16-46 所示，原数组为 A1:E6 单元格区域，行数为 6，需要展开的行数是 8，因此结果数组超出原数组行数的部分返回默认填充值 #N/A。通过设置第四参数，可以将填充值更新成其他内容，如文本“@”。

M1　=EXPAND(A1:E6,8,,"@")

姓名	一季度	二季度	三季度	四季度
姚含	1025	1030	1065	1099
李爱珍	1150	1055	1385	1780
刘在银	1225	1455	1355	1890
郑淑琴	1380	1410	1335	1400
朱文建	1245	1480	1295	2100

姓名	一季度	二季度	三季度	四季度
姚含	1025	1030	1065	1099
李爱珍	1150	1055	1385	1780
刘在银	1225	1455	1355	1890
郑淑琴	1380	1410	1335	1400
朱文建	1245	1480	1295	2100
#N/A	#N/A	#N/A	#N/A	#N/A
#N/A	#N/A	#N/A	#N/A	#N/A

姓名	一季度	二季度	三季度	四季度
姚含	1025	1030	1065	1099
李爱珍	1150	1055	1385	1780
刘在银	1225	1455	1355	1890
郑淑琴	1380	1410	1335	1400
朱文建	1245	1480	1295	2100
@	@	@	@	@
@	@	@	@	@

图 16-46　使用其他字符替换展开导致的 #N/A 错误值

如图 16-47 所示，也可以将单值 9 展开成 5 行 5 列，填充值使用 1。

当一维行数组沿垂直方向展开时，函数产生的默认填充值 #N/A 可以使用 IFNA 函数替换为原一维数组。如图 16-48 所示，A1:C1 是待展开的数组，当使用 =EXPAND(A1:C1,3) 将数组展开至 3 行时，最后两行会由 #N/A 错误值填充。在 E1 单元格输入以下公式，#N/A 错误值将被原一维数组替换。

```
=IFNA(EXPAND(A1:C1,3),A1:C1)
```

A1　=EXPAND(9,5,5,1)

A	B	C	D	E
9	1	1	1	1
1	1	1	1	1
1	1	1	1	1
1	1	1	1	1
1	1	1	1	1

图 16-47　将单值扩充成数组

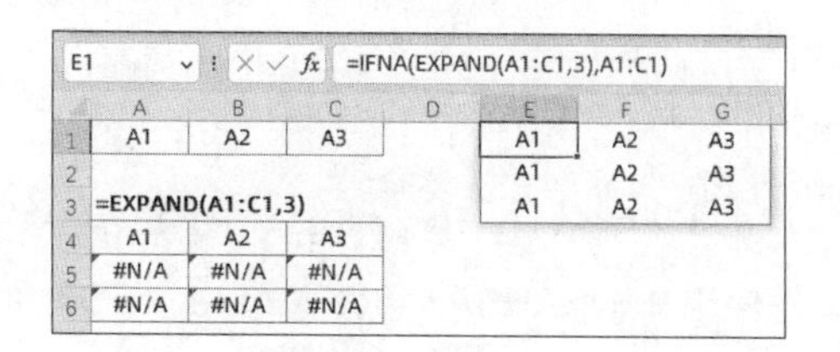

图 16-48　一维行数组展开时用原数组替换 #N/A 错误值

一维列数组沿水平方向展开时，也可以使用IFNA函数将#N/A错误值替换为原数组。

C1 =IFNA(EXPAND(A1:A3,,4),A1:A3)

	A	B	C	D	E	F
1	A1		A1	A1	A1	A1
2	A2		A2	A2	A2	A2
3	A3		A3	A3	A3	A3

图 16-49　一维列数组展开时用原数组替换#N/A错误值

16.3.7　数组排序

使用SORT函数和SORTBY函数可以对数组灵活排序，除此之外，借助SEQUENCE等函数也可以解决数组排序的问题。

➲ Ⅰ　逆序排列数据

示例16-17　逆序排列数据

如图 16-50 所示，要求将A2:A11 单元格区域的姓名在C2:C11 单元格区域逆序显示。

在C2 单元格输入以下公式。

```
=INDEX(A2:A11,SEQUENCE(10,1,10,-1))
```

“SEQUENCE(10,1,10,-1)”部分，生成如下递减数组：

```
{10;9;8;7;6;5;4;3;2;1}
```

再使用INDEX函数按照序列位置从A2:A11 区域中取值，生成如下内存数组结果。

```
{"癸";"壬";"辛";"庚";"己";"戊";"丁";"丙";"乙";"甲"}
```

	A	B	C
1	姓名		逆序排列
2	甲		癸
3	乙		壬
4	丙		辛
5	丁		庚
6	戊		己
7	己		戊
8	庚		丁
9	辛		丙
10	壬		乙
11	癸		甲

图 16-50　逆序排列数据

➲ Ⅱ　随机排列数据

示例16-18　随机安排考试座位

如图 16-52 所示，B列是某班级的学员名单，需要将其随机排列到D2:F7 单元格区域的考试座位表中。

在D2 单元格输入以下公式，结果自动溢出到相邻单元格区域：

```
=INDEX(SORTBY(B2:B19,RANDARRAY(18)),SEQUENCE(6,3))
```

	A	B	C	D	E	F
1	序号	姓名		考试座位表		
2	1	苏有宝		王艳	刘智刚	黄纯杨
3	2	吴艳		苏有宝	张明	何家华
4	3	王艳		李娟	栗敏	吴自信
5	4	吴自信		董辉	吴艳	袁培兰
6	5	董辉		曾维边	刘梅	张德泽
7	6	曾维边		施戈	李建华	李健美
8	7	何家华				
9	8	栗敏				
10	9	袁培兰				
11	10	刘智刚				

图 16-51　随机安排考试座位

公式中的“SORTBY(B2:B19,RANDARRAY(18))”部分，先使用RANDARRAY函数生成 18 个元素构成的一维纵向随机值数组，作为SORTBY函数的第二参数。

SORTBY 函数按随机值数组的大小顺序对 B2:B19 单元格区域的姓名进行排序。这部分的作用是将姓名随机排序。

再使用“SEQUENCE(6,3)”生成 6 行 3 列、以 1 为起始值、先行后列依次递增的自然数二维内存数组：

```
{1,2,3;4,5,6;7,8,9;10,11,12;13,14,15;16,17,18}
```

INDEX 函数以该二维数组为第二参数，将随机排序的人名依次取出，形成 6 行 3 列的二维内存数组，并溢出到相邻单元格区域。

16.3.8　数组结构转换

将单列或单行数据转换为多行多列结构，或是将多行多列数据转换为单列或单行结构，是日常数据处理过程中常见的问题之一。

➲ Ⅰ　一维数组和二维数组相互转换

示例16-19　一维数组转换为二维数组

如图 16-52 所示，B 列是某班级的学员名单，需要将其排列到 D2:F7 单元格区域的考试座位表中。

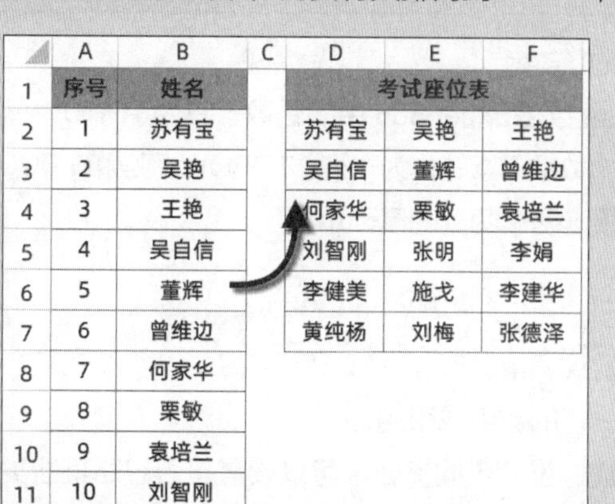

	A	B	C	D	E	F
1	序号	姓名		考试座位表		
2	1	苏有宝		苏有宝	吴艳	王艳
3	2	吴艳		吴自信	董辉	曾维边
4	3	王艳		何家华	栗敏	袁培兰
5	4	吴自信		刘智刚	张明	李娟
6	5	董辉		李健美	施戈	李建华
7	6	曾维边		黄纯杨	刘梅	张德泽
8	7	何家华				
9	8	栗敏				
10	9	袁培兰				
11	10	刘智刚				

图 16-52　单列数据转 6 行 3 列

在 D2 单元格输入以下公式，结果自动溢出到 D2:F7 单元格区域：

```
=INDEX(B2:B19,SEQUENCE(6,3))
```

公式使用“SEQUENCE(6,3)”生成以 1 为起始值，按先行后列方向依次递增的 6 行 3 列的自然数二维内存数组：

```
{1,2,3;4,5,6;7,8,9;10,11,12;13,14,15;16,17,18}
```

INDEX 函数以该二维数组为第二参数，将 B2:B19 单元格区域的人名依次取出，形成 6 行 3 列的二维内存数组，并溢出到相邻单元格区域。

示例16-20 二维数组转换为一维数组

如图 16-53 所示，A2:C7 单元格区域是某班级学生名单，需要将其转换为E列所示的单列结构。

在E2 单元格输入以下公式，公式结果自动溢出到相邻单元格区域：

```
=INDEX(A2:C7,ROW(3:20)/3,MOD(ROW(3:20),3)+1)&""
```

“INT(ROW(3:20)/3)”部分返回每 3 行为一组的递增序列，例如 1,1,1,2,2,2...。

“MOD(ROW(3:20),3)+1”部分返回 0、1、2、0、1、2 的循环序列。

INDEX函数以INT函数返回的结果为行索引，以MOD函数返回的结果为列索引，对A2:C7 区域取值，返回一维纵向内存数组，并溢出到E2:E19 单元格区域。

	A	B	C	D	E
1	学生名单				姓名
2	施戈	李娟	董辉		施戈
3	苏有宝	吴自信	吴艳		李娟
4	张明	刘梅	张德泽		董辉
5	何家华	刘智刚	栗敏		苏有宝
6	黄纯杨	王艳	李建华		吴自信
7	袁培兰				吴艳
8					张明
9					刘梅
10					张德泽
11					何家华
12					刘智刚
13					栗敏
14					黄纯杨
15					王艳
16					李建华
17					袁培兰

图 16-53 二维数组转一维数组

➲ II TOROW 函数和 TOCOL 函数

TOROW函数和TOCOL函数是Excel 365 中的函数。其中TOROW函数用于将一个数组元素转化为一行，TOCOL函数用于将一个数组元素转化为一列。TOROW函数和TOCOL函数的参数和用法基本一致，本节以TOROW函数为例介绍这两个函数的基础用法。

TOROW函数语法如下：

```
=TOROW(array,[ignore],[scan_by_column])
```

第一参数为需要转化为一行的数组或引用。

第二参数为可选参数，通过设置不同参数值可以设置是否忽略某些类型的值，省略第二参数或使用 0 时不会忽略任何值，设置为 1 时忽略空白单元格，设置为 2 时忽略错误值，设置为 3 时同时忽略空白单元格和错误值。

第三参数为可选参数，表示按列或按行扫描数组，省略第三参数或使用FALSE时按行扫描数组，使用TRUE时按列扫描数组。

如图 16-54 所示，使用TOROW函数可以将A2:A6 单元格区域和A2:E6 单元格区域的值转化为一行。

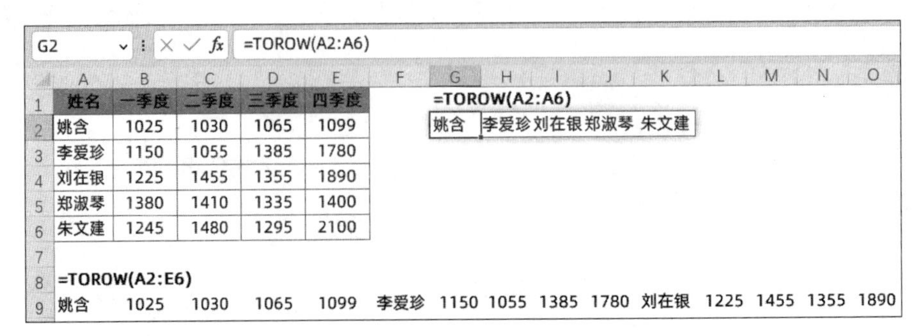

	A	B	C	D	E	F	G	H	I	J	K	L	M	N	O
1	姓名	一季度	二季度	三季度	四季度		=TOROW(A2:A6)								
2	姚含	1025	1030	1065	1099		姚含	李爱珍	刘在银	郑淑琴	朱文建				
3	李爱珍	1150	1055	1385	1780										
4	刘在银	1225	1455	1355	1890										
5	郑淑琴	1380	1410	1335	1400										
6	朱文建	1245	1480	1295	2100										
7															
8	=TOROW(A2:E6)														
9	姚含	1025	1030	1065	1099	李爱珍	1150	1055	1385	1780	刘在银	1225	1455	1355	1890

图 16-54 将数组转化成一行

如图 16-55 所示，TOROW 函数的第二参数设置为 3 时忽略空白单元格。

A8　=TOROW(A2:E6,3)

	A	B	C	D	E	F	G	H	I	J	K	L	M
1	姓名	一季度	二季度	三季度	四季度								
2	姚含	1025		1065	1099								
3	李爱珍	1150	1055	1385	1780								
4	刘在银	1225	1455		1890								
5	郑淑琴		1410	1335	1400								
6	朱文建	1245	1480	1295	2100								
7													
8	姚含	1025	1065	1099	李爱珍	1150	1055	1385	1780	刘在银	1225	1455	1890

图 16-55　转化时忽略空白单元格

如图 16-56 所示，TOROW 函数第三参数使用 1 时，按先列后行的方式扫描数组并将数组值转化为一行。

A8　=TOROW(A2:E6,,1)

	A	B	C	D	E	F	G	H	I	J	K	L	M	N	O
1	姓名	一季度	二季度	三季度	四季度										
2	姚含	1025	1030	1065	1099										
3	李爱珍	1150		1385	1780										
4	刘在银	1225	1455	1355	1890										
5	郑淑琴	1380	1410	1335											
6	朱文建	1245	1480	1295	2100										
7															
8	姚含	李爱珍	刘在银	郑淑琴	朱文建	1025	1150	1225	1380	1245	1030	0	1455	1410	1480

图 16-56　将数组按先列后行顺序转化为一行

如图 16-57 所示，TOROW 函数可以将多个单元格区域组成的联合区域转化为一行，组成联合区域的各个单元格区域行数和列数均可不同。

A8　=TOROW((B2:B6,D2:E6))

	A	B	C	D	E	F	G	H	I	J	K	L	M	N	O
1	姓名	一季度	二季度	三季度	四季度										
2	姚含	1025	1030	1065	1099										
3	李爱珍	1150	1055	1385	1780										
4	刘在银	1225	1455	1355	1890										
5	郑淑琴	1380	1410	1335	1400										
6	朱文建	1245	1480	1295	2100										
7															
8	1025	1150	1225	1380	1245	1065	1099	1385	1780	1355	1890	1335	1400	1295	2100

图 16-57　将多区域数据转化为一行

TOROW 函数与 TOCOL 函数用法一致。TOCOL 函数常见的一种用法是获取区域数据不重复值列表。如图 16-58 所示，在 G1 单元格输入以下公式，返回 A1:E6 单元格区域忽略空白单元格后的不重复值列表。

```
=UNIQUE(TOCOL(A1:E6,1))
```

G1　=UNIQUE(TOCOL(A1:E6,1))

	A	B	C	D	E	F	G	H
1	姓名	姓名	姓名	姓名	姓名		姓名	
2	姚含	张华	梁树生	张华	姚含		姚含	
3	李爱珍	郑淑琴	张华	朱文建	朱文建		张华	
4	刘在银	梁树生		姚含	郑淑琴		梁树生	
5	郑淑琴	姚含	梁树生	姚含	梁树生		李爱珍	
6	朱文建	朱文建	刘冲	张华			郑淑琴	
7							朱文建	
8							刘在银	
9							刘冲	
10								

图 16-58　使用 TOCOL 函数获取区域不重复值列表

示例16-21 使用TOCOL函数逆透视数据表

如图 16-59 所示，A1:E6 单元格为以二维表形式存储的销售数据，在G1 单元格输入以下公式生成逆透视效果的一维表。

```
=LET(姓名,TOCOL(IF(B2:E6>0,A2:A6,\),3),季度,TOCOL(IF(B2:E6>0,B1:E1,\),3),数据,TOCOL(B2:E6,1),VSTACK({"姓名","季度","数据"},HSTACK(姓名,季度,数据)))
```

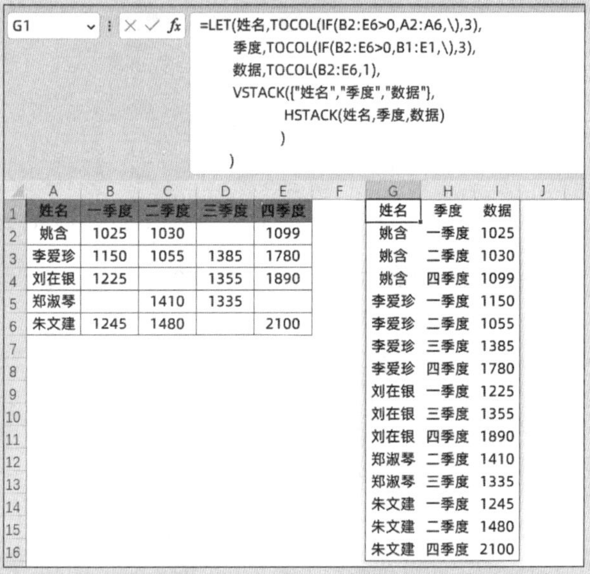

```
G1  =LET(姓名,TOCOL(IF(B2:E6>0,A2:A6,\),3),
        季度,TOCOL(IF(B2:E6>0,B1:E1,\),3),
        数据,TOCOL(B2:E6,1),
        VSTACK({"姓名","季度","数据"},
               HSTACK(姓名,季度,数据)
              )
       )
```

姓名	一季度	二季度	三季度	四季度
姚含	1025	1030		1099
李爱珍	1150	1055	1385	1780
刘在银	1225		1355	1890
郑淑琴		1410	1335	
朱文建	1245	1480		2100

姓名	季度	数据
姚含	一季度	1025
姚含	二季度	1030
姚含	四季度	1099
李爱珍	一季度	1150
李爱珍	二季度	1055
李爱珍	三季度	1385
李爱珍	四季度	1780
刘在银	一季度	1225
刘在银	三季度	1355
刘在银	四季度	1890
郑淑琴	二季度	1410
郑淑琴	三季度	1335
朱文建	一季度	1245
朱文建	二季度	1480
朱文建	四季度	2100

图 16-59　使用 TOCOL 函数逆透视数据表

上述公式中LET函数定义的“姓名”这个名称中，IF(B2:E6>0,A2:A6,\)部分判断若B2:E6 单元格区域大于 0，则返回A2:A6 单元格区域的姓名，否则返回“\”这个被Excel认定为未定义名称的错误值。然后使用TOCOL函数忽略错误值，将姓名转化为一列。

“季度”这个名称的公式运算逻辑和“姓名”一致。“数据”这个名称直接使用TOCOL函数忽略空白单元格，将数据区域转化为一列。然后使用HSTACK函数将 3 列值合并在一起，最后使用VSTACK函数将数组标题堆叠在数组上方。

➲ III　WRAPROWS 函数和 WRAPCOLS 函数

WRAPROWS函数和WRAPCOLS函数是Excel 365 中的函数，其中WRAPROWS函数用于将一个行数组或列数组按指定数量为一行折叠成一个新数组，WRAPCOLS函数用于将一个行数组或列数组按指定数量为一列折叠成一个新数组。WRAPROWS函数和WRAPCOLS函数的参数和用法基本一致，本节以WRAPROWS函数为例介绍这两个函数的基础用法。

WRAPROWS函数语法如下：

```
=WRAPROWS(vector,wrap_count,[pad_with])
```

第一参数为需要折叠的行数组或列数组。第二参数为结果数组每行的元素个数，当指定的每行元素个数超过原数组元素个数时，结果数组列数和原数组元素个数相同。第三参数为数组折叠后不足一行部分的填充值，默认为#N/A错误值。

如图 16-60 所示，A:O列是员工各季度销售数据，每个人的数据是 5 列。在A4 单元格输入以下公式，可将A2:O2 单元格区域的销售数据转化成每行 5 个元素的多行数组。

```
=WRAPROWS(A2:O2,5)
```

当指定结果数组每行的元素为 10 个时，2 个员工的数据在第一行，第二行只剩下 1 个员工的 5 个数据，不足以填充 10 个元素，因此第二行后 5 个元素默认会被#N/A错误值填充。可以通过将第三参数设置为空文本的方法将#N/A错误值替换为空文本，如图 16-61 所示。

A4　=WRAPROWS(A2:O2,5)

	A	B	C	D	E	F	G	H	I	J	K	L	M	N	O
1	姓名	一季度	二季度	三季度	四季度	姓名	一季度	二季度	三季度	四季度	姓名	一季度	二季度	三季度	四季度
2	姚含	1025	1030	1065	1099	李爱珍	1150	1055	1385	1780	刘在银	1225	1455	1355	1890
3															
4	姚含	1025	1030	1065	1099										
5	李爱珍	1150	1055	1385	1780										
6	刘在银	1225	1455	1355	1890										
7															

图 16-60　将一行数据按先行后列方式折叠成多行多列

A4　=WRAPROWS(A2:O2,10,"")

	A	B	C	D	E	F	G	H	I	J	K	L	M	N	O
1	姓名	一季度	二季度	三季度	四季度	姓名	一季度	二季度	三季度	四季度	姓名	一季度	二季度	三季度	四季度
2	姚含	1025	1030	1065	1099	李爱珍	1150	1055	1385	1780	刘在银	1225	1455	1355	1890
3															
4	姚含	1025	1030	1065	1099	李爱珍	1150	1055	1385	1780					
5	刘在银	1225	1455	1355	1890										
6															

图 16-61　用空文本填充转化时产生的错误值

WRAPCOLS 函数用法和 WRAPROWS 函数一致。如图 16-62 所示，在 B4 单元格输入以下公式，A2:O2 单元格区域的销售数据将被折叠为 5 个元素一列的新数组。

```
=WRAPCOLS(A2:O2,5)
```

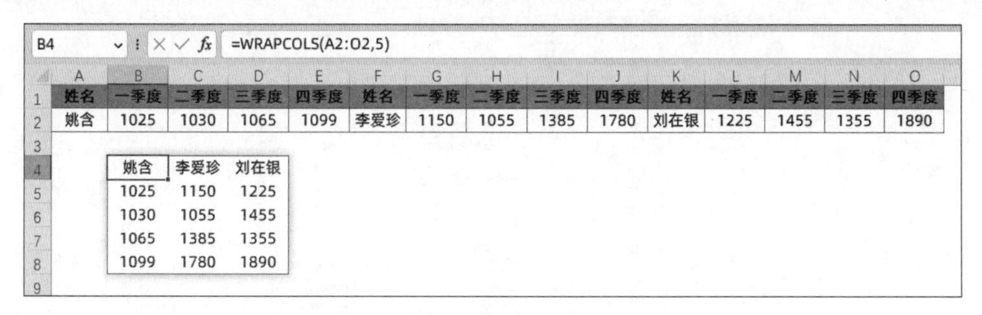

B4　=WRAPCOLS(A2:O2,5)

	A	B	C	D	E	F	G	H	I	J	K	L	M	N	O
1	姓名	一季度	二季度	三季度	四季度	姓名	一季度	二季度	三季度	四季度	姓名	一季度	二季度	三季度	四季度
2	姚含	1025	1030	1065	1099	李爱珍	1150	1055	1385	1780	刘在银	1225	1455	1355	1890
3															
4		姚含	李爱珍	刘在银											
5		1025	1150	1225											
6		1030	1055	1455											
7		1065	1385	1355											
8		1099	1780	1890											
9															

图 16-62　将一行数据按先列后行方式折叠成多行多列

以上示例是以一维行数组为例介绍的 WRAPROWS 函数和 WRAPCOLS 函数用法，当原数组为一维列数组时，折叠效果如图 16-63 所示。

	A	B	C	D	E	F	G	H
1	姓名	姚含		=WRAPCOLS(B1:B15,5)				
2	一季度	1025		姚含	李爱珍	刘在银		
3	二季度	1030		1025	1150	1225		
4	三季度	1065		1030	1055	1455		
5	四季度	1099		1065	1385	1355		
6	姓名	李爱珍		1099	1780	1890		
7	一季度	1150						
8	二季度	1055		=WRAPROWS(B1:B15,5)				
9	三季度	1385		姚含	1025	1030	1065	1099
10	四季度	1780		李爱珍	1150	1055	1385	1780
11	姓名	刘在银		刘在银	1225	1455	1355	1890
12	一季度	1225						
13	二季度	1455						
14	三季度	1355						
15	四季度	1890						

图 16-63　一维列数组折叠效果

示例16-22 使用TOROW函数和WRAPROWS函数转换家庭信息

如图 16-64 所示，A1:E12 单元格区域为一些家庭信息，A列和B列为户主姓名和身份证号，每个户主合并单元格右侧C:E列数据为该家庭成员信息。需要将A1:E12 单元格区域表格转化为G:I列表格样式。

	A	B	C	D	E	F	G	H	I
1	户主	户主身份证号码	家庭成员姓名	与户主关系	身份证号码		姓名	与户主关系	身份证号码
2	杨庆东	4535011001	杨厚辉	父亲	4535011004		杨庆东	户主	4535011001
3			陆艳菲	配偶	4535011005		杨厚辉	父亲	4535011004
4			杨文庆	儿子	4535011006		陆艳菲	配偶	4535011005
5	王玮	4535011002	徐丽华	配偶	4535011007		杨文庆	儿子	4535011006
6			王旭辉	儿子	4535011008		王玮	户主	4535011002
7			王竹青	儿子	4535011009		徐丽华	配偶	4535011007
8	张志明	4535011003	李春燕	配偶	4535011013		王旭辉	儿子	4535011008
9			张俊涛	儿子	4535011014		王竹青	儿子	4535011009
10			张燕宽	儿子	4535011015		张志明	户主	4535011003
11			李春然	儿媳	4535011016		李春燕	配偶	4535011013
12			张文霞	孙女	4535011017		张俊涛	儿子	4535011014
13							张燕宽	儿子	4535011015
14							李春然	儿媳	4535011016
15							张文霞	孙女	4535011017

图 16-64 转换前后表格数据结构

在G2 单元格输入以下公式，公式返回结果如图 16-65 所示。

```
=WRAPROWS(TOROW(HSTACK(A2:A12,IF(A2:A12=0,\,"户主"),B2:B12,C2:E12),3),3)
```

G2 =WRAPROWS(TOROW(HSTACK(A2:A12,IF(A2:A12=0,\,"户主"),B2:B12,C2:E12),3),3)

	A	B	C	D	E	F	G	H	I
1	户主	户主身份证号码	家庭成员姓名	与户主关系	身份证号码		姓名	与户主关系	身份证号码
2	杨庆东	4535011001	杨厚辉	父亲	4535011004		杨庆东	户主	4535011001
3			陆艳菲	配偶	4535011005		杨厚辉	父亲	4535011004
4			杨文庆	儿子	4535011006		陆艳菲	配偶	4535011005
5	王玮	4535011002	徐丽华	配偶	4535011007		杨文庆	儿子	4535011006
6			王旭辉	儿子	4535011008		王玮	户主	4535011002
7			王竹青	儿子	4535011009		徐丽华	配偶	4535011007
8	张志明	4535011003	李春燕	配偶	4535011013		王旭辉	儿子	4535011008
9			张俊涛	儿子	4535011014		王竹青	儿子	4535011009
10			张燕宽	儿子	4535011015		张志明	户主	4535011003
11			李春然	儿媳	4535011016		李春燕	配偶	4535011013
12			张文霞	孙女	4535011017		张俊涛	儿子	4535011014
13							张燕宽	儿子	4535011015
14							李春然	儿媳	4535011016
15							张文霞	孙女	4535011017

图 16-65 输入公式完成转换

由于原数据中“户主”列后缺少“与户主关系”这一信息，因此需要通过公式生成该结果。IF(A2:A12=0,\,"户主")部分判断当A列不是空单元格时返回“户主”，否则返回“\”。然后使用HSTACK函数将A列数据、IF函数生成的一列数据和B列数据水平堆叠在一起，返回结果如图 16-66 所示。

G2 =HSTACK(A2:A12,IF(A2:A12=0,\,"户主"),B2:B12,C2:E12)

	A	B	C	D	E	F	G	H	I	J	K	L
1	户主	户主身份证号码	家庭成员姓名	与户主关系	身份证号码							
2	杨庆东	4535011001	杨厚辉	父亲	4535011004		杨庆东	户主	4535011001	杨厚辉	父亲	4535011004
3			陆艳菲	配偶	4535011005		0	#NAME?	0	陆艳菲	配偶	4535011005
4			杨文庆	儿子	4535011006		0	#NAME?	0	杨文庆	儿子	4535011006
5	王玮	4535011002	徐丽华	配偶	4535011007		王玮	户主	4535011002	徐丽华	配偶	4535011007
6			王旭辉	儿子	4535011008		0	#NAME?	0	王旭辉	儿子	4535011008
7			王竹青	儿子	4535011009		0	#NAME?	0	王竹青	儿子	4535011009
8	张志明	4535011003	李春燕	配偶	4535011013		张志明	户主	4535011003	李春燕	配偶	4535011013
9			张俊涛	儿子	4535011014		0	#NAME?	0	张俊涛	儿子	4535011014
10			张燕宽	儿子	4535011015		0	#NAME?	0	张燕宽	儿子	4535011015
11			李春然	儿媳	4535011016		0	#NAME?	0	李春然	儿媳	4535011016
12			张文霞	孙女	4535011017		0	#NAME?	0	张文霞	孙女	4535011017

图 16-66 生成所需数组

观察图 16-66 生成的结果，除了正常需要返回的信息外，只包括 0（空单元格返回值）和错误值（IF 函数生成的“\”）。使用TOROW函数忽略空单元格和错误值（第二参数设置为 3）后将上述数组转化为一行，然后使用WRAPROWS函数指定每行保留 3 个元素即可得到最终结果。

16.4　数组公式应用综合实例

16.4.1　在条件查询与统计中的应用

Excel提供了大量用于解决数据查询与统计类问题的函数，例如VLOOKUP函数、XLOOKUP函数、FILTER函数、COUNTIFS函数和SUMIFS等函数，但在一些复杂的情况下，仍需借助数组运算进行处理。

示例16-23　查询指定商品销量最大的月份

图 16-67 展示的是某超市 6 个月的饮品销量明细表，每种饮品的最高销量月份各不相同，需要查询K1 单元格指定商品销量最高的月份，当销量最高的月份有多个时，返回最大的月份。

	A	B	C	D	E	F	G	H	I	J	K
1	产品	五月	六月	七月	八月	九月	十月	汇总		商品名称	蒙牛特仑苏
2	果粒橙	174	135	181	139	193	158	980		销量最高的月份	九月
3	营养快线	169	167	154	198	150	179	1017			
4	美年达	167	192	162	147	180	135	983			
5	伊力牛奶	146	154	162	133	162	150	907			
6	冰红茶	186	159	176	137	154	175	987			
7	可口可乐	142	166	190	150	163	176	987			
8	雪碧	145	194	190	158	170	143	1000			
9	蒙牛特仑苏	142	137	166	200	200	155	1000			
10	芬达	159	170	159	130	137	199	954			
11	统一鲜橙多	161	199	139	167	144	168	978			

图 16-67　查询指定商品销量最大的最近月份

在K2 单元格输入以下公式：

```
=LET(_lst,INDEX(B2:G11,MATCH(K1,A2:A11,0),0),XLOOKUP(MAX(_lst),_
lst,B1:G1,"",0,-1))
```

“INDEX(B2:G11,MATCH(K1,A2:A11,0),0)”部分，返回K1 单元格指定商品的销售记录行，例如B9:G9，使用LET函数将其命名为“_lst”。

XLOOKUP函数从销售记录行中查找其中的最大值，采用精确匹配的方式，从后往前查询，返回首次出现的最大销售额在B1:G1 单元格区域中对应位置的月份。

另外，使用以下公式也可以完成所需查询：

```
=INDEX(1:1,RIGHT(MAX((B2:G11/1%+COLUMN(B:G))*(A2:A11=K1)),2))
```

“B2:G11/1%+COLUMN(B:G)”部分，将所有销量放大 100 倍后加上各自单元格的列号。再使用“(A2:A11=K1)”判断商品名称是否等于K1 单元格指定的内容，然后结合MAX函数和RIGHT函数得到相应商品最大销量对应的列号，最终利用INDEX函数返回查询的具体月份。

示例16-24 统计特定身份信息的员工数量

图 16-68 展示的是某企业人员信息表的部分内容，出于人力资源管理的要求，需要统计出生在 20 世纪六七十年代并且目前已有职务的员工数量。

以下公式可以完成统计需求：

```
=SUM((MID(C2:C14,7,3)>"195")*(MID(C2:C14,7,3)<"198")*(E2:E14<>""))
```

公式中的“MID(C2:C14,7,3)”部分，从C列身份证号码中截取出生年份。当出生年份的前三位字符串大于“195”同时小于“198”，则说明符合“出生在 20 世纪六七十年代”的统计条件。

	A	B	C	D	E
1	工号	姓名	身份证号	性别	职务
2	D005	常会生	370826197811065178	男	项目总监
3	A001	袁瑞云	370828197602100048	女	
4	A005	王天富	370832198208051945	女	
5	B001	沙宾	370883196201267352	男	项目经理
6	C002	曾蜀明	370881198409044466	女	
7	B002	李姝亚	370830195405085711	男	人力资源经理
8	A002	王薇	370826198110124053	男	产品经理
9	D001	张锡媛	370802197402189528	女	
10	C001	吕琴芬	370811198402040017	男	
11	A003	陈虹希	370881197406154846	女	技术总监
12	D002	杨刚	370826198310016815	男	
13	B003	白娅	370831198006021514	男	
14	A004	钱智跃	37088119840928534x	女	销售经理

图 16-68 统计特定身份的员工数量

然后再判断 E2:E14 单元格区域的职务内容是否不等于空，非空则说明已拥有职务。最后使用SUM函数汇总乘积之和。

示例16-25 提取每个人成绩最大值求和

图 16-69 展示的是学生多次考试的成绩表，要求计算每名学生考试成绩最大值的合计数。

在C8 单元格输入以下公式。

```
=SUM(MOD(SMALL(ROW(A2:A6)*10^4+B2:E6,ROW(1:5)*4),10^4))
```

“ROW(A2:A6)”部分生成{2;3;4;5;6}连续递增的自然数序列，元素个数与A列学生人数相同。“ROW(A2:A6)*10^4+B2:E6”部分将{2;3;4;5;6}扩大到原来的 10000 倍，并与各次成绩相加。返回的结果如图 16-70 中H2:K6 单元格区域所示，相当于为每一行的成绩加上了不同的权重。

	A	B	C	D	E
1	姓名	第1次	第2次	第3次	第4次
2	杨红	43	68	82	55
3	张坚	56	92	79	75
4	杨启	74	94	72	93
5	李炬	67	41	47	76
6	郭倩	55	94	85	84
7					
8	最好成绩合计:		438		

图 16-69 提取每个人成绩最大值求和

{=ROW(A2:A6)*10^4+B2:E6}

G	H	I	J	K
姓名	第1次	第2次	第3次	第4次
杨红	20043	20068	20082	20055
张坚	30056	30092	30079	30075
杨启	40074	40094	40072	40093
李炬	50067	50041	50047	50076
郭倩	60055	60094	60085	60084

图 16-70 构造数据结果

通过观察可以发现，数组中每一行的最大值为包含该学生最好成绩的数值，并且每一行的最大值都小于下一行的最小值。

因此，“杨红”的最好成绩为数组中的第 4 个最小值；“张坚”的最好成绩为数组中的第 8 个最小值；“杨启”的最好成绩为数组中的第 12 个最小值；以此类推。

“ROW(1:5)*4”部分返回的结果如下：

```
{4;8;12;16;20}
```

SMALL 函数从 ROW(A2:A6)*10^4+B2:E6 返回的数组中依次提取第 4、8、12、16、20 个最小值，返回结果如下：

```
{20082;30092;40094;50076;60094}
```

MOD 函数计算出 SMALL 函数结果除以 10000 的余数，得到每名学生的最好成绩：

```
{82;92;94;76;94}
```

最后用 SUM 函数求和。

也可以使用以下公式获得统计结果。

```
=SUM(SUBTOTAL(104,OFFSET(B1:E1,ROW(1:5),0)))
```

公式首先使用 OFFSET 函数以 B1:E1 单元格区域为基点，向下分别偏移 1、2……5 行，返回 B2:E2、B3:E3……B6:E6 等区域的多维引用，再使用 SUBTOTAL 函数对各个引用区域计算最大值，最后使用 SUM 函数对各个区域返回的最大值汇总求和。

示例16-26 统计合并单元格所占行数

图 16-71 中 A 列为部门信息，包含合并单元格。要求统计出每个部门数据的行数。

	A	B	C	D	E
1	部门	人员		部门	行数
2		陆艳菲		财务部	3
3	财务部	杨庆东		销售部	4
4		任继先		审计部	2
5		陈尚武			
6	销售部	李光明			
7		李厚辉			
8		毕淑华			
9	审计部	赵会芳			
10		赖群毅			

图 16-71　求合并单元格所占行数

在 E2 单元格输入以下公式，向下复制到 E4 单元格。

```
=SUM(IFERROR(SMALL(IF(A$2:A$10<>"",ROW(A$2:A$10)),{0,1}+ROW(A1)),11)*{-1,1})
```

“IF(A$2:A$10<>"",ROW(A$2:A$10))”部分，判断当 A2:A10 单元格区域为非空值时，返回对应行号，否则返回 FALSE。返回内存数组为：

```
{2;FALSE;FALSE;5;FALSE;FALSE;FALSE;9;FALSE}
```

“{0,1}+ROW(A1)”部分返回数组{1,2}。SMALL 函数以此作为第二参数，返回以上内存数组中的第一个最小和第二个最小的数值：{2,5}。

“SUM({2,5}*{-1,1})”部分返回 5 减去 2 的差值，也就是第一个合并单元格所占的行数。

公式向下复制到 E3 单元格时，“{0,1}+ROW(A1)”部分变成“{0,1}+ROW(A2)”，返回数组{2,3}。SMALL 函数得到 IF 函数结果数组中第二个最小和第三个最小的数值{5,9}。

“SUM({5,9}*{-1,1})”部分返回 9 减去 5 的差值，也就是第二个合并单元格所占的行数。后面以此类推。

当 A 列最后一个合并单元格最后一行为空时，SMALL 函数计算最后一个合并单元格所占的行数会返回错误值。IFERROR函数的作用是，将错误值转化为A列最后一个合并单元格下面第一行的行号11。

16.4.2 在去重计算中的应用

使用UNIQUE函数可以处理去重计算问题，但在Excel 2021以下版本中，仍需借助数组运算。

➲ I 在单列中查询不重复项

示例16-27 从销售业绩表提取唯一销售人员姓名

图16-72展示的是某单位的销售业绩表，为了便于发放销售人员的提成工资，需要取得不重复的销售人员姓名列表，并统计各销售人员的销售总金额。

	A	B	C	D	E	F	G
1	地区	销售人员	产品名称	销售金额		销售人员	销售总金额
2	北京	陈玉萍	冰箱	14,000.00		陈玉萍	22,900.00
3	北京	刘品国	微波炉	8,700.00		刘品国	21,600.00
4	上海	李志国	洗衣机	9,400.00		李志国	22,800.00
5	深圳	肖青松	热水器	10,300.00		肖青松	17,300.00
6	北京	陈玉萍	洗衣机	8,900.00		王运莲	23,800.00
7	深圳	王运莲	冰箱	11,500.00			
8	上海	刘品国	微波炉	12,900.00			
9	上海	李志国	冰箱	13,400.00			
10	上海	肖青松	热水器	7,000.00			
11	深圳	王运莲	洗衣机	12,300.00			
12	合计			108,400.00			

图16-72 销售业绩表提取唯一销售人员姓名

➲ I UNIQUE函数去重法

在Excel 2021版本中，使用UNIQUE函数执行去重计算是最佳选择。在F2单元格输入以下公式即可获取不重复的销售人员名单：

```
=UNIQUE(B2:B11)
```

在G2单元格输入以下公式，获取各销售人员的销售总金额：

```
=SUMIF(B:B,F2#,D:D)
```

➲ II MATCH函数去重法

根据MATCH函数查找数据原理，当查找的位置序号与数据自身的位置序号不一致时，表示该数据重复。

在F2单元格输入以下公式，向下复制至单元格显示为空白为止：

```
=INDEX(B:B,SMALL(IF(MATCH(B$2:B$11,B:B,)=ROW($2:$11),ROW($2:$11),65536),
ROW(A1)))&""
```

公式利用MATCH函数定位销售人员姓名，当MATCH函数的计算结果与数据自身的位置序号相等时，返回当前数据行号，否则返回指定行号65536（这是容错处理，工作表的65536行通常是无数据的空白单元格）。再通过SMALL函数将行号从小到大逐个取出，最终由INDEX函数返回不重复的销售人员姓

名列表。

在G2 单元格使用以下公式统计各个销售人员的销售总金额：

```
=IF(F2="","",SUMIF(B:B,F2,D:D))
```

➲ III　COUNTIF 函数去重法

在F2 单元格输入以下公式，向下复制至单元格显示为空白为止：

```
=INDEX(B:B,1+MATCH(,COUNTIF(F$1:F1,B$2:B$11),))&""
```

公式利用COUNTIF函数统计已有结果区域中所有销售人员出现的次数，然后使用MATCH函数查找第一个零的位置，并结合INDEX函数返回销售人员姓名，即已有结果区域中尚未出现的首个销售人员的姓名。随着公式向下复制，即可依次提取不重复的销售人员名单。

➲ II　在二维数据表中查询不重复项

示例16-28　二维单元格区域提取不重复姓名

如图 16-73 所示，A2:C5 单元格区域内包含重复的姓名、空白单元格和数字，需要提取不重复的姓名列表。

	A	B	C	D	E
1	列1	列2	列3		不重复人名列表
2	普祖祥	杜建国	于魏魏		普祖祥
3	毛福有	普祖祥	毛福有		杜建国
4		3.6	林莉		于魏魏
5	杜建国		-5		毛福有
6					林莉

图 16-73　二维单元格区域提取不重复姓名

➲ I　FILTERXML 函数

在E2 单元格输入以下公式，结果自动溢出到相邻单元格区域：

```
=UNIQUE(FILTERXML("<a><b>"&TEXTJOIN("</b><b>",1,IF(ISTEXT(A2:C5),A2:C5,""))&"</b></a>","a/b"))
```

首先使用TEXTJOIN函数以“</b><b>”为分隔符，将A2:C5 单元格区域内的文本值合并，再从首尾分别连接上字符串"<a><b>"和"</b></a>"，得到一段XML格式的字符串。

再使用FILTERXML函数获取XML格式数据中“<b>”路径下的内容，返回一个内存数组，最后使用UNIQUE函数执行去重计算。

➲ II　INDEX 函数

在E2 单元格输入以下公式，结果自动溢出到相邻单元格区域：

```
=LET(_lst,INDEX(A2:C5,ROW(3:14)/3,MOD(ROW(3:14),3)+1),UNIQUE(FILTER(_lst,ISTEXT(_lst))))
```

公式首先使用“INDEX(A2:C5,ROW(3:14)/3,MOD(ROW(3:14),3)+1)”部分，将二维区域转换为一维纵向数组，再使用FILTER函数从中筛选出文本值（也就是姓名）部分，最后使用UNIQUE函数执行去重计算。

➲ III　INDIRECT 函数

在E2 单元格输入以下公式，并将公式向下复制，至单元格显示为空白为止。

```
=INDIRECT(TEXT(MIN((COUNTIF(E$1:E1,$A$2:$C$5)+(A$2:C$5<=""))/1%%+ROW(A$2:C$5)/1%+COLUMN(A$2:C$5)),"r0c00"),)&""
```

该公式利用“A$2:C$5<=""”来判断A2:C5单元格区域中的数据是否为非文本值，使空白单元格和数字单元格返回TRUE，有文本内容的单元格返回FALSE。再使用COUNTIF函数在当前公式所在单元格上方的E列单元格区域中统计各姓名出现的次数，使已经提取过的姓名返回1，尚未提取的姓名返回0。

“(COUNTIF(E$1:E1,$A$2:$C$5)+(A$2:C$5<=""))/1%%”，这部分公式的作用是使已经提取过的姓名或非姓名对应单元格的位置返回大数10000，而尚未提取的姓名返回0，以此达到去重的目的。

通过数组运算“ROW(A$2:C$5)/1%+COLUMN(A$2:C$5)”构造A2:C5单元格区域行号列号位置的信息数组。

利用MIN函数提取第一个尚未在E列中出现的姓名对应的单元格位置信息。

最终利用INDIRECT函数结合TEXT函数将位置信息转化为该位置的单元格引用。

➲ IV　Excel 365 中的TOCOL函数

在E2单元格输入以下公式，结果自动溢出到相邻单元格区域：

```
=LET(_lst,TOCOL(A2:C5,3),UNIQUE(FILTER(_lst,ISTEXT(_lst))))
```

公式首先使用TOCOL函数将A2:C5单元格区域转换为N行1列的内存数组，并在公式内部定义名称为“_lst”，然后使用FILTER函数筛选该内存数组中的文本值，最后使用UNIQUE函数删除重复项。

16.4.3　在字符串整理中的应用

示例16-29　从消费明细中提取消费金额

图16-74展示了一份生活费消费明细表，由于数据录入不规范，无法直接汇总费用金额。为便于汇总，需将消费金额从消费明细中提取出来单独存放。

观察数据可以发现：每条消费明细记录中只包含一个数字字符串，提取到的数字即为消费金额，没有其他数字字符串的干扰。

在D2单元格输入以下公式，将公式向下复制到D11单元格。

	A	B	C	D
1	序号	日期	消费明细	金额
2	1	2022年10月1日	朋友婚礼送礼金800元	800.00
3	2	2022年10月2日	火车票260元去杭州	260.00
4	3	2022年10月3日	西湖一日游300元	300.00
5	4	2022年10月7日	火车票260元回家	260.00
6	5	2022年10月8日	请朋友吃饭340元	340.00
7	6	2022年10月9日	超市买生活用品332.4元	332.40
8	7	2022年10月10日	房租2000元	2,000.00
9	8	2022年10月10日	水费128.6元	128.60
10	9	2022年10月10日	电费98.1元	98.10
11	10	2022年10月14日	买菜34.7元	34.70

图16-74　消费明细表

```
=-LOOKUP(1,-
MID(C2,MIN(FIND(ROW($1:$10)-1,C2&1/17)),ROW($1:$16)))
```

公式利用FIND函数在C2单元格的内容中查找0~9这10个数字，返回这10个数字在消费明细中最先出现的位置。公式中1/17的计算结果为0.0588235294117647，是一个包含0~9的数字字符串，作用是确保FIND函数能查找到0~9的所有数字，不返回错误值。

使用MIN函数返回消费明细中第一个数字的位置，结合MID函数依次提取长度为1~16的数字字符串，结果如下：

```
{"8";"80";"800";"800元";……;"800元"}
```

加上负号将文本型数字转化为负数，同时将文本字符串转化为错误值。

最终利用 LOOKUP 函数忽略错误值返回数组中的最后一个数值，得到负的消费金额，再加上负号即得到所需的消费金额。

在 D2 单元格输入以下公式，也可以返回所需的结果：

```
=MAX(IFERROR(--MID(C2,ROW($1:$99),COLUMN(A:N)),0))
```

公式使用 MID 函数在 C2 单元格内字符串的第 1~99 个位置，分别截取 1~14 个长度的字符，然后执行减负运算，将文本数值返回数值，非数值转换为错误值。最后使用 IFERROR 函数将错误值转换为 0，再利用 MAX 函数从数值中取最大值。

示例16-30 提取首个手机号码

图 16-75 展示了某经销商的客户信息，需要从中提取手机号码，以便于管理和联系。

	A	B
1	客户信息	首个手机号码
2	香港XX集团公司 联系人 M先生 电 话 18605359998 13580315792传 真 020-88226955	18605359998
3	广州XX化妆品有限公司 联系人 SS小姐 电话020-38627230/13302297598传真 020-38627227	13302297598
4	厦门XX发展有限公司 联系人 hzh 电话 059237462626/17705913646传真 0592-6666666	17705913646
5	广州YY集团公司 联系人 LK先生 电话 15580315762 18908990899传真 020-88226955	15580315762
6	广州ZZ集团公司 联系人 CD先生 电话 020-88226955 13580311192传真 020-88226955	13580311192
7	上海YYY化妆品有限公司 联系人 DGH(市场部)电话 021–64736960、64720013	
8	上海KK公司 联系人 DFGH电话 02154156226传真 02154159241	
9	大连PPP文化有限公司 联 系 人 HJD电话13898467444传真 0411-4628111	13898467444

图 16-75　客户信息表

手机号码是以 13、15、17 及 18 开头的 11 位数字字符串。而客户信息中包含公司名称、联系人姓名、固定电话、移动手机号及传真，有多个数字字符串对手机号码形成干扰，需甄别后方能提取。

在 C3 单元格输入以下公式，并向下复制到 C10 单元格。

```
=MID(B3,MIN(MATCH(1&{3,5,7,8},LEFT(MID(B3&1.13000151718E+21,R
OW($1:$90),11)/10^9,2),)),11)
```

公式中，“1.13000151718E+21”是一个包含 13、15、17 及 18 开头的四类手机号码的数值。将其连接在客户信息之后，是为了避免 MATCH 函数在查找四类手机号码时返回错误值，达到容错的目的。

公式利用 MID 函数从 B3&1.13000151718E+21 字符串中依次提取 11 个字符长度的字符串。通过“/10^9”的数学运算，将 11 位均为数字的字符串转化为大于 0 且小于 100 的小数，将包含非数字的文本字符串转化为错误值。

使用 LEFT 函数提取左边两个字符，通过 MATCH 函数查找 13、15、17 及 18，分别返回以 13、15、17 及 18 开头的手机号码在客户信息中的位置。

使用 MIN 函数返回手机号码在客户信息中的最小位置，即首个手机号码的位置。

最终利用 MID 函数从客户信息中首个手机号码的位置处提取 11 个字符长度的字符串，得到首个手机号码。

16.4.4　在排名计算中的应用

在Excel 2021 中，用于排序的函数包括SORT函数和SORTBY函数。使用这些函数搭配数组运算，可以较为便捷地解决复杂条件下的数据排序与排名问题。

示例16-31　按各奖牌数量降序排列奖牌榜及计算排名

图 16-76 展示的是某届中学生运动会奖牌榜的部分内容，需要依次按金、银、铜牌的数量进行降序排列。

在G2 单元格输入以下公式，结果自动溢出到相邻单元格区域:

```
=SORTBY(A2:E10,B2:B10,-1,C2:C10,-1,D2:D10,-1)
```

SORTBY函数的排序范围是A2:E10 单元格区域，依次对B2:B10 区域的金牌数量、C2:C10 区域的银牌数量和D2:D10 区域的铜牌数量按降序排序。

如需依次根据金、银、铜牌的数量计算运动会奖牌榜的排名，可以在F2 单元格输入以下公式，返回结果如图 16-77 所示。

```
=MATCH(A2:A10,SORTBY(A2:A10,B2:B10,-1,C2:C10,-1,D2:D10,-1),0)
```

公式首先使用SORTBY函数返回按照金、银、铜牌的数量进行降序排列后的学校名称，得到一个内存数组:

{"谷兰湾中学";"金关中学";"第十六中学";……;"马上头中学"}

然后使用MATCH函数计算A2:A10 区域的学校名称在该内存数组中首次出现的位置，即为排名。公式返回一个内存数组，并将结果自动溢出到相邻单元格区域。

G2　=SORTBY(A2:E10,B2:B10,-1,C2:C10,-1,D2:D10,-1)

	A	B	C	D	E	F	G	H	I	J	K
1	学校	金牌	银牌	铜牌	总数		学校	金牌	银牌	铜牌	总数
2	金关中学	79	71	84	234		谷兰湾中学	151	108	83	342
3	高林实验中学	11	10	36	57		金关中学	79	71	84	234
4	第一中学	21	18	18	57		第十六中学	47	76	77	200
5	第三中学	11	11	14	36		云上中学	28	23	33	84
6	马上头中学	10	0	4	14		第一中学	21	18	18	57
7	云上中学	28	23	33	84		第四十二中学	12	7	28	47
8	谷兰湾中学	151	108	83	342		第三中学	11	11	14	36
9	第十六中学	47	76	77	200		高林实验中学	11	10	36	57
10	第四十二中学	12	7	28	47		马上头中学	10	0	4	14

图 16-76　亚运会奖牌榜

	A	B	C	D	E	F
1	学校	金牌	银牌	铜牌	总数	排名
2	金关中学	79	71	84	234	2
3	高林实验中学	11	10	36	57	8
4	第一中学	21	18	18	57	5
5	第三中学	11	11	14	36	7
6	马上头中学	10	0	4	14	9
7	云上中学	28	23	33	84	4
8	谷兰湾中学	151	108	83	342	1
9	第十六中学	47	76	77	200	3
10	第四十二中学	12	7	28	47	6

图 16-77　根据各奖牌数量降序排列结果

16.4.5　按先入先出法计算出货成本

先进先出法（FIFO，first in, first out）是指根据先入库先发出的原则，对于发出的存货以先入库存货的单价计算发出存货成本的方法。使用Excel 365 中的TOCOL函数可以便捷地实现先入先出法计算出货成本。

示例16-32　使用TOCOL函数按先入先出法计算出货成本

如图16-78所示，A列为产品名称，B:D列为购入产品数量，E列为出货数量，需要按先入先出法在F列计算每次出货成本。

在F2 单元格输入以下公式，向下复制到F9 单元格。

```
=SUM(IF(E2,TAKE(DROP(TOCOL(IF((B$2:B2>=
SEQUENCE(,99))*(A$2:A2=A2),C$2:C2,\),3),
SUMIF(A$1:A1,A2,E$1)),E2)))
```

	A	B	C	D	E	F
1	产品名称	购入	单价	总价	出货	出货成本
2	产品A	50	600	30000		0
3	产品A				40	24000
4	产品B	30	620	18600		0
5	产品B				26	16120
6	产品A	10	610	6100		0
7	产品A	40	700	28000		0
8	产品A				15	9050
9	产品A				15	10050

图 16-78　产品出入库统计表

以F8 单元格公式为例说明公式运算逻辑。SEQUENCE(, 99)部分生成一个从 1 开始的 1 行 99 列的数组，IF 函数部分判断若B$2:B8 单元格区域购入数量大于等于SEQUENCE(,99)，且A$2:A8 单元格区域产品名称等于A8 单元格的“产品A”，则返回C$2:C8 单元格区域的单价，否则返回“\”，这样相当于把每次购入产品的单价按购入数量进行了展开。如图 16-79 第 11 行所示，C2 单元格的单价“600”重复了B2 单元格的购入数量“50”次。

A11　=IF((B$2:B8>=SEQUENCE(,99))*(A$2:A8=A8),C$2:C8,\)

	A	B	C	D	E	F	G	H	I	J	K	L	M
1	产品名称	购入	单价	总价	出货	出货成本							
2	产品A	50	600	30000		0							
3	产品A				40	24000							
4	产品B	30	620	18600		0							
5	产品B				26	16120							
6	产品A	10	610	6100		0							
7	产品A	40	700	28000		0							
8	产品A				15	9050							
9	产品A				15	10050							
10													
11	600	600	600	600	600	600	600	600	600	600	600	600	600
12	#NAME?	#NAME?	#NAME?	#NAME?	#NAME?	#NAME?	#NAME?	#NAME?	#NAME?	#NAME?	#NAME?	#NAME?	#NAME?
13	#NAME?	#NAME?	#NAME?	#NAME?	#NAME?	#NAME?	#NAME?	#NAME?	#NAME?	#NAME?	#NAME?	#NAME?	#NAME?
14	#NAME?	#NAME?	#NAME?	#NAME?	#NAME?	#NAME?	#NAME?	#NAME?	#NAME?	#NAME?	#NAME?	#NAME?	#NAME?
15	610	610	610	610	610	610	610	610	610	610	#NAME?	#NAME?	#NAME?
16	700	700	700	700	700	700	700	700	700	700	700	700	700
17	#NAME?	#NAME?	#NAME?	#NAME?	#NAME?	#NAME?	#NAME?	#NAME?	#NAME?	#NAME?	#NAME?	#NAME?	#NAME?

图 16-79　将购入单价按购入数量展开

然后，使用TOCOL函数忽略错误值将所有入库单价转化为一列，使用DROP函数将当前行之前该产品出库数量（SUMIF函数计算结果）的行数舍弃，再使用TAKE函数在剩余数组中提取当前出货数量的行数，最后使用SUM函数求和，即可获得按先进先出法计算的出货成本。

因为公式是按每个入库单价为一行进行展开的，所以计算某次出库总成本使用SUM函数求和。若求某次出库平均单价，直接将SUM函数替换为AVERAGE函数即可。

16.4.6　使用VSTACK函数和HSTACK函数模拟数据透视表

VSTACK函数和HSTACK函数是Excel 365 中的函数，借助该函数可以生成和堆叠行标题、列标题及汇总的数据。

示例16-33 使用VSTACK函数和HSTACK函数模拟数据透视表

如图 16-80 所示，A:C列为不同城市不同产品的销售数量，在E2 单元格输入以下公式即可获得类似透视表的汇总功能。

=LET(行标题,UNIQUE(A2:A15),列标题,TOROW(UNIQUE(B2:B15)),HSTACK(VSTACK("城市/品名",行标题),VSTACK(列标题,SUMIFS(C:C,A:A,行标题,B:B,列标题))))

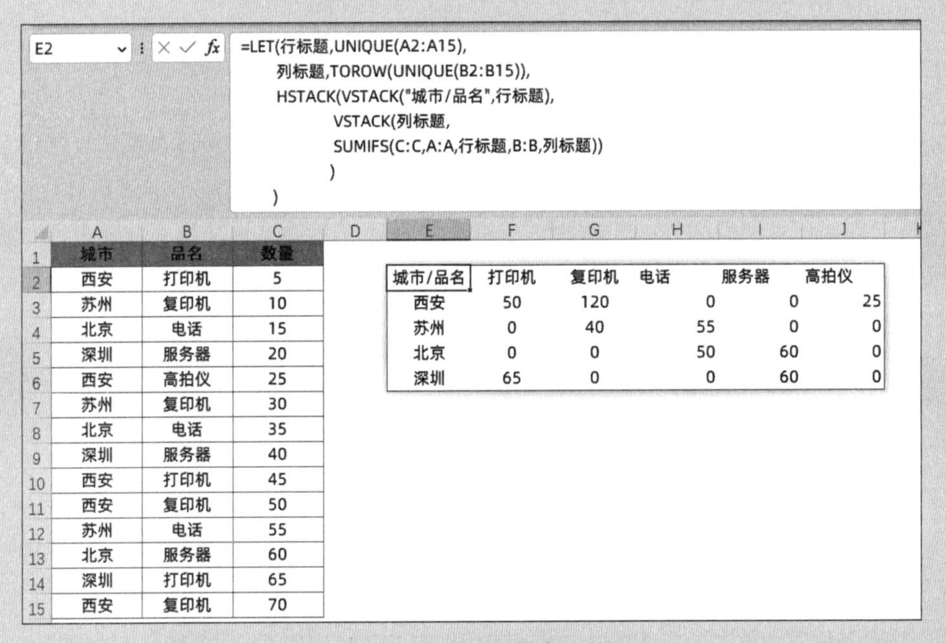

```
=LET(行标题,UNIQUE(A2:A15),
    列标题,TOROW(UNIQUE(B2:B15)),
    HSTACK(VSTACK("城市/品名",行标题),
        VSTACK(列标题,
        SUMIFS(C:C,A:A,行标题,B:B,列标题))
        )
    )
```

城市	品名	数量
西安	打印机	5
苏州	复印机	10
北京	电话	15
深圳	服务器	20
西安	高拍仪	25
苏州	复印机	30
北京	电话	35
深圳	服务器	40
西安	打印机	45
西安	复印机	50
苏州	电话	55
北京	服务器	60
深圳	打印机	65
西安	复印机	70

城市/品名	打印机	复印机	电话	服务器	高拍仪
西安	50	120	0	0	25
苏州	0	40	55	0	0
北京	0	0	50	60	0
深圳	65	0	0	60	0

图 16-80 模拟数据透视表汇总数据

上述公式中，使用LET函数定义“行标题”和“列标题”两个名称，分别获取城市和品名的不重复值列表，VSTACK("城市/品名",行标题)返回结果数组的第一列，VSTACK(列标题,SUMIFS(C:C,A:A,行标题,B:B,列标题))将列标题和SUMIFS函数多条件汇总的结果垂直堆叠在一起，生成结果数组第二列及以后的各列数据。最后，使用HSTACK函数将结果数组的第一列和后面各列水平堆叠在一起。

16.5 数组公式的优化

如果工作簿中使用了较多的数组公式，或是数组公式中的计算范围较大时，会显著降低工作簿重新计算的速度。通过对公式进行适当优化，可在一定程度上提高公式运行效率。

对数组公式的优化主要如下。

➲ Ⅰ 减小公式引用的区域范围

实际工作中，一个工作表中的记录数量通常是随时增加的。编辑公式时，可事先估算记录的大致数量，公式引用范围略多于实际数据范围即可，避免公式进行过多无意义的计算。

➲ Ⅱ 谨慎使用易失性函数

如果在工作表中使用了易失性函数，每次对单元格进行编辑操作时，所有包含易失性函数的公式都会全部重算。为了减少自动重算对编辑效率造成的影响，可将工作表先设置为手动重算，待全部编辑完成后，再启用自动重算。

➲ III　适当使用辅助列、定义名称，善于利用排序、筛选等基础操作

使用辅助列或定义名称的办法，将数组公式中的多项计算化解为多个单项计算，在数据量比较大时，可以显著提升运算处理的效率。

同理，在编辑公式之前，先利用排序、筛选、取消合并单元格等基础操作，使数据结构更趋于合理，可以降低公式的编辑难度，减少公式的运算次数。

➲ IV　使用动态数组公式替代单个单元格数组公式

使用单个单元格数组公式时，每个单元格中的公式都要被分别计算，计算量繁重。而使用动态数组公式时，整个区域中的公式只计算一次，然后把得到的结果数组中的各个元素溢出到其他单元格，这会极大地提高数组公式的计算效率。

练习与巩固

1. Excel 2021 中数组的存在形式包括(　　　)。
2. 命名数组主要用于(　　　)。
3. 数组公式与普通公式的主要区别是(　　　)。
4. 编辑多单元格数组公式，需要注意以下限制(　　　)。
5. 在单元格中输入数组公式={4,9}^{2;0.5}，结果为(________)。
6. 以"练习 16-1.xlsx"中的数据为例，使用数组公式，制作九九乘法表。
7. 以"练习 16-2.xlsx"中的数据为例，如图 16-81 所示，要求将A2:C7 单元格区域中N行 3 列的数据转换为E列所示的单列结构。
8. 以"练习 16-3.xlsx"中的数据为例，如图 16-81 所示，要求在C8 单元格，统计B2:E6 单元格区域中每个姓名最低成绩的合计值。

	A	B	C	D	E
1	人名1	人名2	人名3		人名
2	沈凡	蒋茜	韦甜		沈凡
3	王妙海	何婷婷	戚乐		蒋茜
4	赵迎曼	金秋	蒋秀芳		韦甜
5	秦优优	秦福兰	秦涵菡		王妙海
6	秦英	朱倩	蒋桂花		何婷婷
7	姜晓云				戚乐
8					赵迎曼
9					金秋
10					蒋秀芳
11					秦优优
12					秦福兰
13					秦涵菡
14					秦英
15					朱倩
16					蒋桂花
17					姜晓云
18					

图 16-81　多列数据转单列

	A	B	C	D	E	F
1	姓名	第1次	第2次	第3次	第4次	
2	杨红	43	68	82	55	
3	张坚	56	92	79	75	
4	杨启	74	94	72	93	
5	李炬	67	41	47	76	
6	郭倩	55	94	85	84	
7						
8	最差成绩合计:		267			

图 16-82　统计每个人成绩最小值的和

第 17 章　多维引用

在公式计算中，多维引用是一个比较抽象的概念，使用多维引用的方法可以在内存中构造对多个单元格区域的引用，从而解决一些比较特殊的问题。本章将介绍多维引用的基础知识及部分多维引用的计算实例。

本章学习要点

（1）认识多维引用的概念。　　（2）学习多维引用的实例。

17.1　多维引用的概念

17.1.1　帮助文件中的“三维引用”

在微软的帮助文件中，关于“三维引用”的定义是对两个或多个工作表上相同单元格或单元格区域的引用。

例如，以下公式是对位置连续的Sheet1、Sheet2 和Sheet3 三张工作表的C2 单元格进行求和：

```
=SUM(Sheet1:Sheet3!C2)
```

在公式输入状态下，单击最左侧的工作表标签“Sheet1”，按住<Shift>键，再单击最右侧的工作表标签“Sheet3”，然后选中需要计算的单元格范围“C2”，按<Enter>键即可完成以上公式的输入。

以下公式是对Sheet1、Sheet2 和Sheet3 三张工作表的C2:C6 单元格区域进行求和：

```
=SUM(Sheet1:Sheet3!C2:C6)
```

支持这种多表联合性质的三维引用的常用函数包括SUM、AVERAGE、COUNT、COUNTA、MAX、MIN、RANK、PRODUCT、VSTACK、HSTACK等。

INDIRECT函数不支持这类三维引用的形式，所以不能使用以下公式将字符串“Sheet1:Sheet3!C2:C6”转换为真正的引用。

```
=INDIRECT(“Sheet1:Sheet3!C2:C6”)
```

使用这种三维引用形式时，各个工作表的位置必须是连续的。如果移动Sheet2 工作表的位置，使其不在Sheet1 和Sheet3 之间，则“Sheet1:Sheet3!C2”并不会引用Sheet2 工作表的C2 单元格，如图 17-1 所示。

在Excel 2021 版中，使用这种三维引用的形式后，计算结果只能返回单值，不能返回多项结果。

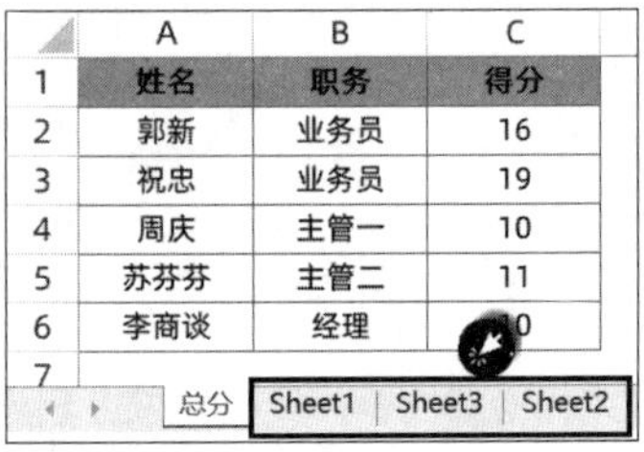

	A	B	C
1	姓名	职务	得分
2	郭新	业务员	16
3	祝忠	业务员	19
4	周庆	主管一	10
5	苏芬芬	主管二	11
6	李商谈	经理	[illegible]
7			

总分　Sheet1　Sheet3　Sheet2

图 17-1　Sheet2 工作表不在Sheet1 和Sheet3 之间

17.1.2　函数产生的多维引用

在Excel中，单行或单列的单元格区域的引用可以视为一条直线，拥有一个维度，被称为一维引用。

其中，单行区域是一维横向引用，单列区域是一维纵向引用。多行多列连续的单元格区域的引用可以视为一个平面，拥有行和列两个维度，被称为二维引用。

在引用类函数，例如OFFSET函数和INDIRECT函数的部分或全部参数中使用数组时，可以返回多维引用。

例如，以下公式中，OFFSET函数的第二参数使用了常量数组{0;1;2;3}，表示以A2:E3单元格区域为基点，向下分别偏移0行、1行、2行、3行：

```
=OFFSET(A2:E3,{0;1;2;3},0)
```

结果会分别得到以下几个单元格区域的引用：

```
A2:E3、A3:E4、A4:E5、A5:E6
```

如果将A2:E3单元格区域视为一张纸，即初始的二维引用，然后在这张纸上叠放另外多张纸A3:E4、A4:E5、A5:E6，这样由多张纸叠加起来，就产生了由二维引用组成的多维引用，如图17-2所示。

	A	B	C	D	E
1	序号	姓名	基本工资	奖金	工资合计
2	1	刘丹丽	800.00	400.00	1,200.00
3	2	马如龙	800.00	400.00	1,200.00
4	3	陈家港	1,200.00	600.00	1,800.00
5	4	郑小芬	1,200.00	600.00	1,800.00
6	5	罗丹丽	1,500.00	800.00	2,300.00

2	1	刘丹丽	800.00	400.00	1,200.00
3	2	马如龙	800.00	400.00	1,200.00

3	2	马如龙	800.00	400.00	1,200.00
4	3	陈家港	1,200.00	600.00	1,800.00

4	3	陈家港	1,200.00	600.00	1,800.00
5	4	郑小芬	1,200.00	600.00	1,800.00

5	4	郑小芬	1,200.00	600.00	1,800.00
6	5	罗丹丽	1,500.00	800.00	2,300.00

图 17-2　函数公式产生的多维引用

17.1.3　对函数产生的多维引用进行计算

带有reference、range或ref参数的部分函数及数据库函数，可以对多维引用进行计算，返回一个一维或二维的数组结果。

常用的处理多维引用的函数有SUBTOTAL、AVERAGEIF、AVERAGEIFS、COUNTBLANK、COUNTIF、COUNTIFS、SUMIF、SUMIFS、RANK等。

以SUBTOTAL函数为例，在E2单元格输入以下公式，将分别对C2:D2、C3:D3、C4:D4、C5:D5、C6:D6这5个单元格区域进行求和，返回一个内存数组{1200;1200;1800;1800;2300}，并自动溢出到E2:E6单元格区域，如图17-3所示。

E2　=SUBTOTAL(9,OFFSET(C2:D2,{0;1;2;3;4},0))

	A	B	C	D	E	F
1	序号	姓名	基本工资	奖金	工资合计	
2	1	刘丹丽	800.00	400.00	1,200.00	
3	2	马如龙	800.00	400.00	1,200.00	
4	3	陈家港	1,200.00	600.00	1,800.00	
5	4	郑小芬	1,200.00	600.00	1,800.00	
6	5	罗丹丽	1,500.00	800.00	2,300.00	

图 17-3　使用SUBTOTAL函数对多维引用区域进行汇总

```
=SUBTOTAL(9,OFFSET(C2:D2,{0;1;2;3;4},0))
```

提示

SUM函数仅支持类似“Sheet1:Sheet3!A1”形式的三维引用，不支持由其他函数产生的多维引用。

17.1.4　OFFSET函数参数中使用数值与ROW函数的差异

如图17-4所示，如果分别使用以下两个公式计算B5单元格中的单价与D2单元格中的数量相乘的结果，会发现只有第一个公式能够进行正确的运算。

```
=SUMPRODUCT(OFFSET(B1,4,0),D2)
=SUMPRODUCT(OFFSET(B1,ROW(A4),0),D2)
```

这是由于ROW(A4)返回的结果并不是数值4，而是只有一个元素的数组{4}，由此OFFSET函数产生了多维引用，而SUMPRODUCT函数并不能直接对多维引用进行计算，导致第二个公式返回错误的结果。

在ROW函数外侧加上MAX函数、MIN函数或SUM函数、N函数等，可以使ROW函数返回的单值数组转换为普通的数值，使SUMPRODUCT函数正常运算。因此第二个公式可以修改为：

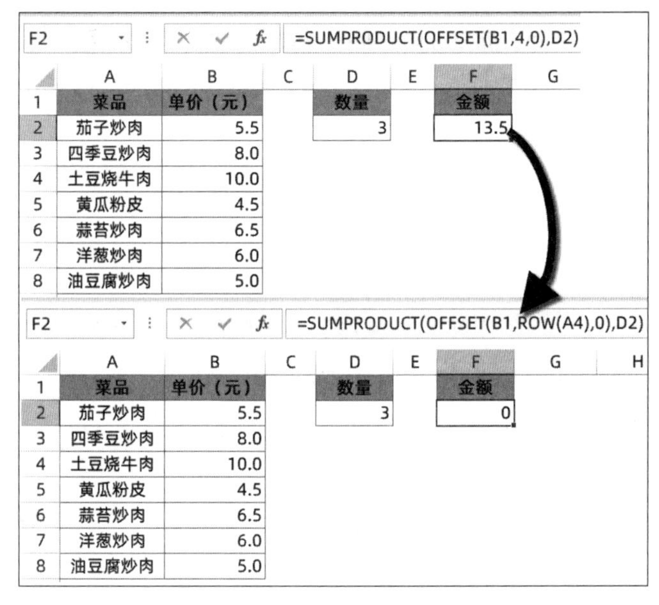

F2 =SUMPRODUCT(OFFSET(B1,4,0),D2)

	A	B	C	D	E	F	G
1	菜品	单价（元）		数量		金额	
2	茄子炒肉	5.5		3		13.5	
3	四季豆炒肉	8.0					
4	土豆烧牛肉	10.0					
5	黄瓜粉皮	4.5					
6	蒜苔炒肉	6.5					
7	洋葱炒肉	6.0					
8	油豆腐炒肉	5.0					

F2 =SUMPRODUCT(OFFSET(B1,ROW(A4),0),D2)

	A	B	C	D	E	F	G	H
1	菜品	单价（元）		数量		金额		
2	茄子炒肉	5.5		3		0		
3	四季豆炒肉	8.0						
4	土豆烧牛肉	10.0						
5	黄瓜粉皮	4.5						
6	蒜苔炒肉	6.5						
7	洋葱炒肉	6.0						
8	油豆腐炒肉	5.0						

图 17-4　OFFSET函数参数中使用数值与ROW函数的差异

```
=SUMPRODUCT(OFFSET(B1,SUM(ROW(A4)),0),D2)
```

17.1.5　使用N函数或T函数"降维"

当N函数和T函数的参数为多维引用时，会返回多维引用各个区域左上角的第一个单元格的值。当多维引用的每个区域都是一个单元格时，使用这两个函数可以起到类似"降维"的效果。

如图17-5所示，在2019及以下的各版本Excel中，分别使用以下两个数组公式对B2:B4单元格中的数值求和，仅第二个公式可以返回正确的计算结果。

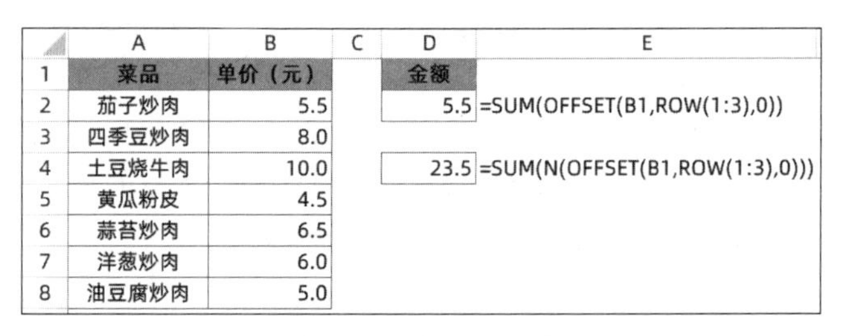

	A	B	C	D	E
1	菜品	单价（元）		金额	
2	茄子炒肉	5.5		5.5	=SUM(OFFSET(B1,ROW(1:3),0))
3	四季豆炒肉	8.0			
4	土豆烧牛肉	10.0		23.5	=SUM(N(OFFSET(B1,ROW(1:3),0)))
5	黄瓜粉皮	4.5			
6	蒜苔炒肉	6.5			
7	洋葱炒肉	6.0			
8	油豆腐炒肉	5.0			

图 17-5　使用N函数降维

```
=SUM(OFFSET(B1,ROW(1:3),0))
=SUM(N(OFFSET(B1,ROW(1:3),0)))
```

OFFSET函数以B1单元格为基点，以ROW(1:3)得到的内存数组{1;2;3}作为行偏移量，分别向下偏移1~3行，最终返回由3个大小为1行1列的区域组成的多维引用，也就是B2、B3和B4单元格。

使用N函数分别返回多维引用中各个区域的第一个单元格的值，再使用SUM函数汇总，返回正确的统计结果。

在Excel 2021及Microsoft 365版本中，系统增强了对1行1列区域构成的多维引用的计算功能，即便不使用N函数或T函数进行"降维"，SUM函数等也可以返回正确的计算结果。

17.2　多维引用实例

17.2.1　多工作表汇总求和

示例17-1　汇总多个工作表中的费用金额

图 17-6 展示了某公司费用表的部分内容，各分公司的费用数据存放在以分公司命名的工作表内。要求在“汇总”工作表中，按照A列的费用名称，对各个分公司的费用金额进行汇总。

可以在“汇总”工作表的B2 单元格输入以下公式，向下复制到B5 单元格。

```
=LET(_lst,{"黄石";"仙桃";"郴州";"大冶";"荆门"},SUM(SUMIF(INDIRECT(_lst&"!A2:A100"),$A2,INDIRECT(_lst&"!B2:B100"))))
```

公式首先定义了一个名称“_lst”，内容是由各分公司工作表的名称构成的常量数组：

```
{"黄石";"仙桃";"郴州";"大冶";"荆门"}。
```

第一个INDIRECT函数返回对各个分表A2:A100 单元格区域的引用。

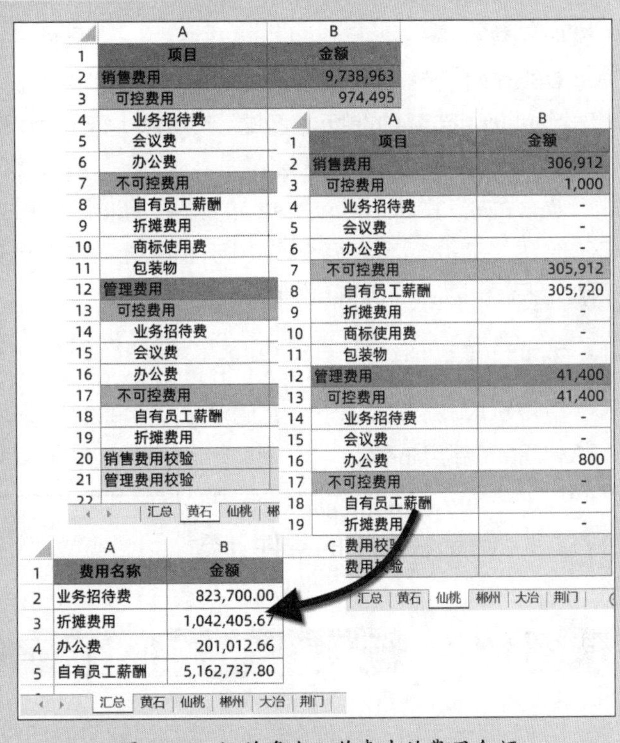

图 17-6　汇总多个工作表中的费用金额

第二个INDIRECT函数返回对各个分表B2:B100 单元格区域的引用。

然后使用SUMIF函数，将两个INDIRECT函数返回的多维引用分别作为条件区域和求和区域，以A2 单元格中的费用名称作为求和条件，返回该费用名称在各个分公司工作表中的金额汇总：

```
{283900;0;210000;164900;164900}
```

最后使用SUM函数汇总求和。

17.2.2　使用DSUM函数完成多工作表汇总求和

使用数据库函数也能处理多维引用，但是要求判断条件的字段名称和数据表中的字段名称保持一致。

示例17-2　使用DSUM函数完成多工作表费用金额汇总

仍以 17.2.1 小节的数据为例，首先将“汇总”工作表A1 单元格的内容修改成和分表相同的字段标题“项目”，然后在B2 单元格输入以下公式，向下复制到B5 单元格，如图 17-7 所示。

```
=SUM(DSUM(INDIRECT({"黄石","仙桃","郴州","大冶","荆门"}&"!A:C"),2,A$1: A2))-SUM(B$1:B1)
```

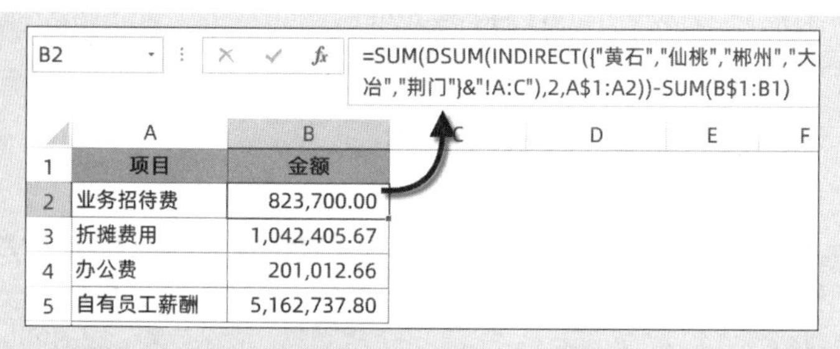

	A	B
1	项目	金额
2	业务招待费	823,700.00
3	折摊费用	1,042,405.67
4	办公费	201,012.66
5	自有员工薪酬	5,162,737.80

图 17-7　使用DSUM函数完成多工作表的汇总求和

公式首先使用INDIRECT函数返回对各个分表A:C区域的多维引用，作为DSUM函数的第一参数。

DSUM函数的第二参数为2，表示对多维引用中各个区域的第二列进行汇总。第三参数为“A$1:A2”，是一组包含给定条件的单元格区域。其中A$1行绝对引用，是列标志，A2使用相对引用，作为列标志下方用于设定条件的单元格区域。

当公式向下复制时，“A$1:A2”的范围不断扩展，形成A$1:A2、A$1:A3……A$1:A5的区域递增形式。DSUM函数在多维引用的各个区域中分别得到：从A2单元格开始到公式所在行结束，该范围内的所有项目费用汇总，返回一个内存数组：

```
{283900,0,210000,164900,164900}
```

使用SUM函数对这个内存数组汇总，再减去公式所在行上方已有项目的金额总和，即为公式所在行A列项目的费用总和。

17.2.3　筛选状态下的条件计数

示例17-3　筛选状态下的条件计数

图17-8展示了一份某公司员工信息明细表的部分内容。在对A列的部门进行筛选后，需要在D2:G2单元格区域分别统计符合D1:G1单元格区域“学历”条件的人数。

在D2单元格输入以下公式，向右复制到G2单元格：

```
=SUM((SUBTOTAL(3,OFFSET($A$4,ROW(1:41),0)))*($E5:$E45=D1))
```

	A	B	C	D	E	F	G
1				高中	大专	本科	研究生
2				3	2	2	0
3							
4	部门	姓名	性别	年龄	学历	籍贯	电话
15	财务部	李英明	男	33	高中	江苏	7353147
19	财务部	保世森	男	35	高中	福建	6751195
22	财务部	刘惠琼	女	44	高中	河北	4928861
25	财务部	郭倩	女	32	大专	福建	6918559
28	财务部	代云峰	男	41	大专	山东	3647214
34	财务部	葛宝云	男	34	本科	福建	8525911
42	财务部	郎俊	男	36	本科	江苏	6831929

图 17-8　筛选状态下的条件计数

公式首先使用OFFSET函数，以$A$4单元格为基点，分别向下偏移1~41行，向右偏移0列，返回由41个大小为一行一列的单元格区域组成的多维引用。

然后使用SUBTOTAL函数，对多维引用中的各个区域统计可见状态下不为空的单元格个数。当相关区域处于筛选后的隐藏状态时，统计结果为0，处于显示状态时，统计结果为1。结果返回一个由0和1组成的内存数组：

```
{0;0;0;0;0;0;0;0;0;0;1……;0;1;0;0;0}
```

“($E5:$E45=D1)”部分，判断$E5:$E45单元格区域的学历是否等于D1单元格指定学历，返回一个由逻辑值TRUE和FALSE组成的内存数组。

最后将两个内存数组中的元素对应相乘，再使用SUM函数汇总乘积之和，即为可见状态下符合D1单元格指定学历的人数。

17.2.4　计算修剪平均分排名

SUBTOTAL函数的第一参数使用常量数组时，可以同时对第二参数执行不同的汇总方式。与OFFSET函数结合使用，可以解决一些比较特殊的数据统计问题。

示例17-4　计算修剪平均分

图 17-9 是某城市广场舞比赛得分表，需要用每支队伍扣除一个最高分和一个最低分后的平均分进行名次计算。

	A	B	C	D	E	F	G	H	I
1	队伍	得分1	得分2	得分3	得分4	得分5	得分6	得分7	排名
2	星光舞队	1	2	4	9	8	4	10	4
3	跃跃舞队	6	10	8	4	2	3	5	5
4	向日葵舞队	9	6	10	5	9	6	9	1
5	雨点舞队	8	6	9	5	9	9	5	2
6	奇迹舞队	8	10	5	10	4	7	3	3
7	旧时光舞队	10	3	1	6	7	1	7	6

图 17-9　计算修剪平均分排名

在I2单元格输入以下公式，向下复制到I7单元格。

```
=SUM(N(TRIMMEAN(B2:H2,2/7)<MMULT(SUBTOTAL({9,4,5},OFFSET(B$1,R
OW($1:$6),,,7)),{1;-1;-1})/5))+1
```

“OFFSET(B$1,ROW($1:$6),,,7))”部分，以B$1单元格为基点，向下分别偏移1~6行，再向右分别扩展7列，返回由6个1行7列单元格区域组成的多维引用。例如：B2:H2、B3:H3、B4:H4……B7:H7。

SUBTOTAL函数的第一参数是常量数组{9,4,5}，表示对第二参数的多维引用执行求和、最小值、最大值三种汇总方式的运算，返回6行3列的内存数组：

```
{38,10,1;38,10,2;54,10,5;51,9,5;47,10,3;35,10,1}
```

再使用MMULT函数对以上内存数组逐行执行聚合运算，MMULT函数的第二参数是常量数组{1,-1,-1}，表示用求和结果分别减去最小值和最大值。接着除以5，即可得到每支队伍扣掉一个最大值和一个最小值后的平均分：

```
{5.4;5.2;7.8;7.4;6.8;4.8}
```

“TRIMMEAN(B2:H2,2/7)”部分，返回B2:H2单元格区域内扣除一个最高分和一个最低分后的平均分。

最后使用SUM函数统计大于当前行平均分的队伍个数，加1后的结果即相当于队伍的排名。

17.2.5 计算前n个非空单元格对应的数值总和

示例17-5 计算造价表中前n项的总价合计值

图17-10展示了某公司电气工程造价表的部分内容，其中A列是大项名称，B列是不同大项下的子项目名称，F列是各个子项目的合价金额。

现在需要根据L1单元格中指定的大项个数，对F列对应的合价金额汇总求和。

	A	B	C	D	E	F	G	H	I	J	K	L	M
1	大项	子项目名称	单位	工程量	单价	合价	其中				前	3	大项
2							人工合价	材料合价	机械合价				
3	配电箱	配电箱	台	2	155.36	310.72	234.08	63.56	13.08		合价总计		31985.95
4		集中供电应急照明配电屏	台	2	1491	2982		2982					
5	环控柜	环控柜	台	20	111.07	2221.4	1504.8	716.6					
6	配电箱安装	切换箱	台	20	292	5840		5840					
7		检修箱	台	2	173.57	347.14	181.46	149.58	16.1				
8		就地按钮箱	台	21	29.28	614.88		614.88					
9		阀门双电源箱	台	4	4	16		16					
10		阀门手操箱	套	0.948	687.99	652.21	651.87	0.34					
11		电源模块箱	套	100.488	3.75	376.83		376.83					
12		接地端子箱	套	0.806	611.92	493.21	492.92	0.29					
13		冷水机组控制柜	套	85.436	1.68	143.53		143.53					
14		基础槽钢、角钢安装 槽钢	套	27.208	550.89	14988.62	14978.82	9.79					
15		铁构件制作、安装及箱盒制作 一般铁构件 制作及安装	套	2884.048	1.04	2999.41		2999.41					
16	灯具	各类灯	套	26.8	496.11	13295.75	13286.1	9.65					
17		单臂顶套式挑灯架安装	套	2840.8	0.8	2272.64		2272.64					
18		楼梯扶手LED灯带安装	100m	7.246	446.39	3234.54	3231.93	2.61					
19		路灯杆座安装成套型	m	768.076	0.6	460.85		460.85					
20		金属杆组立单杆式杆	100m	0.62	298.35	184.98	143.33	21.37	20.28				

图17-10 计算前n项的总价合计值

在M3单元格输入以下公式：

```
=LOOKUP(L1,SUBTOTAL({3,9},OFFSET(F3,0,{-5,0},ROW(1:100))))
```

“OFFSET(F3,0,{-5,0},ROW(1:100))”部分，OFFSET函数以F3单元格为基点，向下偏移0行，向右分别偏移0列（仍然返回F列）和-5列（向左偏移5列返回A列），新引用的行数为1到100。最终在A列和F列各生成一组多维引用，每一列中的多维引用分别由100个1列n行的区域构成，行数n从1到100依次递增。

SUBTOTAL函数的第一参数使用常量数组{3,9}，表示对第二参数的两组多维引用分别执行非空单元格计数和求和的汇总方式，也就是对A列生成的多维引用执行非空单元格计数，对F列生成的多维引用执行汇总求和，最终返回2列100行尺寸的内存数组：

```
{1,310.72;1,3292.72;2,5514.12;3,11354.12;3,11701.26;……;12,116015.87;12,116015.87}
```

将这部分SUBTOTAL函数生成的内存数组映射到单元格区域中，结果如图17-11所示。

J3　=SUBTOTAL({3,9},OFFSET(F3,0,{-5,0},ROW(1:100)))

	A	B	F	J	K
1-2	大项	子项目名称	合价	大项个数	合价累计
3	配电箱	配电箱	310.72	1	310.72
4		集中供电应急照明配电屏	2982	1	3292.72
5	环控柜	环控柜	2221.4	2	5514.12
6	配电箱安装	切换箱	5840	3	11354.12
7		检修箱	347.14	3	11701.26
8		就地按钮箱	614.88	3	12316.14
9		阀门双电源箱	16	3	12332.14
10		阀门手操箱	652.21	3	12984.35
11		电源模块箱	376.83	3	13361.18
12		接地端子箱	493.21	3	13854.39
13		冷水机组控制柜	143.53	3	13997.92
14		基础槽钢、角钢安装 槽钢	14988.62	3	28986.54
15		铁构件制作、安装及箱盒制作 一般铁构件 制作及安装	2999.41	3	31985.95

图 17-11　SUBTOTAL 函数返回的内存数组

LOOKUP 函数以 L1 单元格中指定的大项数为查找值，在以上内存数组中的首列查找小于等于查找值的最后一个最大值，并返回内存数组中与该记录位置相对应的第二列中的内容。

练习与巩固

1. 引用的维度是指引用中单元格区域的排列(　　)，维数是引用中不同维度的(　　)。
2. 用来生成多维引用的函数包括(　　)和(　　)。
3. 函数生成的多维引用将对每个单元格区域引用分别计算，同时返回(　　)个结果值。

第 18 章　财务函数

财务函数在社会经济生活中有着广泛的用途，小到计算个人理财收益、信用卡还款，大到评估企业价值、比较不同方案的优劣以确定重大投资决策，都会用到财务函数。财务函数主要可以分为与本金和利息相关、与投资决策和收益率相关、与折旧相关、与有价证券相关等类型。本章主要介绍如何利用财务函数来实现相关的计算需求。

本章学习要点

(1)财务、投资相关的基础知识。

(2)贷款本息计算相关函数。

(3)投资评价函数。

(4)折旧函数。

18.1　财务、投资相关的基本概念与常见计算

18.1.1　货币的时间价值

货币的时间价值是指在存在投资机会的市场上，货币的价值随着一定时间的投资和再投资而发生的增值。

假设张三在 2023 年 1 月 1 日有 100 元现金，第一种情况是将其存入银行，假定年存款利率为 3%，到 2024 年 1 月 1 日就可以取出 103 元。第二种情况是不做任何投资，到 2024 年 1 月 1 日仍然是 100 元。

第一种情况比第二种情况增加了 3 元，这部分就可以理解为货币的时间价值。

18.1.2　年金

年金是指等额、定期的系列收支，每期的收付款金额在年金周期内不能更改。例如，偿还一笔金额为 10 万元的无息贷款，每年 12 月 31 日偿还 1 万元，偿还 10 年就属于年金付款形式。

18.1.3　单利和复利

利息有单利和复利两种计算方式。

单利是指按照固定的本金计算的利息。即本金固定，到期后一次性结算利息，而本金所产生的利息不再计算利息，例如银行的定期存款。

复利是指每经过一个计息期，都要将所生利息加入本金，以计算下期的利息。这样，在每一个计息期，上一个计息期的利息都将成为生息的本金，即以利生利，也就是俗称的“利滚利”，比如某些货币基金采用的就是这种计息方式。

示例18-1　分别用单利和复利计算投资收益

如图 18-1 所示，假设初始投资本金为 100 元，年利率为 3%，分别使用单利和复利两种方式来计算每年的收益。

在B5 单元格输入以下公式，向下复制到B14 单元格。

```
=$B$2*$B$1*A5
```

在C5 单元格输入以下公式，向下复制到C14 单元格。

```
=$B$2*(1+$B$1)^A5-$B$2
```

可以看出，单利模式每年收益均为固定的 3 元，复利模式由于每年产生的收益都会滚动计入下年的本金，因此收益逐年增大。

现值和终值的计算一般基于复利模式计算。

	A	B	C
1	年利率	3%	
2	本金	100	
3			
4	年份	单利累计收益	复利累计收益
5	1	3.00	3.00
6	2	6.00	6.09
7	3	9.00	9.27
8	4	12.00	12.55
9	5	15.00	15.93
10	6	18.00	19.41
11	7	21.00	22.99
12	8	24.00	26.68
13	9	27.00	30.48
14	10	30.00	34.39

图 18-1　单利和复利

注意

一般财务函数中会提供参数，用来指定投资本金的支出或贷款本息的偿还是在期初还是期末。如无特殊说明，示例中的投资本金均指在每一个计息期间的第一天支出，以年度的计息期来说，投资本金于每年的 1 月 1 日支出。若为偿还贷款，贷款本金和利息的支出在每个计息期间的最末一天。

18.1.4　现值和终值

现值（Present Value，缩写为“PV”）指未来现金流量以恰当的折现率折算到现在的价值，在不考虑通货膨胀的情况下，主要考虑的是货币的时间价值因素。

假设社会平均投资回报率为每年 10%，1 年之后的 110 元相当于现在的 100 元，也就是 1 年之后的 110 元折算到现在的价值是 110/(1+10%)^1，等于 100 元。因为现在的 100 元投资出去，1 年之后能收回 110 元，因此可以说 1 年之后的 110 元的现值是 100 元。

将未来的现金流折算成现值的过程叫作“折现”，折现使用的利率或回报率叫作“折现率”。

示例18-2　现值计算

假设年利率为 4.30%，图 18-2 中列示了 1 年后、2 年后和 3 年后的 18000 元现值的计算结果。在B5 单元格输入以下公式，向右复制到D5 单元格，计算复利下的现值。

```
=B2/(1+B3)^B1
```

可以看出，相同金额折现的期间越长，现值计算结果越小。

	A	B	C	D
1	未来现金流发生时点（年）	1	2	3
2	未来现金流发生金额	18,000	18,000	18,000
3	年利率	4.30%	4.30%	4.30%
4				
5	复利现值	17,257.91	16,546.41	15,864.25

图 18-2　现值计算

终值（Future Value，缩写为“FV”）与现值对应，又称将来值或本利和，是指现在一定量的资金在未来某一时点上的价值。

假设投资年回报率为 10%，现在投资 100 元，1 年之后会变成 110 元，也就是现在的 100 元折算到 1 年后的终值是 100*(1+10%)^1，等于 110 元。

示例18-3 终值计算

假设年利率为 4.30%，图 18-3 中列示了现在投资 18000 元在 1 年后、2 年后和 3 年后的终值计算结果。在B5 单元格输入以下公式，向右复制到D5 单元格，计算复利下的终值。

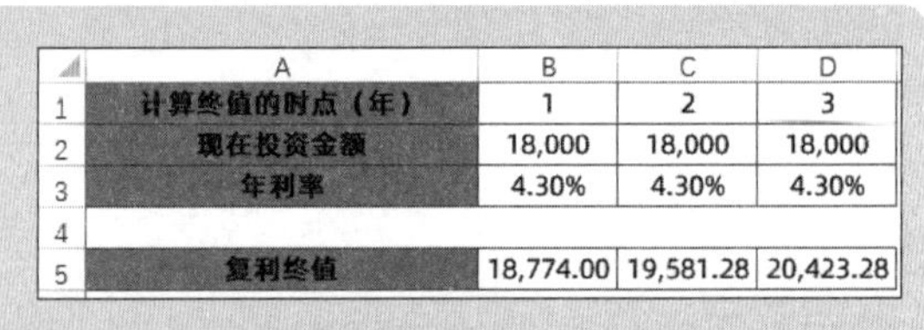

	A	B	C	D
1	计算终值的时点（年）	1	2	3
2	现在投资金额	18,000	18,000	18,000
3	年利率	4.30%	4.30%	4.30%
4				
5	复利终值	18,774.00	19,581.28	20,423.28

图 18-3 终值计算

```
=B2*(1+B3)^B1
```

可以看出，同样的投资金额，时间越长，终值计算结果越大。

18.1.5 年利率、月利率和日利率

根据不同的计息周期，一般分为年利率、月利率和日利率三种，在单利模式下和复利模式下，三者的关系有所不同。

单利模式下：

```
月利率*12=年利率
日利率*360=月利率*12=年利率
```

复利模式下：

```
(1+月利率)^12=1+年利率
(1+日利率)^360=1+年利率
```

18.1.6 折现率

折现率是根据资金具有时间价值这一特性，按复利计息原理，把未来一定时期的现金流量折合成现值的一种比率。

如果 1 年后的 110 元相当于现在的 100 元，可以说市场利率是 10%，也可以说现在的 100 元不做任何投资的机会成本率是 10%。此时，在评估一项具体投资时，应该用 10% 作为折现率，将未来预期收回本金和收益的合计值折算成现值，如果现值金额大于初始投资的金额，则说明这项投资是有利可图的，反之则不划算。

18.1.7 名义利率和实际利率

假设张三 2023 年 1 月 1 日投资 100 元购买某理财产品，约定年利率为 12%，每月结息，结息金额可以复投该理财产品。到 2023 年 12 月 31 日，实际一共可收取的收益为：

```
100*(1+12%/12)^12-100= 12.68(元)
```

不考虑通货膨胀因素，实际投资的年化收益率为 12.68/100=12.68%，这个利率称为“实际利率”或“有效利率”。协议约定的年利率 12% 称为“名义利率”。

名义利率和实际利率存在差异是基于复利模式计算方法，根据名义利率或实际利率及每年的复利期数，可以将名义利率和实际利率互相转换。

假设名义利率为 i，实际利率为 r，每年复利期数为 n，则：

$$\left(1+\frac{i}{n}\right)^{n}=1+r$$

18.1.8 现金的流入与流出

所有的财务函数都基于现金流，即现金流入与现金流出。所有的交易也都伴随着现金流入与现金流出。例如购车，对于购买者是现金流出，对于销售者就是现金流入。存款对于存款人是现金流出，取款是现金流入。而对于银行，存款是现金流入，取款则是现金流出。

在构建财务公式时，首先要确定每一个参数应是现金流入还是现金流出。在财务函数的参数和计算结果中，正数代表现金流入，负数代表现金流出。

18.1.9 常见的贷款还款方式

假设张三有一笔 12000 元的 1 年期银行贷款，年利率为 6.50%，要求每月还款一次。还款方式有等额本金偿还方式和等额本息偿还方式两种。

等额本金偿还方式是在还款期内把贷款本金等分，每期偿还同等数额的本金和本期期初贷款余额在该期间所产生的利息。这样的还款方式，每期偿还本金额固定，利息越来越小。

在等额本金偿还方式下，张三需要每月偿还 1000 元本金和每月初贷款余额在当月产生的利息。实际偿还情况如表 18-1 所示。

表 18-1 等额本金偿还方式还款明细

期数	每期偿还本息和	其中：偿还本金	其中：偿还利息	期数	每期偿还本息和	其中：偿还本金	其中：偿还利息
1	−1,065.00	−1,000.00	−65.00	8	−1,027.08	−1,000.00	−27.08
2	−1,059.58	−1,000.00	−59.58	9	−1,021.67	−1,000.00	−21.67
3	−1,054.17	−1,000.00	−54.17	10	−1,016.25	−1,000.00	−16.25
4	−1,048.75	−1,000.00	−48.75	11	−1,010.83	−1,000.00	−10.83
5	−1,043.33	−1,000.00	−43.33	12	−1,005.42	−1,000.00	−5.42
6	−1,037.92	−1,000.00	−37.92	合计：	−12,422.50	−12,000.00	−422.50
7	−1,032.50	−1,000.00	−32.50				

等额本息偿还方式是在还款期内每期偿还相等金额，每期支付的金额相等且同时包含本金和利息。随着本金的陆续偿还，每期支付的金额中本金占比越来越大，利息占比越来越少。

在等额本息偿还方式下，张三需要每月偿还 1035.56 元。实际偿还情况如表 18-2 所示。

表 18-2 等额本息偿还方式还款明细

期数	每期偿还本息和	其中：偿还本金	其中：偿还利息	期数	每期偿还本息和	其中：偿还本金	其中：偿还利息
1	−1,035.56	−970.56	−65.00	8	−1,035.56	−1,007.96	−27.60
2	−1,035.56	−975.81	−59.74	9	−1,035.56	−1,013.42	−22.14
3	−1,035.56	−981.10	−54.46	10	−1,035.56	−1,018.91	−16.65
4	−1,035.56	−986.41	−49.14	11	−1,035.56	−1,024.43	−11.13

续表

期数	每期偿还本息和	其中：偿还本金	其中：偿还利息	期数	每期偿还本息和	其中：偿还本金	其中：偿还利息
5	-1,035.56	-991.76	-43.80	12	-1,035.56	-1,029.98	-5.58
6	-1,035.56	-997.13	-38.43	合计：	-12,426.68	-12,000.00	-426.68
7	-1,035.56	-1,002.53	-33.03				

18.2 基本借贷和投资类函数FV、PV、RATE、NPER和PMT

Excel中有5个基本借贷和投资函数，它们之间是彼此相关的，分别是FV函数、PV函数、RATE函数、NPER函数和PMT函数。各函数的功能说明如表18-3所示。

表18-3 5个基本借贷和投资函数

函数	功能	语法
FV	缩写于Future Value。基于固定利率及等额分期付款方式，返回某项投资的未来值	FV(rate,nper,pmt,[pv],[type])
PV	缩写于Present Value。返回投资的现值，现值为一系列未来付款的当前值的累积和	PV(rate,nper,pmt,[fv],[type])
RATE	返回年金的各期利率	RATE(nper,pmt,pv,[fv],[type],[guess])
NPER	缩写于Number of Periods。基于固定利率及等额分期付款方式，返回某项投资的总期数	NPER(rate,pmt,pv,[fv],[type])
PMT	缩写于Payment。基于固定利率及等额分期付款方式，返回贷款的每期付款额	PMT(rate,nper,pv,[fv],[type])

这些财务函数中包含多个具有同样含义的参数，例如rate、per、nper、pv、fv等，如表18-4所示。

表18-4 常用财务函数通用参数说明

参数	含义	说明
rate	利率或折现率	使用时应注意rate应与其他参数保持一致。例如要以12%的名义年利率按月支付一笔4年期贷款，则rate应为12%/12，总期数（nper）应为4*12。如果每年还款一次，则rate应为12%，总期数（nper）应为4
nper	付款总期数	
per	需要计算利息、本金等数额的期数	例如要计算按月支付的一笔4年期贷款第15个月时应支付的利息或本金，则per应等于15。使用时应注意per的数值必须在1到nper之间
pv	现值	一系列未来现金流的当前值的累积和，在某些函数中代表收到贷款的本金
fv	终值或未来值	一系列现金流未来值的累加和，一般为可选参数。若省略fv，则假定其值为0
pmt	各期所应支付的金额	如果期初一次性投资后不再追加投资，pmt为0
type	付款方式	数字0或1，用以指定各期的付款时间是在期初还是期末。0或省略代表期末，1代表期初

这5个财务函数之间的关系可以用以下表达式表达。

$$FV+PV\times(1+RATE)^{NPER}+PMT\times\sum_{i=0}^{NPER-1}(1+RATE)^{i}=0$$

进一步简化如下。

$$FV+PV\times(1+RATE)^{NPER}+PMT\times\frac{(1+RATE)^{NPER}-1}{RATE}=0$$

当PMT为 0，即在初始投资后不再追加资金，则公式可以简化如下。

$$FV+PV\times(1+RATE)^{NPER}=0$$

18.3 与本金和利息相关的财务函数

18.3.1 未来值（终值）函数FV

在利率RATE、总期数NPER、每期付款额PMT、现值PV、支付时间类型TYPE已确定的情况下，可利用FV函数求出未来值。其语法为：

```
FV(rate,nper,pmt,[pv],[type])
```

示例18-4 计算整存整取理财产品的收益

张三投资 10000 元购买一款理财产品，年收益率是 4.7%，每月按复利计息，需要计算 2 年后的本金及收益合计金额，如图 18-4 所示。

在C6 单元格输入以下公式。

```
=FV(C2/12,C3,0,-C4)
```

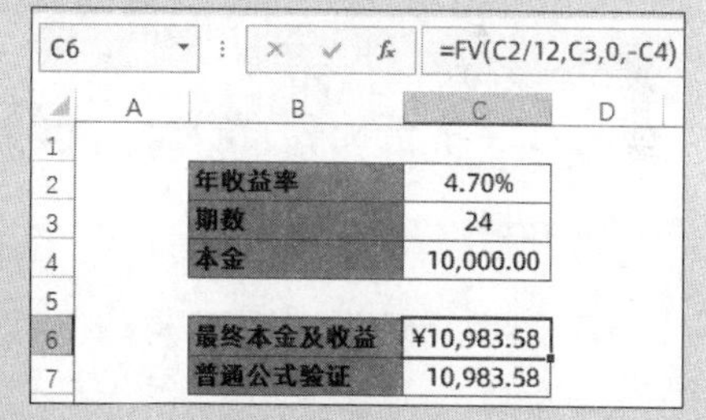

图 18-4 整存整取

由于是按月计息，使用C2 单元格 4.7% 的年收益率除以 12 得到每个月的收益率。C3 单元格的期数 24 代表 24 个月。由于是一次性期初投资，因此第三参数pmt为 0。投资 10000 元购买理财产品，属于现金流出，所以使用-C4。最终的本金收益结果为正值，说明是现金流入。type函数省略说明是期末付款。

使用财务函数计算的单元格数字格式默认为“货币”格式。

在C7 单元格输入以下公式，可以对FV函数返回的结果进行验证。

```
=C4*(1+C2/12)^C3
```

示例18-5 计算零存整取的最终收益

张三投资10000 元购买一款理财产品，而且每月再固定投资500 元，年收益率是4.7%，按复利计息，需要计算 2 年后的本金及收益合计金额，如图 18-5 所示。

在 C7 单元格输入以下公式。

```
=FV(C2/12,C3,-C5,-C4)
```

其中每月固定再投资金额属于现金流出，所以使用 -C5。

在 C8 单元格输入以下公式，可以对 FV 函数返回的结果进行验证。

```
=C4*(1+C2/12)^C3+C5*((1+C2/12)^C3-1)/(C2/12)
```

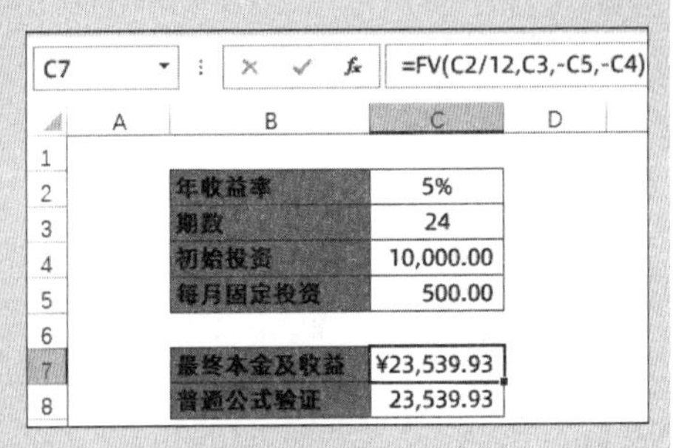

图 18-5　零存整取

提示　因为银行按单利计算存款利息，因此零存整取储蓄的利息计算方式并不适合该公式。

示例18-6　对比投资保险收益

有这样一份保险产品：孩子从 8 岁开始投保，每个月固定交给保险公司 500 元，一直到 18 岁，共计 10 年，120 个月，同时包含某些重疾、意外的保险责任。到期保险公司归还全部本金 500*12*10=60000 元，如果孩子考上大学，额外奖励 20000 元。

另有一份理财产品，每月固定投资 500 元，年收益率 6%，按月复利计息。

如果仅考虑投资收益，需要计算以上 2 种投资哪种的收益更高，如图 18-6 所示。

在 C7 单元格输入以下公式，结果为 80000。

```
=500*120+20000
```

在 C8 单元格输入以下公式，结果为 81939.67。

```
=FV(C2/12,C3,-C5,-C4)
```

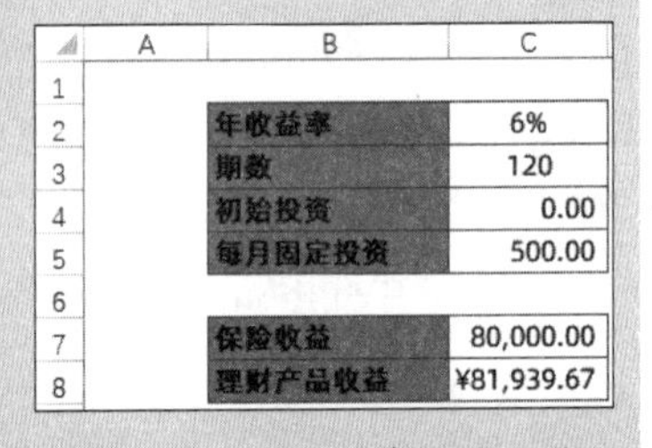

图 18-6　对比投资保险收益

在不考虑保险责任的情况下，假设孩子能够考上大学，投资保险的收益要比投资合适的理财产品少近 2000 元。

18.3.2　现值函数 PV

在利率 RATE、总期数 NPER、每期付款额 PMT、未来值 FV、支付时间类型 TYPE 已确定的情况下，可利用 PV 函数求出现值。该函数语法为：

```
PV(rate,nper,pmt,[fv],[type])
```

示例18-7　计算存款多少钱能在30年到达100万

如图 18-7 所示，假设银行 1 年期定期存款利率为 1.65%，且利率不变，每年都将本息和进行续存，

如果希望在 30 年后个人银行存款可以达到 100 万元，那么现在一次性存入多少钱可以达到这个目标？

在C6 单元格输入以下公式。

```
=PV(C2,C3,0,C4)
```

因为是存款，属于现金流出，所以最终计算结果为负值￥-612038.17。

在C7 单元格输入以下公式，可以对PV 函数返回的结果进行验证。

```
=-C4/(1+C2)^C3
```

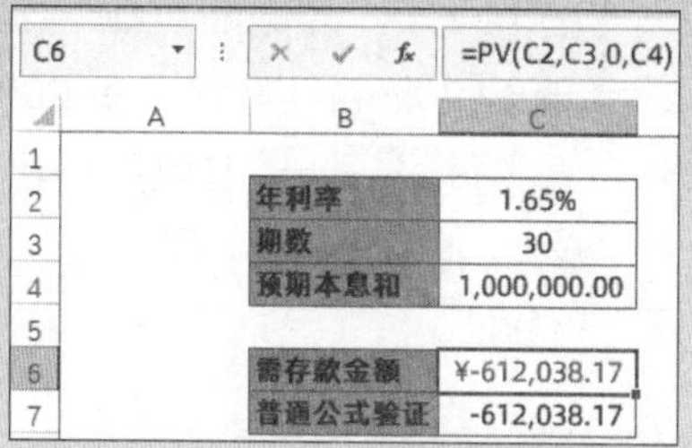

C6　=PV(C2,C3,0,C4)

	A	B	C
1			
2		年利率	1.65%
3		期数	30
4		预期本息和	1,000,000.00
5			
6		需存款金额	¥-612,038.17
7		普通公式验证	-612,038.17

图 18-7　计算存款金额

示例18-8　计算整存零取方式养老方案

如图 18-8 所示，现在有一笔钱存入银行，假设银行 1 年期定期存款利率为 1.65%，希望在之后的 30 年内每年从银行取 10 万元，直到全部存款取完，现在需要存入多少钱？

在C6 单元格输入以下公式。

```
=PV(C2,C3,C4)
```

由于最终全部取完，即未来值FV为 0（期初一次性存入金额与每期取出的 10 万元未来值合计为 0），所以可以省略第四参数。

C7 单元格输入以下公式，可以对PV 函数返回的结果进行验证。

```
=-C4*(1-1/(1+C2)^C3)/C2
```

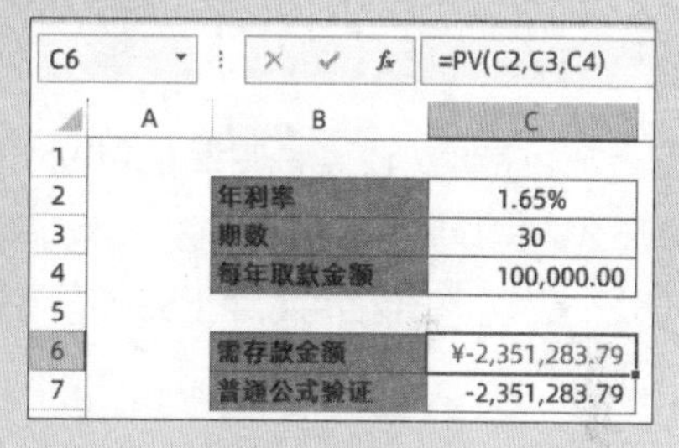

C6　=PV(C2,C3,C4)

	A	B	C
1			
2		年利率	1.65%
3		期数	30
4		每年取款金额	100,000.00
5			
6		需存款金额	¥-2,351,283.79
7		普通公式验证	-2,351,283.79

图 18-8　整存零取

18.3.3　利率函数 RATE

RATE 函数计算年金形式现金流的利率或贴现利率。如果是按月计算利率，将结果乘以 12 即可得到相应条件下的名义年利率。其语法为：

```
RATE(nper,pmt,pv,[fv],[type],[guess])
```

其中最后一个参数 guess 为预期利率，是可选的。如果省略 guess，则假定其值为 10%。

RATE 函数通过迭代计算，可以有零个或多个解法。如果在 20 次迭代之后，RATE 的连续结果不能收敛于 0.0000001 之内，则 RATE 返回错误值 #NUM!。

示例18-9　计算房产投资收益率

张三在 2000 年用 12 万元购买了一套房产，到 2020 年以 220 万元的价格卖出，总计 20 年时间，需要计算该项投资的年化收益率，如图 18-9 所示。

在C6 单元格输入以下公式。

```
=RATE(C2,0,-C3,C4)
```

其中C2单元格为从买房到卖房之间的期数。中间没有追加投资，所以第二参数pmt为0。在2000年支出12万元，所以在2000年属于现值，使用-C3，表示现金流出12万元。卖房时间是2020年，相对于2000年属于未来值，所以最后一个参数fv使用C4。

在C7单元格输入以下公式，可以对RATE函数返回的结果进行验证。

```
=(C4/C3)^(1/C2)-1
```

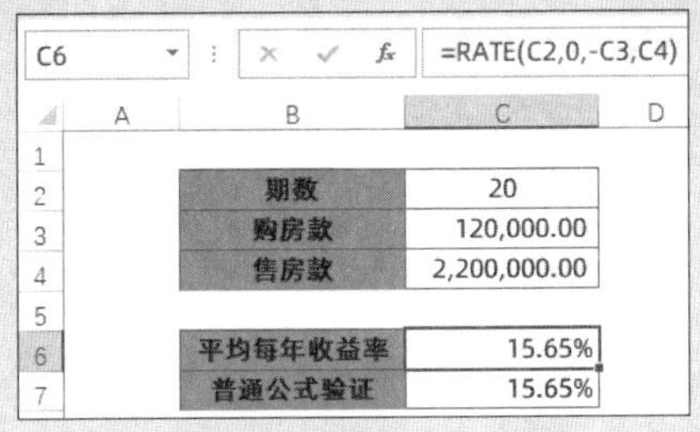

C6 =RATE(C2,0,-C3,C4)

	B	C
2	期数	20
3	购房款	120,000.00
4	售房款	2,200,000.00
6	平均每年收益率	15.65%
7	普通公式验证	15.65%

图 18-9 计算房产投资收益率

示例18-10 计算实际借款利率

如图18-10所示，因资金需要，张三向他人借款10万元，约定每季度还款1.2万元，共计3年还清，那么这个借款的年利率为多少？

在C6单元格输入以下公式，返回每期利率。

```
=RATE(C2,-C3,C4)
```

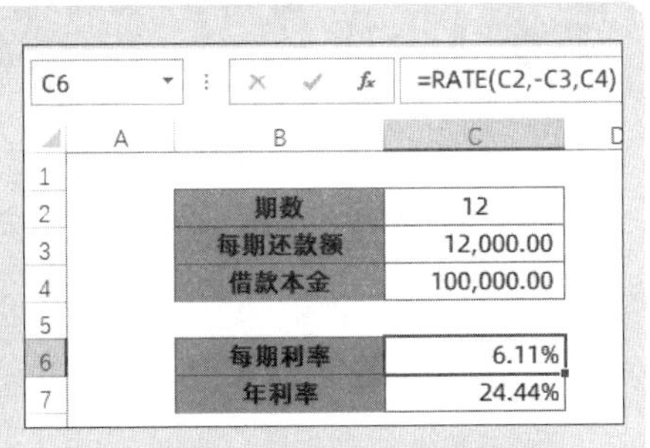

C6 =RATE(C2,-C3,C4)

	B	C
2	期数	12
3	每期还款额	12,000.00
4	借款本金	100,000.00
6	每期利率	6.11%
7	年利率	24.44%

图 18-10 计算实际借款利率

由于期数12是按照季度来算的，即3年内共有12个季度，那么这里计算得到的利率为季度利率。

在C7单元格输入以下公式，将季度利率乘以4，返回相应的年利率。

```
=RATE(C2,-C3,C4)*4
```

18.3.4 期数函数NPER

NPER函数用于计算基于固定利率及等额分期付款方式，返回某项投资的总期数。其计算结果可能包含小数，需根据实际情况将结果向上舍入或向下舍去得到合理的实际值。其语法为：

```
NPER(rate,pmt,pv,[fv],[type])
```

示例18-11 计算理财产品购买期数

如图18-11所示，张三现有存款10万元，每月工资可以剩余5000元用于购买理财产品。某理财产品的年利率为3.8%，按月计息，需要连续多少期购买该理财产品可以使总额达到100万元？

在C7单元格输入以下公式。

```
=NPER(C2/12,-C3,-C4,C5)
```

C7 =NPER(C2/12,-C3,-C4,C5)

	B	C
2	年利率	3.8%
3	每月存款额	5,000.00
4	现有存款	100,000.00
5	目标存款	1,000,000.00
7	期数	135.76
8	普通公式验证	135.76

图 18-11 计算购买期数

计算结果为 135.76，由于期数都必需为整数，所以最终结果应为 136 个月。

在C8 单元格输入以下公式，可以对NPER函数返回的结果进行验证。

```
=LOG(((-C3)-C5*C2/12)/((-C3)+(-C4)*C2/12),1+C2/12)
```

18.3.5　付款额函数 PMT

PMT函数的计算是基于固定的利率和固定的付款额，把某个现值(PV)增加或降低到某个未来值(FV)所需要的每期金额。其语法为：

```
PMT(rate,nper,pv,[fv],[type])
```

示例18-12　计算每期存款额

如图 18-12 所示，假设银行 1 年期定期存款利率为 1.5%。张三现有存款 10 万元，如果希望在 30 年后个人银行存款可以达到 100 万元，那么在这 30 年中，需要每年追加存款多少元?

在C7 单元格输入以下公式。

```
=PMT(C2,C3,-C4,C5)
```

在C8 单元格输入以下公式，可以对PMT函数返回的结果进行验证。

```
=(-C5*C2+C4*(1+C2)^C3*C2)/((1+C2)^C3-1)
```

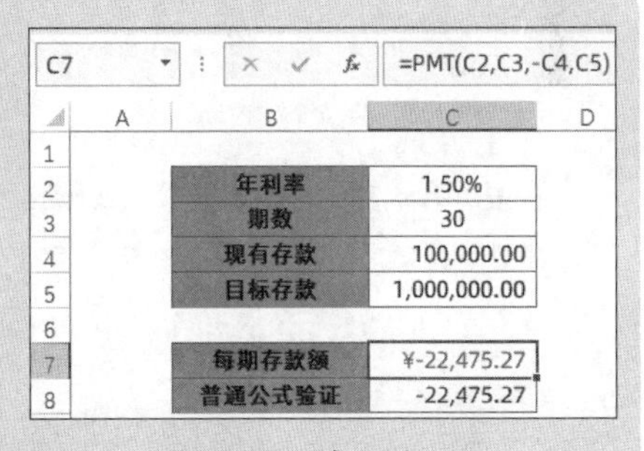

C7　=PMT(C2,C3,-C4,C5)

	A	B	C	D
1				
2		年利率	1.50%	
3		期数	30	
4		现有存款	100,000.00	
5		目标存款	1,000,000.00	
6				
7		每期存款额	¥-22,475.27	
8		普通公式验证	-22,475.27	

图 18-12　每期存款额

示例18-13　贷款每期还款额计算

如图 18-13 所示，张三从银行贷款 200 万元，年利率为 4.9%，共贷款 30 年，采用等额本息还款方式，每月还款额为多少?

在C6 单元格输入以下公式。

```
=PMT(C2/12,C3,C4)
```

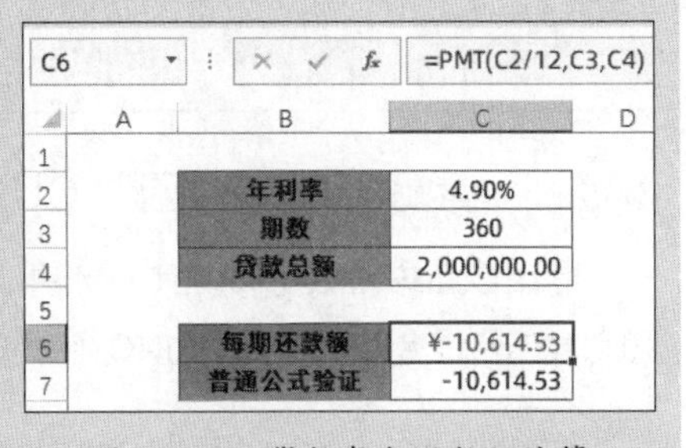

C6　=PMT(C2/12,C3,C4)

	A	B	C	D
1				
2		年利率	4.90%	
3		期数	360	
4		贷款总额	2,000,000.00	
5				
6		每期还款额	¥-10,614.53	
7		普通公式验证	-10,614.53	

图 18-13　贷款每期还款额计算

银行贷款的利率为年利率，由于是按月计息，所以需要除以 12 得到月利率。贷款的期数则用 30 年乘以 12，得到总计 360 个月。贷款属于现金流入，所以这里的现值使用正数，每月还款额属于现金流出，因此得到的结果是负数。

在C7 单元格输入以下公式，可以对PMT函数返回的结果进行验证。

```
=(-C4*(1+C2/12)^C3*C2/12)/((1+C2/12)^C3-1)
```

18.3.6　还贷本金函数PPMT和利息函数IPMT

PMT函数常被用在等额本息还贷业务中，用来计算每期应偿还的贷款金额。而PPMT函数和IPMT函数可分别用来计算该业务中每期还款金额中的本金和利息部分，PPMT函数和IPMT函数的语法如下：

```
PPMT(rate,per,nper,pv,[fv],[type])
IPMT(rate,per,nper,pv,[fv],[type])
```

示例18-14　贷款每期还款本金与利息

如图 18-14 所示，张三短期贷款 150000 元，采用等额本息还款方式每月还款，年利率为 6.5%，12 个月付清。每个月偿还的本金和利息各是多少？

	A	B	C	D	E	F	G
1	年利率	6.50%		期数	本息和	偿还本金	偿还利息
2	期数	12		1	¥-12,944.46	¥-12,131.96	¥-812.50
3	贷款总额	150,000.00		2	¥-12,944.46	¥-12,197.68	¥-746.79
4				3	¥-12,944.46	¥-12,263.75	¥-680.71
5				4	¥-12,944.46	¥-12,330.18	¥-614.29
6				5	¥-12,944.46	¥-12,396.97	¥-547.50
7				6	¥-12,944.46	¥-12,464.12	¥-480.35
8				7	¥-12,944.46	¥-12,531.63	¥-412.83
9				8	¥-12,944.46	¥-12,599.51	¥-344.95
10				9	¥-12,944.46	¥-12,667.76	¥-276.71
11				10	¥-12,944.46	¥-12,736.37	¥-208.09
12				11	¥-12,944.46	¥-12,805.36	¥-139.10
13				12	¥-12,944.46	¥-12,874.72	¥-69.74

图 18-14　贷款每期还款本金与利息

在E2 单元格输入以下公式，计算每期的本息之和，向下复制到E13 单元格。

```
=PMT(B$1/B$2,B$2,B$3)
```

在F2 单元格输入以下公式，计算每期的偿还本金，向下复制到F13 单元格。

```
=PPMT(B$1/B$2,D2,B$2,B$3,0)
```

在G2 单元格输入以下公式，计算每期的偿还利息，向下复制到G13 单元格。

```
=IPMT(B$1/B$2,D2,B$2,B$3,0)
```

PPMT和IPMT函数公式的第 4 参数使用数字 0，代表各期的付款时间是在期末。在等额本息还款方式中，每期还款金额中的利息部分越来越少，本金越来越多。但两者合计金额始终等于每期的还款总额，即在相同条件下PPMT+IPMT=PMT。

18.3.7　累计还贷本金函数CUMPRINC和利息函数CUMIPMT

使用CUMPRINC函数和CUMIPMT函数可以计算等额本息还款方式下某一个阶段需要还款的本金和利息的合计金额。CUMPRINC函数和CUMIPMT函数的语法如下：

```
CUMPRINC(rate,nper,pv,start_period,end_period,type)
CUMIPMT(rate,nper,pv,start_period,end_period,type)
```

示例18-15　贷款累计还款本金与利息

如图 18-15 所示，张三从银行贷款 100 万元，采用等额本息还款方式每月还款，年利率为 4.9%，共贷款 30 年。需要计算第 2 年，即第 13 个月到第 24 个月期间需要还款的累计本金和利息是多少。

在C8 单元格输入以下公式，计算第 2 年累计还款本金。

```
=CUMPRINC(C2/12,C3,C4,C5,C6,0)
```

在C9 单元格输入以下公式，计算第 2 年累计还款利息。

```
=CUMIPMT(C2/12,C3,C4,C5,C6,0)
```

在C10 单元格输入以下公式，计算第 2 年累计还款本息总和。

```
=PMT(C2/12,C3,C4)*(C6-C5+1)
```

	A	B	C
1			
2		年利率	4.90%
3		期数	360
4		贷款总额	1,000,000.00
5		开始期	13
6		结束期	24
7			
8		第2年还款本金和	¥-15,774.40
9		第2年还款利息和	¥-47,912.80
10		第2年还款总和	¥-63,687.21

图 18-15　贷款累计还款本金与利息

CUMPRINC函数和CUMIPMT函数与之前介绍的其他财务函数不同，最后一个参数type不可省略，通常情况下，付款是在期末发生的，所以type一般使用参数 0。

18.4　名义利率函数NOMINAL与实际利率函数EFFECT

在经济分析中，复利计算通常以年为计息周期。但在实际经济活动中，计息周期有半年、季度、月、周、日等多种。当利率的时间单位与计息期不一致时，就出现了名义利率和实际利率问题。

用于计算名义利率和实际利率的分别是NOMINAL函数和EFFECT函数，它们的语法分别为：

```
NOMINAL(effect_rate,npery)
EFFECT(nominal_rate,npery)
```

其中npery参数代表每年的复利期数。

二者之间的数学关系为：

$$1+\text{EFFECT}=\left(1+\frac{\text{NOMINAL}}{\text{npery}}\right)^{\text{npery}}$$

示例18-16　名义利率与实际利率

如图 18-16 所示，将 6.00% 的名义利率转化为按季度复利计算的年实际利率，将 6.14% 的实际利率转化为按季度复利计算的年名义利率。

在C5 单元格输入以下公式，将年名义利率转化为年实际利率。

```
=EFFECT(C2,C3)
```

C6 单元格中的普通验证公式为：

	A	B	C	D	E	F
1						
2		名义利率	6.00%		实际利率	6.14%
3		计息次数	4		计息次数	4
4						
5		实际利率	6.14%		名义利率	6.00%
6		普通公式验证	6.14%		普通公式验证	6.00%

图 18-16　名义利率与实际利率

18章

```
=(1+C2/C3)^C3-1
```

在F5单元格输入以下公式，将年实际利率转化为年名义利率。

```
=NOMINAL(F2,F3)
```

F6单元格中的普通验证公式为：

```
=F3*((F2+1)^(1/F3)-1)
```

在计算实际利率时是使用复利的计算方式，所以实际利率比名义利率更高。

18.5 投资评价函数

Excel中常用的有5个投资评价函数，用以计算净现值和收益率，其功能和语法如表18-5所示。

表 18-5 投资评价函数

函数	功能	语法
NPV	使用折现率和一系列未来支出（负值）和收益（正值）来计算一项投资的净现值	NPV(rate,value1,[value2],...)
IRR	返回一系列现金流的内部收益率	IRR(values,[guess])
XNPV	返回一组现金流的净现值，这些现金流不一定定期发生	XNPV(rate,values,dates)
XIRR	返回一组不一定定期发生的现金流的内部收益率	XIRR(values,dates,[guess])
MIRR	返回考虑投资的成本和现金再投资的收益率的修正后的收益率	MIRR(values,finance_rate, reinvest_rate)

18.5.1 净现值函数NPV

净现值是指一个项目预期实现的现金流入的现值与实施该项计划的现金支出的差额。净现值体现了项目的获利能力，净现值大于等于0时表示方案不会亏损，净现值小于0则表示方案会亏损。

NPV函数缩写于Net Present Value，是根据设定的折现率或基准收益率来计算一系列现金流的合计。用n代表现金流的笔数，value代表各期现金流，则NPV的公式如下：

$$\text{NPV}=\sum_{i=1}^{n}\frac{\text{value}_i}{(1+\text{RATE})^i}$$

NPV投资开始于value_i现金流所在日期的前一期，并以列表中最后一笔现金流为结束。NPV的计算基于未来的现金流。如果第一笔现金流发生在第一期的期初，则第一笔现金必须添加到NPV的结果中，而不应包含在值参数中。

NPV函数类似于PV函数。PV函数与NPV函数的主要差别在于：PV函数既允许现金流在期末开始也允许在期初开始。与可变的NPV函数的现金流值不同，PV函数现金流在整个投资中必须是固定的。

示例18-17　计算投资净现值

已知折现率为 8%，某工厂拟投资 50000 元购买一套设备，设备使用寿命为 5 年，预计每年的收益情况如图 18-17 所示，求此项投资的净现值以判断这项投资是否可行。

在C10 单元格输入以下公式。

```
=NPV(C2,C4:C8)+C3
```

其中C3 单元格为第 1 年年初的现金流量，因此不包含在NPV 函数的参数中。计算结果为负值，如果仅考虑净现值指标，那么购买这套设备并不是一笔好的投资。

在C11 单元格中输入以下公式进行验证。

```
=SUM(-PV(C2,ROW(1:5),0,C4:C8))+C3
```

在C12 单元格中输入以下公式进行验证。

```
=SUM(C4:C8/(1+C2)^(ROW(1:5)))+C3
```

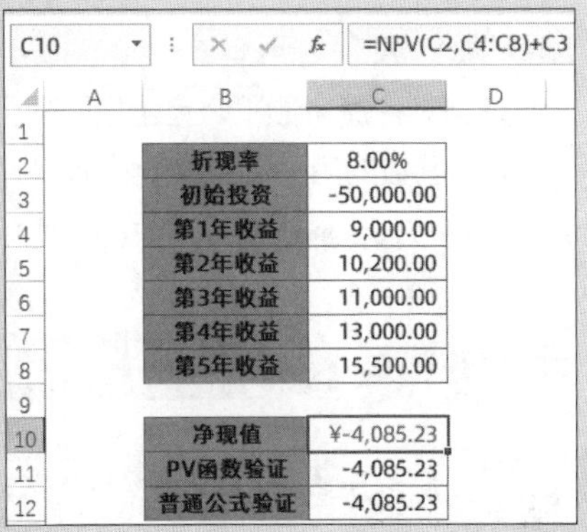

C10　=NPV(C2,C4:C8)+C3

	A	B	C	D
1				
2		折现率	8.00%	
3		初始投资	-50,000.00	
4		第1年收益	9,000.00	
5		第2年收益	10,200.00	
6		第3年收益	11,000.00	
7		第4年收益	13,000.00	
8		第5年收益	15,500.00	
9				
10		净现值	¥-4,085.23	
11		PV函数验证	-4,085.23	
12		普通公式验证	-4,085.23	

图 18-17　计算投资净现值

示例18-18　出租房屋收益

已知折现率为 8%，投资者投资 150 万元购买了一套房屋，然后以 72000 元的价格出租一年，以后每年的出租价格比上一年增加 6000 元，每年在年初收取租金。出租 5 年后，在第 5 年的年末以 180 万元的价格卖出，计算出该笔投资的收益情况。

在C11 单元格输入以下公式。

```
=NPV(C2,C5:C9)+C3+C4
```

由于第 1 年的租金是在出租房屋之前收取，即收益发生在期初，所以第 1 年租金与买房投资的资金都在期初来做计算。房屋在第 5 年年末以升值后的价格卖出，相当于第 5 期的期末值。最终计算得到净现值 83296 元，为一个正值，说明此项投资获得了较高的回报。

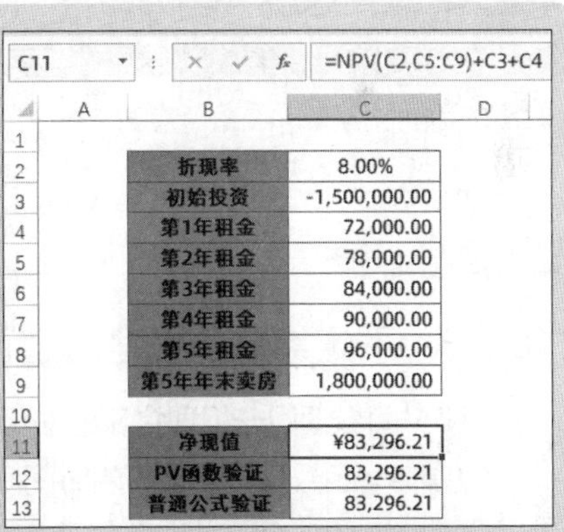

C11　=NPV(C2,C5:C9)+C3+C4

	A	B	C	D
1				
2		折现率	8.00%	
3		初始投资	-1,500,000.00	
4		第1年租金	72,000.00	
5		第2年租金	78,000.00	
6		第3年租金	84,000.00	
7		第4年租金	90,000.00	
8		第5年租金	96,000.00	
9		第5年年末卖房	1,800,000.00	
10				
11		净现值	¥83,296.21	
12		PV函数验证	83,296.21	
13		普通公式验证	83,296.21	

图 18-18　出租房屋收益

在C12 单元格中输入以下公式进行验证。

```
=SUM(-PV(C2,ROW(1:5),0,C5:C9))+C3+C4
```

在C13 单元格中输入以下验证公式。

```
=SUM(C5:C9/(1+C2)^(ROW(1:5)))+C3+C4
```

18.5.2 内部收益率函数IRR

IRR函数缩写于Internal Rate of Return，返回由值中的数字表示的一系列现金流的内部收益率。也可以说，IRR函数是一种特殊的NPV过程。

$$\sum_{i=1}^{n}\frac{\text{value}_i}{(1+\text{IRR})^i}=0$$

这些现金流金额不必完全相同，但是现金流必须定期（如每月或每年按固定间隔）出现。

IRR函数的第一参数应至少有一个正值和一个负值，否则返回错误值#NUM!。IRR函数第一参数中的现金流数值，应按实际发生的时间顺序排列。

示例18-19 计算内部收益率

某工厂拟投资50000元购买一套设备，使用寿命为5年，预计之后每年设备的收益情况如图18-19所示，需要计算内部收益率。

在C9单元格输入以下公式。

```
=IRR(C2:C7)
```

得到结果为5.11%，说明如果现在的折现率低于5.11%，那么购买此设备并生产得到的收益更高。反之如果折现率高于5.11%，那么这样的投资便是不可行的。

在C10单元格输入以下公式，其结果为0，以此来验证NPV与IRR之间的关系。

```
=NPV(C9,C3:C7)+C2
```

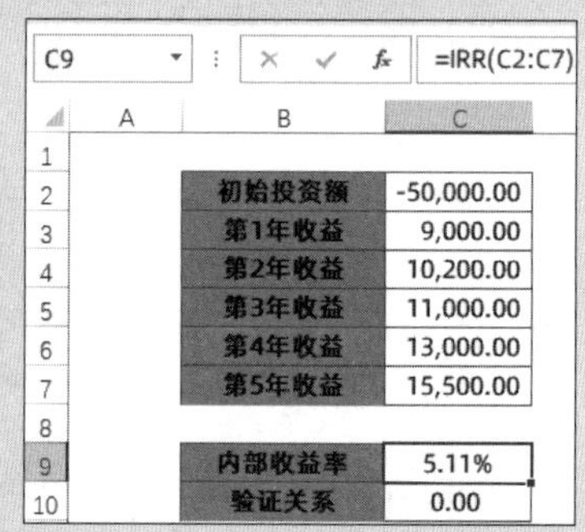

C9 =IRR(C2:C7)

	A	B	C
1			
2		初始投资额	-50,000.00
3		第1年收益	9,000.00
4		第2年收益	10,200.00
5		第3年收益	11,000.00
6		第4年收益	13,000.00
7		第5年收益	15,500.00
8			
9		内部收益率	5.11%
10		验证关系	0.00

图18-19 计算内部收益率

18.5.3 不定期现金流净现值函数XNPV

XNPV函数返回一组现金流的净现值，这些现金流不一定定期发生，它与NPV函数的区别如下。

（1）NPV函数是基于相同的时间间隔定期发生，而XNPV是不定期的。

（2）NPV的现金流发生是在期末，而XNPV是在每个期间的期初。

P_i代表第i个支付金额，d_i代表第i个支付日期，d_1代表第0个支付日期，则XNPV的计算公式如下：

$$\text{XNPV}=\sum_{i=1}^{n}\frac{P_i}{(1+\text{RATE})^{\frac{d_i-d_1}{365}}}$$

XNPV第二参数数值系列必需至少要包含一个正数和一个负数，第三参数中第一个支付日期代表支付的开始日期，其他所有日期应晚于该日期，但可按任何顺序排列。

示例18-20 计算不定期现金流量的净现值

已知折现率为8%，某工厂拟于2019年4月1日投资50000元购买一套设备，不等期的预期收益情况如图18-20所示，求此项投资的净现值以评估投资是否可行。

在C10单元格输入以下公式。

```
=XNPV(C2,C3:C8,B3:B8)
```

公式返回结果为正值，说明此项投资可行。如果公式返回结果为负值，则说明此项投资不可行。

在C11单元格中输入以下公式进行验证。

```
=SUM(C3:C8/(1+C2)^((B3:B8-B3)/365))
```

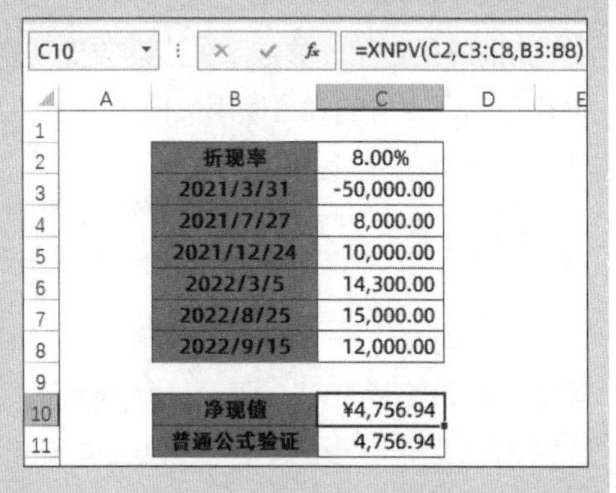

C10 =XNPV(C2,C3:C8,B3:B8)

	A	B	C	D
1				
2		折现率	8.00%	
3		2021/3/31	-50,000.00	
4		2021/7/27	8,000.00	
5		2021/12/24	10,000.00	
6		2022/3/5	14,300.00	
7		2022/8/25	15,000.00	
8		2022/9/15	12,000.00	
9				
10		净现值	¥4,756.94	
11		普通公式验证	4,756.94	

图18-20 不定期现金流量净现值

18.5.4 不定期现金流内部收益率函数XIRR

XIRR函数返回一组不定期发生的现金流的内部收益率，该收益率为年化收益率。

P_i代表第i个支付金额，d_i代表第i个支付日期，d_1代表第0个支付日期，则XIRR计算的收益率即为函数XNPV = 0时的利率，其计算公式如下：

$$\sum_{i=1}^{n}\frac{P_i}{(1+\text{RATE})^{\frac{d_i-d_1}{365}}}=0$$

示例18-21 不定期现金流量收益率

某工厂拟于2021年3月31日投资50000元购买一套设备，不定期的预期收益情况如图18-21所示，求此项投资的收益率。

在C9单元格输入以下公式。

```
=XIRR(C2:C7,B2:B7)
```

在C10单元格输入以下公式，其结果为0，以此来验证XNPV与XIRR之间的关系。

```
=XNPV(C9,C2:C7,B2:B7)
```

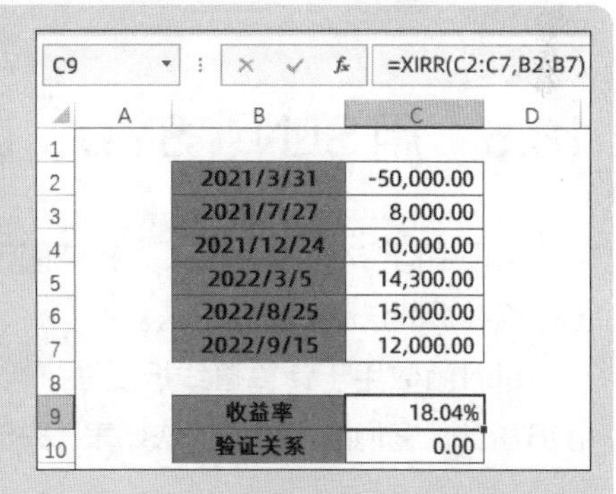

C9 =XIRR(C2:C7,B2:B7)

	A	B	C	D
1				
2		2021/3/31	-50,000.00	
3		2021/7/27	8,000.00	
4		2021/12/24	10,000.00	
5		2022/3/5	14,300.00	
6		2022/8/25	15,000.00	
7		2022/9/15	12,000.00	
8				
9		收益率	18.04%	
10		验证关系	0.00	

图18-21 不定期现金流量收益率

18.5.5 再投资条件下的内部收益率函数MIRR

MIRR函数返回同时考虑投资的成本和现金再投资的收益率。其语法为：

```
MIRR(values, finance_rate, reinvest_rate)
```

第一参数values为一系列定期支出（负值）和收益（正值），第二参数finance_rate为投资的基准收益率，第三参数reinvest_rate为现金流再投资的收益率。

MIRR函数返回的是修正的内含报酬率，该内含报酬率指在一定基准收益率（折现率）的条件下，将投资项目的未来现金流入量按照一定的再投资率计算至最后一年的终值，再将该投资项目的现金流入量的终值折算为现值，并使现金流入量的现值与项目的初始投资额相等的折现率。

MIRR 函数第一参数系列定期收支现金流应按发生的先后顺序排列，并使用正确的符号（收到的现金使用正值，支付的现金使用负值）。

示例18-22 再投资条件下的内部收益率计算

某公司拟进行一笔固定资产投资，初始投资额为 8 万元，运营期各年的现金流量、基准收益率和再投资收益率如图 18-22 所示，需要计算再投资条件下的内部收益率。

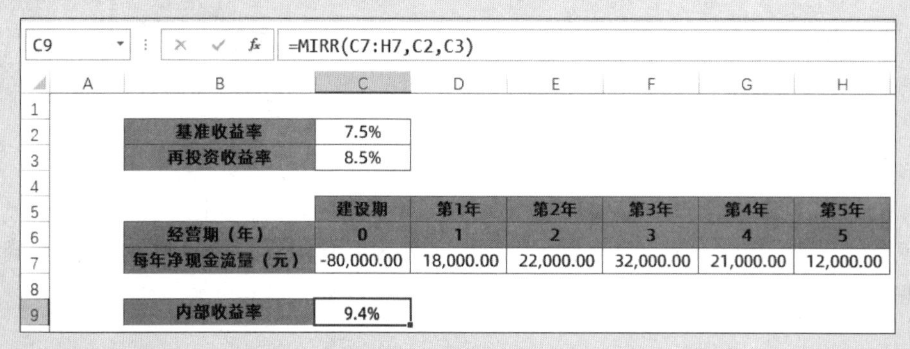

图 18-22 某固定资产投资数据

在 C9 单元格输入以下公式，返回结果为 9.4%。

```
=MIRR(C7:H7,C2,C3)
```

18.6 用SLN、SYD、DB、DDB和VDB函数计算折旧

折旧是指资产价值的下降，指在固定资产使用寿命内，按照确定的方法对应计折旧额进行系统分摊，分为直线折旧法和加速折旧法。

SLN 函数用于计算直线折旧法。用于加速折旧法计算的函数有 SYD 函数、DB 函数、DDB 函数和 VDB 函数。它们的功能与语法如表 18-6 所示。

表 18-6 折旧函数

函数	功能	语法
SLN	返回一个期间内的资产的直线折旧	SLN(cost,salvage,life)
SYD	返回在指定期间内资产按年限总和折旧法计算的折旧	SYD(cost,salvage,life,per)
DB	使用固定余额递减法，计算一笔资产在给定期间内的折旧值	DB(cost,salvage,life,period,[month])
DDB	用双倍余额递减法或其他指定方法，返回指定期间内某项固定资产的折旧值	DDB(cost,salvage,life,period,[factor])
VDB	使用双倍余额递减法或其他指定方法，返回一笔资产在给定期间（包括部分期间）内的折旧值	VDB(cost,salvage,life,start_period,end_period,[factor],[no_switch])

以上函数中各参数的含义如表 18-7 所示。

表 18-7　折旧函数参数及含义

参数	含义
cost	资产原值
salvage	折旧末尾时的值（有时也称为资产残值）
life	资产的折旧期数（有时也称作资产的使用寿命）
per 或 period	计算折旧的时间区间
month	DB 函数的第一年的月份数。如果省略月份，则假定其值为 12
start_period	计算折旧的起始时期
end_period	计算折旧的终止时期
factor	余额递减速率，如果省略 factor，其默认值为 2，即双倍余额递减法
no_switch	逻辑值，指定当折旧值大于余额递减计算值时，是否转用直线折旧法。值为 TRUE 则不转用直线折旧法，值为 FALSE 或省略则转用直线折旧法

直线折旧法：SLN 函数是指按固定资产的使用年限平均计提折旧的一种方法，计算公式如下。

$$\text{SLN}=\frac{\text{cost}-\text{salvage}}{\text{life}}$$

年限总和折旧法：SYD 函数是以剩余年限除以年度数之和为折旧率，然后乘以固定资产原值扣减残值后的金额，计算公式如下。

$$\text{SYD}=(\text{cost}-\text{salvage})\frac{\text{life}-\text{per}+1}{\text{life}\times(\text{life}+1)/2}$$

固定余额递减法：DB 函数以固定资产原值减去前期累计折旧后的金额，乘以 1 减去几何平均残值率得到的折旧率，再乘以当前会计年度实际需要计提折旧的月数除以 12，计算出对应会计年度的折旧额，计算公式如下。

$$\text{DB}_{\text{per}}=\left(\text{cost}-\sum_{i=1}^{\text{per}-1}\text{DB}_i\right)\times\text{ROUND}\left(1-\sqrt[\text{life}]{\frac{\text{salvage}}{\text{cost}}},3\right)\times\frac{\text{month}}{12}$$

双倍余额递减法：DDB 函数用年限平均法折旧率的两倍作为固定的折旧率乘以逐年递减的固定资产期初净值，得出各年应提折旧额的方法（不考虑最后两年转直线法计算折旧的会计相关规定），计算公式分两部分。

$$\text{DDB}_{\text{per}}=\text{MIN}\left(\left(\text{cost}-\sum_{i=1}^{\text{per}-1}\text{DDB}_i\right)\times\frac{\text{factor}}{\text{life}},\ \text{cost}-\text{salvage}-\sum_{i=1}^{\text{per}-1}\text{DDB}_i\right)$$

示例18-23　折旧函数对比

假设某项固定资产原值为 5 万元，残值率为 10%，使用年限为 5 年。分别使用 5 个折旧函数来计算每年的折旧额，如图 18-23 所示。

在C10单元格输入以下公式，用直线折旧法计算每一期的折旧额，向下复制到C14单元格。

```
=SLN($D$2,$D$3,$D$4)
```

在D10单元格输入以下公式，用年限总和折旧法计算每一期的折旧额，向下复制到D14单元格。

```
=SYD($D$2,$D$3,$D$4,B10)
```

	A	B	C	D	E	F	G
1							
2		固定资产原值	cost	50,000			
3		残值	salvage	5,000			
4		使用年限	life	5			
5		余额递减速率	factor	2			
6		不转直线折旧	no_switch	TRUE			
7							
8							
9		年度	SLN	SYD	DB	DDB	VDB
10		1	9,000.00	15,000.00	18,450.00	20,000.00	20,000.00
11		2	9,000.00	12,000.00	11,641.95	12,000.00	32,000.00
12		3	9,000.00	9,000.00	7,346.07	7,200.00	39,200.00
13		4	9,000.00	6,000.00	4,635.37	4,320.00	43,520.00
14		5	9,000.00	3,000.00	2,924.92	1,480.00	45,000.00

图 18-23　折旧函数对比

在E10单元格输入以下公式，用固定余额递减法计算每一期的折旧额，向下复制到E14单元格。

```
=DB($D$2,$D$3,$D$4,B10)
```

在F10单元格输入以下公式，用双倍余额递减法计算每一期的折旧额，向下复制到F14单元格。

```
=DDB($D$2,$D$3,$D$4,B10,$D$5)
```

在G10单元格输入以下公式，用双倍余额递减法计算每一期折旧额的累计值，向下复制到G14单元格。

```
=VDB($D$2,$D$3,$D$4,0,B10,$D$5,$D$6)
```

通过以上计算结果可以看出，SLN函数的折旧额每年相同，这种直线折旧法是最简单、最普遍的折旧方法。

VDB函数的计算结果是返回一段期间内的累计折旧值，将函数的start_period设置为0，以计算从开始截至每一个时期的累计折旧值。这里将VDB的factor参数设置为2，并且不转线性折旧，相当于DDB函数的累计计算。

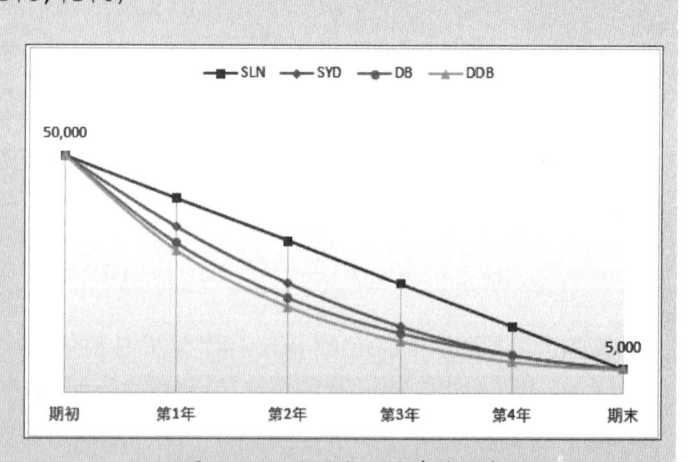

图 18-24　不同折旧法净值曲线

SLN、SYD、DB、DDB这4个函数的净值（原值减累计折旧后的余额）变化曲线如图18-24所示，加速折旧法在初期折旧率较大，后期较小并趋于平稳。

练习与巩固

1. 列出以下各个功能对应的Excel函数名称。

计算未来值的函数：(　　)

计算现值的函数：(　　)

计算每期还款额的函数：(　　)

2. 在财务函数的参数和计算结果中，(　　)代表现金流入，(　　)代表现金流出。

3. 判断题：名义利率函数NOMINAL与实际利率函数EFFECT的关系如下，是否正确？

$$1+\text{NOMINAL}=\left(1+\frac{\text{EFFECT}}{\text{npery}}\right)^{\text{npery}}$$

第 19 章　工程函数

工程函数是专门为工程设计人员准备的用于专业领域计算分析的函数。

本章学习要点

（1）贝塞尔函数。
（2）数字进制转换函数。
（3）度量衡转换函数。
（4）与积分运算有关的误差函数。
（5）处理复数的函数。

19.1　贝塞尔（Bessel）函数

贝塞尔（也有音译为贝塞耳）函数是数学上的一类特殊函数的总称。一般贝塞尔函数是下列常微分方程（常称为贝塞尔方程）的标准解函数$y(x)$。

$$x^2\frac{d^2y}{dx^2}+x\frac{dy}{dx}+\left(x^2-\alpha^2\right)y=0$$

贝塞尔函数的具体形式随上述方程中任意实数α的变化而变化（相应地，α被称为其对应贝塞尔函数的阶数）。实际应用中最常见的情形为α是整数n，对应解称为n阶贝塞尔函数。

贝塞尔函数在波动问题及各种涉及有势场的问题中占有非常重要的地位，最典型的问题有：在圆柱形波导中的电磁波传播问题、圆柱体中的热传导问题及圆形薄膜的振动模态分析问题等。

Excel共提供了 4 个贝塞尔函数，分别是第一类贝塞尔函数——J 函数：

$$\text{BESSELJ}(x,n)=J_n(x)=\sum_{k=0}^{\infty}\frac{(-1)^k}{k!\Gamma(n+k+1)}\left(\frac{x}{2}\right)^{n+2k}$$

第二类贝塞尔函数——诺依曼函数：

$$\text{BESSELY}(x,n)=Y_n(x)=\lim_{v\to n}\frac{J_v(x)\cos(v\pi)-J_{-v}(x)}{\sin(v\pi)}$$

第三类贝塞尔函数——汉克尔（也有音译为汉开尔）函数：

$$\text{BESSELK}(x,n)=K_n(x)=\frac{\pi}{2}i^{n+1}\left[J_n(ix)+iY_n(ix)\right]$$

第四类贝塞尔函数——虚宗量的贝塞尔函数：

$$\text{BESSELI}(x,n)=I_n(x)=i^{-n}J_n(ix)$$

注意

当x或n为非数值型时，贝塞尔函数返回错误值#VALUE!。如果n不是整数，将被截尾取整。当$n<0$时，贝塞尔函数返回错误值#NUM!。

19.2　数字进制转换函数

工程函数中提供了二进制、八进制、十进制和十六进制之间的数值转换函数。这类函数名称比较容

易记忆，其中二进制为BIN，八进制为OCT，十进制为DEC，十六进制为HEX，数字2(英文two、to的谐音)表示转换的意思。例如，需要将十进制的数值转换为十六进制，前面为DEC，中间加2，后面为HEX，完成此转换的完整函数名为DEC2HEX。所有进制转换函数如表19-1所示。

表 19-1　不同数字系统间的进制转换函数

	二进制	八进制	十进制	十六进制
二进制	—	BIN2OCT	BIN2DEC	BIN2HEX
八进制	OCT2BIN	—	OCT2DEC	OCT2HEX
十进制	DEC2BIN	DEC2OCT	—	DEC2HEX
十六进制	HEX2BIN	HEX2OCT	HEX2DEC	—

进制转换函数的语法如下。

```
函数(number,places)
```

其中，参数number为待转换的数字进制下的非负数，如果number不是整数，将被截尾取整。参数places为需要保留的位数，如果省略此参数，函数将使用必要的最少字符数；如果结果的位数少于指定的位数，将在返回值的左侧自动添加0。

DEC2BIN、DEC2OCT、DEC2HEX三个函数的number参数支持负数。当number参数为负数时，将忽略places参数，返回由二进制补码记数法表示的10个字符的二进制数、八进制数、十六进制数。

除此之外，Excel 2021中还有BASE和DECIMAL两个进制转换函数，可以进行任意数字进制之间的转换。

BASE函数可以将十进制数转换为给定基数下的文本表示，函数语法如下：

```
BASE(number,radix,[min_length])
```

其中，参数number为待转换的十进制数字，必需为大于等于0且小于2^53的整数。参数radix是要将数字转换成的基本基数，必须为大于等于2且小于等于36的整数。[min_length]是可选参数，指定返回字符串的最小长度，必须为大于等于0的整数。如果参数不是整数，将被截尾取整。

DECIMAL函数可以按给定基数将数字的文本表示形式转换成十进制数，函数语法如下：

```
DECIMAL(text,radix)
```

其中，参数text是给定基数数字的文本表示形式，字符串长度必需小于等于255，text参数可以是对于基数有效的字母数字字符的任意组合，并且不区分大小写。参数radix是text参数的基本基数，必须为大于等于2且小于等于36的整数。

示例19-1　不同进制数字的相互转换

如图19-1所示，使用以下两个公式，可以将B列的十进制数字180154093转换为十六进制，结果为“ABCEEED”。

```
=DEC2HEX(B3)
=BASE(B4,16)
```

如图 19-2 所示，使用以下两个公式可以将B列的八进制数字 475 转换为二进制，结果为“100111101”。

```
=OCT2BIN(B7)
=BASE(DECIMAL(B8,8),2)
```

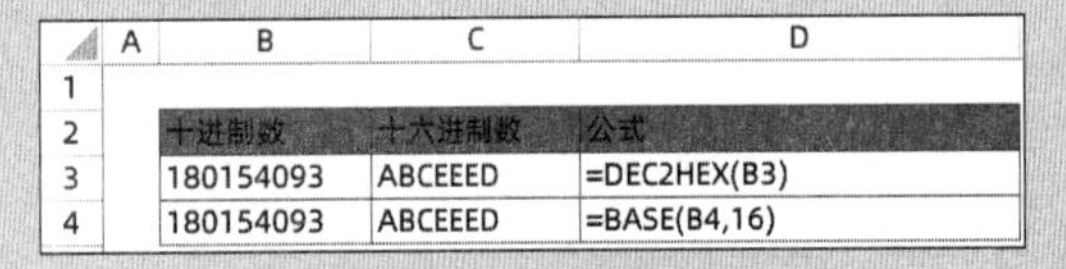

十进制数	十六进制数	公式
180154093	ABCEEED	=DEC2HEX(B3)
180154093	ABCEEED	=BASE(B4,16)

图 19-1　十进制转换为十六进制

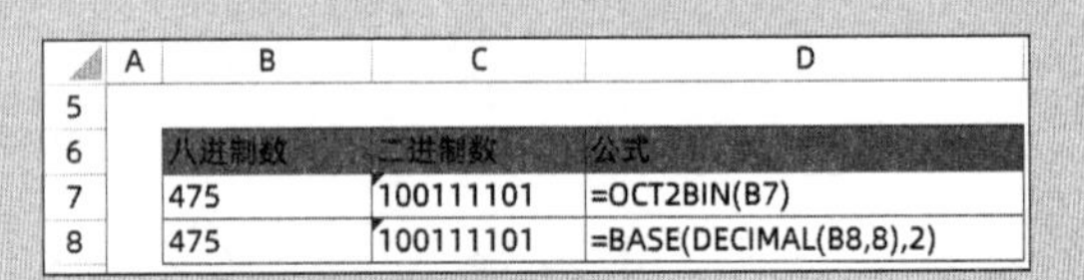

八进制数	二进制数	公式
475	100111101	=OCT2BIN(B7)
475	100111101	=BASE(DECIMAL(B8,8),2)

图 19-2　八进制转换为二进制

如图 19-3 所示，使用以下公式可以将B列的十六进制字符“1ABCDEF2”转换为三十六进制，结果为“7F2QR6”。

```
=BASE(DECIMAL(B11,16),36)
=BASE(HEX2DEC(B12),36)
```

十六进制数	三十六进制数	公式
1ABCDEF2	7F2QR6	=BASE(DECIMAL(B11,16),36)
1ABCDEF2	7F2QR6	=BASE(HEX2DEC(B12),36)

图 19-3　十六进制转换为三十六进制

19.3　度量衡转换函数

CONVERT 函数可以将数字从一种度量系统转换为另一种度量系统，函数语法如下：

```
CONVERT(number,from_unit,to_unit)
```

其中，参数 number 为以 from_unit 为单位的需要进行转换的数值，参数 from_unit 为数值 number 的单位，参数 to_unit 为结果的单位。

CONVERT 函数中的 from_unit 参数和 to_unit 参数接受的部分文本值（区分大小写）如图 19-4 所示。from_unit 和 to_unit 必需是同一列，否则函数返回错误值 #N/A。

重量和质量	unit	距离	unit	时间	unit	压强	unit	力	unit
克	g	米	m	年	yr	帕斯卡	Pa	牛顿	N
斯勒格	sg	英里	mi	日	day	大气压	atm	达因	dyn
磅（常衡制）	lbm	海里	Nmi	小时	hr	毫米汞柱	mmHg	磅力	lbf
U（原子质量单位）	u	英寸	in	分钟	min	磅平方英寸	psi	朋特	pond
盎司	ozm	英尺	ft	秒	s	托	Torr		
吨	ton	码	yd						
		光年	ly						

能量	unit	功率	unit	磁	unit	温度	unit	容积	unit
焦耳	J	英制马力	HP	特斯拉	T	摄氏度	C	茶匙	tsp
尔格	e	公制马力	PS	高斯	ga	华氏度	F	汤匙	tbs
热力学卡	c	瓦特	W			开氏温标	K	U.S. 品脱	pt
IT卡	cal					兰氏度	Rank	夸脱	qt
电子伏	eV					列氏度	Reau	加仑	gal
马力-小时	HPh							升	L
瓦特-小时	Wh							立方米	m^3
英尺磅	flb							立方光年	ly^3

图 19-4　CONVERT 函数的单位参数

例如，使用以下公式可以将 1 大气压（atm）转化为毫米汞柱（mmHg）。

```
=CONVERT(1,"atm","mmHg")
```

公式结果为 760.0021002，即 1atm≈760mmHg。

19.4　误差函数

在数学中，误差函数（也称为高斯误差函数）是一个非基本函数，在概率论、统计学及偏微分方程中都有广泛的应用。自变量为x的误差函数定义为：$\operatorname{erf}(x)=\frac{2}{\sqrt{\pi}}\int_0^x e^{-\eta^2}d\eta$，且有 $\operatorname{erf}(\infty)=1$ 和 $\operatorname{erf}(-x)=-\operatorname{erf}(x)$。余补误差函数定义为：$\operatorname{erfc}(x)=1-\operatorname{erf}(x)=\frac{2}{\sqrt{\pi}}\int_x^\infty e^{-\eta^2}d\eta$。

在 Excel 中，ERF 函数返回误差函数在上下限之间的积分，函数语法如下：

$$\text{ERF(lower\_limit, [upper\_limit])}=\frac{2}{\sqrt{\pi}}\int_{lower\_limit}^{upper\_limit} e^{-\eta^2}d\eta$$

其中，lower_limit 参数为 ERF 函数的积分下限。upper_limit 参数为 ERF 函数的积分上限，如果省略，ERF 函数将在 0 到 lower_limit 之间积分。

例如，使用以下公式可以计算误差函数在 1 到 3.2 之间的积分。

```
=ERF(1,3.2)
```

计算结果为 0.157293181289133。

ERFC 函数返回从 x 到无穷大积分的互补 ERF 函数，函数语法如下：

```
ERFC(x)
```

其中，x 为 ERFC 函数的积分下限。

19.5　处理复数的函数

工程类函数中，有多个处理复数的函数，可以完成与复数相关的运算，如表 19-2 所示。

表 19-2　处理复数的函数

函数名	功能	函数名	功能
IMABS	返回复数的绝对值	IMAGINARY	返回复数的虚部系数
IMARGUMENT	返回复数的辐角	IMCONJUGATE	返回复数的共轭复数
IMCOS	返回复数的余弦值	IMCOSH	返回复数的双曲余弦值
IMCOT	返回复数的余切值	IMCSC	返回复数的余割值
IMCSCH	返回复数的双曲余割值	IMDIV	返回两个复数之商

续表

函数名	功能	函数名	功能
IMEXP	返回复数的指数值	IMLN	返回复数的自然对数
IMLOG10	返回以 10 为底的复数的对数	IMLOG2	返回以 2 为底的复数的对数
IMPOWER	返回复数的整数幂	IMPRODUCT	返回 1 到 255 个复数的乘积
IMREAL	返回复数的实部系数	IMSEC	返回复数的正割值
IMSECH	返回复数的双曲正割值	IMSIN	返回复数的正弦值
IMSINH	返回复数的双曲正弦值	IMSQRT	返回复数的平方根
IMSUB	返回两个复数的差值	IMSUM	返回复数的和
IMTAN	返回复数的正切值		

提示

各函数均有必需的参数 inumber，如果 inumber 为非 *x*+*yi* 或 *x*−*yi* 文本格式的值，函数返回错误值#NUM!，如果 inumber 为逻辑值，则函数返回错误值#VALUE!。

示例19-2 旅行费用统计

图 19-5 展示了某旅行团的出国费用明细，其中包括人民币和美元两部分，需要计算一次旅行的平均费用。

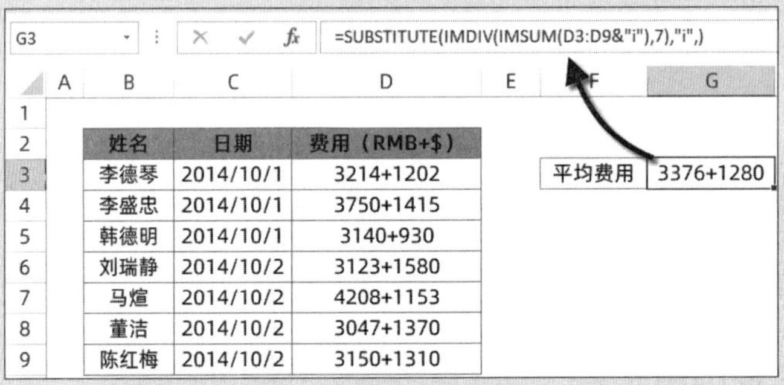

G3　=SUBSTITUTE(IMDIV(IMSUM(D3:D9&"i"),7),"i",)

姓名	日期	费用（RMB+$）
李德琴	2014/10/1	3214+1202
李盛忠	2014/10/1	3750+1415
韩德明	2014/10/1	3140+930
刘瑞静	2014/10/2	3123+1580
马煊	2014/10/2	4208+1153
董洁	2014/10/2	3047+1370
陈红梅	2014/10/2	3150+1310

平均费用　3376+1280

图 19-5　旅行费用明细

在 G3 单元格输入以下公式。

```
=SUBSTITUTE(IMDIV(IMSUM(D3:D9&"i"),7),"i",)
```

公式首先将费用与字母“i”连接，将其转换为文本格式表示的复数。然后利用 IMSUM 函数返回复数的和，即实部与实部之和得到新的实部，虚部与虚部之和得到新的虚部，结果为：

```
"23632+8960i"
```

再利用 IMDIV 函数返回 IMSUM 函数的求和结果与 7 相除的商，即费用的平均值。结果为：

```
"3376+1280i"
```

公式中的 7 是计算平均值的实际数据量，也可以使用 COUNTA(D3:D9) 替代。

最后利用SUBSTITUTE函数将作为复数标志的字母“i”替换为空，得到平均费用。

练习与巩固

1. 将十进制数转换为给定基数下的文本，可以使用函数(　　)。
2. 将数据的度量从大气压(atm)转化为毫米汞柱(mmHg)，可以使用函数(　　)。

第 20 章　Web 类函数

Web类函数包括ENCODEURL函数、WEBSERVICE函数和FILTERXML函数。使用此类函数可以通过网页链接从Web服务器获取数据，将在线翻译、天气查询、股票、汇率等网络应用中的数据引入Excel计算分析。

本章学习要点

（1）Web类函数语法简介。

（2）Web类函数应用实例。

20.1　用ENCODEURL函数对URL地址编码

ENCODEURL函数的作用是对URL地址（主要是中文字符）进行编码，函数语法如下：

```
ENCODEURL(text)
```

其中，text参数为需要进行URL编码的字符串。

例如，使用以下公式可以生成百度翻译的网址。

```
="https://fanyi.baidu.com/?aldtype=16047#zh/en/"&ENCODEURL("爱学习")
```

公式将字符串“爱学习”进行UTF-8 编码，返回如下URL地址。

```
https://fanyi.baidu.com/?aldtype=16047#zh/
en/%E7%88%B1%E5%AD%A6%E4%B9%A0
```

将生成的网址复制到浏览器地址栏中，可以直接打开百度翻译页面，得到字符串“爱学习”的英文翻译结果，如图 20-1 所示。

图 20-1　百度翻译界面

ENCODEURL函数不仅适用于生成网址，也适用于所有以UTF-8 编码方式对中文字符进行编码的场合。以往在VBA网页编程中需要自己编写函数来实现编码过程，现在使用该函数即可直接实现。

提示　Web类函数在Excel Online和Excel 2021 for Mac中不可用。

20.2　用WEBSERVICE函数从Web服务器获取数据

WEBSERVICE函数可以通过网页链接地址从Web服务器获取数据，函数语法如下：

```
WEBSERVICE(url)
```

其中，url是Web服务器的网页地址。如果url字符串长度超过2048个字符，则WEBSERVICE函数会返回错误值#VALUE!。

注意 只有在计算机联网的前提下，才能使用WEBSERVICE函数从Web服务器获取数据。

示例20-1 英汉互译

如图20-2所示，在B2单元格输入以下公式，向下复制到B7单元格，可以在工作表中利用有道翻译实现英汉互译。

```
=FILTERXML(WEBSERVICE("http://fanyi.youdao.com/translate?&i="&ENCODEURL(A2)&"&doctype=xml&version"),"//translation")
```

	A	B
1	原文	有道英汉互译
2	你真漂亮。	You are so beautiful.
3	I love you.	我爱你。
4	建筑抗震设计规范	Building seismic design code
5	appointments	任命
6	你好吗?	How are you?
7	I would like a cup of tea.	我想喝杯茶。

图 20-2　使用函数实现英汉互译

url地址中的"http://fanyi.youdao.com/translate"是有道翻译提供的免费API接口，"i"和"doctype"是以get方式向有道翻译请求数据时传输的两个参数。"i"参数指定翻译的原文，但url中不支持中文和某些特殊字符，因此需要使用ENCODEURL函数将翻译原文转换为UTF-8编码。"doctype"参数指定返回数据格式，可以是"json"或"xml"格式，本例指定为"xml"。

公式利用WEBSERVICE函数从有道翻译API接口获取包含对应译文的XML格式文本。

```
<?xml version=""1.0"" encoding=""UTF-8""?>
<response type=""ZH_CN2EN"" errorCode=""0"" elapsedTime=""1"">
    <input>
        <![CDATA[你真漂亮。]]>
    </input>
        <translation>
            <![CDATA[You are so beautiful.]]>
        </translation>
</response>
```

从XML格式文本中可以发现，翻译后的内容处在translation路径下，最后利用FILTERXML函数从中提取出<translation>路径下的目标译文。

20.3 用FILTERXML函数获取XML结构化内容中的信息

FILTERXML函数可以获取XML结构化内容中指定路径下的信息，函数语法如下：

```
FILTERXML(xml, xpath)
```

其中，xml参数是有效XML格式文本，xpath参数是需要查询的目标数据在XML中的标准路径。

FILTERXML函数可以结合WEBSERVICE函数一起使用，如果WEBSERVICE函数获取到的是XML格式的数据，则可以通过FILTERXML函数从XML的结构化信息中提取出目标数据。除此之外，FILTERXML函数的计算对象也可以是人为搭建的XML格式的数据。

示例20-2 借助FILTERXML函数拆分会计科目

如图20-3所示，需要从A列用“/”进行间隔的会计科目中，按级别拆分出不同的科目。

	A	B	C	D
1	会计科目	一级科目	二级科目	三级科目
2	管理费用/税费/水利建设资金	管理费用	税费	水利建设资金
3	管理费用/研发费用/材料支出	管理费用	研发费用	材料支出
4	管理费用/研发费用/人工支出	管理费用	研发费用	人工支出
5	管理费用/研发费用	管理费用	研发费用	
6	管理费用	管理费用		
7	应收分保账款/保险专用	应收分保账款	保险专用	
8	应交税金/应交增值税/进项税额	应交税金	应交增值税	进项税额
9	应交税金/应交增值税/已交税金	应交税金	应交增值税	已交税金
10	应交税金/应交增值税/减免税款	应交税金	应交增值税	减免税款
11	应交税金/应交营业税	应交税金	应交营业税	
12	应交税金	应交税金		
13	生产成本/基本生产成本/直接人工费	生产成本	基本生产成本	直接人工费
14	生产成本/基本生产成本/直接材料费	生产成本	基本生产成本	直接材料费

图20-3 拆分会计科目

在B2单元格输入以下公式，将公式向下复制到B14单元格。

```
=IFERROR(TRANSPOSE(FILTERXML("<a><b>"&SUBSTITUTE(A2,"/","</b><b>")&"</
b></a>","a/b")),"")
```

XML是一种可扩展标记语言，由XML元素组成，每个XML元素包括一个开始标记、一个结束标记及两个标记之间的内容。

本例公式中，<a>是开始标记，</a>是结束标记。<b>是子元素的开始标记，</b>是子元素的结束标记。

公式中的"<a><b>"&SUBSTITUTE(A2,"/","</b><b>")&"</b></a>"部分，首先使用SUBSTITUTE函数将分隔符"/"全部替换为"</b><b>"，然后在替换后的字符前后分别连接字符串"<a><b>"和"</b></a>"，得到一个XML结构的字符串：

```
<a>
<b>管理费用</b>
<b>税费</b>
<b>水利建设资金</b>
</a>
```

将FILTERXML函数的第二参数设置为"a/b"，表示要提取a元素下各个子元素b之间的内容。

FILTERXML("<a><b>"&SUBSTITUTE(A2,"/","</b><b>")&"</b></a>","a/b")部分返回一个垂直多行内存数组。

{"管理费用";"税费";"水利建设资金"}

使用TRANSPOSE函数将垂直数组转换为水平数组，公式结果自动溢出到相邻的单元格区域。最后使用IFERROR函数屏蔽掉可能出现的错误值。

练习与巩固

1. 对URL地址（主要是中文字符）进行UTF-8编码，可以使用函数（　　）。

2. 请使用FILTERXML函数将A1单元格的字符串“我-爱-Excel”，按分隔符“-”拆分到B1:C1单元格区域。

第21章　数据透视表函数

数据透视表是用来从Excel数据列表、关系数据库文件或OLAP多维数据集等数据源的特定字段中总结信息的分析工具。它是一种交互式报表，可以快速分类汇总大量数据，并可以随时选择其中页、行和列中的不同元素，快速查看数据源的不同统计结果。

如果用户既希望利用数据透视表的数据处理能力，同时又想使用自己设计的个性化表格，那么使用数据透视表函数是一个很好的选择。本章将详细介绍GETPIVOTDATA函数的使用方法和技巧，以方便用户建立自己的个性化表格。

本章学习要点

（1）GETPIVOTDATA函数的基础知识及语法。

（2）获取数据透视表中的数据。

（3）与其他函数的联合使用。

21.1　初识数据透视表函数

数据透视表函数是为了获取数据透视表中的各种计算数据而设计的，最早出现在Excel 2000版本中，从Excel 2003版本开始，该函数的语法结构得到进一步完善，并一直沿用至最新的Excel 2021版本。

21.1.1　数据透视表函数的基础语法

如果报表中的计算或汇总数据可见，则可以使用GETPIVOTDATA函数从数据透视表中检索出相应的数据，该函数的基本语法如下：

```
GETPIVOTDATA(data_field, pivot_table, [field1, item1, field2, item2], ...)
```

data_field：必需。包含要检索的数据字段的名称，用引号引起来。

当data_field参数是文本字符串时，必需使用成对的双引号引起来。如果是单元格引用，必需将该参数转化为文本类型，可以使用文本类函数（如T函数），或直接将此参数后面连接一个空文本""，否则此公式计算结果为错误值“#REF!”。

pivot_table：必需。表示对数据透视表中的任意单元格或单元格区域的引用。此信息用于确定哪些数据透视表包含要检索的数据。

field1、Item1、field2、Item2：可选。表示成对出现的字段名和待检索项目名称，最多可设置126对。每一对可按任意顺序排列，该参数可以是单元格引用或常量文本字符串。

如果参数未描述可见字段，或者参数包含报表筛选并且未显示筛选数据，则返回错误值#REF!。

21.1.2　快速生成数据透视表函数

Excel提供了快速生成数据透视表公式的方法，操作步骤如下。

步骤① 如图21-1所示，在任意单元格输入一个等号“=”。

步骤② 选中数据透视表中需要提取的数据位置，例如C6单元格，并按<Enter>键结束，即可生成数据

透视表公式：

```
=GETPIVOTDATA("销售数量",$A$3,"员工部门","蜀国","岗位属性","武")
```

Excel 中的【生成 GetPivotData】选项默认为选中状态，如果用户取消选中此选项，则引用数据透视表中的数据区域时，只会得到相应单元格的地址。

如需取消该选项的选中状态，可先单击透视表中的任意单元格，如 C6 单元格，然后在【数据透视表分析】选项卡中单击【选项】下拉按钮，在下拉菜单中单击切换【生成 GetPivotData】选项，如图 21-2 所示。

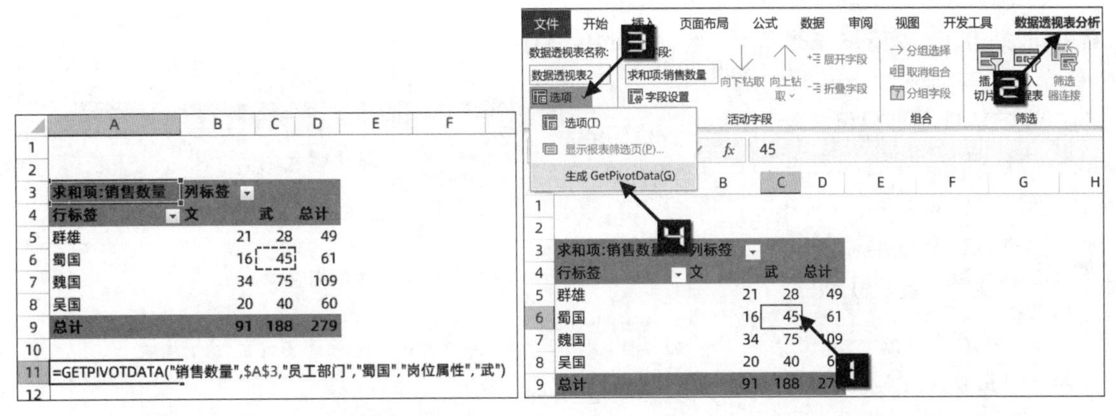

图 21-1　快速生成数据透视表函数　　图 21-2　取消【生成 GetPivotData】

此时，再引用数据透视表中的单元格就只会得到相应单元格的地址，如图 21-3 所示。

还可以依次单击【文件】→【选项】命令，打开【Excel 选项】对话框，切换到【公式】选项卡，在右侧的【使用公式】选项区中选中或取消选中【使用 GetPivotData 函数获取数据透视表引用】复选框，最后单击【确定】按钮，如图 21-4 所示。

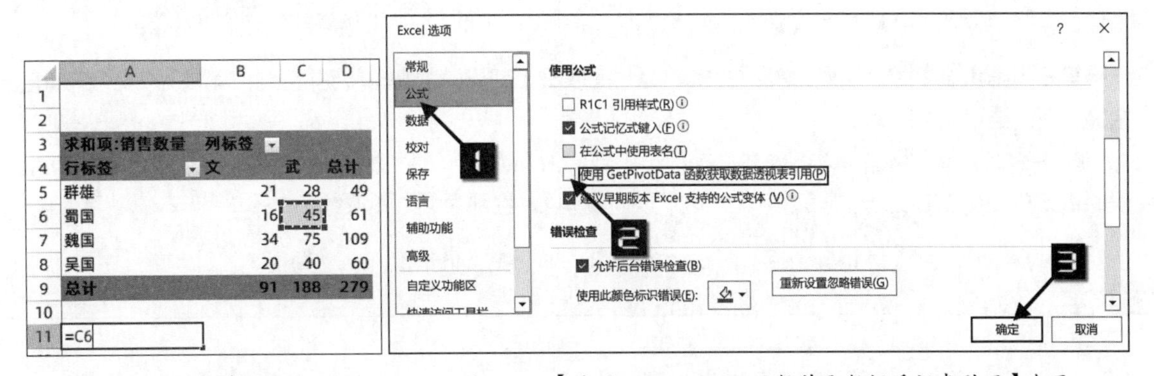

图 21-3　引用单元格地址　　图 21-4　【使用 GetPivotData 函数获取数据透视表引用】选项

21.1.3　数据透视表函数解读

示例21-1　数据透视表公式举例

首先创建一个数据透视表，以统计不同维度的数据，如图 21-5 所示。

如图 21-6 所示，使用数据透视表函数从此数据表中提取相应的统计数据。

（1）在B18 单元格输入以下公式，提取公司总销售金额。

```
=GETPIVOTDATA("销售金额",$A$3)
```

第一个参数表示计算字段名称，本例中为“销售金额”。第二个参数为数据透视表中的任意单元格，一般为透视表数据区域的第一个单元格，本例中为“$A$3”。当GETPIVOTDATA函数只包含两个参数时，表示提取数据透视表的总计数，返回结果为 201280。

	A	B	C	D	E
1					
2					
3	求和项:销售金额		岗位属性		
4	员工部门	性别	文	武	总计
5	⊟群雄		14,280	19,040	33,320
6		男	6,120	19,040	25,160
7		女	8,160		8,160
8	⊟蜀国		14,280	32,640	46,920
9		男	14,280	32,640	46,920
10	⊟魏国		25,160	52,360	77,520
11		男	17,680	52,360	70,040
12		女	7,480		7,480
13	⊟吴国		14,280	29,240	43,520
14		男		29,240	29,240
15		女	14,280		14,280
16	总计		68,000	133,280	201,280

图 21-5　数据透视表统计结果

（2）在B21 单元格输入以下公式，提取群雄销售金额总计。

```
=GETPIVOTDATA("销售金额",$A$3,"员工部门","群雄")
```

第三和第四个参数为分类计算条件组，提取员工部门为“群雄”的销售金额，返回结果为 33320。

	A	B
18	公司总销售金额	201,280
19	函数公式	=GETPIVOTDATA("销售金额",$A$3)
20		
21	群雄销售金额总计	33,320
22	函数公式	=GETPIVOTDATA("销售金额",$A$3,"员工部门","群雄")
23		
24	魏国文官销售金额	25,160
25	函数公式	=GETPIVOTDATA("销售金额",$A$3,"员工部门","魏国","岗位属性","文")
26		
27	蜀国女性销售金额	#REF!
28	函数公式	=GETPIVOTDATA("销售金额",$A$3,"性别","女","员工部门","蜀国")

图 21-6　提取相应的统计数据

（3）在B24 单元格输入以下公式，提取员工部门为“魏国”，岗位属性为“文”的销售金额。

```
=GETPIVOTDATA("销售金额",$A$3,"员工部门","魏国","岗位属性","文")
```

第三到第六个参数为两对分类计算条件组，提取员工部门为“魏国”，并且岗位属性为“文”的销售金额，返回结果为 25160。

（4）在B27 单元格输入以下公式，提取员工部门为“蜀国”，性别为“女”的销售金额，结果返回错误值#REF!。因为在数据透视表中不包含部门为“蜀国”，性别为“女”的数据。

```
=GETPIVOTDATA("销售金额",$A$3,"性别","女","员工部门","蜀国")
```

根据本书前言的提示，可观看“自己动手创建第一个数据透视表”的视频讲解。

21.1.4　Excel 2000 版本中的函数语法

数据透视表函数GETPIVOTDATA最早出现于Excel 2000 版本，在Excel 2003 版本中该函数的语法得到完善，但出于兼容性的需求，仍然保留了Excel 2000 版本的语法用法。

GETPIVOTDATA函数在Excel 2000 版本中的语法如下：

```
GETPIVOTDATA(pivot_table, name)
```

pivot_table：必需。表示对数据透视表中的任意单元格或单元格区域的引用。此信息用于确定包含要检索数据的数据透视表。

name：一个文本字符串，用一对双引号括起来，描述要提取数据的取值条件，各个条件之间用一个空格作为分隔，表达的内容是：

```
data_field item1 item2 …… itemn
```

示例21-2　使用Excel 2000版本语法提取数据

沿用示例 21-1 中的数据源及数据透视表，使用Excel 2000 版本语法书写数据透视表公式，可以实现效果相同的数据提取，如图21-7 所示。

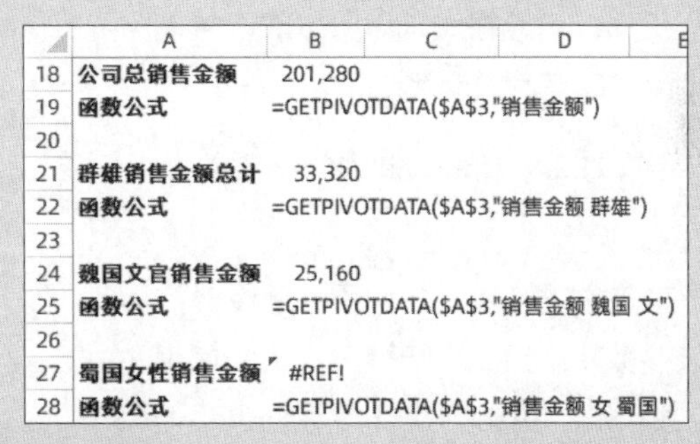

	A	B	C	D	E
18	公司总销售金额	201,280			
19	函数公式	=GETPIVOTDATA($A$3,"销售金额")			
20					
21	群雄销售金额总计	33,320			
22	函数公式	=GETPIVOTDATA($A$3,"销售金额 群雄")			
23					
24	魏国文官销售金额	25,160			
25	函数公式	=GETPIVOTDATA($A$3,"销售金额 魏国 文")			
26					
27	蜀国女性销售金额	#REF!			
28	函数公式	=GETPIVOTDATA($A$3,"销售金额 女 蜀国")			

图 21-7　使用 Excel 2000 版本语法书写数据透视表公式

（1）在B18 单元格输入以下公式，提取公司总销售金额。

```
=GETPIVOTDATA($A$3,"销售金额")
```

第一个参数为数据透视表中的任意单元格，本例中为“$A$3”。第二个参数表示计算字段名称，本例中为“销售金额”。最终提取出数据透视表的总计数，返回结果为 201280。

（2）在B21 单元格输入以下公式，提取群雄销售金额的总计。

```
=GETPIVOTDATA($A$3,"销售金额 群雄")
```

第二个参数为计算条件，提取员工部门为“群雄”的销售金额。其中的第一部分“销售金额”为计算字段的名称，“群雄”为计算条件，返回结果为 33320。

（3）在B24 单元格输入以下公式，提取员工部门为“魏国”，并且岗位属性为“文”的销售金额。

```
=GETPIVOTDATA($A$3,"销售金额 魏国 文")
```

第二个参数中的“销售金额”部分为计算字段的名称，后半部分“魏国 文”为两个计算条件，返回结果为 25160。

（4）在B27 单元格输入以下公式，提取员工部门为“蜀国”，并且性别为“女”的销售金额。

```
=GETPIVOTDATA($A$3,"销售金额 女 蜀国")
```

计算结果为错误值#REF!，因为在数据透视表统计中，不包含员工部门为“蜀国”，并且性别为“女”的统计数据。

提示

使用 Excel 2000 版本的语法，优点在于公式比较简洁，缺点是语法中会出现多个参数条件罗列在一起，不便于理解和维护，并且无法自动生成公式，需要手动输入。

21.2 提取数据透视表不同计算字段数据

运用数据透视表可以统计出较复杂的计算结果，通过透视表函数来提取其中的部分数据，以满足用户对个性化表格的需求。

示例21-3 提取数据透视表不同计算字段数据

如图 21-8 所示，根据统计需要，在A3:H17 单元格区域创建了数据透视表，需要在B20:C22 单元格区域提取不同部门的销售数量和销售金额。

在B20 单元格输入以下公式，复制到B20:C22 单元格区域。

```
=GETPIVOTDATA(T(B$19),
$A$3,"员工部门",$A20)
```

第一参数是单元格引用，所以必需将该参数转化为文本类型，本例中使用T函数转化，也可以在B$19 后面连接一个空文本，变为B$19&""。

如果直接引用B19 单元格的地址，将返回错误值 #REF!。

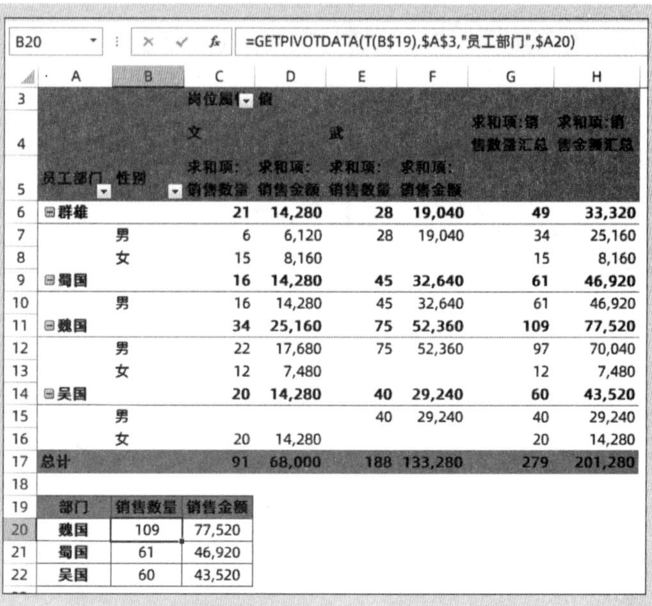

B20 =GETPIVOTDATA(T(B$19),$A$3,"员工部门",$A20)

	A	B	C	D	E	F	G	H
3			岗位属	值				
4			文		武		求和项:销售数量汇总	求和项:销售金额汇总
5	员工部门	性别	求和项:销售数量	求和项:销售金额	求和项:销售数量	求和项:销售金额		
6	⊟群雄		21	14,280	28	19,040	49	33,320
7		男	6	6,120	28	19,040	34	25,160
8		女	15	8,160			15	8,160
9	⊟蜀国		16	14,280	45	32,640	61	46,920
10		男	16	14,280	45	32,640	61	46,920
11	⊟魏国		34	25,160	75	52,360	109	77,520
12		男	22	17,680	75	52,360	97	70,040
13		女	12	7,480			12	7,480
14	⊟吴国		20	14,280	40	29,240	60	43,520
15		男			40	29,240	40	29,240
16		女	20	14,280			20	14,280
17	总计		91	68,000	188	133,280	279	201,280
18								
19	部门	销售数量	销售金额					
20	魏国	109	77,520					
21	蜀国	61	46,920					
22	吴国	60	43,520					

图 21-8 提取数据透视表不同计算字段数据

21.3 提取各学科平均分前三名的班级

GETPIVOTDATA函数中的item参数可以支持数组引用，并返回一个数组结果。

示例21-4 提取各学科平均分前三名的班级

如图 21-9 所示，A3:D11 单元格区域是使用数据透视表统计出的各班平均分，需要在G4:I6 单元格区域提取各科平均分前三名的成绩，在G9:I11 单元格区域提取各科前三名的班级。

在G4 单元格输入以下公式，将公式复制到G4:I6 单元格区域。

```
=LARGE(GETPIVOTDATA(T(G$3),$A$3,"班级",$A$4:$A$10),ROW(1:1))
```

GETPIVOTDATA函数的第一个参数，使用T函数将G3 单元格的值转化为文本类型。

第四个参数使用$A$4:$A$10，分别提取 1 班到 7 班的语文平均分。整个GETPIVOTDATA公式部分计算得到一个内存数组：

	A	B	C	D	E	F	G	H	I
1									
2									
3	班级	平均值项:语文	平均值项:数学	平均值项:英语		名次	语文	数学	英语
4	1班	58.46	68.31	66.00		第1名	76.08	68.31	71.17
5	2班	66.46	61.08	62.31		第2名	73.42	65.50	66.00
6	3班	73.42	62.67	60.83		第3名	66.46	62.67	63.75
7	4班	64.17	61.33	59.17					
8	5班	57.67	54.83	71.17		名次	语文	数学	英语
9	6班	76.08	54.67	63.75		第1名	6班	1班	5班
10	7班	62.25	65.50	61.00		第2名	3班	7班	1班
11	总计	65.43	61.28	63.48		第3名	2班	3班	6班

图 21-9　提取各学科平均分前三名的班级

{58.4615384615385;66.4615384615385;……;76.0833333333333;62.25}。

然后使用LARGE函数从这个内存数组中依次提取前三个最大的值，即平均分的前三名。

在G9单元格输入以下公式，公式结果将自动溢出到G9:G11单元格区域。将公式复制到G9:I9单元格区域，分别提取最高的3个平均分对应的班级：

```
=INDEX(SORTBY($A$4:$A$10,B4:B10,-1),{1;2;3})
```

使用SORTBY函数，根据B4:B10单元格区域的语文平均分，对A4:A10单元格区域的班级进行降序排列，然后使用INDEX函数依次提取此排名序列的前三名。

21.4　从多个数据透视表中提取数据

当计算涉及多个数据透视表时，还可以从多个数据透视表中同时提取相应的数据。

示例21-5　从多个数据透视表中提取数据

图21-10是在3个不同工作表中的数据源。

数据源3：

	A	B	C
1	序号	员工部门	武将
2	4	吴国	孙尚香
3	5	吴国	甘宁
4	18	吴国	孙权
5			
6			
7			
8			

数据源1　数据源2　数据源3　魏国　蜀国　吴国　汇总

数据源2：

	A	B	C
1	序号	员工部门	武将
2	2	蜀国	赵云
3	9	蜀国	刘备
4	11	蜀国	张飞
5	14	蜀国	关羽
6	16	蜀国	诸葛亮
7			
8			

数据源1　数据源2　数据源3　魏国　蜀国　吴国　汇总

数据源1：

	A	B	C	D	E	F	G	H
1	序号	员工部门	武将	岗位属性	性别	员工级别	销售数量	销售金额
2	1	魏国	张辽	武	男	2级	19	14,280
3	6	魏国	夏侯惇	武	男	4级	11	4,080
4	8	魏国	郭嘉	文	男	5级	22	17,680
5	10	魏国	甄姬	文	女	5级	12	7,480
6	13	魏国	曹操	武	男	8级	27	19,720
7	17	魏国	司马懿	武	男	11级	18	14,280
8								

数据源1　数据源2　数据源3　魏国　蜀国　吴国　汇总

图 21-10　多工作表基础数据源

根据不同数据源，分别建立3个数据透视表，并将每个数据透视表所在的工作表分别修改名称为：魏国、蜀国、吴国，如图21-11所示。

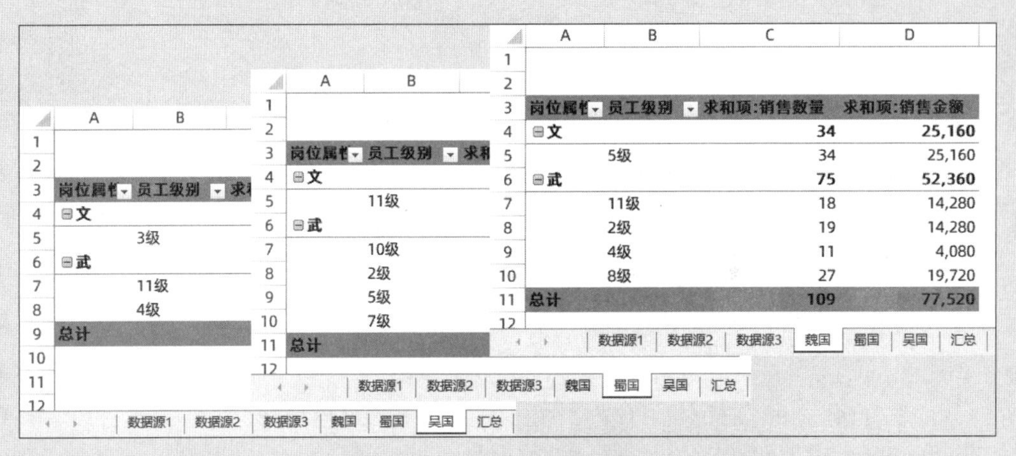

图 21-11 制作完成的数据透视表

在“汇总”工作表中创建一个汇总表格，如图 21-12 所示，分别统计各部门文官、武官的销售数量和销售金额。

在B3 单元格输入以下公式，复制到B3:E5 单元格区域：

```
=GETPIVOTDATA(T(B$2),INDIRECT($A3&"
!A3"),"岗位属性",LOOKUP(" 々 ",$B$1:B$1))
```

	A	B	C	D	E
1		文		武	
2	部门	销售数量	销售金额	销售数量	销售金额
3	魏国	34	25,160	75	52,360
4	蜀国	16	14,280	45	32,640
5	吴国	20	14,280	40	29,240

图 21-12 从多个数据透视表中提取数据

T(B$2)将B2 单元格引用转化成文本。

INDIRECT($A3&"!A3")先将A3 单元格的“魏国”与“"!A3"”连接，形成具有引用样式的文本字符串“魏国!A3”，再使用INDIRECT将其转换为真正的引用，从而引用“魏国”工作表中的数据透视表。

合并单元格只在其左上角的单元格有值，其余为空。LOOKUP(" 々 ",$B$1:B$1)部分用于得到引用区域中的最后一个文本，当公式向右复制时，LOOKUP函数分别提取B1:B1、B1:C1、B1:D1、B1:E1单元格区域的最后一个文本，分别得到结果：文、文、武、武，用于提取相应透视表中岗位属性为“文”或“武”的数据。

练习与巩固

1. 如何设置，才能在选中数据透视表区域的时候，不会生成GETPIVOTDATA函数公式，而是生成直接的单元格引用？例如“=C3”。

2. 请简述以下透视表函数公式的含义：

```
=GETPIVOTDATA("销售金额",$A$3,"员工部门","吴国","岗位属性","文")
```

第 22 章　数据库函数

Excel中包含了一类能够对列表或数据库中的数据进行分析的函数，这些函数统称为数据库函数。由于这些函数都以字母D开头，又被称为D函数。

本章学习要点

（1）认识数据库函数。
（2）使用数据库函数进行数据统计。
（3）跨工作表统计。

22.1　数据库函数基础

数据库函数与高级筛选较为相似，区别在于高级筛选是根据一些条件筛选出相应的数据记录，数据库函数则是根据条件进行分析与统计。

Excel中有 12 个标准的数据库函数，都以字母D开头，各函数的主要功能如表 22-1 所示。

表 22-1　常用数据库函数与主要功能

函数	说明
DAVERAGE	返回所选数据库条目的平均值
DCOUNT	计算数据库中包含数字的单元格的数量
DCOUNTA	计算数据库中非空单元格的数量
DGET	从数据库提取符合指定条件的单个记录
DMAX	返回所选数据库条目的最大值
DMIN	返回所选数据库条目的最小值
DPRODUCT	将数据库中符合条件的记录的特定字段中的值相乘
DSTDEV	基于所选数据库条目的样本估算标准偏差
DSTDEVP	基于所选数据库条目的样本总体计算标准偏差
DSUM	对数据库中符合条件的字段求和
DVAR	基于所选数据库条目的样本估算方差
DVARP	基于所选数据库条目的样本总体计算方差

这 12 个数据库函数具有统一的语法与参数：

```
数据库函数(database, field, criteria)
```

各参数的说明如表 22-2 所示。

表 22-2　数据库函数参数说明

参数	说明
database	构成列表或数据库的单元格区域； 数据库是包含一组相关数据的列表，包含数据的列称为字段。列表的第一行包含每一列的标签

续表

参数	说明
field	指定函数所使用的列。 输入两端带双引号的列标签，如"使用年数"或"产量"；或是用数字表示某一字段在列表中的位置：1 表示第一列，2 表示第二列，以此类推
criteria	包含指定条件的单元格区域。 可以为参数指定 criteria 任意区域，只要此区域包含至少一个列标签，并且列标签下至少有一个为列指定条件的单元格

数据库函数支持多工作表的多重区域引用，并且可以较为方便直观地设置复杂的统计条件。同时也有一定的局限。

（1）database 和 criteria 参数只能使用单元格区域，不支持内存数组。

（2）设置多个条件时，公式不便于下拉复制。

22.2 数据库函数的基础用法

22.2.1 第二参数 field 为列标签

示例22-1 统计销售数据

如图 22-1 所示，A1:H19 为构成列表或数据库的单元格区域，J1:J2 为包含指定条件的单元格区域。

	A	B	C	D	E	F	G	H
1	序号	员工部门	姓名	岗位属性	性别	员工级别	销售数量	销售金额
2	1	魏国	张辽	武	男	2级	79	9,460
3	2	蜀国	赵云	武	男	2级	72	8,580
4	3	群雄	貂蝉	文	女	2级	60	7,140
5	4	吴国	孙尚香	文	女	3级	102	12,200
6	5	吴国	甘宁	武	男	4级	56	6,760
7	6	魏国	夏侯惇	武	男	4级	117	13,980
8	7	群雄	华雄	武	男	4级	47	5,660
9	8	魏国	郭嘉	文	男	5级	76	9,060
10	9	蜀国	刘备	武	男	5级	57	6,840
11	10	魏国	甄姬	文	女	5级	114	13,720
12	11	蜀国	张飞	武	男	7级	57	6,840
13	12	群雄	华佗	文	男	8级	65	7,780
14	13	魏国	曹操	武	男	8级	111	13,260
15	14	蜀国	关羽	武	男	10级	55	6,580
16	15	群雄	袁术	武	男	10级	103	12,400
17	16	蜀国	诸葛亮	文	男	11级	61	7,280
18	17	魏国	司马懿	武	男	11级	91	10,960
19	18	吴国	孙权	武	男	11级	58	6,900

员工部门
蜀国

人数	公式
5	=DCOUNTA(A1:H19,"姓名",J1:J2)

销售总数量	公式
302	=DSUM(A1:H19,"销售数量",J1:J2)

人均销售金额	公式
7,224	=DAVERAGE(A1:H19,"销售金额",J1:J2)

个人最小销售数量	公式
55	=DMIN(A1:H19,"销售数量",J1:J2)

个人最大销售金额	公式
8,580	=DMAX(A1:H19,"销售金额",J1:J2)

图 22-1　第二参数 field 为列标签

在 J5 单元格输入以下公式，计算“员工部门”为“蜀国”的“人数”：

```
=DCOUNTA(A1:H19,"姓名",J1:J2)
```

在 J8 单元格输入以下公式，计算“员工部门”为“蜀国”的“销售总数量”：

```
=DSUM(A1:H19,"销售数量",J1:J2)
```

在J11单元格输入以下公式，计算“员工部门”为“蜀国”的“人均销售金额”：

```
=DAVERAGE(A1:H19,"销售金额",J1:J2)
```

在J14单元格输入以下公式，计算“员工部门”为“蜀国”的“个人最小销售数量”：

```
=DMIN(A1:H19,"销售数量",J1:J2)
```

在J17单元格输入以下公式，计算“员工部门”为“蜀国”的“个人最大销售金额”：

```
=DMAX(A1:H19,"销售金额",J1:J2)
```

第二个参数field必须与列表中的字段标题完全一致，但是不区分大小写。

22.2.2　第二参数field使用数字表示字段位置

示例22-2　第二参数field使用数字表示字段位置

如图22-2所示，在J5单元格输入以下公式，计算“岗位属性”为“武”的“人数”：

```
=DCOUNTA(A1:H19,2,J1:J2)
```

	A	B	C	D	E	F	G	H
1	序号	员工部门	姓名	岗位属性	性别	员工级别	销售数量	销售金额
2	1	魏国	张辽	武	男	2级	79	9,460
3	2	蜀国	赵云	武	男	2级	72	8,580
4	3	群雄	貂蝉	文	女	2级	60	7,140
5	4	吴国	孙尚香	文	女	3级	102	12,200
6	5	吴国	甘宁	武	男	4级	56	6,760
7	6	魏国	夏侯惇	武	男	4级	117	13,980
8	7	群雄	华雄	武	男	4级	47	5,660
9	8	魏国	郭嘉	文	男	5级	76	9,060
10	9	蜀国	刘备	武	男	5级	57	6,840
11	10	魏国	甄姬	文	女	5级	114	13,720
12	11	蜀国	张飞	武	男	7级	57	6,840
13	12	群雄	华佗	文	男	8级	65	7,780
14	13	魏国	曹操	武	男	8级	111	13,260
15	14	蜀国	关羽	武	男	10级	55	6,580
16	15	群雄	袁术	武	男	10级	103	12,400
17	16	蜀国	诸葛亮	文	男	11级	61	7,280
18	17	魏国	司马懿	武	男	11级	91	10,960
19	18	吴国	孙权	武	男	11级	58	6,900

岗位属性
武

人数	公式
12	=DCOUNTA(A1:H19,2,J1:J2)

销售总数量	公式
903	=DSUM(A1:H19,7,J1:J2)

人均销售金额	公式
9,018	=DAVERAGE(A1:H19,8,J1:J2)

个人最小销售数量	公式
47	=DMIN(A1:H19,7,J1:J2)

个人最大销售金额	公式
13,980	=DMAX(A1:H19,8,J1:J2)

图22-2　第二参数field使用数字表示字段位置

在J8单元格输入以下公式，计算“岗位属性”为“武”的“销售总数量”：

```
=DSUM(A1:H19,7,J1:J2)
```

在J11单元格输入以下公式，计算“岗位属性”为“武”的“人均销售金额”：

```
=DAVERAGE(A1:H19,8,J1:J2)
```

在J14单元格输入以下公式，计算“岗位属性”为“武”的“个人最小销售数量”：

```
=DMIN(A1:H19,7,J1:J2)
```

在J17单元格输入以下公式，计算“岗位属性”为“武”的“个人最大销售金额”：

```
=DMAX(A1:H19,8,J1:J2)
```

其中的数字7表示列表中的第7列，即“销售数量”列。同样，数字8代表“销售金额”列。

示例22-3 计算各学科最高分数之和

如图22-3所示，A1:F8为数据库区域，在H2单元格输入以下公式，计算各学科最高分之和，即图中阴影部分的数据之和。

```
=SUM(DMAX(A1:F8,COLUMN(B:F),Z1:Z2))
```

H2　=SUM(DMAX(A1:F8,COLUMN(B:F),Z1:Z2))

	A	B	C	D	E	F	G	H
1	姓名	语文	数学	英语	物理	化学		最高分之和
2	张辽	81	94	70	66	60		475
3	赵云	84	66	94	95	78		
4	貂蝉	90	91	85	87	70		
5	孙尚香	60	69	99	84	96		
6	甘宁	81	77	69	74	75		
7	夏侯惇	83	76	91	91	91		
8	华雄	88	72	68	91	97		

图22-3　计算各学科最高分数之和

COLUMN(B:F)部分得到常量数组{2,3,4,5,6}，以此作为DMAX函数的第二参数，用来计算数据库区域第2~6列的最大值。公式中的Z1:Z2可以是表格中任意的空白区域，默认条件为全部。最后用SUM函数对DMAX函数计算出的每一列的最大值求和。

22.2.3　数据库区域第一行标签为数字时的处理方法

示例22-4 数据库区域第一行标签为数字时的处理方法

如图22-4所示，A1:H8为构成列表或数据库的单元格区域，其中D1:H1单元格区域代表1月到5月，D2:H8单元格区域代表每人每月的销售数量。

	A	B	C	D	E	F	G	H
1	序号	员工部门	姓名	1	2	3	4	5
2	1	魏国	张辽	180	325	480	625	780
3	2	蜀国	赵云	200	350	500	650	800
4	3	群雄	貂蝉	220	375	520	675	820
5	4	吴国	孙尚香	240	400	540	700	840
6	5	吴国	甘宁	260	425	560	725	860
7	6	魏国	夏侯惇	280	450	580	750	880
8	7	群雄	华雄	300	475	600	775	900

	J	K
1	员工部门	
2	吴国	
4	4月销售总数量	公式
5	500	=DSUM(A1:H8,4,J1:J2)
7	4月销售总数量	公式
8	1,425	=DSUM(A1:H8,"4",J1:J2)
10	4月销售总数量	公式
11	1,425	=DSUM(A1:H8,MATCH(4,A1:H1,),J1:J2)

图22-4　数据库区域第一行标签为数字

在J5单元格输入以下公式，计算4月吴国的销售总数量：

```
=DSUM(A1:H8,4,J1:J2)
```

此时求得的结果为 500，并未能正确得到 4 月份的数据，这个 500 是 1 月份吴国的销售总数量，即 A1:H8 单元格区域中第 4 列的D5、D6 单元格数据。

以下两种方式都可计算出正确的结果，在J8 单元格输入以下公式，将第二参数写为文本形式"4"，即可按与之相同的列标签汇总计算。

```
=DSUM(A1:H8,"4",J1:J2)
```

在J11 单元格输入以下公式，首先通过MATCH(4,A1:H1,)得到 4 月份在A1:H1 单元格区域中位于第 7 列。然后再通过DSUM函数求得A1:H8 单元格区域中第 7 列的数据。

```
=DSUM(A1:H8,MATCH(4,A1:H1,),J1:J2)
```

22.3　比较运算符和通配符的使用

数据库函数的条件区域可以使用比较运算符“>”“<”“=”“>=”“<=”“<>”，同时也支持使用通配符“*”“?”“~”。

22.3.1　比较运算符的使用

示例22-5　比较运算符的使用

如图 22-5 所示，A1:H19 为数据列表的单元格区域。

	A	B	C	D	E	F	G	H	I	J	K	L	M
1	序号	员工部门	姓名	岗位属性	性别	员工级别	销售数量	销售金额					
2	1	魏国	张辽	武	男	2级	79	9,460		销售金额		金额	公式
3	2	蜀国	赵云	武	男	2级	72	8,580		>10000		76,520	=DSUM(A1:H19,"销售金额",J2:J3)
4	3	群雄	貂蝉	文	女	2级	60	7,140					
5	4	吴国	孙权之妹	文	女	3级	102	12,200					
6	5	吴国	孙权之兄	武	男	4级	56	6,760		销售数量		人数	公式
7	6	魏国	夏侯惇	武	男	4级	117	13,980		<=60		7	=DCOUNT(A1:H19,"销售数量",J6:J7)
8	7	群雄	华雄	武	男	4级	47	5,660					
9	8	魏国	郭嘉	文	男	5级	76	9,060					
10	9	蜀国	刘备	武	男	5级	57	6,840		员工部门		数量	公式
11	10	魏国	甄姬	文	女	5级	114	13,720		<>蜀国		1,079	=DSUM(A1:H19,"销售数量",J10:J11)
12	11	蜀国	张飞	武	男	7级	57	6,840					
13	12	群雄	华佗	文	男	8级	65	7,780					
14	13	魏国	曹操	武	男	8级	111	13,260		姓名		数量	公式
15	14	蜀国	关羽	武	男	10级	55	6,580		孙权		216	=DSUM(A1:H19,"销售数量",J14:J15)
16	15	群雄	袁术	武	男	10级	103	12,400					
17	16	蜀国	诸葛亮	文	男	11级	61	7,280					
18	17	魏国	司马懿	武	男	11级	91	10,960		姓名		数量	公式
19	18	吴国	孙权	武	男	11级	58	6,900		=孙权		58	=DSUM(A1:H19,"销售数量",J18:J19)

图 22-5　比较运算符的使用

在J3 单元格输入条件“>10000”，在L3 单元格输入以下公式，计算销售金额大于 10000 元的员工的销售金额合计：

```
=DSUM(A1:H19,"销售金额",J2:J3)
```

在J7 单元格输入条件“<=60”，在L7 单元格输入以下公式，计算销售数量小于等于60 的员工的数量：

```
=DCOUNT(A1:H19,,J6:J7)
```

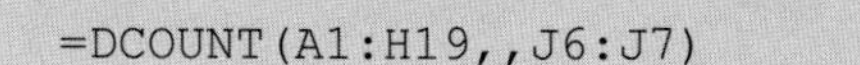

提示

DCOUNT 和 DCOUNTA 两个函数的第二参数 field 如果省略字段名称，会统计数据库中符合条件的所有记录数。

在 J11 单元格输入条件“<>蜀国”，在 L11 单元格输入以下公式，计算非蜀国员工的销售数量：

```
=DSUM(A1:H19,"销售数量",J10:J11)
```

在 J15 单元格输入条件“孙权”，在 L15 单元格输入以下公式，计算姓名以“孙权”开头的员工的销售数量：

```
=DSUM(A1:H19,"销售数量",J14:J15)
```

在 J19 单元格输入条件“'=孙权”，在 L19 单元格输入以下公式，计算孙权的销售数量：

```
=DSUM(A1:H19,"销售数量",J18:J19)
```

键入不带等号“=”的字符，默认是统计以该关键字开头的单元格。条件前加等号“=”，表示精确匹配，并且文本无须加半角双引号。

例如，键入文本“孙权”作为条件，将匹配“孙权”“孙权之兄”和“孙权之妹”。而键入文本“'=孙权”，则只匹配“孙权”。

22.3.2 通配符的使用

在函数公式中，“*”代表 0 个或任意多个字符，半角问号“?”代表 1 个字符。如果在前面加上波浪符“~”，如“~*”和“~?”，则表示“*”和“?”字符本身，排除其通配符的性质。

示例22-6 通配符的使用

如图 22-6 所示，A1:D13 为列表区域，其中B列为“长*宽*高”的规格及产品名称的混合内容。

	A	B	C	D	E	F	G	H	I
1	序号	产品	销售数量	销售金额					
2	1	1000*400*1800衣柜	14	16,800		产品		销售金额	公式
3	2	1000*500*2000衣柜	3	3,000		*茶几		36,000	=DSUM(A1:D13,"销售金额",F2:F3)
4	3	1200*500*2000衣柜	5	6,400					
5	4	1400*1400*1400餐桌	8	10,200					
6	5	1000*1200*1400餐桌	4	4,200		产品		销售数量	公式
7	6	1000*1200*400餐桌	12	2,600		*???餐桌		43	=DSUM(A1:D13,"销售数量",F6:F7)
8	7	1000*1200*600餐桌	2	800					
9	8	1000*1200*800餐桌	17	10,200					
10	9	800*800*400茶几	4	4,200		产品		销售数量	公式
11	10	1000*800*400茶几	23	13,800		*~*???餐桌		31	=DSUM(A1:D13,"销售数量",F10:F11)
12	11	1200*600*500茶几	10	11,400					
13	12	1200*800*600茶几	7	6,600					

图 22-6 通配符的使用

在 F3 单元格输入条件“*茶几”，在 H3 单元格输入以下公式，计算“茶几”的销售金额：

```
=DSUM(A1:D13,"销售金额",F2:F3)
```

计算产品高度低于 1000mm 的餐桌的销售数量，即条件为规格中高度的部分是 3 位数，并且以字符“餐桌”结尾。

如果在F7单元格输入条件“*???餐桌”，在H7单元格输入以下公式，将无法得到正确的结果：

```
=DSUM(A1:D13,"销售数量",F6:F7)
```

条件“*???餐桌”表示以“餐桌”结尾，并且前面有至少3个字符的单元格，B5:B9单元格区域的产品均符合条件。

正确的计算方式为，在F11单元格输入条件“*~*???餐桌”，在H11单元格输入以下公式：

```
=DSUM(A1:D13,"销售数量",F10:F11)
```

“*~*”部分，第一个星号表示通配符，第二个星号前面加上了波浪号，表示星号本身。条件“*~*???餐桌”表示符合“任意字符+星号+3位任意字符+餐桌”的单元格，即只有B7:B9单元格区域的产品符合条件。

22.4　使用公式作为筛选条件

22.4.1　使用列标签作为筛选条件

如果在公式中直接使用数据表的列标签作为筛选条件，Excel会在包含条件的单元格中显示错误值#NAME?或#VALUE!，但不影响最终的筛选。

示例22-7　使用数据表的列标签作为筛选条件

以示例22-5中A:H列的数据为例，如图22-7所示，分别使用以下公式完成不同需求的汇总计算。

例1：在J3单元格输入以下公式作为计算条件。

```
=销售金额>10000
```

在M3单元格输入以下公式，用于汇总销售金额大于10000的员工人数。

```
=DCOUNTA(A1:H19,"姓名",J2:J3)
```

例2：在J7单元格和K7单元格分别输入以下公式作为计算条件。

```
=销售金额>10000
=员工部门="魏国"
```

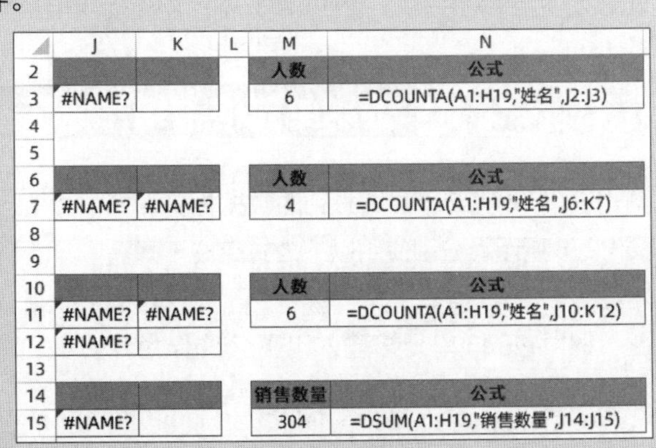

	J	K	L	M	N
2				人数	公式
3	#NAME?			6	=DCOUNTA(A1:H19,"姓名",J2:J3)
4					
5					
6				人数	公式
7	#NAME?	#NAME?		4	=DCOUNTA(A1:H19,"姓名",J6:K7)
8					
9					
10				人数	公式
11	#NAME?	#NAME?		6	=DCOUNTA(A1:H19,"姓名",J10:K12)
12	#NAME?				
13					
14				销售数量	公式
15	#NAME?			304	=DSUM(A1:H19,"销售数量",J14:J15)

图22-7　公式中使用列标签作为筛选条件

在M7单元格输入以下公式，用于汇总员工部门为魏国，并且销售金额大于10000的员工人数。

```
=DCOUNTA(A1:H19,"姓名",J6:K7)
```

例3：在J11、K11、J12单元格分别输入以下公式作为计算条件。

```
=销售金额>10000
```

=员工部门="魏国"
=性别="女"

在M11 单元格输入以下公式，用于汇总员工部门为魏国，并且销售金额大于 10000，或者是性别为女的员工人数。

```
=DCOUNTA(A1:H19,"姓名",J10:K12)
```

例 4：在J15 单元格输入以下公式作为计算条件，SUBSTITUTE 函数的作用是将“员工级别”字段中的“2 级”“3 级”等字符中的“级”替换为空文本。

```
=AND(--SUBSTITUTE(员工级别,"级",)<8,--SUBSTITUTE(员工级别,"级",)>4)
```

在M15 单元格输入以下公式，用于汇总员工级别大于 4 并且小于 8 的员工的销售数量。

```
=DSUM(A1:H19,"销售数量",J14:J15)
```

数据源中，“员工级别”字段是数字与“级”字的组合，因此用SUBSTITUTE(员工级别,"级",)将“级”字替换掉，得到结果为文本型的数字。然后通过减负(--)运算，将文本型数字转换为数值。

最后使用AND函数，判断出每一个员工级别是否大于 4 并且小于 8。

提示

使用公式作为筛选条件时，条件标签可以保留为空，或者使用与数据区域列标签不同的其他名称，如图 22-7 中的J3、J7、K7 等单元格。公式中所有使用到的列标签名称，均无须使用半角双引号。

22.4.2 使用单元格引用作为筛选条件

在公式中不仅可以使用列标签作为筛选条件，也可以使用单元格引用作为筛选条件。用作条件的公式必须使用相对引用。另外，单元格引用要使用相应列的第二行单元格，即列标签下一行的单元格。

示例22-8 使用单元格引用作为筛选条件

仍以示例 22-5 中A:H列的数据为例，如图 22-8 所示，分别使用以下公式完成不同需求的汇总计算。

例 1：在J3 单元格输入以下公式作为计算条件。

```
=H2>10000
```

在M3 单元格输入以下公式，用于汇总销售金额大于 10000 的员工人数。

```
=DCOUNTA(A1:H19,"姓名",J2:J3)
```

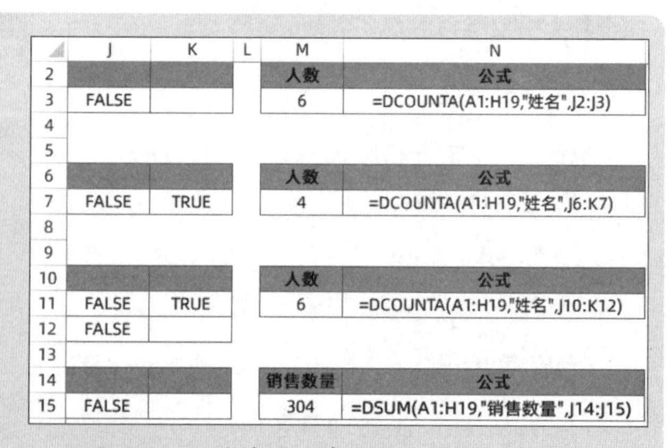

	J	K	L	M	N
2				人数	公式
3	FALSE			6	=DCOUNTA(A1:H19,"姓名",J2:J3)
4					
5					
6				人数	公式
7	FALSE	TRUE		4	=DCOUNTA(A1:H19,"姓名",J6:K7)
8					
9					
10				人数	公式
11	FALSE	TRUE		6	=DCOUNTA(A1:H19,"姓名",J10:K12)
12	FALSE				
13					
14				销售数量	公式
15	FALSE			304	=DSUM(A1:H19,"销售数量",J14:J15)

图 22-8　公式中使用单元格引用作为筛选条件

例 2：在J7 和K7 单元格分别输入以下公式作为计算条件。

```
=H2>10000
=B2="魏国"
```

在M7单元格输入以下公式，用于汇总员工部门为魏国，并且销售金额大于10000的员工人数。

```
=DCOUNTA(A1:H19,"姓名",J6:K7)
```

例3：在J11、K11、J12单元格分别输入以下公式作为计算条件。

```
=H2>10000
=B2="魏国"
=E2="女"
```

在M11单元格输入以下公式，用于汇总员工部门为魏国，并且销售金额大于10000，或者是性别为女的员工人数。

```
=DCOUNTA(A1:H19,"姓名",J10:K12)
```

例4：在J15单元格输入以下公式作为计算条件。

```
=AND(--SUBSTITUTE(F2,"级",)<8,--SUBSTITUTE(F2,"级",)>4)
```

在M15单元格输入以下公式，用于汇总员工级别大于4并且小于8的销售数量。

```
=DSUM($A$1:$H$19,"销售数量",J14:J15)
```

提示

如果使用的不是列标签下一行的单元格，会造成计算结果错误。

22.5　认识DGET函数

数据库函数中，其他函数都是根据一定的条件，最终计算得到一个数值。只有DGET函数是根据一定的条件从数据库中提取一个值，这个值可以是数值也可以是文本。

如果没有满足条件的记录，DGET函数将返回错误值#VALUE!。如果有多个记录满足条件，则DGET函数返回错误值#NUM!。

示例22-9　使用DGET函数提取值

仍以示例22-5中A:H列的数据为例，分别使用以下公式完成不同需求的汇总计算。

例1：如图22-9所示，在J3单元格输入条件“女”，在K3单元格输入条件“<10000”，在M3单元格输入以下公式，提取性别为女并且销售金额小于10000的员工姓名：

	J	K	L	M	N
2	性别	销售金额		姓名	公式
3	女	<10000		貂蝉	=DGET(A1:H19,"姓名",J2:K3)
4					
5					
6	员工部门			姓名	公式
7	魏国	#NAME?		夏侯惇	=DGET(A1:H19,"姓名",J6:K7)

图22-9　DGET函数提取唯一条件值

```
=DGET(A1:H19,"姓名",J2:K3)
```

例 2：在 J7 单元格输入条件“魏国”，在 K7 单元格输入条件“=销售金额=MAX(H:H)”，在 M7 单元格输入以下公式，提取员工部门为魏国，并且销售金额最高的员工姓名：

```
=DGET(A1:H19,"姓名",J6:K7)
```

22.6 跨工作表统计

多工作表汇总时，如果工作表名称有数字规律，可以借助 ROW 函数和 INDIRECT 函数构造多维区域。当工作表的名称无规律时，可以通过宏表函数 GET.WORKBOOK 结合 INDIRECT 函数实现跨工作表统计。

22.6.1 有规律名称的跨工作表统计

示例22-10 有规律名称的跨工作表统计

如图 22-10 所示，工作表名称分别为 1 月、2 月、3 月、4 月、5 月，数据结构完全一致。

1月：

序号	员工部门	姓名	销售数量
1	魏国	张辽	27
2	蜀国	赵云	28
3	蜀国	关羽	15
4	群雄	袁术	18
5	蜀国	诸葛亮	7
6	魏国	司马懿	17
7	吴国	孙权	20

2月：

序号	员工部门	姓名	销售数量
1	吴国	孙权之兄	14
2	魏国	夏侯惇	7
3	群雄	华雄	9
4	魏国	郭嘉	7
5	蜀国	刘备	15
6	魏国	甄姬	6
7	蜀国	张飞	14
8	蜀国	诸葛亮	30
9	魏国	司马懿	12
10	吴国	孙权	13

5月：

序号	员工部门	姓名	销售数量
1	魏国	张辽	28
2	群雄	貂蝉	9
3	蜀国	刘备	22
4	魏国	甄姬	25
5	蜀国	张飞	16
6	群雄	华佗	9
7	魏国	曹操	10
8	蜀国	关羽	5
9	群雄	袁术	19
10	蜀国	诸葛亮	22
11	魏国	司马懿	19

汇总 | 1月 | 2月 | 3月 | 4月 | 5月

图 22-10 工作表名称

例 1：如图 22-11 所示，在汇总表 A2:B3 单元格区域设置筛选条件。在 D3 单元格输入以下公式，计算 1 月到 5 月、部门为蜀国，并且销售数量大于 20 的人数：

```
=SUMPRODUCT(DCOUNT(INDIRECT(ROW($1:$5)&"月!A:D"),,A2:B3))
```

员工部门	销售数量		人数	公式
蜀国	>20		6	=SUMPRODUCT(DCOUNT(INDIRECT(ROW($1:$5)&"月!A:D"),,A2:B3))

图 22-11 设置计数条件

“ROW($1:$5)&"月!A:D"”部分，根据工作表名称的规律，构造出文本形式的引用区域：

```
{"1月!A:D";"2月!A:D";"3月!A:D";"4月!A:D";"5月!A:D"}
```

其中“A:D”部分使用整列引用形式，可以避免因每个工作表内数据的行数不一致，造成统计结果不正确的问题。

接下来使用INDIRECT函数将文本形式的单元格地址转换为实际的引用区域。

再使用DCOUNT函数依次对各个工作表区域计数，得到在每个工作表内满足条件的人数：

```
{1;1;2;0;2}
```

最后通过SUMPRODUCT函数求和，得到最终结果为 6。

例 2：如图 22-12 所示，在汇总表A5:B6 单元格区域分别设置筛选条件。在D6 单元格输入以下公式，计算 1 月到 5 月、员工部门为魏国，并且销售数量小于 10 的员工的销售数量：

```
=SUMPRODUCT(DSUM(INDIRECT(ROW($1:$5)&"月!A:D"),"销售数量",A5:B6))
```

	A	B	C	D	E
5	员工部门	销售数量		销售数量	公式
6	魏国	<10		45	=SUMPRODUCT(DSUM(INDIRECT(ROW($1:$5)&"月!A:D"),"销售数量",A5:B6))

图 22-12　设置求和条件

计算原理与例 1 相同。

22.6.2　无规律名称的跨工作表统计

示例22-11　无规律名称的跨工作表统计

如图 22-13 所示，工作表名称分别为张辽、貂蝉等没有序列规律的字符。

依次单击【公式】→【名称管理器】命令，打开【名称管理器】对话框，定义名称为“工作表名”，公式为：

```
=GET.WORKBOOK(1)&T(NOW())
```

	A	B	C	D	E
1	月份	销售数量			
2	1月	23			
3	2月	22			
4	3月	15			
5	4月	28			
6	5月	14			
7	6月	18			
8	7月	18			
9	8月	7			
10	9月	7			
11	10月	11			
12	11月	10			
13	12月	27			

汇总 | 张辽 | 貂蝉 | 刘备 | 张飞 | 华 ...

图 22-13　工作表名称

例 1：如图 22-14 所示，在汇总表A2:B3 单元格区域设置筛选条件，在D3 单元格输入以下公式，计算 4 月销售数量大于 20 的人数：

```
=SUMPRODUCT(DCOUNT(INDIRECT("'"&工作表名&"'!A:D"),,A2:B3))
```

	A	B	C	D	E
2	月份	销售数量		人数	公式
3	4月	>20		3	=SUMPRODUCT(DCOUNT(INDIRECT("'"&工作表名&"'!A:D"),,A2:B3))

图 22-14　设置计数条件

“"'"&工作表名&"'!A:D"”部分，通过定义名称中的宏表函数，得到包含所有工作表名称的数组，然后连接上字符串“!A:D”，形成每个工作表中对应区域的完整名称：

```
{"'[无规律名称的跨工作表统计.xlsm]汇总'!A:D","'[无规律名称的跨工作表统计.xlsm]张辽'!A:D",……,"'[无规律名称的跨工作表统计.xlsm]关羽'!A:D"}
```

公式中使用一个较大的区域A:D作为引用范围，可以增加公式的扩展性，当数据不只有A、B两列时候，无须修改公式即可完成统计。

本例在工作表名两侧都加上了半角的单引号，当工作表或工作簿的名称中包含空格或是数字等特殊字符时，必需将相应名称（或路径）用单引号（'）括起来。

例2：如图22-15所示，在汇总表A5:B6单元格区域设置筛选条件。在D6单元格输入以下数组公式，计算1月单笔销售数量小于20的销售数量合计：

```
=SUM(IFERROR(DSUM(INDIRECT("'"&工作表名&"'!A:D"),"销售数量",A5:B6),0))
```

	A	B	C	D	E
5	月份	销售数量		销售数量	
6	1月	<20		34	=SUM(IFERROR(DSUM(INDIRECT("'"&工作表名&"'!A:D"),"销售数量",A5:B6),0))

图22-15 设置求和条件

由于DSUM函数会引用“汇总”工作表，而“汇总”工作表的A:D列区域内的第一行没有列标签，所以会计算得到带有错误值的数组结果：

```
{#VALUE!,0,0,14,0,8,0,0,12}
```

使用IFERROR函数，将错误值#VALUE!变为0，不影响最终计算结果。

提示

由于在定义名称时使用了宏表函数GET.WORKBOOK，因此需要将工作簿保存为xlsm格式。

练习与巩固

1. 以下说法是否正确？

数据库函数的database参数只能使用单元格区域，不支持内存数组。

2. 以下说法是否正确？

数据库函数的criteria参数既可以使用单元格区域，也支持内存数组。

3. 参考图22-16，函数公式“=DSUM(A1:I8,4,K1:K2)”返回的数据结果为多少？

4. 如图22-17所示，函数在F2单元格输入公式“=DSUM(A1:C9,"销量",E1:E2)”，返回的结果为8还是14？

	A	B	C	D	E	F	G	H	I	J	K
1	序号	姓名	员工部门	1	2	3	4	5	6		员工部门
2	1	刘备	蜀国	100	200	300	400	500	600		蜀国
3	2	法正	蜀国	100	200	300	400	500	600		
4	3	吴国太	吴国	100	200	300	400	500	600		
5	4	陆逊	吴国	100	200	300	400	500	600		
6	5	张昭	吴国	100	200	300	400	500	600		
7	6	孙策	吴国	100	200	300	400	500	600		
8	7	孙权	吴国	100	200	300	400	500	600		

图22-16 截图1

	A	B	C	D	E	F
1	产品	销售月份	销量		产品	销量
2	餐桌	1	2		餐桌	
3	餐桌A款	1	3			
4	沙发	2	4			
5	餐桌	2	4			
6	餐桌B款	2	3			
7	茶几	3	5			
8	茶几A款	3	5			
9	餐桌	3	2			

图22-17 截图2

第 23 章　宏表函数

宏表函数无法在工作表中直接使用，但可以帮助用户处理一些工作表函数无法解决的问题。本章着重对常用的宏表函数进行介绍。

本章学习要点

（1）初步认识宏表。
（2）信息类宏表函数的应用。
（3）制作工作簿及工作表的超链接。

23.1　什么是宏表

在Microsoft Excel 4.0及以前的版本中并未包含VBA，那时的Excel需要通过宏表来实现一些特殊功能。1993年，微软公司在Microsoft Excel 5.0中首次引入了Visual Basic，并逐渐形成了我们现在所熟知的VBA。

经过多年的发展，VBA已经可以完全取代宏表，成为Microsoft Excel二次开发的主要语言，但出于兼容性和便捷性，微软在Microsoft Excel 5.0及以后的版本中一直保留着宏表。2021年7月，微软发布公告称将在Excel里新增限制宏运行的选项，而禁用宏功能对多数用户来说可提高安全性。

23.1.1　插入宏表

在Excel文档中插入宏表的步骤如下，如图23-1所示。

步骤① 鼠标右击工作表标签，在弹出的快捷菜单中单击【插入】命令。

步骤② 在弹出的【插入】对话框中选中【MS Excel 4.0宏表】，单击【确定】按钮。

也可以按<Ctrl+F11>组合键插入宏表。

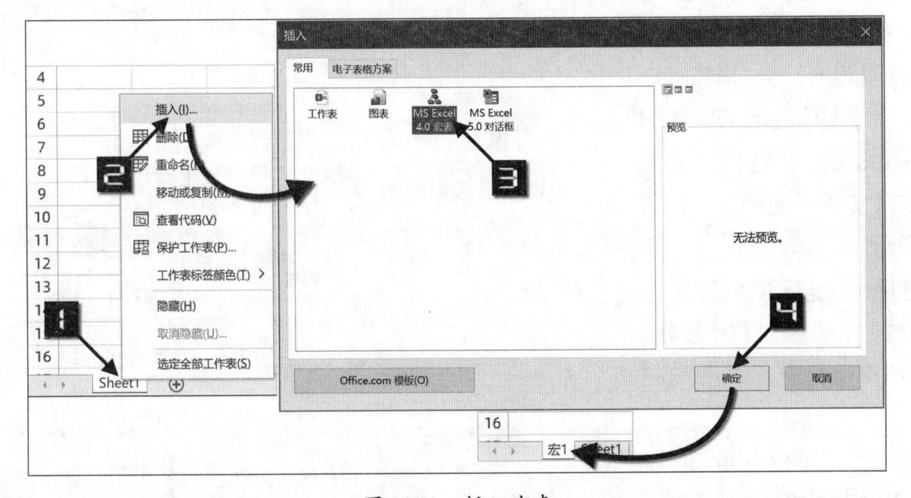

图 23-1　插入宏表

23.1.2　宏表与工作表的区别

（1）在宏表工作表的公式列表中包含多个宏表函数，如图23-2所示，在工作表中使用这些函数时会提示函数无效。

（2）新建的宏表，默认是【显示公式】状态。

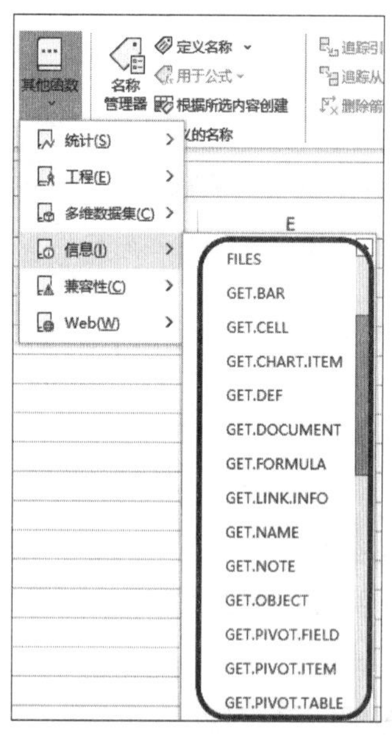
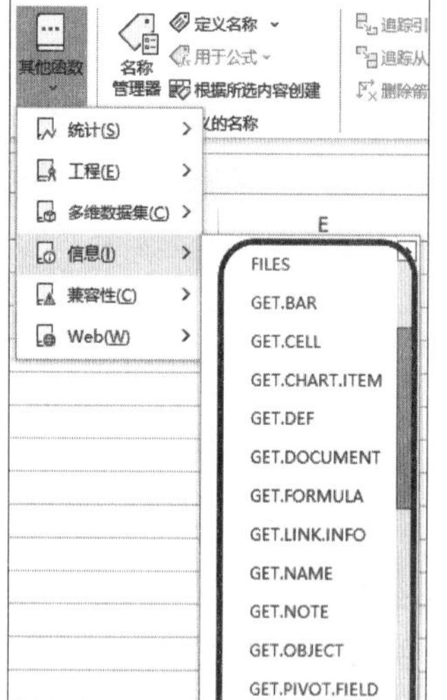

图 23-2 宏表中的部分函数

（3）在宏表中有部分功能将不可使用，比如条件格式、透视表、迷你图、数据验证等。

（4）宏表中的函数公式无法自动重算。

（5）带有宏表函数的工作簿要保存成后缀名为xlsm、xlsb等可以保存宏代码的工作簿。如果保存成后缀名为xlsx的工作簿，则会弹出如图 23-3 所示的提示。单击“是”，则保存成不含任何宏功能的xlsx工作簿。单击“否”，可以重新选择文件格式进行保存。

图 23-3 保存带有宏表函数的工作簿

23.1.3 设置宏安全性

如果打开带有宏表的工作簿时宏表函数无法运行且没有任何提示，可在【Excel选项】对话框中依次单击【信任中心】→【信任中心设置】命令，在弹出的【信任中心】对话框中切换到【宏设置】选项卡下，将宏安全性设置为【通过通知禁用VBA宏】，并选中【启用VBA宏时启用Excel4.0宏】复选框，最后单击【确定】按钮关闭对话框，如图 23-4 所示。

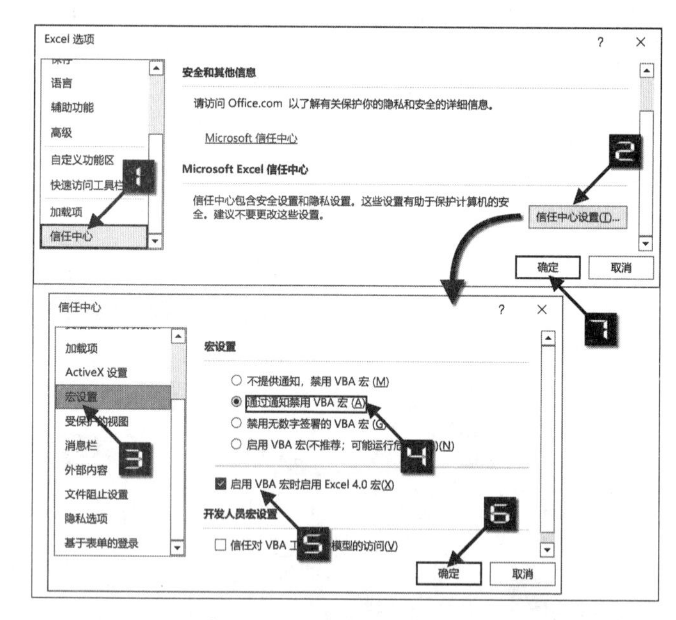

图 23-4 设置 Excel 宏安全性

重新打开工作簿，单击【安全警告】区域的【启用内容】按钮，此时即可正常运行宏，如图 23-5 所示。

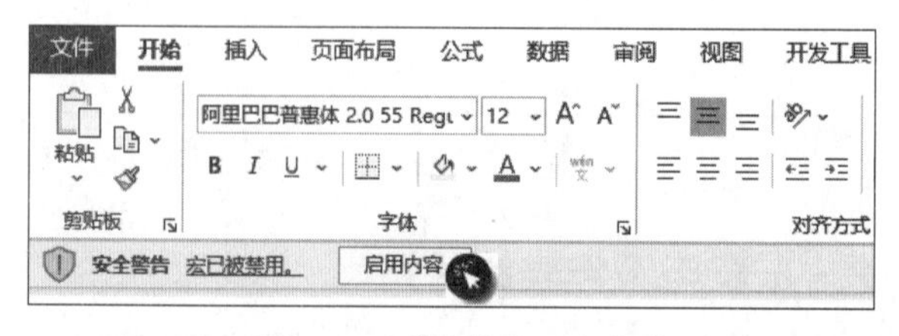

图 23-5 单击【启用内容】

如果设置为【不提供通知，禁用VBA宏】，则宏功能不能正常运行。如果设置为【启用VBA宏】，在打开陌生文件时，可能会运行有潜在危险的代码。

23.2　用GET.DOCUMENT函数得到工作表信息

GET.DOCUMENT函数用于返回关于工作簿的信息。函数语法为：

```
GET.DOCUMENT(type_num, name_text)
```

type_num：指明信息类型的数字。此数字范围为 1~88，表 23~1 为 type_num 的常用值与返回的结果。

name_text：文件名，如果name_text被省略，则默认为当前工作簿。

表 23-1　GET.DOCUMENT 函数常用参数设置

type_num	返回
2	返回工作簿的路径。如果新建工作簿未被保存，会返回错误值#N/A
50	当前设置下要打印的总页数
64	以内存数组形式，生成水平换行符之下相邻的行号
65	以内存数组形式，生成垂直换行符右侧相邻的列号
76	以"[工作簿名]工作表名"的形式返回活动工作表的名称
88	返回活动工作簿名称

23.2.1　在宏表中获得当前工作表信息

在工作簿中插入一个宏表，依次单击【公式】→【显示公式】按钮，取消显示公式，如图 23-6 所示。

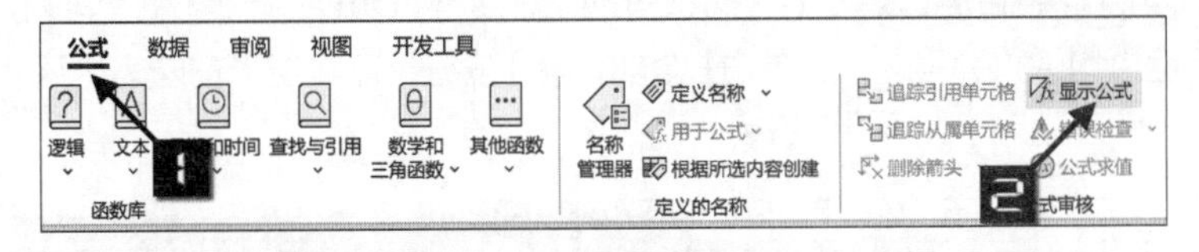

图 23-6　取消显示公式

示例23-1　获得当前工作表信息

如图 23-7 所示，在A2 单元格输入以下公式，得到当前工作簿的路径：

```
=GET.DOCUMENT(2)
```

在A3 单元格输入以下公式，以"[工作簿名]工作表名"的形式得到当前工作表的名称：

```
=GET.DOCUMENT(76)
```

在A4 单元格输入以下公式，得到当前工作簿的名称：

```
=GET.DOCUMENT(88)
```

	A	B
1	结果	公式
2	F:\Excel\示例文件(原始文件)	=GET.DOCUMENT(2)
3	[示例23-1 获得当前工作表信息.xlsm]宏1	=GET.DOCUMENT(76)
4	示例23-1 获得当前工作表信息.xlsm	=GET.DOCUMENT(88)

图 23-7　获得当前工作表信息

宏表中的函数可用以下方法实现重新计算。

方法 1：选中公式所在区域，单击【数据】选项卡下的【分列】按钮，在弹出的【文本分列向导】对话框中单击【完成】，如图 23-8 所示。

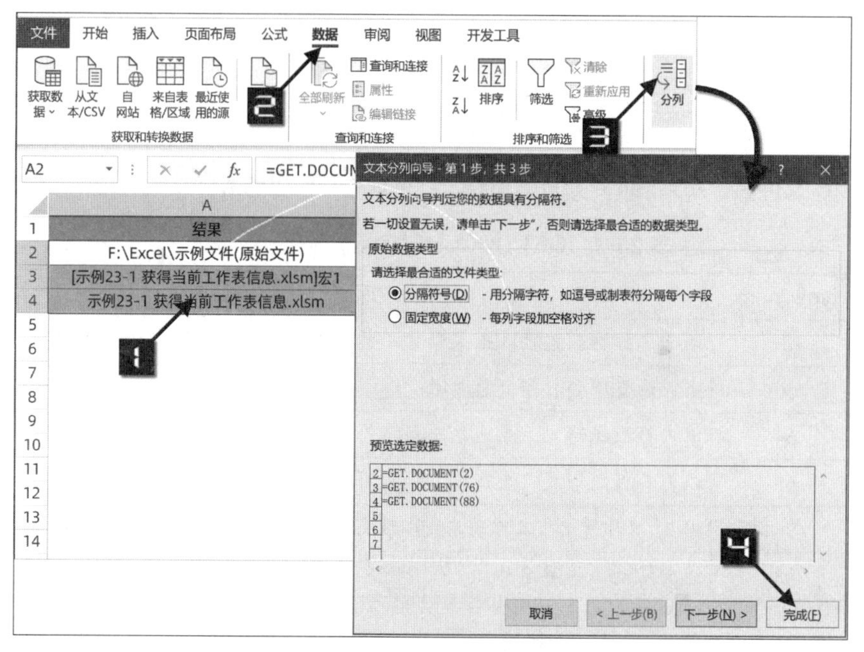

图 23-8　使用【分列】使宏表中的函数重算

方法 2：按<Ctrl+H>组合键，调出【查找和替换】对话框，切换到【替换】选项卡。在【查找内容】和【替换为】编辑框内均输入等号“=”，单击【全部替换】按钮，可实现当前宏表内所有公式的重算，如图 23-9 所示。

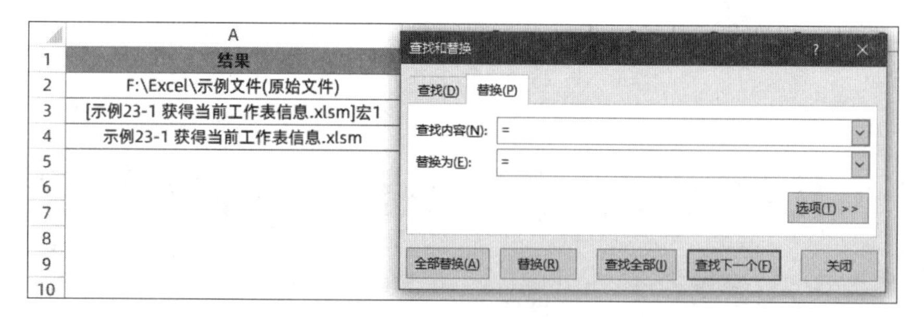

图 23-9　使用【替换】功能使宏表中的函数重算

宏表函数仅可以在“宏表”及“定义名称”中使用，本章后续内容均使用“定义名称”的方法应用宏表函数。

23.2.2　使用定义名称方法获得当前工作表信息

示例23-2　使用定义名称方法获得当前工作表信息

如图 23-10 所示，依次单击【公式】→【名称管理器】，打开【名称管理器】对话框。在对话框中依次定义名称“路径”，公式为：

```
=GET.DOCUMENT(2)&T(NOW())
```

定义名称“工作表名”，公式为：

```
=GET.DOCUMENT(76)&T(NOW())
```

定义名称“工作簿名”，公式为：

```
=GET.DOCUMENT(88)&T(NOW())
```

如图 23-11 所示，在A2 单元格输入以下公式，得到当前工作簿的路径：

```
=路径
```

在A3 单元格输入以下公式，得到当前工作表的名称：

```
=工作表名
```

在A4 单元格输入以下公式，得到当前工作簿的名称：

```
=工作簿名
```

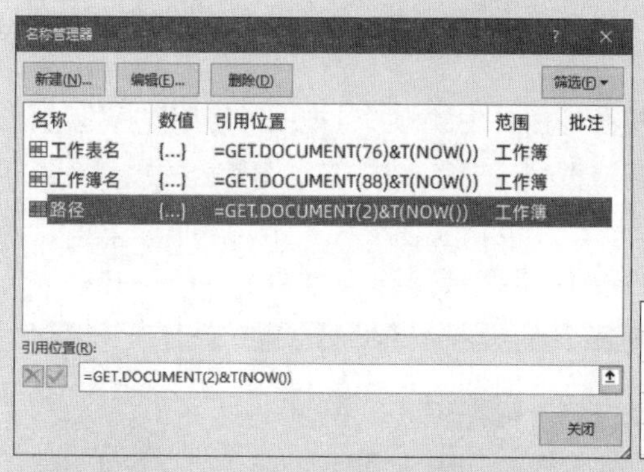

图 23-10　设置自定义名称

	A	B
1	结果	公式
2	F:\Excel\示例文件	=路径
3	[示例23-2 使用定义名称方法获得当前工作表信息.xlsm]Sheet1	=工作表名
4	示例23-2 使用定义名称方法获得当前工作表信息.xlsm	=工作簿名

图 23-11　使用定义名称方法获得当前工作表信息

关于定义名称的详细内容，请参阅第 9 章。

23.2.3　宏表函数触发重算的方法

在定义名称时加入易失性函数，能够触发宏表函数重算。加入易失性函数有以下两种方式。

（1）计算结果为文本时，在公式后面连接“&T(NOW())”。NOW 函数用于得到系统当前的日期时间，再使用T 函数将其转换为空文本。原公式结果连接空文本，不影响单元格显示。如示例 23-2 中定义名称“路径”的公式：

```
=GET.DOCUMENT(2)&T(NOW())
```

（2）计算结果为数值时，在公式后面连接“+NOW()*0”。用NOW 函数得到的日期时间乘以 0，结果为 0。原公式结果加 0，不影响最终计算结果。如示例 23-3 中定义名称“总页数”的公式：

```
=GET.DOCUMENT(50)+NOW()*0
```

提示

在单元格中执行编辑、输入或是按<F9>键等操作时，均会触发NOW函数重新计算，与之连接的宏表函数也会随之重算，得到最新的结果。

23.2.4 显示打印页码

示例23-3 显示打印页码

如图 23-12 所示，定义名称“总页数”，公式为：

```
=GET.DOCUMENT(50)+NOW()*0
```

定义名称“当前页”，公式为：

```
=FREQUENCY(GET.DOCUMENT(64)+NOW()*0,ROW())+1
```

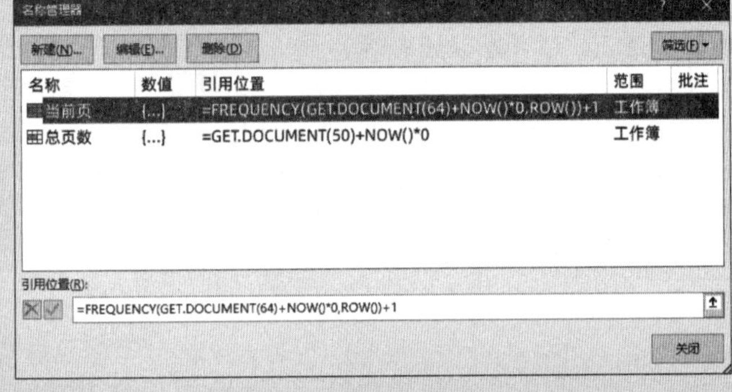

图 23-12 设置自定义名称

如图 23-13 所示，在 D2、D19、D40 单元格输入以下公式：

```
="第"&@当前页&"页 总共"&@总页数&"页"
```

单击工作簿右下方【视图切换】区域的【分页预览】按钮，进入【分页预览】视图，使用鼠标拖动粗体蓝线，手动调整每页打印的行数，如图 23-14 所示。调整页面设置后，按<F9>键使公式重新计算，D2、D19、D40 单元格公式将显示调整后的页码。

D2 ="第"&@当前页&"页 总共"&@总页数&"页"

	A	B	C	D
1	姓名	月份	销量	页码
2	魏国-曹操	1月	100	第1页 总共1页
3	魏国-曹操	2月	148	
16	魏国-夏侯惇	3月	146	
17	魏国-夏侯惇	4月	146	
18	姓名	月份	销量	页码
19	蜀国-刘备	1月	132	第1页 总共1页
20	蜀国-刘备	2月	131	
37	蜀国-马超	3月	95	
38	蜀国-马超	4月	95	
39	姓名	月份	销量	页码
40	吴国-孙权	1月	77	第1页 总共1页
41	吴国-孙权	2月	105	
58	吴国-孙皓	3月	83	
59	吴国-孙皓	4月	83	

图 23-13 输入公式

	A	B	C	D
1	姓名	月份	销量	页码
2	魏国-曹操	1月	100	第1页 总共3页
3	魏国-曹操	2月	148	
16	魏国-夏侯惇	3月	146	
17	魏国-夏侯惇	4月	146	
18	姓名	月份	销量	页码
19	蜀国-刘备	1月	132	第2页 总共3页
20	蜀国-刘备	2月	131	
37	蜀国-马超	3月	95	
38	蜀国-马超	4月	95	
39	姓名	月份	销量	页码
40	吴国-孙权	1月	77	第3页 总共3页
41	吴国-孙权	2月	105	
58	吴国-孙皓	3月	83	
59	吴国-孙皓	4月	83	

图 23-14 手动调整每页打印的行数

公式中的GET.DOCUMENT(50)部分，得到当前设置下打印区域的总页数。

NOW()*0 的作用是利用NOW函数的易失性，每次按<F9>键，都可以使公式自动重算。

GET.DOCUMENT(64)+NOW()*0 部分，得到水平换行符以下相邻行的行号数组，结果为{18,39}。

最后使用FREQUENCY函数，得到公式所在行位于打印的第几页。

关于FREQUENCY函数的详细用法，请参阅 15.9 节。

由于每次调用GET.DOCUMENT(64)都会让Excel重新计算打印页码，所以用此方法计算页数会比较慢。

23.3 用FILES函数得到文件名清单信息

FILES函数用于返回指定目录下的全部文件名，结果为水平方向的数组。函数语法为：

```
FILES(directory_text)
```

directory_text指定从哪一个目录中返回文件名，支持使用通配符星号(*)和半角问号(?)。

如果directory_text没有指定，则FILES函数返回活动工作簿所在目录下的所有文件名。

如果FILES函数的结果有多个元素，输入公式后，结果会溢出到相邻的其他单元格。

23.3.1 提取指定目录下的文件名

示例23-4 提取指定目录下的文件名

图23-15是当前工作簿所在文件夹中所有的文件。

蜀国-黄月英.jpg	蜀国-赵云.jpg	魏国-夏侯惇.xlsx	吴国-华佗.xlsx
蜀国-黄月英.xlsx	蜀国-赵云.xlsx	魏国-杨修.jpg	吴国-孙权.jpg
蜀国-刘备.jpg	蜀国-诸葛亮.jpg	魏国-杨修.xlsx	吴国-孙权.xlsx
蜀国-刘备.xlsx	蜀国-诸葛亮.xlsx	魏国-张辽.jpg	吴国-孙尚香.jpg
蜀国-马超.jpg	提取指定目录下的文件名.xlsm	魏国-张辽.xlsx	吴国-孙尚香.xlsx
蜀国-马超.xlsx	魏国-郭嘉.jpg	魏国-甄姬.jpg	吴国-周瑜.jpg
蜀国-张飞.jpg	魏国-郭嘉.xlsx	魏国-甄姬.xlsx	吴国-周瑜.xlsx
蜀国-张飞.xlsx	魏国-夏侯惇.jpg	吴国-华佗.jpg	

图23-15 当前工作簿所在文件夹中的文件

如图23-16所示，定义名称“D盘文件”，公式为：

```
=FILES("D:\*.*")&T(NOW())
```

定义名称“Excel文件”，公式为：

```
=FILES(GET.DOCUMENT(2)&"\*.xls*")&T(NOW())
```

定义名称“当前工作簿”，公式为：

```
=FILES(GET.DOCUMENT(2)&"\*.*")&T(NOW())
```

定义名称“魏国”，公式为：

```
=FILES(GET.DOCUMENT(2)&"\魏国*.*")&T(NOW())
```

定义名称“头像”，公式为：

```
=FILES(GET.DOCUMENT(2)&"\*.jpg")&T(NOW())
```

定义名称“魏国头像”，公式为：

```
=FILES(GET.DOCUMENT(2)&"\魏国*.jpg")&T(NOW())
```

定义名称“指定路径”，公式为：

```
=FILES("F:\Excel\示例文件\示例23-4 提取指定目录下的文件名\*.*")&T(NOW())
```

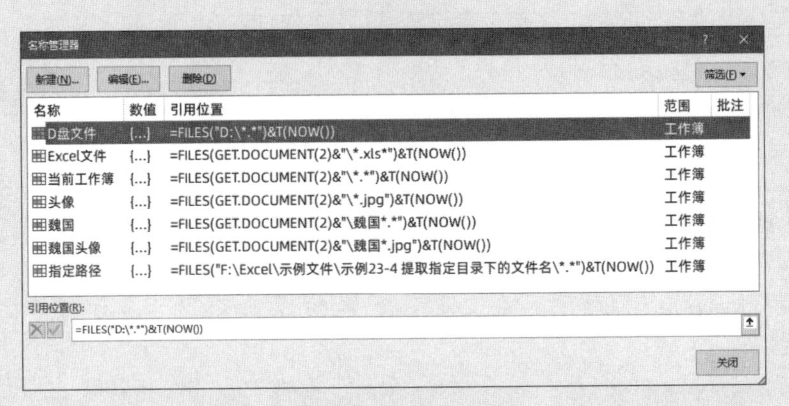

图 23-16 定义名称

如图 23-17 所示，在A2 单元格输入以下公式，得到D盘目录下所有文件的名称。

```
=TRANSPOSE(D盘文件)
```

	A	B	C	D	E	F	G
1	=TRANSPOSE(D盘文件)	=TRANSPOSE(指定路径)	=TRANSPOSE(当前工作簿)	=TRANSPOSE(Excel文件)	=TRANSPOSE(头像)	=TRANSPOSE(魏国)	=TRANSPOSE(魏国头像)
2	2013应用大全模板.dotm	吴国-华佗.jpg	吴国-华佗.jpg	吴国-华佗.xlsx	吴国-华佗.jpg	魏国-夏侯惇.jpg	魏国-夏侯惇.jpg
3	宏表函数示例文件.docx	吴国-华佗.xlsx	吴国-华佗.xlsx	吴国-周瑜.xlsx	吴国-周瑜.jpg	魏国-夏侯惇.xlsx	魏国-张辽.jpg
4	宏表函数示例文件.xlsx	吴国-周瑜.jpg	吴国-周瑜.jpg	吴国-孙尚香.xlsx	吴国-孙尚香.jpg	魏国-张辽.jpg	魏国-杨修.jpg
5		吴国-周瑜.xlsx	吴国-周瑜.xlsx	吴国-孙权.xlsx	吴国-孙权.jpg	魏国-张辽.xlsx	魏国-甄姬.jpg
6		吴国-孙尚香.jpg	吴国-孙尚香.jpg	提取指定目录下的文件	蜀国-刘备.jpg	魏国-杨修.jpg	魏国-郭嘉.jpg
7		吴国-孙尚香.xlsx	吴国-孙尚香.xlsx	蜀国-刘备.xlsx	蜀国-张飞.jpg	魏国-杨修.xlsx	
8		吴国-孙权.jpg	吴国-孙权.jpg	蜀国-张飞.xlsx	蜀国-诸葛亮.jpg	魏国-甄姬.jpg	
9		吴国-孙权.xlsx	吴国-孙权.xlsx	蜀国-诸葛亮.xlsx	蜀国-赵云.jpg	魏国-甄姬.xlsx	
10		提取指定目录下的文件	提取指定目录下的文件	蜀国-赵云.xlsx	蜀国-马超.jpg	魏国-郭嘉.jpg	
11		蜀国-刘备.jpg	蜀国-刘备.jpg	蜀国-马超.xlsx	蜀国-黄月英.jpg	魏国-郭嘉.xlsx	
12		蜀国-刘备.xlsx	蜀国-刘备.xlsx	蜀国-黄月英.xlsx	魏国-夏侯惇.jpg		
13		蜀国-张飞.jpg	蜀国-张飞.jpg	魏国-夏侯惇.xlsx	魏国-张辽.jpg		
14		蜀国-张飞.xlsx	蜀国-张飞.xlsx	魏国-张辽.xlsx	魏国-杨修.jpg		

图 23-17 提取指定目录下的文件名

FILES函数只能得到文件的名称，并不能得到文件夹的名称。如果电脑中没有D盘，或者D盘目录下只包含文件夹而没有任何文件，将返回错误值#N/A。

在B2 单元格输入以下公式，得到指定路径下的所有文件名称。

```
=TRANSPOSE(指定路径)
```

在C2 单元格输入以下公式，得到当前工作簿所在文件夹中的所有文件名称。

```
=TRANSPOSE(当前工作簿)
```

在D2 单元格输入以下公式，得到当前工作簿所在文件夹中的所有Excel文件，即xls、xlsx、xlsm等格式的文件。

```
=TRANSPOSE(Excel文件)
```

在E2 单元格输入以下公式，得到当前工作簿所在文件夹中的所有jpg格式的图片名称。

```
=TRANSPOSE(头像)
```

在F2 单元格输入以下公式，得到当前工作簿所在文件夹中的所有以“魏国”开头的文件名称。

```
=TRANSPOSE(魏国)
```

在G2单元格输入以下公式，得到当前工作簿所在文件夹中的所有以“魏国”开头，并且为jpg格式的图片名称。

```
=TRANSPOSE(魏国头像)
```

以定义名称“魏国头像”为例：

```
=FILES(GET.DOCUMENT(2)&"\魏国*.jpg")&T(NOW())
```

“GET.DOCUMENT(2)”部分，得到当前工作簿的路径。

“GET.DOCUMENT(2)&"\魏国*.jpg"”部分，利用通配符，使FILES函数可以提取以“魏国”开头的jpg格式文件名。

“FILES(GET.DOCUMENT(2)&"\魏国*.jpg")”部分，得到横向的数组结果：

{"魏国-夏侯惇.jpg","魏国-张辽.jpg","魏国-杨修.jpg","魏国-甄姬.jpg","魏国-郭嘉.jpg"}

最后使用TRANSPOSE函数，将一维横向数组转置为一维纵向数组。

23.3.2　制作动态文件链接

利用FILES函数提取到的文件名，结合HYPERLINK函数制作超链接，能够在Excel文件中建立链接，快速打开其他文件。

示例23-5　制作动态文件链接

如图23-18所示，选中D1单元格，依次单击【数据】→【数据验证】，在弹出的【数据验证】对话框中设置【允许】为【序列】，在【来源】处输入以下内容，单击【确定】按钮。

```
*,魏国*,蜀国*,吴国*
```

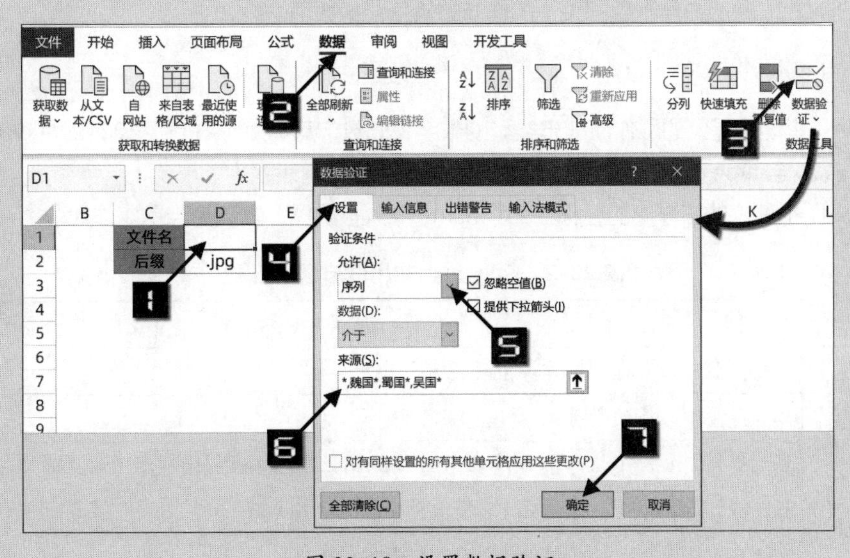

图 23-18　设置数据验证

以相同方式设置D2单元格的【数据验证】，将【序列】【来源】设置为：

.*,.jpg,.xlsx,.xls*

定义名称"路径"，公式为：

```
=GET.DOCUMENT(2)&T(NOW())
```

定义名称"文件名"，公式为：

```
=FILES(路径&"\"&Sheet1!$D$1&Sheet1!$D$2)&T(NOW())
```

在A2单元格输入以下公式，向下复制到A20单元格。

```
=IFERROR(HYPERLINK(路径&"\"&INDEX(文件名,ROW(1:1)),INDEX(文件名,ROW(1:1))),"")
```

设置完成后，更改D1、D2单元格的参数，即可创建对相应文件的链接，如图23-19和图23-20所示。单击A列单元格中的超链接，即可打开该文件。

	A	B	C	D
1	超链接文件		文件名	*
2	制作动态文件链接.xlsm		后缀	.*
3	吴国-华佗.jpg			
4	吴国-华佗.xlsx			
5	吴国-周瑜.jpg			
6	吴国-周瑜.xlsx			
7	吴国-孙尚香.jpg			
8	吴国-孙尚香.xlsx			
9	吴国-孙权.jpg			
10	吴国-孙权.xlsx			

图 23-19　结果展示 1

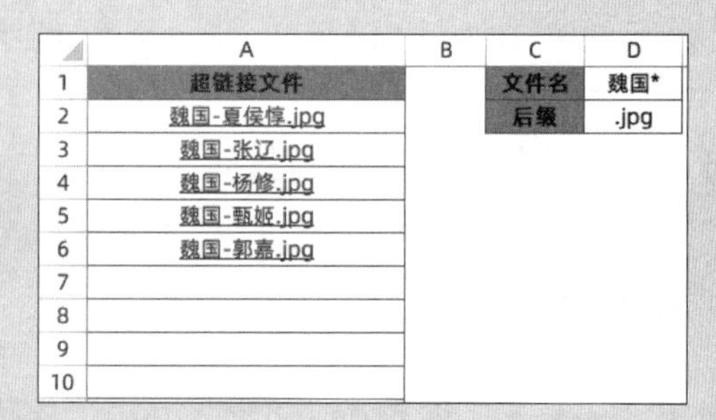

	A	B	C	D
1	超链接文件		文件名	魏国*
2	魏国-夏侯惇.jpg		后缀	.jpg
3	魏国-张辽.jpg			
4	魏国-杨修.jpg			
5	魏国-甄姬.jpg			
6	魏国-郭嘉.jpg			
7				
8				
9				
10				

图 23-20　结果展示 2

23.4　用GET.WORKBOOK函数返回工作簿信息

GET.WORKBOOK函数用于返回关于工作簿的信息。函数语法为：

```
GET.WORKBOOK(type_num, name_text)
```

type_num：指明要得到的工作簿信息类型的数字。此数字范围为1~38，表23~2为type_num常用值与返回的结果。当type_num为1时，将返回工作簿中的所有表名称。

name_text：待处理的工作簿的名称。如果name_text被省略，默认为当前工作簿。

表 23-2　type_num常用值与返回结果

type_num	返回
1	以水平数组形式返回工作簿中的所有工作表名称
4	工作簿中工作表的数量
33	显示在【文件】→【信息】→【属性】→【高级属性】→【摘要】选项卡中设置的文件标题
34	显示在【高级属性】→【摘要】选项卡中设置的文件主题
35	显示在【高级属性】→【摘要】选项卡中设置的作者

续表

type_num	返回
36	显示在【高级属性】→【摘要】选项卡中设置的关键词
37	显示在【高级属性】→【摘要】选项卡中设置的备注
38	活动工作表的名称

示例23-6 制作当前工作簿中的各工作表链接

如图23-21所示，定义名称“目录”，公式为：

```
=GET.WORKBOOK(1)&T(NOW())
```

方法1：在A2单元格输入以下公式，向下复制到A8单元格。

```
=IFERROR(HYPERLINK(INDEX(目录,ROW(1:1))&"!A1"),"")
```

单击A列单元格的超链接，即可跳转到相应工作表的A1单元格。

定义名称“目录”公式中的“GET.WORKBOOK(1)”部分，生成一个“[工作簿名]工作表名”形式的工作表名内存数组：

{"[制作当前工作簿中各工作表链接.xlsm]目录","[制作当前工作簿中各工作表链接.xlsm]魏国","[制作当前工作簿中各工作表链接.xlsm]蜀国","[制作当前工作簿中各工作表链接.xlsm]吴国"}

“INDEX(目录,ROW(1:1))&"!A1"”部分，依次提取该数组中的每一个元素，然后连接字符串“!A1”，形成一个“工作表名称!A1”形式的单元格地址。最后使用HYPERLINK函数建立超链接。

IFERROR函数的作用是屏蔽错误值。

方法2：在C2单元格输入以下公式，向下复制到C8单元格，如图23-22所示。

```
=IFERROR(HYPERLINK(INDEX(目录,ROW(1:1))&"!A1",MID(INDEX(目录,ROW(1:1)),
FIND("]",INDEX(目录,ROW(1:1)))+1,99)),"")
```

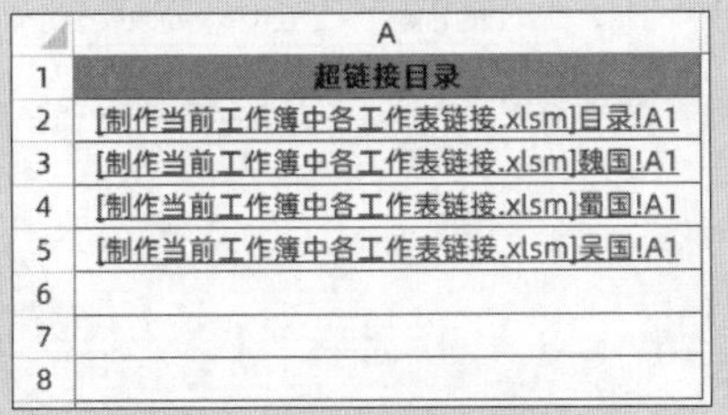

	A
1	超链接目录
2	[制作当前工作簿中各工作表链接.xlsm]目录!A1
3	[制作当前工作簿中各工作表链接.xlsm]魏国!A1
4	[制作当前工作簿中各工作表链接.xlsm]蜀国!A1
5	[制作当前工作簿中各工作表链接.xlsm]吴国!A1
6	
7	
8	

图23-21 工作表超链接

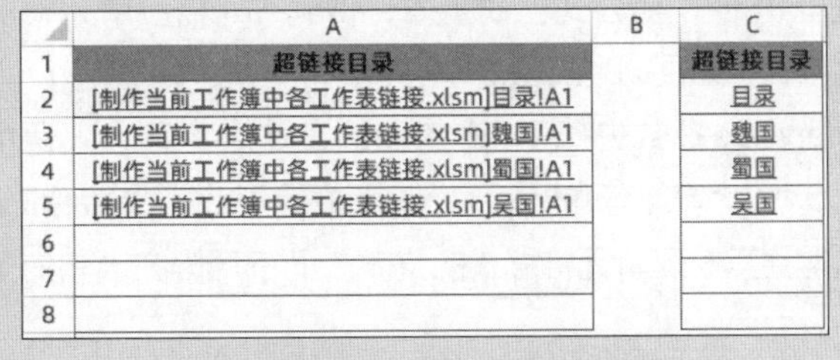

	A	B	C
1	超链接目录		超链接目录
2	[制作当前工作簿中各工作表链接.xlsm]目录!A1		目录
3	[制作当前工作簿中各工作表链接.xlsm]魏国!A1		魏国
4	[制作当前工作簿中各工作表链接.xlsm]蜀国!A1		蜀国
5	[制作当前工作簿中各工作表链接.xlsm]吴国!A1		吴国
6			
7			
8			

图23-22 工作表超链接美化

“GET.WORKBOOK(1)”部分得到的是“[工作簿名]工作表名”形式的工作表名称，每个工作簿名后都有一个“]”符号，如："[制作当前工作簿中各工作表链接.xlsm]魏国"。

本例先使用FIND函数查找“]”的位置，再使用MID函数从此字符位置之后的一个字符提取文本，便得到相应的工作表名称，并以此作为HYPERLINK函数的第二参数，也就是单元格显示的内容。

23.5 用 GET.CELL 函数返回单元格信息

GET.CELL 函数返回关于格式化、位置或单元格内容的信息。函数语法为：

```
GET.CELL(type_num, reference)
```

type_num：指明单元格中信息类型的数字。此数字范围为 1~66，表 23-3 列出了 type_num 常用值与返回的结果。

reference：需要返回信息的单元格或单元格范围。如果引用的是单元格范围，会使用引用范围中左上角的单元格。如果引用被省略，默认为活动单元格。

表 23-3　type_num 常用值与返回结果

type_num	返回
6	以文本形式返回单元格中的公式，如果单元格中是常量，则返回单元格中的内容
7	以文字表示的单元格数字格式（如“m/d/yy”或“General”）
24	是 1~56 的一个数字，代表单元格中第一个字符的字体颜色。如果字体颜色为“自动”，返回 0
63	返回单元格的填充（背景）颜色
88	以 book1 的形式返回活动工作簿的名称

23.5.1 返回单元格格式

示例23-7 返回单元格格式

选中 B2 单元格，定义名称“格式”，公式为：

```
=GET.CELL(7,!A2)&T(NOW())
```

在 B2 单元格输入以下公式，并向下复制到 B12 单元格。

```
=格式
```

按<F9>键，使公式自动重算，得到 A 列相应单元格的单元格格式，如图 23-23 所示。

reference 参数去掉了“!”前面的工作表名称，只保留“!A2”，使在本工作簿的任意工作表中使用此定义名称时，都可以得到其左侧单元格格式的文本，而不局限在当前的工作表内。

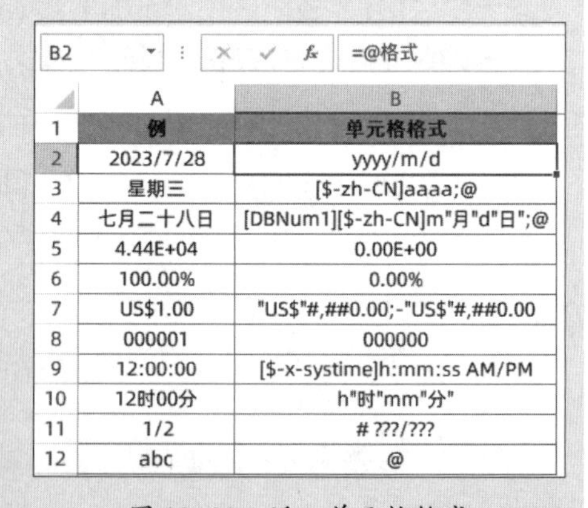

	A	B
1	例	单元格格式
2	2023/7/28	yyyy/m/d
3	星期三	[$-zh-CN]aaaa;@
4	七月二十八日	[DBNum1][$-zh-CN]m"月"d"日";@
5	4.44E+04	0.00E+00
6	100.00%	0.00%
7	US$1.00	"US$"#,##0.00;-"US$"#,##0.00
8	000001	000000
9	12:00:00	[$-x-systime]h:mm:ss AM/PM
10	12时00分	h"时"mm"分"
11	1/2	# ???/???
12	abc	@

图 23-23　返回单元格格式

定义名称时，要注意活动单元格与引用单元格之间的相对位置。本例需要先在 B2 单元格中输入公式，因此先选中 B2 单元格，使其成为活动单元格，然后在定义名称的公式中引用 A2 单元格。

23.5.2　根据单元格格式求和

根据每个单元格的不同格式，使用SUMIF函数，实现不同格式分别求和。

示例23-8　根据单元格格式求和

选中C2单元格，定义名称“格式”，公式为：

```
=GET.CELL(7,!B2)&T(NOW())
```

在C2单元格输入以下公式，向下复制到C9单元格，按<F9>键，使公式自动重算。

```
=格式
```

在F2和F3单元格分别输入以下公式，得到不同币种的总额，如图23-24所示。

```
=SUMIF(C:C,"¥*",B:B)
=SUMIF(C:C,"$*",B:B)
```

F2　=SUMIF(C:C,"¥*",B:B)

	A	B	C	D	E	F
1	员工	销售金额	单元格格式		总计销售金额	
2	黄月英	$147	$#,##0;-$#,##0		人民币	502
3	貂蝉	¥83	¥#,##0;¥-#,##0		美元	485
4	吴国太	$89	$#,##0;-$#,##0			
5	孙尚香	¥221	¥#,##0;¥-#,##0			
6	甄姬	$130	$#,##0;-$#,##0			
7	大乔	¥102	¥#,##0;¥-#,##0			
8	祝融夫人	¥96	¥#,##0;¥-#,##0			
9	小乔	$119	$#,##0;-$#,##0			

图 23-24　根据单元格格式求和

23.5.3　返回单元格的字体颜色和填充颜色

示例23-9　返回单元格的字体颜色和填充颜色

如图23-25所示，选中C2单元格，定义名称“字体颜色”，公式为：

```
=GET.CELL(24,!B2)+NOW()*0
```

定义名称“填充颜色”，公式为：

```
=GET.CELL(63,!A2)+NOW()*0
```

在C2单元格输入以下公式，向下复制到C10单元格。

```
=字体颜色
```

在D2单元格输入以下公式，向下复制到D10单元格。

```
=填充颜色
```

C2　=字体颜色

	A	B	C	D
1	员工	销量	字体颜色	填充颜色
2	黄月英	98	3	50
3	貂蝉	94	44	6
4	吴国太	148	23	0
5	孙尚香	141	1	50
6	甄姬	126	23	6
7	大乔	99	1	0
8	祝融夫人	117	10	50
9	小乔	177	0	0
10	张春华	162	0	33

图 23-25　单元格颜色值

颜色返回值为1~56的数字，对于一些相近的颜色，会返回相同的数值。
字体颜色返回值为0，说明使用默认的“自动”颜色。
填充颜色返回值为0，说明使用的是“无填充”。

23.6 用EVALUATE函数计算文本算式

EVALUATE函数的作用是对以文字表示的公式或表达式求值，并返回结果。函数语法为：

```
EVALUATE(formula_text)
```

formula_text是要计算值的文本形式的表达式。

23.6.1 计算简单的文本算式

示例23-10 计算简单的文本算式

选中C2单元格，定义名称“计算1”，公式为：

```
=EVALUATE(!B2&T(NOW()))
```

在C2单元格输入以下公式，向下复制到C9单元格，计算出B列的算式结果，如图23-26所示。

```
=计算1
```

EVALUATE函数的参数最多支持255个字符，超出时返回错误值#VALUE!。

C2 =计算1

	A	B	C
1	员工	销量	销售金额
2	黄月英	8*1800+6*3500	35,400
3	貂蝉	1*1800+6*500+2*7000+5*3500	36,300
4	吴国太	1*1800+1*7000+2*3500	15,800
5	孙尚香	6*500+2*7000+5*3500	34,500
6	甄姬	2*7000+6*3500	35,000
7	大乔	2*1800+6*500	6,600
8	祝融夫人	2*1800+6*500+9*3500	38,100
9	小乔	2*1800+5*3500	21,100

图23-26 计算文本算式

23.6.2 计算复杂的文本算式

示例23-11 计算复杂的文本算式

选中C2单元格，定义名称“计算2”，公式为：

```
=EVALUATE(SUBSTITUTE(SUBSTITUTE(!B2,"[","+N("""),"]",""")")&T(NOW()))
```

如图23-27所示，在C2单元格输入以下公式，复制到C9单元格。

```
=计算2
```

C2 =计算2

	A	B	C
1	员工	销量	销售金额
2	黄月英	8*1800[空调]+6*3500[洗衣机]	35,400
3	貂蝉	1*1800[空调]+6*500[电风扇]+2*7000[电视]+5*3500[洗衣机]	36,300
4	吴国太	1*1800[空调]+1*7000[电视]+2*3500[洗衣机]	15,800
5	孙尚香	6*500[电风扇]+2*7000[电视]+5*3500[洗衣机]	34,500
6	甄姬	2*7000[电视]+6*3500[洗衣机]	35,000
7	大乔	2*1800[空调]+6*500[电风扇]	6,600
8	祝融夫人	2*1800[空调]+6*500[电风扇]+9*3500[洗衣机]	38,100
9	小乔	2*1800[空调]+5*3500[洗衣机]	21,100

图23-27 计算复杂的文本算式

以B2 单元格“8*1800[空调]+6*3500[洗衣机]”为例，主要思路如下。

（1）将字符串中的中文部分剔除，如[空调]、[洗衣机]等。

（2）常规的直接替换的方法均无效，因此使用N函数。N函数的参数如果为“文本”，则N("文本")结果为0。

（3）目标：将以上字符串改为“8*1800+N("空调")+6*3500+N("洗衣机")”，这样便可以使用EVALUATE进行计算。

以下为公式中不同部分的说明。

（1）SUBSTITUTE(!B2,"[","+N(""")部分，首先将字符串中的左中括号“[”替换为“+N("”，得到字符串：“8*1800+N("空调]+6*3500+N("洗衣机]”。

（2）SUBSTITUTE(SUBSTITUTE(!B2,"[","+N("""),"]",""")")部分，将字符串中的右中括号“]”替换为“")”，得到字符串：“8*1800+N("空调")+6*3500+N("洗衣机")”。

（3）&T(NOW())部分，连接易失性函数NOW，以方便有单元格发生变化时进行自动重算。

如果需要在公式结果中得到半角双引号，则公式中的双引号数量需要加倍。比如在A10单元格输入公式="""",即四个半角双引号，则A10单元格返回结果为一个双引号“"”，其中最外层的两个双引号表示文本引用符号，中间的两个双引号表示数量加倍后的双引号。

根据本书前言的提示，可观看“计算文本算式”的视频演示。

练习与巩固

1. 判断题：宏表函数只能通过定义名称进行运算并使用，不能在其他任何地方直接运用。

2. 使用宏表函数提取当前工作簿名称，可以怎样写公式？

3. 提取文件中的文件名称，可以使用哪一个宏表函数？

4. 如果需要提取B2:B10单元格区域内字体颜色对应的数值，并将结果返回到C2:C10单元格区域内，那么选中任意单元格，插入定义名称，名称为“1234”，并设定名称的公式为：“=GET.CELL(24,!B2)+NOW()*0”。此操作过程是否正确？

第 24 章　自定义函数

自定义函数是用VBA代码创建的用于满足特定需求的函数，可以用来完成一些Excel工作表函数无法完成的功能。

本章学习要点

（1）认识自定义函数。
（2）创建和引用自定义函数。
（3）制作加载宏。
（4）常见自定义函数的应用。

24.1　自定义函数的特点

虽然Excel已经内置了数百个工作表函数，但是这些内置工作表函数并不能完全满足用户的特定需求，而自定义函数是对Excel内置工作表函数的扩展和补充。

自定义函数具有以下特点。

（1）多个Excel工作表函数嵌套构成的公式比较冗长和烦琐，可读性差，不易于修改，通过自定义函数能够简化计算过程。

（2）仅凭借Excel工作表函数有时不能解决问题，此时可以使用自定义函数来满足实际工作中的个性化需求。

（3）将自定义函数保存为加载宏，能够多次重复使用。

自定义函数的效率要远远低于Excel工作表函数，完成同样的功能往往需要花费更长的时间。因此，使用Excel工作表函数可以直接完成的计算，无须再去开发同样功能的自定义函数。

24.2　自定义函数的工作环境

24.2.1　设置工作表的环境

由于自定义函数调用的是VBA程序，因此需要将宏安全性设置为“通过通知禁用VBA宏”。关于设置Excel宏安全性的详细内容，请参阅23.1.3小节。

Excel功能区中默认不显示【开发工具】选项卡，显示【开发工具】选项卡的步骤如下。

步骤① 单击【文件】选项卡中的【选项】命令打开【Excel选项】对话框。

步骤② 在打开的【Excel选项】对话框中单击【自定义功能区】选项卡。

步骤③ 在右侧列表框中选中【开发工具】复选框，单击【确定】按钮关闭【Excel选项】对话框，如图24-1所示。

设置完毕，在功能区即可显示【开发工具】选项卡，如图24-2所示。

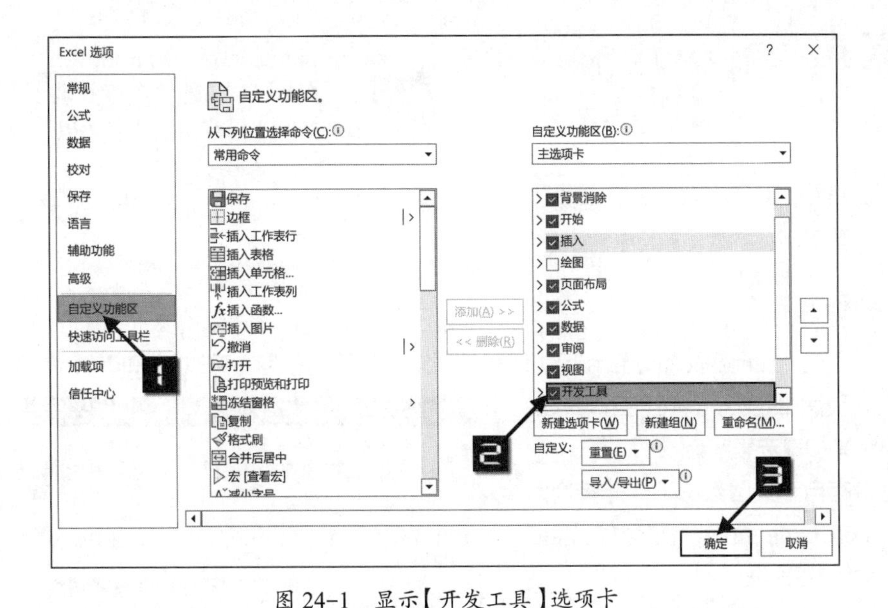

图 24-1　显示【开发工具】选项卡

图 24-2 【开发工具】选项卡

24.2.2　编写自定义函数

以编写返回工作表名称的自定义函数为例，操作步骤如下。

步骤① 如图 24-3 所示，单击【开发工具】选项卡【代码】组中的【Visual Basic】按钮，或是按<Alt+F11>组合键打开Visual Basic编辑器。

步骤② 单击【插入】→【模块】选项。或是在【工具-VBAProject】(【工程资源管理器】)窗口中右击，在快捷菜单中选择【插入】→【模块】命令。

步骤③ 在【代码窗口】编写自定义函数程序，输入以下代码。

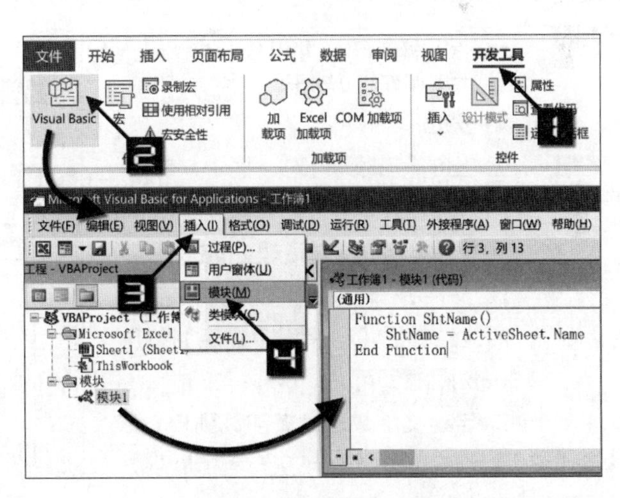

图 24-3　编写自定义函数

```
#001   Function ShtName()
#002       ShtName = ActiveSheet.Name
#003   End Function
```

在工作表任意单元格中输入以下公式，即可得到当前工作表的名称，如图 24-4 所示。

```
=ShtName()
```

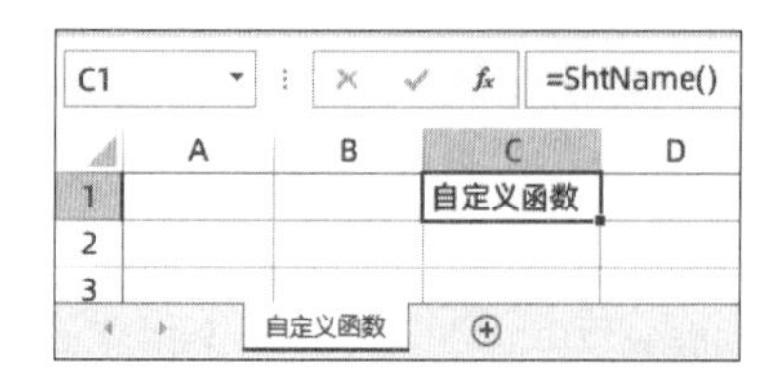

图 24-4　使用自定义函数

默认情况下，自定义函数只能用于代码所编写的工作簿，不能用于其他工作簿中。

24.2.3　制作加载宏

加载宏是通过增加自定义命令和专用功能来扩展功能的补充程序。可以从 Microsoft Office 网站或第三方供应商获得加载宏，也可使用VBA编写自己的自定义加载宏程序。

如需将带有自定义函数的工作簿转换为加载宏，可以在Excel窗口中按<F12>功能键打开【另存为】对话框。

在【另存为】对话框中单击【保存类型】下拉列表框，选择保存类型为“Excel加载宏(*.xlam)”，保存位置为Excel默认的路径即可，最后单击【保存】按钮，如图24-5所示。

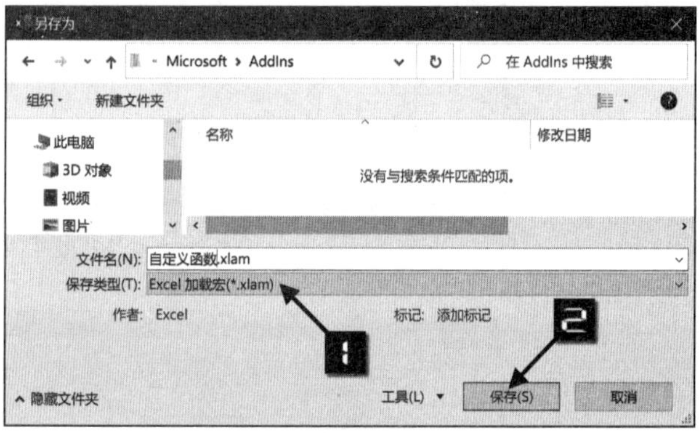

图 24-5　保存加载宏

24.2.4　使用加载宏

制作好的加载宏，需要通过Excel加载项加载到Excel中才可以使用。

步骤① 如图24-6所示，单击【开发工具】选项卡【加载项】组中的【Excel加载项】按钮。

步骤② 在弹出的【加载项】对话框中，单击【浏览】按钮。

步骤③ 在弹出的【浏览】对话框中，打开加载宏文件所在的文件夹，选择相应的加载宏文件，依次单击【确定】按钮关闭对话框即可。

至此，自定义函数已经被加载到Excel工作表中，用户可以像使用工作表内置函数一样来使用这些自定义函数。

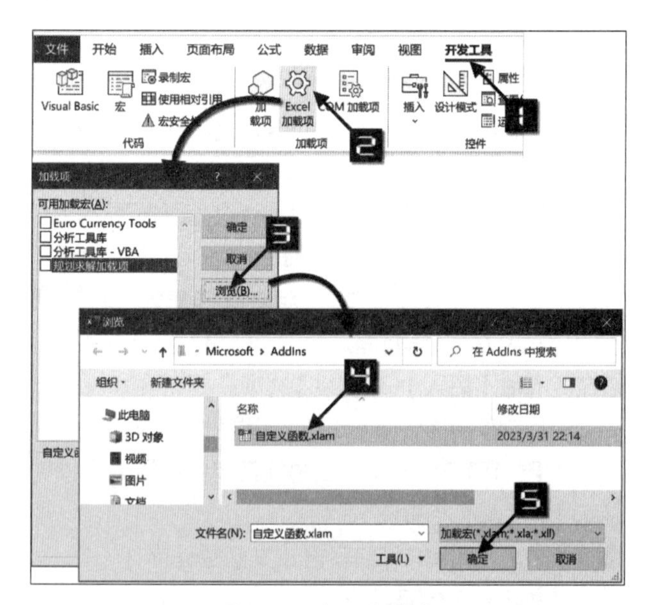

图 24-6　插入加载宏

24.3　自定义函数实例

下面介绍几种常用的自定义函数实例。

24.3.1　人民币小写金额转大写

根据中国人民银行规定的票据填写规范，将阿拉伯数字转换为中文大写，是财务人员经常使用的一项功能。编写自定义函数并保存成加载宏，可以提高工作效率。

示例24-1　人民币小写金额转大写

在VBE界面中依次单击【插入】→【模块】命令，插入一个模块。在【模块】的【代码窗口】中输入代码，关闭VBE窗口。

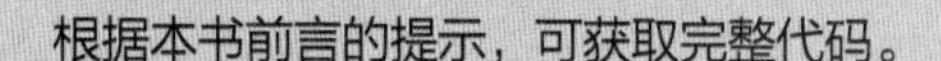
根据本书前言的提示，可获取完整代码。

在B2 单元格输入以下公式，并向下复制到B13 单元格，如图 24-7 所示。

```
=CNUMBER(A2)
```

B2　=CNUMBER(A2)

	A	B
1	数字	大写金额
2	1	壹元整
3	12	壹拾贰元整
4	123	壹佰贰拾叁元整
5	1234	壹仟贰佰叁拾肆元整
6	3.05	叁元零伍分
7	3.5	叁元零伍角整
8	123.45	壹佰贰拾叁元零肆角伍分
9	10002000030.4	壹佰亿零贰佰万零叁拾元零肆角整
10	-10305.07	负壹万零叁佰零伍元零柒分
11	0.9	玖角整
12	0.09	玖分
13	10000000000.00	壹佰亿元整

图 24-7　人民币小写金额转大写

24.3.2　汉字转换成汉语拼音

使用自定义函数，可以将汉字转换成汉语拼音。

示例24-2　汉字转换成汉语拼音

如图 24-8 所示，某公司需要根据员工姓名的汉语拼音，为员工设置公司邮箱。

在VBE界面中依次单击【插入】→【模块】命令，插入一个模块。在【模块】的【代码窗口】输入代码后关闭VBA窗口。

在B2 单元格输入以下公式，向下复制到B9 单元格，得到A列姓名的汉语拼音：

```
=PinYin(A2)
```

在C2单元格输入以下公式，向下复制到C9单元格，将拼音中间的空格替换为空并连接公司邮箱域名，以完成邮箱地址的设置：

```
=SUBSTITUTE(B2," ",)&"@excelhome.com"
```

提示

此自定义函数无法根据上下文对多音字进行准确的注音。

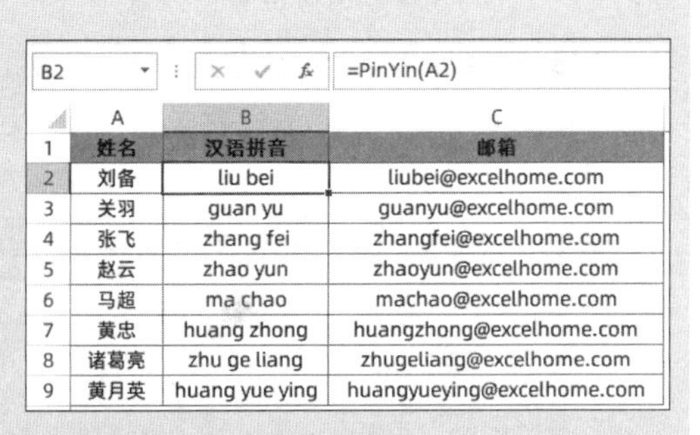

B2 =PinYin(A2)

	A	B	C
1	姓名	汉语拼音	邮箱
2	刘备	liu bei	liubei@excelhome.com
3	关羽	guan yu	guanyu@excelhome.com
4	张飞	zhang fei	zhangfei@excelhome.com
5	赵云	zhao yun	zhaoyun@excelhome.com
6	马超	ma chao	machao@excelhome.com
7	黄忠	huang zhong	huangzhong@excelhome.com
8	诸葛亮	zhu ge liang	zhugeliang@excelhome.com
9	黄月英	huang yue ying	huangyueying@excelhome.com

图 24-8　汉字转换成汉语拼音

根据本书前言的提示，可获取完整代码。

24.3.3　提取不同类型字符

在字符串中提取不同类型的内容一直是工作表函数的短板，对于内容复杂或规律不明显的数据，使用工作表函数提取会比较困难。在VBA中，使用正则表达式方法自定义函数，可以较好地处理此类问题。

自定义GetChar函数，用于从一个字符串中提取相应类型的字符，并形成一个一维的内存数组。函数语法为：

```
GetChar(strChar, varType)
```

第一参数strChar为需要处理的字符串或单元格；第二参数varType为需要从字符串中提取的类型，包括以下3种。

数字1或“number”，代表从字符串中提取数字，包括正数、负数、小数。

数字2或“english”，代表从字符串中提取英文字母。

数字3或“chinese”，代表从字符串中提取中文汉字。

参数number、english、chinese不区分大小写。

示例24-3　提取不同类型字符

在【模块】的【代码窗口】输入代码后，在A2单元格输入以下公式，向下复制到A7单元格，提取字符串中的数字，如图24-9所示。

```
=IFERROR(INDEX(GetChar($A$1,1),
ROW(1:1)),"")
```

	A	B	C	D	E
1	Shakespeare说，生存还是毁灭that is a question,1599年至1602年				
2	1599	Shakespeare	说		
3	1602	that	生存还是毁灭		
4		is	年至		
5		a	年		
6		question			
7					

图 24-9　提取字符基础应用

根据本书前言的提示，可获取完整代码。

“GetChar($A$1,1)”部分，函数的第二参数使用数字 1，代表提取数字，得到结果为一维数组：{"1599","1602"}。

使用INDEX函数结合ROW函数，从该数组中依次提取出数字 1599、1602 到相应的单元格。最后使用IFERROR函数屏蔽错误值。

在B2 单元格输入以下公式，向下复制到B7 单元格，提取字符串中的英文字母。

```
=IFERROR(INDEX(GetChar($A$1,2),ROW(1:1)),"")
```

在C2 单元格输入以下公式，向下复制到C7 单元格，提取字符串中的汉字。

```
=IFERROR(INDEX(GetChar($A$1,3),ROW(1:1)),"")
```

在此字符串中，可以快速地直接提取第一组或最后一组数据，如图 24-10 所示。

	A	B	C	D	E
1	Shakespeare说，生存还是毁灭that is a question,1599年至1602年				
9	提取第一组数字		1599		
10	提取第一组英文单词		Shakespeare		
11	提取最后一组数字		1602		
12	提取最后一组中文汉字		年		

图 24-10　提取指定位置字符串

在C9 单元格输入以下公式，提取字符串中的第一组数字：

```
=@GetChar($A$1,1)
```

在C10 单元格输入以下公式，提取字符串中的第一组英文单词：

```
=@GetChar($A$1,2)
```

GetChar函数的结果是一个数组，在函数的前面添加隐式交集运算符@，强制公式返回数组中的第一个元素。

在C11 单元格输入以下公式，提取字符串中的最后一组数字：

```
=LOOKUP(" 々 ",GetChar($A$1,1))
```

使用GetChar函数得到的数字是文本格式的数字，所以可以使用LOOKUP函数查找内存数组中的最后一个文本，便得到文本格式的数字 1602。

在C12 单元格输入以下公式，提取字符串中的最后一组汉字：

```
=INDEX(GetChar($A$1,3),COUNTA(GetChar($A$1,3)))
```

使用COUNTA函数计算出GetChar函数得到的数组中共有多少个元素，然后结合INDEX函数便可以提取到数组中的最后一组汉字。

GetChar函数不仅可以直接提取字符，还可以作为参数嵌套在其他函数中进行计算，比如使用SUM、PRODUCT函数进行求和、乘积的计算。

示例24-4 对GetChar函数的返回值计算

在B2单元格输入以下公式，向下复制到B4单元格，用于计算A列混合内容中的数值之和，如图24-11所示。

```
=SUM(--GetChar(A2,1))
```

在B8单元格输入以下公式，向下复制到B10单元格，用于计算A列混合内容中的数值乘积，如图24-12所示。

```
=PRODUCT(--GetChar(A8,1))
```

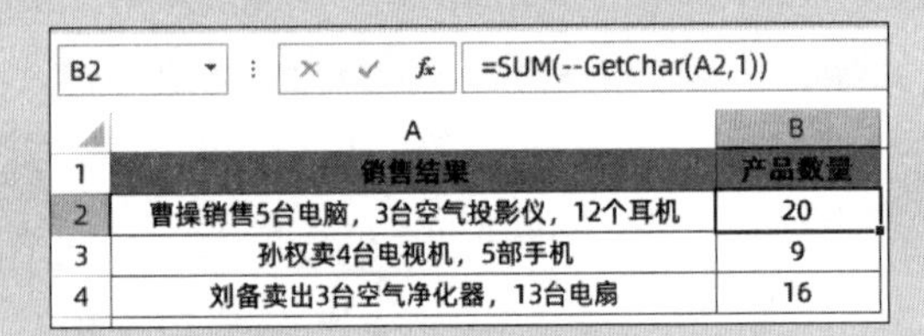

B2 =SUM(--GetChar(A2,1))

	A	B
1	销售结果	产品数量
2	曹操销售5台电脑，3台空气投影仪，12个耳机	20
3	孙权卖4台电视机，5部手机	9
4	刘备卖出3台空气净化器，13台电扇	16

图 24-11 对GetChar进行求和计算

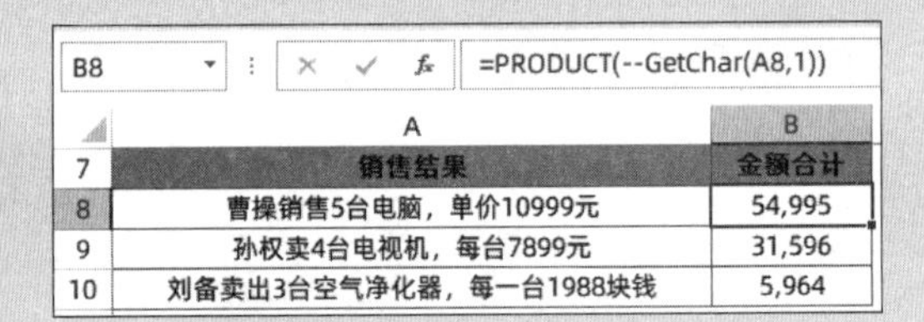

B8 =PRODUCT(--GetChar(A8,1))

	A	B
7	销售结果	金额合计
8	曹操销售5台电脑，单价10999元	54,995
9	孙权卖4台电视机，每台7899元	31,596
10	刘备卖出3台空气净化器，每一台1988块钱	5,964

图 24-12 对GetChar进行乘积计算

使用GetChar函数提取出来的数字是文本格式，并不能直接嵌套在SUM、PRODUCT等函数中进行计算，本文中采用“--”（计算负数的负数）的方式将文本型数字转换为可以用于计算的数值型数字。

练习与巩固

1. 判断题：每次使用自定义函数的时候，都必须将相应自定义函数的代码粘贴到该文件的VBA编辑器中。

2. 假定A2单元格记录销量的字符串为“2台苹果，5部华为，4部小米，4台魅族”，请书写公式，计算出各品牌销量总计为多少。

第 25 章　LAMBDA 与迭代函数

Excel 365 中包含了大量的新函数，如LAMBDA函数、BYROW函数、SCAN函数及REDUCE函数等，配合动态数组自动溢出功能，极大地降低了函数公式的编写难度，可以方便地实现之前版本Excel中需要复杂公式嵌套才能完成的任务。本章主要介绍LAMBADA与迭代函数的用法。

本章学习要点

（1）认识LAMBDA函数。

（2）BYROW函数和BYCOL函数逐行逐列汇总。

（3）MAKEARRAY函数生成数组。

（4）MAP函数、SCAN函数和REDUCE函数遍历数组。

25.1　使用LAMBDA函数创建自定义函数

LAMBDA函数能够创建一个可在当前工作簿中调用的自定义函数，并且能够在自定义函数中调用函数自身，实现类似编程语言中的递归运算。函数语法如下：

```
=LAMBDA([parameter1, parameter2,…,]calculation)
```

中括号中的参数为要传递给最后一个参数calculation的变量，可以是单元格引用、字符串或数字，最多可以输入 253 个参数。calculation是必需参数，是LAMBDA函数的计算部分，该参数必需是LAMBDA函数的最后一个参数。

例如，LAMBDA(x,y,x+y)定义了一个包含两个变量的自定义函数，实现的功能是返回x和y两个变量的合计值。在任意单元格中输入“=LAMBDA(x,y,x+y)(3,4)”，将返回 3 加 4 的结果 7。

25.1.1　基础用法

如图 25-1 所示，B列和C列为直角三角形两个直角边的边长，在D2 单元格输入以下公式，向下复制到D9 单元格，可求得斜边长。

```
=LAMBDA(x,y,(x^2+y^2)^0.5)(B2,C2)
```

D2　=LAMBDA(x,y,(x^2+y^2)^0.5)(B2,C2)

序号	直角边1	直角边2	斜边长
1	3	4	5
2	22	7	23.087
3	19	15	24.207
4	5	19	19.647
5	11	22	24.597
6	8	8	11.314
7	5	19	19.647
8	9	5	10.296

图 25-1　自定义函数计算直角三角形斜边长

LAMBDA函数的变量可以是单值也可以是数组。在任意空单元格中输入以下公式，返回结果为{36,-100}。

```
=LAMBDA(x,y,x+y*{1,-1})({3,11},{33,111})
```

公式计算过程为：

```
x+y*{1,-1}={3,11}+{33,111}*{1,-1}={3,11}+{33,-111}={36,-100}。
```

25.1.2　递归用法

递归就是函数在运算过程中调用函数本身，使用LAMBDA函数能够设置可运行递归运算的自定义函数。本质上递归也是循环，如果不设置退出条件，循环将无法终止。

示例25-1　使用LAMBDA函数求解菲波那切数列的第*n*项

菲波那切数列指的是这样一个数列：1、1、2、3、5、8、13、21、34……从第3项起，每项的值为其前两项的值合计，例如2=1+1，3=2+1，5=3+2，以此类推。

用n代表数列的项数，则菲波那切数列表达式可以归纳为：F(1)=1，F(2)=1，F(n)=F(n−1)+F(n−2)（n>=3）。使用LAMBDA函数通过递归运算可以得到该数列第n项的值。

如图25-2所示，首先通过名称管理器定义名称FX，公式如下：

```
=LAMBDA(n,IF(n<3,1,FX(n-1)+FX(n-2)))
```

在任意空单元格中输入公式“=FX(10)”，可返回菲波那切数列第10项的值55，如图25-3所示。

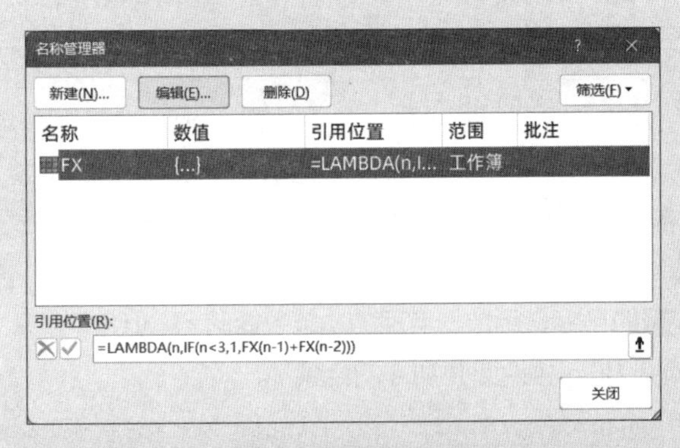

图25-2　定义名称

C2　=FX(10)

	A	B	C	D
1	菲波那切数列前10项		菲波那切数列第10项值	
2	1		55	
3	1			
4	2			
5	3			
6	5			
7	8			
8	13			
9	21			
10	34			
11	55			

图25-3　返回结果

以n=4为例，其运算过程如下。

第一步：计算FX(4)，因为4不小于3，因此公式计算FX(4)=FX(4−1)+F(4−2)=FX(3)+FX(2)。

第二步：计算FX(3)，因为3不小于3，因此公式计算FX(3)=FX(3−1)+FX(3−2)=FX(2)+FX(1)，因为2和1均小于3，因此FX(2)返回1，FX(1)返回1，所以FX(3)=1+1=2。

第三步：计算FX(2)，因为2小于3，因此FX(2)返回1。

公式最终结果为FX(4)=FX(3)+FX(2)=2+1=3。

根据本书前言的提示，可观看“用LAMBDA函数创建自定义函数”的视频演示。

25.2　使用BYROW函数和BYCOL函数实现逐行逐列汇总

BYROW函数和BYCOL函数可以对数组的每一行或每一列分别进行运算，最后返回单行或单列的数组。BYROW函数和BYCOL函数的参数和用法基本一致，本节以BYROW函数为例介绍两个函数的基础用法。BYROW函数语法如下：

```
=BYROW(array,lambda(row))
```

第一参数array是需要逐行遍历的数据，可以是引用或数组。第二参数为LAMBDA函数定义的运算体，该函数默认第一参数是一个变量，指向BYROW函数第一参数的每行数据，第二参数表示计算方式。

BYROW函数对数组的每一行执行LAMBDA函数运算体确定的运算，最终返回与第一参数数组行数相同的单列数组。

如图 25-4 所示，A:I列是学生若干次考试的成绩表，在M2 单元格输入以下公式可返回每个学生历次考试最好成绩之和。

```
=SUM(BYROW(C2:I9,LAMBDA(x,MAX(x))))
```

M2　fx　=SUM(BYROW(C2:I9,LAMBDA(x,MAX(x))))

	A	B	C	D	E	F	G	H	I	J	K	L	M
1	准考证号	姓名	1次	2次	3次	4次	5次	6次	7次		每个人最好成绩		每个人最好成绩之和
2	01110124	陆艳菲	75	68	38	54	77	52	50		77		748
3	01120680	杨庆东	94	43	74	44	80	81	62		94		
4	01021126	任继先	56	43	67	70	96	56	42		96		
5	01120038	陈尚武	100	90	73	62	83	52	85		100		
6	01120181	李光明	87	85	90	51	39	60	38		90		
7	01120644	李厚辉	73	93	61	77	54	84	95		95		
8	01021126	毕淑华	99	96	62	98	63	81	55		99		
9	01121003	赵会芳	45	54	52	44	97	52	83		97		

图 25-4　求每个人最好成绩之和

BYROW函数指定对C2:I9 单元格区域逐行执行运算，LAMBDA函数的第一参数将每行数据设置为变量x，然后使用MAX函数计算每一行数据的最大值，返回一个内存数组，最后使用SUM函数进行求和。

使用以下函数可以返回每个人最好的 3 次成绩，结果如图 25-5 所示。

K2　fx　=BYROW(C2:I9,LAMBDA(x,TEXTJOIN("，",,LARGE(x,{1,2,3}))))

	A	B	C	D	E	F	G	H	I	J	K
1	准考证号	姓名	1次	2次	3次	4次	5次	6次	7次		每个人最好的3次成绩
2	01110124	陆艳菲	75	68	38	54	77	52	50		77，75，68
3	01120680	杨庆东	94	43	74	44	80	81	62		94，81，80
4	01021126	任继先	56	43	67	70	96	56	42		96，70，67
5	01120038	陈尚武	100	90	73	62	83	52	85		100，90，85
6	01120181	李光明	87	85	90	51	39	60	38		90，87，85
7	01120644	李厚辉	73	93	61	77	54	84	95		95，93，84
8	01021126	毕淑华	99	96	62	98	63	81	55		99，98，96
9	01121003	赵会芳	45	54	52	44	97	52	83		97，83，54

图 25-5　提取每个人最好的 3 次成绩

```
=BYROW(C2:I9,LAMBDA(x,TEXTJOIN(", ",,LARGE(x,{1,2,3}))))
```

公式中的变量x表示C2:I9 单元格区域的每一行，使用LARGE函数计算出最高的 3 次成绩，然后使用TEXTJOIN函数以逗号为间隔合并在一起。

如果需要筛选平均成绩在 70 以上的学生信息，可以使用BYROW函数计算每行的平均值是否大于70，返回包含TRUE和FALSE的单列数组，作为FILTER函数的筛选标准。返回结果如图 25-6 所示。

```
=FILTER(A2:B9,BYROW(C2:I9,LAMBDA(x,AVERAGE(x)>70)))
```

BYROW函数的第一参数如果引用单元格区域，在LAMBDA函数中直接调用x时，x仍带有单元格属性，可以作为COUNTIF函数、SUMIF函数、OFFSET函数等函数的第一参数。例如以下公式可返回每个学生成绩大于60的次数。

```
=BYROW(C2:I9,LAMBDA(x,COUNTIF(x,">60")))
```

K2 =FILTER(A2:B9,BYROW(C2:I9,LAMBDA(x,AVERAGE(x)>70)))

准考证号	姓名	1次	2次	3次	4次	5次	6次	7次
01110124	陆艳菲	75	68	38	54	77	52	50
01120680	杨庆东	94	43	74	44	80	81	62
01021126	任继先	56	43	67	70	96	56	42
01120038	陈尚武	100	90	73	62	83	52	85
01120181	李光明	87	85	90	51	39	60	38
01120644	李厚辉	73	93	61	77	54	84	95
01021126	毕淑华	99	96	62	98	63	81	55
01121003	赵会芳	45	54	52	44	97	52	83

准考证号	姓名
01120038	陈尚武
01120644	李厚辉
01021126	毕淑华

图 25-6　筛选平均分大于 70 的考生信息

K2 =BYROW(C2:I9,LAMBDA(x,COUNTIF(x,">60")))

准考证号	姓名	1次	2次	3次	4次	5次	6次	7次	成绩大于60的次数
01110124	陆艳菲	75	68	38	54	77	52	50	3
01120680	杨庆东	94	43	74	44	80	81	62	5
01021126	任继先	56	43	67	70	96	56	42	3
01120038	陈尚武	100	90	73	62	83	52	85	6
01120181	李光明	87	85	90	51	39	60	38	3
01120644	李厚辉	73	93	61	77	54	84	95	6
01021126	毕淑华	99	96	62	98	63	81	55	6
01121003	赵会芳	45	54	52	44	97	52	83	2

图 25-7　统计每个人成绩大于 60 的次数

BYCOL函数和BYROW函数用法一致，差别在于BYCOL函数为逐列进行运算。以下公式能够提取出每次考试前3名学生的成绩，如图25-8第13行所示。

```
=BYCOL(C2:I9,LAMBDA(x,TEXTJOIN(CHAR(10),,TAKE(SORTBY(B2:B9,x,-1),3))))
```

C13 =BYCOL(C2:I9,LAMBDA(x,TEXTJOIN(CHAR(10),,TAKE(SORTBY(B2:B9,x,-1),3))))

准考证号	姓名	1次	2次	3次	4次	5次	6次	7次
01110124	陆艳菲	75	68	38	54	77	52	50
01120680	杨庆东	94	43	74	44	80	81	62
01021126	任继先	56	43	67	70	96	56	42
01120038	陈尚武	100	90	73	62	83	52	85
01120181	李光明	87	85	90	51	39	60	38
01120644	李厚辉	73	93	61	77	54	84	95
01021126	毕淑华	99	96	62	98	63	81	55
01121003	赵会芳	45	54	52	44	97	52	83

每次成绩最好的3个人姓名						
1次	2次	3次	4次	5次	6次	7次
陈尚武 毕淑华 杨庆东	毕淑华 李厚辉 陈尚武	李光明 杨庆东 陈尚武	毕淑华 李厚辉 任继先	赵会芳 任继先 陈尚武	李厚辉 杨庆东 毕淑华	李厚辉 陈尚武 赵会芳

图 25-8　提取每次成绩前 3 的学生姓名

公式中的变量x代表每一列的成绩，SORTBY函数依据x对学生姓名进行降序排序，然后使用TAKE函数提取出前3行信息，提取出的姓名信息使用TEXTJOIN函数以换行符CHAR(10)进行合并，最终返回1行7列的数组结果。

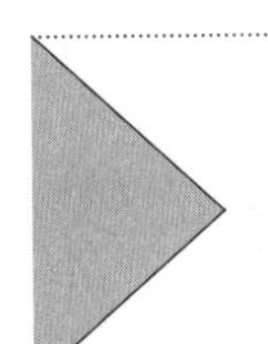

根据本书前言的提示，可观看“用BYROW函数和BYCOL函数实现逐行逐列汇总”的视频演示。

25.3　用MAKEARRAY函数生成指定行列的数组

MAKEARRAY函数可以生成指定行数和列数的数组，并且可以利用行数和列数信息进行运算。函数

语法如下：

```
=MAKEARRAY(rows,cols,lambda(row,col))
```

第一参数rows为要生成数组的行数，第二参数cols为要生成数组的列数，第三参数为LAMBDA函数定义的运算体。生成数组时，rows从 1 开始垂直向下递增，cols从 1 开始水平向右递增。

如图 25-9 所示，A列是学生姓名，在C2 单元格输入以下公式，可将单列的学生姓名数组转化为 3 行 6 列的数组。

```
=MAKEARRAY(3,6,LAMBDA(x,y,INDEX(A2:A19,x*6-6+y)))
```

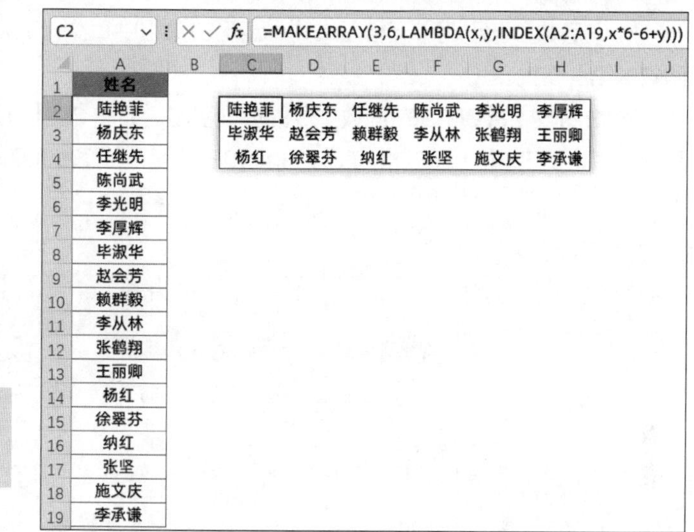
C2　=MAKEARRAY(3,6,LAMBDA(x,y,INDEX(A2:A19,x*6-6+y)))

	A	B	C	D	E	F	G	H
1	姓名							
2	陆艳菲		陆艳菲	杨庆东	任继先	陈尚武	李光明	李厚辉
3	杨庆东		毕淑华	赵会芳	赖群毅	李从林	张鹤翔	王丽卿
4	任继先		杨红	徐翠芬	纳红	张坚	施文庆	李承谦
5	陈尚武							
6	李光明							
7	李厚辉							
8	毕淑华							
9	赵会芳							
10	赖群毅							
11	李从林							
12	张鹤翔							
13	王丽卿							
14	杨红							
15	徐翠芬							
16	纳红							
17	张坚							
18	施文庆							
19	李承谦							

图 25-9　将单列数组转化成多行多列数组

在C2 单元格运算时，x=1，y=1，x*6-6+y=1；

在D2 单元格运算时，x=1，y=2，x*6-6+y=2；

在C3 单元格运算时，x=2，y=1，x*6-6+y=7；

在D3 单元格运算时，x=2，y=2，x*6-6+y=8；以此类推。

上述“在某单元格运算时”只是为了更清楚地说明MAKEARRAY函数的运算过程，实际上MAKEARRAY函数通过运算直接生成结果数组，结果数组溢出显示在C2:H4 单元格区域。

25.4　使用MAP函数遍历数组中的每一个值

MAP函数可以遍历数组中的每一个值，通过运算返回一个新值，最终结果的行列数与原数组行列数相同。函数语法如下：

```
=MAP(array1,lambda_or_array,…)
```

第一参数为需要运算的数组，也可以增加更多需要运算的数组。MAP函数对多个数组同时运算时，每个数组行列维度必需一致。LAMBDA函数运算体是必需参数，并且必需是最后一个参数。

E1　=MAP(A1:C3,LAMBDA(x,x^2))

	A	B	C	D	E	F	G
1	1	2	3		1	4	9
2	4	5	6		16	25	36
3	7	8	9		49	64	81

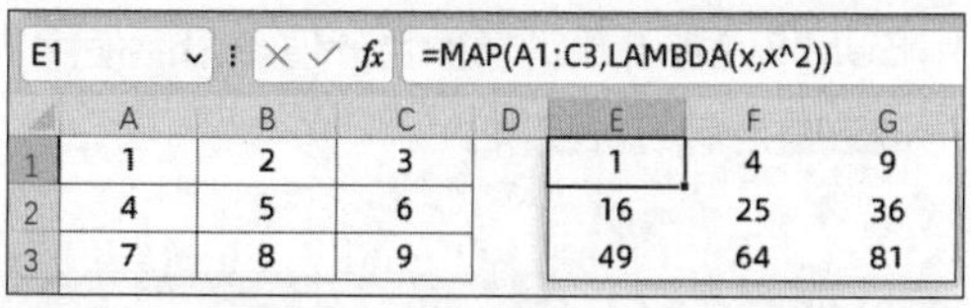

图 25-10　遍历单元格区域数值

如图 25-10 所示，A1:C3 单元格区域为 1~9 的数字，在E1 单元格输入以下公式将返回A1:C3 单元格区域每个单元格数字的平方，其中x代表A1:C3 单元格区域中的每个值。

```
=MAP(A1:C3,LAMBDA(x,x^2))
```

在运算时，E1 单元格返回值为A1 单元格执行平方运算的结果，F1 单元格返回值为B1 单元格执行平方运算的结果，G1 单元格返回值为C1 单元格执行平方运算的结果，以此类推。原数组A1:C3 单元格区域的每个值和E1:G3 单元格区域的每个值一一对应。

MAP函数参数引用单元格区域时，遍历的数组中每个元素x仍带有单元格属性，可以用作OFFSET函数的第一参数。

MAP函数支持OFFSET函数生成的多维引用。如图 25-11 所示，在G2 单元格输入以下公式可以分别计算每个员工一季度和二季度、二季度和三季度、三季度和四季度的销售额合计。

```
=MAP(OFFSET(A1,ROW(1:5),{1,2,3},,2),LAMBDA(x,SUM(x)))
```

G2 =MAP(OFFSET(A1,ROW(1:5),{1,2,3},,2),LAMBDA(x,SUM(x)))

	A	B	C	D	E	F	G	H	I
1	姓名	一季度	二季度	三季度	四季度				
2	姚含	1025	1030	1065	1099		2055	2095	2164
3	李爱珍	1150	1055	1385	1780		2205	2440	3165
4	刘在银	1225	1455	1355	1890		2680	2810	3245
5	郑淑琴	1380	1410	1335	1400		2790	2745	2735
6	朱文建	1245	1480	1295	2100		2725	2775	3395

图 25-11　支持对OFFSET函数生成的多维引用进行运算

上述公式中，OFFSET函数以A1 单元格为基点，向下偏移 1~5 行，向右偏移 1~3 列，生成 15 个单元格区域的引用。MAP函数对这 15 个引用分别使用SUM函数求和。

如图 25-12 所示，A:B列为员工销售数据表，在D2 单元格输入以下公式可以汇总每个员工的销售数据。

```
=LET(s,UNIQUE(A2:A11),HSTACK(s,MAP(s,LAMBDA(x,SUMIF(A:A,x,B:B)))))
```

D2 =LET(s,UNIQUE(A2:A11),HSTACK(s,MAP(s,LAMBDA(x,SUMIF(A:A,x,B:B)))))

	A	B	C	D	E
1	姓名	数据		姓名	数据
2	姚含	1025		姚含	3509
3	李爱珍	1150		李爱珍	4495
4	姚含	1099		刘在银	1225
5	刘在银	1225		郑淑琴	1380
6	李爱珍	1455		朱文建	3345
7	李爱珍	1890			
8	郑淑琴	1380			
9	朱文建	1245			
10	朱文建	2100			
11	姚含	1385			

图 25-12　去重汇总

上述公式中，使用LET函数定义去重后的姓名为“s”，再用MAP函数遍历s中的每个元素，分别使用SUMIF函数计算销售额合计值，最后使用HSTACK函数将s和MAP函数生成的结果水平堆叠在一起，形成去重汇总统计结果。

示例25-2　使用MAP函数计算每个客户最近3次购物金额

如图 25-13 所示，A:C列为客户购买记录，购买记录流水号按升序排列。需要计算每次客户购买时的最近 3 次购物金额，不足 3 次的直接求和。

在E2 单元格输入以下公式:

```
=MAP(B2:B29,LAMBDA(x,SUM(TAKE(FILTER(C2:x,B2:x=x),-3))))
```

公式中的x表示MAP函数所遍历的B2:B29 单元格区域中的每个单元格。

以B10 单元格数据为例，公式运算过程如下。

首先，使用FILTER函数对C2:B10(计算时会转化成正常的B2:C10 单元格引用)单元格区域进行筛选，筛选条件为B2:B10 等于B10 单元格中的值。再使用TAKE函数提取筛选结果中的后 3 行数据，最后用SUM函数求和。

	A	B	C	D	E
1	购买记录流水号	客户	金额		模拟结果
2	1	A	10		10
3	2	B	20		20
4	3	C	20		20
5	4	D	30		30
6	5	E	40		40
7	6	A	50		60
8	7	B	60		80
9	8	C	70		90
10	9	A	10		70
11	10	E	50		90
12	11	F	40		40

图 25-13　客户购买记录

MAP函数参数包含多个需要运算的数组时，每个数组相同位置的值一一对应，参与LAMBDA函数运算体运算。

示例25-3 使用MAP函数生成加减法题目

使用以下公式，能够生成随机加减法运算题目，如图 25-14 所示。

```
=MAP(RANDARRAY(10,10,1,100,1),RANDARRAY(10,10,1,100,1),LAMBDA(x,y,IF(x>y,x&"-"&y&"=",x&"+"&y&"=")))
```

A1　=MAP(
RANDARRAY(10,10,1,100,1),
RANDARRAY(10,10,1,100,1),
LAMBDA(x,y,
IF(x>y,x&"-"&y&"=",x&"+"&y&"=")))

	A	B	C	D	E	F	G	H	I	J
1	27+91=	70-12=	37+71=	49+53=	27+89=	25+84=	5+83=	7+72=	15+100=	38+48=
2	17+60=	22+26=	86-55=	43+78=	21+58=	34-4=	37-18=	46-15=	4-3=	31+90=
3	10+56=	40+77=	19+61=	94-66=	3+41=	62+84=	67+92=	26+98=	66-46=	33+38=
4	62-52=	21+31=	48-26=	78-72=	65-54=	22+30=	32-23=	50+79=	22+81=	91-20=
5	5+37=	9+25=	37-25=	7+66=	100-29=	70+90=	83-38=	59-31=	90-24=	77-9=
6	94-14=	47+69=	97-34=	85-48=	74-33=	27+74=	95-34=	66-18=	79-17=	30+34=
7	47+95=	54+96=	52-27=	28+83=	48-32=	50-23=	71+81=	38+53=	61+86=	87-60=
8	74-61=	80-74=	25-3=	97-22=	38+83=	26+84=	58-54=	33+96=	91-68=	12+62=
9	49+91=	20+83=	6+83=	80+94=	21+55=	79-35=	42+45=	5+63=	31+51=	96-11=
10	25+45=	51-20=	70-12=	90+91=	76+96=	86+93=	64-8=	30+45=	84-65=	31+79=

图 25-14　生成加减法题目

首先使用两个RANDARRAY函数分别生成一个 10 行 10 列的随机整数数组，数组范围为 1~100。

在LAMBDA函数运算体中，x代表第一个数组的每一个值，y代表第二个数组中同一位置的值。由IF函数执行判断，如果x大于y，则返回x和y连接而成的减法运算式“x&"-"&y&"="”，保证算式结果不为负数；否则返回x和y连接而成的加法运算式“x&"+"&y&"="”。

25.5 使用SCAN函数遍历数组并设置累加器

SCAN函数也可以遍历数组中的每个值，并且能够记录LAMBDA函数运算体每次运算完毕的值，并在下一次运算中调用这个值。SCAN函数每次只能返回一个单值，返回结果的数组和遍历的数组行和列维度相同。

SCAN函数语法如下：

```
=SCAN ([initial_value],array,lambda(accumulator,value))
```

第一参数initial_value为累加器的初始值，可以是文本、数字、数组，也可以省略。第二参数array是要遍历的数组。第三参数LAMBDA函数运算体部分通过运算生成一个新值，每次运算完毕后这个值都会更新第一参数累加器的值。

如图25-15所示，A2:A7单元格为一组数值，在C2单元格输入以下公式，能够计算出从上到下各个单元格值的累加结果。

```
=SCAN(0,A2:A7,LAMBDA(x,y,x+y))
```

C2 =SCAN(0,A2:A7,LAMBDA(x,y,x+y))

	A	B	C	D	E	F	G	H
1	求累加和		累加和结果		循环次数	初始x	y	新x
2	1		1		1	0	1	1
3	2		3		2	1	2	3
4	3		6		3	3	3	6
5	4		10		4	6	4	10
6	5		15		5	10	5	15
7	6		21		6	15	6	21

图 25-15 SCAN函数求数据累加和

公式中的x代表累加器的值，y代表A2:A7单元格区域中的每个值。

如图25-15右侧所示，第一次循环时，SCAN函数累加器初始值为0，y为A2单元格的1，通过x+y的计算得到结果1，这个1会更新累加器的值，变成第二次循环时的x。

第二次循环时，x已更新为1，y为A3单元格的2，通过x+y的计算得到结果3，这个3会更新累加器的值，变成第三次循环时的x。后续运算以此类推。

如果省略SCAN函数的第一参数，则第二参数的第一个值不会参与LAMBDA函数运算体的运算，而直接成为累加器的初始值。如图25-16所示，SCAN函数省略了第一参数，第二参数中的第一个元素，也就是A1单元格中的文本“求累加和”，直接成为SCAN函数返回数组的第一个值。

```
=SCAN(,A1:A7,LAMBDA(x,y,N(x)+y))
```

SCAN函数的第二参数可仅用来控制LAMBDA函数运算体运算的循环次数而不参与后续运算。如图25-17所示，SCAN函数的第二参数为A2:B5单元格区域，LAMBDA函数运算体部分每次执行运算为x+1，和y无关。由于第二参数共有8个单元格，因此LAMBDA函数运算体部分运算执行8次，每次执行完毕x值加1。

	A	B	C
1	求累加和		求累加和
2	1		1
3	2		3
4	3		6
5	4		10
6	5		15
7	6		21

C1　=SCAN(,A1:A7,LAMBDA(x,y,N(x)+y))

图 25-16　SCAN 函数省略第一参数

	A	B	C	D
1				
2	第二参数控制循环次数		1	2
3			3	4
4			5	6
5	循环时先行后列		7	8

C2　=SCAN(0,A2:B5,LAMBDA(x,y,x+1))

图 25-17　SCAN 函数循环特点

SCAN 函数还可以用来填充空白单元格。如图 25-18 所示，A2:A13 单元格区域中包含空白单元格，在 C2 单元格输入以下公式，能够将空白单元格填充成上方最近一个非空单元格的值。

```
=SCAN(0,A2:A13,LAMBDA(x,y,IF(y="",x,y)))
```

SCAN 函数的第一参数是初始值，第二参数是数据源 A2:A13，第三参数是 LAMBDA 表达式，该表达式又包含 3 个参数，前两个参数分别被命名为 x 和 y，其中 x 指向初始值，y 指向数据源的迭代元素，第三个参数是“IF(y="",x,y)”，指定计算元素 y 为空时返回初始值 x，否则返回 y 自身。

SCAN 函数遍历 A2:A13 单元格区域的每个单元格，当 y 为空单元格时仍保留 x 值不变，当 y 为非空单元格时，将 x 更新成当前的 y 值。公式计算过程如下。

	A	B	C
1	数据		填充空行
2	A		A
3			A
4			A
5	B		B
6			B
7			B
8	C		C
9			C
10			C
11			C
12	D		D
13			D

C2　=SCAN(0,A2:A13,LAMBDA(x,y,IF(y="",x,y)))

图 25-18　填充空白单元格

循环到 A2 单元格时，初始值 x 为 0，y 指向 A2 单元格，该单元格为“A”，IF 表达式返回 y 值，SCAN 将计算结果“A”作为新的初始值。

循环到 A3 单元格时，y 指向 A3 单元格，该单元格为空，IF 表达式返回 x 值“A”，SCAN 将计算结果作为新的初始值。初始值仍然为“A”。

循环到 A5 单元格时，y 指向 A5 单元格，该单元格值为“B”，IF 表达式返回 y 值本身，SCAN 函数将计算结果作为新的初始值，这一步的初始值为“B”。

其余以此类推。

示例25-4 使用SCAN函数给家庭编号

如图 25-19 所示，A:B 列为不同家庭信息表，每个家庭的户主都在当前家庭信息的第一行。在 C2 单元格输入以下公式，能够返回每个家庭的连续编号。

```
=SCAN(0,A2:A13,LAMBDA(x,y,x+(LEFT(y,2)="户主")))
```

	A	B	C
1	家庭信息	年龄	家庭编号
2	户主：杨光	48	1
3	陆艳菲	20	1
4	杨庆东	18	1
5	户主：张庭岳	56	2
6	张坚	16	2
7	张淑珍	17	2
8	胡孟祥	21	2
9	户主：胡希泉	32	3
10	户主：王鹏宇	33	4
11	王玮	19	4
12	户主：袁世杰	51	5
13	袁丽梅	12	5

C2　=SCAN(0,A2:A13,LAMBDA(x,y,x+(LEFT(y,2)="户主")))

图 25-19　给每个家庭连续编号

SCAN 函数累加器初始值设置为 0，运算时遍历 A2:A13 单元格区域中的每个值。当循环到 A2 单元格时，因为左侧两个字符是“户主”，因此LEFT(y,2)="户主"部分返回TRUE，加上累加器初始值0后将x更新为1。

当循环到A3单元格时，因为左侧两个字符不是“户主”，因此LEFT(y,2)="户主"部分返回FALSE，加上当前的x值1后仍返回1，也即同一个家庭成员所在行保持了相同编号值。

循环至A5单元格时，因为左侧两个字符是“户主”，运算完毕后x值更新为2。

利用SCAN函数可以记录中间值的特性，也常被用来解决数值连续性相关的问题。

示例25-5 使用SCAN函数求连续增长月份销售额最大值

如图25-20所示，A:M列是不同员工12个月的销售数据表，需要计算每个员工销售额连续增长月份的最大值。

例如，某员工1~4月销售额连续增长，合计值是10000，5月销售额低于4月则重新计算；5~8月销售额连续增长，合计值是11000，9月销售额低于8月则重新计算；9~12月销售额连续增长，合计值是10500。则该员工销售额连续增长月份的销售额最大值是11000。

	A	B	C	D	E	F	G	H	I	J	K	L	M	N	O
1	姓名	1月	2月	3月	4月	5月	6月	7月	8月	9月	10月	11月	12月		结果
2	孟绢神	1509	1678	1867	1680	1863	1756	1872	2007	2165	2276	2394	2544		15014
3	平刮冻	1908	2090	2254	2445	2253	2424	2579	2421	2592	2772	2881	3079		13745
4	臧卸	1930	1738	1925	2032	2224	2389	2278	2105	1928	2047	2167	2362		10308
5	龙接	1514	1701	1552	1670	1844	1704	1825	1961	2092	2290	2118	1931		9872
6	汲斗	1584	1430	1588	1476	1372	1182	1064	1205	1057	870	1069	870		3018
7	彭龙霸	1112	1309	1479	1618	1419	1528	1696	1882	2029	2142	2325	2461		15482
8	符库	1049	1151	1334	1184	1015	831	729	595	710	824	687	865		3534
9	司幻棚	1389	1543	1723	1872	2067	2222	2407	2606	2706	2556	2721	2543		18535
10	公孙什	1007	1116	988	792	893	717	849	990	812	685	800	951		2556
11	方避追	1153	1307	1168	1281	1389	1500	1310	1412	1553	1394	1494	1339		5338

图25-20 员工全年销售数据表

在O2单元格输入以下公式，向下复制到O11单元格。

```
=MAX(SCAN(,B2:M2,LAMBDA(x,y,IF(y>OFFSET(y,,-1),x+y,y))))
```

解决此问题的关键在于判断当前月份销售额是否大于上个月销售额，需要通过比较每个单元格和左侧相邻单元格的值来完成。如果判断结果是增长，需要使用当前单元格的值加上已记录的累计增长值，累计增长值可以利用SCAN函数的累加器实现。如果判断结果是减少，则将累加器的值更新为当前单元格的值。

以第一名员工的计算公式为例，SCAN函数省略第一参数，遍历B2:M2单元格区域的每一个值。

当运算到B2单元格时，因为省略第一参数，所以B2单元格的值不参与LAMBDA函数运算体运算，直接作为累加器x的第一个值。

当运算到C2单元格时，C2单元格的值和OFFSET函数偏移-1列得到的B2单元格的值进行比较，判断结果为增长，因此将当前的x（B2单元格的值）加上y（C2单元格的值）作为新的累加器x的值，依次判断至M2单元格。

公式返回结果记录了每一个连续增长区间的各月销售额累加值，最后使用MAX函数取最大值。

利用SCAN函数可以记录中间值的特点，可以用来填充多层级的合并单元格，方便后续筛选或信息统计。

示例25-6 使用SCAN函数填充合并单元格

如图 25-21 所示，A:D列为不同年级、班级、分组的人员信息表，年级、班级、分组部分合并了单元格。在F2 单元格输入以下公式，可返回填充合并单元格后的结果。

```
=TRANSPOSE(SCAN(,TRANSPOSE(A1:D21),LAMBDA(x,y,IF(y="",x,y))))
```

F1 =TRANSPOSE(SCAN(,TRANSPOSE(A1:D21),LAMBDA(x,y,IF(y="",x,y))))

	A	B	C	D	E	F	G	H	I
1	年级	班级	分组	姓名		年级	班级	分组	姓名
2	高一	一班	1组	杨开文		高一	一班	1组	杨开文
3				高明阳		高一	一班	1组	高明阳
4			2组	李红		高一	一班	2组	李红
5				赵坤		高一	一班	2组	赵坤
6				宋杨		高一	一班	2组	宋杨
7		二班	3组	周志红		高一	二班	3组	周志红
8				方信蕊		高一	二班	3组	方信蕊
9			4组	陈丽娟		高一	二班	4组	陈丽娟
10				徐美明		高一	二班	4组	徐美明
11				梁建邦		高一	二班	4组	梁建邦
12	高二	三班	1组	金宝增		高二	三班	1组	金宝增
13				陈玉员		高二	三班	1组	陈玉员
14				冯石柱		高二	三班	1组	冯石柱
15			2组	马克军		高二	三班	2组	马克军
16				戴靖		高二	三班	2组	戴靖
17		四班	3组	牟玉红		高二	四班	3组	牟玉红
18				周梅		高二	四班	3组	周梅
19			4组	张映菊		高二	四班	4组	张映菊
20				陈包蓉		高二	四班	4组	陈包蓉
21				高进		高二	四班	4组	高进

图 25-21 填充多层级合并单元格

因为SCAN函数遍历数组时按照先行后列的方向执行，因此需要先将源数据使用TRANSPOSE函数转置，转置后的效果如图 25-1 所示。

F1 =TRANSPOSE(A1:D21)

	A	B	C	D	E	F	G	H	I	J	K	L
1	年级	班级	分组	姓名		年级	高一	0	0	0	0	0
2	高一	一班	1组	杨开文		班级	一班	0	0	0	0	二班
3				高明阳		分组	1组	0	2组	0	0	3组
4			2组	李红		姓名	杨开文	高明阳	李红	赵坤	宋杨	周志红
5				赵坤								
6				宋杨								
7		二班	3组	周志红								
8				方信蕊								
9			4组	陈丽娟								
10				徐美明								
11				梁建邦								

图 25-22 源数据转置后结果

观察转置后的结果，所有 0 的位置均为源数据区域的空单元格，均需填充左面的非空单元格内容。

SCAN 函数遍历转置后的数组，当数组元素为非空时，将x更新为非空值，否则仍然使用当前的x，达到填充空单元格的目的。最后再使用TRANSPOSE函数转置。

也可以使用以下公式完成合并单元格的填充，思路为寻找每个单元格及上方最后一个非空单元格文本内容：

```
=SCAN(,A1:D21,LAMBDA(x,y,LOOKUP("々",OFFSET(y,,,-ROW(y)))))
```

25.6 使用REDUCE函数遍历数组并设置累加器

REDUCE函数和SCAN函数类似，也可以设置一个累加器并遍历某个数组。但REDUCE函数比SCAN函数功能更强大，每次LAMBDA函数运算体运算完毕后不仅可返回单值，还可以返回数组，并且和已生成的累加器数组进行垂直方向或水平方向堆叠，因此REDUCE函数返回结果可以是单值或多行多列的数组。函数语法如下：

```
=REDUCE([initial_value],array,lambda(accumulator, value))
```

第一参数initial_value是累加器初始值，可以是单值或数组。第二参数array是需要遍历的数组。第三参数为LAMBDA函数运算体，可以利用第二参数的每个值及当前累加器中的值进行计算和判定，并返回对应的数组。

提示 REDUCE函数在运算时无法直接观察每次运算产生和返回的值，可以尝试改变第二参数，例如第一次只运行ROW(1:1)，第二次运行ROW(1:2)，这样逐步查看每步运算的结果。

如图25-23所示，在D2单元输入以下公式，可以返回A2:B4单元格区域值的平方和。

```
=REDUCE(0,A2:B4,LAMBDA(x,y,x+y^2))
```

上述公式中，累加器初始值设置为0，遍历第二参数数组时每次均使用当前累加器的x加上当前值的平方，公式结果为364。

当REDUCE函数的第一参数省略时，第二参数数组的第一个值将直接作为累加器的第一个值，不参与LAMBDA函数运算体运算。省略第一参数效果如图25-24所示。

D2 =REDUCE(0,A2:B4,LAMBDA(x,y,x+y^2))

	A	B	C	D	E	F	G	H	I
1	求以下数据平方和			平方和		循环次数	初始x	y	新x
2	2	8		364		1	0	2	4
3	4	10				2	4	8	68
4	6	12				3	68	4	84
5						4	84	10	184
6						5	184	6	220
7						6	220	12	364

图25-23 求数组中各数据的平方和

```
=REDUCE(,A2:B4,LAMBDA(x,y,VSTACK(x,TAKE(x,-1)+y^2)))
```

K2 =REDUCE(,A2:B4,LAMBDA(x,y,VSTACK(x,TAKE(x,-1)+y^2)))

	A	B	C	D	E	F	G	H	I	J	K
1	求以下数据平方和			省略第一参数		循环次数	初始x	y	新x		
2	2	8		362		1		2	2		2
3	4	10				2	2	8	66		66
4	6	12				3	66	4	82		82
5						4	82	10	182		182
6						5	182	6	218		218
7						6	218	12	362		362

图25-24 省略第一参数时效果

REDUCE函数的第二参数也可以仅用来控制循环次数，以下公式每次在累加器x的基础上加1，运算结果是16384，因为第二参数选择的是1:1整行，一共有16384列。

```
=REDUCE(0,1:1,LAMBDA(x,y,x+1))
```

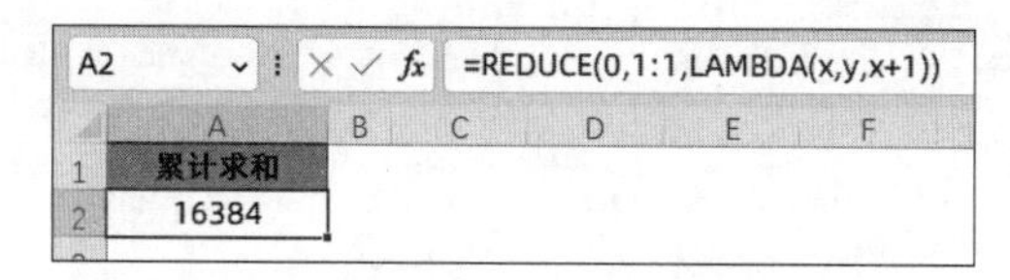

图 25-25　第二参数可以只用来控制循环次数

以下公式可以在字符串中的每个大写字母前加上空格，效果如图 25-26 所示。

```
=TRIM(REDUCE(A2:A6,UNICHAR(ROW(65:90)),LAMBDA(x,y,SUBSTITUTE(x,y," "&y))))
```

C2 =TRIM(REDUCE(A2:A6,UNICHAR(ROW(65:90)),LAMBDA(x,y,SUBSTITUTE(x,y," "&y))))

	A	B	C
1	在大写字母前加上空格		转换后结果
2	SuperMan		Super Man
3	SpiderMan		Spider Man
4	ClarkKent		Clark Kent
5	LouisLane		Louis Lane
6	ExcelHome		Excel Home

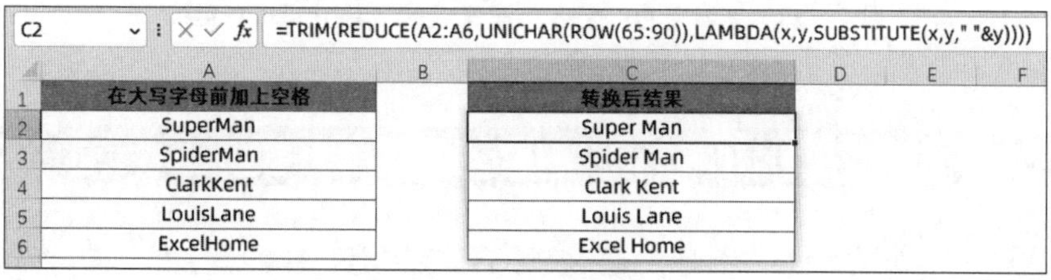

图 25-26　在每个大写字母之前加一个空格

公式中的“UNICHAR(ROW(65:90))”部分，用于生成从A~Z的大写字母序列，REDUCE函数在遍历这个数组时，将大写字母替换成大写字母前面加一个空格的字符串，遍历完毕后用TRIM函数去掉开头部分的多余空格。

REDUCE函数的累加器可以通过VSTACK函数或HSTACK函数不断将LAMBDA函数运算体每次运算的结果添加到累加器中，并且LAMBDA函数运算体部分在运算时也可以充分使用累加器中的已有值，例如与累加器第一列判断、最后一行判断等。

以下公式可以返回菲波那切数列前 10 项的数组，效果如图 25-27 所示。

```
=REDUCE({1;1},ROW(1:8),LAMBDA(x,y,VSTACK(x,SUM(TAKE(x,-2)))))
```

A2 =REDUCE({1;1},ROW(1:8),LAMBDA(x,y,VSTACK(x,SUM(TAKE(x,-2)))))

	A
1	生成斐波那契数列前10项
2	1
3	1
4	2
5	3
6	5
7	8
8	13
9	21
10	34
11	55

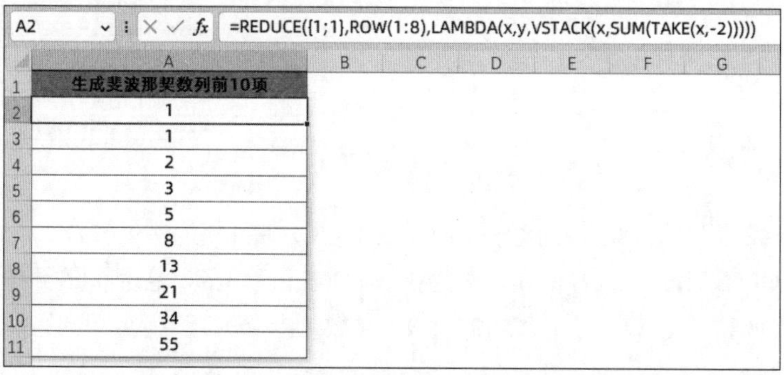

图 25-27　生成菲波那切数列前 10 项的数组

LAMBDA函数运算体运算部分每次使用TAKE函数提取累加器x中的最后两行数据求和，然后使用VSTACK函数垂直堆叠在累加器x下方。

REDUCE函数的第二参数也支持OFFSET函数生成的多维引用。以下公式使用OFFSET函数以A2:A6 单元格区域为基准，向右偏移 1、2、3、4 列，生成 4 个单元格区域引用。REDUCE函数分别对这 4 个单元格区域数值求和，并使用VSTACK函数垂直堆叠形成结果数组。

```
=REDUCE("各季度销售额",OFFSET(A2:A6,,{1,2,3,4}),LAMBDA(x,y,VSTACK(x,SUM(y))))
```

G1 =REDUCE("各季度销售额",OFFSET(A2:A6,,{1,2,3,4}),LAMBDA(x,y,VSTACK(x,SUM(y))))

姓名	一季度	二季度	三季度	四季度
姚含	1025	1030	1065	1099
李爱珍	1150	1055	1385	1780
刘在银	1225	1455	1355	1890
郑淑琴	1380	1410	1335	1400
朱文建	1245	1480	1295	2100
合计:	6025	6430	6435	8269

各季度销售额
6025
6430
6435
8269

图 25-28　支持对OFFSET函数生成的多维引用进行运算

示例25-7　使用REDUCE函数按指定次数展开数据

如图 25-29 所示，A:B列为图书名称，需要根据C列指定重复次数展开，得到如E:F列中的结果。

在E1 单元格输入以下公式：

```
=REDUCE(A1:B1,C2:C5,LAMBDA(x,y,VSTACK(x,IF(SEQUENCE(y),OFFSET(y,,-2,,2)))))
```

E1 =REDUCE(A1:B1,C2:C5,LAMBDA(x,y,VSTACK(x,IF(SEQUENCE(y),OFFSET(y,,-2,,2)))))

序号	图书名称	展开次数
1	《Excel 2021函数与公式应用大全》	3
2	《Excel 2019应用大全》	2
3	《别怕，Excel函数其实很简单》	4
4	《Excel VBA经典代码应用大全》	5

序号	图书名称
1	《Excel 2021函数与公式应用大全》
1	《Excel 2021函数与公式应用大全》
1	《Excel 2021函数与公式应用大全》
2	《Excel 2019应用大全》
2	《Excel 2019应用大全》
3	《别怕，Excel函数其实很简单》
3	《别怕，Excel函数其实很简单》
3	《别怕，Excel函数其实很简单》
3	《别怕，Excel函数其实很简单》
4	《Excel VBA经典代码应用大全》
4	《Excel VBA经典代码应用大全》
4	《Excel VBA经典代码应用大全》
4	《Excel VBA经典代码应用大全》
4	《Excel VBA经典代码应用大全》

图 25-29　按指定次数展开数据

上述公式遍历C2:C5 单元格区域的每一个单元格。以C2 单元格为例，值为 3，SEQUENCE(y)部分得到数组{1;2;3}，OFFSET(y,,-2,,2)部分以C2 为参照，向左偏移两列，新引用的列数为两列，最终返回A2:B2 单元格区域的值。IF函数以数组{1;2;3}为第一参数，将OFFSET函数得到的引用扩充为 3 行，最后垂直堆叠到累加器x下方。

REDUCE函数的第二参数如果引用单元格区域，在第一层LAMBDA函数运算体部分引用或在LAMBDA函数运算体部分多层嵌套MAP函数、REDUCE函数引用时，仍保留单元格属性，可以用作OFFSET等函数的参数。

REDUCE函数的第二参数可以是其他函数运算后生成的结果，LAMBDA函数运算体部分的运算也可以综合使用各种函数组合。

示例25-8　使用REDUCE函数将户主放在家庭记录第一行

如图 25-30 所示，A:G 列为家庭信息记录，按家庭顺序依次排列，G 列为每个家庭的人口数。需要将每个家庭的户主移动到该家庭记录的第一行。

在I1 单元格输入以下公式：

```
=REDUCE(A1:G1,FILTER(G2:G19,F2:F19="户主"),LAMBDA(x,y,VSTACK(x,SORT(TAKE
(DROP(A1:G19,ROWS(x)),y),6))))
```

I1　=REDUCE(A1:G1,FILTER(G2:G19,F2:F19="户主"),LAMBDA(x,y,VSTACK(x,SORT(TAKE(DROP(A1:G19,ROWS(x)),y),6))))

序号	县	乡	村	姓名	与户主关系	家庭人口数
1	竹溪县	桃源乡	甘沟子村	刘树芝	之女	4
2	竹溪县	桃源乡	甘沟子村	刘莉芳	配偶	4
3	竹溪县	桃源乡	甘沟子村	刘宗杰	户主	4
4	竹溪县	桃源乡	甘沟子村	刘向碧	之女	4
5	竹溪县	桃源乡	甘沟子村	徐美明	配偶	3
6	竹溪县	桃源乡	甘沟子村	张贵金	户主	3
7	竹溪县	桃源乡	甘沟子村	张映菊	之女	3
8	竹溪县	桃源乡	甘沟子村	魏婧晖	户主	3
9	竹溪县	桃源乡	甘沟子村	王明芳	配偶	3
10	竹溪县	桃源乡	甘沟子村	魏启光	之子	3
11	竹溪县	桃源乡	甘沟子村	朱明	户主	4
12	竹溪县	桃源乡	甘沟子村	朱敏	之女	4
13	竹溪县	桃源乡	甘沟子村	李松霞	之母	4
14	竹溪县	桃源乡	甘沟子村	晏丽	配偶	4
15	竹溪县	桃源乡	甘沟子村	周红	配偶	4
16	竹溪县	桃源乡	甘沟子村	徐凤英	之岳母	4
17	竹溪县	桃源乡	甘沟子村	肖文	户主	4
18	竹溪县	桃源乡	甘沟子村	肖俊杰	之子	4

序号	县	乡	村	姓名	与户主关系	家庭人口数
3	竹溪县	桃源乡	甘沟子村	刘宗杰	户主	4
2	竹溪县	桃源乡	甘沟子村	刘莉芳	配偶	4
1	竹溪县	桃源乡	甘沟子村	刘树芝	之女	4
4	竹溪县	桃源乡	甘沟子村	刘向碧	之女	4
6	竹溪县	桃源乡	甘沟子村	张贵金	户主	3
5	竹溪县	桃源乡	甘沟子村	徐美明	配偶	3
7	竹溪县	桃源乡	甘沟子村	张映菊	之女	3
8	竹溪县	桃源乡	甘沟子村	魏婧晖	户主	3
9	竹溪县	桃源乡	甘沟子村	王明芳	配偶	3
10	竹溪县	桃源乡	甘沟子村	魏启光	之子	3
11	竹溪县	桃源乡	甘沟子村	朱明	户主	4
14	竹溪县	桃源乡	甘沟子村	晏丽	配偶	4
13	竹溪县	桃源乡	甘沟子村	李松霞	之母	4
12	竹溪县	桃源乡	甘沟子村	朱敏	之女	4
17	竹溪县	桃源乡	甘沟子村	肖文	户主	4
15	竹溪县	桃源乡	甘沟子村	周红	配偶	4
16	竹溪县	桃源乡	甘沟子村	徐凤英	之岳母	4
18	竹溪县	桃源乡	甘沟子村	肖俊杰	之子	4

图 25-30　转换结果

上述公式中，“FILTER(G2:G19,F2:F19="户主")”部分筛选出户主对应的家庭人口数组{4;3;3;4;4}，得到每个家庭的人数，作为REDUCE函数的第二参数。

当遍历以上结果中的第一个值 4 时，累加器x中已经有ROWS(x)计算得到的 1 行数据，也就是标题行，因此在A:G列中使用DROP函数去掉第 1 行数据后的前 4 行即为当前家庭的全部成员。

使用TAKE函数提取出前 4 行，再使用SORT函数根据第 6 列（与户主关系）排序，排序后，“户主”将显示在第一行。

最后使用VSTACK函数垂直方向堆叠到累加器x下方。

之后的运算以此类推。

示例25-9　使用REDUCE函数逆转字符串

如图 25-31 所示，使用以下公式可将字符串中的各字符逆向排列。

```
=REDUCE("",MID(A2,ROW(1:99),1),
LAMBDA(x,y,y&x))
```

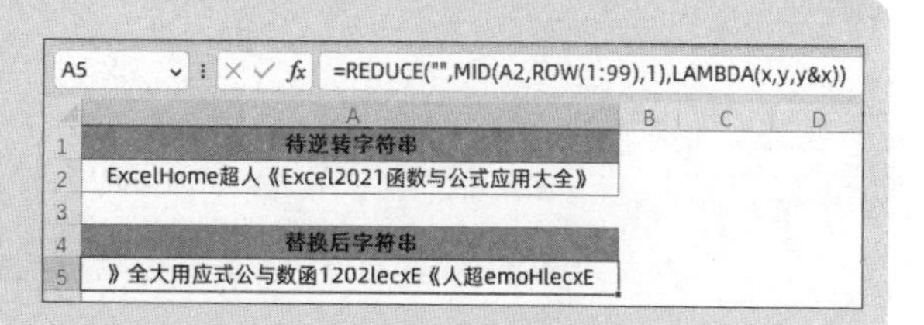

图 25-31　逆转字符串

上述公式中，MID函数分别从A2 单元格的第

1~99 个字符起提取一个字符，形成一个 99 行的数组。REDUCE 函数累加器 x 初始值设定为空文本，遍历 MID 函数生成的数组时逐个将每个 y 值从左侧与累加器 x 字符串合并，从而实现逆转字符串的目的。

示例25-10 使用REDUCE函数一次性替换多个关键字

如图 25-32 所示，使用以下公式可将字符串中的多个关键字全部替换成空文本。

```
=REDUCE(A2,C2:C4,LAMBDA(x,y,SUBSTITUTE(x,y,)))
```

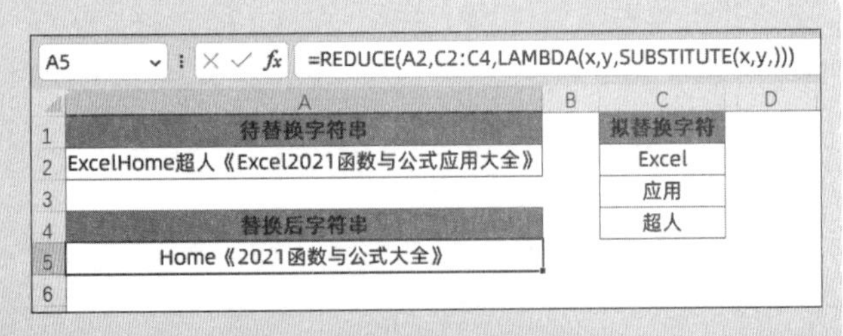
A5 =REDUCE(A2,C2:C4,LAMBDA(x,y,SUBSTITUTE(x,y,)))

	A	B	C	D
1	待替换字符串		拟替换字符	
2	ExcelHome超人《Excel2021函数与公式应用大全》		Excel	
3			应用	
4	替换后字符串		超人	
5	Home《2021函数与公式大全》			
6				

图 25-32 将多个关键字替换成空文本

REDUCE 函数遍历 C2:C4 单元格区域的关键字，LAMBDA 函数运算体每次运算时将当前累加器 x 字符串中的关键字替换成空文本，遍历完毕后所有关键字均被替换为空文本。

以下公式可实现将多个关键字按对照表替换成新值。

```
=REDUCE(A2,C2:C4,LAMBDA(x,y,SUBSTITUTE(x,y,VLOOKUP(y,C:D,2,))))
```

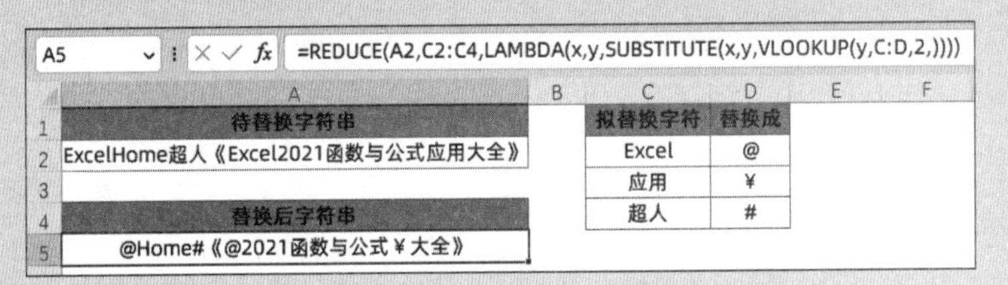
A5 =REDUCE(A2,C2:C4,LAMBDA(x,y,SUBSTITUTE(x,y,VLOOKUP(y,C:D,2,))))

	A	B	C	D	E	F
1	待替换字符串		拟替换字符	替换成		
2	ExcelHome超人《Excel2021函数与公式应用大全》		Excel	@		
3			应用	¥		
4	替换后字符串		超人	#		
5	@Home#《@2021函数与公式¥大全》					

图 25-33 将多个关键字替换成指定值

练习与巩固

1. 使用 LAMBDA 函数能够设置可运行递归运算的自定义函数时，需要为自定义函数设置（_______）条件。

2. BYROW 函数和 BYCOL 函数可以对数组的（_______）或（_______）分别进行运算，最后返回单行或单列的数组。

3.（_______）函数可以遍历数组中的每一个值，通过运算返回一个新值。

第三篇

函数综合应用

本篇综合了多种与工作、生活、学习密切相关的示例，包括循环引用、条件筛选技术、排名与排序技术、数据重构技巧和数据表处理等多个方面。向读者全面展示了函数与公式的魅力，详细介绍了函数与公式在实际工作中的多种综合技巧和用法。

第 26 章　循环引用

Excel 中的循环引用是一种特殊的计算模式，通过设置启用迭代计算来实现对变量的循环引用和计算，从而依照设置的条件对参数多次计算直至达到特定的结果。本章重点介绍循环引用在实际工作中的应用。

本章学习要点

（1）认识循环引用。　　（2）循环引用实例。

26.1　认识循环引用和迭代计算

循环引用是指引用自身单元格的值或引用依赖其自身单元格的值进行计算的公式。用户可以通过设置迭代次数，根据需要设置公式开启和结束循环引用的条件。在计算过程中调用公式自身所在单元格的值，随着循环引用次数的增加，对包含循环引用的公式重复计算，每一次计算都将计算结果作为新的变量代入下一步计算，直至达到特定的结果或完成用户设置的迭代次数为止。

26.1.1　产生循环引用的原因

当公式在计算过程中包含自身值时，无论是对自身单元格内容的直接引用还是间接引用，都会产生循环引用，例如，以下三种情况都会产生循环引用。

❖ 在单元格中输入的公式引用了单元格本身而产生循环引用，例如在 A1 单元格中输入以下公式，如图 26-1 所示。

```
=A1+1
```

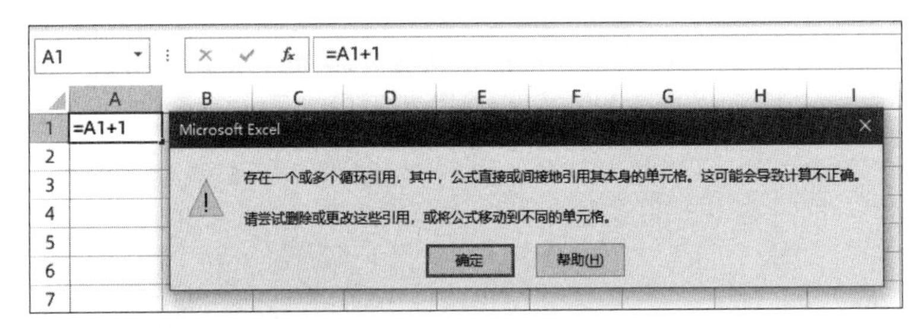

图 26-1　产生循环引用

ROW、COLUMN 等函数中，参数是公式所在单元格地址时，其返回的结果与引用单元格里的内容无关，所以不会产生循环引用。

❖ 在单元格 B1 中输入公式 =C1+1，在单元格 C1 中输入公式 =B1+1，两个公式互相引用，仍然是引用依赖其自身单元格的值。

❖ 虽然没有使用公式所在单元格作为参数，但实际结果引用了公式所在单元格，如在 C3 单元格中输入以下公式：

```
=OFFSET(A1,2,2)
```

公式从A1 开始，向下偏移两个单元格，向右偏移两个单元格，结果位置为C3 单元格，也即输入公式的单元格，因此产生循环引用。

26.1.2　设置循环引用的最多迭代次数和最大误差

为了避免公式计算陷入死循环，默认情况下Excel不允许在公式中使用循环引用。要在Excel中使用循环引用进行计算，需要先开启计算选项中的迭代计算，并设定最多迭代次数和最大误差。

依次单击【文件】→【选项】，打开【Excel选项】对话框。切换到【公式】选项卡，在右侧选中【启用迭代计算】复选框，根据需要填写最多迭代次数和最大误差，最后单击【确定】按钮，如图 26-2 所示。

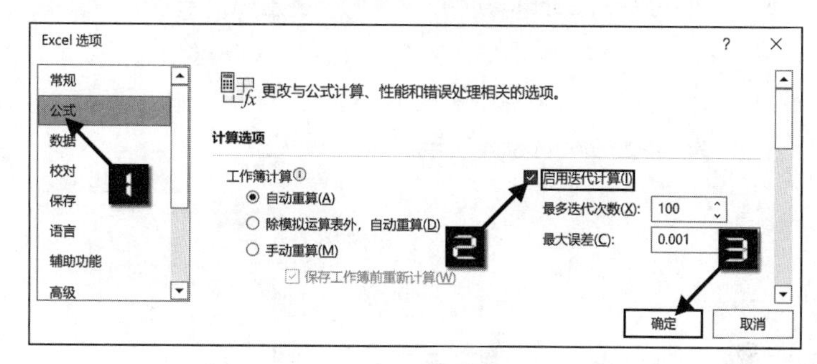

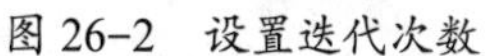

图 26-2　设置迭代次数

迭代次数是指在循环引用中重复运算的次数。最大误差是指两次重新计算结果之间可接受的最大误差。

设置的最大误差数值越小，结果越精确。指定的最多迭代次数越大，在进行复杂的条件计算时越有可能返回满足条件的结果，但同时Excel执行迭代计算所需要的运算时间也越长。Excel 2021 支持的最少迭代次数为 1 次，最多迭代次数为 32767 次，实际工作中应根据工作需求设置合理的最多迭代次数。

在工作簿中设置迭代次数时遵循以下几个规则。

（1）可以针对每个单独的工作簿设置不同的计算选项，每个工作簿文件可以设置为不同的最多迭代次数和最大误差。

（2）当打开设置了不同迭代计算选项的多个工作簿时，所有打开的工作簿都将应用第一个打开的工作簿中设置的迭代计算选项，因此建议单独使用启用了迭代计算功能的文件。

（3）当用户同时打开多个工作簿时，改变迭代计算选项的操作会对所有打开的工作簿文件生效，但仅在当前操作的工作簿中保存该选项设置。

（4）如果一个工作表中有多个不同的循环引用公式，只要有一个公式满足停止迭代计算的条件，即停止所有的迭代运算。

26.2　控制循环引用的开启与关闭

在使用循环引用的过程中，经常要用到启动开关、计数器和结束条件。

26.2.1　启动开关

通常利用IF函数的第一参数判断返回逻辑值TRUE和FALSE，来开启或关闭循环引用。也可以使用表单控件中的“复选框”链接单元格来生成逻辑值TRUE和FALSE。

示例26-1 利用启动开关实现或停止累加求和

如图 26-3 所示，需要将A5 单元格中依次输入的数值累加求和，在B5 单元格中显示累加结果，再利用A2 单元格里的“开关”控制。

操作步骤如下。

步骤① 首先打开【Excel选项】对话框，在【公式】选项卡下选中【启用迭代计算】复选框，将最多迭代次数设置为 1，最大误差为 0.001。

步骤② 依次单击【开发工具】→【插入】→【表单控件】→【复选框】按钮，拖动鼠标在A2 单元格插入一个复选框，如图 26-4 所示。

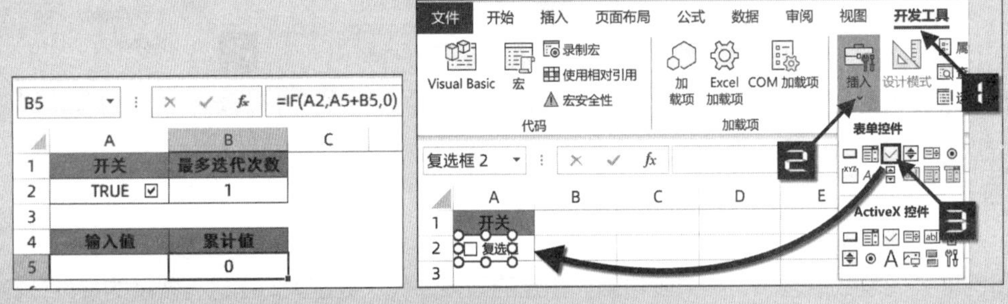

图 26-3 利用启动开关实现或停止累加求和　　　　图 26-4 插入表单控件复选框

步骤③ 按住<Ctrl>键的同时单击复选框，将复选框中的文字删除。

步骤④ 鼠标右击复选框，在下拉菜单中选中【设置控件格式】，在弹出的【设置控件格式】对话框中切换到【控制】选项卡，设置单元格链接为“$A$2”，单击【确定】按钮，如图 26-5 所示。

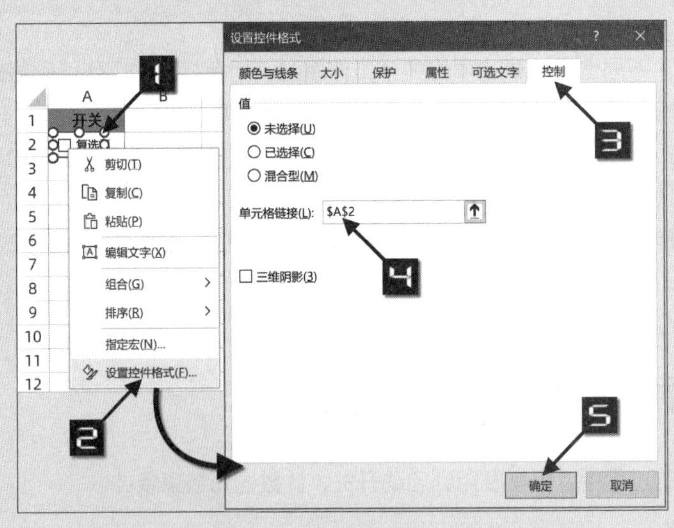

图 26-5 为复选框链接单元格

步骤⑤ 在B5 单元格输入以下公式。

```
=IF(A2,A5+B5,0)
```

累计值初始为 0，在A5 单元格输入 1 以后，累计值由初始值 0 加上输入值 1，结果为 1；在A5 单元格继续输入 2，累计值 1 加上输入值 2，结果为 3；在A5 单元格继续输入 7，累计值 3 加上输入值 7，结果为 10，以此类推。

将循环引用的公式转换为普通公式，能够更加直观地查看每一步的计算过程。在E3单元格输入以下公式，向下复制到E5单元格（假设只累加 3 次），如图 26-6 所示。

```
=D3+E2
```

初始值为E2单元格中的 0，在D3单元格中输入 1 以后，对应E3单元格里的累加值变成初始值 0 加 1，结果为 1；在D4单元格中输入 2 以后，对应E4单元格里的累加值变成E3单元格中的 1 加 2，结果为 3，以此类推。

当开关启动时，A2单元格中返回逻辑值TRUE。IF函数以此作为第一参数，执行迭代计算；当开关关闭时，A2单元格中返回逻辑值FALSE，IF函数以此作为第一参数，返回指定的内容 0。

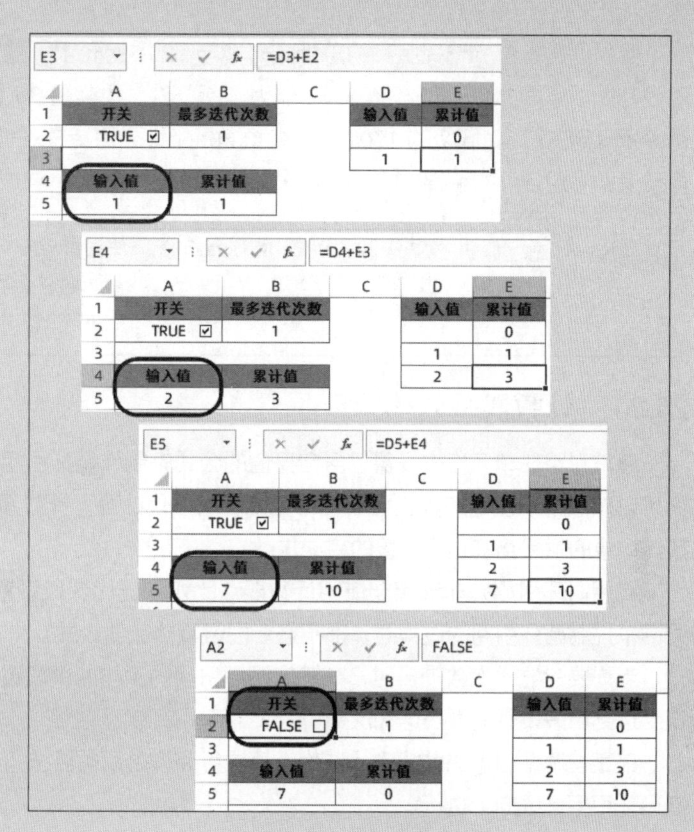

图 26-6　循环引用计算过程

示例26-2　计算指定总额的单据组合

如图 26-7 所示，已知某笔业务的总金额为 1700 元，分别由多个不同单据组成。需要根据指定的总金额，判断可能由哪几个单据构成。

操作步骤如下。

步骤① 打开【Excel选项】对话框，在【公式】选项卡下启用迭代计算，并设置最多迭代次数为 2000，最大误差为 0.001。

步骤② 在【开发工具】选项卡中插入【复选框】按钮，设置控件格式，将其单元格链接设置为A2单元格。

步骤③ 在B5单元格输入以下公式，向下复制到B14单元格。

```
=IF(A$2,IF(SUM(B$5:B$14)=C$2,B5,A5*
RANDBETWEEN(0,1)),"")
```

	A	B	C
1	开关	最多迭代次数	总金额
2	TRUE ☑	2000	1,700
3			
4	总金额	已选验证	
5	100	0	
6	200	200	
7	300	300	
8	400	0	
9	500	500	
10	600	0	
11	700	700	
12	800	0	
13	900	0	
14	1,000	0	

图 26-7　计算单据金额组合

单击【复选框】按钮，即可使Excel执行迭代计算。

在没有任何限制的前提下，B列每个单元格里的结果有两种可能，即公式中A5*RANDBETWEEN(0,1)部分返回的结果，利用RANDBETWEEN函数随机生成 0 或 1，与A5 相乘，得到对应A5 单元格的金额或 0。

但是这样一来，选择金额的总计未必能与C2 中的要求一致，所以公式中增加了一个条件，利用IF 函数判断，以SUM(B$5:B$14)=C$2 作为判断条件，也就是B5 至B14 单元格区域内列出的金额之和是否等于指定的总金额C2 的 1700 元。如果满足条件，保持B5 的原值不变；否则继续进行迭代计算判断，直至返回满足条件的结果。

使用此方法时，如果有多个符合条件的组合，每次计算得到的组合结果为其中之一。如果要得到一组新的结果，可以关闭按钮开关后重新开启。

26.2.2 计数器

通常利用在单元格中设置包含自身值的公式来制作循环引用的计数器。随着迭代计算的过程，计数器可以按照用户设定的步长增加，每完成一次迭代计算，计数器增加一次步长。如果将步长设为 1，计数器记录的就是当前迭代计算的完成次数。

使用循环引用并非一定要使用计数器。比如将迭代次数设置为 1 时，或者需要用户手动按<F9>功能键来控制循环引用的过程时，都不必专门设置计数器公式。

当需要的迭代次数较多时，在开启循环引用的工作簿中设置计数器公式，能够使循环引用正常运行直至达到用户设置的最多迭代次数。

在某些循环引用的公式中，迭代计算执行完毕之后需要按<F9>功能键手动激活Excel的重算，才能使循环引用继续向下执行。

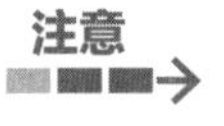

受公式运算顺序的影响，需要将作为启动开关的单元格放在循环引用公式的上方或左侧，否则公式可能无法返回正确的结果。

示例26-3 求解二元一次方程组

利用Excel的循环引用功能，可以求解多元一次方程组。以二元一次方程组为例，需要求解的二元一次方程组为：

$$\begin{cases}2x+3y=33\\7y-5x=19\end{cases}$$

如图 26-8 所示，在B9 单元格和B10 单元格需要分别计算出x值和y值。

操作步骤如下。

步骤① 首先打开【Excel选项】对话框，在【公式】选项卡下启用迭代计算，并设置最多迭代次数为 100，最大误差为 0.001。

步骤② 在A2 单元格使用以下公式设置计数器。

```
=MOD(A2,100)+1
```

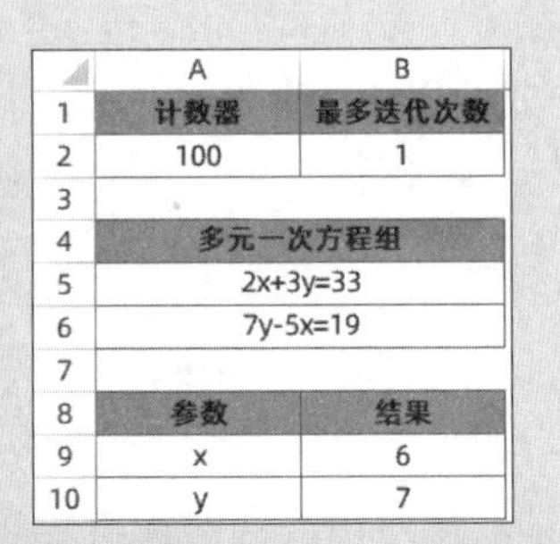

	A	B
1	计数器	最多迭代次数
2	100	1
3		
4	多元一次方程组	
5	2x+3y=33	
6	7y-5x=19	
7		
8	参数	结果
9	x	6
10	y	7

图 26-8 求解二元一次方程组

公式利用MOD函数生成计数器，公式中的+1 即步长。每循环一次，在原数值基础上加 1，生成 1

到 100 的数值。

> **提示** 使用这一公式是建立在该二元一次方程 x 与 y 两个值均为整数的前提下，如果 x 与 y 都有可能出现一位小数，则需要在公式后面再除以 10，并且将最多迭代次数相应地增加到 1000。

步骤③ 在 B9 单元格输入以下公式。

```
=IF((33-2*A2)/3=(19+5*A2)/7,A2,B9)
```

“(33−2*A2)/3”部分是将公式 $2x+3y=33$ 中的 y 值进行运算，其中的 x 引用了 A2 单元格；“(19+5*A2)/7”部分则是将 $7y-5x=19$ 中的 y 值进行运算，其中的 x 同样引用了 A2 单元格。最后用 IF 函数判断，如果两者相等，则返回 A2 单元格中的值，否则保持原 B9 单元格的结果。

步骤④ 在 B10 单元格输入以下公式。

```
=IF((33-3*A2)/2=(7*A2-19)/5,A2,B10)
```

“(33−3*A2)/2”部分是将公式 $2x+3y=33$ 中的 x 值进行运算，其中的 y 引用了 A2 单元格；“(7*A2−19)/5”部分则是将 $7y-5x=19$ 中的 x 值进行运算，其中的 y 同样引用了 A2 单元格。最后用 IF 函数判断，如果两者相等，则返回 A2 单元格中的值，否则保持原 B10 单元格的结果。

示例26-4　提取两个单元格中的相同字符

如图 26-9 所示，需要提取 A5:A8 单元格区域与其对应的 B5:B8 单元格区域中的相同字符。

C5　=IF(A$2<2,"",C5)&IF(COUNTIF(B5,"*"&MID(A5,A$2,1)&"*"),MID(A5,A$2,1),"")

	A	B	C	D	E	F	G	H
1	开关	最多迭代次数			计数器	结果		
2	100	100						
3					1	招		
4	旧字符	新字符	相同字符		2	招		
5	招商银行	招行	招行		3	招		
6	中国建设银行	建行	建行		4	招行		
7	浦发	上海浦东发展银行	浦发		5	招行		
8	工行	中国工商银行	工行		6	招行		

图 26-9　提取两个单元格中的相同字符

操作步骤如下。

步骤① 打开【Excel 选项】对话框，在【公式】选项卡下启用迭代计算，并设置最多迭代次数为 100，最大误差为 0.001。

步骤② 在 A2 单元格中输入以下公式作为计数器，在每次计算过程中都将依次得到 1~100 的递增序列。

```
=MOD(A2,100)+1
```

步骤③ 在 C5 单元格输入以下公式，向下复制到 C8 单元格。

```
=IF(A$2<2,"",C5)&IF(COUNTIF(B5,"*"&MID(A5,A$2,1)&"*"),MID(A5,A$2,1),"")
```

在 A2 单元格计数器为 1 时：

IF(A$2<2,"",C5)部分结果为空文本""，如无此判断直接引用一个空单元格，将得到一个无意义的0值；

MID(A5,A$2,1)部分的结果是A2单元格中的第一个字符“招”。利用COUNTIF(B5,"*"&MID(A5,A$2,1)&"*")计算出B5单元格中包含该字符，COUNTIF函数返回结果为1。IF函数以此作为第一参数，返回MID(A5,A$2,1)部分的计算结果“招”。最后将空文本和“招”连接，结果为“招”。

在A2单元格计数器为2时，由于B5单元格中不包含A5单元格中的第二个字符“商”，最终返回空文本""，再与原B5单元格中的“招”连接，结果仍是“招”。

在A2单元格计数器为4时，由于B5单元格中包含A5单元格中的第四个字符“行”，返回“行”，再与原B5单元格中的“招”连接，结果是“招行”。

以此类推。

26.2.3 同时使用开关和计数器

示例26-5 提取混合内容中的中文和数字

如图26-10所示，需要从A列的混合内容中分别提取出中文和数字。

操作步骤如下。

步骤1 打开【Excel选项】对话框，在【公式】选项卡下启用迭代计算，并设置最多迭代次数为100，最大误差为0.001。

步骤2 从【开发工具】选项卡中插入【复选框】按钮，然后设置控件格式，将其单元格链接设置为A2单元格，开关先设置成FALSE状态。

步骤3 在B2单元格输入以下公式作为计数器。

```
=MOD(B2,100)+1
```

	A	B	C
1	开关	计数器	最多迭代次数
2	TRUE ☑	100	100
3			
4	混合内容	中文	数字
5	订书机170（台）	订书机（台）	170
6	钢笔6640（支）	钢笔（支）	6640
7	钢笔11030（支）	钢笔（支）	11030
8	笔记本12830（本）	笔记本（本）	12830
9	订书机12620（台）	订书机（台）	12620
10	铅笔9040（支）	铅笔（支）	9040
11	订书机7200台	订书机台	7200
12	钢笔7190支	钢笔支	7190

图26-10 提取混合内容中的中文和数字

步骤4 在B5单元格输入以下公式，向下复制到B12单元格，用于提取中文。

```
=IF(A$2,B5&TEXT(MID(A5,B$2,1),";;;@"),"")
```

IF函数的作用是，在开关开启状态下执行嵌套公式部分的运算，否则返回空文本""。

公式中的“(MID(A5,B$2,1)”部分，根据B2单元格中的结果，用MID函数依次返回A5单元格中不同位置的单个字符。

“TEXT(MID(A5,B$2,1),";;;@")”部分，是将A5中的单个字符进行转换，文本保持原有内容不变，数字部分转成空文本。

由于已经指定了在开关关闭状态下B5单元格中的初始值为空文本""，因此本例不再另外判断C1单元格计数器中的数值小于2的情况。

随着计数器中的数值不断增大，B5单元格中的文字也会不断叠加，最终提取出混合内容中的中文。

步骤5 在C5单元格输入以下公式，向下复制到C12单元格，用于提取数字。

```
=IF(A$2,C5&IFERROR(--MID(A5,B$2,1),""),"")
```

公式在MID函数提取出的字符前加上两个负号，通过减负运算，将文字转换为错误值，将文本型数字转换为数值。再使用IFERROR判断，如果是错误值则返回空文本。其余的计算思路与B5单元格中的公式思路相同。

步骤⑥ 将A2单元格里的开关调整成TRUE状态，使公式结果得以正确计算。

26.2.4　其他

示例26-6　再投资情况下的企业利润计算

如图26-11所示，某企业将利润的15%作为再投资，用于扩大生产规模，而利润等于毛利润减去再投资部分的金额。需要计算毛利润为1500万元时，利润和再投资额分别为多少。

	A	B	C	D
1	毛利润（万元）	1,500		最多迭代次数
2	再投资占利润比率	15%		100
3	再投资额（万元）	195.65		
4	利润（万元）	1,304.35		

图 26-11　再投资情况下的企业利润计算

操作步骤如下。

步骤① 打开【Excel选项】对话框，在【公式】选项卡下启用迭代计算，并设置最多迭代次数为100，最大误差为0.001。

步骤② 在B4单元格输入以下公式，用B1单元格的毛利润减去B3单元格中的再投资额，计算出利润。

```
=B1-B3
```

步骤③ 在B3单元格输入以下公式，用B4单元格中的利润乘以B2单元格中的比率，计算出再投资额。

```
=B4*B2
```

练习与巩固

1. 开启迭代计算的主要步骤为(__________)。

2. 当打开设置了不同迭代计算选项的多个工作簿时，所有打开的工作簿都将应用第(__________)个打开的工作簿中设置的迭代计算选项。

3. 如果一个工作表中有多个不同的循环引用公式，只要有一个公式满足停止迭代计算的条件，即(__________)。

4. 受公式运算顺序的影响，需要将作为启动开关的单元格放在循环引用公式的(__________)方或(__________)侧，否则公式可能无法返回正确的结果。

第 27 章　条件筛选技术

使用Excel内置的筛选和高级筛选等功能，可以从数据列表中提取出符合特定条件的数据。而使用公式能够实现更加个性化的数据提取，并且结果能够自动更新。本章主要介绍如何利用Excel函数与公式进行条件筛选。

本章学习要点

（1）条件筛选。　　　（2）筛选不重复值。

27.1　按条件筛选

根据筛选条件和需要返回的项目数的不同，可以分成按单条件筛选单个结果、按多条件筛选单个结果、按单条件筛选多个结果及按多条件筛选多个结果。

27.1.1　单条件筛选单个结果

根据单一条件筛选出符合条件的唯一结果，也称为“一对一查询”。

示例27-1　根据单一条件筛选出唯一符合条件的结果

如图 27-1 所示，A~D列是某些产品在各门店销售的部分记录，根据G1单元格中指定的品名，筛选出满足这一条件的唯一结果。

➲ Ⅰ　使用XLOOKUP函数

在F4单元格输入以下公式，结果自动溢出到相邻单元格区域。

```
=XLOOKUP(G1,C2:C16,A2:D16)
```

	A	B	C	D	E	F	G	H	I
1	日期	门店	品名	销量		品名	芝士蛋卷		
2	2023-3-1	鼓楼店	原味蛋卷	1					
3	2023-3-2	鼓楼店	原味蛋卷	2		日期	门店	品名	销量
4	2023-2-28	鼓楼店	芝士蛋卷	3		2023-2-28	鼓楼店	芝士蛋卷	3
5	2023-2-28	江宁店	巧克力蛋卷	4		F4公式：	=XLOOKUP(G1,C2:C16,A2:D16)		
6	2023-3-1	江宁店	巧克力蛋卷	5					
7	2023-3-2	江宁店	巧克力蛋卷	6		日期	门店	品名	销量
8	2023-2-28	江宁店	原味蛋卷	7		2023-2-28	鼓楼店	芝士蛋卷	3
9	2023-3-1	江宁店	原味蛋卷	8		F8公式：	=FILTER(A2:D16,C2:C16=G1)		
10	2023-3-2	江宁店	原味蛋卷	9					
11	2023-2-28	玄武店	抹茶蛋卷	10		日期	门店	品名	销量
12	2023-3-1	玄武店	抹茶蛋卷	11		2023-2-28	鼓楼店	芝士蛋卷	3
13	2023-3-2	玄武店	巧克力蛋卷	12		F12公式：	=INDEX(A:A,MATCH($G1,$C:$C,))		
14	2023-2-28	玄武店	原味蛋卷	13					
15	2023-3-1	玄武店	原味蛋卷	14		日期	门店	品名	销量
16	2023-3-2	玄武店	原味蛋卷	15		2023-2-28	鼓楼店	芝士蛋卷	3
17						F16公式：	=LOOKUP(1,0/($G1=$C2:$C16),A2:A16)		

图 27-1　根据单一条件筛选出唯一符合条件的结果

公式利用XLOOKUP在C2:C16单元格区域中查找G1单元格中的内容，返回A2:D16单元格区域中对应位置的结果。关于XLOOKUP函数的用法请参阅 14.7 节。

➲ Ⅱ　使用FILTER函数

在F8单元格输入以下公式，结果自动溢出到相邻单元格区域。

```
=FILTER(A2:D16,C2:C16=G1)
```

FILTER函数的第一参数使用不带标题行的数据范围。第二参数使用“C2:C16=G1”设定筛选的条件，当C2:C16单元格区域等于G1单元格中指定的品名时，“C2:C16=G1”结果为TRUE，FILTER函数最终

返回A2:D16 单元格区域中与之位置相对应的多列记录。

关于FILTLER函数的用法请参阅 14.8 节。

➲ III　使用INDEX+MATCH函数嵌套

在F12 单元格中输入以下公式，向右复制到I12 单元格，单击I12 单元格右下角的【填充选项】按钮，在下拉菜单中选择【不带格式填充】。

```
=INDEX(A:A,MATCH($G1,$C:$C,))
```

公式先利用MATCH函数查找到G1 单元格在C列中出现的位置，再用INDEX以此结果为索引值，提取出A列中对应位置的内容。

公式中MATCH函数的参数使用了列绝对引用，以保证公式在向右复制时，引用的列范围始终不变，而INDEX的第一参数使用相对引用，公式向右复制后可以返回不同列的内容。

关于MATCH函数和INDEX函数的用法请参阅 14.4 和 14.5 节。

➲ IV　使用LOOKUP函数

在F16 单元格中输入以下公式，不带格式向右复制到I16 单元格。

```
=LOOKUP(1,0/($G1=$C2:$C16),A2:A16)
```

LOOKUP函数使用了按条件查找的模式化用法，关于LOOKUP函数的用法请参阅 14.6 节。

27.1.2　多条件筛选单个结果

根据多个条件筛选出符合条件的唯一结果，也称为“多对一查询”，同样可以使用多种公式来实现。

示例27-2　根据多个条件筛选出唯一符合条件的结果

如图 27-2 所示，A~D列是某些产品在各门店销售的部分记录，根据G1 单元格中指定的品名和I1 单元格中指定的日期，筛选出同时满足这两个条件的唯一结果。

	A	B	C	D	E	F	G	H	I
1	日期	门店	品名	销量		品名	抹茶蛋卷	日期	2023-2-28
2	2023-3-1	鼓楼店	原味蛋卷	1					
3	2023-3-2	鼓楼店	原味蛋卷	2		日期	门店	品名	销量
4	2023-2-28	鼓楼店	芝士蛋卷	3		2023-2-28	玄武店	抹茶蛋卷	10
5	2023-2-28	江宁店	巧克力蛋卷	4		F4公式：	=XLOOKUP($G1&$I1,$C2:$C16&$A2:$A16,A2:A16)		
6	2023-3-1	江宁店	巧克力蛋卷	5					
7	2023-3-2	江宁店	巧克力蛋卷	6		日期	门店	品名	销量
8	2023-2-28	江宁店	原味蛋卷	7		2023-2-28	玄武店	抹茶蛋卷	10
9	2023-3-1	江宁店	原味蛋卷	8		F8公式：	=FILTER(A2:D16,(C2:C16=G1)*(A2:A16=I1))		
10	2023-3-2	江宁店	原味蛋卷	9					
11	2023-2-28	玄武店	抹茶蛋卷	10		日期	门店	品名	销量
12	2023-3-1	玄武店	抹茶蛋卷	11		2023-2-28	玄武店	抹茶蛋卷	10
13	2023-3-2	玄武店	巧克力蛋卷	12		F12公式：	=INDEX(A:A,MATCH($G1&$I1,$C1:$C16&$A1:$A16,))		
14	2023-2-28	玄武店	原味蛋卷	13					
15	2023-3-1	玄武店	原味蛋卷	14		日期	门店	品名	销量
16	2023-3-2	玄武店	原味蛋卷	15		2023-2-28	玄武店	抹茶蛋卷	10
17						F16公式：	=LOOKUP(1,0/($G1&$I1=$C2:$C16&$A2:$A16),A2:A16)		

图 27-2　根据多个条件筛选出唯一符合条件的结果

在F4 单元格输入以下公式，不带格式向右复制到I4 单元格。

```
=XLOOKUP($G1&$I1,$C2:$C16&$A2:$A16,A2:A16)
```

在F8单元格输入以下公式，结果自动溢出到相邻单元格区域。

```
=FILTER(A2:D16,(C2:C16=G1)*(A2:A16=I1))
```

在F12单元格中输入以下公式，不带格式向右复制到I12单元格。

```
=INDEX(A:A,MATCH($G1&$I1,$C1:$C16&$A1:$A16,))
```

在F16单元格中输入以下公式，不带格式向右复制到I16单元格。

```
=LOOKUP(1,0/($G1&$I1=$C2:$C16&$A2:$A16),A2:A16)
```

在以上公式中，除了FILTER函数以外，另三个公式的查找内容是品名所在的G1单元格与日期所在的I1单元格连接后的字符串，查找范围则是将数据表中的品名列与日期列进行连接，其他与“一对一查询”中的用法并无区别。

FILTER函数的第二参数设定了两个条件，其中“C2:C16=G1”部分设定了第一个筛选的条件，指定C2:C16单元格区域等于G1单元格中的品名；“A2:A16=I1”部分设定了第二个筛选的条件，指定A2:A16单元格区域等于I1单元格中的日期。两个条件同时需要满足，使用乘法运算，这是数组中获得“与”条件结果的模式化用法，其运算规则如图27-3所示。

(C2:C16=G1)*(A2:A16=I1)		结果
FALSE	FALSE	0
FALSE	FALSE	0
FALSE	TRUE	0
FALSE	TRUE	0
FALSE	FALSE	0
FALSE	FALSE	0
FALSE	TRUE	0
FALSE	FALSE	0
FALSE	FALSE	0
TRUE	TRUE	1
TRUE	FALSE	0
FALSE	FALSE	0
FALSE	TRUE	0
FALSE	FALSE	0
FALSE	FALSE	0

图 27-3 “与”条件数组的运算过程

“C2:C16=G1”得出16行1列结果为TRUE或FALSE的数组，其中满足条件的结果为TRUE，反之为FALSE；

“A2:A16=I1”得出同样大小的结果为TRUE或FALSE的数组。

两列数组相乘，TRUE被当作数值1，FALSE被当作数值0处理，当相同位置的两个结果都为TRUE时，即“1*1”，结果仍是1，相当于TRUE；相同位置中只要存在至少一个FALSE，任意数与0相乘，结果都为0，相当于FALSE。

由于AND函数只能返回单个结果，因此在数组运算中不能使用AND函数表示“与”条件。

27.1.3 单条件筛选多个结果

根据单个条件筛选出多个符合条件的结果，也称为“一对多查询”。

示例27-3 根据单个条件筛选出多个符合条件的结果

A~D列是某些产品在各门店销售的部分记录，根据G1单元格中指定的门店，筛选出满足这个条件的多个结果。

➲ Ⅰ 使用FILTER函数

在F4单元格输入以下公式，结果自动溢出到相邻单元格区域，如图27-4所示。

```
=FILTER(A2:D16,B2:B16=G1)
```

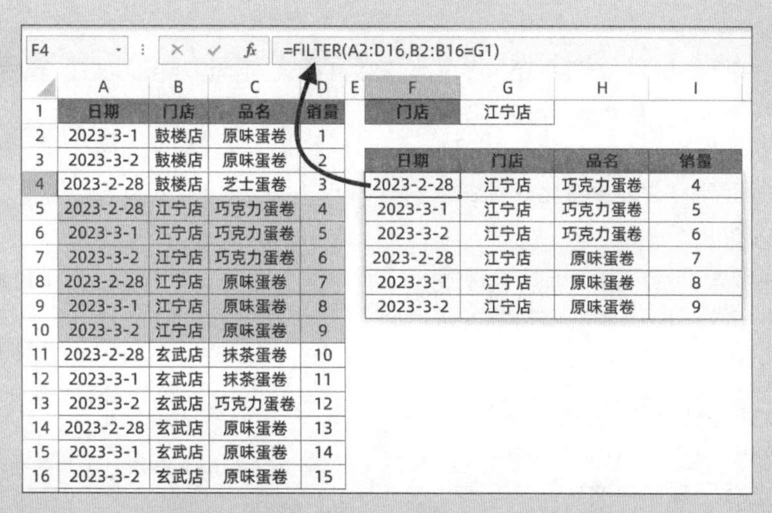

F4　=FILTER(A2:D16,B2:B16=G1)

	A	B	C	D
1	日期	门店	品名	销量
2	2023-3-1	鼓楼店	原味蛋卷	1
3	2023-3-2	鼓楼店	原味蛋卷	2
4	2023-2-28	鼓楼店	芝士蛋卷	3
5	2023-2-28	江宁店	巧克力蛋卷	4
6	2023-3-1	江宁店	巧克力蛋卷	5
7	2023-3-2	江宁店	巧克力蛋卷	6
8	2023-2-28	江宁店	原味蛋卷	7
9	2023-3-1	江宁店	原味蛋卷	8
10	2023-3-2	江宁店	原味蛋卷	9
11	2023-2-28	玄武店	抹茶蛋卷	10
12	2023-3-1	玄武店	抹茶蛋卷	11
13	2023-3-2	玄武店	巧克力蛋卷	12
14	2023-2-28	玄武店	原味蛋卷	13
15	2023-3-1	玄武店	原味蛋卷	14
16	2023-3-2	玄武店	原味蛋卷	15

门店	江宁店

日期	门店	品名	销量
2023-2-28	江宁店	巧克力蛋卷	4
2023-3-1	江宁店	巧克力蛋卷	5
2023-3-2	江宁店	巧克力蛋卷	6
2023-2-28	江宁店	原味蛋卷	7
2023-3-1	江宁店	原味蛋卷	8
2023-3-2	江宁店	原味蛋卷	9

图 27-4　使用 FILTER 函数实现一对多查询

此公式和“一对一查询”中的 FILTER 用法完全相同，因为该函数支持数组自动溢出，并无筛选结果个数的限制。

➲ II　使用 INDEX+SMALL+IF 函数嵌套

在 F4 单元格中输入以下公式，不带格式向下向右复制到 F4:I9 单元格区域，如图 27-5 所示。

```
=INDEX(A:A,SMALL(IF($B$2:$B$16=$G$1,ROW($2:$16),50),ROW(A1)))
```

F4　=INDEX(A:A,SMALL(IF($B$2:$B$16=$G$1,ROW($2:$16),50),ROW(A1)))

	A	B	C	D
1	日期	门店	品名	销量
2	2023-3-1	鼓楼店	原味蛋卷	1
3	2023-3-2	鼓楼店	原味蛋卷	2
4	2023-2-28	鼓楼店	芝士蛋卷	3
5	2023-2-28	江宁店	巧克力蛋卷	4
6	2023-3-1	江宁店	巧克力蛋卷	5
7	2023-3-2	江宁店	巧克力蛋卷	6
8	2023-2-28	江宁店	原味蛋卷	7
9	2023-3-1	江宁店	原味蛋卷	8
10	2023-3-2	江宁店	原味蛋卷	9
11	2023-2-28	玄武店	抹茶蛋卷	10
12	2023-3-1	玄武店	抹茶蛋卷	11
13	2023-3-2	玄武店	巧克力蛋卷	12
14	2023-2-28	玄武店	原味蛋卷	13
15	2023-3-1	玄武店	原味蛋卷	14
16	2023-3-2	玄武店	原味蛋卷	15

门店	江宁店

日期	门店	品名	销量
2023-2-28	江宁店	巧克力蛋卷	4
2023-3-1	江宁店	巧克力蛋卷	5
2023-3-2	江宁店	巧克力蛋卷	6
2023-2-28	江宁店	原味蛋卷	7
2023-3-1	江宁店	原味蛋卷	8
2023-3-2	江宁店	原味蛋卷	9

图 27-5　一对多查询的 INDEX+SMALL+IF 嵌套解法

公式中的“IF($B$2:$B$16=$G$1,ROW($2:$16),50)”部分是一个内存数组的结果。首先使用 IF 函数判断 B 列的门店是否等于 G1 单元格指定的门店，如果是则返回对应的行号，否则返回一个较大的数值，这个数值只要是大于 16 小于等于工作表最大行数的任意数都可以，本示例中使用的是 50。

为保证公式复制到其他单元格以后引用区域保持不变，这一部分所有的单元格都使用了绝对引用。

“ROW(A1)”部分返回 A1 单元格的行号，由于 A1 使用了相对引用，公式向下复制时，会依次得到 A2、A3、A4 等单元格的行号，也就是一组以步长为 1 递增的数值。

SMALL 函数使用 ROW(A1) 的结果作为第二参数，将 IF 部分生成的内存数组从小到大依次排列。运算过程如图 27-6 所示。

INDEX函数以SMALL函数的结果作为索引值，从A列中提取出对应位置的销售人员名单。第一参数A:A使用相对引用，当公式向右复制时，要提取的数据范围随之发生变化，最终提取出符合条件的所有记录。

IF(B2:B16=G1, ROW(2:16),50)				结果
	FALSE	2	50	50
	FALSE	3	50	50
	FALSE	4	50	50
	TRUE	5	50	5
	TRUE	6	50	6
	TRUE	7	50	7
	TRUE	8	50	8
	TRUE	9	50	9
	TRUE	10	50	10
	FALSE	11	50	50
	FALSE	12	50	50
	FALSE	13	50	50
	FALSE	14	50	50
	FALSE	15	50	50
	FALSE	16	50	50

SMALL(IF(),ROW(A1))	结果
1	5

SMALL(IF(),ROW(A2))	结果
2	6

SMALL(IF(),ROW(A2))	结果
3	7

SMALL(IF(),ROW(A3))	结果
4	8

SMALL(IF(),ROW(A4))	结果
5	9

……

图 27-6　SMALL 函数和 IF 函数部分的运算过程

当SMALL函数返回结果为50时(确保第50行没有任何数据)，INDEX函数引用指定列中第50行的单元格。如果这一行中有数据，可以将50换成更大的值，如4^8即65536，或2^20即1048576等。

此公式目前只向下复制到第9行，如果将公式继续向下复制，INDEX函数的引用变成空白单元格时，会返回一个无意义的0。一般情况下，可以将其与空文本("")连接，屏蔽无意义的0，使其在单元格中显示为空白。公式如下。

```
=INDEX(A:A,SMALL(IF($B$2:$B$16=$G$1,ROW($2:$16),50),ROW(A1)))&""
```

但是这样的公式会造成两个后果，一是数值列将变成文本型数字，不能直接进行求和等汇总；二是日期列将显示成文本型序列值。

对于这样的情况，可以对公式稍加改动，在F4单元格中输入以下公式，不带格式向右复制到I列，再向下复制到出现空白的单元格区域。

```
=IFERROR(INDEX(A:A,SMALL(IF($B$2:$B$16=$G$1,ROW($2:$16)),ROW(A1))),"")
```

IF函数部分不指定第三参数，在不符合指定条件时返回逻辑值FALSE。当SMALL函数全部提取出符合条件的行号后，公式继续向下复制会返回错误值，在最外层加上IFERROR函数，将错误值显示为空白。

根据本书前言的提示，可观看“一对多”查询的视频演示。

27.1.4　多条件筛选多个结果

根据多个条件筛选出多个符合条件的结果，即“多对多查询”。

示例27-4　根据多个条件筛选出多个符合条件的结果

如图27-7所示，A~D列是某些产品在各门店销售的部分记录，根据G1单元格中指定的门店和I1单元格中指定的品名，筛选出同时满足这两个条件的多个结果。

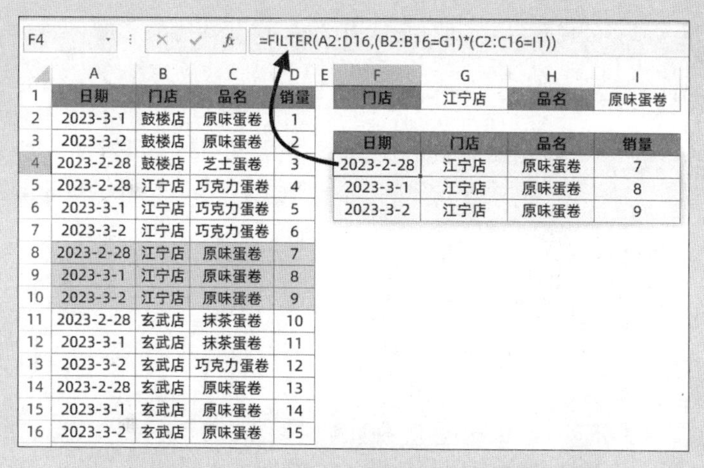

F4 =FILTER(A2:D16,(B2:B16=G1)*(C2:C16=I1))

	A	B	C	D
1	日期	门店	品名	销量
2	2023-3-1	鼓楼店	原味蛋卷	1
3	2023-3-2	鼓楼店	原味蛋卷	2
4	2023-2-28	鼓楼店	芝士蛋卷	3
5	2023-2-28	江宁店	巧克力蛋卷	4
6	2023-3-1	江宁店	巧克力蛋卷	5
7	2023-3-2	江宁店	巧克力蛋卷	6
8	2023-2-28	江宁店	原味蛋卷	7
9	2023-3-1	江宁店	原味蛋卷	8
10	2023-3-2	江宁店	原味蛋卷	9
11	2023-2-28	玄武店	抹茶蛋卷	10
12	2023-3-1	玄武店	抹茶蛋卷	11
13	2023-3-2	玄武店	巧克力蛋卷	12
14	2023-2-28	玄武店	原味蛋卷	13
15	2023-3-1	玄武店	原味蛋卷	14
16	2023-3-2	玄武店	原味蛋卷	15

F	G	H	I
门店	江宁店	品名	原味蛋卷
日期	门店	品名	销量
2023-2-28	江宁店	原味蛋卷	7
2023-3-1	江宁店	原味蛋卷	8
2023-3-2	江宁店	原味蛋卷	9

图 27-7　根据多个“与”条件筛选出多个符合条件的结果

在F4 单元格中输入以下公式，结果自动溢出到相邻单元格区域。

```
=FILTER(A2:D16,(B2:B16=G1)*(C2:C16=I1))
```

与示例 27-3 单条件筛选多个结果的公式相比，多条件的处理只是在条件上有细微变化，原来的单一条件变成了多个条件，本示例的两个条件需要同时满足，即“与”条件。公式中的“(B2:B16=G1)*(C2:C16=I1)”部分，用两个条件相乘表示“与”条件。

使用INDEX+SMALL+IF嵌套的解法同样是在一对多查询的基础上添加一个“与”条件，公式如下。

```
=IFERROR(INDEX(A:A,SMALL(IF(($B$2:$B$16=$G$1)*($C$2:$C$16=$I$1),ROW($2:$16)),ROW(A1))),"")
```

示例27-5　用多条件符合其一的方式筛选多个符合条件的结果

如图 27-8 所示，A~D列是某些产品在各门店销售的部分记录，根据G1 和H1 单元格中指定的日期，筛选出至少满足其中一个条件的全部记录。

F4 =FILTER(A2:D16,(A2:A16=G1)+(A2:A16=H1))

	A	B	C	D
1	日期	门店	品名	销量
2	2023-3-1	鼓楼店	原味蛋卷	1
3	2023-3-2	鼓楼店	原味蛋卷	2
4	2023-2-28	鼓楼店	芝士蛋卷	3
5	2023-2-28	江宁店	巧克力蛋卷	4
6	2023-3-1	江宁店	巧克力蛋卷	5
7	2023-3-2	江宁店	巧克力蛋卷	6
8	2023-2-28	江宁店	原味蛋卷	7
9	2023-3-1	江宁店	原味蛋卷	8
10	2023-3-2	江宁店	原味蛋卷	9
11	2023-2-28	玄武店	抹茶蛋卷	10
12	2023-3-1	玄武店	抹茶蛋卷	11
13	2023-3-2	玄武店	巧克力蛋卷	12
14	2023-2-28	玄武店	原味蛋卷	13
15	2023-3-1	玄武店	原味蛋卷	14
16	2023-3-2	玄武店	原味蛋卷	15

F	G	H	I
日期	2023-3-1	2023-3-2	
日期	门店	品名	销量
2023-3-1	鼓楼店	原味蛋卷	1
2023-3-2	鼓楼店	原味蛋卷	2
2023-3-1	江宁店	巧克力蛋卷	5
2023-3-2	江宁店	巧克力蛋卷	6
2023-3-1	江宁店	原味蛋卷	8
2023-3-2	江宁店	原味蛋卷	9
2023-3-1	玄武店	抹茶蛋卷	11
2023-3-2	玄武店	巧克力蛋卷	12
2023-3-1	玄武店	原味蛋卷	14
2023-3-2	玄武店	原味蛋卷	15

图 27-8　根据多个“或”条件筛选出多个符合条件的结果

在F4 单元格中输入以下公式，结果自动溢出到相邻单元格区域。

```
=FILTER(A2:D16,(A2:A16=G1)+(A2:A16=H1))
```

使用INDEX+SMALL+IF嵌套的解法同样是在一对多查询的基础上添加一个“或”条件，公式如下。

```
=IFERROR(INDEX(A:A,SMALL(IF(($A$2:$A$16=$G
$1)+($A$2:$A$16=$H$1),ROW($2:$16)),ROW(A1))),"")
```

本示例中的两个条件只需要满足其中任意一个，使用加法运算，这是数组中获得“或”条件结果的模式化用法，即公式中的“(A2:A16=G1)+(A2:A16=H1)”部分。

其运算过程如图 27-9 所示，TRUE被当作数值 1、FALSE被当作数值 0 处理。当相同位置中都是FALSE时，“0+0”结果为 0，相当于FALSE；当相同位置中存在一个TRUE或同时为TRUE，“1+0”“1+1”结果不等于 0，相当于TRUE。

(A2:A16=G1)+(A2:A16=H1)		结果
TRUE	FALSE	1
FALSE	TRUE	1
FALSE	FALSE	0
FALSE	FALSE	0
TRUE	FALSE	1
FALSE	TRUE	1
FALSE	FALSE	0
TRUE	FALSE	1
FALSE	TRUE	1
FALSE	FALSE	0
TRUE	FALSE	1
FALSE	TRUE	1
FALSE	FALSE	0
TRUE	FALSE	1
FALSE	TRUE	1

图 27-9 “或”条件数组的运算过程

注意 由于OR函数只能返回单个值，因此在数组运算中不能使用OR函数来表示“或条件”。

示例27-6 从多个条件中根据共同特征筛选出多个符合条件的结果

如图 27-10 所示，A~D列是某些产品在各门店销售的部分记录，根据G1 和H1 单元格中指定的日期，筛选出至少满足其中一个条件的全部记录。

F4 =FILTER(A2:D16,MONTH(A2:A16)=3)

	A	B	C	D
1	日期	门店	品名	销量
2	2023-3-1	鼓楼店	原味蛋卷	1
3	2023-3-2	鼓楼店	原味蛋卷	2
4	2023-2-28	鼓楼店	芝士蛋卷	3
5	2023-2-28	江宁店	巧克力蛋卷	4
6	2023-3-1	江宁店	巧克力蛋卷	5
7	2023-3-2	江宁店	巧克力蛋卷	6
8	2023-2-28	江宁店	原味蛋卷	7
9	2023-3-1	江宁店	原味蛋卷	8
10	2023-3-2	江宁店	原味蛋卷	9
11	2023-2-28	玄武店	抹茶蛋卷	10
12	2023-3-1	玄武店	抹茶蛋卷	11
13	2023-3-2	玄武店	巧克力蛋卷	12
14	2023-2-28	玄武店	原味蛋卷	13
15	2023-3-1	玄武店	原味蛋卷	14
16	2023-3-2	玄武店	原味蛋卷	15

F	G	H
日期	2023-3-1	2023-3-2

日期	门店	品名	销量
2023-3-1	鼓楼店	原味蛋卷	1
2023-3-2	鼓楼店	原味蛋卷	2
2023-3-1	江宁店	巧克力蛋卷	5
2023-3-2	江宁店	巧克力蛋卷	6
2023-3-1	江宁店	原味蛋卷	8
2023-3-2	江宁店	原味蛋卷	9
2023-3-1	玄武店	抹茶蛋卷	11
2023-3-2	玄武店	巧克力蛋卷	12
2023-3-1	玄武店	原味蛋卷	14
2023-3-2	玄武店	原味蛋卷	15

图 27-10 从多个条件中寻找规律进行筛选

G1 和H1 单元格中的条件有一个共同的特征，即日期都是 3 月份，因此可将公式中的筛选条件设置为判断A列日期是否为 3 月份。

根据这一特征，在F4 单元格中输入以下公式，结果自动溢出到相邻单元格区域。

```
=FILTER(A2:D16,MONTH(A2:A16)=3)
```

使用INDEX+SMALL+IF嵌套的解法同样可以使用这一特征，公式如下。

```
=IFERROR(INDEX(A:A,SMALL(IF(MONTH($A$2:$A$16)=3,ROW($2:$16)),ROW(A1))),"")
```

以上两个公式中都使用了“MONTH(A2:A16)=3”作为条件，先用MONTH函数提取出A2:A16单元格区域中的月份，判断其结果是否为3，返回对应的TRUE或FALSE。

> 规律有时会因数据源的变化而改变，例如随着时间的推进，当出现了3月3日的数据，这时的条件如果变成了3月1日、3月2日和3月3日，则以上公式仍适用。但如果条件不变，则只能使用示例27-5中的公式。

27.1.5　其他筛选

示例27-7　按单元格内部分数据为依据筛选

如图27-11所示，A列是某些产品在各门店销售的部分记录，同一个单元格里包括了日期、门店、品名和销量四组数据。现需要根据C2单元格指定的门店名，筛选出满足其中条件的全部记录。

在C5单元格输入以下公式，结果自动溢出到相邻单元格区域。

```
=FILTER(A2:A16,ISNUMBER(
FIND(C2,A2:A16)))
```

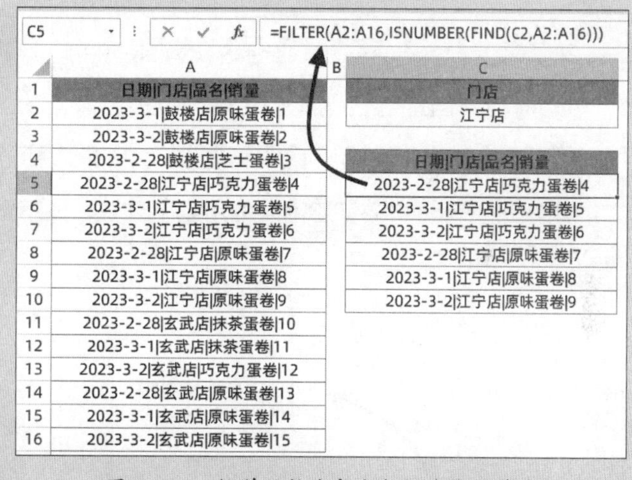

C5　=FILTER(A2:A16,ISNUMBER(FIND(C2,A2:A16)))

	A	B	C
1	日期|门店|品名|销量		门店
2	2023-3-1|鼓楼店|原味蛋卷|1		江宁店
3	2023-3-2|鼓楼店|原味蛋卷|2		
4	2023-2-28|鼓楼店|芝士蛋卷|3		日期|门店|品名|销量
5	2023-2-28|江宁店|巧克力蛋卷|4		2023-2-28|江宁店|巧克力蛋卷|4
6	2023-3-1|江宁店|巧克力蛋卷|5		2023-3-1|江宁店|巧克力蛋卷|5
7	2023-3-2|江宁店|巧克力蛋卷|6		2023-3-2|江宁店|巧克力蛋卷|6
8	2023-2-28|江宁店|原味蛋卷|7		2023-2-28|江宁店|原味蛋卷|7
9	2023-3-1|江宁店|原味蛋卷|8		2023-3-1|江宁店|原味蛋卷|8
10	2023-3-2|江宁店|原味蛋卷|9		2023-3-2|江宁店|原味蛋卷|9
11	2023-2-28|玄武店|抹茶蛋卷|10		
12	2023-3-1|玄武店|抹茶蛋卷|11		
13	2023-3-2|玄武店|巧克力蛋卷|12		
14	2023-2-28|玄武店|原味蛋卷|13		
15	2023-3-1|玄武店|原味蛋卷|14		
16	2023-3-2|玄武店|原味蛋卷|15		

图 27-11　按单元格内部分数据为依据筛选

FILTER函数的第二参数使用了ISNUMBER函数和FIND函数的嵌套，先使用FIND函数查询C2单元格在A2:A16每个单元格中出现的位置，当C2单元格中的门店名在A2:A16单元格中存在时，返回表示位置的数值，否则返回错误值。结果为:

```
{#VALUE!;#VALUE!;#VALUE!;11;10;10;11;10;10;#VALUE!;#VALUE!;#VALUE!;
#VALUE!;#VALUE!;#VALUE!}
```

再利用ISNUMBER函数屏蔽错误值的功能，将数值转换为TRUE，错误值转换为FALSE，以此作为FILTER函数进行筛选的条件。

示例27-8　跨表筛选

如图27-12所示，某些产品在各门的店销售明细被按门店分别记录在不同工作表上。

27章

鼓楼店：

	A	B	C	D
1	日期	门店	品名	销量
2	2023-3-1	鼓楼店	原味蛋卷	1
3	2023-3-2	鼓楼店	原味蛋卷	2
4	2023-2-28	鼓楼店	芝士蛋卷	3

江宁店：

	A	B	C	D
1	日期	门店	品名	销量
2	2023-2-28	江宁店	巧克力蛋卷	4
3	2023-3-1	江宁店	巧克力蛋卷	5
4	2023-3-2	江宁店	巧克力蛋卷	6
5	2023-2-28	江宁店	原味蛋卷	7
6	2023-3-1	江宁店	原味蛋卷	8
7	2023-3-2	江宁店	原味蛋卷	9

玄武店：

	A	B	C	D
1	日期	门店	品名	销量
2	2023-2-28	玄武店	抹茶蛋卷	10
3	2023-3-1	玄武店	抹茶蛋卷	11
4	2023-3-2	玄武店	巧克力蛋卷	12
5	2023-2-28	玄武店	原味蛋卷	13
6	2023-3-1	玄武店	原味蛋卷	14
7	2023-3-2	玄武店	原味蛋卷	15

图 27-12 销售记录表

现需要对多个工作表的结果按门店进行筛选，效果如图 27-13 所示。

在A4 单元格输入以下公式，结果自动溢出到相邻单元格区域。

```
=FILTER(INDIRECT(B1&"!a2:d10"),INDIRECT(B1&"!a2:a10")>0)
```

FILTER 函数的第一参数，使用INDIRECT 函数间接引用了指定门店所对应的工作表中的数据，但因每个工作表中的数据行数不确定，这里引用了一个较大的范围 A2:D10 单元格区域。

第二参数为指定门店所在的工作表的任意列，这里使用的是 A 列，设定条件是大于 0，目的为筛选掉因间接引用空单元格而产生的无意义的 0。

当工作表名开头是数字或不包含空格等特殊符号时，工作表名前后需要加单引号，公式如下。

```
=FILTER(INDIRECT("'"&B1&"'!a2:d10"),INDIRECT("'"&B1&"'!a2:a10")>0)
```

如果使用Excel 365，还可以使用以下公式，按不同品名筛选出各门店的数据，公式如下，如图 27-14 所示。

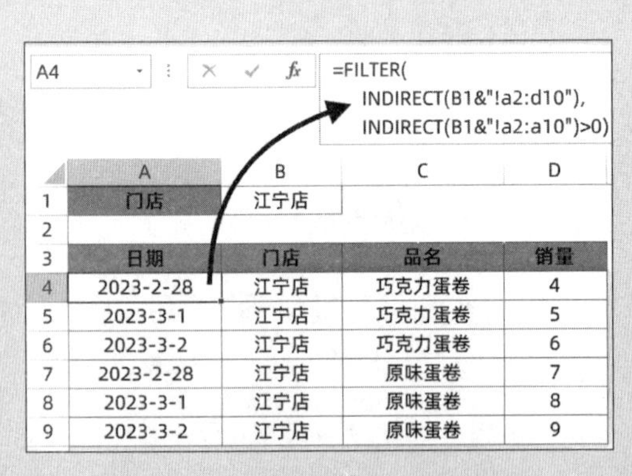
A4 =FILTER(INDIRECT(B1&"!a2:d10"),INDIRECT(B1&"!a2:a10")>0)

	A	B	C	D
1	门店	江宁店		
2				
3	日期	门店	品名	销量
4	2023-2-28	江宁店	巧克力蛋卷	4
5	2023-3-1	江宁店	巧克力蛋卷	5
6	2023-3-2	江宁店	巧克力蛋卷	6
7	2023-2-28	江宁店	原味蛋卷	7
8	2023-3-1	江宁店	原味蛋卷	8
9	2023-3-2	江宁店	原味蛋卷	9

图 27-13 跨表筛选指定门店的数据

A4 =FILTER(VSTACK(鼓楼店:玄武店!A2:D10),VSTACK(鼓楼店:玄武店!C2:C10)=B1)

	A	B	C	D
1	品名	原味蛋卷		
2				
3	日期	门店	品名	销量
4	2023-3-1	鼓楼店	原味蛋卷	1
5	2023-3-2	鼓楼店	原味蛋卷	2
6	2023-2-28	江宁店	原味蛋卷	7
7	2023-3-1	江宁店	原味蛋卷	8
8	2023-3-2	江宁店	原味蛋卷	9
9	2023-2-28	玄武店	原味蛋卷	13
10	2023-3-1	玄武店	原味蛋卷	14
11	2023-3-2	玄武店	原味蛋卷	15

图 27-14 跨表筛选指定品名的数据

在A4 单元格输入以下公式，结果自动溢出到相邻单元格区域。

```
=FILTER(VSTACK(鼓楼店:玄武店!A2:D10),VSTACK(鼓楼店:玄武店!C2:C10)=B1)
```

“VSTACK(鼓楼店:玄武店!A2:D10)”部分，先将三个工作表的A2:D10 单元格区域合并，生成一个连续的内存数组，以此作为 FILTER 函数的第一参数。

FILTER 函数的第二参数，即筛选条件，使用“VSTACK(鼓楼店:玄武店!C2:C10)”将三个表合并后，判断 C 列是否满足条件指定的品名。

27.2 提取不重复值

27.2.1 一维区域筛选不重复记录

示例27-9 提取不重复的门店名称

如图 27-15 所示，A~D 列是某些产品在各门店销售的部分记录，需要提取不重复的门店名称。

➲ I 使用 UNIQUE 函数

在 F2 单元格输入以下公式，结果自动溢出到相邻单元格区域。

```
=UNIQUE(B2:B16)
```

➲ II 使用 INDEX+SMALL+IF+MATCH 函数嵌套

在 G2 单元格输入以下公式，向下复制到单元格显示空白为止。

```
=INDEX(B:B,SMALL(IF(MATCH(B$2:B$16,B:B,)=ROW($2:$16),ROW($2:$16),50),RO
W(A1)))&""
```

27章

公式主要部分的运算过程如图 27-16 所示。

	A	B	C	D	E	F	G
1	日期	门店	品名	销量		门店	
2	2023-3-1	鼓楼店	原味蛋卷	1		鼓楼店	鼓楼店
3	2023-3-2	鼓楼店	原味蛋卷	2		江宁店	江宁店
4	2023-2-28	鼓楼店	芝士蛋卷	3		玄武店	玄武店
5	2023-2-28	江宁店	巧克力蛋卷	4			
6	2023-3-1	江宁店	巧克力蛋卷	5			
7	2023-3-2	江宁店	巧克力蛋卷	6			
8	2023-2-28	江宁店	原味蛋卷	7			
9	2023-3-1	江宁店	原味蛋卷	8			
10	2023-3-2	江宁店	原味蛋卷	9			
11	2023-2-28	玄武店	抹茶蛋卷	10			
12	2023-3-1	玄武店	抹茶蛋卷	11			
13	2023-3-2	玄武店	巧克力蛋卷	12			
14	2023-2-28	玄武店	原味蛋卷	13			
15	2023-3-1	玄武店	原味蛋卷	14			
16	2023-3-2	玄武店	原味蛋卷	15			

F2公式：
=UNIQUE(B2:B16)

G2公式：
=INDEX(B:B,
SMALL(
IF(MATCH(B$2:B$16,B:B,)
=ROW($2:$16),
ROW($2:$16),50),
ROW(A1)))
&""

图 27-15 提取不重复的门店名称

IF(MATCH(B2:B16,B:B,)=ROW(2:16),ROW(2:16),50)				结果
2	2	2	50	2
2	3	3	50	50
2	4	4	50	50
5	5	5	50	5
5	6	6	50	50
5	7	7	50	50
5	8	8	50	50
5	9	9	50	50
5	10	10	50	50
11	11	11	50	11
11	12	12	50	50
11	13	13	50	50
11	14	14	50	50
11	15	15	50	50
11	16	16	50	50

图 27-16 MATCH 函数去重法的主要部分运算过程

公式中的“MATCH(B$2:B$16,B:B,)”部分，利用 MATCH 函数在 B 列中依次查找 B2:B16 中每个单元格首次出现的位置，如“鼓楼店”首次出现的位置是 2，这一列中所有的“鼓楼店”通过 MATCH 计算的结果都是 2，其他以此类推。

将以上内存数组结果与数据所在行号“ROW($2:$16)”进行比对，如果查找的位置序号与数据自身的位置序号一致，表示该数据是首次出现，否则是重复出现。

当 MATCH 函数结果与数据自身的位置序号相等时，返回当前数据行号，否则返回一个较大的数值。本示例中使用的是 50，实际使用时可使用一个大于数据总行数的数值。

最后通过 SMALL 函数将行号从小到大依次取出，再由 INDEX 函数返回该位置的门店名，得到不重复的列表。

27.2.2 二维数据表提取不重复记录

示例27-10 提取不重复的门店与品名

图 27-17 所示，A~D列是某些产品在各门店销售的部分记录，需要提取不重复的门店与品名。

在F2单元格中输入以下公式，结果自动溢出到相邻单元格区域。

```
=UNIQUE(B2:C16)
```

使用INDEX+SMALL+IF+MATCH函数嵌套的解法，只是在MATCH部分与一维区域的筛选不重复记录有所不同，即查找值是B2:B16与C2:C16的连接，查找区域是B列与C列的连接，公式如下。

```
=INDEX(B:B,SMALL(IF(MATCH($B$2:$B$16&$C$2:$C$16,$B:$B&$C:$C,)=ROW($2:$16),ROW($2:$16),50),ROW(A1)))&""
```

F2 =UNIQUE(B2:C16)

	A	B	C	D	E	F	G
1	日期	门店	品名	销量		门店	品名
2	2023-3-1	鼓楼店	原味蛋卷	1		鼓楼店	原味蛋卷
3	2023-3-2	鼓楼店	原味蛋卷	2		鼓楼店	芝士蛋卷
4	2023-2-28	鼓楼店	芝士蛋卷	3		江宁店	巧克力蛋卷
5	2023-2-28	江宁店	巧克力蛋卷	4		江宁店	原味蛋卷
6	2023-3-1	江宁店	巧克力蛋卷	5		玄武店	抹茶蛋卷
7	2023-3-2	江宁店	巧克力蛋卷	6		玄武店	巧克力蛋卷
8	2023-2-28	江宁店	原味蛋卷	7		玄武店	原味蛋卷
9	2023-3-1	江宁店	原味蛋卷	8			
10	2023-3-2	江宁店	原味蛋卷	9			
11	2023-2-28	玄武店	抹茶蛋卷	10			
12	2023-3-1	玄武店	抹茶蛋卷	11			
13	2023-3-2	玄武店	巧克力蛋卷	12			
14	2023-2-28	玄武店	原味蛋卷	13			
15	2023-3-1	玄武店	原味蛋卷	14			
16	2023-3-2	玄武店	原味蛋卷	15			

图 27-17 提取不重复的门店与品名

示例27-11 提取矩阵中的不重复项

图 27-18 是某公司排班表的部分内容，需要提取不重复的姓名列表。

	A	B	C	D	E	F	G	H
1	日期	排班表					姓名	M365专属
2	2023-3-1	舒凡	李蕾	王连吉	殷雁		舒凡	舒凡
3	2023-3-2	王云霞	胡有标	李文琼	侯增强		李蕾	李蕾
4	2023-3-3	殷雁	舒凡	李蕾	王连吉		王连吉	王连吉
5	2023-3-4	侯增强	王云霞	胡有标	李文琼		殷雁	殷雁
6	2023-3-5	王连吉	殷雁	舒凡	李蕾		王云霞	王云霞
7	2023-3-6	李文琼	侯增强	王云霞	胡有标		胡有标	胡有标
8	G2公式：						李文琼	李文琼
9	=UNIQUE(INDEX(B2:E7,ROW(4:27)/4,MOD(ROW(4:27),4)+1)						侯增强	侯增强
10	H2公式：							
11	=UNIQUE(TOCOL(B2:E7))							

图 27-18 从排班表中提取不重复姓名

➲ Ⅰ UNIQUE解法

在G2单元格输入以下公式，结果自动溢出到相邻单元格区域。

```
=UNIQUE(INDEX(B2:E7,ROW(4:27)/4,MOD(ROW(4:27),4)+1))
```

“ROW(4:27)/4”部分，分别用ROW函数得到的序号4~27除以4，作为INDEX函数的第二参数。INDEX函数对该参数自动取整，得到相当于1,1,1,1,2,2,2,2...这样每个数值重复四次的序列数。

“MOD(ROW(4:27),4)+1)”部分，分别计算ROW函数得到的序号4~27除以4的余数，再加1的结果，

得到 1,2,3,4,1,2,3,4...这样重复循环的序列数。

利用INDEX函数，将B2:E7 单元格区域转换成一列，最后再用UNIQUE函数提取出其中的唯一值。

注意

INDEX部分的此种用法在动态数组中是一个内存数组结果，输入公式时直接按下<Enter>键即可。但如果输入时按下<Ctrl+Shift+Enter>组合键结束，成为传统数组公式，其结果就是一个“伪内存数组”，此时如果在公式外再嵌套INDEX等函数，会得出错误结果。

➲ II　Excel 365 中的公式

```
=UNIQUE(TOCOL(B2:E7))
```

公式先使用TOCOL函数将B2:E7 单元格区域转换成一列，再用UNIQUE函数提取唯一值。

27.2.3　同一单元格内筛选不重复数据

示例27-12　同一单元格内筛选不重复数据

如图 27-19 所示，A、B两列是各门店销售产品的品名，同一门店所有品名在一个单元格内，以顿号分隔。现需要筛选出B列中品名的唯一值。

	A	B	C
1	门店	品名	
2	鼓楼店	原味蛋卷、原味蛋卷、芝士蛋卷	
3	江宁店	巧克力蛋卷、巧克力蛋卷、巧克力蛋卷、原味蛋卷、原味蛋卷、原味蛋卷	
4	玄武店	抹茶蛋卷、抹茶蛋卷、巧克力蛋卷、原味蛋卷、原味蛋卷、原味蛋卷	
5			
6	门店	品名	M365专属
7	鼓楼店	原味蛋卷、芝士蛋卷	原味蛋卷、芝士蛋卷
8	江宁店	巧克力蛋卷、原味蛋卷	巧克力蛋卷、原味蛋卷
9	玄武店	抹茶蛋卷、巧克力蛋卷、原味蛋卷	抹茶蛋卷、巧克力蛋卷、原味蛋卷
10	B7公式：		
11	=TEXTJOIN("、",,UNIQUE(TRIM(MID(		
12	SUBSTITUTE(B2,"、",REPT(" ",99)),COLUMN(A:I)*99-98,99)),1))		
13	C7公式：		
14	=TEXTJOIN("、",,UNIQUE(TEXTSPLIT(B2,,"、")))		

图 27-19　同一单元格内筛选不重复

➲ I　利用TRIM+MID+SUBSTITUTE函数拆分的解法

在B7 单元格输入以下公式，向下复制到B9 单元格。

```
=TEXTJOIN("、",,UNIQUE(TRIM
(MID(SUBSTITUTE(B2,"、",REPT(" ",
99)),COLUMN(A:I)*99-98,99)),1))
```

公式先使用“REPT(" ",99)”生成 99 个空格。

“SUBSTITUTE(B2,"、",REPT(" ",99))”部分，使用SUBSTITUTE函数将B2 单元格中的顿号分别替换为 99 个空格，使B2 单元格中的内容变成每个品名之间插入 99 个空格。

“COLUMN(A:I)*99-98”部分生成的是 1、100、199、298、397、496、595、694、793 这样一组步长为 99 的序列数，以此作为MID函数的第二参数，再以 99 作为MID函数的第三参数。

MID函数分别从以上字符串中的第 1 位、第 100 位、第 199 位、第 298 位……开始，提取长度为 99 的字符串，得到一个内存数组，结果是带有空格的品名：

```
{"原味蛋卷                    ","      原味蛋卷                ","          芝士蛋卷      "……
```

再使用TRIM函数替换掉多余的空格，变成以下结果。

```
{"原味蛋卷","原味蛋卷","芝士蛋卷","","","","","",""}
```

然后用UNIQUE函数提取其唯一值。由于要提取的是水平方向的数组，因此第二参数使用1，表示比较各列后返回唯一值。

最后用TEXTJOIN函数按分隔符顿号合并，并忽略空值。

➲ Ⅱ　Excel 365 中的公式

```
=TEXTJOIN("、",,UNIQUE(TEXTSPLIT(B2,,"、")))
```

公式先用TEXTSPLIT函数，将B2单元格中的品名按分隔符顿号拆分成一列，再用UNIQUE函数对其去除重复项，最后用TEXTJOIN函数进行合并。

27.3　综合运用

27.3.1　提取指定条件的不重复记录

示例27-13　提取满足指定条件最后一天的数据

如图27-20所示，A~D列是某些产品在各门店销售的部分记录，根据G1单元格中指定的门店，列出满足这一条件的所有日期中最后一天的数据。

在G4单元格输入以下公式，结果自动溢出到相邻单元格区域。

```
=UNIQUE(FILTER(B2:C16,B2:B16=G1))
```

先使用FILTER函数，从B2:C16单元格区域中提取出符合指定条件“B2:B16=G1”的结果，返回一个内存数组，再用UNIQUE函数从这个内存数组中提取不重复的记录。

	A	B	C	D	E	F	G	H	I
1	日期	门店	品名	销量		门店	江宁店		
2	2023-3-1	鼓楼店	原味蛋卷	1					
3	2023-3-2	鼓楼店	原味蛋卷	2		日期	门店	品名	销量
4	2023-2-28	鼓楼店	芝士蛋卷	3		2023-3-2	江宁店	巧克力蛋卷	6
5	2023-2-28	江宁店	巧克力蛋卷	4		2023-3-3	江宁店	原味蛋卷	9
6	2023-3-1	江宁店	巧克力蛋卷	5					
7	2023-3-2	江宁店	巧克力蛋卷	6		F4公式：			
8	2023-2-28	江宁店	原味蛋卷	7		=MAXIFS(A:A,B:B,G4,C:C,H4)			
9	2023-3-1	江宁店	原味蛋卷	8					
10	2023-3-3	江宁店	原味蛋卷	9		G4公式：			
11	2023-2-28	玄武店	抹茶蛋卷	10		=UNIQUE(FILTER(B2:C16,B2:B16=G1))			
12	2023-3-1	玄武店	抹茶蛋卷	11					
13	2023-3-5	玄武店	巧克力蛋卷	12		I4公式：			
14	2023-2-28	玄武店	原味蛋卷	13		=SUMIFS(D:D,A:A,F4,B:B,G4,C:C,H4)			
15	2023-3-1	玄武店	原味蛋卷	14					
16	2023-3-2	玄武店	原味蛋卷	15					

图27-20　按条件列出最后一天的数据

在F4单元格输入以下公式，向下复制到F5单元格，计算符合门店和品名两个条件的最大日期。

```
=MAXIFS(A:A,B:B,G4,C:C,H4)
```

在I4单元格输入以下公式，向下复制到I5单元格，计算符合日期、门店和品名三个条件的总销量。

```
=SUMIFS(D:D,A:A,F4,B:B,G4,C:C,H4)
```

27.3.2 将筛选结果去重后合并到一个单元格

示例27-14 将筛选结果去除重复项后合并到一个单元格

如图 27-21 所示，A~D列是某些产品在各门店销售的部分记录，现需要将各门店对应的品名去除重复项后放在一个单元格内，并计算各品名的种类数。

	A	B	C	D
1	日期	门店	品名	销量
2	2023-3-1	鼓楼店	原味蛋卷	1
3	2023-3-2	鼓楼店	原味蛋卷	2
4	2023-2-28	鼓楼店	芝士蛋卷	3
5	2023-2-28	江宁店	巧克力蛋卷	4
6	2023-3-1	江宁店	巧克力蛋卷	5
7	2023-3-2	江宁店	巧克力蛋卷	6
8	2023-2-28	江宁店	原味蛋卷	7
9	2023-3-1	江宁店	原味蛋卷	8
10	2023-3-2	江宁店	原味蛋卷	9
11	2023-2-28	玄武店	抹茶蛋卷	10
12	2023-3-1	玄武店	抹茶蛋卷	11
13	2023-3-2	玄武店	巧克力蛋卷	12
14	2023-2-28	玄武店	原味蛋卷	13
15	2023-3-1	玄武店	原味蛋卷	14
16	2023-3-2	玄武店	原味蛋卷	15

F	G	H
门店	品名	品种数
鼓楼店	原味蛋卷、芝士蛋卷	2
江宁店	巧克力蛋卷、原味蛋卷	2
玄武店	抹茶蛋卷、巧克力蛋卷、原味蛋卷	3

F2公式：=UNIQUE(B2:B16)
G2公式：=TEXTJOIN("、",,UNIQUE(FILTER(C2:C16,B2:B16=F2)))
H2公式：=COUNTA(UNIQUE(FILTER(C2:C16,B2:B16=F2)))

图 27-21 筛选+去重+合并

在F2 单元格输入以下公式，结果自动溢出到相邻单元格区域。

```
=UNIQUE(B2:B16)
```

在G2 单元格输入以下公式，向下复制到G4 单元格。

```
=TEXTJOIN("、",,UNIQUE(FILTER(C2:C16,B2:B16=F2)))
```

公式先用FILTER函数筛选出“鼓楼店”所对应的品名，再用UNIQUE函数将判断结果去除重复项。最后用TEXTJOIN函数，以顿号(、)为分隔符，忽略空文本，将UNIQUE函数的结果合并到一个单元格内。

在H2 单元格输入以下公式，向下复制到H4 单元格。

```
=COUNTA(UNIQUE(FILTER(C2:C16,B2:B16=F2)))
```

公式同样使用了FILTER函数进行筛选，再用UNIQUE函数对其去除重复项，最后用COUNTA函数进行计数。

练习与巩固

请根据“练习.xlsx”中的数据，使用公式完成单个条件与多个条件的数据筛选。

第 28 章　排名与排序

日常工作中经常需要处理与排名、排序相关的计算，比如统计考试成绩名次、销售数据排序等。本章重点介绍排名与排序有关的技巧。

本章学习要点

（1）美式排名与中式排名。
（2）百分比排名。
（3）按条件排名。
（4）按数值、文本及混合排序。
（5）筛选后的排序。

28.1　使用函数与公式进行排名

28.1.1　美式排名

美式排名是指出现相同数据时，并列的数据也占用名次。比如对 5、5、4 进行降序排名，结果分别为第 1 名、第 1 名和第 3 名。

排序函数包括 RANK.EQ 函数、RANK.AVG 函数和 RANK 函数。其中 RANK 函数被归入兼容函数类别，在高版本中被 RANK.EQ 函数替代，实际工作中已不建议再使用。

RANK.EQ 和 RANK.AVG 函数的语法完全一样，参数的用法也完全相同。

函数语法如下：

```
RANK.EQ(number,ref,[order])
RANK.AVG(number,ref,[order])
```

第一参数 number 是要找到其排位的数值。

第二参数 ref 是用于排序的一系列数据，其中至少要有一个数值与第一参数相同，否则返回错误值 #N/A。参数中的非数值会被忽略。该参数必需是本工作簿内的单元格引用，包括联合区域引用，但不支持数组。

如图 28-1 所示，计算数值 1 在数据源区域中的排名。D2 单元格公式如下。

	A	B	C	D	E
1	数据源			单区域排序	多区域排序
2	1	11		18	18
3	2	12			
4	3	13		D2公式：	
5	4	14		=RANK.EQ(1,A2:B10)	
6	5	15			
7	6	16		E2公式：	
8	7	17		=RANK.EQ(1,(A2:A10,B2:B10))	
9	8	18			
10	9	19			

图 28-1　单区域排序与联合区域排序

```
=RANK.EQ(1,A2:B10)
```

E2 单元格公式如下。

```
=RANK.EQ(1,(A2:A10,B2:B10))
```

虽然公式都是返回数值 1 在 A2:B10 这个范围中的排名，公式结果也完全一样，但是第二参数采用了不同的写法，“A2:B10”是单个的区域，“(A2:A10,B2:B10)”则是多个单元格区域构成的联合区域。

第三参数 order 可选，当参数为 TRUE 或不为 0 的数值时，第二参数中的最小数值排名为 1；当参数为FALSE、0 或者缺省时，第二参数中的最大数值排名为 1。

RANK.EQ函数与RANK.AVG函数的差异如图 28-2 所示，当第二参数中存在多个重复数据时，RANK.EQ函数返回该组数据的最高排位，而RANK.AVG函数返回该组数据的平均排位。

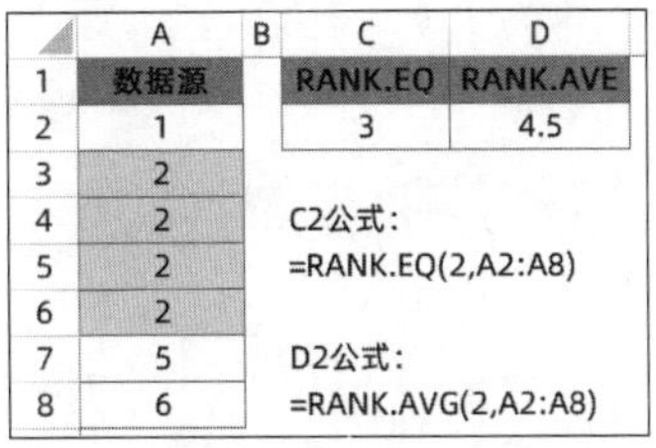

	A	B	C	D
1	数据源		RANK.EQ	RANK.AVE
2	1		3	4.5
3	2			
4	2		C2公式：	
5	2		=RANK.EQ(2,A2:A8)	
6	2			
7	5		D2公式：	
8	6		=RANK.AVG(2,A2:A8)	

图 28-2 RANK.EQ 函数与 RANK.AVG 函数的差异

示例28-1 跨工作表排名

图 28-3 是某年级三个班级学生成绩的部分内容，需要列出每个学生成绩的全年级排名。

同时选取“1-1 班”“1-2 班”和“1-3 班”三个工作表，在C2单元格输入以下公式，再分别向下复制到每个工作表C列数据的最后一行。

```
=RANK.EQ(B2,'1-1 班:1-3 班'!B:B)
```

1-1班：

	A	B	C
1	姓名	成绩	排名
2	倪勇	100	1
3	孟雪	99	2
4	陈安权	98	3
5	王云芬	97	4

1-2班：

	A	B	C
1	姓名	成绩	排名
2	杨荣峰	96	5
3	杨信	95	6
4	简应华	94	7
5	杨丽琼	93	8
6	尉吉春	92	9
7	太良	91	10

1-3班：

	A	B	C
1	姓名	成绩	排名
2	张志明	90	11
3	周詠莲	89	12
4	李平	88	13
5	李润祥	87	14
6	赵嘉玲	86	15

1-1班C2单元格公式：
=RANK.EQ(B2,'1-1班:1-3班'!B:B)

1-2班C2单元格公式：
=RANK.EQ(B2,'1-1班:1-3班'!B:B)

1-3班C2单元格公式：
=RANK.EQ(B2,'1-1班:1-3班'!B:B)

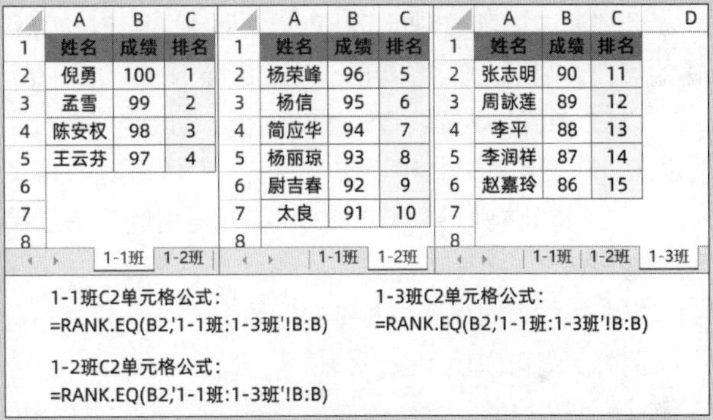

图 28-3 跨工作表排名

RANK.EQ函数的第二参数使用“'1-1 班:1-3 班'!B:B”，表示引用“1-1 班”和“1-3 班”工作表之间所有工作表的B列。

提示 当工作表名开头不是数字或不包含空格等特殊符号时，工作表名前后不需要加单引号。

28.1.2 中式排名

另一种排名方式为连续名次，即无论有多少并列的情况，名次本身一直是连续的自然数序列。这种排名方式被称为密集型排名，也称“中式排名”。密集型排名的名次等于参与排名数据的不重复个数，最后一名的名次会小于或等于数据的总个数。比如有 10 个数据参与排名，名次可能是 1-2-2-3-4-5-6-6-6-7。

Excel工作表函数中没有提供可以直接进行密集型排名计算的函数，需要借助其他函数组合来完成计算。

提示 “中式排名”和“美式排名”只是对名次连续和名次不连续两种排名方式的习惯性叫法，并不对应具体的国家。

示例28-2 数学竞赛排名

图 28-4 展示的是某地区所举办的数学竞赛结果，需要根据C列的竞赛成绩统计排名，分别使用两种不同的排名方式。

Ⅰ 美式排名

在D2 单元格输入以下公式，向下复制到D9 单元格。

```
=RANK.EQ(C2,C:C)
```

Ⅱ 成绩降序排列的中式排名

在E2 单元格输入以下公式，向下复制到E9 单元格。

```
=IF(C2=C1,E1,N(E1)+1)
```

	A	B	C	D	E	F	G	H
1	学生姓名	所属学校	竞赛成绩	美式排名	中式排名			
2	贾伟卿	进修中学	100	1	1	1	1	1
3	蔡明成	进修中学	99	2	2	2	2	2
4	王美华	大河附中	99	2	2	2	2	2
5	王美芬	大河附中	98	4	3	3	3	3
6	王琼华	进修中学	98	4	3	3	3	3
7	丁志忠	大河附中	98	4	3	3	3	3
8	钟煜	大河附中	97	7	4	4	4	4
9	宋天祥	大河附中	96	8	5	5	5	5
10	D2公式：	=RANK.EQ(C2,C:C)						
11	E2公式：	=IF(C2=C1,E1,N(E1)+1)						
12	F2公式：	=MATCH(C2,UNIQUE(C$2:C$9),)						
13	G2公式：	=COUNT(UNIQUE((C$2:C$10>=C2)*C$2:C$10))-1						
14	H2公式：	=MATCH(C2,SORT(UNIQUE(C$2:C$9),,-1),)						

图 28-4 数学竞赛排名

公式通过IF函数判断C2 单元格里的数值与C1 是否相等，如果相等，则返回公式所在的上一个单元格的值，否则用上一个单元格的值加 1。

以E2 单元格为例，C2 为数值，而C1 为字段标题，二者不可能相等，此时如果直接用E1 加 1，会因为E1 单元格是文本内容而返回错误值，所以用N函数将文本转成 0 以后再与 1 相加。

以E4 单元格为例，C4 和C3 单元格里的成绩都是 99，IF函数的判断条件成立，此时返回E3 单元格里的排名 2。

以此类推，以达到中式排名的效果。

另外，还可以使用以下公式：

```
=MATCH(C2,UNIQUE(C$2:C$9),)
```

先用UNIQUE函数提取出C2:C9 范围内的唯一值，再利用MATCH函数查找每一个成绩在其中的精确位置。例如C2 单元格中的成绩是 100，MATCH的结果是 1；C3 和C4 单元格中的成绩都是 99，MATCH的结果就都是 2；以此类推，达到中式排名的效果。

Ⅲ 成绩乱序排列的中式排名

使用以上公式有一个前提条件，就是C列数据必需事先按降序排列，如果C列数据是乱序，则可以在G2 单元格输入以下公式，向下复制到G9 单元格。

```
=COUNT(UNIQUE((C$2:C$10>=C2)*C$2:C$10))-1
```

公式相当于在符合“C$2:C$10>=C2”的条件时，计算C列数据区域中的不重复个数。公式中的引用区域比实际数据范围多一个，当所有条件都满足时，最后还留有一个不满足条件的 0，以保证COUNT计数后再减 1 的结果不会出错。

另外，还可以使用以下公式：

```
=MATCH(C2,SORT(UNIQUE(C$2:C$9),,-1),)
```

此处利用SORT函数，将C2:C9 单元格区域中的唯一值按降序排列，再用MATCH函数查找每一个成绩在其中的精确位置。

关于SORT函数，请参阅 28.2.2 小节。

示例28-3 分组排名

图 28-5 展示的是某地区所举办的数学竞赛结果，需要根据C列的竞赛成绩，按每个学校分别进行排名。

	A	B	C	D	E	F	G	H	I
1	学生姓名	所属学校	竞赛成绩	美式排名		中式排名			
2	贾伟卿	进修中学	100	1	1	1	1	1	1
3	蔡明成	进修中学	99	2	2	2	2	2	2
4	王琼华	进修中学	98	3	3	3	3	3	3
5	王美华	大河附中	99	1	1	1	1	1	1
6	丁志忠	大河附中	98	2	2	2	2	2	2
7	王美芬	大河附中	98	2	2	2	2	2	2
8	钟煜	大河附中	97	4	4	3	3	3	3
9	宋天祥	大河附中	96	5	5	4	4	4	4
10	D2公式：	=RANK.EQ(C2,OFFSET(C$1,MATCH(B2,B:B,)-1,,COUNTIF(B:B,B2)))							
11	E2公式：	=COUNTIFS(B:B,B2,C:C,">"&C2)+1							
12	F2公式：	=IF(B2=B1,IF(C2=C1,F1,N(F1)+1),1)							
13	G2公式：	=MATCH(C2,UNIQUE(FILTER(C$2:C$9,B$2:B$9=B2)),)							
14	H2公式：	=COUNT(UNIQUE((B$2:B$10=B2)*(C$2:C$10>=C2)*C$2:C$10))-1							
15	I2公式：	=MATCH(C2,SORT(UNIQUE(FILTER(C$2:C$9,B$2:B$9=B2)),,-1),)							

图 28-5 分组排名计算

➲ I B列已排序前提下的美式排名

在D2 单元格输入以下公式，向下复制到D9 单元格。

```
=RANK.EQ(C2,OFFSET(C$1,MATCH(B2,B:B,)-1,,COUNTIF(B:B,B2)))
```

公式中的OFFSET部分，是从C1 单元格为起点，指定了向下偏移的位置和新引用区域的行数。

公式不断向下复制引用B列的不同单元格时，OFFSET函数所生成的单元格区域如图 28-6 所示。

	A	B	C	D	E	F	G	H	I	J	K	L
1	学生姓名	所属学校	竞赛成绩		引用B2	引用B3	引用B4	引用B5	引用B6	引用B7	引用B8	引用B9
2	贾伟卿	进修中学	100		100	100	100	99	99	99	99	99
3	蔡明成	进修中学	99		99	99	99	98	98	98	98	98
4	王琼华	进修中学	98		98	98	98	98	98	98	98	98
5	王美华	大河附中	99					97	97	97	97	97
6	丁志忠	大河附中	98					96	96	96	96	96
7	王美芬	大河附中	98									
8	钟煜	大河附中	97									
9	宋天祥	大河附中	96									

图 28-6 OFFSET函数引用B列不同单元格时所生成的单元格区域

向下偏移的位置由MATCH函数实现，即A列中A2 首次出现的位置。因为OFFSET的起始位置是C1 单元格，所以减去 1 以修正结果。

新引用单元格区域的行数则由COUNTIF函数实现，即A列中与A2 单元格相同的单元格个数。

以OFFSET函数所生成的单元格区域作为RANK.EQ函数的第二参数，当公式在D2:D4 单元格区域内时，RANK函数的第二参数所引用的是C2:C4 单元格区域；当公式向下复制到D5:D9 单元格区域时，RANK函数的第二参数所引用的单元格区域变成了C5:C9，借此达到分组排序的效果。

➲ II 类别乱序时的美式排名

以上公式的前提是B列需要事先排序，将相同的地区排列到一起，如果B列是乱序，则可以在E2 单元格输入以下公式，向下复制到E9 单元格。

```
=COUNTIFS(B:B,B2,C:C,">"&C2)+1
```

公式使用COUNTIFS函数计算B列为B2时C列中大于C2的个数，如果C2单元格里的是最大值，结果为0；如果C2单元格里的是第二大值，结果为1；以此类推。

最后将结果加1，得到排名结果。

➲ III　学校已排序并且成绩已降序排序时的中式排名

在F2单元格输入以下公式，向下复制到F9单元格。

```
=IF(B2=B1,IF(C2=C1,F1,N(F1)+1),1)
```

公式在不分组排名公式的基础上增加了一个条件，当B2的学校与B1相等时，才适用此公式，否则就重新从1开始，以此达到分组按中式排名的效果。

也可以使用以下公式：

```
=MATCH(C2,UNIQUE(FILTER(C$2:C$9,B$2:B$9=B2)),)
```

与未分组的中式排名公式相比，此公式中增加了一个FILTER函数，使公式在下拉过程中，UNIQUE的参数始终是成绩所在的组里。

➲ IV　乱序下的中式排名

以上公式不仅要求B列事先排序，还要求C列成绩在每组中降序排序。如果B、C两列都是乱序，可以在H2单元格输入以下公式，向下复制到H9单元格。

```
=COUNT(UNIQUE((B$2:B$10=B2)*(C$2:C$10>=C2)*C$2:C$10))-1
```

公式相当于在符合“B2:B10=B2”和“C2:C10>=C2”两个条件时，计算C列的不重复个数。

也可以使用以下公式：

```
=MATCH(C2,SORT(UNIQUE(FILTER(C$2:C$9,B$2:B$9=B2)),,-1),)
```

这个公式与未分组的中式排名公式相比，同样是增加了FILTER函数，以达到分组的效果。

28.1.3　百分比排名

用于百分比排名的函数包括PERCENTRANK.EXC函数、PERCENTRANK.INC函数和PERCENTRANK函数。其中PERCENTRANK函数被归入兼容函数类别，在高版本中被PERCENTRANK.INC函数替代，实际工作中已不建议再使用。

PERCENTRANK.EXC与PERCENTRANK.INC函数的语法完全一样，参数的用法也完全相同。函数语法如下：

```
PERCENTRANK.EXC(array,x,[significance])
PERCENTRANK.INC(array,x,[significance])
```

第一参数array是用于排名的数据区域或数组。参数中的非数值会被忽略。

第二参数x是需要排位的值。x大于等于array中的最小值且小于等于array中的最大值。如果x与第一参数的任何一个值都不匹配，则函数将按插值计算的方式返回其百分比排位。

第三参数significance是可选参数，指返回结果所显示的小数点后的位数，默认为3位。如果该参数小于1，则函数返回错误值#NUM!；如果该参数为小数，将被截尾取整。

两个函数都用于返回某个数值在一个数据集中的百分比排位，区别在于PERCENTRANK.EXC函数返回的百分比值的范围不包含 0 和 1，PERCENTRANK.INC 函数返回的百分比值的范围包含 0 和 1。

PERCENTRANK.EXC 函数的计算规则相当于：

```
=(比此数据小的数据个数+1)/(数据总个数+1)
```

PERCENTRANK.INC 函数的计算规则相当于：

```
=比此数据小的数据个数/(数据总个数-1)
```

示例28-4　开机速度打败了百分之多少的用户？

图 28-7 展示的是一些模拟的电脑开机速度，现需要列出每台电脑的开机速度打败了整体百分之多少的用户。

选中 C 列，将单元格格式设置为百分比，小数位数设置为 2，然后在 C2 单元格输入以下公式，向下复制到 C19 单元格。

```
=1-PERCENTRANK.
EXC(B$2:B$12,B2,6)
```

C2　=1-PERCENTRANK.EXC(B$2:B$12,B2,6)

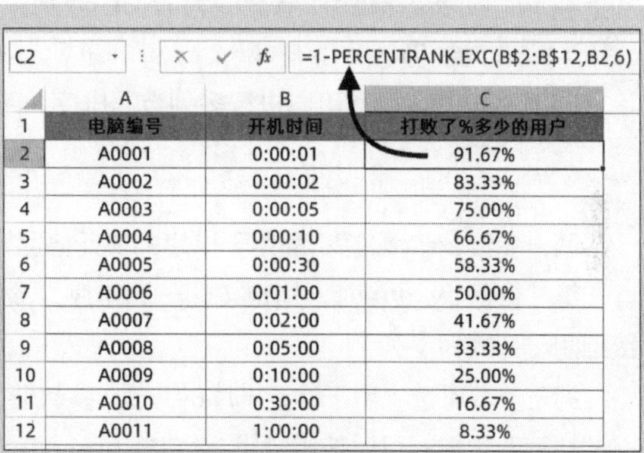

	A	B	C
1	电脑编号	开机时间	打败了%多少的用户
2	A0001	0:00:01	91.67%
3	A0002	0:00:02	83.33%
4	A0003	0:00:05	75.00%
5	A0004	0:00:10	66.67%
6	A0005	0:00:30	58.33%
7	A0006	0:01:00	50.00%
8	A0007	0:02:00	41.67%
9	A0008	0:05:00	33.33%
10	A0009	0:10:00	25.00%
11	A0010	0:30:00	16.67%
12	A0011	1:00:00	8.33%

图 28-7　百分比排名

无论是 PERCENTRANK.EXC 还是 PERCENTRANK.INC，排列结果都是降序，即数字越大排名越靠前，但是开机时间则是越短排名越靠前，因此公式用 1 减去 PERCENTRANK.EXC 函数的结果。

PERCENTRANK.EXC 函数的第三参数为 6，表示小数点后保留 6 位。保留的位数越多，精确度也就越高。

28.2　使用函数与公式进行排序

28.2.1　数值排序

将 SMALL 函数和 LARGE 函数的第二参数设置为序列数，能够用于数值排序。

如需对 6、5、4、7 进行排序，使用以下公式可得到从大到小的排序结果。

```
=LARGE({6;5;4;7},ROW(1:4))
```

使用以下公式，可得到从小到大的排序结果。

```
=SMALL({6;5;4;7},ROW(1:4))
```

28.2.2　使用 SORT 和 SORTBY 函数排序

➲ Ⅰ　SORT 函数

使用 SORT 函数可以对一个单元格区域或数组内的数据按单列或单行排序，包括升序、降序和按列排序、按行排序。该函数语法如下：

```
SORT(array,[sort_index],[sort_order],[by_col])
```

第一参数array必需，即用于排序的单元格区域或数组，不包括标题行。

第二参数sort_index可选，指定排序依据的列或行数，该参数最小为 1，最大则是第一参数的最大列数（或行数）。如缺省，则按第一列（或第一行）进行排序。

第三参数sort_order可选，用于确定排序顺序：参数值为TRUE、1 或缺省时为升序，参数值为-1时为降序。

第四参数by_col可选，用于确定排序是按行还是按列：参数值为FALSE、0 或缺省时，按第一参数从上往下的顺序变化排序；参数值为TRUE或 1 时，按第一参数从左往右的顺序变化排序。

➲ II　SORTBY 函数

使用SORTBY函数可以进行多列数据排序，包括升序和降序。

```
SORTBY(array,by_array1,[sort_order1],…,[by_array126],[sort_order126])
```

第一参数array必需，即用于排序的单元格区域或数组，不包括标题行。

第二参数by_array1，指定按哪一列排序，该参数可以是单元格区域或数组，要求与第一参数的行数相同，列数为 1 列。

第三参数可选，用于确定排序的方式：参数值为TRUE、1 或缺省时为升序，参数值为-1 时为降序。

从第四参数起可以按组缺省，以by_array和sort_order为一组，用法与第二、第三参数相同，最多允许 126 组。

示例28-5 对数据表进行重新排序

某些产品在各门店的每日销量都有明细记录，现需要对数据进行重新排序。

➲ I　按日期升序排序

在F2 单元格输入以下公式，结果自动溢出到相邻的单元格区域，如图 28-8 所示。

```
=SORT(A2:D16)
```

	A	B	C	D	E	F	G	H	I	J	K	L	M	N
1	日期	门店	品名	销量		日期	门店	品名	销量		日期	门店	品名	销量
2	2023-3-1	鼓楼店	原味蛋卷	1		2023-2-28	鼓楼店	芝士蛋卷	3		2023-2-28	鼓楼店	芝士蛋卷	3
3	2023-3-2	鼓楼店	原味蛋卷	2		2023-2-28	江宁店	巧克力蛋卷	4		2023-2-28	江宁店	巧克力蛋卷	4
4	2023-2-28	鼓楼店	芝士蛋卷	3		2023-2-28	江宁店	原味蛋卷	7		2023-2-28	江宁店	原味蛋卷	7
5	2023-2-28	江宁店	巧克力蛋卷	4		2023-2-28	玄武店	抹茶蛋卷	10		2023-2-28	玄武店	抹茶蛋卷	10
6	2023-3-1	江宁店	巧克力蛋卷	5		2023-2-28	玄武店	原味蛋卷	13		2023-2-28	玄武店	原味蛋卷	13
7	2023-3-2	江宁店	巧克力蛋卷	6		2023-3-1	鼓楼店	原味蛋卷	1		2023-3-1	鼓楼店	原味蛋卷	1
8	2023-2-28	江宁店	原味蛋卷	7		2023-3-1	江宁店	巧克力蛋卷	5		2023-3-1	江宁店	巧克力蛋卷	5
9	2023-3-1	江宁店	原味蛋卷	8		2023-3-1	江宁店	原味蛋卷	8		2023-3-1	江宁店	原味蛋卷	8
10	2023-3-2	江宁店	原味蛋卷	9		2023-3-1	玄武店	抹茶蛋卷	11		2023-3-1	玄武店	抹茶蛋卷	11
11	2023-2-28	玄武店	抹茶蛋卷	10		2023-3-1	玄武店	原味蛋卷	14		2023-3-1	玄武店	原味蛋卷	14
12	2023-3-1	玄武店	抹茶蛋卷	11		2023-3-2	鼓楼店	原味蛋卷	2		2023-3-2	鼓楼店	原味蛋卷	2
13	2023-3-2	玄武店	巧克力蛋卷	12		2023-3-2	江宁店	巧克力蛋卷	6		2023-3-2	江宁店	巧克力蛋卷	6
14	2023-2-28	玄武店	原味蛋卷	13		2023-3-2	江宁店	原味蛋卷	9		2023-3-2	江宁店	原味蛋卷	9
15	2023-3-1	玄武店	原味蛋卷	14		2023-3-2	玄武店	巧克力蛋卷	12		2023-3-2	玄武店	巧克力蛋卷	12
16	2023-3-2	玄武店	原味蛋卷	15		2023-3-2	玄武店	原味蛋卷	15		2023-3-2	玄武店	原味蛋卷	15
17				F2公式：		=SORT(A2:D16)			K2公式：		=SORTBY(A2:D16,A2:A16)			

图 28-8　按日期升序排序

公式按A2:D16单元格区域的第一列进行升序排序，后面的参数全部缺省。

还可以在K2单元格中输入以下公式，结果自动溢出到相邻单元格区域。

```
=SORTBY(A2:D16,A2:A16)
```

公式以A2:A16的日期作为排序依据，第三参数缺省，即按升序进行排列。

还可以在F2单元格输入以下公式，向右向下复制到F2:I16单元格区域。

```
=INDEX(A:A,MOD(SMALL($A$2:$A$16/1%+ROW($2:$16),ROW(A1)),100))
```

“$A$2:$A$16/1%+ROW($2:$16)”部分，先将A列的日期除以1%，即乘以100，再加上对应的行号，这样一来，每个数就由两部分组成，前五位数的日期对应的序列数与十位个位的对应行号互不干涉。如果数据行数超过100，则需要将“/1%”改成“/1%%”。

将这个内存数组用SMALL函数进行从小到大排列，也即按日期顺序进行升序排列。

再使用MOD函数计算排列结果与100相除的余数，提取出十位和个位数的行号。

最后使用INDEX函数，以MOD函数的结果为索引值，提取出对应位置的信息。

➲ II 按品名降序排序

在F2单元格输入以下公式，结果自动溢出到相邻单元格区域，如图28-9所示。

```
=SORT(A2:D16,3,-1)
```

	A	B	C	D	E	F	G	H	I	J	K	L	M	N
1	日期	门店	品名	销量		日期	门店	品名	销量		日期	门店	品名	销量
2	2023-2-28	鼓楼店	芝士蛋卷	3		2023-2-28	鼓楼店	芝士蛋卷	3		2023-2-28	鼓楼店	芝士蛋卷	3
3	2023-2-28	江宁店	巧克力蛋卷	4		2023-2-28	江宁店	原味蛋卷	7		2023-2-28	江宁店	原味蛋卷	7
4	2023-2-28	江宁店	原味蛋卷	7		2023-2-28	玄武店	原味蛋卷	13		2023-2-28	玄武店	原味蛋卷	13
5	2023-2-28	玄武店	抹茶蛋卷	10		2023-3-1	鼓楼店	原味蛋卷	1		2023-3-1	鼓楼店	原味蛋卷	1
6	2023-2-28	玄武店	原味蛋卷	13		2023-3-1	江宁店	原味蛋卷	8		2023-3-1	江宁店	原味蛋卷	8
7	2023-3-1	鼓楼店	原味蛋卷	1		2023-3-1	玄武店	原味蛋卷	14		2023-3-1	玄武店	原味蛋卷	14
8	2023-3-1	江宁店	巧克力蛋卷	5		2023-3-2	鼓楼店	原味蛋卷	2		2023-3-2	鼓楼店	原味蛋卷	2
9	2023-3-1	江宁店	原味蛋卷	8		2023-3-2	江宁店	原味蛋卷	9		2023-3-2	江宁店	原味蛋卷	9
10	2023-3-1	玄武店	抹茶蛋卷	11		2023-3-2	玄武店	原味蛋卷	15		2023-3-2	玄武店	原味蛋卷	15
11	2023-3-1	玄武店	原味蛋卷	14		2023-2-28	江宁店	巧克力蛋卷	4		2023-2-28	江宁店	巧克力蛋卷	4
12	2023-3-2	鼓楼店	原味蛋卷	2		2023-3-1	江宁店	巧克力蛋卷	5		2023-3-1	江宁店	巧克力蛋卷	5
13	2023-3-2	江宁店	巧克力蛋卷	6		2023-3-2	江宁店	巧克力蛋卷	6		2023-3-2	江宁店	巧克力蛋卷	6
14	2023-3-2	江宁店	原味蛋卷	9		2023-3-2	玄武店	巧克力蛋卷	12		2023-3-2	玄武店	巧克力蛋卷	12
15	2023-3-2	玄武店	巧克力蛋卷	12		2023-2-28	玄武店	抹茶蛋卷	10		2023-2-28	玄武店	抹茶蛋卷	10
16	2023-3-2	玄武店	原味蛋卷	15		2023-3-1	玄武店	抹茶蛋卷	11		2023-3-1	玄武店	抹茶蛋卷	11
17				F2公式：		=SORT(A2:D16,3,-1)			K2公式：		=SORTBY(A2:D16,C2:C16,-1)			

图28-9 按品名降序排序

公式中SORT函数的第二参数使用数字3，表示将数据按A2:D16单元格区域中的第3列进行排序。第三参数使用-1，表示按降序排列。

还可以在K2单元格中输入以下公式，结果自动溢出到相邻单元格区域。

```
=SORTBY(A2:D16,C2:C16,-1)
```

公式以C2:C16单元格区域中的品名作为排序依据，第三参数使用-1，表示按降序进行排列。

➲ III 依次按日期、品名升序排序

在F2单元格输入以下公式，结果自动溢出到相邻单元格区域，如图28-10所示。

```
=SORTBY(A2:D16,B2:B16,,A2:A16,)
```

F2 =SORTBY(A2:D16,B2:B16,,A2:A16,)

	A	B	C	D	E	F	G	H	I
1	日期	门店	品名	销量		日期	门店	品名	销量
2	2023-2-28	玄武店	抹茶蛋卷	10		2023-2-28	鼓楼店	芝士蛋卷	3
3	2023-3-1	玄武店	抹茶蛋卷	11		2023-3-1	鼓楼店	原味蛋卷	1
4	2023-2-28	江宁店	巧克力蛋卷	4		2023-3-2	鼓楼店	原味蛋卷	2
5	2023-3-1	江宁店	巧克力蛋卷	5		2023-2-28	江宁店	巧克力蛋卷	4
6	2023-3-2	江宁店	巧克力蛋卷	6		2023-2-28	江宁店	原味蛋卷	7
7	2023-3-2	玄武店	巧克力蛋卷	12		2023-3-1	江宁店	巧克力蛋卷	5
8	2023-2-28	江宁店	原味蛋卷	7		2023-3-1	江宁店	原味蛋卷	8
9	2023-2-28	玄武店	原味蛋卷	13		2023-3-2	江宁店	巧克力蛋卷	6
10	2023-3-1	鼓楼店	原味蛋卷	1		2023-3-2	江宁店	原味蛋卷	9
11	2023-3-1	江宁店	原味蛋卷	8		2023-2-28	玄武店	抹茶蛋卷	10
12	2023-3-1	玄武店	原味蛋卷	14		2023-2-28	玄武店	原味蛋卷	13
13	2023-3-2	鼓楼店	原味蛋卷	2		2023-3-1	玄武店	抹茶蛋卷	11
14	2023-3-2	江宁店	原味蛋卷	9		2023-3-1	玄武店	原味蛋卷	14
15	2023-3-2	玄武店	原味蛋卷	15		2023-3-2	玄武店	巧克力蛋卷	12
16	2023-2-28	鼓楼店	芝士蛋卷	3		2023-3-2	玄武店	原味蛋卷	15

图 28-10 依次按门店、日期升序排序

公式中SORTBY函数的第二参数使用B2:B16单元格区域的门店数据，作为第1个排序依据，第三参数缺省，表示排序方式为升序；第四参数使用A2:A16单元格区域的日期作为第2个排序依据，之后的参数缺省，表示该列的排序方式同样为升序。

➲ IV 按随机顺序排列

在F2单元格输入以下公式，结果自动溢出到相邻单元格区域，如图28-11所示。

```
=SORTBY(A2:D16,RANDARRAY(15))
```

F2 =SORTBY(A2:D16,RANDARRAY(15))

	A	B	C	D	E	F	G	H	I
1	日期	门店	品名	销量		日期	门店	品名	销量
2	2023-2-28	玄武店	抹茶蛋卷	10		2023-2-28	玄武店	原味蛋卷	13
3	2023-3-1	玄武店	抹茶蛋卷	11		2023-3-2	江宁店	原味蛋卷	9
4	2023-2-28	江宁店	巧克力蛋卷	4		2023-2-28	江宁店	原味蛋卷	7
5	2023-3-1	江宁店	巧克力蛋卷	5		2023-3-1	江宁店	巧克力蛋卷	5
6	2023-3-2	江宁店	巧克力蛋卷	6		2023-3-1	玄武店	原味蛋卷	14
7	2023-3-2	玄武店	巧克力蛋卷	12		2023-3-1	江宁店	原味蛋卷	8
8	2023-2-28	江宁店	原味蛋卷	7		2023-3-2	江宁店	巧克力蛋卷	6
9	2023-2-28	玄武店	原味蛋卷	13		2023-3-2	玄武店	原味蛋卷	15
10	2023-3-1	鼓楼店	原味蛋卷	1		2023-3-2	鼓楼店	原味蛋卷	2
11	2023-3-1	江宁店	原味蛋卷	8		2023-2-28	鼓楼店	芝士蛋卷	3
12	2023-3-1	玄武店	原味蛋卷	14		2023-2-28	玄武店	抹茶蛋卷	10
13	2023-3-2	鼓楼店	原味蛋卷	2		2023-3-1	鼓楼店	原味蛋卷	1
14	2023-3-2	江宁店	原味蛋卷	9		2023-3-1	玄武店	抹茶蛋卷	11
15	2023-3-2	玄武店	原味蛋卷	15		2023-3-2	玄武店	巧克力蛋卷	12
16	2023-2-28	鼓楼店	芝士蛋卷	3		2023-2-28	江宁店	巧克力蛋卷	4

图 28-11 按随机序排序

公式中SORTBY函数的第二参数是由RANDARRAY函数建构的一个1列15行的随机数，以此作为排序依据，生成一个随机排序的结果。

根据本书前言的提示，可观看“使用SORTBY函数对数据动态排序”的视频演示。

28.2.3　筛选后的排序

示例28-6　筛选出唯一值的数据排序

某些产品在各门店的每日销量都有明细记录，现需要对数据中的指定唯一值进行重新排序。

➲ Ⅰ　为门店和品名的不重复项升序排序

在F2 单元格输入以下公式，结果自动溢出到相邻单元格区域，如图 28-12 所示。

```
=UNIQUE(SORTBY(B2:C16,B2:B16,,C2:C16,))
```

先用SORTBY函数对门店和品名的数据依次排序，再用UNIQUE函数提取其唯一值。

也可以使用以下公式：

```
=SORT(UNIQUE(B2:C16),{1,2})
```

	A	B	C	D	E	F	G	H	I	J
1	日期	门店	品名	销量		门店	品名		门店	品名
2	2023-3-2	江宁店	原味蛋卷	9		鼓楼店	原味蛋卷		鼓楼店	原味蛋卷
3	2023-2-28	玄武店	抹茶蛋卷	10		鼓楼店	芝士蛋卷		鼓楼店	芝士蛋卷
4	2023-3-2	玄武店	巧克力蛋卷	12		江宁店	巧克力蛋卷		江宁店	巧克力蛋卷
5	2023-3-1	江宁店	巧克力蛋卷	5		江宁店	原味蛋卷		江宁店	原味蛋卷
6	2023-3-2	江宁店	巧克力蛋卷	6		玄武店	抹茶蛋卷		玄武店	抹茶蛋卷
7	2023-2-28	江宁店	原味蛋卷	7		玄武店	巧克力蛋卷		玄武店	巧克力蛋卷
8	2023-3-2	鼓楼店	原味蛋卷	2		玄武店	原味蛋卷		玄武店	原味蛋卷
9	2023-3-2	玄武店	原味蛋卷	15						
10	2023-3-1	鼓楼店	原味蛋卷	1		F2公式：	=UNIQUE(SORTBY(B2:C16,B2:B16,,C2:C16,))			
11	2023-3-1	玄武店	抹茶蛋卷	11		I2公式：	=SORT(UNIQUE(B2:C16),{1,2})			
12	2023-3-1	玄武店	原味蛋卷	14						
13	2023-2-28	江宁店	巧克力蛋卷	4						
14	2023-3-1	江宁店	原味蛋卷	8						
15	2023-2-28	鼓楼店	芝士蛋卷	3						
16	2023-2-28	玄武店	原味蛋卷	13						

图 28-12　不重复项排序

公式先用UNIQUE函数提取出唯一值，再利用SORT函数进行排序，第二参数用了一个横向的常量数组“{1,2}”，表示排序依据依次是第 1 列和第 2 列。

➲ Ⅱ　按各门店不同产品的销量降序排序

在F2 单元格输入以下公式，结果自动溢出到相邻单元格区域。

```
=UNIQUE(SORTBY(B2:C16,SUMIFS(D:D,B:B,B2:B16,C:C,C2:C16),-1))
```

在H2 单元格输入以下公式，向下复制到H8 单元格。

```
=SUMIFS(D:D,B:B,F2,C:C,G2)
```

以上公式的结果如图 28-13 所示。

公式使用“SUMIFS(D:D,B:B,B2:B16,C:C,C2:C16)”，计算各门店不同产品的销量小计，以此作为排序依据对B2:C16 单元格区域中的数据进行降序排序。最后再用UNIQUE函数提取唯一值。

H列的销量则根据F、G列公式的结果使用SUMIFS函数进行计算。

	A	B	C	D	E	F	G	H
1	日期	门店	品名	销量		门店	品名	销量
2	2023-3-2	江宁店	原味蛋卷	9		玄武店	原味蛋卷	42
3	2023-2-28	玄武店	抹茶蛋卷	10		江宁店	原味蛋卷	24
4	2023-3-2	玄武店	巧克力蛋卷	12		玄武店	抹茶蛋卷	21
5	2023-3-1	江宁店	巧克力蛋卷	5		江宁店	巧克力蛋卷	15
6	2023-3-2	江宁店	巧克力蛋卷	6		玄武店	巧克力蛋卷	12
7	2023-2-28	江宁店	原味蛋卷	7		鼓楼店	原味蛋卷	3
8	2023-3-2	鼓楼店	原味蛋卷	2		鼓楼店	芝士蛋卷	3
9	2023-3-2	玄武店	原味蛋卷	15		F2公式：		
10	2023-3-1	鼓楼店	原味蛋卷	1		=UNIQUE(SORTBY(B2:C16,		
11	2023-3-1	玄武店	抹茶蛋卷	11		SUMIFS(D:D,B:B,B2:B16,C:C,C2:C16),		
12	2023-3-1	玄武店	原味蛋卷	14		-1))		
13	2023-2-28	江宁店	巧克力蛋卷	4				
14	2023-3-1	江宁店	原味蛋卷	8		H2公式：	=SUMIFS(D:D,B:B,F2,C:C,G2)	
15	2023-2-28	鼓楼店	芝士蛋卷	3				
16	2023-2-28	玄武店	原味蛋卷	13				

图 28-13　按各门店不同产品的销量降序排序

示例28-7 筛选出指定条件的数据排序

某些产品在各门店的每日销量都有明细记录，现需要根据指定门店，对数据按日期进行升序排序，如图 28-14 所示。

在 F4 单元格输入以下公式，结果自动溢出到相邻单元格区域。

```
=SORT(FILTER(A2:D16,B2:B16=G1))
```

先用 FILTER 函数筛选出指定门店的数据，再使用 SORT 函数对筛选结果进行升序排序。

F4 =SORT(FILTER(A2:D16,B2:B16=G1))

	A	B	C	D	E	F	G	H	I
1	日期	门店	品名	销量		门店	江宁店		
2	2023-3-2	江宁店	原味蛋卷	9					
3	2023-2-28	玄武店	抹茶蛋卷	10		日期	门店	品名	销量
4	2023-3-2	玄武店	巧克力蛋卷	12		2023-2-28	江宁店	原味蛋卷	7
5	2023-3-1	江宁店	巧克力蛋卷	5		2023-2-28	江宁店	巧克力蛋卷	4
6	2023-3-2	江宁店	巧克力蛋卷	6		2023-3-1	江宁店	巧克力蛋卷	5
7	2023-2-28	江宁店	原味蛋卷	7		2023-3-1	江宁店	原味蛋卷	8
8	2023-3-2	鼓楼店	原味蛋卷	2		2023-3-2	江宁店	原味蛋卷	9
9	2023-3-2	玄武店	原味蛋卷	15		2023-3-2	江宁店	巧克力蛋卷	6
10	2023-3-1	鼓楼店	原味蛋卷	1					
11	2023-3-1	玄武店	抹茶蛋卷	11					
12	2023-3-1	玄武店	原味蛋卷	14					
13	2023-2-28	江宁店	巧克力蛋卷	4					
14	2023-3-1	江宁店	原味蛋卷	8					
15	2023-2-28	鼓楼店	芝士蛋卷	3					
16	2023-2-28	玄武店	原味蛋卷	13					

图 28-14 根据指定门店按日期升序排序

28.2.4 其他排序

示例28-8 按单元格内部分数据为依据排序

某些产品在各门店的每日销量都有明细记录，每行数据都在一个单元格内，现需要对数据按销量进行降序排序，如图 28-15 所示。

	A	B	C	D
1	日期|门店|品名|销量		日期|门店|品名|销量	M365专属
2	2023-3-2|江宁店|原味蛋卷|9		2023-3-2|玄武店|原味蛋卷|111	2023-3-2|玄武店|原味蛋卷|111
3	2023-2-28|玄武店|抹茶蛋卷|10		2023-3-1|玄武店|原味蛋卷|14	2023-3-1|玄武店|原味蛋卷|14
4	2023-3-2|玄武店|巧克力蛋卷|12		2023-2-28|玄武店|原味蛋卷|13	2023-2-28|玄武店|原味蛋卷|13
5	2023-3-1|江宁店|巧克力蛋卷|5		2023-3-2|玄武店|巧克力蛋卷|12	2023-3-2|玄武店|巧克力蛋卷|12
6	2023-3-2|江宁店|巧克力蛋卷|6		2023-3-1|玄武店|抹茶蛋卷|11	2023-3-1|玄武店|抹茶蛋卷|11
7	2023-2-28|江宁店|原味蛋卷|7		2023-2-28|玄武店|抹茶蛋卷|10	2023-2-28|玄武店|抹茶蛋卷|10
8	2023-3-2|鼓楼店|原味蛋卷|2		2023-3-2|江宁店|原味蛋卷|9	2023-3-2|江宁店|原味蛋卷|9
9	2023-3-2|玄武店|原味蛋卷|111		2023-3-1|江宁店|原味蛋卷|8	2023-3-1|江宁店|原味蛋卷|8
10	2023-3-1|鼓楼店|原味蛋卷|1		2023-2-28|江宁店|原味蛋卷|7	2023-2-28|江宁店|原味蛋卷|7
11	2023-3-1|玄武店|抹茶蛋卷|11		2023-3-2|江宁店|巧克力蛋卷|6	2023-3-2|江宁店|巧克力蛋卷|6
12	2023-3-1|玄武店|原味蛋卷|14		2023-3-1|江宁店|巧克力蛋卷|5	2023-3-1|江宁店|巧克力蛋卷|5
13	2023-2-28|江宁店|巧克力蛋卷|4		2023-2-28|江宁店|巧克力蛋卷|4	2023-2-28|江宁店|巧克力蛋卷|4
14	2023-3-1|江宁店|原味蛋卷|8		2023-2-28|鼓楼店|芝士蛋卷|3	2023-2-28|鼓楼店|芝士蛋卷|3
15	2023-2-28|鼓楼店|芝士蛋卷|3		2023-3-2|鼓楼店|原味蛋卷|2	2023-3-2|鼓楼店|原味蛋卷|2
16	2023-2-28|玄武店|原味蛋卷|13		2023-3-1|鼓楼店|原味蛋卷|1	2023-3-1|鼓楼店|原味蛋卷|1
17	C2公式： =SORTBY(A2:A16,-MID(A2:A16,FIND("卷|",A2:A16)+2,99))			
18	D2公式： =SORTBY(A2:A16,-TEXTAFTER(A2:A16,"|",-1))			

图 28-15 按销量部分降序排序

在 C2 单元格输入以下公式，结果自动溢出到相邻单元格区域。

```
=SORTBY(A2:A16,-MID(A2:A16,FIND("卷|",A2:A16)+2,99))
```

公式中使用 MID 函数与 FIND 函数的嵌套作为排序依据，提取出“卷|”右侧的字符串，即“销量”部分。MID 函数的结果是文本型数字，直接作为 SORTBY 函数的第二参数时，会导致数据按文本规则排序，所以需要将其强制转换为数值。此处是在 MID 前加负号（-），再按负数升序排序，其实际效果就是按销量的降序排序。

在Excel 365中，也可以使用以下公式：

```
=SORTBY(A2:A16,-TEXTAFTER(A2:A16,"|",-1))
```

公式使用TEXTAFTER函数替代MID函数与FIND函数的嵌套，直接提取出最右一个“｜”右侧的字符串。其他部分与上述公式相同。

示例28-9 同一单元格内的数据排序

图 28-16 展示的是某竞赛连续 7 次的成绩，同一位参赛选手的所有成绩在一个单元格内，由空格间隔，现需要将这些成绩按降序排序。

在C2 单元格输入以下公式，向下复制到C6 单元格。

	A	B	C	D
1	参赛选手	成绩	排序后	M365专属
2	吴蕾	99 98 97 96 95 94 93	99 98 97 96 95 94 93	99 98 97 96 95 94 93
3	毕家昆	93 94 95 96 97 98 99	99 98 97 96 95 94 93	99 98 97 96 95 94 93
4	罗国良	93 95 97 99 98 96 94	99 98 97 96 95 94 93	99 98 97 96 95 94 93
5	黄萍	85 95 55 89 34 54 64	95 89 85 64 55 54 34	95 89 85 64 55 54 34
6	孔卫	14 18 71 12 94 77 93	94 93 77 71 18 14 12	94 93 77 71 18 14 12
7	C2公式：	=TEXTJOIN(" ",,-SORT(-MID(B2,COLUMN(A:G)*3-2,2),,,1))		
8	D2公式：	=TEXTJOIN(" ",,-SORT(-TEXTSPLIT(B2,," ")))		

图 28-16　同一单元格内的数值排序

```
=TEXTJOIN(" ",,SORT(--MID(B2,COLUMN(A:G)*3-2,2),,-1,1))
```

公式中的“-MID(B2,COLUMN(A:G)*3-2,2)”部分，使用MID函数分别从B2单元格的第1、4、7、10、13、16和第19位开始，各提取两个字符，相当于将B2单元格里的内容以空格为分隔符拆分成1行7列的内存数组。

然后使用负号（-）将提取到的文本结果变成负数，再使用SORT函数，第四参数为1，对其按列进行升序排序。这一结果都是负数，所以在SORT函数前面再加一个负号（-），将其转成正数。

最后用TEXTJOIN函数，以空格为分隔符将其合并到一个单元格内。

也可以使用Excel 365中的新函数来简化公式。

```
=TEXTJOIN(" ",,-SORT(-TEXTSPLIT(B2,," ")))
```

公式先用TEXTSPLIT函数，将B2单元格中的内容按分隔符空格拆分成1列7行，因而SORT函数不需要再加第四参数。其他部分与上述公式相同。

示例28-10 汉字按数值规则排序

如图 28-17 所示，需要对A列的汉字按数值规则进行排序。

在B2 单元格输入以下公式，结果自动溢出到相邻单元格区域。

```
=SORTBY(A2:A11,FIND(A2:A11,"一二三四五六七八九十"))
```

公式先用FIND函数，查找所有汉字数字在“一二三四五六七八九十”这一字符串中的位置，返回的结果也就是汉字所对应的数字。再以此作为排序依据，利用SORTBY函数对A列汉字进行重新排序。

	A	B
1	汉字	排序
2	八	一
3	二	二
4	九	三
5	六	四
6	七	五
7	三	六
8	十	七
9	四	八
10	五	九
11	一	十

图 28-17　汉字按数值规则排序

示例28-11 按自定义序列排序

如图 28-18 所示，某些产品在各门店的每日销量都有明细记录，现需要对数据进行重新排序，其中主要排序依据是F列中自定义的门店顺序，次要排序依据是日期。

H2 =SORTBY(A2:D16,MATCH(B2:B16,F2:F4,),,A2:A16,)

	A	B	C	D	E	F	G	H	I	J	K
1	日期	门店	品名	销量		门店顺序		日期	门店	品名	销量
2	2023-3-2	江宁店	原味蛋卷	9		鼓楼店		2023-2-28	鼓楼店	芝士蛋卷	3
3	2023-2-28	玄武店	抹茶蛋卷	10		玄武店		2023-3-1	鼓楼店	原味蛋卷	1
4	2023-3-2	玄武店	巧克力蛋卷	12		江宁店		2023-3-2	鼓楼店	原味蛋卷	2
5	2023-3-1	江宁店	巧克力蛋卷	5				2023-2-28	玄武店	抹茶蛋卷	10
6	2023-3-2	江宁店	巧克力蛋卷	6				2023-2-28	玄武店	原味蛋卷	13
7	2023-2-28	江宁店	原味蛋卷	7				2023-3-1	玄武店	抹茶蛋卷	11
8	2023-3-2	鼓楼店	原味蛋卷	2				2023-3-1	玄武店	原味蛋卷	14
9	2023-3-2	玄武店	原味蛋卷	15				2023-3-2	玄武店	巧克力蛋卷	12
10	2023-3-1	鼓楼店	原味蛋卷	1				2023-3-2	玄武店	原味蛋卷	15
11	2023-3-1	玄武店	抹茶蛋卷	11				2023-2-28	江宁店	原味蛋卷	7
12	2023-3-1	玄武店	原味蛋卷	14				2023-2-28	江宁店	巧克力蛋卷	4
13	2023-2-28	江宁店	巧克力蛋卷	4				2023-3-1	江宁店	巧克力蛋卷	5
14	2023-3-1	江宁店	原味蛋卷	8				2023-3-1	江宁店	原味蛋卷	8
15	2023-2-28	鼓楼店	芝士蛋卷	3				2023-3-2	江宁店	原味蛋卷	9
16	2023-2-28	玄武店	原味蛋卷	13				2023-3-2	江宁店	巧克力蛋卷	6

图 28-18 按自定义序列排序

在H2 单元格输入以下公式，结果自动溢出到相邻单元格区域。

```
=SORTBY(A2:D16,MATCH(B2:B16,F2:F4,),,A2:A16,)
```

公式中的“MATCH(B2:B16,F2: F4,)”部分，查找B2:B16 单元格区域中每一个值在F2:F4 单元格区域中所处的位置，返回以下结果：

```
{3;2;2;3;3;3;1;2;1;2;2;3;3;1;2}
```

所有在门店顺序中排第一的“鼓楼店”，返回结果均为 1；在门店顺序中排第二的“玄武店”返回的结果均为 2；在门店顺序中排第三的“江宁店”返回的结果均为 3。以此作为排序的主要依据。

排序的次要依据为A2:A16 单元格中的日期。公式中的第三参数和第五参数缺省，即按升序排列。

示例28-12 跨表排序

如图 28-19 所示，某些产品在各门店的销售明细被按门店分别记录在不同工作表上，现需要对表中数据进行排序。

	A	B	C	D
1	日期	门店	品名	销量
2	2023-3-1	鼓楼店	原味蛋卷	1
3	2023-3-2	鼓楼店	原味蛋卷	2
4	2023-2-28	鼓楼店	芝士蛋卷	3

鼓楼店 | 江宁店 | 玄武店 | 筛选结果

	A	B	C	D
1	日期	门店	品名	销量
2	2023-2-28	江宁店	巧克力蛋卷	4
3	2023-3-1	江宁店	巧克力蛋卷	5
4	2023-3-2	江宁店	巧克力蛋卷	6
5	2023-2-28	江宁店	原味蛋卷	7
6	2023-3-1	江宁店	原味蛋卷	8
7	2023-3-2	江宁店	原味蛋卷	9

鼓楼店 | 江宁店 | 玄武店 | 筛选结果

	A	B	C	D
1	日期	门店	品名	销量
2	2023-2-28	玄武店	抹茶蛋卷	10
3	2023-3-1	玄武店	抹茶蛋卷	11
4	2023-3-2	玄武店	巧克力蛋卷	12
5	2023-2-28	玄武店	原味蛋卷	13
6	2023-3-1	玄武店	原味蛋卷	14
7	2023-3-2	玄武店	原味蛋卷	15

鼓楼店 | 江宁店 | 玄武店 | 筛选结果

图 28-19 销售记录表

➲ Ⅰ　仅对销量排序

在A2 单元格输入以下公式，向下复制到A16 单元格，如图 28-20 所示。

```
=LARGE(鼓楼店:玄武店!D:D,ROW(A1))
```

公式中LARGE函数的第一参数使用“鼓楼店:玄武店!D:D”，表示引用“鼓楼店”工作表和“玄武店”工作表之间所有D列的数据。第二参数用ROW函数，向下复制会形成步长为 1 的序列数，表示提取第一参数所有非空单元格中的第 1 大、第 2 大、第 3 大……以此将多个工作表中的销量进行降序排序。

如需要使用升序排序，可以用SMALL函数代替LARGE函数。

➲ Ⅱ　对所有数据按日期排序

以上公式的缺点是，只能对一列数值或日期进行排序，但不能对文本或多列数据进行排序，如需要进行上述排序，可以使用Excel 365 中的公式，如图 28-21 所示。

```
=SORT(FILTER(VSTACK(鼓楼店:玄武店!A2:D10),VSTACK(鼓楼店:玄武店!A2:A10)>0))
```

	A
1	销量
2	15
3	14
4	13
5	12
6	11
7	10
8	9
9	8
10	7
11	6
12	5
13	4
14	3
15	2
16	1

图 28-20　仅对销量排序

	A	B	C	D
1	日期	门店	品名	销量
2	2023-2-28	鼓楼店	芝士蛋卷	3
3	2023-2-28	江宁店	巧克力蛋卷	4
4	2023-2-28	江宁店	原味蛋卷	7
5	2023-2-28	玄武店	抹茶蛋卷	10
6	2023-2-28	玄武店	原味蛋卷	13
7	2023-3-1	鼓楼店	原味蛋卷	1
8	2023-3-1	江宁店	巧克力蛋卷	5
9	2023-3-1	江宁店	原味蛋卷	8
10	2023-3-1	玄武店	抹茶蛋卷	11
11	2023-3-1	玄武店	原味蛋卷	14
12	2023-3-2	鼓楼店	原味蛋卷	2
13	2023-3-2	江宁店	巧克力蛋卷	6
14	2023-3-2	江宁店	原味蛋卷	9
15	2023-3-2	玄武店	巧克力蛋卷	12
16	2023-3-2	玄武店	原味蛋卷	15
17	=SORT(FILTER(			
18	VSTACK(鼓楼店:玄武店!A2:D10),			
19	VSTACK(鼓楼店:玄武店!A2:A10)>0))			

图 28-21　跨表排序

公式利用VSTACK函数，将多个表中的数据合并成一个内存数组，再用FILTER函数筛选出日期大于 0 的记录。最后使用SORT函数对筛选结果按日期列进行升序排序。

练习与巩固

1. 如果列表中有多个重复的数据，RANK.EQ函数返回该组数据的(　　　　　　)排位。而RANK.AVG函数则是返回该组数据的(　　　　　　)排位。

2. 在进行跨工作表排名时，当工作表名中不包含特殊符号或是不使用数字开头时，公式中的工作表名前后不需要加(　　　　　　)。

3. PERCENTRANK.EXC函数和PERCENTRANK.INC函数都用于返回某个数值在一个数据集中的百

分比排位，区别在于（____________）。

4. 使用（____________）函数可以对一个单元格区域或数组内，包括数值在内的所有数据进行单列依据排序。

5. 使用（____________）函数可以对包括数值在内的所有数据进行多列依据排序。

第四篇

其他功能中的函数应用

本篇重点介绍了函数公式在条件格式、数据验证中的应用技巧，以及在高级图表制作中的函数应用。

第 29 章　函数与公式在条件格式中的应用

使用Excel的条件格式功能，可以根据单元格中的内容应用指定的格式，改变某些具有指定特征数据的显示效果，使用户能够直观地查看和分析数据、发现关键问题。使用函数与公式作为条件格式的规则，能够实现更加个性化的数据展示需求，本章重点讲解条件格式中函数与公式的使用方法。

本章学习要点

（1）在条件格式中使用函数与公式的方法。
（2）在条件格式中选择正确的引用方式。
（3）函数与公式在条件格式中的应用实例。

29.1　条件格式中使用函数与公式的方法

在条件格式中，可设置的格式包括数字、字体、边框和填充颜色等。Excel内置的条件格式规则包括“突出显示单元格规则”“最前/最后规则”“数据条”“色阶”和“图标集”，能够满足大多数用户的应用需求。

在条件格式中使用函数公式时，如果公式返回的结果为TRUE或不等于0的任意数值，则应用预先设置的格式效果。如果公式返回的结果为FALSE、数值0、文本或是错误值，则不会应用预先设置的格式效果。

示例29-1　突出显示低于计划完成额的数据

图29-1是某公司上半年销售记录表的部分内容。需要根据实际完成额和目标进行判断，突出显示低于目标的数据。

	A	B	C
1	日期	目标(万元)	实际完成(万元)
2	2022/1/1	190	153
3	2022/2/1	85	69
4	2022/3/1	160	123
5	2022/4/1	120	151
6	2022/5/1	150	109
7	2022/6/1	140	154

	A	B	C
1	日期	目标(万元)	实际完成(万元)
2	2022/1/1	190	153
3	2022/2/1	85	69
4	2022/3/1	160	123
5	2022/4/1	120	151
6	2022/5/1	150	109
7	2022/6/1	140	154

图 29-1　突出显示低于目标的数据

操作步骤如下。

步骤① 选中C2:C7单元格区域，在【开始】选项卡下单击【条件格式】下拉按钮，在弹出的下拉菜单中选择【新建规则】命令，打开【新建格式规则】对话框，如图29-2所示。

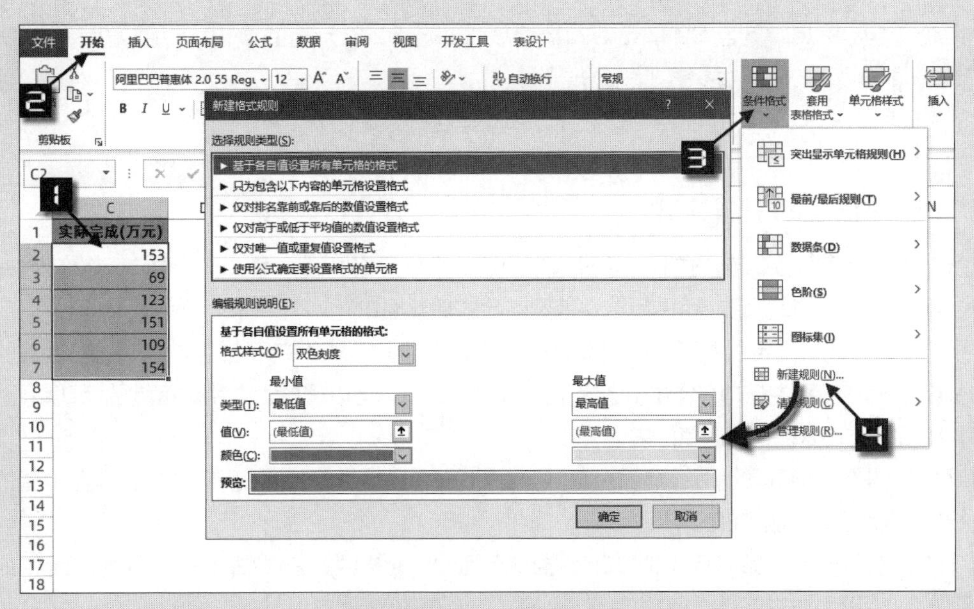

图 29-2　新建条件格式规则

步骤② 在【新建格式规则】对话框中，选中【选择规则类型】列表框中的【使用公式确定要设置格式的单元格】选项，然后在【为符合此公式的值设置格式】编辑框中输入以下公式。

```
=C2<B2
```

单击【格式】按钮，在弹出的【设置单元格格式】对话框中切换到【填充】选项卡，选择一种背景色，如橙色，单击【确定】按钮返回【新建格式规则】对话框，再次单击【确定】按钮关闭对话框，如图 29-3 所示。

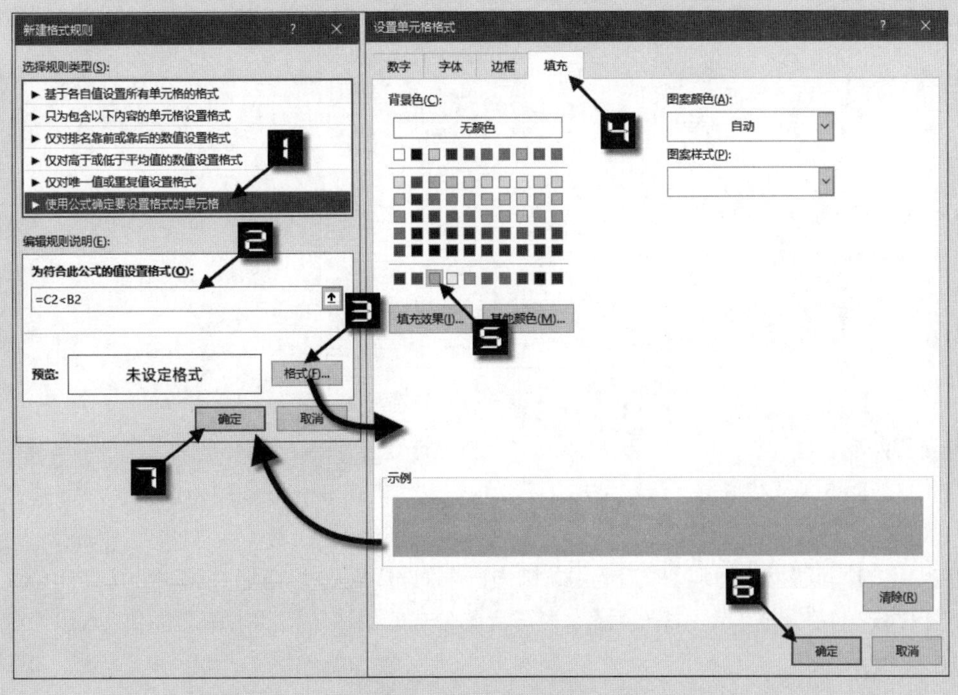

图 29-3　设置单元格格式

使用公式“=C2<B2”判断C2单元格的数值是否小于B2单元格的数值，返回逻辑值TRUE或是FALSE，Excel再以此作为条件格式的执行规则。

设置完成后，所选区域中小于目标的数据全部以指定的背景色突出显示。

29.1.1 选择正确的引用方式

在条件格式中使用函数与公式时，如果选中的是一个单元格区域，可以以活动单元格作为参照编写公式，设置完成后，该规则会应用到所选中范围的全部单元格。

如果需要在公式中固定引用某一行或某一列，或是固定引用某个单元格的数据，需要特别注意选择不同的引用方式。在条件格式的公式中选择不同引用方式时，可以理解为在所选区域的活动单元格中输入公式，然后将公式复制到所选范围内。

如果选中的是一列多行的单元格区域，需要注意活动单元格中的公式在向下复制时引用范围的变化，也就是行方向的引用方式的变化。

如果选中的是一行多列的单元格区域，需要注意活动单元格中的公式在向右复制时引用范围的变化，也就是列方向的引用方式的变化。

如果选中的是多行多列的单元格区域，需要注意活动单元格中的公式在向下、向右复制时引用范围的变化，也就是要同时考虑行方向和列方向的引用方式的变化。

示例29-2 自动标记业绩最高的业务员

如图29-4所示，需要根据D列的一季度业绩，整行突出显示业绩最高的业务员记录。

	A	B	C	D
1	序号	部门	姓名	一季度业绩
2	1	一团队	杨玉兰	19154
3	2	一团队	龚成琴	51251
4	3	一团队	王莹芬	38702
5	4	一团队	石化昆	21126
6	5	一团队	班虎忠	7630
7	6	一团队	星辰	57285
8	7	二团队	補态福	40869
9	8	二团队	王天艳	46946
10	9	二团队	安德运	44211
11	10	二团队	岑仕美	10059
12	11	二团队	杨再发	15311
13	12	二团队	范维维	36579
14	13	三团队	鞠俊伟	27052
15	14	三团队	夏宁	51357
16	15	三团队	胡夏	20089
17	16	三团队	明朗	57857
18	17	三团队	王鸥	25087

Sheet1

图29-4 自动标记业绩最高的业务员

操作步骤如下。

步骤① 选中A2:D25单元格区域，依次单击【开始】→【条件格式】→【新建规则】命令，打开【新建格式规则】对话框。

步骤② 在弹出的【新建格式规则】对话框中，单击选中【选择规则类型】列表框中的【使用公式确定要设置格式的单元格】选项，然后在【为符合此公式的值设置格式】编辑框中输入以下公式，如图29-5所示。

```
=$D2=MAX($D$2:$D$25)
```

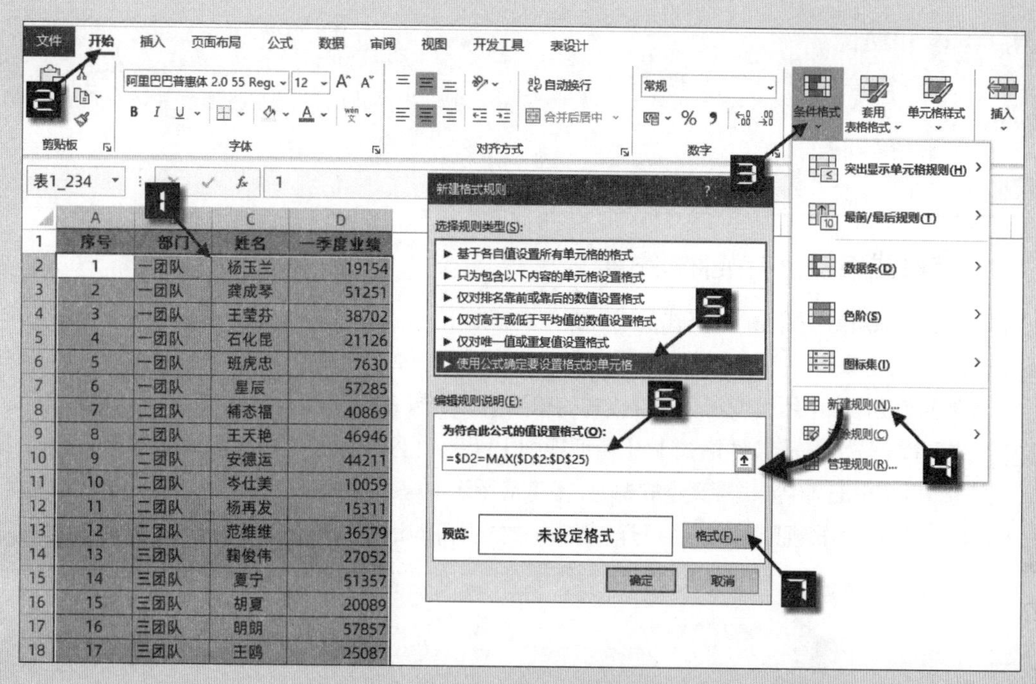

	A	B	C	D
1	序号	部门	姓名	一季度业绩
2	1	一团队	杨玉兰	19154
3	2	一团队	龚成琴	51251
4	3	一团队	王莹芬	38702
5	4	一团队	石化昆	21126
6	5	一团队	班虎忠	7630
7	6	一团队	星辰	57285
8	7	二团队	補态福	40869
9	8	二团队	王天艳	46946
10	9	二团队	安德运	44211
11	10	二团队	岑仕美	10059
12	11	二团队	杨再发	15311
13	12	二团队	范维维	36579
14	13	三团队	鞠俊伟	27052
15	14	三团队	夏宁	51357
16	15	三团队	胡夏	20089
17	16	三团队	明朗	57857
18	17	三团队	王鸥	25087

图 29-5　新建格式规则

步骤③ 单击【格式】按钮，打开【设置单元格格式】对话框。切换到【字体】选项卡，在【字形】列表框中选择【加粗】选项，单击【颜色】下拉按钮，在弹出的主题颜色面板中选择字体颜色为深蓝色。然后切换到【填充】选项卡，选择一种背景色，如蓝色，单击【确定】按钮返回【新建格式规则】对话框，再次单击【确定】按钮关闭对话框完成设置，如图 29-6 所示。

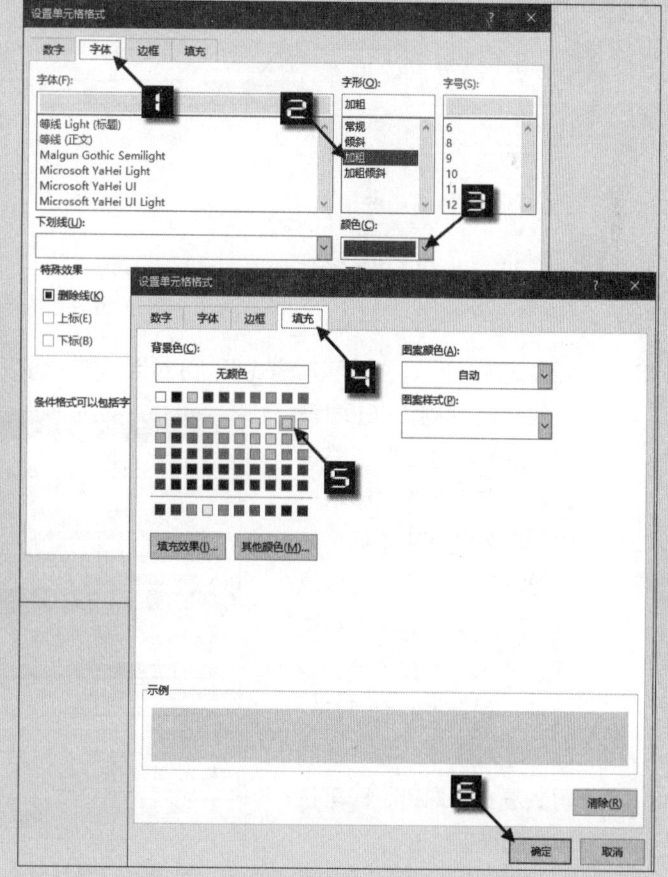

图 29-6　设置单元格格式

本例中条件格式设置的公式为：

```
=$D2=MAX($D$2:$D$25)
```

公式先使用 MAX($D$2:$D$25) 计算出 D 列的业绩最大值，然后与 D2 单元格中的数值进行比较，判断该单元格中的数值是否等于该列的最大值。

因为事先选中的是一个多行多列的单元格区域，并且每一行中都要以该行 D 列的业绩作为比对的基础，所以 $D2 使用列绝对引用。而每一行每一列中都要以 $D$2:$D$25 单元格区域的最大值作为判断标准，所以行列均使用了绝对引用方式。

提示 使用条件格式时，如果工作表中有多个符合条件的记录，这些记录都将应用预先设置的格式效果。

29.1.2 查看或编辑已有条件格式公式

如果要查看或编辑已有的条件格式公式，操作步骤如下。

步骤① 在【开始】选项卡下单击【查找和选择】下拉按钮，在弹出的下拉菜单中选择【条件格式】命令，选中当前工作表中所有设置了条件格式的单元格，如图 29-7 所示。

步骤② 依次选择【开始】→【条件格式】→【管理规则】命令，打开【条件格式规则管理器】对话框。在规则列表框中单击选中要编辑查看的规则，在【应用于】编辑框中可以修改当前条件格式的应用范围，也可以单击【编辑规则】按钮，打开【编辑格式规则】对话框，如图 29-8 所示。

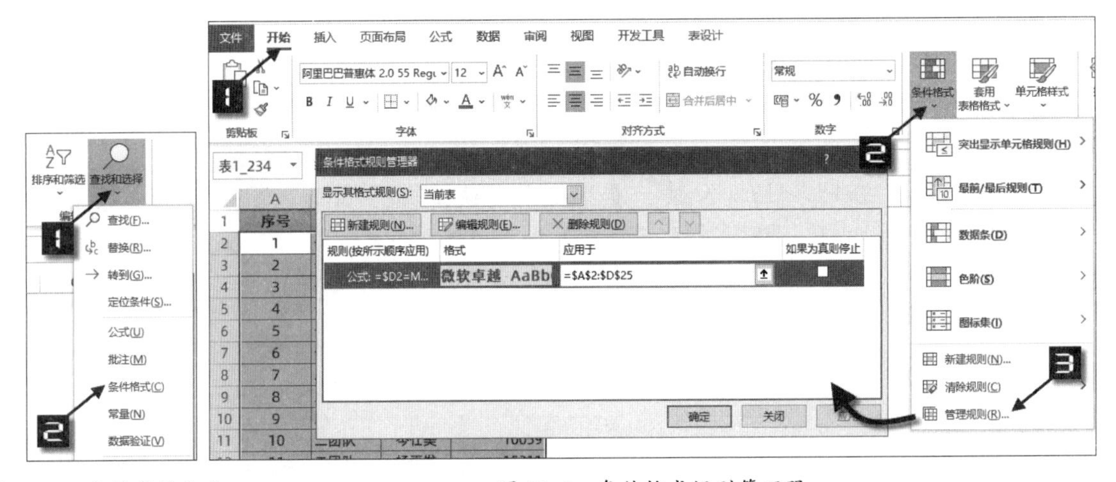

图 29-7 定位条件格式　　图 29-8 条件格式规则管理器

步骤③ 如图 29-9 所示，在【编辑格式规则】对话框中，可以查看和编辑已有的公式，也可以重新设置其他格式规则。在【编辑格式规则】对话框中编辑公式与在工作表的编辑栏中编辑公式有所不同，如果要按方向键移动光标位置，默认会添加加号和与活动单元格相邻的单元格地址，如图 29-10 所示。此时可先按<F2>键，然后再按左右方向键，即可正常移动光标位置。

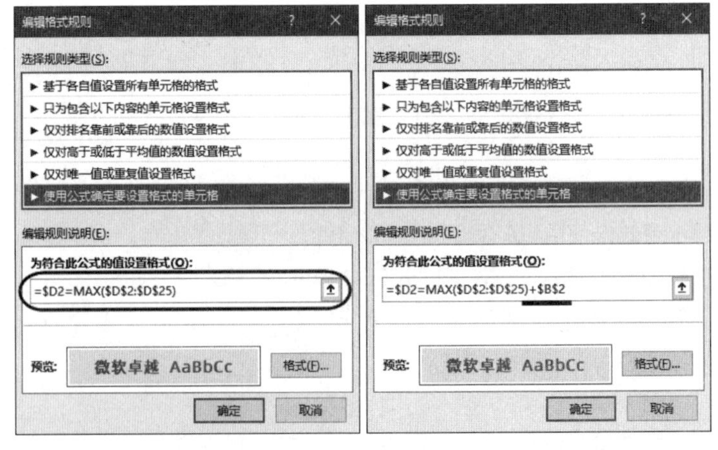

图 29-9 编辑格式规则　　图 29-10 默认编辑公式

29.1.3　在工作表中编写条件格式公式

用户在工作表中输入函数名称时，Excel默认会显示屏幕提示，帮助用户快速选择适合的函数，而在【编辑格式规则】对话框中输入函数名称时，则不会出现屏幕提示，而且【为符合此公式的值设置格式】编辑框也无法调整宽度。

在条件格式中使用较为复杂的公式时，在编辑框中不便于编写，可以先在工作表中编写公式，然后复制公式并粘贴到【为符合此公式的值设置格式】编辑框中。

示例29-3　自动标记不同部门的销冠

图 29-11 为某公司员工销售业绩表的部分内容，需要自动标记不同部门的销冠（第一名）。

	A	B	C	D
1	序号	部门	姓名	一季度业绩
2	1	一团队	杨玉兰	19154
3	2	一团队	龚成琴	51251
4	3	一团队	王莹芬	38702
5	4	一团队	石化昆	21126
6	5	一团队	班虎忠	7630
7	6	一团队	星辰	57285
8	7	二团队	補态福	40869
9	8	二团队	王天艳	46946
10	9	二团队	安德运	44211
11	10	二团队	岑仕美	10059
12	11	二团队	杨再发	15311
13	12	二团队	范维维	36579
14	13	三团队	鞠俊伟	27052
15	14	三团队	夏宁	51357
16	15	三团队	胡夏	20089
17	16	三团队	明朗	57857
18	17	三团队	王鹍	25087

图 29-11　标记不同部门的销冠

操作步骤如下。

步骤① 选中任意空白单元格，如F2 单元格，输入以下公式，按<Enter>键结束。

```
=$D2=MAXIFS($D$2:$D$25,$B$2:$B$25,$B2)
```

步骤② 单击F2 单元格，在编辑栏中选中公式，按<Ctrl+C>组合键复制公式，然后单击左侧的取消按钮×，如图 29-12 所示。

步骤③ 选中A2:D25 单元格区域，依次单击【开始】→【条件格式】→【新建规则】命令，打开【新建格式规则】对话框。选中【使用公式确定要设置格式的单元格】选项，单击【为符合此公式的值设置格式】编辑框，然后按<Ctrl+V>组合键粘贴公式，再单击【格式】按钮，在【设置单元格格式】对话框中按需要设置格式效果即可，如图 29-13 所示。

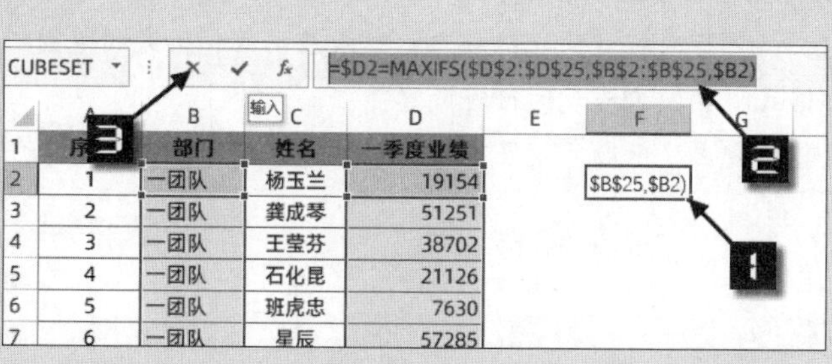

图 29-12　在编辑栏中复制公式

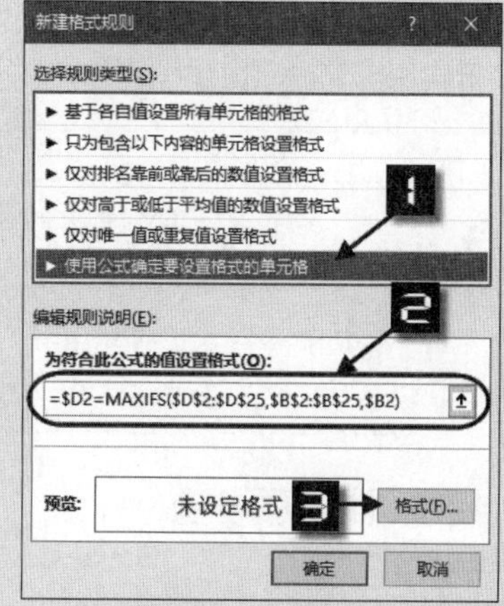

图 29-13　在【新建格式规则】对话框中粘贴公式

条件格式中的公式使用MAXIFS函数根据条件返回指定的单元格中的最大值，最后将$D2 单元格中的数值与MAXIFS函数的结果进行比对，返回逻辑值TRUE或是FALSE。

也可以使用MAX+IF函数的嵌套代替以上公式，得到同等效果。

```
=$D2=MAX(IF($B$2:$B$25=$B2,$D$2:$D$25))
```

在同一个单元格区域的条件格式中可以添加多个规则。同样，也可以使用多个不同的公式作为条件格式规则，实现更加个性化的显示效果。

示例29-4 自动标记不同部门的销冠与公司的最后一名

在示例 30-3 中，四个部门的第一名都应用了突出显示颜色。如需将公司的末位也应用不同的颜色突出显示，可以在原有基础上再添加条件格式规则来完成，如图 29-14 所示。

操作步骤如下。

步骤① 在任意空白单元格中，如F2单元格，输入以下公式。

```
=$D2=MIN($D$2:$D$25)
```

步骤② 单击F2单元格，在编辑栏中拖动鼠标选中公式，按<Ctrl+C>组合键复制，然后单击左侧的取消按钮×。

	A	B	C	D
1	序号	部门	姓名	一季度业绩
2	1	一团队	杨玉兰	19154
3	2	一团队	龚成琴	51251
4	3	一团队	王莹芬	38702
5	4	一团队	石化昆	21126
6	5	一团队	班虎忠	7630
7	6	一团队	星辰	57285
8	7	二团队	補态福	40869
9	8	二团队	王天艳	46946
10	9	二团队	安德运	44211
11	10	二团队	岑仕美	10059
12	11	二团队	杨再发	15311
13	12	二团队	范维维	36579
14	13	三团队	鞠俊伟	27052
15	14	三团队	夏宁	51357
16	15	三团队	胡夏	20089
17	16	三团队	明朗	57857

图 29-14 标记不同部门的销冠与公司的最后一名

步骤③ 选中A2:D25单元格区域，依次单击【开始】→【条件格式】→【新建规则】命令，打开【新建格式规则】对话框。选中【使用公式确定要设置格式的单元格】选项，单击【为符合此公式的值设置格式】编辑框，然后按<Ctrl+V>组合键粘贴公式。再单击【格式】按钮，在【设置单元格格式】对话框中切换到【填充】选项卡，在颜色面板中选择一种需要标记的颜色，最后依次单击【确定】按钮关闭对话框。

设置完毕后，既可以突出显示不同部门的第一名，还可以突出显示公司的最后一名。

提示

1. 同一个工作表中的条件格式规则不要太多，否则就失去了突出显示数据的意义。

2. 设置条件格式规则时，按实际数据区域选择即可，如果应用条件格式的范围较大或是整个工作表中都设置条件格式，会使工作表运行缓慢。

3. 设置条件格式时，设置的突出显示颜色效果不要过于鲜艳。

29.1.4 其他注意事项

Ⅰ 不能使用数组常量

如图 29-15 所示，需要突出显示质检部和仓储部两个部门的所有记录。

在条件格式的公式中不能使用数组常量。假如在【新建格式规则】对话框的【为符合此公式的值设置格式】编辑框中添加以下公式并设置单元格格式后，单击【确定】按钮会弹出如图 29-16 所示的错误提示。

```
=OR(B2={"质检部","仓储部"})
```

	A	B	C
1	序号	部门	姓名
2	1	质检部	杨玉兰
3	2	质检部	龚成琴
4	3	行政部	安德运
5	4	销售部	岑仕美
6	5	销售部	杨再发
7	6	销售部	范维维
8	7	仓储部	鞠俊伟
9	8	仓储部	夏宁
10	9	仓储部	胡夏
11	10	销售部	明朗
12	11	销售部	王鸥
13	12	质检部	黄星辰
14	13	销售部	(Ctrl)
15	14	行政部	肖从
16	15	行政部	张龙

图 29-15　突出显示两个部门的记录

图 29-16　错误提示

公式的正确写法应为：

```
=OR($B2="质检部",$B2="仓储部")
```

公式将数组常量拆分开，分别对B2 单元格中的部门做两次判断。再使用OR函数，如果两个判断的结果中有一个是逻辑值TRUE，Excel即可应用预先设置的突出显示效果。

➲ Ⅱ　复制应用了公式规则的条件格式

在某个单元格区域中使用了条件格式之后，可以使用【格式刷】功能将其应用到工作表中的其他数据区域。如图29-17 所示，A4:C18 单元格设置了条件格式，用于突出显示高于B1 单元格指定业绩的记录，公式为：

```
=$C4>=$B$1
```

	A	B	C	D	E	F	G
1	业绩	30000			业绩	40000	
2							
3	序号	姓名	业绩		序号	姓名	业绩
4	1	杨玉兰	33367		1	徐翠芬	23311
5	2	龚成琴	26899		2	纳红	27003
6	3	安德运	29877		3	张坚	58096
7	4	岑仕美	19451		4	施文庆	42578
8	5	杨再发	33072		5	李承谦	47824
9	6	范维维	30502		6	杨启	59981
10	7	鞠俊伟	29252		7	向建荣	47321
11	8	夏宁	33599		8	沙志昭	40831
12	9	胡夏	27471		9	胡孟祥	55879
13	10	明朗	34070		10	张淑珍	55348
14	11	王鸥	13780		11	徐丽华	28857
15	12	黄星辰	39233		12	王玮	38016
16	13	郑明明	25669		13	王旭辉	30849
17	14	肖从	36951		14	段文林	46299
18	15	张龙	36323		15	李炬	27651

图 29-17　复制应用了公式规则的条件格式

如果希望将条件格式复制到E4:G21 单元格区域，突出显示高于F1 的记录，操作步骤如下。

步骤① 选中已设置了条件格式的A4:C4 单元格区域，然后在【开始】选项卡下单击【格式刷】命令。

步骤② 此时光标会变成✚🖌形，单击右侧单元格区域的起始位置E4 单元格后，按住鼠标不放拖到G21 单元格，即可将A4:C4 单元格区域的所有格式应用到E4:G21 单元格区域，如图 29-18 所示。

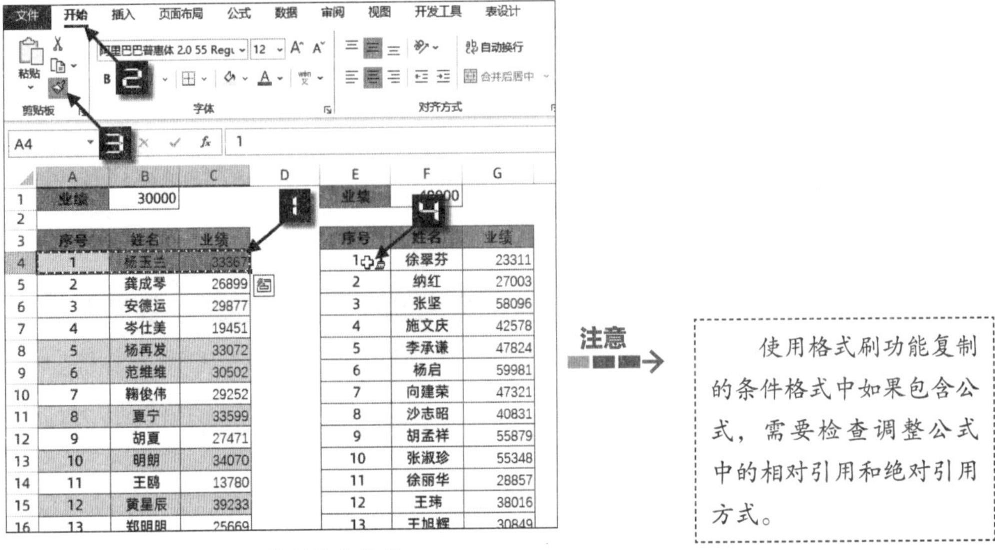

图 29-18　复制条件格式

步骤③ 单击E4单元格，再依次单击【开始】→【条件格式】→【管理规则】命令，打开【条件格式规则管理器】。

在规则列表框中单击选中格式规则，然后单击【编辑规则】按钮，打开【编辑格式规则】对话框，将【为符合此公式的值设置格式】编辑框中的公式更改为以下公式，如图29-19所示，最后依次单击【确定】按钮关闭对话框。

```
=$G4>=$F$1
```

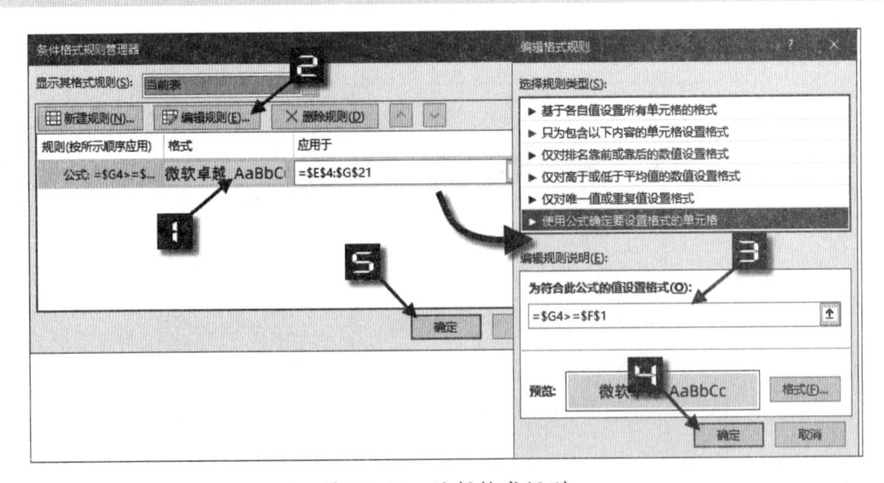

图 29-19　编辑格式规则

29.2　函数与公式在条件格式中的应用实例

29.2.1　突出显示另一列中不包含的数据

在条件格式中使用COUNTIF函数，可以快速标记两列数据的差异情况。

示例29-5　突出显示本月新增员工

图 29-20 是某公司的员工名单，需要根据 7 月份员工名单突出显示本月新增员工。

操作步骤如下。

步骤① 选中 D3:E21 单元格区域，依次单击【开始】→【条件格式】→【新建规则】命令，打开【新建格式规则】对话框。

步骤② 选中【使用公式确定要设置格式的单元格】选项，在【为符合此公式的值设置格式】编辑框中输入以下公式。

```
=COUNTIF($B:$B,$E3)=0
```

步骤③ 单击【格式】按钮，在【设置单元格格式】对话框的【填充】选项卡下选择一种颜色，如橙色，最后依次单击【确定】按钮关闭对话框。

	A	B	C	D	E
1	7月份名单			本月名单	
2	员工编号	姓名		员工编号	姓名
3	01120029	葛宝云		01120029	葛宝云
4	01110124	李英明		01110124	李英明
5	01110177	郭倩		01110177	郭倩
6	01120074	代云峰		01120074	代云峰
7	01120016	郎俊		01120016	郎俊
8	01121003	文德成		01121003	文德成
9	01120016	王爱华		01120016	王爱华
10	01120675	杨文兴		01120675	杨文兴
11	01120040	王竹蓉		01021191	杨为民
12	01120016	刘勇		01120040	王竹蓉
13	01120748	林效先		01120016	刘勇
14	10000539	陈萍		01120748	林效先
15	01121606	李春燕		10000539	陈萍
16	01120106	祝生		01121606	李春燕
17	01120037	杨艳梅		01120680	杨正祥
18				01120181	杨开文
19				01120037	杨艳梅
20				01120096	张贵金
21				01120005	李平
22					

图 29-20　突出显示本月新增员工

公式中的 COUNTIF($B:$B,$E3) 部分，统计 B 列中包含多少个与 E3 单元格相同的姓名。如果 COUNTIF 函数的结果等于 0，则说明该员工是本月新增人员。

29.2.2　使用逐行扩展的数据范围

在工作表中使用公式时，经常会用到类似 $A$1: $A1 的引用方式，将公式复制到不同单元格时，引用范围能够自动扩展。在条件格式中也可以使用类似的引用方式，实现更加灵活的显示效果。

示例29-6　突出显示重复录入的姓名

在图 29-21 所示的员工信息表中，使用条件格式能够对重复录入的姓名进行标识。

操作步骤如下。

步骤① 选中 A2:C20 单元格区域，依次单击【开始】→【条件格式】→【新建规则】命令，打开【新建格式规则】对话框。

步骤② 选中【使用公式确定要设置格式的单元格】选项，在【为符合此公式的值设置格式】编辑框中输入以下公式。

```
=COUNTIF($B$2:$B2,$B2)>1
```

步骤③ 单击【格式】按钮，在【设置单元格格式】对话框的【填充】选项卡下选择一种颜色，如蓝色，最后依次单击【确定】按钮关闭对话框。

	A	B	C
1	员工编号	姓名	金额
2	01120029	葛宝云	600
3	01110124	李英明	900
4	01110177	郭倩	400
5	01120074	代云峰	500
6	01120016	郎俊	100
7	01121003	文德成	800
8	01120016	王爱华	600
9	01120675	杨文兴	700
10	01120074	代云峰	500
11	01120040	王竹蓉	600
12	01120016	刘勇	900
13	01120748	林效先	800
14	10000539	陈萍	700
15	01120016	王爱华	600
16	01120680	杨正祥	600
17	01120040	王竹蓉	600
18	01120037	杨艳梅	200
19	01120096	张贵金	300
20	01120005	李平	800

图 29-21　突出显示重复录入的姓名

COUNTIF 函数的第一参数使用 $B$2:$B2，用来形成一个从 $B$2 单元格开始到公式所在行的动态统计范围，在此范围中统计 B 列中的姓名个数是否大于 1。如果重复录入了姓名，则对出现重复姓名的单元格应用指定的突出显示规则。

提示

如果复制其他单元格的内容粘贴到应用了条件格式的单元格，该单元格中的条件格式将丢失。

29.2.3 条件格式与日期函数的结合使用

示例29-7 合同到期提醒

在图 29-22 所示的销售合同列表中，通过设置条件格式，使合同在到期前 7 天开始以黄色背景色突出显示。合同到期前 3 天开始，以橙色背景色突出显示。合同到期后，以灰色背景色突出显示。

操作步骤如下。

步骤1 选中 A2:F21 单元格区域，依次单击【开始】→【条件格式】→【新建规则】命令，打开【新建格式规则】对话框。

步骤2 选中【使用公式确定要设置格式的单元格】选项，在【为符合此公式的值设置格式】编辑框中输入以下公式。

	A	B	C	D	E	F
1	编号	合同号	客户姓名	用款金额	放款日期	到期日期
2	X2883-01	202106048	温彩娟	330000	2020/8/25	2021/8/25
3	X2884-01	202104129	高国珍	500000	2022/4/2	2023/4/2
4	X2885-01	202009138	江少梅	970000	2021/3/31	2022/3/31
5	X2886-01	202104053	任进	900000	2022/9/21	2023/9/21
6	X2887-01	202102037	徐俊	770000	2023/8/17	2024/8/17
7	X2888-01	202106057	赵军	950000	2022/3/24	2023/3/24
8	X2889-01	202106016	刘胜男	360000	2023/9/13	2024/9/13
9	X2890-01	202106029	耿明智	620000	2023/9/23	2024/9/23
10	X2891-01	202104055	刘刚、杜国蓉	470000	2022/3/22	2023/3/22
11	X2892-01	202104144	吴丽芳	930000	2023/9/30	2024/9/30
12	X2893-01	202104087	谢树英	660000	2023/9/15	2024/9/15
13	X2894-01	202107008	符德师	560000	2022/3/23	2023/3/23
14	X2895-01	202107009	方秀娟	520000	2023/9/28	2024/9/28
15	X2896-01	202108001	潘卢琨	890000	2321/5/28	2322/5/28
16	X2897-01	202102021	王博民	910000	2023/9/23	2024/9/23
17	X2899-01	202104078	赵伟芸	590000	2023/10/2	2024/10/2
18	X2900-01	202104134	商晓东	420000	2022/3/26	2023/3/26
19	X2901-01	202104088	李丰江	510000	2023/9/19	2024/9/19
20	X2902-01	202107010	李先刚、熊英	210000	2022/3/29	2023/3/29
21	X2904-01	202107006	李宁	750000	2022/3/26	2023/3/26

图 29-22 合同到期提醒

```
=AND($F2>=TODAY(),$F2-TODAY()<7)
```

步骤3 单击【格式】按钮，在【设置单元格格式】对话框的【填充】选项卡下选择一种颜色，如蓝色，最后依次单击【确定】按钮关闭对话框。

步骤4 重复步骤 1~步骤 2，在【为符合此公式的值设置格式】编辑框中输入以下公式。

```
=AND($F2>=TODAY(),$F2-TODAY()<3)
```

重复步骤 3，在【填充】选项卡下的背景色颜色面板中选择一种颜色，如黄色，最后依次单击【确定】按钮关闭对话框。

步骤5 重复步骤 1~步骤 2，在【为符合此公式的值设置格式】编辑框中输入以下公式。

```
=$F2<TODAY()
```

重复步骤 3，在【填充】选项卡下的背景色颜色面板中选择一种颜色，如灰色，最后依次单击【确定】按钮完成设置。

本例第一个条件格式规则的公式中，分别使用两个条件对 F2 单元格中的日期进行判断。

第一个条件 $F2>=TODAY()，用于判断 F2 单元格中的合同到期日期是否大于等于当前系统日期。

第二个条件 $F2-TODAY()<7，用于判断 F2 单元格中的合同到期日期是否与当前系统日期的间隔小于 7。

第三个条件格式规则的公式中使用了条件 $F2<TODAY()，用于判断 F2 单元格中的合同到期日期是否小于当前系统日期。

示例29-8 员工生日提醒

图 29-23 为某企业员工信息表的部分内容，需要在员工生日前 7 天在 Excel 中自动提醒。

操作步骤如下。

步骤① 选中 A2:E18 单元格区域，依次单击【开始】→【条件格式】→【新建规则】命令，打开【新建格式规则】对话框。

步骤② 选中【使用公式确定要设置格式的单元格】选项，在【为符合此公式的值设置格式】编辑框中输入以下公式。

```
=DATEDIF($E2,TODAY()+7,"yd")<=7
```

	A	B	C	D	E
1	员工编号	姓名	部门	性别	生日
2	ZX0100121	杨玉兰	销售部	男	1990/9/10
3	ZX0100122	龚成琴	行政部	女	1994/2/4
4	ZX0100123	王莹芬	人事部	女	1987/4/7
5	ZX0100124	石化昆	人事部	男	1982/8/11
6	ZX0100125	班虎忠	销售部	女	1993/2/9
7	ZX0100126	星辰	财务部	女	1995/7/12
8	ZX0100127	補态福	销售部	女	1992/3/28
9	ZX0100128	王天艳	财务部	男	1997/4/15
10	ZX0100129	安德运	财务部	男	1989/12/22
11	ZX0100130	岑仕美	销售部	男	1990/9/15
12	ZX0100131	杨再发	销售部	男	1988/9/8
13	ZX0100132	范维维	销售部	男	1992/2/17
14	ZX0100133	鞠俊伟	销售部	女	1993/3/24
15	ZX0100134	夏宁	运营部	女	1989/12/27
16	ZX0100135	胡夏	运营部	女	1989/6/1
17	ZX0100136	明朗	销售部	男	1992/6/2
18	ZX0100137	王鸥	客服部	男	1987/6/28

图 29-23　员工生日提醒

步骤③ 单击【格式】按钮，在【设置单元格格式】对话框的【填充】选项卡下选择一种颜色，如黄色，最后依次单击【确定】按钮关闭对话框。

DATEDIF 函数用于计算两日期之间的间隔，第三参数为“yd”时，计算忽略年份的日期之差。

TODAY 函数用于返回当前的系统日期。

“DATEDIF($E2,TODAY()+7,"yd")”部分，用于计算 E2 单元格中的出生日期距离系统当前日期 7 天后的间隔天数。

提示

DATEDIF 函数的第二参数在使用“yd”时的计算规则较为特殊，受闰年影响，当日期跨越 2 月 29 日时，计算结果可能会出现一天的误差。

示例29-9 突出显示本周工作安排

图 29-24 是某单位工作计划安排表的部分内容，为了便于工作落实管理，需要突出显示本周的计划内容，以星期一到星期日为完整的一周。

操作步骤如下。

步骤① 选中 A2:C22 单元格区域，依次单击【开始】→【条件格式】→【新建规则】命令，打开【新建格式规则】对话框。

步骤② 选中【使用公式确定要设置格式的单元格】选项，在【为符合此公式的值设置格式】编辑框中输入以下公式。

```
=($B2>TODAY()-WEEKDAY(TODAY(),2))*
($B2<=TODAY()-WEEKDAY(TODAY(),2)+7)
```

步骤3 单击【格式】按钮，在【设置单元格格式】对话框的【填充】选项卡下选择一种颜色，如黄色，最后依次单击【确定】按钮关闭对话框。

条件格式中的公式中，首先用WEEKDAY(TODAY(),2)函数计算出表示系统日期所属星期几的数值，假如系统日期为2023年3月21日，该部分的结果为2。然后用系统当前日期减去这个结果，得到上周的最后一天。

TODAY()-WEEKDAY(TODAY(),2)+7部分，用上周的最后一天加上7，得到本周的最后一天。

再分别判断B2单元格中的日期是否大于上周的最后一天，并且小于等于本周的最后一天。最后将两个判断条件相乘，如果两个条件同时符合，说明B2单元格中的日期在本周范围内，公式返回1。否则就不是本周的日期，公式返回0。

	A	B	C
1	项目	开始日期	天数
2	工作交接	2023/3/18	1
3	档案清理	2023/3/19	1
4	租金与水电费结算	2023/3/20	1
5	完成书稿示例文件与文字写作	2023/3/21	2
6	完成书稿审阅与修改	2023/3/22	1
7	统计员工考勤	2023/3/23	1
8	统计员工业绩	2023/3/24	1
9	制作公积金社保明细	2023/3/25	1
10	制作月度工资表	2023/3/26	1
11	统计渠道返佣并汇款	2023/3/27	1
12	发送汇款短信通知接收人	2023/3/28	1
13	更新业务台账	2023/3/29	1
14	制作团队出游计划	2023/3/30	3
15	跟进开发商项目并统计	2023/3/31	1
16	与渠道核对业绩明细	2023/4/1	1
17	开局发票	2023/4/2	1
18	制作新项目分成计划书	2023/4/3	2
19	制作新项目股东权益协议书	2023/4/4	2
20	制作新项目人员管理制度	2023/4/5	2
21	新项目场地选择	2023/4/6	4
22	新项目物资采购	2023/4/7	3

图 29-24　突出显示本周计划内容

根据本书前言的提示，可观看“条件格式与日期函数结合使用”的视频演示。

29.2.4　条件格式与VBA代码的结合使用

使用条件格式结合VBA代码，能够在单击某个单元格时，突出显示活动单元格所在行列，实现类似聚光灯的功能。在数据较多的工作表中，更便于用户查看和阅读。

示例29-10　制作便于查看数据的“聚光灯”

图29-25是在销售记录表中制作出的聚光灯效果。

	A	B	C	D	E	F	G	H
1	客户姓名	产品归类	经办人	经办部门	公司可核创收	业务员创收	对比	进单时间
2	冯	信用贷	翔	业务四部	1500.00	1500.00		2018/1/2
3	毕	信用贷	翔	业务四部	2790.00	2790.00		2018/1/8
4	周	抵押贷	岳	业务三部	9250.00	9250.00		2018/1/22
5	李	信用贷						
6	韦	信用贷						
7	姚	抵押贷						
8	戴	抵押贷						

	A	B	C	D	E	F	G	H
1	客户姓名	产品归类	经办人	经办部门	公司可核创收	业务员创收	对比	进单时间
2	冯	信用贷	翔	业务四部	1500.00	1500.00		2018/1/2
3	毕	信用贷	翔	业务四部	2790.00	2790.00		2018/1/8
4	周	抵押贷	岳	业务三部	9250.00	9250.00		2018/1/22
5	李	信用贷	翔	业务四部	3000.00	3000.00		2018/1/4
6	韦	信用贷	勇	业务一部	1250.00	1250.00		2018/1/30
7	姚	抵押贷	英	业务二部	9150.90	9150.90		2018/3/20

图 29-25　聚光灯效果

操作步骤如下。

步骤① 单击数据区域任意单元格，按<Ctrl+A>组合键选中整个数据区域，依次单击【开始】→【条件格式】→【新建规则】命令，打开【新建格式规则】对话框。

步骤② 选中【使用公式确定要设置格式的单元格】选项，在【为符合此公式的值设置格式】编辑框中输入以下公式。

```
=(CELL("row")=ROW())+(CELL("col")=COLUMN())
```

步骤③ 单击【格式】按钮，在【设置单元格格式】对话框的【填充】选项卡下选择一种颜色，如蓝色，最后依次单击【确定】按钮关闭对话框。

步骤④ 保持数据区域的选中状态，再次单击【开始】→【条件格式】→【新建规则】命令，打开【新建格式规则】对话框。

步骤⑤ 选中【使用公式确定要设置格式的单元格】选项，在【为符合此公式的值设置格式】编辑框中输入以下公式。

```
=(CELL("row")=ROW())*(CELL("col")=COLUMN())
```

步骤⑥ 单击【格式】按钮，在【设置单元格格式】对话框的【填充】选项卡下选择一种颜色，如橙色，最后依次单击【确定】按钮关闭对话框。

步骤⑦ 按<Alt+F11>组合键打开VBE界面，在左侧的工程资源管理器中单击需要设置聚光灯的工作表对象，然后在右侧的代码窗口中输入以下代码，如图 29-26 所示。

```
#001  Private Sub Worksheet_SelectionChange(ByVal Target As Range)
#002      Calculate
#003  End Sub
```

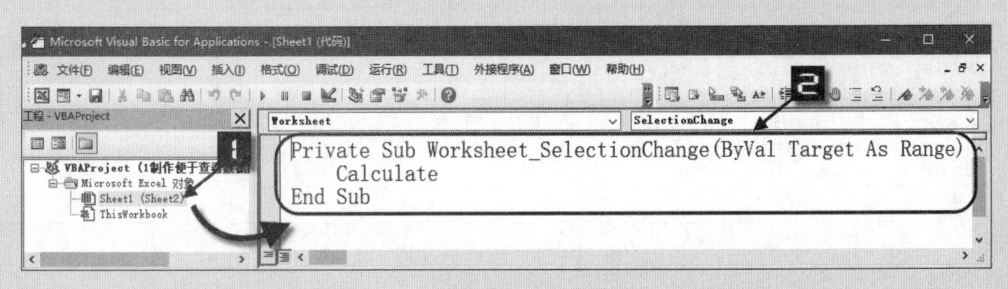

图 29-26　输入格式代码

设置完成后，只要单击某个单元格，该单元格将显示为橙色，所在行列显示为蓝色。最后将文件另存为Excel启用宏的工作簿，即xlsm格式。

CELL函数能够返回有关单元格的格式、位置或内容的信息。参数使用"row"，用于返回活动单元格的行号。参数使用"col"，用于返回活动单元格的列号。ROW函数和COLUMN函数省略参数，返回公式所在单元格的行号和列号。

条件格式中的公式由两部分构成，第一部分CELL("row")=ROW()，用于比较活动单元格的行号是否等于公式所在单元格的行号。另一部分CELL("col")=COLUMN()用于比较活动单元格的列号是否等于公式所在单元格的列号。

第一个公式中，将两部分的对比结果相加，意思是只要满足其中一个条件即为符合规则。作用到条件格式中，只要公式所在的行号或列号与活动单元格行列号一致，即显示预先设置的蓝色。

第二个公式中，将两部分的对比结果相乘，意思是两个条件同时满足方为符合规则。作用到条件格式中，只有公式所在的行号和列号与活动单元格的行列号完全一致时，即显示预先设置的橙色。

CELL函数虽然是易失性函数，但是在条件格式中使用时，并不能随活动单元格的变化而自动更新，因此还需要增加一段用于刷新的VBA代码。

代码使用了工作表的SelectionChange事件，意思是当代码所在工作表的活动单元格发生改变时，就执行一次计算，以此对CELL函数强制重算，实时刷新条件格式的显示效果。

使用本例中的方法，在单元格中每执行一次单击就会引发重新计算，如果工作表中有较多的公式，会影响Excel的响应速度。

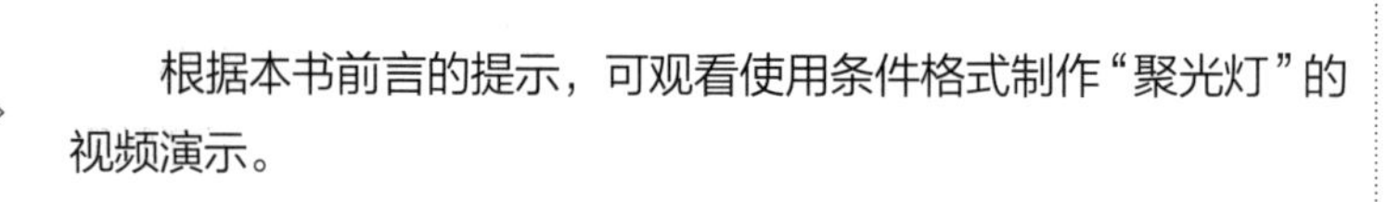

根据本书前言的提示，可观看使用条件格式制作“聚光灯”的视频演示。

29.2.5 条件格式的其他应用

示例29-11 用条件格式制作项目进度图

图29-27是某项目的进度安排表，使用条件格式能够制作出类似进度图的效果，每一行中的填充颜色表示该项目的落实日期，红色线条表示当前日期。

	A	B	C	D	E	F	G	H	I	J	K	L	M	N	O	P	Q	R	S	T	U
1	项目	开始日期	结束日期	3/17	3/18	3/19	3/20	3/21	3/22	3/23	3/24	3/25	3/26	3/27	3/28	3/29	3/30	3/31	4/1	4/2	4/3
2	项目调研	2023/3/17	2023/3/20																		
3	方案制作	2023/3/20	2023/3/22																		
4	方案审批	2023/3/23	2023/3/25																		
5	项目实施	2023/3/26	2023/4/1																		
6	项目验收	2023/4/1	2023/4/2																		
7	结算	2023/4/2	2023/4/3																		

图29-27 项目进度图

操作步骤如下。

步骤① 选中D2:U7单元格区域，依次单击【开始】→【条件格式】→【新建规则】命令，打开【新建格式规则】对话框。

步骤② 选中【使用公式确定要设置格式的单元格】选项，在【为符合此公式的值设置格式】编辑框中输入以下公式。

```
=(D$1>=$B2)*(D$1<=$C2)
```

步骤③ 单击【格式】按钮，在【设置单元格格式】对话框的【填充】选项卡下选择一种颜色，如蓝色，最后依次单击【确定】按钮关闭对话框。

步骤④ 选中D2:U7单元格区域，再次单击【开始】→【条件格式】→【新建规则】命令，打开【新建格式规则】对话框。

步骤5 选中【使用公式确定要设置格式的单元格】选项，在【为符合此公式的值设置格式】编辑框中输入以下公式。

```
=D$1=TODAY()
```

步骤6 单击【格式】按钮，在【设置单元格格式】对话框中切换到【边框】选项卡。在【样式】列表中单击选中实线样式，然后单击【颜色】下拉按钮，在主题颜色面板中选择红色，在【边框】区域单击选中右下角的【右框线】按钮，最后依次单击【确定】按钮关闭对话框，如图 29-28 所示。

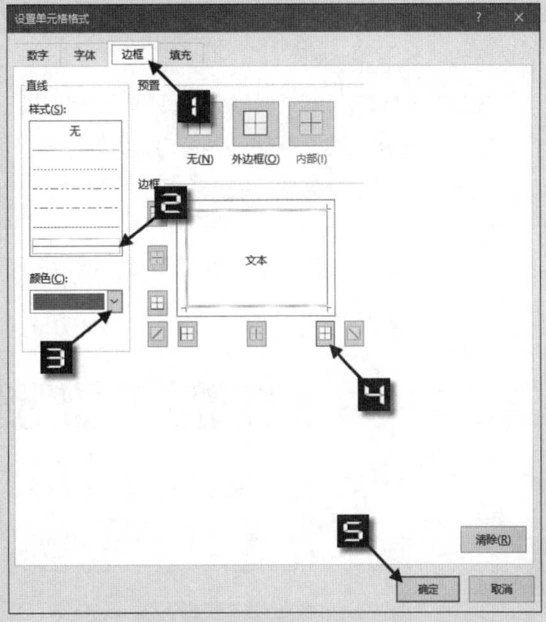

图 29-28　设置单元格格式

第一个公式中用D1 单元格中的日期分别与B2 单元格的项目开始日期和C2 单元格的结束日期进行比较，如果大于等于项目开始日期并且小于等于项目结束日期，公式返回 1，单元格中显示指定的格式效果。

第二个公式用D1 单元格中的日期与系统当前日期进行比较，如果等于系统当前日期，就在该列单元格的右侧显示虚线边框，突出显示当前日期在整个项目进度中的位置。

设置完成后，随着日期的变化，工作表中的“今日线”也会不断推进，能使用户更直观地查看每个项目的进度情况。

示例中的“今日线”日期随系统时间变化，若表格中的时间段超过系统时间，图表中将不会显示今日线。

示例29-12　用条件格式标记不同部门的记录

图 29-30 是某公司一季度各销售部门的销售业绩，B列已经按部门排序。使用条件格式，能够将各部门的记录间隔着色，更便于查看数据。

操作步骤如下。

步骤1 选中A2:D25 单元格区域，依次单击【开始】→【条件格式】→【新建规则】命令，打开【新建格式规则】对话框。

步骤2 选中【使用公式确定要设置格式的单元格】选项，在【为符合此公式的值设置格式】编辑框中输入以下公式。

```
=MOD(COUNTA(UNIQUE($B$2:$B2)),2)
```

步骤3 单击【格式】按钮，在【设置单元格格式】对话框的【填充】

	A	B	C	D
1	序号	部门	姓名	一季度业绩
2	1	一团队	杨玉兰	19154
3	2	一团队	龚成琴	51251
4	3	一团队	王莹芬	38702
5	4	一团队	石化昆	21126
6	5	一团队	班虎忠	7630
7	6	一团队	星辰	57285
8	7	二团队	補态福	40869
9	8	二团队	王天艳	46946
10	9	二团队	安德运	44211
11	10	二团队	岑仕美	10059
12	11	二团队	杨再发	15311
13	12	二团队	范维维	36579
14	13	三团队	鞠俊伟	27052
15	14	三团队	夏宁	51357
16	15	三团队	胡夏	20089
17	16	三团队	明朗	57857
18	17	三团队	王鸥	25087

Sheet1

图 29-29　标记不同部门的记录

选项卡下选择一种颜色，如蓝色，最后依次单击【确定】按钮关闭对话框。

本例中公式的主要切入点是，自A2 单元格开始向下依次判断有多少个不重复值，再判断不重复值的数量是不是 2 的倍数。

先使用UNIQUE($B$2:$B2) 提取出动态扩展区域中的唯一值，再使用COUNTA函数计算以上结果中的非空单元格个数，最后使用MOD函数计算与 2 相除的余数，结果返回 1 或是 0。Excel在返回 1 的单元格区域应用预置的突出显示效果。

在条件格式中使用函数，除了可以根据单元格中的内容应用指定的单元格格式外，还可以使用图标集规则来突出显示单元格中的内容变化。

示例29-13 为前N名的业务员设置红旗图标

图 29-30 是某公司一季度各销售部门的销售业绩，使用函数公式结合条件格式中的图标集，单击右侧数值调节钮，能够动态地为业绩排名前*N*名的业务员标上红旗。

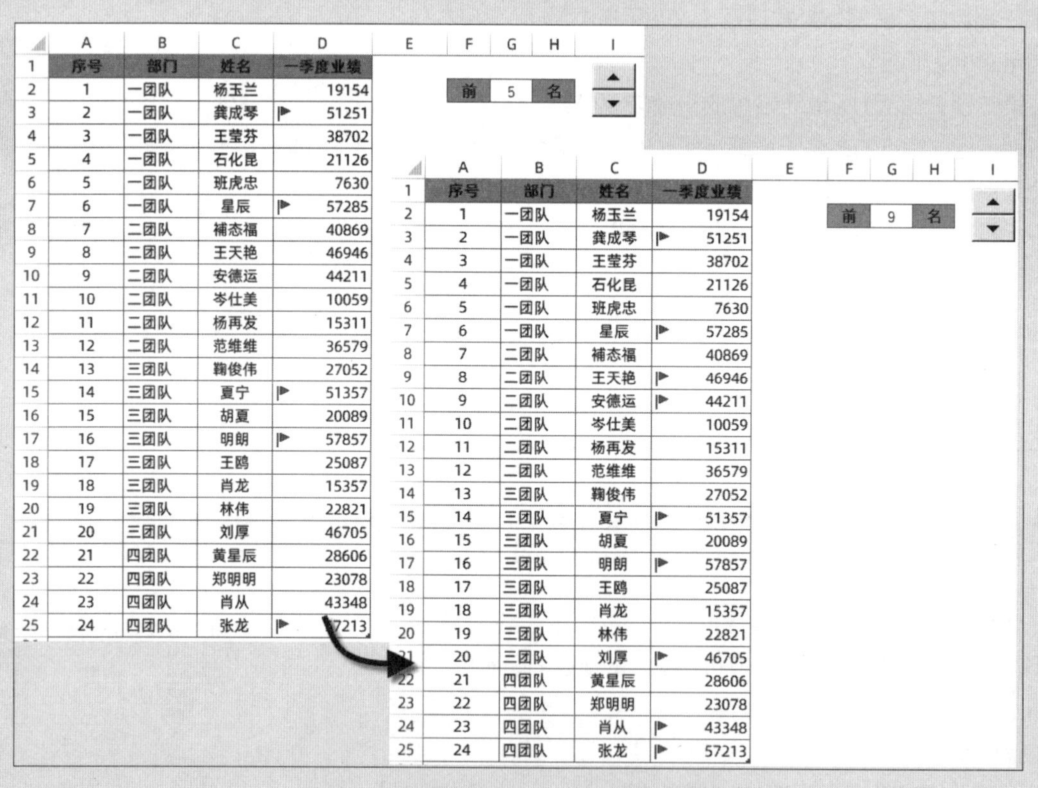

前 5 名

序号	部门	姓名	一季度业绩
1	一团队	杨玉兰	19154
2	一团队	龚成琴	51251
3	一团队	王莹芬	38702
4	一团队	石化昆	21126
5	一团队	班虎忠	7630
6	一团队	星辰	57285
7	二团队	補态福	40869
8	二团队	王天艳	46946
9	二团队	安德运	44211
10	二团队	岑仕美	10059
11	二团队	杨再发	15311
12	二团队	范维维	36579
13	三团队	鞠俊伟	27052
14	三团队	夏宁	51357
15	三团队	胡夏	20089
16	三团队	明朗	57857
17	三团队	王鸥	25087
18	三团队	肖龙	15357
19	三团队	林伟	22821
20	三团队	刘厚	46705
21	四团队	黄星辰	28606
22	四团队	郑明明	23078
23	四团队	肖从	43348
24	四团队	张龙	57213

前 9 名

序号	部门	姓名	一季度业绩
1	一团队	杨玉兰	19154
2	一团队	龚成琴	51251
3	一团队	王莹芬	38702
4	一团队	石化昆	21126
5	一团队	班虎忠	7630
6	一团队	星辰	57285
7	二团队	補态福	40869
8	二团队	王天艳	46946
9	二团队	安德运	44211
10	二团队	岑仕美	10059
11	二团队	杨再发	15311
12	二团队	范维维	36579
13	三团队	鞠俊伟	27052
14	三团队	夏宁	51357
15	三团队	胡夏	20089
16	三团队	明朗	57857
17	三团队	王鸥	25087
18	三团队	肖龙	15357
19	三团队	林伟	22821
20	三团队	刘厚	46705
21	四团队	黄星辰	28606
22	四团队	郑明明	23078
23	四团队	肖从	43348
24	四团队	张龙	57213

图 29-30 为前*N*名的业务员设置红旗图标

操作步骤如下。

步骤① 首先插入数值调节钮。

单击任意单元格，在【开发工具】选项卡中单击【插入】→【数值调节钮(窗体控件)】命令，拖动鼠标在工作表中绘制一个数值调节钮，如图 29-31 所示。

在数值调节钮上右击，然后在快捷菜单中单击【设置控件格式】命令，打开【设置控件格式】对话框。切换到【控制】选项卡下，将【最小值】设置为 1，【最大值】设置为 10，【步长】设置为 1，【单元格

链接】设置为 G2 单元格，最后单击【确定】按钮关闭对话框完成设置，如图 29-32 所示。

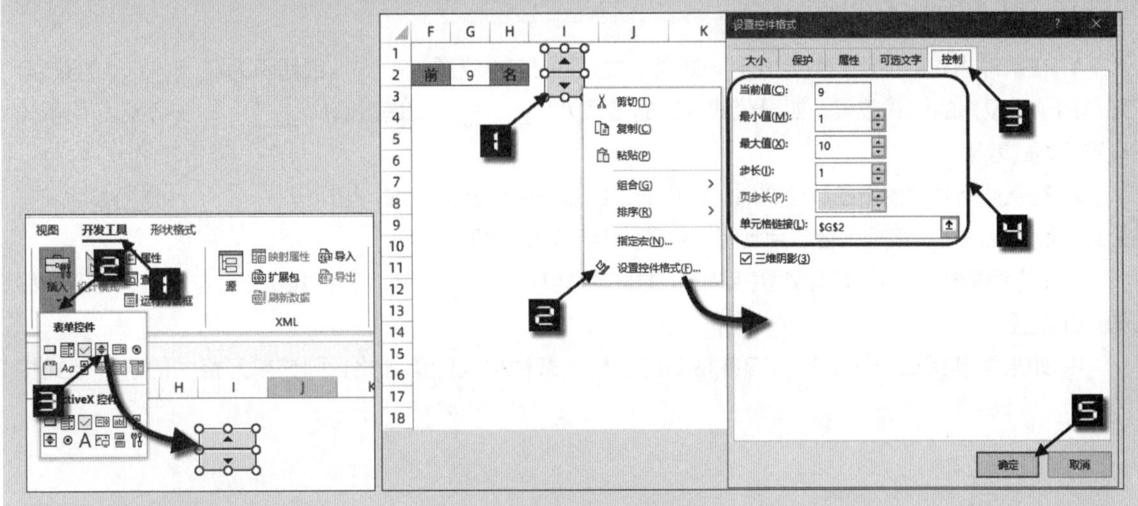

图 29-31　插入数值调节钮　　　　图 29-32　设置控件格式

步骤② 在任意空白单元格，如 F2 单元格，输入以下公式。

```
=LARGE($D$2:$D$25,$G$2)
```

单击 F2 单元格，在编辑栏中拖动鼠标选中公式，按<Ctrl+C>组合键复制，然后单击左侧的取消按钮 ×。

步骤③ 选中 D2:D25 单元格区域，依次单击【开始】→【条件格式】→【新建规则】命令，打开【新建格式规则】对话框。

单击选中【选择规则类型】列表框中的【基于各自值设置所有单元格的格式】选项，然后在【格式样式】下拉列表中选择【图标集】选项，在【图标样式】下拉列表中选择【三色旗】选项。

在【根据以下规则显示各个图标】下方设置规则如下。

- ❖ 将【图标】设置为红旗，【当前值】设置为【>=】，【类型】为【公式】，按<Ctrl+V>组合键，将之前复制 F2 单元格的公式粘贴到【值】编辑框中。
- ❖ 将【图标】设置为【无单元格图标】，【当<公式且】设置为【>=】，【类型】为【数字】，在【值】编辑框中输入 0。
- ❖ 将【图标】设置为【无单元格图标】。

最后单击【确定】按钮关闭对话框完成设置，如图 29-33 所示。

设置完毕后，通过点击数值调节钮即可为指定的前 N 名业务员标上小红旗。

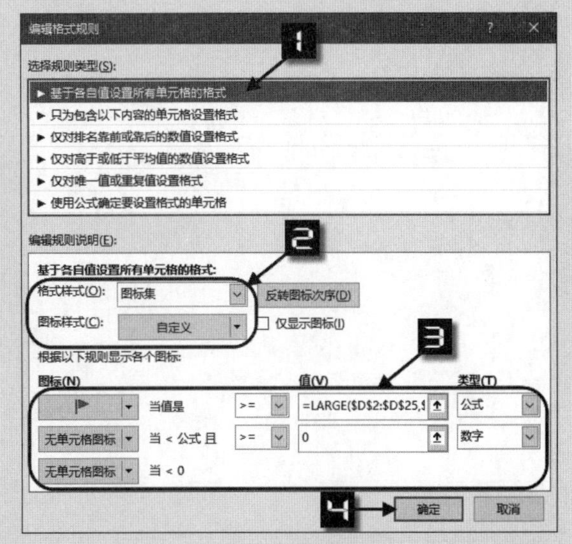

图 29-33　设置图标集格式规则

练习与巩固

1. 在条件格式中使用函数公式时，如果公式返回的结果为（______）或是不为（______）的数值，则应用预先设置的格式效果。如果公式返回的结果为（______）或是数值（______），则不会应用预先设置的格式效果。

2. 在条件格式中使用函数公式时，如果选中的是一个单元格区域，可以以（______）作为参照编写公式，设置完成后，该规则会应用到所选中范围的全部单元格。

3. 在【编辑格式规则】对话框中编辑公式时，先按（______）键，然后再按左右方向键，可正常移动光标位置。

4. 如果复制其他单元格的内容并粘贴到应用了条件格式的单元格，则该单元格中的条件格式将（______）。

第 30 章　函数与公式在数据验证中的应用

数据验证用于定义可以在单元格中输入或应该在单元格中输入哪些数据，防止用户输入无效数据。在数据验证中使用函数公式，能够丰富数据验证的方式与内容，扩展使用范围。

本章学习要点

（1）在数据验证中使用函数与公式。

（2）数据验证中使用函数与公式的限制和注意事项。

30.1　数据验证中使用函数与公式的方法

数据验证能够建立特定的规则，限制用户在单元格输入的值或数据类型。此功能在 Excel 2010 及以前的版本中称为“数据有效性”，从 Excel 2013 版开始更名为“数据验证”。

30.1.1　在数据验证中使用函数与公式

除了内置的验证条件外，还可以使用函数公式构建更灵活的数据验证方式。设置数据验证的步骤如下。

步骤① 选中需要设置数据验证的单元格区域，单击功能区【数据】选项卡下的【数据验证】命令按钮，打开【数据验证】对话框。

步骤② 在【设置】选项卡下的【允许】下拉列表中选择相应的类别，如选择【自定义】选项，如图 30-1 所示。

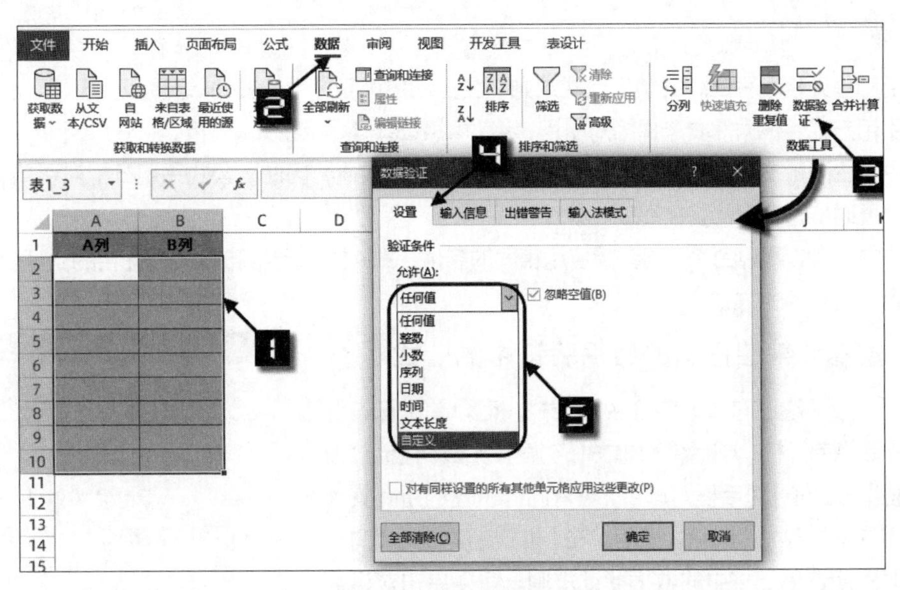

图 30-1　建立数据验证

步骤③ 在【公式】对话框中输入用于验证的公式。例如输入以下公式，可以限定A列和B列每行输入的数值之和小于等于 1000，最后单击【确定】按钮完成设置，如图 30-2 所示。

```
=$A2+$B2<=1000
```

设置完成后，在A、B两列中输入数值，当同一行的两列数值相加之和大于1000时，将弹出如图30-3所示的警告对话框。

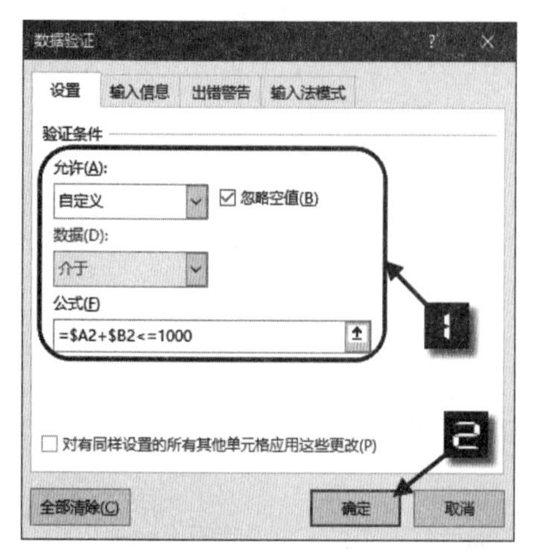

图 30-2　输入公式

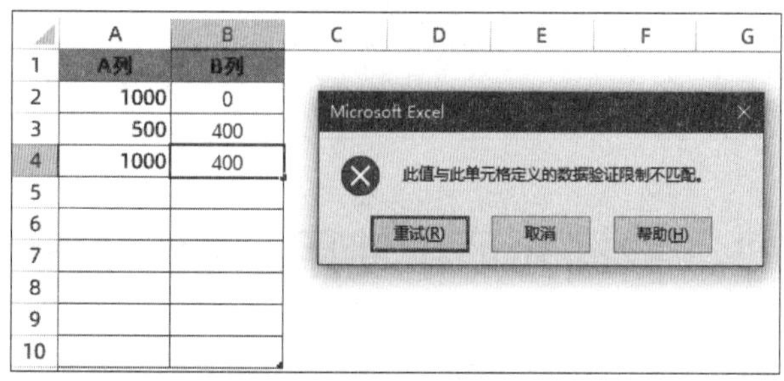

图 30-3　不满足条件出现提示

当验证条件设置为“自定义”时，可以使用结果为TRUE或FALSE的公式作为验证条件。当公式结果返回TRUE时，Excel允许输入，如果返回FALSE，则拒绝输入。实际应用时，如果公式的计算结果为0，则相当于逻辑值FALSE，如果为不等于0的数值，则相当于逻辑值TRUE。

在数据验证中使用公式时，一般以活动单元格，即选中后反白的单元格为参考。例如，在图30-1中，选择单元格区域时的顺序为从A2到B10，其中A2单元格为活动单元格。如果选择单元格区域时顺序为从B10到A2，则数据验证的公式应为：

```
=$A10+$B10<=1000
```

针对活动单元格编写的数据验证公式规则，会自动应用到选中的其他单元格区域，因此，还需注意公式中的引用方式，根据需要选择相对引用、绝对引用或混合引用。

本例中，由于数据验证的条件是针对当前行的单元格数值，因此，公式采用行相对引用，使公式引用范围在扩展时能随着行的变化而变化。

在列方向，A、B两列的单元格都需应用相同的条件，即A10单元格和B10单元格的验证公式应相同，因此采用列绝对引用的方式。

30.1.2　查看和编辑已有的数据验证中的公式

想要查看或更改已有数据验证中的公式，可以单击已设置数据验证的任意单元格，然后依次单击【数据】→【数据验证】按钮，打开【数据验证】对话框。选中“对有同样设置的所有其他单元格应用这些更改”复选框，最后单击【确定】按钮关闭对话框。如需清除所选单元格中的数据验证规则，可以单击对话框左下角的【全部清除】按钮，如图30-4所示。

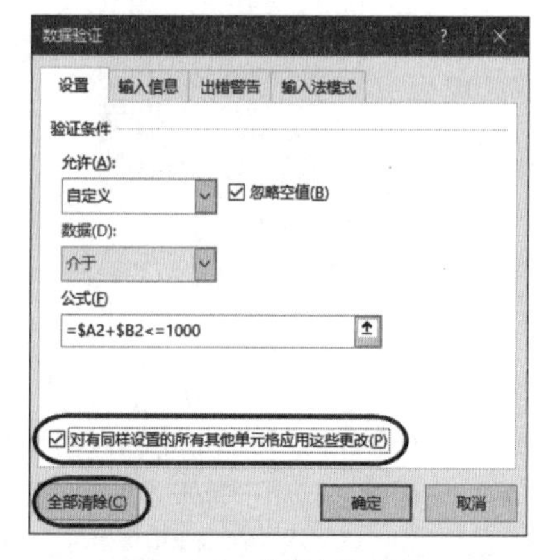

图 30-4　编辑数据验证

当选择的单元格区域中包含不同的数据验证类型时，会弹出提示对话框，要求首先清除当前区域的验证条件才可以继续编辑，如图30-5所示。

如需将某个单元格中的数据验证规则应用到其他单元格区域，可以通过<Ctrl+C>组合键复制包含数据验证的单元格，然后选中目标单元格，按<Ctrl+Alt+V>组合键，调出【选择性粘贴】对话框，单击选中【验证】单选按钮，最后单击【确定】按钮关闭对话框，如图 30-6 所示。

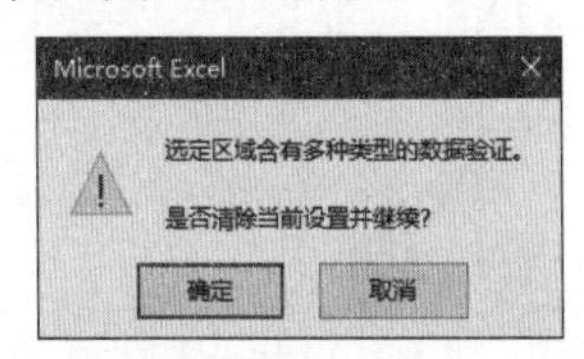

图 30-5　所选区域包含多种数据验证

图 30-6　选择性粘贴验证

30.1.3　数据验证中公式的使用限制

在数据验证中使用公式时有以下限制。

- 不能引用其他工作簿中的数据。
- 公式中不能使用数组常量，例如“=A1={1,2,3}”。
- 序列来源不能引用多行多列区域。

示例30-1　使用多行多列的单元格区域作为序列来源

如图 30-7 所示，需要在A列设置数据验证，仅允许将D2:G6 单元格区域中四个团队的人员姓名填入A列。

	A	B	C	D	E	F	G
1	姓名			一团队	二团队	三团队	四团队
2				杨玉兰	補态福	鞠俊伟	黄星辰
3				龚成琴	王天艳	夏宁	郑明明
4				王莹芬	安德运	胡夏	肖从
5				石化昆	岑仕美	明朗	张龙
6				班虎忠	杨再发	王鸥	范维维
7							
8							
9							
10							
11							
12							

图 30-7　数据验证的序列来源为多行多列

数据验证的序列来源中既不能直接引用多行多列的区域，也不能直接使用多行多列区域的命名。可以使用变通的方法实现，具体操作步骤如下。

步骤① 选中 D2:D6 单元格区域，单击【公式】选项卡下的【定义名称】按钮，弹出【新建名称】对话框。在【名称】编辑框中输入名称，如输入“Name”，单击【确定】按钮关闭对话框，如图 30-8 所示。

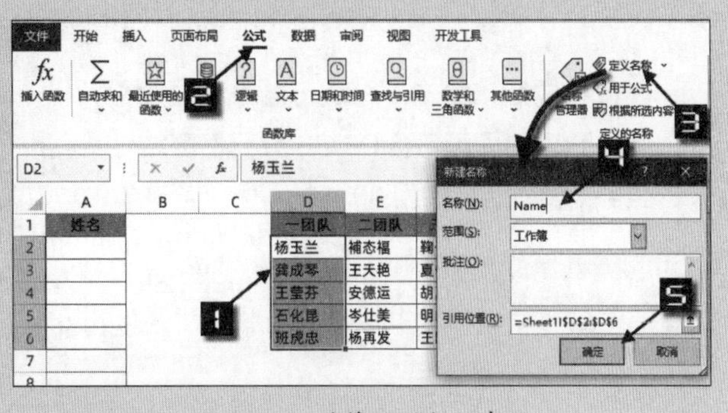

图 30-8　对第一列数据命名

步骤② 选中要设置数据验证的A2:A10 单元格区域，依次单击【数据】→【数据验证】按钮，弹出【数据验证】对话框。在【设置】选项卡的【允许】下拉列表框中选择【序列】选项，在【来源】编辑框中输入“=Name”，最后单击【确定】按钮关闭对话框，如图 30-9 所示。

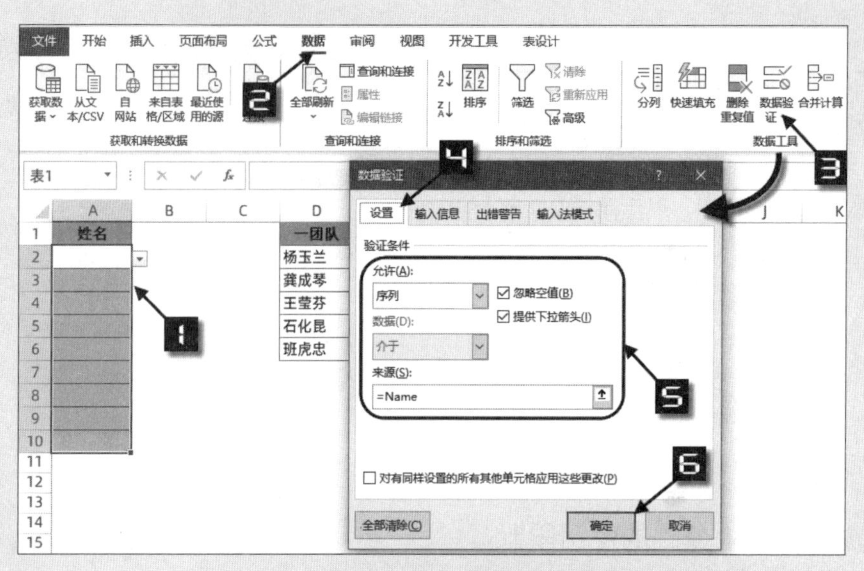

图 30-9　设置数据验证条件

步骤③ 单击【公式】选项卡下的【名称管理器】，弹出【名称管理器】对话框，选择之前命名的名称“Name”，在【引用位置】编辑框中选择D2:G6单元格区域，单击【输入】按钮完成修改，最后单击【关闭】按钮关闭【名称管理器】对话框，如图30-10所示。

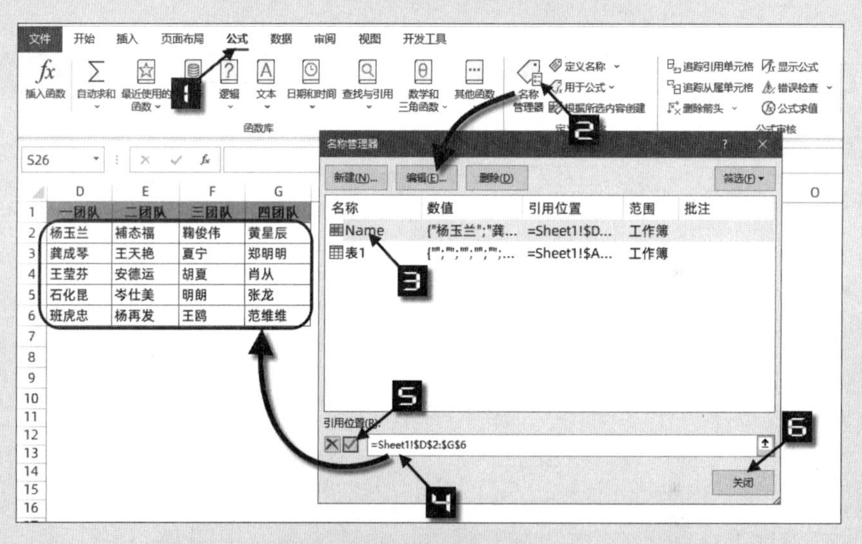

图 30-10　修改名称引用位置

设置完成后，单击A列单元格的下拉按钮，下拉列表中即可包含D2:G6单元格区域中的全部人员姓名，如图30-11所示。

	A	B	C	D	E	F	G
1	姓名			一团队	二团队	三团队	四团队
2				杨玉兰	補态福	鞠俊伟	黄星辰
3	郑明明			龚成琴	王天艳	夏宁	郑明明
4	王莹芬 安德运			王莹芬	安德运	胡夏	肖从
5	胡夏 肖从			石化昆	岑仕美	明朗	张龙
6	石化昆			班虎忠	杨再发	王鸥	范维维
7	岑仕美						
8	明朗						
9							
10							

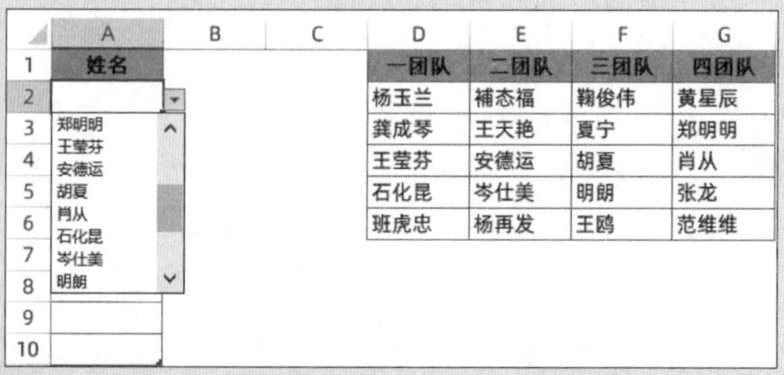

图 30-11　下拉列表中包含多行多列的引用

30.1.4　其他注意事项

在以下情况下，设置的数据验证规则可能无效。

❖ 设置数据验证时已完成输入的数据。针对已存在数据的单元格设置数据验证，无论单元格中的内容是否符合验证条件，均不会出现出错警告。

❖ 通过复制粘贴的方式或编写VBA代码的方式输入数据。

❖ 工作表开启了手动计算。

❖ 数据验证中的公式存在错误。

30.2　函数与公式在数据验证中的应用实例

30.2.1　借助COUNTIF函数限制输入重复信息

示例30-2　限制输入重复信息

图 30-12 为某公司人员花名册的部分内容，A列员工编号必须为唯一值。如录入有重复，需要弹出错误提示，禁止用户录入。

步骤① 如图 30-13 所示，选中A2:A11 单元格区域，依次单击【数据】→【数据验证】按钮，打开【数据验证】对话框。在【允许】下拉列表中选择【自定义】选项，在【公式】编辑框输入以下公式，最后单击【确定】按钮关闭对话框。

```
=COUNTIF(A:A,A2)=1
```

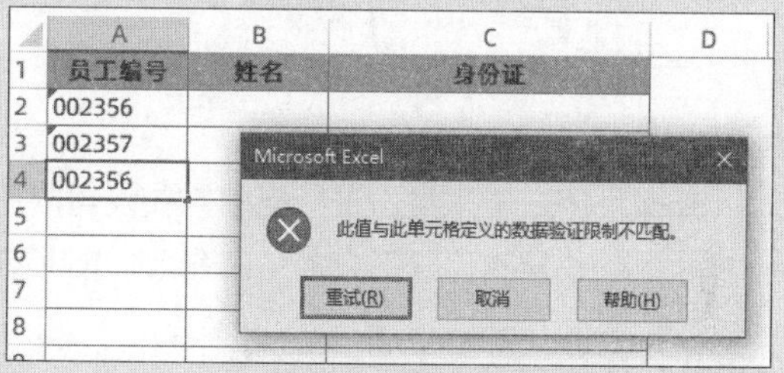

图 30-12　重复输入提示

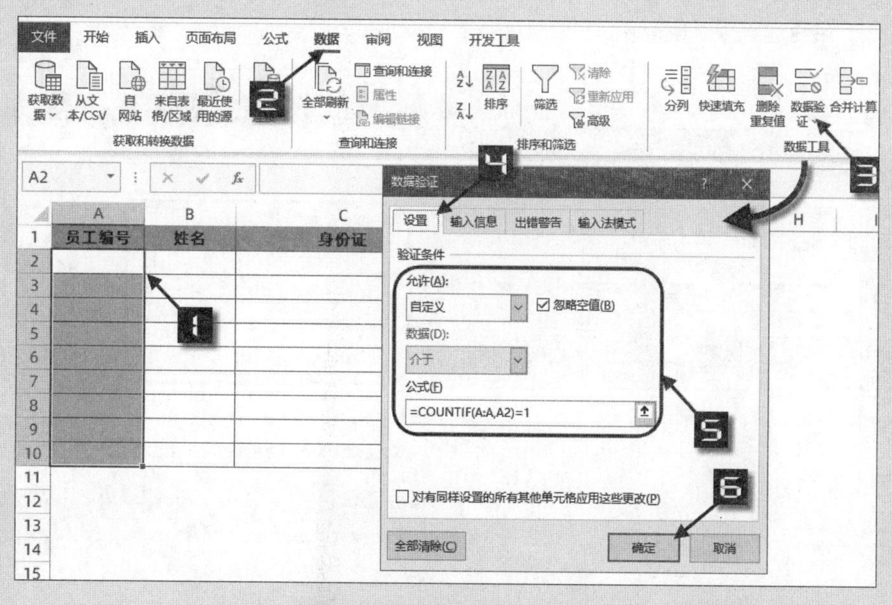

图 30-13　限制输入重复信息

COUNTIF函数用于计算A列中等于A2的个数，限制条件为等于1。如果条件符合返回TRUE，Excel允许输入。如果条件不符合则返回FALSE，Excel拒绝输入。

步骤② 如需设置自定义的出错警告内容，可在【数据验证】对话框中切换到【出错警告】选项卡下，然后在【样式】下拉列表框中选择【停止】选项，分别在【标题】和【错误信息】对话框中输入希望显示的错误提示，最后单击【确定】按钮关闭对话框，如图30-14所示。

设置完成后，如有重复内容输入，则会出现自定义的出错警告对话框，如图30-15所示。

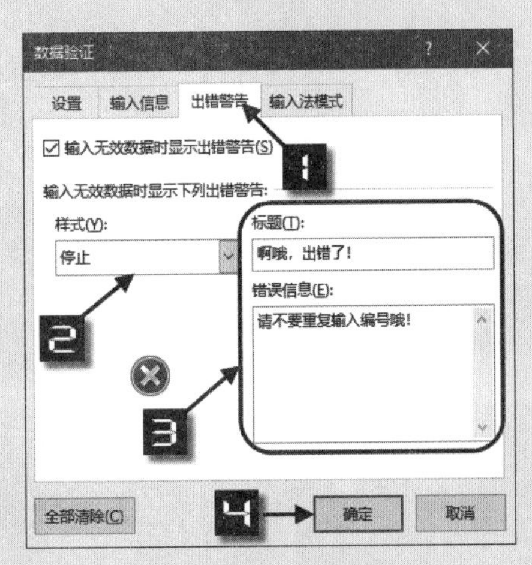

图30-14 设置出错警告

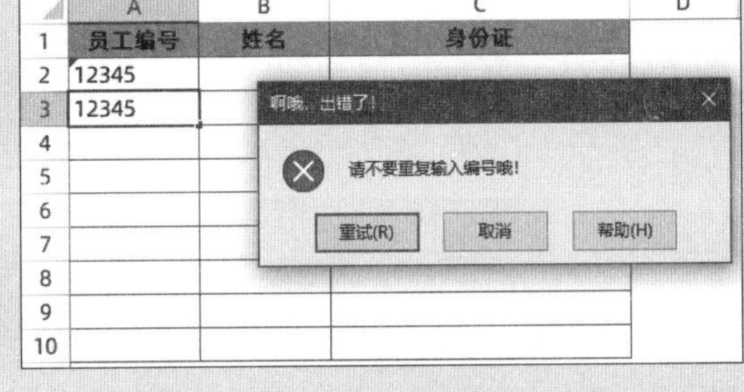

图30-15 自定义出错警告

使用以上公式统计超过15位的长数字时，COUNTIF只统计前15位有效数字，15位之后的数字全部按0处理。

如果用户在输入身份证号码时需要设置限制重复输入，可在设置【数据验证】时，将【数据验证】对话框中的公式更改为以下公式，如图30-16所示。

```
=COUNTIF(C:C,C2&"*")=1
```

在C2单元格后连接一个"*"，利用Excel中数值不支持使用通配符的特性，来查找以C2单元格内容开始的文本，最终达到限制重复输入的效果。

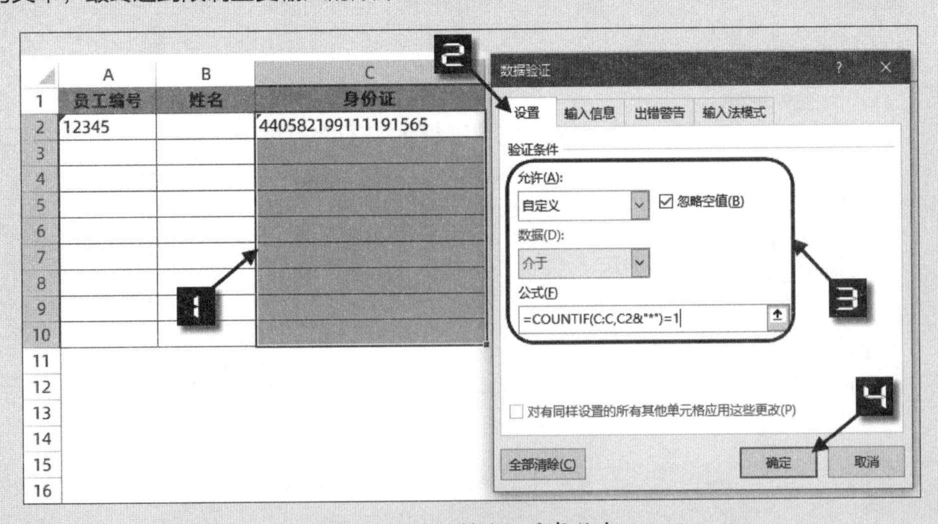

图30-16 限制输入重复信息

30.2.2　设置项目预算限制

示例30-3　设置项目预算限制

图 30-17 为某项目的预算表，需要在B列设置数据验证，使各分项预算之和不能超出预算总额。

	A	B	C	D	E
1	项目	金额			预算总额
2	清洁费				10000
3	交通费				
4	通讯费				
5	餐饮费				
6	运费				
7	人工费				
8	场地费				
9					

图 30-17　项目预算表

选中B2:B9 单元格区域，依次单击【数据】→【数据验证】按钮，打开【数据验证】对话框。在【允许】下拉列表框中选择【自定义】选项，在【公式】编辑框中输入以下公式，如图 30-18 所示。

```
=SUM($B$2:$B$9)<=$E$2
```

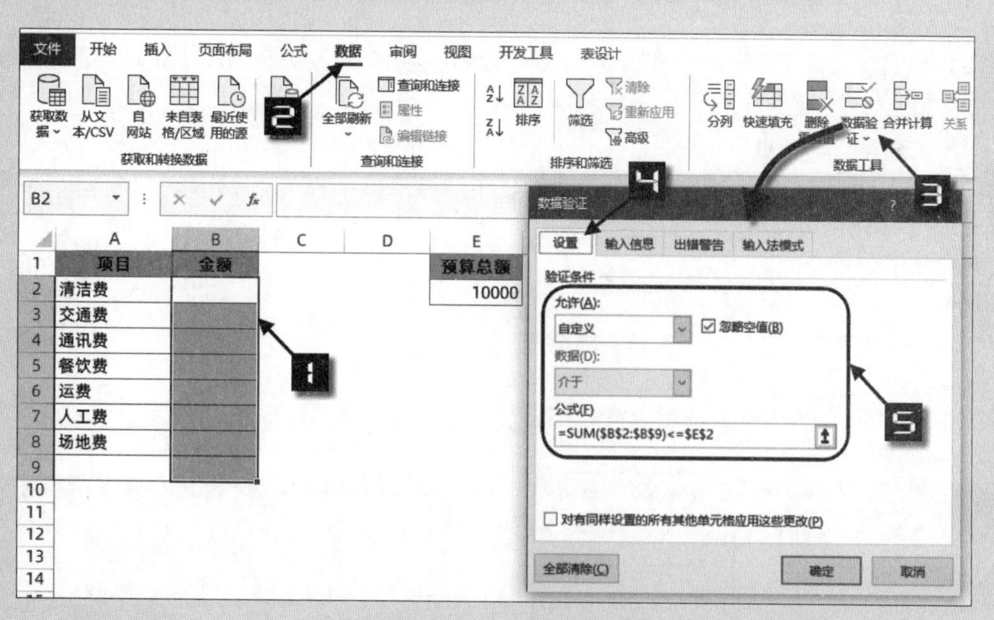

图 30-18　设置验证条件

由于此验证公式的规则适用于所有选中单元格，因为不需要单元格引用随着公式的扩展发生变化，因此单元格区域都选择绝对引用。

切换到【出错警告】选项卡，在【样式】下拉列表中选择【停止】，然后输入自定义的错误提示信息，最后单击【确定】按钮关闭对话框，如图 30-19 所示。

当输入的预算之和超出预算总额之后，会弹出自定义的出错警告对话框，如图 30-20 所示。

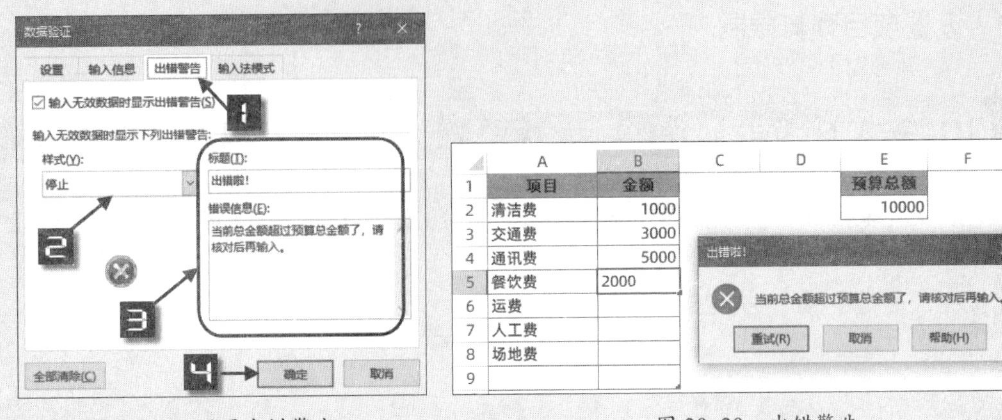

图 30-19　设置出错警告　　　　图 30-20　出错警告

30.2.3　借助INDIRECT函数创建二级下拉列表

结合定义名称和INDIRECT函数，可以创建二级下拉列表，二级下拉列表中的选项能够根据一级下拉列表中的选项内容而发生变化。

示例30-4　创建地区信息二级下拉列表

图 30-21 为员工信息登记表的部分内容，C、D两列包含二级下拉列表，D列的城市下拉列表会根据C列的内容自动发生变化。

	A	B	C	D
1	姓名	身份证	省/直辖市	城市
2	丁丁	123456789123456789	安徽省	蚌埠市
3	当当	123456789123456789		安庆市 蚌埠市 亳州市 池州市 滁州市 阜阳市 合肥市

	A	B	C	D
1	姓名	身份证	省/直辖市	城市
2	丁丁	123456789123456789	安徽省	蚌埠市
3	当当	123456789123456789	甘肃省	定西市 白银市 定西市 甘南藏族自治州 嘉峪关市 金昌市 酒泉市

图 30-21　二级下拉列表

基础数据如图 30-22 所示，左侧为需要设置二级下拉列表的区域，右侧为地区数据对照表。

	A	B	C	D
1	姓名	身份证	省/直辖市	城市
2	丁丁	123456789123456789	安徽省	蚌埠市
3	当当	123456789123456789	甘肃省	定西市

员工信息表　地区参考表

	A	B	C	D	E	F
1	安徽省	北京	福建省	甘肃省	广东省	广西壮族自治区
2	安庆市	北京市	福州市	白银市	潮州市	百色市
3	蚌埠市		龙岩市	定西市	东莞市	北海市
4	亳州市		南平市	甘南藏族自治州	东沙群岛	崇左市
5	池州市		宁德市	嘉峪关市	佛山市	防城港市
6	滁州市		莆田市	金昌市	广州市	贵港市
7	阜阳市		泉州市	酒泉市	河源市	桂林市
8	合肥市		三明市	兰州市	惠州市	河池市
9	淮北市		厦门市	临夏回族自治州	江门市	贺州市
10	淮南市		漳州市	陇南市	揭阳市	来宾市
11	黄山市			平凉市	茂名市	柳州市
12	六安市					

员工信息表　地区参考表

图 30-22　二级下拉列表数据表

操作步骤如下。

步骤① 根据"地区参考表"中的内容创建名称。

首先选中“地区参考表”工作表的A1:AE23单元格区域，按<Ctrl+G>组合键，弹出【定位】对话框，单击【定位条件】按钮，在弹出的【定位条件】对话框中单击【常量】单选按钮，最后单击【确定】按钮关闭对话框，此时表格区域中的常量全部被选中，如图 30-23 所示。

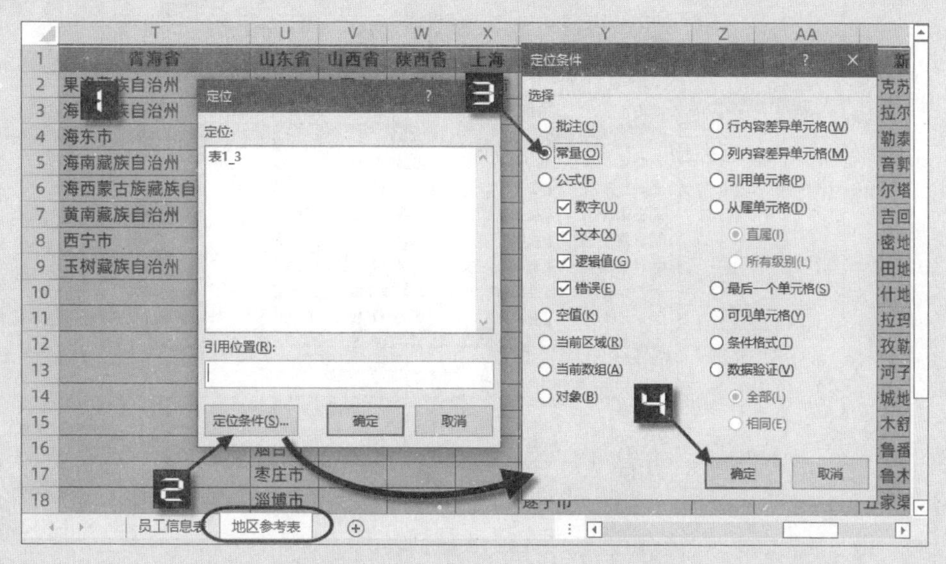

图 30-23　定位列表中的数据区域

步骤② 依次单击【公式】→【根据所选内容创建】按钮，在弹出的【根据所选内容创建名称】对话框中选中【首行】复选框，最后单击【确定】按钮关闭对话框，完成定义名称，如图 30-24 所示。

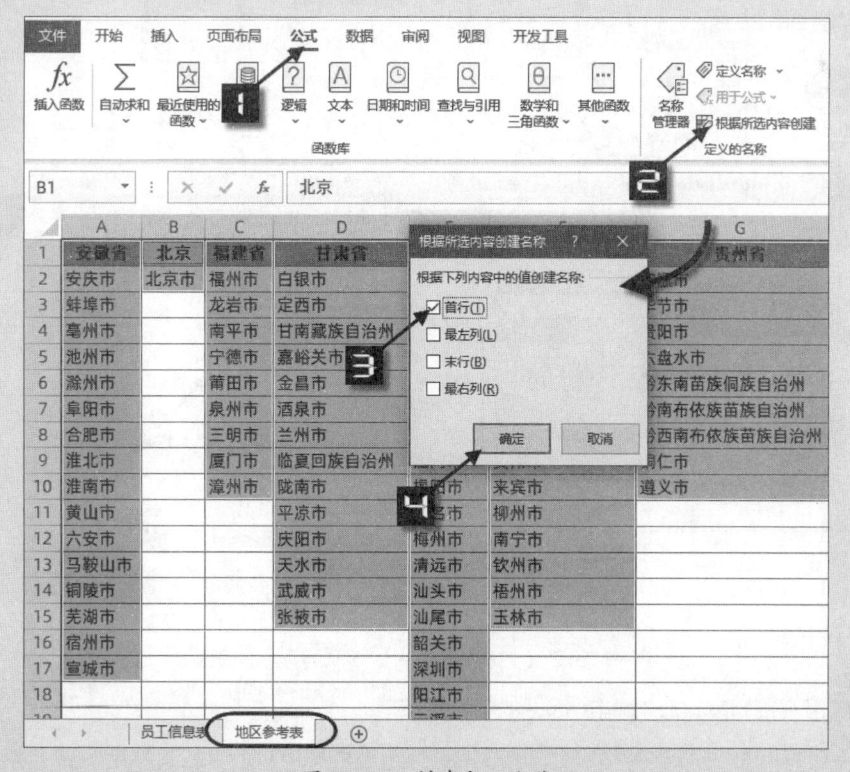

图 30-24　创建定义名称

创建完名称后，可以在【公式】→【名称管理器】中查看，如图 30-25 所示。

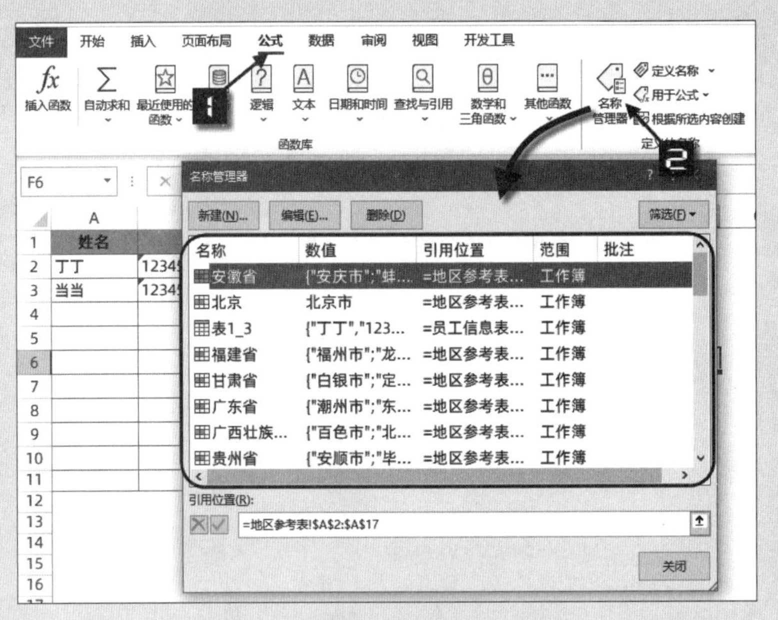

图 30-25　名称管理器

步骤③ 创建一级下拉列表，即“省/直辖市”区域的下拉列表。

切换到“员工信息表”工作表，选中C2:C11 单元格区域，依次单击【数据】→【数据验证】按钮，打开【数据验证】对话框。在【设置】选项卡下的【允许】下拉列表中选择【序列】选项，单击【来源】编辑框右侧的折叠按钮，切换到“地区参考表”工作表，选择A1: AE1 单元格区域，最后单击【确定】按钮关闭对话框，如图 30-26 所示。

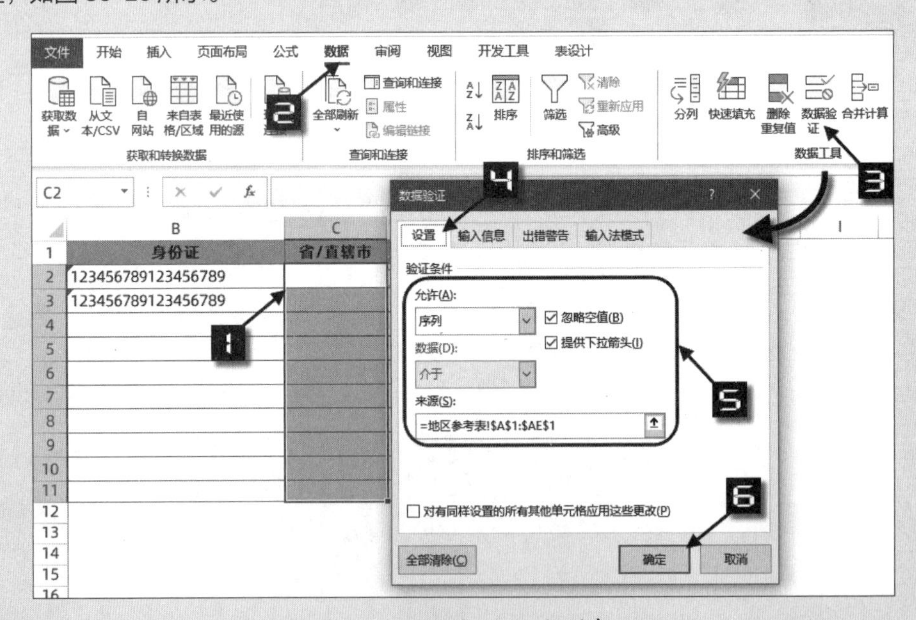

图 30-26　设置一级下拉列表

步骤④ 创建二级下拉列表，即“城市”区域的下拉列表。

选中“员工信息表”工作表的D2:D11 单元格区域，依次单击【数据】→【数据验证】按钮，打开【数据验证】对话框。在【设置】选项卡下的【允许】下拉列表中选择【序列】选项，在【来源】编辑框中输入以下公式，最后单击【确定】按钮关闭对话框，如图 30-27 所示。

```
=INDIRECT(C2)
```

设置完成后，随着C列所选内容的不同，D列中对应的下拉列表也会随之发生变化。

提示

在图 30-27 所示的【数据验证】对话框中选中【忽略空值】复选框时，如果C列的一级下拉列表区域未输入任何内容，对应的D列二级下拉列表区域允许手工输入任意不符合验证条件的数据。如果取消选中【忽略空值】复选框，在C列的一级下拉列表区域未输入内容时，对应的D列二级下拉列表区域将不允许输入任何内容。

设置二级下拉列表时，如对应的一级下拉列表区域尚未输入内容，会弹出如图 30-28 所示的错误提示，单击【是】按钮即可。

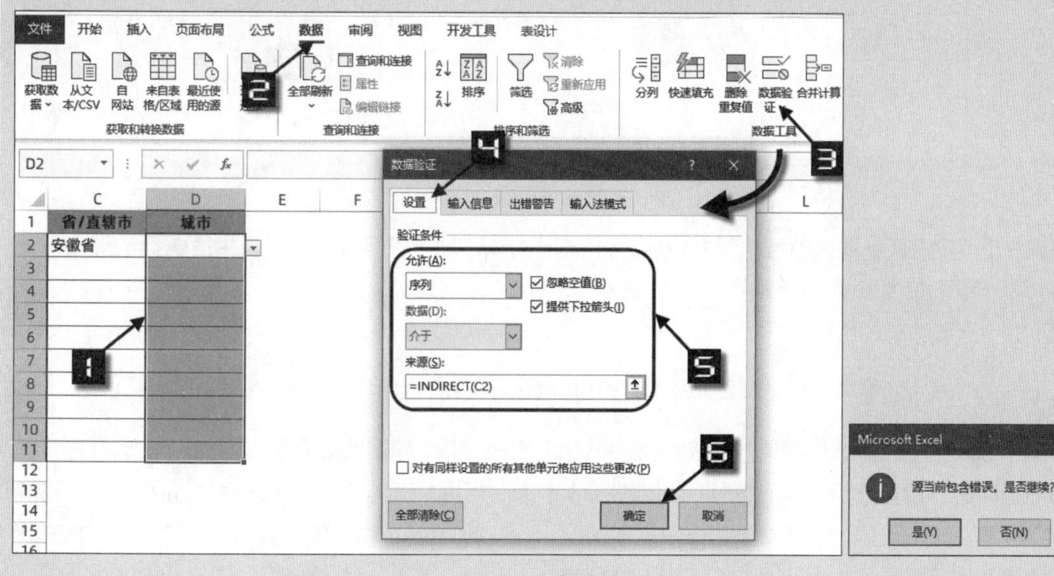

图 30-27　设置二级下拉列表　　　图 30-28　源包含错误提示

30.2.4　借助OFFSET函数创建动态二级下拉列表

使用示例 30-4 的方法创建的下拉列表，列表内容为固定区域的引用，不能随着区域大小变化而更新。结合OFFSET函数可创建引用区域自动更新的动态二级下拉列表。

示例30-5　创建动态二级下拉列表

仍然以示例 30-4 为例，使用OFFSET函数与数据验证在员工信息表中创建一个动态的二级下拉列表。操作步骤如下。

步骤① 创建一级下拉列表。

选中“员工信息表”工作表中的C2:C11 单元格区域，依次单击【数据】→【数据验证】按钮，打开【数据验证】对话框。在【设置】选项卡下的【允许】下拉列表中选择【序列】选项，在【来源】编辑框中输入以下公式，最后单击【确定】按钮关闭对话框，创建动态一级下拉列表，如图 30-29 所示。

```
=OFFSET(地区参考表!$A$1,,,,COUNTA(地区参考表!$1:$1))
```

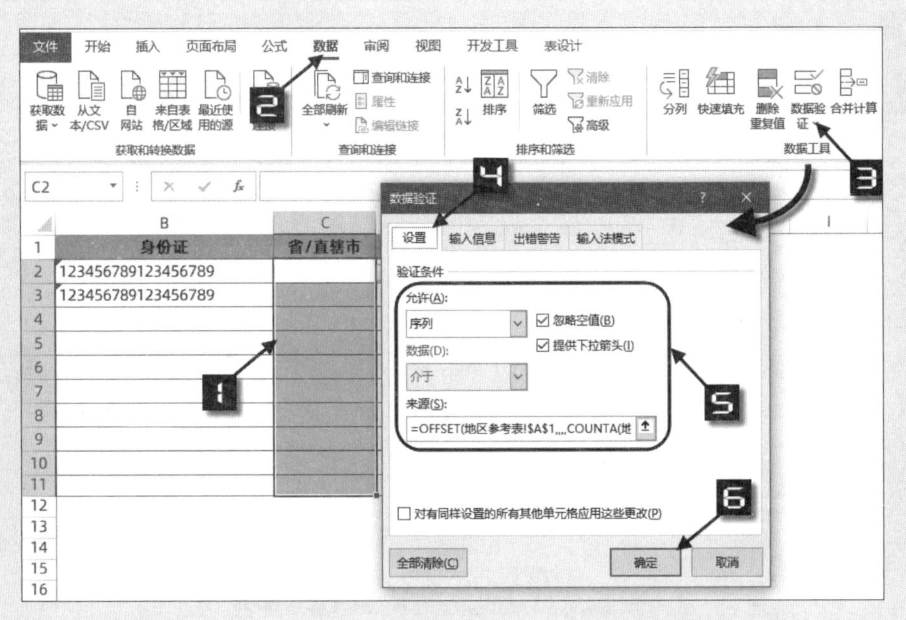

图 30-29　创建动态一级下拉列表

公式中的COUNTA(地区参考表!$1:$1)部分，用于计算“地区参考表”工作表中第一行的非空单元格个数，即一级下拉列表中的“省/直辖市”个数。

OFFSET函数的常规用法如下。

=OFFSET(基点,偏移行数,偏移列数,新引用行数,新引用列数)

本例中第二至第四参数仅用逗号占位简写参数值，意思是以“地区参考表”工作表的A1单元格为基点，向下偏移的行数为0行，向右偏移的列数为0列，新引用的行数与基点行数相同，新引用的列数为COUNTA函数的计算结果。当省/直辖市数量增加时，COUNTA函数得到的数量随之变化，OFFSET函数则返回动态的区域引用，得到动态的一级下拉列表。

步骤② 创建二级下拉列表。

选中“员工信息表”工作表中的D2:D11单元格区域，依次单击【数据】→【数据验证】按钮，打开【数据验证】对话框，在【设置】选项卡下的【允许】下拉列表中选择【序列】选项，在【来源】编辑框中输入以下公式，最后单击【确定】按钮。

=OFFSET(地区参考表!$A$1,1,MATCH(C2,地区参考表!$1:$1,)-1,COUNTA(OFFSET(地区参考表!$A:$A,,MATCH(C2,地区参考表!$1:$1,)-1))-1)

公式中的MATCH(C2,地区参考表!$1:$1,)部分，用于定位C2单元格中的省/直辖市在“地区参考表”工作表第一行的第几列，返回的结果减1，作为OFFSET函数列方向的偏移量。

再用COUNTA函数计算该列的非空单元格数量，返回的结果减1，是因为下拉列表中不需要包含标题行，作为OFFSET函数新引用区域的行数。

公式以“地区参考表”工作表中的$A$1单元格为基点，向下偏移行数为1，向右偏移列数为A列的省/直辖市在“地区参考表”工作表第一行的位置减1，新引用的行数为该列实际的不为空的单元格个数减去标题所占的数量1。

设置完成后，如果省/直辖市或是城市数据有增减，COUNTA函数的结果也会发生变化，再反馈给

OFFSET 函数，即可得到动态的引用区域，效果如图 30-30 所示。

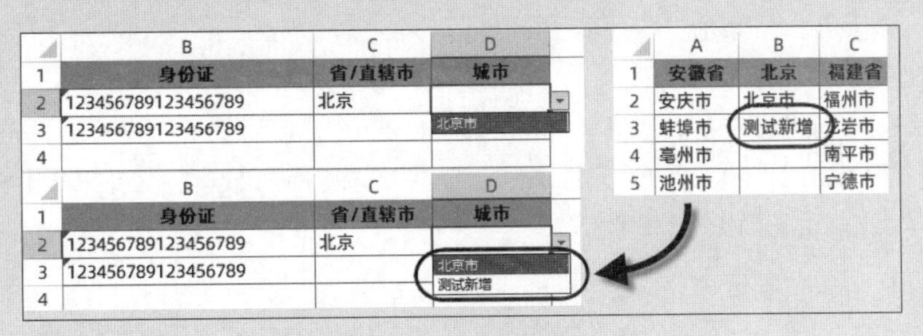

图 30-30　动态二级下拉列表

根据本书前言的提示，可观看“创建动态二级下拉列表”的视频演示。

示例30-6　动态三级下拉列表

对参考表进行重新整理，可以制作更多层级的下拉列表，如图 30-31 所示。

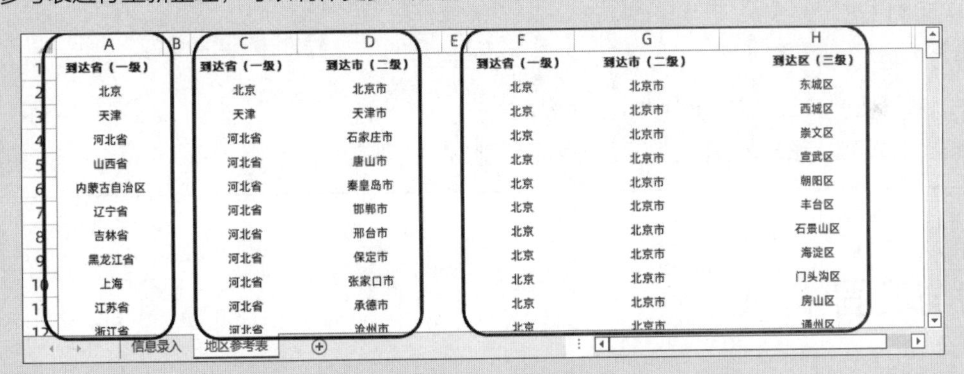

图 30-31　地区参考表

以动态三级下拉列表为例，操作步骤如下。

步骤① 创建一级下拉列表。

选中“信息录入”工作表中的 A2:A9 单元格区域，依次单击【数据】→【数据验证】按钮，打开【数据验证】对话框。在【设置】选项卡下的【允许】下拉列表中选择【序列】选项，在【来源】编辑框中输入以下公式，最后单击【确定】按钮关闭对话框，创建动态一级下拉列表，如图 30-29 所示。

```
=OFFSET(地区参考表!$A$1,1,,COUNTA(地区参考表!$A:$A)-1,1)
```

公式中的 COUNTA(地区参考表!$A:$A) 部分，用于计算“地区参考表”工作表中 A 列的非空单元格个数，即一级下拉列表中的“省/直辖市/自治区”个数。

公式中第三参数仅用逗号占位简写参数值，意思是以“地区参考表”工作表的 A1 单元格为基点，向下偏移的行数为 1 行，向右偏移的列数为 0 列，新引用的行数为 COUNTA 函数的计算结果，新引用的列数为 1 列。当“省/直辖市/自治区”数量增加时，COUNTA 函数得到的数量随之变化，OFFSET 函数则返回动态的区域引用，得到动态的一级下拉列表。

步骤② 创建二级下拉列表。

选中“信息录入”工作表中的 B2:B9 单元格区域，依次单击【数据】→【数据验证】按钮，打开【数据验证】对话框，在【设置】选项卡下的【允许】下拉列表中选择【序列】选项，在【来源】编辑框中输入以下公式，最后单击【确定】按钮。

```
=OFFSET(地区参考表!$D$1,MATCH(A2,地区参考表!$C:$C,)-1,,COUNTIFS(地区参考表!$C:$C,A2),1)
```

公式中的 MATCH(A2,地区参考表!$C:$C,) 部分，用于定位 A2 单元格中的内容在“地区参考表”工作表的 C 列首次出现的位置，返回的结果减 1（剔除标题行），作为 OFFSET 函数行方向的偏移量。

再用 COUNTIFS 函数计算该列与 A2 单元格相同内容的数量，作为 OFFSET 函数新引用区域的行数。

公式以“地区参考表”工作表中的 $D$1 单元格为基点，向下偏移行数为 A2 单元格内容在“地区参考表”C 列首次出现的行号，向右偏移列数为 0，新引用的行数为该列与 A2 单元格相同内容的数量。

步骤③ 创建三级下拉列表。

选中“信息录入”工作表中的 C2:C9 单元格区域，依次单击【数据】→【数据验证】按钮，打开【数据验证】对话框，在【设置】选项卡下的【允许】下拉列表中选择【序列】选项，在【来源】编辑框中输入以下公式，最后单击【确定】按钮。

```
=OFFSET(地区参考表!$H$1,MATCH(B2,地区参考表!$G:$G,)-1,,COUNTIFS(地区参考表!$G:$G,B2),1)
```

公式计算规则与二级下拉列表中的公式一样。

以此类推，可以制作第四级、第五级等更多级别的下拉列表。

练习与巩固

1. 在数据验证中使用函数公式时，如果公式返回的结果为（______）或是不为 0 的数值，则允许在单元格中输入。如果公式返回的结果为（______）或是数值（______），将出现错误警告。

2. 在数据验证中使用函数公式时，公式中可以使用数组常量吗？

3. 在数据验证中使用函数公式时，如果选中的是一个单元格区域，可以以（______）作为参照编写公式，设置完成后，该规则会应用到所选中范围的全部单元格。

4. 针对已存在数据的单元格设置数据验证，单元格中的内容不符合验证条件时，是否会出现出错警告？

5. 通过复制粘贴输入的数据是否受当前设置的数据验证的限制？

第 31 章　函数与公式在图表中的应用

函数公式是高级图表制作中不可缺少的重要元素之一，使用函数公式对数据源进行整理，可以使图表的制作方法更加灵活。本章将介绍 Excel 函数在图表制作中的常用技巧。

本章学习要点

（1）SERIES 函数的使用。
（2）使用函数改造图表数据源。
（3）使用定义名称及 OFFSET 函数制作动态图表。
（4）使用 REPT 函数模拟图表效果。

31.1　认识图表中的 SERIES 函数

当用户创建一个图表时，在图表中就已经存在了函数。每一个数据系列均有一个图表中特有的 SERIES 函数，如图 31-1 所示，单击图表数据系列，可以在编辑栏中看到类似以下样式的函数公式。

```
=SERIES(EH_Book!$C$1, EH_Book!$A$2:$A$7, EH_Book!$C$2:$C$7,2)
```

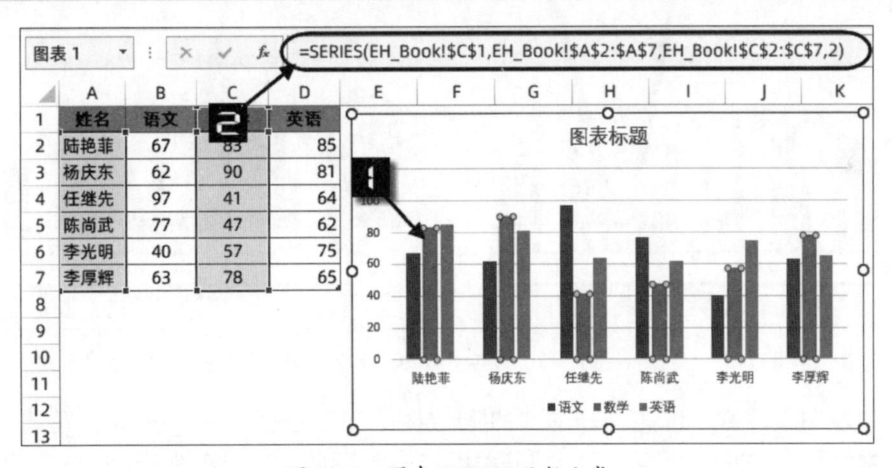

图 31-1　图表 SERIES 函数公式

SERIES 函数不能在单元格中进行运算，也不能在 SERIES 函数中使用工作表函数，但是可以使用定义名称、单元格引用或常量作为 SERIES 函数的参数，达到改变图表显示的效果。

SERIES 函数的语法为：

```
=SERIES([系列名称],[分类轴标签],系列值,数据系列编号)
```

第一参数为系列名称，也就是图例上显示的名称。如果该参数为空，则默认以“系列 1”“系列 2”命名，如图 31-2 所示。

第二参数为分类轴标签，也就是图表横坐标轴上的标签。如果该参数为空，分类标签会默认以数字依次排列，如图 31-3 所示。

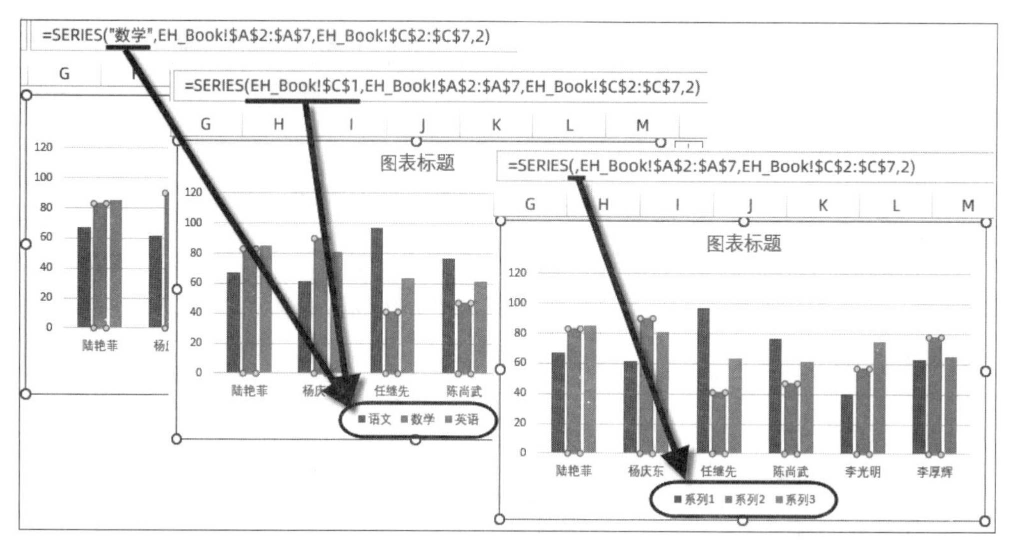

图 31-2　第一参数为空时的效果

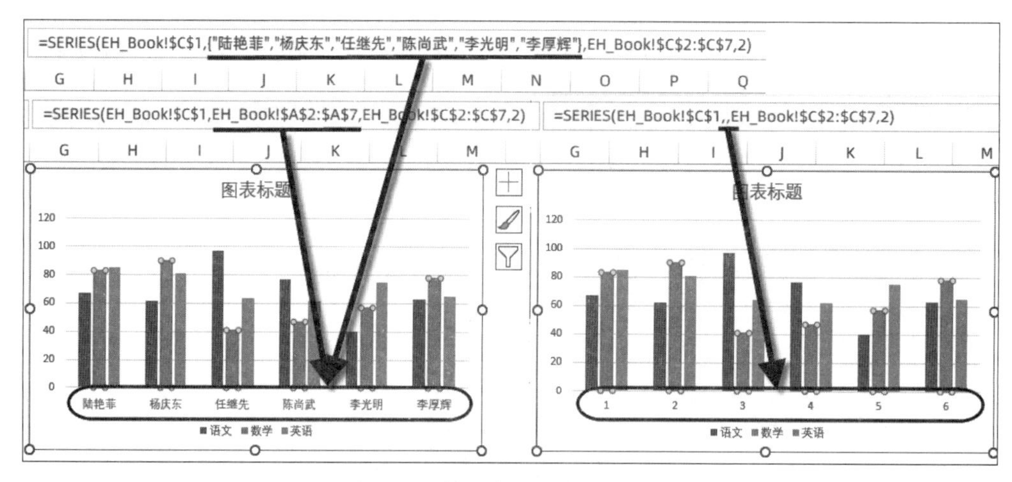

图 31-3　第二参数为空时的效果

第三参数为数据系列值，也就是柱形图上的柱形系列，根据这些数据的大小形成不同高低的柱形。

第四参数为图表中的第N个系列。如果图表中只有一个系列，那么此参数默认为 1，并且更改无效。但是如果有两个系列或两个系列以上，可以更改此参数的值来改变系列的前后顺序，如图 31-4 所示。

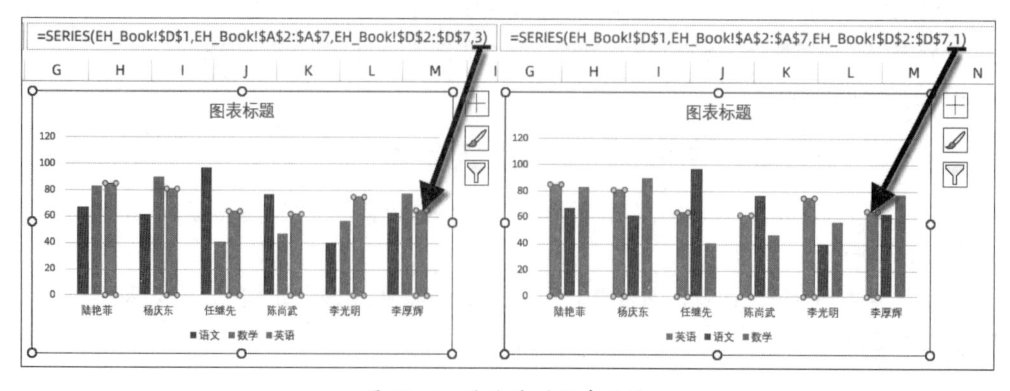

图 31-4　更改系列顺序效果

以上参数解释基于大部分图表类型，但是某些特殊图表类型的参数会有所不同，如散点图、气泡图等。

在散点图中，SERIES函数的第二参数为散点图的X轴数据，第三参数为散点图的Y轴数据。

在气泡图中，SERIES函数比其他图表类型多了一个参数，第二参数为气泡图的X轴数据，第三参数为气泡图的Y轴数据，第四参数为气泡图系列的顺序，第五参数为气泡图的气泡大小数据。

如果用户无法判断公式中的参数对应图表中的哪个数据，或者需要更改图表中各元素的数据区域时，除了可以在公式中修改参数，还可以单击图表，在功能区的【图表设计】选项卡中单击【选择数据】按钮，打开【选择数据源】对话框。

在【选择数据源】对话框中选中某一系列后再单击【编辑】按钮，打开【编辑数据系列】对话框。其中【系列名称】为图表SERIES函数的第一参数，【系列值】为大部分图表类型中SERIES函数的第三参数。

单击【水平(分类)轴标签】下的【编辑】按钮，打开【轴标签】对话框，【轴标签区域】则为SERIES函数的第二参数。选择系列后单击【上移】或【下移】按钮可以更改系列的顺序，也就是SERIES函数的第四参数，如图 31-5 所示。

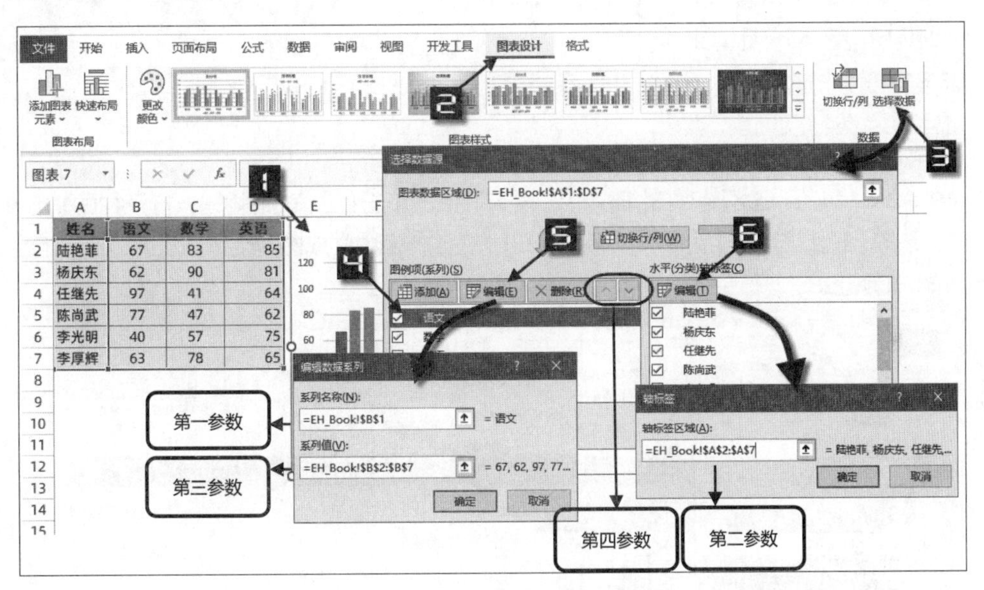

图 31-5 【选择数据源】对话框

气泡图与散点图的【编辑数据系列】对话框与对应的函数参数如图 31-6 所示，默认的气泡图与散点图没有分类标签。

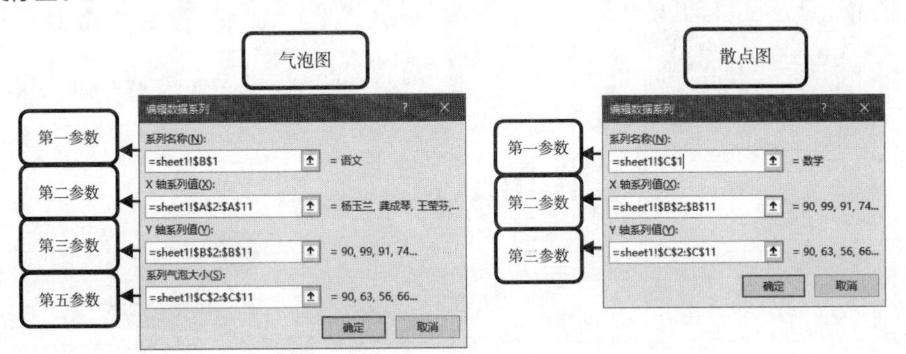

图 31-6　气泡图与散点图的数据系列对话框

31.2 为图表添加参考线

图表的特点就是直观形象，能一目了然地看清数据的大小、差异和变化趋势。

示例31-1 添加平均参考线的柱形图

如图 31-7 所示，在柱形图中添加了一条平均值参考线，让图表更加直观。

操作步骤如下。

步骤① 首先在C2 单元格输入标题“平均值”，在C3 单元格输入以下公式，向下复制到C12 单元格，计算出B3:B12 单元格的平均值。

```
=AVERAGE($B$3:$B$12)
```

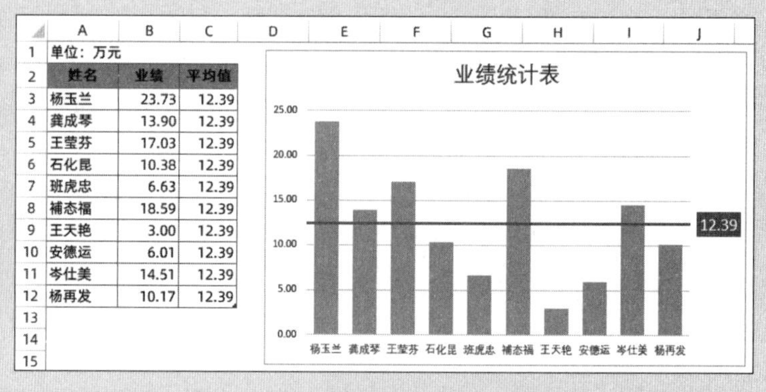

图 31-7 添加参考线的柱形图

步骤② 选中A2:C12 单元格区域，在【插入】选项卡下依次单击【推荐的图表】，打开【插入图表】对话框，选择【簇状柱形图】后单击【确定】按钮，在工作表中生成由两个数据系列构成的组合图，如图 31-8 所示。

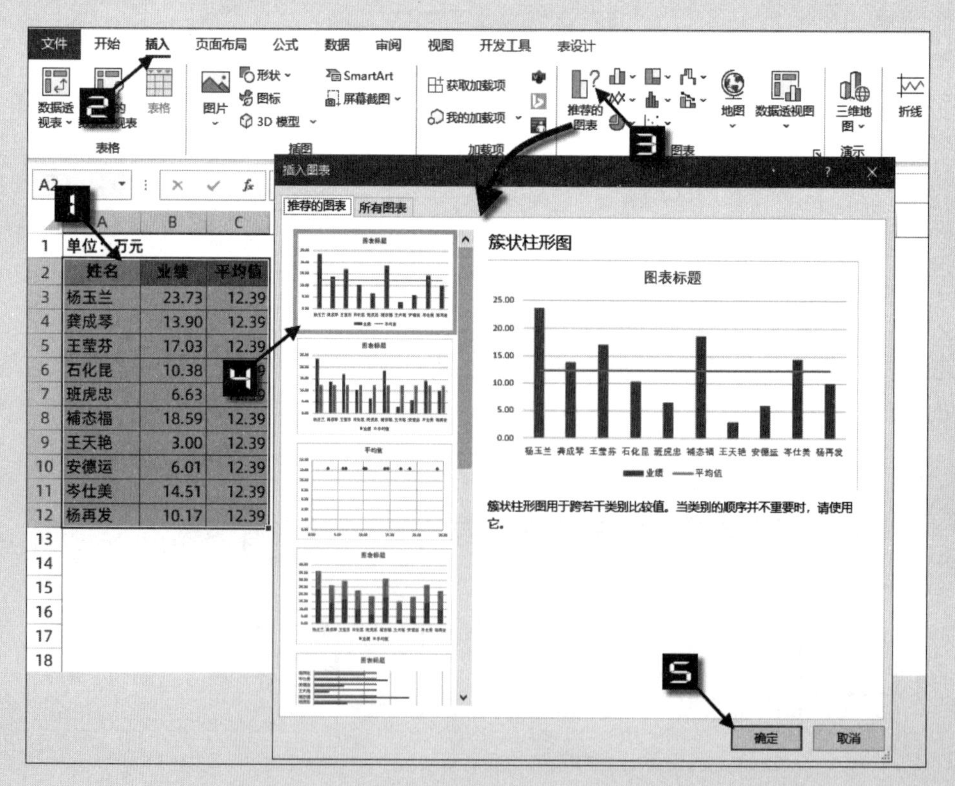

图 31-8 插入柱形图

步骤③ 双击图表“业绩”数据系列，调出【设置数据系列格式】选项窗格，单击切换到【系列选项】选项卡，设置【间隙宽度】为 60%。

切换到【填充与线条】选项卡，设置【填充】→【纯色填充】，在【主题颜色】面板中选择颜色，如绿色，如图 31-9 所示。

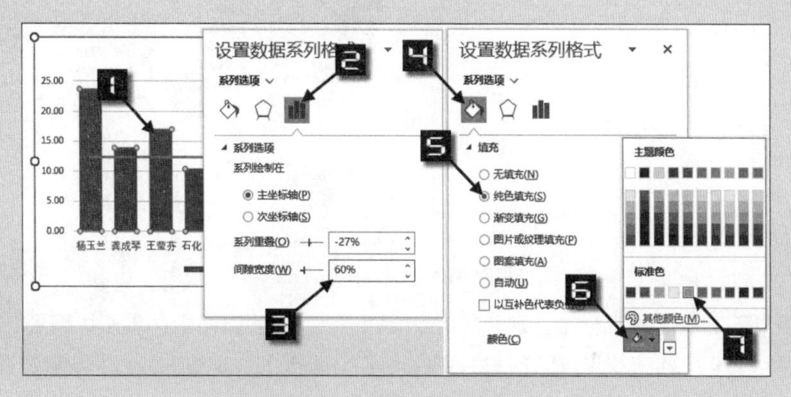

图 31-9　设置数据系列格式

步骤④ 单击图表“平均值”数据系列，在【设置数据系列格式】选项窗格中单击切换到【系列选项】选项卡，设置【系列绘制在】为【次坐标轴】。

切换到【填充与线条】选项卡，设置【线条】→【实线】，在【主题颜色】面板中选择颜色，如深绿色，如图 31-10 所示。

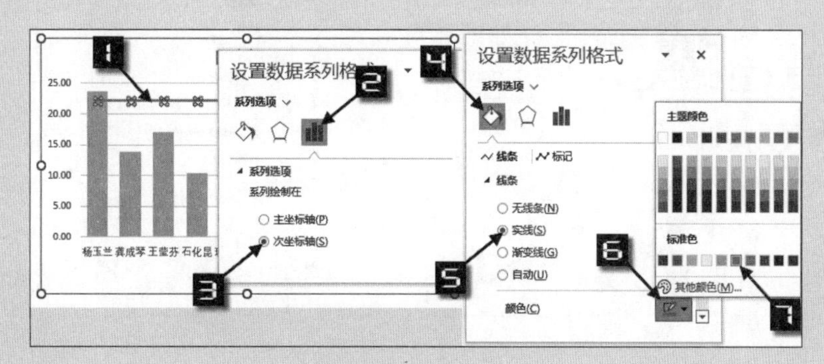

图 31-10　设置折线格式

步骤⑤ 单击图表右侧的次要纵坐标轴，在【设置坐标轴格式】选项窗格中，单击切换到【坐标轴选项】选项卡，设置【边界】【最大值】为 25，【最小值】为 0。在【标签】选项卡下设置【标签位置】为无，如图 31-11 所示。

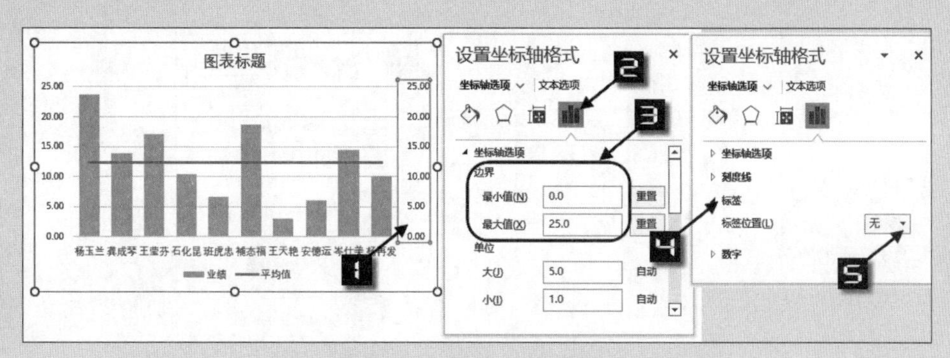

图 31-11　设置坐标轴格式

步骤⑥ 单击图表区，然后单击右上角的【图表元素】快速选项按钮，选中【坐标轴】→【次要横坐标轴】，取消选中【图例】，如图 31-12 所示。

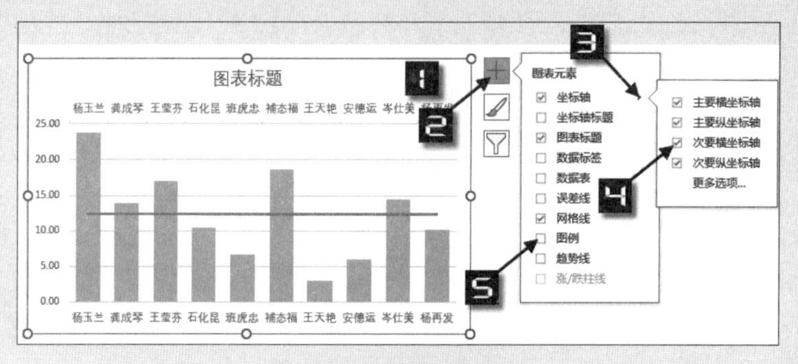

图 31-12　添加图表元素

步骤⑦ 单击图表顶部的次要横坐标轴，在【设置坐标轴格式】选项窗格中，单击切换到【坐标轴选项】选项卡，设置【坐标轴位置】为【在刻度线上】。在【标签】选项卡下设置【标签位置】为【无】，设置后折线的起始位置与末端位置发生变化，如图 31-13 所示。

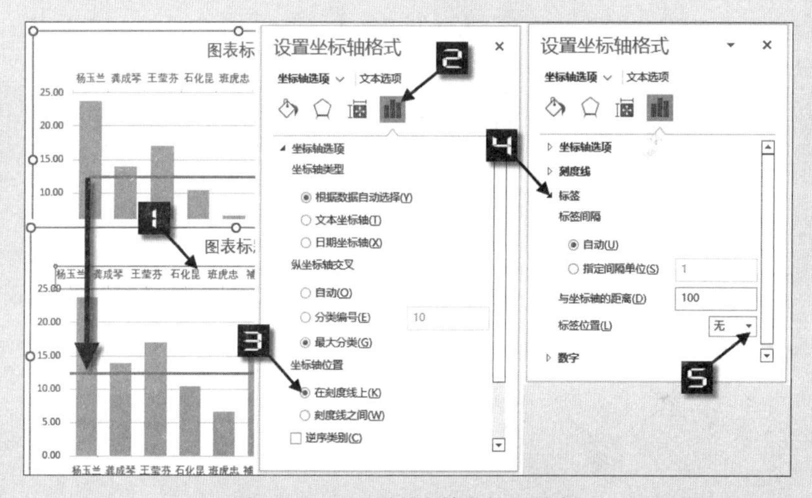

图 31-13　设置次要横坐标轴格式

步骤⑧ 单击折线图系列，再次单击末端数据点来选中该数据点，右击，在快捷菜单中单击【添加数据标签】，为折线图末端数据点添加数据标签，如图 31-14 所示。

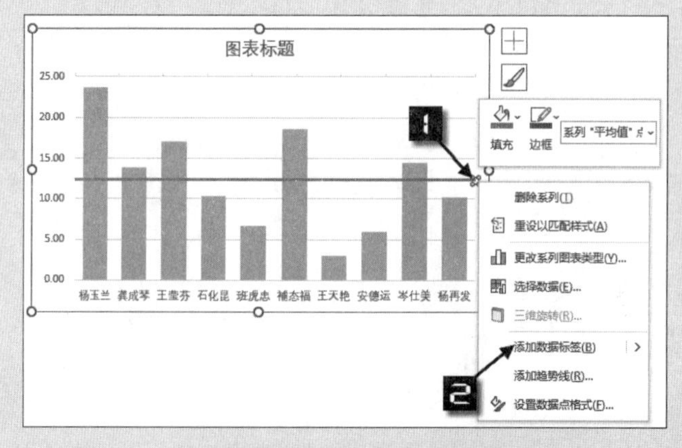

图 31-14　添加数据标签

最后设置数据标签并调整图表布局。

31.3　使用逻辑函数辅助创建图表

31.3.1　使用 IF 函数判断数值区间制作柱形图

示例31-2　根据业绩区间变化颜色的柱形图

使用工作表函数来构建辅助列，能够使图表突破默认形态展示。如图 31-15 中所示的图表，就是利用IF 函数构建辅助列制作而成，图表柱形的颜色根据业绩区间自动变化，更改数据也无须重新设置格式。

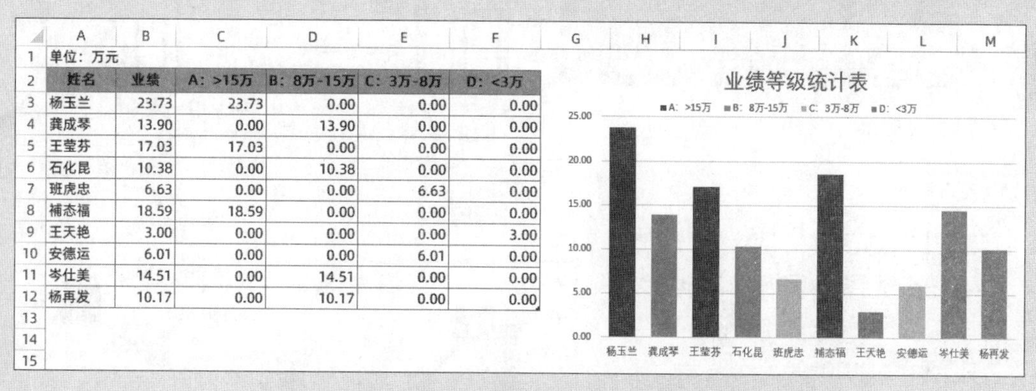

单位：万元

姓名	业绩	A: >15万	B: 8万-15万	C: 3万-8万	D: <3万
杨玉兰	23.73	23.73	0.00	0.00	0.00
龚成琴	13.90	0.00	13.90	0.00	0.00
王莹芬	17.03	17.03	0.00	0.00	0.00
石化昆	10.38	0.00	10.38	0.00	0.00
班虎忠	6.63	0.00	0.00	6.63	0.00
補态福	18.59	18.59	0.00	0.00	0.00
王天艳	3.00	0.00	0.00	0.00	3.00
安德运	6.01	0.00	0.00	6.01	0.00
岑仕美	14.51	0.00	14.51	0.00	0.00
杨再发	10.17	0.00	10.17	0.00	0.00

图 31-15　根据业绩区间变化颜色的柱形图

操作步骤如下。

步骤① 首先在C2 单元格输入标题“A: >15 万”，在C3 单元格输入以下公式，向下复制到C12 单元格。

```
=IF(B3>=15,B3,0)
```

如果B3 单元格的值大于等于 15，那么IF 函数返回B3 单元格中的业绩，否则返回 0。

在D2 单元格输入标题“B: 8 万-15 万”，在D3 单元格输入以下公式，向下复制到D12 单元格。

```
=IF((B3>=8)*(B3<15),B3,0)
```

如果B3 单元格的值大于等于 8，并且小于 15，那么IF 函数返回B3 单元格中的业绩，否则返回 0。

在E2 单元格输入标题“C: 3 万-8 万”，在E3 单元格输入以下公式，向下复制到E12 单元格。

```
=IF((B3>=3)*(B3<8),B3,0)
```

如果B3 单元格的值大于等于 3，并且小于 8，那么IF 函数返回第二参数，即B3 单元格中的业绩，否则返回 0。

在F2 单元格输入标题“D: <3 万”，在F3 单元格输入以下公式，向下复制到F12 单元格。

```
=IF(B3<3,B3,0)
```

如果B3 单元格的值小于 3，那么IF 函数返回第二参数，即B3 单元格中的业绩，否则返回 0。

步骤② 选中A2:F12单元格区域，单击功能区的【插入】选项卡，依次单击【插入柱形图或条形图】→【二维柱形图】→【簇状柱形图】，在工作表中生成由5个数据系列构成的簇状柱形图，如图31-16所示。

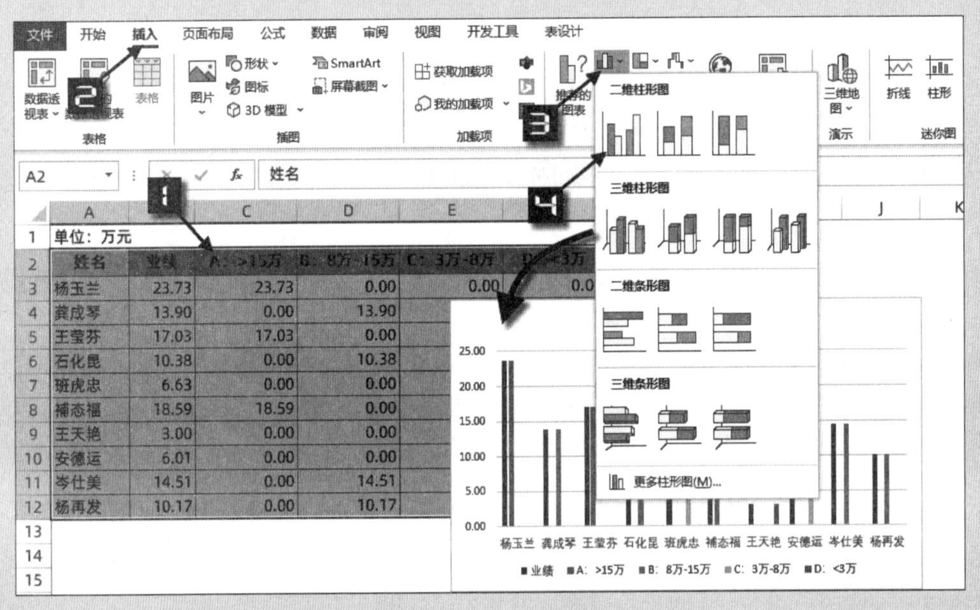

图 31-16 簇状柱形图

步骤③ 双击图表数据系列，调出【设置数据系列格式】选项窗格，单击切换到【系列选项】选项卡，设置【系列重叠】为100%，【间隙宽度】为60%，如图31-17所示。设置【系列重叠】为100%，目的是将5个系列的柱形完全重叠，使用IF函数判断得到的数据系列，不符合条件的均为0，只有符合条件的系列才有数据，所以符合条件的数据系列会覆盖底部的柱形。

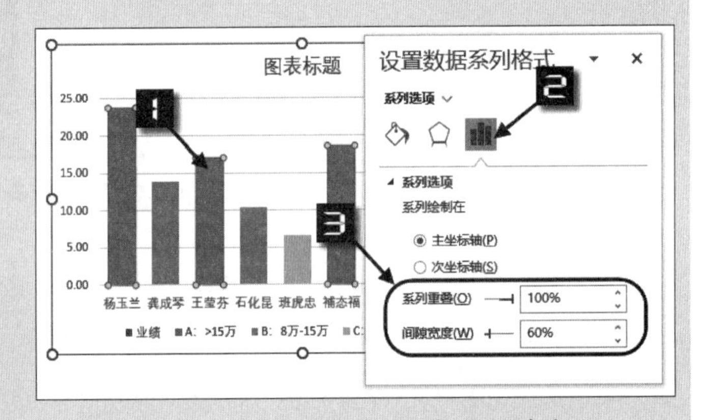

图 31-17 设置数据系列重叠与间隙宽度

使用构建辅助列制作出来的图表，每个区间各自为一个系列，每个系列默认的颜色均不相同，如需对系列重新设置颜色，可按以下步骤实现。

在【设置数据系列格式】选项窗格中单击【填充与线条】选项卡，单击要设置格式的数据系列，如“A: >15万”数据系列，设置【填充】→【纯色填充】，在【主题颜色】面板中选择颜色，如深红色，如图31-18所示。

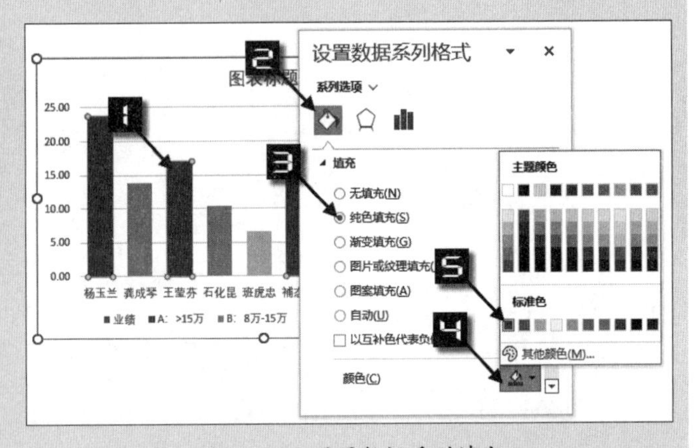

图 31-18 设置数据系列填充

同样的方式可以设置其他数据系列的

填充颜色。

步骤④ 单击图表区，在【设置图表区格式】选项窗格中单击【填充与线条】选项卡，设置【边框】为【无线条】，如图 31-19 所示。

步骤⑤ 单击图表标题，进入编辑状态后，输入文本“业绩等级统计表”。

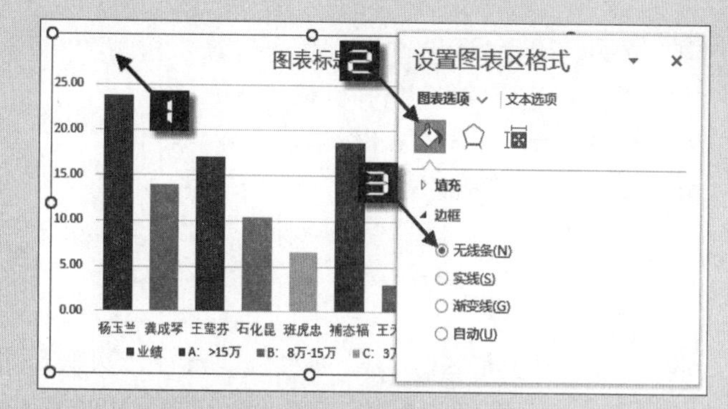

图 31-19　设置图表区格式

步骤⑥ 单击图表图例，再次单击“业绩”图例，单独选中“业绩”图例后按<Delete>键删除，保留另外 4 个系列的图例，单击图表区，在右上角的【图表元素】快速选项按钮中单击【图例】→【顶部】，如图 31-20 所示。

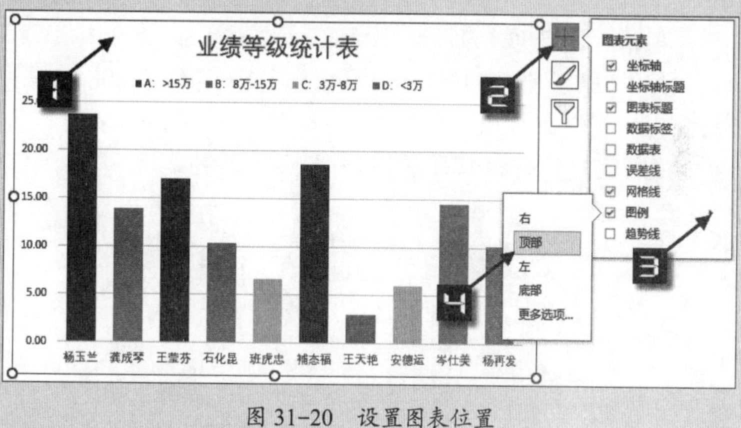

图 31-20　设置图表位置

31.3.2　使用 IF 函数制作数据列差异较大的柱形图

示例31-3　展示数据列差异较大的柱形图

当数据系列之间差异很大时，可以利用函数公式重新计算数据，在数据系列趋势不变的情况下统一数据系列的数据等级，如图 31-21 所示。

操作步骤如下。

步骤① 重新计算数据，将所有数据都缩小到相同量级的范围，这里将每个分类的最大值以 1 计算，其他数据均按比例缩小。

如图 31-22 所示，选中 A1:E4 单元格区域，按<Ctrl+

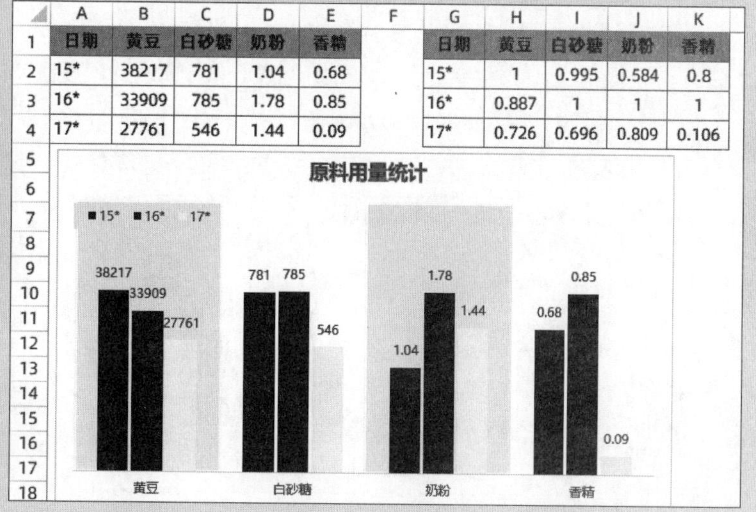

日期	黄豆	白砂糖	奶粉	香精
15*	38217	781	1.04	0.68
16*	33909	785	1.78	0.85
17*	27761	546	1.44	0.09

日期	黄豆	白砂糖	奶粉	香精
15*	1	0.995	0.584	0.8
16*	0.887	1	1	1
17*	0.726	0.696	0.809	0.106

图 31-21　展示数据列差异较大的柱形图

C>组合键复制，单击G1单元格，按<Ctrl+V>组合键粘贴。清除H2:K4单元格中的内容。在H2单元格中输入以下公式，将公式复制到H2:K4单元格区域。

```
=IF(MAX(B$2:B$4)=B2,1, B2/
MAX(B$2:B$4))
```

H2　=IF(MAX(B$2:B$4)=B2,1,B2/MAX(B$2:B$4))

	A	B	C	D	E	F	G	H	I	J	K
1	日期	黄豆	白砂糖	奶粉	香精		日期	黄豆	白砂糖	奶粉	香精
2	15*	38217	781	1.04	0.68		15*	1	0.995	0.584	0.8
3	16*	33909	785	1.78	0.85		16*	0.887	1	1	1
4	17*	27761	546	1.44	0.09		17*	0.726	0.696	0.809	0.106

图 31-22　重新计算数据

步骤② 选中G1:K4单元格区域，在【插入】选项卡下依次单击【插入柱形图或条形图】→【二维柱形图】【簇状柱形图】，在工作表中生成由3个数据系列构成的簇状柱形图。

步骤③ 双击图表“15*”数据系列，打开【设置数据系列格式】选项窗格。

切换到【系列选项】选项卡，设置【系列重叠】为-10%，【间隙宽度】为150%。

切换到【填充与线条】选项卡，设置【填充】→【纯色填充】，在【主题颜色】面板中设置颜色为黑色，如图31-23所示。

用同样的方式设置“16*”的【填充】颜色为黑色，“17*”的【填充】颜色为黄色。

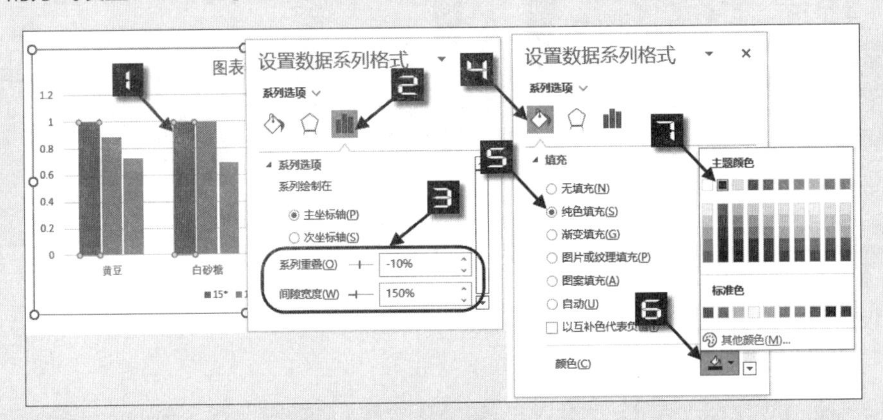

图 31-23　设置数据系列格式

步骤④ 单击图表纵坐标轴，在【设置坐标轴格式】选项窗格中，切换到【坐标轴选项】选项卡，设置【边界】【最大值】为1.5，【最小值】为0。

步骤⑤ 单击图表区，然后单击右上角的【图表元素】快速选项按钮，取消选中【坐标轴】→【主要纵坐标轴】，选中【数据标签】，取消选中【网格线】，如图31-24所示。

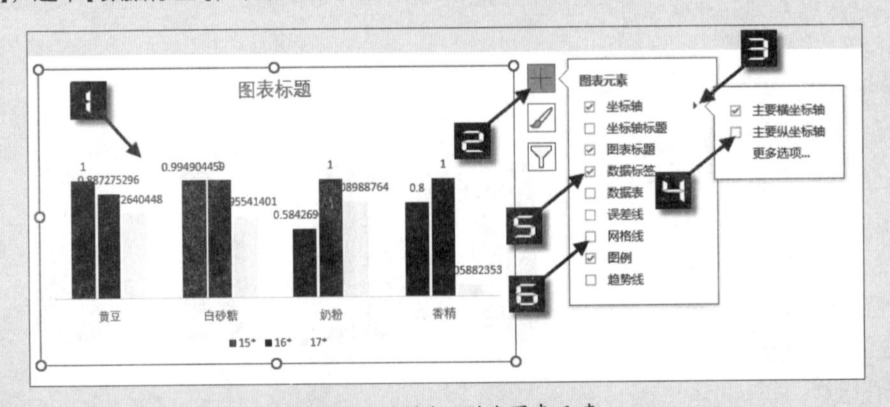

图 31-24　添加/删除图表元素

步骤⑥ 由于图表使用的是重新计算后的数据进行制作的，所以需要更改数据标签的数据显示。

单击图表“15*”数据系列的数据标签，在【设置数据标签格式】选项窗格中，切换到【标签选项】选项卡，选中【标签包括】→【单元格中的值】，打开【数据标签区域】对话框，在【选择数据标签区域】引用框中选择B2:E2单元格。单击【确定】按钮关闭【数据标签区域】对话框，取消选中【值】复选框，如图31-25所示。

用同样的方式将“16*”数据系列的数据标签区域更改为B3:E3，“17*”数据系列的数据标签区域更改为B4:E4。

步骤⑦ 为了让图表数据列分区更明显，可以利用背景的间隔颜色来区分。

切换到新工作表“Sheet2”中，单击功能区的【视图】选项卡，取消选中【网格线】复选按钮。

调整第一行的行高，调整A:L列的列宽使其为统一的宽度，选择A1:C1和G1:I1单元格区域，单击功能区的【开始】选项卡，在【填充颜色】下拉按钮中选择灰色，如图31-26所示。

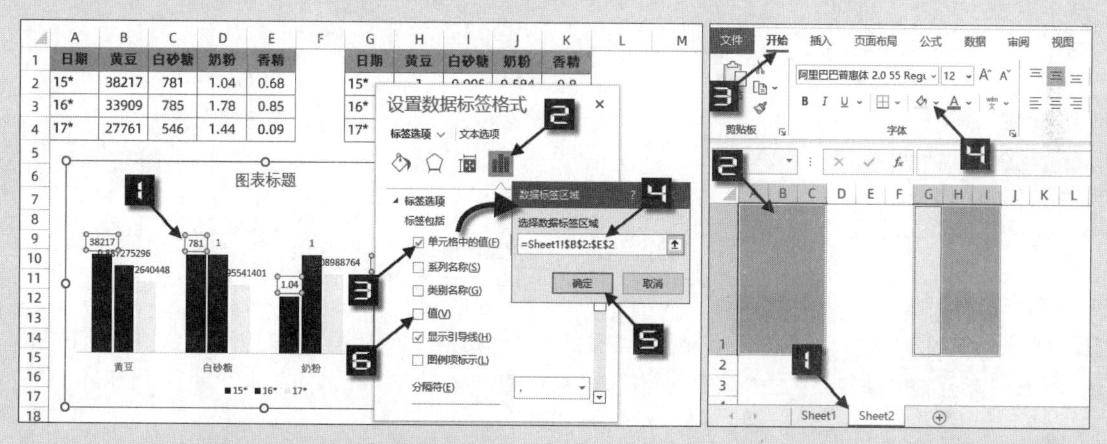

图 31-25　更改数据标签显示　　　　图 31-26　设置单元格填充格式

选择A1:L1单元格区域，按<Ctrl+C>组合键复制区域。

切换到数据与图表所在的工作表，双击图表绘图区，打开【设置绘图区格式】选项窗格，切换到【填充与线条】选项卡，在【填充】选项中选择【图片或纹理填充】，单击【插入图片来自】→【剪贴板】按钮，将复制的单元格区域粘贴到绘图区，如图31-27所示。

最后为图表修改标题文字，调整图例位置后效果如图31-28所示。

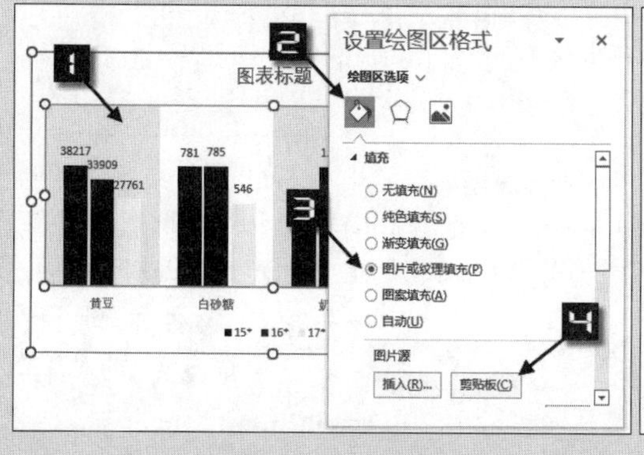

图 31-27　设置图表绘图区格式

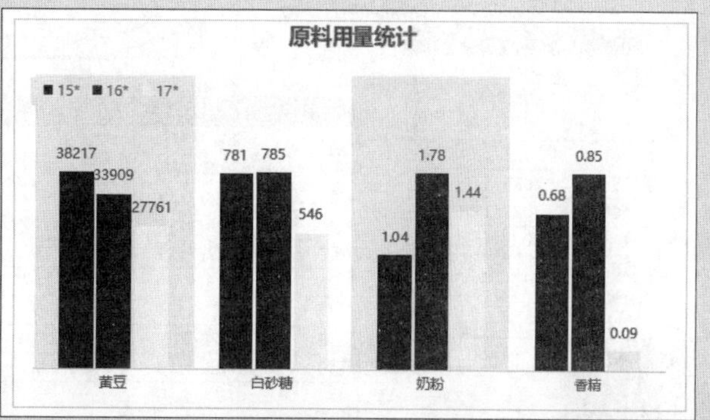

图 31-28　展示数据列差异较大的柱形图

31.3.3 使用 IF 函数制作动态甘特图

示例31-4 动态甘特图

甘特图也称项目进度图，如图 31-29 所示，用户可以利用函数构建辅助列，与控件【滚动条】组合来制作甘特图，可直观查看各项目进展情况。

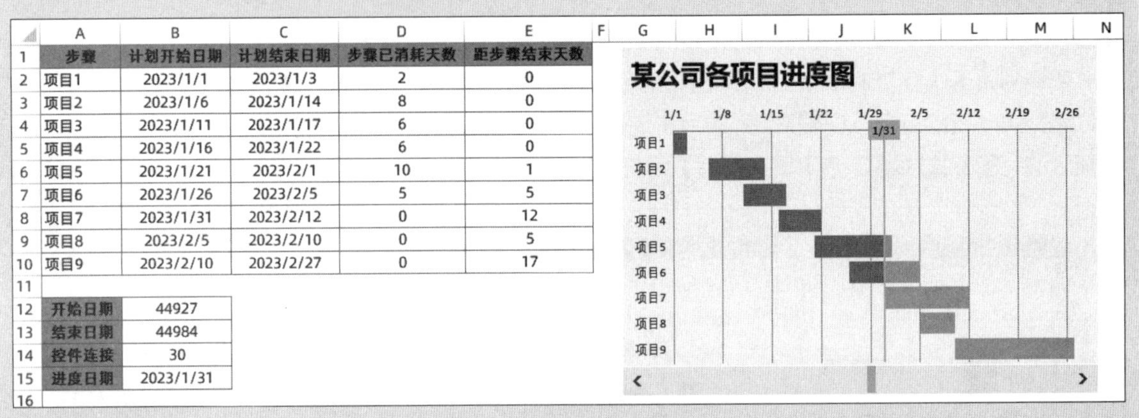

步骤	计划开始日期	计划结束日期	步骤已消耗天数	距步骤结束天数
项目1	2023/1/1	2023/1/3	2	0
项目2	2023/1/6	2023/1/14	8	0
项目3	2023/1/11	2023/1/17	6	0
项目4	2023/1/16	2023/1/22	6	0
项目5	2023/1/21	2023/2/1	10	1
项目6	2023/1/26	2023/2/5	5	5
项目7	2023/1/31	2023/2/12	0	12
项目8	2023/2/5	2023/2/10	0	5
项目9	2023/2/10	2023/2/27	0	17

开始日期	44927
结束日期	44984
控件连接	30
进度日期	2023/1/31

图 31-29 动态甘特图

操作步骤如下。

步骤① 分别在A12、A13、A14、A15 单元格中输入“开始日期”“结束日期”“控件连接”“进度日期”。在B12 单元格中输入以下公式获得开始日期（最小值）。

```
=MIN(B2:C10)
```

在B13 单元格中输入以下公式获得结束日期（最大值）。

```
=MAX(B2:C10)
```

将B12 与B14 单元格格式设置为【常规】，设置后效果如图 31-30 所示。

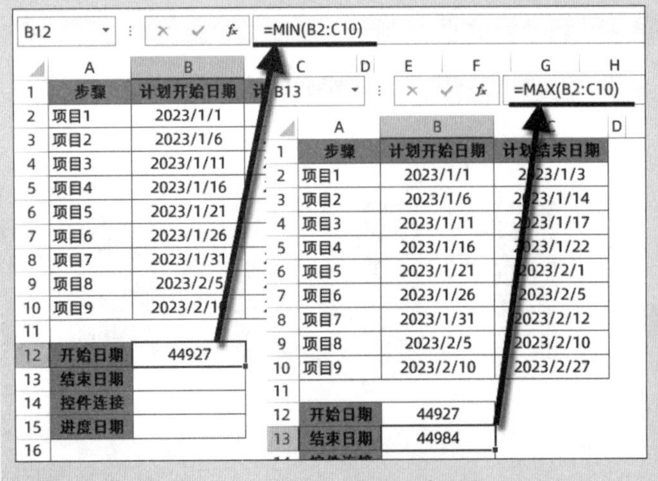

图 31-30 添加开始与结束日期

将日期设置为数值，目的是后期在图表中设置刻度的最大值与最小值时便于查看。在设置刻度时，也可以直接输入日期，如“2023-1-1”，按<Enter>键即可。

步骤② 单击任意单元格，在【开发工具】选项卡中单击【插入】→【滚动条(窗体控件)】命令，拖动鼠标在工作表中绘制一个滚动条，如图 31-31 所示。

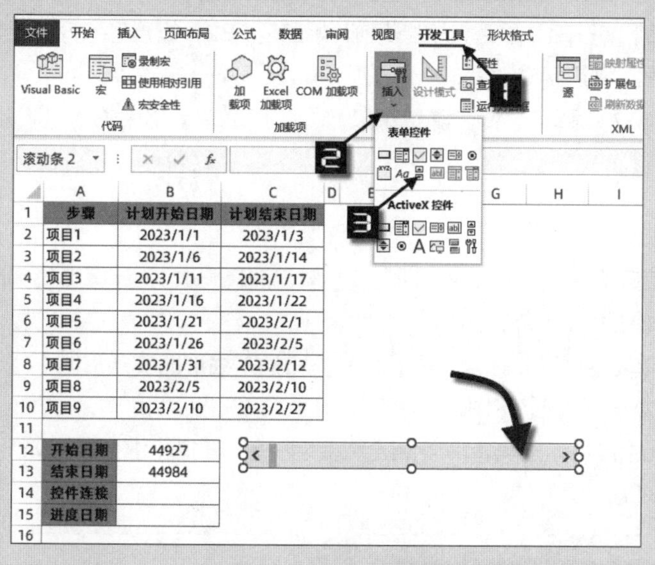

图 31-31　插入滚动条

在滚动条上右击，然后在快捷菜单中单击【设置控件格式】命令，打开【设置控件格式】对话框。

切换到【控制】选项卡下，将【最小值】设置为 1，【最大值】设置为 57（使用结束日期-开始日期得到的天数），【步长】设置为 1，【页步长】设置为 7，【单元格链接】设置为B14 单元格，最后单击【确定】按钮关闭对话框，如图 31-32 所示。

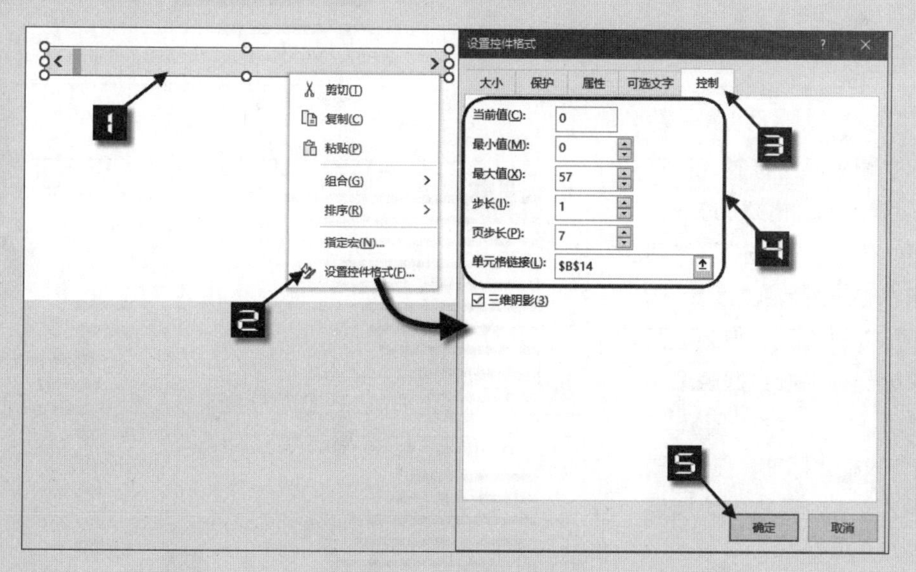

图 31-32　设置滚动条格式

步骤③ 在B15 单元格中输入以下公式得到进度日期。

```
=B12+B14
```

在D1 单元格中输入标题文字“步骤已消耗天数”，在D2 单元格中输入以下公式，向下复制到D10 单元格。

```
=IFS($B$15>=C2,C2-B2,$B$15>B2,$B$15-B2,TRUE,0)
```

公式表示判断“进度日期”B15 是否大于等于“计划结束日期”C2，如果是，返回当前步骤的总天数，如果不是则判断“进度日期”B15 是否大于“计划开始日期”B2，如果是，返回当前步骤所消耗的天数，如果前面的判断都为否，则返回 0。

在 E1 单元格中输入标题文字“距步骤结束天数”，在 E2 单元格中输入以下公式，向下复制到 E10 单元格。

```
=C2-B2-D2
```

公式用“计划结束日期”-“计划开始日期”-“步骤已消耗天数”，计算出“距步骤结束天数”。

最终数据构建效果如图 31-33 所示。

步骤④ 选中 A1:B10 单元格区域，依次单击【插入】→【插入柱形图或条形图】→【二维条形图】→【堆积条形图】，生成一个堆积条形图。

选中 D1:E10 单元格区域，按<Ctrl+C>组合键复制，单击图表，按<Ctrl+V>组合键将数据粘贴进图表中。效果如图 31-34 所示。

	A	B	C	D	E
1	步骤	计划开始日期	计划结束日期	步骤已消耗天数	距步骤结束天数
2	项目1	2023/1/1	2023/1/3	2	0
3	项目2	2023/1/6	2023/1/14	8	0
4	项目3	2023/1/11	2023/1/17	6	0
5	项目4	2023/1/16	2023/1/22	6	0
6	项目5	2023/1/21	2023/2/1	10	1
7	项目6	2023/1/26	2023/2/5	5	5
8	项目7	2023/1/31	2023/2/12	0	12
9	项目8	2023/2/5	2023/2/10	0	5
10	项目9	2023/2/10	2023/2/27	0	17
11					
12	开始日期	44927			
13	结束日期	44984			
14	控件连接	30			
15	进度日期	2023/1/31			

图 31-33　数据构建效果

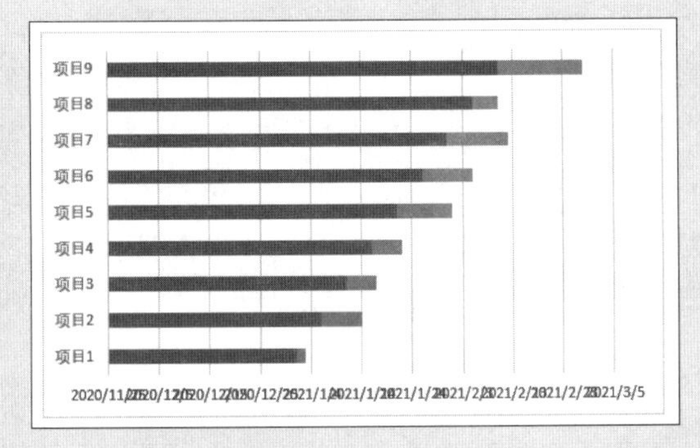

图 31-34　堆积条形图

步骤⑤ 双击图表纵坐标轴，打开【设置坐标轴格式】选项窗格，在【坐标轴选项】选项卡中的【坐标轴位置】下选中【逆序类别】，使条形图的纵坐标轴按数据源顺序显示，如图 31-35 所示。

单击图表横坐标轴，在【设置坐标轴格式】选项窗格中切换到【坐标轴选项】选项卡。

设置【边界】的【最小值】为 44927（开始日期），【最大值】为 44984（结束日期）。设置【单位】【大】为 7（一周）。

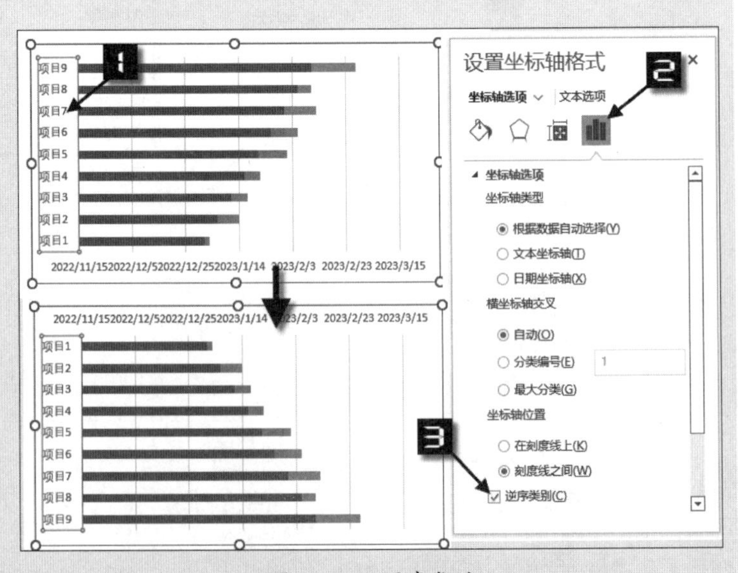

图 31-35　逆序类别

单击【数字】选项，设置【类别】为自定义，【格式代码】为 m/d，即“月/日”形式，最后单击【添加】

按钮完成横坐标轴的数字格式设置，如图 31-36 所示。

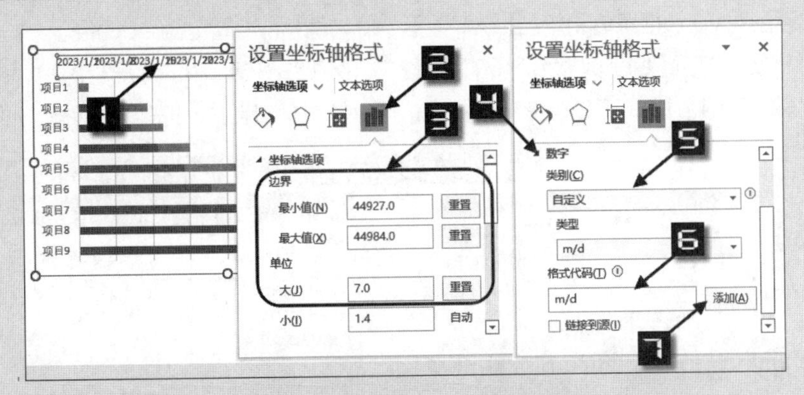

图 31-36　设置横坐标轴格式

步骤⑥ 单击图表数据系列，在【设置数据系列格式】选项窗格中切换到【系列选项】选项卡，设置【间隙宽度】为 18%。

单击“计划开始日期”数据系列，在【设置数据系列格式】选项窗格中切换到【填充与线条】选项卡，设置【填充】→【无填充】。

单击“步骤已消耗天数”数据系列，在【设置数据系列格式】选项窗格中切换到【填充与线条】选项卡，设置【填充】→【纯色填充】，在【主题颜色】面板中设置颜色为蓝色。

单击“距步骤结束天数”数据系列，在【设置数据系列格式】选项窗格中切换到【填充与线条】选项卡，设置【填充】→【纯色填充】，在【主题颜色】面板中设置颜色为灰色。

效果如图 31-37 所示。

步骤⑦ 添加分隔线。

单击B15单元格，按<Ctrl+C>组合键复制，单击图表区，在【开始】选项卡中单击【粘贴】下拉按钮，在下拉菜单中选择【选择性粘贴】命令调出【选择性粘贴】对话框，设置【添加单元格】为【新建系列】，【数值(Y)轴在】为【列】。最后单击【确定】按钮关闭对话框，如图 31-38 所示。

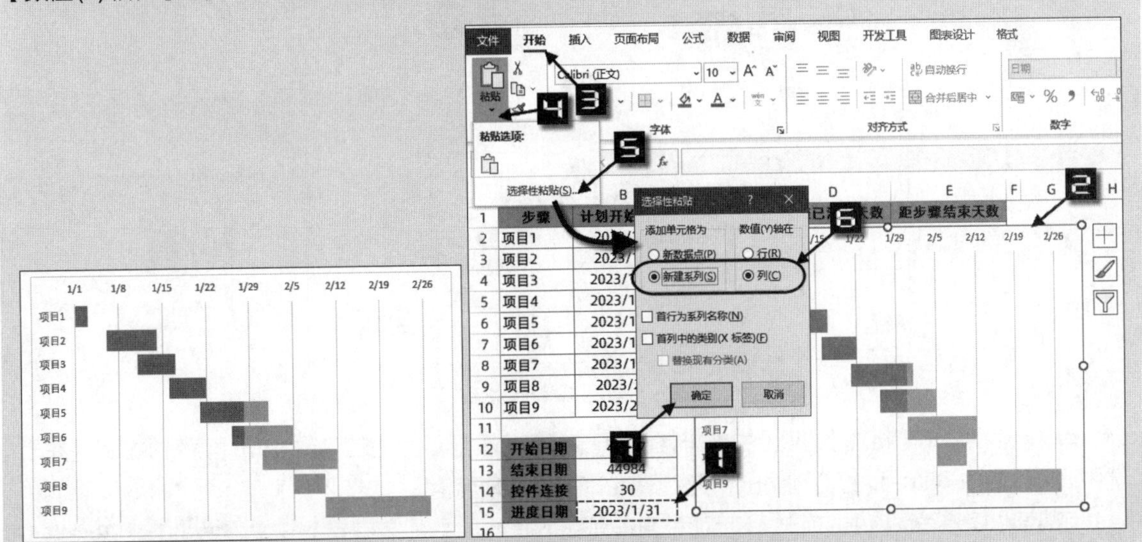

图 31-37　美化后效果　　图 31-38　添加新系列

单击刚添加的数据系列，在【插入】选项卡中单击【插入散点图(X、Y)或气泡图】命令，选择【散点图】，将系列图表类型更改为散点图。

右击图表绘图区，在快捷菜单中单击【选择数据】命令调出【选择数据源】对话框。单击选中【系列 4】再单击【编辑】按钮，打开【编辑数据系列】对话框，在【X轴系列值】中清除已有内容，设置单元格引用为B15，在【Y轴系列值】中清除已有内容，输入1，最后单击【确定】按钮关闭对话框，如图 31-39 所示。

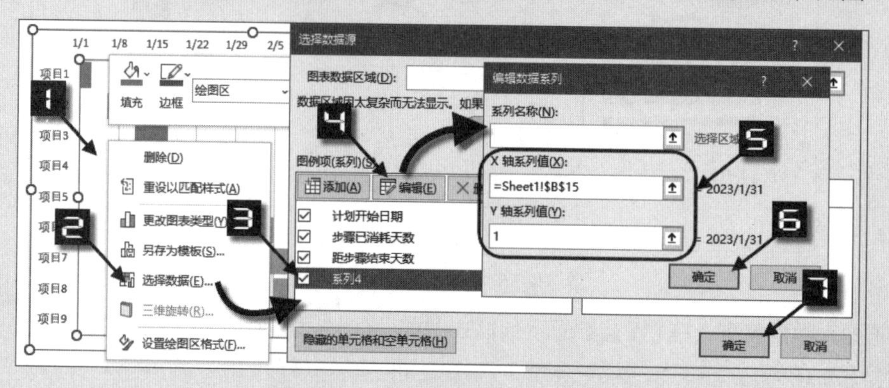

图 31-39　选择数据编辑系列

步骤⑧ 单击图表中的次要纵坐标轴，在【设置坐标轴格式】选项卡中切换到【坐标轴选项】选项卡。

设置【边界】的【最小值】为 0，【最大值】为 1（散点系列的【Y轴系列值】为 1）。

单击【标签】选项，设置【标签位置】为【无】，将次要纵坐标轴隐藏。

步骤⑨ 单击散点系列，在【图表设计】选项卡下单击【添加图表元素】按钮，在下拉菜单中依次单击【误差线】→【标准误差】，如图 31-40 所示。

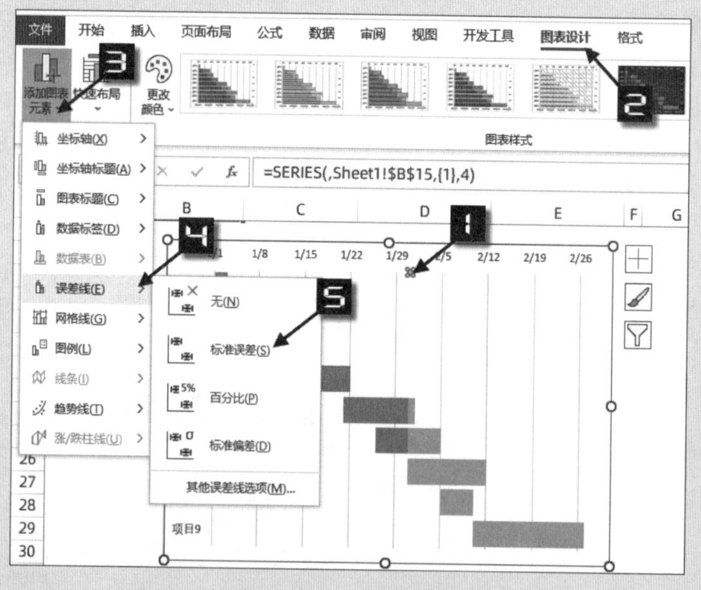

图 31-40　添加误差线

单击图表区，在【格式】选项卡中单击【图表元素】下拉按钮，在下拉菜单中单击【系列 4 Y 误差线】，选中误差线后按<Ctrl+1>组合键调出【设置误差线格式】选项窗格。

切换到【误差线选项】选项卡，设置【垂直误差线】→【方向】→【负偏差】，【末端样式】→【无线端】，【误差值】→【固定值】，在文本框中输入数值 1。

切换到【填充与线条】选项卡，设置【线条】→【实线】，在【主题颜色】面板中设置颜色为橙色，【宽度】为 1.5 磅，如图 31-41 所示。

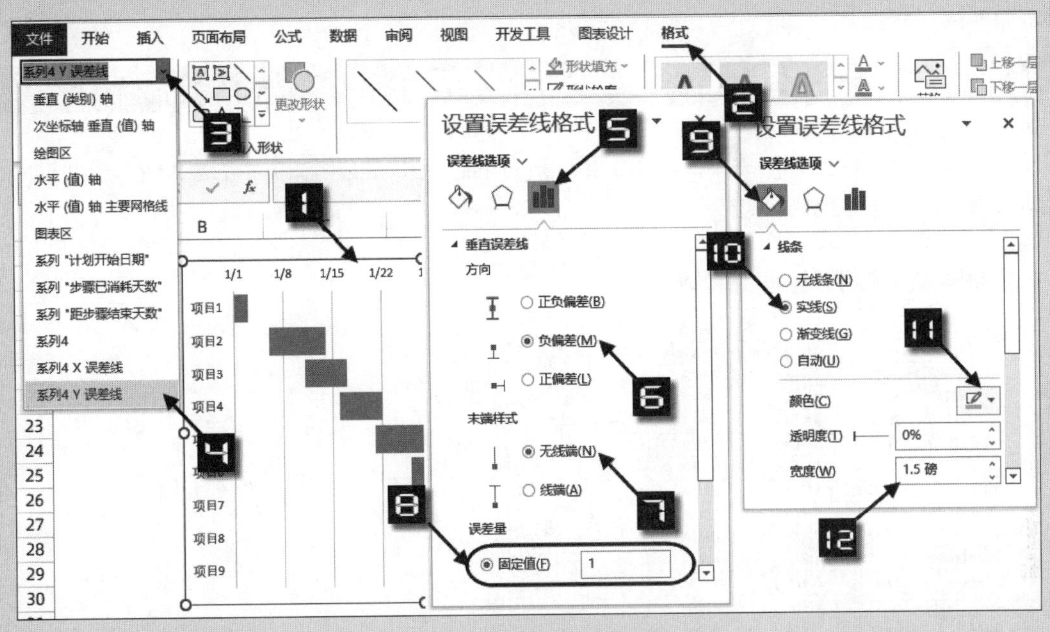

图 31-41　设置误差线格式

步骤⑩ 选中散点图系列后右击，在快捷菜单中单击【添加数据标签】命令。

双击图表数据标签，打开【设置数据标签格式】选项窗格，切换到【标签选项】选项卡，设置【标签包括】→【X值】，【标签位置】→【居中】，设置【数字】→【类别】为【自定义】，在【格式代码】框中输入 “m/d”，单击【添加】按钮完成更改。

切换到【填充与线条】选项卡，设置【填充】→【纯色填充】，在【主题颜色】面板中设置颜色为橙色，如图 31-42 所示。

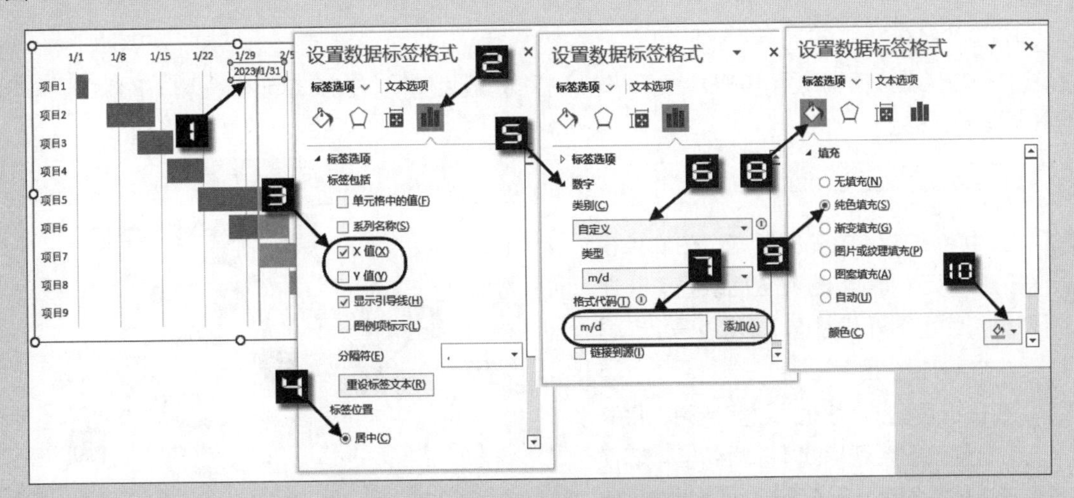

图 31-42　设置数据标签格式

最后添加图表标题，并将滚动条与图表排版对齐，最终效果如图 31-29 所示。当用户点击滚动条时，数据与图表随之变化。

31.3.4 使用 IF+NA 函数制作趋势图

示例31-5 突出显示最大最小值的趋势图

如图 31-43 所示，当用户需要在一个数据较多的趋势图中快速分析数据中的最大值、最小值时，可以使用函数与折线图来完成。

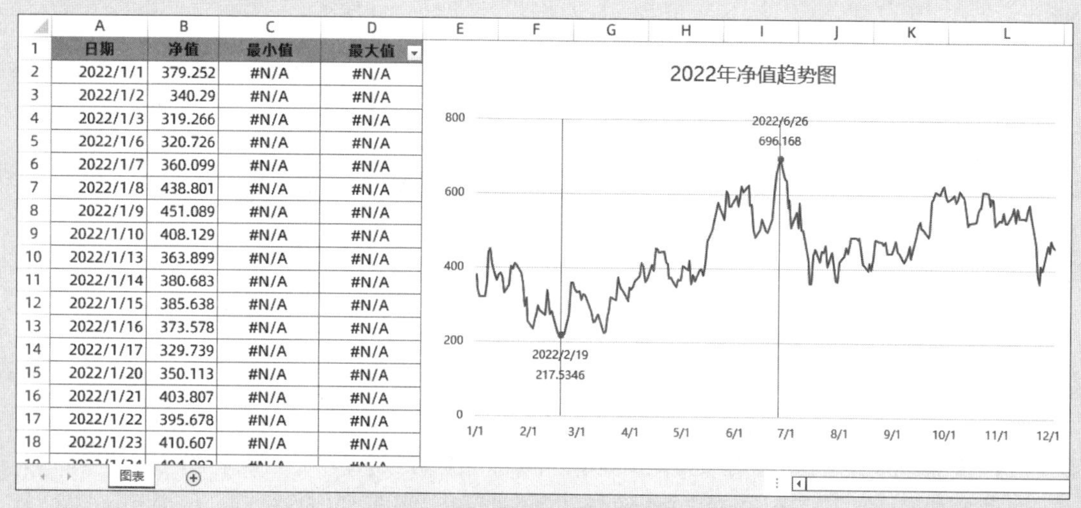

	A	B	C	D
1	日期	净值	最小值	最大值
2	2022/1/1	379.252	#N/A	#N/A
3	2022/1/2	340.29	#N/A	#N/A
4	2022/1/3	319.266	#N/A	#N/A
5	2022/1/6	320.726	#N/A	#N/A
6	2022/1/7	360.099	#N/A	#N/A
7	2022/1/8	438.801	#N/A	#N/A
8	2022/1/9	451.089	#N/A	#N/A
9	2022/1/10	408.129	#N/A	#N/A
10	2022/1/13	363.899	#N/A	#N/A
11	2022/1/14	380.683	#N/A	#N/A
12	2022/1/15	385.638	#N/A	#N/A
13	2022/1/16	373.578	#N/A	#N/A
14	2022/1/17	329.739	#N/A	#N/A
15	2022/1/20	350.113	#N/A	#N/A
16	2022/1/21	403.807	#N/A	#N/A
17	2022/1/22	395.678	#N/A	#N/A
18	2022/1/23	410.607	#N/A	#N/A

图 31-43 突出最大值和最小值的趋势图

操作步骤如下。

步骤① 在C列构建最小值辅助列，在C1单元格输入标题“最小值”，在C2单元格输入以下公式，向下复制到C244单元格。

```
=IF(B2=MIN(B$2:B$244),B2,0)
```

在D列构建最大值辅助列，在D1单元格输入标题“最大值”，在D2单元格输入以下公式，向下复制到D244单元格。

```
=IF(B2=MAX(B$2:B$244),B2,0)
```

步骤② 选中A1:D244单元格区域，依次单击【插入】→【插入折线图或面积图】→【二维折线图】→【折线图】，生成一个包含3个系列的折线图。

步骤③ 双击折线图的“净值”数据系列，打开【设置数据系列格式】选项窗格。切换到【填充与线条】选项卡，依次单击【线条】→【实线】，在【主题颜色】面板中设置颜色为蓝色，将【宽度】设置为1.5磅，如图31-44所示。

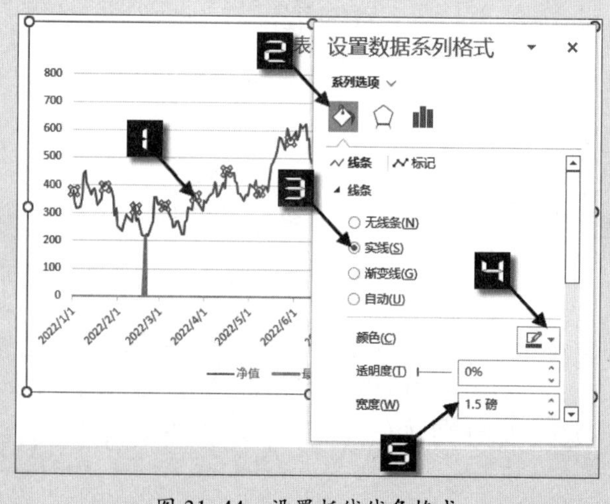

图 31-44 设置折线线条格式

步骤④ 设置折线图的“最小值”“最大值”数据

系列格式。

单击折线图“最小值”数据系列，在【设置数据系列格式】选项窗格中单击【填充与线条】选项卡，依次单击【线条】→【无线条】。

依次单击【标记】→【数据标记选项】→【内置】，【类型】选择为圆形，将【大小】设置为 5。设置标记【填充】→【纯色填充】，在【主题颜色】面板中设置颜色为红色。设置标记【边框】→【无线条】，如图 31-45 所示。

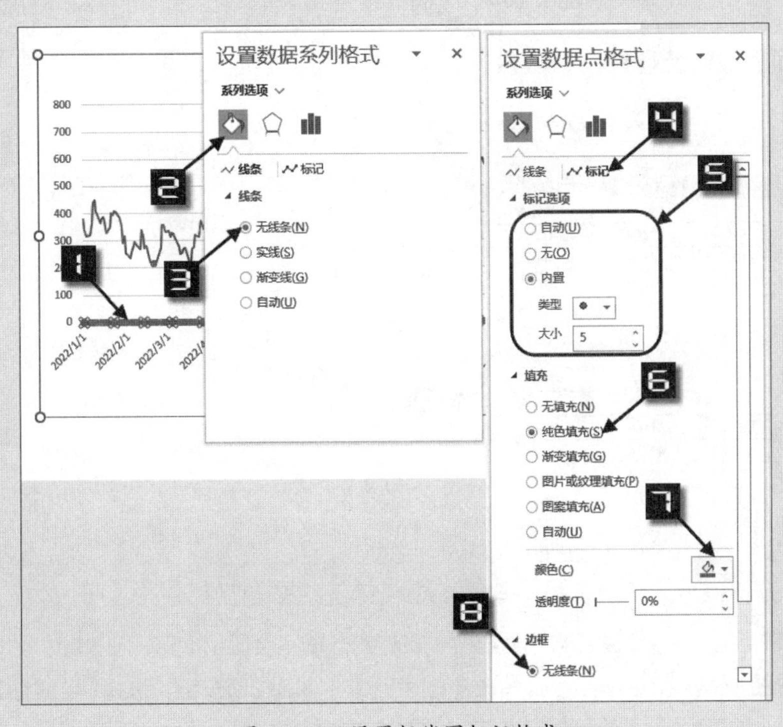

图 31-45　设置折线图标记格式

用同样的方式设置“最大值”数据系列。

设置后的图表效果如图 31-46 所示。

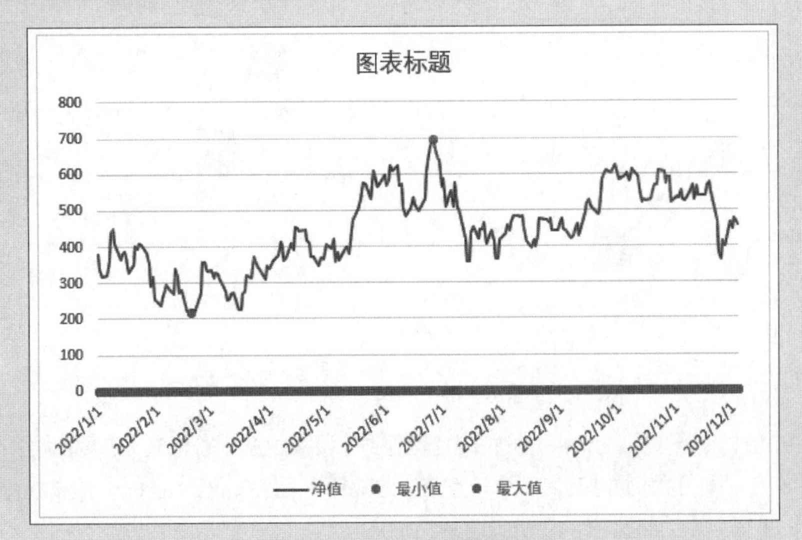

图 31-46　设置折线系列格式后的效果

对折线图设置【标记】时，0 值也会同时显示，而图表需要的是只显示最大值、最小值的标记点。因此在折线图或散点图中，如果需要对系列设置【标记】，占位的数据不能用 0 表示。可以将公式中的 0 更改为NA()，如图 31-47 所示。

NA 函数没有参数，用于返回错误值 #N/A。在折线图和散点图中，NA表示“无值可用”，不参与数据计算只做占位使用。

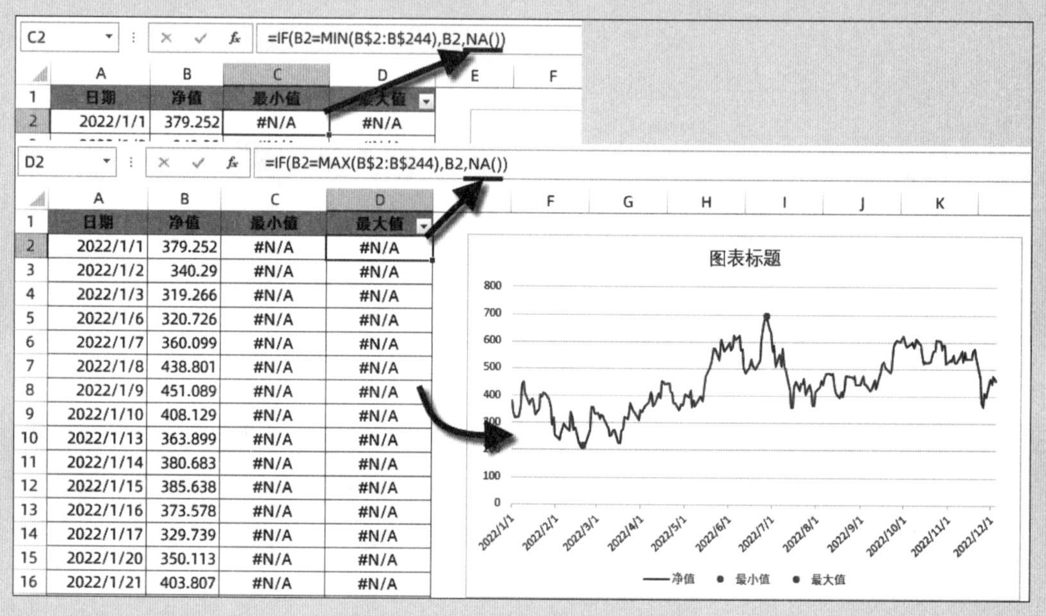

	A	B	C	D
1	日期	净值	最小值	最大值
2	2022/1/1	379.252	#N/A	#N/A
3	2022/1/2	340.29	#N/A	#N/A
4	2022/1/3	319.266	#N/A	#N/A
5	2022/1/6	320.726	#N/A	#N/A
6	2022/1/7	360.099	#N/A	#N/A
7	2022/1/8	438.801	#N/A	#N/A
8	2022/1/9	451.089	#N/A	#N/A
9	2022/1/10	408.129	#N/A	#N/A
10	2022/1/13	363.899	#N/A	#N/A
11	2022/1/14	380.683	#N/A	#N/A
12	2022/1/15	385.638	#N/A	#N/A
13	2022/1/16	373.578	#N/A	#N/A
14	2022/1/17	329.739	#N/A	#N/A
15	2022/1/20	350.113	#N/A	#N/A
16	2022/1/21	403.807	#N/A	#N/A

图 31-47　公式中的 0 更改为NA()

在折线图或散点图中使用NA函数作为占位，占位的数据不会显示数据标签。

步骤⑤ 单击折线图“最小值”数据系列，单击【图表元素】快速选项按钮，选择【数据标签】复选框，此时只有最小值的标记点显示数据标签，如图 31-48 所示。

用同样的方式添加“最大值”系列的数据标签。

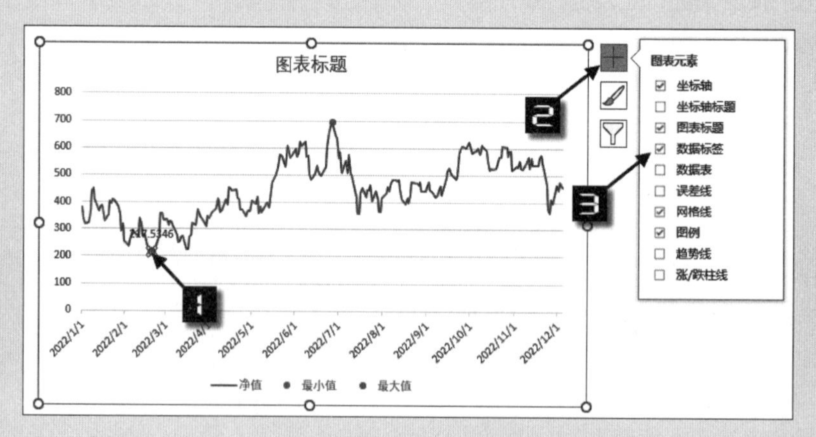

图 31-48　添加数据标签

步骤⑥ 单击“最小值”数据标签，按<Ctrl+1>组合键打开【设置数据标签格式】选项窗格，在【标签选项】中选中【类别名称】和【值】的复选框，单击【分隔符】下拉按钮，选择【(新文本行)】，设置【标签位置】→【靠下】，如图 31-49 所示。

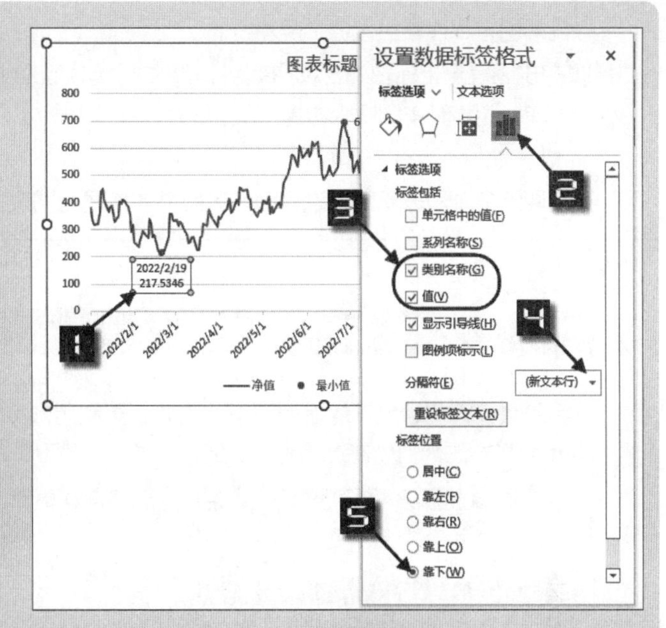

图 31-49　设置数据标签格式

用同样的方式设置“最大值”数据标签，并设置数据标签的【标签位置】→【靠上】。

最大值、最小值数据点中的直线是利用误差线完成的，但在添加误差线之前，需要先固定图表纵坐标轴的【边界】。

步骤⑦ 双击图表纵坐标轴，打开【设置坐标轴格式】选项窗格，单击【坐标轴选项】选项卡，在【边界】→【最小值】文本框中输入 0、【最大值】文本框中输入 800，在【单位】→【大】文本框中输入 200。

步骤⑧ 单击“最小值”数据系列，在【图表设计】选项卡中单击【添加图表元素】按钮，在下拉菜单中单击【误差线】→【标准误差】。

用同样的方式为“最大值”数据系列添加误差线。

步骤⑨ 单击图表区，在【格式】选项卡中单击【图表元素】下拉按钮，在下拉菜单中选择“系列 "最小值 "Y 误差线”。

保持误差线的选中状态，按<Ctrl+1>组合键调出【设置误差线格式】选项窗格，切换到【误差线选项】选项卡，依次设置【方向】→【正负偏差】，【末端样式】→【无线端】，【误差量】→【固定值】，在文本框中输入 800。实际操作时，只要固定了坐标轴边界，误差量的固定值可设置得大一些。

切换到【填充与线条】选项卡，设置【线条】→【实线】，在【主题颜色】面板中设置颜色为红色，如图 31-50 所示。

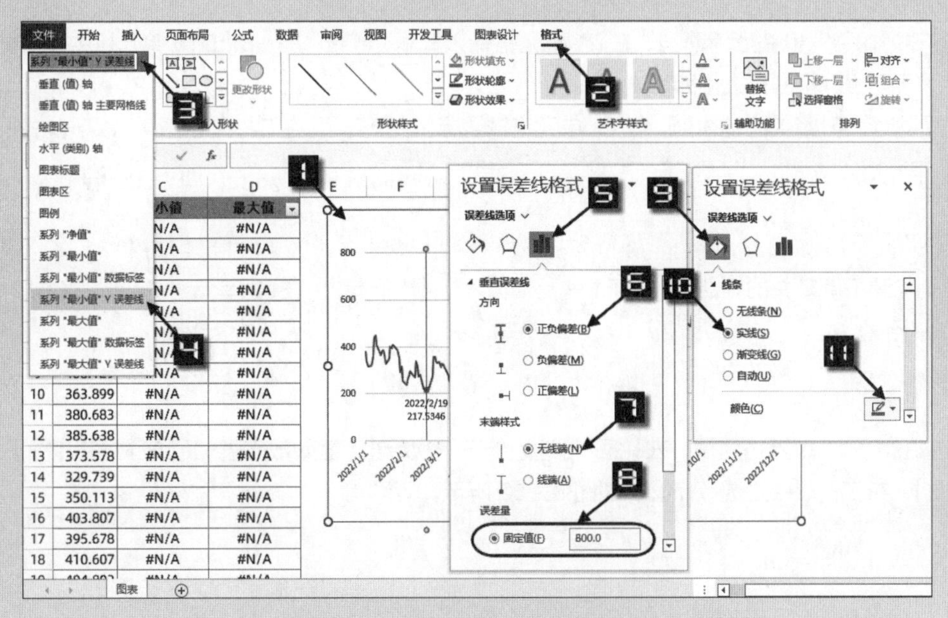

图 31-50　设置误差线格式

以同样的方式设置最大值Y误差线。

步骤⑩ 单击图表横坐标轴，在【设置坐标轴格式】选项窗格中切换到【坐标轴选项】选项卡，单击【数字】选项，设置【类别】为自定义，【格式代码】为m/d，即“月/日”形式，然后单击【添加】按钮完成设置。

最后删除多余图表元素，设置图表区的文字格式与图表标题即可。

示例31-6 带涨幅的滑珠图

使用函数计算两组数据的上升与下降差异，再利用散点图的误差线的误差量，经过设置后可完成如图 31-51 的带涨幅的滑珠图。

此方式制作的图表，更改数据后箭头方向能够自动更新。

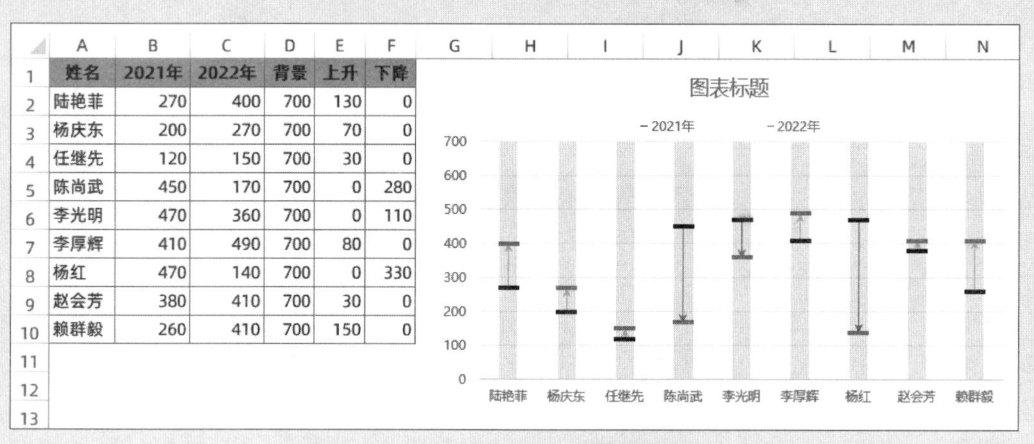

姓名	2021年	2022年	背景	上升	下降
陆艳菲	270	400	700	130	0
杨庆东	200	270	700	70	0
任继先	120	150	700	30	0
陈尚武	450	170	700	0	280
李光明	470	360	700	0	110
李厚辉	410	490	700	80	0
杨红	470	140	700	0	330
赵会芳	380	410	700	30	0
赖群毅	260	410	700	150	0

图 31-51 带涨幅的滑珠图

操作步骤如下。

步骤① 在D列构建背景柱形辅助列，在D1单元格输入标题“背景”，在D2:D10单元格中输入数值700（大于两组数据的最大值即可）。

在E列构建上升箭头的辅助列，在E1单元格输入标题“上升”，在E2单元格输入以下公式，向下复制到E10单元格。

```
=IF(C2>B2,C2-B2,)
```

在F列构建下降箭头的辅助列，在F1单元格输入标题“下降”，在F2单元格输入以下公式，向下复制到F10单元格。

```
=IF(C2<B2,B2-C2,)
```

步骤② 选中A1:D10单元格区域，在【插入】选项卡下依次单击【插入散点图(X、Y)或气泡图】→【散点图】，在工作表中生成散点图，如图 31-52 所示。

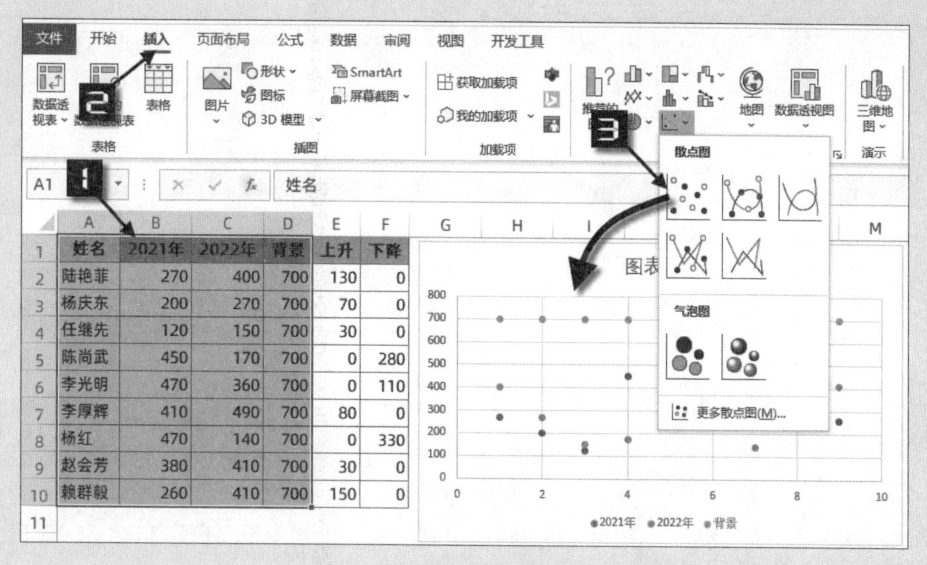

图 31-52　插入散点图

步骤③ 右击图表任意数据系列，如“背景”系列，在快捷菜单中单击【更改系列图表类型】命令，调出【更改图表类型】对话框。在【组合图】→【为您的数据系列选择图表类型和轴】中单击“背景”数据系列下拉选项按钮，在列表中选择【簇状柱形图】图表类型，单击【确定】按钮关闭【更改图表类型】对话框，如图 31-53 所示。

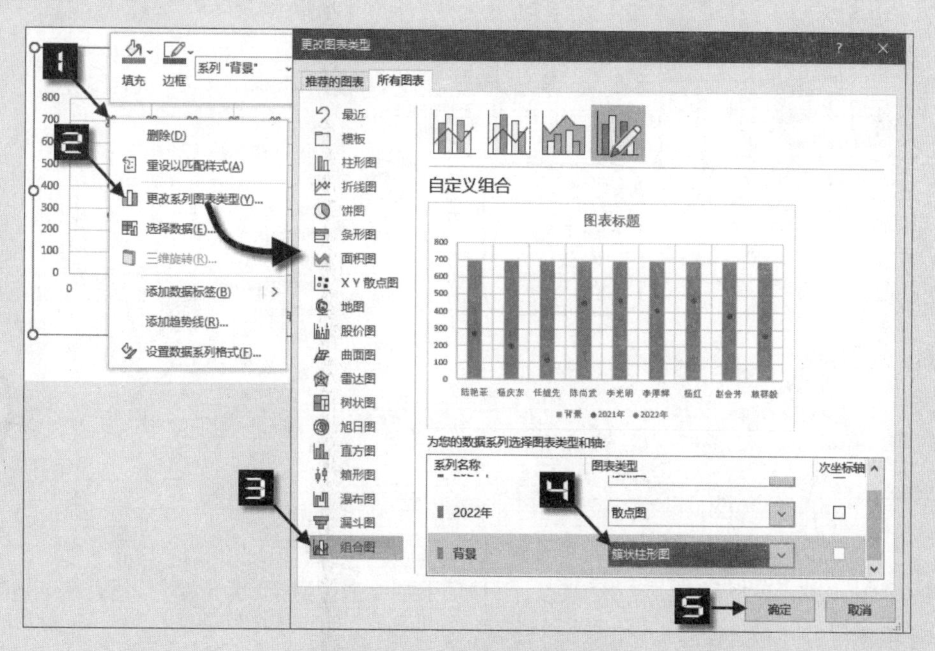

图 31-53　更改系列图表类型

步骤④ 双击图表右侧的次要纵坐标轴，调出【设置坐标轴格式】选项窗格，切换到【坐标轴选项】选项卡，设置【边界】→【最大值】为 700，【最小值】为 0，【单位】→【大】为 100，如图 31-54 所示。

步骤⑤ 单击“背景”数据系列，在【设置数据系列格式】选项窗格中切换到【填充与线条】选项卡，设置【填充】→【纯色填充】，在【主题颜色】面板中设置颜色为灰色，【透明度】为 85%，如图 31-55 所示。

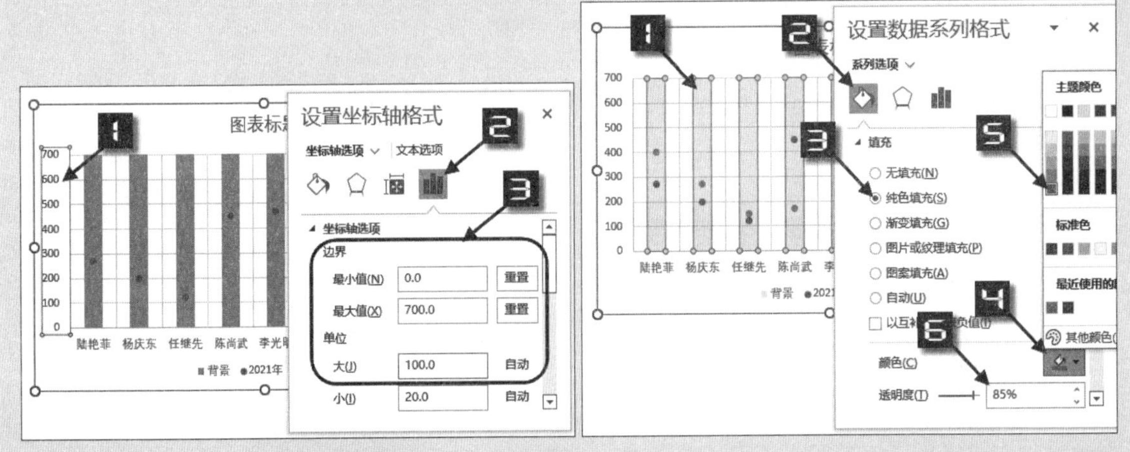

图 31-54　设置坐标轴格式　　　　图 31-55　设置数据系列填充颜色

步骤⑥ 单击“2022 年”数据系列，在【设置数据系列格式】选项窗格中单击【填充与线条】选项卡，依次单击【标记】→【数据标记选项】→【内置】，【类型】选择为横杠“-”，将【大小】设置为 15。设置标记【填充】→【纯色填充】，在【主题颜色】面板中设置颜色为蓝色。设置标记【边框】→【无线条】，如图 31-56 所示。

用同样的方式设置“2021 年”数据系列格式，将【主题颜色】设置为黑色。

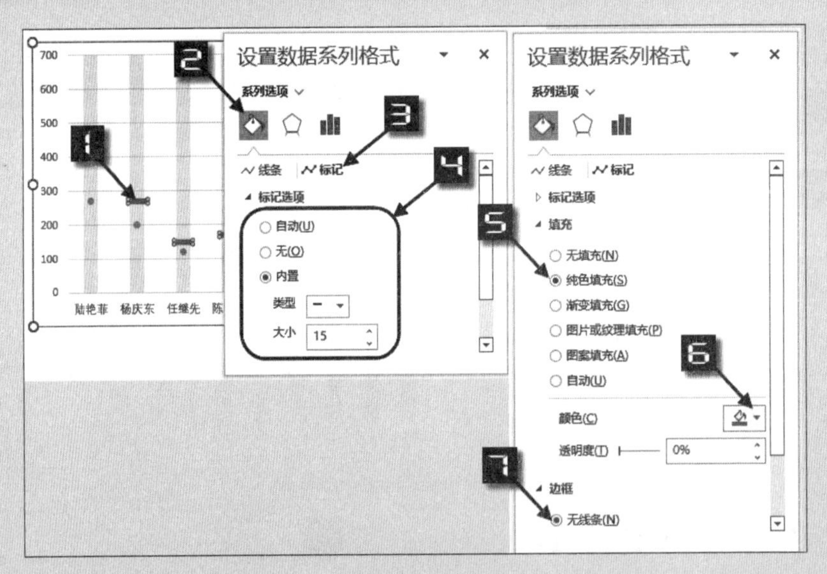

图 31-56　设置散点图数据系列标记

步骤⑦ 单击“2021 年”数据系列，在【图表设计】选项卡中单击【添加图表元素】按钮，在下拉菜单中单击【误差线】→【标准误差】，如图 31-57 所示。

添加误差线后，选中【系列“2021 年”X误差线】，按<Delete>键将其删除。

用同样的方式为“2022 年”数据系列添加误差线，再将X误差线删除。

步骤⑧ 双击【系列“2021 年”Y误差线】，调出【设置误差线格式】选项窗格，切换到【误差线选项】选项卡，依次设置【方向】→【正偏差】，【末端样式】→【无线端】，【误差量】→【自定义】，单击【指定值】调出【自定义错误栏】对话框，设置【正错误量】的单元格引用为 E2:E10，单击【确定】按钮关闭【自定义错误栏】对话框。

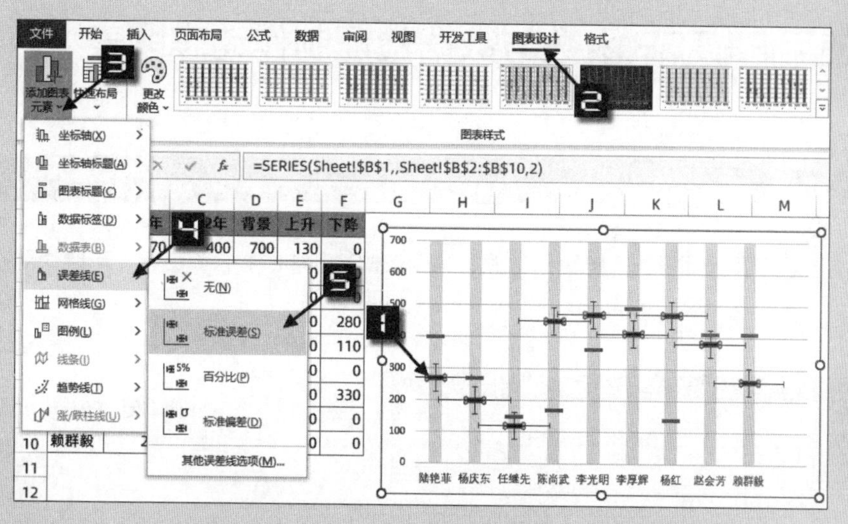

图 31-57　添加误差线

切换到【填充与线条】选项卡，设置【线条】→【实线】，在【主题颜色】面板中设置颜色为绿色，【宽度】为 1 磅，单击【线尾箭头类型】下拉选项按钮，选择燕尾箭头，如图 31-58 所示。

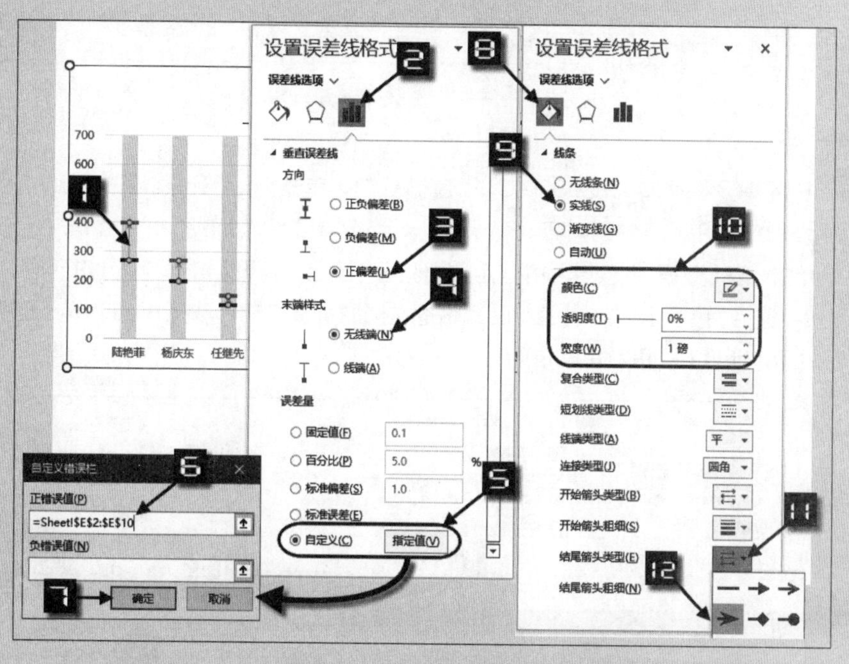

图 31-58　设置误差线格式

步骤⑨ 单击【系列“2022 年”Y误差线】，在【设置误差线格式】选项窗格中切换到【误差线选项】选项卡，依次设置【方向】→【正偏差】，【末端样式】→【无线端】，【误差量】→【自定义】，单击【指定值】调出【自定义错误栏】对话框，设置【正错误量】的单元格引用为 F2:F10，单击【确定】按钮关闭【自定义错误栏】对话框。

切换到【填充与线条】选项卡，设置【线条】→【实线】，在【主题颜色】面板中设置颜色为红色，【宽度】为 1 磅，单击【开始箭头类型】下拉选项按钮，选择燕尾箭头。

最后修改图表标题，调整图例位置即可。

31.4 使用FILTER函数与数据验证制作动态图表

示例31-7 动态趋势图

图 31-59 展示了某公司各团队的销售数据，利用数据验证与函数公式结合，可制作动态选择团队的趋势图。

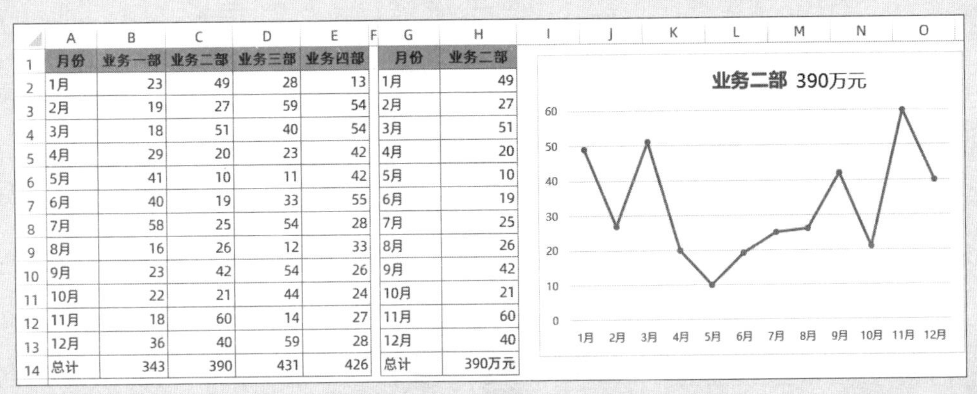

月份	业务一部	业务二部	业务三部	业务四部		月份	业务二部
1月	23	49	28	13		1月	49
2月	19	27	59	54		2月	27
3月	18	51	40	54		3月	51
4月	29	20	23	42		4月	20
5月	41	10	11	42		5月	10
6月	40	19	33	55		6月	19
7月	58	25	54	28		7月	25
8月	16	26	12	33		8月	26
9月	23	42	54	26		9月	42
10月	22	21	44	24		10月	21
11月	18	60	14	27		11月	60
12月	36	40	59	28		12月	40
总计	343	390	431	426		总计	390万元

图 31-59 销售动态趋势图

操作步骤如下。

步骤① 选中A1:B14单元格区域，按<Ctrl+C>组合键复制，单击G1单元格，按<Ctrl+V>组合键粘贴。然后清除H2:H14单元格中的内容。

单击H1单元格，在【数据】选项卡中单击【数据验证】按钮，打开【数据验证】对话框。在【设置】→【允许】下拉列表中选择【序列】，单击【来源】编辑框右侧的折叠按钮，选择B1:E1单元格区域，最后单击【确定】按钮关闭对话框，如图31-60所示。

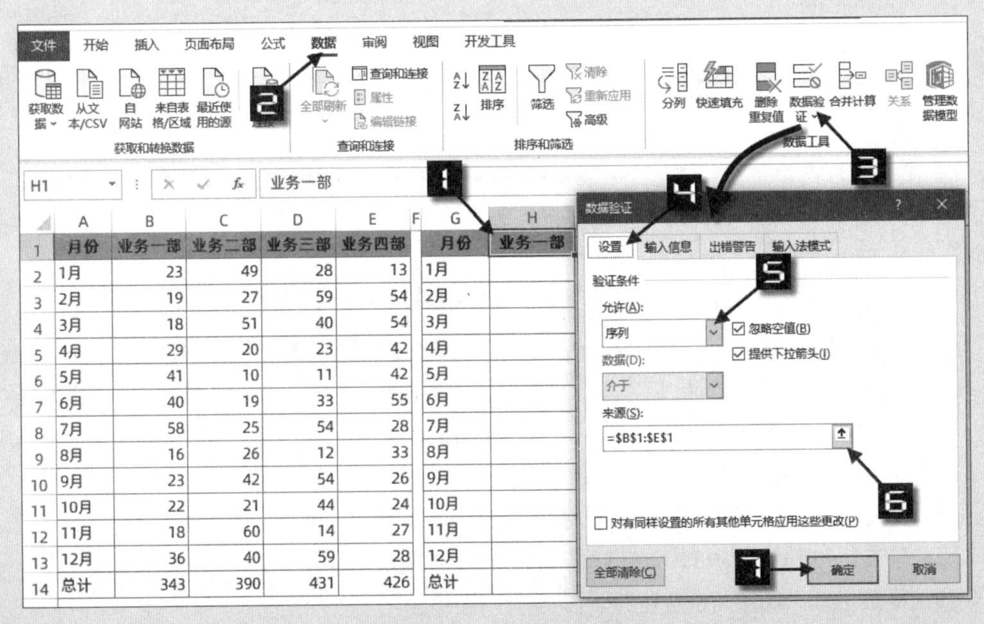

月份	业务一部	业务二部	业务三部	业务四部		月份	业务一部
1月	23	49	28	13		1月	
2月	19	27	59	54		2月	
3月	18	51	40	54		3月	
4月	29	20	23	42		4月	
5月	41	10	11	42		5月	
6月	40	19	33	55		6月	
7月	58	25	54	28		7月	
8月	16	26	12	33		8月	
9月	23	42	54	26		9月	
10月	22	21	44	24		10月	
11月	18	60	14	27		11月	
12月	36	40	59	28		12月	
总计	343	390	431	426		总计	

图 31-60 设置数据验证

步骤② 在H2 单元格输入以下公式，公式结果向下溢出至H14 单元格，如图 31-61 所示。

```
=FILTER(B2:E14,B1:E1=H1)
```

H2　=FILTER(B2:E14,B1:E1=H1)

	A	B	C	D	E	G	H
1	月份	业务一部	业务二部	业务三部	业务四部	月份	业务三部
2	1月	23	49	28	13	1月	28
3	2月	19	27	59	54	2月	59
4	3月	18	51	40	54	3月	40
5	4月	29	20	23	42	4月	23
6	5月	41	10	11	42	5月	11
7	6月	40	19	33	55	6月	33
8	7月	58	25	54	28	7月	54
9	8月	16	26	12	33	8月	12
10	9月	23	42	54	26	9月	54
11	10月	22	21	44	24	10月	44
12	11月	18	60	14	27	11月	14
13	12月	36	40	59	28	12月	59
14	总计	343	390	431	426	总计	431

图 31-61　数据构建

FILTER 函数可以基于定义的条件筛选一系列数据。公式中的B2:E14 为需要筛选的数组区域，B1:E1=H1 为筛选的条件，当H1 单元格的内容发生变化，返回的数组也随之变化。

步骤③ 单击H14 单元格，按<Ctrl+1>组合键调出【设置单元格格式】对话框，切换到【数字】选项卡，在【分类】下选择【自定义】，在右侧【类别】下的文本框中输入代码“0 万元”，单击【确定】按钮关闭对话框，为H14 单元格加上单位，如图 31-62 所示。

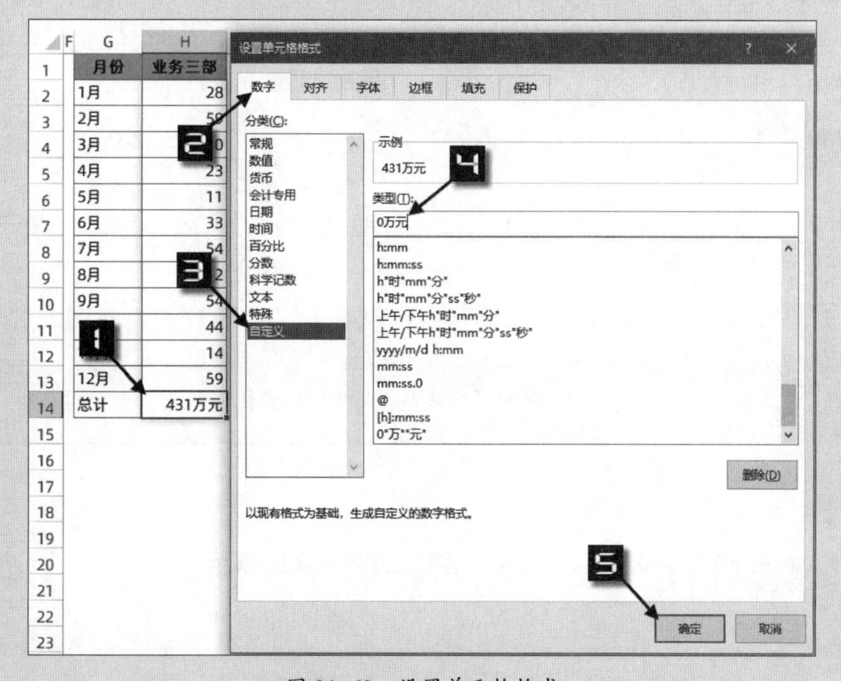

图 31-62　设置单元格格式

步骤④ 选中 G1:H13 单元格区域，在【插入】选项卡中依次单击【插入折线图或面积图】→【二维折线图】→

【带数据标记的折线图】命令，生成一个折线图，如图 31-63 所示。

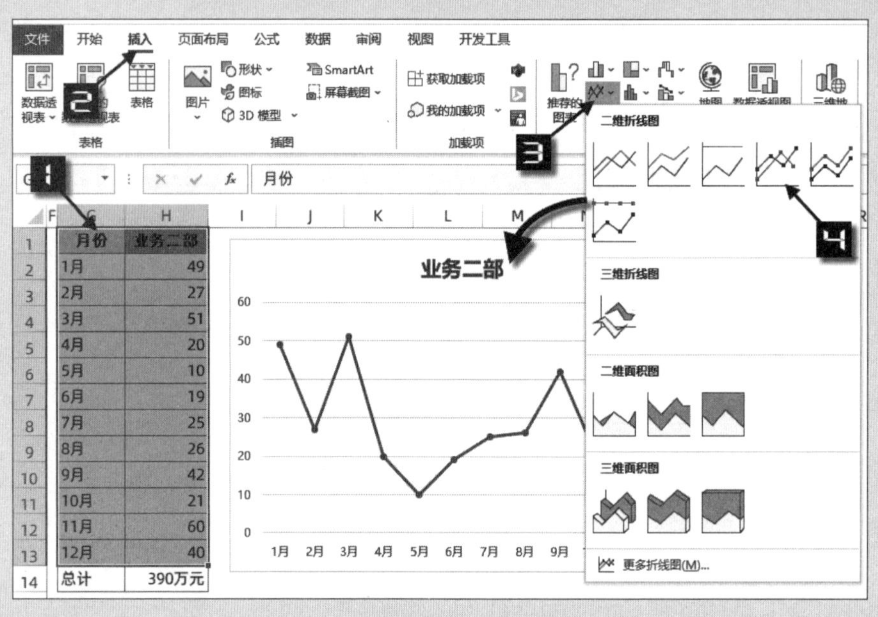

图 31-63　插入带数据标记的折线图

步骤⑤ 单击图表区，然后依次单击【插入】→【形状】→【文本框】命令，在图表中绘制一个文本框。选中文本框后，在编辑栏输入等号“=”，单击H14 单元格后按<Enter>键完成。

最后设置图表格式即可。

单击H1 单元格的下拉按钮，根据需要选择部门。随着H1 单元格的变化，H2:H14 单元格区域中的数据和图表也会随之变化，如图 31-64 所示。

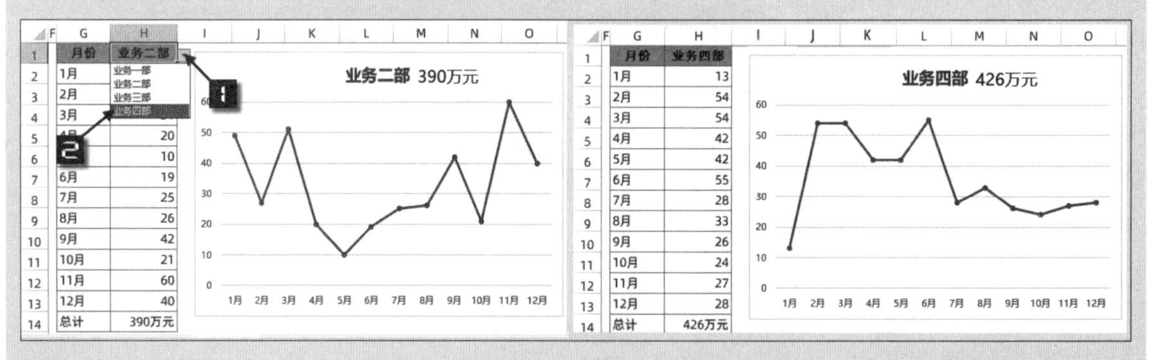

图 31-64　使用下拉菜单改变数据与图表效果

根据本书前言的提示，可观看“动态趋势图”的视频演示。

31.5　使用SORT函数制作自动排序的条形图

示例31-8　自动排序的条形图

如图 31-65 所示，A1:B14 单元格区域是初始数据源，数据为乱序排序。为了使图表的对比更清晰，可以使用函数公式将数据自动按照降序排序，使用排序后的数据制作图表。

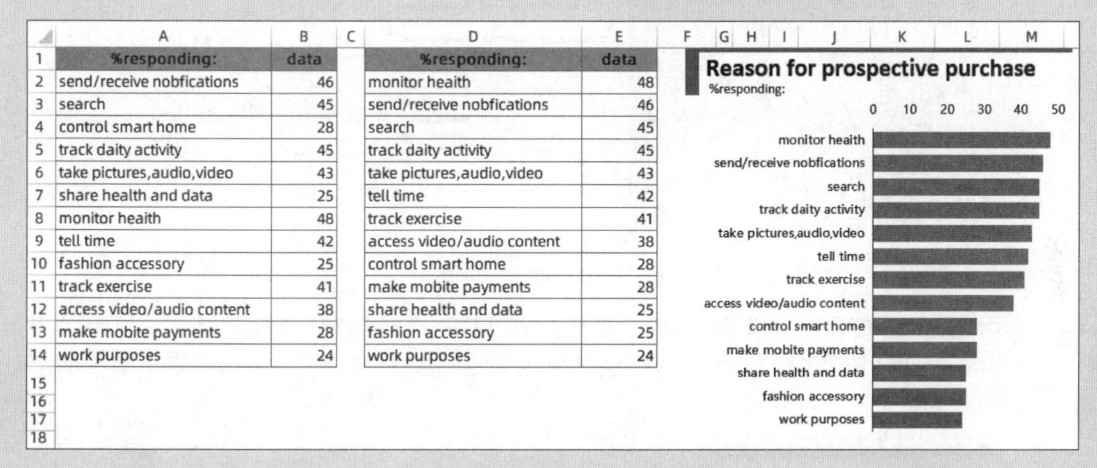

	A	B	C	D	E
1	%responding:	data		%responding:	data
2	send/receive nobfications	46		monitor heaith	48
3	search	45		send/receive nobfications	46
4	control smart home	28		search	45
5	track daity activity	45		track daity activity	45
6	take pictures,audio,video	43		take pictures,audio,video	43
7	share health and data	25		tell time	42
8	monitor heaith	48		track exercise	41
9	tell time	42		access video/audio content	38
10	fashion accessory	25		control smart home	28
11	track exercise	41		make mobite payments	28
12	access video/audio content	38		share health and data	25
13	make mobite payments	28		fashion accessory	25
14	work purposes	24		work purposes	24

图 31-65　使用公式对数据源自动排序

操作步骤如下。

步骤① 选中A1:B14 单元格区域，按<Ctrl+C>组合键复制，单击D1 单元格，按<Ctrl+V>组合键粘贴。然后清除D2:E14 单元格中的内容。

步骤② 在D2 单元格输入以下公式，按<Enter>键，根据数据区域中的第二列数据从大到小排序，如图 31-66 所示。

=SORT(A2:B14,2,−1)

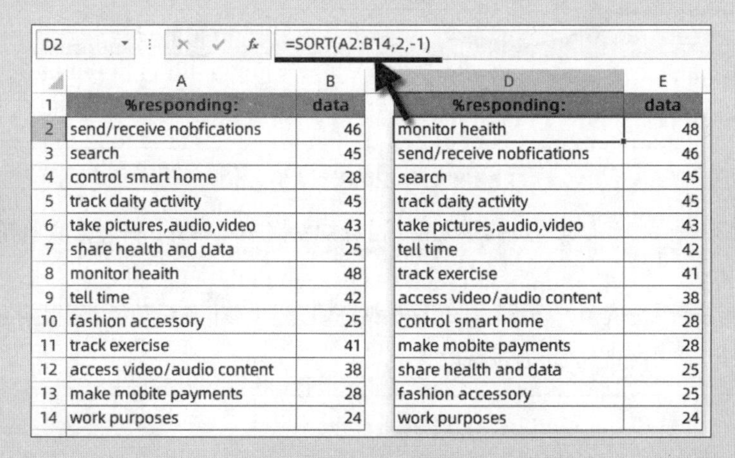

	A	B	D	E
1	%responding:	data	%responding:	data
2	send/receive nobfications	46	monitor heaith	48
3	search	45	send/receive nobfications	46
4	control smart home	28	search	45
5	track daity activity	45	track daity activity	45
6	take pictures,audio,video	43	take pictures,audio,video	43
7	share health and data	25	tell time	42
8	monitor heaith	48	track exercise	41
9	tell time	42	access video/audio content	38
10	fashion accessory	25	control smart home	28
11	track exercise	41	make mobite payments	28
12	access video/audio content	38	share health and data	25
13	make mobite payments	28	fashion accessory	25
14	work purposes	24	work purposes	24

图 31-66　创建辅助列

步骤③ 选中D1:E14 单元格，依次单击【插入】→【插入柱形图或条形图】→【二维条形图】→【簇状条形图】，生成一个条形图，如图 31-67 所示。

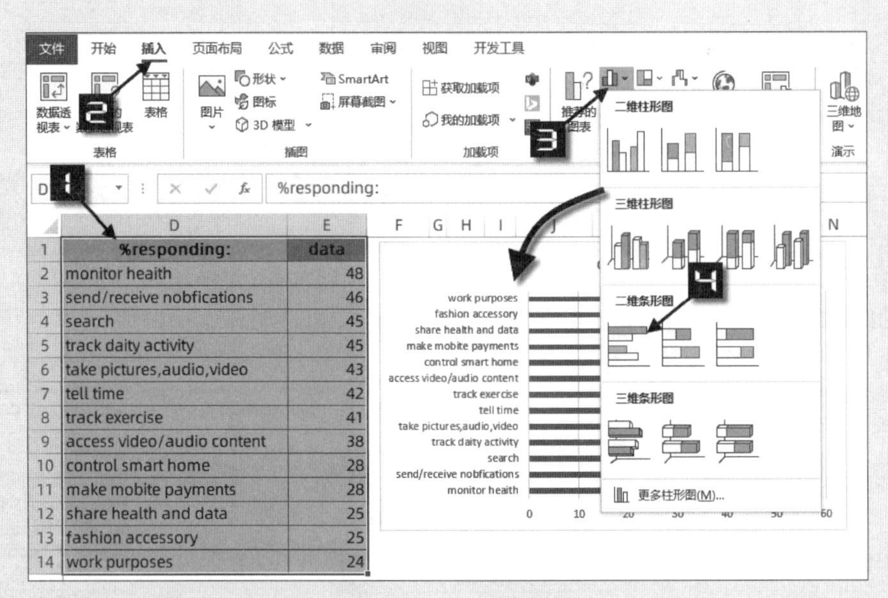

图 31-67　插入条形图

步骤④ 双击图表纵坐标轴，打开【设置坐标轴格式】选项窗格，单击【坐标轴选项】选项卡，在【坐标轴位置】下选择【逆序类别】，使条形图的纵坐标轴顺序与数据源中的顺序一致，如图 31-68 所示。

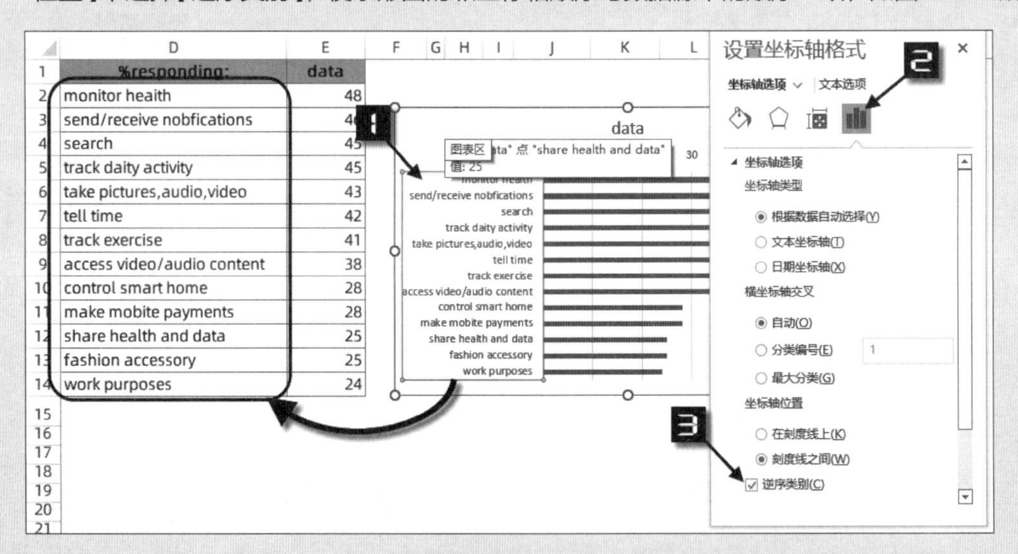

图 31-68　逆序类别

步骤⑤ 单击图表数据系列，在【设置数据系列格式】选项窗格中切换到【系列选项】选项卡，设置【间隙宽度】为 40。

切换到【填充与线条】选项卡，设置【填充】→【纯色填充】，在【主题颜色】面板中设置颜色为土黄色。最后调整图表布局，添加图表标题及说明文字。

示例31-9 筛选后自动排序的柱形图

图 31-69 是使用函数根据 G1 单元格筛选所在学校的学生并对分数进行排序，截取排名前 10 的学

生所制作的柱形图。

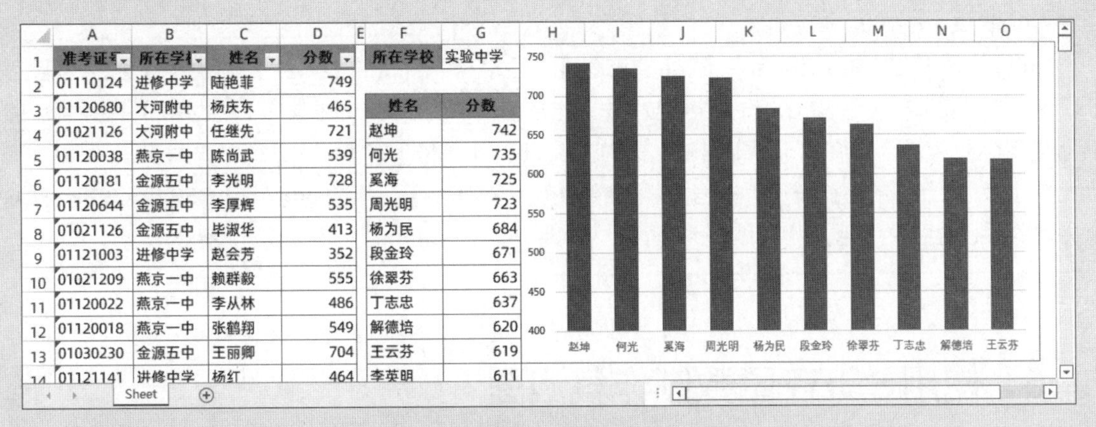

准考证号	所在学校	姓名	分数
01110124	进修中学	陆艳菲	749
01120680	大河附中	杨庆东	465
01021126	大河附中	任继先	721
01120038	燕京一中	陈尚武	539
01120181	金源五中	李光明	728
01120644	金源五中	李厚辉	535
01021126	金源五中	毕淑华	413
01121003	进修中学	赵会芳	352
01021209	燕京一中	赖群毅	555
01120022	燕京一中	李从林	486
01120018	燕京一中	张鹤翔	549
01030230	金源五中	王丽卿	704
01121141	进修中学	杨红	464

所在学校	实验中学
姓名	分数
赵坤	742
何光	735
奚海	725
周光明	723
杨为民	684
段金玲	671
徐翠芬	663
丁志忠	637
解德培	620
王云芬	619
李英明	611

图 31-69　筛选后自动排序的柱形图

操作步骤如下。

步骤① 单击G1 单元格，在【数据】选项卡中单击【数据验证】命令，打开【数据验证】对话框。在【设置】→【允许】下拉列表中选择【序列】，在【来源】编辑框中输入“进修中学,大河附中,燕京一中,金源五中,实验中学”，最后单击【确定】按钮关闭对话框，如图 31-70 所示。

步骤② 选中C1:D50 单元格区域，按<Ctrl+C>组合键复制，单击F3 单元格，按<Ctrl+V>组合键粘贴。然后清除F4:G52 单元格中的内容。

在F4 单元格输入以下公式，按<Enter>键完成，如图 31-71 所示。

```
=SORT(FILTER(C2:D200,B2:B200=G1),2,-1)
```

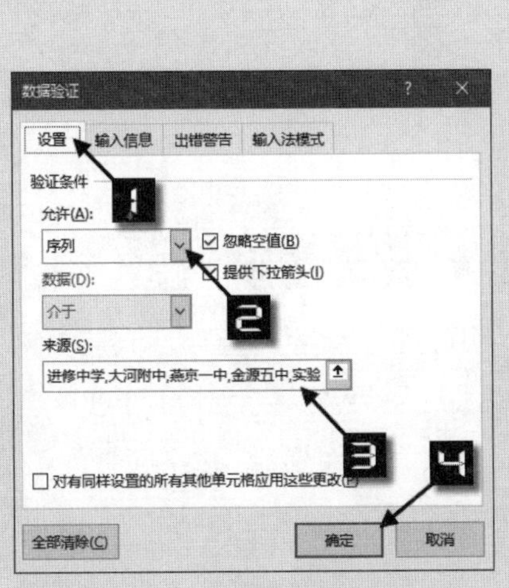

图 31-70　设置数据验证

准考证号	所在学校	姓名	分数		
				所在学校	实验中学
01110124	进修中学	陆艳菲	749		
01120680	大河附中	杨庆东	465	姓名	分数
01021126	大河附中	任继先	721	赵坤	742
01120038	燕京一中	陈尚武	539	何光	735
01120181	金源五中	李光明	728	奚海	725
01120644	金源五中	李厚辉	535	周光明	723
01021126	金源五中	毕淑华	413	杨为民	684
01121003	进修中学	赵会芳	352	段金玲	671
01021209	燕京一中	赖群毅	555	徐翠芬	663
01120022	燕京一中	李从林	486	丁志忠	637
01120018	燕京一中	张鹤翔	549	解德培	620
01030230	金源五中	王丽卿	704	王云芬	619
01121141	进修中学	杨红	464	李英明	611
01110270	实验中学	徐翠芬	663	冯石柱	589
01030230	金源五中	纳红	665	杨洪斌	564
01120644	燕京一中	张坚	601	孙斌	561

图 31-71　数据构建

公式中先使用FILTER 函数对学校进行筛选，得到符合指定学校的数组结果，再用SORT函数对数组中的第二列进行降序排序。当G1 单元格学校名称发生变化，返回的数组也随之变化。

步骤③ 选中F3:G13单元格区域，在【插入】选项卡中依次单击【插入柱形图或条形图】→【二维柱形图】→【簇状柱形图】命令，生成一个柱形图。

步骤④ 双击图表数据系列，调出【设置数据系列格式】选项窗格，切换到【系列选项】选项卡，设置【间隙宽度】为 100。

切换到【填充与线条】选项卡，设置【填充】→【纯色填充】，在【主题颜色】面板中设置颜色为蓝色。

步骤⑤ 单击图表纵坐标轴，在【设置坐标轴格式】选项窗格中设置【坐标轴选项】→【边界】，在【最小值】输入框中输入 400，【最大值】输入框中输入 750，【单位】→【大】输入框中输入 50。

单击G1 单元格的下拉按钮，根据需要选择学校。随着G1 单元格的变化，F4:G52 单元格区域中的数据和图表也会随之变化。

31.6　使用SQRT函数制作气泡图

示例31-10　百分比气泡图

百分比图表的展示有多种方式，如图 31-72 所示，利用SQRT函数公式计算气泡图的Y轴数据，达到各个气泡底部对齐的效果。

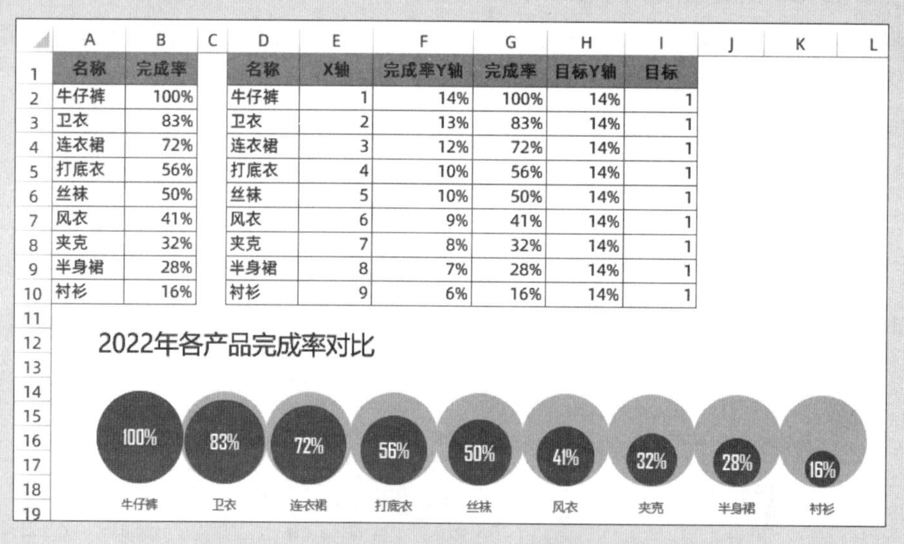

名称	完成率
牛仔裤	100%
卫衣	83%
连衣裙	72%
打底衣	56%
丝袜	50%
风衣	41%
夹克	32%
半身裙	28%
衬衫	16%

名称	X轴	完成率Y轴	完成率	目标Y轴	目标
牛仔裤	1	14%	100%	14%	1
卫衣	2	13%	83%	14%	1
连衣裙	3	12%	72%	14%	1
打底衣	4	10%	56%	14%	1
丝袜	5	10%	50%	14%	1
风衣	6	9%	41%	14%	1
夹克	7	8%	32%	14%	1
半身裙	8	7%	28%	14%	1
衬衫	9	6%	16%	14%	1

图 31-72　百分比气泡图

操作步骤如下。

步骤① 如图 31-73 所示，对数据重新计算排列。

对表格B列数据进行【降序】排序。

在E2:E10 单元格中输入序号 1、2、3……作为图表X轴的数据源。

在G2 单元格中输入以下公式，向下复制到G10 单元格。

```
=B2
```

在H2:H10 单元格输入目标Y轴数据 14%，在I2:I10 单元格输入目标值 100%。

在F2 单元格中输入以下公式计算完成率Y轴数据，向下复制到F10 单元格。

```
=SQRT(G2)/SQRT(MAX($G$2:$G$10))*H2
```

先使用MAX函数计算出G列完成率的最大值，然后使用SQRT函数计算出最大完成率的平方根和G列中当前完成率的平方根，二者相除，计算出其在最大值平方根中的占比，最后乘以H2 单元格的目标Y轴，计算出每个完成率气泡中心点的相对位置。最后调整图表以达到气泡图形底部对齐的效果。

F2　=SQRT(G2)/SQRT(MAX($G$2:$G$10))*H2

	A	B	C	D	E	F	G	H	I
1	名称	完成率		名称	X轴	完成率Y轴	完成率	目标Y轴	目标
2	牛仔裤	100%		牛仔裤	1	14%	100%	14%	1
3	卫衣	83%		卫衣	2	13%	83%	14%	1
4	连衣裙	72%		连衣裙	3	12%	72%	14%	1
5	打底衣	56%		打底衣	4	10%	56%	14%	1
6	丝袜	50%		丝袜	5	10%	50%	14%	1
7	风衣	41%		风衣	6	9%	41%	14%	1
8	夹克	32%		夹克	7	8%	32%	14%	1
9	半身裙	28%		半身裙	8	7%	28%	14%	1
10	衬衫	16%		衬衫	9	6%	16%	14%	1

图 31-73　对数据重新计算排列

步骤② 选中E2:E10 单元格区域，按住<Ctrl>键不放再选中H2:I10 单元格区域，在【插入】选项卡下依次单击【插入散点图(X、Y)或气泡图】→【气泡图】，在工作表中生成一个气泡图。

步骤③ 单击图表区，在【图表设计】选项卡中单击【选择数据】按钮，打开【选择数据源】对话框。

在【选择数据源】对话框中单击【图例项(系列)】下的【添加】按钮打开【编辑数据系列】对话框，设置【系列名称】为G1 单元格，设置【X轴系列值】为E2:E10，设置【Y轴系列值】为F2:F10,设置【系列气泡大小】为G2:G10，最后单击【确定】按钮关闭对话框，如图 31-74 所示。

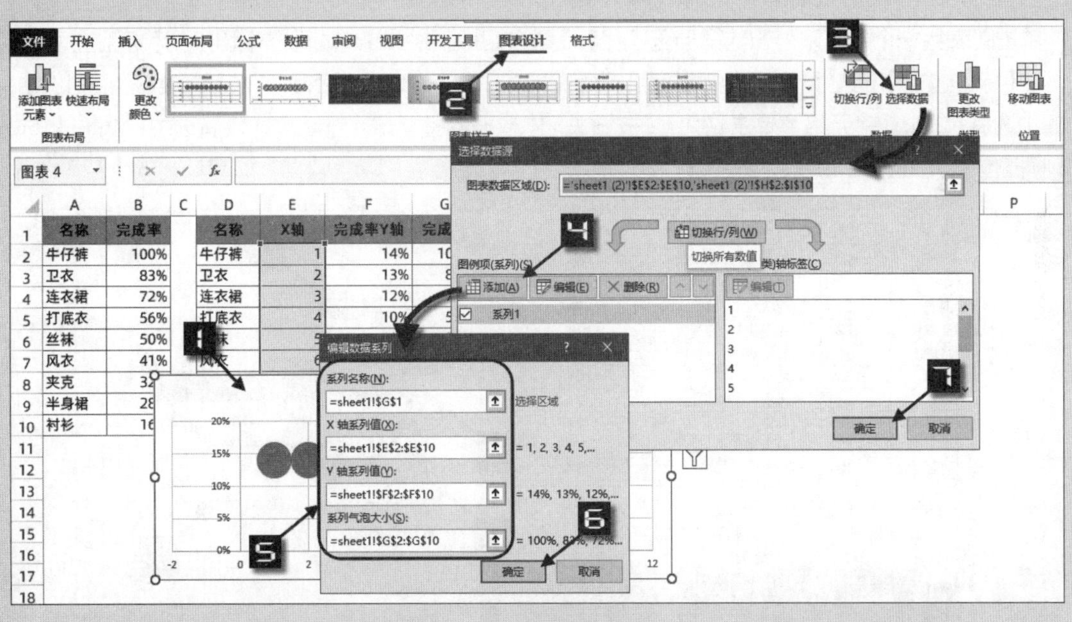

图 31-74　添加新系列

步骤④ 双击图表纵坐标轴，打开【设置坐标轴格式】选项窗格，切换到【坐标轴选项】选项卡，设置【边界】【最大值】为 0.5，【最小值】为 0。

单击图表横坐标轴，在【设置坐标轴格式】选项窗格中切换到【坐标轴选项】选项卡，设置【边界】【最大值】为 10，【最小值】为 0。

步骤⑤ 单击图表“完成率”数据系列，在【设置数据系列格式】选项窗格中切换到【系列选项】选项卡，设置【大小展示】→【气泡面积】为 300，放大气泡图的大小，如图 31-75 所示。

切换到【填充与线条】选项卡，设置【填充】→【纯色填充】，在【主题颜色】面板中设置颜色为深蓝色。

为“目标”数据系列设置【填充】颜色为浅蓝色。

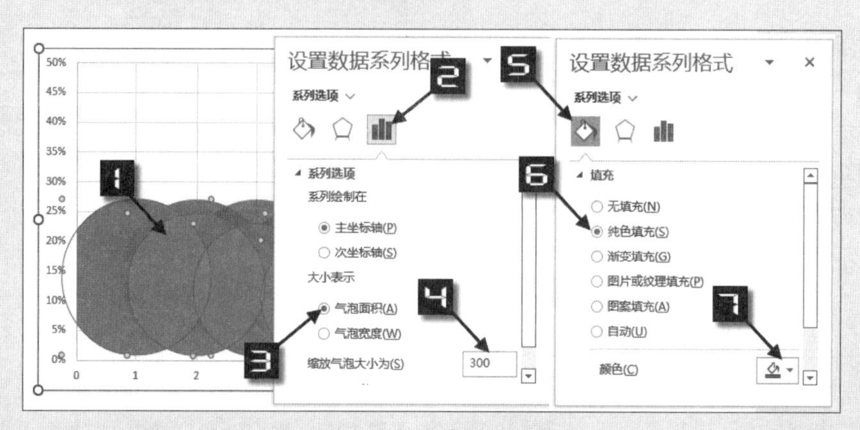

图 31-75　设置气泡大小

步骤 6 单击图表区，单击右上角的【图表元素】快速选项按钮，取消选中【坐标轴】，取消选中【图表标题】，取消选中【网格线】，选中【数据标签】。

步骤 7 单击图表“完成率”数据标签，在【设置数据标签格式】选项窗格中切换到【标签选项】选项卡，在【标签包括】区域选中【气泡大小】复选框，取消选中【Y值】复选框。在【标签位置】中选中【居中】。在【开始】选项卡中设置标签文字格式。

单击图表另一个数据系列的数据标签，在【设置数据标签格式】选项窗格中切换到【标签选项】选项卡，在【标签包括】下选择【单元格中的值】，打开【数据标签区域】对话框，在【选择数据标签区域】引用框中选择A2:A10单元格。单击【确定】按钮关闭【数据标签区域】对话框，取消选中【Y值】复选框。在【标签位置】中选择【靠下】，如图 31-76 所示。

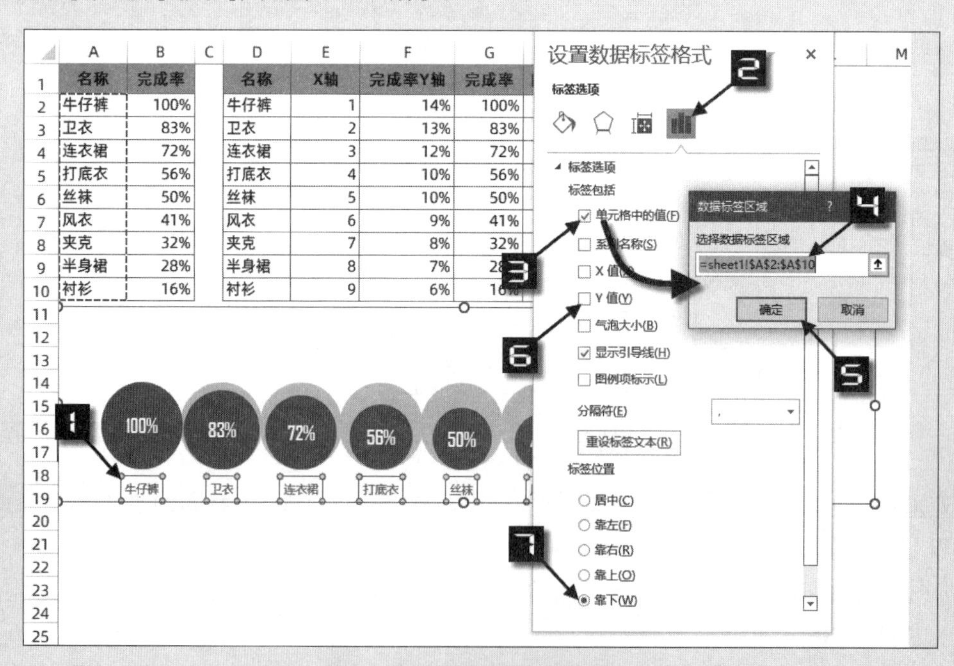

名称	完成率		名称	X轴	完成率Y轴	完成率
牛仔裤	100%		牛仔裤	1	14%	100%
卫衣	83%		卫衣	2	13%	83%
连衣裙	72%		连衣裙	3	12%	72%
打底衣	56%		打底衣	4	10%	56%
丝袜	50%		丝袜	5	10%	50%
风衣	41%		风衣	6	9%	41%
夹克	32%		夹克	7	8%	32%
半身裙	28%		半身裙	8	7%	28%
衬衫	16%		衬衫	9	6%	16%

图 31-76　设置数据标签格式

步骤 8 单击图表区，在【格式】选项卡中设置【大小】→【高度】为 5.2，【宽度】为 23，如图 31-77 所示。最后为图表添加标题说明文字即可。

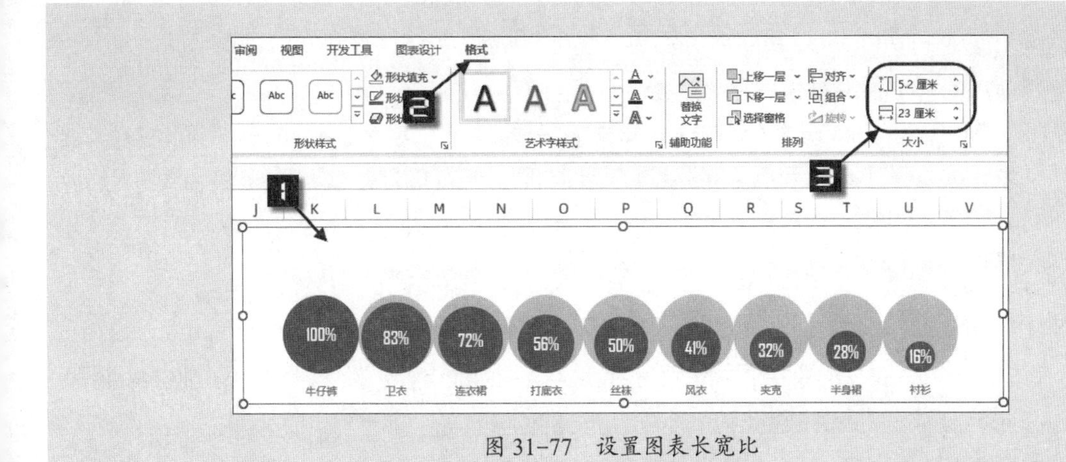

图 31-77　设置图表长宽比

31.7　使用OFFSET函数结合定义名称、控件制作动态图表

函数公式除了可以设置辅助列，还可以创建自定义名称，再用自定义名称作为图表数据源来制作动态图表。

31.7.1　使用MATCH+OFFSET函数定义名称制作动态趋势图

示例31-11　动态选择时间段的趋势图

如果数据量较多，用户需要自定义日期区间来显示该时间段的趋势图，可以使用定义名称的方法作为图表数据来源，如图 31-78 所示。手动输入开始时间与结束时间，能动态显示该时间段的趋势。

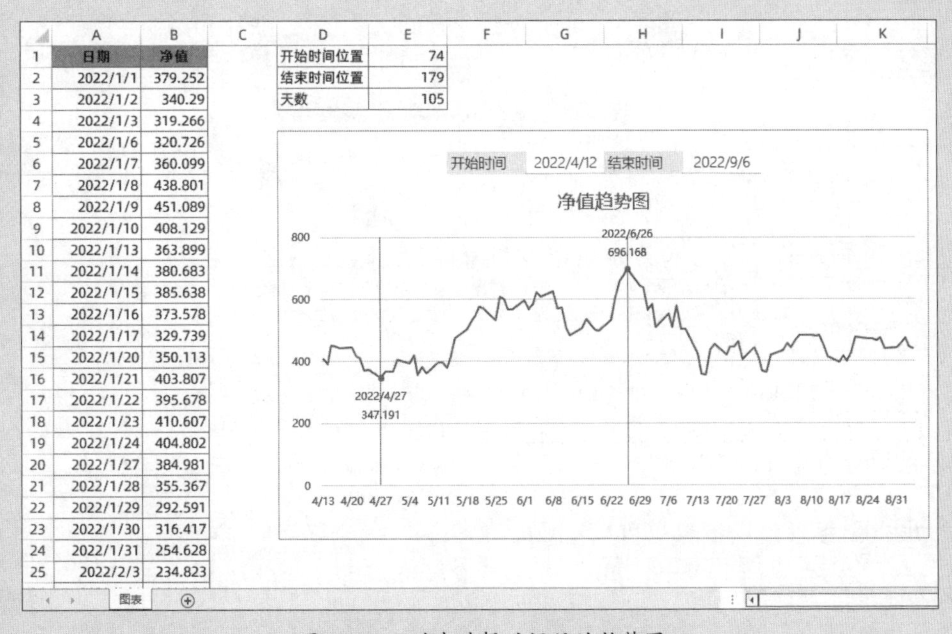

	A	B
1	日期	净值
2	2022/1/1	379.252
3	2022/1/2	340.29
4	2022/1/3	319.266
5	2022/1/6	320.726
6	2022/1/7	360.099
7	2022/1/8	438.801
8	2022/1/9	451.089
9	2022/1/10	408.129
10	2022/1/13	363.899
11	2022/1/14	380.683
12	2022/1/15	385.638
13	2022/1/16	373.578
14	2022/1/17	329.739
15	2022/1/20	350.113
16	2022/1/21	403.807
17	2022/1/22	395.678
18	2022/1/23	410.607
19	2022/1/24	404.802
20	2022/1/27	384.981
21	2022/1/28	355.367
22	2022/1/29	292.591
23	2022/1/30	316.417
24	2022/1/31	254.628
25	2022/2/3	234.823

D	E
开始时间位置	74
结束时间位置	179
天数	105

图 31-78　动态选择时间段的趋势图

操作步骤如下。

步骤① 首先对数据区域A列的日期进行升序排序。

在F6、H6、D1、D2、D3 单元格分别输入标题文字“开始时间”“结束时间”“开始时间位置”“结束时间位置”和“天数”。在G6 单元格输入趋势图的开始时间，如“2022/4/12”，在I6 单元格输入趋势图的结束时间，如“2022/9/6”。

在E1 单元格输入以下公式。

```
=MATCH(G6,A:A,1)-COUNTIF(A:A,G6)
```

公式的作用是根据G6 单元格的开始日期定位该日期在A列日期中所处的位置，如果A列没有G6 单元格的日期，则返回比该日期大的最接近的一个日期所处的位置。

在E2 单元格输入以下公式。

```
=MATCH(I6,A:A,1)
```

公式的作用是根据I6 单元格中的结束日期，返回在A列日期中所处的位置，如果没有I6 单元格的日期，则返回比该日期小的最接近的一个日期所处的位置。

在E3 单元格输入以下公式，计算间隔天数。

```
=E2-E1
```

步骤② 依次单击【公式】→【定义名称】，打开【新建名称】对话框。

在【新建名称】对话框中的【名称】编辑框中输入“data”，在【引用位置】编辑框输入以下公式，最后单击【确定】按钮关闭【新建名称】对话框，如图 31-79 所示。

```
=OFFSET(图表!$B$1,图表!$E$1,,图表!$E$3,)
```

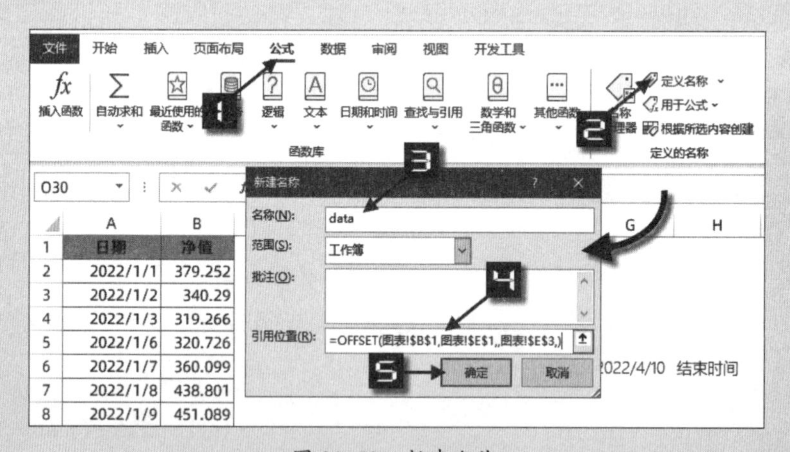

图 31-79 新建名称

重复以上新建公式名称的步骤，分别创建名称与公式如下：

日期

```
=OFFSET(图表!$A$1,图表!$E$1,,图表!$E$3,)
```

最大值

```
=IF(data=MAX(data),data,NA())
```

最小值

```
=IF(data=MIN(data),data,NA())
```

步骤③ 选中A1:B244 单元格区域，依次单击【插入】→【插入折线图或面积图】→【二维折线图】→【折线图】，生成一个折线图。

步骤④ 单击图表区，在【图表设计】选项卡中单击【选择数据】按钮，打开【选择数据源】对话框。

在【选择数据源】对话框中单击【图例项(系列)】下的【编辑】按钮打开【编辑数据系列】对话框，将【系列值】引用框中的单元格地址更改为定义的名称“data”，单击【确定】按钮关闭【编辑数据系列】对话框。

在【选择数据源】对话框中单击右侧【水平(分类)轴标签】的【编辑】按钮，打开【轴标签】对话框。将【轴标签区域】引用框中的单元格地址更改为定义的名称“日期”，单击【确定】按钮关闭【轴标签】对话框，如图 31-80 所示。

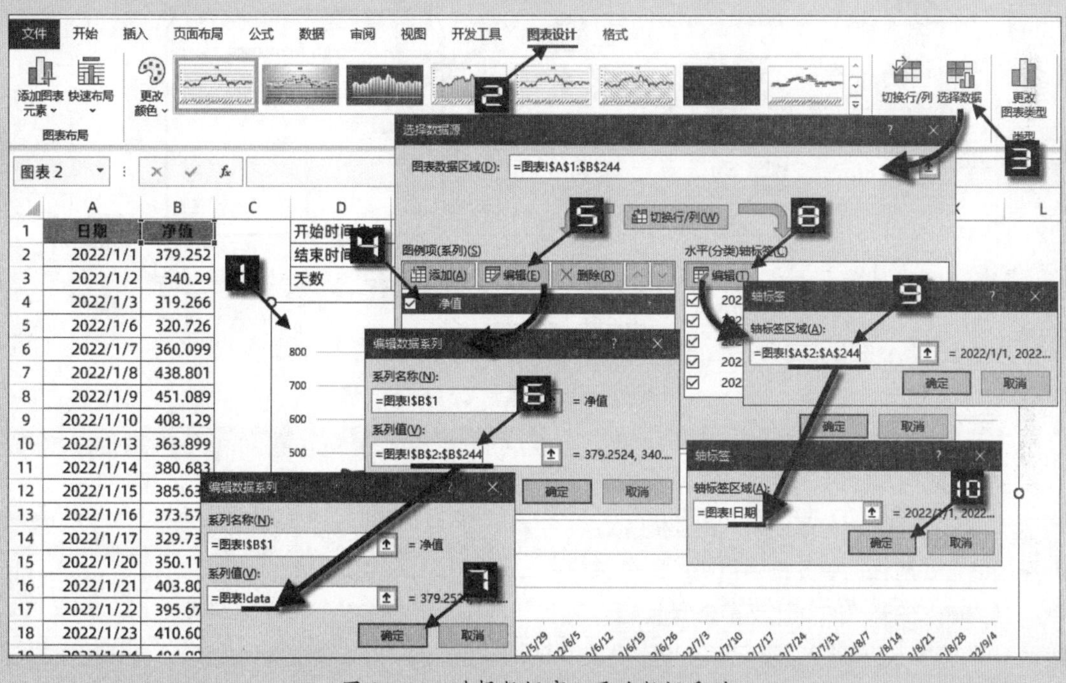

图 31-80　选择数据窗口更改数据系列

在【选择数据源】对话框中单击【图例项(系列)】下的【添加】按钮打开【编辑数据系列】对话框，在【系列名称】引用框中输入“最大值”，在【系列值】引用框中输入“=图表!最大值”。单击【确定】按钮关闭【编辑数据系列】对话框，如图 31-81 所示。

用同样的方式添加定义名称为“最小值”的数据系列。

最后单击【确定】按钮关闭【选择数据源】对话框。

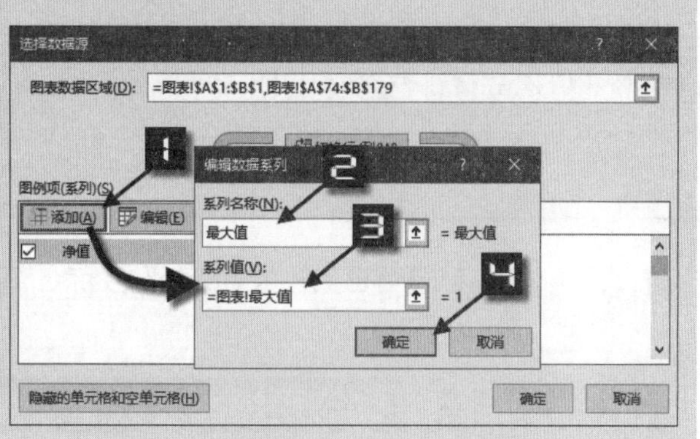

图 31-81　添加定义名称新数据系列

图表的美化部分可参阅 31.3.4 小节。

步骤⑤ 为了限制用户输入开始时间与结束时间不规范，以及结束时间小于开始时间而导致公式错误，可以使用【数据验证】功能来规避。

单击G6 单元格，依次单击【数据】→【数据验证】按钮，打开【数据验证】对话框。切换到【设置】选项卡，在【允许】下拉列表中选择【日期】，在【数据】下拉列表中选择【介于】，在【开始日期】引用框中输入“= MIN(A:A)”，在【结束日期】引用框中输入“=I6”，最后单击【确定】按钮关闭【数据验证】对话框，如图 31-82 所示。

用类似的方法设置I6 单元格，在【开始日期】引用框中输入“=G6”，在【结束日期】引用框中输入“=MAX(A:A)”即可。

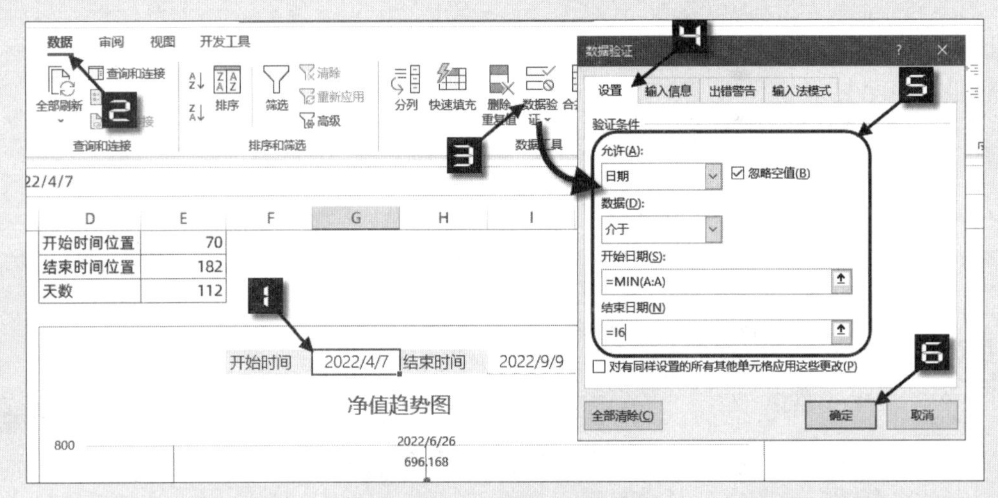

图 31-82 设置数据验证

在本示例中输入开始时间、结束时间时，如果同时将开始时间G6、结束时间I6 单元格的值删除，会出现图 31-83 所示的错误提醒。

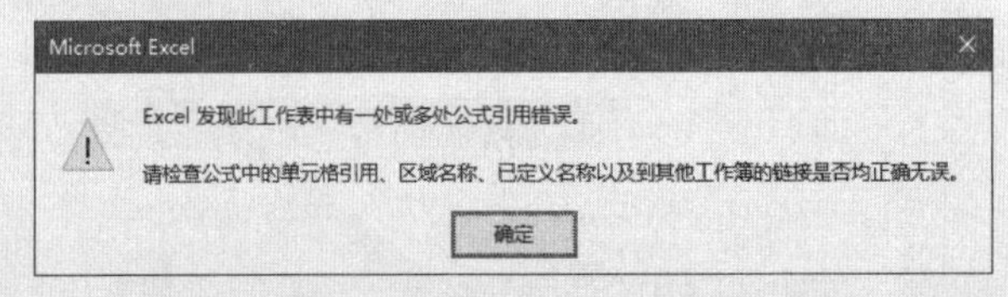

图 31-83 公式错误提醒

正确的方式应根据单元格中目前的时间来判断，当要输入的开始时间比当前I6 单元格中的结束时间小时，应先输入开始时间，再输入结束时间。当要输入的开始时间比当前I6 单元格中的结束时间大时，则应先输入结束时间，再输入开始时间。

实际工作中如果需要实时添加数据，同时希望根据当前系统日期自动变化结束日期，可在I6 单元格中输入以下公式得到动态更新日期。

```
=TODAY()
```

31.7.2 使用 OFFSET 函数、定义名称、控件制作图表

示例31-12 动态更换图表数据与类型

图 31-84 是使用三组不同的数据分别展示的效果，使用控件结合自定义名称，使其在一个工作表中

根据控件选择而动态展示，如图 31-85 所示。

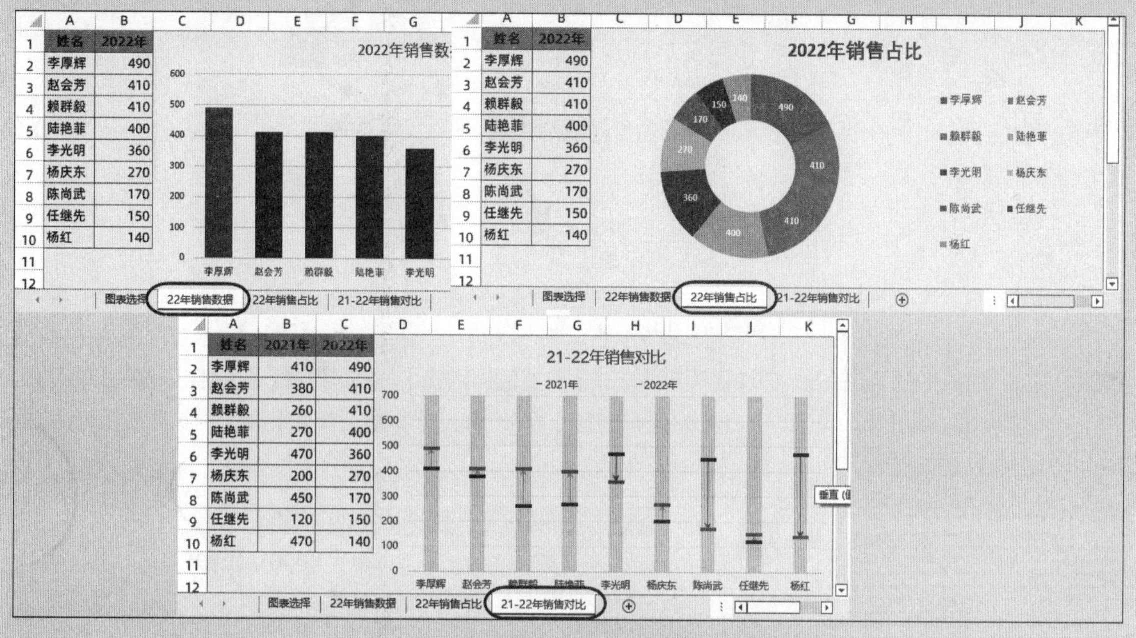

姓名	2022年
李厚辉	490
赵会芳	410
赖群毅	410
陆艳菲	400
李光明	360
杨庆东	270
陈尚武	170
任继先	150
杨红	140

姓名	2021年	2022年
李厚辉	410	490
赵会芳	380	410
赖群毅	260	410
陆艳菲	270	400
李光明	470	360
杨庆东	200	270
陈尚武	450	170
任继先	120	150
杨红	470	140

图 31-84　图表效果

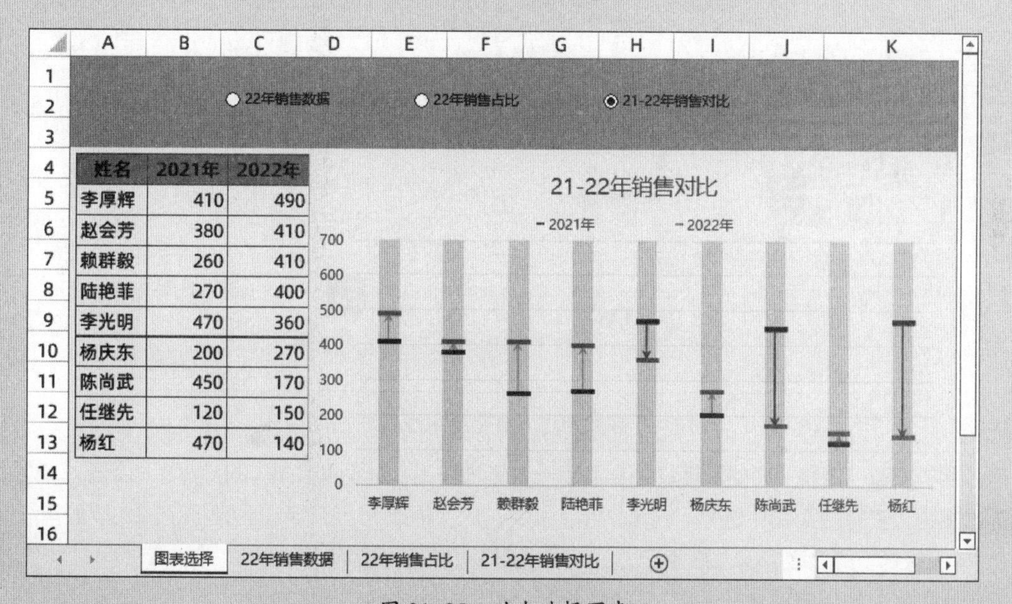

姓名	2021年	2022年
李厚辉	410	490
赵会芳	380	410
赖群毅	260	410
陆艳菲	270	400
李光明	470	360
杨庆东	200	270
陈尚武	450	170
任继先	120	150
杨红	470	140

图 31-85　动态选择图表

操作步骤如下。

步骤① 先根据数据源生成图表，进行美化后，将图表与数据分布在各自工作表中的A1:K12 单元格区域，如图 31-84 所示。

步骤② 在“图表选择”工作表中单击任意单元格，在【开发工具】选项卡中依次单击【插入】→【表单控件】→【选项按钮(窗体控件)】命令，拖动鼠标在工作表中绘制一个选项按钮，如图 31-86 所示。

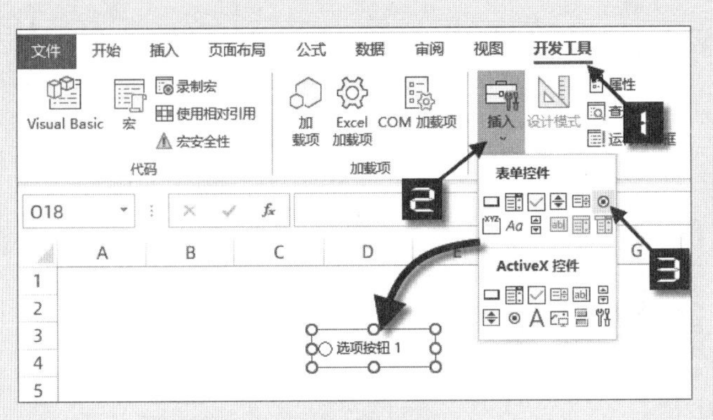

图 31-86　插入控件

步骤③ 在选项按钮上鼠标右击，在快捷菜单中单击【设置控件格式】命令，打开【设置控件格式】对话框。切换到【控制】选项卡下，设置【单元格链接】为A1 单元格，最后单击【确定】按钮关闭对话框，如图 31-87 所示。

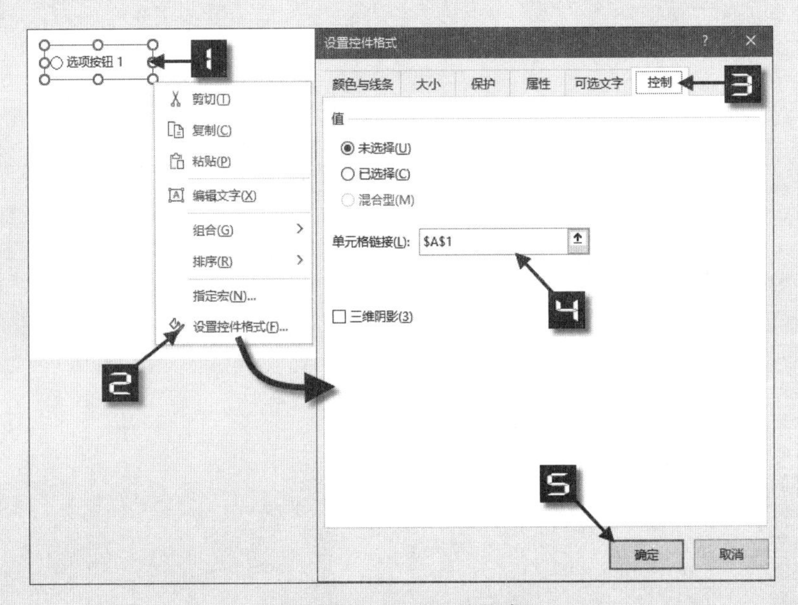

图 31-87　设置控件格式

单击选项按钮，按住<Ctrl>键拖动，复制出一个选项按钮。重复两次同样的步骤，得到三个选项按钮。右击选项按钮，在快捷菜单中选择【编辑文字】命令，依次更改为“22 年销售数据”“22 年销售占比”和“21-22 年销售对比”，如图 31-88 所示。

根据按钮插入的先后次序，选择对应的按钮，A1 单元格的数字随之变化。

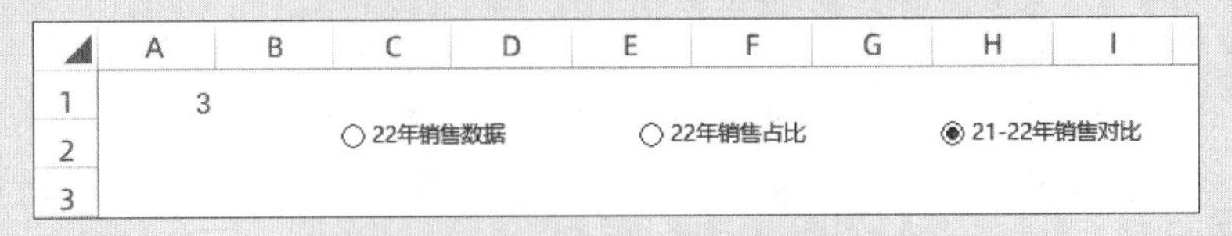

图 31-88　编辑后的控件效果

步骤④ 在“图表选择”工作表中单击任意单元格，在功能区【公式】选项卡中单击【定义名称】，打开【新建名称】对话框。在【新建名称】对话框中的【名称】编辑框中输入“区域”，在【引用位置】编辑框输入以下公式，最后单击【确定】按钮关闭【新建名称】对话框。

```
=INDIRECT(IFS($A$1=1,"'22 年销售数据'", $A$1=2,"'22 年销售占比'", $A$1=3,
"'21-22 年销售对比'")&"!A1:K12")
```

使用IFS函数判断A1单元格的数值，当A1单元格等于1时，返回"'22年销售数据'"，当A1单元格等于2时，返回"'22年销售占比'"，当A1单元格等于3时，返回"'21-22年销售对比'"，最后连接上"!A1:K12"，形成一个文本型的单元格区域地址，最后使用INDIRECT函数将文本内容转换为实际的单元格区域引用。

步骤⑤ 选择“22年销售数据”工作表中的A1:K12单元格区域，按<Ctrl+C>组合键复制，在“图表选择”工作表中选择任意一个单元格，右击，在快捷菜单中单击【选择性粘贴】→【图片】，如图31-89所示。

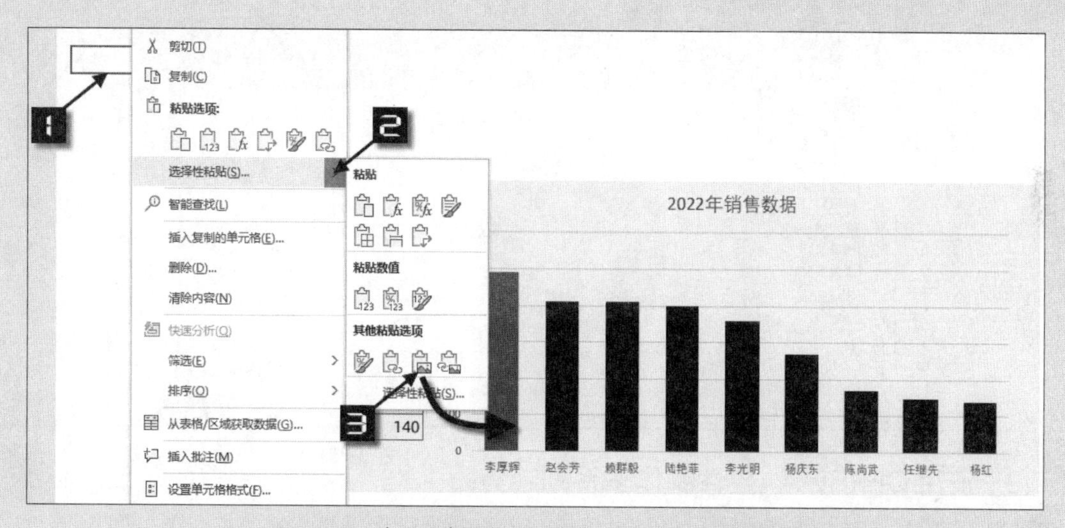

图 31-89　在“图表选择”工作表中选择性粘贴为图片

单击粘贴后的图片，在编辑栏中输入公式“=区域”，按左侧的【输入】按钮完成编辑，如图31-90所示。

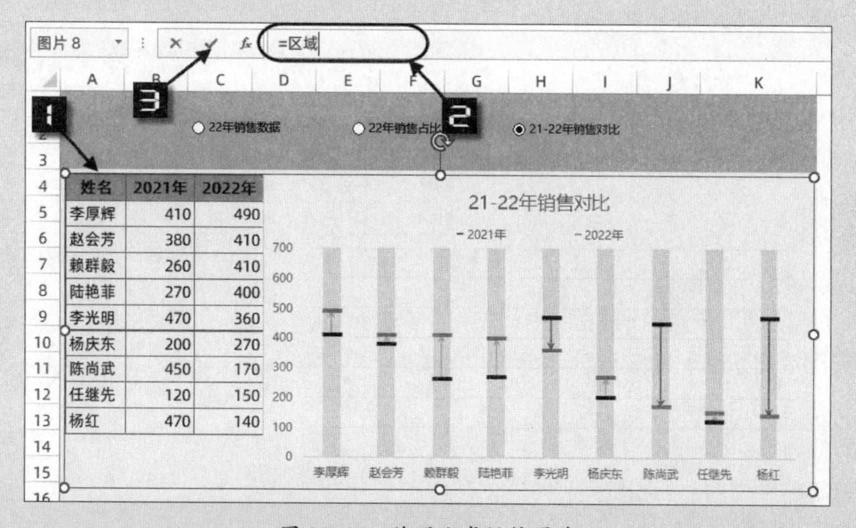

图 31-90　使用公式链接图片

单击任意选项按钮，图片变为对应的图表效果，如图31-91所示。

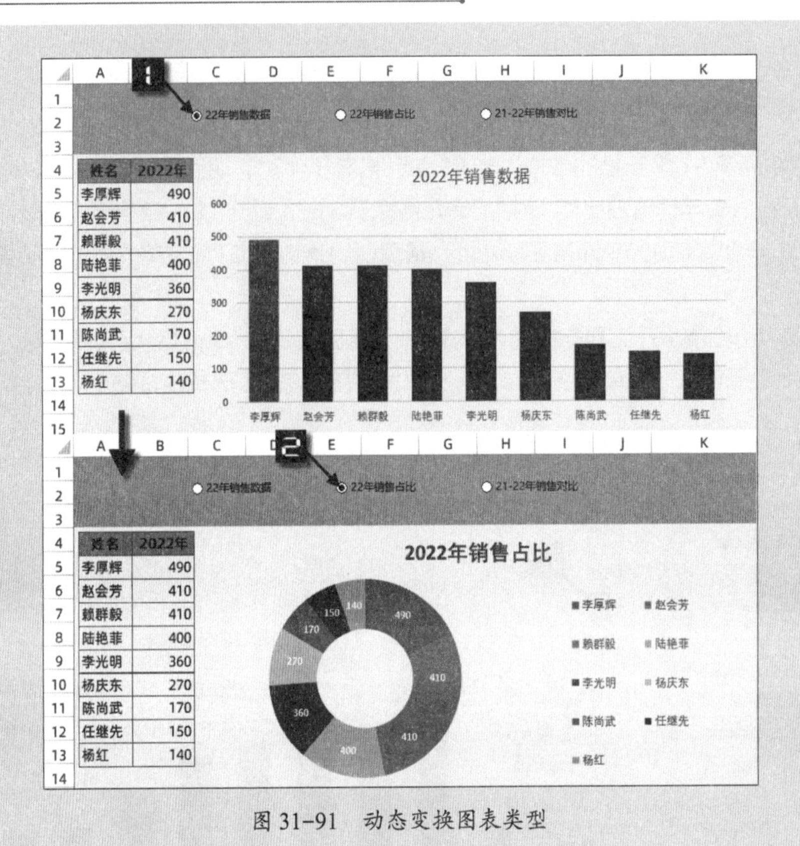

图 31-91　动态变换图表类型

31.7.3　使用 OFFSET、控件制作多系列趋势图

示例31-13 动态选择系列折线图

如果折线图的数据系列比较多，会显得比较杂乱。使用控件与自定义名称制作折线图，动态选择某一系列后使其突出显示，能够使图表更加直观，如图 31-92 所示。

操作步骤如下。

步骤① 选择 A1:M6 单元格区域，在【插入】选项卡下依次单击【插入折线图或面积图】→【二维折线图】→【折线图】命令，生成一个折线图。

将折线图所有系列的【线条颜色】设置为浅灰色，如图 31-93 所示。

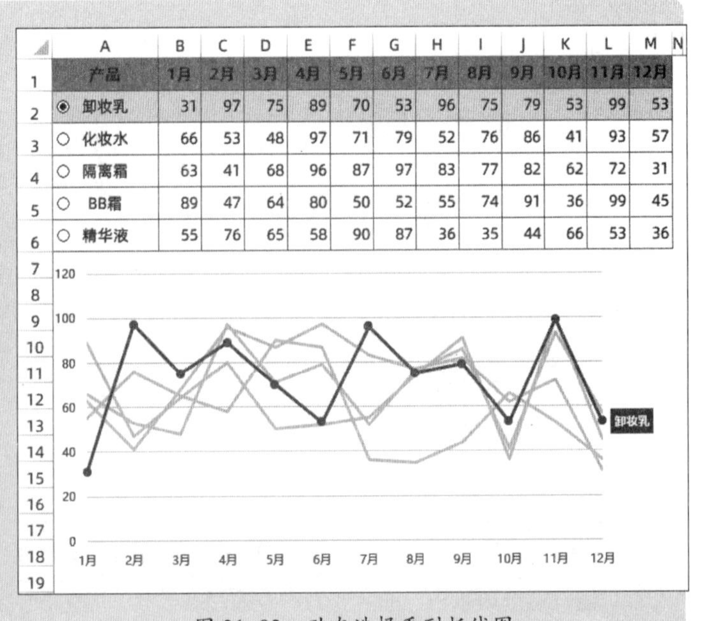

产品	1月	2月	3月	4月	5月	6月	7月	8月	9月	10月	11月	12月
◉ 卸妆乳	31	97	75	89	70	53	96	75	79	53	99	53
○ 化妆水	66	53	48	97	71	79	52	76	86	41	93	57
○ 隔离霜	63	41	68	96	87	97	83	77	82	62	72	31
○ BB霜	89	47	64	80	50	52	55	74	91	36	99	45
○ 精华液	55	76	65	58	90	87	36	35	44	66	53	36

图 31-92　动态选择系列折线图

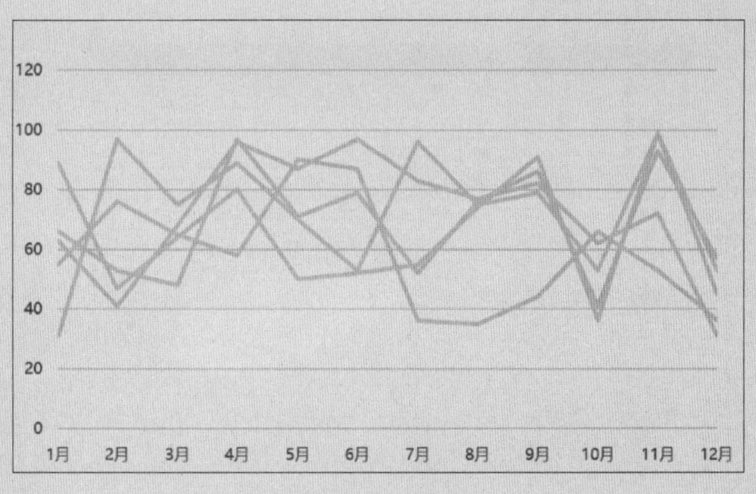

图 31-93　折线图

提示

设置一个系列的【线条颜色】为浅灰色后，单击选中其他系列后按<F4>键可以重复上一次操作。

步骤② 单击任意单元格，在【开发工具】选项卡中依次单击【插入】→【表单控件】→【选项按钮(窗体控件)】命令，拖动鼠标在工作表中绘制一个选项按钮。

在选项按钮上右击，在快捷菜单中单击【设置控件格式】命令，打开【设置控件格式】对话框。切换到【控制】选项卡下，设置【单元格链接】为 O1 单元格，最后单击【确定】按钮关闭对话框。

右击选项按钮，在快捷菜单中选择【编辑文字】命令，将按钮中的文字全部删除，移动选项按钮对齐到 A2 单元格。

单击选项按钮，按住<Ctrl>键拖动，复制出一个选项按钮。重复 4 次同样的步骤，形成 5 个选项按钮。按照复制的顺序将按钮分别对齐到 A3、A4、A5、A6 单元格，如图 31-94 所示。

	A	B	C	D	E	F	G	H	I	J	K	L	M	N	O
1	产品	1月	2月	3月	4月	5月	6月	7月	8月	9月	10月	11月	12月		1
2	◉ 卸妆乳	31	97	75	89	70	53	96	75	79	53	99	53		
3	○ 化妆水	66	53	48	97	71	79	52	76	86	41	93	57		
4	○ 隔离霜	63	41	68	96	87	97	83	77	82	62	72	31		
5	○ BB霜	89	47	64	80	50	52	55	74	91	36	99	45		
6	○ 精华液	55	76	65	58	90	87	36	35	44	66	53	36		

图 31-94　对齐后的控件按钮

步骤③ 在 A9 单元格输入以下公式，向右复制到 M9 单元格。

```
=OFFSET(A1,$O$1,)
```

OFFSET 函数以 A1 单元格区域为基点，向下偏移的行数由 O1 单元格中的数值指定。公式中 A1 为相对引用，也就是当公式复制到 B 列时，A1 会变成 B1，这样可以根据公式复制时列的变化而自动获取当前列的数据。

步骤④ 选中 A9:M9 单元格区域，按<Ctrl+C>组合键复制单元格区域，单击图表区，按<Ctrl+V>组合键将数据添加到图表中，如图 31-95 所示。

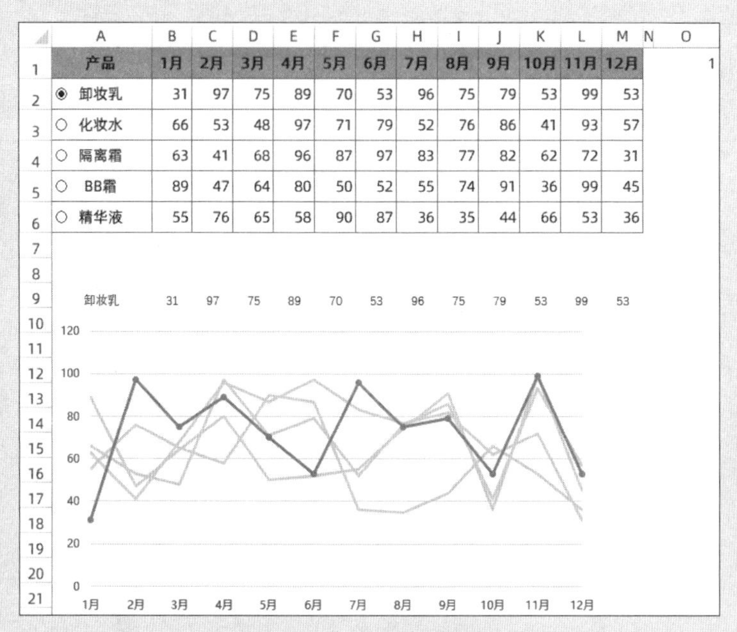

产品	1月	2月	3月	4月	5月	6月	7月	8月	9月	10月	11月	12月
◉ 卸妆乳	31	97	75	89	70	53	96	75	79	53	99	53
○ 化妆水	66	53	48	97	71	79	52	76	86	41	93	57
○ 隔离霜	63	41	68	96	87	97	83	77	82	62	72	31
○ BB霜	89	47	64	80	50	52	55	74	91	36	99	45
○ 精华液	55	76	65	58	90	87	36	35	44	66	53	36

图 31-95　为图表添加系列

步骤⑤ 选中 A2:M6 单元格区域，依次单击【开始】→【条件格式】→【新建规则】，打开【新建格式规则】对话框。单击【使用公式确定要设置格式的单元格】，在【为符合此公式的值设置格式】编辑框中输入以下公式。

```
=ROW(A1)=$O$1
```

单击【格式】按钮打开【设置单元格格式】对话框。切换到【填充】选项卡下，选择一种背景色，最后依次单击【确定】按钮关闭对话框，如图 31-96 所示。

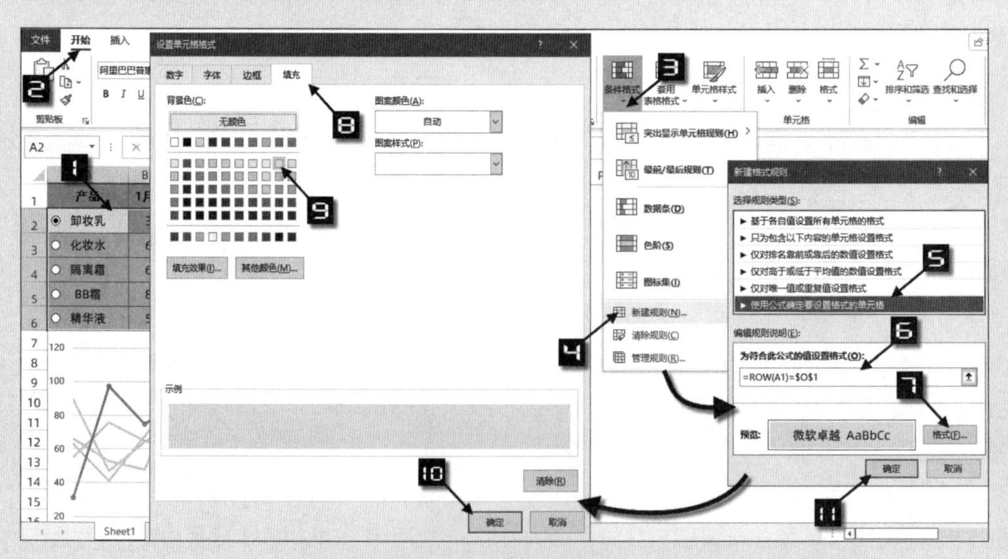

图 31-96　新建格式规则

步骤⑥ 双击图表区，打开【设置图表区格式】选项窗格，切换到【填充与线条】选项卡，设置【填充】→【纯色填充】，在【主题颜色】面板中设置颜色为白色，设置【边框】→【无线条】。

最后设置新数据系列的线条颜色和标记类型、大小，调整图表位置覆盖住 A9:M9 单元格区域。

制作完成后，单击表格中的选项按钮，控件链接的单元格数字发生变化，数据源中突出显示对应的数据，同时图表也随之动态变化。

示例31-14　双选项的动态柱形图

如图 31-97 所示，利用控件与函数结合，可以实现既能够选择横向对比，又能够选择纵向对比，使数据分析更便捷，图表展示更直观。

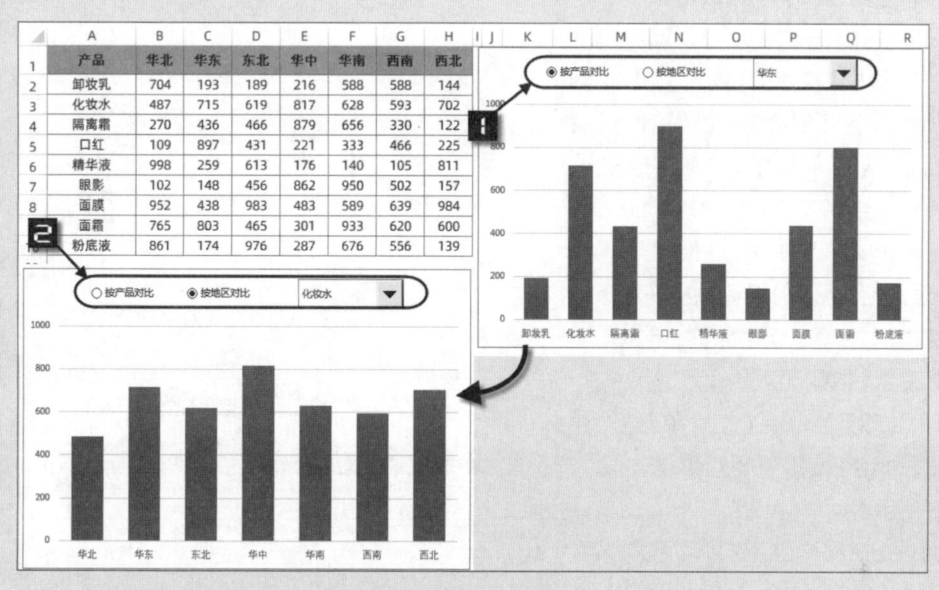

产品	华北	华东	东北	华中	华南	西南	西北
卸妆乳	704	193	189	216	588	588	144
化妆水	487	715	619	817	628	593	702
隔离霜	270	436	466	879	656	330	122
口红	109	897	431	221	333	466	225
精华液	998	259	613	176	140	105	811
眼影	102	148	456	862	950	502	157
面膜	952	438	983	483	589	639	984
面霜	765	803	465	301	933	620	600
粉底液	861	174	976	287	676	556	139

图 31-97　双选项柱形图

操作步骤如下。

步骤① 选中A1:B10 单元格区域，依次单击【插入】→【插入柱形图或条形图】→【二维柱形图】→【簇状柱形图】，插入簇状柱形图。

步骤② 单击任意单元格，在【开发工具】选项卡中依次单击【插入】→【表单控件】→【选项按钮(窗体控件)】命令，拖动鼠标在工作表中绘制一个选项按钮。

在选项按钮上右击，在快捷菜单中单击【设置控件格式】命令，打开【设置控件格式】对话框。切换到【控制】选项卡下，设置【单元格链接】为J1 单元格，最后单击【确定】按钮关闭对话框。

右击选项按钮，在快捷菜单中选择【编辑文字】命令，将文字更改为“按产品对比”。

单击选项按钮，按住<Ctrl>键拖动，复制出一个选项按钮。右击选项按钮，在快捷菜单中选择【编辑文字】命令，将文字更改为“按地区对比”。

步骤③ 将产品与地区分别写入K1:L10 单元格区域，如图 31-98 所示。

	A	B	C	D	E	F	G	H	I	J	K	L
1	产品	华北	华东	东北	华中	华南	西南	西北		1	产品	地区
2	卸妆乳	704	193	189	216	588	588	144			卸妆乳	华北
3	化妆水	487	715	619	817	628	593	702			化妆水	华东
4	隔离霜	270	436	466	879	656	330	122			隔离霜	东北
5	口红	109	897	431	221	333	466	225			口红	华中
6	精华液	998	259	613	176	140	105	811			精华液	华南
7	眼影	102	148	456	862	950	502	157			眼影	西南
8	面膜	952	438	983	483	589	639	984			面膜	西北
9	面霜	765	803	465	301	933	620	600			面霜	
10	粉底液	861	174	976	287	676	556	139			粉底液	

图 31-98　添加产品与地区分类

步骤④ 单击工作表中的任意单元格，在功能区的【公式】选项卡中单击【定义名称】，打开【新建名称】对话框。在【新建名称】对话框中的【名称】编辑框中输入“选项”，在【引用位置】编辑框输入以下公式，最后单击【确定】按钮关闭【新建名称】对话框。

```
=IF($J$1=1,$L$2:$L$8,$K$2:$K$10)
```

J1 单元格为选项按钮的链接单元格，根据选项按钮的选项，J1 单元格会随之变化为 1 或 2 的数值。再使用 IF 判断，如果 J1 等于 1，则返回地区分类 L2:L8，不等于 1 则返回产品分类 K2:K10。

步骤⑤ 单击任意单元格，在【开发工具】选项卡中依次单击【插入】→【表单控件】→【组合框(窗体控件)】命令，拖动鼠标在工作表中绘制一个组合框按钮。

在组合框按钮上右击，在快捷菜单中单击【设置控件格式】命令，打开【设置控件格式】对话框。切换到【控制】选项卡下，设置【数据源区域】为定义名称“选项”，【单元格链接】为 J2 单元格，最后单击【确定】按钮关闭对话框，如图 31-99 所示。

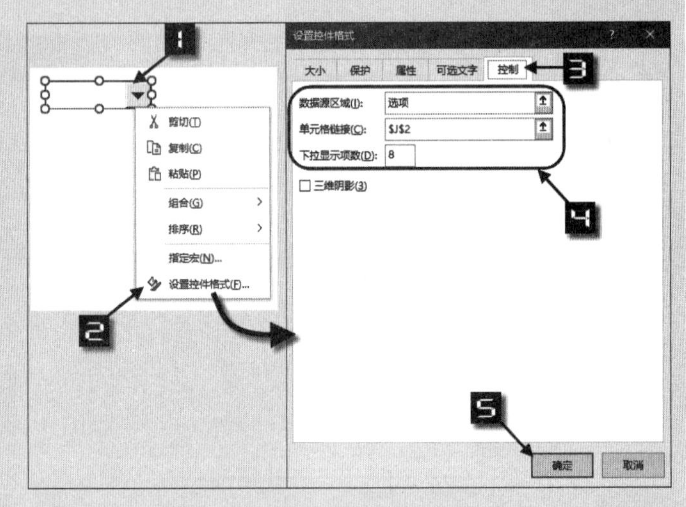

图 31-99　设置控件格式

步骤⑥ 为防止产品与地区选项项目数量不一致，导致产品与地区切换时图表发生错误，需在 J3 单元格输入以下公式，如图 31-100 所示。

J3　=IF(AND(J1=1,J2>7),7,J2)

	A	B	C	D	E	F	G	H	I	J	K	L
1	产品	华北	华东	东北	华中	华南	西南	西北		1	产品	地区
2	卸妆乳	704	193	189	216	588	588	144		2	卸妆乳	华北
3	化妆水	487	715	619	817	628	593	702		2	化妆水	华东
4	隔离霜	270	436	466	879	656	330	122			隔离霜	东北
5	口红	109	897	431	221	333	466	225			口红	华中
6	精华液	998	259	613	176	140	105	811			精华液	华南
7	眼影	102	148	456	862	950	502	157			眼影	西南
8	面膜	952	438	983	483	589	639	984			面膜	西北
9	面霜	765	803	465	301	933	620	600			面霜	
10	粉底液	861	174	976	287	676	556	139			粉底液	

图 31-100　输入公式

```
=IF(AND(J1=1,J2>7),7,J2)
```

步骤⑦ 重复以上新建公式名称的步骤，分别创建名称与公式如下：

data

```
=IF($J$1=1,OFFSET($A$2:$A$10,,$J$3),OFFSET($B$1:$H$1,$J$3,))
```

分类

```
=IF($J$1=1,$A$2:$A$10,$B$1:$H$1)
```

步骤⑧ 单击创建好的柱形图，在【图表设计】选项卡中单击【选择数据】按钮，打开【选择数据源】对话框。

在【选择数据源】对话框中单击【图例项(系列)】下的【编辑】按钮打开【编辑数据系列】对话框，将【系列值】引用框中的单元格地址更改为定义的名称“data”，单击【确定】按钮关闭【编辑数据系列】对话框。

在【选择数据源】对话框中单击右侧【水平(分类)轴标签】的【编辑】按钮，打开【轴标签】对话框。

将【轴标签区域】引用框中的单元格地址更改为定义的名称“分类”，单击【确定】按钮关闭【轴标签】对话框，最后单击【确定】按钮关闭【选择数据源】对话框，如图 31-101 所示。

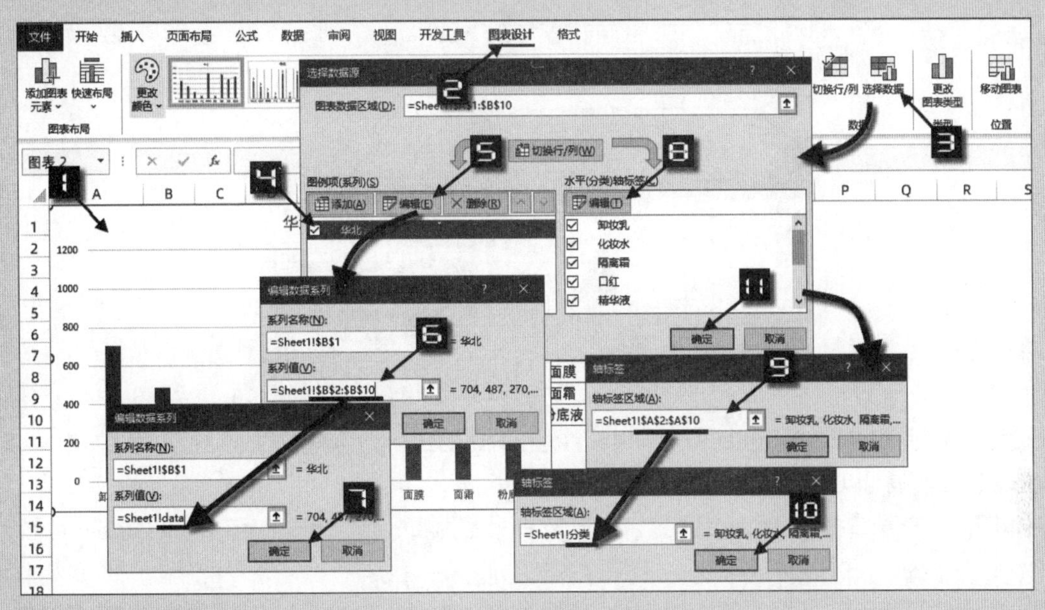

图 31-101　编辑数据系列

最后调整图表布局与格式。

31.8　用 REPT 函数制作旋风图

除了 Excel 内置的图表，还可以在单元格中使用函数公式模拟图表的效果。

示例31-15　单元格旋风图

REPT 函数用于将指定内容按特定的次数显示，如果把特殊字符按照指定次数重复，将得到不同长度的形状。如图 31-102 所示，可以将两列数据的表格做成类似旋风图的效果。

	A	B	C	D	E	F	G
1	年龄	facebook	twitter		年龄	facebook	twitter
2	13-17	11%	4%		13-17	11%	4%
3	18-25	29%	13%		18-25	29%	13%
4	26-34	23%	30%		26-34	23%	30%
5	35-44	18%	27%		35-44	18%	27%
6	45-54	12%	17%		45-54	12%	17%
7	55+	7%	9%		55+	7%	9%

图 31-102　单元格旋风图

操作步骤如下。

步骤① 单击 F2 单元格，设置字体为 Stencil，字号为 11，字体颜色为蓝色，设置对齐方式为右对齐。在 F2 单元格输入以下公式，向下复制到 F7 单元格，如图 31-103 所示。

```
=TEXT(B2,"0%")&"  "&REPT("|",B2*200)
```

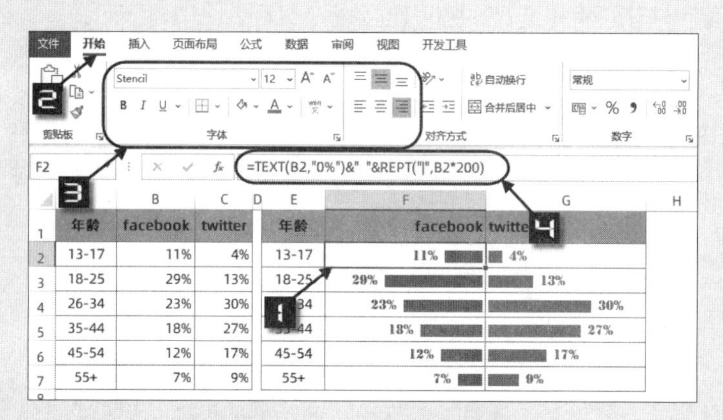

图 31-103　设置单元格格式并输入公式

使用TEXT函数将B2单元格的引用结果设置为百分比格式，使用连接符“&”连接一个空格作为数字与条形之间的间隔，以此模拟图表数据标签。

REPT函数的第二参数必须使用整数，由于B2单元格为百分比，所以使用B2*200得到一个较大的整数。

步骤② 单击G2单元格，设置字体为Stencil，字号为11，字体颜色为红色，设置对齐方式为左对齐。

G2单元格输入公式，向下复制到G7单元格，如图31-103所示。

```
=REPT("|",C2*200)&"  "&TEXT(C2,"0%")
```

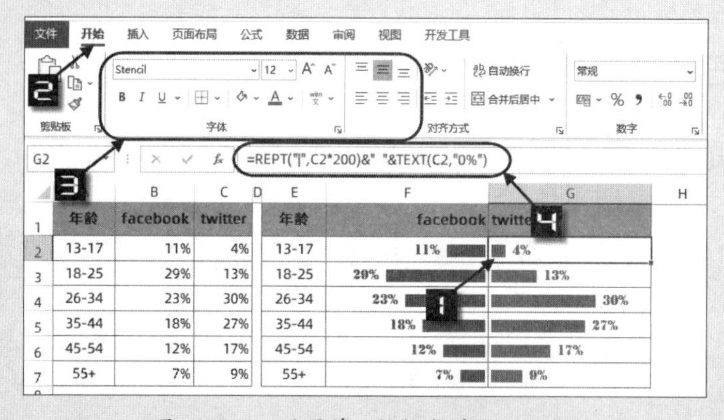

图 31-104　设置单元格格式并输入公式

公式原理与F2单元格公式原理相同，只是将TEXT函数的结果放到REPT函数的右侧，模拟出图表数据标签效果。

31.9　用HYPERLINK函数制作动态图表

示例31-16　鼠标触发的动态图表

利用函数结合VBA代码制作动态图表，当光标悬停在某一选项上时，图表能够自动展示对应的数据系列，如图 31-105 所示。

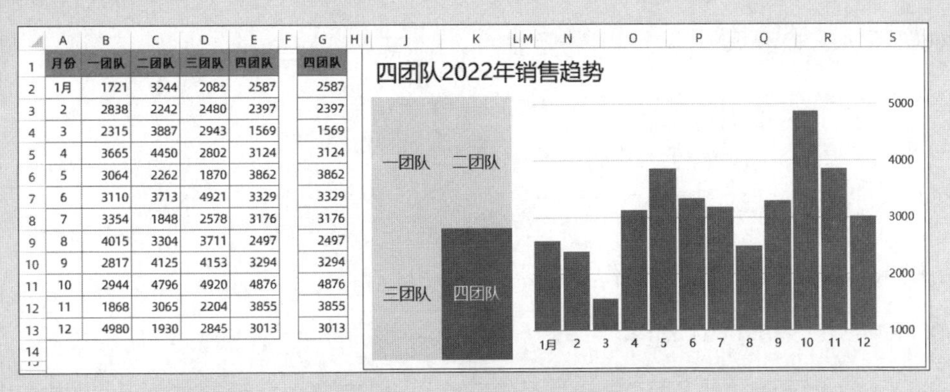

	A	B	C	D	E	F	G
1	月份	一团队	二团队	三团队	四团队		四团队
2	1月	1721	3244	2082	2587		2587
3	2	2838	2242	2480	2397		2397
4	3	2315	3887	2943	1569		1569
5	4	3665	4450	2802	3124		3124
6	5	3064	2262	1870	3862		3862
7	6	3110	3713	4921	3329		3329
8	7	3354	1848	2578	3176		3176
9	8	4015	3304	3711	2497		2497
10	9	2817	4125	4153	3294		3294
11	10	2944	4796	4920	4876		4876
12	11	1868	3065	2204	3855		3855
13	12	4980	1930	2845	3013		3013

图 31-105　鼠标触发动态图表

操作步骤如下。

步骤① 按<Alt+F11>组合键打开VBE窗口，在VBE窗口中依次单击【插入】→【模块】，然后在模块代码窗口中输入以下代码，关闭VBE窗口，如图 31-106 所示。

```
Function techart(rng As Range)
    Sheet1.[g1] = rng.Value
End Function
```

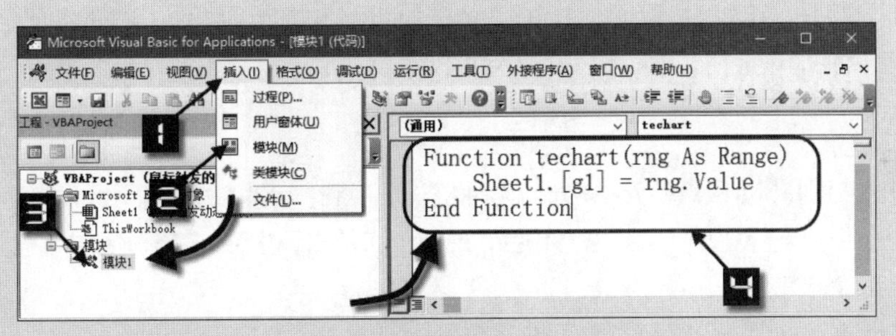

图 31-106　插入模块并输入代码

代码中的Sheet1.[g1]为当前工作表的G1单元格，用G1单元格获取触发后的分类，可根据实际表格情况设置单元格地址。

步骤② 在G1单元格中任意输入一个分类名称，如二团队，在G2单元格中输入以下公式，按<Enter>键完成，如图 31-107 所示。

```
=FILTER(B2:E13,B1:E1=G1)
```

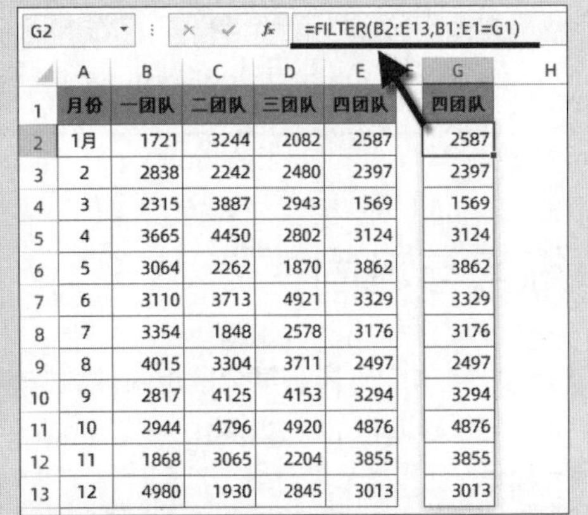

	A	B	C	D	E	F	G
1	月份	一团队	二团队	三团队	四团队		四团队
2	1月	1721	3244	2082	2587		2587
3	2	2838	2242	2480	2397		2397
4	3	2315	3887	2943	1569		1569
5	4	3665	4450	2802	3124		3124
6	5	3064	2262	1870	3862		3862
7	6	3110	3713	4921	3329		3329
8	7	3354	1848	2578	3176		3176
9	8	4015	3304	3711	2497		2497
10	9	2817	4125	4153	3294		3294
11	10	2944	4796	4920	4876		4876
12	11	1868	3065	2204	3855		3855
13	12	4980	1930	2845	3013		3013

图 31-107　构建辅助列

步骤③ 选中G1:G13单元格区域，依次单击【插入】→【插入柱形图或条形图】→【二维柱形图】→【簇状柱形图】，生成一个簇状柱形图。

单击图表柱形系列，在编辑栏更改SERIES函数的第二参数为A2:A13单元格区域，适当美化图表。

步骤④ 选中J3:J8单元格，设置【合并后居中】，输入以下公式。

```
=IFERROR(HYPERLINK(techart(B1)),B1)
```

选中K3:K8 单元格，设置【合并后居中】，输入以下公式。

```
=IFERROR(HYPERLINK(techart(C1)),C1)
```

选中J9:J14 单元格，设置【合并后居中】，输入以下公式。

```
=IFERROR(HYPERLINK(techart(D1)),D1)
```

选中K9:K14 单元格，设置【合并后居中】，输入以下公式。

```
=IFERROR(HYPERLINK(techart(E1)),E1)
```

公式中的techart函数，是之前在VBE代码中自定义的函数，将各产品的列标签单元格引用作为自定义函数的参数。

用HYPERLINK函数创建一个超链接，当光标移动到超链接所在单元格时，会出现屏幕提示，同时光标指针由【正常选择】切换为【链接选择】，当光标悬停在超链接文本上时，超链接会读取HYPERLINK函数的第一参数返回的路径作为屏幕提示的内容。此时，就会触发执行第一参数中的自定义函数。

由于HYPERLINK的结果会返回错误值，因此使用IFERROR屏蔽错误值，将错误值显示为对应的产品名称。

步骤5 选择J3:K14 单元格区域，设置【填充颜色】为浅红色。然后依次单击【开始】→【条件格式】→【新建规则】，打开【新建格式规则】对话框。单击【使用公式确定要设置格式的单元格】，然后在【为符合此公式的值设置格式】编辑框中输入以下公式。

```
=J3=$G$1
```

单击【格式】按钮打开【设置单元格格式】对话框。切换到【字体】选项卡下，设置字体颜色为白色。再切换到【填充】选项卡，设置填充颜色为红色，最后依次单击【确定】按钮关闭对话框。设置条件格式的作用是凸显当前触发的产品名称。

步骤6 在J2 单元格输入以下公式作为动态图表的标题。

```
=G1&"2022 年销售趋势"
```

由于文件中使用了VBA代码，所以要将工作簿保存为“Excel 启用宏的工作簿(*.xlsm)”格式。

练习与巩固

1. 制作突出显示某个指定条件数据点的图表时，通常会使用建立辅助列的方法，增加一个数据系列。假如数据存放在B2:B10 单元格区域，要制作动态突出显示最大值的柱形图时，辅助列的公式应该怎样写?

2. 在设置坐标轴的【边界】与【单位】时，手工输入数值 0 和保持默认的 0 有何区别?

3. NA 函数没有参数，用于返回错误值 #N/A。在折线图和散点图中，NA表示“无值可用”，不参与数据计算，只做(__________)使用。

4. 使用自定义名称作为图表数据源时，需要在自定义名称前添加(__________)和一个半角感叹号。

第五篇

函数与公式常见错误指南

本篇重点介绍了实际工作中使用函数与公式时遇到的一些常见问题及处理建议和方法，主要包括常见不规范表格导致的问题及公式常见错误的处理等内容。

第 32 章　常见不规范表格导致的问题及处理建议

在日常工作中，很多用户会沿用过去手工制表的旧习惯制作表格，导致原本简单的统计需要使用特别复杂的函数公式甚至VBA代码等方法才能完成。本章介绍几种常见的此类表格及其处理建议。

本章学习要点

(1)字段属性混乱的处理建议。
(2)使用非单元格对象的处理建议。
(3)使用合并单元格的处理建议。
(4)使用二维表的处理建议。
(5)拆分同结构数据表的处理建议。

32.1　统一字段属性

32.1.1　数值不与文本混用

如果在一些原本应该输入数值的单元格里混用了文本，会增加数据统计所使用公式的难度。

示例32-1　计算金额

图 32-1 是某人所购买物品的明细，现需要根据数量和单位计算出每种物品的金额。

	A	B	C	D	E	F	G	H	I	J
1	原表					修改表				
2	品名	数量	单价	金额		品名	数量	单位	单价	金额
3	面条	1袋	4.5	4.5	⇨	面条	1	袋	4.5	4.5
4	米粉	1盒	4.9	4.9		米粉	1	盒	4.9	4.9
5	拉面	2人份	7.4	14.8		拉面	2	人份	7.4	14.8
6	散称汤圆	0.454kg	26	11.804		散称汤圆	0.454	kg	26	11.8
7	大肉包	4只	6	24		大肉包	4	只	6	24
8	花卷	2袋	16.9	33.8		花卷	2	袋	16.9	33.8
9	烧卖	3盒	12.9	38.7		烧卖	3	盒	12.9	38.7
10	散称水饺	0.32公斤	27	8.64		散称水饺	0.32	公斤	27	8.64

图 32-1　购物明细

由于B列单元格中同时包含数量和计量单位，计算金额时需要使用较为复杂的公式。如果将数量和单位分别列出，如G列与H列所示，金额计算就变成了一个简单的乘法运算。

```
=G3*I3
```

示例32-2　使用0屏蔽错误值

图 32-2 是物品订购明细表及报价表的部分数据，其中D列的单价部分使用以下公式在右侧报价表中获取。

```
=XLOOKUP(A3,M:M,N:N,"")
```

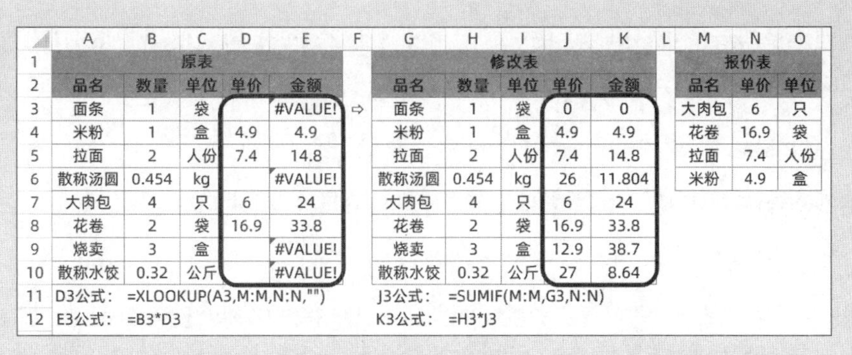

	A	B	C	D	E	F	G	H	I	J	K	L	M	N	O
1	原表						修改表						报价表		
2	品名	数量	单位	单价	金额		品名	数量	单位	单价	金额		品名	单价	单位
3	面条	1	袋		#VALUE!	⇨	面条	1	袋	0	0		大肉包	6	只
4	米粉	1	盒	4.9	4.9		米粉	1	盒	4.9	4.9		花卷	16.9	袋
5	拉面	2	人份	7.4	14.8		拉面	2	人份	7.4	14.8		拉面	7.4	人份
6	散称汤圆	0.454	kg		#VALUE!		散称汤圆	0.454	kg	26	11.804		米粉	4.9	盒
7	大肉包	4	只	6	24		大肉包	4	只	6	24				
8	花卷	2	袋	16.9	33.8		花卷	2	袋	16.9	33.8				
9	烧卖	3	盒		#VALUE!		烧卖	3	盒	12.9	38.7				
10	散称水饺	0.32	公斤		#VALUE!		散称水饺	0.32	公斤	27	8.64				
11	D3公式： =XLOOKUP(A3,M:M,N:N,"")						J3公式： =SUMIF(M:M,G3,N:N)								
12	E3公式： =B3*D3						K3公式： =H3*J3								

图 32-2　订购明细表

公式中XLOOKUP函数的第四参数使用了空文本屏蔽错误值，导致E列在使用乘法计算金额时结果出错。可将该参数改成0，或者使用SUMIF函数代替XLOOKUP函数。

```
=SUMIF(M:M,G3,N:N)
```

如果不希望在工作表中显示0值，可以依次单击【文件】→【选项】，在打开的【Excel选项】对话框中选择【高级】，再从【此工作表的显示选项】区域中取消选中【在具有零值的单元格中显示零】复选框，最后单击【确定】按钮即可，如图32-3所示。

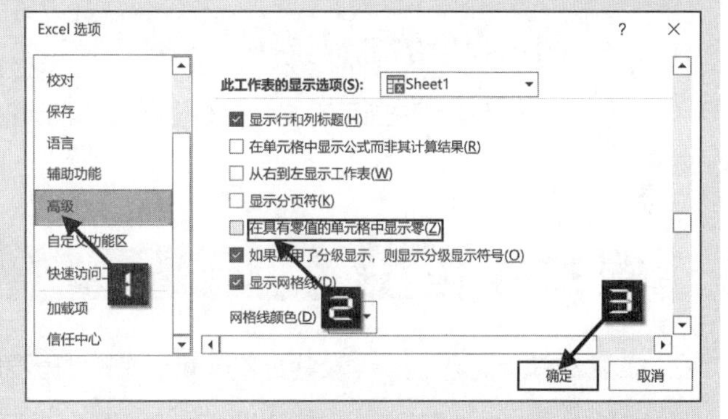

图 32-3　【Excel 选项】对话框

32.1.2　使用“真日期”和“真时间”

日期时间类函数的参数如果使用“伪日期”和“伪时间”，会导致公式不能进行正常运算，从而增加公式难度。

示例32-3　计算加班费

图32-4是某公司出勤数据的部分内容，需要根据“时工资”和“加班时数”计算加班费。其中平日加班费标准为时工资的1.5倍，周末加班费标准为时工资的2倍。

	A	B	C	D	E	F	G	H	I	J	K
1	原表						修改表				
2	日期	姓名	加班时数	时工资	加班费		日期	姓名	加班时数	时工资	加班费
3	2023.3.6	戴靖	0.5	100	75	⇨	2023-3-6	戴靖	0.5	100	75
4	2023.3.7	戴靖	0.5	100	75		2023-3-7	戴靖	0.5	100	75
5	2023.3.8	戴靖	0.5	100	75		2023-3-8	戴靖	0.5	100	75
6	2023.3.9	戴靖	0.5	100	75		2023-3-9	戴靖	0.5	100	75
7	2023.3.10	戴靖	0.5	100	75		2023-3-10	戴靖	0.5	100	75
8	2023.3.11	戴靖	0.5	100	100		2023-3-11	戴靖	0.5	100	100
9	2023.3.12	戴靖	0.5	100	100		2023-3-12	戴靖	0.5	100	100
10	2023.3.13	戴靖	0.5	100	75		2023-3-13	戴靖	0.5	100	75
11	2023.3.14	戴靖	0.5	100	75		2023-3-14	戴靖	0.5	100	75
12	2023.3.15	戴靖	0.5	100	75		2023-3-15	戴靖	0.5	100	75
13	E3公式： =IF(MOD(SUBSTITUTE(A3,".","-"),7)<2,2,1.5)*D3*C3										
14	K3公式： =IF(MOD(G3,7)<2,2,1.5)*I3*J3										

图 32-4　计算加班费

由于A列使用了Excel不能识别的“伪日期”，在计算加班费时，需要使用SUBSTITUTE函数将其转换后再用MOD函数提取星期，E3单元格公式如下。

```
=IF(MOD(SUBSTITUTE(A3,".","-"),7)<2,2,1.5)*D3*C3
```

如果将A列内容修正为G列的“真日期”，则K3单元格的公式如下。

```
=IF(MOD(G3,7)<2,2,1.5)*I3*J3
```

一般“伪日期”中的间隔符号都是统一的，如点(.)、反斜杠(\)等，使用SUBSTITUTE函数进行转换相对简单。如果是“伪时间”，例如将“7:08:09”写成“7小时8分钟9秒”，甚至是“7°8'9''”，就需要多次使用SUBSTITUTE函数，使公式的编写过程更加复杂。

32.1.3 同一项目的名称统一

如果同一项目的名称前后不统一，在进行汇总统计时也会增加公式难度，甚至有些无法使用公式完成统计。

示例32-4 统计参赛人数

如图32-5所示，两所学校的全称与简称在B列里混用，现需要统计各学校两个赛季的参赛总人数。

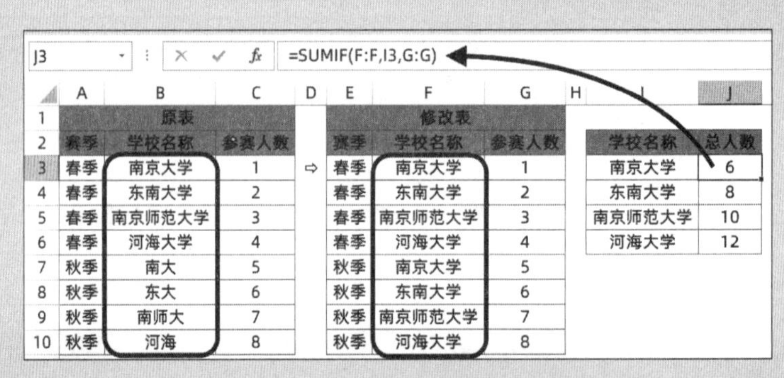

J3 =SUMIF(F:F,I3,G:G)

	A	B	C	D	E	F	G	H	I	J
1	原表				修改表					
2	赛季	学校名称	参赛人数		赛季	学校名称	参赛人数		学校名称	总人数
3	春季	南京大学	1	⇨	春季	南京大学	1		南京大学	6
4	春季	东南大学	2		春季	东南大学	2		东南大学	8
5	春季	南京师范大学	3		春季	南京师范大学	3		南京师范大学	10
6	春季	河海大学	4		春季	河海大学	4		河海大学	12
7	秋季	南大	5		秋季	南京大学	5			
8	秋季	东大	6		秋季	东南大学	6			
9	秋季	南师大	7		秋季	南京师范大学	7			
10	秋季	河海	8		秋季	河海大学	8			

图 32-5 统计参赛总人数

单位或机构的全称与简称属于两种不同的属性，应该统一使用其中的一项。如果学校名称均为全称或简称，在J3单元格直接使用以下公式即可。

```
=SUMIF(F:F,I3,G:G)
```

32.1.4 添加具有唯一标识的字段

表中缺少具有唯一属性的字段，在判定条件时也会增加公式难度。

示例32-5 统计每户人数

图32-6是户籍记录表的部分内容，其中A列的“与户主关系”字段中同时包含“户主”及“与户主关

系”，需要在C列统计每户人数。如果A列为户主，则计算该户人数，否则显示为空白。

在C3 单元格输入以下公式，向下复制到C12 单元格。

```
=IF(A3="户主",COUNTA(B3:B$12)-SUM(C4:C$13),"")
```

公式先使用IF函数进行判断，如果A列为“户主”，则执行后续的计算，否则返回空文本。

公式中的“COUNTA(B3:B$12)-SUM(C4:C$13)”部分使用了错位引用技巧，计数统计思路可参阅示例 32-7。

	A	B	C	D	E	F	G	H
1	原表				修改表			
2	与户主关系	姓名	人数		住址	与户主关系	姓名	人数
3	户主	李昕	5	⇨	*幢101	户主	李昕	5
4	妻子	周婕			*幢101	妻子	周婕	
5	长子	李春华			*幢101	长子	李春华	
6	长女	李春艳			*幢101	长女	李春艳	
7	次子	李春雷			*幢101	次子	李春雷	
8	户主	寸世凡	2		*幢102	户主	寸世凡	2
9	妻子	冯惠珍			*幢102	妻子	冯惠珍	
10	户主	曾桂芬	1		*幢103	户主	曾桂芬	1
11	户主	和彦中	2		*幢104	户主	和彦中	2
12	妻子	奚海			*幢104	妻子	奚海	
13	C3公式：	=IF(A3="户主",COUNTA(B3:B$12)-SUM(C4:C$13),"")						
14	H3公式：	=IF(F3="户主",COUNTIF(E:E,E3),"")						

图 32-6　统计每户人数

事实上，表中因为缺少了具有唯一性标识的“住址”或是“户号”字段，才使计算变得较为复杂。补齐“住址”字段后，在H3 单元格输入以下公式，向下复制到H12 单元格，就可以统计每户人数。

```
=IF(F3="户主",COUNTIF(E:E,E3),"")
```

32.2　使用单元格对象备注特殊数据

32.2.1　不使用手工标注颜色

工作表函数无法对颜色进行判断，如果用填充颜色或是字体颜色来标记某些数据的特殊含义，在统计汇总时只能使用宏表函数或是VBA代码进行处理。实际工作中，可以使用“备注”列来标记某些特殊数据的含义。

示例32-6　计算全勤奖

图 32-7 是某公司薪资表的部分数据，按规定，一月内满勤可以享受全勤奖，新入职员工根据实际入职天数计算。原表中用浅蓝色填充表示新入职，这就导致这一行的公式需要单独设置，实际操作时很容易出错。

如果在数据表右侧先添加一个“备注”列，可以在G3 单元格输入以下公式，向下复制到G10 单元格。

	A	B	C	D	E	F	G	H
1	原表				修改表			
2	姓名	出勤天数	全勤奖		姓名	出勤天数	全勤奖	备注
3	李俊	21	¥100.00	⇨	李俊	21	¥100.00	
4	赵雄燕	21	¥100.00		赵雄燕	21	¥100.00	
5	申杰	20	¥　-		申杰	20	¥　-	缺勤一天
6	何光	21	¥100.00		何光	21	¥100.00	
7	杨洪斌	21	¥100.00		杨洪斌	21	¥100.00	
8	曾玉琨	12	¥　42.86		曾玉琨	12	¥　42.86	新入职
9	陈世巧	21	¥100.00		陈世巧	21	¥100.00	
10	朵健	21	¥100.00		朵健	21	¥100.00	
11	C3公式：	=IF(F3<21,0,100)						
12	C8公式：	=(21-12)/21*100						
13	G3公式：	=IF(H3="新入职",(21-F3)/21*100,IF(F3<21,0,100))						

图 32-7　计算全勤奖

```
=IF(H3="新入职",(21-F3)/21*100,IF(F3<21,0,100))
```

32.2.2 不使用批注、文本框、表单控件等标记数据

工作表函数无法提取批注或文本框中的数据，如果用批注、文本框或是表单控件等标记某些数据的特殊含义，统计汇总时也只能依靠VBA代码进行处理。实际工作中可将批注或文本框中的内容移至“备注”列内，然后以备注列中的文字内容作为统计或判断的条件。

32.3 减少使用合并单元格

合并单元格只保留合并区域内左上角单元格中的数据，其余单元格内均为空白。很多操作因为使用了合并单元格而受到限制，甚至有些功能因为有合并单元格而无法使用，例如自动适用最合适行高/列宽、自动求和、填充、排序、筛选、删除重复项、合并计算、数据透视表等。而在使用函数公式时，合并单元格也会增加公式编写的难度。实际工作中可先将合并单元格拆分，填充完整后再使用公式。

示例32-7 按品名进行统计

图 32-8 展示的是某些产品每天的销量数据，其中A列的品名名称使用了合并单元格，现需要对各产品销量进行求和等统计。

	A	B	C	D	E	F	G	H	I	J	K	L	M
1	原表							修改表					
2	品名	门店	销量	求和	计数	平均		品名	门店	销量	求和	计数	平均
3		江宁店	1				⇨	原味蛋卷	江宁店	1			
4	原味蛋卷	鼓楼店	2	6	3	2		原味蛋卷	鼓楼店	2	6	3	2
5		玄武店	3					原味蛋卷	玄武店	3			
6	抹茶蛋卷	江宁店	4	9	2	4.5		抹茶蛋卷	江宁店	4	9	2	4.5
7		玄武店	5					抹茶蛋卷	玄武店	5			
8		江宁店	6					巧克力蛋卷	江宁店	6			
9	巧克力蛋卷	鼓楼店	7	30	4	7.5		巧克力蛋卷	鼓楼店	7	30	4	7.5
10		栖霞店	8					巧克力蛋卷	栖霞店	8			
11		玄武店	9					巧克力蛋卷	玄武店	9			
12	芝士蛋卷	玄武店	10	10	1	10		芝士蛋卷	玄武店	10	10	1	10
13								K3公式：	=SUMIF(H:H,H3,J:J)				
14	D3公式：	=SUM(C3:C$12)-SUM(D4:D$13)						L3公式：	=COUNTIF(H:H,H3)				
15	E3公式：	=COUNTA(B3:B$12)-SUM(E4:E$13)						M3公式：	=AVERAGEIF(H:H,H3,J:J)				
16	F3公式：	=AVERAGE(IF(LOOKUP(ROW($1:$10),ROW($1:$10)/(A$3:A$12>0),A$3:A$12)=A3,C$3:C$12))											

图 32-8 统计求和、计数及平均值

➲ Ⅰ 在与A列结构相同的D列对各产品销量进行求和

同时选中D3:D12单元格区域，在编辑栏中输入以下公式，按<Ctrl+Enter>组合键。

```
=SUM(C3:C$12)-SUM(D4:D$13)
```

<Ctrl+Enter>组合键的作用是多单元格同时输入。使用多单元格操作时，应按照从左到右、从上到下的顺序选中单元格区域，然后输入公式，否则会无法实现需要的结果。

先使用前半部分的SUM函数，从公式所在行的C列开始，到C列数据区域最后一行这个范围内求和。

而后半部分的SUM函数，则是从公式所在行的下一个单元格开始向下的范围求和。这个范围要比实际数据多一个单元格，目的是防止最后一个数只有一个单元格时，产生引用其自身的循环错误。

此公式的核心思路是后面的公式结果会被前面的公式再次利用，将从当前行开始的C列求和结果减

去D列下方的其他求和结果，剩余部分就是与当前合并单元格相同行数的求和结果。

如果从下往上查看每个单元格中的公式变化，能够更便于公式的理解。

➲ II　在与A列结构相同的E列对各门店计数

同时选中E3:E12单元格区域，在编辑栏中输入以下公式，按<Ctrl+Enter>组合键。

```
=COUNTA(B3:B$12)-SUM(E4:E$13)
```

计数统计的思路与求和类似，仍是使用了错位引用的技巧。其中的“COUNTA(B3:B$12)”部分统计B列自公式所在行开始到B列数据区域最后一行这一范围内不为空的单元格的个数。再使用“SUM(E4:E$13)”计算出自公式所在单元格以下区域的所有数据总和，二者相减，计算出相应的计数结果。

➲ III　在与A列结构相同的F列统计各商品的平均销量

首先借助LOOKUP函数来建构一个拆分合并单元格并填充的内存数组。

同时选中F3:F12单元格区域，在编辑栏中输入以下公式，按<Ctrl+Enter>组合键。

```
=AVERAGE(IF(LOOKUP(ROW($1:$10),ROW($1:$10)/(A$3:A$12>0),A$3:A$12)=A3,
C$3:C$12))
```

公式中的“LOOKUP(ROW($1:$10),ROW($1:$10)/(A$3:A$12>0),A$3:A$12)”部分，请参阅示例32-8。

接下来利用IF函数判断LOOKUP的结果是否等于A3，如果相等则返回C列对应的销量，否则返回默认值FALSE。最后再用AVERAGE函数进行平均计算。

如果取消合并单元格并填充完整，再进行统计，求和、计数和平均的公式依次如下。

```
=SUMIF(H:H,H3,J:J)
=COUNTIF(H:H,H3)
=AVERAGEIF(H:H,H3,J:J)
```

以上三个公式在输入时，同时选中需要返回运算结果的单元格区域，在编辑栏中输入公式按<Ctrl+Enter>组合键。

示例32-8　填充合并单元格

图32-9是带合并单元格的数据，现需要对A列的合并单元格进行拆分，并将取消合并后的空白单元格填充完整。

➲ I　普通公式

在B2单元格输入以下公式，向下复制到B11单元格。

```
=IF(A2="",B1,A2)
```

公式使用IF函数判断，当A2等于空时返回公式所在单元格上一个单元格中的内容，否则返回A2单元格中的内容。

	A	B	C	D
1	品名	填充合并单元格		
2		原味蛋卷	原味蛋卷	原味蛋卷
3	原味蛋卷	原味蛋卷	原味蛋卷	原味蛋卷
4		原味蛋卷	原味蛋卷	原味蛋卷
5	抹茶蛋卷	抹茶蛋卷	抹茶蛋卷	抹茶蛋卷
6		抹茶蛋卷	抹茶蛋卷	抹茶蛋卷
7		巧克力蛋卷	巧克力蛋卷	巧克力蛋卷
8	巧克力蛋卷	巧克力蛋卷	巧克力蛋卷	巧克力蛋卷
9		巧克力蛋卷	巧克力蛋卷	巧克力蛋卷
10		巧克力蛋卷	巧克力蛋卷	巧克力蛋卷
11	芝士蛋卷	芝士蛋卷	芝士蛋卷	芝士蛋卷
12	B2公式：	=IF(A2="",B1,A2)		
13	C2公式：	=LOOKUP(ROW(1:10),ROW(1:10)/(A2:A11>0),A2:A11)		

图32-9　填充合并单元格

➲ II 内存数组公式

在C2 单元格输入以下公式，结果自动溢出到相邻单元格区域。

```
=LOOKUP(ROW(1:10),ROW(1:10)/(A2:A11>0),A2:A11)
```

公式先使用行号"ROW(1:10)"除以"(A2:A11>0)"，如果A2:A11 单元格区域内不等于空，则返回对应的行号，否则返回错误值#DIV/0!，得到一个内存数组结果：

```
{1;#DIV/0!;#DIV/0!;4;#DIV/0!;6;#DIV/0!;#DIV/0!;#DIV/0!;10}
```

再利用LOOKUP函数忽略错误值的特性，以"ROW(1:10)"为查询值，在内存数组中查询各个行号。当找不到具体的行号时，会以小于行号的最大值进行匹配，返回以下结果。

```
{1;1;1;4;4;6;6;6;6;10}
```

最后，匹配第三参数A2:A11 单元格区域中对应的内容，最终得到一个填充完整的内存数组。

32.4 使用一维表存放数据

"一维表"和"二维表"并不是标准的数据库术语，Excel中所指的二维表类似于数据库中的交叉表，由行、列两个方向的标题交叉定义数据的属性，同一种属性的内容存放于多列之中。Excel的一维表则是每一行都是完整的记录，每一列用来存放一个字段，相同属性的内容只放在一列中。

一维表和二维表根据表格的标题行就能判断，从外观上很容易区分。如图 32-10 所示，右侧是一维表，5 列分别存储 5 个类别的数据，列标题体现了对应的类别名称："姓名""日期""出勤类别""时数"和"备注"；左侧则为二维表形式，除了"姓名"列以外，后面 6 列代表的是同一个类别，即"时数"，而"时数"却没有在标题中体现出来。

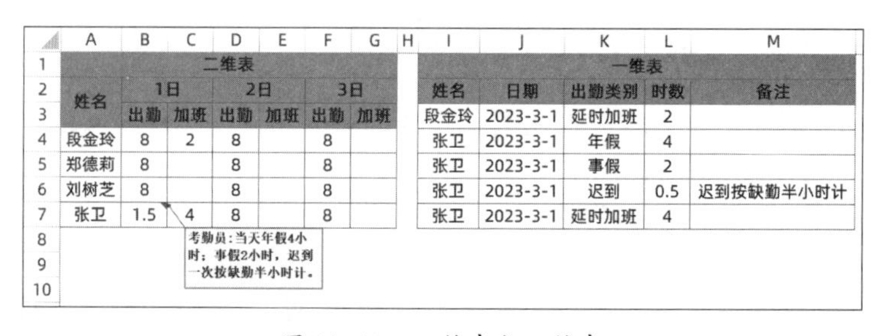

图 32-10 二维表与一维表

二维表的字段往往会有重复，还可能会出现多行表头、斜线表头、合并单元格等，不仅会给后续的数据统计处理带来麻烦，而且因其本身结构的限制，还会导致数据记录不完整，使统计汇总更加复杂化。

解决方法是将二维表改成一维表样式，以流水账的形式记录数据。

32.5 保持数据表的完整

32.5.1 保持同一工作表内的数据完整

如果标题行下的数据不具有连续性，在中间插入了若干标题行、小计行或空行，会破坏数据表的完整性，影响后续的汇总计算，如图 32-11 所示。

原表	
鼓楼店销量表	
品名	销量
原味蛋卷	1
巧克力蛋卷	2
巧克力蛋卷	3
小计	6
江宁店销量表	
品名	销量
原味蛋卷	4
抹茶蛋卷	5
巧克力蛋卷	6
小计	15
玄武店销量表	
品名	销量
原味蛋卷	7
抹茶蛋卷	8
巧克力蛋卷	9
芝士蛋卷	10
小计	34

⇨

修改表		
门店	品名	销量
鼓楼店	原味蛋卷	1
鼓楼店	巧克力蛋卷	2
鼓楼店	巧克力蛋卷	3
江宁店	原味蛋卷	4
江宁店	抹茶蛋卷	5
江宁店	巧克力蛋卷	6
玄武店	原味蛋卷	7
玄武店	抹茶蛋卷	8
玄武店	巧克力蛋卷	9
玄武店	芝士蛋卷	10

图 32-11　不连续的表与连续的表

在实际工作中，应删除工作表内多余的标题行、小计行和空行。如需分类显示，可使用分类汇总功能。

示例32-9　表内小计在下方的数据表汇总

如图 32-12 所示的销量表中，每个门店下方都手工插入了小计行，需要分别完成求和、计数、平均值、最大及最小值的计算。

Ⅰ　小计与总计的求和

操作步骤如下。

步骤① 选中 C2:C14 单元格区域，按<F5>功能键调出【定位】对话框。单击【定位条件】按钮，在弹出的【定位条件】对话框中单击选中【空值】选项按钮，最后单击【确定】按钮关闭对话框，如图 32-13 所示。

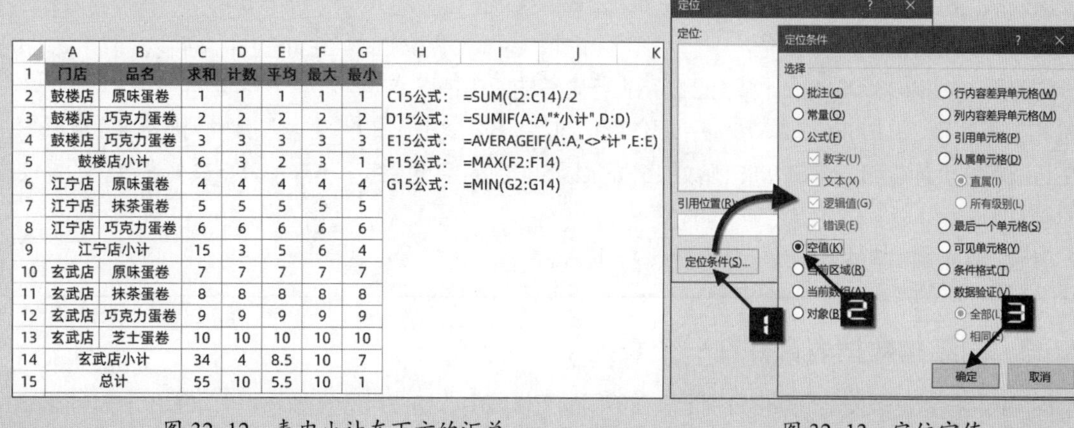

	A	B	C	D	E	F	G
1	门店	品名	求和	计数	平均	最大	最小
2	鼓楼店	原味蛋卷	1	1	1	1	1
3	鼓楼店	巧克力蛋卷	2	2	2	2	2
4	鼓楼店	巧克力蛋卷	3	3	3	3	3
5	鼓楼店小计		6	3	2	3	1
6	江宁店	原味蛋卷	4	4	4	4	4
7	江宁店	抹茶蛋卷	5	5	5	5	5
8	江宁店	巧克力蛋卷	6	6	6	6	6
9	江宁店小计		15	3	5	6	4
10	玄武店	原味蛋卷	7	7	7	7	7
11	玄武店	抹茶蛋卷	8	8	8	8	8
12	玄武店	巧克力蛋卷	9	9	9	9	9
13	玄武店	芝士蛋卷	10	10	10	10	10
14	玄武店小计		34	4	8.5	10	7
15	总计		55	10	5.5	10	1

C15公式：=SUM(C2:C14)/2
D15公式：=SUMIF(A:A,"*小计",D:D)
E15公式：=AVERAGEIF(A:A,"<>*计",E:E)
F15公式：=MAX(F2:F14)
G15公式：=MIN(G2:G14)

图 32-12　表内小计在下方的汇总　　　　图 32-13　定位空值

步骤② 此时 C2:C14 单元格区域的空白单元格被全部选中，按<Alt+=>快捷键完成小计求和。

步骤③ 在 C15 单元格输入以下公式计算总计。

```
=SUM(C2:C14)/2
```

➲ Ⅱ 小计与总计的其他统计

操作步骤如下。

步骤① 选取待统计的列，定位空值后按<Alt+=>组合键完成小计求和。

步骤② 选取待替换的列，按<Ctrl+H>快捷键调出【替换】对话框，查找内容为“SUM”，替换为相应的函数名，如计数替换为“COUNT”、计算平均值替换为“AVERAGE”、计算最大最小值替换为“MAX”和“MIN”。

步骤③ 总计行的各个单元格可使用以下公式：

```
计数：=SUMIF(A:A,"*小计",D:D)
平均：=AVERAGEIF(A:A,"<>*计",E:E)
最大：=MAX(F2:F14)
最小：=MIN(G2:G14)
```

示例32-10 表内小计在上方的数据表汇总

如图 32-14 所示的销量表中，每个名称上方都手工插入了小计行，需要使用公式计算小计结果。

步骤① 定位C2:C15 单元格区域内的空单元格。

步骤② 在编辑栏中输入以下公式，按<Ctrl+Enter>组合键结束。

```
=SUM(C3:C$15)-SUMIF(A3:A$15,"*小计",C3)*2
```

步骤③ 在C16 单元格输入以下公式进行总计计算。

```
=SUM(C2:C15)/2
```

	A	B	C
1	门店	品名	求和
2	鼓楼店小计		6
3	鼓楼店	原味蛋卷	1
4	鼓楼店	巧克力蛋卷	2
5	鼓楼店	巧克力蛋卷	3
6	江宁店小计		15
7	江宁店	原味蛋卷	4
8	江宁店	抹茶蛋卷	5
9	江宁店	巧克力蛋卷	6
10	玄武店小计		24
11	玄武店	原味蛋卷	7
12	玄武店	抹茶蛋卷	8
13	玄武店	巧克力蛋卷	9
14	栖霞店小计		10
15	栖霞店	芝士蛋卷	10
16	总计		55
17	C2公式：		
18	=SUM(C3:C$15)-SUMIF(A3:A$15,"*小计",C3)*2		
19	C16公式： =SUM(C2:C15)/2		

图 32-14 表内小计在上方的汇总

该公式仍然利用错位引用的技巧，后面的公式结果被前面的公式再次引用。

先使用“SUM(C3:C$15)”计算出公式所在行之下的所有销量总和，再使用“SUMIF(A3:A$15,"*小计",C3)”汇总出公式所在行以下的小计总和。将SUMIF函数的结果乘以 2，目的是减去每个小计部分及该小计包含的各项明细记录。

最后二者相减得到求和结果。

32.5.2 同结构数据表合并在一个表内

相同结构的数据表按某个条件分别记录在不同的工作表中，如按月份分别记录等，在进行统计汇总时，会增加公式难度。

实际工作中的同一类数据尽可能不要拆分成若干个表，例如按日期分类的数据可以以年为单位，将一年的数据记录在一个工作表内。

数据总量超过Excel最大行数的，可以使用其他数据库工具（如Access、SQL Server等）储存数据，再通过Excel中的Power Query、Power Pivot等功能，对数据进行统计汇总。

示例32-11　合并多个工作表/工作簿

如图 32-15 所示，不同门店的销售数据被分别记录在三个工作表内，现要对这三个表进行合并。

鼓楼店：

日期	品名	销量
2023-3-1	原味蛋卷	1
2023-3-2	原味蛋卷	2
2023-2-28	芝士蛋卷	3

江宁店：

日期	品名	销量
2023-2-28	巧克力蛋卷	4
2023-3-1	巧克力蛋卷	5
2023-3-2	巧克力蛋卷	6
2023-2-28	原味蛋卷	7
2023-3-1	原味蛋卷	8
2023-3-2	原味蛋卷	9

玄武店：

日期	品名	销量
2023-2-28	抹茶蛋卷	10
2023-3-1	抹茶蛋卷	11
2023-3-2	巧克力蛋卷	12
2023-2-28	原味蛋卷	13
2023-3-1	原味蛋卷	14
2023-3-2	原味蛋卷	15

图 32-15　1 簿若干表

由ExcelHome技术论坛开发的免费Excel插件“易用宝”，内置了工作表合并汇总有关的模块，使用该插件，用户可以快速实现合并工作表等使用函数公式较难完成的操作，如图 32-16 所示。

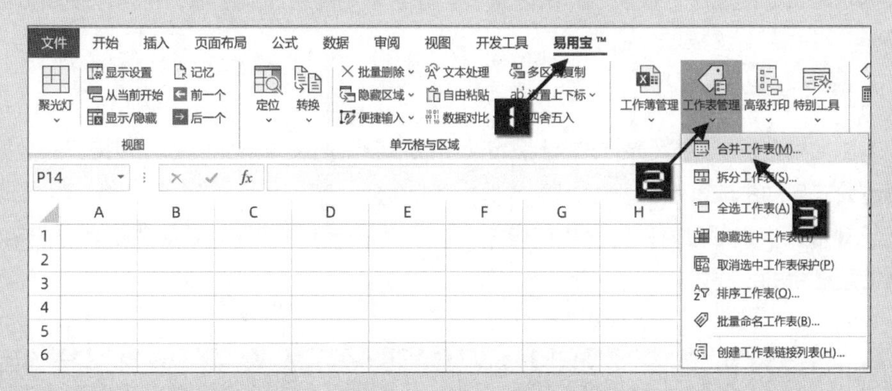

图 32-16　“易用宝”中关于工作表管理的内容

最新版的“易用宝 2021”可用于 32 位及 64 位的Excel 2007~2021 版本，以及office 365 和WPS表格，下载地址为https://yyb.excelhome.net/download/。安装成功后，在Excel功能区中会显示“易用宝™”的选项卡，用户可以像使用Excel内置命令一样方便地调用各个功能模块，从而让烦琐的操作变得简单可行，甚至能够一键完成，使数据处理的过程更加简单。

免费插件“易用宝”还内置了工作簿合并汇总有关的模块，使用该插件，用户可以快速实现合并、拆分工作簿等使用函数公式无法完成的操作，如图 32-17 所示。

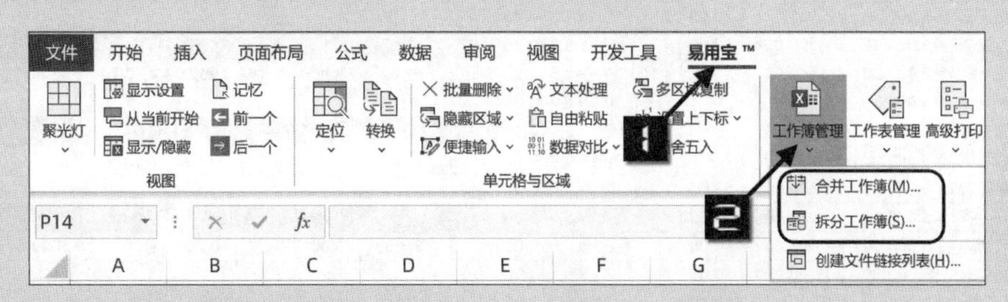

图 32-17　“易用宝”中关于工作簿管理的内容

32.6 正确区分数据源表、统计报表及表单

所谓数据源表，就是所有统计报表和表单的数据源。

统计报表是按照某种条件进行统计汇总的数据表，如按月统计的销量表、按各产品统计的产量表等。

表单是显示某字段中单一项目中部分或所有属性的表格，如员工履历表、产品装箱单、快递单、工资条等。

这三类表的制作过程是：先制作数据源表，做好数据源表的日常备份，根据实际需要搭建统计报表和表单的框架，最后使用公式自动提取数据源表中的数据，填入统计报表和表单中。

在制作过程中，统计报表和表单需要兼顾美观和数据的自动查询汇总，而对数据源表的制作则最好遵守本章中的建议内容。

32.6.1 数据源表与统计报表

制作数据源表时必须严格区分数据源表和统计报表。例如使用分类汇总功能实现统计，但是分类汇总表是一个统计报表，所以不建议直接在数据源表上做分类汇总，更不建议直接在数据源表上手工添加小计行。

通过数据源表自动生成统计报表的方法非常多，除了常用的统计类函数，也可以使用数据透视表进行汇总统计。

32.6.2 数据源表与表单

数据源表制作的目的就是方便制作统计报表，所以不建议把表单当成数据源表来记录数据，而是由数据源表通过公式自动生成表单。

相比于统计报表，大部分表单的表格结构复杂，所以第一次制作时，需要先搭建好表格基础结构，再根据数据使用适合的公式。

示例32-12 制作工资条

通常情况下，工资表属于数据源表，而工资条则属于表单形式。现需要根据工资表制作工资条，要求每条记录上方带有标题行，记录下方带有一个空行，如图 32-18 所示。

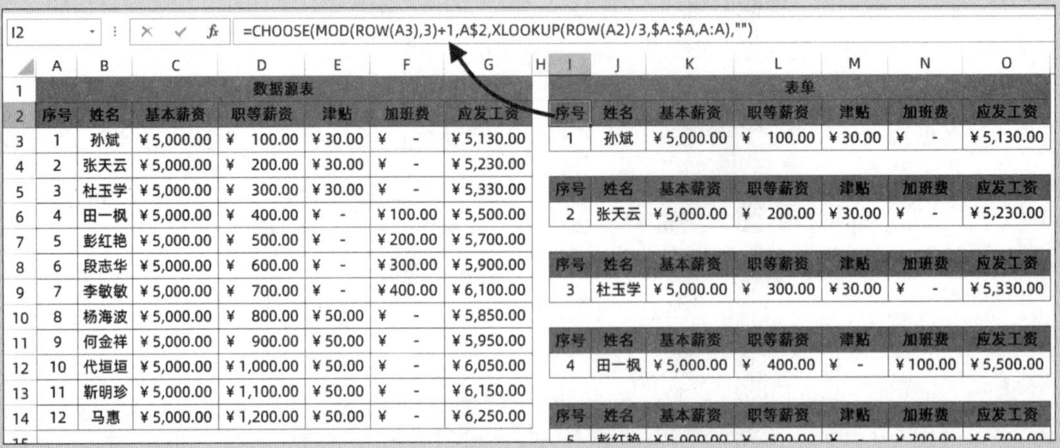

I2 =CHOOSE(MOD(ROW(A3),3)+1,A$2,XLOOKUP(ROW(A2)/3,$A:$A,A:A),"")

数据源表

序号	姓名	基本薪资	职等薪资	津贴	加班费	应发工资
1	孙斌	¥5,000.00	¥ 100.00	¥30.00	¥ -	¥5,130.00
2	张天云	¥5,000.00	¥ 200.00	¥30.00	¥ -	¥5,230.00
3	杜玉学	¥5,000.00	¥ 300.00	¥30.00	¥ -	¥5,330.00
4	田一枫	¥5,000.00	¥ 400.00	¥ -	¥100.00	¥5,500.00
5	彭红艳	¥5,000.00	¥ 500.00	¥ -	¥200.00	¥5,700.00
6	段志华	¥5,000.00	¥ 600.00	¥ -	¥300.00	¥5,900.00
7	李敏敏	¥5,000.00	¥ 700.00	¥ -	¥400.00	¥6,100.00
8	杨海波	¥5,000.00	¥ 800.00	¥50.00	¥ -	¥5,850.00
9	何金祥	¥5,000.00	¥ 900.00	¥50.00	¥ -	¥5,950.00
10	代垣垣	¥5,000.00	¥1,000.00	¥50.00	¥ -	¥6,050.00
11	靳明珍	¥5,000.00	¥1,100.00	¥50.00	¥ -	¥6,150.00
12	马惠	¥5,000.00	¥1,200.00	¥50.00	¥ -	¥6,250.00

表单

序号	姓名	基本薪资	职等薪资	津贴	加班费	应发工资
1	孙斌	¥5,000.00	¥ 100.00	¥30.00	¥ -	¥5,130.00
序号	姓名	基本薪资	职等薪资	津贴	加班费	应发工资
2	张天云	¥5,000.00	¥ 200.00	¥30.00	¥ -	¥5,230.00
序号	姓名	基本薪资	职等薪资	津贴	加班费	应发工资
3	杜玉学	¥5,000.00	¥ 300.00	¥30.00	¥ -	¥5,330.00
序号	姓名	基本薪资	职等薪资	津贴	加班费	应发工资
4	田一枫	¥5,000.00	¥ 400.00	¥ -	¥100.00	¥5,500.00
序号	姓名	基本薪资	职等薪资	津贴	加班费	应发工资
5	彭红艳	¥5,000.00	¥ 500.00	¥ -	¥200.00	¥5,700.00

图 32-18 工资表和工资条

操作步骤如下。

步骤① 在I2 单元格输入以下公式，向右向下复制到I2:O4 单元格区域。

```
=CHOOSE(MOD(ROW(A3),3)+1,A$2,XLOOKUP(ROW(A2)/3,$A:$A,A:A),"")
```

步骤② 选取A2:G3 单元格区域，利用格式刷将其格式复制到I2:O3 单元格区域。

步骤③ 选取I3:O4 单元格区域，向下复制公式，复制行数为工资表最大行数的 3 倍，本例为 36 行。

公式中的“MOD(ROW(A3),3)+1”部分，用于生成 1,2,3,1,2,3...这样的循环序列数，将此结果作为CHOOSE函数的第一参数，再由后面三个参数指定不同行返回的内容。

当CHOOSE函数的第一参数为 1 时，返回作为标题行的A$2 单元格的内容，这里使用了行绝对、列相对引用，公式向右复制时，可以返回不同列的标题内容，向下复制时始终返回第 2 行。

当CHOOSE函数的第一参数为 2 时，返回一个由XLOOKUP函数查找序号所对应的结果。

XLOOKUP函数的第一参数为“ROW(A2)/3”，向下复制到第 3、6、9、12……行时，会返回序列数 1、2、3、4……以此作为查找值，查找区域固定为$A:$A列，结果区域为A:A，随着向右复制，会返回对应的列。

当CHOOSE函数的第一参数为 3 时，返回一个空文本。

示例32-13 制作职位说明书

本示例除《职位说明书》以外，也适用其他如《产品说明书》《标准作业流程》等结构复杂、数量多，但每个表结构都相同的表单。

职位说明书是一种典型的表单样式，表格结构相对复杂，如图 32-19 所示。

这样的表单不建议直接作为数据源表，虽然职位说明书并不涉及统计汇总，但是需要修改时，尤其是公司组织架构发生变化后的批量修改工作量也十分庞大。

可以按照以下步骤进行操作。

步骤① 建一个列出职位说明书中所有项目的数据源表，如图 32-20 所示。

职位说明书					
编号	xxx-01	分析日期	2023-3-25	分析人	谢永明
职位名称	生产经理	一级部门	生产部	二级部门	
职等范围	经理	职位性质	关键岗位	工时制	不定时工时制
直属领导	2人		晋级方向	生产总监	
1 行政汇报	总经理				
2 职能汇报	生产总监				
直属下级	5人		晋级来源	车间主任	
1	一车间主任				
2	二车间主任				
以下省略					

图 32-19　职位说明书

编号	分析日期	分析人	职位名称	一级部门	二级部门	职等范围	职
xxx-01	2023-3-25	谢永明	生产经理	生产部		经理	关
xxx-02	2022-8-5	纪福生	销售经理	销售部		经理	关
xxx-03	2022-8-5	纪福生	分店店长	销售部	各分店	主管	关
xxx-04	2022-8-5	纪福生	分店销售员	销售部	各分店	文员	关
xxx-05	2023-2-16	施丽华	行政经理	行政部		经理	非关

图 32-20　职位说明书的数据源表

步骤② 搭建职位说明书的空表框架，如图 32-21 所示。

步骤③ 填写职位说明书中的固定内容，如“编号”“分析日期”等。

步骤④ 为每一个需要填写内容的空单元格设置公式，如E2 单元格设置以下公式。

```
=XLOOKUP($C$2,数据源表!$A:$A,数据源表!B:B)
```

将其他单元格中也输入相应的公式进行引用。

步骤⑤ 在C2单元格中填入“编号”，用以测试公式结果是否正确。

步骤⑥ 为C2单元格设置【数据验证】,【序列】来源设置为数据源表的“编号”列，本示例为数据源表的A2:A6单元格区域。

步骤⑦ 通过选取C2单元格中不同的编号，查看各职位说明书。未来如需要对职位说明书中的内容进行修改，可以直接在数据源表中进行。

	A	B	C	D	E	F	G
1	职位说明书						
2		编号		分析日期		分析人	
3		职位名称		一级部门		二级部门	
4		职等范围		职位性质		工时制	
5		直属领导			晋级方向		
6	1	行政汇报					
7	2	职能汇报					
8		直属下级			晋级来源		
9	1						
10	2						
11		以下省略					

图 32-21　搭建职位说明书的空表框架

练习与巩固

1. 使用工作表函数无法提取批注中的内容，建议使用(____________)代替批注。

2. 合并单元格实际只保留了合并区域(____________)单元格中的内容，不建议使用在数据源表中。

3. 表内小计求和在表下方的，可以定位空单元格以后，按下(____________)快捷键。

4. (____________)是所有统计报表和表单的数据源，不建议直接在其上做分类汇总，也不建议把表单当成这种表来记录数据。

第33章　公式常见错误指南

本章介绍Excel函数与公式在使用过程中的常见错误，让读者了解导致错误的原因及解决错误的方法。

本章学习要点

（1）了解Excel公式常见错误。

（2）解决常见错误的方法。

33.1　函数名称或参数输入错误

33.1.1　函数名称输入错误

如果公式中的函数名称输入错误，结果将返回错误值#NAME?。为了保证输入的准确性，可切换到英文输入状态下，输入等号和部分函数名称后，在屏幕提示中选择正确的函数名称。

33.1.2　参数输入错误

如果公式中使用了未定义的名称，或者使用了未添加半角双引号的文本作为参数，都将返回错误值#NAME?。例如以下公式中的“销售一部”，应在字符串外侧添加半角双引号“"销售一部"”。

```
=SUM((A3:A5=销售一部)*B3:B5)
```

正确公式写法为：

```
=SUM((A3:A5="销售一部")*B3:B5)
```

33.1.3　公式输入不完整

Excel会根据用户输入的公式进行分析，并对错误拼写进行提示和更正。例如输入公式“=SUM(A1:A5”后按<Enter>键，系统会自动补齐右括号。

输入以下公式时，将弹出如图33-1所示的提示对话框，按<Enter>键确认后，Excel会自动清除多余的右括号。

```
=MID(SUBSTITUTE("abc","a",""),2,1))
```

Excel给出的更正建议并非总是正确的。例如，在输入以下公式时，将弹出如图33-2所示的提示对话框，提示“该公式缺少左括号或右括号”。但实际该公式缺失的除了右括号，还包括INDEX函数的第二参数。

```
=INDEX(IF(A1>2,B2:B10,D2:D10)
```

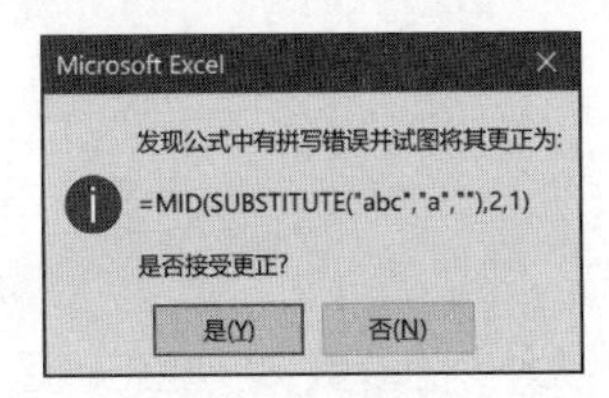

图33-1　拼写更正提示

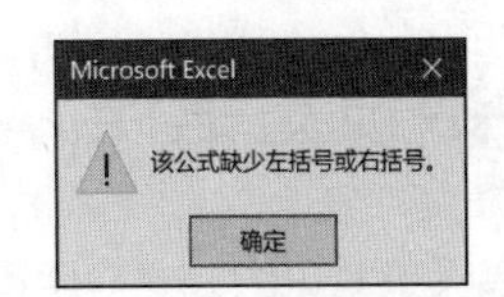

图33-2　缺少左括号或右括号提示

33.2 循环引用

默认情况下，公式无论是直接还是间接都不能对其自身值进行引用，否则会因为待处理的数据和公式运算结果发生重叠，产生循环引用错误。

例如，在 A2 单元格中输入以下公式，Excel 会弹出如图 33-3 所示的提示对话框，提示该公式存在循环引用。

```
=A2+B2
```

工作表中存在循环引用时，状态栏的左侧会显示产生循环引用的单元格地址，如图 33-4 所示。

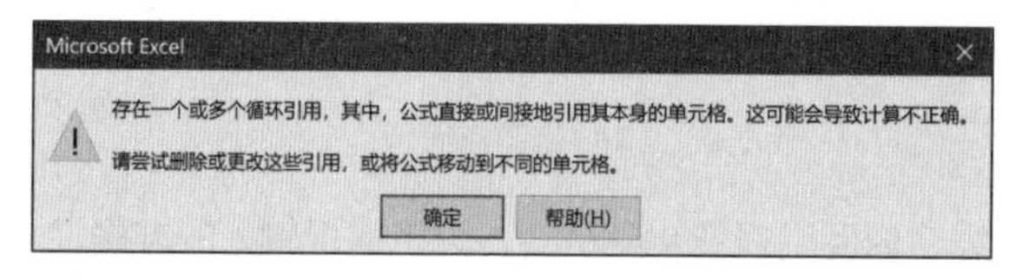

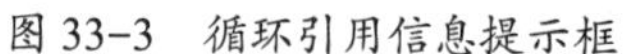
图 33-3 循环引用信息提示框

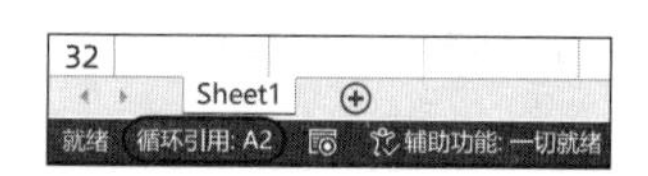

图 33-4 循环引用信息

此时需要检查编辑对应单元格中的公式，使其不再引用自身单元格的值。

如果工作表中存在多处循环引用，每处理完一处，状态栏左侧将继续显示下一个存在循环引用的单元格地址。

也可以依次单击【公式】→【错误检查】→【循环引用】按钮来定位循环引用的单元格地址。

33.3 显示公式本身

在设置了文本格式的单元格中输入公式时，公式会显示自身内容而非计算结果。将单元格数字格式设置为常规，再双击公式所在单元格，公式才能正常运算。

另外，如果【公式】选项卡下的【显示公式】按钮处于选中状态，工作表中的所有公式都将显示自身内容，如图 33-5 所示。

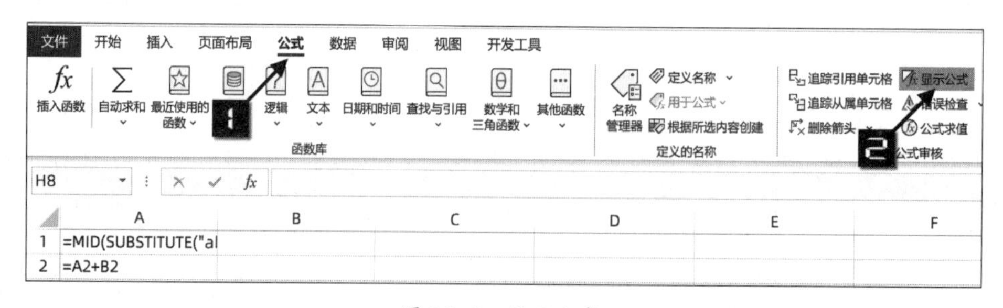

图 33-5 显示公式

33.4 参数设置错误

参数设置错误是常见的公式应用错误之一，包括输入了太多或太少的参数，没能正确区分省略参数与省略参数值的差异，参数类型不符合规范等。

33.4.1　正确选择默认参数

部分函数默认参数的属性和常用方式并不一致，如 VLOOKUP 函数的第四参数，其默认值是近似匹配，而不是常用的精确匹配。

如果省略了该参数及参数之前的逗号，表示近似匹配。如果省略了参数的值，仅使用逗号占位，作用等同于 0，匹配模式为精确匹配。

33.4.2　参数类型不符合规范

不同函数对参数的类型有不同的要求，如果参数类型设置不正确，公式将会无法正常输入。

例如，希望在图 33-6 所示的销售记录中计算 8 月份的销售总额，使用以下公式将无法正常输入。

```
=SUMIF(MONTH(A2:A11),8, D2:D11)
```

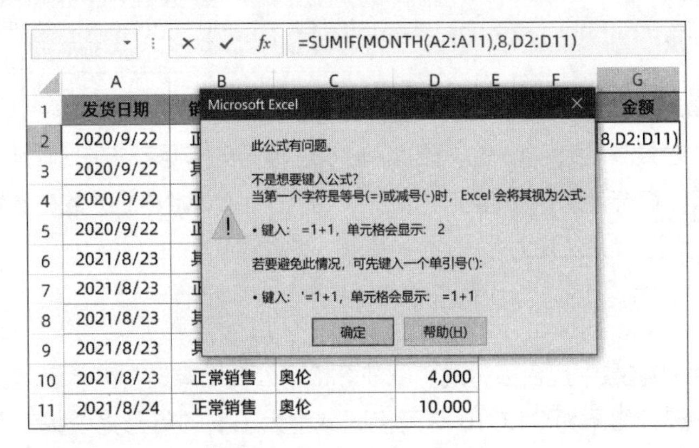

图 33-6　公式无法输入

SUMIF 函数的第一参数要求必须为引用，而公式中的“MONTH(A2:A11)”部分返回的是一个内存数组而不是单元格区域，因此无法输入该公式。

可使用以下公式计算 8 月份的销售金额。

```
=SUM((MONTH(A2:A11)=8)*D2:D11)
```

公式先使用 MONTH 函数计算出 A2:A11 单元格区域中各个日期的月份，然后用等式判断是否等于指定条件 8。最后将对比后的逻辑值与 D 列销售额依次相乘，再用 SUM 函数得到乘积之和。

33.4.3　输入了太少、太多的参数或参数超出范围

如果参数输入的太少或太多，Excel 将弹出对话框拒绝录入。如果参数超出了范围，公式将返回错误值。

例如，公式 =LARGE(A2:A10,20) 将返回错误值 #NUM!，这是因为 A2:A10 范围内仅有 9 个单元格，而公式计算的是 9 个单元格中的第 20 个最大值。

另外，部分函数的参数有范围区间限制，如果超出了规定的上下限，结果也会返回错误值。例如，使用以下公式将 A1 单元格中的数值转换为罗马数字，当 A1 数值超过 3999 时，结果会返回错误值 #VALUE!。

```
=ROMAN(A1)
```

33.5 函数自身限制

在实际应用中，应注意部分函数自身的限制对最终结果的影响。

33.5.1 长数字和特殊文本的影响

使用COUNTIF函数统计身份证号码、银行账号等长数字或处理部分特殊文本时，有可能返回错误的统计结果。

如图 33-7 所示，在E2单元格使用以下公式统计B列银行卡号出现的次数，公式返回了错误的结果 11。

```
=COUNTIF(C:C,C2)
```

E2　=COUNTIF(C:C,C2)

	A	B	C	D	E
1	姓名	工号	银行卡号	账户余额	卡号出现次数
2	晓东	1123	9100200200162001066666	1.00	11
3	祖萍	1124	9100200200162001066667	1.00	11
4	志群	1125	9100200200162001066668	1.00	11
5	文立	1126	9100200200162001066669	1.00	11
6	子然	1127	9100200200162001066610	1.00	11
7	大岭	1128	9100200200162001066611	1.00	11
8	罗云	1129	9100200200162001066612	1.00	11
9	王勇	1130	9100200200162001066613	1.00	11
10	董分	1131	9100200200162001066614	1.00	11

图 33-7　COUNTIF 函数返回错误的结果

COUNTIF函数默认将文本型数字作为数值处理，而Excel的最大数字精度为 15 位，因此前 15 位相同的卡号都被识别为相同。可以利用数值不允许使用通配符的特点，在统计条件中连接上通配符“*”，让COUNTIF函数在B列中统计以B2单元格内容开头的文本个数。修订后的公式为:

```
=COUNTIF(C:C,C2&"*")
```

如果COUNTIF函数的参数中包含表达式，要注意检查公式结果是否符合统计要求。

例如，以下公式的统计结果为C1:C10单元格区域中大于 5 的单元格个数，而不是字符串“>5”的个数。

```
=COUNTIF(C1:C10,">5")
```

如需统计字符串“>5”的个数，可以使用以下公式:

```
=SUM((C2:C10=">5")*1)
```

33.5.2 参数错位的影响

部分函数要求各个表示单元格引用的参数具有相同的起始位置，如果错位，也会影响最终的计算结果。如图 33-8 所示，G2单元格使用以下公式计算B列销售类型为“正常销售”的总金额，公式返回了错误的结果。

```
=SUMIF(B2:B11,F2,D3:D11)
```

G2　=SUMIF(B2:B11,F2,D3:D11)

	A	B	C	D	E	F	G
1	发货日期	销售类型	客户名称	金额		销售类型	金额
2	2020/9/22	正常销售	莱州卡莱	10,000		正常销售	113,860
3	2020/9/22	其它销售	聊城健步	5,000			
4	2020/9/22	正常销售	济南经典保罗	3,000			
5	2020/9/22	正常销售	东辰卡莱威盾	100,000			
6	2021/8/23	其它销售	聊城健步	-380			
7	2021/8/23	正常销售	莱州卡莱	8,800			
8	2021/8/23	其它销售	株洲圣百	-760			
9	2021/8/23	其它销售	聊城健步	150			
10	2021/8/23	正常销售	奥伦	4,000			
11	2021/8/24	正常销售	奥伦	10,000			

图 33-8　参数错位的影响

本例中，SUMIF函数的条件区域为B2:B11单元格区域，而求和区域为D3:D11。当求和区域与条件区域大小不同时，SUMIF函数会以求和区域的起始单元格为起点，自动扩展为与条件区域大小相同的区域。公式最终计算的是B列为“正常销售”时，其下一行的D列金额。

33.5.3　特殊字符的影响

如果参数中包含"*""~"和"?"等特殊字符，也有可能影响公式计算结果。如图 33-9 所示，使用以下公式计算指定规格的总数量，返回了错误的结果。

```
=SUMIF(C2:C11,F2,D2:D11)
```

本例中，SUMIF 函数将 F2 单元格中的星号"*"作为通配符处理，统计的是 C 列规格中以 200 开头、中间包含 40，并且以 1800 结尾的对应数量。

可利用等式不支持通配符的特性，使用以下公式完成计算。

```
=SUM((C2:C11=F2)*D2:D11)
```

G2　=SUMIF(C2:C11,F2,D2:D11)

	A	B	C	D	E	F	G
1	产品大类	客户	规格	数量		规格	数量
2	定制橱柜	地鑫20-3-301	2000*400*1800	1		200*40*1800	7
3	定制橱柜	地鑫20-3-301	1500*1500*2000	1			
4	定制橱柜	地鑫20-3-301	2000*400*1800	1			
5	定制橱柜	地鑫20-3-301	200*40*1800	1			
6	定制橱柜	地鑫20-3-301	1500*1500*2000	1			
7	定制橱柜	锦园16-20-102	200*40*1800	1			
8	定制橱柜	锦园16-20-102	2000*400*1800	1			
9	定制橱柜	锦园16-20-102	2000*400*1800	1			
10	定制橱柜	锦园16-20-102	1500*1500*2000	1			
11	定制橱柜	锦园16-20-102	2000*400*1800	1			

图 33-9　特殊字符的影响

33.5.4　浮点误差带来的精度影响

计算机系统以二进制存储数字，如果将数值 0.6 转换为二进制，其结果为 0.100110011……，其中的 0011 部分会无限重复。这种在二进制下的微小误差传递到最终计算结果中，可能会得出不准确的结果。

当计算过程涉及小数时，可使用 ROUND 等舍入类函数对公式中的一部分或最终结果进行修约。

33.6　引用错误

33.6.1　单元格引用方式错误

如果公式中的单元格引用方式设置不正确，在将公式复制到其他单元格区域时会导致计算区域偏移，从而返回错误的结果或是错误值。

如图 33-10 所示，F2 单元格使用以下公式，统计 B 列中与 E2 单元格相同的单元格个数。将公式复制到 F3 单元格时，公式返回了错误的统计结果。

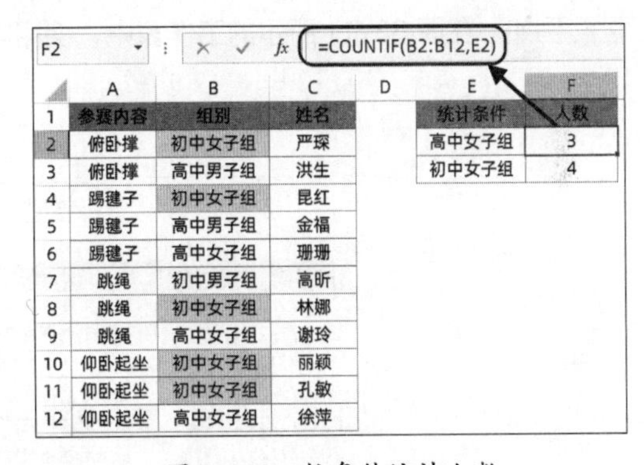

F2　=COUNTIF(B2:B12,E2)

	A	B	C	D	E	F
1	参赛内容	组别	姓名		统计条件	人数
2	俯卧撑	初中女子组	严琛		高中女子组	3
3	俯卧撑	高中男子组	洪生		初中女子组	4
4	踢毽子	初中女子组	昆红			
5	踢毽子	高中男子组	金福			
6	踢毽子	高中女子组	珊珊			
7	跳绳	初中男子组	高昕			
8	跳绳	初中女子组	林娜			
9	跳绳	高中女子组	谢玲			
10	仰卧起坐	初中女子组	丽颖			
11	仰卧起坐	初中女子组	孔敏			
12	仰卧起坐	高中女子组	徐萍			

图 33-10　按条件统计人数

```
=COUNTIF(B2:B12,E2)
```

这是因为 COUNTIF 函数的统计区域 B2:B12 没有设置成绝对引用，公式复制到 F3 单元格后，统计范围变为 B3:B13，最终漏掉了 B2 单元格中的内容。

将公式中的 B2:B12 设置为绝对引用，再将公式向下复制，即可得到正确的计算结果。

```
=COUNTIF($B$2:$B$12,E2)
```

33.6.2　被引用的工作表名中包含特殊字符

被引用的工作表名中包含空格、短横线、波浪线等特殊字符时，需要在公式中的文件名称前后各加上一个半角单引号。

例如，要用等号引用“生产 一部”工作表的A2单元格，公式应为：

```
='生产 一部'!A2
```

要使用公式链接到“生产 一部”工作表的A2单元格，公式应为：

```
=HYPERLINK("#'生产 一部'!A2","跳转")
```

33.6.3 删除了行、列或单元格

输入公式后，如果删除了工作表中的行、列或单元格，可能会造成公式引用区域发生变化。例如，在C2单元格输入以下公式，用来计算B2:B10单元格区域中的第2个最小值。

```
=SMALL(B2:B10,ROW(A2))
```

此时如果删除了工作表第1行的整行，无论公式中是否使用了绝对引用，引用区域都将发生变化：

```
=SMALL(B1:B9,ROW(A1))
```

实际工作中，应先规划好表格的基本结构，一旦输入公式，尽量不要再删除行、列或单元格。

33.7 空格或不可见字符的影响

如果数据中包含空格或不可见字符，也会使公式无法得到正确结果或返回错误值。

例如，在图33-11所示的工作表中，使用以下公式计算F列的贷方发生总额，公式结果返回0。

```
=SUM(F2:F12)
```

H2 =SUM(F2:F12)

	A	B	C	D	E	F	G	H
1	日期	交易类型	凭证种类	凭证号	借方发生额	贷方发生额		总额
2	2022/7/22	转账	资金汇划补充凭证	21781169	0.00	139.00		0
3	2022/7/23	转账	资金汇划补充凭证	26993401	0.00	597.00		
4	2022/7/23	转账	资金汇划补充凭证	29241611	0.00	139.00		
5	2022/7/24	转账	资金汇划补充凭证	30413947	0.00	1,123.80		
6	2022/7/24	转账	资金汇划补充凭证	32708047	0.00	1,900.30		
7	2022/7/25	转账	资金汇划补充凭证	37378081	0.00	1,233.50		
8	2022/7/25	转账	资金汇划补充凭证	38684365	0.00	199.00		
9	2022/7/25	转账	资金汇划补充凭证	41802427	0.00	267.10		
10	2022/7/25	转账	资金汇划补充凭证	42656071	0.00	178.80		
11	2022/7/26	转账	资金汇划补充凭证	44353741	0.00	1,324.80		
12	2022/7/26	转账	资金汇划补充凭证	46723925	0.00	1,478.90		

图 33-11 SUM函数计算合计金额

首先检查单元格中有无空格，如果有空格，可先选中单元格中的空格部分，按<Ctrl+C>组合键复制，再按<Ctrl+H>组合键调出【查找和替换】对话框，在【查找内容】编辑框中按<Ctrl+V>组合键粘贴，最后单击【全部替换】按钮，在弹出的对话框中单击【确定】按钮完成替换。

如果检查确认单元格中没有空格，则需要继续排除不可见字符的影响。使用分列功能可以清除大部分类型的不可见字符，先单击数据所在列的列标，在【数据】选项卡下单击【分列】按钮，在弹出的对话框中直接单击【完成】按钮即可，如图33-12所示。

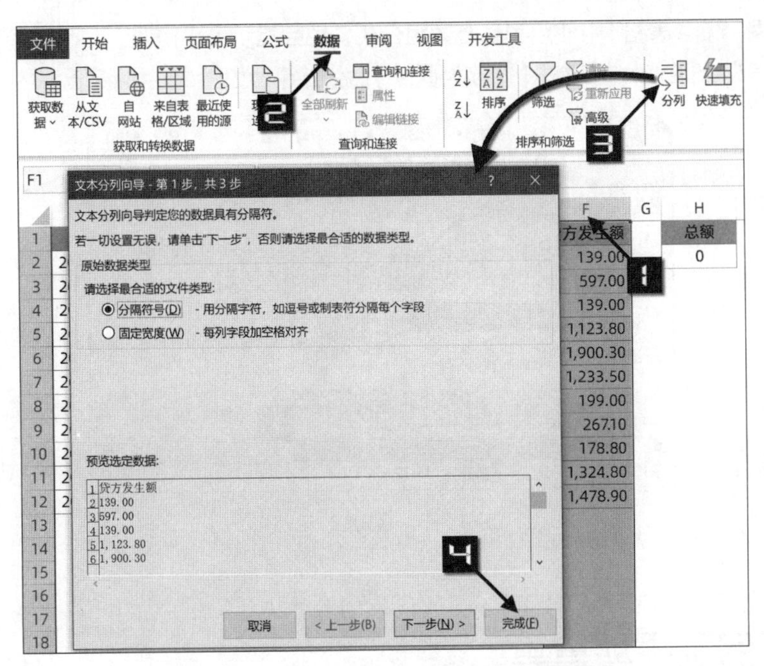

图 33-12　使用分列清除不可见字符

33.8　数据类型的影响

文本型数字和数值属于不同的数据类型，在等式判断及部分函数的参数中，会严格区分数据类型。例如以下等式比较数值 1 和文本型数字"1"是否相等，结果返回 FALSE。

```
=1="1"
```

通常会使用*1 或是添加两个减号的方式，将文本型数字转换为数值，例如"=B1*1"或"=--B1"。使用连接空文本的方式，将数值转换为文本型数字，例如"=B1&"""。

33.9　溢出错误

在 Excel 2021 和 Excel 365 中，当公式返回的数组结果中包含多个元素时，会按行列顺序自动溢出到公式相邻单元格区域。如果相邻单元格区域没有足够的空间来存放溢出结果，公式将返回错误值"#溢出!"。

如图 33-13 所示，D2 单元格使用以下公式计算 B 列与 C 列分别相乘的结果，结果返回了错误值"#溢出!"。

D2　=B2:B7*C2:C7

	A	B	C	D
1	物料名	配比量	单价	金额
2	苯乙烯	17.88	9.2	#溢出!
3	丙烯酸	67.36	15.398	
4	丙烯酸丁酯	48.76	12.478	
5	丙烯酸羟乙酯	34.83	14.602	
6	过氧化二异丙苯	37.45	21.712	
7	甲基丙烯酸甲酯	19.73	11.723	待核

图 33-13　溢出错误

```
=B2:B7*C2:C7
```

本例的公式结果中包含 6 个元素，需要 6 个单元格来存放这些元素。只要清除 D7 单元格中已有的文字内容，公式即可正常运算。

除此之外，如果在“表格”中使用了动态数组公式，也会提示溢出错误。此时可单击“表格”中的任意单元格，在【表设计】选项卡下单击【转换为区域】命令即可，如图 33-14 所示。

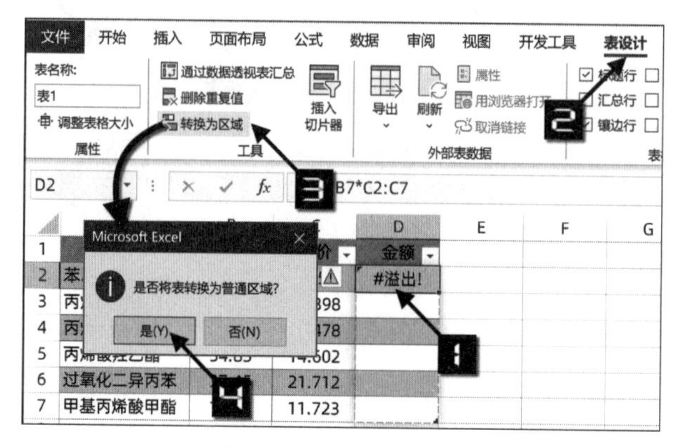

图 33-14　转换为区域

33.10　开启了手动重算

如果在【公式】选项卡下的【计算选项】下拉菜单中选中了“手动”命令，再将公式复制到其他单元格时，新复制的公式会仍然显示被复制单元格中的计算结果。

在【公式】选项卡下依次单击【计算选项】→【自动】命令，可使公式执行自动重算，如图 33-15 所示。

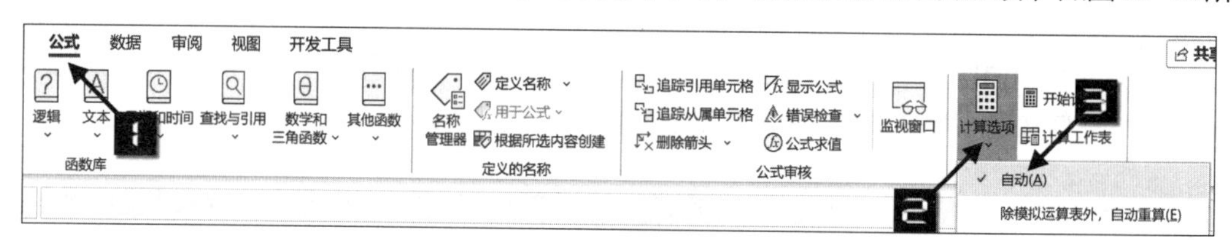

图 33-15　设置自动重算

练习与巩固

1. 请列举几种常见的公式错误原因及对应的解决方法。
2. 如果公式结果返回了错误值“#溢出!”，需要从哪几个方面排查?

附录

附录A　Excel 2021 主要规范与限制

附表A-1　工作表和工作簿规范

功能	最大限制
打开的工作簿个数	受可用内存和系统资源的限制
工作表大小	1048576 行×16384 列
列宽	255 个字符
行高	409 磅
分页符个数	水平方向和垂直方向各 1026 个
单元格可以包含的字符总数	32767 个
每个单元格的最大换行数	253
工作簿中的工作表个数	受可用内存的限制（默认值为 1 个工作表）
唯一单元格格式个数/单元格样式个数	65490
填充样式个数	256
线条粗细和样式个数	256
工作簿中的数字格式数	200~250，取决于所安装的 Excel 的语言版本
工作簿中的命名视图个数	受可用内存限制
工作簿中的名称个数	受可用内存限制
工作簿中的窗口个数	受可用内存限制
窗口中的窗格个数	4
链接的工作表个数	受可用内存限制
方案个数	受可用内存的限制；汇总报表只显示前 251 个方案
方案中的可变单元格个数	32
规划求解中的可调单元格个数	200
筛选下拉列表中的项目数	10000
自定义函数个数	受可用内存限制
缩放范围	10% 到 400%
排序关键字个数	单个排序中为 64。如果使用连续排序，则没有限制
撤销次数	100
页眉或页脚中的字符数	253

续表

功能	最大限制
数据模型工作簿的内存存储和文件大小的最大限制	32 位环境限制为同一进程内运行的 Excel、工作簿和加载项最多共用 2 千兆字节（GB）的虚拟地址空间。数据模型的地址空间共享最多运行 500~700MB，如果加载其他数据模型和加载项则可能会减少。 64 位环境对文件大小不做硬性限制。工作簿大小仅受可用内存和系统资源的限制

附表 A-2　共享工作簿规范与限制

功能	最大限制
可同时打开文件的用户	256
共享工作簿中的个人视图个数	受可用内存限制
修订记录保留的天数	32767（默认为 30 天）
可一次合并的工作簿个数	受可用内存限制
共享工作簿中突出显示的单元格数	32767
标识不同用户所做修订的颜色种类	32（每个用户用一种颜色标识。当前用户所做的更改用深蓝色突出显示）
共享工作簿中的“表格”	0（如果在【插入】选项卡下将普通数据表转换为“表格”，工作簿将无法共享）

附表 A-3　计算规范和限制

功能	最大限制
数字精度	15 位
最大正数	9.99999999999999E+307
最小正数	2.2251E-308
最小负数	-2.2251E-308
最大负数	-9.99999999999999E+307
公式内容的长度	8192 个字符
迭代次数	32767
工作表数组个数	受可用内存限制
选定区域个数	2048
函数的参数个数	255
函数的嵌套层数	64
交叉工作表相关性	64000 个可以引用其他工作表的工作表
交叉工作表数组公式相关性	受可用内存限制
已关闭的工作簿中的链接单元格内容长度	32767

续表

功能	最大限制
计算允许的最早日期	1900 年 1 月 1 日（如果使用 1904 年日期系统，则为 1904 年 1 月 1 日）
计算允许的最晚日期	9999 年 12 月 31 日
可以输入的最长时间	9999:59:59

附表 A-4　数据透视表规范和限制

功能	最大限制
数据透视表中的数值字段个数	256
工作表中的数据透视表个数	受可用内存限制
每个字段中唯一项的个数	1048576
数据透视表中的行字段或列字段个数	受可用内存限制
数据透视表中的报表过滤器个数	256（可能会受可用内存的限制）
数据透视表中的数值字段个数	256
数据透视表中的计算项公式个数	受可用内存限制
数据透视图报表中的报表筛选个数	256（可能会受可用内存的限制）
数据透视图中的数值字段个数	256
数据透视图中的计算项公式个数	受可用内存限制
数据透视表项目的 MDX 名称的长度	32767
关系数据透视表字符串的长度	32767
筛选下拉列表中显示的项目个数	10000

附表 A-5　图表规范和限制

功能	最大限制
与工作表链接的图表个数	受可用内存限制
图表引用的工作表个数	255
图表中的数据系列个数	255
二维图表的数据系列中的数据点个数	受可用内存限制
三维图表的数据系列中的数据点个数	受可用内存限制
图表中所有数据系列的数据点个数	受可用内存限制

附录B Excel 2021 常用快捷键

序号	执行操作	快捷键组合
在工作表中移动和滚动		
1	向上、下、左或右移动单元格	方向键↑↓←→
2	移动到当前数据区域的边缘	Ctrl+方向键↑↓←→
3	移动到行首	Home
4	移动到窗口左上角的单元格	Ctrl+Home
5	移动到工作表的最后一个单元格	Ctrl+End
6	向下移动一屏	Page Down
7	向上移动一屏	Page Up
8	向右移动一屏	Alt+Page Down
9	向左移动一屏	Alt+Page Up
10	移动到工作簿中下一个工作表	Ctrl+Page Down
11	移动到工作簿中前一个工作表	Ctrl+Page Up
12	移动到下一工作簿或窗口	Ctrl+F6 或 Ctrl+Tab
13	移动到前一工作簿或窗口	Ctrl+Shift+F6
14	移动到已拆分工作簿中的下一个窗格	F6
15	移动到被拆分的工作簿中的上一个窗格	Shift+F6
16	滚动并显示活动单元格	Ctrl+BackSpace
17	显示“定位”对话框	F5
18	显示“查找”对话框	Shift+F5
19	重复上一次“查找”操作	Shift+F4
20	在保护工作表中的非锁定单元格之间移动	Tab
21	最小化窗口	Ctrl+F9
22	最大化窗口	Ctrl+F10
处于“结束模式”时在工作表中移动		
23	打开或关闭“结束模式”	End
24	在一行或列内以数据块为单位移动	End，方向键↑↓←→
25	移动到工作表的最后一个单元格	End，Home
26	在当前行中向右移动到最后一个非空白单元格	End，Enter
处于“滚动锁定”模式时在工作表中移动		
27	打开或关闭“滚动锁定”模式	Scroll Lock
28	移动到窗口中左上角处的单元格	Home
29	移动到窗口中右下角处的单元格	End
30	向上或向下滚动一行	方向键↑↓

续表

序号	执行操作	快捷键组合
31	向左或向右滚动一列	方向键←→
	预览和打印文档	
32	显示“打印内容”对话框	Ctrl+P
	在打印预览中时	
33	当放大显示时，在文档中移动	方向键↑↓←→
34	当缩小显示时，在文档中每次滚动一页	Page UP
35	当缩小显示时，滚动到第一页	Ctrl+方向键↑
36	当缩小显示时，滚动到最后一页	Ctrl+方向键↓
	工作表、图表和宏	
37	插入新工作表	Shift+F11
38	创建使用当前区域数据的图表	F11 或 Alt+F1
39	显示“宏”对话框	Alt+F8
40	显示“Visual Basic 编辑器”	Alt+F11
41	插入 Microsoft Excel 4.0 宏工作表	Ctrl+F11
42	移动到工作簿中的下一个工作表	Ctrl+Page Down
43	移动到工作簿中的上一个工作表	Ctrl+Page UP
44	选择工作簿中当前和下一个工作表	Shift+Ctrl+Page Down
45	选择当前工作簿或上一个工作簿	Shift+Ctrl+Page Up
	在工作表中输入数据	
46	完成单元格输入并在选定区域中下移	Enter
47	在单元格中换行	Alt+Enter
48	用当前输入项填充选定的单元格区域	Ctrl+Enter
49	完成单元格输入并在选定区域中上移	Shift+Enter
50	完成单元格输入并在选定区域中右移	Tab
51	完成单元格输入并在选定区域中左移	Shift+Tab
52	取消单元格输入	Esc
53	删除插入点左边的字符，或删除选定区域	BackSpace
54	删除插入点右边的字符，或删除选定区域	Delete
55	删除插入点到行末的文本	Ctrl+Delete
56	向上下左右移动一个字符	方向键↑↓←→
57	移到行首	Home
58	重复最后一次操作	F4 或 Ctrl+Y
59	编辑单元格批注	Shift+F2

续表

序号	执行操作	快捷键组合
60	由行或列标志创建名称	Ctrl+Shift+F3
61	向下填充	Ctrl+D
62	向右填充	Ctrl+R
63	定义名称	Ctrl+F3
	设置数据格式	
64	显示“样式”对话框	Alt+'（撇号）
65	显示“单元格格式”对话框	Ctrl+1
66	应用“常规”数字格式	Ctrl+Shift+ ~
67	应用带两个小数位的“货币”格式	Ctrl+Shift+$
68	应用不带小数位的“百分比”格式	Ctrl+Shift+%
69	应用带两个小数位的“科学记数”数字格式	Ctrl+Shift+^
70	应用年月日“日期”格式	Ctrl+Shift+#
71	应用小时和分钟“时间”格式，并标明上午或下午	Ctrl+Shift+@
72	应用具有千位分隔符且负数用负号（-）表示	Ctrl+Shift+!
73	应用外边框	Ctrl+Shift+&
74	删除外边框	Ctrl+Shift+_
75	应用或取消字体加粗格式	Ctrl+B
76	应用或取消字体倾斜格式	Ctrl+I
77	应用或取消下划线格式	Ctrl+U
78	应用或取消删除线格式	Ctrl+5
79	隐藏行	Ctrl+9
80	取消隐藏行	Ctrl+Shift+9
81	隐藏列	Ctrl+0（零）
82	取消隐藏列	Ctrl+Shift+0
	编辑数据	
83	编辑活动单元格，并将插入点移至单元格内容末尾	F2
84	取消单元格或编辑栏中的输入项	Esc
85	编辑活动单元格并清除其中原有的内容	BackSpace
86	将定义的名称粘贴到公式中	F3
87	完成单元格输入	Enter
88	将公式作为数组公式输入	Ctrl+Shift+Enter
89	在公式中键入函数名之后，显示公式选项板	Ctrl+A
90	在公式中键入函数名后为该函数插入变量名和括号	Ctrl+Shift+A

续表

序号	执行操作	快捷键组合
91	显示“拼写检查”对话框	F7
插入、删除和复制选中区域		
92	复制选定区域	Ctrl+C
93	剪切选定区域	Ctrl+X
94	粘贴选定区域	Ctrl+V
95	清除选定区域的内容	Delete
96	删除选定区域	Ctrl+-（短横线）
97	撤消最后一次操作	Ctrl+Z
98	插入空白单元格	Ctrl+Shift+=
在选中区域内移动		
99	在选定区域内由上往下移动	Enter
100	在选定区域内由下往上移动	Shift+Enter
101	在选定区域内由左往右移动	Tab
102	在选定区域内由右往左移动	Shift+Tab
103	按顺时针方向移动到选定区域的下一个角	Ctrl+.（句号）
104	右移到非相邻的选定区域	Ctrl+Alt+方向键→
105	左移到非相邻的选定区域	Ctrl+Alt+方向键←
选择单元格、列或行		
106	选定当前单元格周围的区域	Ctrl+Shift+*（星号）
107	将选定区域扩展一个单元格宽度	Shift+方向键↑↓←→
108	选定区域扩展到单元格同行同列的最后非空单元格	Ctrl+Shift+方向键↓→
109	将选定区域扩展到行首	Shift+Home
110	将选定区域扩展到工作表的开始	Ctrl+Shift+Home
111	将选定区域扩展到工作表中最后一个使用的单元格	Ctrl+Shift+End
112	选定整列	Ctrl+空格
113	选定整行	Shift+空格
114	选定活动单元格所在的当前区域	Ctrl+A
115	如果选定了多个单元格则只选定其中的活动单元格	Shift+BackSpace
116	将选定区域向下扩展一屏	Shift+Page Down
117	将选定区域向上扩展一屏	Shift+Page Up
118	选定了一个对象，选定工作表上的所有对象	Ctrl+Shift+空格
119	在隐藏对象、显示对象之间切换	Ctrl+6
120	使用箭头键启动扩展选中区域的功能	F8

续表

序号	执行操作	快捷键组合
121	将其他区域中的单元格添加到选中区域中	Shift+F8
122	将选定区域扩展到窗口左上角的单元格	ScrollLock，Shift+Home
123	将选定区域扩展到窗口右下角的单元格	ScrollLock，Shift+End
	处于“结束模式”时扩展选中区域	
124	打开或关闭“结束模式”	End
125	将选定区域扩展到单元格同行同列的最后非空单元格	End，Shift+ 方向键 ↓ →
126	将选定区域扩展到工作表中包含数据的最后一个单元格	End，Shift+Home
127	将选定区域扩展到当前行中的最后一个单元格	End，Shift+Enter
128	选中活动单元格周围的当前区域	Ctrl+Shift+*（星号）
129	选中当前数组，此数组是活动单元格所属的数组	Ctrl+/
130	选定所有带批注的单元格	Ctrl+Shift+O（字母 O）
131	选择行中不与该行内活动单元格的值相匹配的单元格	Ctrl+\
132	选中列中不与该列内活动单元格的值相匹配的单元格	Ctrl+Shift+|（竖线）
133	选定当前选定区域中公式的直接引用单元格	Ctrl+[（左方括号）
134	选定当前选定区域中公式直接或间接引用的所有单元格	Ctrl+Shift+{（左大括号）
135	只选定直接引用当前单元格的公式所在的单元格	Ctrl+]（右方括号）
136	选定所有带有公式的单元格，这些公式直接或间接引用当前单元格	Ctrl+Shift+}（右大括号）
137	只选定当前选定区域中的可视单元格	Alt+;（分号）

注意

部分组合键可能与Windows系统或其他常用软件（如输入法）的组合键冲突，如果无法使用某个组合键，需要调整Windows系统或其他常用软件中与之冲突的组合键。

附录C　高效办公必备工具——Excel易用宝

尽管Excel的功能无比强大，但是在很多常见的数据处理和分析工作中，还需要灵活地组合使用包含函数、VBA等高级功能才能完成任务，这对于很多人而言是个艰难的学习和使用过程。

因此，Excel Home为广大Excel用户量身定做了一款Excel功能扩展工具软件，中文名为“Excel易用宝”，以提升Excel的操作效率为宗旨。针对Excel用户在数据处理与分析过程中的多项常用需求，Excel易用宝集成了数十个功能模块，从而让繁琐或难以实现的操作变得简单可行，甚至能够一键完成。

Excel易用宝经典版（V1.1）支持32位的Excel 2003，最新版（V2.2）支持32位及64位的Excel 2007~2021、Excel 365和WPS表格。

经过简单的安装操作后，Excel易用宝会显示在Excel功能区独立的选项卡上，如下图所示。

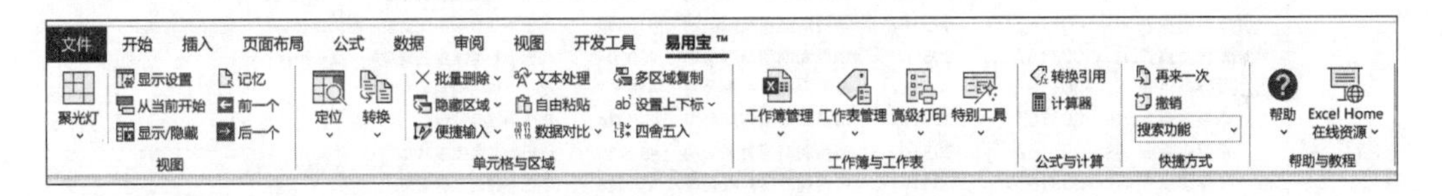

比如，在浏览超出屏幕范围的大数据表时，如何准确无误地查看对应的行表头和列表头，一直是许多Excel用户烦恼的事情。这时候，只要单击Excel易用宝的【聚光灯】按钮，就可以高亮显示选中单元格/区域所在的行和列，效果如下图所示。

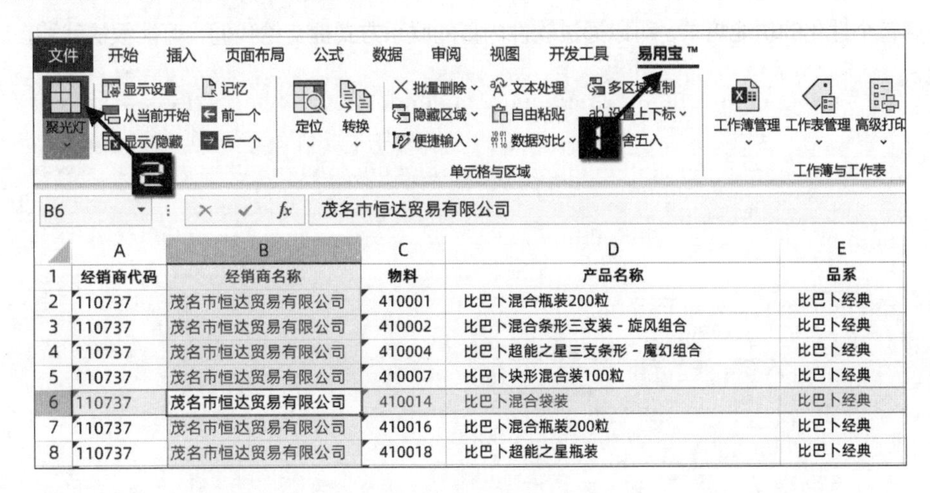

再比如，工作表合并也是日常工作中常见的操作，但如果自己不懂得编程的话，这一定是一项“不可能完成”的任务。Excel易用宝可以让这项工作显得轻而易举，如下图所示。

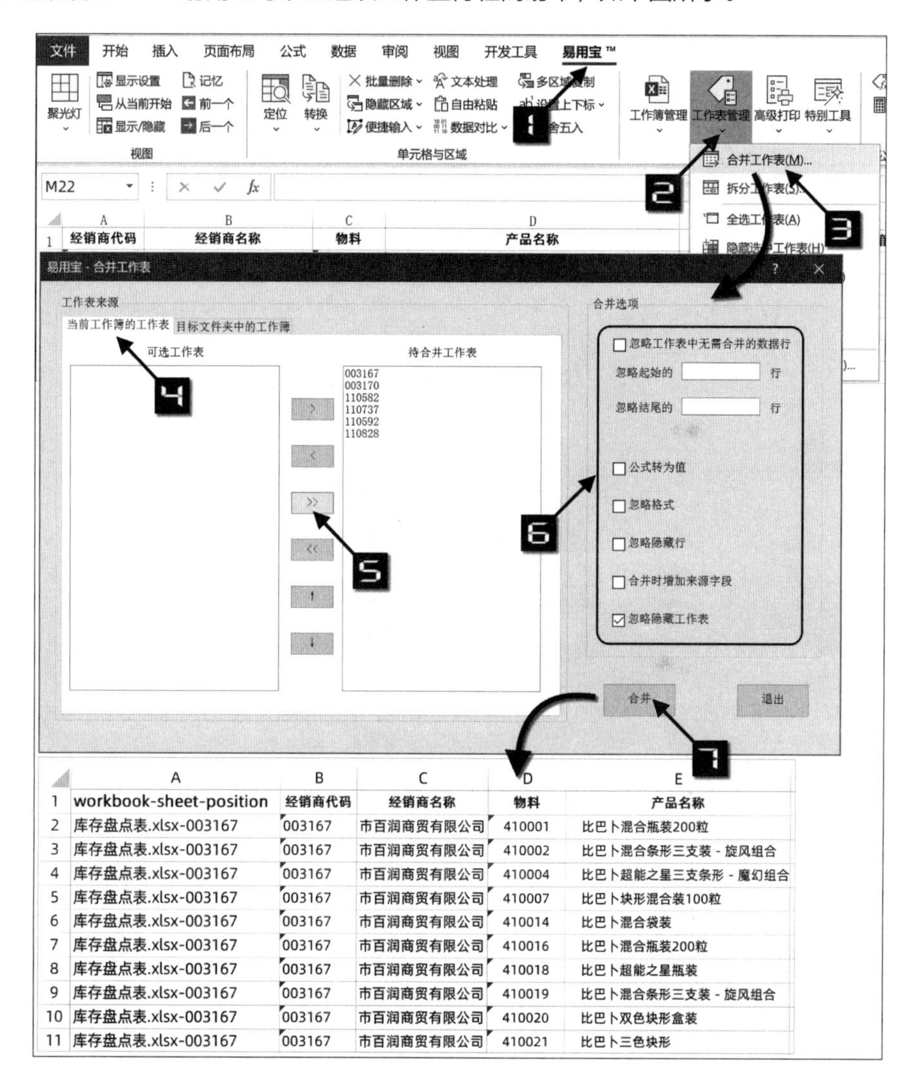

更多实用功能，欢迎您亲身体验，https://yyb.excelhome.net/。

如果您有个性化的功能需求，可以通过软件内置的联系方式提交给我们，可能很快就能在新版本中看到了哦。